中国科学院野外站联盟项目：

中国森林生态系统质量与管理状况评估（KFJ-SW-YW034）

中国森林生态系统质量与管理状况评估报告

于贵瑞　刘世荣　等　编著

科学出版社

北京

内 容 简 介

本书以中国生态系统研究网络（CERN）、中国森林生态系统研究网络（CFERN）及国家生态系统观测研究网络（CNERN）的森林生态站水、土、气、生长期监测数据为核心，通过跨平台的协同合作与资源整合，辅助收集森林资源清查数据、样带调查数据、控制实验、遥感等数据，分析中国森林生态系统的组分与结构、过程与功能状态、历史演变及变化趋势。在此基础上，综合研究生态系统组分-结构-过程-功能-服务的级联关系，生物多样性-生态系统功能-生态系统稳定之间的平衡关系，生态系统质量-生态系统服务-区域发展的互馈关系，以及资源环境条件-资源高效利用-区域优化配置技术原理等生态学理论问题，从生态系统过程机理和经营管理的视角，综合分析中国森林生态系统状态与管理问题。

本书可供与林业相关的生态环境保护和自然资源管理的各级政府部门，从事生态学、地理学、环境学、资源科学技术研究的专业人员，以及各高等院校相关专业的师生阅读参考。

审图号：GS 京（2023）1674 号

图书在版编目（CIP）数据

中国森林生态系统质量与管理状况评估报告/于贵瑞等编著.—北京：科学出版社，2023.9

ISBN 978-7-03-073962-9

Ⅰ.①中… Ⅱ.①于… Ⅲ.①森林生态系统–质量管理–评估–研究报告–中国 Ⅳ.①S718.55

中国版本图书馆 CIP 数据核字（2022）第 226769 号

责任编辑：石　珺　祁慧慧 / 责任校对：郝甜甜
责任印制：徐晓晨 / 封面设计：陈　敬

科 学 出 版 社 出版
北京东黄城根北街 16 号
邮政编码：100717
http://www.sciencep.com

北京建宏印刷有限公司 印刷
科学出版社发行　　各地新华书店经销

*

2023 年 9 月第 一 版　　开本：787×1092 1/16
2023 年 9 月第一次印刷　　印张：37 3/4
字数：903 000

定价：398.00 元
（如有印装质量问题，我社负责调换）

专家咨询组

（以姓氏笔画为序）

冯仁国　孙建新　杨　萍　肖文发　张会儒　周　桔　孟　平
赵秀海　袁瑞君　高显连　黄铁青　崔武社　葛剑平　傅伯杰

编 写 组

主　编　于贵瑞　刘世荣
编写人员（以姓氏笔画为序）

于大炮	于立忠	于贵瑞	王　冰	王　杨	王　兵
王文卿	王兴昌	王安志	王希华	王秋凤	王顺忠
王淑春	王辉民	王巍伟	牛　香	牛书丽	申小娟
申卫军	白　帆	包维楷	冯秋红	吕金林	朱万泽
朱教君	全先奎	刘　鑫	刘世荣	刘兴良	刘春江
刘美君	刘菊秀	闫巧玲	孙　聃	孙美美	杜　盛
李旭华	李国庆	李贵祥	杨　凯	杨　萌	肖文发
何芳良	何念鹏	何洪林	辛　琨	汪金松	汪思龙
宋立宁	宋新章	张　欣	张全智	张远东	张秋良
张艳如	张雷明	陈　波	陈　智	陈龙池	陈光水
陈秋文	陈德祥	明安刚	周　彬	周正虎	周旭辉
郑　晓	郑兴波	孟广涛	孟盛旺	项文化	郝　帅
郝天象	夏尚光	徐　凯	高　添	喻理飞	谢宗强
简曙光	蔡　蕾	蔡小虎	谭向平	翟博超	缪　宁
潘红丽					

野 外 台 站

在专著编写工作中，国内许多野外台站为本专著提供了有力支撑，包括但不限于观测数据、科技成果、管理模式等。在此，向各野外台站表示衷心感谢！希望野外台站继续为我国森林生态系统研究作出新的更多更大贡献。

上海城市森林生态系统国家定位观测研究站
上海崇明岛野外科学观测研究站
山东青岛森林生态系统国家定位观测研究站
广东南岭森林生态系统国家定位观测研究站
广东鼎湖山森林生态系统国家野外科学观测研究站
广东鹅凰嶂野外科学观测研究站
广东樟木头野外科学观测研究站
广东鹤山森林生态系统国家野外科学观测研究站
广西十万大山野外科学观测研究站
广西大瑶山森林生态系统国家定位观测研究站
广西友谊关森林生态系统国家定位观测研究站
广西南宁桉树野外科学观测研究站
广西漓江源森林生态系统国家定位观测研究站
元谋干热河谷沟蚀崩塌观测研究站
云南大理生态经济林野外科学观测研究站
云南玉溪森林生态系统国家定位观测研究站
云南西双版纳森林生态系统国家野外科学观测研究站
云南高黎贡山森林生态系统国家定位观测研究站
云南滇中高原森林生态系统国家定位观测研究站
内蒙古大兴安岭森林生态系统国家野外科学观测研究站
内蒙古赤峰森林生态系统国家定位观测研究站
内蒙古特金罕山森林生态系统国家定位观测研究站
内蒙古赛罕乌拉森林生态系统国家定位观测研究站
甘肃小陇山森林生态系统国家定位观测研究站
甘肃白龙江森林生态系统国家定位观测研究站
甘肃兴隆山森林生态系统国家定位观测研究站
甘肃祁连山森林生态系统国家定位观测研究站

甘肃河西走廊森林生态系统国家定位观测研究站

北京森林生态系统定位研究站

四川龙门山森林生态系统国家定位观测研究站

四川米亚罗森林生态系统国家定位观测研究站

四川贡嘎山森林生态系统国家野外科学观测研究站

四川茂县森林生态系统野外科学观测研究站

四川卧龙森林生态系统国家定位观测研究站

宁夏白芨滩生态修复与灌木林碳中和野外科学观测研究站

宁夏贺兰山森林生态系统国家定位观测研究站

辽宁白石砬子森林生态系统国家定位观测研究站

辽宁辽东半岛森林生态系统国家定位观测研究站

辽宁冰砬山森林生态系统国家定位观测研究站

辽宁医巫闾山野外科学观测研究站

辽宁清原森林生态系统国家野外科学观测研究站

吉林长白山西坡森林生态系统国家定位观测研究站

吉林长白山森林生态系统国家野外科学观测研究站

西藏林芝森林生态系统国家定位观测研究站

江西九连山森林生态系统国家定位观测研究站

江西大岗山森林生态系统国家野外科学观测研究站

江西千烟洲红壤丘陵地球关键带国家野外科学观测研究站

江西庐山森林生态系统国家定位观测研究站

江西武夷山西坡野外科学观测研究站

安徽黄山森林生态系统国家定位观测研究站

河北太行山东坡森林生态系统国家定位观测研究站

河南鸡公山森林生态系统国家定位观测站

河南宝天曼森林生态系统国家野外科学观测研究站

河南焦作南太行野外科学观测研究站

陕西安塞水土保持综合试验站

陕西秦岭森林生态系统国家野外科学观测研究站

陕西黄龙山森林生态系统国家定位观测研究站

陕西商洛秦岭野外科学观测研究站

南海岛礁植被生态系统定位观测研究站

贵州喀斯特环境生态系统教育部野外科学观测研究站

贵州喀斯特森林生态系统国家定位观测研究站

重庆武陵山森林生态系统国家定位观测研究站

浙江天目山森林生态系统国家定位观测研究站

浙江天童森林生态系统国家野外科学观测研究站

浙江钱江源森林生物多样性国家野外科学观测研究站

海南东寨港红树林湿地生态系统国家定位观测研究站

海南尖峰岭森林生态系统国家野外科学观测研究站

黑龙江七台河森林生态系统国家定位观测研究站

黑龙江帽儿山森林生态系统国家野外科学观测研究站

黑龙江黑河森林生态系统国家定位观测研究站

黑龙江漠河森林生态系统国家定位观测研究站

黑龙江嫩江源森林生态系统国家定位观测研究站

湖北秭归三峡库区森林生态系统国家定位观测研究站

湖北神农架森林生态系统国家野外科学观测研究站

湖北恩施森林生态系统国家定位观测研究站

湖南会同杉木林生态系统国家野外科学观测研究站

湖南会同森林生态系统国家野外科学观测研究站

湖南省植物园野外科学观测研究站

滇东南热带山地森林野外科学观测研究站

福建三明森林生态系统国家野外科学观测研究站

前　　言

森林生态系统是全球陆地生态系统的重要组成部分，总面积约 40.6 亿 hm²，占全球陆地面积的三分之一。森林生态系统是维持人类生存、生产、生活和生计的重要物质资源及生态环境保障，体现在森林生态系统具有的供给建筑材料（木材）、化工原料（化合物）、能源（薪炭林、生物质）、食物（籽实、水果、油料等）、纤维和药材等物质产品的林业生产功能，生物保护、水源涵养、固碳增汇、防风固沙、环境净化等生态服务功能，以及自然维持人类栖息地、清洁环境、康养憩居、美学观赏、文化承载、娱乐旅游及环境教育等生态空间的社会公益功能。然而，在高速的社会发展、激增的人类福祉需求、强大的资源开发能力，以及剧烈的全球气候变化等因素的多重影响、互作叠加、耦合级联背景下，全球森林生态系统正在承受着来自自然变化、经济发展和社会需求的巨大压力，经受着前所未有的人为活动干扰、全球环境变化影响及自然资源枯竭的生态胁迫。

在漫长的历史进程中，中国从古代和近代积累了丰富的森林经营思想和经验，包括"天人合一"森林系统观、"种树农桑"的森林价值观、"任地养材"的森林培育观，以及"以时禁发"的森林利用观等众多与中国古代农业文明相适应的森林经营理念和思想精髓。在 20 世纪前半叶，在几千年对平原林区垦殖的前提下，再加上战乱、动荡对山区森林资源的掠夺破坏，致使 1949 年中华人民共和国成立时的森林覆被率仅为1.1%。中华人民共和国成立的 70 多年来，在国家林业政策的引导下，不断地激发了全社会造林绿化的积极性，森林生态系统的数量和质量得以渐进恢复。

回顾 1949 年以来的中国森林经营方针变化，其通常被概括为三个主要阶段：第一阶段是 1949～1978 年。1950 年全国林业业务会议上确定了"普遍护林、重点造林、合理采伐与利用"的林业建设方针，平原农区的林业迅速发展，以农田防护林网为主体的综合防护林体系初步形成，国有荒山荒地植树造林和封山育林，形成了大面积天然次生林，东北、西南、东南三大林区担负着全国绝大部分木材生产任务。第二阶段为 1978 年至党的十八大期间。1979～2000 年，国家陆续启动了三北防护林体系工程、沿海防护林体系工程、长江中上游防护林体系工程、珠江流域防护林体系工程、辽河流域防护林体系工程、黄河中游防护林体系工程、淮河太湖防护林体系工程、太行山绿化工程、平原绿化工程、天然林资源保护工程、退耕还林还草工程、京津风沙源治理工程等，全国开展了大规模的造林绿化工作，森林面积和森林蓄积量均实现了双增长。第三阶段为党的十八大至今。中国林业紧紧围绕"补齐生态短板"中心任务，提出了坚持"严格保护、积极发展、科学经营、持续利用"的林业发展指导方针，统筹山水林田湖草系统治理，集中力量解决制约林业可持续发展的突出问题，继续推进重大生态保护和修复工程。2019 年，中共中央办公厅、国务院办公厅印发《天然林保护修复制度方案》，标志着我国天然林资源保护工程从阶段性、区域性的工程转变为长期性、全面性的公益事业。

通过长期的不懈努力，自 1949 年以来，我国森林资源状况有了很大改善，森林覆盖率已由建国初期的 8.6%上升至 2018 年的 22.96%。自 20 世纪 90 年代以来，我国的森林蓄积量和林地面积均有大幅度增长，成为全世界同期森林资源增长最多的国家。2018 年末，全国森林面积 2.20 亿 hm²，森林蓄积为 175.60 亿 m³。但是从全球范围来看，中国森林面积占全球森林面积的 5.51%，人均森林面积 0.16 hm²，不足世界人均森林面积的三分之一；人均森林蓄积量 12.54m³，仅为世界人均森林蓄积量的六分之一。由此可见，我国的森林资源总量相对不足、森林质量不高、区域分布不均等状况仍未得到根本性的改变，森林经营体系和目标还不能适应现代社会的多样化需求，自然变化、经济发展和社会需求对森林生态系统的巨大压力还在增强，承受的人为活动干扰、全球环境变化影响及自然资源枯竭等生态胁迫及挑战更加严峻，不同区域的森林生态系统管理体制还有待完善。

在我国已进入全面建成社会主义现代化强国的新时代，强化生态保护和修复对促进生态文明建设、保障国家生态安全具有重要意义。习近平总书记指出："生态兴则文明兴，生态衰则文明衰。""林业建设是事关经济社会可持续发展的根本性问题。""森林和草原对国家生态安全具有基础性、战略性作用，林草兴则生态兴。"2022 年 3 月 30 日，习近平总书记在参加首都义务植树活动时又强调："森林是水库、钱库、粮库，现在应该再加上一个'碳库'。"2020 年全国多个部门共同研究编制和发布了《全国重要生态系统保护和修复重大工程总体规划（2021—2035 年）》，该规划中提出了青藏高原生态屏障区、长江重点生态区、黄河重点生态区三大重点生态区和海岸带、南方丘陵山地带、东北森林带、北方防沙带四大地带区域的重大生态保护和修复工程规划，以及生态保护、野生动植物保护和修复支撑体系、自然保护地建设工程规划。十三届全国人大四次会议通过的《中华人民共和国国民经济和社会发展第十四个五年规划和 2035 年远景目标纲要》，进一步明确指出，"坚持绿水青山就是金山银山理念，坚持尊重自然、顺应自然、保护自然，坚持节约优先、保护优先、自然恢复为主""提升生态系统质量和稳定性""坚持山水林田湖草系统治理，着力提高生态系统自我修复能力和稳定性，守住自然生态安全边界""科学推进水土流失和荒漠化、石漠化综合治理，开展大规模国土绿化行动""完善自然保护地、生态保护红线监管制度，开展生态系统保护成效监测评估"。国家林业和草原局、国家发展和改革委员会联合印发的《"十四五"林业草原保护发展规划纲要》指出，"林草系统全面加强生态保护修复，着力推进国土绿化，着力提高森林质量，着力开展森林城市建设，着力建设国家公园""提高生态系统碳汇增量，推动林草高质量发展"。开展中国森林生态系统质量和稳定性及管理状况的系统评估，对全面深化林业改革，强化森林经营管理，实现森林碳汇的巩固提升，以及促进我国林业高质量发展具有重要价值，能够为林业工作者提供科学支撑和决策参考。

精准提升森林质量和稳定性是我国新时期环境治理与生态保护工作的奋斗目标，评估中国森林生态系统质量和稳定性及管理状况是促进林业高质量发展的新要求与新任务，也是林业科研工作面临的新挑战。在学术界，关于森林或森林生态系统质量的科学概念还没有形成共识的理解，但是其基本内涵可以理解为是以森林生态系统自我发展能力（SDA）为客观质量基础，以满足人类福祉和社会经济发展需求的生产经济效益（PEB）、生态环境效益（EEB）和社会公益效益（SWB）为主观质量要素，而共同构成的生态系统的自然-经济-环境-社会属性的综合体，应用于指导以维持森林生态系统健康发展为前提的森林生态系统的经济、环境和社会效益组合的最大化管理。

我国地域辽阔，不同区域的森林生态系统具有不同的发育过程、结构与功能特征，加之人为活动与气候变化的区域异质性，形成了不同林区的区域性特点与问题，影响着中国森林结构与功能的演变及生态安全。面对全域国土的森林生态系统和林业管理需要系统性、长期持续的科学研究，理解生态系统的变化规律、认知生态系统演变的生态过程、评估生态系统的功能状态。自1949年以来，我国的林业科技工作者就为此不懈努力，做出了卓越贡献。我国从1950开始已经持续开展了9次森林资源清查，1988年中国科学院建立了中国生态系统研究网络（Chinese Ecosystem Research Network，CERN），1992年国家林业局建立了中国森林生态系统研究网络（Chinese Forest Ecosystem Research Network，CFERN），2002年中国科学院建立了中国通量观测研究联盟（ChinaFLUX），2005年科技部建立了国家生态系统观测研究网络（Chinese National Ecosystem Research Network，CNERN）。这些森林资源清查工作和野外观测研究网络为我国的森林生态系统科学研究积累了长期观测数据及科学研究成果，奠定了中国森林生态系统质量和稳定性及管理状况评估的知识和数据基础。

在中国科学院野外站联盟项目"中国森林生态系统质量与管理状况评估"（KFJ-SW-YW034）资助下，组织编写了本专著，专著创新性地把生态系统定位网络长期观测数据和森林经营管理问题有机融合，基于野外台站网络的观测研究数据及生态学研究成果，围绕中国森林生态系统质量与管理开展了系统性评估，期望能够为我国的森林生态系统管理和林业科技发展提供科学依据，提出建设性和实用性的咨询建议。

本书以中国不同区域的典型森林生态系统为研究对象，综合集成国家生态系统观测研究网络（CNERN）、中国生态系统研究网络（CERN）、中国森林生态系统研究网络（CFERN）、中国通量观测研究联盟（ChinaFLUX）的观测数据，结合森林资源清查数据、样带调查数据、控制实验数据，综合分析评估了森林生态系统组分与结构、过程与功能状态、历史演变及变化趋势；围绕生态文明建设目标，系统解析了我国森林资源现状和变化特征，重点讨论了①"统筹生态系统五库功能，筑牢国家生态基础设施"的生态建设理念和目标；②新时代"五库统筹"近自然经营的我国林草业转型发展战略；③全面提升我国森林生态系统质量、稳定性和持续性等重要学术问题。在此基础上，分区分析评述了东北、华北、西北、华中和东南、西南、华南六个地区的森林生态系统的保护利用、质量提升及经营管理的状况及问题，为我国森林生态系统优化管理、国家自然资源管理和生态文明建设提供了科技储备。

全书分为国家层次研究和重要林区研究两个部分。第一部分包括3章：第1章阐述森林生态系统质量的概念、中国森林资源及森林生态系统功能分区；第2章对中国森林生态系统质量及经营管理状况进行整体评估；第3章系统介绍中国森林经营的历史演变、宏观战略与格局，以及中国森林生态系统管理模式，并评估其生态经济效益。本书的第二部分包括 6 章，分别对东北林区、华北林区、西北林区、华中和东南林区、西南林区和华南林区六个重要林区的森林生态系统分布、质量状况与影响因素、管理状况及面临的挑战等方面进行详细的论述，总结归纳各个林区的优化管理及主要模式，提出森林生态系统质量提升的优化管理建议。

在本书出版之际，衷心地感谢中国科学院野外站联盟项目的资助，感谢"中国森林生态系统质量与管理状况评估"指导专家组的傅伯杰院士、周桔处长、袁瑞君处长、高显连处长、黄铁青副局长、葛剑平教授、冯仁国研究员、肖文发研究员、孟平研究员、张会儒研究员、赵秀海教授、孙建新教授、杨萍研究员、崔武社处长等各位专家的指导、支持和帮助。感谢中国科学院地理科学与资源研究所、中国林业科学研究院、中国科学院沈阳应用生态研究所、中国科学院植物研究所、中国科学院成都生物研究所、中国科学院水利部成都山地灾害与环境研究所、中国科学院地球化学研究所、中国科学院西双版纳热带植物园、中国科学院华南植物园、中国科学院水利部水土保持研究所、中国林业科学研究院森林生态环境与保护研究所、东北林业大学、内蒙古林业大学、北京林业大学、西北农林科技大学、西藏农牧学院、华东师范大学、中南林业科技大学、四川省林业科学研究院的同行专家给予的帮助。特别感谢参加本书撰写的全体专家的通力协作及所付出的努力，感谢科学出版社的支持及责任编辑的帮助。

本书是首次对我国森林生态系统质量与稳定性的评估研究的系统总结，基于生态系统生态学理论，从生态系统过程机理和经营管理视角，综合分析我国森林生态系统质量与管理的现状及存在的问题，可为林业生态环境保护、自然资源管理的各级政府部门，从事生态学、地理学、环境学、资源科学的技术研究人员，以及各高等院校相关专业的师生提供参考。限于编者水平，本书存在不足之处在所难免，敬请读者批评、指正。

于贵瑞
2022 年 6 月于北京

咨询建议 1①. 落实"统筹生态系统五库功能，筑牢国家生态基础设施"生态建设理念和目标，助力新时代生态文明建设

　　党的十八大以来，新时代中国特色社会主义建设事业蓬勃发展，党中央把生态文明建设作为统筹推进"五位一体"总体布局和协调推进"四个全面"战略布局的重要内容，并以前所未有的力度推进生态文明建设，努力建设人与自然和谐共生的美丽中国，实现中华民族永续发展。习近平总书记关于生态文明的系列论述及领导全国人民的伟大社会实践，逐渐形成并确立了习近平生态文明思想，是中国共产党人不懈探索生态文明建设的理论升华和实践结晶，指导全国人民以前所未有的力度展开生态文明和生态环境建设，全党全国人民推动绿色发展的自觉性和主动性显著增强，美丽中国建设迈出重大步伐，生态环境建设发生了历史性、转折性、全局性变化，走出了一条生产发展、生活富裕、生态良好的社会文明发展道路。

　　当前，我国的社会经济已经由高速增长阶段转向高质量发展的新阶段，生态文明建设正处在压力叠加、负重前行的关键期，已经进入提供更多优质生态产品以满足人民日益增长的优美生态环境需要的攻坚期，也到了有条件有能力解决生态环境突出问题的窗口期。在这一重要的历史节点，进一步明确提出"统筹生态系统（种碳水粮钱）五库功能，筑牢国家生态基础设施"的建设理念和目标，是落实党中央新时代生态文明建设使命，丰富习近平生态文明思想的重要实践。

一、"统筹生态系统五库功能，筑牢国家生态基础设施"是习近平生态文明思想的重要组成部分

　　全面建设中国特色社会主义伟大事业，完成第二个百年奋斗目标、实现中华民族伟大复兴，是全党全国人民的中国梦。生态文明建设是奠定中华民族永续发展的根本大计，是关系党的初心使命的重大执政任务。"生态兴则文明兴、生态衰则文明衰"，生态环境变化直接影响着文明的兴衰演替，是人类生存发展的绿色根基。

---

① 本建议执笔人：于贵瑞，傅伯杰，刘世荣，冯仁国，陈智，杨萌，郝天象。

习近平总书记关于生态文明的系统性论述和社会实践，逐渐形成了完整的习近平生态文明思想。他不仅发展了"人与自然和谐共生、生态兴则文明兴"的人类文明发展观，"环境就是民生，青山就是美丽，蓝天也是幸福""绿水青山就是金山银山"的生态价值观，"山水林田湖草沙"系统治理的生命共同体秩序观等重大理论成果。他还将中华文明传统生态智慧与现代治国理政的社会实践相结合，明确提出了"健康宜居家园、安全美丽中国"的生态文明建设目标；"社会经济转型升级、高质量绿色发展，实现碳达峰碳中和"的生态文明建设战略举措；以国家公园为主体的自然保护地体系建设、基于主体功能区的生态红线绘制、长江黄河流域和黑土区域大保护、污染防治和蓝天碧水净土保卫战等生态文明建设宏观布局；加强党对生态文明全面领导、用最严格制度和最严密法制保护生态环境、把美丽中国建设转化为全国人民自觉行动的生态文明建设保障体制；提出全球人类命运共同体、协同治理人类共同家园的生态文明建设全球倡议。

中国生态文明建设的初心使命是治理人类生态环境、保护人类栖息地、构建人类命运共同体，实现人类文明永续发展，需要在广袤的国土空间及复杂的资源环境系统中有效推进自然保护、国土绿化、生态恢复、区域治理、绿色发展、培育新型生态经济及生态产业。如同传统产业建设事业发展一样，生态产业和生态文明建设事业发展也需要"筑牢国家生态基础设施（National Ecological Infrastructure，NEI）"，以提升国家生态文明建设能力、保障国家生态安全。国家生态基础设施是国家及全民拥有的生态资产，需要党的领导、国家意志的体现和人民力量的投入，需要在广袤的全域国土空间的统筹建设、经营和管理的社会实践，需要持续巩固提升生态基础设施的规模和质量，提高多种生态福祉和产品的有效供给水平，不断增强自然生态系统的生物多样性保护、生态碳汇、水源涵养、食物供给、繁荣经济等生态功能及其价值。

2020 年，习近平总书记代表国家在联合国大会宣布我国努力争取 2060 年前实现碳中和的应对全球气候变化承诺。2021 年 10 月 12 日，总书记在《生物多样性公约》第十五次缔约方大会上强调了生物多样性保护的重要性，指出 "生物多样性使地球充满生机，也是人类生存和发展的基础"。 2022 年 3 月 30 日，总书记在参加首都义务植树活动时强调，"森林是水库、钱库、粮库，现在应该再加上一个'碳库'。"总书记的三次重要讲话概括了自然生态系统的生物多样性保护（种库）、水源涵养（水库）、生态碳汇（碳库）、食物供给（粮库）、经济发展（钱库）五个方面的基本价值体系，完整地构成了关于"生态系统五库功能统筹理论"的生态思想，为我们指明了新时代国家生态建设"统筹生态系统五库功能，筑牢国家生态基础设施"的理念、方针和奋斗目标。这个"生态系统五库功能统筹理论"是对习近平生态文明思想的"人与自然和谐共生"文明发展观，"绿水青山"生态价值观，"山水林田湖草沙"生命共同体秩序观的丰富和发展，是对我国新时代国家生态文明建设方针和目标的具体诠释，对我国未来的生态治理路径选择、宏观战略布局、保障体制体系建设具有重要的理论和实践指导意义。

二、"统筹生态系统五库功能，筑牢国家生态基础设施"的科学内涵丰富，对新阶段国家生态建设和环境治理意义重大

　　"生态系统五库功能"的科学内涵丰富、系统且深刻。自然生态系统是地球生命系统的生物基因和物种库（"种库"），又是绿色有机碳库（"碳库"）和清洁淡水资源库（"水库"）。生物健康、气候适宜、水洁土沃的生态系统便可丰产能量、蛋白质、脂肪、纤维、木材、药材，成为供给人类生存必需的生活资料和食物资源的宝库（"粮库"）。进而，通过对生态系统的"碳库""种库""水库""粮库"的综合经营和管理，发展新型生态经济，就会促进经济繁荣（"钱库"），实现社会经济的高质量发展。生态系统的"物种库功能"是一切生态功能和价值的生物基础，也是调控生态系统结构与功能的关键抓手；"碳库功能"是广义生态系统生产力和调节气候变化的能力属性；"水库功能"与"粮库功能"是人类生存不可替代的基本生活资源；"钱库功能"则是生态系统物质生产和经济活动的活力体现。由此可见，"生态系统五库功能"全面对应实现人类社会可持续发展的保护全球生物多样性、应对全球气候变化、保障区域水土资源安全、应对食物（粮食）危机以及摆脱贫困的五大挑战，认知生态系统五库功能联动机制、统筹五库功能协调发展，必将成为解决国家及全球资源环境重大问题、探索人类文明永续繁荣的核心科学问题和重要政治命题。

　　"五库功能联动、统筹协调发展"的科学意涵清晰、内生逻辑严密。生态系统具有功能性和整体性、原真性和完整性的系统科学属性，生态系统的生物繁衍、群落演替、碳氮循环、水热平衡及物质生产等生态过程都遵循生物学、物理学和化学基本法则及自然演变规律，不同生态过程间存在各种作用机制介导的耦合联动关系，这种生态学机制决定了生态系统五库功能的联动性，是统筹五库功能协调发展的科学原理。宏观尺度的"五库功能联动"体现了区域性的生物多样性保护、生态碳汇、水源涵养、食物供给、繁荣经济之间的相互作用关系，是理解生物与自然环境生命共同体、人与自然和谐共生的科学基础，是调控管理区域自然-社会-经济复合生态系统的生态学原理。

　　"五库功能及其联动统筹"概念的应用价值重大，其影响广泛而深远。生态文明建设宗旨是以人为本、尊重自然、热爱自然，其目标是实现人与自然和谐共生、维持人类的永续繁荣，生态文明建设需要基于历史、立足当下、面向全球、着眼未来，需要自然生态系统、社会生态系统、经济生态系统三个复杂系统的高度融合，以实现自然-社会-经济复合生态系统科学管理。协同全球及区域的生物多样性保护、生态碳汇、水源涵养、食物供给、经济繁荣是现阶段生态系统管理及区域可持续发展重大任务，正是生态系统五库功能的联动统筹的核心概念，对国家生态建设和宏观管理的指导意义重大。生态系统"五库功能及其联动统筹"概念为解决纷繁复杂的生态治理问题提供了关键抓手，其意义在于可以通过简化管理对象，实现对多功能-多价值-多过程复杂系统的高效管理，是纲举目张地解决人类发展与自然系统冲突的突破口，对生态系统的科学研究和生态环境治理的影响广泛而深远。

"国家生态基础设施"概念，抓住了生态保护事业的绿色根基。"国家生态基础设施"如同支撑传统的农工产业和文教事业发展的国家基础设施一样，是生态文明建设事业及生态产业发展的绿色根基，是保障经济社会高质量、可持续发展的基础性公共设施。国家生态基础设施是分布在全域国土空间的"绿水青山、碧海秀岸"，包括丰富多彩的"山川原壑、荒裸沙漠，沼泽滩涂、溪河湖泊，洋海岛岸、湾港礁滩"等自然生态系统、自然景观及生物栖息地。这些生态基础设施是国家有用的生态资产，需要国家统筹建设、经营和监管。多功能经管（Multi-functional Stewardship，MFS）国家生态基础设施体现"五库统筹"的多重功能性及社会价值观，近自然经营（Nature-based Management，NBM）体现人与自然和谐的生态文明理念。近自然-多功能的统筹建设、经营和监管，可以保障国家生态基础设施数量巩固和质量提升，不断增强生态系统功能及其价值，支撑自然保护、国土绿化、生态恢复、环境治理，以及社会经济系统转型、培育绿色金融、新型生态经济及生态产业。

三、落实"统筹生态系统五库功能，筑牢国家生态基础设施"生态建设方针和目标的相关建议

我国已进入了建设富强、民主、文明、和谐及美丽的社会主义现代化强国新阶段，生态文明建设也进入了国家基础生态设施建设、全域国土空间管控、生态建设质量提升、生态资产监管的发展阶段。落实"统筹生态系统五库功能，筑牢国家生态基础设施"的生态治理理念和目标，助力新时代生态文明建设进程、参与应对全球生态环境治理，是对习近平生态文明思想及社会实践的丰富和发展。

（一）开展"五库功能"联动关系科学研究，夯实理论基础

加强国土空间的各类生态系统状态变化及过程机理科学研究，解析生态系统"种库""碳库""水库""粮库""钱库"之间的联动关系，明确不同地区、生境类型、干扰和经营管理条件下的"生态系统五库功能"联动模式及其生态学机制。全面清查全域国土空间的五库功能状态，量化国家五库功能的自然禀赋、现存总量和质量的空间分布、状态变化、演变趋势及调控潜力。明确社会经济发展对生态系统五库功能的刚性需求及时空变异，依据气候与社会经济变化，预测未来变化趋势及经管风险。建立国家-省-县三级的五库功能清查体系、经营监管制度、生态资产数据库，定期发布国家生态资产状态及发展战略报告。

（二）以"五库功能"统筹为目标，指导国家及区域国土空间管控

以认知生态系统五库功能联动机制、统筹五库功能协调发展为目标，规划不同类型的国家生态基础设施建设任务，不同区域的建设规划及重大生态工程体系，建立国家及区域国土空间管控机制及区域间协同合作机制，系统解决生态退化、水源污染、水土流失、生物多样性丧失等生态问题，提升生态碳汇、水源涵养、食物供给、繁荣经济能力。

明确国家生态基础设施的空间管控底线或红线，确定各类自然地理单元的国土资源及生态资产管控策略；通过 "种库" "碳库" "水库" "粮库" "钱库" 的合理配置，构建国家生物、气候、水源和食物安全等战略资源安全保障体系，构建不同区域的生态-经济-社会协调关系及区域间协同发展机制，指导国土空间监管事业发展，形成富有生存力、竞争力、发展力和持续力的新局面。

（三）以 "五库功能" 价值实现为核心，建立新型生态经济体系

基于 "碳汇牵引、五库统筹、近自然经营" 的多生态功能价值实现途径，开发优质生态产品、发展新型生态经济，探索不同区域的生态价值实现新途径。新时代的国家生态基础设施及生态资产经营管理目标是不断积累国家生态资产，为人类社会提供丰富多样的生态产品，促进生态经济和生态产业发展，这就需要构建生态价值认证和生态产品市场交易体系，发展近自然的生态资产和生态产品经营和管理体系。当前迫切需要建立健全水资源及碳汇评估认证体系、交易制度、监管体系；构建以水资源及碳汇市场机制为代表的新型生态经济运营体系，缓解区域性的生态保护与经济发展的利益冲突，突破部分地区 "生态好但民众穷" 的困境；鼓励全方位开发生态产品，活跃生态产品市场；发展适度规模的生态建设、生态教育、生态旅游、生态康养等产业，增加生态产业职工收入，活跃生态保护区域的地方经济，探索乡村振兴和绿色发展的新途径。

（四）面向国家需求，推进重大生态工程建设，筑牢国家生态基础设施

国家生态基础设施是保障生态文明建设实践及目标实现的绿色根基，是自然森林、草地、湿地、海岸和岛屿等生态系统基础设施载体及国家生态安全的 "压舱石"。当前，需要在巩固我国三四十年来重大生态建设成果的基础上，以 "筑牢国家生态基础设施" 为奋斗目标，将国家生态基础设施建设提升到跟传统工农、文教事业以及新型信息和能源等基础建设同等重要的地位，组织实施以提升国家生态基础设施数量和质量为目标的新一代国家重大生态基础设施建设工程。包括：重要生态系统功能区保护修复工程，以国家公园为主体的自然保护地体系建设，"三区四带" 生态安全屏障、城市群绿地-河岸带-生态廊道体系建设，生态系统保碳增汇、水源涵养、土肥保持、重要流域及区域和国防生态安全保障体系建设，国家生态系统观测研究网络、国家生态系统科学研究重点实验群、国家生态资产评估监管网络、国家生态减灾预警及决策支撑系统建设等等。

（五）明确国家生态基础设施建设的责任机构，健全生态资产建设、经营和监管的责任、财政和法规体系

明确国家生态基础设施建设主体，经营和监管国家生态资产是推进我国生态文明和生态环境建设进程的重要任务。改革开放以来，我国农业、水利、交通、信息、通信等基础设施建设均取得了长足进展，公共服务能力快速提升。但是，支撑生态文明建设的生态基础设施建设及监管事业还没被明确定位为国家行政职责，还没有被明确地确立为各级政府行政管理事务，更没有建立起与生态文明建设相适应的国家行政管理机构、财

政及法规体系。

鉴于现有的国家行政职能分工及事业特征，建议以自然资源部和国家林业和草原局为依托，建立国家生态基础设施建设和经管主体行政管理机构，肩负国家生态基础设施建设、生态资产核查监管、生态环境状态监测、生态产品经营等行政职能，全面推进国家生态环境治理、新型生态经济和生态产业发展以及法规体制建设。

鉴于现行的国家生态补偿财政制度所存在的众多缺陷，以及生态基础设施建设的公益性、自然性和长期性特点，建议参考国家基础设施建设投资和运营机制，重新构造有利于社会公益事业发展的生态基础设施建设国家投资、绿色融资及生态产业经济新机制。

鉴于现实存在的"绝对自然保护"或"管则死、放则乱"等生态保护和经营监管方面的众多问题，建议责成国家生态基础实施建设经管的行政管理机构主导，联合相关部委，统筹研制自然生态系统、自然景观、自然保护地的保护利用规划、生态基础设施建设规划，健全多层级的财政、融资、政策和监管制度体系；坚持"因地制宜、分类分区、精准施策"原则，积极推广生态资产、生态产品的多功能-近自然经管理念，建立"碳汇牵引、五库统筹"的生态保护、资源利用及生态资产经营和监管新体制；因势利导地支持有条件地区做优做强生态产业，推进生态经济产业升级，打造生态经济支柱产业。

咨询建议2①. 推行"五库统筹"的近自然经管，助力新时代我国林草业转型发展

党的十八大以来，我国的林草业发展正在向保护生态环境方向转型，国家林草业部门作为以保护和培育森林草原为核心的生态建设事业管理机构的作用日益凸显。然而，由于社会经济发展的惯性、体制和政策调整的时滞，当前的国家林草业部门还肩负着林草产业经营与生态建设事业发展的双重职责，在国家治理体系中还依然沿用促进产业经济发展的行政体制、财政制度及政策体系，因而面对"重产业轻生态、重利用轻保护"抑或"绝对自然保护，忽视资源合理利用和民生福祉"等宏观管理问题尚未找到有效的破解之路。

我国新时代的社会经济正在走上高质量发展之路，人民群众对优美生态环境的需求日益增长，我们需要从国家发展进程及对生态环境刚性需求的新视角，重新审视林草业的使命及其转型发展战略，这是关系我国生态环境建设及生态产业布局的重大理论和实践命题。

中国科学院生态系统研究网络（CERN）会同国家林业和草原局定位中国森林生态系统研究网络（CFERN）的专家，开展了"中国森林生态系统质量及稳定性"研究，经过多次研究讨论，提出"筑牢国家生态基础设施体系，统筹生态系统五库功能联动发展；近自然经营管理国家生态资产，构建新型生态经济产业体系"的林草业转型发展战略构想，进而提出了推进林草业转型发展的五项政策建议，籍以助力国家生态文明建设实践。

一、我国林草业发展现状及新时代的国家需求

中华人民共和国成立以来，林草产业为国家经济建设和社会发展作出了重大贡献。在新中国建设和发展过程中，林草产业在有效保障国家经济建设的木材供给和畜牧生产、发展林草产业经济的同时，还为森林、草原和湿地生态系统保育作出了重要贡献。我国的森林覆盖率已由建国初期的8.6%上升到了2021年的24.02%，特别是20世纪90年代以来的森林面积和蓄积量快速增长，成为同期世界森林资源增长最多、最快的国家，人工林面积稳居全球首位。近年来的全国草原保护修复也取得显著成效，初步遏制了草原生态退化态势，草原综合植被盖度达到56.1%，全国湿地保护力度不断增强，湿地保护率达到52.6%。

---

① 本建议执笔人：于贵瑞，刘世荣，牛书丽，何念鹏，汪金松，郝天象。

党的十八大以来，林草业对国民经济发展的贡献，以及在国家产业体系、自然资源、生态环境建设事业中的地位已开始发生了重大改变。2021 年的中国 GDP 总量为 114.4 万亿元，成为全球第二大经济体，人均 GDP 突破 8 万元，实现了摆脱绝对贫困的小康目标。相比之下，2021 年中国林业生产总值仅为 6507.7 亿元，占当年全国 GDP 总量的 0.6%；草牧业生产总值仅为 39910.8 亿元，占全国 GDP 总量的 3.5%。2021 年全国林草系统从业人员 87.6 万人，仅占全国就业人口的 0.12%。然而，我国现有森林总面积约 2.2 亿 hm^2，占国土空间的 15.4%，天然草原总面积约 4 亿 hm^2，占国土空间的 28%，天然湿地总面积约 0.53 亿 hm^2，占国土空间的 3.9%。森林、草地和湿地合计总面积约 6.73 亿 hm^2，占国土空间的 47.1%，这些绿色空间构成了保障国家生态安全、文明兴衰及生存发展的绿色根基。

由此可见，虽然传统林草产业对现在的国民经济发展贡献越来越小，但是森林、草原和湿地生态系统在国家生态保护和安全保障作用的日益凸显，对生态产业发展、生态产品供给及生态经济的贡献将会日益增强。因此，在此背景下，如何实现林草业转型高质量发展，让国土空间从"绿起来"到"好起来"，再到"强起来"，筑牢国家生态基础设施体系，保障国家生态安全，为广大人民群众提供更多更优质生态产品，已成为新时代林草业发展的国家重大需求。

二、新时代我国林草业转型发展的历史使命

在党的二十大报告中，习近平总书记明确发出了站在人与自然和谐共生的高度谋发展，尊重自然、顺应自然、保护自然，全面建设社会主义现代化强国的号召。强调坚持绿水青山就是金山银山理念，实施山水林田湖草沙一体化保护和系统治理，完善生态文明制度；提升生态系统多样性、稳定性和持续性，加快实施重要生态系统保护修复、生物多样性保护重大工程；积极稳妥推进碳达峰碳中和战略，协同推进降碳-减污-扩绿-增长的绿色低碳发展。

新时代的生态文明建设为国家林草业发展提出了新需求和新挑战，赋予了新的历史使命，肩负着"筑牢国家生态基础设施体系，统筹五库功能联动发展，近自然经营管理国家生态资产，开发丰富多样的生态产品，发展新型生态经济产业"的新时代国家发展责任及行政管理职责。

（一）履行国家生态基础设施建设，近自然经管国家生态资产的使命

国家生态基础设施（National Ecological Infrastructure，NEI）是国家物质文明和精神文明融合发展的基础性公共设施，是建设人与自然和谐共生的美丽国土空间的重要载体，必将成为中国式现代化的核心内容，即人与自然和谐共生的中国现代化，为实现第二个百年奋斗目标提供基础保障。国家生态基础设施是分布在全域国土空间的自然生态系统、自然景观及自然生物栖息地及其生态网络，是实现生态文明建设目标的绿色根基和基础保障。

新时代的国家林草业发展方向,应以构建自然-社会-经济和谐的地球生命共同体为发展理念,以建设"天蓝、地绿、水清、美丽"的国土生态空间为目标,履行国家生态基础设施建设、近自然经管国家生态资产的历史使命,承担国家生态基础设施建设、生态资产核查监管、生态环境状态监测、生态产品经营等行政管理职能,"因地制宜、分类分区"地优化国家生态安全空间格局,多功能目标的综合管理国家生态基础设施、经营国家生态资产,全面推进国家生态治理、生态经济和生态产业发展以及法规体制建设,保障国家生态安全。

（二）强化国家生态基础设施建设,构建国家自然保护和生态安全体系

国家生态基础设施建设是构建国家自然保护和生态安全体系的重要基础,依据国土生态空间功能规划,迫切需要重点建设以下五类国家生态基础设施。其一是以国家公园为主体的自然保护地体系,将国家公园、自然保护区、自然及文化遗产地的保护融为一体,优化自然保护地整体功能。其二是以"三区四带"为基本骨架的生态屏障体系,确定生态屏障的生态保护红线、实施山水林田湖草沙的一体化保护和系统治理,分区分类、精细网格、近自然管护,提升生态屏障综合质量。其三是以城市群和乡村绿地为主体的绿色生态空间体系,推进城市绿地公园、河岸湖岸、道路沿线、村镇及水源地的国土绿化、构建区域性嵌套的绿色生态空间及生态廊道网络体系。其四是以边境和海岸带为主体的边海生态安全体系,建立边境区域的生物和生态安全防护带、海岸及领海岛屿生态功能区域,加强国防安全保障、维护国家海洋权益。其五是构建以生态系统天地空立体观测和野外定位观测研究网络为主体的科技支撑体系,建设国家生态系统科学研究重点实验群,建设国家生态系统观测研究网络、国家生态资产评估监管网络、国家生态减灾预警及决策支撑系统,系统开展生态系统五库功能状态演变、国家生态基础设施建设及生态治理的基础理论科学研究、关键技术实验示范、生态资产监管及生态灾害预警。

（三）生态碳汇牵引、统筹生态系统五库功能,巩固提升生态系统质量

总书记关于"双碳"目标、生物多样性保护、森林"四库"等系列重要讲话概括了自然生态系统的生物多样性保护（种库）、水源涵养（水库）、生态碳汇（碳库）、食物供给（粮库）、经济发展（钱库）五个方面基本价值,对应了实现人类社会可持续发展的应对全球气候变化、保护全球生物多样性、保障区域水土资源安全、应对食物（粮食）危机以及摆脱贫困的五大挑战,构成了关于统筹生态系统五库功能的科学理念,指明了新时代我国林草业发展方向。

国家的碳达峰碳中和战略是推进科技进步、促进脱碳绿色转型发展、培育新型生态产业经济,牵引中国生态文明建设、实现环境治理和生态修复目标长期性宏观战略。保护增强生态系统碳汇是实现碳中和目标的最绿色、最经济、最具规模的生态工程技术途径。统筹国土空间保护、利用和管控,巩固和提升生态系统质量及其碳汇功能必将成为未来的生态环境治理新引擎。"巩固提升生态碳汇、统筹生态系统五库功能",全面认

知生态系统的种库-水库-碳库-粮库-钱库功能的联动机制、统筹五库功能的协调发展，必将成为解决国家及全球资源环境重大问题、探索人类文明永续繁荣的核心科学问题、重要政治命题及生态环境建设核心任务。

（四）近自然-多功能经营和管理国家生态资产、做强生态经济和生态产业

建设富强、民主、文明、和谐及美丽的中国特色社会主义现代化强国新阶段是新时代生态文明建设的长期目标，管控全域国土空间、提升生态系统质量及稳定性和持续性、监管生态资产是新时代生态文明建设的核心任务。多功能经营和管理（Multi-functional Stewardship，MFS）、近自然经营（Nature-based Management，NBM）国家生态资产综合体现了"统筹生态系统五库功能"的多重社会价值观以及人与自然和谐共生的生态文明理念。近自然-多功能的统筹建设、经营和监管国家生态基础设施和生态资产，需要建立新型管理和财政体制，促进社会经济系统转型、培育新型绿色金融和生态经济及生态产业。

推进新时代我国林草业转型发展，应坚持"基于自然规律，基于自然条件，基于自然过程"的近自然经管理念，坚持"多目标协同、近自然经营""因地制宜、分类分区""突出重点、精准施策"的系统治理原则，以尽可能少的人为干扰和物质投入，来获得尽可能丰富的生态产品，最大限度满足高质量发展的生产、生活、生态和生计需求、满足人民日益增长的美好生活、美丽家园和宜居环境需求。建设"人类文明-经济繁荣-绿水青山互融，自然生态-人类社会-经济系统相益"的人类命运共同体，发展近自然-多功能的新型生态经济和生态产业体系，引导传统林草业产业向新型生态产业转变升级，做强生态经济和生态产业，培育生态产品价值实现及国民经济发展的支撑点、增长点和发力点。

三、推进我国林草业转型发展的政策建议

新时代新使命下的我国林草业转型发展已迫在眉睫，须贯彻践行习近平生态文明思想，牢固树立绿水青山就是金山银山理念，以"筑牢国家生态基础设施体系，统筹五库联动发展，近自然经营和管理国家生态资产，开发丰富多样的生态产品，发展新型生态经济产业体系"为奋斗目标，深化科技创新和体制改革，加强森林、草原和湿地保护恢复、提升生态系统质量，做优做强林草业产业，推动新时代林草业高质量发展，为建设生态文明、实现双碳目标、促进乡村振兴作出新贡献。

（一）系统开展生态系统科学研究，认知生态系统五库功能联动机制

系统开展生态系统科学研究，认知生态系统五库功能联动机制，夯实国家生态基础设施建设及生态治理的理论基础，是支撑林草业转型发展的基础。以服务国家生态基础设施建设和林草业发展战略为目标，发展基于生态系统天地空立体观测研究网络为主体的科技支撑体系，解析国土空间的各类生态系统五库功能状态演变、联动关系及其调控

机制，明确社会经济发展对生态系统五库功能的刚性需求及时空变异，开展未来情景预测，优化生态系统经管路径。开发全域国土空间的生态系统五库功能联动模拟分析、宏观决策分析系统，定期发布国家生态系统五库功能、生态资产状态及发展战略报告。

（二）构建生态资产立体监管体系、动态监测国家生态系统五库功能

动态监测国家生态基础设施建设状态、综合经营和管理效果，把握生态系统的"种库""碳库""水库""粮库""钱库"功能状态变化是构建国家生态资产监管体系的重大科技任务。在现行的国家资源连续清查基础上，整合现有的各类生态系统定位观测网络，开展长期定位网络化观测，量化全域国土空间五库功能的自然禀赋、现存总量和质量的空间分布、状态变化、演变趋势及调控潜力，建立五库功能清查体系、经营监管制度、责任追究、税收奖惩和绩效考核体系。

自然生态系统、自然景观、自然保护地是维持国家五库功能的生态基础设施，框定国家自然保护、自然资源安全和国土生态安全的生态用地基线，确保自然生态系统原真性、完整性、系统性及优化空间格局是国土生态空间管控格局的基本要求，动态监测五库功能及生态资产动态是编制"因地制宜、分区分类、精准施策"的生态系统利用保护系统方案，推进区域绿色高质量发展的基础性工作，需要利用天地空立体观测，结合社会经济大数据、智能计算等现代信息技术，建立国家尺度天空地一体化的生态资产立体监测体系，国家–省–县三级联动生态资产数据库，构建服务决策的生态资产监测–评估–预测–预警模拟分析系统。

（三）推进新一代重大生态工程建设，落实国家生态基础设施建设任务

国家生态基础设施是保障生态文明建设实践及目标实现的绿色根基。国家林草业管理机构必须将提升生态系统五库功能的国家生态基础设施体系建设纳入国土空间总体规划，稳步推进国家自然保护和生态安全体系构建。当前需要在巩固我国生态工程建设成果基础上，以"筑牢和改善国家生态基础设施、全面提升生态系统质量及稳定性和持续性"为目标，以自然保护地体系、生态屏障体系、绿色生态空间体系、边海生态安全体系以及科技支撑体系的系统建设为抓手，有效组织实施全域国土空间的自然保护、生态治理及生态资产管理布局，推进新一代的重大生态工程建设行动。

国家林草业管理机构需要持续巩固以往的天然林资源保护及不同区域的生态工程建设成果，重点推进生态系统和生物多样性保护、生态碳汇保护提升、城镇水源涵养、区域水土肥保持、荒漠石漠化治理等专项生态工程，全面提升国家生态基础设施综合功能及国土空间绿化水平，保障我国现代化强国建设的生态安全；需要准确把握生态保护与经济发展的权衡关系，坚守生态保护红线，确保生态系统的原真性、完整性和系统性，精细化制定生态保护红线区内的"保护中利用"，红线区外的"利用中保护"，人地冲突区的"保护发展兼容"的多层级管理模式，精细研制重要生态功能区的分类分区建设和保护的中长期规划、制定重要生态基础设施建设、监管和多功经营制度和政策。

（四）研制生态产品价值认证方法，构建水源和碳汇等交易市场体系

研究"绿色水库"和"绿色碳库"的商品形态及价值及认证方法是构建生态产品交易市场体系的基础。需要重点发展以"水库"和"碳库"为标志的生态产品价值认证标准、本土化价值评估模型，发展自然资源和生态资产负债表编制方法，探索生态效益精准化度量及价值实现市场途径、构建生态保护和工程的国家投资、绿色融资及生态产业的新经济机制、生态产品和生态服务外溢价值及生态损害惩罚机制。探讨生态产业从业职员的就业机制、职业等位、权益保护和工薪制度。积极推进绿色碳库、绿色水库、环境净化、宜居环境等生态产品或生态服务交易市场体系建设，培育新型生态经济和生态产业，支持有条件区域建立国家生态经济示范基地，培育新型生态产品，做优做强特色生态产业，打造新生态经济的支柱产业，为"绿水青山"转化为"金山银山"提供可复制的实践范式。

现行的国家生态补偿财政制度存在众多缺陷，迫切需要基于生态基础设施建设的公益性、自然性和长期性特点，参考国家基础设施建设的投资和运营机制，重构有利于社会公益事业发展的生态基础设施建设国家投资、绿色融资及生态产业的新经济机制。破解"管则死、放则乱"抑或"放任开发、绝对保护"等众多难问题，发挥行政管理主体机构的领导作用，会同生态环境有关部门拟定生态基础设施建设规划，联合建立多层级的财政、融资、政策和监管制度体系；建立起基于生态资产和生态产品近自然多功能经营监管的新体制，推进林草业生态经济及生态产业升级，打造现代生态经济的支柱产业。

咨询建议 3[①]. 全面提升我国森林生态系统质量、稳定性和持续性

森林生态系统具有强大的生物多样性保护（种库）、水源涵养（水库）、生态碳汇（碳库）、食物供给（粮库）、经济发展（钱库）功能，在国家生态环境建设、绿色永续发展，资源环境安全、减缓和适应气候变化中发挥着不可替代的作用，是最为重要的国家生态基础设施，对推进生态文明建设具有基础性、战略性作用。《中华人民共和国国民经济和社会发展第十四个五年规划和 2035 年远景目标纲要》指出，着力提高生态系统自我修复能力和稳定性，守住自然生态安全边界，促进自然生态系统质量整体改善，为建设美丽中国奠定坚实生态基础。党的二十大报告指出，要提升生态系统多样性、稳定性和持续性，推动绿色发展，促进人与自然和谐共生；并提出加快实施重要生态系统保护和修复重大工程，推进以国家公园为主体的自然保护地体系建设，实施生物多样性保护重大工程，科学开展大规模国土绿化行动，建立生态产品价值实现机制等具体措施。

新时代我国森林生态系统质量面临着机遇与挑战并存的复杂态势，存在诸多突出矛盾和问题亟待解决，全面提升森林生态系统质量、稳定性和持续性是新时代生态建设的重要任务，对推进中国林业转型发展战略，筑牢国家生态基础设施体系及新型生态经济产业体系，统筹生态系统五库功能（种库、碳库、水库、粮库、钱库），近自然经营管理国家生态资产的意义重大，迫切需要明确宏观管理战略、系统性解决方案及强力科技支撑。

在中国科学院野外站联盟项目"中国森林生态系统质量与管理状况评估"（KFJ-SW-YW034）资助下，中国科学院和中国林业科学研究院的专家学者们基于中国生态系统研究网络（CERN）、中国森林生态系统研究网络（CFERN）等长期观测实验研究，全面分析了我国森林生态系统质量与管理现况以及主要问题，提出了科技支撑森林生态系统质量和稳定性全面提升的政策建议，期望为我国森林生态系统优化管理、国家自然资源管理和生态文明建设提供科技储备。

一、中国森林资源与林业建设成效

依据 1973～2018 年实施的 9 次森林资源连续清查，我国森林资源发展经历了过量消耗、治理恢复、快速增长三个阶段。建国初期到 20 世纪 70 年代末，以林业作为基础产业，大量生产木材满足国家建设需求，这种林业发展方式曾导致了随后 20 年森林资

---

① 本建议执笔人：于贵瑞，刘世荣，王兵，牛香，陈波，郝天象。

源增长缓慢，而后在"以营林为基础，普遍护林，大力造林，采育结合，永续利用"的林业建设方针指导下，开展了以六大林业生态工程为重点的森林生态建设。经过几十年的实践探索，我国在保持社会经济高速发展的同时，在森林资源数量与质量及其生态服务功能、经营管理体系、科学技术、公众意识与社会经济效益等方面取得长足进展，主要表现为：

（1）森林资源总量增加。过去近五十年（20 世纪 70 年代中期至 2021 年），我国森林覆盖率由 12.7% 提升到 24.02%，森林面积由 1.22 亿 hm² 增长到 2.20 亿 hm²，森林蓄积量由 86.56 亿 m³ 提高到 194.93 亿 m³。

（2）森林结构显著改善，林分质量不断提高。林种结构由用材林为主转变为防护林为主，龄级结构趋于合理，近、成、过熟林的面积和蓄积量明显提升，森林每公顷蓄积量增加了 8.62 m³。

（3）国土空间及人文景观绿化成效明显。1998～2020 年，我国城市绿地面积、公园绿地面积和公园数量均翻了两番有余；2013～2021 年，累计造林面积达 5944 万 hm²，建成国家森林城市 152 个，建设一批国家森林乡村和森林村庄。

（4）森林生态系统服务与社会经济效益稳步提升。随着森林质量不断提升，森林固碳释氧、涵养水源、保育土壤、净化大气环境等生态服务功能得到显著增强，获得巨大生态、经济、社会效益，促进了近千万贫困人口脱贫增收。

（5）森林生态系统经营管理技术体系与治理体系逐步完善。结合中国国情与林情，研发推广了一系列森林经营管理技术，修订颁布了多项技术标准，初步建立了森林经营技术标准体系，国家林业法律、法规和行政管理制度不断健全。

（6）森林经营理念不断更新，公众生态意识和绿化参与度明显提升。吸收借鉴国际先进森林经营理念，推进森林经营国际合作，开展符合国情与林情的森林经营实践，不断探索创新森林经营方式，营造了公众参与绿化建设的浓厚氛围。

二、中国森林生态系统质量状况

近年来随着森林科学经营意识和技术措施的不断进步，中国已成为世界上森林资源增长最多的国家。然而，由于国家建设的木材需求量持续强劲，加上过去长期的森林不可持续经营，导致目前中国森林生态系统质量尚处于全球较低水平，森林生态系统质量和稳定性仍面临着诸多问题。

（1）森林质量相对较低，森林生态功能不强，人均森林资源贫乏，森林面积增长空间有限。目前，全国林地质量为"中"或"差"的占 60.04%，在宜林地中为 88.45%。2020 年我国森林覆盖率、单位面积立木蓄积量、人均森林面积和人均蓄积量均低于或远低于全球平均水平。我国森林每年每公顷提供的生态服务价值仅相当于德国、日本的40%。随着大规模推进造林绿化，可造林的面积越来越少，造林管护难度越来越大。

（2）森林病虫鼠害严重，抗自然灾害能力低。我国是受森林病虫鼠害危害最严重的国家之一，连续多年森林病虫鼠害发生面积维持在 1200 万 hm²，导致林木存活率降低和林木生长量减少，威胁森林资源与生态安全。2017 年中国森林病虫鼠害受灾面积占当年森林总面积的 4.8%，远高于同期德国、巴西和俄罗斯。

（3）森林结构不合理，林龄低龄化显著，纯林占比高，可利用资源不足，对外依赖度走高。目前我国森林面积以中幼龄林为主，占森林总面积的 63.9%；全国乔林总面积中纯林占比较高，纯林和混交林的比例约为 6∶4；天然林全面商业禁伐后，天然林木材供给受限，加上我国对木材的需求量极大和人工林生产力低下，国内木材和林产品供应形势严峻，近年来我国木材对外依赖度维持 50% 以上且持续走高。

（4）森林经营管理相对粗放，科技化水平不高，林业专业人才队伍匮乏。我国森林普遍存在抚育滞后问题，出现断带现象，形成林分结构不合理的低产低效林，主要原因是我国森林生态系统管理的科技化水平不高。目前，我国林业科技进步贡献率仅为 53%，科技成果转化为 35%。森林经营管理手段相对落后，现代化、信息化、智能化的监测与管理设施缺乏，可以大规模推广的科技创新储备不足。同时，我国林业人力资源总量不足，存在高层次人才短缺、后备力量不足、非林业专业人员占比较高等人员结构问题。

（5）森林经营资金投入不足，政策扶持不到位。目前，森林经营资金和政策制度尚不能完全满足我国森林抚育与管理的需求，市场参与的森林经营机制也不够完善，存在森林资源保护设施设备陈旧老化、林农森林经营建设的积极性不高、林下资源经营技术薄弱、产-购-销不畅通等森林经营问题，影响森林生态屏障功能和木材与林产品的生产。

三、提升森林生态系统质量的宏观管理建议

我国森林生态系统质量和稳定性的全面提升应明确以"国家生态基础设施建设"为首要使命的基本定位，坚持尊重自然、顺应自然、保护自然的原则，以《中华人民共和国森林法》为准则，以《"十四五"林业草原保护发展规划纲要》为引领，以《全国重要生态系统保护和修复重大工程总体规划（2021—2035 年）》为重点抓手，贯彻新时代"多功能近自然森林经管"的林业转型发展新战略，落实"碳汇牵引、五库统筹、分区分类、精准施策"的森林生态资产经管总体方针，大力推进"林长制"，压实主体责任，构建长效责任体系和人才发展机制。

围绕我国森林经营目标，综合森林资源与管理现状与支撑体系建设等方面，巩固与提升我国森林生态系统质量、稳定性和持续性的宏观战略是"应坚持问题导向、宏观管控、分区分类、精准施策"，着力解决以下四个方面的国家森林资源宏观管理的共性问题。

（一）明确森林经营管理分类，制定精细化的分类管理

"分区分类、精准施策"是森林经营的基本原则，科学的林地分类是开展林业分类经营的重要依据。目前，各项森林资源调查与研究中林地分类所采用的规范与技术要求差异较大，使土地属性、林地属性存在混乱，阻碍经营效果，亟需构建面向新时代森林

经营需求的林地分类体系。国家林业行业标准《林地分类》和"三调"中基于土地利用类型的林地分类体系强调了林地自然客观属性，但没有充分体现其主观价值，即森林经营主体目的，不宜作为森林经营的指导标准。相比之下，《中华人民共和国森林法》和《森林资源规划设计调查技术规程》的林地分类体系明确区分了保护生态环境和经济效益两个经营目标，较适用于作为森林资源培育、保护和利用以及森林生态系统质量分类评估的参考标准。

建议以《中华人民共和国森林法》和《森林资源规划设计调查技术规程》的林地分类体系为主要依据，提出适用于森林经营管理分类方案的推荐性林地分类标准。根据经营目标和生态保护需求将林地分为5个林地类型（24个亚林种），即防护林（水源涵养林、水土保持林、防风固沙林、农田牧场防护林、护岸林、护路林、其他防护林）、特殊用途林（国防林、实验林、母树林、环境保护林、风景林、名胜古迹和革命纪念林、自然保护区林）、用材林（短轮伐期工业原料用材林、速生丰产用材林、一般用材林）、经济林（果树林、食用原料林、林化工业原料林、药用林、其他经济林）和能源林（木质能源林、油料能源林）。

（二）构建新时代森林生态系统质量评估体系

"摸清家底"是科学开展森林抚育经营、实现精准提升森林生态系统质量和稳定性的重要基础，为国家统筹规划与实施方案制定提供必要数据支撑。目前，我国尚未形成标准化、规范化的生态系统质量评估体系，评估结果很大程度取决于指标的可获得性，以及质量评估者的意愿与目标。"生态系统质量评估"行业标准采用3个重要遥感生态参数用于评价生态系统质量，包括植被覆盖度、叶面积指数和总初级生产力；然而，其所采用的3个指标均与森林面积、森林生长状况等总量有关，不能完全反映区域差异。应综合考虑区域资源禀赋差异，构建在多尺度、多视角、多维度上科学评估森林生态系统质量的规范化指标体系。

科学的森林生态系统质量评估体系应综合考虑森林的自然属性（即客观质量）和社会属性（即主观质量）。基于前人研究，建议选取活力特征指标（蓄积增长量、单位面积蓄积增加量、单位面积生长量、植被指数、胸径增长量、植被覆盖度变化等）、结构特征指标（覆盖率、蓄积量、生物量、碳储量、郁闭度、胸径、树高、龄组、林种结构、群落结构、近自然度等）、抵抗力特征指标（林火干扰、冰雪灾害、毛竹扩张、病虫害干扰等）和生态服务功能指标（涵养水源、保育土壤、净化大气环境、保护生物多样性、固碳释氧、森林防护、森林康养等）4大类指标作为森林生态系统质量状况评估的主要指标。

（三）完善森林精细化功能区划

基于知识的森林生态系统精细化功能区划是有序提升森林生态系统质量、稳定性和持续性及其监测评估的科学依据。目前，我国形成了多个生态区划方案，如中国综合自然区划（1959年）、中国植被区划（1980年，2007年）、中国森林区划（1997年，1998

年）等。这些生态区划方案的区划原则既有共性原则，又有差异性原则，其分类体系带有各自的时代特征与应用局限性，且多学科概念交叉混用，导致了对林地属性、经营管理目标和政策的认知混乱。应加快推进新时代森林生态系统精细化区划，在多尺度上编制森林生态资产空间分布及经营管理规划图，确定精细的林地功能定位、经营管理属性及政策方向，助力森林生态系统质量和稳定性的巩固与提升。

建议基于已形成的"东扩、西治、南用、北休"良好的林业发展格局以及森林地带性分布特征，以温度、水分和森林植被等地理环境要素为首要区划指标，结合重点生态功能区、生物多样性热点及关键地区、"三区四带"国家生态屏障区、生态脆弱区等重要生态战略格局，制定新的森林经营管理分类体系。根据该区划依据，可初步将我国森林划分为 9 个地区，即东北温带针叶林及针阔叶混交林地区、华北暖温带落叶阔叶林及油松侧柏林地区、华东中南亚热带常绿阔叶林及马尾松杉木竹林地区、云贵高原亚热带常绿阔叶林及云南松林地区、华南热带季雨林雨林地区、西南高山峡谷针叶林地区、内蒙古东部森林草原及草原地区、蒙新荒漠半荒漠及山地针叶林地区、青藏高原草原草甸及寒漠地区。基于此，进一步可以细化为 48 个林区，包括 4 个具有人工造林潜力的非林区。

（四）压实"分区分类、精准施策"经营管理

分区域规划、分类型经营是在综合森林资源状况、资源禀赋、社会经济发展与需求的区域分布特征等因素后，瞄准不同重要林区/森林类型的核心生态价值与经营目标开展的尊重自然规律的精细化森林管理措施，是科学提升森林生态系统质量和稳定性的实施方略。虽然我国现有林地管理模式已经基本完善，但面对新时代国家对林业发展转型的新期许，还需进一步提升和发展。如何提升经营水平、加强林种改造与质量提升，是新时代林业发展亟需解决的重大科技问题。

建议以森林资源保护发展为目标，以生态系统质量、稳定性和持续性为核心，以制度建设为保障，以科技支撑与监督考核为手段，构建政府主导、市场主体、社会参与、风险可控的森林经营新机制。应坚持现有林分类经营，发挥各类型森林的主导功能；鼓励和适度引导标准化、基地化、规模化经营，惠及广大林农和林区居民；构建经济林资源知识产权保护与产品食品安全体系；加快退化森林（植被和土壤）恢复与重建，保护和丰富生物多样性；提升森林经营管理技术，尤其是对森林质量、病虫害、极端气候和火灾等的感知与应对能力等。

四、我国六大林区森林生态系统质量问题及经营管理建议

"因林而异"地制定与区域发展协调统筹的区域森林经营策略，是科学落实森林生态系统质量全面提升国家战略布局的重要途径。综合考虑森林生态系统自然差异、国家发展规划分区等因素，将中国森林生态系统划分为东北地区、华北地区、西北地区、华中与东南地区、西南地区、华南地区等六大林区，对各林区的森林经营目标与方向、突

出问题与策略进行论述，并提出优化管理建议。

（一）东北地区

东北林区是我国重点国有林区和北方重要天然林区，东北虎、东北豹等生物多样性保护的旗舰物种众多，在生态文明和美丽中国建设的战略布局中具有举足轻重的地位。目前，东北地区森林资源经历了过度采伐，资源濒临枯竭，天然次生林为主，林分结构单一，病虫害和林火风险高。尽管生态工程实施后森林质量有所改善，但自然更新缓慢，森林恢复有限，森林生态系统总体仍较为脆弱，自然生态系统完整性与稳定性不足，尚没有充分发挥国家生态安全屏障功能。

巩固和提升东北地区的森林资源储备和森林带屏障功能，应以《东北森林带生态保护和修复重大工程建设规划（2021—2035年）》为指导，全面加强森林经营，保护原始林，修复退化森林，建设国家储备林，增强森林多重生态功能，强化自然地保护修复，打通生物迁徙廊道，保护生物多样性；加大过采区和废弃矿区等的生态修复力度，减少环境污染，提升人居环境；科学实施人工抚育，尤其是中幼龄林，优化人工林结构，加快次生林向顶极植被演替，定向培育长周期大径材优质林木及乡土珍贵阔叶树种，着力培育森林后备资源；充分发挥资源优势，大力发展林下经济，促进当地经济发展。

（二）华北地区

华北地区人口密度大，工业化、城市化发展迅速，对城市森林和生态防护林有着较高要求，尤其在京津冀生态协同圈建设方面，需要扩大环境容量和生态空间，提高生态承载力。森林生态系统质量提升对该区域生态安全和社会发展具有重要意义。华北地区降水量不足、耗水量大，水资源限制问题较为突出，加上不合理的森林资源开发利用、地下水超采，导致了天然林破坏严重，森林以低质低效林和退化次生林为主，森林病虫害严重，生态空间严重不足，人口-资源-环境矛盾凸显，特别是北方农牧交错带前缘的生态过渡区，森林生态系统尤为脆弱。

华北地区应全面保护森林资源，重点保护栎类等乡土珍贵树种和地带性森林；加强退化林地恢复力度，大力推进天然次生林、退化次生林、人工低效纯林提质和退化防护林（带）修复，构建结构合理、功能完备的农田、沿海和城市防护林和水源涵养林体系，以水定绿、科学进行生态恢复；加强国家公园、森林公园建设，完善城市绿道、生态文化传播等生态服务设施网络，推进城市森林多功能高质量发展，优化美化城乡人居环境。

（三）西北地区

西北林区主要属于防风固沙重要生态功能区，也是我国五大优势特色经济林片区之一，经济林种质资源较为丰富。同时，该区域大部分属于生态脆弱区，水资源短缺、土地沙漠化和水土流失等问题突出。尽管宜林地面积大，但多为沙化、荒漠化土地，林分质量普遍较差。西北地区实施一系列林业生态工程后，森林资源数量和质量明显提升，荒漠化和水土流失得到有效控制，但由于高密度种植、盲目引种等不科学造林行为，部分地区出现土壤干化和径流减少等现象，增加了土壤干旱、土壤碳汇丢失等风险。

西北地区应严格保护现有原始林，促进次生林正向演替，保护和重建沙区植被。优先扩大植被覆盖度，构筑生态防护带，持续推进三北防护林建设和京津风沙源治理，扩大退耕还林还草，修复和重建退化、老化、灾害化的防护林（带）。"因地制宜"地开展植树造林，优先选择侧柏、刺槐、柽柳、柠条、沙柳、胡杨、梭梭等耐旱树种和需水量较低的灌木草本等；同时，应酌情开展"生态用水"工程，以确保重点区域生态建设与森林生态功能维持的最低用水供给，保障人居环境与社会发展。充分发挥光照充足、昼夜温差大的气候优势，大力发展特色经济林果。

（四）华中与东南地区

华中与东南林区是我国重要的生态屏障和木材生产区，覆盖了"三区四带"的南方丘陵山地带和长江重点生态区，以及长江经济带国家战略发展区域，其森林经营措施同时担负着生态环境保护治理、社会与经济高度发展的双重使命。该区域水热资源充足，林木生长快，但中幼龄林和人工纯林占比较高，林地产出率较低，且潜在造林面积有限，地域优势没有得到充分发挥。

华中与东南地区应严格按照区域森林经营实施方案，科学推进森林质量提升。重点开展原始林保护与退化森林的生态恢复，坚持自然修复和人工促进相结合，采取补植补造、更新改造等措施。对存在林分稳定性差、森林生长发育迟缓、生态功能退化或丧失等退化问题的森林，尤其是防护林，实施退化林保护与修复，改善林分结构，巩固和提升森林质量及其生态功能。同时，加强城市园林、防护林网和海岸线建设与修复，大力培育大径级珍贵用材林、速生丰产林与混交林，积极发展特色林下经济，服务于国家木材储备战略，提高林区经济收益。

（五）西南地区

西南林区是我国第二大林区，覆盖了"三区四带"中青藏高原生态屏障区和长江重点生态区上游部分，保障长江中下游国家生态安全；同时，也是我国陆地碳汇能力最高的地区，占中国陆地碳汇的近 1/3。西南林区在我国长江经济带发展战略、生物多样性保护、生态安全屏障建设、战略资源储备基地建设等战略布局发挥重要作用。该区域天然林分布广，森林资源丰富、质量高，但开发困难，宜林地多分布在石漠化和干热河谷地区，立地质量差，造林难度大，森林火灾问题尤为突出，林区野外火源管理难度大，特殊的区域气候与地理特征不利于森林防火。

西南地区森林经营应着力开展森林火灾防控与灾后恢复工作，提升预防与补救能力，如火灾快速感知预警系统、科学培育防火树种、升级灭火装备；大力开展防火知识科普，提高民众防火意识。同时，以封育保护为主，开展应对气候变化下的生物多样性保护、生态恢复与修复以及木材生产，构筑生态防护带，保护江河源头和石漠化地区的生态安全，发挥西南林区江河源头的重要涵养水源与调节气候的作用。充分利用良好的水热条件，提升林地生产力。

（六）华南地区

华南林区是重要热带森林产品生产基地和生物多样性关键区域，其人工林面积占到我国人工林总面积的 1/4，在我国木材生产、生态文明建设中具有重要的区位优势。该区域水热资源好，生物多样性丰富，森林覆盖率高，森林资源呈现次生林为主、针叶林为主、人工纯林为主、中幼龄林为主的特点，森林生产力整体较低，森林抵御自然灾害和人为干扰的能力弱。

华南地区应做好天然林保育和国家森林公园建设、生态公益林补偿、"三低"林改造，以及优质高效人工林构建与多目标经营等工作。重点实施自然保护区和国家森林公园建设，加强保护热带雨林、季雨林、红树林和海岛保护地等地带性森林；充分利用优越的水热资源，大力发展木材基地，尤其是热带珍贵特色经济林；深入推进海岸线防护林带与城市森林建设，提升森林的防灾减灾能力，优化绿地格局，打造自然-社会-经济均衡发展的林业经营体系。

同时，华南地区是我国桉树的主要种植地区，但桉树产业存在一定争议。桉树被指是"抽水机""吸肥机""外来有害物种"等，会对水资源、土壤质量、生物多样性等方面产生负面影响。实际上桉树问题主要原因是经营者的不科学经营，如过量施用肥料与农药、短轮伐、林地选择不当、过度密植等。应落实桉树林科学经营措施，制订技术标准，规范桉树经营，明确桉树高质量发展的技术与模式；出台法律法规，依法推进调整监督，加强和规范桉树等短轮伐期速丰林的种植管理。推动桉树经营从短周期向长周期转变、从纯林向混交林转变、从以木材生产为主的单一经营目标向多功能近自然经营转变。

目　　录

前言

咨询建议 1

咨询建议 2

咨询建议 3

第一部分　全国森林生态系统整体评估

第1章　中国森林资源及森林生态系统功能分区 ……………………………………… 3

1.1　森林生态系统质量的科学概念及生态学理论基础 ……………………………… 3

1.1.1　生态系统质量与森林生态系统质量的科学概念 …………………………… 4

1.1.2　中国森林生态系统质量评估 ………………………………………………… 6

1.1.3　中国森林生态系统质量问题与战略意义 …………………………………… 9

1.1.4　中国森林生态系统质量评估与提升的生态学原理 ……………………… 11

1.2　中国自然地理及森林分布 ……………………………………………………… 12

1.2.1　自然地理分布 ……………………………………………………………… 12

1.2.2　森林分布 …………………………………………………………………… 21

1.3　中国森林资源及其保护和利用 ………………………………………………… 23

1.3.1　中国森林资源现状 ………………………………………………………… 23

1.3.2　天然林资源现状 …………………………………………………………… 25

1.3.3　人工林资源现状 …………………………………………………………… 27

1.3.4　中国森林资源动态 ………………………………………………………… 28

1.3.5　中国森林资源保护和利用 ………………………………………………… 33

1.4　中国森林生态系统功能分区 …………………………………………………… 38

1.4.1　中国森林生态系统评估区划 ……………………………………………… 38

1.4.2　中国森林生态系统评估区划案例分析 …………………………………… 58

参考文献 …………………………………………………………………………… 70

第2章　中国森林生态系统质量状态及经营管理状况 …………………………… 72

2.1　中国及其省域森林生态系统质量状况 ………………………………………… 73

2.1.1 全国尺度和省域尺度森林资源面积时空演变⋯⋯⋯⋯⋯⋯⋯ 73

2.1.2 中国森林生态系统活力特征分析⋯⋯⋯⋯⋯⋯⋯⋯⋯⋯⋯ 83

2.1.3 中国森林生态系统结构特征分析⋯⋯⋯⋯⋯⋯⋯⋯⋯⋯⋯ 85

2.1.4 中国森林生态系统抵抗力状态分析⋯⋯⋯⋯⋯⋯⋯⋯⋯⋯ 92

2.1.5 中国森林生态系统服务功能状态分析⋯⋯⋯⋯⋯⋯⋯⋯⋯ 96

2.2 天然林资源保护区森林生态系统质量及变化⋯⋯⋯⋯⋯⋯⋯⋯ 103

2.2.1 天然林资源保护区森林资源时空演变⋯⋯⋯⋯⋯⋯⋯⋯⋯ 103

2.2.2 天然林资源保护区活力特征分析⋯⋯⋯⋯⋯⋯⋯⋯⋯⋯⋯ 108

2.2.3 天然林资源保护区森林生态系统结构特征分析⋯⋯⋯⋯⋯ 110

2.2.4 天然林资源保护区森林生态系统服务功能特征分析⋯⋯⋯ 115

2.3 退耕还林工程区森林生态系统质量及变化⋯⋯⋯⋯⋯⋯⋯⋯⋯ 121

2.3.1 退耕还林工程区森林资源面积时空演变⋯⋯⋯⋯⋯⋯⋯⋯ 122

2.3.2 退耕还林工程区森林生态系统活力特征分析⋯⋯⋯⋯⋯⋯ 128

2.3.3 退耕还林工程区森林生态系统结构特征⋯⋯⋯⋯⋯⋯⋯⋯ 132

2.3.4 退耕还林工程区森林生态系统服务功能特征分析⋯⋯⋯⋯ 133

2.4 国家级公益林森林生态系统质量状况⋯⋯⋯⋯⋯⋯⋯⋯⋯⋯⋯ 144

2.4.1 国家级公益林资源面积时空变化⋯⋯⋯⋯⋯⋯⋯⋯⋯⋯⋯ 144

2.4.2 国家级公益林活力特征分析⋯⋯⋯⋯⋯⋯⋯⋯⋯⋯⋯⋯⋯ 146

2.4.3 国家级公益林结构特征分析⋯⋯⋯⋯⋯⋯⋯⋯⋯⋯⋯⋯⋯ 147

2.4.4 国家级公益林抵抗力特征⋯⋯⋯⋯⋯⋯⋯⋯⋯⋯⋯⋯⋯⋯ 151

2.4.5 国家级公益林服务功能特征分析⋯⋯⋯⋯⋯⋯⋯⋯⋯⋯⋯ 153

2.4.6 国家级公益林质量评价结果⋯⋯⋯⋯⋯⋯⋯⋯⋯⋯⋯⋯⋯ 155

2.5 中国森林生态系统质量提升的措施与政策⋯⋯⋯⋯⋯⋯⋯⋯⋯ 158

2.5.1 森林经营技术对策⋯⋯⋯⋯⋯⋯⋯⋯⋯⋯⋯⋯⋯⋯⋯⋯⋯ 159

2.5.2 森林经营管理对策⋯⋯⋯⋯⋯⋯⋯⋯⋯⋯⋯⋯⋯⋯⋯⋯⋯ 161

2.5.3 政策落实和保护措施严格执行⋯⋯⋯⋯⋯⋯⋯⋯⋯⋯⋯⋯ 164

参考文献⋯⋯⋯⋯⋯⋯⋯⋯⋯⋯⋯⋯⋯⋯⋯⋯⋯⋯⋯⋯⋯⋯⋯⋯⋯⋯ 166

第3章 中国森林生态系统优化管理模式及生态经济效益评估⋯⋯⋯⋯ 169

3.1 中国森林经营的历史沿革和挑战⋯⋯⋯⋯⋯⋯⋯⋯⋯⋯⋯⋯⋯ 169

3.1.1 中国森林经营的历史沿革⋯⋯⋯⋯⋯⋯⋯⋯⋯⋯⋯⋯⋯⋯ 170

3.1.2 我国森林经营面临的主要问题和挑战⋯⋯⋯⋯⋯⋯⋯⋯⋯ 172

　　　3.1.3　我国森林生态系统经营发展 ·· 173

　3.2　中国森林经营管理的宏观战略与格局 ·· 175

　　　3.2.1　我国森林经营管理宏观战略 ·· 175

　　　3.2.2　我国不同林区的森林经营管理宏观格局 ·························· 179

　3.3　中国森林生态系统管理模式及生态经济效益 ·························· 188

　　　3.3.1　天然林区森林生态系统优化管理模式 ·························· 188

　　　3.3.2　中国天然林区的代表性管理模式及生态经济效益 ·········· 195

　　　3.3.3　中国人工林主要经营类型与优化管理模式 ·················· 196

　　　3.3.4　中国多功能人工林主要经营类型与技术模式 ·············· 210

　　　3.3.5　中国森林生态系统及多功能人工林优化管理模式生态经济

　　　　　　效益评价 ·· 218

　　　3.3.6　中国经济林主要经营模式与经济效益评价 ·················· 219

　参考文献 ·· 223

第二部分　重要林区状况评估

第 4 章　东北地区森林生态系统质量和管理状态及优化管理模式 ········ 227

　4.1　东北地区的自然环境及森林生态系统分布 ·························· 228

　　　4.1.1　东北地区自然环境 ·· 228

　　　4.1.2　东北森林生态系统分布与区划 ·························· 235

　　　4.1.3　东北森林类型和特点 ·· 238

　4.2　东北森林生态系统质量状况及其影响因素 ·························· 242

　　　4.2.1　东北森林生态系统质量状况 ·························· 243

　　　4.2.2　天然林保护工程对东北森林生态系统质量的影响 ········ 246

　　　4.2.3　东北退耕还林工程区森林面积和质量 ·················· 248

　　　4.2.4　东北三北防护林工程区森林面积和质量 ·················· 251

　4.3　东北森林管理状况及面临的挑战 ·························· 253

　　　4.3.1　东北森林生态系统经营国家需求 ·························· 253

　　　4.3.2　东北森林生态系统经营的发展历程 ·················· 254

　　　4.3.3　东北森林生态系统经营现状与问题 ·················· 256

　　　4.3.4　东北森林生态系统经营管理典型案例 ·················· 263

　4.4　东北森林生态系统优化管理及主要模式 ·························· 272

　　　4.4.1　长白山林区 ·· 272

4.4.2　小兴安岭林区/亚林区 ·· 275

4.4.3　大兴安岭林区 ··· 277

4.4.4　平原防护林区 ··· 280

4.4.5　高原防护林区 ··· 281

4.4.6　丘陵防护林区/亚林区 ·· 283

4.5　东北林区森林生态系统质量提升的优化管理建议 ··················· 284

参考文献 ··· 289

第 5 章　华北地区森林生态系统质量和管理状态及优化管理模式 ··········· 294

5.1　华北地区的自然环境及森林生态系统分布 ··························· 295

5.1.1　华北地区整体概况 ··· 295

5.1.2　华北地区重要森林分布及区划 ······································· 298

5.2　华北地区森林生态系统质量状况及其影响因素 ····················· 303

5.2.1　华北地区森林生态系统质量状况 ···································· 303

5.2.2　森林资源清查变化 ··· 305

5.2.3　华北地区森林生态系统影响因素 ···································· 310

5.3　华北地区森林管理状况及面临的挑战 ································· 313

5.3.1　华北地区森林管理状况 ··· 313

5.3.2　华北地区森林管理面临的挑战 ······································· 316

5.4　华北地区森林生态系统的优化管理及主要模式 ····················· 318

5.4.1　重点营造防护林 ··· 318

5.4.2　保护残存的高质量森林地区 ·· 319

5.4.3　在非适宜农业生产地区进行退耕 ···································· 320

5.4.4　为维护首都城市环境，进行大面积平原造林 ····················· 322

5.5　华北地区森林生态系统质量提升的优化管理建议 ··················· 323

5.5.1　将生态优先的发展理念落到实处 ···································· 323

5.5.2　持续优化经营管理模式促进森林生态系统质量提升 ·············· 323

5.5.3　解决抗旱造林、困难立地造林、防护林退化等技术难题 ········· 324

5.5.4　森林生态建设助力乡村振兴 ·· 324

参考文献 ··· 325

第 6 章　西北地区森林生态系统质量和管理状态及优化管理模式 ··········· 327

6.1　西北地区的自然环境及森林生态系统分布 ··························· 328

6.1.1　西北地区自然环境概况 ··· 328

6.1.2　西北地区森林生态系统分布 ………………………………… 330

6.1.3　西北地区森林生态系统脆弱性 ……………………………… 335

6.2　西北地区森林生态系统质量状况及其影响因素 …………………… 336

6.2.1　西北地区森林质量概况 ………………………………………… 336

6.2.2　西北地区典型森林生态系统质量状况 ………………………… 338

6.2.3　西北地区森林生态系统质量的影响因素 …………………… 346

6.3　西北地区森林管理状况及面临的挑战 …………………………… 350

6.3.1　陕西森林管理状况及面临的挑战 …………………………… 350

6.3.2　甘肃森林管理状况及面临的挑战 …………………………… 353

6.3.3　宁夏森林管理状况及面临的挑战 …………………………… 355

6.3.4　青海森林管理状况及面临的挑战 …………………………… 357

6.3.5　新疆森林管理状况及面临的挑战 …………………………… 359

6.4　西北地区森林生态系统的优化管理及主要模式 ………………… 362

6.4.1　天然林优化管理模式 …………………………………………… 362

6.4.2　人工林优化管理模式 …………………………………………… 364

6.5　西北地区森林生态系统质量提升的优化管理建议 ……………… 373

6.5.1　基于生态功能区划的区域植被类型配置 …………………… 373

6.5.2　基于山水林田湖草统筹的流域景观配置 …………………… 374

6.5.3　基于水资源限定的森林类型选配与结构、质量优化 ……… 374

6.5.4　管理和人工抚育措施提高森林稳定性和多种生态功能 …… 375

参考文献 ……………………………………………………………………… 380

第 7 章　华中和东南地区森林生态系统质量和管理状态及优化管理模式 …… 384

7.1　华中和东南地区自然环境及森林生态系统分布 ………………… 385

7.1.1　华中和东南地区自然环境 …………………………………… 385

7.1.2　森林植被及资源概况 …………………………………………… 388

7.2　华中和东南地区森林生态系统质量状况及其影响因素 ………… 391

7.2.1　森林生态系统质量状况 ………………………………………… 392

7.2.2　华中、东南地区森林质量状况评价 ………………………… 393

7.2.3　华中、东南地区森林生态系统质量的影响因素 …………… 395

7.3　华中和东南地区森林管理状况及面临的挑战 …………………… 399

7.3.1　森林生态系统管理的国家政策和重大需求 ………………… 400

7.3.2　华中和东南地区森林生态系统管理经营的发展历程 ……… 400

7.3.3 典型林区森林经营管理现状分析 ································· 402

7.3.4 华中和东南地区森林经营管理面临的挑战 ···················· 406

7.4 华中和东南地区森林生态系统的优化管理及主要模式 ·············· 408

7.4.1 华中和东南重点区域的优化管理和模式 ······················ 408

7.4.2 防护林的优化管理和模式 ·································· 413

7.4.3 协调城市化人地矛盾维持森林生态系统质量 ·················· 417

7.4.4 华中和东南地区森林资源战略储备基地的建设 ················ 417

7.4.5 加强自然灾害下森林系统的生态风险防控 ···················· 418

7.5 华中、东南地区森林生态系统质量提升的优化管理建议 ············ 419

7.5.1 华中、东南地区森林生态系统现状分析 ······················ 419

7.5.2 华中、东南地区森林生态系统质量提升对策与建议 ············ 420

参考文献 ··· 423

第8章 西南林区生态系统质量和管理状态及优化管理模式 ················ 429

8.1 西南林区自然环境特征 ·· 431

8.1.1 西南地区自然环境及其空间差异性 ·························· 431

8.1.2 西南林区森林植被与森林区划 ····························· 437

8.1.3 西南林区森林生态系统的地位与生态功能 ···················· 446

8.2 西南林区森林生态系统质量状况及其主要问题 ···················· 447

8.2.1 西南林区森林资源状况 ·································· 447

8.2.2 西南林区森林资源消长动态 ······························ 450

8.2.3 基于植被生产力的西南地区生态系统脆弱性 ·················· 451

8.3 西南林区森林管理状况及面临的挑战 ···························· 456

8.3.1 西南林区森林生态系统经营国家需求 ························ 456

8.3.2 西南地区森林生态系统经营的发展历程 ······················ 458

8.3.3 西南林区森林生态系统经营现状与问题 ······················ 461

8.3.4 西南森林生态系统经营管理典型案例 ························ 470

8.4 西南林区森林生态系统优化管理及主要模式 ······················ 475

8.4.1 四川盆地及盆周山地森林经营区 ···························· 475

8.4.2 川渝黔喀斯特山地森林经营区 ····························· 479

8.4.3 云贵高原森林经营区 ··································· 480

8.4.4 西南高山峡谷暗针叶林经营区 ····························· 483

8.4.5　滇南、滇西南低山热带雨林、季雨林经营区 ············· 487

8.4.6　西南地区干热干旱河谷荒漠植被经营区 ················ 488

8.5　西南林区森林生态系统质量提升的优化管理对策与建议 ············· 493

8.5.1　四川盆地及盆周山地森林经营区 ······················ 494

8.5.2　川渝黔滇喀斯特山地森林经营区 ······················ 496

8.5.3　云贵高原森林经营区 ································· 499

8.5.4　横断山高山峡谷区森林经营区 ························· 500

8.5.5　滇南、滇西南山间盆季雨林雨林经营区 ················· 505

8.5.6　西南地区干热干旱河谷植被经营管理区 ··············· 507

参考文献 ··· 509

第 9 章　华南地区森林生态系统质量和管理状况及优化管理模式 ······· 516

9.1　华南地区的自然环境及森林植被概况 ······················ 516

9.1.1　自然环境 ······································ 516

9.1.2　森林植被及资源概况 ······························ 518

9.2　华南与热带地区森林生态系统质量状况及其影响因素 ············· 522

9.2.1　华南森林结构组成方面的质量状况及影响因素 ··········· 523

9.2.2　常绿阔叶林的质量状况及影响因素 ···················· 523

9.2.3　杉木人工林的质量状况及影响因素 ···················· 527

9.2.4　海南岛热带森林的质量状况及影响因素 ················· 529

9.3　华南与热带地区森林管理状况及面临的挑战 ··················· 530

9.3.1　主要经营管理政策、法规 ··························· 530

9.3.2　天然林管理状况及面临的挑战 ························· 532

9.3.3　人工林经营管理状况及面临的挑战 ···················· 534

9.4　华南与热带地区森林优化管理及主要模式 ···················· 538

9.4.1　天然林优化管理模式 ······························ 539

9.4.2　人工林优化管理模式 ······························ 541

9.5　华南地区森林生态系统质量提升的优化管理建议 ················ 543

参考文献 ··· 547

附录 ·· 551

第一部分
全国森林生态系统整体评估

第1章 中国森林资源及森林生态系统功能分区①

1.1 森林生态系统质量的科学概念及生态学理论基础

生态优先、绿色发展是党中央立足基本国情提出的生态文明建设理念，特别是在我国力争 2030 年前二氧化碳排放达到峰值，努力争取 2060 年前实现碳中和这一重大战略目标的提出后，统筹自然保护、资源环境管理与生态固碳不仅是我国当前生态文明建设的重点任务，也是契合新时代高质量发展现实诉求的重大挑战。

森林生态系统是陆地生态系统的主要类型，约占地球陆地面积的三分之一，贡献了约 70% 生物的碳，是陆地碳汇的主体。森林生态系统承担着生态碳汇、水土保持、水源涵养、防风固沙、调节气候、物质循环、生物多样性保护、生态文明旅游等多种服务功能，其在推进生态文明建设和"3060"双碳目标中发挥着重大作用。

然而，在全球变化、工业化、城市化和农业集约化背景下，强烈的人类活动，如森林资源过度开发和不合理经营等，正深刻影响着我国森林生态系统质量与稳定性，导致区域生态平衡失调、生态系统结构与功能遭到破坏、生物多样性下降、正向演替受阻等生态环境问题，很大程度上限制了我国森林生态服务功能，如高产优质木材的供给能力、生物多样性保护、对自然灾害和病虫害的抵抗力与恢复力等。然而，学术界对认识、监测和评估森林生态系统质量与稳定性及其演变机制尚未形成普适性的理论认知与方法论，是限制我国森林生态系统可持续发展的关键科学与技术问题。根据我国森林生态系统特点和"三可"原则，依托中国生态系统研究网络（CERN）和中国科学院野外台站以及全国森林资源清查成果，开展森林生态系统评估，为推进我国生态系统质量综合监测体系构建提供重要科技支撑。

本小节在梳理森林生态系统质量的相关概念基础上，以满足新时代我国高质量发展对森林资源的战略需求为导向，论述生态系统质量及其演变的生态学理论基础与定量评估方法，希望能够为建立参数化、本地化、规范化的森林生态系统质量评估体系及定量分析人为经营管理对提升森林生态系统质量的作用与成效，进而明确森林生态系统质量提升抓手、确立"精准施策"的系统经营模式提供科学理论参考。

---

① 本章执笔人：于贵瑞，刘世荣，王兵，王秋凤，张远东，牛香，陈波。

1.1.1 生态系统质量与森林生态系统质量的科学概念

1. 生态系统质量

从生态环境治理的角度上看，生态系统质量是与自然资源、物质生产、人类福祉、人居环境、生态安全和社会可持续发展等方面密切相关的科学概念（于贵瑞等，2022）。基于目前的认识，生态系统质量可归结为取决于生态系统要素、结构和过程的生态系统生态学功能属性。然而，迄今为止，关于生态系统质量的科学概念、理论体系与标准化评估，尚未形成学术界"共识"。

在质量管理领域中，从用户或生产者角度出发，质量曾被认为是产品的"适用性"或产品"符合标准"的程度。国际标准化组织最初把质量定义为"反映实体满足明确和隐含需要能力的特性之总和"（ISO 8402—1994），而后将质量定义修订为"一组固有特性满足要求的程度"（ISO 9000—2005）。其中，特性可以是固有的或赋予的、定性的或定量的、各种类别的，要求可以是明示的、通常隐含的或必须履行的需求或期望。从经营管理者视角，质量包括实体的自然属性与社会属性两个方面。自然属性是实体内在特征，符合标准的程度，也称为客观质量；社会属性是实体符合用户需求的满足程度，也称之为主观质量。随着可持续发展观念的发展，质量的内涵被赋予了"可持续性"的新要求，也就是说理想的高质量发展既要满足当下人们日益增长的美好生活需求，也要充分满足后代人的发展需求，可看作是在时间维度上对质量科学概念的一种延伸。

生态系统是一定时间和空间范围内，动植物、微生物等生物和非生物环境之间，通过物质循环、能量流动与信息传递相互影响与制约，且具有一定结构和功能的统一整体。在国家标准《全国生态状况调查评估技术规范——生态系统质量评估》（HJ 1172—2021）中，生态系统质量被定义为表征生态系统自然植被的优劣程度，反映生态系统内植被与生态系统整体状况。这里强调的是以自然植被为核心的生态系统。结合质量的概念，可以将生态系统质量理解为"生态系统的内在自然特性及其生态产品满足人类发展需求的程度"，主要体现在生态系统维持或受扰动后恢复相对稳定的自身结构和功能的能力，以及为人类提供产品和服务的能力及其稳定性与可持续性，其与生态安全、生态产品供给、人类福祉和社会可持续发展等多方面息息相关。也有学者将生态系统质量理解为生态系统的健康状态（黎祖交，2018），国外研究更为普遍地使用生态系统健康，其含义近似于生态系统质量。

2. 森林质量与森林生态系统质量

目前，森林质量和森林生态系统质量一直没有普适性定义，两者间也没有明确的界限划分。关于森林质量，国际上有两个重要观点值得注意。一是世界自然保护联盟，认为森林质量不仅是测度生态系统的健康状况或存活物种数目，它还与人类社会和文明发展的很多方面有关。二是 Dudley 和 Stolton（2000）认为森林质量是指反映森林所有生态、社会和经济效益的功能和价值。因此，提高森林质量就是提高森林的多种功能和效益，满足人类的生态、社会和经济的需求。森林质量是关于森林生态、经济和社会效益的高度综合的概念，其内容又根据不同的对象而有所变化。它是森林数量与品质的统一，是反映森林生产和经营工作成果的有效标尺，也是衡量森林各类效益的重要手段。1992 年，在世界自然基金会的森林报告中"森林质量"的概念被定义为森林在生态、经济和社会方面所有效益的总和。英国学者 Dudley 认为，森林给人们提供了多种多样的服务和效能，所以从经营目标的角度而言，森林质量对不同尺度的对象和不同的管理者而言具有不同的意义，同时 Dudley 也指出，只有对景观尺度以上的森林对象而言，其森林的生态和社会方面的效益才能得以有效体现。由此可见，学术界关于森林质量的定义有不同的理解，而森林生态系统质量的定义更加不明确，在此商榷性地探讨森林质量和森林生态系统质量的异同。

从字面上看，森林质量和森林生态系统质量的差异在于后者强调了生态系统的概念，即森林生物之间、森林生物与其环境之间的相互关系，自然也涵盖了生态系统整体性、复杂性与系统性等生态学特征。因此，广义上的森林质量可以等同于森林生态系统质量，然而，在人类社会中，大多数情况下森林质量指的是狭义森林质量，即把森林或森林生态系统看作是以向人类提供生态产品为目标的大自然工厂，近似于林业概念。此时，可将森林质量理解为以人类视角在社会经济层面对森林资源的衡量与评价，而森林生态系统质量则是自然与人类的耦合视角，在自然科学层面以生态学角度对森林生态系统进行更为客观、全面的综合评价与阐释。森林质量的概念与内涵是动态的，随着人类认知水平的提升，新的有形或无形的森林功能服务不断涌现，丰富了森林质量的内涵。森林质量反映的是特定时代背景下人类对森林资源的迫切需求，因此常会带有一定的时代特色与局限性，一些现在看来十分重要的森林生态系统质量指标（如涵养水源、防风固沙、固碳功能、生物多样性保护等功能指标）在过去并未得到充分重视，而随着相应生态环境问题的凸显，方被大家所关注，并纳入森林质量评价。相反，森林生态系统质量是相对恒定的，主要取决于人类对森林的科学认知水平。因此，可以说社会发展进程中，人们对森林质量理解的改变其实就是在人类生存与发展需求的牵引下不断在森林生态系统质量概念范畴内汲取"新的"时代内涵的过程，这种变化在森林质量评价体系的演化历程中得到了充分的体现。

以我国公益林质量评价发展历程为例，2001 年，国家质量技术监督局发布《国家生态公益林建设 导则》（GB/T 18337.1—2001），首次以国家标准的形式对生态公益林的质量评价进行规定和引导，选用了物种多样性、郁闭度、群落层次、植被盖度、枯枝落叶层、林带宽度、林带完整度、林带结构等指标，为开展国内森林（尤其是生态林）质量的评价提供了重要的参考依据。2019 年国家林业和草原局制定《国家级公益林监测评价实施方案》，选取森林生长状况［植被指数、净初级生产力（Net Primary Productivity，NPP）］、森林健康状况（森林健康、森林灾害）、森林结构（树种结构、优势树种、龄组）、森林质量指数［树高、胸径、单位面积蓄积量、植被覆盖度（Fractional Vegetation

Cover，FVC)、郁闭度、群落结构、枯枝落叶层厚度、天然更新、自然度] 作为国家级公益林质量评价的指标。明显看出，2001 年和 2019 年国家林业和草原局关于公益林质量的评价指标发生了很大变化，反映了对森林质量认识的提升。尽管评价指标增加了，评价体系也得到完善，但这些评价指标仍包括于森林生态系统质量的评价指标范畴之内，尽管可能还不足以反映真实的森林生态系统质量，但可能更符合当下人类对森林资源的需求。

鉴于森林质量尚无统一定义，本研究商榷性地将森林质量定义为衡量森林所有效能（效益和功能）是否得到良好发挥的高低状况，以最大限度地满足人类有形和无形物质的需要，持续使生态、经济和社会效益最大化；森林生态系统质量定义为森林生态系统为人类提供各种有形和无形产品的能力，即为经济社会的健康发展尤其是人类福祉的普惠提升而提供的生态产品；生态产品是森林生态系统质量的终极表达，主要包括森林生态系统在保育土壤、林木养分固持、涵养水源、固碳释氧、净化大气环境、森林防护、生物多样性保护、林木产品供给和森林康养等方面提供的产品。

1.1.2　中国森林生态系统质量评估

"摸清家底"是科学开展森林抚育经营、实现精准提升森林生态系统质量和稳定性的重要基础，为国家统筹规划与实施方案制定提供必要数据支撑。我国已开展了许多与生态系统质量有关的评估工作，主要包括生态系统质量评估（陈强等，2015；丁肇慰等，2020）、生态系统服务功能评估（王韶晗等，2022）、生态系统健康评价（张月琪等，2022）等方面，为推进国家和地方生态保护和修复政策提供了科学依据。然而，由于目前尚无标准化、规范化的生态系统质量评估体系，大部分研究并未采用规范化的统一评价指标体系。因此，生态系统质量状态可能会因选择的质量指标的不同而有所不同，其很大程度取决于指标的可量化与可获得，以及质量评估者的意愿与目标。具体来说，生态系统质量常被用于生态系统保护与管理方面，但经营者、消费者与生态学家由于关注点存在差异，使得指标的选取和指标的权重会受到影响，进而可能无法对生态系统质量有一个统一的认识。

1. 中国生态系统质量评估

在国家尺度上，"全国生态环境十年变化（2000~2010 年）遥感调查与评估"工作系统评估了生态系统质量等 5 方面的 19 项 26 个指标，其中，生态系统质量主要指标包括生物量密度指数与植被覆盖度指数，生态系统服务功能调查评估涵盖了水源涵养、土壤保持、防风固沙、洪水调蓄、生物多样性保护、固碳 6 类生态系统调节功能（欧阳志云等，2014）。该工作极大地丰富了对我国生态国情的认识，为宏观生态环境管控提供了大量翔实的科学数据。尽管《全国生态状况调查评估技术规范——生态系统质量评估》制定了基于遥感生态参数（植被覆盖度、叶面积指数、总初级生产力）的生态系统质量评估指标与方法，同时强调了生态系统质量评估应遵循规范性、可操作性、先进性和经济与技术可行性的原则，然而，生态系统地面清查仍是获得最为可靠、更为全面翔实生态参数的重要途径，同时也是校验遥感评估结果的重要依据，此外野外调查对选取科学的参照生态系统（或经营目标）也具有重要意义。目前，我国尚缺少基于地面资源清查的全国生态系统质量评估。

此外，生态系统具有因果互馈、网络层叠、结构嵌套、功能涌现和服务外溢的系统学特性，其生态服务功能是组分-结构-过程-功能-服务的级联关系的最终结果与表达，其结构和功能受资源禀赋、环境条件、生物内在机制与人类需求所约束，这些特性共同造就了生态系统质量的整体性、系统性、复杂性与异质性。因此，生态系统质量评估与提升应注重以生态系统生态学理论为指导，方能在正确践行"山水林田湖草沙冰"一体化保护与治理的道路上不走错路、少走弯路、走得长远。

2. 森林生态系统质量评估

国际上，利用 Dudley 构建的指标体系，其研究团队对英国威尔士的戴菲地区、喀麦隆的洛贝克国家森林公园，以及中非、瑞士、越南等国家或地区的森林开展了质量评价，其各地的具体评价指标因当地情况而有所调整，但评价指标基本覆盖了森林的可持续经营性、生态收益和社会经济收益三个方面，通过调查当地资料、检索相关文献、开展实验调查、专家座谈等多种形式，结合 SWOT 分析，以指标得分展开森林质量评价（Dudley，2000，2006）。对于林分以上尺度（地区级、景观水平）的森林质量问题研究而言，由于其森林覆盖范围较广，除本身需要投入大量的人力和物力进行数据调查工作之外，还需要包括制定数据标准、进行调查培训、数据整理等相关工作的支撑。Walsh（1990）通过价值替代的方法研究公众基于自身的环境、娱乐、教育等需求，就保护森林质量而愿意支付的费用问题，对森林的社会价值进行了研究。Haefele（1992）应用条件价值法，对美国阿巴拉契亚山脉南部地区森林的非经济价值进行了评估，问卷结果显示，民众对森林质量的保护意识越强的地区，其森林的生态和社会价值越高。有不少的研究人员借助遥感和地理信息系统（Geographic Information System，GIS）手段，对地区水平或景观水平的森林对象开展质量研究。沙学均（2009）运用 MODIS 卫星提供的遥感数据，提出以短波红外线水势指标监测森林的植物群落健康，若短波红外线水势指数低，则代表植物有足够的水分进行光合作用，并据此认为植物处于质量良好的状态。除此之外，大多数森林质量的应用研究受限于遥感数据的数据源获取、图像分辨率、技术原理等因素，其研究成果往往局限于森林对象的分类及其面积和数量变化（Bochenek，1998；Jha，2005；Yu，2004；Brower，2002），无法对森林质量的细节指标进行深入研究。另外，国外的一些研究者以森林生态环境中某些组成部分（土壤环境、水环境、生物种群等）为对象，通过研究它们的生物化学信息、动物种群数量、生态过程与环境条件等信息，从侧面角度探索森林质量的评价问题。Burger（1999）通过研究基于土壤生化信息的指标数据，监测了森林的生产力、水文循环、碳平衡和生物降解等功能。生态系统是由生物组分和非生物组分（化学和物理）密切交织而构成的系统。生态系统各成分间的相互作用最终决定了生态系统服务的数量、质量和可靠性（UK National Ecosystem Assessment，2011）。FAO（2020）将森林退化和森林特征作为森林生态系统状况的指标，森林退化包括森林健康（森林大火、病虫害和外来物种入侵）和森林破碎化，森林特征包括森林起源、森林完整度和破碎度。FAO（2020）应用上述指标得出全球森林中热带雨林和北方针叶林（森林最多的生态区）是破碎化最少、最完整的森林生态系统，这些区域中超过90%的森林斑块面积大于100万 hm^2，其森林斑块面积远大于全球平均水平。

1973 年至今，我国已经进行了九次全国森林资源清查，然而前六次清查所出版的《中国森林资源报告》均未提及森林质量，其间于 2004、2008 和 2014 年发布的《国家森林资源连续清查技术规定》中均未提及森林质量评价指标，直到《森林资源连续清查技术规程》（GB/T 38590—2020）（国家林业和草原局，2020）中开始提出了森林质量评价指标。《森林资源连续清查技术规程》指出森林质量评价包括林地质量等级和乔木林质量等级评价两部分。林地质量等级评价选取多年平均降水量、湿润指数、年平均气温、≥10℃的积温、海拔、坡向、坡度、坡位、土层厚度、腐殖层厚度、枯枝落叶层厚度等 11 项因子作为评价指标；乔木林质量等级评价包括植被覆盖、森林结构、森林生产力、森林健康、森林灾害 5 个方面并选取 17 项指标。

《全国生态状况调查评估技术规范——生态系统质量评估》制定了基于遥感生态参数［植被覆盖度、叶面积指数（Leaf Area Index，LAI）、总初级生产力］的生态系统质量评估指标与方法，同时强调生态系统质量评估应遵循规范性、可操作性、先进性和经济与技术可行性的原则，这对森林生态系统质量评估体系构建具有重要参考价值，但有限的评价指标是否能客观反映真实的森林生态系统质量，仍存在一定不确定性。从方法学上看，基于地面清查的森林生态系统评价体系仍是获得最为可靠、更为全面翔实生态参数的重要的基本途径，同时也是校验遥感评估结果的重要依据。此外，野外调查对选取科学的参照生态系统（或经营目标）也具有重要意义。

综上可知，森林所提供的效益或服务是综合一体而不可分解的，但是对不同经营类型的森林而言，其经营目标将主导森林质量的评价标准。无论是从全球生态平衡的宏观角度出发，还是从各级林业经营单位在资源生产与利用的微观角度考虑，森林质量都是值得关注的重要问题。

3. 生态系统质量评估指标

科学地评价森林生态系统质量，对于森林的所有者或管理者进一步突破数据表象而深入分析和了解森林资源的状态及发展趋势，为森林的经营管理制定更科学有效的规划方案，继而持续地确保森林能够稳定实现在各方面的效益，具有十分重要的意义。但鉴于森林生态系统的评价尚无统一的标准，也没有统一的指标体系，且在学术上存在较大争议，这里列举了与生态系统质量评价相关的几种质量评价体系与指标（表 1-1），并基于前人研究，汇总了一系列常用于生态系统质量评价的指标及其分类（表 1-2）。

表 1-1　不同森林生态系统质量评价体系与评价指标

质量等级评价体系	指标及其权重
林地质量[1]	多年平均降水量、湿润指数、年平均气温、≥10℃的积温、海拔、坡向、坡度、坡位、土层厚度、腐殖层厚度、枯枝落叶层厚度
乔木林质量[1]	①森林覆盖（0.15）：平均郁闭度（0.4）、植被总盖度（0.3）、灌木盖度（0.2）、草本盖度（0.1）； ②森林结构（0.20）：龄组结构（0.3）、群落结构（0.2）、树种结构（0.2）、平均胸径（0.3）； ③森林生产力（0.35）：平均树高（0.2）、单位面积生长量（0.3）、单位面积蓄积量（0.3）、林木蓄积生长率（0.2）； ④森林健康（0.20）：森林健康等级（0.4）、森林灾害等级（0.4）、森林蓄积枯损率（0.2）； ⑤森林受干扰程度（0.10）：森林自然度（0.6）、森林覆被类型面积等级（0.4）
公益林质量	树高、胸径、单位面积蓄积量、植被覆盖度、郁闭度（覆盖度）、群落结构、枯枝落叶层厚度、天然更新、自然度（2019 年[2]）； 郁闭度、群落层次、植被盖度、枯枝落叶层、多样性（2001 年[3]）
生态系统质量[4]	植被覆盖度、叶面积指数和总初级生产力的相对密度，三个指数的权重均为 1/3*

1 《森林资源连续清查技术规程》（GB/T 38590—2020），其中，林地质量等级评价方法按照《林地保护利用规划林地落界技术规程》（LY/T 1955—2011）；
2 《国家级公益林监测评价实施方案》；
3 《国家生态公益林建设导则》（GB/T 18337.1—2001）；
4 《全国生态状况调查评估技术规范——生态系统质量评估》（HJ 1172—2021）；
* 以每个生态功能区内森林、灌丛、草地和农田四类植被类型生态系统的生态参数最大值作为参照值，进行指数归一化。

表 1-2　森林生态系统质量评价指标

指标分类	具体指标
活力特征	蓄积增长量、单位面积蓄积增加量、单位面积生长量（净初级生产力）、归一化植被指数、胸径增长量、植被覆盖度变化等
结构特征	覆盖率、蓄积量、生物量、碳储量、郁闭度、胸径、树高、龄组、林种结构、树种结构、群落结构、近自然度等
抵抗力特征	林火干扰、冰雪灾害、毛竹扩张、病虫害干扰等
生态服务功能	涵养水源、保育土壤、积累营养物质、净化大气环境、保护生物多样性、固碳释氧、森林防护、森林游憩等

1.1.3　中国森林生态系统质量问题与战略意义

1. 中国森林生态系统质量问题

我国森林在经历了过度开发和恢复治理后，正处于快速增长时期。根据第九次全国森林资源清查（2014～2018 年）结果，我国森林覆盖率为 22.96%，森林面积为 2.20 亿 hm²，森林蓄积量为 175.60 亿 m³，全国森林植被总生物量为 183.64 亿 t，总碳储量为 89.80 亿 t。整体上，国土绿化成效显著，我国森林面积和蓄积量连续 30 年保持"双增长"。森林面积稳步增加，蓄积量快速增长。

森林生态系统状态不仅取决于森林资源的规模和数量，还取决于森林生态系统质量与稳定性。根据 2020 年《全球森林资源评估》报告，我国森林面积占世界森林面积的

5.43%，居俄罗斯、巴西、加拿大和美国之后，位列世界第 5 位，其中，人工林面积位居世界第 1 位；森林蓄积量占世界森林蓄积量的 3.15%，居巴西、俄罗斯、美国、加拿大、刚果民主共和国之后，位列世界第 6 位。我国森林每公顷蓄积量约为全球均值的 2/3，德国、巴西、刚果（金）、美国和加拿大的森林每公顷蓄积量分别是我国的 3.7 倍、2.8 倍、2.8 倍、1.5 倍和 1.5 倍。根据第九次全国森林资源清查（2014～2018 年）结果，全国乔木林平均郁闭度为 0.58，然而 1/3 的乔木林存在过密或过疏现象。同时，我国森林以中幼林（面积占比为 61%）和 6～14 cm 小径林（株数占比为 75%）为主的林分特征显著，且人工林的林分单一现象普遍。可见，我国森林生态系统质量与稳定性存在较大提升空间，这需要基于现状与目标的行之有效、经济可行的森林经营管理方案，其重要前提是对森林质量系统评估与质量提升途径的理论探索与实践验证。

2. 中国森林生态系统质量提升的战略意义

党中央在《中共中央关于制定国民经济和社会发展第十四个五年规划和二〇三五年远景目标的建议》（以下简称《"十四五"规划》）明确了提升生态系统质量和稳定性的重大决策部署。森林生态系统是人类生存发展的必需物质基础，对社会经济系统蓬勃发展和地球系统永续发展具有重要支撑与调控作用。提升生态系统质量与稳定性是国家战略布局、经济社会高质量发展和人民美好生活的迫切需求，也是促进人与自然和谐共生、建设美丽中国的重要支撑。

森林生态系统作为重要的陆地生态碳汇，其总碳储量、土壤碳储量和植被碳储量分别约占中国陆地生态系统碳储量的 40%、35% 和 79%（Xu et al.，2018）。稳中求进地提升森林生态系统质量，对巩固森林生态系统碳库、提升森林生态系统碳汇功能具有重要意义，也是统筹推进生态文明建设、落实生态恢复和环境治理，以及实现"3060"双碳目标的有力抓手。

森林生态系统质量提升不仅仅是维持良好森林生态系统状态的生态治理，还是符合事物发展规律、实现人与自然和谐共生的人类发展和科技进步的综合体现，可将其生态学意义概括为：①是对人类社会发展的自我认识、反省与修正，促进生态系统正向演替、守住生态系统安全边界的人为干预；②是涵盖生态、社会、经济、人文的自然科学与社会科学交叉的、旨在重塑人与自然生命共同体的创新实践与宏大生态工程。

3. 中国森林生态系统质量提升的任务目标

2021 年，国家林业和草原局在《"十四五"林业草原保护发展规划纲要》中已经明确了"十四五"期间，我国林草工作将秉承"两山"理念，坚持尊重自然、顺应自然、保护自然，坚持节约优先、保护优先、自然恢复为主，以全面推行林长制为抓手，以林业草原国家公园"三位一体"融合发展为主线，统筹山水林田湖草沙系统治理，推动林草高质量发展。《"十四五"林业草原保护发展规划纲要》针对森林提出两个约束性指标，即到 2025 年，我国森林覆盖率达到 24.1%，蓄积量达到 190 亿 m³。同时森林生态系统服务价值从 2020 年的 15.88 万亿元预期性提升至 18 万亿元，具体包括涵养水源、保育土壤、固碳释氧、林木养分固持、净化大气环境、农田防护与防风固沙、生物多样性保护、森林康养八个方面。《"十四五"林业草原保护发展规划纲要》制定的量化的阶段性目标，为我国林业发展指明了方向、明确了任务，以期为实现森林生态系统质量和稳定性全面提升等 2035 年远景目标打下坚实基础。

　　4. 中国森林生态系统质量提升途径

　　《"十四五"规划》明确了要坚持山水林田湖草系统治理，着力提高生态系统自我修复能力和稳定性，守住自然生态安全边界，促进自然生态系统质量整体改善；并提出了提升生态系统质量和稳定性的三个途径，具体如下：

　　（1）完善生态安全屏障体系，即以国家重点生态功能区、生态保护红线、国家级自然保护区等为重点，实施重要生态系统保护和修复重大工程，包括青藏高原生态屏障区、黄河重点生态区、长江重点生态区、东北森林带、北方防沙带、南方秋林山地带、海岸带、自然保护地及野生动物保护。

　　（2）构建自然保护地体系，即科学划定自然保护地保护范围及功能分区，加快整合、归并、优化各类保护地，构建以国家公园为主体、自然保护区为基础、各类自然公园为补充的自然保护地体系。

　　（3）健全生态保护补偿机制，即加大重点生态功能区、重要水系源头地区、自然保护地转移支付力度，鼓励受益地区和保护地区、流域上下游通过资金补偿、产业扶持等多种形式开展横向生态补偿。

1.1.4　中国森林生态系统质量评估与提升的生态学原理

　　当代生态系统的普适性概念已扩展为由生物或生物种群或生物群落与其栖居的资源环境所构成，并通过各个组成部分相互依赖、相互作用形成的生态学系统（于贵瑞等，2021）。生态学原理在反映生态系统运行规律与嵌套体系中各组成要素复杂关系的同时，也为科学经营生态系统、提高生态系统质量、促进正向演替提供了理论指导。

　　（1）生态系统的级联效应与整体性原理。生态系统服务功能涌现是组分-结构-过程-功能-服务的级联关系的最终结果与表达，其受生态系统内生动力学机制和外部影响动力学机制共同驱动。生态系统质量提升是基于生态系统对环境的影响与适应机制，通过调控外部环境要素提升生态系统质量状态。同时，由于生态系统要素的因果互馈、网络层叠、结构嵌套、功能涌现和服务外溢的结构特征，生态系统具有整体性、系统性、稳定性、脆弱性与可塑性等系统学特征。在改变生态系统一种或多种生态要素状态后，在多种要素叠加组合过程中，已有服务功能可能受到影响，新的功能也有可能会涌现。这对确定生态系统质量评价的关键指标和森林质量提升的抓手具有重要理论和现实指导价值。

　　（2）生态系统动态演替原理。生态系统一直处于不断发展、变化和演替过程中。当生物群落与非生物环境相互影响与适应并处于稳定的动态平衡状态时，生态系统演替将不再进行，此时生态系统属于顶极稳定状态生态系统，通常也作为生态系统经营的最终目标。生态演替理论是基于自然的科学维持与提升生态系统质量的重要理论基础。

（3）生态系统地理格局与分异原理。生态系统类型与特征很大程度上取决于地理位置（经纬度和海拔）、气候、土壤、下垫面等多种外部环境因素。自然地理环境的地带性分布特征造就了生态系统地理格局与分异，并在全球变化和人类活动的共同影响下呈现一定时空变异特征。清楚认识地理环境要素对生态系统地理格局的塑造机制，正确运用生态系统地理格局与分异原理，对在特定环境多要素空间格局下科学经营生态系统具有重要指导性价值。

（4）物种的生境适应性与群落结构塑造原理。自然界生物的生境适应性是在不断变化的生存环境中经过长期进化而适应生存的，进而组成具有地带性特征的群落结构。遵循生物适应性-群落结构-生存环境匹配原理，选择合适的本土物种和抚育方式，向着最优群落结构进行人为干预，因地制宜地提升生态系统质量。

（5）资源与环境约束原理。生态系统质量、系统结构与服务功能应该是在资源约束条件下各生态要素达到平衡状态时所表现出的最优解。充分认识资源禀赋对生态系统提升潜力的决定性作用，在摸清生态系统立地条件基础上，开展费效最优的生态系统质量提升途径。

1.2　中国自然地理及森林分布

1.2.1　自然地理分布[①]

1. 地形与地势

1）主要特征

中国地形具有地形多种多样、山区面积广大，以及地势西高东低的三级阶梯状分布三个主要特征。在中国辽阔的大地上，有雄伟的高原、起伏的山岭、广阔的平原、低缓的丘陵，还有四周群山环抱、中间低平的盆地。全球陆地上的平原、高原、山地、丘陵、盆地5种基本地貌类型，中国均有分布，这为中国工农业的发展提供了多种选择和条件。通常人们把山地、丘陵和高原统称为山区。中国山区面积占全国面积的 2/3，这是中国地形的又一显著特征。山区面积广大，给交通运输和农业发展带来一定困难，但山区可提供林产、矿产、水能和旅游等资源，为改变山区面貌、发展山区经济提供了资源保证。中国地势的第一级阶梯是青藏高原，平均海拔在 4000 m 以上。其北部与东部边缘分布有昆仑山脉、阿尔金山脉、祁连山脉、横断山脉，它们的北、东缘是地势第一、二级阶梯的分界线。地势的第二级阶梯的平均海拔在 1000～2000 m，这里分布着大型的高原和盆地，包括内蒙古高原、黄土高原、云贵高原、塔里木盆地、准噶尔盆地和四川盆地。其东部边缘有大兴安岭、太行山脉、伏牛山、巫山、雪峰山等，它们的东麓是地势的第

---

① 以下内容引自中国政府网（https://www.gov.cn/guoqing/），来源为中华人民共和国年鉴。

二、三级阶梯的分界线。

2）地形分布

中国平原、高原、山地、丘陵、盆地 5 种主要地貌类型呈现明显的区域性分布，具体如下。

中国有三大平原，即东北平原、华北平原和长江中下游平原。它们分布在东部地势第三级阶梯上。由于位置、成因、气候条件等各不相同，三大平原在地形上也各具特色。三大平原南北相连，土壤肥沃，是中国最重要的农耕区。除此以外，中国还有成都平原、汾渭平原、珠江三角洲平原、台湾西部平原等，它们也都是重要的农耕区。

中国有四大高原，即青藏高原、云贵高原、黄土高原和内蒙古高原。它们集中分布在地势第一、二级阶梯上。由于海拔高度、位置、成因和受外力侵蚀作用不同，四大高原的外貌特征各异。

山地呈脉状延伸即为山脉。山脉构成中国地形的骨架，常常是不同地形区的分界，山脉延伸的方向称作走向，中国山脉的分布按其走向一般可分为 5 种情况。①东西走向的山脉主要有 3 列：北列为天山—阴山；中列为昆仑山—秦岭；南列为南岭。②东北-西南走向的山脉主要分布在中国东部：西列为大兴安岭—太行山—雪峰山；中列为长白山—武夷山；东列为台湾山脉。③西北-东南走向的山脉主要分布在中国西部，著名山脉有两条：阿尔泰山和祁连山。④南北走向的山脉主要有两条，分布在中偏西部，分别是横断山脉和贺兰山脉。⑤弧形山系由几条并列的山脉组成，其中最著名的山脉为喜马拉雅山，分布在中国与印度、尼泊尔等国边界上，绵延 2400 多千米，平均海拔 6000 m 左右，其主峰珠穆朗玛峰，海拔 8848.86 m[①]，是世界最高峰，坐落在中国与尼泊尔的边界上。

中国丘陵众多，分布广泛。东部地区主要有辽东丘陵、山东丘陵、江南丘陵，合称中国三大丘陵。其他还有东南丘陵（含江南丘陵、江淮丘陵、浙闽丘陵、两广丘陵）、川中丘陵、黄土丘陵等。

中国有四大盆地，即塔里木盆地、准噶尔盆地、柴达木盆地和四川盆地。它们主要分布在地势第二级阶梯上，由于海拔高度及所在位置不同，四大盆地特点也不相同。此外，著名的吐鲁番盆地也分布在地势第二级阶梯上，它是中国地势最低的盆地（最低处为 –154 m）。

3）地势分布

中国地势西高东低，山地、高原和丘陵约占陆地面积的 67%，盆地和平原约占陆地面积的 33%。山脉多呈东西和东北—西南走向，主要有阿尔泰山、天山、昆仑山、喀喇昆仑山、喜马拉雅山、阴山、秦岭、南岭、大兴安岭、长白山、太行山、武夷山、台湾山脉和横断山等山脉。西部有世界上最高的青藏高原，平均海拔 4000 m 以上，素有"世界屋脊"之称，中尼交界的珠穆朗玛峰海拔 8844.86 m，为世界第一高峰。在此以北以东的内蒙古、新疆、黄土高原、四川盆地和云贵高原，是中国地势的第二级阶梯。大兴

---

① 8848.86 m 为 2022 年珠穆朗玛峰的最新高程。

安岭—太行山—巫山—武陵山—雪峰山一线以东至海岸线多为平原和丘陵，是第三级阶梯。海岸线以东以南的大陆架，蕴藏着丰富的海底资源。

2. 气候

1）气温和温度带

（1）冬季气温的分布。中国 1 月等温线的分布大体与纬度平行。0℃等温线穿过了淮河—秦岭—青藏高原东南边缘，此线以北（包括东北、华北、西北及青藏高原）的冬季平均气温在 0℃以下，其中黑龙江漠河的冬季平均气温接近–30℃；此线以南的冬季平均气温则在 0℃以上，其中海南三亚的冬季平均气温为 20℃以上。因此，冬季南方温暖，而北方寒冷，南北气温差别大是中国冬季气温分布的主要特征。

这一特征形成的原因主要有：①纬度位置的影响。冬季阳光直射在南半球，中国大部分处于温带与亚热带，从太阳辐射获得的热量少，同时中国南北纬度相差约50°，北方与南方太阳高度差别显著，故造成北方大部地区冬季气温低，且南北气温差别大。②冬季风的影响。冬季，从蒙古国、西伯利亚一带常有寒冷干燥的冬季风吹来，北方地区首当其冲，因此更加剧了北方严寒并使南北气温的差别增大。

（2）夏季气温的分布。中国夏季除了地势高的青藏高原和天山等以外，大部分地区夏季平均气温在 20℃以上，南方许多地区在 28℃以上；新疆吐鲁番盆地 7 月平均气温在 32℃以上，是中国夏季的炎热中心。所以除青藏高原等地势高的地区外，全国普遍高温，南北气温差别不大，是中国夏季气温分布的主要特征。

这一特征形成原因有：夏季阳光直射点在北半球，中国各地从太阳辐射获得的热量普遍增多。加之北方因纬度较高，白昼又比较长，获得的热量相对增多，缩短了与南方的气温差距，因而全国普遍高温。

（3）中国的温度带。通常可以采用积温来划分温度带，当日平均气温稳定上升到10℃以上时，大多数农作物才能活跃生长，所以通常把日平均气温连续≥10℃的天数叫作生长期。把生长期内每天平均气温累加起来的温度总和叫作日平均气温≥10℃的积温。一个地区日平均气温≥10℃的积温，反映了该地区的热量状况。根据积温的分布，中国划分了 5 个温度带和 1 个特殊的青藏高原区。不同的温度带内热量不同，生长期长短不一，耕作制度和作物种类也有明显差别。

2）降水和干湿地区

（1）年降水量的空间分布。中国年降水量分布上，800 mm 等降水量线大致在淮河北—秦岭—青藏高原东南边缘一线；400 mm 等降水量线大致在大兴安岭—张家口—兰州—拉萨—喜马拉雅山东南端一线。塔里木盆地年降水量少于 50 mm，其南部边缘的一些地区年降水量不足 20 mm；吐鲁番盆地的托克逊多年平均年降水量仅 5.9 mm，是中国的"旱极"。中国东南部有些地区降水量在 1600 mm 以上，台湾东部山地在 3000 mm以上，其东北部的火烧寮年平均降水量在 6000 mm 以上，最多的年份降水量为 8408 mm，是中国的"雨极"。

中国年降水量空间分布的规律是：从东南沿海向西北内陆递减。各地区差别很大，大致是沿海多于内陆，南方多于北方，山区多于平原，山地的暖湿空气迎风坡多于背风坡。

（2）降水量的时间变化。降水量的时间变化包括季节变化和年际变化两个方面。

季节变化是指一年内降水量的分配状况。中国降水的季节分配特征是：南方雨季开始早，结束晚，雨季长，集中在 5～10 月；北方雨季开始晚，结束早，雨季短，集中在 7～8 月。全国大部分地区夏秋多雨，冬春少雨。

年际变化是指年际的降水分配情况。中国大多数地区降水量的年际变化较大，一般是多雨区年际变化较小，少雨区年际变化较大；沿海地区年际变化较小，内陆地区年际变化较大，且以内陆盆地年际变化最大。

（3）季风活动与季风区。中国降水空间分布与时间变化特征，主要是季风活动影响形成的。源于西太平洋热带海面的东南季风和赤道附近印度洋上的西南季风把温暖湿润的水汽吹送到中国大陆上，成为中国夏季降水的主要水汽来源。

在夏季风正常活动的年份，每年 4～5 月暖湿的夏季风推进到南岭及其以南的地区。广东、广西、海南等省区进入雨季，降水量增多。

6 月夏季风推进到长江中下游，秦岭—淮河以南的广大地区进入雨季。这时，江淮地区阴雨连绵，由于正是梅子黄熟时节，故称这种天气为梅雨天气。

7～8 月夏季风推进到秦岭—淮河以北地区，华东、东北等地进入雨季，降水明显增多。9 月，北方冷空气的势力增强，暖湿的夏季风在它的推动下向南后退，北方雨季结束。10 月，夏季风从中国大陆上退出，南方的雨季也随之结束。

在中国大兴安岭—阴山—贺兰山—巴颜喀拉山—冈底斯山连线以西以北的地区，夏季风很难到达，降水量很少。习惯上我们把夏季风可以到达的地区称为季风区，夏季风势力难以到达的地区称为非季风区。

（4）中国的干湿地区。干湿状况是反映气候特征的标志之一，一个地方的干湿程度由降水量和潜在蒸散的对比关系决定。干湿状况与天然植被类型及农业等关系密切。中国各地干湿状况差异很大，共划分为 4 个干湿地区：湿润区、半湿润区、半干旱区和干旱区。

3）气候的特征

（1）气候复杂多样。中国地域辽阔，跨纬度较广，距海远近差距较大，加之地势高低不同，地貌类型及山脉走向多样，因而气温、降水的组合差别很大，形成了各地多种多样的气候。从气候类型上看，东部属季风气候（又可分为热带季风气候、亚热带季风气候和温带季风气候），西北部属温带大陆性干旱气候，青藏高原属高寒气候。从温度带划分看，有热带、亚热带、暖温带、中温带、寒温带和青藏高原气候区。从干湿地区划分看，有湿润地区、半湿润地区、半干旱地区、干旱地区之分。而且同一个温度带内，可含有不同的干湿区；同一个干湿地区又含有不同的温度带。因此在相同的气候类型中，也会有热量与干湿程度的差异。地形的复杂多样，也使气候更具复杂多样性。

（2）季风气候显著。中国的气候具有夏季高温多雨、冬季寒冷少雨、高温期与多雨期一致的季风气候特征。由于中国位于世界最大的大陆——亚欧大陆东部，又在世界最大的大洋——太平洋西岸，西南距印度洋也较近，因而气候受大陆、大洋的影响非常显著。冬季盛行从大陆吹向海洋的偏北风，夏季盛行从海洋吹向陆地的偏南风。冬季风产生于亚洲内陆，性质寒冷、干燥，在其影响下，中国大部分地区冬季普遍降水少、气温低，北方更为突出。夏季风来自东南面的太平洋和西南面的印度洋，性质温暖、湿润，在其影响下，降水普遍增多，"雨热同季"。中国受冬、夏季风交替影响的地区广，是世界上季风最典型、季风气候最显著的国家。和世界同纬度的其他国家和地区相比，中国冬季气温偏低，而夏季气温又偏高，气温年较差较大，降水集中于夏季，这些又是大陆性气候的特征。因此，中国的季风气候，大陆性较强，也称作大陆性季风气候。

（3）气候条件的优势。复杂多样的气候，使世界上大多数农作物和动植物能在中国找到适宜生长的地方，因此中国农作物与动植物资源都非常丰富。例如，玉米的故乡在墨西哥，引种到中国后却被广泛种植，已成为中国重要的粮食作物之一。红薯最早引种在浙江一带，目前全国普遍种植。中国季风气候的上述特征，也为中国农业生产提供了有利条件，因夏季气温高，热量条件优越，许多对热量条件需求较高的农作物在中国的种植范围的纬度远比世界上其他同纬度国家的更高，如在中纬度地区，中国可以生长水稻、棉花等喜温作物，而同纬度其他海洋性气候强的国家和地区只能种植麦类和马铃薯等适应温凉气候的作物；水稻甚至可在北纬 52° 的黑龙江呼玛县种植。夏季多雨，高温期与多雨期一致，即"雨热同期"，有利于农作物生长发育，如中国长江中下游地区为亚热带季风气候，温暖湿润，因而物产富饶，而与之同纬度的非洲北部、阿拉伯半岛等地却多呈干旱、半干旱的荒漠景观。

中国气候虽然有许多方面有利于发展农业生产，但也有不利的方面，中国灾害性天气频发多发，对中国生产建设和人民生活也常常造成不利的影响，其中旱灾、洪灾、寒潮、台风等是对中国影响较大的主要灾害性天气。

中国的旱涝灾害平均每年发生一次，北方以旱灾居多，南方则旱涝灾害均有发生。

在夏秋季节，中国东南沿海常常受到热带风暴——台风的侵袭。台风（热带风暴发展到特别强烈时称为台风）在 6～9 月最为频繁。

在中国的秋冬季节，来自蒙古、西伯利亚的冷空气不断南下，冷空气特别强烈时，气温骤降，出现寒潮。寒潮可造成低温、大风、沙暴、霜冻等灾害。

3. 河流和湖泊

中国河流湖泊众多。这些河流、湖泊不仅是中国地理环境的重要组成部分，而且蕴藏着丰富的自然资源。中国的河湖地区分布不均，内外流区域兼备。中国外流区域与内流区域的界线大致是：北段大体沿着大兴安岭—阴山—贺兰山—祁连山（东部）一线，南段比较接近 200 mm 的年等降水量线（巴颜喀拉山—冈底斯山）。这条线的东南部是外流区域，约占全国总面积的 2/3，河流水量占全国河流总水量的 95% 以上；内流区域约占全国总面积的 1/3，但是河流水量还不到全国河流总水量的 5%。

1）河流

中国是世界上河流最多的国家之一。中国有许多源远流长的大江大河。其中，流域面积超过 1000 km² 的河流就有 1500 多条。中国的河流，按照河流径流的循环形式，有注入海洋的外流河，也有与海洋不相沟通的内流河。

（1）长江：长江发源于青海西南部、青藏高原上的唐古拉山脉主峰各拉丹冬雪山，曲折东流，干流先后流经青海、四川、西藏、云南、重庆、湖北、湖南、江西、安徽、江苏、上海共 11 个省（自治区、直辖市），最后注入东海。全长 6363 km，是中国第一大河，也是亚洲最长的河流，世界第三大河。流域面积 180 万 km²，约占全国总面积的 1/5，年入海水量 9513 亿 m³，占全国河流总入海水量的 1/3 以上。流经中国青藏高原、横断山区、云贵高原、四川盆地、长江中下游平原，流域绝大部分处于湿润地区。

（2）黄河：黄河发源于青海中部，巴颜喀拉山北麓，流经青海、四川、甘肃、宁夏、内蒙古、山西、陕西、河南、山东 9 个省（自治区），注入渤海，全长 5464 km，是中国第二大河。流域面积 79.5 万 km²，流经中国青藏高原、内蒙古高原、黄土高原、华北平原，以及干旱、半干旱、半湿润地区。

（3）珠江：珠江是中国南方最大的河流，其干流西江发源于云南东部。珠江流经云南、贵州、广西、广东入南海，全长 2214 km，流域在中国境内 45.37 万 km²。主要有西江、北江、东江三大支流水系，北江与东江基本上都在广东境内，三江水系在珠江三角洲汇集，形成纵横交错、港汊纷杂的网状水系。

（4）京杭运河：中国除天然河流外，还有许多人工开凿的运河，其中有世界上开凿最早、最长的京杭运河。京杭运河北起北京、南到杭州，纵贯北京、天津两市和河北、山东、江苏、浙江四省，沟通海河、黄河、淮河、长江、钱塘江五大水系，全长 1801 km，是中国历史上与万里长城齐名的伟大工程。从开凿至今已有 2000 多年的历史，曾对沟通中国南北交通起过重大的作用，但过去由于维护不善，许多河段已断航。中华人民共和国成立后，对运河进行了整治，目前江苏、浙江两省境内的河段，仍是重要的水上运输线。同时，京杭运河还发挥灌溉、防洪、排涝等综合作用。在"南水北调"东线工程中，它又被用作长江水源北上的输水渠道。

2）湖泊

中国湖泊众多，共有湖泊 24800 多个，其中面积在 1 km² 以上的天然湖泊就有 2759 个。湖泊数量虽然很多，但在地区分布上很不均匀。总的来说，东部季风区，特别是长江中下游地区，分布着中国最大的淡水湖群；西部以青藏高原湖泊较为集中，多为内陆咸水湖。

外流区域的湖泊都与外流河相通，湖水能流进也能排出，含盐分少，称为淡水湖，也称排水湖。中国著名的淡水湖有鄱阳湖、洞庭湖、太湖、洪泽湖、巢湖等。内流区域的湖泊大多为内流河的归宿，河水只能流入湖泊，但湖水不能流出，又因蒸发强烈、盐分较多，形成咸水湖，也称非排水湖，如中国最大的湖泊青海湖以及海拔较高的纳木错等。

中国的湖泊按成因有河迹湖（如湖北境内长江沿岸的湖泊）、海迹湖（包括潟湖、残迹湖等，如西湖）、溶蚀湖（如云贵高原区石灰岩溶蚀所形成的草海等）、冰蚀湖（如青藏高原区的巴松错、帕桑错等）、构造湖（如青海湖、鄱阳湖、洞庭湖、滇池等）、火山口湖（如长白山天池）、堰塞湖（如镜泊湖）等。

4. 自然资源

1）土地资源

中国土地资源有四个基本特点：绝对数量大，人均占有量少；类型复杂多样，耕地比例小；利用情况复杂，生产力地区差异明显；地区分布不均，保护和开发问题突出。

（1）绝对数量大，人均占有量少。中国陆地总面积约 960 万 km^2，海域总面积 473 万 km^2。中国陆地面积居世界第 3 位，但按人均占土地资源论，在面积居世界前 12 位的国家中，居第 11 位。中国人均占有的土地资源，只相当于澳大利亚的 1/58、加拿大的 1/48、俄罗斯的 1/15、巴西的 1/7、美国的 1/5。按利用类型区分的中国各类土地资源也都具有绝对数量大、人均占有量少的特点。

（2）类型复杂多样，耕地比例小。中国地形复杂、气候多样，土地类型复杂多样，为农、林、牧、副、渔多种经营和全面发展提供了有利条件。但也要看到，有些土地类型难以开发利用。例如根据中华人民共和国年鉴数据，中国沙质荒漠、戈壁合占国土总面积的 12% 以上，改造、利用的难度很大。而对中国食物安全至关重要的耕地，所占比例仅为 10% 多一点。

（3）利用情况复杂，生产力地区差异明显。土地资源的开发利用是一个长期的历史过程。由于中国自然条件的复杂性和各地历史发展过程的特殊性，中国土地资源利用的情况极为复杂。东北平原大部分是黑土，盛产小麦、玉米、大豆、亚麻和甜菜。华北平原大多是褐土，土层深厚，农作物有小麦、玉米、棉花、花生，水果有苹果、梨、葡萄、柿子等。长江中下游平原多为红黄壤和水稻土，盛产水稻、柑橘、油菜、蚕豆和淡水鱼，被称为"鱼米之乡"。四川盆地多为紫色土，盛产水稻、油菜、甘蔗、茶叶、柑橘、柚子等。

不同的利用方式，土地资源开发的程度也会有所不同，土地的生产力水平会有明显差别。例如，在同样的亚热带山区，经营茶园、果园、经济林木会有较高的经济效益，而毁林毁草开垦种粮，不仅收益较低，还会造成水土流失，使土地资源遭受破坏。

（4）地区分布不均，保护和开发问题突出。分布不均主要指两个方面：其一，具体土地资源类型分布不均，如有限的耕地主要集中在中国东部季风区的平原地区，草原资源多分布在内蒙古高原的东部、新疆天山南北坡等；其二，人均占有土地资源分布不均。

不同地区的土地资源，面临着不同的问题。中国林地少，森林资源不足。可是，在东北林区力争采育平衡的同时，西南部分林区却面临过熟林比例大、林木资源浪费的问题。中国广阔的草原资源利用不充分，畜牧业生产水平不高，然而有些地区的草原又存在过度放牧、草场退化的问题。

2）水资源

中国淡水资源总量为 2.8 万亿 m³，占全球水资源的 6%，仅次于巴西、俄罗斯、加拿大、美国和印度尼西亚，居世界第六位，但人均只有 2200 m³，仅为世界平均水平的 1/4、美国的 1/5，是全球人均水资源贫乏的国家之一，属于缺水严重的国家。受气候和地形影响，淡水资源的地区分布极不均匀，大量淡水资源集中在南方，北方淡水资源只有南方淡水资源的 1/4。河流和湖泊是中国主要的淡水资源，河湖的分布、水量的大小，直接影响着各地人民的生活和生产。各大河的流域中，以珠江流域人均水资源最多，长江流域稍高于全国平均数，海河、滦河流域是全国水资源最紧张的地区。

中国水资源的分布情况是南多北少，而耕地的分布却是南少北多。例如，中国小麦、棉花的集中产区——华北平原，耕地面积约占全国的 40%，而水资源只占全国的 6%左右。水、土资源配合欠佳的状况，进一步加剧了中国北方地区缺水的程度。

中国水能资源理论蕴藏量近 7 亿 kW·h，占常规能源资源量的 40%。其中，经济可开发容量近 4 亿 kW·h，年发电量约 1.7 亿 kW·h 时，是世界上水能资源总量最多的国家。中国水能资源的 70%分布在西南四省市和西藏，其中以长江水系为最多，其次为雅鲁藏布江水系。黄河水系和珠江水系也有较大的水能资源蕴藏量。目前，已开发利用的地区，集中在长江、黄河和珠江的上游。

3）生物资源

（1）植物资源。中国植被种类丰富，分布错综复杂。在东部季风区，有热带雨林，热带季雨林，南亚热带、中亚热带常绿阔叶林、北亚热带落叶阔叶—常绿阔叶混交林，温带落叶阔叶林，寒温带针叶林，以及亚高山针叶林、温带森林草原等植被类型。在西北部和青藏高原地区，有干草原、半荒漠草原灌丛、干荒漠草原灌丛、高原寒漠、高山草原草甸灌丛等植被类型。据统计，有种子植物 300 个科、2980 个属、24600 个种，兼有寒、温、热三带的植物。其中，被子植物 2946 属（占世界被子植物总属的 23.6%）。较古老的植物种属，约占世界种属总数的 62%。有些植物，如水杉、银杏等，世界上其他地区现代已经灭绝，现在是残存于中国的"活化石"。此外，还有丰富的栽培植物。从用途来说，有用材林木 1000 多种，药用植物 4000 多种，果品植物 300 多种，纤维植物 500 多种，淀粉植物 300 多种，油脂植物 600 多种，蔬菜植物 80 多种，中国是世界上植物资源最丰富的国家之一。

（2）动物资源。中国是世界上动物资源最为丰富的国家之一。全国陆栖脊椎动物约有 2070 种，占世界陆栖脊椎动物的 9.8%。其中，鸟类 1170 多种、兽类 400 多种、两栖类 184 种，分别占世界同类动物的 13.5%、11.3%和 7.3%。西起喜马拉雅山—横断山北部—秦岭山脉—伏牛山—淮河与长江间一线以北地区，以温带、寒温带动物群为主，属古北界；以南地区以热带性动物为主，属东洋界。由于东部地区地势平坦，西部横断山南北走向，两界动物相互渗透混杂的现象比较明显。

4）区域地理

在中国辽阔的大地上，由于各地的地理位置、自然条件差异，人文、经济方面也各有特点，全国可分为东部季风区、西北干旱区、青藏高寒区三个自然大区。其中，东部季风区由于南北纬度差别较大，以秦岭—淮河为界，又分为北方地区和南方地区。因此，全国可分为北方地区、南方地区、西北地区、青藏地区四大部分。

（1）北方地区。中国的北方地区指中国东部季风区的北部，主要是秦岭—淮河一线以北，大兴安岭、乌鞘岭以东的地区，东临渤海和黄海。包括东北三省、黄河中下游五省二市的全部或大部分，以及甘肃东南部，内蒙古东部与北部，江苏及安徽的北部，面积约为 213.1 万 km²，约占全国陆地总面积的 22.2%。中国的北方自东向西呈山地—平原—山地—高原盆地相间分布。北方地区属于温带大陆性季风气候和暖温带大陆性季风气候，北部植被是温带湿润森林和草甸草原，往南依次递变为暖温带森林草原、暖温带落叶阔叶林。区内河流多，河流冬季结冰，本区北端的大、小兴安岭还有冻土分布。本区北部有东北平原，南部有黄淮海平原，平原面积大，垦殖率很高，人烟稠密，阡陌相连，农业发达。区内人口约占全国总人口的 40%，其中汉族占绝大多数，少数民族中人口较多的，有居住在东北的满族、朝鲜族等。

（2）南方地区。中国的南方地区指中国东部季风区的南部，秦岭—淮河一线以南的地区，西部为青藏高原，东部与南部濒临东海和南海，大陆海岸线长度占全国的 2/3 以上。行政范围包括长江中下游六省一市，南部沿海和西南四省市大部分地区。面积约 251.8 万 km²，约占全国陆地总面积的 26.2%。除长江中下游平原、珠江三角洲平原外，区内广布山地丘陵和河谷盆地。区内南部石灰岩分布广泛，为中国喀斯特地貌发育最广泛的地区。川、赣、湘、浙、闽诸省的红色盆地多发育丹霞地貌。南方地区属于温暖湿润的亚热带季风气候和湿热的热带气候，常绿阔叶林广布，南部可见热带雨林和季雨林景观。河流冬不结冰，作物经冬不衰。区内人口约占全国总人口的 55%，汉族占大多数。区内的少数民族有 30 多个，其人数有 5000 多万，主要分布在桂、云、贵、川、湘、琼等地，人数较多的为壮族、苗族、彝族、土家族、布依族、侗族、白族、哈尼族、傣族、黎族等。

（3）西北地区。中国的西北地区深居内陆，位于昆仑山—阿尔金山—祁连山和长城以北，大兴安岭、乌鞘岭以西，包括新疆、宁夏、内蒙古的西部和甘肃的西北部等。这一地区国境线漫长，与俄罗斯、蒙古国、哈萨克斯坦、吉尔吉斯斯坦等国相邻。本区面积广大，约占全国陆地总面积的 24.3%。东部是波状起伏的高原，西部呈现山地和盆地相间分布的地表格局。中国西北的中、西部居亚欧大陆的腹地，四周距海遥远，周围又被高山环绕，来自海洋的潮湿气流难以深入，自东向西，由大陆性半干旱气候向大陆性干旱气候过渡，植被则由草原向荒漠过渡。气候干旱、地面坦荡、植被稀疏、沙源丰富，风沙现象在大部分地区十分常见。中国是世界上沙漠、戈壁分布较多的国家之一。区内的塔克拉玛干沙漠是中国面积最大的沙漠，占全国沙漠总面积的 43%，沙丘高大，形状复杂，景观多样。区内人口约占全国总人口的 4%，是地广人稀的地区。西北地区是中国少数民族聚居地区之一，少数民族人口约占总人口的 1/3，主要有蒙古族、回族、维吾尔族、哈萨克族等。

（4）青藏地区。中国的青藏地区位于中国西南边陲，横断山脉及其以西，喜马拉雅山及其以北，昆仑山和阿尔金山、祁连山及其以南。行政上包括青海、西藏的全部、四川的西部，以及新疆和甘肃一隅，总面积约 260 万 km²，约占全国的 27%。青藏地区是一个强烈隆起的大高原，平均海拔近 4400 m，还有多座海拔 8000 m 以上的高峰，是全球海拔最高的高原，素称"世界屋脊"。区内属特殊的高原气候，高大山体终年积雪，还有冰川分布，多年冻土和季节性冻土分布亦广泛。植被为高原寒漠、草甸和草原。青藏地区是亚洲许多大江大河如长江、黄河、怒江、澜沧江、雅鲁藏布江（恒河上游）以及森格藏布江（印度河上游）等的发源地。这里还是全球海拔最高、数量多、面积大的高原内陆湖区。区内的湖泊总面积约占全国湖泊面积的一半。区内人口不足全国总人口的 1%，是藏族的聚居地区。与缅甸、不丹、尼泊尔、印度、巴基斯坦、阿富汗、塔吉克斯坦等国相邻。

1.2.2　森林分布

中国地域辽阔，由于各地自然条件不同，加之植物种类繁多，森林植物和森林类型极为丰富多样。

1）东北针叶林及针阔叶混交林

中国主要天然林区，现有森林 3094 万 hm²，占全国的 26.9%；森林蓄积量 28.9 亿 m³，占全国的 32%；森林覆盖率约为 37.6%。经过采伐更新和人工改造经营，区内人工林的比例将逐渐增加。本区西北部的大兴安岭主要是落叶松（兴安落叶松）林和采伐后的桦木、山杨次生林，部分地区有樟子松林，沿河流有杨树和钻天柳（亦称朝鲜柳），东南部有生长不良的蒙古栎林。小兴安岭主要是红松林和针阔叶混交林，针叶树除红松外还有落叶松、鱼鳞松、红皮云杉和冷杉（臭松）；阔叶树有椴树、水曲柳、核桃楸、黄檗、榆树和槭树类及多种桦木和杨树。长白山区的森林与小兴安岭林区相近似，但阔叶树种的比例增加，并有沙松（冷杉一种）和长白赤松。

2）西南亚高山针叶林和针阔叶混交林

中国第二重要天然林区，位于青藏高原的东南部。这一林区海拔高差很大，森林主要分布于山坡中下部，一般在 4000 m 以下。全区有林地面积 2245 万 hm²，占全国 19.5%；森林蓄积量 35.8 亿 m³，占全国 39.7%；森林覆盖率 28.3%。林区针叶树有多种冷杉、云杉及落叶松、高山松、铁杉；阔叶树有多种桦木、槭树、高山栎。在海拔较低处还有椴树、榆树、槭树和高山松、华山松等，海拔更低的山坡出现壳斗科、樟科等常绿阔叶树。林区林下植物有杜鹃、悬钩子、忍冬和箭竹等。林区内栖息着许多珍稀动物。大熊猫生长于以箭竹为主要林下植物的云杉、冷杉林内；并有金丝猴、扭角羚等。

本区因位于长江许多支流的上游，森林涵养水源的功能应充分重视。在陡坡、山脊的森林应划作水源林，并应划定必要的自然保护区，保存珍稀物种和森林类型。

3) 南方松杉林和常绿阔叶林及油茶、油桐等经济林

这一林区主要森林树种有马尾松、黄山松、杉木、柳杉、柏木，以及多种竹类（主要有毛竹、淡竹、桂竹、刚竹、南部还有丛生竹）和多种常绿阔叶树（主要有樟树、楠木、栲类、石栎、常绿青冈、木荷、木莲、阿丁枫、胆八树等）。此外有许多落叶阔叶树，如多种栎类（包括栓皮栎、麻栎、小叶栎、槲栎）、山毛榉、枫香、檫树、拟赤杨、光皮桦等。中国多种特有树种原产于此，针叶树有银杏、水杉、杉木、金钱松、银松、台湾杉、白头杉、福建柏，阔叶树有珙桐、杜仲、喜树、观光木、伯乐树、香果树等。该地区有多种经济林产品，重要的有油茶、油桐、乌桕、漆、棕榈、厚朴、杜仲、白蜡。油茶面积约 300 万 hm^2；油桐面积约 200 万 hm^2。

南方山区面积大，气候条件好，具有林业生产潜力，大力发展用材林、竹林和多种经济林木，能提供大宗竹木材料和多种林产品，既能提供国民经济建设和各种工业原料，又可用作人民生产生活资料。南方是多山的地区，不少山地坡度很陡，雨量多并常出现暴雨。因此，森林对涵养水源、保持土壤，以及减免洪水灾害和下游河流、湖泊、水库的淤积有重要作用。

4) 华北落叶阔叶林及油松、侧柏林

这一林区的范围，大致北自辽宁南部，南到淮河以北，包括华北广大山区，目前仅有散生的小片栎类、桦木、山杨为主的落叶阔叶林和小片的侧柏、油松等针叶林。水分条件较好的山谷局部地区有少数白蜡、槭树、椴树、青杨等生长。海拔较高山地还有小片华北落叶松、云杉（青扦和白扦）及少数冷杉。本区需大力保护和培育森林，生产用材、薪材并涵养水源，保持土壤。

5) 华南热带季雨林

这一林区分布于北回归线以南地区。主要林区有海南岛及南海诸岛、台湾南部及云南红河哈尼族彝族自治州和西双版纳傣族自治州。森林基本上属热带季雨林，在湿润的山谷，树木板根现象较明显，林下有高大的树蕨、棕榈科植物，树干附生兰科、蕨类及天南星科植物，显出热带雨林的景观。这一林区蕴育和保存极为丰富的森林植物，有青梅、坡垒、龙脑香、娑罗双树等龙脑香科树木，并有蝴蝶树、人面子、番龙眼、山楝、麻楝、卵叶阿丁枫等热带树种，在西双版纳和广西最南部还有野生团花树。此外，陆均松、鸡毛松在海南岛和云南南部也有分布。海拔较高的山地则有以常绿壳斗科树木为主的常绿阔叶树林。低海拔及河谷雨量较少处旱生型现象明显，如海南岛南部有厚皮树、闭花木、合欢属（黑格、白格）、刺竹等近似稀树草原的旱生型热带林。

华南热带林区是中国热量最丰富的地区，但这里有漫长的旱季的偶尔出现的 10℃或

以下的低温。因此，要采取防干风、低温的措施。海南岛种植橡胶前，栽种防风林带收到良好效益。

6）其他森林类型分布

中国森林除分布于上述各林区外，在广阔的西北干旱、半干旱地区，绿洲境内及沿河流以及一定高度的山地也有森林分布，如新疆塔里木河流域的胡杨林，以及天山、祁连山中山地段的云杉林等。此外，在中国东部分布着大大小小的平原、盆地和三角洲，原有天然林早已破坏，只有零星散生的树种和小片丛林。20 世纪 50 年代以来营造了农田防护林、农林间种和四旁植树。有不少的县，森林覆盖率已达到 10%～15%。这些地区的农田防护林对农田起到很大的防护效益，四旁植树改善并美化了环境，同时也提供就地需要的用材、薪材和多种林产品。至 1989 年，中国人工造林面积达 3830 万 hm^2，占世界人工造林总面积的 1/3。

中国天然林分布不均衡，主要分布在我国东北和西南，我国的东南林区多为人工林和次生林，西北和青藏高原大部分地区为荒漠，气候干旱，不适宜森林生长。中华人民共和国后，盲目的毁林开荒使得生态环境破坏严重，随着社会经济的发展，人们对生态环境保护意识的不断提高，以及生态工程的兴起，我国森林得到较好的恢复。黑龙江、内蒙古、云南、四川、西藏、江西、吉林等省（自治区）的天然林面积就占全国的 61%，蓄积量占全国的 75%。森林分布受经纬度和海拔两大自然因素的影响，形成具有一定规律的分布特征。在中国东部地区，从北向南依次有大兴安岭地区的寒温带针叶林带，以小兴安岭和长白山为代表的温带针阔混交林带，华北暖温带落叶阔叶林带，华中、华东地区的北亚热带落叶阔叶林与常绿阔叶混交林带，中亚热带常绿阔叶林带，以及华南的南亚热带季雨林常绿阔叶林带，海南和台湾有部分热带山地雨林带。我国西南青藏高原东南边缘向南，由于海拔导致的温度变化，也依次存在高山草甸、亚高山草甸灌丛、亚高山针叶林、亚高山针叶林、中山针阔叶混交林、落叶阔叶林、常绿阔叶林、热带季雨林或雨林。

1.3　中国森林资源及其保护和利用

1.3.1　中国森林资源现状

中国地域辽阔，地形复杂多样，南北巨大的地域跨度以及东低西高的地势造就了中国丰富多样的气候类型和自然地理环境，孕育了生物种类繁多和植被类型多样的森林资源。根据第九次全国森林资源清查（2014～2018 年）结果，全国森林面积为22044.62 万 hm^2，森林覆盖率为 22.96%。全国活立木蓄积量为 190.07 亿 m^3，森林蓄积量为 175.60 亿 m^3。全国森林植被总生物量为 188.02 亿 t，总碳储量为 91.86 亿 t。全国天然林面积为 1.4 亿 hm^2，天然林蓄积量为 141.08 亿 m^3；人工林面积为 0.8 亿 hm^2，人工林蓄积量为 34.52 亿 m^3。

根据 2020 年《全球森林资源评估》报告，尽管我国森林面积和森林蓄积量位列世界前列，人工林面积位居世界第一，但我国人均森林面积 0.16 hm²，不足世界人均森林面积的三分之一；人均森林蓄积量 12.54 m³，仅约为世界人均森林蓄积量的六分之一。我国森林资源总量位居世界前列，但由于人口众多，人均占有量很少。

1. 林地资源

1）林地面积

根据第九次全国森林资源清查（2014～2018 年）结果，全国林地面积为 32368.55 万 hm²，其中森林面积占 68.1%。全国林地按地类分，乔木林地为 17988.85 万 hm²，竹林地为 641.16 万 hm²，灌木林地为 7384.96 万 hm²，疏林地为 342.18 万 hm²，未成林造林地为 699.14 万 hm²，苗圃地为 71.98 万 hm²，迹地为 242.49 万 hm²，宜林地 4997.79 万 hm²（图 1-1）。

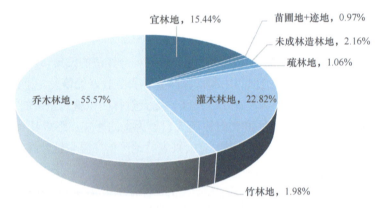

图 1-1　全国林地各地类面积构成

2）林地质量

根据森林植被所处的水热条件、地形地貌和土壤特征等自然环境因素，对林地质量进行综合评定。全国林地质量为"好"的占 39.96%，为"中"的占 37.84%，为"差"的占 22.20%。全国林地质量为"好"的主要分布在东部湿润区，质量为"中"的主要分布在中部和东北西部等半湿润半干旱区，质量为"差"的主要分布在西北、华北干旱地区和青藏高原。全国宜林地中，质量为"好"的占 11.55%，为"中"的占 37.63%，为"差"的占 50.82%。全国宜林地质量为"差"的主要分布在干旱、半干旱地区的内蒙古、新疆、青海、甘肃以及黑龙江等省（自治区）。

3）林木蓄积

根据全国第九次森林资源清查（2014～2018 年）结果，全国林木蓄积量为 1850509.80 万 m³，其中森林蓄积量为 1705819.59 万 m³，疏林蓄积量为 10027.00 万 m³，散生木蓄积量为 87803.41 万 m³，四旁树蓄积量为 46859.80 万 m³。林木蓄积主要分布在东北和西南林区，其中，西藏为 230519.15 万 m³、云南为 213244.99 万 m³、黑龙江为 199999.41 万 m³、四川为 197201.77 万 m³、内蒙古为 166271.98 万 m³、吉林为 105368.45 万 m³，六省（自治区）林木蓄积量合计占全国林木蓄积量的 60.12%。

2. 各类型森林面积与蓄积量

根据全国第九次森林资源清查（2014～2018 年）结果，全国森林面积中，乔木林面积 17988.85 万 hm²，占 82.43%；竹林面积 641.16 万 hm²，占 2.94%；特殊灌木林面积 3192.04 万 hm²，占 14.63%。内蒙古、云南、黑龙江、四川、西藏和广西森林面积较大，六省区森林面积合计 1.15 亿 hm²，占全国森林面积的 52.57%。西藏、云南、四川、黑龙江、内蒙古和吉林森林蓄积量较大，六省区森林蓄积量合计 105.03 亿 m³，占全国森林蓄积量的 61.57%。

森林按起源可分为天然林和人工林。全国森林面积中，天然林面积为 13867.77 万 hm²，占 63.55%；人工林面积为 7954.28 万 hm²，占 36.45%。全国森林蓄积量中，天然林蓄积量为 136.71 亿 m³，占 80.14%；人工林蓄积量为 33.88 亿 m³，占 19.86%。

森林按林种分为防护林、特种用途林、用材林、薪炭林和经济林五个林种。全国森林面积中，防护林为 10081.92 万 hm²，占 46.20%；特种用途林为 2280.40 万 hm²，占 10.45%；用材林为 7242.35 万 hm²，占 33.19%，薪炭林为 123.14 万 hm²，占 0.56%；经济林为 2094.24 万 hm²，占 9.60%。森林蓄积量按林种分，防护林蓄积量为 881806.90 万 m³，占 51.69%；特种用途林蓄积量为 261843.05 万 m³，占 15.35%；用材林蓄积量为 541532.54 万 m³，占 31.75%；薪炭林蓄积量为 5665.68 万 m³，占 0.33%；经济林蓄积量为 14971.42 万 m³，占 0.88%。

将防护林和特种用途林归为公益林，将用材林、薪炭林和经济林归为商品林，全国公益林面积为 12362.32 万 hm²，占全国森林面积的 56.65%；全国商品林面积为 9459.73 万 hm²，占全国森林面积的 43.35%；全国公益林蓄积量为 1143649.45 m³，占全国森林蓄积量的 67.04%；全国商品林蓄积量为 562169.64 亿 m³，占全国森林蓄积量的 32.96%。

1.3.2　天然林资源现状

根据《中国森林资源报告（2014～2018）》，全国天然林面积 1.39 亿 hm²，其中乔木林为 1.23 亿 hm²，占 88.54%；竹林为 390.38 万 hm²，占 2.81%；特殊灌木林为 1201.21 万 hm²，占 8.65%。全国天然林蓄积量为 136.71 亿 m³，每公顷蓄积量 111.36 m³。按林种分，全国天然林面积中，防护林为 7635.59 万 hm²，占 55.06%；特种用途林为 2077.63 万 hm²，占 14.98%；用材林为 3977.10 万 hm²，占 28.68%；薪炭林为 105.07 万 hm²，占 0.76%；经济林为 72.38 万 hm²，占 0.52%。全国天然林中，公益林与商品林的面积之比为 7∶3。全国天然乔木林中，防护林比例较大，面积为 6918.62 万 hm²，占 56.36%；蓄积量为 76.55 亿 m³，占 55.99%。

按龄组分，全国天然乔木林中，幼龄林面积为 3551.63 万 hm²，蓄积量为 155372.8 万 m³；

中龄林面积为 3929.12 万 hm^2，蓄积量为 370690.9 万 m^3；近熟林面积为 2052.72 万 hm^2，蓄积量为 279159.6 万 m^3；成熟林面积为 1808.85 万 hm^2，蓄积量为 329110.4 万 m^3；过熟林面积为 933.86 万 hm^2，蓄积量为 232725.9 万 m^3。全国天然乔木林中，中幼林面积 7480.75 万 hm^2，占 60.94%，主要分布在黑龙江、云南、内蒙古、江西、湖北、广西和湖南，七个省区中幼林面积合计 4355.20 万 hm^2，占全国中幼林面积的 58.22%；近、成、过熟林面积为 4795.43 万 hm^2，占 39.06%，主要分布在西藏、内蒙古、黑龙江、四川、云南、吉林和陕西，七个省区近、成、过熟林面积合计 3801.99 万 hm^2，占全国近、成、过熟林面积的 79.28%（表 1-3）。

表 1-3　全国天然乔木林各龄组面积与蓄积量

龄组	面积/万 hm^2	面积占比/%	蓄积量/万 m^3	蓄积量占比/%
幼龄林	3551.63	28.93	155372.8	11.37
中龄林	3929.12	32.01	370690.9	27.12
近熟林	2052.72	16.72	279159.6	20.42
成熟林	1808.85	14.73	329110.4	24.07
过熟林	933.86	7.61	232725.9	17.02
合计	12276.18	100.00	1367059.6	100.00

按优势树种（组）归类，全国天然乔木林面积中，针叶林为 3556.62 万 hm^2，占 28.97%；针阔混交林为 1033.23 万 hm^2，占 8.42%；阔叶林为 7686.33 万 hm^2，占 62.61%。全国天然乔木林蓄积量中，针叶林蓄积量为 53.58 亿 m^3，占 39.19%；针阔混交林蓄积量为 9.96 亿 m^3，占 7.29%；阔叶林蓄积量为 73.17 亿 m^3，占 53.52%。全国分优势树种（组）的天然乔木林面积，排名居前 10 位的为栎树林、桦木林、落叶松林、马尾松林、云杉林、云南松林、冷杉林、柏木林、高山松林和杉木林，面积合计 5430.12 万 hm^2，占全国天然乔木林面积的 44.23%，蓄积量合计 690419.96 万 m^3，占全国天然乔木林蓄积量的 50.50%（表 1-4）。

表 1-4　全国天然乔木林主要优势树种（组）面积与蓄积量

类型	面积/万 hm^2	面积占比/%	蓄积量/万 m^3	蓄积量占比/%
栎树林	1467.21	11.95	136432.84	9.98
桦木林	997.31	8.12	89408.64	6.54
落叶松林	767.22	6.25	88551.10	6.48
马尾松林	552.38	4.50	43843.33	3.21
云杉林	398.15	3.24	95446.65	6.98
云南松林	381.20	3.11	46854.12	3.43
冷杉林	357.67	2.91	132239.49	9.67
柏木林	209.69	1.71	14762.04	1.08
高山松林	150.83	1.23	33225.11	2.43
杉木林	148.46	1.21	9656.64	0.71
合计	5430.12	44.23	690419.96	50.5

1.3.3　人工林资源现状

全国人工林面积为 7954.28 万 hm^2，其中乔木林为 5712.67 万 hm^2，占 71.82%；竹林为 250.78 万 hm^2，占 3.15%；特殊灌木林为 1990.83 万 hm^2，占 25.03%。全国人工林蓄积量为 338759.96 万 m^3，每公顷蓄积量为 59.30 m^3。广西、广东、内蒙古、云南、四川和湖南人工林面积较大，六个省区人工林面积合计 3460.46 万 hm^2，占全国人工林面积的 43.50%。

按林种分，全国人工林面积中，防护林为 2446.33 万 hm^2，占 30.75%；特用林为 202.77 万 hm^2，占 2.55%；用材林为 3265.25 万 hm^2，占 41.05%；薪炭林为 18.07 万 hm^2，占 0.23%；经济林为 2021.86 万 hm^2，占 25.42%。全国人工林中，公益林与商品林的面积之比为 33∶67。全国人工乔木林中，用材林面积为 3084.03 万 hm^2，占 53.99%；蓄积量为 194075.95 万 m^3，占 57.29%。

按龄组分，全国人工乔木林中，幼龄林为 2325.91 万 hm^2，占 40.72%；中龄林为 1696.80 万 hm^2，占 29.70%；近熟林为 808.61 万 hm^2，占 14.15%；成熟林为 658.81 万 hm^2，占 11.53%；过熟林为 222.54 万 hm^2，占 3.90%。广西、广东、云南、湖南、四川和江西中幼林面积较大，六省区合计 1906.96 万 hm^2，占全国中幼林面积的 47.40%。内蒙古、云南、四川、福建、广西、广东、黑龙江和湖南近、成、过熟林面积较大，八个省区合计 913.86 万 hm^2，占全国近、成、过熟人工乔木林面积的 54.08%（表 1-5）。

表 1-5　全国人工乔木林各龄组面积与蓄积量

龄组	面积/万 hm^2	面积占比/%	蓄积量/万 m^3	蓄积量占比/%
幼龄林	2325.91	40.72	58541.10	17.28
中龄林	1696.80	29.70	111444.54	32.90
近熟林	808.61	14.15	72269.17	21.33
成熟林	658.81	11.53	72001.01	21.26
过熟林	222.54	3.90	24504.14	7.23
合计	5712.67	100.00	338759.96	100.00

按优势树种（组）归类，全国人工乔木林面积中，针叶林为 2626.73 万 hm^2，占 45.98%；针阔混交林为 387.36 万 hm^2，占 6.78%；阔叶林为 2698.58 万 hm^2，占 47.24%。全国人工乔木林蓄积量中，针叶林为 18.66 亿 m^3，占 55.09%；针阔混交林为 2.46 亿 m^3，占 7.25%；阔叶林为 12.76 亿 m^3，占 37.66%。全国分优势树种（组）的人工乔木林面积，排名居前 10 位的为杉木林、杨树林、桉树林、落叶松林、马尾松林、刺槐林、油松林、柏木林、橡胶林和湿地松林，面积合计为 3635.88 万 hm^2，占全国人工乔木林面积的 63.65%，蓄积量合计为 23.20 亿 m^3，占全国人工乔木林蓄积量的 68.48%（表 1-6）。

表1-6 全国人工乔木林主要优势树种（组）面积与蓄积量

类型	面积/万 hm²	面积占比/%	蓄积量/万 m³	蓄积量占比/%
杉木林	990.20	17.33	75545.01	22.30
杨树林	757.07	13.25	54625.80	16.12
桉树林	546.74	9.57	21562.90	6.37
落叶松林	316.29	5.54	23744.64	7.01
马尾松林	251.92	4.41	18762.95	5.54
刺槐林	177.84	3.11	5159.66	1.52
油松林	167.76	2.94	8134.39	2.40
柏木林	161.13	2.82	8440.67	2.49
橡胶林	138.28	2.42	10537.73	3.11
湿地松林	128.65	2.25	5440.98	1.61
合计	3635.88	63.65	231954.73	68.47

1.3.4 中国森林资源动态

依据《中国森林资源及其生态功能四十年监测与评估》，中华人民共和国成立以来，森林资源发展变化经历了过量消耗、治理恢复、快速增长的过程。中华人民共和国成立之初到 20 世纪 70 年代末，林业作为基础产业，从国家建设需要出发，首要任务是生产木材，森林资源曾出现消耗量大于生长量的状况，造成了 20 世纪 70 年代初到 90 年代初森林资源总体上呈缓慢增长趋势的状况。在"普遍护林护山，大力植树造林，合理采伐利用"的方针指导下，森林面积稳步增长。综观近 40 年林业政策的变化，大致可分为以下几个阶段。

（1）20 世纪 70 年代左右，我国林业政策主要是森林采伐和培育相结合，森林采伐方面也由原来的大面积皆伐转变为了采育择伐、二次渐伐和小面积皆伐。在这样的大趋势下，我国森林资源消耗过快的局面被逐渐扭转。

（2）20 世纪 80 年代末期到 90 年代，我国进入了改革开放的过渡时期，国内开始从计划经济转向实施市场经济体制，一些企业为了自身的经济利益以及森林资源监管制度的缺失，导致了森林资源被过度的采伐，从而引起了森林资源生态效益、社会效益和经济效益的大幅度衰退。

（3）20 世纪 90 年代末，我国遭受了森林资源破坏所带来的种种自然灾害，我国开始认识到森林资源对环境保护、生态建设的重要作用。我国政府决定开始实行退耕还林、天然林保护等林业生态工程，国家林业局（现国家林业和草原局）加大了森林资源采伐管理力度，严格控制森林采伐审批制度。我国森林资源的滥砍滥伐现象得到了有效控制，实现了以保护森林资源为主、合理利用为辅的森林经营体制。

（4）2000～2010 年，进入 21 世纪，为了适应我国现代化建设和可持续发展的要求，我国政府及时调整了林业发展的思路，制定了新的林业政策。国家林业局在深入调研和总结国内外林业发展成功经验的基础上，将原有的林业工程项目重新整合为六大林业重点工程（即天然林保护工程、退耕还林还草工程、三北和长江中下游地区等重点防护林建设工程、京津风沙源治理工程、野生动植物保护及自然保护区建设工程、重点地区速生丰产用材林基地建设工程），提出了以实施六大工程为重点，带动我国林业跨越式发展的林业发展思路。

（5）2010 年以来，随着天然林保护工程二期的实施、新一轮退耕还林工程的实施、《国家级公益林区划界定办法》的出台、《全国林地保护利用规划纲要》（2010—2020 年）的制定实施、《中华人民共和国森林法》（第二次修正）的实施、党的十八大把生态文明建设提高到前所未有的地位，将生态文明建设写入十八大报告，"五位一体"总体布局，把生态文明建设与建设特色社会主义紧密联系在一起；习近平总书记"绿水青山就是金山银山"的"两山理论"已经深入人心，这都为森林质量提升和森林资源面积的持续增加提供了政策依据。

根据 1973～2018 年开展的 9 次全国森林资源清查结果，森林覆盖率由 12.70% 提高到 22.96%（图 1-2）；森林面积由 12186.00 万 hm^2 增加到 22044.62 万 hm^2，增加了 80.9%（图 1-3）；森林蓄积量由 86.56 亿 m^3 增加到 175.60 亿 m^3，增加了 102.9%（图 1-4）。

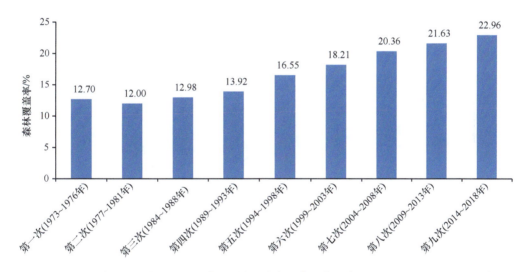

图 1-2　历次清查全国森林覆盖率［引自第九次全国森林资源清查（2014～2018 年）结果］

从历次全国森林资源清查结果看，自 20 世纪 80 年代初实现森林面积和蓄积双增长以来，中国森林资源总量一直保持稳步增长态势，成为全球森林资源增长最多最快的国家。第九次全国森林资源清查结果表明，中国森林资源步入了良性的发展轨道，呈现出数量持续增加、质量稳步提升、功能不断增强的发展态势。这充分表明了党中央、国务院确立的以生态建设为主的林业发展战略高屋建瓴，采取的一系列重大政策措施，实施的重点生态工程，取得了巨大成效。但总体来看，中国森林资源总量仍然不足，森林资源质量依然不高，木材供需矛盾仍未缓解，现有宜林地质量较差，营造林难度将越来越大。中国现有的森林资源禀赋具有以下五个特点。

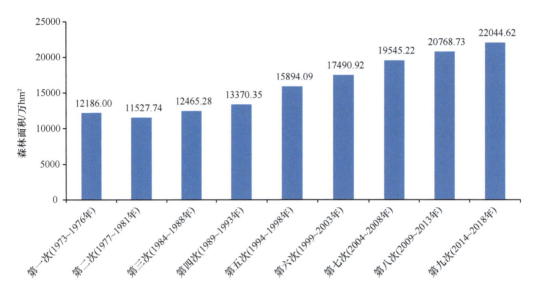

图 1-3 历次清查全国森林面积 [引自第九次全国森林资源清查（2014～2018 年）结果]

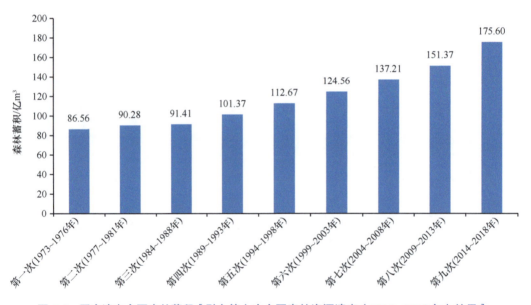

图 1-4 历次清查全国森林蓄积 [引自第九次全国森林资源清查（2014～2018 年）结果]

（1）森林资源绝对量大，但森林覆盖率相对低，人均占有量小。

中国森林资源总量已位居世界前列，森林面积占世界森林面积的 5.43%，居俄罗斯、巴西、加拿大、美国之后，位列世界第 5 位；森林蓄积量居巴西、俄罗斯、美国、加拿大、刚果民主共和国之后，位列世界第 6 位；人工林面积继续位居世界首位。但中国森林覆盖率只有全球平均水平的 2/3，人均森林面积 0.16 hm^2，不足世界人均占有量的 1/3；人均森林蓄积量为 12.54 m^3，只有世界人均占有量的 1/6。全国林地质量为"好"的占 39.96%，生态脆弱状况没有根本扭转。生态问题依然是制约中国可持续发展最突出的问题之一，生态产品依然是当今社会最短缺的产品之一。

（2）森林类型多样，树种资源丰富，但地域性分布明显。

中国地域广阔，自然气候条件复杂，植物种类繁多，森林类型多样，具有明显的地带性分布特征，由北向南，森林主要类型依次为针叶林、针阔混交林、落叶阔叶林、常绿阔叶林、季雨林和雨林。中国有木本植物 8000 余种，其中乔木树种 2000 余种，分别占世界的 54% 和 24%。银杏、水杉、红豆杉等都是世界珍贵树种，古老孑遗植物如水杉、银杏、银杉、水松、珙桐、香果树等，这些植物具有重要的科学价值。中国是世界上竹类资源最丰富的国家之一，有竹类 30 个属，300 个种以上，长江以南的亚热带地区是竹类分布中心，以毛竹分布最为广泛。中国栽培的经济竹有 50 种左右，包括毛竹、刚竹、早竹、雷竹、淡竹、金竹、水竹、石竹、青皮竹、慈竹、麻竹等。

中国经济树种资源也非常丰富，分布广，产量大，价值高。主要的经济树种有漆树、白蜡、油桐、乌桕、橡胶、栓皮栎、杜仲、茶、桑、肉桂等，有些属于中国特产。据统计，世界油料树种有 150 种，中国就有 100 种左右，如油茶、核桃、山苍子、山杏等。中国芳香植物有 300 多种，其中木本有 100 多种，如樟、八角、丁香等，是重要的天然芳香原料。还有众多的干鲜水果树种，从南到北均有分布。丰富的经济林资源为工业、农业、医药、国防等诸多领域提供了大量的原材料，对满足人民生活需求、增加农民收入、促进区域经济发展发挥着重要作用。

中国森林资源受自然条件和人为活动影响，地理分布极不均衡。在东北、西南边远省（自治区、直辖市）及东南、华南丘陵山地，森林资源分布多；而在辽阔的西北地区、内蒙古中西部，西藏大部，以及人口稠密经济发达的华北、中原及长江、黄河下游地区，森林资源分布较少。东北（黑龙江、吉林）、内蒙古、西南（云南、四川、西藏）和南方（广东、广西、湖南、江西、福建）省（自治区）土地面积不到国土面积的一半，其森林面积却占全国的七成，森林蓄积占全国的八成以上。而占国土面积 32.19% 的西北（陕西、甘肃、宁夏、青海、新疆）地区，其森林面积只占全国的一成，森林蓄积却不足全国的一成，森林覆盖率仅为 8.73%，森林资源稀少。

（3）森林质量有所提高，但总体上仍然偏低。

中国的森林资源通过有效培育和严格保护等措施，数量有所增加，质量、结构得到改善，功能和效益正逐步朝着协调的方向发展。根据第九次全国森林资源清查结果，森林生产力逐步提高，林分每公顷蓄积量由降转升，达 94.83 m^3/hm^2，林分单位面积年均生长量增加，达 4.73 m^3/hm^2；林分密度稀疏化得到遏制，林分平均郁闭度有所上升，郁闭度 0.2～0.4 的面积比例占 25.05%，0.4～0.7 的面积占 52.68%，0.7 以上的面积占 22.27%；林龄结构有所改善，幼龄林面积比例下降，中龄林和近熟林面积比例提高；树种结构趋向多样化，阔叶林和针阔混交林面积比例增加。

然而，中国森林质量总体上仍然偏低，单位面积蓄积量不高。根据第九次全国森林资源清查结果，中国林分平均每公顷蓄积量 94.83 m^3，比世界平均水平低约 42 m^3。林分平均郁闭度偏低。林分平均胸径较小，且树高偏低（全国乔木林平均胸径约 13.4 cm，平均树高 10.5 m)。加强森林经营,提高森林质量,增强生态系统功能,仍然是林业和生态建设的重要任务。

(4) 林种结构有较大改善,但林龄结构的低龄化显著,可利用资源不足。

第九次全国森林资源清查结果显示,防护林和特种用途林面积比例已增加到56.65%;而用材林和薪炭林的面积比例下降到33.75%。青海、新疆、甘肃、西藏、重庆、云南、内蒙古7省(自治区、直辖市),其防护林和特种用途林所占比例达到65%以上。林种结构变化总体上趋于合理,体现了"西治、东扩、北休、南用"的林业发展总体战略布局。

根据第九次全国森林资源清查结果,中国现有森林中,幼龄林、中龄林、近熟林、成过熟林各龄组面积比例分别为 32.67%、31.27%、15.91%、20.15%,蓄积比例分别为12.54%、28.26%、20.60%、38.60%,中幼龄林主要分布在黑龙江、云南、内蒙古、广西、江西、湖南、广东和四川,八个省区中幼林面积合计 6772.00 万 hm²,占全国中幼龄林面积的 58.87%。从中国森林林龄结构现实状况看,按合理林龄结构的要求,林龄结构还不够完整。在现有用材林中,成过熟林面积 1033.32 万 hm²,蓄积量 14.60 亿 m³,仅占用材林面积、蓄积量的 15.19%、26.96%。其中,可采资源面积仅有 950.23 万 hm²,蓄积量 12.62 亿 m³,仅占林分面积、森林蓄积量的 6.24%、10.61%,可采资源十分有限。由于可利用资源不足,中幼龄林和防护林的消耗现象普遍存在,这种状况不利于对后备资源的培育和森林多种效益的发挥。

(5) 人工林面积大,但经营水平不高,树种结构单一现象普遍。

中华人民共和国成立以来,党和政府高度重视人工林资源的培育,采取了一系列政策措施,有力地促进了造林绿化工作的开展。通过几十年的不懈努力,中国人工林建设取得了巨大的成绩,人工林面积居世界第一。根据第九次全国森林资源清查结果,全国人工林面积 7954.28 万 hm²,其中乔木林 5712.67 万 hm²,占 71.82%,竹林 250.78 万 hm²,占 3.15%,特殊灌木林 1990.83 万 hm²,占 25.03%。全国人工林蓄积量 338759.96 万 m³,每公顷蓄积量为 59.30 m³。广西、广东、内蒙古、云南、四川、湖南人工林面积较大,六个省区人工林面积合计 3460.46 万 hm²,占全国人工林面积的 43.50%。随着中国六大林业重点工程的先后启动,以生态建设为主的林业发展战略全面实施,全民义务植树运动蓬勃发展,全社会办林业、全民搞绿化的局面逐步形成,这为中国人工林发展提供了坚实保障,对增加森林资源总量、促进森林资源持续快速健康协调发展产生了积极的作用。

受经济条件和管理水平制约,中国人工林经营水平普遍不高,加上人工林大部分还处在幼龄和中龄阶段,中幼龄林面积比例占 70.24%,人工林每公顷蓄积量 59.30 m³,相当于林分平均水平的 62.53%。人工林林分平均胸径 12.0 cm,比林分平均胸径低10.5%。全国人工林分面积中,杉木林、马尾松林、桉树林、落叶松林、杨树林 5 种林分面积所占比例达 50.1%,人工林树种单一的问题比较突出。大部分省区都集中营造上述的某一树种,人工林树种单一的现象十分普遍。单一化的树种结构,造成病虫害频发、地力衰退、生物多样性下降,不利于人工林持续健康发展,人工林的多功能效益也难以充分体现。

1.3.5　中国森林资源保护和利用

为发挥森林作为"大自然总调度室"的作用，同时提高我国森林资源的蓄积量，满足国民经济各部门对森林资源的需求，我国采取了一系列森林资源保护和利用举措，并取得了喜人成绩，尤其是六大林业重点工程，即天然林资源保护工程、三北和长江中下游地区等重点防护林建设工程、退耕还林还草工程、京津风沙源治理工程、野生动植物保护及自然保护区建设工程，以及重点地区速生丰产用材林基地建设工程。

1. 天然林保护工程

以从根本上遏制生态环境恶化，保护生物多样性，促进社会、经济的可持续发展为宗旨，以对天然林的重新分类和区划，调整森林资源经营方向，促进天然林资源的保护、培育和发展为措施，以维护和改善生态环境，满足社会和国民经济发展对林产品的需求为根本目的，对划入生态公益林的森林实行严格管护，坚决停止采伐，对划入一般生态公益林的森林，大幅度调减森林采伐量；加大森林资源保护力度，大力开展营造林建设；加强多资源综合开发利用，调整和优化林区经济结构；以改革为动力，用新思路、新办法，广辟就业门路，妥善分流安置富余人员，解决职工生活问题；进一步发挥森林的生态屏障作用，保障国民经济和社会的可持续发展。

其近期目标以调减天然林木材产量、加强生态公益林建设与保护、妥善安置和分流富余人员等为主要实施内容。全面停止长江、黄河中上游地区划定的生态公益林的森林采伐；调减东北、内蒙古国有林区天然林资源的采伐量，严格控制木材消耗，杜绝超限额采伐。通过森林管护、造林和转产项目建设，安置因木材减产形成的富余人员，将离退休人员全部纳入省级养老保险社会统筹，使现有天然林资源初步得到保护和恢复，缓解生态环境恶化趋势。中期目标以生态公益林建设与保护、建设转产项目、培育后备资源、提高木材供给能力、恢复和发展经济为主要实施内容。基本实现木材生产以采伐利用天然林为主向经营利用人工林方向的转变，人口、环境、资源之间的矛盾基本得到缓解。远期目标为天然林资源得到根本恢复，基本实现木材生产以利用人工林为主，林区建立起比较完备的林业生态体系和合理的林业产业体系，充分发挥林业在国民经济和社会可持续发展中的重要作用。

工程范围初步确定为云南、四川、重庆、贵州、湖南、湖北、江西、山西、陕西、甘肃、青海、宁夏、新疆（含生产建设兵团）、内蒙古、吉林、黑龙江（含大兴安岭）、海南、河南 18 个省（自治区、直辖市）的重点国有森工企业及长江、黄河中上游等地区生态地位重要的地方森工企业、采育场和以采伐天然林为经济支柱的国有林业局（场）、集体林场。

天然林保护工程是一项庞大的、复杂的社会性系统工程。其实施原则包括：坚持量力而行实施原则；坚持突出重点；坚持事权划分；坚持工程实施地方负全责；坚持森工企业由采伐森林向营造林转移。

2. 退耕还林还草工程

根据《国务院关于进一步做好退耕还林还草试点工作的若干意见》、《国务院关于进一步完善退耕还林政策措施的若干意见》和《退耕还林条例》的规定，国家林业局在深入调查研究和广泛征求各有关省（自治区、直辖市）、有关部门及专家意见的基础上，按照国务院西部地区开发领导小组第二次全体会议确定的 2001～2010 年退耕还林 1467 万 hm² 的规模，国家林业局会同国家发展和改革委员会、财政部、国务院西部地区开发领导小组办公室、国家粮食局编制了《退耕还林工程规划》（2001～2010 年）。

工程建设范围包括北京、天津、河北、山西、内蒙古、辽宁、吉林、黑龙江、安徽、江西、河南、湖北、湖南、广西、海南、重庆、四川、贵州、云南、西藏、陕西、甘肃、青海、宁夏、新疆25 个省（自治区、直辖市）和新疆生产建设兵团，共 1897 个县（含市、区、旗）。根据因害设防的原则，按水土流失和风蚀沙化危害程度、水热条件和地形地貌特征，将工程区划分为 10 个类型区，即西南高山峡谷区、川渝鄂湘山地丘陵区、长江中下游低山丘陵区、云贵高原区、琼桂丘陵山地区、长江黄河源头高寒草原草甸区、新疆干旱荒漠区、黄土丘陵沟壑区、华北干旱半干旱区、东北山地及沙地区。同时，根据突出重点、先急后缓、注重实效的原则，将长江上游地区、黄河上中游地区、京津风沙源区以及重要湖库集水区、红水河流域、黑河流域、塔里木河流域等地区的 856 个县作为工程建设重点县。

工程建设的目标和任务是到 2010 年，完成退耕地造林 1467 万 hm²，宜林荒山荒地造林 1733 万 hm²（两类造林均含 1999～2000 年退耕还林试点任务），陡坡耕地基本退耕还林，严重沙化耕地基本得到治理，工程区林草覆盖率增加 4.5 个百分点，工程治理地区的生态状况得到较大改善。

3. 三北和长江中下游地区等重点防护林建设工程

三北和长江中下游地区等重点防护林建设工程是我国涵盖面最大的防护林体系建设工程，囊括了三北地区、沿海、珠江、淮河、太行山、平原地区和洞庭湖、鄱阳湖、长江中下游地区的防护林建设。工程由三北四期和长防、沿海、珠江、太行山和平原绿化二期 6 个单项防护林工程组成。

被称为我国北方绿色万里长城的三北工程，在已完成造林 3.3 亿亩[①]基础上，工程四期建设纳入六大工程，并把防沙治沙放在了突出位置，加大了封育比例，实行以灌木为主、乔灌草结合的林种树种结构。同时，创新机制，鼓励非公有制经济主体积极参与工程建设，发展势头十分强劲。2003 年三北四期工程完成造林 27.53 万 hm²，营造防护林的比例达到 86.29%，年末实有封山育林面积 116.43 万 hm²。自 2001 年实施以来，三北四期工程已累计治理沙化土地 1.95 亿亩，完成造林面积 2108 万亩，封山育林 1650 万亩。

---

① 1 亩≈666.67 m²。

目前，三北工程区森林蓄积量已由 1977 年的 7.2 亿 m³ 增加到近 10 亿 m³。工程区内 20%沙化土地、黄土高原 40%水土流失面积得到初步治理，65%的农田实现林网化，使 2130 万 hm² 农田得到了有效保护。三北工程建设初步遏制了我国北方一些地区的风沙侵害，改善了生态环境和生产条件。据中国国际工程咨询公司评估报告，三北工程使三北地区年均增产粮食 1107 万 t。

长江等防护林二期工程纳入六大工程前也已完成 3.4 亿亩建设任务。列入六大工程后，重点完善建设模式、管理办法、技术规程和科技支撑，积极探索体制机制的创新，呈现出了新的生机和活力。据统计，二期工程实施 3 年多来，共完成营造林面积 227.89 万 hm²，低效防护林改造面积 16.6 万 hm²，封山育林面积 119.48 万 hm²。长江等防护林二期工程建设加快了国土绿化进程，使工程区森林覆盖率明显提高，抗灾减灾能力不断增强，生态恶化的趋势有所减缓。工程区粮食单产提高了 5%～15%。目前，工程建设正朝着结构布局合理、多功能、多效益的防护林体系迈进。

4. 京津风沙源治理工程

京津风沙源治理工程是党中央、国务院为改善和优化京津及周边地区生态环境状况，减轻风沙危害，紧急启动实施的一项具有重大战略意义的生态建设工程。

近年来，京津乃至华北地区多次遭受风沙危害，特别是 2000 年春季，我国北方地区连续 12 次发生较大的浮尘、扬沙和沙尘暴天气，其中有多次影响首都。其频率之高、范围之广、强度之大，为 50 年来所罕见，引起党中央、国务院高度重视，倍受社会关注。国务院领导在听取了国家林业局对京津及周边地区防沙治沙工作思路的汇报后，亲临河北、内蒙古视察治沙工作，指示："防沙止漠刻不容缓，生态屏障势在必建"，并决定实施京津风沙源治理工程。

工程区西起内蒙古的达尔罕茂明安联合旗，东至内蒙古的阿鲁科尔沁旗，南起山西的代县，北至内蒙古的东乌珠穆沁旗，涉及北京、天津、河北、山西及内蒙古五省（自治区、直辖市）的 75 个县（旗）。工程区总人口 1958 万人，总面积 45.8 万 km²，沙化土地面积 10.12 万 km²。一期工程区分为四个治理区，即北部干旱草原沙化治理区、浑善达克沙地治理区、农牧交错地带沙化土地治理区和燕山丘陵山地水源保护区，治理总任务为 222292 万亩，初步匡算投资 558 亿元。

工程建设原则包括：一是坚持预防为主，保护优先的原则；二是坚持统筹规划，综合治理，因地制宜，分类指导的原则；三是坚持生态优先，生态、经济和社会效益相结合的原则；四是坚持政策引导与农民群众自愿相结合的原则；五是坚持国家、集体、个人一起上的原则。

治理措施主要采取以林草植被建设为主的综合治理措施。具体包括：①林业措施，包括退耕还林 3944 万亩，其中退耕地造林 2013 万亩，匹配荒山荒地荒沙造林 1931 万亩；营造林 7416 万亩，其中人工造林 1962 万亩，飞播造林 2788 万亩，封山育林 2666 万亩。②农业措施，包括人工种草 2224 万亩，飞播牧草 428 万亩，围栏封育 4190 万亩，基本草场建设 515 万亩，草种基地 59 万亩，禁牧 8527 万亩，建暖棚 286 万 m²，购买饲料机械 23100 套。水利措施，包括水源工程 66059 处，节水灌溉 47830 处，小流域综合治理 23445 km^2。生态移民 18 万人。

工程目标任务是到 2010 年，通过对现有植被的保护，封沙育林，飞播造林、人工造林、退耕还林、草地治理等生物措施和小流域综合治理等工程措施，工程区可治理的沙化土地得到基本治理，生态环境明显好转，风沙天气和沙尘暴天气明显减少，从总体上遏制了沙化土地的扩展趋势，使北京周围生态环境得到明显改善。

5. 野生动植物保护及自然保护区建设工程

通过实施全国野生动植物保护及自然保护区建设总体规划，拯救一批国家重点保护野生动植物，扩大、完善和新建一批国家级自然保护区和禁猎区，到建设期末，使我国自然保护区数量达到 2500 个，总面积 1.728 亿 hm^2，占国土面积的 18%，形成一个以自然保护区、重要湿地为主体，布局合理、类型齐全、设施先进、管理高效、具有国际重要影响的自然保护网络。加强科学研究，资源监测，管理机构，法律法规和市场流通体系建设和能力建设，基本上实现野生动植物资源的可持续利用和发展。

为进一步加大野生动植物及其栖息地的保护和管理力度，提高全民野生动植物保护意识，加大对野生动植物保护及自然保护区建设的投入，促进其持续、稳定、健康发展，并在全国生态环境和国民经济建设中发挥更大的作用。1999 年 10 月国家林业局组织有关部门和专家对今后 50 年的全国野生动植物及自然保护区建设进行了全面规划和工程建设安排。2001 年 6 月由国家林业局组织编制的《全国野生动植物保护及自然保护区建设工程总体规划》得到国家计划委员会（现国家发展和改革委员会）的正式批准，这标志着中国野生动植物保护及自然保护区建设新纪元的开始。

全国野生动植物保护及自然保护区建设工程是一个面向未来，着眼长远，具有多项战略意义的生态保护工程，也是呼应国际大气候、树立中国良好国际形象的"外交工程"。工程内容包括野生动植物保护、自然保护区建设、湿地保护和基因保存。重点开展物种拯救工程、生态系统保护工程、湿地保护和合理利用示范工程、种质基因保存工程等。

其指导思想是以国家加强生态建设的整体战略为指导，遵循自然规律和经济规律，坚持加强资源环境保护、积极驯养繁育、大力恢复发展、合理开发利用的方针，以保护为根本，以发展为目的，以野生动植物栖息地保护为基础，以保护工程为重点，以加快自然保护区建设为突破口，以完善管理体系为保障措施，加大执法、宣传、科研和投资力度，促进野生动植物保护事业的健康发展，实现野生动植物资源的良性循环和永续利用，保护生物多样性，为我国国民经济的发展和人类社会的文明进步服务。

工程规划分区根据国家重点保护野生动植物的分布特点，将野生动植物及其栖息地保护总体规划在地域上划分为东北山地平原区、蒙新高原荒漠区、华北平原黄土高原区、青藏高原高寒区、西南高山峡谷区、中南西部山地丘陵区、华东丘陵平原区和华南低山丘陵区共 8 个建设区域。

其近期目标（2001～2010 年）为重点实施 15 个野生动植物拯救工程，新建 15 个野生动物驯养繁育中心和 32 个野生动植物监测中心（站），使 90%国家重点保护野生动植物和 90%典型生态系统得到有效保护。在 2010 年使全国自然保护区总数达到 1800 个，其中国家级自然保护区数量达到 220 个，自然保护区面积占国土面积的达 16.14%左右，为 1.55 亿 hm²，初步形成较为完善的中国自然保护区网络。制定全国湿地保护和可持续利用规划，建设 94 个国家湿地保护与合理利用示范区。

中期目标（2011～2030 年）为进一步加强中央、省级和地市级行政主管部门的能力建设，使指挥、查询、统计、监测等管理工作实现网络化，初步建立健全野生动植物保护的管理体系，完善科研体系和进出口管理体系，到 2030 年，使 60%的国家重点保护野生动植物得到恢复和增加，95%的典型生态系统类型得到有效保护。使全国自然保护区总数达 2000 个，其中国家级自然保护区数量达到 280 个，自然保护区总面积占国土面积达到 16.8%，为 1.612 亿 hm²，形成完整的自然保护区保护管理体系。在全国 76 块重要湿地建立资源定位监测网站，建立健全全国湿地保护和合理利用的机制，基本控制天然湿地破坏性开发，遏制天然湿地下降趋势。

远期目标（2031～2050 年）为全面提高野生动植物保护管理的法制化、规范化和科学化水平，实现野生动植物资源的良性循环，新建一批野生动物禁猎区、繁育基地、野生植物培植基地，使我国 85%的国家重点保护野生动植物得到保护。在 2050 年，使全国自然保护区总数达 2500 个左右，其中国家级自然保护区 350 个，自然保护区总面积占国土面积达到 18%，为 1.728 亿 hm²，形成具有中国特色的自然保护区保护、管理、建设体系，成为世界自然保护区管理的先进国家。使 85%国家重点保护的野生动植物种数量得到恢复和增加，建立比较完善的湿地保护、管理与合理利用的法律、政策和监测体系，恢复一批天然湿地，在全国完成 100 个国家湿地保护与合理利用示范区。

6. 重点地区速生丰产用材林基地建设工程

重点地区速生丰产用材林基地建设工程是从根本上解决我国木材和林产品供应短缺问题的产业工程。这项工程已于 2002 年经国家发展计划委员会批准实施。工程的实施，不仅有利于林产工业发展，壮大林业自身经济实力，而且对减轻现有森林资源特别是天然林资源保护的压力，保障生态建设工程的实施，巩固来之不易的生态建设成果，促进林业产业结构调整，都具有重大而深远的意义。

速丰林工程的总体思路以现代林业理论为指导，以实施森林分类经营为基础，以市场需求为导向，以追求最大经济效益为目标，依靠科技进步，提高经营水平，定向培育、定向利用，实行企业化经营管理，大力推进基地建设的产业化，促进原料基地和后续利用企业的一体化发展。优化林业产业结构及其布局，转变林业经济增长方式，全面推进林业产业向纵深和高效发展，满足国民经济与社会可持续发展对木材和林产品的需求，促进生态、经济和社会的协调发展。

速丰林工程建设的五条原则包括：一是坚持统一规划、分步实施、突出重点、稳步推进及新造与中幼林改造相结合的原则；二是坚持以市场为导向，适应市场供求变化，实现资源培育与产业发展相结合，促进原料林基地与后续利用企业一体化原则；三是坚持因地制宜、适地适树、区域发展、规模经营、定向培育的原则；四是坚持依靠科学技术,突出科技保障的原则;五是坚持多种经营方式并存,多渠道、多层次、多形式筹资,谁投入、谁开发、谁受益的原则。

速丰林工程建设范围主要是在 400 mm 等雨量线以东,自然条件优越,立地条件好,地势较好,地势较平缓,不易造成水土流失,不会对生态环境构成不利影响的 18 个省区,包括黑龙江、吉林、辽宁、内蒙古、河北、河南、山东、江苏、安徽、浙江、江西、福建、湖南、湖北、广东、广西、海南和云南的 886 个县(市、区)、114 个林业局(场)。此外,西部的一些省区也有部分自然条件优越、气候适宜的商品林经营区,根据需要,也可适量发展速丰林基地。

速丰林工程的总体目标是根据《林业发展第十个五年计划》以及对我国纸张、纸板、木浆和人造板对木材原料的需求预测,同时考虑到速丰林基地建设的可能,速丰林基地建设规划总规模约 2 亿亩,建设项目 99 个。

作为一项产业工程,速丰林工程与其他五大生态工程有两个根本不同点。一是其他五项工程都是从事生态建设的,只有这项工程主要是解决我国木材和林产品的供应问题。通过工程的实施要满足国民经济与社会发展对木材和产品的需求,减轻对森林资源保护的压力,促进其他五项工程的建设。二是其他五项工程都是以政府作为项目实施的主体,投入以政府投资为主,而这项工程的实施主体是各类企业,具体运作将以市场需求为导向,通过市场配置资源,采取以市场融资为主、政府适当扶持的投入机制。

1.4　中国森林生态系统功能分区

1.4.1　中国森林生态系统评估区划

2020 年 6 月国家发展和改革委员会、自然资源部联合印发的《全国重要生态系统保护和修复重大工程总体规划(2021~2035 年)》中指出,"在统筹考虑生态系统的完整性、地理单元的连续性和经济社会发展的可持续性,并与相关生态保护与修复规划衔接的基础上,将全国重要生态系统保护和修复重大工程规划布局在青藏高原生态屏障区、黄河重点生态区(含黄土高原生态屏障)、长江重点生态区(含川滇生态屏障)、东北森林带、北方防沙带、南方丘陵山地带、海岸带等重点区域。"同年 8 月自然资源部办公厅、财政部办公厅、生态环境部办公厅联合印发的《山水林田湖草生态保护修复工程指南(试行)》明确提出,"根据现状调查、问题识别与分析结果、制定的保护修复目标,划分保护修复单元。具有代表性的自然生态系统、珍稀濒危野生动植物物种及其赖以生存的栖息环境、有特殊意义的自然遗迹、世界自然和文化遗产地、风景名胜区、森林公园、地质公园、湿地公园、冰川公园、草原公园、沙漠公园、水产种质资源保护区及饮用水源保护区等划为保护单元。"

生态系统及其功能在地理单元上的划分越来越重要,中国森林生态系统评估区划在空间上将典型森林生态系统进行划分,可以此为基础进行生态修复工程及其监测评估,建设监测站点,为科学化生态效益补偿提供依据,同时为森林经营提供保障,是森林生态系统长期定位观测工作的基础，为森林服务功能评估提供数据支撑。

科学规划、合理布局的中国森林生态系统评估区划是研究森林资源特征、监测天然林生态系统动态变化、评估森林生态功能、核查林业"三增长"目标的重要技术支撑平台。

1. 中国典型生态地理区划对比分析

生态地理区划是自然地域系统研究引入生态系统理论后在新形势下的继承和发展，是在对生态系统客观认识和充分研究的基础上，应用生态学原理和方法，揭示自然生态区域的相似性和差异性规律，以及人类活动对生态系统干扰的规律，从而进行整合和分区，划分生态环境的区域单元。生态地理区划充分体现了一个区域的空间分异性规律，是选择典型地区布设生态站的基础。生态区划能提高对单个区域内与生物和非生物过程相关的地理和生态现象的理解，并开始应用于越来越多的领域，如流域监测评价体系等。

生态评估是制定或重新评估土地管理和监管决策的重要组成部分。同时，生态效益评估是生态补偿的基础。鉴于森林的环境多样性极其丰富，主要反映在气候、地形和植被的多样性上，如何选择具有代表性的区域设置森林生态站，进行长期连续定位观测，是进行中国森林生态系统网络建设的基础。生态地理区域的划分主要根据生态地理的地域分异规律进行，根据生态地理特征的相似性和差异性将地表划分为区域，按照从属关系得出一定的区域等级系统。每个生态区都有各自独特的生态系统特点和特征，形成了不同于相邻区域生态系统的生态区。生态地理区划为地表自然过程与全球变化的基础研究以及环境、资源与发展的协调提供了宏观的区域框架（郑度等，2008a）。

生态地理区划是以生态环境特点为基础，根据温度、水分、植被、地形等环境要素的差异性，将大面积的区域划分为相对均质的区域，且每个小的生态区都有自己的特点。以生态地理区划为依据进行生态站网络布局，是在大尺度范围内进行长期生态学研究，完成点到面转换的较好方式（郭慧，2014）。

1）主要生态地理区划

生态地理区域是宏观生态系统地理地带性的客观表现。生态地理区划的完成通常需要掌握比较丰富的生态地理现象和事实，系统了解区域生态地理过程，全面认识地表自然界的地域分异规律，以及恰当的原则和方法论基础。因此，国家或地区生态地理区划研究发展情况，是该国家或地区对自然环境及其地域分异的认识深度和研究水平的体现。因此，生态地理区域系统的建立和研究，不断促进、完善有关生态地理过程和类型的综合研究，进一步促进气候、地貌、生态过程、全球环境变化、水热平衡、化学地理、生物地理群落、土壤侵蚀和坡地利用等研究的发展。

1930 年，竺可桢先生发表的《中国气候区域论》标志着我国现代自然地域划分的开始。1959 年，黄秉维院士主编完成的《中国综合自然区划（初稿）》，首次系统详尽地揭示了我国地理地带性规律（黄秉维，1959，1993）。在此之后，我国学者将生态系统的观点引入自然地域划分中，应用生态学的原理和方法进行自然地域划分。2008 年，郑度院士等在总结前人工作的基础上，利用 1950 年以来 40 多年积累的大量观测数据和科研资料，对中国生态地理区域系统进行了综合分析研究，出版《中国生态地理区域系统研究》（郑度，2008b）。此外，各专业领域的区划也相继展开。1980 年，吴征镒院士等编制《中国植被》一书，提出中国植被区划系统，该系统将中国植被划分为三级：植被区域、植被地带和植被区，并在各级单位内划分亚级，如亚区域、亚地带和亚区。1997年，吴中伦院士牵头编制的《中国森林》一书出版，这是生态地理区划在林业领域的具体应用。1998 年，蒋有绪院士等在《中国森林群落分类及其群落学特征》中提出中国森林分区，该分区是以中国森林立地区划为基础完成的，剔除不适宜森林生长区域，形成了一个新的中国森林分区系统（张万儒，1997；蒋有绪等，1998）。2007 年，张新时院士主编，中国科学院中国植被图编辑委员会编纂的《中国植被及其地理格局》由地质出版社出版。该书从 1983 年开始，汇总大量研究成果，完成中国植被图（1∶1000000）和中国植被区划图（1∶6000000）。其中，中国植被区划图根据先大气候、后地貌基质的顺序将中国植被划分为八大植被区域。

　　本节选取了中国典型生态地理区划即中国综合自然区划、中国植被区划（1980 年、2007 年）、中国森林区划（1997 年、1998 年）、中国生态地理区域系统、国家重点生态功能区和生物多样性保护优先区进行对比分析。

2）区划原则

　　中国典型生态区划方案的区划原则既有共性原则，又有差异性原则。中国综合自然区划、中国植被区划（1980 年、2007 年）、中国森林区划（1997 年、1998 年）、中国生态地理区域系统均采用了自上而下的演绎法对全国进行划分。国家重点生态功能区和生物多样性保护优先区则是采用自下而上的归纳法，分别从生态功能区和生物多样性两个角度完成区划。中国典型生态区划方案的区划原则对比分析见表 1-7。

表 1-7　中国典型生态区划方案的区划原则对比

典型区划	差异性原则	共性原则
中国综合自然区划（1959 年）	补充说明了较高级别与较低级别单元的具体区划	
中国植被区划（1980 年、2007 年）	将各种自然与社会因素的影响融入植被类型中，根据植被的三向地带性，结合非地带性作为区划的根本原则	
中国森林区划（1997 年）	在处理三维（纬度、经度和海拔高度）的水热关系对地带性森林类型的影响关系上，采用了基带地带性原则；对于大的岛屿，则视其具体情况而定	Ⅰ. 逐级分区原则 Ⅱ. 主导因素原则 Ⅲ. 地带性规律（较高级别单元） Ⅳ. 非地带性因素（较低级别单元） Ⅴ. 空间连续性原则
中国生态地理区域系统（2007 年）	用历史的态度对待生态地域系统的区划与合并问题，遵循生态地理区发生的同一性与区内特征相对一致性原则；生态地理区与行政界线相结合	
中国森林区划（1998 年）	重视与森林生产力密切相关的自然地理因子及其组合，系统层次不要求过细，必要时候设置辅助等级（亚级）	
国家重点生态功能区	强调生态功能性，隶属"国家主体功能区规划"，为空间非连续性区划；重点采用保护环境和协调发展的原则	
生物多样性保护优先区	强调生物多样性，隶属《中国生物多样性保护战略与行动计划》，为空间非连续性区划；重点采用保护优先、持续利用、公众参与和惠益共享的原则	

3）区划指标

指标体系是生态地理区划的核心研究内容，根据不同的区划目的与原则，为不同的区划确定具体的区划指标是国内外研究的热点和难点问题（郑度等，2005，2008b）。中国典型生态区划方案中，通常采用的区划指标（郑秋红，2009）包括温度指标、水分指标、地形指标、植被指标、生态功能指标等类别，在每一类指标的具体选择与运用方面，不同区划体系又有所不同，其对比分析结果见表1-8。

表 1-8　中国典型生态区划方案的区划指标和结果对比　（单位：个）

典型区划	等级	区划指标	区划结果
中国综合自然区划（1959 年）	温度带	地表积温和最冷月气温的地域差异	6
	自然地带和亚地带	土壤、植被条件	25
	自然区	地形的大体差异	64
中国植被区划（1980 年）	植被区域	年均温、最冷月均温、最暖月均温、≥10℃积温值数、无霜期、年降水和干燥度	8
	植被亚区域	植被区域内的降水季节分配、干湿程度	16
	植被地带（亚地带）	南北向光热变化，或地势高低引起的热量分异	18（8）
	植被区	植被地带中的水热及地貌条件	85
中国植被区划（2007 年）	植被区域	水平地带性的热量-水分综合因素	8
	植被亚区域	植被区域内水分条件差异及植被差异	12
	植被地带	南北向光热变化或地势引起的热量	28
	植被亚地带	植被地带内根据优势植被类型中与热量水分有关的伴生植物的差异	15
	植被区	局部水热状况和中等地貌单元造成的差异	119
	植被小区	植被区内植被差异和植被利用与经营方向不同	453
中国森林区划（1997 年和 1998 年）	地区	以大地貌单元为单位，大地貌的自然分界为主	9
	林区	以自然流域或山系山体为单位，以流域和山系山体的边界为界	48
	森林立地区域	根据我国综合自然条件	3
	森林立地带	气候（≥10℃积温、≥10℃日数、地貌、植被、土壤等）	10
	森林立地区（亚区）	大地貌构造、干湿状况、土壤类型、水文状况等	121
中国生态地理区域系统（2008 年）	温度带	日平均气温≥10℃持续期间的日数和积温。1 月平均气温、7 月平均气温和平均年极端最低气温	11
	干湿地区	年干燥指数	21
	自然区	地形因素、土壤、植被等	49
国家重点生态功能区（2010 年）	重点生态功能区	土地资源、水资源、环境容量、生态系统重要性、自然灾害危险性、人口集聚度以及经济发展水平和交通优势等方面	25
生物多样性保护优先区（2010 年）	自然区域	自然条件、社会经济状况、自然资源及主要保护对象分布特点等因素	8
	生物多样性保护优先区域	生态系统类型的代表性、特有程度、特殊生态功能，以及物种的丰富程度、珍稀濒危程度、受威胁因素、地区代表性、经济用途、科学研究价值、分布数据的可获得性等因素	35

中国综合自然区划和中国生态地理区域系统的第一级区划指标均为温度，其中，中国生态地理区域系统的温度指标比中国综合自然区划的温度指标更加完善；两者的二级指标差别较大，前者的二级指标为土壤和植被条件，而后者的二级指标为水分指标，采用了干燥指数；中国综合自然区划的三级指标为地形，而中国生态地理区域系统的三级指标则综合了土壤、植被和地形等因素。中国植被区划（1980年）和中国植被区划（2007年）基本指标体系相同，但中国植被区划（2007年）指标划分比中国植被区划（1980年）更加细致。中国森林区划（1997年）划分指标为大地形和林区，但中国森林区划（1998年）为森林立地条件。国家重点生态功能区和生物多样性保护优先区则是根据生态功能类型和生物多样性进行区划的划分。

4）区划结果

综合分析中国典型生态区划方案，除国家重点生态功能区和生物多样性保护优先区外，其他都是以自然地域分异规律为主导进行划分。虽然区划的目的、原则和指标不同，但基本上都是在中国三大自然地理区域（东部季风气候湿润区、西部大陆性干旱半干旱区和青藏高原高寒区）进行划分，各体系的具体划分结果存在着显著差异。

和中国植被区划（1980年）相比，中国植被区划（2007年）的划分指标更加详细，因此获得区划数量更多。中国综合自然区划（1959年）和中国生态地理区域系统（2008年）结果区划数量相近，但中国生态地理区域系统（2008年）指标划分更完善，考虑了积温、水分、地形等指标，中国综合自然区划（1959年）作为中华人民共和国成立后最早的综合区划，其划分相对较为简单，而且多采用中华人民共和国成立前数据。中国森林区划（1997年）是以地貌单元为主的森林区划，但中国森林区划（1998年）则是基于森林立地的森林区划，划分依据更加全面。国家重点生态功能区和生物多样性保护优先区分别根据生态功能类型和生物多样性进行划分，由表1-8可知，国家重点生态功能区共划分为25个；生物多样性保护优先区中的自然区域分为5个，生物多样性保护优先区域为35个。

上述生态地理区划根据不同的形成时期和建设目标有各自不同的特点。由于森林生态站观测针对森林生态系统全指标要素，单一的生态地理区划由于侧重点不同较难满足森林生态长期定位观测网络生态地理区划的特点，因此需选择不同区划的指标整合形成符合布局森林生态站要求的生态地理区划，构建森林生态长期定位观测网络。

2. 指标体系

1）温度指标

本规划通过对比分析我国已有的综合自然区划，以郑度院士等的《中国生态地理区域系统研究》的"中国生态地理区域划分"为主导（图1-5），根据温度指标≥10℃积温日数（天）、≥10℃积温数值（℃）（表1-9），结合全国气象站30年日值气象数据确定不同温度区域的划分，根据水分指标（降水量）（表1-10）确定干湿地区（数据来源为中国气象科学数据共享）。

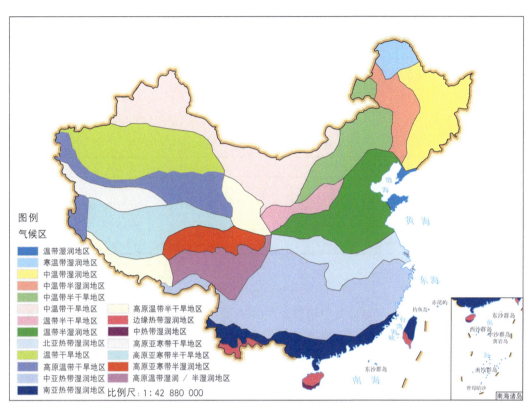

图例
气候区

- 温带湿润地区
- 寒温带湿润地区
- 中温带湿润地区
- 中温带半湿润地区
- 中温带半干旱地区
- 中温带干旱地区　　高原温带半干旱地区
- 温带半干旱地区　　边缘热带湿润地区
- 温带半湿润地区　　中热带湿润地区
- 北亚热带湿润地区　高原亚寒带干旱地区
- 高原温带半干旱地区
- 高原温带干旱地区　高原亚寒带半湿润地区
- 中亚热带湿润地区　高原温带湿润／半湿润地区
- 南亚热带湿润地区　比例尺：1∶42 880 000

图 1-5　中国生态地理区域

表 1-9　温度指标（郑度，2008b）

温度带	主要指标		辅助指标		
	≥10℃积温日数/天	≥10℃积温数值/℃	1月平均气温/℃	7月平均气温/℃	平均年极端最低气温/℃
寒温带	<100	<1600	<−30	<16	<−44
中温带	100～170	1600～3200（3400）	−30～−12（−6）	16～24	−44～−25
暖温带	170～220	3200（3400）～4500（4800）	−12（−6）～0	24～28	−25～−10
北亚热带	220～240	4500（4800）～5100（5300）	0～4	28～30	−14（−10）～−6（−4）
		3500～4000	3（5）～6	18～20	−6～−4
中亚热带	240～285	5100（5300）～6400（6500）	4～10	28～30	−5～0
		4000～5000	5（6）～9（10）	20～22	−4～0
南亚热带	285～365	6400（6500）～8000	10～15	28～29	0～5
		5000～7500	9（10）～13（15）	22～24	0～2
边缘热带	365	8000～9000	15～18	28～29	5～8
		7500～8000	13～15	>24	>2
中热带	365	>8000（9000）	18～24	>28	>8
赤道热带	365	>9000	>24	>28	>20
高原亚寒带	<50		−18～−10（−12）	6～12	
高原温带	50～180		−10（−12）～0	12～18	

2）水分指标

该区划的水分指标通过干湿指数进行衡量。通过干湿指数的计算方式［式（1-1）］，全国共有 4 个等级的水分区划，见表 1-10。

$$la = ET_O/P \qquad (1-1)$$

式中，ET_O 为参考作物蒸散量（mm/month）；P 为年均降水量（mm）；la 为干湿指数。

表 1-10　水分指标（郑度，2008b）

水分区划类型	指标范围
湿润类型	≤0.99
半湿润类型	1.00≤1.49
半干旱类型	1.50≤3.99
干旱类型	≥4.00

3）森林植被指标

本规划的森林植被区划以吴中伦院士主编的《中国森林》中的森林分区为主，由于该方案的区划较为粗糙，区内的植被区系组成描述较为简单，因此本规划利用空间分析技术将张新时院士主编的《中国植被及其地理格局》的植被信息补充到森林植被分区中，以获得格局清晰且信息翔实的森林植被区划方案。

该方案在总结以往关于森林分区成果的基础上，侧重森林类型自然分布和主要森林自然地理环境特点，将中国森林分为两级，很好地体现了天然林的地带性分布特征。Ⅰ级区，即"地区"，反映大的自然地理区，以及较大空间范围、自然地理环境特征和地带性森林植被的一致性，如东北地区、华北地区、西南高山峡谷地区等；在林业上则反映大的林业经营方向和经营特征的一致性，如东北地区主要是中国东部的温带，以温带针叶林和针阔叶混交林构成的天然用材林区为主体，而华北区是中国东部暖温带，以华北山地水土保持林和华北平原农田防护林为主要经营方向等。Ⅰ级区的分界线基本上是沿着比较完整的地理大区，一般以大地貌单元为单位，以大地貌的自然分界为主。Ⅱ级区，即"林区"，是反映较小、较具体的自然地理环境的空间一致性，如相同或相近的地带性森林类型、树种、经营类型、经营方式等。一般以自然流域或山系山体为单位，以流域和山系山体的边界为界，如大兴安岭山地兴安落叶松林区、辽东半岛山地丘陵松栎林区等。

Ⅰ级区命名采用中国惯用的大自然地理区域称呼，如东北、华北、云贵高原、西南高山峡谷区等，并挂以地带性森林和重要次生林、人工林类型命名，通过名称即可对其地理位置、地理范围、地理特征和森林植被性质有初步印象，便于理解和应用。Ⅰ级区以上不列级，如根据全年 400 mm 降水量等值线把全国划分为东南半部的季风区和西北半部的干旱区，又如大地貌上的中国三大阶梯等，均不列级。Ⅱ级区命名采用具体的山地、平原、盆地或流域的名称，挂以具体的重要树种的森林类型或林种（如农田防护林等）来命名，通过名称即可了解其具体林区之所在，以及主要树种、林种。

该方案共分 9 个"地区"，44 个森林"区"和宜林"区"，还有 4 个属于青藏高原地区的非森林"区"（表 1-11 和图 1-6）。青藏高原地区基本上无森林自然分布，但有些地段通过人工措施还可以栽植树木，改变荒漠环境，具有防护和调节小气候的功效，高海拔灌丛有防护效益、保护培育，也有经济潜力。

表 1-11　中国森林分区

地区	林区
Ⅰ 东北温带针叶林及针阔叶混交林地区（简称东北地区）	1. 大兴安岭山地兴安落叶松林区
	2. 小兴安岭山地丘陵阔叶与红松混交林区
	3. 长白山山地红松与阔叶混交林区
	4. 松嫩辽平原草原草甸散生林区
	5. 三江平原草甸散生林区
Ⅱ 华北暖温带落叶阔叶林及油松侧柏林地区（简称华北地区）	6. 辽东半岛山地丘陵松（赤松及油松）栎林区
	7. 燕山山地落叶阔叶林及油松侧柏林区
	8. 晋冀山地黄土高原落叶阔叶林及松（油松、白皮松）侧柏林区
	9. 山东山地丘陵落叶阔叶林及松（油松、赤松）侧柏林区
	10. 华北平原散生落叶阔叶林及农田防护林区
	11. 陕西陇东黄土高原落叶阔叶林及松（油松、华山松、白皮松）侧柏林区
	12. 陇西黄土高原落叶阔叶林森林草原区
	13. 秦岭北坡落叶阔叶林和松（油松、华山松）栎林区
Ⅲ 华东中南亚热带常绿阔叶林及马尾松杉木竹林地区（简称华东中南地区）	14. 秦岭南坡大巴山落叶常绿阔叶混交林区
	15. 江淮平原丘陵落叶常绿阔叶林及马尾松林区
	16. 四川盆地常绿阔叶林及马尾松柏木慈竹林区
	17. 华中丘陵山地常绿阔叶林及马尾松杉木毛竹林区
	18. 华东南丘陵低山常绿阔叶林及马尾松黄山松（台湾松）毛竹杉木林区
	19. 南岭南坡及福建沿海常绿阔叶林及马尾松杉木林区
	20. 台湾北部丘陵山地常绿阔叶林及高山针叶林区
Ⅳ 云贵高原亚热带常绿阔叶林及云南松林地区（简称云贵高原地区）	21. 滇东北川西南山地常绿阔叶林及云南松林区
	22. 滇中高原常绿阔叶林及云南松华山松油杉林区
	23. 滇西高原峡谷常绿阔叶林及云南松华山松林区
	24. 滇东南贵西黔西南落叶常绿阔叶林及云南松林区
Ⅴ 华南热带季雨林雨林地区（简称华南热带地区）	25. 广东沿海平原丘陵山地季风常绿阔叶林及马尾松林区
	26. 粤西桂南丘陵山地季风常绿阔叶林及马尾松林区
	27. 滇南及滇西南丘陵盆地热带季雨林雨林区
	28. 海南岛（包括南海诸岛）平原山地热带季雨林雨林区
	29. 台湾南部热带季雨林雨林区
Ⅵ 西南高山峡谷针叶林地区（简称西南高山地区）	30. 洮河白龙江云杉冷杉林区
	31. 岷江冷杉林区
	32. 大渡河雅砻江金沙江云杉冷杉林区
	33. 藏东南云杉冷杉林区

续表

地区	林区
VII 内蒙古东部森林草原及草原地区 （简称内蒙古东部地区）	34. 呼伦贝尔及内蒙古东南部森林草原区 35. 大青山山地落叶阔叶林及平原农田林网区 36. 鄂尔多斯高原干草原及平原农田林网区 37. 贺兰山山地针叶林及宁夏平原农田林网区
VIII 蒙新荒漠半荒漠及山地针叶林地区 （简称蒙新地区）	38. 阿拉善高原半荒漠区 39. 河西走廊半荒漠及绿洲区 40. 祁连山山地针叶林区 41. 天山山地针叶林区 42. 阿尔泰山山地针叶林区 43. 准噶尔盆地旱生灌丛半荒漠区 44. 塔里木盆地荒漠及河滩胡杨林及绿洲区
IX 青藏高原草原草甸及寒漠地区 （简称青藏高原地区）	45. 青藏高原草原区 46. 青藏高原东南部草甸草原区 47. 柴达木盆地荒漠半荒漠区 48. 青藏高原西北部高寒荒漠半荒漠区

注：本书研究不涉及台湾省的数据。

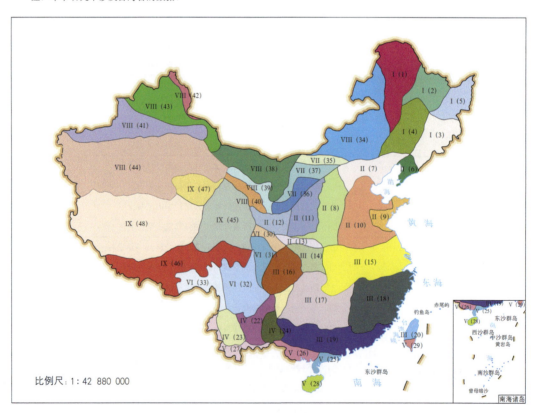

图 1-6　中国森林分区

2007 年，张新时院士等编纂完成《中国植被图》一书，提出中国植被区划，该区划按照植被类型，组成植被的植物区系以及生态因素的规律性，将中国植被分为四级：植被区域（Region）、植被地带（Zone）、植被区（Area/Province）和植被小区（District），在各级单位内还可以划分为亚级，如亚区域、亚地带等。植被区域：植被区划的最高级单位，是由具有一定水平地带性的热量、水分综合因素所决定的一个或数个"植被型"占优势的区域，区域内具有一定的、占优势的植物区系成分。在植被区域内，由于水分条件差异及植物区系地理成分差异而引起的地区性分异。在我国通常按东西方向或东南—西北方向相区分，但也会因地貌状况的影响而发生偏移。植被地带和植被亚地带：均为中级植被区划单位。根据南北向的光热变化，或地势高低所引起的热量分异而表现出的植被型或植被亚型的差异，可划分出植被地带。在植被地带内根据优势植被类型中与热量、水分有关的半生植物的差异，划分植被亚地带。植被区：植被区划的低级单位。由于局部水热状况尤其是中等地貌单元造成的差异，根据占优势的中级植被分类单位划分出若干植被区。植被小区：植被区划的最低级单位，反映植被区内局部地貌结构部分的分异引起的植被差异和植被利用与经营方向的不同。

地形地貌、土壤分布与植被分布具有非常紧密的关系，植被类型可以反映地形地貌及土壤类型特征。由于地形地貌和土壤信息隐含在植被区划之中，所以本规划没有单独将地形地貌和土壤类型作为区划指标，而是将其与植被指标相结合。

4）其他区划指标

（1）重点生态功能区。

2010 年，在全国陆地国土空间及内水和领海（不包括港澳台地区）范围内，经过对土地资源、水资源、环境容量、生态系统重要性、自然灾害危险性、人口集聚度以及经济发展水平和交通优势等因素的综合评价，编制了《全国主体功能区规划》，以保障国家生态安全重要区域，人与自然和谐相处的示范区为功能定位，经综合评价建立包括大兴安岭森林生态功能区等 25 个地区，总面积约 386 万 km^2。

国家重点生态功能区主要分为四种类型：水源涵养型、水土保持型、防风固沙型和生物多样性保护型（表 1-12）。水源涵养型以推进天然林保护，退耕还林，围栏封育，治理水土流失，维护生态系统为目的；水土保持型大力推行节水灌溉和雨水集蓄利用，发展旱作节水农业；防风固沙型功能禁牧休牧，以草定畜，严格控制载畜量；生物多样性保护型通过禁止对野生动植物滥捕滥采，保持并恢复野生动植物物种和种群平衡，实现野生动植物资源的良性循环和永续利用（图 1-7）。

（2）生物多样性热点及关键地区。

将《中国生物多样性保护战略与行动计划》（2011—2030 年）（以下简称《计划》）划定的中国生物多样性热点及关键地区作为森林生态系统观测网络重要布局区域划分指标。《计划》根据我国的自然条件、社会经济状况、自然资源以及主要保护对象分布特点等因素，将全国划分为 8 个自然区域，即东北山地平原区、蒙新高原荒漠区、华北平原黄土高原区、青藏高原高寒区、西南高山峡谷区、中南西部山地丘陵区、华东

表 1-12　国家重要生态功能区域

区域	类型	综合评价	发展方向
大小兴安岭森林生态功能区	水源涵养型	森林覆盖率高，具有完整的寒温带森林生态系统，是松嫩平原和呼伦贝尔草原的生态屏障。目前原始森林受到较严重的破坏，出现不同程度的生态退化现象	加强天然林保护和植被恢复，大幅度调减木材产量，对生态公益林禁止商业性采伐，植树造林，涵养水源，保护野生动物
长白山森林生态功能区	水源涵养型	拥有温带最完整的山地垂直生态系统，是大量珍稀物种资源的生物基因库	禁止保护性采伐，植树造林，涵养水源，防止水土流失，保护生物多样性
阿尔泰山地森林草原生态功能区	水源涵养型	森林茂密，水资源丰沛，是额尔齐斯河和乌伦古河的发源地，对北疆地区绿洲开发、生态环境具有较高的生态价值。目前植被受到严重破坏	禁止非保护性采伐，合理更新林地。保护天然草原，以草定畜，增加饲料储备，实施牧民定居
三江源草原草甸湿地生态功能区	水源涵养型	长江、黄河、澜沧江的发源地，有"中华水塔"之称，是全球大江大河、冰川、雪山及高原生物多样性最集中的地区之一，其径流、冻土、湖泊等构成对全球气候变化有巨大的调节作用。目前草原退化、湖泊萎缩、鼠害严重，生态系统功能受到严重破坏	封育草原，治理退化草原，减少载畜量，涵养水源，恢复湿地，实施生态移民
若尔盖草原湿地生态功能区	水源涵养型	位于黄河与长江水系的分水地带，湿地泥炭层深厚，对黄河流域的水源涵养、水文调节和生物多样性保护有重要作用。目前湿地疏干导致放牧过度致使湿地流干致使草原退化，沼泽萎缩，水位下降	停止开垦，禁止过度放牧，恢复草原植被，保护珍稀动物
甘南黄河重要水源补给生态功能区	水源涵养型	青藏高原东端面积最大的高原沼泽泥炭湿地，在维系黄河重要水资源和生态安全方面有重要作用。目前草原退化沙化严重，森林和湿地面积锐减，水土流失加剧，生态环境恶化	加强天然林、湿地和高原野生动植物保护，实施退牧还草，退耕还林还草，牧民定居和生态移民
祁连山冰川与水源涵养生态功能区	水源涵养型	冰川储量大，对维系甘肃河西走廊和内蒙古西部绿洲的水源有重要作用。目前冰川萎缩，生态环境恶化	围栏封育天然林，降低载畜量，涵养水源，防止水土流失，重点加强石羊河流域下游民勤地区的生态保护和综合治理
南岭山地森林及生物多样性生态功能区	水源涵养型	长江流域与珠江流域的分水岭，是湘江、北江、赣江、西江等江河的重要源头区，有丰富的亚热带常绿植被。目前原始森林植被破坏严重，水土流失、山洪灾害时有发生	禁止非保护性采伐，保护和恢复植被，涵养水源，保护珍稀动物
黄土高原丘陵沟壑水土保持生态功能区	水土保持型	黄土堆积深厚，范围广大，土地沙化敏感性严重，侵蚀产沙量多淤积河道、水库	控制开发强度，以小流域为单元综合治理水土流失，建设淤地坝
大别山水土保持生态功能区	水土保持型	淮河中游、长江下游的重要水源补给区，土壤侵蚀和洪涝灾害敏感程度高	实施生态移民，降低人口密度，恢复植被
桂黔滇喀斯特石漠化防治生态功能区	水土保持型	属于岩溶环境为主的特殊生态系统，生态脆弱性极高，土壤一旦流失，生态恢复难度极大。目前生态系统退化问题突出，植被覆盖率低，石漠化面积加大	封山育林育草，种草养畜，实施生态移民，改变耕作方式
三峡库区水土保持生态功能区	水土保持型	我国最大的水利枢纽工程库区，对长江中下游生产生活有重大影响。目前森林植被破坏严重，水土保持功能减弱	巩固退耕还林成果，植树造林，恢复植被，涵养水源，保护生物多样性
塔里木河荒漠化防治生态功能区	防风固沙型	南疆主要用水源，对流域绿洲开发和人民生活至关重要，沙漠化和盐渍化程度敏感，生态系统退化明显，胡杨林天然植被退化严重，绿色走廊受到威胁	合理利用地表水和地下水，调整农业结构，恢复天然植被，加强防护林建设，禁止过度开垦，防止沙化面积扩大

续表

区域	类型	综合评价	发展方向
阿尔金草原荒漠化防治生态功能区	防风固沙型	气候极为干旱，地表植被稀少，土地沙漠化敏感程度极高。目前鼠害肆虐，土壤沙漠化加剧。但保存着完整的高原自然生态系统，拥有许多极为珍贵的特有物种，珍稀动植物的生存受到威胁	控制放牧和旅游区域范围，防范盗猎，减少人类活动干扰
呼伦贝尔草原草甸生态功能区	防风固沙型	以草原草甸为主，产草量高，但土壤质地粗疏，多大风天气，草原生态系统脆弱。目前草原过度开发造成草场沙化严重，鼠虫害严重	禁止过度开垦，不适当采伐和超载过牧，退牧还草，防治草场退化沙化
科尔沁草原生态功能区	防风固沙型	地处温带半湿润与半干旱过渡带，气候干燥，土地沙漠化敏感程度极高。目前草场退化、盐渍化和土壤沙漠化严重，为我国北方沙尘暴的主要源地，对东北和华北地区生态安全构成威胁	根据沙漠化程度采取针对性强的治理措施
浑善达克沙漠化防治生态功能区	防风固沙型	以固定、半固定沙丘为主，干旱缺水，对华北地区生态安全构成威胁。目前土地沙化严重，干旱缺水，为北京乃至华北地区沙尘的主要来源地	采取植物和工程措施，加强综合治理
阴山北麓草原生态功能区	防风固沙型	气候干旱，多大风天气，水资源贫乏，生态环境极为脆弱，风蚀沙化土地比例高。目前草原退化严重，为沙尘暴的主要源地，对华北地区生态安全构成威胁	封育草原，恢复植被，退牧还草，降低人口密度
川滇森林及生物多样性生态功能区	生物多样性保护型	原始森林和野生珍稀动植物资源丰富，是大熊猫、羚牛、金丝猴等重要物种的栖息地，在生物多样性保护方面具有十分重要的意义。目前山地生态环境受到威胁	保护森林、草原植被，在已明确的保护区域保护生物多样性和多种珍稀动植物基因库
秦巴山地生物多样性生态功能区	生物多样性保护型	包括秦岭、大巴山、神农架等亚热带北部和亚热带-暖温带过渡的地带，生物多样性丰富，是许多珍稀动植物的分布区	减少林木采伐，恢复山地植被，保护野生生物种
藏东南高原边缘森林生态功能区	生物多样性保护型	主要以分布在海拔900~2500 m的亚热带常绿阔叶林为主，山高谷深，天然植被仍处于原始状态，对生态系统保育和森林资源保护具有重要意义	保护自然生态系统
藏西北羌塘高原荒漠生态功能区	生物多样性保护型	高原荒漠生态系统保存较为完整，拥有藏羚羊、黑颈鹤等珍稀特有物种，生物多样性类型多样，病虫害和融滴滑塌等灾害受害严重	加强草原草甸保护，严格草畜平衡，保护野生动物
三江平原湿地生态功能区	生物多样性保护型	原始湿地面积大，湿地生态系统类型多样，在蓄洪防洪、调节局部地区气候、抗旱、维护生物多样性等方面具有重要作用。目前湿地面积减少和破碎严重，面源污染严重，生物多样性受到威胁	扩大保护范围，控制农业开发和城市建设强度，改善湿地环境
武陵山区生物多样性及水土保持生态功能区	生物多样性保护型	属于典型亚热带常绿阔叶林，拥有多种珍稀濒危物种。是长江和澧水的发源地，对减少长江泥沙、维护生物多样性具有重要作用。目前土壤侵蚀较严重，地质灾害较多，生物多样性受到威胁	扩大天然林保护范围，巩固退耕还林成果，恢复森林植被和生物多样性
海南岛中部山区热带山地雨林生态功能区	生物多样性保护型	热带雨林，热带常绿阔叶雨林的原生地，我国小区域范围内生物物种十分丰富的热带植物园和最丰富的物种基因库之一，也是我国最大的热带雨林面积大的区域。目前由于过度开发，雨林面积大幅减少，生物多样性受到威胁	加强热带雨林保护，遏制山地生态环境恶化，恢复生物多样性

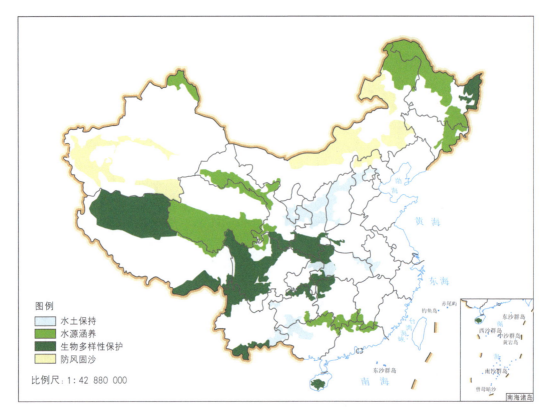

图 1-7   全国重点生态功能区

华中丘陵平原区和华南低山丘陵区。综合考虑生态系统类型的代表性、特有程度、特殊生态功能，以及物种的丰富程度、珍稀濒危程度、受威胁因素、地区代表性、经济用途、科学研究价值、分布数据的可获得性等因素，划定了 35 个生物多样性保护优先区，包括大兴安岭区、三江平原区、祁连山区、秦岭区等 32 个内陆陆地及水域生物多样性保护优先区域，以及黄渤海保护区、东海及台湾海峡保护区和南海保护区 3 个海洋与海岸生物多样性保护优先区域。生物多样性热点及关键地区分布见表 1-13，图 1-8。

表 1-13   生物多样性热点及关键地区

	编号	中国生物多样性保护优先区域	编号	中国生物多样性保护优先区域
陆地优先区	1	大兴安岭区	11	西鄂尔多斯-贺兰山-阴山区
	2	小兴安岭区	12	羌塘、三江源区
	3	三江平原区	13	库姆塔格区
	4	长白山区	14	六盘山-子午岭-太行山区
	5	松嫩平原区	15	泰山地区
	6	呼伦贝尔区	16	喜马拉雅东南区
	7	阿尔泰山区	17	横断山南段区
	8	天山-准噶尔盆地西南缘区	18	岷山-横断山北段区
	9	塔里木河流域区	19	秦岭区
	10	祁连山区	20	苗岭-金钟山-凤凰山区

续表

	编号	中国生物多样性保护优先区域	编号	中国生物多样性保护优先区域
陆地优先区	21	武陵山区	27	洞庭湖区
	22	大巴山区	28	鄱阳湖区
	23	大别山区	29	海南岛中南部区
	24	黄山-怀玉山区	30	西双版纳区
	25	武夷山地区	31	大明山地区
	26	南岭地区	32	锡林郭勒草原区
海洋优先区	33	黄渤海保护区	35	南海保护区
	34	东海及台湾海峡保护区		

图 1-8　生物多样性保护优先区分布

（3）国家生态屏障区。

生态安全是 21 世纪人类社会可持续发展所面临的一个新主题，是国家安全的重要组成部分，与国防安全、金融安全等具有同等重要的战略地位。生态屏障是一个区域的关键地段，其生态系统对区域具有重要作用。因此，具有良好结构的生态系统是生态屏障的主体及第一要素。它具有明确的保护对象和防御对象，是保护对象的"过滤器"、"净化器"和"稳定器"，是防御对象的"紧箍咒"和"封存器"（傅伯杰等，2017）。

　　"两屏三带"①生态安全战略格局是构建国土空间的"三大战略格局"的重要组成部分，也是城市化格局战略和农业战略格局的重要保障性格局。"两屏三带"生态安全战略格局是构建以青藏高原生态屏障、黄土高原川滇生态屏障、东北森林带、北方防沙带和南方丘陵山地带以及大江大河重要水系为骨架，以其他国家重点生态功能区为重要支撑，以点状分布的国家禁止开发区域为重要组成部分的生态安全战略格局（图1-9）。

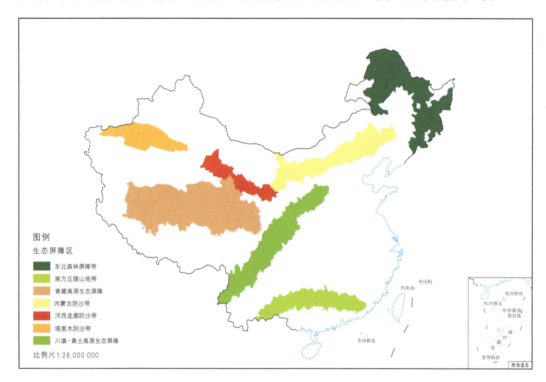

图例
生态屏障区
■ 东北森林屏障带
■ 南方丘陵山地带
■ 青藏高原生态屏障
■ 内蒙古防沙带
■ 河西走廊防沙带
■ 塔里木防沙带
■ 川滇-黄土高原生态屏障

比例尺1:28 000 000

图 1-9　"两屏三带"国家生态屏障区

　　青藏高原生态屏障重点是保护好多样独特的生态系统，发挥涵养大江大河水源和调节气候的作用。黄土高原川滇生态屏障重点是要加强水土流失防治和天然植被保护，发挥保障长江、黄河中下游地区生态安全的作用。东北森林带重点是要保护好森林资源和生态多样性，发挥东北平原生态安全屏障的作用。北方防沙带重点是要加强防护林建设、草原保护和防风固沙，对暂不具备治理条件的沙化土地实行封禁保护，发挥三北地区生态安全屏障作用。南方丘陵山地带重点是加强植被修复和水土流失防治，发挥华南和西南地区生态安全屏障的作用。构建"两屏三带"生态安全战略格局，对这些区域进行切实保护，使生态功能得到恢复和提升，对保障国家生态安全、实现可持续发展具有重要战略意义。

　　（4）全国生态脆弱区。

　　我国是世界上生态脆弱区分布面积最大、脆弱生态类型最多、生态脆弱性表现

---

① 青藏高原生态屏障、黄土高原-川滇生态屏障、东北森林带、北方防沙带、南方丘陵山地带。

最明显的国家之一。我国生态脆弱区大多位于生态过渡区和植被交错区，处于农牧、林牧、农林等复合交错带，是我国目前生态问题突出、经济相对落后地区。同时，也是我国环境监管的薄弱地区。加强生态脆弱区保护，增强生态环境监管力度，促进生态脆弱区经济发展，有利于维护生态系统的完整性，实现人与自然的和谐发展，是贯彻落实科学发展观，牢固树立生态文明观念，促进经济社会又好又快发展的必然要求。

2008 年，环境保护部（生态环境部）发布《全国生态脆弱区保护规划纲要》，我国生态脆弱区主要分布在北方干旱半干旱区、南方丘陵区、西南山地区、青藏高原区及东部沿海水陆交接地区，行政区域涉及黑龙江、内蒙古、吉林、辽宁、河北、山西、陕西、宁夏、甘肃、青海、新疆、西藏、四川、云南、贵州、广西、重庆、湖北、湖南、江西、安徽 21 个省（自治区、直辖市），包括东北林草交错生态脆弱区、北方农牧交错生态脆弱区、西北荒漠绿洲交接生态脆弱区、南方红壤丘陵山地生态脆弱区、西南岩溶山地石漠化生态脆弱区、西南山地农牧交错生态脆弱区、青藏高原复合侵蚀生态脆弱区、沿海水陆交接带生态脆弱区 8 个主要分布区（图 1-10 和表 1-14）。生态脆弱区天然林保护对脆弱区生态修复具有重大意义，如大兴安岭生态功能区，长期的森林采伐利用，再加之该区缺乏森林经营的长期规划，林业科技力量薄弱，造成森林生态系统退化，森林质量降低，从而导致生态功能不能有效发挥；在该区宜充分利用林业，加强生态保护与建设，逐渐提升生态功能。

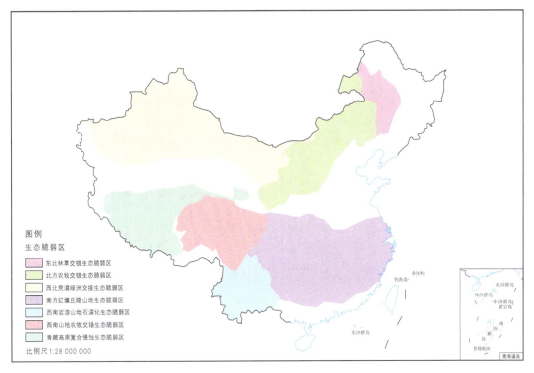

图 1-10　全国生态脆弱区分布示意图

表 1-14 全国生态脆弱区重点保护区域及发展方向

生态脆弱区名称	序号	重点保护区域	主要生态问题	发展方向与措施
东北林草交错生态脆弱区	1	大兴安岭西麓山麓山地林草交错生态脆弱重点区域	天然林面积减小，稳定性下降；土水保持、水源涵养能力降低，草地退化，沙化趋势激烈	严格执行天然林保护政策，禁止超采过牧，过度垦殖和无序采矿，防治草地退化与风蚀沙化，全面恢复林草植被，合理发展生态旅游业和特色养殖业
北方农牧交错生态脆弱区	2	辽西以丘陵灌丛草原垦殖退沙化生态脆弱重点区域	草地过垦过牧，植被退化明显，气候干旱，水资源短缺	禁止过度垦殖、樵采和超载放牧，全面退林还林（草）防治草地退化、沙化，恢复草原植被，发展节水农业和特色养殖业
	3	冀北坝上典型草原垦殖退沙化生态脆弱重点区域	草地退化，土地沙化趋势激烈，风沙活动强烈，干旱，沙尘暴灾害天气频发，水土流失严重	严禁滥垦滥挖，全面退耕还林还草，严格控制耕地规模，大力推行合饲喂新型有机节水农业和生态养殖业
	4	阴山北麓荒漠草原垦殖退沙化生态脆弱重点区域	草地退化，沙漠化趋势激烈，土壤侵蚀严重，气候灾害频发，水资源短缺	退耕还林还草，严格控制耕地规模，禁牧休牧，以草定畜，全面推行合饲喂新型生态牧业，防止草地沙化
	5	鄂尔多斯荒漠草原垦殖退沙化生态脆弱重点区域	气候干旱，风沙活动强烈，沙漠化扩展，土壤侵蚀严重，气候灾害频发，水土流失严重	严格退耕还林还草，全面围封禁牧，恢复植被，加强矿区植被重建，防止沙丘活化和沙漠化扩展，发展生态产业
西北荒漠绿洲交接生态脆弱区	6	贺兰山及蒙宁河套平原外围荒漠绿洲生态脆弱重点区域	土地退化，草地退化，植被退化，水土保持能力下降，土壤次生盐渍化，水资源短缺	禁止破坏环境林木资源，严格控制水土流失，发展节水农业，提高水资源利用效率，防止土壤次生盐渍化，合理更新林地资源
	7	新疆塔里木盆地外缘荒漠绿洲生态脆弱重点区域	滥伐森林，草地过牧，水资源短缺，土壤贫瘠，荒漠化及水土流失严重	严格保护林木资源和山地草原生态系统，禁止采伐过牧和过度高效种植业和生态养殖业，防止土壤水型侵蚀与荒漠化扩展
	8	青海柴达木高原盆地荒漠绿洲生态脆弱重点区域	草地过牧，乱采滥挖，植被严重退化，水源涵养能力下降，荒漠化扩展趋势明显	严禁乱采、温控野生药材，以草定畜，禁牧恢复，围栏封育，恢复草地植被防治水土流失
南方红壤丘陵山地生态脆弱区	9	南方红壤丘陵山地流水侵蚀生态脆弱重点区域	土地过垦，林灌退化明显，水土流失严重，生态十分脆弱	杜绝樵采，封山育林，种植经济型灌草植物，恢复山体植被，发展生态养殖业和农畜产加工业
	10	南方红壤山间盆地流水侵蚀生态脆弱重点区域	土地过垦，肥力下降，植被盖度低，退化明显，水土侵蚀严重	合理营建农田防护林，种植经济灌木和优良牧草，推广草田轮作，发展生态种植业
西南岩溶山地石漠化生态脆弱区	11	西南岩溶山地丘陵流水侵蚀生态脆弱重点区域	过度樵采，植被退化，土层薄，土壤发育缓慢，溶蚀、水蚀严重	严禁樵采破坏山地植被，广种经济林木和牧草，快速恢复山体植被，发展生态旅游业
	12	西南岩溶山间盆地流水侵蚀生态脆弱重点区域	土地过垦，植被退化，流水侵蚀严重，生态脆弱	种植经济乔灌草复合植被，固土肥田，实施林网化保护，控制水土流失，发展生态旅游和生态种植业

续表

生态脆弱区名称	序号	重点保护区域	主要生态问题	发展方向与措施
西南山地农牧交错生态脆弱区	13	横断山高中山水林牧复合生态脆弱重点区域	森林过伐，土地过垦，植被退化，土壤发育不全，土层薄而贫瘠，水土流失严重	严格执行天然林保护政策，禁止超采过牧和无序采矿，防止水土流失，恢复林草植被，合理发展生态旅游业
	14	云贵高原山地石漠化农林牧复合生态脆弱重点区域	森林过伐，土地过垦，植被稀疏，土壤发育不全，土层薄而贫瘠，水源涵养能力低下，水土流失十分严重，石漠化强烈	严禁采伐山地森林资源，严格退耕还林，封山育林，加强小流域综合治理，控制水土流失，合理发展生态农业、生态旅游
青藏高原复合侵蚀生态脆弱区	15	青藏高原山地林牧复合生态侵蚀脆弱重点区域	植被退化明显，受风蚀、水蚀、冻蚀以及重力侵蚀影响，水土流失严重	全面退耕还草，退牧还草，封山育林育草，恢复植被，休养生息，建立高原保护区，适当发展生态旅游业
	16	青藏高原山间河谷风蚀水蚀生态侵蚀脆弱重点区域	植被退化明显，受风蚀、水蚀、冻蚀以及重力侵蚀影响，水土流失严重	全面退耕还林，退牧还草，封山育林育草，恢复植被，适当发展生态养殖业
沿海水陆交接带生态脆弱区	17	辽河、黄河、长江、珠江等滨海三角洲湿地及其近海水域	湿地退化，调蓄净化能力减弱，土壤次生盐渍化严重，水体污染	调整湿地利用结构，全面退耕还湿，合理规划，重点发展特色养殖业和生态旅游业
沿海水陆交接带生态脆弱区	18	渤海、黄海、南海等滨海水陆交接带及其近海水域	台风、暴雨、潮汐等自然灾害频发，过渡区土壤次生盐渍化加剧，缓冲能力减弱	科学规划，合理营建滨海防护林和护岸林，加强滨海区域生态防护工程建设，因地制宜发展特色养殖业
	19	华北滨海平原内涝盐碱化生态脆弱重点区域	植被覆盖度低，受潮汐、台风影响大，地下水矿化度高，土壤盐碱化较重	合理营建滨海农田防护林和堤岸防护林，广种耐盐碱优良牧草，发展滨海养殖业

3. 区划结果

1）中国森林生态系统评估区划结果

在中国地理区域系统中，共有 21 个气候地理区划；在中国森林分区中，共有 121 个森林区划。两个图层通过空间叠置分析后，有 24 个森林区划被气候地理区划切割，以 MCI 指数为标准生成 26 个新的森林分区，剩下的 97 个森林分区保持原状，共获得 147 个森林生态地理区划。其中，56 个区划内已有森林生态站，91 个区划内尚未规划森林生态站。具体结果见表 1-15。

表 1-15　中国气候区　　　　　　　　　　（单位：个）

气候地理区划	合并数量	划分数量	生态单元数量
ⅠA	0	2	4
ⅡA	20	2	9
ⅡB	13	4	6
ⅡC	16	1	2
ⅡD	21	2	11
ⅢA	1	0	2
ⅢB	44	4	15
ⅢC	20	2	4
ⅢD	15	1	1
ⅣA	53	4	13
ⅤA	162	7	43
ⅥA	43	3	13
ⅦA	3	1	5
ⅧA	1	1	1
HⅠB	13	1	1
HⅠC	5	2	2
HⅠD	4	1	1
HⅡAB	19	4	5
HⅡC	29	4	6
HⅡD	8	1	3

注：ⅠA：寒温带湿润地区；ⅡA：中温带湿润地区；ⅡB：中温带半湿润地区；ⅡC：中温带半干旱地区；ⅡD：中温带干旱地区；ⅢA：暖温带湿润地区；ⅢB：暖温带半湿润地区；ⅢC：暖温带半干旱地区；ⅢD：暖温带干旱地区；ⅣA：北亚热带湿润地区；ⅤA：中亚热带湿润地区；ⅥA：南亚热带湿润地区；ⅦA：边缘热带湿润地区；ⅧA：中热带湿润地区；HⅠB：高原亚寒带半湿润地区；HⅠC：高原亚寒带半干旱地区；HⅠD：高原亚寒带干旱地区；HⅡAB：高原温带湿润/半湿润地区；HⅡC：高原温带半干旱地区；HⅡD：高原温带干旱地区。

2）中国生态功能区结果

由于生态功能区由重点生态功能区和生物多样性保护优先区共同构成，因此生物多样性保护是生态功能区中面积最大的生态功能类型，占生态功能区面积的61.3%。生物多样性保护和水源涵养与水土保持功能区也有交叉，分别占生态功能区面积的12.8%与3.0%。水源涵养功能面积仅次于生物多样性保护功能，主要分布在新疆北部、甘肃和青海交界处、贵州和广东北部地区与东北的山区，该功能与生物多样性保护功能合并的部分和只有水源涵养功能部分的面积比例基本相同。水土保持生态功能主要分布在中国中部地区，包括生物多样性保护功能的水土保持生态功能区约占水土保持生态功能区面积的43.47%。防风固沙功能主要在新疆和内蒙古的荒漠地区，占生态功能区面积的3.4%。上述生态功能类型构成中国生态功能区。各生态功能类型面积比例见表1-16。

表1-16 生态功能类型面积比例　　　　　　　　　　（单位：%）

生态功能类型	所占比例
水源涵养	12.6
生物多样性保护	61.3
防风固沙	3.4
水土保持	6.9
水源涵养和生物多样性保护	12.8
水土保持和生物多样性保护	3.0

3）区划基础信息

中国森林生态系统各区划基础信息见表1-17。在此区划上完成的中国森林生态系统长期定位观测网络建设见图1-11。

表1-17 中国森林生态系统评估区划基础信息

编号	气候	地区	重点生态功能区
ⅠA	寒温带湿润地区	大兴安岭北部地区、大兴安岭伊勒呼里山地北坡	—
ⅡA	中温带湿润地区	部分大兴安岭北部东坡、三江平原东部、南部和西部地区、松嫩平原东部地区、小兴安岭地区	水源涵养和生物多样性保护生态功能区
ⅡB	中温带半湿润地区	大兴安岭北部东坡和西坡南部地区、辽河平原东北部、辽河下游平原、松嫩平原中部和西部地区	—
ⅡC	中温带半干旱地区	大兴安岭南部和辽河平原西北部	生物多样性保护生态功能区、防风固沙生态功能区
ⅡD	中温带干旱地区	黄土高原西部、阿尔泰山地区、贺兰山地区、内带天山地区、天山北坡、伊犁河谷地区、阴山地区和准噶尔西部山地	水源涵养和生物多样性保护生态功能区
ⅢA	暖温带湿润地区	胶东半岛和辽东半岛地区	
ⅢB	暖温带半湿润地区	汾河谷地，伏牛山北坡，海河平原，淮北平原，黄泛平原，黄土高原东部、江淮丘陵、辽东半岛、辽河平原、鲁中南山地、秦岭北坡、太行山、渭河谷地、燕山山地、中条山地区	生物多样性保护生态功能区

续表

编号	气候	地区	重点生态功能区
ⅢC	暖温带半干旱地区	黄土高原地区，陇西地区和吕梁山地区	生物多样性保护生态功能区
ⅢD	暖温带干旱地区	天山北坡中段林区	生物多样性保护生态功能区
ⅣA	北亚热带湿润地区	大巴山北坡、大别山山地、伏牛山南坡、汉江中上游谷地、杭嘉湖平原北部、江淮平原和丘陵、两湖平原、秦岭地区、桐柏山山地、武当山低山丘陵和沿江平原地区	水土保持和生物多样性保护生态功能区
ⅤA	中亚热带湿润地区	成都平原、川滇金沙江峡谷、川滇黔山地、川东鄂西地区、滇西高山纵谷、滇中高原盆谷地区、滇中南中山峡谷地区、东喜马拉雅山南翼、贵州山原北部和中南部、桂西北高原边缘、贵溪滇东南山地、桂中丘陵台地、杭嘉湖平原南部、金衢盆地、两湖平原、罗霄山武功山、闽北浙西南、闽东沿海、闽西南低山丘陵区、闽粤沿海台地、闽中低山丘陵、幕阜山九岭山、南岭山地、黔南桂北丘陵山地、三江流域、四川盆地、天目山北部、湘赣丘陵盆地、雪峰山、于山低山丘陵、浙东南和浙江沿海、武陵山地区和西江流域北部	生物多样性保护、水土保持和水源涵养生态功能区
ⅥA	南亚热带湿润地区	滇东南峡谷、滇西南河谷山地、滇中南中山峡谷、桂西北石灰岩丘陵、桂中丘陵台地、雷州半岛、闽粤沿海台地、十万大山低山丘陵、西江流域南部、珠江三角洲、左江谷地地区	水土保持和生物多样性保护生态功能区
ⅦA	边缘热带湿润地区	我国南部西双版纳地区和海南岛	—
ⅧA	中热带湿润地区	我国海南岛南段	生物多样性保护生态功能区
HⅠB	高原亚寒带半湿润地区	青藏高原，区内包括沸河、白龙江中部林区	生物多样性保护生态功能区
HⅠC	高原亚寒带半干旱地区	藏西南和雅鲁藏布江河谷	—
HⅠD	高原亚寒带干旱地区	昆仑山高原	防风固沙生态功能区
HⅡAB	高原温带湿润/半湿润地区	东喜马拉雅山区、横断山脉北部、四川盆地西缘和洪河、白龙江南部地区	生物多样性保护生态功能区
HⅡC	高原温带半干旱地区	青藏高原南缘和东缘，该区包括藏西南高原、泓河、白龙江北部林区、祁连山东段、东喜马拉雅北翼、雅鲁藏盆等地区。该地区主要生态功能类型包括，水源涵养生态功能区主要在该区东部	水源涵养和生物多样性保护生态功能区
HⅡD	高原温带干旱地区	阿尔金山、昆仑山和祁连山西段	防风固沙、水源涵养和生物多样性保护生态功能区

1.4.2　中国森林生态系统评估区划案例分析

1. 天然林保护工程森林生态功能评估区划

1）区划依据

党的十八大以来，从山水林田湖草的"命运共同体"粗具规模，到绿色发展理念融入生产生活，再到经济发展与生态改善实现良性互动，以习近平同志为核心的党中央将生态文明建设推向新高度，美丽中国新图景徐徐展开。党的十九大报告指出，"中国特色社

图例
- 科技部国家野外科学观测研究站
- CFERN野外科学观测研究站
- CFERN森林生态站
- 东北温带针叶林及针阔混交林地区
- 云贵高原亚热带常绿阔叶林及云南松林地区
- 内蒙古东部森林草原地区
- 华东中南亚热带常绿阔叶林及马尾松杉木竹林地区
- 华北温暖带落叶阔叶林及油松侧柏林地区
- 华南热带季雨林雨林地区
- 蒙新荒漠半荒漠及山地针叶林地区
- 西南高山峡谷针叶林地区
- 青藏高原草原草甸及寒漠地区

图 1-11　中国森林生态系统长期定位观测网络

会主义进入新时代，我国社会主要矛盾已经转化为人民日益增长的美好生活需要和不平衡不充分的发展之间的矛盾。"我国的生态文明建设应该准确把握这个时代特征，全面融入中国特色社会主义建设"五位一体"总体布局和"四个全面"战略布局伟大事业中，为人民提供更多的生态产品，成为解决新时期社会主要矛盾的重要战略突破。

中国天然林分布不均衡，主要分布在我国东北和西南，我国的东南林区多为人工林和次生林，西北和青藏高原大部分地区为荒漠，气候干旱，不适宜森林生长。中华人民共和国成立后，盲目的毁林开荒使得生态环境破坏严重，随着社会经济的发展，人们对生态环境保护意识的不断提高以及生态工程的兴起，我国森林得到较好的恢复。仅黑龙江、内蒙古、云南、四川、西藏、江西、吉林等省区的天然林面积就占全国的 61%，蓄积占全国的 75%。森林分布受经纬度和海拔两大自然因素的影响，形成具有一定规律的分布特征。在中国东部地区，从北向南依次有大兴安岭地区的寒温带针叶林带，以小兴安岭和长白山为代表的温带针阔混交林带，华北暖温带落叶阔叶林带，华中、华东地区的北亚热带落叶阔叶林与常绿阔叶混交林带，中亚热带常绿阔叶林带，以及华南的南亚热带季雨林常绿阔叶林带，海南和台湾还有部分热带山地雨林带。我国西南青藏高原东南边缘向南，由于海拔导致的温度变化，也依次存在高山草甸、亚高山草甸灌丛、亚高山针叶林、亚高山针叶林、中山针阔叶混交林、落叶阔叶林、常绿阔叶林、热带季雨林或雨林。天然林资源作为我国森林的根本，全面建成以天然林为主体的健康稳定、布局合理、功能完备的森林生态系统，满足人民群众对优质生态产品、优美生态环境和丰富林产品的需求，为建设社会主义现代化强国打下坚实生态基础。科学规划、合理布局的天然林保护工程森林生态功能监测网络是研究天然林生态学特征、监测天然林生态系统动态变化，评估天然林保护工程森林生态功能的重要基础，为工程监测提供决策依据和技术保障的重要平台，为生态建设和社会可持续发展提供决策依据，为生态补偿、生态审计、绿色 GDP 核算以及国家外交和国际履约提供数据支撑。在解决重大科技问题、构建生态安全格局、服务国家生态文明建设等方面，天然林保护工程森林生态功能监测网络建设具有重大的科学意义和战略意义。

中共中央办公厅、国务院办公厅 2019 年 7 月印发的《天然林保护修复制度方案》明确提出，"完善天然林保护修复效益监测评估制度。制定天然林保护修复效益监测评估技术规程，逐步完善骨干监测站建设，指导基础监测站提升监测能力。定期发布全国和地方天然林保护修复效益监测评估报告。建立全国天然林数据库。"要更加有效地开展天然林保护工程森林生态功能监测，规划和建设具有明确指向性的天然林保护工程专项森林生态功能监测网络是当前天然林保护工程工作的迫切需求。

2）区划方法

本节以东北、内蒙古重点国有林区天然林资源保护工程森林生态系统评估区划为例，进行论述。

（1）区划原则。

东北、内蒙古重点国有林区天然林保护工程生态功能监测与评估区的划分遵循逐级分区、主导因素、地带性等原则，具有空间连续性，根据温度、水分、土壤等主导因子的影响逐级分区，同时根据划分目标的地带性特征完成区划。

（2）指标体系。

指标体系是生态区划的核心内容，确定具体的区划指标是国内外研究的热点和难点问题（郑度等，2005）。东北、内蒙古重点国有林区天然林保护工程各区的自然条件不尽相同，对生态功能监测与评估区进行划分时，其主要的指标为：中国生态地域划分中的温度和水分指标（郑度，2008b）、中国植被分区中的植被指标（张新时，2007）、主导生态功能区指标等。主导生态功能区兼具国家重点生态功能区（国务院生态功能区方案）和生物多样性热点及关键地区，以及生态屏障和生态脆弱区等，作为区域主导生态功能指标划分东北、内蒙古重点国有林区天然林保护工程重点生态功能区（图 1-12）。

此外，天然林保护工程实施范围广、时间久（图 1-13），工程实施的时空格局分布也是影响工程森林生态功能的关键因素之一。但作为一项国家级重大林业生态工程，天然林保护工程具有复杂的政策体系，不可能将所有指标全部纳入指标体系之中。指标主要对工程森林生态功能影响的天然林保护工程实施范围、天然林权属、天然林类型三个关键指标进行选取。

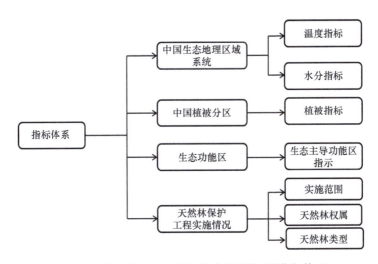

图 1-12　天然林保护工程生态功能评估区划指标体系

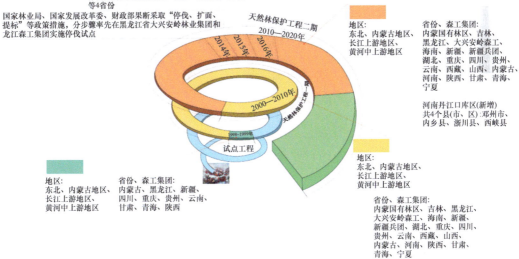

图 1-13　天然林保护工程实施进程

（1）实施范围。

天然林保护工程的实施范围决定了工程的实施面积和位置，对工程森林生态功能具有决定性作用。

本规划依照天然林保护工程的实施时间和实施类别进行天然林保护工程实施范围的区划，将全国划分为 1998～1999 年试点工程区、天然林保护工程一期工程区、天然林保护工程二期工程区、天然林保护扩大范围（纳入国家政策）、天然林保护扩大范围

（未纳入国家政策）和非天然林保护工程区六种类型（图 1-14）。需要说明的是，天然林保护工程二期包括天然林保护工程一期的所有实施范围，天然林保护工程一期的实施范围涵盖所有试点工程区范围，在未标注包含关系时，本规划中的天然林保护工程一期范围是指在试点工程区范围上新增的一期工程实施区，天然林保护工程二期范围是指在一期工程实施区基础上新增的二期工程实施范围。

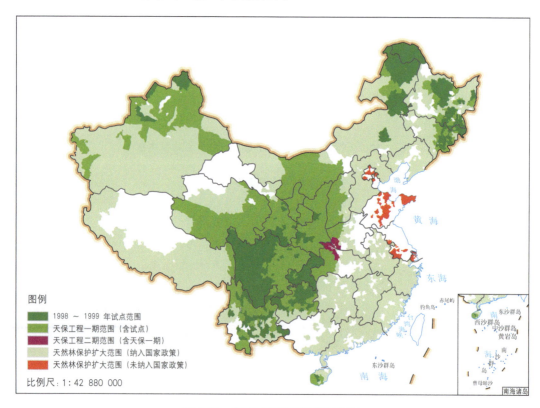

图 1-14　全国天然林保护范围分布

（2）天然林权属。

我国天然林按其权属可以分为国有天然林、集体天然林和个体天然林。根据《林业"十三五"天然林保护实施方案》资料，获得我国天然权属及其面积，见表 1-18。各权属天然林分布见图 1-15。

国有林管护根据工程区森林分布特点，结合自然和社会经济状况，针对不同区域具体情况，采取行之有效的森林管护模式，确保管护效果（李云清，2013），管护模式包括管护站管护模式、专业和承包管护模式、分级管护模式、家庭生态林场管护模式、其他管护模式。集体林管护按照集体林权制度改革的要求，已确权到户的，尊重林农意愿，因地制宜确定管护方式。集体林中未分包到户的公益林，可以采取专业管护队伍统一管护的办法，也可以采取农民个人承包进行管护，管护承包者与林权所有者签订森林管护承包合同，林权所有者加强检查监督。还可以采取其他灵活多样的管护方式，明确责、

表 1-18　天保工程实施范围

区域	权属	面积/亿亩	占比/%
天然林保护工程区	国有天然林	9.24	71.6
	集体和个人所有天然林	3.66	28.4
非天然林保护工程区	国有天然林	7.62	45.5
	集体和个人所有天然林	9.14	54.5
商品林	国有林场	0.61	11.4
	集体和个人所有林场	4.74	88.6

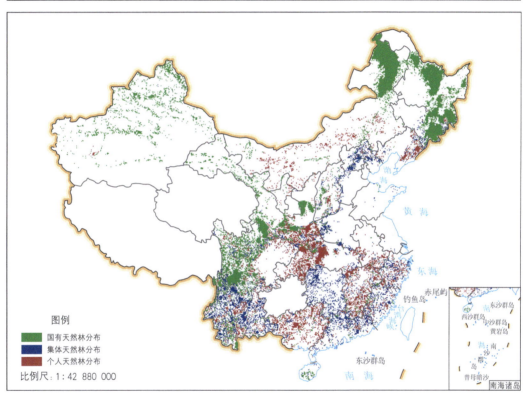

图 1-15　全国天然林分布

权、利，提高管护成效。主要管护模式包括分级管护模式、家庭托管模式、林农直管模式、承包管护模式、共管模式、联管模式。

　　天然林保护工程对不同权属天然林在全面停止天然林商业性采伐补助、森林管护费补助、森林培育补助、天然林保护能力建设补助等政策方面存在差异，进而影响到天然林的管护与保育等多个方面，对工程森林生态功能具有显著影响。国有天然林，尤其是重点国有天然林是天然林保护工程的重点，在工程实施的经济、社会及森林管护政策方面都更加受重视，森林管护效果等优于集体天然林和个体天然林，对工程森林生态功能产生重要影响。因此，采用天然林权属作为区划政策管理类的区划辅助指标，国有林区划定主要依据《中国林业统计年鉴》中的国有林区企业和重点营林局。

东北、内蒙古重点国有林区天然林保护工程生态功能监测与评估区划分的数据主要包括：国家林业局网站发布的全国天然林保护工程实施范围；《中国生态地理区域系统研究》中的温度和水分分布图（郑度，2008b）；《中国植被及其地理格局》中的植被图（张新时，2007）；国家重点生态功能区；《中国生物多样性保护战略与行动计划》（2011—2030 年）等。

依据上述数据源，通过统一定义投影，进行几何纠正并矢量化，分别获得全国天然林保护工程实施范围图层、中国不同区域温度和水分分布图层、中国植被分布图层、国家重点生态功能区图层、生物多样性热点及关键地区图层等。最后，分别截取各自处于东北、内蒙古地区的相应图层以便后续生成生态功能监测与评估区。

3）区划结果

我国东北地区有较多的重点国有林区，其中，东北、内蒙古重点国有林区涉及黑龙江、吉林和内蒙古 3 省（自治区），分布着大兴安岭、小兴安岭、长白山地、松嫩平原、松辽平原和三江平原，是我国重点国有林区和北方重要原始林区的主要分布地，本区域作为我国"两屏三带"生态安全战略格局中东北森林带的重要载体，是进行天然林保护修复的重要区域（图 1-16）。

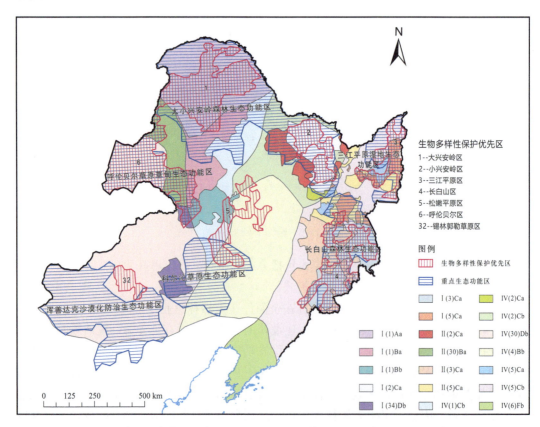

图 1-16   东北、内蒙古重点国有林区天然林保护工程生态功能评估区划示意图

东北地区共划分 19 个天然林保护修复生态功能监测区,其中大兴安岭划分 4 个生态区,分别是Ⅰ(1)Aa 大兴安岭山地兴安落叶松寒温带湿润 1998～1999 年试点工程国有林区、Ⅰ(1)Bb 大兴安岭山地兴安落叶松林中温带半湿润 1998～1999 年试点工程非国有林区、Ⅰ(1)Ba 大兴安岭山地兴安落叶松林中温带半湿润 1998～1999 年试点工程国有林区和Ⅳ(1)Cb 大兴安岭山地兴安落叶松林中温带湿润天然林保护扩大范围(纳入国家政策)非国有林区,4 个片区除天保工程实施阶段不同外,气候条件及所属生态功能区均有所不同。其中,Ⅰ(1)Aa 片区完全位于大小兴安岭森林生态功能区,区内有大兴安岭生物多样性保护优先区域。因此,大兴安岭地区天保工程生态功能监测网络应以Ⅰ(1)Aa 大兴安岭山地兴安落叶松寒温带湿润 1998—1999 年试点工程国有林区为重点布局区域。

小兴安岭地区划分 4 个天然林保护修复生态功能监测区,即Ⅰ(2)Ca 小兴安岭山地丘陵阔叶—红松混交林中温带湿润 1998～1999 年试点工程国有林区、Ⅱ(2)Ca 小兴安岭山地丘陵阔叶—红松混交林中温带湿润天保工程一期工程国有林区、Ⅳ(2)Cb 小兴安岭山地丘陵阔叶—红松混交林中温带湿润天然林保护扩大范围(纳入国家政策)国有林区、Ⅳ(2)Ca 小兴安岭山地丘陵阔叶—红松混交林中温带湿润天然林保护扩大范围(纳入国家政策)国有林区,除天保工程实施阶段和天然林权属的差异外,Ⅰ(2)Ca、Ⅰ(2)Ca 以及Ⅳ(2)Cb 北部,位于大小兴安岭森林生态功能区,其中Ⅰ(2)Ca 分布着小兴安岭生物多样性保护优先区域,生态区位更为重要。

长白山地区划分 2 个天然林保护修复生态功能监测区,即Ⅰ(3)Ca 长白山山地红松与阔叶混交林中温带湿润 1998～1999 年试点工程国有林区和Ⅱ(3)Ca 长白山山地红松与阔叶混交林中温带湿润天保工程一期工程国有林区。除天保工程实施阶段的差异外,前者完全位于长白山森林生态功能区,且区内分布有长白山生物多样性保护优先区域,生态区位更为重要。

三江平原划分 4 个天然林保护修复生态功能监测区,即Ⅰ(5)Ca 三江平原草甸散生林中温带湿润 1998～1999 年试点工程国有林区、Ⅱ(5)Ca 三江平原草甸散生林中温带湿润天保工程一期工程国有林区、Ⅳ(5)Cb 三江平原草甸散生林中温带湿润天然林保护扩大范围(纳入国家政策)非国有林区、Ⅳ(5)Ca 三江平原草甸散生林中温带湿润天然林保护扩大范围(纳入国家政策)国有林区,均部分位于三江平原湿地生态功能区和三江平原生物多样性保护优先区域,但前三者区划面积较小,Ⅳ(5)Ca 内天然林国有林区面积较大。

松嫩辽平原划分 1 个天然林保护修复生态功能监测区,即Ⅳ(4)Bb 松嫩辽平原草原草甸散生林中温带半湿润天然林保护扩大范围(纳入国家政策)非国有林区,辽东半岛划分 1 个天保工程生态功能监测区划,即Ⅳ(6)Fb 辽东半岛山地丘陵松(赤松及油松)栎林温带湿润天然林保护扩大范围(纳入国家政策)非国有林区

内蒙古自治区位于东北的区域划分 3 个天然林保护修复生态功能监测区,即Ⅱ(30)Ba 呼伦贝尔及内蒙古东南部森林草原中温带半湿润天保工程一期工程国有林区、Ⅰ(34)Db 内蒙古东部森林草原中温带半干旱 1998～1999 年试点工程非国有林区和Ⅳ(30)Db 呼伦贝尔及内蒙古东南部森林草原中温带半干旱天然林保护扩大范围(纳入国家政策)

非国有林区。除天保工程实施阶段存在差异外，Ⅱ（30）Ba 天然林权属为国有林区，而后两者为非国有林区。此外，Ⅱ（30）Ba 和Ⅳ（30）Db 位于呼伦贝尔草甸草原生态功能区，区内分布着呼伦贝尔生物多样性保护优先区域，Ⅳ（30）Db 西部还涉及浑善达克沙漠化防治生态功能区和锡林郭勒草原生物多样性保护优先区域，Ⅰ（34）Db 则位于科尔沁草原生态功能区。

因此，东北地区天然林保护修复生态功能监测网络布局应立足大小兴安岭森林等国家重点生态功能区和生物多样性保护优先区域，基于天保工程生态功能监测区划基础信息，重点对Ⅰ（1）Aa、Ⅰ（2）Ca、Ⅰ（3）Ca、Ⅳ（5）Ca 等片区布局，兼顾其他区域天然林资源进行全面监测，助力天然林保护和修复、提升区域生态系统功能稳定性、保障国家东北森林带生态安全。

2. 退耕还林还草工程森林生态功能评估区划

1）区划依据

退耕还林还草工程是我国实施自然生态系统修复的标志性工程，突出特点是政策性强、投资量大、涉及面广、群众参与度高、综合效益明显。自 1999 年实施退耕还林还草工程启动以来，退耕还林还草工程经历了试点示范、大规模推进、结构性调整、延续期和新一轮退耕还林五个阶段，工程建设实施情况较为顺利，并取得了较为显著的成效（表 1-19）。

表 1-19　退耕还林还草工程不同阶段划分

阶段	时间	特点
试点示范	1999～2001 年	试点从 3 个省增加到 20 个省（自治区、直辖市）和新疆生产建设兵团
大规模推进	2002～2003 年	全面启动，扩大退耕还林规模，加快退耕还林进程
结构性调整	2004～2005 年	结构性、适应性调整，加大荒山荒地造林的比例，增加封山育林的建设内容
延续期	2006～2013 年	巩固成果、确保质量、完善政策、稳步推进
新一轮退耕还林	2014～至今	水土流失和风沙危害风沙现阶段突出的生态问题，实施新一轮退耕还林工程

《2020 年退耕还林还草工作要点》（退办发〔2020〕7 号）提出要"开展退耕还林还草综合效益监测。完善退耕还林还草综合效益监测方法，完成《退耕还林工程建设效益监测评价国家标准》修订。开展退耕还林综合效益监测评估，发布退耕还林综合效益监测结果。开展退耕还林生态站（点）规划建设，着力构造适应退耕还林还草高质量发展要求的效益监测体系。"

完整的工程管理必然要求完整的绩效评价。做好林业重点生态工程绩效监测评估，必须不断增强监测评估工作的科学性和权威性，找准方法和尺度，重点是在完整性、科学性、针对性上下功夫，以尽快建立全面系统的监测评估体系，努力拓展监测评估工作的深度和精度，注意连续性和可比性，讲求规范化和系统化。而退耕还林还草工程森林生态系统评估区划是建立退耕还林还草工程森林生态系统功能监测的先决条件，只有基于科学区划的监测网络建设，才能在退耕还林还草工程森林生态系统功能监测中起到实际作用，有效监测退耕还林还草工程实施成效，同时，也有利于退耕还林还草工程有针对性地在森林生态系统评估区划进行建设，大力提升退耕还林还草工程生态系统服务功能。

2）区划方法

根据第五次《中国荒漠化和沙化状况公报》（国家林业局，2015）中的"各省区沙化土地现状"确定了本次北方沙化土地的评估范围。针对评估范围内的 10 个省（自治区）和新疆生产建设兵团的 68 个市（盟、自治州、地区、师）开展生态功能区的区划。区划指标包括温度、土壤侵蚀类型、水分指标，主要参考了《中国生态地理区域系统研究》（郑度等，2008b）、《中国地理图集》（王静爱和左伟，2009）、《中国综合自然区划》（黄秉维等，1959）、《中国植被区划》（张新时，2007）和《中国植被》（吴征镒，1980）。在 GIS 中将温度、土壤侵蚀类型、水分指标和沙化土地范围的图层进行空间叠置分析，获得北方沙化土地退耕还林还草工程生态功能区的区划结果。

3）区划结果

北方沙化土地退耕还林工程森林生态系统功能区的命名采用"温度指标+土壤侵蚀类型+水分指标"的形式，共划分为 45 个生态功能区（图 1-17 和表 1-20）。

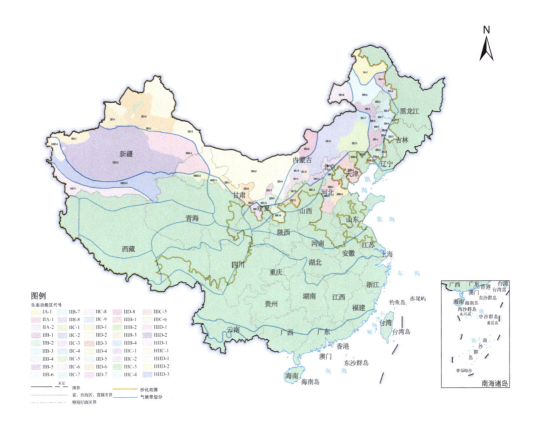

图 1-17　北方沙化土地退耕还林还草工程森林生态功能区的区划图

表 1-20　北方沙化土地退耕还林还草工程生态功能区的区划

编号	生态功能区	省（市、盟、自治州、地区、师）	市（区、县、旗、团、农场）
IA-1	寒温带微度风蚀湿润区	内蒙古自治区（呼伦贝尔市）	呼伦贝尔市（额尔古纳市、鄂伦春自治旗）
IIA-1	中温带微度风蚀湿润区	内蒙古自治区（呼伦贝尔市）	呼伦贝尔市（莫力达瓦达斡尔族自治旗）
IIA-2	中温带中度水蚀湿润区	黑龙江省（齐齐哈尔市）	齐齐哈尔市（讷河市）
IIB-1	中温带强度风蚀中度水蚀湿润区	内蒙古自治区（通辽市）	通辽市（科尔沁区、科尔沁左翼中旗、库伦旗）
IIB-2	中温带中度水蚀半湿润区	黑龙江省（齐齐哈尔市）、辽宁省（沈阳市、阜新市）、河北省（张家口市）、吉林省（白城市、松原市）	齐齐哈尔市（昂昂溪区、富拉尔基区、甘南县、龙江县、富裕县、梅里斯区、建华区、泰来县）；沈阳市（法库县、康平县、辽中县、新民市）；阜新市（阜新县、彰武县）；张家口市（赤城县、怀来县）；白城市（洮北区、泓南区、宣化区、阳原县）；苏鲁滩牧场；松原市（长岭县）
IIB-3	中温带强度风蚀半湿润区	吉林省（四平市、白城市）	四平市（双辽市）；白城市（通榆县）
IIB-4	中温带微度水蚀半湿润区	辽宁省（锦州市）、吉林省（松原市）	锦州市（黑山县）；松原市（宁江区）、乾安县、前郭县
IIB-5	中温带微度风蚀中度水蚀半湿润区	内蒙古自治区（兴安盟）	兴安盟（科尔沁右翼前旗、扎赉特旗、乌兰浩特市、阿尔山市）
IIB-6	中温带微度风蚀半湿润区	内蒙古自治区（呼伦贝尔市）	呼伦贝尔市（新巴尔虎左旗、满洲里市、牙克石市、扎兰屯市、陈巴尔虎旗、阿荣旗、鄂温克旗）
IIB-7	中温带轻度风蚀半湿润区	吉林省（四平市、白城市、松原市）	四平市（梨树县）；公主岭；白城市（大安市、镇赉县）；松原市（大安市、松原县、肇源县）
IIB-8	中温带轻度风蚀半湿润区	黑龙江省（大庆市）	大庆市（大同区、杜尔伯特蒙古族自治县、让胡路区、肇源县）
IIC-1	中温带强度风蚀中度水蚀半干旱区	内蒙古自治区（通辽市、赤峰市）	通辽市（霍林郭勒市、扎鲁特旗、开鲁县、奈曼旗）；赤峰市（克什克腾旗、林西县、巴林右旗）；巴林左旗、阿鲁科尔沁旗、翁牛特旗、敖汉旗
IIC-2	中温带中度水蚀半干旱区	河北省（张家口市）、山西省（大同市、朔州市）	张家口市（崇礼县、沽源县、怀安县、尚义县、万全县、康保县、张北县）；郊县、天镇县、新荣县、左云县；大同市（大同县、阳原县、南郊县）；朔州市（山阴县、朔城县、应县、右玉县）
IIC-3	中温带强度风蚀半干旱区	内蒙古自治区（鄂尔多斯市）	鄂尔多斯市（达拉特旗、东胜区、乌审旗、伊金霍洛旗、准格尔旗）
IIC-4	中温带剧烈风蚀半干旱区	内蒙古自治区（包头市）	包头市（固阳县、土默特右旗）
IIC-5	中温带极强烈风蚀半干旱区	陕西省（榆林市）	榆林市（神木县）
IIC-6	中温带轻度风蚀强度水蚀半干旱区	内蒙古自治区（呼和浩特市）	呼和浩特市（回民区、赛罕区、新城区、玉泉区、清水河县、土默特左旗、林县、武川县）
IIC-7	中温带微度风蚀中度水蚀半干旱区	内蒙古自治区（兴安盟）	兴安盟（突泉县、科尔沁右翼中旗）
IIC-8	中温带微度风蚀半干旱区	内蒙古自治区（呼伦贝尔市）	呼伦贝尔市（新巴尔虎右旗、满洲里市）
IIC-9	中温带轻度风蚀半干旱区	内蒙古自治区（锡林郭勒盟、乌兰察布市）	锡林郭勒盟（东乌珠穆沁旗、西乌珠穆沁旗、锡林浩特市、阿巴嘎旗、苏尼特左旗、太仆寺旗、镶黄旗）；乌兰察布市（丰镇市、化德县、集宁区、商都县、凉城县、兴和县、卓资县、察哈尔右翼中旗、察哈尔右翼后旗）；察哈尔右翼前旗、多伦县、正镶白旗、正蓝旗、武川县

续表

编号	生态功能区	省（市、盟、自治州、地区、师）	市（区、县、团、农场）
IID-1	中温带中度风蚀干旱区	甘肃省（张掖市）、新疆维吾尔自治区（克孜勒苏柯尔克孜自治州）、新疆兵团¹（第三师、第四师、第十师）	张掖市（甘州区、高台县、临泽县、民乐县、山丹县）；乌恰县；第四师（41-53团）；第三师（61团、63团、64团）；222团、三坪农场、头屯河农场、五一农场、西山农场
IID-2	中温带剧烈风蚀干旱区	内蒙古自治区（包头市、巴彦淖尔市、阿拉善盟）、甘肃省（金昌市、酒泉市）、新疆维吾尔自治区（哈密地区、博尔塔拉蒙古自治州、伊犁哈萨克自治州、阿勒泰地区）、新疆兵团¹（第五师、第十师）	包头市（东河区、九原区、昆都仑区、青山区、石拐区、达尔罕茂明安联合旗）；巴彦淖尔市（磴口县、杭锦后旗、临河区、乌拉特后旗、五原县）；阿拉善左旗（阿拉善右旗、额济纳旗）；金昌市（金川区、永昌县）；博尔塔拉蒙古自治州（阿拉山口市、博乐市、精河县、温泉县）；哈密地区（巴里坤县、伊吾县）；伊犁哈萨克自治州（巩留县、伊宁市、尼勒克县、奎屯市、霍城县）；阿勒泰地区（阿勒泰市、布尔津县、福海县、富蕴县、哈巴河县、吉木乃县、青河县）；第五师（83团、86团、90团、91团）；第十师（181-188团）
IID-3	中温带强度风蚀水蚀干旱区	甘肃省（白银市）	白银市（景泰县）
IIIC-5	暖温带极强度风蚀水蚀半干旱区	陕西省（榆林市）	榆林市（靖边县、榆阳区）
IIIC-6	暖温带极强度水蚀半干旱区	甘肃省（庆阳市）	庆阳市（环县）
IIID-1	暖温带剧烈风蚀干旱区	甘肃省（酒泉市）、新疆维吾尔自治区（哈密地区、吐鲁番市）、新疆兵团¹（第十三师）	酒泉市（敦煌市、玉门市、瓜州县）；第十三师（红星二场、淖毛湖农场）；哈密地区（哈密市）；吐鲁番市（高昌区）；都善县、托克逊县
IIID-2	暖温带极强度风蚀干旱区	新疆维吾尔自治区（巴音郭楞蒙古自治州、和田地区、喀什地区、阿克苏地区）、新疆兵团¹（第一师、第二师）	巴音郭楞蒙古自治州（博湖县、和静县、和硕县、洛浦县、民丰县；轮台县、且末县、尉犁县、焉耆县）；和田地区（黄勒县、民丰县、墨玉县、皮山县、于田县）；喀什地区（喀什市、莎车县、麦盖提县、疏勒县、岳普湖县、英吉沙县、泽普县、阿克苏市、新和县）；阿克苏地区（阿瓦提县、拜城县、库车县、沙雅县、阿拉尔农场、幸福农场）；第一师（2-8团、10-14团、16团、29-31团、33-34团、36-37团、223团）；第二师（21-22团、24-25团、27团）
HID-1	高原亚寒带极强度风蚀干旱区	新疆维吾尔自治区（和田地区）	和田地区（和田县）
HIIC-1	高原温带中度风蚀半干旱区	甘肃省（张掖市）	张掖市（肃南裕固族自治县）
HIID-1	高原温带中度风蚀干旱区	新疆维吾尔自治区（克孜勒苏柯尔克孜自治州）	克孜勒苏柯尔克孜自治州（阿克陶县）
HIID-2	高原温带剧烈风蚀干旱区	甘肃省（酒泉市）	酒泉市（阿克塞哈萨克族自治县）

1 新疆生产建设兵团简称为新疆兵团。

参 考 文 献

陈强, 陈云浩, 王萌杰, 等. 2015. 2001-2010 年洞庭湖生态系统质量遥感综合评价与变化分析. 生态学报, 35: 4347-4356.

丁肇慰, 肖能文, 高晓奇, 等. 2020. 长江流域 2000-2015 年生态系统质量及服务变化特征. 环境科学研究, 33(5): 1308-1314.

傅伯杰, 王晓峰, 冯晓明, 等. 2017. 国家生态屏障区生态系统评估. 北京: 科学出版社; 龙门书局.

郭慧. 2014. 森林生态系统长期定位观测台站布局体系研究. 北京: 中国林业科学研究院博士学位论文.

国家林业和草原局. 2019. 中国森林资源报告(2014-2018). 北京: 中国林业出版社.

国家林业和草原局. 2020. 森林资源连续清查技术规程. 北京: 中国标准出版社.

国家林业局. 2015. 中国荒漠化和沙化状况公报. http://www.forestry.gov.cn/main/65/20151229/835177.html [2015-12-29].

国家林业局植树造林司. 2001. 国家林业局调查规划设计院.生态公益林建设导则. 北京: 国家林业局.

黄秉维. 1959. 中国综合自然区划草案. 科学通报, 18: 594-602.

黄秉维. 1993. 自然地理综合工作六十年——黄秉维文集. 北京: 科学出版社.

蒋有绪, 郭泉水, 马娟. 1998. 中国森林群落分类及其群落学特征. 北京: 科学出版社; 中国林业出版社.

黎祖交. 2018. 生态文明关键词. 北京: 中国林业出版社.

李云清. 2013. 内蒙古大兴安岭林区森林可持续经营策略. 内蒙古林业调查设计, 36(1): 64-66, 73.

欧阳志云, 王桥, 郑华, 等. 2014. 全国生态环境十年变化(2000-2010 年)遥感调查评估. 中国科学院院刊, 29(4): 462-466.

沙学均. 2009. MODIS 卫星影像应用于台湾地区森林健康监测. 屏东: 台湾屏东科技大学硕士学位论文.

王静爱, 左伟. 2009. 中国地理图集. 北京: 中国地图出版社.

王韶晗, 许大为, 宋爽, 等. 2022. 基于生态系统服务功能的国家湿地公园景观质量评价——以黑龙江大兴安岭地区为例. 中南林业科技大学学报, 42(2): 181-190.

吴丹, 巩国丽, 邵全琴, 等. 2016. 京津风沙源治理工程生态效应评估. 干旱区资源与环境, 30(11): 117-123.

吴征镒, 侯学煜, 朱彦丞, 等. 1980. 中国植被. 北京: 科学出版社.

吴中伦. 1997. 中国森林. 北京: 中国林业出版社.

于贵瑞, 王秋凤, 杨萌, 等. 2021. 生态学的科学概念及其演变与当代生态学学科体系之商榷. 应用生态学报, 32(1): 1-15.

于贵瑞, 王永生, 杨萌. 2022. 生态系统质量及其状态演变的生态学理论和评估方法之探索. 应用生态学报, 33(4): 865-877.

张万儒. 1997. 中国森林立地. 北京: 科学出版社.

张新时. 2007. 中国植被及其地理格局. 北京: 地质出版社.

张月琪, 张志, 江鎔倩, 等. 2022. 粤港澳大湾区典型城市红树林生态系统健康评价与管理对策. 中国环境科学, 42(5): 2352-2369.

郑度. 2008. 中国生态地理区域系统研究. 北京: 商务印书馆.

郑度, 葛全胜, 张雪芹, 等. 2005. 中国区划工作的回顾与展望. 地理研究, 24(3): 330-334.

郑度, 欧阳, 周成虎. 2008. 对自然地理区划方法的认识与思考. 地理学报, 63(6): 563-573.

郑秋红. 2009. 基于生态地理区划的中国森林生态系统典型抽样布局体系. 北京: 中国林业科学研究院博士后研究工作报告.

竺可桢. 1930. 中国气候区域论. 地理杂志, 3(2): 17.

Bochenek Z, Ciolkosz A, Iracka M. 1998. Assessment of Forest Quality in Southwestern Poland with the Use of Remotely Sensed Data1. on Air Pollution and Climate Change Effects on Forest Ecosystems, 251.

Brower L P, Castilleja G, Peralta A, et al. 2002. Quantitative changes in forest quality in a principal overwintering area of the monarch butterfly in Mexico, 1971-1999. Conservation Biology, 16(2): 346-359.

Burger J A, Kelting D L. 1999. Using soil quality indicators to assess forest stand management. Forest Ecology and Management, 122(1-2): 155-166.

Dudley N, Schlaepfer R, Jackson W J, et al. 2006. Forest quality: assessing forests at a landscape scale. London: Routledge.

Dudley N, Stolton S. 2000. Forest Quality in the Dyfi Valley Rapid Assessment on a Landscape Scale and Development of a Vision of Forests in the Catchrnent. Monograph, 8-9.

FAO. 2020. 2020 年全球森林资源评估.

Haefele M, Kramer R A, Holmes T. 1992. Estimating the total value of forest quality. In The Economic Value of Wilderness: Proceedings of the Conference: Jackson, Wyoming, May 8-11, 1991 (Vol. 78, p. 91). US Department of Agriculture, Forest Service, Southeastern Forest Experiment Station.

Jha C S, Goparaju L, Tripathi A, et al. 2005. Forest fragmentation and its impact on species diversity: an analysis using remote sensing and GIS. Biodiversity & Conservation, 14(7): 1681-1698.

UK National Ecosystem Assessment. 2011. The UK National Ecosystem Assessment Technical Report. UNEP-WCMC, Cambridge.

Walsh R G, Bjonback R D, Aiken R A, et al. 1990. Estimating the public benefits of protecting forest quality. Journal of Environmental Management, 30(2): 175-189.

Xu L, Yu G, He N, et al. 2018. Carbon storage in China's terrestrial ecosystems: A synthesis. Scientific Reports, 8: srep2806.

Yu X, Hyyppä J, Kaartinen H, et al. 2004. Automatic detection of harvested trees and determination of forest growth using airborne laser scanning. Remote Sensing of Environment, 90(4): 451-462.

第 2 章　中国森林生态系统质量状态及经营管理状况①

　　我国森林质量评价研究的早期阶段以森林质量评价的理论研究为主，所提出的评价体系和评价方法的构想，为后续的研究提供了重要的思路和参考根据。欧阳志云等（2017）采用相对生物量密度、植被覆盖度、水体富营养化状况 3 个指标建立了生态系统质量评价方法，该研究仅用一个指标来反映森林生态系统质量状况，这种基于单一和过少指标的评价体系对其评价结果的可靠性存在较大不确定性。2001年，国家林业局颁布了《国家生态公益林建设导则》（GB/T 18337.1—2001），首次以国家标准的形式对生态公益林的质量评价进行规定和引导，选用了物种多样性、郁闭度、群落层次、植被盖度、枯枝落叶层、林带宽度、林带完整度、林带结构等指标，为开展国内森林（尤其是生态林）质量的评价提供了重要的参考依据。2019 年国家林业和草原局制定了《国家级公益林监测评价实施方案》，选取森林生长状况（植被指数、净初级生产力）、森林健康状况（森林健康、森林灾害）、森林结构（树种结构、优势树种、龄组）、森林质量指数（树高、胸径、单位面积蓄积量、植被覆盖度、郁闭度、群落结构、枯枝落叶层厚度、天然更新、自然度）作为国家级公益林质量评价的指标。

　　森林所提供的效益或服务是综合一体而不可分解的，但是对于不同经营类型的森林而言，其经营目标将主导森林质量的评价标准。无论是从全球生态平衡的宏观角度出发，还是从各级林业经营单位在资源生产与利用的微观角度考虑，森林质量都是值得关注的重要问题。科学地评价森林质量，对森林的所有者或管理者进一步突破数据表象而深入分析和了解森林资源的状态及发展趋势，为森林的经营管理制定更科学有效的规划方案，继而持续地确保森林能够稳定实现在各方面的效益，具有十分重要的意义。但鉴于森林质量的评价尚无统一的标准，也没有统一的指标体系，且在学术上存在较大争议，本章以当前森林生态系统质量评价为典型案例，并结合千年生态系统评估、英国生态系统评估、Costanza 的生态系统健康研究以及国家标准（GB/T 38590—2020 和 GB/T 18337—2001），选择活力指标、结构指标、抵抗力指标和服务功能指标四大类作为中国森林生态系统质量状况评述的主要指标，利用森林生态连清数据、森林资源清查数据和

---

　　① 本章执笔人：王兵，牛香，陈波。

社会公共数据阐述森林生态系统质量状况,为政府制定森林资源可持续经营战略和策略、提高森林资源管理水平提供科学依据。

2.1　中国及其省域森林生态系统质量状况

2.1.1　全国尺度和省域尺度森林资源面积时空演变

中华人民共和国成立以来,先后完成了 9 次全国森林资源清查。分别在 1973～1976 年、1977～1981 年、1984～1988 年、1989～1993 年、1994～1998 年、1999～2003 年、2004～2008 年、2009～2013 年以及 2014～2018 年。各次森林资源清查成果,都客观反映了当时全国森林资源面积的状况。

1. 森林资源面积时间尺度变化

从第二次清查期开始,到第九次清查期,我国森林面积增长了 1.05 亿 hm²,增长幅度为 91.23%。各清查期森林面积均持续增加,第三次清查期比第二次清查期增加了 938 万 hm²;第四次清查期比第三次清查期增加了 905 万 hm²;第五次清查期比第四次清查期增加了 2524 万 hm²,在各清查期中森林增加面积最大;第六次清查期相对第五次清查期增加了 1597 万 hm²;第七次清查期相对第六次清查期增加了 2054 万 hm²;第八次清查期相对第七次清查期增加了 1224 万 hm²;第九次清查期相对第八次清查期增加了 1276 万 hm²。驱动我国森林资源面积发生变化的主要原因有 5 个方面。

1)清查期间技术规定的改变

森林面积的增长与我国清查期间技术规定的变化有着直接的联系。第二次清查期比第一次清查期森林面积减少了 658.26 万 hm²。原因之一是调查方法差异,第一次清查侧重于查清全国森林资源现状,除部分地区按林班、小班开展资源调查外,大部分采用了抽样调查方法。第二次采用世界公认的“森林资源连续清查”方法,通过以抽样技术为理论基础、以省(自治区、直辖市)为抽样总体的森林资源连续清查基本框架进行调查。另一原因是国家林业政策有重大改变,实行了林业承包责任制,但很不完善,问题较多,造成森林资源的减少。森林资源面积在第五次清查期有一个较大的飞跃,比前期增加了 2524 万 hm²,其中一个主要原因是为了与国际标准接轨,第五次清查采用的标准是林业部(现国家林业和草原局)1994 年颁布的《国家森林资源连续清查主要技术规定》。该技术规定主要将有林地郁闭度的标准从以前的 0.3 以上(不含 0.3)改为 0.20 以上(含 0.20),导致森林面积增加。第五次清查期后,我国森林面积稳步增长,主要原因是历届政府对林业的重视,开展了各种增加森林面积的活动,特别是在全国范围实施的“六大”林业重点工程,极大提高了全国森林面积。第七次清查期间,将经济林、竹林和灌木林列入了森林的范畴,这是第七次清查期间森林面积增长的重要原因。

2）林业生态工程的造林活动

据统计资料显示，近四十年我国造林面积达到了 22777.03 万 hm² （表 2-1），从第二次清查期间开始，历次清查期间造林面积占近 40 年我国总造林面积的比例分别为 9.85%、14.41%、12.19%、11.10%、13.98%、9.81%、13.11%和 15.55%。从表中数据可以看出，随着我国经济社会的不断发展，人们越来越注意到了森林的重要性，造林面积不断增加。另外，在第三次、第六次和第九次清查期间，造林面积达到最大值，这主要是因为在这一时期，国家启动了诸多林业生态工程和新一轮退耕还林还草工程、国家级公益林成效的评价，这些政策的变化都对造林面积的增加具有推动作用。

表 2-1　我国历次清查期间造林面积　　　　　　　（单位：万 hm²）

清查期	第二次	第三次	第四次	第五次	第六次	第七次	第八次	第九次
面积	2244.09	3281.19	2776.01	2529.26	3184.88	2233.60	2986.47	3541.53

注：第二次和第三次清查期间的造林面积为国营造林面积。

经查询相关统计资料（表 2-2），1979～1987 年生态工程造林面积为 1790.54 万 hm²；从第四次清查期间开始，历次清查期间生态工程造林面积分别为 991.37 万 hm²、1474.52 万 hm²、2475.50 万 hm²、1688.98 万 hm²、2428.96 万 hm² 和 1762.57 万 hm²，分别占同期造林面积的 35.71%、58.30%、77.73%、75.62%、81.33%和 49.77%。另外，天然林保护工程、退耕还林还草工程、京津风沙源治理工程、三北和长江中下游地区等重点防护林建设工程和速生丰产用材林基地建设工程造林面积所占比例分别为 20.18%、26.39%、8.32%、40.57%和 4.54%。从以上数据中可以看出，三北和长江中下游地区等重点防护林建设工程、退耕还林还草工程和天然林保护工程对于我国森林面积的增长所起到的作用较大。

表 2-2　全国重点林业生态工程造林面积　　　　　　（单位：万 hm²）

时间	天然林保护工程	退耕还林还草工程	京津风沙源治理工程	三北和长江中下游地区等重点防护林建设工程	速生丰产用材林基地建设工程
1979～1987 年	—	—		1334.53	456.01
第四次	—	—	13.28	926.59	51.50
第五次	29.04	—	92.09	1156.34	197.05
第六次	339.64	1262.23	221.00	608.53	44.10
第七次	358.30	841.22	207.52	272.34	9.60
第八次	872.85	388.37	258.69	908.58	0.47
第九次	584.35	363.47	107.74	518.18	188.83

依据《退耕还林工程生态效益监测国家报告（2014）》，退耕还林工程在长江中上游和黄河中上游造林面积分别为 924.06 万 hm² 和 725.09 万 hm²，分别占其流域内森林面积的 13.98%和 48.47%，从以上数据中可以看出，退耕还林工程造林对我国森林资源增长的重要性，尤其是黄河流域，几乎占了一半的森林面积。另外，依据《退耕还

林工程生态效益监测国家报告（2015）》，退耕还林工程在北方沙化土地区造林面积为 1592.29 万 hm²，其中在沙化土地上的造林面积为 401.10 万 hm²，在严重沙化土地上的造林面积为 300.61 万 hm²。截至 2013 年，防风固沙型生态功能区（图 2-1）（新疆、内蒙古、宁夏、甘肃、陕西）的森林面积为 723.00 万 hm²，退耕还林工程在沙化土地造林面积和严重沙化土地造林面积分别占防风固沙型功能区森林面积的 42.33% 和 38.87%，这充分说明我国退耕还林工程起到了极其重要的防风固沙功能，为我国的生态环境建设发挥了积极的作用。依据《退耕还林工程生态效益监测国家报告（2016）》，截至 2016 年底，全国退耕还林工程面积达到 2842.80 万 hm²，其中退耕地还林面积 954.08 万 hm²，宜林荒山荒地造林面积 1582.47 万 hm²，封山育林面积 306.25 万 hm²，面积核实率和造林合格率都在 90% 以上。

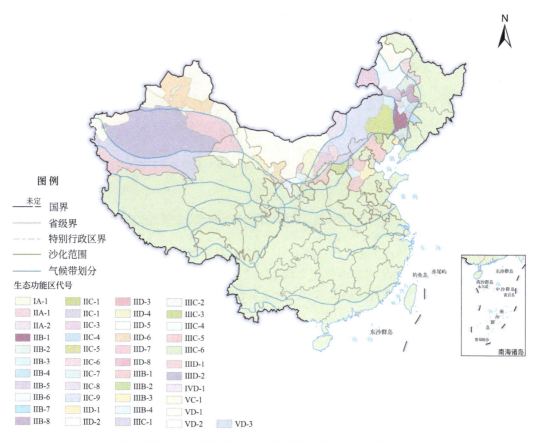

图 2-1　北方沙化土地退耕还林工程生态功能区划图（国家林业局，2016a）

截至 2013 年，天然林资源保护区在东北、内蒙古重点国有林区的造林面积为 7.35 万 hm²（国家林业科学数据平台），占东北、内蒙古重点国有林区所在省（自治区）自天然林资源保护工程启动以来森林面积增加量的 3% 左右（图 2-2）。依据《天然林资源保护工程东北、内蒙古重点国有林区效益监测国家报告（2015）》，截至 2015 年，天然林资源保护区东北、内蒙古重点国有林区的管护面积为 770.09 万 hm^2，占东北、内蒙古重点国有林区所在省（自治区）森林面积和天然林面积的 16.47%和 20.71%，可见天然林资源保护对东北、内蒙古重点国有林区所在省（自治区）森林资源保护的重要性，尤其是对天然林的保护作用更为明显。

图 2-2　东北、内蒙古重点国有林区天然林资源保护区范围示意图

如果林业政策或林业生态工程实施不当，也会对森林资源造成破坏。例如，①1981 年，中共中央、国务院出台了"林业三定"政策，"林业三定"划分了自留山、责任山、轮耕地，由于责、权、利未得到根本落实，出现了滥伐森林的情况。尽管政策初衷是好的，但结果却不尽如人意，这也是 1978～1987 年云南活立木蓄积下降的主要因素，森林面积变动不大的情况下单位面积蓄积却下降近 10%，反映了这一时期林分被人为采伐变得稀疏的现实；②山东 1978 年调整林业政策后，由于缺少经验，盲目地借鉴与实施了一系列不合理的经济措施，导致全省的林业资源受到了一定破坏。

各林业生态工程对于各省区的作用程度也不尽相同。例如，①广西自 1977 年以来，通过实施一系列的重大林业工程，森林资源数量大幅增长，质量有所提高。具有代表性的有 20 世纪 80 年代中后期的广西全区造林、灭荒达标、绿化达标；90 年代开始的以国家投入为主的林业生态工程建设，如珠江防护林体系建设工程、沿海防护林体系建设工程、退耕还林工程、农田防护林体系建设工程等；90 年代中期开始的以建立各类林产工业原料林基地为代表的速生丰产林造林等，因而第四次清查与第一次相比，其森林覆盖率增长了 135.73%。②宁夏利用天然林保护工程、退耕还林工程和三北治沙造林工程等的相继实施，尤其是 2007 年实施"六个百万亩"林业工程，2012 年宁夏完成造林面积 44.37 万 hm^2，其中人工造林 31.37 万 hm^2，封山育林 13.00 万 hm^2，造林后全区森林覆盖率提高 8.5%。③为彻底改善辽宁西北的恶劣环境，相继实施了以三北防护林工程为纽带的五大防护林建设和四大基地建设，建立了比较完备的生态林体系。三北防护林工程共造林 100 万 hm^2，西北地区覆盖率由 11%提高到 27.4%，其中营造水土保持林 20.1 万 hm^2，因而 150.5 万 hm^2 的水土流失面积得到了有效控制，绝大部分荒山的土壤侵蚀模数下降 60%，为农牧业生产提供了巨大的屏障保护作用。④1998 年，山西在全国率先实施了天然林保护工程，而国家于 2000 年正式启动。山西在国家划定的 72 县范围内实行全面禁伐，到 20 世纪末天然林面积达到 107.0 万 hm^2，天然林资源的稳步增长，对维护山西生态安全发挥了重要作用。

各省区根据自身的特点所制定实施的森林资源恢复政策，也对全国森林资源的增长提供了源源不断的动力。例如，①改革开放后，浙江省政府先后制定了两项政策，一是"两年准备、五年消灭荒山、十年绿化浙江"；二是"建万里绿色通道，创千亿产值，造浙江秀美山川"，重点抓好生态公益林建设、万里绿色通道、平原城镇绿化、林业产业化四大工程。伴随这些工程的实施，浙江森林资源逐步恢复，森林覆盖率由 1979 年的 33.7%增加到 2004 年的 60.5%，林业用地面积、森林面积、森林蓄积都有很大幅度的增长。林分质量也有小幅度提高，具体表现在林龄结构的初步改善，中龄林的比例增加，优势树种多样化，以及单位面积蓄积量的增加。②自 1985 年以来，江西省政府根据"治湖必须治江、治江必须治山、治山必须治穷"的生态治理理念不断推进"山江湖工程"建设，并把植树造林作为山江湖工程治理的主要手段，到 2005 年底森林覆盖率已达到 60.2%。③湖北在提出《十年绿化湖北的决定》以来，以全社会绿化为基础，以"平原绿化"和"长江防护林工程"等一批重点工程为骨干，大力保护和发展森林资源，森林面积、蓄积量和覆盖率有很大的提高，并且湖北在经济林建设方面发展迅速，2007 年全省经济林面积占森林面积的 11.6%，比 1985 年增长 11.9 万 hm^2，经济林树种多达 35 种，经济效益十分显著。④海南于 1994 年在全国率先停止采伐天然林，全力封山育林。为了促进人工造林，实行以"联产承包"为主的多种责任制，推广以"五改"为中心的科学造林，发展速生丰产林，再带动其他造林，做到国营、集体、个人齐造林，并对造林的单位与个人给予一定的优惠政策。1987~2003 年成为海南历史上人工造林速度最快时期，并且造林质量不断提高，克服了过去一些地方"年年造林不见林"的状况。

3）森林经营管理措施

森林经营管理措施也会对森林资源产生一定的影响，森林经营措施是由一系列单个措施如采伐、集材、林地清理、整地、幼林抚育等组成。森林经营措施类型是按照森林培育和利用的主要环节或技术措施，将森林经营措施和技术特征相同的小班组织为同一类型的小班集合体。森林经营措施除通过影响木材和其他林产品产量、质量来影响森林经营收益外，还对森林生态系统具有重要的影响。例如，①截至 2000 年，河南的森林资源中，以幼、中龄林占绝对优势，但由于对加强森林经营管理认识不够，措施不得力，林相变得残破，有些甚至退化为疏林地和杂灌丛。与 1993 年相比，疏林地面积增加 3.48 万 hm^2，年均净增率 6.01%，其主要部分是在前期人工造林及封山育林过程中由无林地转化而来的，另有相当一部分是在经营不善下由林分与未成林造林地转化而来的。②山东自 2002 年后，全省加强了中幼林抚育和森林资源管理工作，森林质量显著提高，据《第八次全国森林资源清查山东省森林资源清查成果》显示，与前期相比每公顷单位面积蓄积量增加 14.65 m^3。

4）社会经济等其他因素

社会经济等因素亦会对森林资源的变化产生影响，人口数量及人口密度和经济发展水平是制约森林资源消长的重要因子。有研究表明：农民人均家庭纯收入对有林地面积和活立木蓄积都具有显著的正向影响。这是因为农民收入水平的提高，会减少农民的生存压力，从而减少毁林开荒的可能性以及对森林资源的过度依赖，这在很大程度上缓解了森林资源的压力。例如，①广东林业用地面积总量在 1987 年最小，这是因为改革开放以来，随着人口的增加和经济的迅速发展，各项建设用地迅速增加，加上一些地方领导干部存在重耕地轻林地的错误思想，对林地的管理重视不够，没有把林地放在与耕地同等重要的位置来对待，造成全省林地面积逐年减少。②20 世纪 90 年代中后期，由于河北城市化进程快速推进，对建设用地需求的增加是减少林地面积的最主要因素。因为当工业化进入高度发展之后，对林木资源经济价值的需求仍然存在，同时对森林发挥生态功能的需求不断增加，二者共同作用拉动了林地面积的增长。③在 2010～2015 年，江苏乔木林地面积新增 40.67 万 hm^2。但是，苏北平原地区早期发展的杨树林大面积进入采伐期，且杨树木材价格和同期种植农作物相比比价效益明显下降，农民对耕地上和房前屋后栽植的杨树进行采伐后不再栽植，致使全省杨树林面积由 2010 年的 82.63 万 hm^2 减少至 2015 年的 53.90 万 hm^2，年均净减率 6.95%。④随着沿海地区经济的发展，江西剩余劳动力向沿海转移，1995 年全省第一产业和第三产业的劳动者比 1980 年分别下降了 26.7%和 14.0%。人口的下降一定程度上削减了耕地开发对林地资源的侵占。因此，1980～1995 年江西林地面积增加近 3.6 万 hm^2。

5）特定树种大面积种植

由于种种原因，某些树种的大面积种植也是提升森林资源的重要原因之一。例如，随着我国经济建设对木材需求的增加和天然林资源的减少，国家十分重视速生丰产林的建设。20 世纪 80～90 年代林业部先后实施了速生丰产用材林基地建设项目和中国国家造林项目，其中杨树造林面积 16 多万 hm^2，分布在湖北、山东、河北等省。20 世纪末至 21 世纪初，气候环境的生态需求的改善，以及造纸、板材、家具生产的工业原材料需求和农村产业结构的调整，促进杨树速生丰产栽培出现新的迅速发展局面。此外，桉树是世界著名的速生树种，其以适应性强、容易繁育、用途广泛、经济价值高而为许多国家和地区引种栽培。我国自 20 世纪 50 年代开始大面积营造人工林，到 80 年代把大面积营造速生丰产林作为解决木材不足的战略任务之一。我国在 20 世纪 60 年代中期，迎来了桉树引种和栽培造林的第一次高峰期；第二次高峰期出现在 80 年代中期，全国桉树人工林造林面积达到 154.7 万 hm^2，四旁种植 18 亿株。

2. 森林资源面积空间尺度变化

依据《中国森林资源及其生态功能四十年监测与评估》和《中国森林资源报告（2014—2018）》，第二次至第九次清查期森林资源面积格局如图 2-3 所示，31 个省（自治区、直辖市）森林资源面积均呈现持续增加的变化趋势，其中江苏森林资源面积在第八次清查期达最大值，其他 30 个省（自治区、直辖市）森林资源面积均在第九次清查期达最大值。从省级区域看，内蒙古、黑龙江、云南、四川、西藏和广西的森林资源面积最大；北京、宁夏、上海和天津的森林资源面积较小。

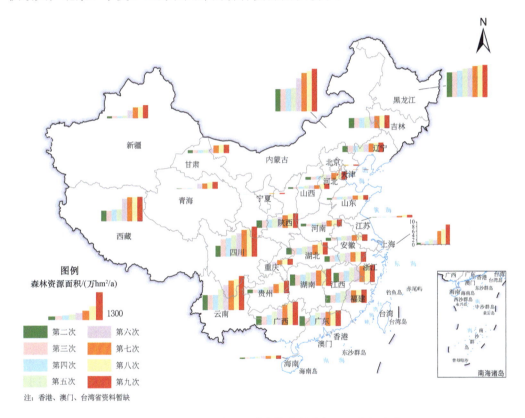

图 2-3　第二次至第九次清查期森林资源面积空间分布

第二次清查期（仅限于 1979~1981 年），森林面积发展较快，特别是在东北区域，这与中国的三北防护林工程建设密不可分。在此清查期间，我国国营造林面积为 207.65 万 hm^2，内蒙古、黑龙江和安徽造林面积最大，其所占比例分别为 16.88%、18.39% 和 11.46%。其间实施的林业生态工程只有三北防护林工程，其造林面积为 42.95 万 hm^2，占全国国营造林面积的 20.68%。另外，三北防护林工程造林面积主要集中在内蒙古、吉林和陕西，所占比例分别为 48.50%、10.15% 和 15.63%。

第三次清查期，森林面积在全国范围普遍增加，东北、西南发展速度较快。黑龙江林地面积最大，已发展到 1561.52 万 hm^2。在此清查期间，我国国营造林面积为 415.49 万 hm^2，造林面积主要集中在内蒙古、黑龙江和广东，所占比例分别为 11.47%、18.29%、9.99%。其间实施的林业生态工程只有三北防护林工程，其造林面积为 174.51 万 hm^2，占全国国营造林面积的 42%，这一比例明显高于第二次清查期。另外，三北防护林工程造林面积主要集中在内蒙古、陕西和甘肃，所占比例分别为 27.80%、15.00% 和 12.82%。

第四次清查期，森林面积在全国范围普遍增加，东北、西南发展速度继续较加快。黑龙江、内蒙古和四川位居前三。第四次清查期间，我国总造林面积达到了 2054.21 万 hm^2，占同期森林面积的 15.36%。由于本次清查期间，多项林业生态工程陆续开始实施，并且由于每个林业生态工程的实施区域不同，各省（自治区）造林面积都大幅度增加，如各省区造林面积所占全国比例在 7% 左右的主要有河北、内蒙古、江西、湖南、广西和四川。1989～1993 年，我国实施的林业生态工程包括沿海防护林工程、长江中上游防护林工程、速生丰产林工程、平原绿化工程、太行山绿化工程、防沙治沙工程和三北防护林工程，总造林面积为 1322.48 万 hm^2，占同期造林面积的 64.38%。每项生态工程的造林面积分别占生态工程造林面积的 4.96%、16.01%、1.95%、22.01%、7.29%、1.00% 和 46.78%。其中，沿海防护林工程造林面积（65.60 万 hm^2）主要集中在辽宁、广东和广西，分别占该项工程造林面积的 20.86%、24.35% 和 20.57%；长江中上游防护林工程造林面积（311.69 万 hm^2）主要集中在江西、四川和陕西，其造林面积分别占该项工程造林面积的 18.79%、19.76% 和 17.13%；速生丰产林工程造林面积（25.75 万 hm^2）主要集中在福建、江西和广西，分别占该项工程造林面积的 10.76%、12.23% 和 11.46%；平原绿化工程造林面积（291.11 万 hm^2）主要集中在山西、内蒙古和陕西，分别占该项工程造林面积的 11.01%、16.58% 和 11.25%；三北防护林工程造林面积（618.69 万 hm^2）主要集中在河北、内蒙古和陕西，分别占该项工程造林面积的 14.40%、26.04% 和 13.65%。

第五次清查期，森林面积在全国范围普遍增加，东北、西南发展速度继续加快。黑龙江、内蒙古、四川及云南名列前茅。第五次清查期间，我国总造林面积为 1404.76 万 hm^2，占同期森林面积的 8.84%。各省区造林面积占全国总造林面积比例在 10% 以上的有河北、山西、内蒙古和陕西，以上四个省区的总造林面积达到 725.84 万 hm^2。其间我国实施的林业生态工程有辽河防护林工程、黄河中上游防护林工程、珠江防护林工程、淮河太湖防护林工程、沿海防护林工程、长江中上游防护林工程、速生丰产林工程、平原绿化工程、太行山绿化工程、防沙治沙工程和三北防护林工程，其造林面积分别占生态工程造林面积的 0.87%、3.06%、0.68%、1.04%、3.19%、17.23%、6.95%、1.65%、13.39%、6.50% 和 45.44%。由此可见，三北防护林工程、长江中上游防护林工程和太行山绿化工程所占比例较大。其中，防护林体系建设工程实施的范围较广，其造林面积（309.63 万 hm^2）主要集中在河南、湖北、四川、云南和陕西，其造林面积占全国该项工程总造林面积的比例均在 7% 以上；速生丰产林工程（98.53 万 hm^2）造林面积主要集中在河北、安徽、江西、湖北和四川，其造林面积占该项工程总造林面积的比例均在 6%以上；平原绿化工程和太行山绿化工程的造林面积（200.17 万 hm^2）主要集中在山西，其造林面积占到该两项工程总造林面积的 50%以上，其次为河北省，所占比例在 25%以上；防沙治沙工程的造林面积（92.08 万 hm^2）主要集中在内蒙古，其造林面积占到该项工程总造林面积的 1/3 以上，处于西部风沙区的省区造林面积占到了 50%以上；三北防护林工程的造林面积（644.11 万 hm^2）主要集中在河北、山西、内蒙古和陕西，其造林面积分别占该项工程总造林面积的 17.36%、13.31%、24.77%和 12.36%。

第六次清查期，森林面积在全国范围普遍增加，东北、西南发展速度继续加快，西南、东南也有大面积增加。第六次清查期间，我国总造林面积达到了 2833.13 万 hm^2，占同期森林面积的 16.20%，其造林面积主要集中在河北、内蒙古、四川和陕西，其造林面积占全国总造林面积的比例均在 7%以上。本次清查期间，我国正式实施六大林业生态工程。经查询相关统计资料，天然林保护工程、退耕还林工程、三北和长江中下游地区等重点防护林建设工程、京津风沙源治理工程和速生丰产用材林基地建设工程的造林面积占总生态工程造林面积的比例分别为 10.18%、34.49%、16.64%、38.24%和 0.46%。其中，天然林保护工程的造林面积主要集中在内蒙古、四川和陕西，其造林面积占该项工程总造林面积的比例均在 10%以上，即 30 万 hm^2 以上；退耕还林工程的造林面积主要集中在陕西、内蒙古、四川、陕西和甘肃，其造林面积占该项工程总造林面积的比例均在 6%以上，即 70 万 hm^2 以上；三北和长江中下游地区等重点防护林建设工程的造林面积主要集中在河北、山西、内蒙古、陕西和新疆，其造林面积占该项工程总造林面积的比例均在 7%以上，即 40 万 hm^2 以上；速生丰产用材林基地建设工程的造林面积主要集中在湖北、湖南、广西、贵州和云南，其造林面积占该项工程总造林面积的比例均在 10%以上，即 1 万 hm^2 以上。

第七次清查期，森林面积在全国范围普遍增加，西南、东南发展速度继续加快。第七次清查期间，我国总造林面积为 2121.51 万 hm^2，占同期森林面积的 10.85%，其造林面积主要集中在河北、内蒙古、四川和云南，其造林面积占全国总造林面积的比例均在 7%以上。其间实施的林业生态工程包括天然林保护工程、退耕还林工程、三北和长江中下游地区等重点防护林建设工程、京津风沙源治理工程和速生丰产用材林基地建设工程，其总造林面积为 1559.86 万 hm^2，占同期全国总造林面积的 73.53%。由此可见，林业生态工程的实施有力地促进了我国森林面积的增长。另外，各项林业生态工程造林面积分别占生态工程总造林面积的 18.00%、53.46%、16.14%、12.09%和 0.31%。其中，天然林保护工程造林面积（280.82 万 hm^2）主要集中在内蒙古自治区、四川省和陕西省，其造林面积分别占该项工程总造林面积的 16.21%、38.46%和 19.46%；退耕还林工程造林面积（833.96 万 hm^2）主要集中在内蒙古、湖南、陕西和甘肃，其造林面积分别占该项工程总造林面积的 6.73%、7.98%、8.71%和 8.70%；三北和长江中下游地区等重点防护林建设工程造林面积（251.72 万 hm^2）主要集中在河北、山西、内蒙古和新疆，其造林面积分别占该项工程总造林面积的 10.85%、6.58%、6.06%和 19.60%；京津风沙源治理工程造林面积（188.54 万 hm^2）

主要集中在河北、山西和内蒙古，其造林面积总和占该项工程造林面积的比例达到了 90%以上；速生丰产用材林基地建设工程造林面积（4.82 万 hm²）主要集中在河北、河南和湖南，其造林面积分别占该项工程总造林面积的 25.62%、26.36%和25.17%。

第八次清查期，森林面积在全国范围普遍增加，内蒙古森林面积最大，为 2487.90 万 hm²；上海森林面积最小，为 6.81 万 hm²。第八次清查期间，我国总造林面积为 2986.47 万 hm²，占同期森林面积的 14.38%，其造林面积主要集中在内蒙古和云南，其造林面积占全国总造林面积的比例均在 10%以上。其间实施的林业生态工程包括天然林保护工程、退耕还林工程、三北和长江中下游地区等重点防护林建设工程、京津风沙源治理工程和速生丰产用材林基地建设工程，其总造林面积为 2428.96 万 hm²，占同期全国总造林面积的 55.86%。由此可见，林业生态工程的实施仍是我国森林面积增长的主要推动力。另外，各项林业生态工程造林面积分别占生态工程总造林面积的 22.45%、23.28%、38.62%、15.51%和 0.14%。其中，天保工程造林面积（374.55 万 hm²）主要集中在内蒙古、四川和陕西，其造林面积占该项工程造林面积的比例均在 15%以上；退耕还林工程造林面积（388.37 万 hm²）主要集中在山西、内蒙古、云南、山西和新疆，其造林面积占该项工程总造林面积的比例均在 5%以上；三北和长江中下游地区等重点防护林建设工程造林面积（644.32 万 hm²）主要集中在河北、山西、内蒙古、辽宁、黑龙江、陕西、甘肃和新疆，其造林面积占该项工程总造林面积的比例均在 5%以上，其中内蒙古和新疆比例在 10%以上；京津风沙源治理工程造林面积（258.69 万 hm²）主要集中在河北和内蒙古，其造林面积占该项工程总造林面积的比例均达到了 9%以上；速生丰产用材林基地建设工程造林面积（2.35 万 hm²）主要集中在江西，其造林面积占该项工程总造林面积的比例达到了 70.78%，其次为河北、黑龙江和广西，所占比例均在 5%以上。

第九次清查期，森林面积在全国范围普遍增加，内蒙古、云南和黑龙江的森林面积较大，分别为 2614.85 万 hm²、2106.16 万 hm² 和 1990.46 万 hm²；上海森林面积最小，为 8.90 万 hm²。第九次清查期间，我国总造林面积为 3541.53 万 hm²，占同期森林面积的 16.07%，其造林面积主要集中在河北、内蒙古、湖南和云南，4 省区造林面积占全国总造林面积的比例均在 10%以上。其间实施的林业生态工程包括天然林保护工程、退耕还林工程、三北和长江中下游地区等重点防护林建设工程、京津风沙源治理工程和速生丰产用材林基地建设工程，其总造林面积为 1762.57 万 hm²，占同期全国造林面积的 49.77%。由此可见，林业生态工程的实施仍是我国森林面积增长的主要推动力。另外，各项林业生态工程造林面积分别占生态工程总造林面积的 33.15%、20.62%、29.40%、6.11%和 10.71%。其中，天然林保护工程造林面积（584.35 万 hm²）主要集中在内蒙古、陕西和云南，其造林面积占该项工程总造林面积的比例均在 10%以上；退耕还林工程造林面积（363.47 万 hm²）主要集中在贵州、云南和新疆，其造林面积占该项工程总造林面积的比例均在 15%以上；三北和长江中下游地区等重点防护林建设工程造林面积（518.18 万 hm²）主要集中在内蒙古、辽宁、河北、黑龙江和江西，其造林面积占该项工程总造林面积的比例均在 5%以上，其中内蒙古达到 11.47%；京津风沙源治理工程造林面积（107.74 万 hm²）主要集中在内蒙古、河北和山西，其造林面积均在 17 万 hm² 以上，这三省区造林面积合计占该项工程总造林面积的比例达到了 86.83%；速生丰产用材林基地建设工程造林面积（188.83 万 hm²）主要集中在江西。

2.1.2　中国森林生态系统活力特征分析

1. 蓄积增长量

历次森林资源清查期森林蓄积量变化如图 2-4 所示，森林蓄积由第二次清查期的 90.28 亿 m³，增加到第九次清查期的 175.60 亿 m³，增加量为 85.32 亿 m³，增幅为 94.51%；除第七次清查期之外，每次清查期森林蓄积量较上一次清查期均有不同程度增加，增幅范围为 1.25%～26.53%。依据《中国森林资源及其生态功能四十年监测与评估》，第二次至第三次清查期间，森林蓄积增加缓慢，这一时期林业主要以木材生产为主，没有把全部资源当作经营对象来经营；尤其是中华人民共和国成立初期，森林多是天然形成的，资源"无价"，可以随便砍伐，也不用计入生产成本，导致对森林资源采取掠夺式采伐。尽管这一时期也进行了各种造林、营林工程，如三北防护林工程建设等，但仍导致了林业战线资源危机和经济危困的"两危"局面。第四次清查期间，我国实施林业分类经营、森林保护、限制采伐额度等政策，并加强了经营力度，使全国森林蓄积总量得以大幅度提高。随着国家实行森林保护的各种政策出台，森林质量得到大幅度提升，森林蓄积稳步上升。

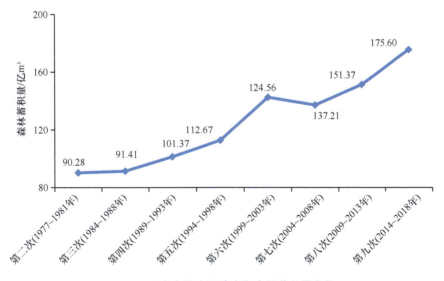

图 2-4　历次森林资源清查期森林蓄积量变化

依据《中国森林资源及其生态功能四十年监测与评估》，各林业生态工程的实施，在增大了森林面积的同时，也提升了我国森林蓄积量。例如，自 1999 年，陕西实施的退耕还林工程加大了造林力度，有效地增加了森林面积。1999~2004 年的森林面积和蓄积量年净增率分别为 2.7% 和 1.89%，远大于 1994~1999 年森林面积和蓄积量的年净增率 0.64% 和 0.33%。天然林保护工程的实施，使得我国防护林面积所占比例逐年上升，从第二次清查期的 9.36% 上升到了第九次清查期的 49.37%，这为我国森林蓄积量的增长提供了重要的基础。自天然林保护工程实施以来，我国天然林资源得到了有效保护和发展，天然林面积从 1988 年的 8846.59 万 hm^2 逐年稳步增长到 2018 年的 13867.77 万 hm^2，蓄积量从 75.62 亿 m^3 增长到 136.71 亿 m^3。

2. 单位面积蓄积增加量

由图 2-5 可知，从九次全国森林资源清查可见，第二次清查期全国森林单位面积蓄积量达到了 90.00 m^3/hm^2。依据《中国森林资源及其生态功能四十年监测与评估》，这主要是因为这一时期我国林业实行了"三定"政策以及农业方面实施了"家庭联产承包责任制"等促进农民生产积极性的政策，使得一些残次林和质量不高的森林被砍伐或转成农田，从而使得第二次清查期间的森林单位面积蓄积量达到较高水平。依据《中国森林资源及其生态功能四十年监测与评估》，第四次清查期后单位面积森林蓄积量明显降低，这主要是因为我国清查期间技术规定主要将有林地郁闭度的标准从以前的 0.30 以上（不含 0.30）改为 0.20 以上（含 0.20），从而导致了森林单位面积蓄积量的降低。依据《中国森林资源及其生态功能四十年监测与评估》，第六次和第七次清查期森林单位面积蓄积量变幅较小，这与我国退耕还林、天然林保护等生态工程建设有关，大部分造林都还处于有幼龄林阶段，第八次清查期间单位面积蓄积量的上升也恰恰证明了这一点，到第九次森林资源清查，单位面积蓄积量达到了较大的 94.83 m^3/hm^2，第九次相比第八次增加了 5.04 m^3/hm^2，增幅为 5.61%，说明我国森林质量持续提升。

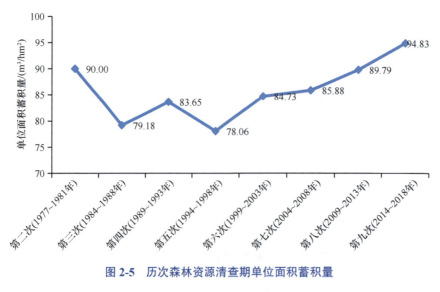

图 2-5　历次森林资源清查期单位面积蓄积量

3. 单位面积生长量

全国乔木林每公顷年均生长量 4.73 m³。按起源分，天然林 4.04 m³，人工林 6.15 m³；按林木所有权分，国有林 3.72 m³，集体林 5.12 m³，个人所有林 5.52 m³；按森林类别分，公益林 3.96 m³，商品林 5.79 m³。国家级公益林每公顷年均生长量 3.78 m³。每公顷年均生长量，人工林高于天然林，集体林和个人所有林高于国有林，商品林高于公益林。全国乔木林各林种每公顷年均生长量见表 2-3。

表 2-3　全国乔木林各林种每公顷年均生长量　　　（单位：m³）

林种	乔木林	幼龄林	中龄林	近熟林	成熟林	过熟林
全国	4.73	5.11	5.19	4.52	3.73	2.99
防护林	4.10	4.51	4.53	3.74	3.20	2.86
特种用途林	3.25	4.11	3.39	3.31	2.91	2.29
用材林	6.05	6.15	6.61	5.97	4.84	3.92
薪炭林	5.59	5.86	4.66	6.38	5.48	3.15
经济林	2.36	1.42	2.42	3.09	3.60	5.73

全国乔木林面积按优势树种（组）排名，位居前 10 位的，其每公顷年均生长量从大到小依次为：杨树林 8.97 m³、杉木林 8.12 m³、桉树林 7.93 m³、马尾松林 7.20 m³、云南松林 4.90 m³、栎树林 3.57 m³、落叶松林 3.47 m³、柏木林 3.47 m³、桦木林 3.13 m³、云杉林 2.96 m³。乔木林每公顷年均生长量超过全国平均水平的有 19 个省（自治区、直辖市），其中山东 9.23 m³、上海 7.65 m³、广西 7.55 m³、江苏 7.34 m³、福建 7.09 m³。

2.1.3　中国森林生态系统结构特征分析

1. 森林覆盖率

依据《中国森林资源及其生态功能四十年监测与评估》，森林覆盖率亦称森林覆被率，指一个国家或地区森林面积占土地面积的比例，是反映一个国家或地区森林面积占有情况或森林资源丰富程度及实现绿化程度的指标，又是确定森林经营和开发利用方针的重要依据之一。依据《中国森林资源及其生态功能四十年监测与评估》，森林覆盖率逐年增加，1973～1993 年增加缓慢，都低于 1%，且第二次清查期间有所降低，下降了 0.54%，这主要是由于这一时期，林业处于"重采轻造"以木材生产为主的时期，对森林进行无节制采伐。1994～2013 年增长速度较快，都高于 1%，且在第三次与第四次清查期之间有一较大飞跃，超过了 2%，这除了与国家相关林业政策有关外，还与林业调查标准与国际接轨及森林标准的改变有关，这些是造成森林统计面积增长的一个重要原因。第九次森林资源清查显示我国森林覆盖率已达到 22.96%。

2. 森林蓄积量

第九次森林资源清查期我国省级区域森林蓄积量如图 2-6 所示，我国森林总蓄积量为 175.60 亿 m^3，其中省级区域森林蓄积量最大的是西藏（22.83 亿 m^3），其次是云南（19.73 亿 m^3）、四川（18.61 亿 m^3）和黑龙江（18.47 亿 m^3）；最小的是上海，仅为 0.04 亿 m^3。

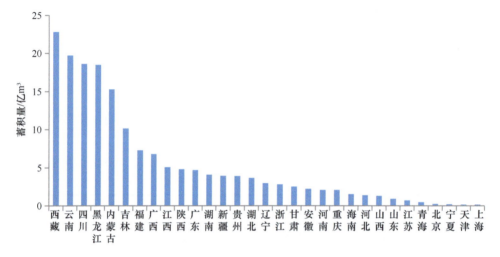

图 2-6　第九次森林资源清查期我国省级区域森林蓄积量

全国乔木林单位面积蓄积量 94.83 m^3/hm^2。按起源分，天然林 111.36 m^3/hm^2，人工林 59.30 m^3/hm^2；按林木所有权分，国有林 136.01 m^3/hm^2，集体林 76.19 m^3/hm^2，个人所有林 61.32 m^3/hm^2；按森林类别分，公益林 108.17 m^3/hm^2，商品林 75.80 m^3/hm^2。国家级公益林单位面积蓄积量 114.10 m^3/hm^2。人工林单位面积蓄积量约为天然林的一半，国有林单位面积蓄积量高于集体林和个人所有林，公益林的单位面积蓄积量高于商品林。全国乔木林各林种单位面积蓄积量见表 2-4。

表 2-4　全国乔木林各林种单位面积蓄积量　　　　（单位：m^3/hm^2）

林种	乔木林	幼龄林	中龄林	近熟林	成熟林	过熟林
全国	94.83	36.40	85.70	122.82	162.55	222.44
防护林	99.30	38.05	86.65	126.00	169.40	217.16
特用林	154.77	44.82	108.22	157.11	212.50	304.31
用材林	79.60	35.42	84.03	114.41	136.04	159.19
薪炭林	46.01	34.92	71.42	97.83	73.25	92.25
经济林	30.55	11.62	26.90	44.30	70.03	115.15

我国滇西北、川西、藏东南、青海东南部、天山、阿尔泰山、长白山等林区，人为干扰较少，天然林比例大，成过熟林多，乔木林单位面积蓄积量较高。林区省（自治区、直辖市）的乔木林单位面积蓄积量明显高于全国平均水平，其中西藏 258.30 m^3/hm^2、新

疆 182.60 m³/hm²、四川 139.67 m³/hm²、吉林 130.76 m³/hm²、青海 115.43 m³/hm²、云南 105.89 m³/hm²、福建 117.39 m³/hm²（图 2-7）。

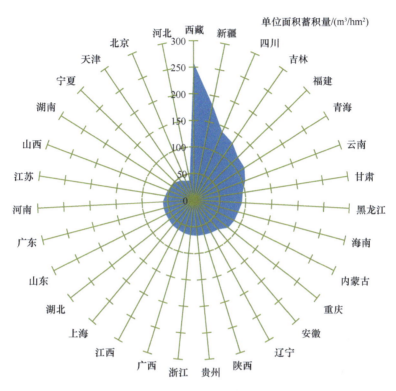

图 2-7　第九次森林资源清查省级区域单位面积蓄积量

3. 生物量现状

全国乔木林每公顷生物量 86.22 t。按起源分，天然林 100.61 t，人工林 55.31 t；按林木所有权分，国有林 114.07 t，集体林 76.65 t，个人所有林 62.17 t；按森林类别分，公益林 96.32 t，商品林 71.83 t。国家级公益林每公顷生物量 99.12 t。每公顷生物量，天然林高于人工林，国有林高于集体林和个人所有林，公益林高于商品林，全国乔木林各林种每公顷生物量见表 2-5。

表 2-5　全国乔木林各林种每公顷生物量　　　　　　　　　（单位：t）

林种	乔木林	幼龄林	中龄林	近熟林	成熟林	过熟林
全国	86.22	40.54	84.30	113.17	134.53	158.03
防护林	90.47	44.01	86.33	116.35	139.24	153.41
特用林	127.05	50.43	102.93	146.55	165.66	195.90
用材林	75.26	37.54	82.03	104.57	118.05	135.17
薪炭林	51.96	40.30	78.17	90.99	87.83	115.24
经济林	29.18	12.53	26.76	41.11	62.72	99.76

全国乔木林面积按优势树种（组）排名，位居前 10 位的，其每公顷生物量从大到小依次为：云杉林 136.50 t、栎树林 100.39 t、桦木林 85.59 t、落叶松林 85.10 t、柏木林 84.11 t、马尾松林 76.71 t、云南松林 67.96 t、杨树林 66.53 t、杉木林 53.66 t、桉树林 46.49 t。

乔木林每公顷生物量超过全国平均水平的有 10 个省（自治区、直辖市），其中西藏 171.47 t、新疆 136.12 t、吉林 123.21 t、福建 111.41 t、青海 108.84 t。森林总生物量最大的是云南（18.22 亿 t）、黑龙江（17.75 亿 t）和西藏（16.17 亿 t），青海、江苏、北京、宁夏、天津、上海 6 个省级区域森林总生物量均小于 1.0 亿 t（图 2-8）。

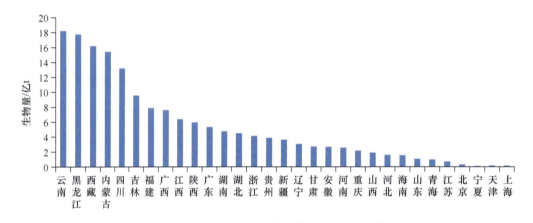

图 2-8　第九次森林资源清查省级区域总生物量

竹林每公顷生物量：全国竹林每公顷生物量 65.81 t，其中毛竹林 70.53 t，其他竹林 53.10 t。按起源分，天然竹林 69.86 t，人工竹林 59.52 t；按林木所有权分，国有林 66.70 t，集体林 59.62 t，个人所有林 66.51 t。

特灌林每公顷生物量：全国特灌林每公顷生物量 12.30 t。按起源分，天然特灌林 13.20 t，人工特灌林 10.70 t；按林木所有权分，国有林 14.31 t，集体林 11.39 t，个人所有林 10.74 t。天然特灌林每公顷生物量高于人工特灌林，国有特灌林每公顷生物量高于集体和个人所有特灌林。

4. 平均郁闭度

依据《中国森林资源报告（2014—2018）》，全国乔木林平均郁闭度 0.58。按起源分，天然林为 0.60，人工林为 0.53；按林木所有权分，国有林为 0.61，集体林为 0.55，个人所有林为 0.57；全国乔木林中，郁闭度 0.2～0.4 的面积 4505.36 万 hm²，占 25.05%，郁闭度 0.5～0.7 的面积 9476.61 万 hm²、占 52.68%，郁闭度 0.8 以上的面积 4006.88 万 hm²、占 22.27%。

《森林采伐作业规程》（LY/T 1646—2005）规定，郁闭度 0.7 以上的天然中幼林和郁闭度在 0.8 以上的人工中幼林视为过密乔木林；郁闭度在 0.2～0.4 的中龄林和近成过熟林视为过疏乔木林。全国过密的乔木林面积 4043.71 万 hm²，占中幼林面积的

35.15%，占乔木林面积的 22.48%；过疏的乔木林面积 2235.28 万 hm²，占乔木林面积的 12.43%。全国 1/3 的乔木林存在过密过疏的问题。全国乔木林各龄组各郁闭度等级面积见表 2-6。

表 2-6　全国乔木林各龄组各郁闭度等级面积

龄组	0.2～0.4		0.5～0.7		0.8～1.0	
	面积/万 hm²	比例/%	面积/万 hm²	比例/%	面积/万 hm²	比例/%
幼龄林	2270.08	38.62	2565.31	43.65	1042.15	17.73
中龄林	1072.06	19.06	3139.65	55.81	1414.21	25.13
近熟林	471.54	16.48	1656.25	57.88	733.54	25.64
成熟林	411.99	16.70	1430.41	57.97	625.26	25.33
过熟林	279.69	24.19	684.99	59.23	191.72	16.58
合计	4505.36	25.05	9476.61	52.68	4006.88	22.27

各省级区域乔木林平均郁闭度介于 0.42～0.67，乔木林平均郁闭度超过全国平均水平的有 14 个省区，吉林平均郁闭度最大，为 0.67；新疆平均郁闭度最小，为 0.42（图 2-9）。

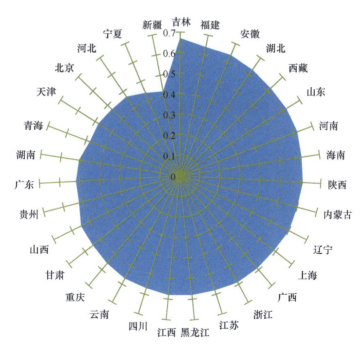

图 2-9　第九次森林资源清查期省级区域乔木林平均郁闭度

竹林平均郁闭度：依据《中国森林资源报告（2014—2018）》全国竹林平均郁闭度 0.69，其中，毛竹林 0.70，其他竹林 0.67。按起源分，天然竹林和人工竹林均为 0.69；按林木所有权分，国有林 0.72，集体林 0.68，个人所有林 0.69；全国竹林中，郁闭度 0.2～0.4 的面积 41.54 万 hm²、占 6.48%，郁闭度 0.5～0.7 的面积 330.92 万 hm²、占 51.61%，郁闭度 0.8～1.0 的面积 268.70 万 hm²、占 41.91%。全国竹林各郁闭度等级面积见表 2-7。

表 2-7　全国竹林各郁闭度等级面积

郁闭度等级	合计		天然竹林		人工竹林	
	面积/万 hm²	比例/%	面积/万 hm²	比例/%	面积/万 hm²	比例/%
0.2～0.4	41.54	6.48	19.78	5.07	21.76	8.68
0.5～0.7	330.92	51.61	194.19	49.74	136.73	54.52
0.8～1.0	268.70	41.91	176.41	45.19	92.29	36.80
合计	641.16	100.00	390.38	100.00	250.78	100.00

5. 平均胸径

依据《中国森林资源报告（2014—2018）》，全国乔木林平均胸径 13.4 cm。按起源分，天然林 13.9 cm，人工林 12.0 cm；按林木所有权分，国有林 15.2 cm，集体林 12.3 cm，个人所有林 11.7 cm。

林木按照径级可分为 4 个径级组，即 6～14 cm 为小径组，14～26 cm 为中径组，26～38 cm 为大径组，38 cm 以上为特大径组。全国乔木林株数按林木径级组分，小径组 1366.18 亿株、占 72.19%，中径组 437.41 亿株、占 23.11%，大径组 69.60 亿株、占 3.68%，特大径组 19.24 亿株、占 1.02%。全国用材林中，小径组林木株数 591.82 亿株、占 74.93%，大径组和特大径组 25.42 亿株、占 3.22%。全国乔木林中，大径组和特大径组林木很少，且 70% 以上分布在防护林和特用林。全国乔木林各林种各径级组株数见表 2-8。

表 2-8　全国乔木林各林种各径级组株数

林种	小径组		中径组		大径组		特大径组	
	株数/亿株	比例/%	株数/亿株	比例/%	株数/亿株	比例/%	株数/亿株	比例/%
防护林	645.67	71.12	214.38	23.61	36.73	4.05	11.07	1.22
特用林	105.80	64.48	43.62	26.59	10.30	6.28	4.35	2.65
用材林	591.82	74.93	172.61	21.85	21.70	2.75	3.72	0.47
薪炭林	11.03	85.44	1.70	13.17	0.16	1.24	0.02	0.15
经济林	11.86	66.82	5.10	28.73	0.71	4.00	0.08	0.45
合计	1366.18	72.19	437.41	23.11	69.60	3.68	19.24	1.02

各省级区域乔木林平均胸径介于 10.7～24.9 cm，乔木林平均胸径高于全国平均水平的有 12 个省（自治区、直辖市），其中 6 个省（自治区）乔木林平均胸径在 15.0 cm 以上，分别为西藏（24.9 cm）、新疆（20.5 cm）、青海（18.0 cm）、吉林（15.8 cm）、甘肃（15.4 cm）、海南（15.1 cm）；最小的是浙江（10.7 cm）（图 2-10）。

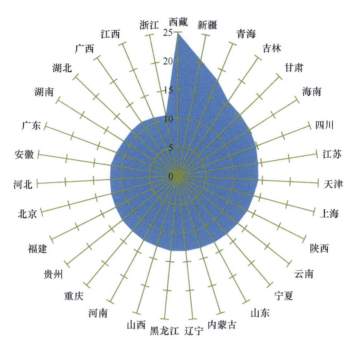

图 2-10 第九次森林资源清查期各省级区域乔木林平均胸径

毛竹平均胸径：全国毛竹林平均胸径为 9.3 cm。按起源分，天然毛竹林 9.3 cm，人工毛竹林 9.1 cm；按林木所有权分，国有林 8.8 cm，集体林 9.1 cm，个人所有林 9.3 cm。全国毛竹林中，平均胸径 7.0 cm 以下的株数 17.63 亿株、占 15.52%，平均胸径 7.0～11.0 cm 的株数 69.78 亿株、占 61.43%，平均胸径 11.0 cm 以上的株数 26.19 亿株、占 23.05%。

6. 平均树高

全国乔木林平均树高 10.5 m。按起源分，天然林 11.2 m，人工林 8.9 m；按林木所有权分，国有林 12.4 m，集体林 9.0 m，个人所有林 9.2 m。人工林平均树高低于天然林，国有林平均树高大于集体林和个人所有林。乔木林平均树高超过全国平均水平的有 9 个省区，西藏乔木林平均树高最高，为 16.0 m。全国乔木林树高集中在 5.0～15.0 m，其乔木林面积 12374.34 万 hm²，占乔木林总面积的 68.79%。全国乔木林按起源各高度及面积见表 2-9。

全国毛竹林平均高度 10.1 m。按起源分，天然毛竹林 10.6 m，人工毛竹林 8.8 m；按林木所有权分，国有林 10.4 m，集体林 10.3 m，个人所有林 10.1 m。全国毛竹林高度集中在 10.0～15.0 m，其毛竹林面积 263.63 万 hm²、占毛竹林总面积的 56.36%。全国毛竹林各高度及面积见表 2-10。

特灌林平均高度：全国特灌林平均高度 1.4 m。按起源分，天然特灌林 1.2 m，人工特灌林为 1.9 m；按林木所有权分，国有林 1.0 m，集体林 1.4 m，个人所有林 1.9 m。全国特灌林中，小灌林（0.5 m 以下）面积 873.21 万 hm²，占 15.83%；中灌林（0.5～2.0 m）3106.73 万 hm²，占 56.33%；大灌林（2.0 m 以上）1535.36 万 hm²，占 27.84%。

表 2-9　全国乔木林按起源各高度及面积

高度级	乔木林		天然乔木林		人工乔木林	
	面积/万 hm^2	比例/%	面积/万 hm^2	比例/%	面积/万 hm^2	比例/%
<5.0 m	2188.25	12.16	1036.71	8.44	1151.54	20.16
5.0~10.0 m	6881.71	38.26	4441.38	36.18	2440.33	42.72
10.0~15.0 m	5492.63	30.53	4018.49	32.73	1474.14	25.80
15.0~20.0 m	2650.47	14.73	2120.95	17.28	529.52	9.27
20.0~25.0 m	585.36	3.25	484.88	3.95	100.48	1.76
25.0~30.0 m	139.01	0.77	122.73	1.00	16.28	0.28
≥30.0 m	51.42	0.29	51.04	0.42	0.38	0.01
合计	17988.85	100.00	12276.18	100.00	5712.67	100.00

表 2-10　全国毛竹林各高度及面积

高度级	合计		天然竹林		人工竹林	
	面积/万 hm^2	比例/%	面积/万 hm^2	比例/%	面积/万 hm^2	比例/%
<5.0 m	50.39	10.77	26.40	7.81	23.99	18.49
5.0~10.0 m	132.78	28.39	80.94	23.95	51.84	39.94
10.0~15.0 m	263.63	56.36	212.80	62.96	50.83	39.17
≥15.0 m	20.98	4.48	17.86	5.28	3.12	2.40
合计	467.78	100.00	338.00	100.00	129.78	100.00

2.1.4　中国森林生态系统抵抗力状态分析

1. 林火干扰

1）不同树种的阻火性分析

据统计，2003~2012 年全球每年约有 6700 万 hm^2 的林地因火灾而被烧毁，约占世界森林覆盖率的 1.7%；在 2015 年，约 9800 万 hm^2 的森林受到大火影响（FAO，2020）。林火是森林的显著干扰因子，可在短时间内大面积毁坏或改变森林的组成和结构，提升大气 CO_2 浓度，改变全球气候。生物防火是利用植物的阻火性来防止或减少林火损失的措施。在众多防火措施中，生物防火以其多能、长效的优势，受到越来越多学者的关注。树种不同，森林的阻火性也有差异；同一种植物各器官的阻火性也不一致，一项林火对马尾松林分影响的研究表明（张喜等，2011），过火马尾松林不同部位的受害率为树皮（95.51%）>树枝（71.49%）>树冠（62.95%），不同层片的植物死亡率为草本层（100.00%）>灌木层（30.43%）>乔木层（29.09%）；过火马尾松林地生物量的潜在损失量（68.7755 t/hm^2）>直接损失量（13.6648 t/hm^2）、直接损失率 22.41%，直接损失量中乔木层（6.9382 t/hm^2）>枯物层（3.3441 t/hm^2）>

灌木层（2.4964 t/hm^2）>草本层（0.8861 t/hm^2），直接损失率中草本层或枯物层（100.00%）>灌木层（33.36%）>乔木层（23.59%）；在贵州喀斯特地貌区对不同树种阻火性进行了研究（梁琴等，2015），以云南杨梅、珍珠荚蒾等 9 种常见树木为研究对象，采集植株阳面的健康叶片（按树冠上、中、下 3 个部位进行采集），测定叶片的苯-醇抽提物含量、灰分含量、着火时间和燃烧热值 4 个理化性质指标，利用主成分分析结合加权逼近理想解排序分析法研究叶片在防火期的阻火性，结果表明 9 种树木叶片的阻火性大小依次为：云南杨梅>椭圆叶越桔>小叶女贞>粉叶枸子>茅栗>珍珠荚蒾>杜鹃>火棘>杉木。

2）林火对森林土壤微生物群落的影响

林火是全球所有森林植被系统的显著干扰因子，可通过直接或者间接作用对森林土壤物理、化学、生物等产生不同程度的影响（Chuvieco and Congalton，1989；Jaiswal et al.，2002），也对景观形态功能具有改造作用（Hart et al.，2005）。同时，火干扰在调节生态关系、维持生态平衡、促进生态演替方面也具有重要作用。大兴安岭森林生态系统林火研究指出，林火影响着森林生态系统的平衡与演替，其对森林生态系统的干扰不仅体现在地上生物部分，而且表现在地下土壤生态系统方面。火对白桦落叶松林及樟子松林土壤微生物、土壤酶活性、土壤理化性质均具有干扰作用，其扰动程度受到火强度的影响。不同火强度干扰后的土壤微生物、酶活性常呈现显著性差异，表明火强度对扰动程度具有重要影响，是决定扰动程度的关键因子；在白桦落叶松林，中等强度火干扰对土壤微生物具有消极影响，但却对樟子松林土壤微生物具有积极影响。

2. 冰雪灾害

冰雪灾害对森林造成较大损失，如 2008 年初，我国南方遭受了罕见的低温雨雪冰冻灾害，灾害波及湖南、湖北、江西和安徽等 19 个省市，损失森林面积 0.193 亿 hm^2，直接经济损失达 573 亿元（沈国舫，2008）。冰雪灾害对森林的损害主要是植物由于冰雪在植物枝叶上的积累超过了植物的承受能力而发生物理性破坏（如断枝、断冠和断干等），以及植物组织因为冰冻而产生不可逆损害。植物受冰雪灾害的损害情况与植物自身特点和局部环境等因素密切相关（Guo and Xue，2012）。植物自身特点包括胸径（DBH；即离地 1.3 m 处主干直径）、树冠、叶片大小、尖削度等（Dobbertin，2002；Lemon，1961）。对于胸径，有研究显示由于植株的胸径越大则越接近林冠，受损越严重（Bragg et al.，2003；Su et al.，2010）；但也有研究显示植株的胸径越大则抵御冰雪灾害的能力越强，受损程度越轻（Amateis and Burkhart，1996）。对于树冠，通常较为开阔的树冠积累冰雪的表面积较大，受损较严重；而较窄的树冠积累冰雪较少，受损较轻（Ma et al.，2010；Valinger et al.，1993）。对于叶片大小，认为较大叶片易于积累冰雪，受损较重；而较小叶片不易积累冰雪，受损较轻（Wang et al.，2008）。对于尖削度，认为尖削度大则对冰雪积累的抗性大，不易受损；而尖削度小则对冰雪积累的抗性小，易受损（Willson and

Traveset，2000）。

局部环境因素包括地形因子和土壤因子等（Guo and Xue，2012）。对于地形因子，即海拔、坡度和坡向等，一般认为随海拔升高温度降低，冰雪积累速度加快而融化速度减慢，对植物的损害加重；坡度大可导致植物树冠的倾斜度也大，植物受损较严重（Kenderes et al.，2007；Zhang et al.，2008）；而对于坡向，由于北坡一般光照较少、温度较低，北坡植物受损比南坡严重（Cai et al.，2008）。杉木人工林的受灾程度，主要受胸径、树高和海拔等因素的影响。胸径较小的树种比胸径大的树种受灾比例高，树高大的杉木受灾大于树高小的杉木，海拔高的杉木受灾程度大于低海拔的杉木。另外，杉木林大多数为人工纯林，且密度过大，树木为争夺阳光其高生长较快，冠幅较小，形成高、径、冠比例失调，梢部木质化程度低，当树冠积雪达到一定重量时树木之间由于互相挤压易形成大面积倒伏和折梢。2008 年冰雪灾害后，大岗山杉木人工林的各类受损比例达 51.22%，其中翻兜占 3.73%，腰折占 6.18%，断梢占 41.32%。对于土壤因子，即土壤类型、土壤厚度等，Moore（2000）发现生长在黄灰土上的辐射松比生长在黄棕土上的辐射松对冰雪灾害的抗性差；另外，土壤厚度较薄时不利于植物的固着稳定，植物易受损。

冰雪灾害对森林冠层的破坏可导致林内的光照水平升高。同时，冠层树木受损较严重时可伴随林窗形成（Lafon，2004）。林窗内较高的光照水平通常有利于植物的生长发育，可加快森林更新。林窗的形成对于森林更新和生物多样性维持具有重要的意义（Yamamoto，2000）。冰雪灾害对森林土壤的理化性质也会产生重要影响（Guo and Xue，2012）。冰雪灾害后大量被破坏的枝叶降解融入土壤，有利于土壤有机质的增加，同时增大了土壤的持水能力（Chen et al.，2010；Tian et al.，2008）。

3. 毛竹扩张

1）毛竹扩张对林分空间结构特征的影响

毛竹是一类扩张性很强的克隆植物，其不断向临近群落扩张，造成"竹进林退"现象。毛竹扩张使邻近常绿阔叶林空间结构发生改变，对于胸径结构，欧阳明等（2016）对江西井冈山毛竹林扩张对常绿阔叶林的影响进行研究发现，常绿阔叶树胸径逐渐降低，而毛竹胸径逐渐升高。大径级的个体数量会逐渐减少，导致群落径级结构变窄，主要分布于小径级 5～10 cm。径级结构也反映了龄结构，大径级个体的减少使常绿阔叶林趋于幼龄化，且幼龄植物的适应力差，死亡率高，繁殖不足，从而造成种群衰退。对于树高结构，通过对江西大岗山毛竹林扩张对常绿阔叶林的影响进行研究发现，随着毛竹入侵程度的加深，常绿阔叶树高度呈现"高—低—高"的趋势，且群落的分层现象逐渐减弱，群落垂直结构逐渐单一，主要集中在 12～14 m。其原因可能为毛竹入侵到一定程度，存留的阔叶树多为冠层高于毛竹的高大乔木。毛竹在扩张初期，高度分布较为均匀，到演替成毛竹纯林时毛竹高度变化就比较明显，同时高度分布的峰值株数占总株数的比例也降为最低，但是平均高度有所上升。

2）毛竹扩张对植被碳储量的影响

植物入侵一般会影响原有林分的碳循环，从而改变植被碳储量，因此植物入侵是森林碳储量增减的主要原因之一（Kobayashi T et al.，2010）。赵雨虹（2015）对大岗山毛竹扩张过程中四种林型的生态系统碳储量进行研究，结果为 8∶2 竹阔混交林>2∶8 竹阔混交林>毛竹纯林>常绿阔叶林，表明毛竹扩张使生态系统碳储量略有上升，而杨清培等（2011）对大岗山毛竹入侵常绿阔叶林的研究发现，植被碳储量出现大幅降低。但对于固碳能力而言，由于毛竹林生长迅速，繁殖力较强，其固碳能力大于常绿阔叶林，毛竹入侵后植被的年固碳量有所增加，毛竹与其他种类植物入侵一般导致年固碳量降低不同，原因可能是毛竹叶片量大、养分利用充分以及光合作用速率较高。

3）毛竹入侵对生物多样性的影响

在罗霄山脉地区，毛竹扩张使邻近常绿阔叶林物种组成发生改变，毛竹扩张的动态定位监测发现，扩张过程中毛竹数量逐渐增加，其他树种种类和数量明显减少（白尚斌等，2013）；毛竹扩张使常绿阔叶林植物种类减少 30 余种，毛竹林中毛竹占绝对优势，乔木层物种组成及结构较单一，相对而言灌木层物种组成更加丰富（杨怀等，2010）。竹阔混交林与常绿阔叶林群落物种组成较相似，均与毛竹纯林相差较大，表明毛竹扩张使常绿阔叶林的物种组成发生改变，并且使物种在群落中的地位受到影响。毛竹向常绿阔叶林扩张过程中毛竹个体增加的数量显著大于阔叶树种株数减少的数量，导致群落总立木数明显增加（欧阳明等，2016）。因此，毛竹扩张显著减少了常绿阔叶林中阔叶树的种类及数量，毛竹入侵导致周围常绿阔叶林生物多样性的降低，从而增进毛竹入侵的趋势（林倩倩等，2014）；毛竹扩张导致常绿阔叶林乔木层的 Shannon-Wiener 指数降幅达 80%以上，灌木层的降幅达 20%左右，毛竹入侵造成常绿阔叶林树种立木数的降低，且不同生活型植物物种多样性对毛竹入侵的响应不同。乔木层物种丰富度、多样性指数及均匀度有减小的趋势，灌木层有增大的趋势，而草本层未受扩张影响。Tomimatsu 等（2011）指出毛竹入侵导致乔木、灌木物种多样性减少，反而增加了林下草本植物物种多样性，并提出是否利于在已入侵后森林中进行草本植物种植的假设。毛竹林向常绿林扩张过程中阔叶林和混交林均为灌木层丰富度最高，当演替到毛竹纯林时乔木的丰富度指数降为最低，这主要和演替过程中林内郁闭度改变和土壤退化有关（赵雨虹等，2017）。

4. 病虫害干扰

森林病虫害也是研究的热点，不同的林分结构和不同的林分密度以及林龄的差异均形成不同程度的病虫害发生率。如罗娜（2016）在海南设置 39 个标准地，对海南全岛范围内土沉香人工林病虫害发生情况同林分类型、人工林分布、林分因子及林下植被进行调查，研究土沉香人工林不同林分结构、林下植被多样性对病虫害的影响。结果显示，随着林龄的增长，纯林和混交林的发病率、病情指数、虫咬率都逐渐上升，各个林龄阶段土沉香混交林比纯林病虫害发生要轻，即纯林的发病率高于混交林。纯林化、单一化的问题加重了病虫害发生的概率。纯林以及造林施工的全垦整地，往往给生态系统带来巨大变化，以及造成严重水土流失，反过来影响林木生长。大面积土沉香人工林病虫害发病严重，就是表现之一。提倡科技兴林，首先应考虑的是一种最先进、合理的科学方法和技术来振兴林业。通过调整措施和经营对策，适地适树地营造混交搭配，营造物种更丰富、结构更复杂稳定的林地。因此，真正的造林应该运用科学技术，遵循自然规律，因势利导，充分发挥自然优势，采用多树种复层混交林能提供多种林产品，具有更高的生态效益、经济效益。

　　林分密度、郁闭度、冠幅、胸径和树高均与林木发病率、病情指数和虫咬率达到显著或极显著正相关（表 2-11）。在多样性方面，以草本盖度、Shannon-Wiener 指数、Simpson 指数、Pielou 指数、Margalef 指数为指标与病虫害进行相关分析（表 2-12），以上指标与虫咬率的相关性不显著，与林木发病率和病情指数的相关性如下：草本盖度与发病率、病情指数呈显著正相关；Shannon-Wiener 指数与发病率、病情指数呈显著负相关；Pielou 指数与发病率、病情指数呈显著正相关；Margalef 指数与发病率、病情指数呈显著负相关；Simpson 指数与发病率、病情指数呈显著负相关。

表 2-11　各林分因子与病虫害的相关分析

指标	密度	树高	胸径	冠幅	郁闭度
发病率	0.826**	0.618**	0.708**	0.757**	0.888**
病情指数	0.725**	0.624**	0.737**	0.733**	0.822**
虫咬率	0.366*	0.519**	0.353*	0.573**	0.397*

*表示 0.01 水平下显著，**表示 0.05 水平下显著。

表 2-12　草本层的多样性指数与林分病虫害的相关分析

指标	草本盖度	Shannon-Wiener 指数	Simpson 指数	Pielou 指数	Margalef 指数
发病率	0.717**	−0.609**	−0614**	0.689**	−0.623**
病情指数	0.595**	−0.607**	−0.590**	0.678**	−0.652**
虫咬率	0.310	−0.292	−0.298	0.309	−0.308

*表示 0.01 水平下显著，**表示 0.05 水平下显著。

2.1.5　中国森林生态系统服务功能状态分析

1. 涵养水源功能

1）蓄积量对涵养水源功能的影响

　　依据《中国森林资源及其生态功能四十年监测与评估》，我国森林生态系统涵养水源量由第二次清查期的 2608.89 亿 m^3，增加到第九次清查期的 6289.50 亿 m^3，近 40 年增加了 3680.61 亿 m^3，增加 1.41 倍（表 2-13）。森林蓄积量是一定面积森林中现存各种活立木的材积总量，森林蓄积量也是反映森林质量的重要指标，蓄积量越大表明森林质量越高，随着蓄积量的不断增加，枯落物储量增大，从而减少地表快速径流，使枯落物层和土壤层的有效持水量、最大持水量均有着不同程度的提高，森林生态系统涵养水源量与我国森林面积的逐渐增加和蓄积量的增加有关，随着蓄积量的增加，森林生态系统的涵养水源量也逐渐增加。

表 2-13　不同森林资源清查期涵养水源量　（单位：亿 m³）

清查期	第二次	第三次	第四次	第五次	第六次	第七次	第八次	第九次
涵养水源	2608.89	2920.49	3166.98	4039.71	4457.75	4947.66	5807.09	6289.50

依据《内蒙古大兴安岭重点国有林管理局森林与湿地生态系统服务功能研究与价值评估》研究结果，由表 2-14 可知 1998～2018 年，内蒙古大兴安岭重点国有林管理局森林蓄积量从 6.39 亿 m³（1998 年）增加到 9.41 亿 m³（2018 年），增长了 3.02 亿 m³，相比 1998 年，2018 年森林蓄积量增加了 47.26%。1998 年和 2018 年内蒙古大兴安岭重点国有林管理局森林单位面积蓄积量分别为 86.82 m³/hm² 和 114.49 m³/hm²；与 1998 年相比，2018 年蓄积量增长了 27.67 m³/hm²，增长率为 31.87%。由此可见，20 年间内蒙古大兴安岭重点国有林管理局森林蓄积量和单位面积蓄积量均有了较大的提升，正是在森林蓄积不断增长的情况下森林生态系统涵养水源量也有了较大的提升。20 年间内蒙古大兴安岭重点国有林管理局森林生态系统涵养水源量增加 31.40 亿 m³，由 1998 年的 139.56 亿 m³ 增加到 2018 年的 170.96 亿 m³，增幅为 22.50%。涵养水源量的增加也证明了内蒙古大兴安岭重点国有林管理局森林生态系统质量的提升。

表 2-14　内蒙古大兴安岭重点国有林管理局森林蓄积量和涵养水源量

森林质量	1998 年	2018 年	增长量	增长率/%
蓄积量/亿 m³	6.39	9.41	3.02	47.26
单位面积蓄积量/（m³/hm²）	86.82	114.49	27.67	31.87
涵养水源量/亿 m³	139.56	170.96	31.40	22.50

2）龄组结构对涵养水源功能的影响

依据《内蒙古大兴安岭重点国有林管理局森林与湿地生态系统服务功能研究与价值评估》研究结果，1998～2018 年，内蒙古大兴安岭重点国有林管理局龄组结构发生变化，但两个时期均是中龄林面积居首位（图 2-11）。其中，中龄林面积两个时期分别占 37.67%（2018 年）和 40.30%（1998 年），成熟林面积两个时期分别占 23.52%（2018 年）和 16.53%（1998 年）。与 1998 年相比，2018 年幼龄林的面积降低了 66.64%，但是中龄林、近熟林、成熟林和过熟林的面积均增加，增长率分别是 4.24%、69.47%、58.69% 和 65.31%。两个时期均是中龄林和成熟林蓄积量居于首位：其中，中龄林蓄积两个时期分别占 35.06%（1998 年）和 33.48%（2018 年），成熟林蓄积两个时期分别占 23.09%（1998 年）和 28.27%（2008 年）；相比 1998 年，2018 年幼龄林的蓄积量降低了 72.36%，但是中龄林、近熟林、成熟林和过熟林的蓄积量均有所增加，增长率分别是 40.39%、77.12%、80.00% 和 57.71%。

2018 年，中国内蒙古森林工业集团有限责任公司（简称内蒙古森工集团）森林资源面积和蓄积量呈现的规律均为中龄林>成熟林>近熟林>过熟林>幼龄林。1998 年，内蒙古森工集团森林资源面积呈现的规律为中龄林>幼龄林>成熟林>近熟林>过熟林；而蓄积量的变化为中龄林>成熟林>近熟林>过熟林>幼龄林。龄组结构的变化也对涵养水源量的增加产生影响，因为林木生长的快慢反映在净初级生产力上，影响净初级生产力的因素包括：林分因子、气候因子、土壤因子和地形因子，它们对净初级生产力的贡献率不同，分别为 56.7%、16.5%、2.4% 和 24.4%。同时，林分自身的作用是对净初级生产力的变化影响较大，其中林分年龄最明显，中龄林和近熟林有绝对的优势。从内蒙古大兴安岭重点国有林管理局两期森林资源数据中可以看出，中龄林和近熟林面积和蓄积量的空间分布格局与其生态系统服务的空间分布格局一致，2018 年中龄林和近熟林面积和蓄积量相比 1998 年增加较大，促进了森林涵养水源功能的增加，这充分证明了内蒙古大兴安岭重点国有林管理局森林生态系统质量的提升。

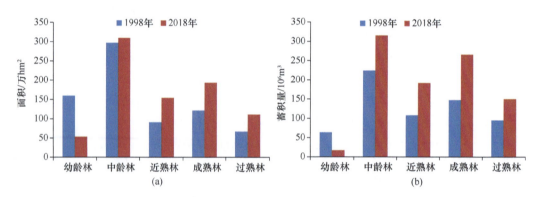

图 2-11　内蒙古大兴安岭重点国有林管理局不同林龄组面积（a）和蓄积变化（b）

3）优势树种（组）变化对涵养水源功能的影响

依据《内蒙古大兴安岭重点国有林管理局森林与湿地生态系统服务功能研究与价值评估》研究结果，1998～2018 年，不同优势树种（组）的面积和蓄积量均发生了变化，两期中落叶松的面积最大，均占绝对优势，其次为白桦。与 1998 年相比，2018 年落叶松和白桦的面积分别上涨 11.05% 和 12.88%（图 2-12）。相比之下，2018 年其他软阔类树种的面积增幅最大；树种种类增多，从而使得森林生态系统的稳定性增强。在蓄积量方面，两个时期比较，落叶松林蓄积量增加 14118.95 万 m^3，增幅为 43.54%；白桦林的蓄积量增加 10688.82 万 m^3，增幅为 51.81%；20 年间栎类蓄积量增加了 965.78 万 m^3，增幅为 29.52%（图 2-12），不同优势树种（组）面积和蓄积量的增加也是引起涵养水源功能增加的原因之一。1998 年和 2018 年涵养水源功能位于前三的均是落叶松>白桦>栎类，2018 年三者涵养水源量分别为 76.43 亿 m^3/a、56.60 亿 m^3/a、16.14 亿 m^3/a，相比 1998 年增幅分别为 16.17%、23.58% 和 27.19%（图 2-13）。

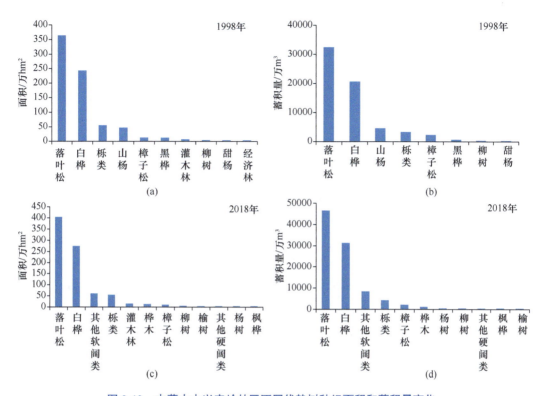

图 2-12　内蒙古大兴安岭林区不同优势树种组面积和蓄积量变化

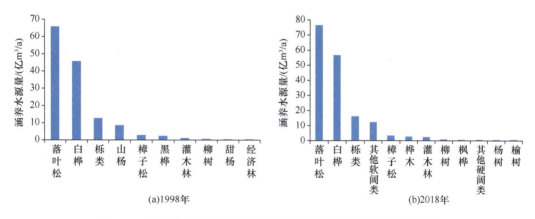

图 2-13　内蒙古大兴安岭林区主要优势树种（组）涵养水源物质量

2. 生物多样性保护功能

中国科学院生物多样性委员会于 2004 年组织有关研究所的科研人员和院外相关单位的合作者，参照全球森林观测网络（ForestGEO）样地建设的技术规范，开始建设中国森林生物多样性监测网络（CForBio，www.cfbiodiv.cn）（马克平，2020）。长白山温带阔叶红松林 25 hm² 样地于 2004 年建成，标志着 CForBio 的正式启动；2005 年，代表中亚热带常绿阔叶林的古田山 24 hm² 样地和代表南亚热带常绿阔叶林的鼎湖山 20 hm²

样地同时建成；2007 年，代表热带季节雨林的西双版纳 20 hm² 样地建成。截至 2019 年底，CForBio 已在北方林、针阔混交林、落叶阔叶林、常绿落叶阔叶混交林、常绿阔叶林以及热带雨林共建成 20 个大型森林动态样地和 50 多个面积 1～5 hm² 的辅助样地。样地总面积达到 578.6 hm²，标记木本植物（DBH≥1 cm）1827 种 244.89 万株，很好地代表了中国从寒温带到热带的地带性森林类型（51.82°N～21.61°N）。王兵等（2016）利用样带观测的理念实现了我国森林生态站的构建和布局模式，并在大样带的基础上创新性地提出小样带方法，将样带观测的理念灵活地运用到森林生态学的研究之中，进行长期森林生态系统物种多样性的观测，设置样地大小为 6 hm²。

围绕 CForBio 和中国森林生态系统长期定位观测网络开展了生物多样性的大量研究，如王兵等（2005）在罗霄山脉的研究指出，物种丰富度指数、多样性指数和均匀度指数在群落梯度上的分布趋势基本一致，较好地反映了不同植物群落类型在物种组成方面的差异，常绿阔叶林群落物种多样性的大小与立地条件、林分郁闭度及受干扰的状况有关；一般在立地条件较好、林分郁闭度小或林分受强度干扰后正处于次生演替的恢复阶段，物种多样性较高。植物生长型与群落物种多样性指数的关系为：灌木层>乔木层>草本层，草本层与乔木层的物种多样性指数较小，灌木层种类丰富；长白山 25 hm² 阔叶红松林样地 DBH≥10 cm 的树种间关联、聚集分布格局及其与树种多度的联系，揭示了物种空间分布的多度依赖及其对物种共存的影响（马克平，2020）；通过对穆棱 25 hm² 东北红豆杉（*Taxus cuspidata*）这一濒危植物的种群结构、数量特征、空间分布格局的研究，并绘制其生命周期表，从而揭示了东北红豆杉种群现状与发展动态（马克平，2020）。

吉林省生物多样性丰富，《全国生态功能区区划》将长白山地区列为生物多样性保护重要区域，吉林省被生态环境部列为生物多样性保护示范省。省政府将生物多样性保护纳入重要日程，编制了《吉林省生物多样性保护战略与行动计划（2011—2030 年）》，确定了全省生物多样性保护的 6 个优先区域和 26 个优先行动。根据《吉林省森林生态连清与生态系统服务研究》，吉林省森林资源二类调查中，按优势树种（组）共划分了 23 个优势树种组。其中，各优势树种（组）按面积排序，前三位依次是阔叶混交林、柞树林和针叶混交林，其面积合计为 604.71 万 hm²，占全省总面积的 73.13%；按林分蓄积量排序前三位依次是阔叶混交林、针叶混交林和柞树林，其蓄积量合计为 7.4985 亿 m³，占全省总蓄积量的 77.71%。从优势树种（组）结构来看，吉林省多以混交林为主，混交林的多样性指数高于纯林，因此吉林省的生物多样性也较高。《吉林省森林生态连清与生态系统服务研究》结果显示，森林生态系统生物多样性保育价值达 1536.24 亿元/a，混交林的生物多样性保育价值占 64.73%，这也从侧面证明了吉林省森林质量较高（图 2-14），第七次和第九次全国森林资源清查的《中国森林资源报告》中也显示吉林省的乔木林质量指数较高。

根据《吉林省森林生态连清与生态系统服务研究》，从龄组结构来看，以中龄林和近熟林为主，中龄林和近熟林面积分别占 40.27%和 24.25%（表 2-15）；蓄积量较高的也为中龄林和近熟林（表 2-15），其生物多样性功能较高。林龄对植被的多样性、丰富度、

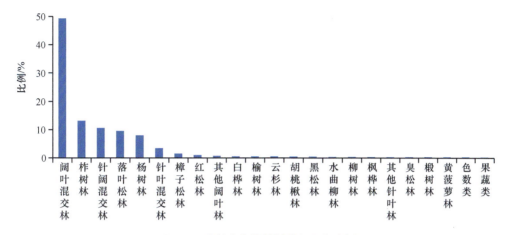

图 2-14　吉林省各优势树种组面积比例

表 2-15　吉林省优势树种组各龄组面积、蓄积量及比例统计

项目	合计	幼龄林	中龄林	近熟林	成熟林	过熟林
面积/万 hm²	827.01	139.63	332.97	200.59	121.11	32.74
面积比例/%	100	16.88	40.27	24.25	14.64	3.96
蓄积量/亿 m³	9.65	0.5	3.6	2.84	2.06	0.65
蓄积量比例/%	100	5.2	37.24	29.42	21.4	6.74

优势度和均匀度有较大影响，中龄林和近熟林正处于生长的旺盛期，自然更新能力较强，林下植被丰富，因此，以中龄林和近熟林为主的森林结构有利于生物多样性保持较高水平。

根据《吉林省森林生态连清与生态系统服务研究》，吉林省天然林面积 625.12 万 hm²，占全省总面积的 75.59%；蓄积量为 7.93 亿 m³，占全省总蓄积量的 82.18%。全省人工林面积 201.92 万 hm²，占全省总面积的 24.41%；蓄积量为 1.72 亿 m³，占全省总蓄积量的 17.82%（图 2-15）。可见，吉林省天然林占有绝对优势。联合国粮食及农业组织将原始森林定义为原生树种的天然再生林，没有明显人类活动的迹象，生态过程也没有受到明显干扰，有时也被称为老熟林。这些森林因其丰富的生物多样性、碳储存和其他生态系统服务（包括文化和遗产价值）而具有不可替代的价值。森林生态系统为全球大多数陆地生物多样性提供了庇护之所，尤其是原始森林，是这些生态系统特有的一些物种的家园。在亚马孙地区，一项对原始森林、次生林（此处指林龄约为 14~16 年的天然林）和人工林的物种丰富度和群落相似性的研究表明，这些物种中有 25% 是原始森林所独有，约 60% 的树种和藤本植物仅存在于原始森林中（FAO，2020）。可见，天然林的生物多样性高于人工林，故吉林省的生物多样性保护功能也较高。这从地域空间分布上也可得到验证，吉林省的天然林多分布在东南和东北地区（图 2-16），故在空间分布上，东南和东北地区的生物多样性保护价值远高于其他地区。

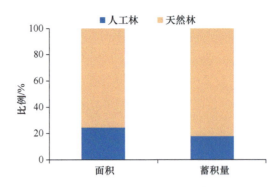

图 2-15　吉林省天然林和人工林面积、蓄积量比例统计

图 2-16　吉林省各地级市森林生物多样性保护功能价值空间分布图

3. 固碳功能

依据《中国森林资源及其生态功能四十年监测与评估》，森林蓄积由第二次清查期的 90.28 亿 m^3，增加到第九次清查期的 175.60 亿 m^3，40 年的时间增加量为 85.32 亿 m^3，增幅为 94.51%（表 2-16）。同时，我国森林生态系统固碳量由第二次清查期的 1.75 亿 t，增加到第九次清查期的 4.34 亿 t，增加了 2.59 亿 t。森林生态系统固碳量与蓄积量增长量呈显著的线性正相关（R^2=0.9278，$P<0.01$）（图 2-17），即随着蓄积量的增加森林生态系统的固碳量也逐渐增加。

表 2-16　不同森林资源清查期蓄积量和固碳量

清查期	第二次	第三次	第四次	第五次	第六次	第七次	第八次	第九次
蓄积量/亿 m^3	90.28	91.41	101.37	112.67	142.56	137.21	151.37	175.60
固碳量/亿 t	1.75	1.99	2.00	2.64	3.19	3.75	4.19	4.34

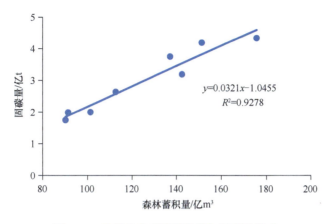

$y=0.0321x-1.0455$

$R^2=0.9278$

图 2-17　森林生态系统蓄积量与固碳量关系

在市级尺度上也发现清查数据相似的变化规律，即森林生态系统固碳和蓄积同步增加。《内蒙古呼伦贝尔市森林生态系统服务功能及价值研究》数据表明，呼伦贝尔森林单位面积蓄积量由 2006 年的 76.61 m^3/hm^2 增加到 2014 年的 87.58 m^3/hm^2，7年间增加了 10.97 m^3/hm^2，增长率为 14.32%；对应的呼伦贝尔森林生态系统年固碳量由 2006 年的 2490.91 万 t 增加到 2014 年的 2727.69 万 t，增加了 236.78 万 t，增长率为 9.51%。

2.2　天然林资源保护区森林生态系统质量及变化

生态保护是生态文明建设的重要内容，关系人民福祉，关乎民族未来。党的十八大明确提出推进生态文明建设、构建生态安全格局，把"美丽中国"作为生态文明建设的宏伟目标，把绿色发展、循环发展、低碳发展作为生态文明建设的基本途径。党的十九大报告明确指出，"加大生态系统保护力度。实施重要生态系统保护和修复重大工程，优化生态安全屏障体系，构建生态廊道和生物多样性保护网络，提升生态系统质量和稳定性。完成生态保护红线、永久基本农田、城镇开发边界三条控制线划定工作。开展国土绿化行动，推进荒漠化、石漠化、水土流失综合治理，强化湿地保护和恢复，加强地质灾害防治。完善天然林保护制度，扩大退耕还林还草。严格保护耕地，扩大轮作休耕试点，健全耕地草原森林河流湖泊休养生息制度，建立市场化、多元化生态补偿机制。"本节将对天然林资源保护区森林生态系统质量状况进行分析，为未来天然林资源保护后续政策的制定和实施提供依据。

2.2.1　天然林资源保护区森林资源时空演变

1. 天然林资源保护区森林资源面积时间变化

天然林资源保护分为三大时期，分别是 1998~1999 年的试点期，2000~2010 年的第一期和 2011~2020 年的第二期。在 1998 年天然林资源保护试点的基础上，2000 年 10 月，国务院批准了《长江上游黄河上中游地区天然林资源保护工程实施方案》和《东北、内蒙古等重点国有林区天然林资源保护工程实施方案》，天然林资源保护正式启动。根据第六次至第九次森林资源连续清查期天然林资源面积的统计情况（图 2-18），天然林资源面积持续增加，由第六次清查期的 6522.11 万 hm^2，增加至第九次的 7907.81 万 hm^2，15 年间增加了 1385.70 万 hm^2，增长率为 21.25%。按照天然林资源保护的不同工程期来看，二期工程（第九次清查数据）相对一期工程（第七次清查数据）增加了 738.59 万 hm^2，10 年间增加了 10.30%。

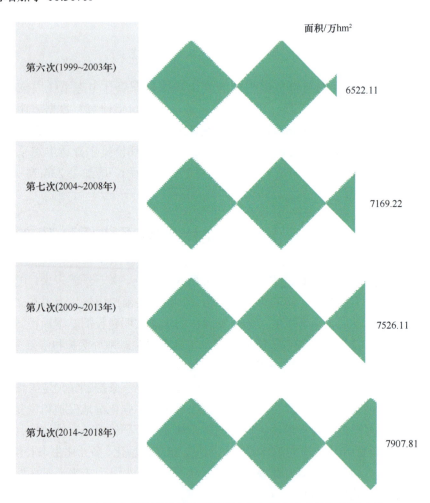

图 2-18　不同森林资源清查期天然林资源保护区森林资源面积变化

天然林资源面积的持续增加与国家政策和不同时期天然林资源保护工程实施方案有关，主要体现在以下八方面。

第一，工程实施范围的变化。天然林资源保护一期涉及长江上游、黄河上中游地区和东北、内蒙古等重点国有林区共 17 个省（自治区、直辖市），工程二期在一期工程的基础上又增加了丹江口库区的 11 个县（市、区）。工程范围的进一步扩大使得森林资源面积有所增加。

第二，天然林采伐量的减少。天然林保护工程一期累计少砍木材 2.2 亿 m^3，森林面积净增 1000 万 hm^2；天然林保护工程二期分步骤停止了天然林商业性采伐，每年减少木材生产约 3400 万 m^3，森工企业职工由"砍树人"变为"护林人"，7400 万 hm^2 森林得到了有效管护。

第三，大范围的造林，加快工程区内的宜林荒山荒地造林。一期工程通过人工造林、封山育林、飞播造林等生态恢复措施，森林面积净增 840 万 hm^2，长江上游地区森林覆盖率由 33.8%增加到 40.2%，黄河上中游地区森林覆盖率 15.4%增加到 17.6%。二期工程安排公益林建设 769 万 hm^2，其中，人工造林 203 万 hm^2，封山育林 473 万 hm^2，飞播造林 93 万 hm^2。

第四，更加关注资源培育。由工程一期的单纯保护转向全方位的保育结合，有效地解决了天然次生林、人工林分生长过密，中幼龄树生长受阻造成的林木生长缓慢、生长被抑制、生态功能低下等问题；对国有林采取抚育措施后可加速林木生长；对东北、内蒙古等重点林区，通过中幼林抚育和低效林改造等措施，可大幅度地提高林木生长量和林分质量，促进天然次生林向稳定结构顺向演替，同时也为巩固东北、内蒙古木材生产基地建设提供了有力保障，确保了国家木材战略储备。

第五，造林标准的提高。工程一期单位投入标准为，长江上游地区 3000 元/hm^2（中央预算内 2400 元/hm^2），黄河上中游地区为 4500 元/hm^2（中央预算内 3600 元/hm^2）。经过工程一期建设，长江上游地区造林地有相当数量的宜林地处在高海拔、高寒、干热干旱河谷地区，造林难度增大，单位成本增加，所以工程二期将上述两个地区人工造林中央预算内单位投资标准统一提高到 4500 元/hm^2。封山育林标准一期单位投入标准是 1050 元/hm^2（中央投入 840 元/hm^2），工程二期中央预算内单位投资标准提高到 1050 元/hm^2。飞播造林标准工程一期单位投入标准是 750 元/hm^2（中央预算内 600 元/ hm^2），由于近几年航空油料价格上涨较多、种子价格上涨、空地勤人员工资增加等诸多因素，工程二期确定中央预算内单位投入标准提高到 1800 元/hm^2。补贴标准的提高，有助于提高造林的积极性，从而增加森林资源面积。

第六，森林资源经营的变化。工程一期实施禁伐和限伐措施，有效地增加了森林植被，也使大量天然次生林林分生长过密，自然更新速度周期长，中幼龄树生长受阻，幼树枯损严重，防护效能低下；工程二期按照轻重缓急的原则，优先对初植密度高、林分郁闭大、空间竞争激烈、生长被抑制的中幼林地块进行抚育，规划中幼林抚育任务 1753.33 万 hm^2，占需要抚育面积的 36%。中央财政按照 1800 元/hm^2 的标准安排补助。通过采取人为干预的措施，提高林木生长速度，提高林分质量，加快森林向稳定群落方向演替。

第七，森林管护补助标准的改变。投入标准一是天然林资源保护区森林管护与森林生态效益补偿政策并轨，二是与集体林权制度改革相衔接，实现不同用途林种、不同林权权属，享有不同的合理资金补助政策。工程二期共安排森林管护任务 11546.67 万 hm^2，在管护面积中，首次将天然林资源保护区 1866.67 万 hm² 集体所有的国家级公益林，与全国森林生态效益补偿标准并轨；同时，考虑到 2400 万 hm² 地方公益林生态区位的重要性以及中央财政投入的连续性，中央财政按每年 45 元/hm² 补助管护费。这样就有效地解决了工程一期实施中出现的没有对纳入天然林资源保护区管护的集体林进行补偿的问题，进一步提高了天然林资源的补偿范围。

第八，大力改善工程区民生状况。天然林资源保护二期，长江上游和黄河上中游地区继续停止天然林的商品性采伐，东北、内蒙古等重点国有林区木材产量将在一期减产水平 1094.1 万 m³ 的基础上分 3 年继续大幅度调减到 402.5 万 m³，为解决工程区森工企业、国有林场（苗圃）等实施单位自身仍无力承担依法依规缴纳社会保险的问题，中央财政继续对这些单位承担的保险费给予补助；同时，继续延长工程一期的基本养老、基本医疗、失业、工伤和生育 5 项保险补助政策和提高缴费基数；同时，对工程区国有林区职工住房进行改造和建设，使天然林资源保护区基本消除棚户区；大力发展就业，拓宽就业渠道，保证工程区国有职工充分就业，这充分提高了广大国有林区职工的积极性，使得工程顺利实施，从而实现对森林资源的保护。

2. 天然林资源保护区森林资源面积空间变化

由图 2-19 可知，天然林资源保护区森林资源呈现显著的空间变化，一期工程（第七次清查数据）内蒙古、黑龙江和四川的天然林资源保护面积排前三，且均大于 1000 万 hm²；甘肃、山西、河南、海南和宁夏的天然林资源保护面积排后五位，均小于 100 万 hm²；其他省（自治区、直辖市）天然林资源保护面积在 123.21 万～943.95 万 hm²。二期工程（第九次清查数据）内蒙古天然林资源保护面积最大，其次是四川和黑龙江，云南排第四，这四省（自治区）天然林资源保护面积均大于 1000 万 hm²，排最后五位的仍然是甘肃、山西、河南、海南和宁夏，其中河南、海南和宁夏的天然林资源保护面积仍小于 100 万 hm²。西藏和宁夏的二期工程（第九次清查数据）相对一期工程（第七次清查数据）分别减少了 1.44 万和 1.03 万 hm²，其他 15 个省（自治区、直辖市）二期工程（第九次清查数据）相对一期工程（第七次清查数据）天然林资源保护面积均有增加，增加幅度在 1.20 万～106.24 万 hm²，增加最小的是海南，增加面积最大的是湖北和四川，分别增加了 106.24 万 hm² 和 94.66 万 hm²；两期工程相比增幅较大的是湖北（38.52%）、河南（31.97%）、青海（26.38%）和贵州（23.98%）。

西藏和宁夏二期工程相对一期工程森林资源面积减少，这主要是因为特殊灌木林的减少，两期相比西藏天然林资源保护区灌木林减少了 6.24 万 hm²、宁夏天然林资源保护区灌木林减少了 2.07 万 hm²。湖北和河南的增幅最大，原因在于天然林资源保护工程二期政策中范围的变化，二期实施范围在一期原有范围基础上，增加了 11 个县（市、区），其中湖北 7 个、河南 4 个；所以湖北和河南在原有基础上增加的范围较多，故其天然林资源保护区森林资源面积大幅增加。内蒙古、黑龙江、四川和云南的天然林资源保护区森林资源面积较大与本省（自治区）森林面积和天然林面积较大有直接关系，根据第九次森林资源清查报告的结果，内蒙古、云南、黑龙江和四川森林面积排前四位，分别是 2614.85 万 hm²、2106.16 万 hm²、1990.46 万 hm² 和 1839.77 万 hm²；天然林面积排前五的是内蒙古、黑龙江、云南、西藏和四川，5 省（自治区）合计天然林面积为 8181.22 万 hm²，占全国天然林总面积的 58.99%。宁夏、海南、山西、河南、青海本身的森林面积较小，且天然林面积更小，故其在天然林资源保护范围内的资源面积也较小。

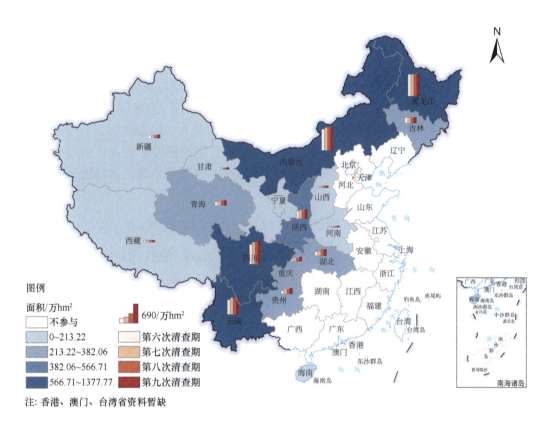

图 2-19　天然林资源保护区森林资源面积空间变化

　　内蒙古和云南等省（自治区）天然林资源保护区资源面积的增加与中央政策和本省（自治区）的严格执行密切相关，且内蒙古制定了自治区的《天然林资源保护工程实施方案》，详细规划了管护面积、经营措施和造林等内容。内蒙古天然林资源保护区中央累计投入资金 486.76 亿元，天然林资源保护实施以来，内蒙古全面停止天然林商业性采伐、全面落实森林管护、公益林建设和后备资源培育等措施，实现了全区天然林资源保护全覆盖，工程区森林资源实现面积的持续增长，工程区累计完成公益林建设 230.96 万 hm²，后备资源培育 14.57 万 hm²。四川森林面积由工程实施之初的 1173.33 万 hm² 上升到 2008 年的 1446.67 万 hm²，森林覆盖率由 24.2% 提高到 38.5%。贵州工程区森林覆盖率从 26.2% 提高到 39.9%。

2.2.2 天然林资源保护区活力特征分析

1. 归一化植被指数变化

根据环境保护部和中国科学院（2014）的研究，天然林资源保护工程区 2000～2010 年 NDVI 平均值为 0.63，多年平均变化趋势为 0.0013，总体呈上升趋势；其中，长江上游地区与黄河中上游地区多年 NDVI 平均值分别为 0.80 和 0.52，多年平均变化趋势为 0.0006 和 0.0039，与全区的上升趋势一致。而东北、内蒙古等国有林区多年 NDVI 平均值为 0.55，变化趋势为–0.0006，总体呈下降趋势。按照当前趋势，天然林资源保护工程区 NDVI 在 2020 年将达到 0.631，与本期继续持平，长江上游地区与黄河中上游地区多年 NDVI 将在 2020 年达到 0.81 和 0.56。未来随着东北、内蒙古等国有林区在当前天然林资源保护工程的进一步实施，对森林质量和管护的要求更高，有望扭转下降的变化趋势，有望呈现正增长。对森林质量和管护的要求更高，未来能扭转下降的变化趋势，有望呈现正增长。

2. 净初级生产力变化趋势

根据环境保护部和中国科学院（2014）的研究，与 2000～2005 年相比，2005～2010 年天然林资源保护工程区 NPP 平均值比前五年增加了 8.18，增幅为 1.61%，斜率为 0.1765（表 2-17）；如按照此增速计算，预测在 2015～2020 年 NPP 将达到 516.98 g C/（m^2·a）。从亚区来看，长江上游地区与黄河中上游地区的变化趋势与全区一致，其中，黄河中上游地区增幅较高，为 3.18%；而东北、内蒙古等国有林区则出现小幅度的下降趋势，下降幅度为–0.25%。未来，随着天然林资源保护工程的进一步实施，东北、内蒙古等国有林区森林质量的逐渐提升，NPP 有望增大，呈现上升趋势；长江上游地区与黄河中上游地区以目前的变化趋势，在 2015～2020 年将分别达到 837.62 g C/（m^2·a）和 387.76 g C/（m^2·a），分别增加 22.50 g C/（m^2·a）和 28.40 g C/（m^2·a）。

表 2-17　天然林资源保护区前后五年 NPP 平均量变化

区域	2000～2005 年 NPP/ [g C/（m^2·a）]	2005～2010 年 NPP/ [g C/（m^2·a）]	变化量/ [g C/（m^2·a）]	变化率/%
黄河中上游地区	354.01	365.26	11.25	3.18
东北、内蒙古等国有林区	375.51	374.59	−0.92	−0.25
长江上游地区	795.02	809.22	14.20	1.79
全区	492.83	500.62	7.79	1.58

3. 积增长量

依据《天然林资源保护工程黄河流域上中游生态效益监测国家报告 2015》，黄河流域上中游天然林资源保护实施前、实施后森林蓄积量分别为 5.17 亿 m^3 和 6.79 亿 m^3，增长了 1.62 亿 m^3，增长幅度为 31.33%（表 2-18）。结合森林面积的变化可以看出，黄河流域上中游天然林资源保护区森林蓄积量的增长幅度高于森林面积的增长，说明天然林资源保护的实施对于森林质量的提升作用明显。黄河流域上中游天然林资源保护区内森林蓄积量的增加与森林管护密切相关，截至 2013 年，区内森林管护面积为 3577.27 万 hm^2，占全国天然林资源保护区实有森林管护面积的 31.27%。

表 2-18　天然林资源保护区蓄积增长量　　　　　　　　　（单位：亿 m^3）

天然林资源保护区	实施前	实施后	增量
黄河中上游	5.17	6.79	1.62
东北、内蒙古重点国有林区	18.96	23.30	4.34
长江上游	1.99	5.80	3.81

依据《天然林资源保护工程东北、内蒙古重点国有林区效益监测国家报告 2015》，东北、内蒙古重点国有林区天然林资源保护实施前、实施后森林蓄积量分别为 18.96 亿 m^3 和 23.30 亿 m^3，增长了 4.34 亿 m^3，增长幅度为 22.89%（表 2-18）。结合森林面积的变化可以看出，东北、内蒙古重点国有林区天然林资源保护区森林蓄积量的增长幅度高于森林面积的增长，说明天然林资源保护的实施对森林质量的提升作用明显。东北、内蒙古重点国有林区天然林资源保护区内森林蓄积量的增加与森林管护密切相关，截至 2015 年，区内森林管护面积为 5673.42 万 hm^2，占全国天然林资源保护区实有森林管护面积的 50.34%。

长江上游天然林资源保护实施前、实施后森林蓄积量分别为 1.99 亿 m^3 和 5.80 亿 m^3，增长了 3.81 亿 m^3，增长幅度为 191.46%（表 2-18）。结合森林面积的变化可以看出，黄河流域中上游天然林资源保护区森林蓄积量的增长幅度高于森林面积的增长，说明天然林资源保护的实施对于森林质量的提升作用明显。长江上游天然林资源保护区内森林蓄积量的增加与森林管护密切相关，截至 2019 年，区内管护面积为 915.23 万 hm^2，占全国天然林资源保护实有管护面积的 8.0%。

同期，全国森林蓄积量增长幅度为 17.71%，黄河流域上中游，东北、内蒙古重点国有林区，以及长江上游天然林资源保护区蓄积量的增长幅度高于同期全国水平，说明天然林资源保护实施对我国森林资源质量的增长作用明显，这就是我国实施天然林资源保护的目的所在：解决我国天然林的休养生息和恢复发展问题。林分蓄积量的增加即为生物量的增加，生物量的增加即为可使森林生态系统固碳释氧功能的增加（王兵，2016）。

4. 单位面积蓄积量变化

依据《天然林资源保护工程黄河流域上中游生态效益监测国家报告 2015》，黄河流域上中游天然林资源保护区实施前、实施后乔木林单位面积蓄积量分别为 109.48 m^3/hm^2 和 109.61 m^3/hm^2，增长了 0.13 m^3/hm^2，增长幅度为 0.12%。依据《天然林资源保护工程东北、内蒙古重点国有林区效益监测国家报告 2015》，东北、内蒙古重点国有林区天然林资源保护区实施前、实施后乔木林单位面积蓄积量分别为 70.91 m^3/hm^2 和 83.55 m^3/hm^2，增长了 12.64 m^3/hm^2，增长幅度为 17.83%；长江上游天然林资源保护区实施前、实施后乔木林单位面积蓄积量分别为 95.58 m³/hm² 和 101.02 m³/hm²，增长了 5.45 m³/hm²，增长幅度为 5.70%（表 2-19）。由第九次森林资源清查结果可知，第九次清查期全国森林单位面积蓄积量为 83.55 m³/hm²。

表 2-19　天然林资源保护区乔木林单位面积蓄积增长量　　（单位：m³/hm²）

天然林资源保护区	实施前	实施后	增量
黄河中上游	109.48	109.61	0.13
东北、内蒙古重点国有林区	70.91	83.55	12.64
长江上游	95.58	101.02	5.45

由上可知，黄河流域上中游天然林资源保护区和长江上游天然林资源保护区实施前后森林单位面积蓄积量均高于全国平均单位面积蓄积量，而东北、内蒙古重点国有林区的森林单位面积蓄积量低于全国平均值。从增量来看，全国森林资源第九次清查相对第八次清查，单位面积森林蓄积量增幅为 14.74%，其中只有东北、内蒙古重点国有林区天然林资源保护区的乔木林单位面积蓄积量高于全国平均值，黄河流域上中游天然林资源保护区和长江上游天然林资源保护区均低于全国平均值。

5. 胸径增减量

依据《天然林资源保护工程黄河流域上中游生态效益监测国家报告》，黄河流域上中游天然林资源保护区实施前、实施后乔木林胸径分别为 16.40 cm 和 15.65 cm，平均降低了 0.75 cm，减幅为 4.57%。依据《天然林资源保护工程东北、内蒙古重点国有林区效益监测国家报告 2015》，东北、内蒙古重点国有林区天然林资源保护实施前、实施后乔木林胸径分别为 13.97 cm 和 14.33 cm，增长了 0.36 cm，增长幅度为 2.56%；长江上游天然林资源保护区实施前、实施后乔木林胸径分别为 14.38 cm 和 13.90 cm，降低了 0.48 cm，减幅为 3.33%（表 2-20）。由第九次森林资源清查结果可知，第九次清查期全国乔木林胸径平均值为 13.79 cm。

表 2-20　天然林资源保护区乔木林胸径增减量　　（单位：cm）

天然林资源保护区	实施前	实施后	增量
黄河上中游	16.40	15.65	−0.75
东北、内蒙古重点国有林区	13.97	14.33	0.36
长江上游	14.38	13.90	−0.48

由上可知，黄河流域上中游天然林资源保护区、长江上游天然林资源保护区和东北、内蒙古重点国有林区天然林资源保护区的乔木林平均胸径均高于全国平均值。

2.2.3　天然林资源保护区森林生态系统结构特征分析

1. 蓄积量现状

依据《天然林资源保护工程东北、内蒙古重点国有林区效益监测国家报告 2015》和

《天然林资源保护工程黄河流域上中游生态效益监测国家报告》，黄河流域上中游天然林资源保护区、东北、内蒙古重点国有林区和长江上游天然林资源保护区的蓄积量分别为 6.79 亿 m³、23.30 亿 m³ 和 5.80 亿 m³（表 2-21）。三大区域以东北、内蒙古重点国有林区的天然林资源保护区蓄积量最大，这与不同天然林资源保护区的森林面积有关，东北、内蒙古重点国有林区天然林资源保护区森林面积最大，为 2788.28 万 hm²、黄河流域上中游天然林资源保护区森林面积 1087.19 万 hm²、长江上游天然林资源保护区森林面积为 915.23 万 hm²，东北、内蒙古重点国有林区天然林资源保护区森林面积分别是黄河流域上中游天然林资源保护区和长江上游天然林资源保护区森林面积的 2.56 倍和 3.05 倍。同时，这也与东北地区地形和水文条件有关，东北林区地形相对平坦，人口较少，林地资源集中连片，发展林业具有得天独厚的优势条件。同时，当地自然条件优越，珍贵树种多，木材材质好，是我国木材的重要产区和战略资源储备基地；该林区是黑龙江水系的源头，是松花江、嫩江、辽河等重要水系的发源地和涵养地，东北林区生物丰富多样，森林质量较高。

表 2-21　天然林资源保护区蓄积、郁闭度和胸径现状

天然林资源保护区	蓄积量/亿 m³	郁闭度	胸径/cm
黄河上中游	6.79	0.54	15.65
东北、内蒙古重点国有林区	23.30	0.64	14.33
长江上游	5.80	0.56	13.90

2. 郁闭度现状

依据《天然林资源保护工程东北、内蒙古重点国有林区效益监测国家报告 2015》和《天然林资源保护工程黄河流域上中游生态效益监测国家报告》，黄河流域上中游天然林资源保护区、东北、内蒙古重点国有林区和长江上游天然林资源保护区的乔木林郁闭度分别为 0.54、0.64 和 0.56（表 2-21）。根据联合国粮食及农业组织规定，0.70（含 0.70）以上的郁闭林为密林，0.20～0.69 为中度郁闭，小于等于 0.1～0.20（不含 0.20）为疏林。可见，三个天然林资源保护区的乔木林均处于中度郁闭，林分的结构较为合理。

3. 胸径现状

依据《天然林资源保护工程东北、内蒙古重点国有林区效益监测国家报告 2015》和《天然林资源保护工程黄河流域上中游生态效益监测国家报告》，黄河流域上中游天然林资源保护区、东北、内蒙古重点国有林区和长江上游天然林资源保护区的乔木林胸径分别为 15.65 cm、14.33 cm 和 13.90 cm（表 2-21）。

4. 龄组结构

依据《天然林资源保护工程东北、内蒙古重点国有林区效益监测国家报告 2015》和《天然林资源保护工程黄河流域上中游生态效益监测国家报告》，天然林资源保护实施后（截至

2015 年），东北、内蒙古重点国有林区森林面积 2788.28 万 hm²，蓄积量为 232973.60 万 m³；幼中龄林面积 2025.90 万 hm²，占 72.56%；幼中龄林蓄积量 153568.23 万 m³，占 65.92%；近熟林面积 432.44 万 hm²，占 15.51%；近熟林蓄积量 41796.2 万 m³，占 17.94%；成过熟林面积 329.93 万 hm²，占 11.83%；成过熟林蓄积量 37609.17 万 m³，占 16.14%。东北、内蒙古重点国有林区天然林资源保护区森林资源统计见表 2-22。林龄结构与森林资源质量也有着非常密切的关系，东北、内蒙古重点国有林区天然林资源保护区，中龄林和近熟林蓄积量分别占蓄积量的 56.25% 和 17.94%，蓄积量比例高于其面积的比例，说明中龄林和近熟林质量提升较为明显。

表 2-22　东北、内蒙古重点国有林区天然林资源保护区森林资源统计（截至 2015 年）

林龄	面积/万 hm²	比例/%	蓄积量/万 m³	比例/%
幼龄林	505.48	18.13	22518.09	9.67
中龄林	1520.42	54.53	131050.14	56.25
近熟林	432.44	15.51	41796.2	17.94
成熟林	263.6286	9.45	28594.15	12.27
过熟林	66.3014	2.38	9015.02	3.87
合计	2788.28	100	232973.60	100.00

依据《天然林资源保护工程黄河流域上中游生态效益监测国家报告》，黄河流域上中游天然林资源保护区各林龄组蓄积量的变化如图 2-20 所示，各林龄组实施后蓄积量大小排序为：中龄林、成熟林、近熟林、过熟林、幼龄林，分别占总蓄积量的 27.69%、21.50%、20.91%、16.79%、13.25%。仅从各林龄组蓄积量所占比例来看，近熟林和过熟林的蓄积量占比出现了降低。天然林资源保护实施期间黄河流域上中游天然林资源保护区森林蓄积量增量方面，各林龄组的排序为：中龄林、成熟林、幼龄林、近熟林、过熟林，分别占蓄积量增量的 28.40%、25.31%、22.22%、15.43%、9.26%。

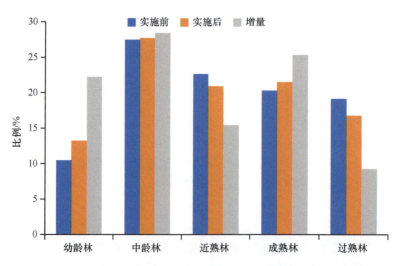

图 2-20　黄河流域上中游天然林资源保护区各龄组蓄积量所占比例

依据《天然林资源保护工程黄河流域上中游生态效益监测国家报告》，长江上游天然林资源保护区森林各林龄组蓄积量的变化如图 2-21 所示，各林龄组幼龄林、中龄林、近熟林、成熟林、过熟林蓄积量分别为 0.67 亿 m³、2.05 亿 m³、1.26 亿 m³、1.43 亿 m³、0.40 亿 m³，各占比分别为 11.53%、35.28%、21.69%、24.61% 和 6.88%。可见，长江上游天然林资源保护区森林以中龄林为主，影响森林生产力的因素中，林分因子对森林生产力的贡献率最高，为 56.7%，这充分说明了林分自身的作用对森林生产力的变化的影响最大，其中中龄林最明显，中龄林处于生长旺盛期，具有较高生产力。

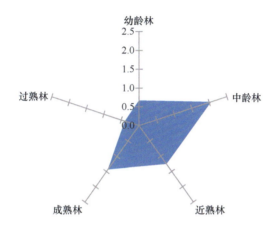

图 2-21　长江上游天然林资源保护区各龄组蓄积量（单位：亿 m³）

5. 优势树种（组）

依据《天然林资源保护工程黄河流域上中游生态效益监测国家报告》，黄河流域上中游天然林资源保护区各优势树种（组）面积的变化如表 2-23 所示，天然林资源保护实施前，杨树、其他硬阔类、经济林、栎类和灌木的面积较大，占总面积的比例均在 5%以上，其面积合计为 1538.92 万 hm²，占总面积的 81.20%。针叶混交林、铁杉、樟子松、泡桐面积最小，均在 1 万 hm² 以下，合计为 2.54 万 hm²，仅占总面积的 0.13%。天然林资源保护实施后，灌木、栎类、其他硬阔类、油松、杨树、经济林的面积较大，所占比例均在 4%以上，其面积合计为 1951.49 万 hm²，占总面积的 85.38%。其中，面积在 1 万 hm² 以下的优势树种（组）仅有水胡黄，为 0.47 万 hm²，仅占总面积的 0.02%。天然林资源保护实施期间，优势树种（组）面积增加量较大的灌木、其他硬阔类、栎类和阔叶混交林，其面积合计为 439.44 万 hm²，占总增加面积的 81.62%。经济林、其他软阔类和冷杉林面积出现了减少，共减少了 148.07 万 hm²，其中，经济林面积减少量最多，占总减少面积的 83.58%。

依据《天然林资源保护工程黄河流域上中游生态效益监测国家报告》，各优势树种（组）的蓄积量变化如表 2-23 所示，天然林资源保护实施前，栎类的蓄积量最大，为 1.61 亿 m³，约占总蓄积量的 1/3，为 31.18%，其次为其他硬阔类、其他软阔类、油松、云杉、杨树、桦木和冷杉，其所占比例均在 5%以上，合计为 59.17%。天然林资源保护实施后，栎类的蓄积量仍排在第一位，且比实施前所占比重略有增长，其蓄积量为 22344.78 万 m³，占总蓄积量的 33.86%，其次为其他硬阔类、油松、杨树、云杉和桦木，其所占比重均在 5%以上，合计为 42.11%。天然林资源保护实施期间，从各优势树种（组）蓄积量的变化来看，栎类蓄积量增加最大，为 0.62 亿 m³，占总增加量的 43.54%。油松和阔叶混交林的蓄积量增加也较多，占总增加量的比例均在 10%以上，分别为 13.20%和 11.71%。其他软阔类和冷杉出现了减少，共为 0.16 亿 m³，其中，其他软阔类的减少量最大，占总减少量的 90.53%。

表 2-23　实施后黄河流域上中游天然林资源保护区优势树种（组）面积和蓄积量

优势树种（组）	面积/万 hm²	蓄积量/万 m³
冷杉	11.55	2726.19
云杉	27.54	4364.74
铁杉	1.08	181.99
落叶松	13.89	714.00
樟子松	2.30	13.24
油松	111.91	5841.49
华山松	17.33	1062.53
马尾松	16.17	826.50
其他松类	5.70	175.58
杉木	9.60	400.26
柏木	45.97	1879.10
栎类	327.91	22344.78
桦木	51.61	3461.91
水胡黄	0.47	28.65
榆树	6.99	139.07
其他硬阔类	207.58	9131.14
椴树	6.40	646.05
杨树	105.69	4993.02
柳树	13.10	750.67
泡桐	1.44	44.28
其他软阔类	44.91	2752.21
针叶混	1.00	25.95
阔叶混	47.96	2848.95
针阔混	9.09	648.21
经济林	91.47	0.00
灌木	1106.93	0.00
合计	2285.59	66000.51

6. 近自然度

目前，国内外关于森林自然度的研究程度没有给出"森林自然度"一个国际认证的明确定义，主要指现生森林植被受到人类破坏程度或现生植被与原始森林植被生长状态的相似度，即指现实森林与原始森林自然植被的距离。刘甜甜（2018）介绍了安东尼奥·马查多对森林自然度评价的研究采用系统的方法和森林近自然经营的基本概况，同时要依据其林地的社会经济、地理位置、气候特征、地质土壤等因素，森林近自然性经营对提高森林资源质量和生态功能有重要作用，在研究过程中详细探索了对构建一般区域森林自然度评价体系影响最大的指标因子，依据森林自然度评价结果，度量的将森林自然度分级标准划分为 10 个等级。《国家森林资源连续清查技术规定》根据林场小班森林资源生长情况的属性，将森林自然度划分 5 个等级。随着党中央对生态环境的重视，人们越来越注重对森林生态建设的发展，支持森林近自然经营理念，追求森林的自然度深层次的研究和探索。研究发现，安徽不同区域的国有林场海拔越高，地势越陡峭，森林自然度值越大；坡度在达到陡坡之前，随着坡度增大，自然度值越大，在急坡之后就开始逐渐降低；天然林的自然度远大于人工林的自然度；防护林及特种用途林的自然度等级高，用材林与经济林的自然度等级偏低；自然度随着林地保护等级的提高逐步增大；在林分状况中，树种组成越丰富，蓄积量以及平均胸径越大，自然度值越大。对于森林自然度值较高的森林，需要巩固保护；而对于森林自然度值较低的林分，需要加强抚育管理，提高林分质量，减少人为干扰。

2.2.4　天然林资源保护区森林生态系统服务功能特征分析

1. 生物多样性保护功能

截至 2019 年 12 月，世界自然保护联盟濒危物种红色名录总共收录了 20334 个树种，其中 8056 种被评估为全球受胁物种（极度濒危、濒危或易危），共有 32996 个树种得到了一定层面上的保护评估（国家、全球、区域），其中 12145 个树种被认定为受威胁（FAO，2020）。生物多样性除了作为关键的支持服务之外，也可以被视为一种供应服务，因为资源投入到森林管理中以产生特定类型的多样性和物种组合，这些组合本身可以作为具有价值的商品和服务（UK National Ecosystem Assessment，2011）。生物多样性是人类社会赖以生存的条件，是人类社会经济能够持续发展的基础，是国家生态安全的基石。生物多样性的测度是有效保护生物多样性、合理利用其资源、保证其可持续发展的基础和关键。过度开发利用生物资源对生物多样性和生态系统影响极大。在英国，木材砍伐的种类和数量、牲畜养殖数量和用水量都直接推动生态系统和生物多样性的变化（UK National Ecosystem Assessment，2011）。随着天然林资源保护的实施，生态环境的好转，四川、江西等地野生动植物生存环境不断改善，生物多样性得到有效恢复。大熊猫、朱鹮、金丝猴、羚牛等国家一级保护野生动物种群不断扩大，珙桐、苏铁、红豆杉等国家重点保护野生植物数量明显增加。

　　依据《天然林资源保护工程东北、内蒙古重点国有林区效益监测国家报告 2015》，天然林资源保护的实施，东北、内蒙古重点国有林区天然林生长状况持续改善，质量的提升有助于生物多样性功能的提升。天然林资源保护实施前，东北、内蒙古地区天然林生物多样性价值量为 2518.96 亿元/a；天然林资源保护实施后，该地区生物多样性价值量为 4131.22 亿元/a，增加了 1612.26 亿元/a，增幅最为明显，占总增加价值量的 25.32%。东北、内蒙古重点国有林区地处我国东北地区，山川绵延、河流众多、森林密布，自然资源丰富。这为天然林资源保护生态效益的发挥提供了重要基础，尤其在涵养水源和生物多样性保护方面。从所涉及的三个省区（黑龙江、吉林和内蒙古）的生态效益对比来看，黑龙江生态效益价值量最大，且在生物多样性保护方面作用最突出，这可能主要是由于黑龙江的森林资源面积最大，覆盖面最广，因此保护的生物多样性最丰富；吉林在生物多样性保护方面价值量最高，这与吉林主要为山地分布有很大的关系，吉林长白山是我国具有国际意义的生物多样性关键地区之一。

　　依据《天然林资源保护工程黄河流域上中游生态效益监测国家报告》，森林蓄积量增长了 1.62 亿 m³，增长幅度为 31.21%；单位面积蓄积量增长了 0.13 m³/hm²，增长幅度为 0.11%。可见，随着天然林资源保护的实施，黄河流域上中游地区天然林质量有所提升，这对生物多样性功能也有影响。天然林资源保护实施前，黄河流域上中游天然林生物多样性价值量为 1572.69 亿元/a（图 2-22）；天然林资源保护实施后，该地区生物多样性价值量增长为 3550.69 亿元/a（图 2-23），增加了 1978.00 亿元/a（图 2-24），增幅最为明显，占总增加价值量的 37.62%。

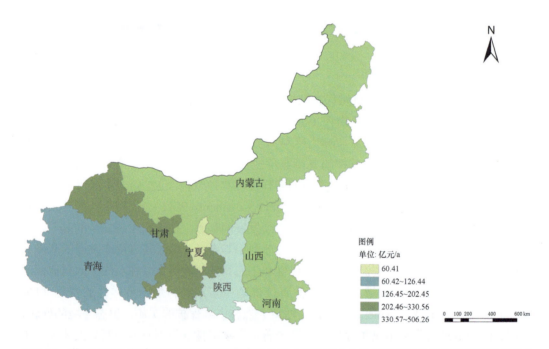

图 2-22　黄河流域上中游天然林资源保护实施前各省（自治区）生物多样性保护功能价值量空间分布

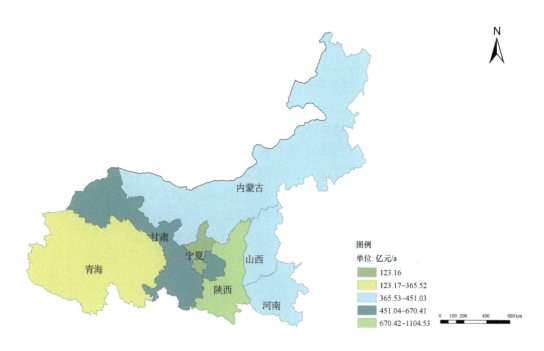

图 2-23　黄河流域上中游天然林资源保护实施后各省（自治区）生物多样性保护功能价值量空间分布

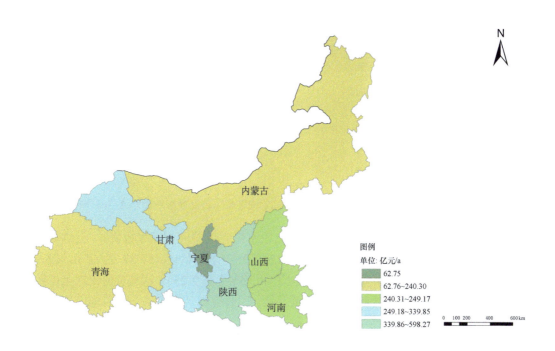

图 2-24　黄河流域上中游天然林资源保护实施期间各省（自治区）生物多样性保护功能价值量空间分布

2. 涵养水源功能

依据《天然林资源保护工程东北、内蒙古重点国有林区效益监测国家报告 2015》，天然林资源保护实施后东北、内蒙古重点国有林区森林蓄积量和单位面积蓄积量均有所增长，天然林资源保护实施前东北、内蒙古重点国有林区森林涵养水源物质量为 521.64 亿 m³/a，占同期全国森林生态系统服务功能涵养水源物质量的 11.70%；天然林资源保护实施后涵养水源物质量为 679.21 亿 m³/a。天然林资源保护实施后，东北、内蒙古重点国有林区天然林资源保护区涵养水源量较天然林资源保护实施前增加了 157.57 亿 m³/a，增加率为 30.21%（图 2-25），涵养水源量的增加与森林质量提升有很大关系；同时也与林龄结构有关，东北、内蒙古重点国有林区森林以中龄林和近熟林为主，中龄林和近熟林相对于幼龄林和成熟林冠幅更大、枯落物层厚度也较大，有助于增加持水量。

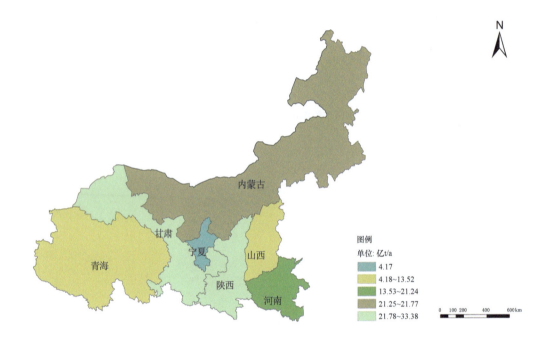

图 2-25 黄河流域上中游天然林资源保护实施期间各省（自治区）涵养水源空间分布格局

依据《天然林资源保护工程黄河流域上中游生态效益监测国家报告》，天然林资源保护实施后，黄河流域上中游天然林资源保护区涵养水源量达 457.87 亿 m³/a，较天然林资源保护实施前的 325.05 亿 m³/a，增加了 40.86%（图 2-25）。这与黄河流域上中游地区森林蓄积量和单位面积蓄积增加有很大关系，同时也与黄河流域上中游地区以中龄林和近熟林为主的林龄结构有关，还有黄河流域上中游地区乔木林优势树种（组）以栎类和硬阔类为主有关，栎类树冠较大、根系发达，林冠截留和根系蓄水能力均较强，相对于其他树种，其涵养水源量较大。

3. 固碳释氧功能

依据《天然林资源保护工程东北、内蒙古重点国有林区效益监测国家报告 2015》，东北、内蒙古重点国有林区天然林资源保护实施前，森林固碳总物质量 5830.05 亿 t/a（表 2-24）；天然林资源保护实施后，森林固碳总物质量为 7403.08 亿 t/a；天然林资源保护实施期间，森林固碳总物质量 1573.03 亿 t/a，比天然林资源保护实施前增加了 26.98%。此外，东北、内蒙古重点国有林区天然林资源保护实施前，森林释氧总量达 15028.94 亿 t/a；天然林资源保护实施后，森林释氧总量达 18837.13 亿 t/a；天然林资源保护实施期间，森林释氧总量为 3808.19 亿 t/a，比天然林资源保护实施前增加了 25.34%。上述结果均与东北、内蒙古重点国有林区蓄积量和单位面积蓄积量增加以及树种类型有关，同时东北、内蒙古重点国有林区森林质量的现状也充分反映了固碳释氧功能的增加。

表 2-24　东北、内蒙古重点国有林区天然林资源保护实施前后固碳量与释氧量变化

功能	实施前	实施后	增加量	增长率/%
固碳/（亿 t/a）	5830.05	7403.08	1573.03	26.98
释氧/（亿 t/a）	15028.94	18837.13	3808.19	25.34

依据《天然林资源保护工程黄河流域上中游生态效益监测国家报告》，天然林资源保护实施后，黄河中上游天然林资源保护区固碳量为 3963.61 亿 t/a，比天然林资源保护实施前的 2576.93 亿 t/a 增加了 1386.68 亿 t/a，增加率为 53.81%（图 2-26）。同时，天然林资源保护实施后，黄河流域中上游天然林资源保护区释氧总量为 9590.76 亿 t/a，比天然林资源保护实施前的 6662.65 亿 t/a 增加了 2928.11 亿 t/a，增加率为 43.95%（图 2-27）。

4. 保育土壤功能

依据《天然林资源保护工程东北、内蒙古重点国有林区效益监测国家报告 2015》，东北、内蒙古重点国有林区天然林资源保护实施前，森林固土总物质量 11.26 亿 t/a（表 2-25），占同期全国森林生态系统服务功能固土物质量（64.36 亿 t/a）的 17.50%；天然林资源保护实施后，森林固土总物质量 13.64 亿 t/a；天然林资源保护实施期间，森林固土总物质量 2.38 亿 t/a，比天然林资源保护实施前增加了 21.14%。此外，东北、内蒙古重点国有林区天然林资源保护实施前，森林保肥总量达 6740.29 万 t/a；天然林资源保护实施后，森林保肥总量达 8458.03 万 t/a；天然林资源保护实施期间，森林保肥总量为 1717.74 万 t/a，比天然林资源保护实施前增加了 25.48%。

依据《天然林资源保护工程黄河流域上中游生态效益监测国家报告》，天然林资源保护实施后，黄河中上游天然林资源保护区固土量为 7.54 亿 t/a，比天然林资源保护实

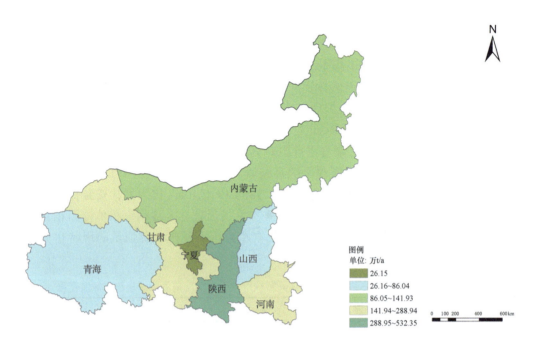

图 2-26 黄河流域上中游天然林资源保护实施期间各省（自治区）固碳量空间分布格局

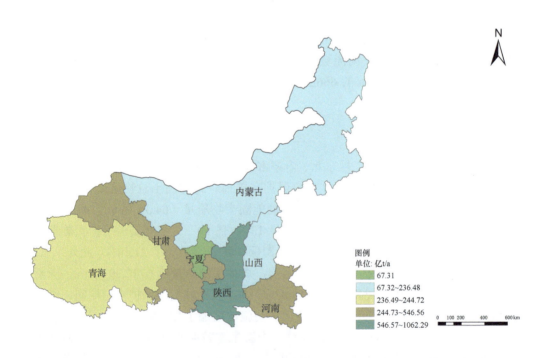

图 2-27 黄河流域上中游天然林资源保护实施期间各省（自治区）释氧量空间分布格局

表 2-25　东北、内蒙古重点国有林区天然林资源保护实施前后固土量与保肥量变化

功能	实施前	实施后	增加量	增长率/%
固土/（亿 t/a）	11.26	13.64	2.38	21.10
保肥/（亿 t/a）	6740.29	8458.03	1717.75	25.48

施前的 5.52 亿 t/a，增加了 36.59%（图 2-28）。同时，天然林资源保护实施后，黄河流域中上游天然林资源保护区保肥总量为 4473.73 万 t/a；减少氮、磷、钾流失量分别为 77.31 万 t/a、10.08 万 t/a、36.88 万 t/a。

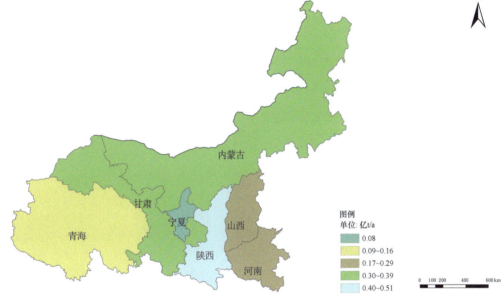

图 2-28　黄河流域上中游天然林资源保护实施期间各省（自治区）固土量空间分布格局

2.3　退耕还林工程区森林生态系统质量及变化

退耕还林工程造林占同期林业重点工程造林总面积的一半以上，水土流失和风沙危害明显减轻，退耕还林工程已成为中国政府高度重视生态建设、认真履行大国责任的标志性工程（国家林业局，2014）。党的十八大要求把建设生态文明放在突出地位，"倾听人民呼声、回应人民期待"，习近平总书记的要求指明了退耕还林工程亟待吹响新号角的动力源泉。本节通过退耕还林工程区的森林结构、植被特性和服务功能对森林生态系统质量及变化进行系统分析，为今后进一步提升退耕还林工程区的森林质量提供参考和支持。

2.3.1 退耕还林工程区森林资源面积时空演变

1. 退耕还林工程区森林资源面积时间变化

全国退耕还林工程分为第一轮（1999～2013 年）和新一轮（2014 年至今）两个大的时期。从图 2-29 可知，1999 年和 2014 年退耕还林面积较小，2002～2005 年退耕还林面积较大，2003 年达最大值，2006～2013 年相对稳定。

图 2-29　全国退耕还林工程植被恢复时间动态

全国退耕还林工程植被产生的时间变化与退耕还林的相关政策密切相关。1998 年特大洪灾之后，为从根本上扭转我国生态急剧恶化的状况，为了摸索经验，稳步推进，根据"全面规划、分步实施，突出重点、先易后难，先行试点、稳步推进"的原则，从 1999～

2001 年选择具有代表性的省和县进行退耕还林工程试点。最先从 1999 年开始选择四川、陕西和甘肃 3 省,按照"退耕还林、封山绿化、以粮代赈、个体承包"的政策措施,率先开展了退耕还林工程试点。到 2001 年底,全国先后有 20 个省(自治区、直辖市)和新疆生产建设兵团进行了试点。

2002 年,在试点成功的基础上,我国退耕还林工程全面启动,扩大退耕还林规模,加快退耕还林、改善生态环境步伐。2003 年,退耕还林工程全面实施的第二年,退耕还林规模进一步扩大,工程任务达到高峰。2002～2003 年,退耕还林工程任务量急剧增大,增加量大于 500 万 hm^2,2002 年和 2003 年的工程面积分别占总退耕还林工程的 19.35%和 23.50%。

2004 年是退耕还林工程从扩大规模、扩大范围到成果巩固、稳步推进的转折点,进行了结构性、适应性的调整,工程任务较大幅度调减,同时加大了荒山造林的比例,使荒山造林成为退耕还林工程的重要特色。2005 年退耕还林工程增加了封山育林建设内容,安排少量退耕地还林任务,解决已经完成任务的遗留问题。2004 年和 2005 年退耕还林工程面积均在 300 万～400 万 hm^2,分别占总退耕还林工程的 12.48%和 12.36%。

2006～2013 年是成果巩固、稳步推进阶段。2006 年退耕还林工程任务很少,根据"巩固成果、确保质量、完善政策、稳步推进"的重要指示进一步解决部分遗留问题,将工作重点放在巩固成果上,退耕还林任务要严格限定在 25°以上水土流失严重的陡坡耕地和严重沙化耕地。2007～2013 年,退耕还林任务只安排了宜林荒山荒地造林和封山育林,没有安排退耕地还林任务。其中 2006～2008 年,退耕还林工程增加量在 100 万～200 万 hm^2;2009～2010 年,退耕还林工程增加量小于 100 万 hm^2;2011～2013 年,退耕还林工程增加量小于 50 万 hm^2。

2014 年,为解决中国水土流失和风沙危害问题、增加中国森林资源、应对全球气候变化,经国务院批准实施《新一轮退耕还林还草总体方案》(简称《方案》),《方案》提出继续在陡坡耕地、严重沙化耕地和重要水源地实施退耕还林还草,到 2020 年,将中国具备条件的坡耕地和严重沙化耕地约 282.67 万 hm^2 退耕还林还草。2015 年,退耕还林工程面积较前几年略有增加。新一轮退耕还林实施范围针对性强,主要针对 25°以上坡耕地、严重沙化耕地和重要水源地的 15°～25°坡耕地。紧紧围绕增强生态功能、扩大森林面积这一根本目标,重点安排生态区位重要、生态状况脆弱、集中连片特殊困难地区退耕还林,增强退耕还林的针对性和有效性,不再平均分配工程建设任务,避免该退的退不下来,不该退的却退了的情况;同时,新一轮退耕还林还草工程是一种全新的生态工程建设模式,补助不再区分区域,对还生态林、经济林的比例也不再做限制,坚持生态优先的前提下,因地制宜地选择林种树种,调整补贴形式,允许退耕还林农民在不破坏植被的前提下林粮间作,引导、支持农民在坡耕地上重点发展生态效益和经济效益兼优的特色林果业,大力发展林下经济,倡导多元化经营模式,使农民获得较好收益,达到改善生态和民生双重目的。

　　从退耕还林工程区三种植被恢复模式来看（图 2-30），退耕地还林任务主要集中在 2002~2005 年，占退耕地还林总面积的 59.11%。宜林荒山荒地造林任务主要集中在 2002~2007 年，占宜林荒山荒地造林总面积的 70.78%。封山育林任务主要集中在 2005 年，占封山育林总面积的 33.63%。三种植被恢复模式中，宜林荒山荒地造林的面积最大（1582.47 万 hm²，55.55%），其次是退耕地还林（959.92 万 hm²，33.70%），封山育林的面积最小（306.25 万 hm²，10.75%）。可见，三种植被恢复模式的退耕还林面积主要集中在第一轮，新一轮的面积较小。不同时期三种植被恢复模式退耕还林面积的变化主要与退耕还林政策有关，1999~2004 年没有安排封山育林模式的造林，只有退耕地还林和宜林荒山荒地造林两种模式；其中 2002~2003 年是退耕还林工程的大规模推进阶段，退耕还林工程全面启动，也就大规模增加了退耕地还林和宜林荒山荒地造林的面积，2004~2005 年是退耕还林工程结构性调整阶段，2005 年才开始封山育林的建设。

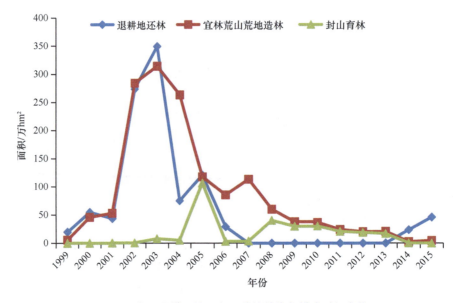

图 2-30　全国退耕还林工程三种植被恢复模式时间变化

　　从退耕还林工程区三种林种类型来看，不同时期均以生态林的面积最大，其次是灌木林和经济林（图 2-31），根据退耕还林工程条例和政策，退耕还林要以营造生态林为主，营造的生态林比例以县为核算单位，不得低于 80%，经济林比例不得超过 20%。坡度在 25° 以上的坡耕地（含梯田）、水土流失严重或泛风沙严重，以及一切生态地位重要地区必须营造生态林，这也就决定了生态林的面积最大。三种林种类型的恢复趋势大致为先增长后减小的变化趋势，2003 年是三种林种类型的高峰值，2003 年后三种林种类型面积逐年降低。2002~2006 年是主要的造林期，这一时期的生态林、经济林和灌木林面积分别占各自总面积的 72.14%、67.41% 和 72.81%。2008 年未实施生态林退耕任务，该年之后有少量恢复面积。

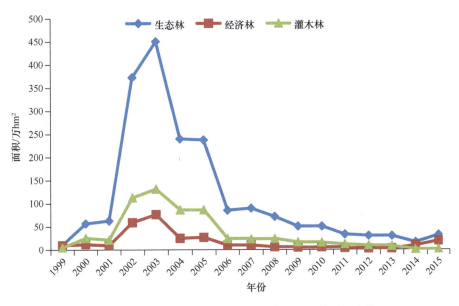

图 2-31　全国退耕还林工程三种林种类型面积的时间变化

2. 退耕还林工程区森林资源面积空间演变

退耕还林工程范围包括：北京、天津、河北、山西、内蒙古、辽宁、吉林、黑龙江、安徽、江西、河南、湖北、湖南、广西、海南、重庆、四川、贵州、云南、西藏、陕西、甘肃、青海、宁夏、新疆 25 个省（自治区、直辖市）及新疆生产建设兵团，共 1897 个县（含市、区、旗）。由于退耕还林工程各地区地形地貌、水热条件等自然特征以及水土流失和风蚀沙化程度的不同，各省（自治区、直辖市）退耕还林工程植被恢复情况差异较大。至 2015 年底，全国退耕还林工程面积达到 2848.64 万 hm^2（图 2-32），其中内蒙古的退耕还林面积最大，占退耕还林工程总面积的 9.95%；其次是四川、甘肃和河北，分别占退耕还林工程总面积的 7.27%、7.13%和 6.89%；山西、贵州和湖南紧随其后，北京、海南和西藏排最后三位。

退耕还林工程将水土流失严重的，沙化、盐碱化和石漠化严重的，以及生态位重要、粮食产量低而不稳的耕地纳入规划，退耕地还林模式下规模较大的省（自治区、直辖市）主要有四川、内蒙古、甘肃和陕西等。各省级区域宜林荒山荒地造林面积均占有一定的数量，适宜的主要树种有侧柏、刺槐、柠条和沙枣等，宜林荒山荒地造林模式下规模较大的省（自治区、直辖市）主要有内蒙古、甘肃、陕西和四川等。封山育林作为植被恢复的重要方式之一，建设安排在无林地和疏林地上，以有效提高森林覆盖率，封山育林模式下规模较大的省（自治区）主要有河北、内蒙古、黑龙江和辽宁。全国退耕还林工程三种植被恢复类型的空间动态见图 2-33～图 2-35。

各地区根据不同气候条件和土壤类型进行科学规划设计，因地制宜，选择适宜的退耕树种，乔灌草优化配置。同时，结合各地的自然、社会和经济条件，以及林地经营目的和乡土优势树种类型的不同，制定不同生态林与经济林比例的工程实施方案。退耕还

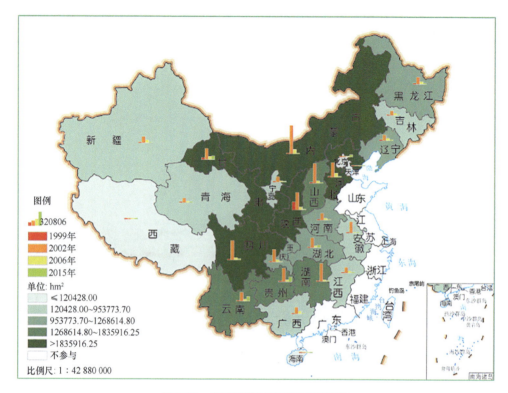

图 2-32　全国退耕还林工程面积变化

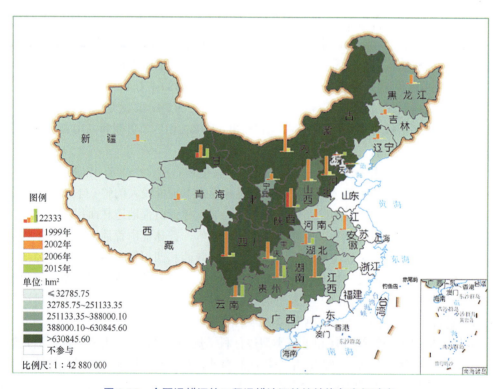

图 2-33　全国退耕还林工程退耕地还林植被恢复空间动态

图 2-34　全国退耕还林工程宜林荒山荒地造林植被恢复空间动态

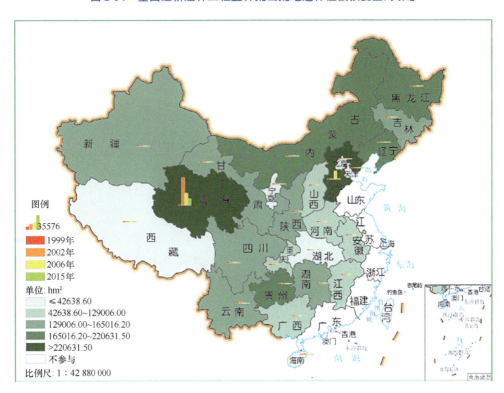

图 2-35　全国退耕还林工程封山育林植被恢复空间动态

生态林规模较大的省（直辖市）主要有四川、河北、贵州、湖北、黑龙江、重庆、甘肃和陕西等；退耕还经济林较大的省主要有湖南、云南、陕西和四川等水热条件较好的部分地区，工程营造的经济林恢复面积也较少；退耕还灌木林主要集中在干旱沙化地区，面积较大的省（自治区）主要有内蒙古、宁夏、甘肃、山西和青海等。全国退耕还林工程三个林种类型植被恢复的空间分布见图 2-36～图 2-38。

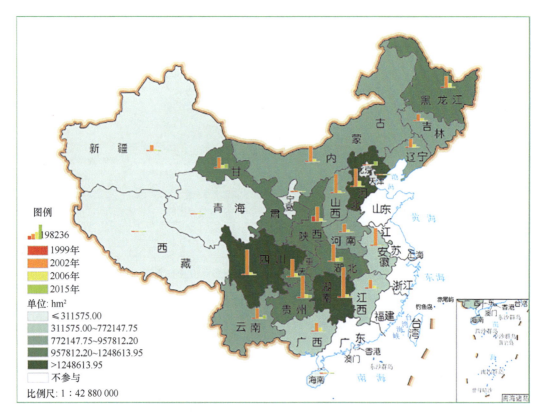

图 2-36 全国退耕还林工程生态林植被恢复空间分布

2.3.2 退耕还林工程区森林生态系统活力特征分析

1. 归一化植被指数变化

根据环境保护部和中国科学院（2014）的研究，2000～2010 年工程区全区归一化植被指数（NDVI）多年平均值为 0.55，即第一轮退耕还林工程区 NDVI 指数为 0.55，多年变化率为 0.0009，总体呈上升趋势；其中，黄土丘陵沟壑区上升趋势最明显，变化率达到每年 0.0043；而西南高山峡谷区和新疆干旱荒漠区略有下降，变化率分布分别为每年 -0.0008 和 -0.0002。按上述推算，NDVI 每年上升 0.0009，在新一轮退耕还林实施后，2020 年退耕还林工程区的 NDVI 指数将达到 0.56。

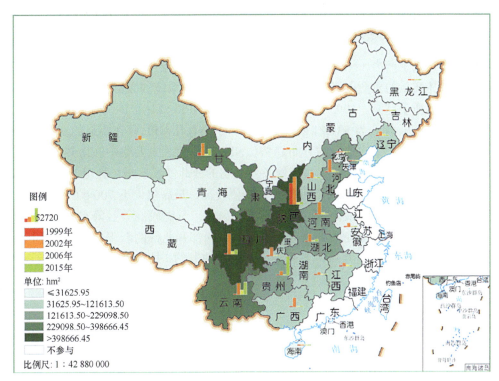

图 2-37　全国退耕还林工程经济林植被恢复空间分布

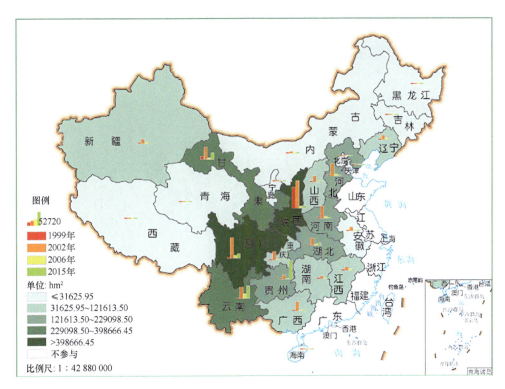

图 2-38　全国退耕还林工程灌木林植被恢复空间分布

2. 净初级生产力变化

植被净初级生产力（NPP）的变化，不仅能够反映自然植被生态系统的生产能力，也是评价森林质量的重要因素，同时也是判断森林生态系统固碳能力的重要因子，NPP越高说明森林质量越高。1993～2012 年中国森林 NPP 变化范围为 0～1010.39 g C/（m²·a）（图 2-39），均值为 531.21 g C/（m²·a）。中国森林 NPP 存在明显的空间异质性，整体呈从东南向西北依次递减的分布趋势，NPP 的高值区主要集中在雨热资源丰富的东南沿海地区，低值区主要分布在气候条件恶劣的西北沙漠区域（杜卫，2018）。其中海南、云南、广东和福建等地区森林 NPP 均值较高，最高值大于 700 g C/（m²·a），主要因为这些地区处于中国最南方，属于东部季风区，气温较高并且降水丰富，符合植被生长的需要，并且极少受到人类活动的干扰。西部和北部的新疆、内蒙古等区域的森林 NPP 年均值较低，主要原因是受到水热条件的制约，植被生长不旺盛导致森林覆盖率低。

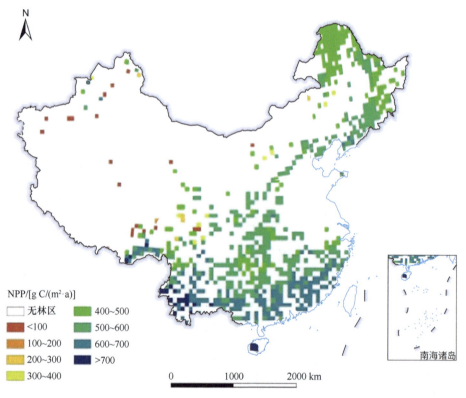

NPP/[g C/(m²·a)]

无林区	400～500
<100	500～600
100～200	600～700
200～300	>700
300～400	

0   1000   2000 km

图 2-39   1993～2012 年中国森林年均 NPP 空间分布

引自杜卫（2018）

退耕还林区域NPP分布图的结果显示（图 2-40），NPP 均值在 0～1486 g C/（m²·a），整体上呈现从西北向东南增加的趋势，虽然其值域范围更广，但绝大部分地区 NPP

均值都在 800 g C/（m²·a）以下，均值较高的地区仅存在于云南西南部、四川等少数地区（王浩，2016）。同时，NPP 均值年际的变率在 –127.95～101.37 g C/（m²·a），整个研究区中 65.96%的区域 NPP 呈现增加的趋势，其中 13.65%的区域在 0.95 的显著性水平上呈现极显著增加，19.71%的区域在 0.9 的显著性水平上呈现显著增加，这些区域主要分布于东北平原、黄土高原和甘肃南部等区域（图 2-41）。NPP 呈现减少的区域比例为 34.04%，其中只有 2.6%的区域在 0.95 的显著性水平上呈现极显著减少，4.46%的区域在 0.9 的显著性水平上呈现显著减少，这些区域零星分布于新疆、内蒙古、四川等省区内（王浩，2016）。通过和 NDVI 变化趋势图的对比可以看出，对 NPP 的估算结果更符合植被活动的变化趋势，二者在显著性变化上所表现出的空间分布更为一致。

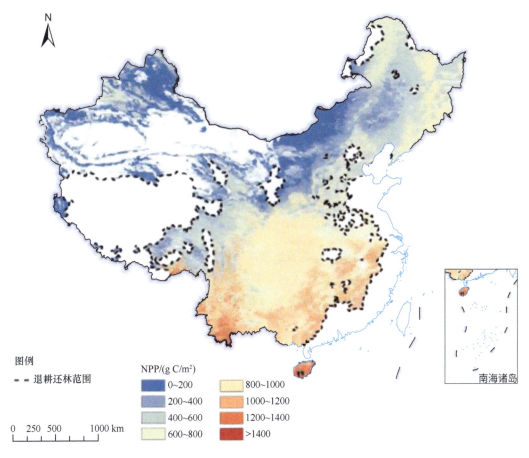

图例

‐ ‐ 退耕还林范围

NPP/(g C/m²)

0~200	800~1000
200~400	1000~1200
400~600	1200~1400
600~800	>1400

0 250 500 1000 km

南海诸岛

图 2-40 退耕还林（草）工程区 2000～2010 年 NPP 平均值变化空间分布

引自王浩（2016）

3. 植被覆盖度变化

根据环境保护部和中国科学院（2014）的研究，2000～2010 年最大植被覆盖度多年

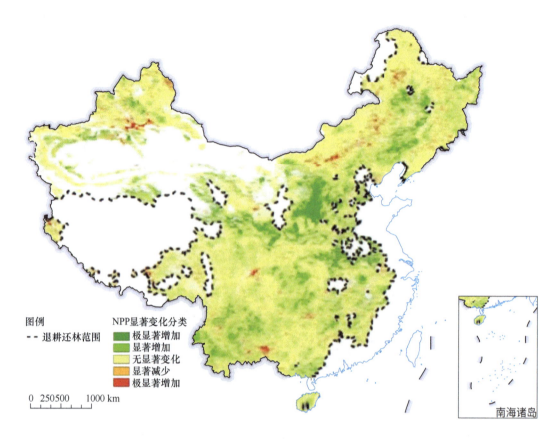

图例
-- 退耕还林范围

NPP显著变化分类
- 极显著增加
- 显著增加
- 无显著变化
- 显著减少
- 极显著增加

0 250500   1000 km

南海诸岛

图 2-41　退耕还林（草）工程区 2000～2010 年 NPP 显著变化空间分布
引自王浩（2016）

平均值为 54.85%，多年平均变化率为 0.26%，总体呈上升趋势；其中，黄土丘陵沟壑区的上升趋势最明显，变化率为 1.13%；新疆干旱荒漠区变化趋势最明显，变化率为 –0.29%。按上述推算，植被覆盖度每年上升 0.26%，在新一轮退耕还林实施后，2020 年退耕还林工程区的植被覆盖度将达到 57.15%。

2.3.3　退耕还林工程区森林生态系统结构特征

退耕还林工程在实施过程中是根据不同区域类型和生态条件，对树种进行合理调整搭配，主要的林种类型为经济林、灌木林和生态林；主要造林模式为封山育林、宜林荒山荒地造林和退耕地造林；截至 2016 年底，全国退耕还林工程面积达到 2842.80 万 hm^2，其中退耕地还林面积 954.08 万 hm^2，宜林荒山荒地造林面积 1582.47 万 hm^2，封山育林面积 306.25 万 hm^2，面积核实率和造林合格率都在 90% 以上。主要的树种以乡土树种为主，造林密度约为 2550 株/hm^2，株行距 2 m×2 m，树种比例以混交林为主，混交比例 2：1。

2.3.4　退耕还林工程区森林生态系统服务功能特征分析

1. 涵养水源功能

依据《退耕还林工程生态效益监测国家报告 2016》，三种植被恢复模式退耕地还林、宜林荒山荒地造林和封山育林的涵养水源量分别为 135.95 亿 m³/a、206.08 亿 m³/a 和 43.20 亿 m³/a；全国退耕还林工程三种林种类型生态林、经济林和灌木林的涵养水源量分别为 280.45 亿 m³/a、45.60 亿 m³/a 和 59.18 亿 m³/a；全国退耕还林工程生态林规模较大的省（直辖市）主要有四川、河北、贵州、湖北、黑龙江、重庆、甘肃和陕西等，灌木林较大的省（自治区）有内蒙古、宁夏、甘肃、山西和青海等，经济林较大的省有湖南、云南、陕西和四川。生态林的生态功能强于经济林和灌木林，基于退耕还林林种结构特征，四川的林种类型生态功能较强，因此，四川涵养水源物质量最大，为 58.25 亿 m³/a，比退耕还林总面积第一的内蒙古高 28.06 亿 m³/a；其次是重庆、湖南、云南和内蒙古，其涵养水源物质量均在 30.00 亿～40.00 亿 m³/a，占涵养水源总物质量的 49.01%；甘肃、湖北、陕西、贵州、江西、广西、河南、山西、黑龙江和辽宁的涵养水源物质量均在 10.00 亿～30.00 亿 m³/a；另外 11 个省（自治区、直辖市）涵养水源物质量均小于 10.00 亿 m³/a（图 2-42）。

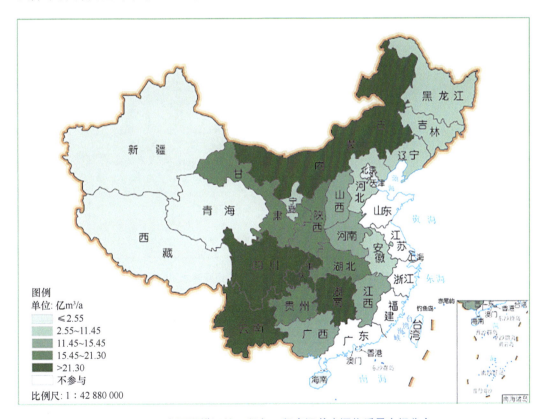

图 2-42　全国退耕还林工程各工程省涵养水源物质量空间分布

依据《退耕还林工程综合效益监测国家报告 2017》，集中连片特困区退耕还林工程涵养水源总物质量达 175.69 亿 m³/a，空间分布见图 2-43。秦巴山区涵养水源物质量最大，为 35.09 亿 m³/a，其次是武陵山区，涵养水源物质量为 32.61 亿 m³/a；再次是六盘山区、乌蒙山区、滇西边境山区和滇桂黔石漠化区，其涵养水源物质量均在 18.00 亿～20.00 亿 m³/a。上述六个片区占涵养水源总物质量的 81.92%，其余地区涵养水源物质量均低于 7.00 亿 m³/a。集中连片特困区退耕还林工程涵养水源的空间分布特征与其森林结构特征的林种类型和植被恢复模式密切相关，秦巴山区的生态林面积最大（160.01 万 hm²），而生态林的生态功能远大于经济林和灌木林（表 2-26）；另外，秦巴山区的三种植被恢复类型（退耕地还林、宜林荒山荒地造林、封山育林）的面积也是所有集中连片特困区中最大的，故秦巴山区涵养水源物质量最大。

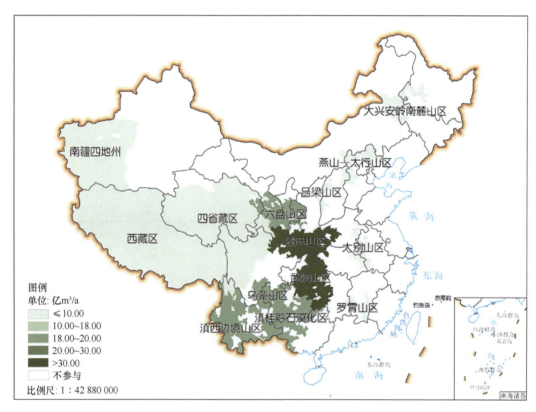

图 2-43 集中连片特困地区各片区退耕还林工程涵养水源物质量空间分布

表 2-26 截至 2017 年集中连片特困地区退耕还林工程实施情况（单位：万 hm²）

集中连片特困地区	总面积	三种植被恢复类型			三种林种类型		
		退耕地还林	宜林荒山荒地造林	封山育林	生态林	经济林	灌木林
六盘山区	203.56	91.47	103.78	8.31	115.68	9.55	78.33
秦巴山区	223.55	101.26	104.79	17.50	160.01	56.30	7.24
武陵山区	169.86	80.18	78.20	11.48	142.04	25.11	2.71

续表

集中连片特困地区	总面积	三种植被恢复类型			三种林种类型		
		退耕地还林	宜林荒山荒地造林	封山育林	生态林	经济林	灌木林
乌蒙山区	103.40	58.50	37.82	7.08	78.03	22.60	2.77
滇桂黔石漠化区	134.19	63.28	56.73	14.18	89.20	32.92	12.07
滇西边境山区	81.17	36.05	36.80	8.32	51.35	24.79	5.03
大兴安岭南麓山区	40.34	14.30	21.49	4.55	25.18	0.55	14.61
燕山—太行山区	111.16	50.04	49.05	12.07	60.08	8.40	42.68
吕梁山区	65.06	26.18	35.77	3.11	35.30	9.32	20.44
大别山区	36.40	9.97	23.40	3.03	29.26	6.33	0.81
罗霄山区	19.80	4.66	11.74	3.40	18.25	1.42	0.13
西藏区	3.65	2.53	0.61	0.51	2.40	0.32	0.93
四省藏区	30.69	16.46	9.42	4.81	20.32	3.74	6.63
南疆四地州	34.11	17.56	13.37	3.18	12.69	11.37	10.05
总计	1256.94	572.44	582.97	101.53	839.79	212.72	204.43

2. 保育土壤功能

依据《退耕还林工程生态效益监测国家报告 2014》，长江流域中上游退耕还林工程固土物质量为 2.62 亿 t/a，保肥物质量为 958.13 万 t/a；黄河流域中上游退耕还林工程固土物质量为 1.27 亿 t/a，保肥物质量为 412.28 万 t/a。可见，长江流域中上游退耕还林工程固土物质量和保肥物质量均较高于黄河流域中上游退耕还林工程区，原因与长江流域中上游、黄河流域中上游退耕还林工程区的森林质量有关，长江流域中上游退耕还林工程区的林种类型和植被恢复模式下的森林结构均有利于提高生态功能。长江流域中上游与黄河流域中上游退耕还林工程不同植被恢复类型所占比例表现一致，均是宜林荒山荒地造林面积最大，占比均在 50%以上，封山育林面积最小，占比约为 10%（图 2-44），但由于长江流域中上游和黄河流域中上游水热条件的显著差异，长江流域中上游和黄河流域中上游 3 个林种类型所占比例存在明显差异，长江流域中上游以生态林面积最大，占比 80%以上；黄河流域中上游以灌木林占比最大，约为 45.48%（图 2-45）。

长江流域年均降水量为 1067 mm，而黄河流域年均降水量在 143.3～849.6 mm。相比之下，长江流域更有利于耗水性强的乔木树种生长，因此长江流域中上游的生态林面积所占比例较大，约为 83%。黄河流域中上游的生态林面积所占比例则仅为 45.48%。黄河流域东南部属半湿润气候，中部属半干旱气候，西北部属干旱气候。黄河流域内降水和气候条件的差异导致该流域上游和中游的退耕还林林种类型面积所占比例有所差异。由于黄河上游的自然条件不适于乔木林生长，因此其退耕还林面积中灌木林所占比例大于生态林，而黄河中游的自然条件适合乔木的生长，所以其退耕还林面积中灌木林所占比例则小于生态林。

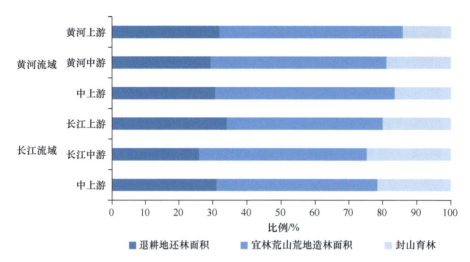

图 2-44 长江流域中上游、黄河流域中上游退耕还林工程区三种植被恢复类型面积比例

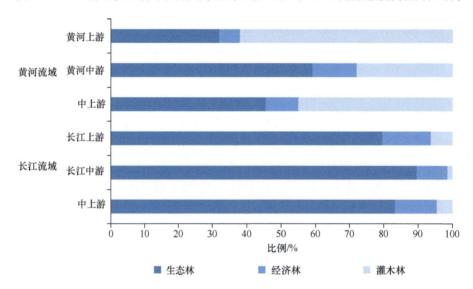

图 2-45 长江流域中上游、黄河流域中上游退耕还林工程区三个林种类型面积比例

　　长江流域中上游退耕还林工程固土量和保肥量之和较大的市级区域主要为重庆市，湖南的湘西土家族苗族自治州、怀化市、邵阳市，四川的凉山彝族自治州、南充市，贵州的遵义市、毕节市，江西的赣州市和陕西的安康市（图 2-46 和图 2-47），均超过 500.00 万 t/a，且该 10 个区域的固土量和保肥量总和占长江流域中下游退耕还林工程保育土壤总物质量的 30%以上。黄河流域中上游的内蒙古的乌兰察布市、鄂尔多斯市、巴彦淖尔市，陕西的延安市、榆林市，山西的吕梁市，宁夏的固原市和甘肃的庆阳市、平凉市以及河南的三门峡市、洛阳市的退耕还林工程保育土壤物质量较高（图 2-48 和图 2-49），均超过 400.00 万 t/a，且该 11 个区域的固土物质量和保肥物质量总和占黄河流域中上游退耕还林工程固土物质量和保肥物质量的 55%。

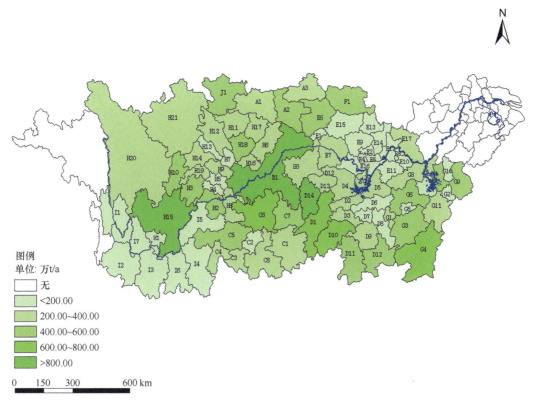

图 2-46　长江流域中上游退耕还林固土物质量空间分布

注：A1 汉中市、A2 安康市、A3 商洛市；B1 重庆市；C1 黔东南州、C2 贵阳市、C3 安顺市、C4 六盘水市、C5 毕节市、C6 遵义市、C7 铜仁市、C8 黔南州；　D1 怀化市、D2 益阳市、D3 娄底市、D4 常德市、D5 岳阳市、D6 长沙市、D7 湘潭市、D8 株洲市、D9 衡阳市、D10 邵阳市、D11 永州市、D12 郴州市、D13 张家界市、D14 湘西州；E1 神农架区、E2 天门市、E3 鄂州市、E4 潜江市、E5 仙桃市、E6 十堰市、E7 宜昌市、E8 恩施州、E9 荆门市、E10 黄石市、E11 咸宁市、E12 武汉市、E13 随州市、E14 孝感市、E15 襄阳市、E16 荆州市、E17 黄冈市；F1 南阳市；G1 萍乡市、G2 鹰潭市、G3 吉安市、G4 赣州市、G5 新余市、G6 宜春市、G7 南昌市、G8 九江市、G9 上饶市、G10 景德镇市、G11 抚州市；H1 攀枝花市、H2 宜宾市、H3 乐山市、H4 自贡市、H5 内江市、H6 达州市、H7 遂宁市、H8 泸州市、H9 资阳市、H10 雅安市、H11 广元市、H12 绵阳市、H13 德阳市、H14 成都市、H15 凉山州、H16 广安市、H17 巴中市、H18 南充市、H19 眉山市、H20 甘孜州、H21 阿坝州；I1 迪庆州、I2 大理州、I3 楚雄州、I4 曲靖市、I5 昭通市、I6 昆明市、I7 丽江市；J1 陇南市。下同

3. 森林防护功能

依据《退耕还林工程生态效益监测国家报告 2015》，北方沙化土地退耕还林工程省级区域三种植被恢复类型所占比例存在差异（表 2-27）。黑龙江、吉林、辽宁、山西、陕西和新疆的沙化土地退耕还林工程植被恢复类型仅为退耕地还林。河北沙化土地退耕还林工程以退耕地还林和宜林荒山荒地造林为主，二者的比例分别为 44.67%和 45.41%，而封山育林的面积比例仅为 9.92%。内蒙古沙化土地退耕还林工程主要以宜林荒山荒地造林为主，其面积比例达到 64.14%，而退耕地还林和封山育林的面积比例分别为 31.36%和 4.51%。甘肃沙化土地退耕还林工程主要以宜林荒山荒地造林和封山育林为主，二者的面积比例分别为 53.77%和 43.30%，而宁夏沙化土地退耕还林工程主要以退耕地还林

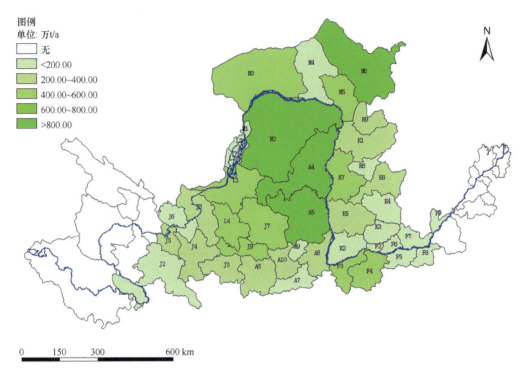

图 2-47 长江流域中上游退耕还林保肥物质量空间分布

注：A4 榆林市、A5 延安市、A6 宝鸡市、A7 西安市、A8 渭南市、A9 铜川市、A10 咸阳市；F2 济源市、F3 三门峡市、F4 洛阳市、F5 郑州市、F6 焦作市、F7 新乡市、F8 开封市、F9 濮阳市；J2 甘南州、J3 天水市、J4 定西市、J5 临夏州、J6 兰州市、J7 庆阳市、J8 白银市、J9 平凉市；K1 忻州市、K2 运城市、K3 晋城市、K4 长治市、K5 临汾市、K6 太原市、K7 吕梁市、K8 晋中市、K9 朔州市；L1 吴忠市、L2 银川市、L3 石嘴山市、L4 固原市；M1 乌海市、M2 鄂尔多斯市、M3 巴彦淖尔市、M4 包头市、M5 呼和浩特市、M6 乌兰察布市。下同

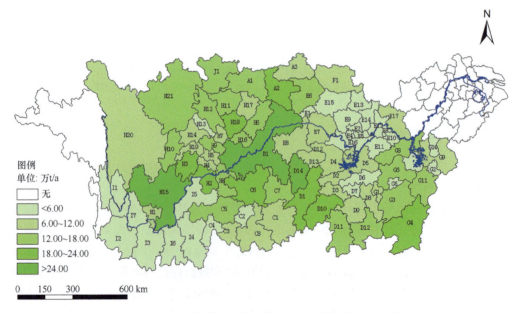

图 2-48 黄河流域中上游退耕还林固土物质量空间分布

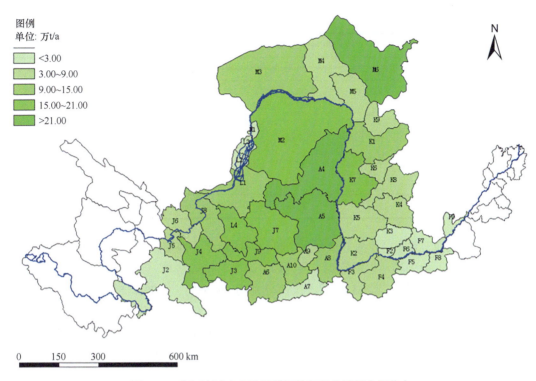

图 2-49　黄河流域中上游退耕还林保肥物质量空间分布

为主，其面积比例达到 58.30%。新疆生产建设兵团沙化土地退耕还林工程中，退耕地还林、宜林荒山荒地造林和封山育林的面积比例分别为 36.48%、21.48%和 42.04%。

　　生态林在黑龙江、吉林、辽宁、新疆退耕还林工程中面积及相对比例最大，为改善退耕还林工程区生态环境起到了非常重要的作用。经济林和灌木林面积在上述几个省（自治区）中所占比例较小（表 2-27）。河北沙化土地退耕还林工程主要以营造生态林和灌木林为主，其面积比例分别为 57.81%和 40.80%，其中灌木林主要分布在河北临近内蒙古、辽宁和山西的地区。内蒙古沙化土地退耕还林工程主要以营造灌木林和生态林为主，其面积比例分别为 65.25%和 34.10%。

表 2-27　北方沙化土地退耕还林工程不同植被恢复类型和林种类型面积（单位：万 hm^2）

省级区域	退耕还林工程总面积	三种植被恢复类型面积			三个林种类型面积		
		退耕地还林	宜林荒山荒地造林	封山育林	生态林	经济林	灌木林
黑龙江	17.72	17.72	—	—	17.68	0.04	—
吉林	11.89	11.89	—	—	10.85	0.28	0.76
辽宁	9.12	9.12	—	—	7.47	1.54	0.11
河北	45.98	20.54	20.88	4.56	26.58	0.64	18.76
内蒙古	246.37	77.25	158.02	11.10	84.02	1.59	160.76
山西	9.33	9.33	—	—	1.44	0.75	7.14

续表

省级区域	退耕还林工程总面积	三种植被恢复类型面积			三个林种类型面积		
		退耕地还林	宜林荒山荒地造林	封山育林	生态林	经济林	灌木林
陕西	0.03	0.03	—	—	<0.01	—	0.03
甘肃	13.28	0.39	7.14	5.75	4.59	—	8.69
宁夏	10.72	6.25	2.65	1.82	0.48	0.17	10.07
新疆	7.52	7.52	—	—	5.03	1.41	1.08
新疆兵团	29.14	10.63	6.26	12.25	5.76	4.10	19.28
合计	401.10	170.67	194.95	35.48	163.90	10.52	226.68

山西、陕西、甘肃、宁夏、新疆生产建设兵团沙化土地退耕还林工程森林植被主要以灌木林为主，由于当地生境特点，陕西和甘肃未营造经济林。上述省（自治区、新疆生产建设兵团）沙化土地灌木林所占比例分别为 76.53%、100%、65.44%、93.94% 和 66.16%，是所评估省级区域中灌木林面积较大、所占比例较高的区域，这主要由于这些地区纬度较高、年均降水量不足 400 mm 且土壤多为风沙土类，大部分地区不适宜耗水量高的植被生长，柠条、梭梭、沙棘等灌木林是该区域较好的退耕还林树种。

北方沙化土地退耕还林工程林种和植被恢复模式结构体现了北方沙化土地退耕还林工程的森林质量状况，进而也显著影响了北方沙化土地退耕还林工程区防风固沙量的空间变化趋势，内蒙古防风固沙总物质量最大，为 52345.14 万 t/a，占防风固沙总物质量的 56.95%；新疆生产建设兵团和河北次之，分别为 10671.62 万 t/a 和 10207.59 万 t/a；其余省（自治区）防风固沙物质量均低于 4500 万 t/a（图 2-50）。北方沙化土地退耕还林工程防风固沙物质量较高的市（盟）主要有内蒙古的乌兰察布市、通辽市、鄂尔多斯市、赤峰市、巴彦淖尔市、锡林郭勒盟、兴安盟，河北的唐山市，宁夏的吴忠市以及黑龙江的齐齐哈尔市，各市（盟）的防风固沙物质量均在 3100 万 t/a 以上，10 个市（盟）防风固沙总物质量为 55601.78 万 t/a，占北方沙化土地退耕还林工程防风固沙总物质量的 60.49%。

依据《退耕还林工程生态效益监测国家报告 2014》，长江流域中上游、黄河流域中上游退耕还林工程防风固沙量达 1.35 亿 t/a，其中 94.13% 集中分布在黄河流域中上游地区，长江流域中上游退耕还林工程防风固沙物质量较高的市级区域为陕西的安康市和商洛市以及河南的南阳市，这 3 个市级区域的防风固沙物质量之和不到 8000.00 万 t/a，仅占两大流域中上游退耕还林工程防风固沙总物质量的 6%。黄河流域中上游退耕还林工程防风固沙物质量所占比例较高，在 90% 以上，且主要分布在陕西的延安市、榆林市，内蒙古的乌兰察布市、鄂尔多斯市、巴彦淖尔市，甘肃的平凉市、庆阳市、定西市，宁夏的吴忠市以及山西的忻州市（图 2-51），各市级区域的防风固沙物质量均超过 5000.00 万 t/a，这 10 个市级区域的防风固沙物质量之和占黄河流域中上游退耕还林工程防风固沙总物质量的 74%。

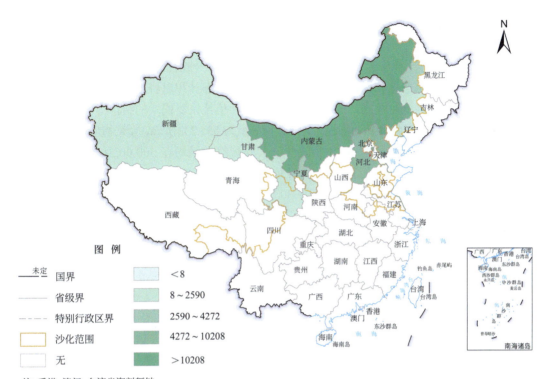

图 2-50 北方沙化土地退耕还林工程省级区域防风固沙物质量空间分布

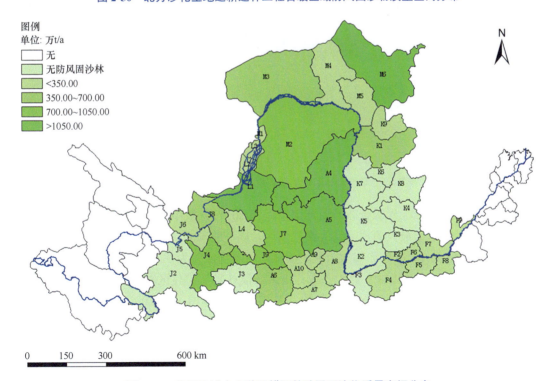

图 2-51 黄河流域中上游退耕还林防风固沙物质量空间分布

4. 固碳释氧功能

依据《退耕还林工程生态效益监测国家报告 2016》，三种植被恢复模式和三种林种结构特征，均以四川的生态林和退耕地还林模式占优，而生态林和退耕地还林的生态功能高于其他林种类型和植被恢复模式，故这样的林种类型和植被恢复模式的结构特征以及四川较大的 NPP，使四川的固碳释氧功能最大，固碳物质量为 535.23 万 t/a，释氧物质量为 1302.40 万 t/a；其次为河北、内蒙古、贵州和陕西，其固碳物质量均在 300.00 万～500.00 万 t/a（图 2-52），其释氧物质量均在 730.00 万～1300.00 万 t/a（图 2-53）；其余省（自治区、直辖市和新疆生产建设兵团）固碳物质量不足 300.00 万 t/a，释氧物质量不足 730.00 万 t/a。

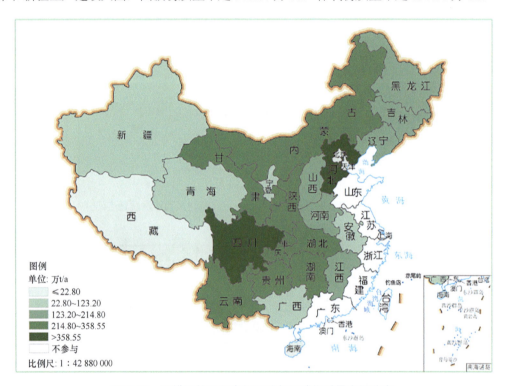

图 2-52　退耕还林工程省级区域年固碳物质量空间分布

依据《退耕还林工程综合效益监测国家报告 2017》，集中连片特困地区退耕还林工程固碳和释氧物质量最大的片区均为秦巴山区，固碳物质量为 398.35 万 t/a（图 2-54），释氧物质量为 950.14 万 t/a；其次为武陵山区，固碳物质量为 329.99 万 t/a，释氧物质量为 790.03 万 t/a；六盘山区、燕山—太行山区、滇桂黔石漠化区和乌蒙山区，固碳物质量均在 210.00 万～240.00 万 t/a，释氧物质量均在 530.00 万～600.00 万 t/a；其余地区固碳物质量不足 160.00 万 t/a，释氧量物质量不足 400.00 万 t/a。这与集中连片特困地区退耕还林工程的森林质量有关，由于秦巴山区生态林占绝对优势，而且该区域水热条件较好，NPP 高于其他区域，而生态林的生态功能较高，故该退耕还林工程区固碳释氧功能也强于其他区域。

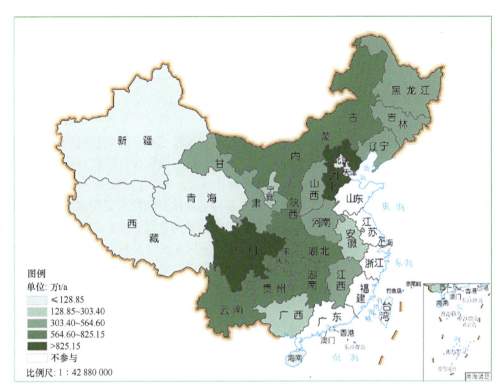

图 2-53　退耕还林工程省级区域年释氧物质量空间分布

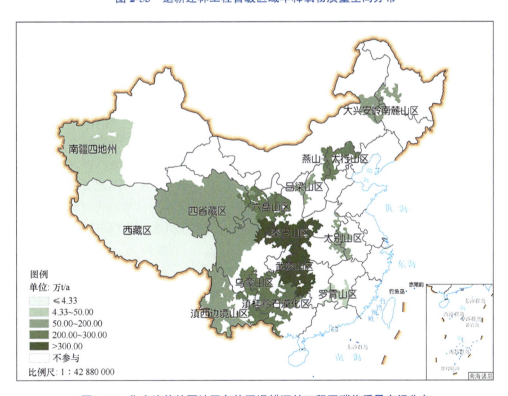

图 2-54　集中连片特困地区各片区退耕还林工程固碳物质量空间分布

2.4　国家级公益林森林生态系统质量状况

国家级公益林是指生态区位极为重要或生态状况极为脆弱,对国土生态安全、生物多样性保护和经济社会可持续发展具有重要作用,以发挥森林生态和社会服务功能为主要经营目的的防护林和特种用途林。其在涵养水源、保持水土、固碳释氧等方面发挥着巨大作用,是生态文明建设不可或缺的重要组成部分,对国家经济社会可持续发展具有重要作用。习近平总书记指出:"要着力提高森林质量,坚持保护优先、自然修复为主,坚持数量和质量并重、质量优先"。国家级公益林是森林资源的重要组成部分,是森林生态建设的主体,是维护国土生态安全的基石。本节从国家级公益林的数量、范围、组成结构、质量状况和生态系统服务功能方面系统分析国家级公益林区森林生态系统的质量,用详实的数据阐释国家级公益林质量状况,为今后国家级公益林的发展提供参考和建议。

2.4.1　国家级公益林资源面积时空变化

依据《国家级公益林监测评价报告(2019 年)》,国家级公益林经过试点区划、全面区划、补充区划和区划落界四个阶段,由 2001 年的 1333.33 万 hm²,扩大到 2004 年的 10520.00 万 hm²,于 2010 年补充再次扩大到 11866.67 万 hm²,2013 年增加至 12433.33 万 hm²,2017 年根据新修订的《国家级公益林区划界定办法》,将非林地和无林地等调出,落界面积 11394.07 万 hm²。2019 年国家级公益林面积 11360.22 万 hm²,占国土总面积的 11.83%,与 2017 年落界成果相比,净减少 33.85 万 hm²。国家级公益林中森林面积 10232.54 万 hm²,占国家级公益林总面积的 90.07%,占全国森林面积的 46.89%。其中,减少面积 49.37 万 hm²,主要原因是大兴安岭林业集团公司和内蒙古森工集团按照中央国家机构改革精神和自然资源调查统一标准要求,推进林业分类标准与国土"三调"分类标准衔接,进一步剔除了国家级公益林中的无林地;各地按照管理办法核减了建设项目使用国家级公益林的面积;因林农意愿等调出了部分国家级公益林;增加面积 15.52 万 hm²,主要来源于退耕还林工程中补进符合区划标准的防护林和特用林。

从空间分布特征来看,国家级公益林面积排前四的分别是四川(1617.98 万 hm²)、内蒙古(1130.19 万 hm²)、新疆(879.31 万 hm²)和云南(806.54 万 hm²),这 4 省区国家级公益林面积均在 800 万 hm² 以上;国家级公益林面积排后三位的是北京(33.10 万 hm²)、江苏(3.71 万 hm²)和天津(0.95 万 hm²),这 3 省市的国家级公益林面积均在 40 万 hm² 以下。这与各省(自治区、直辖市)的森林总面积有关,内蒙古和云南的森林面积较大;同时,也与国家级公益林区划原则、范围和标准有关,根据《国家级公益林区划界定办法》公益林区划应遵循生态优先、确保重点、因地制宜、因害设防、尊重自愿、维护稳定、集中连片、合理布局的原则。

大江大河流域及两岸是首要国家级公益林的划定范围,而四川既是长江流域的主要区域，也是金沙江和秦巴山区的主要区域，还是森林和陆生野生动物类型的国家级自然保护区，以及列入世界自然遗产名录的林地和水土流失的主要区域，故四川区划的国家级公益林面积最大。而内蒙古是沙漠化严重的区域，按照区划四大沙地 [呼伦贝尔、科尔沁（含松嫩沙地）、浑善达克、毛乌素沙地] 分布的县（旗、市）全部划入国家级公益林范围，其中有三个均在内蒙古；此外，内蒙古重点国有林区分布范围较大，还有大兴安岭集团和内蒙古森工集团的广大森林均可纳入国家级公益林，故其国家级公益林面积也较大。

北京、江苏和天津均是森林面积较小的省市，根据第九次森林资源清查结果，这 3 省市的森林面积排在全国 31 个省（自治区、直辖市）的倒数第五位、第四位和第二位；自身的森林面积较小，而且这 3 省市位于江河源头和江河两岸的区域较少，荒漠化和水土流失区域也较少，故其划入国家级公益林范围内的森林较少，故其国家级公益林面积最小。

国家级公益林面积减少的有 19 个省（自治区、直辖市），其中减少超过 1 万 hm^2 的省区和区域有：大兴安岭集团 26.68 万 hm^2，内蒙古森工集团 11.44 万 hm^2，甘肃 2.92 万 hm^2，山东 2.53 万 hm^2，四川 1.88 万 hm^2，龙江森工集团 1.81 万 hm^2；国家级公益林面积增加的有 9 个省区，其中增加超过 1 万 hm^2 的省区有：山西 8.17 万 hm^2，陕西 3.31 万 hm^2，辽宁 1.20 万 hm^2，安徽 1.12 万 hm^2，广西 1.12 万 hm^2；国家级公益林面积变化见表 2-28。

表 2-28　各省（自治区、直辖市）国家级公益林面积变化（单位：万 hm^2）

统计单位	2019 年	2017 年	两期差值
全国	11360.22	11394.07	−33.85
北京	33.10	33.10	0.00
天津	0.95	0.94	0.01
河北	172.35	172.37	−0.02
山西	235.35	227.18	8.17
内蒙古	1130.19	1130.09	0.10
辽宁	239.97	238.77	1.20
吉林	122.92	122.98	−0.06
黑龙江	332.59	332.82	−0.23
江苏	3.71	3.71	0.00
浙江	93.12	93.12	0.00
安徽	118.67	117.55	1.12
福建	148.05	148.20	−0.15
江西	217.99	217.99	0.00
山东	56.83	59.36	−2.53
河南	129.19	128.71	0.48
湖北	221.18	221.18	0.00
湖南	391.97	392.55	−0.58

续表

统计单位	2019 年	2017 年	两期差值
广东	140.47	140.81	−0.34
广西	466.62	465.50	1.12
海南	69.13	69.12	0.01
重庆	95.51	95.56	−0.05
四川	1617.98	1619.86	−1.88
贵州	326.91	326.91	0.00
云南	806.54	806.58	−0.04
西藏	472.01	472.01	0.00
陕西	628.91	625.60	3.31
甘肃	739.84	742.76	−2.92
青海	539.26	539.45	−0.19
宁夏	58.16	58.38	−0.22
新疆	879.31	879.45	−0.14
内蒙古森工集团	240.48	251.92	−11.44
吉林森工集团	110.06	110.09	−0.03
龙江森工集团	232.19	234.00	−1.81
大兴安岭集团	182.44	209.12	−26.68
新疆生产建设兵团	106.27	106.33	−0.06

注：中国吉林森林工业集团有限责任公司，简称吉林森工集团；
中国龙江森林工业集团有限公司，简称龙江森工集团。

2.4.2　国家级公益林活力特征分析

1. 归一化植被指数变化

国家级公益林植被 NDVI 均值由 2004 年的 0.63 增大到 2017 年的 0.67，乔木林 NDVI 由 0.72 增大到 0.77，植被覆盖情况总体呈稳中略有增加趋势，平均覆盖度增加了 6%。

2. 净初级生产力变化趋势

国家级公益林植被 NPP 均值由 2004 年的 359.99 g C/（m²·a）增加到 2017 年的 372.96 g C/（m²·a），变化范围在 348.45～393.62 g C/（m²·a），最小值和最大值分别出现在 2010 年和 2016 年，总体呈波动中上升趋势，植被 NPP 均值总体提高了 3.60%。乔木林的植被 NPP 均值由 2004 年的 445.79 g C/（m²·a）增加到 2017 年的 453.64 g C/（m²·a），变化范围在 430.48～481.54 g C/（m²·a），最小值和最大值分别出现在 2005 年和 2015 年，总体呈波动上升趋势。

3. 单位面积蓄积增长量

国家级公益林乔木林每公顷蓄积量由 2013 年的 114.54 m³ 增加至 2019 年的 120.85 m³，增加了 6.31 m³（表 2-29）。其中，天然林每公顷蓄积量由 128.54 m³ 增加至 133.17 m³，增加了 4.63 m³；人工林每公顷蓄积量由 44.81 m³ 增加至 59.60 m³，增加了 14.79 m³。

4. 胸径增长量

2019 年国家级公益林乔木林平均郁闭度和平均胸径与 2013 年基本持平，略有增长（表 2-29）。

表 2-29　国家级公益林单位面积蓄积、胸径和郁闭度变化

年份	每公顷蓄积量/（m³/hm²）	胸径/cm	郁闭度
2013 年	114.54	14.5	0.56
2019 年	120.85	14.8	0.59
增长量	6.31	0.30	0.03

2.4.3　国家级公益林结构特征分析

依据《国家级公益林监测评价报告（2019 年）》对国家级公益林结构进行分析。

1. 起源结构

国家级公益林面积中，天然林 8185.41 万 hm²，占 72.05%，人工林 2047.13 万 hm²，占 18.02%；其他公益林地 1127.68 万 hm²，占 9.93%。全国国家级公益林以天然林为主，面积超过 300 万 hm² 的有四川、新疆、内蒙古、云南、青海、西藏、甘肃、陕西、广西，9 省区面积合计 5405.92 万 hm²，占全国国家级公益林中天然林总面积的 66.04%。人工林面积超过 100 万 hm² 的有内蒙古、四川、陕西、湖南、甘肃，5 省区面积合计 1002.75 万 hm²，占全国国家级公益林中人工林总面积的 48.98%。

2. 林种结构

国家级公益林面积中，防护林 7742.15 万 hm²，占 68.15%，特种用途林 2490.39 万 hm²，占 21.92%；其他公益林地 1127.68 万 hm²，占 9.93%。全国国家级公益林以防护林为主，面积超过 300 万 hm² 的有内蒙古、四川、新疆、云南、陕西、甘肃、广西、青海、湖南，9 省区面积合计 4902.82 万 hm²，占全国国家级公益林中防护林总面积的 63.33%；特用林面积超过 100 万 hm² 有四川、云南、西藏、甘肃、青海、龙江森工集团、新疆、内蒙古、内蒙古森工集团，9 省区和集团合计 1667.85 万 hm²，占全国国家级公益林中特用林总面积的 66.97%。

3. 龄组结构

国家级公益林中，乔木林面积 6790.01 万 hm²，其中幼龄林 1713.80 万 hm²、占

25.24%，中龄林 2340.74 万 hm²、占 34.48%，近熟林 1157.85 万 hm²、占 17.05%，成熟林 1074.34 万 hm²、占 15.82%，过熟林 503.28 万 hm²、占 7.41%。全国国家级公益林乔木林以中幼龄林为主，主要分布在四川、云南、陕西、内蒙古、甘肃，5 省区面积合计 1557.88 万 hm²，占全国国家级公益林中幼龄林总面积的 38.42%。

4. 树种结构

国家级公益林乔木林按优势树种（组）排名，位居前 10 位的为栎树林、桦木林、落叶松林、云杉林、冷杉林、马尾松林、华山松林、云南松林、杉木林、柏木林，面积合计 4197.86 万 hm²，占全国国家级公益林乔木林面积的 61.82%。全国国家级公益林乔木林主要优势树种（组）面积见表 2-30。

表 2-30　国家级公益林乔木林主要优势树种（组）面积

序号	优势树种（组）	面积/万 hm²	比例/%
1	栎树林	1189.33	17.52
2	桦木林	500.39	7.37
3	落叶松林	472.55	6.96
4	云杉林	387.26	5.7
5	冷杉林	360.21	5.31
6	马尾松林	355.45	5.23
7	华山松林	270.69	3.99
8	云南松林	235.95	3.47
9	杉木林	220.05	3.24
10	柏木林	205.98	3.03
	合计	4197.86	61.82

5. 群落结构

全国国家级公益林乔木林群落结构以完整结构为主（表 2-31），完整结构面积 4746.90 万 hm²，占乔木林总面积的 69.91%；较完整结构 1928.36 万 hm²，占 28.40%；简单结构面积 114.75 万 hm²，占 1.69%。

表 2-31　乔木林群落结构划分标准

群落结构	划分标准
完整结构	具有乔木层、下木层、地被物层（含草本、苔藓、地衣）3 个层次的林分
较完整结构	具有乔木层和其他 1 个植被层的林分
简单结构	只有乔木 1 个植被层的林分

注：下木（含灌木和层外幼树）或地被物（含草本、苔藓和地衣）的覆盖度≥20%，单独划分植被层；下木（含灌木和层外幼树）和地被物（含草本、苔藓和地衣）的覆盖度均在 5%以上，且合计≥20%，合并为 1 个植被层。

6. 蓄积量现状

1）活立木总蓄积量

国家级公益林活立木蓄积量总量为578937.26万 m^3，其中四川、云南和西藏排前三，分别为128738.98万 m^3、72313.28万 m^3 和62200.33万 m^3；宁夏、江苏和天津排后三位，分别为521.55万 m^3、133.42万 m^3 和25.52万 m^3（图2-55）。这主要与不同区域国家级公益林面积有关，天津的国家级公益林面积仅为9448.07 hm^2，是所有省级区域中国家级公益林面积最小的，故其活立木总蓄积量也最小。

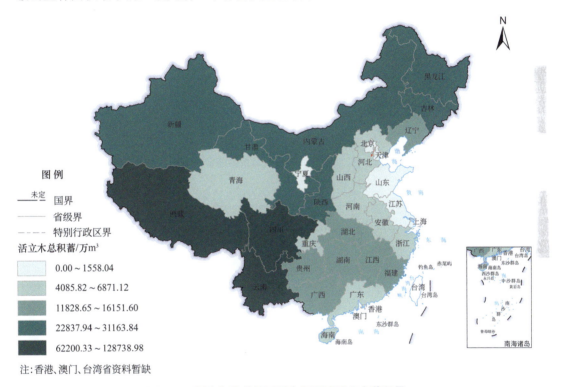

注:香港、澳门、台湾省资料暂缺

图 2-55　国家级公益林不同省级区域活立木蓄积量

2）单位面积蓄积量

国家级公益林乔木林单位面积蓄积量如图2-56所示，每公顷蓄积量平均为93.58 m^3，最高的是西藏，为269.15 m^3/hm^2，其次是新疆（193.40 m^3/hm^2）和四川（172.81 m^3/hm^2）；排在后三位的是山东（46.41 m^3/hm^2）、天津（45.23 m^3/hm^2）和北京（34.83 m^3/hm^2）。

7. 生物量

国家级公益林不同省级区域生物量最大的是海南（83824.60万 t），其次是四川（81785.36万 t）、云南（65249.42万 t）和西藏（38480.89万 t），最低的三个省级区域是宁夏（856.04万 t）、江苏（154.04万 t）和天津（36.82万 t）（表2-32），海南是四川省的1.02倍。

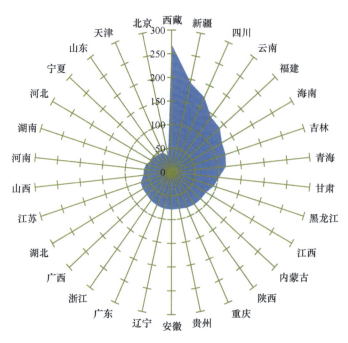

图 2-56　国家级公益林不同省级区域单位面积蓄积量（m³/hm²）

表 2-32　国家级公益林不同区域总生物量和总碳储量　　（单位：亿 t）

省级区域	生物量	碳储量
北京	0.13	0.06
天津	0.00	0.00
河北	0.80	0.39
山西	0.82	0.40
内蒙古	3.17	1.55
辽宁	1.44	0.69
吉林	3.00	1.44
黑龙江	2.48	1.19
江苏	0.02	0.01
浙江	0.70	0.34
安徽	0.86	0.42
福建	1.68	0.82
江西	1.96	0.96
山东	0.21	0.10
河南	0.74	0.36
湖北	1.46	0.72
湖南	2.02	1.00

续表

省级区域	生物量	碳储量
广东	0.74	0.44
广西	2.12	1.20
海南	8.38	4.10
重庆	0.43	0.21
四川	8.18	4.00
贵州	1.53	0.76
云南	6.52	3.19
西藏	3.85	1.90
陕西	3.81	1.86
甘肃	2.53	1.24
青海	0.81	0.40
宁夏	0.09	0.04
新疆	2.38	1.17

8. 碳储量

由表 2-32 可知，国家级公益林不同省级区域碳储量最大的是海南，其次是四川、云南和西藏，碳储量分别为 40981.79 万 t、39968.51 万 t、31887.39 万 t 和 18978.00 万 t，最低的三个省级区域是宁夏（420.08 万 t）、江苏（75.06 万 t）和天津（15.11 万 t）；国家级公益林不同省级区域碳储量排序基本与生物量排序一致。

9. 平均郁闭度

全国国家级公益林乔木林平均郁闭度 0.60。高于全国平均水平的有 15 个省区，广西平均郁闭度最大，为 0.94；新疆平均郁闭度最小，为 0.42（图 2-57）。

10. 平均胸径

全国国家级公益林乔木林平均胸径 14.03 cm，平均胸径超过全国第九次森林资源清查平均水平（13.79 cm），其中西藏、新疆、青海、四川、吉林、云南、甘肃、贵州、陕西、福建和江苏这 11 个省级区域均大于全国平均值；西藏（23.3 cm）和新疆（23.3 cm）较大，湖南、浙江和北京排后三位（图 2-58）。

2.4.4　国家级公益林抵抗力特征

依据《国家级公益林监测评价报告（2019 年）》全国国家级公益林中，"健康"森

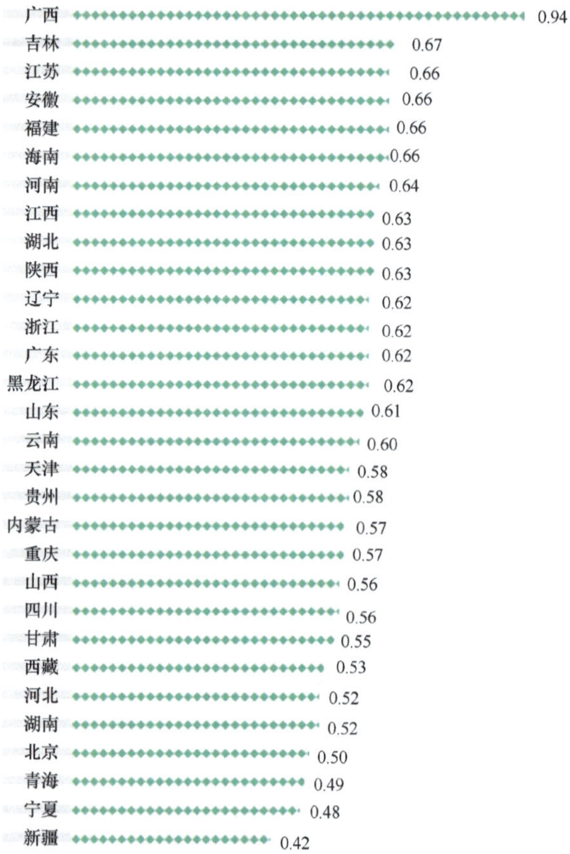

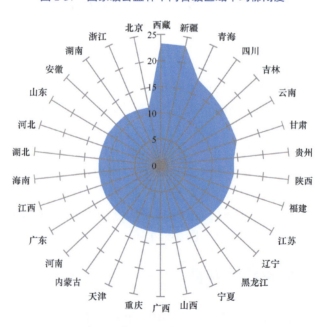

图 2-57　国家级公益林不同省级区域平均郁闭度

图 2-58　国家级公益林不同省级区域平均胸径（cm）

林面积最大，为 9198.09 万 hm²，占森林总面积的 89.89%；"亚健康" 740.67 万 hm²，占 7.24%；"中健康" 233.14 万 hm²，占 2.48%；"不健康" 60.64 万 hm²，占 0.59%。全国国家级公益林中，受灾的森林面积 1101.02 万 hm²，占森林总面积的 10.76%。按受灾程度划分，以轻度灾害为主，面积 777.21 万 hm²，占受灾森林面积的 70.59%；中度灾害 273.93 万 hm²，占 24.88%；重度灾害 49.88 万 hm²，占 4.53%；按灾害类型划分，受气候灾害影响最大，面积 636.94 万 hm²，占 57.85%；其次为病虫害，面积 264.35 万 hm²，占 24.01%。全国国家级公益林受灾森林面积较大的省区（100 万 hm² 以上）分别为：新疆 230.51 万 hm²、甘肃 170.71 万 hm²、青海 157.33 万 hm²、内蒙古 154.79 万 hm²。

2.4.5　国家级公益林服务功能特征分析

分别在全国不同区域选择一个省级区域进行国家级公益林服务功能特征的分析，选择东北地区辽宁、华北地区北京、华东地区浙江、华中地区湖北、华南地区海南、西南地区云南、西北地区新疆共计 7 个省级区域，对各区域国家级公益林生态系统涵养水源、固碳释氧和净化大气环境功能进行分析。

1. 涵养水源功能

依据《国家级公益林监测评价报告（2019 年）》，7 个省级区域国家级公益林的涵养水源总量为 636.91 亿 m³/a，其中云南的涵养水源量最大，为 341.64 亿 m³/a；海南和北京的涵养水源量较小，分别为 36.84 亿 m³/a 和 7.36 亿 m³/a，云南涵养水源量是北京的 46.42 倍（图 2-59），其原因与不同省级区域国家级公益林的面积、优势树种（组）组成结构和林龄组差异有关。2019 年云南公益林乔木林面积是北京的 25.21 倍。从林龄分布看，辽宁、北京、浙江和湖北多以幼龄林为主，占比分别为 29.61%、59.79%、35.46% 和 65.83%；而云南多以中龄林和近成熟林为主，幼龄林仅占 15.68%，说明云南的国家级公益林逐渐趋于稳定，公益林质量得到提升（表 2-33）；此外，近熟林和成熟林相对于中幼龄林树冠较大、林下有更多的枯落物层，截持降水和涵养水源能力较强，故随着时间的延长云南国家级公益林的涵养水源能力还将逐渐增大。

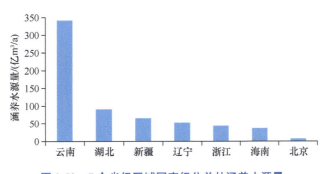

图 2-59　7 个省级区域国家级公益林涵养水源量

表 2-33 省级区域国家级公益林乔木林不同林龄面积 （单位：万 hm²）

林龄	辽宁	北京	浙江	湖北	海南	云南	新疆
幼龄林	54.24	14.54	29.67	109.62	14.74	96.12	7.63
中龄林	39.28	6.23	23.47	47.91	34.69	217.80	37.70
近熟林	31.70	1.94	16.02	5.90	11.23	126.92	54.85
成熟林	49.55	1.41	12.57	2.75	6.14	125.99	75.83
过熟林	8.42	0.20	1.93	0.34	0.70	46.30	38.81
总计	183.19	24.32	83.66	166.52	67.50	613.13	214.82

2. 固碳释氧功能

依据《国家级公益林监测评价报告（2019 年）》，7 个省级区域国家级公益林的固碳总量为 4465.72 万 t/a，相当于 2018 年全国二氧化碳排放量 100 亿 t（中国碳排放网）的 1.64%；其中云南的固碳量最大，为 2270.98 万 t/a；海南和北京的固碳量最小，分别为 129.11 万 t/a 和 92.57 万 t/a，云南固碳量是北京市的 24.53 倍（图 2-60）；7 个省级区域国家级公益林的释氧总量是 10516.60 万 t/a，各省级区域变化趋势同固碳量变化趋势一致（图 2-60）。其原因与不同省级区域国家级公益林的面积、优势树种（组）组成结构和林龄组差异有关；同时，也与各区域通过加强森林管护，加大森林资源培育有关，在公益林面积和蓄积量增加的同时，公益林的质量也在不断提高。上述 7 个省级区域国家级公益林单位面积蓄积量也表现为云南最大（143.12 m³/hm²），北京最小（34.83 m³/hm²），云南单位面积蓄积量是北京的 4.11 倍，较高的蓄积量也说明云南的国家级公益林质量优于北京，而蓄积量与固碳功能呈正相关；另外，林龄上也表现为北京以幼龄林为主，云南以中林龄为主，中林龄正处于树木生长的旺盛期，固碳能力较幼龄林高，故云南国家级公益林的固碳释氧能力强于其他省区域的国家级公益林的固碳释氧能力。

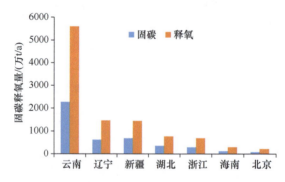

图 2-60 7 个省级区域国家级公益林固碳释氧量

3. 净化大气环境功能

国家级公益林的净化大气环境功能主要从吸收气体污染物和滞尘两方面分析，7 个省级区域各项指标均表现为云南最大、北京最小（表 2-34）。7 个省级区域国家级公益林年吸收二氧化硫总物质量相当于全国 2019 年废气中二氧化硫总排放量 696.32 万 t 的 46.39%（国家统计局，2021），即 7 个省级区域的国家级公益林年吸收二氧化硫量约占全国废气中二氧化硫排放量的一半，表明国家级公益林生态系统的生态承载力较高。7 个省级区域国家级公益林年吸收氮氧化物总物质量仅相当于全国 2019 年废气中氮氧化物排放量 1785.22 万 t 的 0.83%（国家统计局，2021），这说明应用森林植被的生物措施吸收氮氧化物难以达到治理效果，原因是我国的国家级公益林多位于大山河谷区域，在城市中心的国家级公益林面积较少，但山区河谷地带却不是氮氧化物的排放源区域，致使国家级公益林吸收的污染源物质较少，说明国家级公益林吸收污染物和排放源的空间匹配度不合理。7 个省级区域国家级公益林年滞尘总物质量是全国 2019 年废气中颗粒物排放量 1684.05 万 t 的 25.06 倍（国家统计局，2021），可见，国家级公益林生态系统滞尘潜力极大。这充分阐释了国家级公益林生态系统在净化大气环境方面发挥的巨大作用，未来随着国家级公益林生长发育及质量的不断提高，其净化大气环境还有较大潜力。

表 2-34　7 个省级区域国家级公益林净化大气环境功能　（单位：万 t）

省（自治区、直辖市）	吸收气体污染物			滞尘		
	吸收二氧化硫	吸收氟化物	吸收氮氧化物	滞纳 TSP	滞纳 PM_{10}	滞纳 $PM_{2.5}$
辽宁	37.43	1.13	1.87	4588.83	1.38	0.55
北京	7.72	0.19	0.38	902.15	0.27	0.11
浙江	35.94	0.51	0.88	4380.94	1.31	0.53
湖北	37.18	1.00	1.87	5805.76	1.74	0.70
海南	8.98	0.98	0.60	1123.48	0.34	0.13
云南	132.31	2.72	5.60	16834.57	5.05	2.02
新疆	63.47	0.90	3.53	8547.63	2.56	1.03
合计	323.03	7.43	14.73	42183.36	12.65	5.07

2.4.6　国家级公益林质量评价结果

1. 森林质量指数

利用典型样地监测、清查样地、森林资源管理"一张图"更新等数据中的森林质量特征因子，按相对重要性来综合评定森林质量等级。各项评价因子及分类标准见表 2-35。

表 2-35　森林质量评价因子及分类标准

评价因子	类型划分标准			权重
	I	II	III	
1. 单位面积蓄积/（m^3/hm^2）	≥150	50～149	<50	0.20
2. 自然度	I，II	III，IV	V	0.15
3. 群落结构	完整结构	较完整结构	简单结构	0.15

续表

评价因子	类型划分标准			权重
	I	II	III	
4. 树种结构	类型6、7	类型3、4、5	类型1、2	0.15
5. 植被覆盖度/%	≥70	50～69	<50	0.10
6. 郁闭度	≥0.70	0.40～0.69	0.20～0.39	0.10
7. 平均树高/m	≥15.0	5.0～14.9	<5.0	0.10
8. 枯枝落叶层厚度	厚	中	薄	0.05

注：竹林的蓄积统一按类型Ⅱ确定，树种结构类型见表2-37。

1）评价因子划分标准

单位面积蓄积、植被覆盖度、郁闭度和平均树高根据监测数据按照实际情况划分。自然度、树种结构、群落结构和枯枝落叶层厚度采用如下标准。

（1）自然度。

按照现实森林类型与地带性原始顶极森林类型的差异程度，或次生森林类型位于演替中的阶段，划分为5级，具体划分标准见表2-36。

表2-36 自然度划分标准

自然度	划分标准
I	原始或受人为影响很小而处于基本原始状态的森林类型
II	有明显人为干扰的天然森林类型或处于演替后期的次生森林类型，以地带性顶极适应值较高的树种为主，顶极树种明显可见
III	人为干扰很大的次生森林类型，处于次生演替的后期阶段，除先锋树种外，也可见顶极树种出现
IV	人为干扰很大，演替逆行，处于极为残次的次生林阶段
V	人为干扰强度极大且持续，地带性森林类型几乎破坏殆尽，处于难以恢复的逆行演替后期，包括各种人工森林类型

（2）树种结构。

反映乔木林分的针阔叶树种组成，共分7个类型，见表2-37。

表2-37 树种结构划分标准

类型	树种结构类型	划分标准
1	针叶纯林	单个针叶树种蓄积≥90%
2	阔叶纯林	单个阔叶树种蓄积≥90%
3	针叶相对纯林	单个针叶树种蓄积占65%～90%
4	阔叶相对纯林	单个阔叶树种蓄积占65%～90%
5	针叶混交林	针叶树种总蓄积≥65%
6	针阔混交林	针叶树种或阔叶树种总蓄积占35%～65%
7	阔叶混交林	阔叶树种总蓄积≥65%

注：对于竹林和竹木混交林，确定树种结构时将竹类植物当乔木阔叶树种对待。若为竹林纯林，树种类型按类型2（阔叶纯林）记载；若为竹木混交林，按株数和断面积综合目测树种组成，参照有关树种结构划分比例标准，确定树种结构类型，按类型4、类型6或类型7记载。

（3）群落结构。

乔木林的群落结构划分为 3 类，群落结构类型划分标准见表 2-38。

表 2-38　群落结构类型划分标准

群落结构类型	划分标准
完整结构	具有乔木层、下木层、地被物层（含草本、苔藓、地衣）3 个层次的林分
较完整结构	具有乔木层和其他 1 个植被层的林分
简单结构	只有乔木 1 个植被层的林分

注：划分乔木林群落结构时，下木（含灌木和层外幼树）或地被物（含草本、苔藓和地衣）的覆盖度≥20%，单独划分植被层；下木（含灌木和层外幼树）和地被物（含草本、苔藓和地衣）的覆盖度均在 5%以上，且合计≥20%，合并为 1 个植被层。

（4）枯枝落叶层厚度。

枯枝落叶层的厚度等级划分标准见表 2-39。

表 2-39　枯枝落叶层厚度等级　　　　　　　　　　（单位：cm）

等级	枯枝落叶层厚度（cm）
厚	≥10
中	5～9
薄	<5

2）森林质量等级评定标准

评定森林质量时，按式（2-1）计算综合得分：

$$Y = \sum_{i=1}^{8} W_i X_i \tag{2-1}$$

式中，X_i 为第 i 项评价因子的类型得分值（类型Ⅰ、Ⅱ、Ⅲ分别取 1、2、3）；W_i 为各评价因子的权重。根据综合得分值评定森林质量等级。森林质量等级评定标准见表 2-40。

表 2-40　森林质量等级评定标准

功能等级	综合得分值
好	<1.5
中	1.5～2.5
差	≥2.5

将综合得分值的倒数定义为森林质量指数，并以此作为评定森林质量的定量指标。该指数值小于等于 1，数值越大，表明森林质量越好。

森林质量指数计算如式（2-2），森林质量指数等级评定标准见表 2-41。

$$K = \frac{1}{\sum W_i X_i} \tag{2-2}$$

表 2-41　森林质量指数等级评定标准

功能等级	森林质量指数
好	>0.67
中	0.42～0.67
差	≤0.42

2. 国家级公益林质量结果

由表 2-42 可知，六大地区森林质量和乔木林质量均位于中等级，但质量指数存在差异，乔木林质量指数最大的是东北地区（0.61）、其次是西南地区（0.56），最小的是华北地区（0.49），华东地区、西北地区和中南地区乔木林质量指数居中。东北地区的森林质量指数最大（0.60），华北地区的森林质量指数最小（0.46）。可见，东北地区的森林质量最好，华北地区的森林质量最差。

表 2-42　不同地区国家级公益林质量评价结果

地区	森林质量		乔木林质量	
	质量指数	等级	质量指数	等级
华北地区	0.46	中	0.49	中
东北地区	0.60	中	0.61	中
华东地区	0.52	中	0.53	中
中南地区	0.51	中	0.52	中
西南地区	0.51	中	0.56	中
西北地区	0.53	中	0.53	中

2.5　中国森林生态系统质量提升的措施与政策

党的十八大把生态文明建设纳入中国特色社会主义事业"五位一体"总体布局，党的十九大更是强调要像对待生命一样对待生态环境念。习近平总书记针对林业提出了"稳步扩大森林面积，提升森林质量，增强森林生态功能，为建设美丽中国创造更好的生态条件"的明确要求，特别是 2016 年习近平总书记在中央财经领导小组第十二次会议上关于森林生态安全问题的重要讲话指出，"森林关系国家生态安全。要着力提高森林质量，坚持保护优先、自然修复为主，坚持数量和质量并重、质量优先"，并明确指示要"实施森林质量精准提升工程"。《全国森林经营规划（2016—2050 年）》把实现森林资源数量与质量双增长、多功能森林经营理念作为重要发展目标，将全面加强森林经营、提高森林质量作为林业发展的重大建设任务。由于我国森林经营理论体系技术的落后、简单粗放经营、森林结构不合理和政策落实不到位等问题的存在，缺林少绿、生态脆弱、生态产品短缺、纯林多混交林少、森林质量不高仍是我国的基本林情。坚持绿色发展理念，扩大森林面积，提高森林质量，增强生态服务功能，为人民提供更多优质生态产品，实现绿色富国、绿色惠民，为全面加强森林经营、提升森林质量和效益提供了难得的战略机遇。因此，为实现森林质量的精准提升，亟须转变林业发展方式，发展可持续林业、生态林业，采取科学、合理的经营措施，合理地培育和利用森林资源，实现森林正向演替，调整森林结构，增强森林质量和功能。为此，本研究从森林经营、森林资源管理和政策落实等方面着手，积极推进"山水林田湖草"生命共同体建设，促进新时期林业高质量绿色发展。

2.5.1　森林经营技术对策

森林经营是以森林和林地为对象，以提高森林质量，建立健康稳定、优质高效的森林生态系统为目标，为修复和增强森林的供给、调节、服务、支持等多种功能，持续获取森林生态产品和木材等林产品而开展的一系列贯穿整个森林生长周期的保护和培育森林的活动。森林经营的目的是培育稳定、健康、优质、高效的森林生态系统。稳定健康的森林生态系统有合理的结构，现实林分没有达到，就需要辅以人为措施，促进森林尽快达到理想状态。全面加强森林经营，事关林业可持续发展全局，对维护国家生态安全、淡水安全、气候安全、物种安全和木材安全，实现中华民族永续发展具有十分重要的意义（国家林业局，2016）。森林经营是我国现代林业建设的永恒主题，提升森林质量成为今后相当长一个时期内林业的目标和任务，是实现森林质量提升的根本途径。

1）提倡近自然森林经营

近自然森林经营是一种模仿自然、接近自然的经营方法，是在进行林业生产活动的同时还兼顾生态保护的一种森林经营模式（陆元昌，2006）。其过程是通过计划森林自然更新一直到森林到达顶级群落的过程来实现的，根据森林自身的生态机制，不断地优化森林的功能和结构。倡导森林近自然经营，近自然经营模式更有利于林分结构完善和生态功能的发挥，是森林经营有效的经营措施（万丽，2015），研究发现林分的平均胸径和胸高断面积基本上呈现出近自然经营>无干扰经营>常规经营，林分的平均树高则是近自然经营>常规经营>无干扰经营，近自然经营模式下的油松近熟林的草本植被丰富度及均匀度都低于无干扰经营和常规经营，但是中龄林和幼龄林却与之相反；人工华北落叶松林各龄阶在丰富度指数上的结果与人工油松林均结果呈相反态势；在土壤理化性质方面，近自然经营模式和无干扰经营模式较之常规经营模式更有利于土壤有机质的形成（万丽，2015）。我国地形多样复杂，近自然经营实施造林中，要重视乡土树种选择，强调选择本地树种。

2）开展森林多功能经营

国家林业局 2016 年发布的《全国森林经营规划（2016—2050 年）》中明确提出了

多功能森林经营的指导思想和国家政策，并初步建立了相应森林分类和经营技术体系架构。森林的多功能性系统地总结为 4 个方面：①支持服务功能，森林生态系统土壤形成、养分循环和初级生产等一系列对所有其他森林生态系统服务的生产必不可少的服务；②调节服务功能，人类从气候调节、疾病调控、水资源调节、净化水质和授粉等森林生态系统调节作用中获得的各种惠益；③供给服务功能，人类从森林生态系统获得的食物、淡水、薪材、生化药剂和遗传资源等各种产品；④文化服务功能，人类从森林生态系统获得的精神与宗教、消遣与生态旅游、美学、灵感、教育、故土情结和文化遗产等方面的非物质惠益。我国的多功能森林经营定义为：在林分层次或小班水平上以同时实现这 4 类功能中任意 2 个或 2 个以上功能为经营目标的森林经营方式（陆元昌，2017）。森林多功能经营根据森林的不同功能目标，实施不同的森林经营技术，使森林的多功能效益得到有效发挥。

3）加强森林抚育，调整森林结构

依据《全国森林经营规划（2016—2050 年）》，通过实施林业重点工程大规模推进造林绿化，全国容易造林的地方越来越少，造林难度越来越大，成本越来越高，推进越来越难。我国土地资源有限，通过扩大造林面积增加森林资源的空间不足。同时，林业建设长期以来"重两头轻中间"，导致过密过疏林分多、密度适宜林分少，纯林多、混交林少，森林结构不合理、质量差，生态功能低。全国现有大面积的中幼龄林抚育严重滞后、历史欠账多，急需加大抚育经营力度，释放林木生长空间。但是，通过森林经营调整优化森林结构、提升森林质量是一个长期过程，短期难以奏效。精准提升森林质量是推进林业建设的根本举措，实施森林分类经营，针对不同类型的森林进行不同的经营措施。对于公益林，以发挥森林的生态功能为主、增加森林的效益为辅，保护好原生森林生态系统，大力恢复退化的森林生态系统，按近自然林经营思想积极经营森林生态系统；对于商品林，以增加森林的效益为主、发挥森林功能为辅，在增效的同时，保护森林资源，以达到可持续利用。针对过密的林分要及时地进行间伐，控制好郁闭度；针对退化的低效林，采取补植补造、促进天然更新等抚育措施；针对纯林，要及时地栽植其他林分类型，增加混交林比例，以实现森林质量的精准提升。

4）经营措施科学合理

森林经营措施是指为获得林木和其他林产品或森林生态效益而进行的营林活动，包括更新造林、森林抚育、护林防火、林木病虫害防治、伐区管理等，对森林资源产生一定的影响。坚持封山育林、人工造林并举，宜乔则乔、宜灌则灌、宜草则草，恢复宜林地森林植被，提高生态服务功能，巩固和扩大生态空间。按照《造林技术规程》，根据树种特性、宜林地立地条件、培育目标，确定造林树种、最佳初植密度和混交比例。以稳定、优质、高效为准则，困难立地以水定林、以地力定林，选择抗逆性强、耐贫瘠、耐干旱的乡土树种造林。立地条件好的宜林地，优先选用珍贵乡土树种造林，充分发挥地力优势，培育高效公益林。合理造林配置，营造针阔、阔叶混交林，采取带状或块状混交造林方式，增强林分稳定性，提高森林自肥能力。混交比例为主栽树种不超过 70%。加强幼林管护，适时蓄水保墒，注重生境保护。

例如，辽宁通过采取一系列较好的经营管理措施，使森林资源得到较好的管护，森林资源面积只增不减，从而使得辽宁森林面积持续增加，具体措施如表 2-43。山东淄博原山林场森林资源保护经营的措施主要有：一是按照"预防为主、积极消灭"的工作方针，采取切实有效的措施，抓好森林防火工作；二是加强森林有害生物的测报和防治工作，实现了森林有病有虫不成灾的目标，维护了生态平衡；三是加大中幼龄林抚育和疏林地补植改造力度，促进了森林健康增长。仅 2010 年，全场共完成补植改造 6.7 hm²，幼林抚育 53 hm²，成林修枝 40 hm²。补植改造、中幼龄林抚育等措施进一步提高了森林质量，促进了森林健康。

表 2-43　辽宁采取的森林经营措施

年份	具体措施
2006	启动并实施了"十一五"森林采伐限额规划，制定了《辽宁省森林及林木采伐若干规定》；完善了森林采伐利用管理政策，加强林权管理，推进了登记发证工作；建立和完善了公益林和天然林管理制度，进一步加强了管理和保护
2008	加大了森林防火工作力度，深入贯彻《森林防火条例》，强化责任，落实措施，提高了防扑火的能力，全省森林火灾受灾率仅为 0.046‰，低于国家 1‰ 的控制指标；加大了有害生物的防治力度，防治面积 59.62 万 hm²，无公害防治率 92.3%，比国家确定的 80% 的指标高出 12.3 个百分点；进一步规范了野生动植物保护管理工作，西丰县被中国野生动物保护协会授予首家"中国鹿乡"称号
2010	加强森林采伐、资源监测、木材流通、征占林地审核审批和林权管理；完成了"十二五"征占林地、采伐限额等规划编制及申报工作，组织编制了林地保护利用规划；森林火灾发生率明显下降，全省森林火灾数量同比下降 63.7%；林业有害生物防治效果较好，监测覆盖率和种苗产地检疫率均达到 98% 以上，无公害防治率达到 88%，林业有害生物成灾率低于 0.36‰
2011	完成了"十二五"森林采伐限额和年度采伐计划的分解落实工作；加大了森林采伐监管力度，节余采伐限额 160 万 m³，森林采伐改革试点工作取得成效并在全省推广；加大森林防火和森林病虫害防治力度，有害生物成灾率控制在 3‰ 以下；出台了"十二五"期间天然林保护的优惠扶持政策；首次编制了全省林地保护利用规划
2014	辽宁省政府批复了《辽宁省林地保护利用规划（2010—2020 年）》，划定全省林地红线 716.7 万 hm²。全省林业有害生物防治防控效果明显，有害生物发生面积 66.0 万 hm²，防治作业面积 67.5 万 hm²，成灾率 0.19‰，远低于 3‰ 的规定指标
2017	稳步推进国有林场改革工作，深入推进全省集体林权制度改革，实现集体林区森林资源增长、农民林业收入增加、生态防护功能增强；加强林业系统法治宣传教育，贯彻落实"十三五"期间森林采伐限额管理工作；进一步做好国家公益林区划落界工作

2.5.2　森林经营管理对策

1. 加强组织管理

不断完善森林资源保护发展制度，全面推行林长制，建立省级政府保护发展森林资源目标责任制，继续完善森林督查和执法协作机制，抓紧建立森林资源损害责任终身追究制度。加强林地保护管理，完善国家、市、县一体化森林资源监测体系，抓好全国森林资源"一张图"管理、更新和应用。健全国家、省、县三级林地保护利用规划体系，严格限制重点生态区域的林地转为建设用地，严厉打击毁林开垦和违法占用林地等行为，坚决遏制林地流失。强化天然林和公益林等重点资源保护，全面停止天然林商业性采伐，严格落实森林生态效益补偿制度。健全重点国有林区森林资源保护制度，改革林木采伐管理，推广应用"互联网＋采伐"管理模式，大力精简申请程序和材料，实施林木采伐信用分类监管。抓好森林经营工作，鼓励国有森林经营单位通过租赁、合作等形式，参与集体和其他所有制森林的经营活动。创新森林资源管理方式，推广遥感、无人机等新技术的应用，积极推进国家、省、县森林资源管理一张图、一套数、一个体系监测、一个平台监管，逐步实现森林资源全方位、全天候监管；加强森林资源监督机构、调查规划和监测机构建设，加强林业工作站、林政稽查队等基层森林资源管理队伍和林业执法队伍建设；加强监督职能，抓好毁林开垦、违建别墅、破坏野生动植物资源等案件的督查。

2. 分区经营方向

依据《全国森林经营规划（2016-2050 年）》，在全国主体功能区定位和《中国林业发展区划》成果基础上，遵循区域发展的非均衡理论，统筹考虑各地森林资源状况、地理区位、森林植被、经营状况和发展方向等，把全国划分为大兴安岭寒温带针叶林经营区、东北中温带针阔混交林经营区、华北暖温带落叶阔叶林经营区、南方亚热带常绿阔叶林和针阔混交林经营区、南方热带季雨林和雨林经营区、云贵高原亚热带针叶林经营区、青藏高原暗针叶林经营区、北方草原荒漠温带针叶林和落叶阔叶林经营区 8 个经营区。各经营区按照生态区位、森林类型和经营状况，因地制宜确定经营方向，实施科学经营。

大兴安岭寒温带针叶林经营区：持续提高森林质量，加快森林向寒温带地带性顶级群落演替，持续促进森林资源恢复性增长。依法保护以兴安落叶松为主的寒温带原始针叶林，加强天然林封育管护、中幼龄林抚育、退化次生林修复等，精准提升兴安落叶松、樟子松等寒温带针叶材质量，建设寒温带国家木材战略储备基地。加强林区林地清理，严控林地流失，恢复森林植被。积极发展林下种植（养殖）业，增强大兴安岭重点国有林区"造血功能"。

东北中温带针阔混交林经营区：加强森林抚育和退化林修复，全面恢复地带性红松阔叶混交林，显著提高森林质量，培育以生态服务为主的多功能兼用林，构筑东北生态屏障。依法严格保护中温带原始针叶落叶阔叶混交林，全面加强天然林管护、林冠下造林，通过退化林修复、森林抚育等措施，调整蒙古栎林、杨桦林等次生林结构，促进林木生长，精准提升红松阔叶林等林分质量，建设我国中温带国家木材战略储备基地。积极培育果材兼用林，发展林下种植（养殖），重构国有林区林业产业体系。平原农区推进防护林网建设，采取稀疏和断带林地补植、密林疏伐、衰老林带更新复壮等经营措施，完善农田防护林网，构筑农田防风固沙屏障。

华北暖温带落叶阔叶林经营区：持续扩大森林面积，增加森林植被，增强生态承载力，扩大环境容量，构建拱卫京津冀协同发展的生态高地。严格保护以辽东栎、麻栎、栓皮栎和油松等为主的暖温带原始落叶阔叶林，加强乡土珍贵树种保护。燕山太行山、黄土高原、环渤海等地区推进退耕还林（草）、京津风沙源治理和京津保平原绿化带建设，加快平原绿化、城镇绿化、廊道绿化和四旁植树，推进天然次生林、退化次生林、人工低效纯林提质和退化防护林（带）修复，构建结构合理、防护功能完备的山地、沿海和城市森林生态屏障。黄淮海平原、辽东半岛等地区，加快农田林网建设和林带更新，提高农林复合经营水平。强化四旁植树培育珍贵树种，精准提升栎类林、椴树林、刺槐林等林分质量，大力发展杨树、泡桐、楸树等集约经营的商品林基地，建设暖温带国家木材战略储备基地，促进人造板和木材加工业发展。地势平坦、水热条件好地区，积极营造生态型经济林，提高干鲜果品质量，促进经济林产业持续健康发展。

南方亚热带常绿阔叶林和针阔混交林经营区：挖掘林地生产潜力，培育集约经营的商品林和珍贵大径级阔叶混交林，大幅提高森林质量，建立优质高效的森林生态系统，保护生物多样性，维护国家木材供给安全。依法保护亚热带原始常绿阔叶林和针阔混交林，规范退化林修复，严禁将天然林改造为人工林。继续推进重要江河源头区、河流两岸和沿海防护林建设、退耕还林、石漠化综合治理，加快四旁植树，构建绿色生态走廊，增强灾害抵御能力。全面实施杉木、马尾松等人工纯林提质、退化林（带）修复，增加复层针阔混交林比重。着重加强天然次生林修复和珍贵阔叶树种培育，精准提升亚热带珍贵阔叶林质量，把天然次生林经营成为培育珍贵阔叶树种用材林的基地。建设一批松类为主的短轮伐期工业原料林基地、大径竹资源培育基地、木本粮油和特色经济林基地，建设亚热带国家木材战略储备基地，促进绿色循环经济发展。

南方热带季雨林和雨林经营区：保护生物多样性，提高热带林生态系统健康稳定性；充分利用良好的水热条件，培育集约经营的商品林，大幅提升林地生产力，实现林地产出最大化，增强林业多种功能和多重效益。依法严格保护热带天然季雨林和雨林，规范退化林修复，严禁将天然林改造为人工林。推进以基干林带为主体的沿海防护林建设，修复受损生态系统，逐步恢复热带季雨林、雨林生态系统和沿海红树林生态系统，优化美化人居环境，构筑沿海防灾减灾带。实施集约经营，建设以桉树和松类为主的短轮伐期工业原料林基地、大径竹资源培育基地和特色经济林基地；定向培育红木类、楠木等珍贵树种大径级用材林，建设热带国家木材战略储备林基地，提升对区域生态旅游、蓝色经济发展的战略支撑作用。

云贵高原亚热带针叶林经营区：恢复森林植被，持续提升森林质量，构建川滇生态屏障，保护区域生物多样性。依法保护以云冷杉、松属、油杉属等为主的亚热带原始针叶林。持续加强天然林封育管护，扩大退耕还林，推进石漠化综合治理，实施困难立地造林，积极恢复石漠化和干热河谷地区森林植被。持续推进森林抚育和云南松、思茅松等低效林提质，引导培育异龄混交林，构筑生态防护带，维护高山峡谷、高原湖泊和石漠化地区生态安全。积极发展桉树等短轮伐期工业原料林基地、大径竹资源培育基地和特色经济林基地；培育珍贵树种大径级用材林，精准提升华山松、云南松、思茅松等亚热带针叶林质量，建设云贵高原国家木材战略储备基地，提升林业对山区经济社会可持续发展的支撑能力。

青藏高原暗针叶林经营区：维持暗针叶林生态系统、高寒灌丛生态系统健康稳定，保护区域特有的生态环境和气候稳定生态源，维护大江大河流域生态平衡。依法保护东南部亚高山原始针叶林、高寒区灌木灌丛。科学开展退化森林植被修复，改善群落结构，增强森林保持水土、涵养水源功能，构建青藏高原生态屏障，维持"世界屋脊"生态系统稳定。在人口密度较大、水热条件适宜地区，可适度发展薪炭林、木本油料林和特色经济林，培育藏区林下药材和森林食品，拓宽牧民增收致富渠道。

北方草原荒漠温带针叶林和落叶阔叶林经营区：持续扩大植被覆盖，增加森林面积，促进生态扩容，构筑北方固沙防沙带和新欧亚大陆桥生态防护带。依法保护以樟子松、华北落叶松、油松、天山云杉、青海云杉等为主的温带天然针叶林，以及以杨桦、胡杨和白榆等为主的温带天然落叶阔叶林。宜林则林、宜灌则灌、宜草则草，封飞造、乔灌草相结合，带网片、多树种配置，持续推进三北防护林建设和京津风沙源治理，扩大退耕还林还草，加大防沙治沙力度，尽快提高沙区林草覆盖，科学实施退化林修复和退化防护林带复壮更新，重建和恢复防风固沙林（带），保护绿洲和农牧业健康发展。水热条件好、地势平坦地区，积极培育杨树类等短轮伐期工业原料林和灌木工业原料林，精准提升樟子松、华北落叶松林等林分质量，建设中温带国家木材战略储备基地。充分利用独特的光热条件，合理规划，大力发展核桃、红枣、枸杞等具有地域特色的经济林。科学治沙的同时，大力发展沙产业，促进沙区生态型经济发展。

2.5.3　政策落实和保护措施严格执行

1. 政策措施要严格落实到位

政策是森林质量提升的保证，随着 2001 年中央森林生态效益补助资金试点项目的实施，国家各部门相继出台《中央财政森林生态效益补偿基金管理办法》《国家级公益林区划界定办法》《占用征用林地审核审批管理办法》《占用征用林地审核审批管理规范》《财政支出绩效评价管理暂行办法》《生态公益林建设技术规程》等多项政策措施，全方位构建了林业发展的国家政策框架体系。例如，退耕还林工程的实施，离不开《国务院关于进一步做好退耕还林还草试点工作的若干意见》（国发〔2000〕24 号）、《国务院关于进一步完善退耕还林政策措施的若干意见》（国发〔2002〕10 号）和《退耕还林条例》的规定，这些政策中明确规定了退耕还林的范围、任务和补助标准及支付方式、资金来源，要使人民拥护工程，保证工程取得的成效；同时严格按照《退耕还林条例》执行，对不同坡度、不同树种的种植抚育；同时，将各项政策落实到位，省（自治区、直辖市）人民政府应当组织有关部门逐级落实目标责任，实现退耕还林目标。

2000～2016 年，呼伦贝尔市生态建设取得显著成效，相继实施了天然林保护、三北防护林建设、退耕还林、沙区综合治理、野生动植物保护及自然保护区建设等生态工程，森林面积达到 1300 万 hm^2，活立木蓄积量达到 12 亿 m^3，森林覆盖率稳步提升到 51.4%。累计完成造林绿化面积 77.41 万 hm^2，其中，人工造林 42.98 万 hm^2，封育 32.06 万 hm^2，退化林分改造 0.73 万 hm²，飞播 1.64 万 hm²。完成重点区域绿化 3.11 万 hm²，全民义务植树 8005.27 万株。实现了森林面积、蓄积量的持续"双增长"，进一步筑牢了祖国北疆生态安全屏障。内蒙古呼伦贝尔市严格执行国家政策，将政策措施落实到位，保障了该市森林质量的提升和生态建设的成效。

2. 保护措施严格执行

地方各级政府要深刻认识加强森林经营工作的重要意义，增强责任主体意识，依法把森林质量精准提升工程纳入国民经济和社会发展规划，实行责任目标考核制，把森林资源总量增长、质量提高作为约束性指标纳入政府任期目标责任。落实各级林业主管部门的森林经营规划编制、执行责任和经营活动的监管责任。各级林业主管部门要发挥好行业管理职能作用，依据森林经营规划和森林经营方案，将森林经营目标、任务、责任落实到各类经营主体，做好技术指导、协调服务和督促检查。按照生态优先、保护优先，实行最严格的法律制度保护森林、林木和林地。对于公益林要严格遵循《生态公益林建设技术规程》，针对天然林要全面落实《天然林保护修复制度方案》的相关要求，坚持全面保护、突出重点，尊重自然、科学修复，生态为民、民生保障，政府主导、社会参与的原则，确保森林面积逐渐增加，质量持续提高，功能稳步提升。严格执行《中华人民共和国森林法》，对毁坏森林的违法行为坚决予以从重处罚；针对病虫害和林火要应用先进适用的科技手段，提高森林防火、林业有害生物防治等森林管护能力。同时，加强森林监测，通过监测获取不同区域、不同森林类型质量的差异，有针对性地提出质量提升措施。

内蒙古大兴安岭重点国有林管理局有着完备的森林资源管理、森林资源监督、森林资源监测机构，形成了完善的森林资源管理体系和管理模式，建立了健全的森林资源监督、管理及监测规章制度。内蒙古大兴安岭重点国有林管理局在全林区范围内，连续多年开展声势浩大的森林资源百日宣传活动，极大地强化了森林资源保护意识，对征占用林地实行限额管理，管理部门严格审核审批、专业人员现场核查，这些措施有效地促进了林地资源的稳定增长。为了确保天然林保护工程深入推进，林区把施业区定位为林业生态主体功能区，清理废止了生态建设不相适应的文件和规定，制定了保障和发挥大兴安岭林区整体生态功能的具体措施，为天然林保护工程的实施提供了制度保证。与此同时，内蒙古大兴安岭重点国有林管理局结合林区实际，按照分级管理、分工负责的原则建立了健全的管护制度。重点国有林管理局、林业局、林场、管护员（站）层层签订森林管护责任书，明确管护责任，同时根据管护工作职能要求，将管护人员划分为直接管护、专业管护、季节性管护和管辅人员，因地制宜对不同区域和地段采取不同的管护方式，切实做到"人员、标志、地块、责任、奖惩"五落实。内蒙古大兴安岭重点国有林管理局坚持依法治林：据统计，2000～2010 年共破获各类资源林政案件 20644 起；森林防火通过理念创新，使得森林火灾发生率、森林受害面积和蓄积量环比下降 70%；2000～2011 年累计防治林业有害生物面积 126.95 万 hm²；1954～2011 年，累计完成森林抚育面积 413.40 万 hm²，从而促进了森林资源的恢复和增长，摆脱了"资源危机"的困扰。

内蒙古呼伦贝尔市林业和草原局牢固树立"创新、协调、绿色、开放、共享"的发展理念，围绕建设"民生林业、生态林业"总任务，严格执行森林保护措施，圆满完成了林业生态建设各项任务。完成造林绿化 34.05 万 hm^2，超额完成自治区下达任务 7.41 万 hm^2；年度实施天然林资源保护 238.18 万 hm^2、非天保区停伐天然林商品林管护 48.61 万 hm^2、国家级公益林森林生态效益补偿 89.27 万 hm^2、地方公益林森林生态效益补偿 31.13 万 hm^2，累计完成森林抚育补贴项目 59.90 万 hm^2。累计完成退耕还林工程建设任务 0.79 万 hm^2，规划并上报新一轮退耕还林任务 0.28 万 hm^2。累计投入资金 5.6 亿元，完成沙区综合治理面积 21.93 万 hm^2，荒漠化和沙化面积实现了"双减少"。

参 考 文 献

白尚斌, 周国模, 王懿祥, 等. 2013. 天目山保护区森林群落植物多样性对毛竹入侵的响应及动态变化. 生物多样性, 21(3): 288-295.

杜卫. 2018. 中国森林生物量时空变化及其对气候变化响应. 南京: 南京林业大学硕士学位论文.

国家林业和草原局. 2019. 中国森林资源报告(2014-2018). 北京: 中国林业出版社.

国家林业局. 2014. 退耕还林工程生态效益监测国家报告 2013. 北京: 中国林业出版社.

国家林业局. 2016. 2015 天然林资源保护工程东北、内蒙古重点国有林区效益监测国家报告. 北京: 中国林业出版社.

国家林业局. 2016a. 退耕还林工程生态效益监测国家报告 2015. 北京: 中国林业出版社.

国家林业局植树造林司. 2001. 国家林业局调查规划设计院.生态公益林建设导则. 北京: 国家林业局.

国家统计局. 2021. 中国统计年鉴. 北京: 中国统计出版社.

梁琴, 陶建平, 邓锋, 等. 2015. 喀斯特山区 9 种常见树木叶片在防火期的阻火性分析.林业科学, 51(3): 102-108.

林倩倩, 王彬, 马元丹, 等. 2014. 天目山国家级自然保护区毛竹林扩张对生物多样性的影响. 东北林业大学学报, 42(9): 43-47, 71.

刘甜甜. 2018. 安徽省不同区域国有林场森林自然度对比研究. 合肥: 安徽农业大学硕士学位论文.

陆元昌. 2006. 近自然森林经营的理论与实践. 北京: 科学出版社.

陆元昌. 2017. 以多功能经营技术支撑森林质量精准提升工程.国土绿化, (4): 22-25.

罗娜. 2016. 土沉香人工林林分结构与林下植被多样性对病虫害的影响. 长沙: 中南林业科技大学硕士学位论文.

马克平, 徐学红. 2020. 中国森林生物多样性监测网络有力支撑生物群落维持机制研究. 中国科学: 生命科学, 50(4): 359-361.

欧阳明, 杨清培, 陈昕, 等.2016. 毛竹扩张对次生常绿阔叶林物种组成、结构与多样性的影响. 生物多样性, 24(6): 649-657.

欧阳志云, 徐卫华, 肖燚, 等. 2017. 中国生态系统格局、质量、服务与演变. 北京: 科学出版社.

沈国舫. 2008. 关注重大雨雪冰冻灾害对我国林业的影响—主编的话. 林业科学, 44(3): 1.

万丽. 2015. 不同森林经营模式对林分结构与生态特征的影响. 北京: 北京林业大学硕士学位论文.

王兵. 2016. 生态连清理论在森林生态系统服务功能评估中的实践. 中国水土保持科学, 14(1): 1-11.

王兵, 李海静, 李少宁, 等. 2005. 大岗山中亚热带常绿阔叶林物种多样性研究. 江西农业大学学报, 27(5): 678-682, 699.

王浩. 2016. 退耕还林(草)工程区植被动态变化规律及影响要素. 北京: 中国科学院大学博士学位论文.

杨怀, 李培学, 戴慧堂, 等. 2010. 鸡公山毛竹扩张对植物多样性的影响及控制措施. 信阳师范学院学报(自然科学版), 23(4): 553-557.

杨清培, 王兵, 郭起荣, 等. 2011. 大岗山毛竹扩张对常绿阔叶林生态系统碳储特征的影响. 江西农业大学学报, 33(3): 529-536.

张喜, 崔迎春, 朱军, 等. 2011. 火烧对黔中喀斯特山地马尾松林分的影响. 生态学报, 31(21): 6442-6450.

赵雨虹. 2015. 毛竹扩张对常绿阔叶林主要生态功能影响. 北京: 中国林业科学研究院博士学位论文.

赵雨虹, 范少辉, 罗嘉东. 2017. 毛竹扩张对常绿阔叶林土壤性质的影响及相关分析. 林业科学研究, 30(2): 354-359.

Amateis R L, Burkhart H E. 1996. Impact of heavy glaze in a loblolly pine spacing trial. Southern Journal of Applied Forestry, 20(3): 151-155.

Bragg D C, Shelton M G, Zeide B. 2003. Impacts and management implications of ice storms on forests in the southern United States. Forest Ecology and Management, 186(1-3): 99-123.

Cai Z, Zhong Q, Liu Q, et al. 2008. Investigation on main trees species damaged by ice storm in Guangxi and the restoration measures. Forest Research, 21(6): 837-841.

Chen L, Mi X, Comita L S, et al. 2010. Community-level consequences of density dependence and habitat association in a subtropical broad-leaved forest. Ecology Letters, 13(6): 695-704.

Chuvieco E, Congalton R G. 1989. Application of remote sensing and geographic information systems to forest fire hazard mapping. Remote Sensing of Environment, 29(2): 147-159.

Dobbertin M. 2002. Influence of stand structure and site factors on wind damage connparing the storans Vivian and Lothar. Forest Snow Landscape Research, 77(1/2): 187-205.

Food and Agriculture Organization (FAO). 2020. Global Forest Resources Assessment 2020. Rome: FAO.

Guo S, Xue L. 2012. Effect of ice-snow damage on forests. Acta Ecologica Sirrica, 32: 5242-5253.

Hart S C, DeLuca T H, Newman G S, et al. 2005. Post-fire vegetative dynamics as drivers of microbial community structure and function in forest soils. Forest Ecology and Management, 220(1-3): 166-184.

Jaiswal R K, Mukherjee S, Raju K D, et al. 2002. Forest fire risk zone mapping from satellite imagery and GIS. International Journal of Applied Earth Observation and Geoinformation, 4(1): 1-10.

Kenderes K, Aszalós R, Ruff J, et al. 2007. Effects of topography and tree stand characteristics on susceptibility of forests to natural disturbances (ice and wind) in the Börzsöny Mountains (Hungary). Community Ecology, 8(2): 209-220.

Kobayashi T, Tada M. 2010. Possible causes and consequences of Phyllostachys pubescens invasion on carbon cycling of Satoyama rural forests in Japan. Forest Science, 58(2): 6-10.

Lafon C W. 2004. Ice-storm disturbance and long-term forest dynamics in the Adirondack Mountains. Journal of Vegetation Science, 15: 267-276.

Lemon P C. 1961. Forest ecology of ice storms. Bulletin of the Torrey Botanical Club, 88: 21-29.

Ma Z, Wang H, Wang S, et al. 2010. Impact of a severe ice storm on subtropical plantations at Qianyanzhou, Jiangxi, China. Journal of Plant Ecology (in Chinese), 34(2): 204-212.

Moore J R. 2000. Differences in maximum resistive bending moments of Pinus radiata trees grown on a range of soil types. Forest Ecology and Management, 135(1-3): 63-71.

Su Z, Liu G, Ou Y, et al. 2010. Storm damage in a montane evergreen broadleaved forest of Chebaling National Nature Reserve, South China. Journal of Plant Ecology (in Chinese), 34(2): 213-222.

Tian D, Gao S, Kang W, et al. 2008. Impact of freezing disaster on nutrient content in a Koelreuteria paniculata and Elaeocarpus decipens mixed forest ecosystem. Scientia Silvae Sinicae, 44: 115-122.

Tomimatsu H, Yamagishi H, Tanaka I, et al. 2011. Consequences of forest fragmentation in an understory plant community: Extensive range expansion of native dwarf bamboo. Plant Species Biology, 26(1): 3-12.

UK National Ecosystem Assessment. 2011. The UK National Ecosystem Assessment Technical Report. UNEP-WCMC, Cambridge.

Valinger E, Lundqvist L, Bondesson L. 1993. Assessing the risk of snow and wind damage from tree physical characteristics. Forestry: An International Journal of Forest Research, 66(3): 249-260.

Wang Q, Shu L, Dai X. et al. 2008. Effects of snow and ice disasters on forest fuel and fire behaviors in the southern China. Scientia Silvae Sinicae, 44(11): 171-176.

Willson M F, Traveset A. 2000. Chapter 3. The ecology of seed dispersal. In Seeds: the ecology of regeneration in plant communities, pp. 85-110. CABI, New York, NY.

Yamamoto S I. 2000. Forest gap dynamics and tree regeneration. Journal of Forest Research, 5(4): 223-229.

Zhang Y, Wilmking M, Gou X. 2008. Changing relationships between tree growth and climate in Northwest China. In Forest Ecology, pp. 39-50. Springer, Dordrecht.

第3章 中国森林生态系统优化管理模式及生态经济效益评估[①]

3.1 中国森林经营的历史沿革和挑战

森林是地球上最大的陆地生态系统和地球上最重要的生物物质产地之一,为人类的生存和发展提供了基础支撑和各种生态系统服务。在世界范围内,不同国家的人民在各自生产实践中逐渐形成了各有特色和适宜性的林业经营管理的经验和理论。其中,代表性的有德国的近自然林业理论、美国的生态系统经营理论、苏俄学派的调整森林利用理论、新西兰和澳大利亚的人工林可持续经营理论,以及联合国林业可持续发展理论等。从世界林业发展史来看,按森林资源利用的方式,大体分为 3 个阶段:木材采伐利用阶段、多功能(多目标)森林利用阶段和森林生态系统管理阶段。这 3 个阶段的发展进程体现了人类对森林价值认识的深入,反映了世界范围内森林经营管理理念的进步和发展。从森林与人类的原始和谐相处、森林的过度利用、森林的保护恢复到森林的可持续发展的历史演变过程表明,人类对森林的认识是一个实践和认识,再实践和再认识的逐步深化过程。

目前,被广泛认可的森林生态系统管理,被普遍认为是森林资源经营的一条生态途径,它通过维持森林生态系统过程及相互依赖关系,并长期地保持森林健康和功能完整,从而为短期压力或干扰提供自调节机制和恢复能力,为长期变化提供适应性的森林可持续经营(刘世荣等,2002)。对于森林资源的经营管理而言,将森林视为生态系统来加以经营和管理,无疑在理论和实践上均具有划时代的重要意义。森林生态系统管理作为一种新的自然资源管理理论,其研究和应用领域越来越广。生态系统管理的概念在 20世纪 30~50 年代最先产生于自然生态系统的保护研究中,在保护生物学领域得到了很大程度的重视。1992 年,美国农业部林务局宣布将生态系统管理的概念应用于国有林管理中。此后在美国至少有 18 个联邦政府机构和众多州立机构逐渐采用了生态系统经营,加拿大、澳大利亚、俄罗斯和土耳其等国家也逐步采用生态系统管理。20 世纪 90 年代后期,森林生态系统管理在中国受到越来越广泛的重视,促使传统的森林资源管理转向森林的可持续经营,以保障林业的可持续发展。总体上,从森林经营理论的发展历程可以看到,每一次新的林业经营理论的发展都是人类对自然生态系统理解和认识的升华。

[①] 本章执笔人:刘世荣,张远东,王辉民,明安刚,缪宁,孟盛旺。

3.1.1　中国森林经营的历史沿革

在漫长的历史进程中，中国古代和近代积累了丰富的森林经营思想。与农业文明相适应，中国古代的森林经营思想主要有："天人合一"系统哲学观、"种树农桑"的森林价值观、"任地养材"的森林培育观、"以时禁发"的森林利用观等。由于近代旧中国的战乱动荡和贫穷积弱，我国的绝大部分平原农区，历经了几千年的农耕和垦殖。近代中国森林经营方针的变化主要分三阶段。

1. 第一阶段，中华人民共和国成立后至 1978 年

1949 年，森林覆被率仅为 1.1%，导致自然灾害频繁，燃料、饲料、肥料紧缺，生产力不断下降，农业基础条件的恶化，激发了新中国造林绿化的积极性。1950 年全国林业业务会议上确定了林业建设方针"普遍护林、重点造林、合理采伐与利用"。新中国成立以来，平原农区的林业迅速发展，华北、中原地区的林木覆盖率已由过去的 1%提高到 10%以上。以农田防护林网为主体，结合四旁植树、农林间作和成片造林，形成了具有我国平原绿化特点的带、网、片、点相结合的综合防护体系。在国有荒山荒地设立国营林场，进行植树造林和封山育林，其中封山育林作为中国传统培育森林的方法，有效地恢复和扩大了森林资源，形成大面积天然次生林，使得全国森林覆被率持续上升。我国东北、西南、东南三大林区担负着全国绝大部分木材生产任务。1949～1978 年，计划内木材产量达 12.2 亿 m³，基本保证了国家建设的需要，这一阶段这些林区建成了完整而强大的森工生产体系，但营林生产体系却相对薄弱，长期重采轻育。

2. 第二阶段，1978 年至党的十八大

1978 年，我国林业经营指导方针调整为"以营林为基础、普遍护林、大力造林、采育结合，永续利用"。造林育林从依靠集体转向依靠农民、个人、集体和国家结合；森工企业由以原木生产为中心转向以营林为基础，采育结合，综合经营；同时以保护和管理现有森林资源为核心，扭转资源下降，积极发展人工用材林，实行集约经营，提高木材生长量。1979～2000 年，我国陆续启动了三北防护林体系工程、沿海防护林体系工程、长江中上游防护林体系工程、珠江流域防护林体系工程、辽河流域防护林体系工程、黄河中游防护林体系工程、淮河太湖防护林体系工程、太行山绿化工程、平原绿化工程、天然林资源保护工程、退耕还林还草工程、京津风沙源治理工程等。这一阶段木材利用和生态建设并重，全国开展了大规模的造林绿化工作，森林面积和森林蓄积量均实现了双增长。

3. 第三阶段，党的十八大至今

党的十八大以来，在全面建设小康社会的攻坚阶段，中国林业紧紧围绕"补齐生态短板"的中心任务，统筹山水林田湖草系统治理，科学谋划、扎实推进，集中力量解决制约

林业可持续发展的突出问题，继续推进重大生态保护和修复工程。2010 年 12 月，党中央、国务院决定延长天然林资源保护工程的时间，实行第二期，时间为 2011～2020 年。范围为以三峡库区为界的西藏、湖北、重庆、贵州、四川、云南 6 省（自治区、直辖市）的长江上游地区和河南、陕西、山西、内蒙古、宁夏、青海、甘肃 7 省（自治区）的黄河上中游地区的 750 个县（市、区）、61 个国有林业企事业单位，共 811 个实施单位；以及东北、内蒙古、海南等地区。2019 年，中央政府颁布了《天然林保护修复制度方案》，标志着我国天然林资源保护工程从阶段性、区域性的工程转变为长期性、全面性的公益事业。

加大天然林保护力度，加强森林经营和管护，森林面积和蓄积持续增长，森林资源发展步入了数量增加、质量提升、功能增强的良好发展时期。贯彻"生态建设、生态安全、生态文明"的战略思想，国家把森林资源的保护发展提升到维护国家生态安全，加快现代化建设，全面建成小康社会，实现经济社会可持续发展的重要基础的战略高度。坚持"严格保护、积极发展、科学经营、持续利用"的指导方针，实施林业可持续发展战略，努力加强相关的法律保障，完善相关政策，持续增加资金投入，加大森林资源的培植力度，有力地促进了由以木材生产为主向以生态建设为主的战略转变，森林资源保护与发展步入了以生态建设为主的发展新时期。

党的十八大至今，我国全面实施天然林资源保护工程和退耕还林还草工程。全国主要林区在过去实践的基础上，总结了大兴安岭火灾恢复经营模式、小兴安岭栽针保阔天然次生林恢复模式、长白山阔叶红松林择伐抚育经营模式和模拟林窗促进天然更新的次生林恢复经营模式、南方丘陵山区次生林恢复经营模式、西南高山退化天然林恢复模式、亚热带退化常绿阔叶林恢复经营模式和海南热带林恢复模式等，为我国主要林区森林恢复和可持续经营提供了有力支撑（刘世荣，2011）。

在我国已进入全面建成社会主义现代化强国的新时代，强化生态保护和修复对进一步建设生态文明、保障国家生态安全具有重要意义。全国多个部门于 2019 年共同研究编制和发布了《全国重要生态系统保护和修复重大工程总体规划（2021—2035 年）》，即"双重规划"。该规划把天然林保护作为其中的重要内容，与天然林资源保护工程有着密切的关系。其中，与天然林保护有关的内容有：直至 2035 年，要把保护和修复诸如海洋、荒漠、河流、湖泊、湿地、森林、草原等一系列自然生态系统作为主要目标，以及要把保护和修复山水林田湖草一体化的重点任务、总体布局、政策举措和重大工程等一系列工作统筹完善。该规划中主要提出了青藏高原、长江、黄河三大生态重点生态区和海岸带、南方丘陵山地带、东北森林带、北方防沙带四大地带共计七大区域的重大修复与生态保护工程，以及生态保护、野生动植物保护和修复支撑体系、自然保护地建设工程。该规划针对每个生态区域的具体情况都做了单独的分析与规划，并根据当地的情况定制了相应的修复、保护措施。例如，针对青藏高原地区，该规划给出了"大力实施草原保护修复、水土保持等工程，严格落实草畜平衡"的建议；针对长江流域，则给出了"改善河湖连通性，加强长江两岸造林绿化，开展公益林建设"的建议。

3.1.2 我国森林经营面临的主要问题和挑战

通过长期不懈地努力，我国的森林资源状况有了很大改善，森林覆盖率已由建国初期的 8.6%上升至 2018 年的 22.96%。自 20 世纪 90 年代以来，我国的森林面积和蓄积均有大量增长，是同期全世界森林资源增长最多最快的国家。然而，从全球范围来看，中国森林面积仅约占全球森林面积的 5.51%。我国人均森林面积不足世界人均森林面积的三分之一，人均森林蓄积仅约为世界人均森林蓄积的六分之一。森林资源总量相对不足、质量不高、分布不均的状况仍未得到根本改变。

总体上，我国森林资源数量、质量的增长依然不能满足社会对林业多样化需求，生态问题依然是制约我国可持续发展最突出的问题之一。生态服务产品依然是当今社会最短缺的产品之一，森林资源质量与生态服务供给能力差距依然是我国与发达国家之间的最主要差距之一。我国森林经营面临存在的主要问题和挑战可概括为以下四个方面。

1. 森林资源总量相对不足、质量不高且分布不均

中国总体上仍是一个缺林少绿的国家，森林资源总量相对不足、质量不高且分布不均，森林生态系统功能脆弱的状况未得到根本改变。2014～2018 年的第九次全国森林资源清查结果显示，2018 年末全国森林总面积为 2.2 亿 hm^2，森林覆盖率为 22.96%，活立木蓄积 190.07 亿 m^3，森林蓄积量 175.6 亿 m^3。中国森林覆盖率 22.96%，低于全球 30.7%的平均水平；人均森林面积 0.16 hm^2，不足世界人均森林面积 0.55 hm^2 的三分之一；人均森林蓄积 12.35 m^3，仅为世界人均森林蓄积 75.65 m^3 的 1/6；森林每公顷蓄积 94.83 m^3，只有世界平均水平 130.7 m^3 的 72.6%。森林资源相对稀少的陕西、甘肃、青海、宁夏、新疆西北 5 省区的土地面积占国土面积的 32%，森林覆盖率仅为 8.73%。

2. 森林经营体系和目标不适应现代社会的多样化需求

将森林分为商品林和公益林，由此规划森林的经营目标、投资方向和经营措施，没有体现森林生态系统的自然属性，包括森林结构组成、生物多样性变化、更新演替、健康状态、自然干扰特征等。例如，目前营造的许多人工林缺乏明确的经营目标或利用的最终产品。伴随人们对森林功能认识的提高，传统的森林经营理念受到了冲击。人类对森林生态系统的产品的需求不仅仅限于木材，而是多样化的产品需求，在保证木材供给的同时，更多地关注森林生态系统的生态系统服务功能（生物多样性、水土流失、水源涵养、干旱洪涝灾害、环境污染、野生动物栖息地、流域健康和固碳等）（刘世荣等，2015）。

3. 气候变化下林业面临的问题和挑战

大气二氧化碳浓度的升高，一定程度上可能会使森林生产力提高。但全球气候变化引起的干旱、洪涝灾害频发、病虫害加剧、火灾频率增加，却可能导致森林的生物

量不一定增加。随着全球气候变化的加剧，植被分布与气候相关的界线可能发生位移变化。如气温的升高会使林木与冻原的界线向极地移动，进而使植物向极地扩张、林线向高海拔迁移；温带阔叶林与寒温带针叶林的界线向极地、高海拔移动，使一定海拔的森林的物种组成和分布渐渐发生变化；森林与草原及荒漠的界线变化，使森林面积扩张或萎缩。此外，气候变化可能对入侵物种类群产生复杂而深远的影响，可能会引起入侵物种的扩张。

中国人口众多、经济发展水平不充分、不平衡，在应对气候变化方面面临严峻的挑战。中国林业应对气候变化，一方面需要强化对森林和湿地的保护工作，提升森林适应气候变化的能力；另一方面需要加强森林和湿地的恢复工作，提高森林固碳的能力（刘世荣等，2013）。中国森林人均资源量不足，远远不能满足国民经济和社会发展的需求，随着国家现代化进展的加快，保护林地、湿地的任务和压力加大。

4. 森林生态系统经营管理有待深化与完善

由于过去长期和大规模的采伐为主的经营，中国现存的森林主体尚处于破碎化和恢复阶段。加之营造了大面积人工纯林，在缺乏有效森林健康管理的情况下，一些地方曾出现严重的森林病虫灾害、森林火灾或地力衰退等问题。生态建设工程有着各自不同的目标和侧重点，而且又分属不同的部门来实施和管理，可能会导致不同部门缺乏有效的项目之间的协同和整合，难以实现可持续土地利用模式下的综合生态系统管理的目标。森林经营管理不但要着眼森林生态系统本身，还要考虑森林经营管理对溪流和河流水系、生物多样性和人居环境的影响，从森林生态系统的综合要素考虑，包括各种相关利益群体需求、农林牧复合景观结构特征、景观生物与水土资源的有效性、土地利用政策等方面，制定综合的森林景观管理规划，借以实现景观资源的优化配置和景观环境的可持续性。

3.1.3　我国森林生态系统经营发展

为实现我国森林生态系统经营发展目标，建成"天蓝、地绿、水清"的美丽中国，必须以新发展理念和绿水青山就是金山银山理念为统领，紧紧围绕建设生态文明，深入贯彻落实党的二十大精神和习近平生态文明思想，按照山水林田湖草系统治理的要求，全面深化林业改革，加快推进国土绿化和生态修复进程。健全生态保护制度，严格森林资源监督管理，强化森林资源保护和科学经营，高质量高水平推进林业现代化建设，为建设生态文明和美丽中国提供良好生态保障。

面向生态系统服务的森林生态系统经营管理是未来森林经营的发展趋势，是各国森林可持续经营和林业科学研究的重要内容，也是 21 世纪林业可持续发展的核心。从经营理念来看，中国森林经营体系要有一个系统转变，从以木材为主的经营逐步转向以生态系统服务为导向的多目标经营。森林生态系统经营要从以林业分类经营为基本构架，逐步发展为以兼顾分类经营和多目标经营，并最终建立以近自然林经营为主体的森林经营体系。建立面向生态系统服务的森林经营体系，尽管在一定程度上仍然需要遵循以防护、生产和多目标经营的林业分类经营为基本构架，但是，确立主导功能并兼顾实现多目标经营将成为未来森林经营的主流趋势。权衡和协调好森林生态系统服务在不同时间和空间的关系，取得最佳的森林生态系统服务效益和效率，实现最大的人类福祉，不但能够更好地维持变化环境下的森林生态系统的结构、功能和健康，提高森林适应气候变化的能力，还有利于更好地协调各利益相关群体参与和促进森林生态系统经营的实施。

1. 天然林生态系统经营

按不同起源对天然林进行科学经营与管理。天然林区残存的老龄林斑块，是重要的种质资源基因库，是恢复重建的自然参照体系，对生物多样性保护具有重要意义。对其应采取严格的"封禁"措施，保存其物种和基因多样性，维持其群落结构和功能。对于轻度退化、结构完好的天然次生林，也需要实施严格的保育措施，凭借其保存良好的自我修复机制和天然更新能力，在排除外界干扰的条件下迅速恢复其结构和功能。针对演替初期阶段的天然更新能力差、树种组成与密度不合理、健康状况不好的天然次生林，应该采取"封调"措施。在封山保护的同时，通过采用补植、补播目的树种、抚育、间伐、杂灌草清除等适度人工辅助措施。在不改变其自然恢复演替路径的前提下，促进跨越演替阶段或缩短演替进程，加快生态系统结构和功能的恢复。对于严重退化、环境恶劣、天然更新困难的生境，采用"封造"措施，筛选适宜物种或生态恢复的驱动种，利用工程措施和生物措施相结合的方法，对严重退化的生境进行土壤功能的修复与人工植被的重建。针对天然林林区大面积的人工纯林，采用"封改"措施，定向抚育间伐、移针引阔、补植乡土树种，诱导其向原生森林演替，恢复其结构、生态功能和生物多样性（刘世荣等，2009）。

为减缓不断加剧的全球气候变化，林业正在经历经营发展方向的转变与调整，固碳林业应运而生。其目标是通过一系列的保护、适应和森林可持续管理措施增加吸收固定大气中的二氧化碳并减少碳排放，最大化实现森林生态系统固碳效益，同时发挥森林生态系统的其他多种服务效用（刘世荣等，2011）。通过造林和再造林、恢复退化的天然林、建立农林复合系统等措施可增加森林植被和土壤碳储量，可以增强固碳能力。同时，鉴于天然林中的原始老龄林生态系统仍然具有一定的碳汇功能（Zhou et al.，2006），通过实施天然林可持续经营，采用系统和长期的碳监测和管理措施，保护天然林及其生态系统中储存的碳库，减少其向大气中的排放，既能够保护生物多样性和物种遗传资源，又可以实现减排增汇的目标。

为了让森林能够适应气候变化，需要加强保护森林和湿地的力度，还要调整森林的树种种类和年龄结构，对幼龄林进行抚育，对过熟林、成熟林进行间伐以调整林分结构。针对我国天然林严重退化的现状，研究不同气候区域和立地条件下天然林恢复基础理论，研发退化天然林恢复与重建技术，特别加强研发脆弱和困难立地环境条件下的天然林恢复技术，和开发生态恢复的新材料和新工艺。此外研究天然次生林调控技术和人工促进更新技术、天然林非木质资源培育与可持续利用技术，以及林特产资源、林下经济、林药等林区民生产业示范，野生珍稀濒危动植物保护技术研究等。

进一步加强森林管护和公益林建设,加快天然林资源的培育。通过实施好天然林资源保护工程、经营好天然次生林、发展近自然林业、建立公园或自然保护区、实行保护和生态系统经营措施,逐步建立天然林保护的长效机制,使天然林资源质量和总量显著增加,天然林结构、质量和生态功能明显提高,生物多样性进一步丰富,全面提升天然林经营管理的能力。探索并推广天然林资源保护工程区域森工企业"替代产业"可持续发展的新模式,加大政府投入的力度,把各项社会保障政策真正落到实处,让林农切实感受到实施"天保工程"带来的实惠。

2. 人工林生态系统经营

人工林提供的生态系统产品和服务可以明显促进人类福祉的改善。天然林资源保护工程实施后,我国逐渐停止了天然林的商业性采伐。比如,2008 年天然林采伐量为 1166 万 m^3,占总采伐量的 69.4%;而 2018 年天然林采伐量为 43 万 m^3,仅占总采伐量的 8.2%。不仅我国自产木材来源转为以人工林为主,木材采伐总量也下降至不足 2008 年的三分之一(国家林业局,2009;国家林业和草原局,2019)。作为世界上木材的主要消费国之一,中国对木材产品的需求随着国家经济和社会需求的增加而迅速增大。目前,持续增大的中国木材产品供求缺口绝大多数已被人工林所弥补。除木材产品外,人工林通过提供非木质林产品促进了经济发展和民生。此外,人工林通过加强生物多样性保护,以及固碳和水文调节等环境服务功能,在改善生态环境中发挥着重要的作用,积极贡献于中国林业战略目标中的生态恢复、生态安全和生态文明。

同世界其他国家一样,在生态可持续性和环境变化方面,中国人工林面临着巨大的风险和挑战,包括不断加剧的全球气候变化的影响、经济社会发展对人工林需要的多样化和不同利益群体对人工林价值取向的变化。由单一树种组成的大面积人工纯林,具有景观结构单一、空间分布不均匀、龄级分布不均匀和低蓄积生长量的特点,再加上日益变化的环境下经营人工林用于多种用途的复杂性,都对人工林经营提出了新的要求。

基于中国的实际国情和林业发展状况,现阶段以及未来一个时期,中国人工林经营体系还将呈现多态化培育模式,即,短周期速生丰产林模式、长周期高价值木材人工林模式和长短周期结合的人工林混交模式并存,形成呈现单一经营目标、双重经营目标和多目标经营共存的发展态势。发展面向生态系统服务的人工林生态系统经营,将会促使森林经营者通过实施经营计划,全面整合经济和环境效益,进而使人工林经营在保障可持续木材和非木材供给的前提下,更有助于减缓和适应气候变化、调节水源涵养和保护生物多样性(刘世荣等,2018)。

3.2　中国森林经营管理的宏观战略与格局

3.2.1　我国森林经营管理宏观战略

森林是陆地生态系统的主体和重要的可再生资源,同时也是维护国家生态安全最重要的生态屏障，是我国生态文明建设的最重要基础。科学经营管理我国森林生态系统、不断强化生态服务功能，既是提高国家森林资源自给能力的重大需求，也是我国生态环境可持续发展的重要保障。

早期的森林经营理论主要以木材生产为主，以获取更多的直接经济收益为目标。但随着社会发展及全球环境的变化，人类逐渐认识到森林生态系统不仅给人类提供生存必需的食物、原料等产品，而且还是维持人类赖以生存和发展的环境保障系统。森林生态系统为人类提供了供给、调节、文化以及支持服务。特别是 1998 年我国发生的特大洪水灾害，使我们更加清醒地意识到森林生态功能的重要价值，这成为我国森林经营从木材中心向多目标经营转变的重要转折点。

党的十八大明确提出了生态文明建设，指出建设生态文明是关系人民福祉、关乎民族未来的长远大计。面对资源约束趋紧、环境破坏严重、生态危机加剧的严峻形势，必须树立尊重自然、顺应自然、保护自然的生态文明理念，把生态文明建设放在突出地位，大力推进生态文明建设，实现中华民族永续发展。作为陆地生态系统的主体，森林生态系统服务功能是国家生态文明建设的最重要基础。2019 年中共中央办公厅、国务院办公厅先后出台了《天然林保护修复制度方案》《关于建立以国家公园为主体的自然保护地体系的指导意见》《关于在国土空间规划中统筹划定落实三条控制线的指导意见》；2020 年国家发展和改革委员会、自然资源部联合印发了《全国重要生态系统保护和修复重大工程总体规划（2021—2035 年）》。系列相关政策的指定，均体现了森林生态系统在生态文明、美丽中国建设中的高度重要性。

基于生态文明建设与环境保护的国家总体发展需求，站在国家可持续发展的高度科学经营管理森林，是国家对我国未来林业发展的必然要求。因此，新时期我国林业发展必须彻底摒弃传统经营管理战略，坚持以国家生态安全为核心，强化生态建设、保障生态文明。由于我国地域辽阔，森林资源与环境状况千差万别，根据各个区域不同的生态环境问题，因地制宜提出森林经营管理策略，为国家及各区域森林经营提供参考。我国森林经营管理战略从以下几方面布局。

1. 构建点、线、面相结合的森林生态网络

经过四十多年的植树造林、人工恢复，我国森林面积显著提升，森林覆被率目前已达 23.04%。根据宜林荒山荒地情况，我国的森林覆盖率最大可达 26.3%（张华龄，1988）。近年来在全国范围内开展了退耕还林还草工程，部分农田转化为森林，潜在森林覆盖率可能会超过这个极限，但 18 亿亩耕地保护红线的存在，决定了通过大规模造林扩大森林面积已无可能，而且剩余宜林荒地均为造林困难立地，成效较低。因此，我国今后二三十年生态建设应该更加重视城市森林发展和农田、道路、河流等防护林的建设与优化，不断扩大森林规模、提高生态系统服务功能，构建点、线、面相结合的森林生态网络格局（图 3-1）。

点是指以中心城市为主体，辐射周围若干城镇所形成的城市森林生态网络点状分布区，包括城市森林公园、城市园林、城市绿地、城市道路绿化以及远郊绿化区等；线是

图 3-1　点线面相结合的森林生态网络

指我国主要公路、铁路交通干线两侧、主要大江大河、海岸线以及以农田为主体的防护林带/网；面是指广大的山地森林植被，以东北、西北、华北、南方、西南以及热带林区为主体，以流域与山脉为核心，根据不同自然状况所形成的块状分布区。

鉴于全球变化、气候波动频度和强度逐步增加的趋势，点上（城市）森林建设也应该强调适地适树、乡土化、多样性，以提高抗性，确保生态安全，尽量避免气候区外景观物种大量引入，盲目追求新特奇。点和线的森林建设在充分考虑防护性和抗性的同时，也应充分考虑木材可利用性，弥补国家木材资源的不足。面上（林区）森林分区、分林施策，重点提高森林生态系统质量，充分发挥森林生态系统多项效益。

2. 分区发展，继续实行：东扩、西治、南用、北休

基于我国林业发展现状，即处在"治理与破坏相持阶段"，国家林业局 2023 年提出了东扩、西治、南用、北休的发展战略（图 3-2）（中国可持续发展林业战略研究项目组，2003）。经历 15 年的努力，基本达到了 2020 年森林覆被率 23%的战略目标，跨入了"生态建设治理大于破坏、生态状况良性循环"的阶段，但是林业发展周期长，见效慢，需持之以恒，不断推进。

（1）东扩。包括北京、天津、河北、山东、河南中东部、安徽北部、江苏、上海和东南沿海地区，该区域主要特点是经济发展相对较好，大中城市聚集，人口稠密，但林业发展空间相对有限。因此，应大力扩展林业发展的空间和内涵，在点和线上推进林业

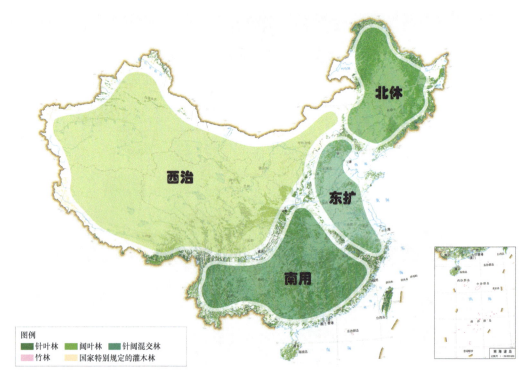

图 3-2 "东扩、西治、南用、北休"发展战略

发展，将宜林地充分利用起来。同时，全力提升森林质量，加速生态补偿机制建立，不断满足区域发展对良好生态系统服务功能的需求。具体为：扩展和丰富沿海防护林的规模和内涵，提升平原林业的档次和质量，推进都市林业建设，延伸林业产业链条和效益。

（2）西治。包括山西、内蒙古中西部、河南西北部、广西西北部、重庆、四川、贵州、云南、西藏、陕西、甘肃、宁夏、青海、新疆等地，是我国生态最脆弱、治理难度最大、任务最艰巨的区域，也是我国生态建设的主战场。土地荒漠化、沙化、水土流失是该地区的主要问题，生态保护压力巨大。在已有成果基础上，继续推进防沙治沙，推动三北防护林、京津风沙源治理等工程建设，扎实推进退耕还林还草工程，加强野生动植物和自然保护区建设，加强天然林保护和科学经营，实现可持续发展，为西部大开发战略的顺利实施提供生态基础支撑。

（3）南用。在安徽南部、湖北、湖南、江西及浙江、福建、广东、广西、海南等林业产业发展最具潜力的亚热带地区，充分利用南方优越的水热条件和经济社会优势，全面提高林业的质量和效益。在良好的林业发展基础上，继续加强长江等防护林建设和重点公益林、野生动植物的保护，建立和完善区域生态效益补偿机制，推进速生丰产林基地建设，尽力满足我国经济发展对木材的需求，定向培育珍贵化、优质大径材以及高附加值经济林果等，深度拓展二三产业提高经济收益，推动林区经济发展。

（4）北休。深入推进辽宁、吉林、黑龙江和内蒙古大兴安岭等重点国有林区天然林休养生息，重振东北林业雄风。继续推动天然林保护、速生丰产林和三北防护林建设工程，推动退耕还林、防沙治沙、野生动植物和湿地保护等重点工程，加快林业产业发展，大力发展特色二三产业，形成三产融合新格局。

3. 因林而异、科学管理

"东扩、西治、南用、北休"是全国林业发展总体战略，是根据各区域的主要特点、针对主要问题，从促进当地林业发展的角度提出的主要对策。但就某一区域而言，应该是多举并进，扩中有治、治中有用、用中有休、休中有扩。对部分地方或是某个企业而言，其主要问题与区域主要问题可能有所不同，那就要因地制宜、因林而异，采取针对性的措施科学经营管理。森林是可再生资源，有其生命周期，森林效益的获取与经营水平密切相关。因此，不同单位部门制定的森林经营规划一定是基于本单位森林资源状况、区域发展需求制定的科学计划。充分发挥企业基层管理和技术人员的科学智慧和能动性，实现森林生态系统最大生态、经济和社会效益。

3.2.2　我国不同林区的森林经营管理宏观格局

1. 东北针叶林及针阔混交林区

1）基本情况

本区行政范围涉及黑龙江、吉林、辽宁、内蒙古 4 省区，现有林地面积 5322 万 hm^2，森林面积 4510 万 hm^2，森林蓄积近 40 亿 m^3。每公顷乔木林蓄积量 92 m^3，每公顷乔木林年均生长量 3.43 m^3。森林植被总碳储量约 20.6 亿 t。

东北林区是我国最重要的林区，也是我国重要的木材战略储备基地和重要的生态屏障，分布范围广。针叶林主要分布在大兴安岭北部山系，气候属寒温带季风区，冬季漫长而多雪，春季干旱少雨，夏季较短降水量集中，秋季霜冻较早。年降水量为 350～500 mm。地带性植被为以落叶松为主的寒温带针叶林，现有森林类型主要有落叶松林、樟子松林、白桦林、蒙古栎林、山杨林等。针阔混交林区主要分布在小兴安岭及长白山，气候属温带季风气候，冬季寒冷干燥漫长，夏季湿润短促。年降水量 400～1000 mm，由东向西递减。本区地带性植被为针阔混交林，针叶树以红松为主，伴生有紫椴、色木槭、蒙古栎、大青杨、水曲柳等阔叶树。现有森林类型主要为云冷杉针叶混交林、云冷杉针阔混交林、阔叶红松混交林、硬阔叶混交林、长白落叶松林、樟子松林、杨桦林等（国家林业局，2016）。

2）主要问题

过度采伐导致森林资源近乎枯竭。东北林区曾是我国最大的木材生产基地，经历了几十年的过度采伐，原始林损失殆尽，由于缺乏有效的营林及抚育措施，栎类、黑桦、白桦、山杨等天然次生林居于主导地位，林分结构简单，质量不高，林木生长缓慢。林区内卫生条件差，森林火灾频发。成过熟用材林面积少，可采资源基本枯竭。目前采取天然林保护，迹地更新以天然更新为主，森林恢复速度缓慢。

3）生态环境发展定位

东北地区既是我国重要林区，也是最重要的商品粮基地之一，东北平原是全国最大的农业区，土地肥沃，三江平原还有我国最大的湿地。因此，东北林区在我国生态屏障建设中具有重要地位，特别是水源涵养和生物多样性保护功能尤为重要，包含有大兴安岭水源涵养与生物多样性保护区、长白山区水源涵养与生物多样性保护区、辽河源水源涵养区、小兴安岭生物多样性保护区等多个重要的生态功能区。同时，长白山支脉老爷岭南部还建有东北虎豹国家公园。因此，东北林区森林经营管理必须着眼于生态环境发展的需求，提高水源涵养和生物多样性。

4）发展方向

东北林区作为资源过度采伐、资源濒临枯竭的林区，尽快提高森林质量和生态系统功能、加快向顶极植被演替，为未来发展提供充足的森林资源储备是最主要的目标。同时，本地区经济发展较缓慢，生态补偿难以满足林区经济发展需求，应该同步发展林下经济，以短养长，实现可持续发展。

5）经营管理战略措施

以休养生息、加快恢复优质森林资源为主要目标。鉴于当地经济发展相对滞后，应充分发挥资源优势，大力发展林下经济、壮大绿色产业，以短养长。同时，国家应适度倾斜，加大林区发展支持力度，促进林业发展和资源恢复。

（1）保护原始林。对一些偏远地区尚存的原始林，实行严格保护，全面封禁，确保原生的生物多样性和基因库。例如，对长白山北坡原始林区，保护区核心区应该严格保护，确保生物多样性。同时，加强管护措施，预防火灾、风灾等自然和人为灾害的发生。

（2）加快次生林正向演替进程。杨桦林等次生林是原始林破坏后形成的重要森林类型，林下红松等顶极树种天然更新通常较好，但是林分郁闭度过高会影响天然更新进程甚至失败。因此，通过适度人工间伐，降低林分郁闭度，改善林中光照条件，优选林下更新幼树，优化幼树生长环境，促进天然更新。对于种源充足但更新不良的林分，也可以通过开林窗，改变森林微环境，增加林地光照，提高土壤温度和养分循环，促进林下种子萌发和幼苗生长。特别情况下可以进行人工补植顶极树种，促进生态系统更新进程。

（3）人工林结构优化，促进演替。东北人工林以落叶松林最多。落叶松生长迅速、适应能力强，以纯林为主、树种单一、密度大，树木长势较弱、林下植被稀少、森林抗性较差、生态功能不强，并存在土壤板结、养分流失、地力下降等问题，松材线虫等严重病虫害的发生，使林分结构优化成为当务之急。通过开林窗、高强度间伐、群团状渐伐或带状皆伐，以及林下补植水曲柳、胡桃楸和黄檗等珍贵阔叶树种等技术人工诱导落叶松纯林向混交林演替，有利于森林资源的优化，维护森林生态系统的健康与稳定。

（4）长周期大径材优质林木资源培育。东北林区是我国重要林区，由于资源枯竭急需休养生息。但未来木材生产依然会是该区的重要任务。有必要选择立地条件良好的林地开展珍贵材（如水曲柳、黄檗、胡桃楸三大硬阔）、大径材、优质材的培育，为将来森林资源开发提供优质森林资源储备。

（5）林下经济开发。东北地区经济发展较缓慢，由于过度开发，森林资源枯竭、采伐限制严格、保护管理任务重，而生态补偿等投入不足维持林区经济发展。因此，充分发挥地方资源优势，有目的地开展林下经济发展，林下人参种植、野菜种植、林下养殖等都是很好的经营策略。林下人参种植历史悠久、基础好、技术强，提高产品质、打造优质品牌，将会大大提高经济效益，促进当地林业发展。

2. 华北落叶阔叶林区

1）基本情况

本区行政范围涉及北京、天津、河北、山西、辽宁、江苏、安徽、山东、河南、山西、甘肃和宁夏 12 省（自治区、直辖市）。现有林地总面积 3369 万 hm^2，森林面积 1981 万 hm^2，森林蓄积量 7 亿 m^3。每公顷乔木林蓄积量 48.8 m^3，每公顷乔木林年均生长量为 4.4 m^3。森林植被总碳储量约 5.4 亿 t。

本区气候属暖温带湿润半湿润大陆性季风气候、暖温带湿润半湿润气候和暖温带大陆性季风气候，春季干旱多风，夏秋炎热多雨、冬季寒冷干燥。年降水量 400～950 mm，由东向西递减。地带性植被为暖温带落叶阔叶林，现有森林类型主要有以栎类（蒙古栎、槲栎、麻栎、栓皮栎等）、槭树属、榆树属、椴树属等为主的混交林，以及山地杨桦林、油松林、侧柏林、落叶松林、臭冷杉和云杉林等。该区生态环境脆弱，其植被是维护京津冀协同发展、巩固黄河流域安全和黄淮海平原粮仓的重要生态屏障（国家林业局，2016）。

2）主要问题

本区人口密度大、工业发展迅速，长期的不合理开发，导致原始的落叶阔叶林不复存在。天然林破坏严重，形成大面积的低质低效林和退化次生林。现有森林以人工林为主，中幼龄林面积比例大，树种单一，结构简单，纯林、密林较多，林分稳定性差。美国白蛾、杨树害虫等森林病虫害加剧，对该区域的生态环境造成了一定的威胁。华北石质山区土层瘠薄，次生林发育不良，水土流失问题在有些地区非常严重，保护次生林、优化人工林对于该区域水土保持和水源涵养具有重要的意义。

3）生态环境发展定位

华北地区包括我国首都所在地。华北平原也是我国最重要的商品粮基地之一，但水资源一直是华北地区农林业发展的主要环境制约因素。降水量不足，耗水量大，以至于华北地区形成了世界最大的地下水"漏斗区"，水资源年均亏损 60 亿～80 亿 t。因此，水源涵养在该区域尤为重要。该区域包括辽河源水源涵养重要区、京津冀北部水源涵养重要区、太行山区水源涵养与土壤保持重要区、大别山水源涵养与生物多样性保护重要区。因此，该区域森林经营须着眼于水源涵养和生物多样性功能提升。

4）发展方向

严格保护以栎类为主的落叶阔叶林，提升森林质量，加强乡土珍贵树种的保护。大力推进天然次生林、退化次生林、人工低效纯林提质和退化防护林（带）修复。构建结构合理、功能完备的农田、沿海和城市防护林体系。南部地区可发展杨树、泡桐、楸树等商品林，建设暖温带国家木材战略储备基地，促进木材加工业的发展。在地势平坦，水热条件良好的山区，积极开展经济林果业，促进林业持续健康发展。

5）经营管理战略

本区域水土流失严重，以生态环境治理为主要目标，加快恢复地带性植被，提高生态系统服务功能；以水定绿，乔灌草相结合，科学进行人工恢复。

（1）保护地带性森林。对栎类林、油松林等地带性森林群落，加强封禁保护，促进正向演替。加大更新造林，开展以水源涵养生态功能为主的多功能森林经营。

（2）以水定绿、科学进行生态恢复。在半干旱区，不宜大面积造林，代之以灌草或稀疏灌草植被恢复为主。例如，黄土高原区由于人类不合理的采伐利用和频繁干扰，植被遭到破坏，水土流失严重，生态环境恶化，生态系统脆弱。以地带性物种优化森林群落结构，降低高耗水乔木组分；充分考虑水资源限制、减少耗水成本，以水定绿，构建稀疏灌草或灌草植被生态系统，确保生态环境可持续发展，切不可单纯追求森林覆被率。

3. 北方荒漠草原温带针叶林和落叶阔叶林区

1）基本情况

本区行政范围涉及内蒙古、河北、吉林、山西、陕西、甘肃、青海、宁夏和新疆 9 个省（自治区）。现有林地面积 4507 万 hm^2，森林面积 2138 万 hm^2，森林蓄积量 5.4 亿 m^3。每公顷乔木林蓄积量 86 m^3，每公顷乔木林年均生长量 3.69 m^3。森林植被总碳储量约 4.07 亿 t。

本区地势西高东低，地貌以高原为主，山地、丘陵、平原相间分布。该区属中温带大陆性气候，处于干旱、半干旱地区，年降水量在 200～400 mm。地带性森林类型主要为以落叶松、樟子松、油松、青杆、白杆、云杉、圆柏、侧柏等为主的针叶林，以及以栎类、白桦、山杨、榆树、柳树等为主的阔叶林及针阔混交林。地带性灌木种类主要有梭梭、柠条、沙柳、柽柳、沙棘、枸杞等。该区域水资源短缺、土壤瘠薄，风蚀、沙化危害严重，生态环境极为脆弱（国家林业局，2016）。

2）主要问题

宜林地面积大，但多为沙化、荒漠化土地，规模造林和植被恢复后可能形成抽水机效应，导致水位下降、加重干旱。乔木林分布较少，以近天然人工林和人工林为主，林分质量较差，天然林破坏严重，仅分布于偏远深山区。天山云杉、西伯利亚云冷杉等天然林呈孤岛状分布，胡杨林退化严重。防护林以人工林纯林为主，病虫害、旱灾和老化严重。灌木林面积大，资源丰富，相关经营活动需要加强。

3）生态环境发展定位

北方荒漠草原温带针叶林和落叶阔叶林区地域广阔，但降水不足，属于干旱半干旱地区，植被破坏严重，水土流失、沙漠化严重，是我国最重要的风沙源。水源涵养、土壤保持、防风固沙是本地区生态保护关注的核心问题。该区域包括甘南山地、祁连山、天山等水源涵养区，呼伦贝尔草原、科尔沁沙地、鄂尔多斯高原、黑河中下游、塔里木河流域等防风固沙生态功能区，黄土高原、太行山地等土壤保持功能区。植被恢复、减少人工破坏是本地区生态环境发展定位的主要实现途径。

4）发展方向

扩大植被覆盖度，构筑生态防护带，坚持宜林则林、宜灌则灌、宜草则草的原则，持续推进三北防护林建设和京津风沙源治理，扩大退耕还林还草，修复和重建退化、老化、灾害化的防护林（带）。对现有的以樟子松、华北落叶松、新疆落叶松、油松、天山云杉和青海云杉、祁连圆柏为主的天然落叶针叶林及以胡杨、杨桦等为主的天然落叶阔叶林实行严格的保护。水热条件良好的区域，培育杨树等短轮伐期人工林，提升华北落叶松林、樟子松林、杨树林等林分的质量，依托小陇山、白龙江、子午岭等林区或自然保护区建设温带国家木材战略储备基地。在平原、丘陵地带，充分发挥光照充足、昼夜温差大的气候优势，大力发展枸杞、核桃、苹果、葡萄等特色经济林果。

5）经营管理战略

本区域降水不足，风沙、水土流失严重，以生态环境治理为主要目标，保护原生植被，加快恢复地带性植被，提高生态系统服务功能；以水定绿，宜林则林、宜草则草，科学进行生态恢复。

（1）严格保护原始林。在天山、阿尔泰山等原始林区，对新疆落叶松、天山云杉、西伯利亚冷杉等原始林，进行严格的封禁保护。

（2）促进次生林正向演替。对天然次生林，低强度疏伐并进行林下补植，调整林分结构，促进向地带性顶极植被演替。在阴山、贺兰山、祁连山、大兴安岭余脉的中山山地、丘陵区，选择兴安落叶松、樟子松、油松、青杆、白杆等树种，培育针叶林或针阔混交林，发挥以固土保水为主的生态功能；对山地落叶阔叶次生林，通过渐伐或择伐，调整树种组成，改善林分结构，培育珍贵树种和大径材。

（3）保护和重建沙区植被。在干旱半干旱沙区，封禁保护胡杨等原生植被，以樟子松、刺槐、梭梭、沙柳、柽柳、沙棘、枸杞等树种为主，乔灌草结合。以水定绿，恢复和重建沙区植被；更新改造退化、老化的防护林（带）。在河谷平原、水热条件优越的地带，适度发展落叶松、樟子松、油松、白杆、青杆等大径级用材，培育杨树、柳树等短轮伐期工业原料林。

4. 华中东南亚热带常绿阔叶林及针阔混交林区

1）基本情况

本区行政范围涉及上海、江苏、浙江、安徽、福建、江西、河南、湖北、湖南、广东、广西、重庆、四川、贵州、云南、陕西和甘肃 17 个省（自治区、直辖市）。现有林地面积 10858.0 万 hm²，森林面积 9088.3 万 hm²，森林蓄积 41.4 亿 m³。每公顷蓄积量分别为 60.8 m³，年均生长量 4.8 m³。森林植被总碳储量为 25.3 亿 t。

本区属亚热带季风气候，夏季高温多雨，冬季低温少雨，年降水量超过 1000 mm。地带性植被为常绿阔叶林，以壳斗科的栲类、槠类、樟科、山茶科、木兰科和金缕梅科的树种为主，还有马尾松、华山松、杉木等形成的针阔混交林，以及桉树、杨树、毛竹、油茶等人工纯林。该区水热资源充沛，植物生长条件良好，是我国生物多样性的关键区域，同时也是极为重要的林产品、林副产品生产基地和国家木材储备林重点建设区（国家林业局，2016）。

2）主要问题

亚热带林区位于长江经济带，是我国经济高度发达的地区，人口密度大、人为干扰强，天然林退化严重，人工纯林多且以中幼龄林为主，低质低效林面积大，森林抵御自然灾害和病虫害的能力弱，松毛虫、松材线虫尤为严重。水热条件良好，林木生长快，但林地产出率较低，地域优势没有得到充分发挥。

3）生态环境发展定位

本区面积广大，是我国水热资源最为充足的地区，生物多样性丰富、生产潜力巨大。但人口众多，人为干扰强烈，原生植被损失殆尽，取而代之的是大面积的人工纯林，是当前我国木材主产区，也是我国重要的水源涵养和生物多样性保护功能区，包括大别山水源涵养与生物多样性保护重要区、天目山-怀玉山水源涵养与生物多样性保护重要区、罗霄山脉水源涵养与生物多样性保护重要区、闽南山地水源涵养重要区、南岭山地水源涵养与生物多样性保护重要区、云开大山水源涵养重要区、西江上游水源涵养与土壤保持重要区、大娄山区水源涵养与生物多样性保护重要区、川西北水源涵养与生物多样性保护重要区、浙闽山地生物多样性保护与水源涵养重要区、武夷山-戴云山生物多样性保护重要区、秦岭-大巴山生物多样性保护与水源涵养重要区、武陵山区生物多样性保护与水源涵养重要区、大瑶山地生物多样性保护重要区、无量山-哀牢山生物多样性保护重要区、滇西山地生物多样性保护重要区、滇西北高原生物多样性保护与水源涵养重要区、岷山-邛崃山-凉山生物多样性保护与水源涵养重要区、藏东南生物多样性保护重要区等。水源涵养和生物多样性保护是本区域最主要的功能定位。

4）发展方向

严格保护原始常绿阔叶林，全面禁伐天然林，修复退化天然次生林，逐步恢复为地带性植被生态系统。对杉木、马尾松、桉树等低效纯林进行混交化、阔叶化结构调整，大力发展红木类、楠木等大径级珍贵用材林，充分挖掘林地生产潜力，提高森林质量。建设以桉树和松类为主的短轮伐期工业原料林基地，杉木大径材、大径竹资源基地，以及特色经济林基地，服务于国家木材储备战略。

5）管理模式

本区自然环境条件优越，兼顾速生丰产林建设和森林珍贵化、优质化，确保森林资源高效可持续发展。加强原始林保护，维护生物多样性和物种基因库。同时，加强城市园林、防护林网和海岸线建设。

（1）严格保护原始林。对地带性植被常绿阔叶林加大保护力度，进行严格保护，加强自然保护区的建设。

（2）人工促进生态恢复。针对天然次生林及退化次生林，以封育管护结合择伐、疏伐进行林冠下补植，恢复地带性顶极植被；针对天然过伐林，因地因林而异补植木荷、枫香、红锥、楠木等乡土阔叶树种，优化组成结构，根据主导功能、生态区域和自然条件，培育以生态功能为主导或以林产品为主的兼用林；针对低质低效人工纯林，补植珍贵乡土树种，培育以珍贵树种大径材为目标的异龄混交林；在石漠化地带，以侧柏、乌桕、油桐、银合欢、杜仲等为主推行立体栽培，恢复山地植被。

（3）大力促进用材林发展。在丘陵地带，定向培育珍贵树种、大径级用材林、短周期用材林及特色经济林，尽力满足国家对木材的需求。

（4）建设和修复防护林。在东南沿海低丘地带，以水松、池杉、水杉、木麻黄、木莲、重阳木等为主营造沿海防护林，改造和修复退化、老化防护林（带）。

（5）发展林下经济。充分利用当地丰富的特色经济动物和药用植物资源，积极发展林下种养殖业，提供绿色优质产品，提高林区经济收益。

5. 青藏-云贵高原针叶林区

1）基本情况

本区行政范围涉及四川、贵州、云南、西藏、青海、甘肃和新疆 7 个省（自治区）。现有林地面积 6110.7 万 hm^2，森林面积 4422.6 万 hm^2，森林蓄积 46.2 亿 m^3，森林碳储量为 24.9 亿 t。云贵高原针叶林每公顷蓄积量 104 m^3，每公顷年均生长量为 4.8 m^3；青藏高原暗针叶林每公顷蓄积量 239 m^3，每公顷年均生长量 3.2 m^3。

云贵高原属亚热带季风气候，年降水量 1100 mm，地带性植被为以冷杉、华山松、云南松、思茅松、高山栎、栲树等为主的亚热带针叶林。青藏高原东南部属亚热带季风气候，年降水量 400～900 mm，其他区域属高原气候，年降水量从 20～50 mm 到 250～

550 mm。东南部森林类型主要有云杉林、冷杉林等亚高山针叶林及少量壳斗科、樟科、木兰科等常绿阔叶树种；其他地区为高寒植被，多以高山稀疏灌丛、荒漠灌丛等为主。西南林区处于大江大河的上游或源头，生态区位十分重要，在防止水土流失、修复脆弱生态环境中发挥着关键作用（国家林业局，2016）。

2）主要问题

云贵高原土壤侵蚀严重，石漠化较为严重，生态环境脆弱，森林以天然次生林为主，还有少量人工中幼龄林，受干旱、低温冻害及病虫害影响较大；宜林地多分布在石漠化和干热河谷地区，立地质量差，造林难度大。青藏高原分布原始林较多，且多为近成熟林，蓄积量大，但分布不均，集中于青藏高原东南缘，其他区域植被以灌丛为主。人工林分布较少，大部分区域自然条件恶劣，立地质量差。

3）生态环境发展定位

本区地处高原区，成过熟林占比高、单位面积森林蓄积量高、碳储量大，但开发利用困难。地形陡峭、险峻，人类活动导致的水土流失问题严重，是西南喀斯特土壤保持重要区和川滇干热河谷土壤保持重要区。

4）发展方向

对云冷杉、油杉等亚热带原始针叶林，严格保护，禁止破坏；加强天然林封育管护，扩大退耕还林，推进石漠化综合治理，积极恢复石漠化和干热河谷地带森林植被。提升云南松、思茅松等低质低效林质量，培育珍贵树种大径级用材林，建设国家木材战略储备基地。构筑生态防护带，保护江河源头和石漠化地区的生态安全。维持和保护暗针叶林、高寒灌丛生态系统，开展退化森林修复，改善群落结构，提高生态功能。适当发展林下中药材和森林食品，增加经济收入。

5）管理模式

本区森林资源丰富，但开发困难，人类干扰易造成严重生态问题，应以封育保护为主，适度开展生态恢复与修复，确保生态环境。

（1）严格封育，提高森林质量。强化原始林保护措施，修复江河源头森林，促进正向演替，增强生态功能。在石漠化区域，以封育为主，补植锥属、青冈属等常绿阔叶树种，恢复山地植被。

（2）人工促进退化生态系统修复。在干热河谷，营造以黑荆、相思等耐旱、速生树种为主的人工混交林。对高原地区的云南松、思茅松等人工林和退化次生林，通过择伐，补植青冈、高山栲等阔叶树种，培育大径材。对川西南、滇西北、藏东南等区域的栎类、高山松、云冷杉次生林进行封育、补植，促进正向演替，恢复暗针叶林生态功能。三江源和河流沿岸，对杨树、柳树、榆树等人工水保林，人工促进天然更新，补植云杉、冷杉、云南松、青冈等，培育针阔混交林。在沙化及其他干旱区域，选育柽柳、白刺、沙蒿、柠条等耐旱树种恢复植被，改善生态环境。在条件适宜区，发挥林业生产功能，营造以川西云杉、紫果云杉、降香黄檀、云南樟、铁刀木、红椿等树种为主的珍贵和大径级用材林。

6. 华南热带雨林和季雨林区

1）基本情况

本区行政范围涉及广东、广西、西藏、云南、海南 5 个省（自治区），包括云南高原南缘、东喜马拉雅山南翼侧坡、粤桂南部、海南岛等区域。现有林地面积 880.3 万 hm²，森林面积 741.5 万 hm²，森林蓄积 8.26 亿 m³。乔木林每公顷蓄积量 151.6 m³，乔木林每公顷年均生长量 6.9 m³。森林植被总碳储量为 4.49 亿 t。

热带季雨林和雨林区属于热带季风气候，高温多雨，年降水量位于 1400～2000 mm。地带性植被为热带季雨林、雨林和红树林，主要森林类型有栲类、常绿栎类、山茶科、木兰科、安息香科等树种组成的热带常绿阔叶林、针阔混交林、红树林及相思树、桉树等人工纯林。该区是热带生物多样性的关键区域，同时也是极为重要的热带林产品、水果、药材等生产基地（国家林业局，2016）。

2）主要问题

该区经济最发达，人口众多，森林资源总量较少，森林面积增加有限，长期遭受剧烈干扰，热带雨林、季雨林和红树林受损严重，生态脆弱。天然林少且退化严重，人工纯林较多，以中幼龄林为主。该区雨量充沛，温度较高，但森林生产力和林地产出低，森林抵御台风灾害和病虫害的能力弱，森林生态防护功能难以满足区域经济社会可持续发展的需求。

3）生态环境发展定位

热带雨林、季雨林在我国分布面积较小，但水热资源好，生物多样性丰富，是我国热带地区水源涵养和生物多样性保护功能区，主要包括海南中部生物多样性保护与水源涵养重要区、滇南生物多样性保护重要区、藏东南生物多样性保护重要区等。水源涵养和生物多样性保护是本区域最主要的功能定位。

4）发展方向

严格保护热带雨林、季雨林和红树林，全面禁伐、保护天然林，提高生态系统健康稳定性。修复退化天然次生林，促进次生林向原始林方向演变，逐步恢复受损生态系统。充分利用优越的水热条件，实施集约经营，培育短轮伐期速生丰产林基地、工业原料林基地、大径竹资源基地和特色经济林基地，切实发挥林地生产力，实现林地产出最大化；培育热带珍贵用材林，如红木类、楠木类等，服务于国家木材储备战略。推进海岸线防护林带建设，促进有效防灾减灾，创建美丽和谐人居环境。

5）管理模式

热带林区自然环境条件优越，在保护生物多样性增强生态服务功能的同时，兼顾人工林质量提升，培育速生丰产、珍贵化用材林，提高林地产出率，确保森林资源高效可持续发展。同时，加强城市森林和防护林带建设，筑建生态美丽环境。

（1）严格保护原始森林群落。扩大自然保护区范围，加强对热带雨林、季雨林和红树林的保护，禁止破坏天然林的生产活动。

（2）人工促进生态系统恢复。针对区域内天然次生林及退化次生林，以封育管护为主，结合择伐、疏伐等作业法，开展林下补植，诱导形成天然林，恢复地带性顶极群落；针对低质低效人工纯林，采取渐伐、择伐等作业法，补植樟树、重阳木、木荷等阔叶树种，改善林分结构，形成复层异龄混交林；补植乡土珍贵阔叶树种，培育珍贵树种用材林。

（3）促进短轮伐期用材林发展。在低山丘陵地带，对桉树、松类等短轮伐期用材林，实行集约经营，加快热带木材产业发展，满足国家对木材资源的需求。

（4）发挥热带经济林果特色。在缓坡、交通便利地带，发展龙眼、芒果、荔枝、腰果等热带特色经济林果基地，提升经济效益。

（5）防护林带建设与修复。在沿海地带，以红树林、池杉、木麻黄、木莲、重阳木等为主营造沿海防护林，以抵御台风、海啸等自然灾害。采取渐伐、疏伐等作业法，修复沿海防护林带，增强灾害抵御能力。

3.3　中国森林生态系统管理模式及生态经济效益

3.3.1　天然林区森林生态系统优化管理模式

1. 东北地区天然林

1）基本情况

本区行政范围涉及黑龙江、吉林、辽宁、内蒙古 4 省（自治区），是我国最重要的林区，分布范围广，是我国重要的木材战略储备基地和重要的生态屏障。现有林地面积5322 万 hm^2，森林面积 4510 万 hm^2，森林蓄积近 40 亿 m^3。每公顷乔木林蓄积量 92 m^3。根据自然环境条件和森林特点划分为 5 个区。

（1）大兴安岭山地兴安落叶松林区。

大兴安岭是一个较完整的森林区。本区西以呼伦贝尔草原为界，北以黑龙江为界，东北以小兴安岭为界，南以松嫩平原为界。树种主要是兴安落叶松，其他针叶树有樟子松、偃松和少量爬地柏；部分河谷坡麓有云杉。阔叶树主要有白桦、山杨、黑桦、枫桦，河阶地、河漫滩有甜杨、钻天柳；东坡有蒙古栎。

（2）小兴安岭山地丘陵阔叶与红松混交林区。

小兴安岭是一个比较完整的森林区。本区西北以大兴安岭林区为界，北为黑龙江，东北与三江平原接壤，南以松花江为界。针叶树有红松、兴安落叶松、红皮云杉、鱼鳞云杉、臭冷杉、偃松等。阔叶种类较多，常与红松组成混交林，主要阔叶树种有桦木（白桦、黑桦、枫桦）、黄檗、水曲柳、胡桃楸、春榆、大青杨、蒙古栎、槭树、山槐等，灌木有毛榛、刺五加、暴马丁香、溲疏等。主要森林类型为红松阔叶林。针叶林有红松、云杉、冷杉、长白落叶松、兴凯湖松、长白松等。阔叶树种比大兴安岭林区丰富，还有千金榆、水榆花楸等。藤本植物有山葡萄、五味子、软枣猕猴桃等。

（3）长白山山地红松与阔叶混交林区。

以长白山山地为主体的林区，西北与小兴安岭、松辽平原接界，东南与俄罗斯远东和朝鲜为邻，东北接三江平原，西南接辽东半岛。本区北部为低山丘陵，有完达山、张广才岭等山地；中部则为以老爷岭、长白山为主的高山和中山，地势显著比北部上升；南部又以低山丘陵为主，间有山间盆地或谷地。森林物种多样性明显高于小兴安岭。

（4）松嫩辽平原草原草甸散生林区。

一个稍有起伏的大平原。西北以大兴安岭为界，北与小兴安岭接壤，东为长白山地，南以燕山山脉包括辽南山地的北麓为界，西以内蒙古高原的草原为界。降水由东向西递减，西部有半固定沙地。野生树木有柳树，分布于水湿地及沿河流地带，也有大果榆、毛榛等。本区早已开拓为重要农业区，野生植被已很少，是三北防护林的组成部分。

（5）三江平原草甸散生林区。

本区北界及东界分别以黑龙江、乌苏里江与俄罗斯分界，西界及南界与小兴安岭林区相接壤。地势低平，广泛分布许多沼泽及一些低丘。原生植被以温性落叶阔叶林为主，主要有蒙古栎、春榆、水曲柳等，草甸植被是以小叶樟为主的典型草甸和部分沼泽草甸。

2）管理模式

采取天然林保护，加强天然林管护、退化次生林修复等，调整森林结构，加快森林向地带性顶极植被演替，提高森林质量，积极培育果材兼用林，适当发展林下种植、养殖，充分发挥森林以生态服务功能为主的多功能，建设我国木材战略储备基地。

（1）次生林下红松人工更新模式。

红松在原始阔叶红松林下"只见幼苗，不见幼树"，而在次生林下更新良好。对次生林进行人工抚育改造，可加快红松更新进度，调整次生林树种组成结构并提高森林质量，促进次生林向以红松为主的针阔混交林演替，缩短了森林培育周期，整个演变阶段，林地资源得到合理有效利用及保护，充分发挥了森林的生态经济效益。

选择土壤肥沃、湿润、排水良好的次生林进行抚育间伐，调整林分郁闭度，以 0.5～0.7 为宜，改善光照条件，清除林下杂草和灌木，适当保留生长健壮有前途的幼苗幼树。整地后，选择根系发达、生长健壮、无病虫害侵扰的红松幼苗进行植苗造林，保证当年成活率 98%，保存率在 95% 以上。造林后，加强红松幼林的除草、松土、割灌等抚育措施，促进幼苗快速生长。

（2）开林窗促进天然次生林正向演替模式。

林窗是森林演替和循环的重要驱动力，对森林群落结构和物种多样性维持具有重要的作用。林窗的形成改变了森林的微环境，使林地的光照增加，改变了原有的荫蔽环境，土壤温度、湿度及养分状况等也随之改变，对林下种子萌发和幼苗生长具有选择作用。

在次生林内人工制造不同大小的林窗，林窗分布要均匀，不应机械排列，记录林窗内环境因子的变化，观测林窗大小和位置对不同树种幼苗形态特征、生理特征的影响，以及对主要树种种子更新与萌蘖更新的影响，确定最适宜幼苗更新和生长的林窗大小及位置，提高次生林天然更新能力，促进森林顺行演替。

2. 华北地区天然林

1）基本情况

本区行政范围涉及北京、天津、河北、山西、辽宁、山东、河南、山西等12省（自治区、直辖市）。本区气候属暖温带湿润半湿润大陆性季风气候、暖温带湿润半湿润气候和暖温带大陆性季风气候，春季干旱多风，夏秋炎热多雨、冬季寒冷干燥。年降水量400~950 mm，由东向西递减。地带性植被为暖温带落叶阔叶林，现有森林类型主要有以栎类林（蒙古栎、槲栎、麻栎、栓皮栎等）、槭树属、榆树属、椴树属等为主的混交林，以及山地杨桦林、油松林、侧柏林、落叶松林、臭冷杉和云杉林等。该区生态环境脆弱，其植被是维护京津冀协同发展、巩固黄河流域安全和黄淮海平原粮仓的重要生态屏障。

本区人口密度大、工业发展迅速，长期的不合理开发，导致原始的落叶阔叶林不复存在。天然林破坏严重，形成大面积的低质低效林和退化次生林。现有森林以人工林为主，且多已遭受人为破坏或病虫害侵入。急需大力推进天然次生林、退化次生林和退化防护林（带）修复。

2）管理模式

（1）黄土丘陵区植被恢复模式。

对于栎类林、油松林等地带性落叶阔叶林，加强封禁保护，促进正向演替。加大更新造林力度，开展以水源涵养生态功能为主的多功能森林经营。对于天然次生林，通过群团状择伐，在林冠下补植栎类、椴树等乡土树种，培育复层异龄混交林，促进向地带性植被演替。该林区范围内的三北防护林，多以杨树林为主，针对林分结构简单、抗性差的特点，通过带状渐伐、群团状择伐等，在林下补植樟子松、云杉、榆树等耐寒、抗旱、防病虫害的树种，改善林分结构，提高生态功能。针对黄淮海平原、辽东半岛及山东半岛等区域，营造以杨树、刺槐、榆树、柳树、栎类、侧柏等树种为主的农田和海岸防护林带，对于退化、老化的防护林（带），补植乡土树种，调整树种结构，提高生态防护功能。

依据植被地带性分布规律营造人工植被，以地带性植物优势种作为主要造林种草的树草种，模拟天然植被结构实行乔灌草复层混交，确定黄土丘陵区不同立地条件下树草种的配置。主要有退化栎、桦天然林快速恢复模式和白桦林封育技术模式。

（2）沙化草地植被重建及持续恢复关键技术。

通过分析人工植被群落的演替特征，选择培育速生、抗逆、优质的灌草品种，采集老固沙区优势草本植物种子，进行机械固沙和化学固沙材料对比试验，并进行野外抗风蚀性能的调查评价；在流动沙丘上实施草方格和多种灌木固沙措施对比试验，并进行植物生长、存活等方面的调查；对草原荒漠区的地衣物种资源进行分离和培养，建立完备的荒漠结皮地衣共生菌、藻的种质资源库。

3. 西北地区天然林

1）基本情况

本区行政范围涉及新疆、青海、陕西、甘肃和宁夏 5 个省（自治区）。该地区的天然林种类较为单一，大部分为寒温性针叶林，同时保有少量的温性针叶林和温性阔叶林。在针叶林内，以云杉、冷杉为代表的树种占比 67%，总体储藏量达 86%。松栎混交林为西北地区典型的地带性植被类型，分布范围较广。松栎混交林树种组成以栎类和松类为主，伴生其他地带性植被，林分密度大，树种多样性和隔离程度较高，多为强度混交；林木分布格局多为随机分布或轻微的团状分布，林木大小分化明显，林下腐殖质层较厚，更新中等。由于我国西北地区的地貌多为高原和高山，因此平均海拔在 2000～4400 m。对于树木来说，已经到了成活海拔极限，在如此恶劣的自然环境下，树木生长迟缓，森林覆盖率低，在 3%左右，而且大部分分布在西北地区的东部和南部。

2）管理模式

在天山、阿尔泰山等原始林区，对新疆落叶松、天山云杉、西伯利亚冷杉等原始林，进行封禁保护；对天然次生林，低强度疏伐并进行林下补植，调整林分结构，促进向地带性顶极植被演替；对山地落叶阔叶次生林，通过渐伐或择伐，调整树种组成，改善林分结构，培育珍贵树种和大径材。在干旱半干旱沙区，封禁保护胡杨等原生植被，以樟子松、刺槐、梭梭、沙柳、柽柳、沙棘、枸杞等树种为主，乔灌草结合。恢复和重建沙区植被；更新改造退化、老化的防护林（带）。在河谷平原、水热条件优越的地带，培育落叶松、樟子松、油松、白杆、青杆等大径级用材，培育杨树、柳树等短轮伐期工业原料林。

（1）天然针叶林（松林、云杉林）经营模式。

在西北地区现有大量的油松、华山松和云杉天然林，这类天然针叶林针叶树种占绝对优势，树种隔离程度较低，属于弱度混交。主要树种的大小分化差异明显，种群分布格局为随机分布，林下更新状况不良，枯枝落叶厚，林分密度大，拥挤程度较高。针对这种林分状况，森林经营的主要任务是进行大树均匀性调整并进行幼树开敞度和地力维护，伐除现实林分中聚集在一起的大树，以人工创造林隙，促进形成更新的光照条件，同时激活土壤中的种子库，并在已形成的林隙中清除地被物。间伐使林地的光照、温度、土壤水分和养分等环境因子发生变化，促进了各年龄段实生苗的高度、新梢生长量及叶面积指数的增长。

（2）天然栎类阔叶林经营模式。

栎类阔叶林类型多样，多为大强度采伐破坏后自然恢复的林分，群落树种组成丰富，树种多样性和隔离程度高，栎类为主要建群种，但优势不明显；林分密度大，林木拥挤，林内卫生条件差，萌生株多，林木大小分化明显，分布格局多为团状；林层结构复杂，为异龄复层结构；林下腐殖质层较厚，幼苗更新中等，不健康林木比例相对较高。森林经营主要是进行大树均匀性调整，伐除聚集在一起的大树，特别是萌生株，利用结构化理论进行林木格局、优势度、密集度以及混交度调节的，20 年内可以进入利用的栎类阔叶林或针阔混交林阶段。

（3）天然松栎（阔）混交林经营模式。

松栎混交林依据优势树种所占的比例分为 3 类：松树占优势、栎类占优势和松栎均衡型。对于松树株数占优势的林分，首先进行拥挤度调节，然后依次进行均匀性和目的树微环境调节。对于栎类（阔叶树）株数占优势的林分，首先需要对栎类拥挤度进行调节，以提高林分质量，保持树种多样性，然后进行栎类大树均匀性调整，促进更新和地力维护，最后进入单株经营阶段。对于松栎均衡型，首先是林分拥挤度调整，然后进入促进更新和地力维护阶段，接着可进入单株经营阶段，最后有望形成优质高效的松栎混交林。

4. 西南地区天然林

1）**基本情况**

本区行政范围涉及四川、重庆、贵州、云南、西藏等 5 个省（自治区、直辖市）。本区内云贵高原土壤侵蚀严重，石漠化较为严重，生态环境脆弱，森林以天然次生林为主，还有少量人工中幼龄林，受干旱、低温冻害及病虫害影响较大。宜林地多分布在石漠化和干热河谷地区，立地质量差，造林难度大。青藏高原分布原始林较多，且多为近成熟林，蓄积量大，但分布不均，集中于青藏高原东南缘，其他区域植被以灌丛为主。

2）**管理模式**

对云杉、冷杉、油杉等亚热带原始针叶林，严格保护，禁止破坏，加强天然林封育管护，扩大退耕还林，推进石漠化综合治理，积极恢复石漠化和干热河谷地带森林植被。构筑生态防护带，保护江河源头和石漠化地区的生态安全。维持和保护暗针叶林、高寒灌丛生态系统，开展退化森林修复，改善群落结构，提高生态功能。强化原始林保护措施，修复江河源头森林，促进正向演替，增强生态功能。在石漠化区域，以封育为主，补植锥属、青冈属等常绿阔叶树种，恢复山地植被。对高原地区的云南松、思茅松等人工林和退化次生林，通过择伐，补植青冈、高山栲等阔叶树种，培育大径材。对川西南、滇西北、藏东南等区域的栎类、高山松、云冷杉次生林进行封育、补植，促进正向演替，恢复暗针叶林生态功能。在沙化及其他干旱区域，选育柽柳、白刺、沙蒿、柠条等耐旱树种恢复植被，改善生态环境。适当发展林下中药材和森林食品，增加经济收入。

（1）微生境森林质量提升模式。

高海拔地带森林生态系统十分脆弱，受到强度干扰后，恶劣的气候条件使森林植被恢复异常缓慢，导致生态环境急剧恶化，人工更新造林也十分困难，严重制约了该地区的社会经济发展。因此，合理有效的更新、恢复手段，对高山地带森林生产和发挥森林生态功能具有重要意义。在采伐迹地上，利用灌木丛等创造的微生境条件，选择乡土阔叶灌木或云杉苗木开展造林，并结合人为封育等措施，改善幼苗生存空间。早期以恢复灌丛和灌木林为主要目标，而后期（超过 22～25 年的老采伐）以恢复云杉林为目标。

（2）大渡河干暖河谷植被恢复模式。

大渡河干暖河谷及其所在的横断山区是独特的自然、气候和地理单元，具有地质作用强烈，水土流失严重，滑坡、泥石流、崩塌等山地灾害频繁，以及生态环境脆弱等特点。过去长期的过量森林砍伐，落后的农、牧业生产方式，导致水土流失、草场退化、森林退化严重，生态服务功能低下。开展大渡河干暖河谷植被恢复技术与试验示范可开发、集成干暖河谷植被恢复技术，可为干暖河谷区植被恢复、水土保持和自然灾害防治提供技术支撑。筛选干热河谷区优势乡土物种，依据立地基底、立地形态特征、立地表层特征和生物气候条件等因素划分立地类型，并针对不同立地类型开发集成有针对性的植被恢复技术，并展示推广示范（表 3-1）。

表 3-1　大渡河干暖河谷区植被恢复典型模式

立地类型	植被恢复模式	树种选择
荒山缓坡阶地中轻度退化立地类型	针阔叶混交模式	侧柏+刺槐，侧柏+黄连木，侧柏+合欢 辐射松+刺槐，辐射松+合欢
	阔叶林模式	合欢、黄连木、清香木、刺桐
荒山陡坡中度以上退化立地类型	灌丛模式	羊蹄甲、车桑子、山麻黄、紫麻
	针阔叶混交模式	云南松+羊蹄甲

（3）桂西喀斯特峰丛洼地石漠化防治与修复。

其一，经济林果修复模式。在围绕水土综合整治技术的特色生态衍生产业开发中，以原有"科研单位+公司+基地+农户"运转模式的基础上，通过植物种质资源的引种、筛选和驯化，获得适应不同喀斯特生态功能区的优良经济/环境植物和退耕还林（果）种草模式，实现适应性生态修复。经济作物可以选择红心柚、柑橘、山核桃等。广西等省区采用林果、林藤、林竹、林草和林药等不同的植被恢复模式，且能收获较好的经济和生态效益。

其二，垂直分带综合治理模式。根据坡顶、坡上部（石质坡地）-坡腰（土石质坡地）-坡麓（土质坡地）-易涝洼地的垂直分异规律，坡顶和坡上部的石质坡地以封禁为主修复植被，防治地下和地表土壤流失；坡腰土石质坡地防止犁耕侵蚀，尽可能退耕还林、还灌、还草，营造经济林和生态林；坡麓土质坡地以坡改梯防治水土流失；洼地以水利工程防治内涝，建设高产稳产基本农田。

5. 华中华东地区天然林

1）基本情况

本区行政范围涉及上海、江苏、浙江、安徽、福建、江西、河南、湖北、湖南 9 个省（直辖市）。亚热带常绿阔叶林区属亚热带季风气候，夏季高温多雨，冬季低温少雨，年降水量超过 1000 mm。地带性植被为常绿阔叶林，以壳斗科的栲类、槠类、樟科、山茶科、木兰科和金缕梅科的树种为主，其他主要是与马尾松、华山松、杉木等形成的针阔混交林。

亚热带地区是我国经济发达的地区，人口密度大，干扰力度强，天然林退化严重，但林地产出率较低，地域优势没有得到充分发挥。需要依法保护尚存的原始常绿阔叶林，严禁将天然林改造为人工林，加强退化天然次生林修复，逐步恢复为地带性植被生态系统。

2）管理模式

对常绿阔叶林等原始林群落，采取保护经营。对天然次生林及退化次生林，以封育管护结合择伐、疏伐进行林冠下补植，恢复地带性顶极植被。在东南沿海低丘地带，以红树林（木榄、秋茄等）、水松、池杉、水杉、木麻黄、木莲、重阳木等为主营造沿海防护林，改造和修复退化、老化防护林（带）。在石漠化地带，以侧柏、乌桕、油桐、银合欢、杜仲等为主推行立体栽培，恢复山地植被。在丘陵地带，定向培育珍贵树种、大径级用材林、短周期用材林及特色经济林。对天然过伐林，补植木荷、枫香、红锥、楠木等乡土阔叶树种，调整树种结构，培育以乡土珍贵树种为主的异龄混交林。

6. 华南地区天然林

1）基本情况

本区行政范围涉及广东、广西和海南 3 个省区。南亚热带和热带地区水热条件良好，是我国生物多样性的关键区域，同时也是极为重要的林产品、林副产品生产基地和国家木材储备林重点建设区。热带季雨林和雨林区属于热带季风气候，高温多雨，年降水量 1400～2000 mm。地带性植被为南亚热带常绿阔叶林、热带季雨林、雨林和红树林，主要森林类型有热带常绿阔叶林、针阔混交林、红树林等。本区人口密度大，干扰力度强，天然林退化严重，低质低效林面积大，森林抵御自然灾害和病虫害的能力弱，生态环境脆弱。水热条件良好，林木生长快，但地域优势没有得到充分发挥。

2）管理模式

依法保护尚存的原始常绿阔叶林、季雨林、雨林和红树林，严禁将天然林改造为人工林，加强退化天然次生林修复，逐步恢复为地带性植被生态系统。对常绿阔叶林，热带季雨林、雨林、红树林等原始林群落，采取保护经营。对天然次生林及退化次生林，以封育管护结合择伐、疏伐进行林冠下补植，恢复地带性顶极植被。对天然过伐林和低质低效人工纯林，补植木荷、枫香、红锥、楠木等乡土阔叶树种，调整树种结构，培育以乡土珍贵树种为主的异龄混交林。

3.3.2　中国天然林区的代表性管理模式及生态经济效益

1. 次生林近自然经营

通过人工手段对森林现有状态进行调整与改造，有利于增加林分中乡土珍贵树种的比例、丰富林地生物多样性、提高森林质量、改善林地环境、控制土壤退化、提高固碳和涵养水源能力，使森林生态系统的功能能够得到长期有效的发挥，促进森林往地带性植被演替的方向转变。

次生中幼龄林近自然化抚育经营可以提高森林生产力，近自然化抚育经营在迹地更新的浙江楠和赤皮青冈蓄积年生长量分别比传统抚育提高 26.1% 和 33%；在金钱松、木荷林中山坡和沟谷立地类型上，近自然化抚育经营比封山育林经营蓄积生长量分别提高了 68.3% 和 18.9%；在马尾松林中，近自然化抚育经营 15 年后林分蓄积量生长比封山育林经营提高了 1.75 倍，且林冠下以木荷为主的阔叶树蓄积量达到 106 m^3/hm^2，目标树株数密度达 210 株/hm^2，群落演替进展加快，已形成稳定、高产的针阔叶复层林；在木荷阔叶混交林中，幼林和中龄林近自然化抚育经营 2 年后的蓄积年生长量比封山育林经营蓄积年生长量分别提高了 94.9% 和 37.3%，同时抚育后林冠下赤皮青冈等珍贵用材树种密度达 596 株/hm^2；在异龄混交林中，近自然化抚育经营的林分蓄积年生长量比传统抚育经营和封山育林经营分别提高了 21.2% 和 22.9%，且以浙江楠为主的珍贵用材树种数量增多。

2. 橡胶园模式

橡胶园的农林复合经营模式利用物种间的生态互补功能，不仅有效防治了橡胶园的水土流失，还充分利用水、肥、光、热资源，提高了生态系统生产力，丰富了产业结构，解决了橡胶林非割胶时期经济收入少和土地资源有限的问题。以勐腊县为例，环境友好型生态胶园建设面积 7320 hm^2，共种植苗木 134.7 万余株，其中珍贵用材林 71 万株、澳洲坚果 1.8 万株、咖啡 54.8 万株、热带特色水果 4.1 万株、大叶千斤拔 3 万株。珍贵用材林种植在橡胶地四旁，产出周期较长，为 50～100 年，但是单株价值较高，从几千元到几万元不等；澳洲坚果种植在橡胶林间空地，投产期为 4～5 年，保守估计单株年产量 5 kg，坚果年产量可达 9 万 kg；咖啡种植在橡胶林下，投产期为 3～4 年，估计每年单株产量 2 kg，咖啡年产量可达 109.6 万 kg；热带特色水果主要包括了林下种植的木奶果、橡胶地四旁种植的柚子、芒果、李子等，投产后均有一定收益；大叶千斤拔种植在橡胶林下，兼有药用和绿肥功能，兼具经济效益和生态效益。

3. 喀斯特峰丛洼地石漠化防治与修复模式效益

基于经济林果治理喀斯特石漠化，不仅能取得良好的生态效益，还能获得巨大的经济效益。应用喀斯特水肥调控技术、林草优化配置技术，种植、有机产品生产加工等现代农业技术，以及生草法、生物农药等多项自主创新技术，在环江县大安乡建立了1200 亩红心香柚、100 亩默科特柑橘和200 亩山核桃共计1500 亩特优水果种植示范基地；建立了2 个200 亩年产70 万株的红心香柚，默科特柑橘和山核桃苗木专业苗圃；建立了已经种植红心香柚0.95 万亩的示范区和0.90 万亩的辐射区。应用核桃品种布局、土壤保水、平衡施肥等多项技术，指导现代核桃核心示范区基础设施建设、分区布局、产业功能优势、产业发展规划、科研成果展示、配套设施建设、产业发展宣传等方面内容，以建设成我国西南地区石漠化治理的核桃种植示范基地。目前，示范基地已种植核桃30 万亩；2015 年，有4 万亩核桃挂果，产值近2000 万元。

在桂西北喀斯特峰丛洼地石漠化严重地区推广石漠化垂直分带综合治理模式，其中环江三才小流域示范区通过三年的治理封山育林面积3488 hm^2，营造林面积77 hm^2，森林覆盖率增加4%，石漠化得到控制，生态环境明显改善。该示范区被国家发展和改革委员会遴选为石漠化治理的典型案例之一。

4. 林下养殖模式效益

土壤有机质和速效磷的质量分数与植物多样性有密切关联，林下养鸡后，由于鸡的活动强度与植物多样性显著相关，其活动直接或间接影响了土壤肥力。实施竹林-鸡农林复合系统模式3 年后，土壤有机质、土壤全氮、全磷、全钾分别提高71%、40%、93%和102%，土壤肥力大幅提高，土壤孔隙度增至50%，土壤容重减至1.32 g/cm^3，表层土壤团粒结构明显提高。这是由于鸡排泄物直接进入系统增加有机投入，鸡觅食活动使竹林表层土壤松散，有利于土壤有机物的分解，使土壤养分迅速增加，土壤微生物数量和活性明显增加，与非养鸡竹林相比，养鸡竹林蚯蚓数量增加3 倍，竹林表层土壤中含大量蚯蚓粪便，蚯蚓洞穴明显，是土壤养分增加及其物理性状明显好转的重要原因之一。因此，通过林下养殖，可以提高林地土壤肥力，在促进林下植被多样性和生态服务功能的同时获得更多的经济收益。

3.3.3　中国人工林主要经营类型与优化管理模式

1. 我国主要人工林经营类型

根据联合国《千年生态系统评估报告》，结合中国实际，将森林主导功能分为林产品供给、生态保护调节、生态文化服务和生态系统支持四大类。林产品供给包括森林生态系统通过初级和次级生产，提供木材、森林食品、中药材、林果、生物质能源等多种产品，满足人类生产生活需要。生态保护调节包括森林生态系统通过生物化学循环等过程，提供涵养水源、保持水土、防风固沙、固碳释氧、调节气候、清洁空气等生态功能，保护人类生存生态环境。生态文化服务包括森林生态系统通过提供自然观光、生态休闲、森林康养、改善人居、传承文化等生态公共服务，满足人类精神文化需求。生态系统支持是森林生态系统通过提供野生动植物的生境，保护物种多样性及其进化过程。根据森林所处的生态区位、自然条件、主导功能和分类经营的要求，将人工林经营类型分为严格保育的公益林、多功能经营的兼用林和集约经营的商品林三大类别。

1）严格保育的公益林

主要是指国家 I 级公益林，是分布于国家重要生态功能区内，对生物多样性和经济社会可持续发展具有重要保障作用，发挥森林的生态保护调节、生态文化服务或生态系统支持功能等主导功能的森林。这类森林应予以保护，突出自然修复和抚育经营，严格控制生产性经营活动，这类人工林主要包括人工防护林和特种用途林。

2）多功能经营的兼用林

多功能经营的兼用林包括以生态服务为主导功能的兼用林和以林产品生产为主导功能的兼用。①以生态服务为主导功能的兼用林包括国家级公益林和地方公益林，分布于生态区位重要、生态环境脆弱地区，发挥生态保护调节、生态文化服务或生态系统支持等主导功能，兼顾林产品生产。这类森林应以修复生态环境、构建生态屏障为主要经营目的，严控林地流失，强化森林管护，加强抚育经营，围绕增强森林生态功能开展经营活动。②以林产品生产为主导功能的兼用林包括一般用材林和部分经济林，以及国家和地方规划发展的木材战略储备基地，分布于水热条件较好区域，以保护和培育珍贵树种、大径级用材林和特色经济林资源为目的，兼顾生态保护调节、生态文化服务或生态系统支持功能。这类森林应以挖掘林地生产潜力，培育高品质、高价值木材，提供优质林产品为主要经营目的，同时要维护森林生态服务功能，围绕森林提质增效开展经营活动。

3）集约化经营的商品林

集约经营的商品林包括速生丰产用材林、短轮伐期用材林、生物质能源林和部分优势特色经济林等，分布于自然条件优越、立地质量好、地势平缓、交通便利的区域，以培育短周期纸浆材、人造板材以及生物质能源和优势特色经济林果等，保障木（竹）材、木本粮油、木本药材、干鲜果品等林产品供给为主要经营目的。这类森林应充分发挥林地生产潜力，提高林地产出率，同时考虑生态环境约束，开展集约经营活动。

2. 我国主要人工林类型划分

为促进因林施策，科学经营，不同森林类型采取有针对性的经营措施，按照树种组成、近自然程度和经营特征，将人工林划分为近天然人工林、人工混交林、人工阔叶纯林和人工针叶纯林。

1）近天然人工林

起源于人工造林又经过计划性保护和促进天然更新后形成，或者是人工林因长期放弃经营利用，导致大量天然更新林木进入主林层后形成，其结构兼有天然林和人工林成分，主要包括阔叶混交林和针阔混交林。随着中国公益林建设和保护的推进，该类森林数量日益增加，亟待加强抚育经营以提高其质量和稳定性。

2）人工混交林

由 2 个以上树种组成，起源于人工造林，主要包括人工阔叶混交林、人工针阔混交林和人工针叶混交林。该类森林经过各种优化林分结构、促进发育过程的抚育措施，实施近自然经营，可逐步形成以天然更新林木为主，多功能、近自然度较高的人工混交异龄林。

3）人工阔叶纯林

由单一阔叶树种组成，起源于人工造林，包括由杨树、桉树等速生阔叶树种构成的人工纯林。大部分阔叶纯林具有较高的生态系统支持和环境维护功能。但速生阔叶树种人工纯林的抗逆性、稳定性较差，易受病虫危害，抗灾御灾能力弱，应通过抚育采伐、冠下补植等多措并举，调整树种结构，增强稳定性。

4）人工针叶纯林

由单一针叶树种组成，起源于人工造林，包括由杉木、马尾松、落叶松等针叶树种组成的人工纯林。中国存在大量速生针叶树种人工林，经长期多代连作，土壤退化、生产力下降、抗病虫害能力降低等问题突出，应实施近自然经营，诱导其转化为结构复杂、树种多样的异龄混交林。

3. 我国主要人工林经营作业法

森林作业法是根据特定森林类型的立地环境、主导功能、经营目标和林分特征所采取的造林、抚育、改造、采伐、更新造林等一系列技术措施的综合。森林作业法是针对林分现状（林分初始条件），围绕森林经营目标而设计和采取的技术体系，是落实经营策略、规范经营行为、实现经营目标的基本技术遵循。森林经营是一个长期持续的过程，森林作业法应该贯穿从森林建立、培育到收获利用的森林经营全周期，一经确定应该长期持续执行，不得随意更改。

根据中国森林资源状况，将森林作业法分为乔木林作业法、竹林作业法（针对竹林和竹乔混交林使用的作业法）和其他特殊作业法（针对灌木林、退化林分和特殊地段的稀疏或散生木林地使用的作业法）。乔木林是森林经营的主体和重点。本书针对不同人工林类型和森林经营类型分类，按照经营对象和作业强度由高到低顺序，以主导的森林采伐利用方式命名，将乔木林作业法划分为以下 7 种。

1）一般皆伐作业法

适用于集约经营的商品林。通过植苗或播种方式造林，幼林阶段采取割灌、除草、浇水、施肥等措施提高造林成活率和促进林木早期生长。幼中龄林阶段根据林分生长状况，采取透光伐、疏伐、生长伐和卫生伐等抚育措施调整林分结构，促进林木快速生长。对达到轮伐期的林木短期内一次皆伐作业或者几乎全部伐光（可保留部分母树）。伐后采用人工造林更新或人工辅助天然更新恢复森林。针对中国现行普遍采用的皆伐作业法中存在的问题，为提升木材品质，该作业法可采取以下改进措施：①延长轮伐期，提高主伐林木径级；②增加抚育作业次数；③减少主伐时皆伐的面积，从严控制每次皆伐连续作业面积；④伐区周围要保留一定面积的保留林地（缓冲林带），保留伐区内的珍贵树种、幼树幼苗。

2）镶嵌式皆伐作业法

适用于地势平坦、立地条件相对较好的区域，以林产品生产为主导功能的兼用林；也适用于低山丘陵地区速生树种人工商品林。该作业法在一个经营单元内以块状镶嵌的方式同时培育 2 个以上树种的同龄林。每个树种培育过程与一般皆伐作业法大致相同。更新造林和主伐利用时，每次作业面积不超过 2 hm^2。皆伐后采用不同的树种人工造林更新或人工促进天然更新恢复森林。该作业法的优点是：一次采伐作业面积小，避免了对环境的负面影响，能保持森林景观稳定、维持特定的生态防护功能。

3）带状渐伐作业法

适用于多功能经营的兼用林，也适用于集约经营的人工纯林。该作业法以条带状方式采伐成熟的林木，利用林隙或林缘效应实现种子传播更新，并提高光照来激发林木的天然更新能力，实现林分更新，是培育高品质林木的经营技术体系。该作业法的采伐作业以一个林隙或林带为核心向两侧扩大展开，每次采伐作业的带宽为 1～1.5 倍树高范围，通过持续采伐作业促进天然更新，形成渐进的带状分布同龄林。在立地条件适合的前提下，也可促进耐荫树种、中生树种和喜光树种在同一个林分内更新，形成多树种条带状混交的异龄林。

4）伞状渐伐作业法

适用于多功能经营的兼用林，特别是天然更新能力好的速生阔叶树种多功能兼用林。该作业法是以培育相对同龄林，利用天然更新能力强的阔叶树种培育高品质木材的恒续林经营体系。森林抚育以促进林木生长和天然更新为目标，通常由疏伐、下种伐、透光伐和除伐构成，使得林分中的更新幼树在上一代林木庇荫的环境下生长，有利于上方遮阴促进幼树生长，提高木材产品质量，同时保持森林恒续覆盖和木材持续利用。该作业法根据具体树种的特性和生长区的光热条件等可简化为 2～3 次抚育性采伐作业，构成一个"更新—生长—利用"的经营周期。

5）群团状择伐作业法

适用于多功能经营的兼用林，也适用于集约经营的人工混交林，是培育恒续林的传统作业法。该作业法以收获林木的树种类型或胸径为主要采伐作业参数，群团状采伐利用符合要求的林木，形成林窗，促进保留木生长和林下天然更新，结合群团状补植等措施，建成具有不同年龄阶段的更新幼树到百年以上成熟林木的异龄复层混交林。该作业法适用于坡度小于 15°的山地或者平缓地区森林，以较低的经营强度培育珍贵硬阔叶树种和大径级高价值用材，兼具涵养水源、维持生物多样性、提供生态文化服务等功能。

6）单株木择伐作业法

适用于多功能经营的兼用林，也适用于集约经营的人工林，属于培育恒续林的作业法。该作业法对所有林木进行分类，划分为目标树、干扰树、辅助树（生态目标树）和其他树（一般林木），选择目标树、标记采伐干扰树、保护辅助树。通过采伐干扰树、修枝整形、在目标树基部做水肥坑等措施，促进目标树生长，提高森林质量，提升木材品质和价值，最终以单株木择伐方式利用达到目标直径的成熟目标树。主要利用天然更新方式实现森林更新，结合采取割灌、除草、平茬复壮、补植等人工辅助措施，促进更新层目标树的生长发育，确保目标树始终保持高水平的生长、结实、更新能力，成为优秀的林分建群个体，保持森林恒续覆盖，维持和增加森林的主要生态功能，同时持续获取大径级优质木材。

7）保护经营作业法

主要适用于严格保育的公益林经营。该作业法以自然修复、严格保护为主，原则上不得开展木材生产性经营活动，严格控制和规范林木采伐行为。可适度采取措施保护天然更新的幼苗幼树，天然更新不足的情况下可进行必要的补植等人工辅助措施。在特殊情况下可采取低强度的森林抚育措施，促进建群树种和优势木生长，促进和加快森林正向演替。因教学科研需要或发生严重森林火灾、病虫害以及母树林、种子园经营等特殊情况，按《国家级公益林管理办法》的有关规定执行。

上述森林作业法中涉及的造林、抚育、改造、采伐、更新造林等具体的技术措施和技术要求，按照《造林技术规程》（GB/T 15776—2016）、《森林抚育规程》（GB/T 15781—2015）、《低效林改造技术规程》（LY/T 1690—2017）、《森林采伐作业规程》（LY/T 1646—2005）、《生态公益林建设技术规程》（GB/T 18337.3—2001）、《国家级公益林管理办法》等执行。其中，伞状渐伐作业法中涉及的疏伐是在中龄林阶段针对林分选择目标树后开始的第一次采伐，伐除相对弱小或干形不好的林木，株数采伐强度控制在 20%左右。下种伐是在疏伐后的 5～7 年内进行，通常行间错开采伐，株数采伐强度控制在 30%以内，使部分目标树承担母树角色，改善全冠生长条件，增加结实和下种量，同时注意保护次林层中的优良二代目标树。透光伐是在下种伐后 5～7 年内进行，改善林下天然更新幼树生长的光照条件，确定高价值目标树，株数采伐强度控制在 40%以内。除伐是在经过前面三次抚育性采伐而且林下更新层已经基本稳定的基础上，再伐除第一代林木，转入第二代林木培育，确保森林恒续覆盖。

为促进因林施策、分类指导、多功能经营，针对不同森林类型，根据其立地环境、主导功能、经营目标和林分特征，采取科学合理、区别对待的经营对策，确保经营策略落到实处、经营行为科学规范，提高森林经营的科学性和可操作性，表 3-2 列出了上述 7 种森林作业法所适用的森林类型，森林经营类型及其对应关系。

表 3-2　森林作业法与森林类型、森林经营类型分类关系表

森林类型划分		森林经营类型分类	森林作业法						
			一般皆伐作业法	镶嵌式皆伐作业法	带状渐伐作业法	伞状渐伐作业法	群团状择伐作业法	单株木择伐作业法	保护经营作业法
人工林	近天然人工林	严格保育的公益林							√
		多功能经营的兼用林					√	√	
	人工混交林	严格保育的公益林							√
		多功能经营的兼用林		√		√	√	√	
		集约经营的商品林	√				√		
	人工阔叶纯林	严格保育的公益林							√
		多功能经营的兼用林			√	√			
		集约经营的商品林	√	√	√			√	
	人工针叶纯林	多功能经营的兼用林			√				
		集约经营的商品林	√		√			√	

4. 我国主要人工林优化管理模式典型案例

1）中国主要针叶树种经营类型与技术模式典型案例

我国针叶树种人工林主要有马尾松、杉木、落叶松、湿地松、红松、樟子松、云杉、火炬松、云南松和福建柏等，其中马尾松、杉木和落叶松占比最高，种植面积最大，经营模式最为丰富，以下为针叶树种人工林优化管理模式的典型案例。

（1）马尾松人工林抚育经营模式。

①马尾松速生丰产林。采用皆伐作业。造林密度：3600～6750 株/hm²。间伐期：当林分郁闭度达 0.9 以上，被压木占总株数的 20%～30%时，即可进行间伐。间伐起始年限一般为 7 年左右。采用下层抚育间伐方式，间伐后林分郁闭度不小于 0.7，间伐间隔期为 5 年左右。主伐期：速生丰产林为 20 年，一般林分为 25～30 年。一般 20年生开始采割松脂，30 年左右主伐。

②马尾松-速生阔叶树混交速生林集约经营模式。马尾松为优势树种，米老排、灰木莲、大叶栎或枫香等速生阔叶树种作为生态伴生种的速生林经营模式。混交比为 8（马尾松）：2（速生阔叶树），采用皆伐作业。造林密度：3600～6750 株/hm²。间伐期：当

林分郁闭度达 0.9 以上，被压木占总株数的 20%～30%时，即可进行间伐。抚育间伐一般不针对混交的阔叶树。间伐起始年限一般为 8 年左右。采用下层抚育间伐方式，间伐后林分郁闭度不小于 0.7，间伐间隔期为 5 年左右。主伐期：速生丰产林为 20 年，一般林分为 25～30 年。

③马尾松混交林向珍贵种导向经营型。在 400 m 以下低海拔区域、水分充足、坡度平缓、没有冻害可能的最好立地条件下，将马尾松林或阔叶林导向到具有高价值的红锥、格木、降香黄檀和小叶紫檀等硬阔叶珍贵树种成分的混交异龄林。通过小片状林下补植优良树种红椎、格木、降香黄檀、交趾黄檀等珍贵树种而导向经营林地到珍贵树种用材林的方向。间伐后林下丛植 90～120 丛/hm^2 的珍贵树种，按目标树单株抚育作业体系经营，上层的原有马尾松目标直径 45 cm，所有硬阔叶树种的目标直径大于 60 cm，选择目标树后，每 10 年进行一次促进目标树生长的抚育间伐，林木达到目标直径为一个经营周期。

④马尾松-速生阔叶树异龄混交培育模式。主要是培育多功能针阔异龄复层混交林，以生产马尾松和速生阔叶树中、小径材为主，兼顾生态防护和土壤培肥等辅助功能。目标胸径为马尾松大于 35 cm，速生阔叶树种大于 20 cm。初植密度 2505～3000 株/hm^2，连续抚育 3 年；第 15～16 年进行第二次抚育间伐，间伐强度（株数）30%～35%，次年在林冠下均匀补植速生阔叶树种。第 20～22 年对马尾松进行采割松脂；达到 31 年后，皆伐马尾松和速生阔叶树，皆伐后重复上述模式，实现马尾松人工纯林连续多代经营。

该模式培育周期短、收益见效快，具有广阔的市场前景，且培育模式相对简单，同时又能够解决过去单一树种大面积多代连栽的经营模式引起的生态系统稳定性差、病虫害风险高、地力衰退等问题，广大林农容易接受，在生产上极具推广价值。

（2）杉木人工林抚育经营模式。

①杉木速生丰产林。贵州东南部、湖南西南部、广西北部、广东北部、江西南部、福建北部、浙江南部等我国的中亚热带地区是历史上杉木的著名产地，20 年生的林分平均年生长量在 9～11 m^3/hm^2，而一些小面积丰产林，则在 15～30 m^3/hm^2。作为我国最主要的用材树种之一，大力发展杉木人工林集约经营是实现其用材生产功能的主要途径。杉木经营模式设计的主要思路是通过增加混交或伴生树种，提高抚育经营措施的针对性和有效性（促进反应力原则），在保证地力稳定的情况下进一步提高杉木人工林的丰产性，并发挥杉木林的多功能价值。

②杉木-珍贵树种混交大径材培育型。这个发展类型可以适应地处高海拔但水分条件较好的山麓地段，通过针叶树种杉木与檫木、西南桦、红椎、栎类等珍贵阔叶树种的混交造林来恢复生态系统，同时有长期珍贵树种培育的生产和文化服务功能，其目标林相是"杉木-珍贵树种"等林分模式。杉木为主要树种与珍贵树种的混交林是具有自养能力的近自然森林类型，是在优良立地上培育大径材的发展类型。目标直径：杉木大于 35 cm，珍贵树种大于 50 cm。设计培育周期：28～40 年（视立地和林分状况而定）。设计主伐蓄积量：210～300 m^3/hm^2。设计初植密度：2655 株/hm^2。间伐次数：3 次。主伐方式：小块状皆伐或群团状择伐。

③杉木-速生阔叶树种中径材培育型。这是在较干旱贫瘠的立地下对现有杉木纯林向混交林导引的改进类型，采用皆伐或小面积皆伐作业法，以兼顾土壤肥力培育为次级目标。杉木是主要树种，与米老排、枫香、木荷等速生阔叶树种混交，并促进木荷等实生树种作为伴生种的混交林类型，米老排、枫香等速生阔叶树作为喜光阔叶树种能够在杉木林内快速生长，同时具有用材和改良土壤的双重功能。这个类型是在条件一般的立地上培育中径材用材林的发展类型。目标直径：大于 26 cm。设计培育周期：20～24 年。设计主伐蓄积量：150～195 m^3/hm^2。设计初植密度：3300 株/hm^2。间伐次数：2 次。主伐方式：小面积皆伐。

（3）湿地松人工林抚育经营模式。

①湿地松速生纯林集约经营。这是湿地松用于纸浆原料林的经营模式。综合考虑湿地松纸浆材原料林经营模式的主要经营目的、主伐利用年龄以及适应的立地等级，经营模式的造林地选择低山丘陵地区的最适立地条件进行。

采用皆伐林分作业模式，经营周期控制在 15 年之内，在整个经营周期内共间伐 2 次，首次间伐时间为造林后第 5 年，第二次为第 9～10 年时，到 15 年主伐，间伐强度分别为 20%～30%，达主伐时，林分株数密度为 1900 株/hm^2 左右。

②湿地松-针阔混交经营模式。在土壤干旱、贫瘠、立地条件差的地段开展的一种速生混交用材林培育模式。目的是利用厚荚相思优良的护土、改土能力来改变混交林分土壤的养分状况，促进湿地松的生长，缩短困难立地条件下湿地松达到成材及产脂的年限。

湿地松与厚荚相思、木荷和栲树带状混交，湿地松和厚荚相思生长迅速，厚荚相思处于林冠上层，湿地松位于林冠下层，林分结构合理，利用营养空间和土壤水肥条件充分，各个树种生长量大。混交比例为 2（湿地松）:1，采用小面积镶嵌式块状皆伐经营作业模式，培育周期 20～25 年，皆伐后进行小块状造林，实现轮伐式经营。

（4）落叶松人工林抚育经营模式。

落叶松生长速率快、适应能力强、木材品质佳、使用范围广，是我国东北地区人工造林的主要树种，对东北林区的经济建设具有重要作用。但现有落叶松人工纯林多为中幼龄林，造林密度大，导致树木长势普遍较弱；树种结构单一，林下植被稀少，生物多样性低，森林抵抗自然灾害和病虫害的能力较差；土壤板结、养分流失、地力下降，森林生态效益发挥不足。人工诱导落叶松纯林向复层异龄混交林演替，有利于森林资源的发展和持续，有利于维护森林生态系统的健康与稳定。

针对人工落叶松纯林，采取高强度间伐、群团状渐伐或带状间伐，栽植水曲柳、胡桃楸和黄檗等珍贵阔叶树种，并在林下引入豆科灌木或其他灌木种类，调整林分结构，增加物种多样性，培育以珍贵阔叶树种和大径材为主的多功能兼用林，提高人工林的生产功能和生态服务功能。

（5）火炬松人工林抚育经营模式。

①火炬松纯林速生集约经营模式。造林密度 1665～3330 株/hm^2。一般在 20～25 年皆伐收获。在人口密集区域的人工林采用小面积皆伐作业的经营方式，培育周期

20～25 年。抚育经营除早期植苗阶段进行整地除草外，整个经营周期抚育作业尽量减少对林下灌草和天然更新的破坏，这样在增加林下植被多样化的同时还能改善土壤养分状况，丰富火炬松人工林生态系统的功能。

②火炬松-珍贵树种异龄混交林大径材经营模式。火炬松是主要树种，与木荷、檫木的混交林是具有自养能力的近自然森林类型，在优良立地上可以培育大径材。通过针叶树与阔叶树混交造林恢复生态系统，同时具有长期珍贵树种培育的森林文化服务的功能。混交比例为 7（火炬松）:3（珍贵树种），目标直径：火炬松 40 cm，珍贵树种 45 cm。设计培育周期：35 年。采用群团状择伐作业模式，设计主伐蓄积量：210～240 m³/hm²。设计初植密度：1995 株/hm²。抚育间伐次数：2 次，但是需要保留未达到目标直径的硬阔叶树种成为下一代林分的上层伴生林木。

（6）樟子松人工林抚育经营模式。

①樟子松人工纯林集约经营模式。这是在土壤层深厚、水分条件好的地段开展的以木材收获为主、兼顾防护的多功能集约经营模式。樟子松人工林大都在生态环境较为脆弱的北部地区经营，所以兼顾防护功能通常是这个树种经营的基本前提。经营活动包括密植造林、2 次抚育间伐、保护培育伴生树种、40 年后皆伐作业。

初植造林总密度为 1666～2222 株/hm²，规格为 1.5 m×3 m 或 2 m×3 m。一般栽后 8 年郁闭，10～12 年生林木逐渐分化，此时应实行第一次间伐，强度为 25%～30%，24～26 年间第二次间伐，40 年后主伐。

②樟子松-乡土阔叶树混交大径材培育模式。本模式适合于中山、低山地区。采用群团状择伐经营模式。该模式在提供木材产品的基础上实现森林环境保护和森林游憩的功能。樟子松的目标胸径 40～50 cm，目标树生长期 60～80 年，蒙古栎等阔叶树的目标胸径 70～80 cm，目标树生长期 80～100 年。樟子松均匀分布，蒙古栎和其他阔叶树种为群团状。抚育目标树采伐干扰树：选择并标记 100 株/hm² 的目标树，明确对目标树的持续生长产生显著不良影响且自身质量指标较差的干扰木，确定后首先伐除干扰树，并修枝除去目标树 6 m 以下主干上的枯死枝节。补植：在林隙内补植栎类等乡土阔叶树种，60 株/hm² 或林地面积的 5%，可视条件和成活率再加 20% 的补植量。生命周期经营计划：按群团状择伐或目标树单株木作业法执行。

（7）福建柏人工林抚育经营模式。

福建柏主要以混交林经营为主，这个经营模式类型适应于地处高海拔但水分条件较好的山麓地段，通过针叶树种与阔叶树混交造林来恢复生态系统，其目标林相是"福建柏-木荷-檫木（栲树）"等兼顾生态维护的用材林。福建柏较为耐阴，它与杉木、柳杉、马尾松、樟树、檫树、火力楠、闽楠等树种混交造林，都表现出生长稳定、相互促进的良好效果。主伐方式为群团状择伐结合部分阔叶树的单株择伐，需要保留未达目标直径的硬阔叶树成为下一代林分的伴生林木。

2）中国主要速生阔叶树种经营类型与技术模式

我国速生阔叶树种人工林主要有桉树、杨树、柳树、泡桐、相思、灰木莲、米老排、竹林等，其中桉树、杨树、竹林占比最高，种植面积最大，以下为我国速生阔叶树种人工林优化管理模式的典型案例。

（1）桉树人工林经营模式。

①桉树人工林速生集约经营模式。本模式主要是适用于低山丘陵地带、土壤条件好、水土流失少的桉树中心产区的经营模式，以实现最大限度的桉树用材生产为目标。经营对象为优良的桉树无性系品种，采用同龄纯林集约经营的方法，加大造林株行距为 2.5 m×3 m，在成林后充分利用造林地上天然的树木植被，形成乔灌草的复层结构，生产经营过程中根据实际情况进行必要的追肥、灌溉等活动。采用小面积皆伐作业模式，培育周期为 8～10 年，平均每公顷年生长量大于 20 m^3。

②桉树-速生阔叶树混交林经营模式。本模式是可用于多种立地类型条件的桉树人工林混交经营模式，在保持地力条件的次级目标下实现桉树和相思、黑木相思、米老排等木材产品的培育和利用。桉树和其他速生阔叶树在比例混交造林，也可以将相思营造在桉树萌蘖林内。设计主伐蓄积量：300 m^3/hm^2。设计初植密度：3300 株/hm^2，6 年生时抚育间伐 1 次。设计周期：轮伐期 10～12 年，小面积皆伐作业后即可进行第二轮模式造林。也可选择地段较干旱贫瘠立地下现有桉树林的改进类型。利用相思的土壤改良作用实现混交林对立地条件的改善，该类型仍可以培育桉树-相思速生用材，混交比例、培育周期相同，主伐方式为小面积块状皆伐。

③桉树-珍贵树种动态集约经营模式。本模式主要应用于立地条件一般的中山地带，通过桉树林下补植珍贵硬阔叶树种（如降香黄檀），并周期性经营桉树林和萌生林来实现由速生林向顶极群落森林演替的动态经营，桉树快速生长形成的庇荫环境为降香黄檀创造良好的生长条件。

桉树成林后进行第一次采伐收获第一代林木，并以此为本作业法开始的时点。采伐后的桉树萌生更新后，在萌生林下带状补植降香黄檀、交趾黄檀、格木等热带珍贵硬阔叶树种；8 年后间伐萌生的桉树，继续培育萌生桉树并在 1 年时做定株作业，定株时对郁闭度低的地段可再次进行硬阔叶树种的补植；保持林内天然更新的其他阔叶树种幼树，16 年时择伐萌生桉树，再次培育萌生桉树（1 年定株作业），选择抚育硬阔叶树；24 年第三次择伐桉树和干扰树，进入硬阔叶树异龄林经营阶段，到目标树成熟，单木利用。经营过程选择带状间伐（桉树）和目标树择伐（珍贵树种）相结合的模式。

（2）相思人工林抚育经营模式。

①马占相思中大径材林经营模式。经营目标是形成以马占相思等相思属速生类树种为优势的恒续林，采用疏伐、下种伐、生长伐和除伐共 4 次抚育渐伐作业体系经营，从而实现林地持续主林层覆盖，发挥持续的森林生态服务功能，并节约大量种苗培育和人工整地造林的费用，而把投入集中使用在开展 4 次渐伐精细林分作业体系的技术和设备提高方面，提升经营单位的资源价值和经营技术水平。采伐作业以 24 年为一个整体的经营周期，每一次作业的具体时间因情况可以进行前后调整，采伐作业时要注意林下实生和补植幼苗幼树的保护和合理经营。

②相思-速生树种混交林速生培育模式。该模式是与热带低海拔沙质土壤地区适应的

森林发展类型，可用于海岸防护林带后缘木麻黄人工林经营和利用，采用小面积皆伐作业法经营。木麻黄和相思的混交造林在土壤、防风、枯落物分解和林下多样性等方面互为补充，加上乡土的速生树种苦楝的促进作用，能够在沿海防护林外沿形成一个用材兼防护两者具备的多功能林。这种速生乡土种混交配置模式能够发挥出不同物种互利促进的种间效应，逐步提高树种多样性和稳定性。

树种混交模式选用株行间或带状混交为宜。主伐方式为小面积皆伐，主伐年龄 30 年左右。现有纯林改造时，在已经实现郁闭的木麻黄林内采伐一定比例的木麻黄（30%左右），按照与木麻黄成 1∶1 和 2∶1 的比例，采用带状混交的模式林下套种相思和苦楝。对于新造林地，在木麻黄种植同时按照相同的方法混交相思和苦楝。

（3）泡桐人工林抚育经营模式。

①泡桐速生丰产林集约经营模式。本模式主要适用于土壤肥沃、温湿条件好的中部平原地区（河南），初植密度 495 株/hm²，培育胸径 12 cm 左右的中小径材；5～7 年后通过抚育间伐将密度调整为 300 株/hm²，培育大径材。小面积皆伐作业模式，培育周期 8 年（轮伐期），目标胸径大于 24 cm，年生长量大于 15 m³/hm²。

②泡桐-针叶树种针阔混交模式。本模式适用于立地条件一般的中山地区，在坡地石多的地方进行大穴植苗造林，还可以利用山地圃留根造林。杉木、泡桐带状混交：1 行泡桐 3 行杉木。培育周期：杉木 24～26 年，目标直径大于 35 cm；泡桐 12～15 年，目标直径大于 30 cm。林分作业类型：带状间伐作业模式，间伐泡桐林带，后在林带内进行更新造林。

杉木泡桐混交之后，林地肥力得到明显改善。林地枯枝落叶量和死亡细根大幅度增加，土壤微生物数量明显增多，大量凋落物分解产物的渗入，再加上林木根系的穿插挤压作用，土壤更加疏松多孔，土壤储水和通气的能力加强，有利于土壤的矿质化作用和腐质化作用，林地土壤有机质增加。

③泡桐-毛竹竹木混交形用材林模式。本模式适用于南方低山丘陵或中山地带，由于南方地区温度高，雨量多，空气湿度大，泡桐纯林易引发虫害，泡桐混交林能合理充分利用营养空间，生长量和生态效益均强于纯林。毛竹是浅根性树种，泡桐是深根性树种，利用毛竹与泡桐根系分布层次的深浅差异性，营造竹桐混交林，初期能通过泡桐的遮阴作用，提高毛竹新造林成活率。主伐方式采用小面积皆伐作业模式，轮伐期：毛竹 6 年。产量胸径：10 cm 立竹，年亩产 20 株；泡桐 10～12 年，年生长量大于 15 m³/hm²。通过营造混交林，有利于提高毛竹的成活率和成竹率。同时，能加速林地的郁闭，利于竹鞭扩展，促进毛竹新竹的胸径和高度生长，提高林地综合产出率。还能利用泡桐上孳生的芫菁，杀灭竹蝗卵粒，有效防治竹蝗危害，因此，竹桐混交林具有显著的经济效益和较高的生态效益。

（4）杨树人工林抚育经营模式。

杨树作为常见的速生树种适合短轮伐期，以下两种模式不包括轮伐期 12 年以下的杨树纯林皆伐作业（杨树短周期集约经营模式可以参见桉树集约经营模式设计内容），建议大径材杨树林的轮伐期为 24 年以上，通过 6～8 年一次的 3 次抚育间伐获得部分中间用材收益。

①杨树中大径材培育模式。此类型为杨树一般用材林的改造类型。主要在土壤条件好、水分较充足的立地上进行。通过选择目标树、采伐干扰树、调整林分密度、延长轮伐期来实现。

目标直径：杨树 45～50 cm。设计生长周期：24 年或以上。设计主伐蓄积量约 255 m³/hm²。设计初植密度：2665 株/hm²。抚育间伐次数：2～3 次。主伐方式：小面积块状皆伐，但是需要保留未达到目标直径的少量珍贵阔叶树个体成为下一代林分的上层伴生林木。

②杨树-速生阔叶树混交经营模式。根据杨树和刺槐的生物生态学特性合理地配置混交林中两种主要喜光树种的密度。刺槐喜光速生，能在干旱贫瘠的迹地和荒山快速生长，由于其根部根瘤菌的固氮作用并改良土壤，能够给杨树和其他树种提供养分并维持自身生长势。杨树-速生阔叶树的混交组合为森林向顶极树种高价值珍贵阔叶林导向经营创造条件。

目标直径：杨树 45～50 cm；刺槐 35 cm；楝树 45～50 cm。设计主伐蓄积量：225～300 m³/hm²。设计初植密度：1650 株/hm²。间伐次数：2 次。树种比例：杨树：速生阔叶树（其他）=4∶6。设计培育周期：30 年。主伐方式：镶嵌式小面积皆伐。

3）中国主要珍贵树种经营类型与技术模式

（1）西南桦人工林抚育经营模式。

①西南桦人工纯林四次抚育渐伐模式。对其森林演替发展的估计是西南桦为喜光但早期耐阴的先锋树种，可以在较小的主林层郁闭度下实现天然更新，所以通过人工补植和促进天然更新的方式生长，可以形成异龄结构的单优树种群落。因而可以采用 4 次渐伐作业模式培育。

人工林经营的整理造林技术：林地清理后，可采取穴垦，也可带垦或小撩壕。造林活动应根据气候特点安排，以当地雨季时间为准，种植密度为 2 m×3 m 或 3 m×3 m。经营目标是形成以西南桦为优势的恒续林。采伐作业以 30 年为一个完整的经营周期，每一次作业的具体时间因情况可以进行前后调整，采伐作业时要保证林下实生和补植幼苗幼树的保护和合理经营。

②西南桦-红锥珍贵阔叶树种异龄混交近自然林模式。西南桦为落叶乔木，每年自 10 月起至次年的 1～2 月，有 3～4 个月落叶期，生长季节内，因其枝叶稀疏，林内有较大的透光度，降水时雨水会冲刷地表。因此，为充分利用林地空间和光照条件，增加地表覆盖，减少水土流失，最好引入固氮树种或耐阴针阔叶树种与之混交造林。混交树种可根据当地条件，选择杉木、大叶相思、格木、山白兰、红锥、木荷等树种。混交方式以行间混交效果较好。混交比例因不同混交树种和经营利用目的而不同。

（2）红锥人工林抚育经营模式。

①红锥-针叶树种混交动态演替型培育模式。在立地条件较好的地段通过将马尾松、杉木人工林逐渐导引为以红锥为优势树种并存在枫香、檫木等伴生树种的稳定结构的近自然人工林，目标直径：红锥大于 60 cm，马尾松 45 cm，杉木 35 cm，枫香等天然伴生

种大于 45 cm。红锥一般可在马尾松或杉木等针叶树种林下进行混交补植改造，针叶喜光树种为其早期生长创造庇荫的条件，枫香为喜光机会伴生树种除提供庇荫作用外还可以丰富土壤肥力，促进树木生长和林分发育的效果更好。在马尾松-枫香造林（密度在 2500 株/hm² 左右）6～8 年后进行中强度抚育间伐（30% 左右），在林带进行甜槠的补植，密度在 1200～1500 株/hm² 左右。15 年后对马尾松和枫香进行二次间伐，间伐强度 30%，对次林层的红锥进行目标树的选择，并在间伐后促进和保护天然更新的红锥或其他锥栲类等珍贵硬阔叶树种。25 年后伐除全部马尾松和多数的枫香，并视更新情况补植红锥和保护促进天然更新幼树的措施，使其逐步过渡到异龄混交林培育的择伐经营模式，甜槠达到目标直径后采用群团状择伐作业或目标树单株择伐的方式进行收获。

②红锥大径材定向培育近自然经营类型。将现有珍贵用材树种（红锥、格木等，以下红锥为代表）人工纯林，通过间伐非目标树（干扰树和部分一般树），在林窗或林隙下人工补植樟树、保护和促进天然更新来实现下层植被的生长，将林相最终导向主林层以红锥和樟树为主，下林层有目标树种幼树和乡土植物种类丰富的复层阔叶混交林。目标树达成熟胸径（50 cm）时，主林层优势树高度达 25 m 以上，乔木树种种类（包括红锥和樟树）不低于 5 种，3 个林层以上。林相由最初单一树种单层次的同龄林，逐步演变为树种多样、层次结构复杂，生态稳定的阔叶混交林。林分生产力为同等立地的最高水平，每公顷森林蓄积在 400 m³ 以上。采取择伐方式收获成熟目标树。抚育措施：一是采取目标树单株作业法对红锥中龄林进行抚育，即主林层内的目标树选择、修枝和干扰树伐除，以优化林分空间结构，释放目标树生长所需的营养空间，促进其径级生长和目标树优质种实生产，缩短大径级材生产周期和提高林下天然更新质量；二是在间伐后的红锥林隙或林窗中补植樟树，并注意保护林下更新幼树。

（3）木荷人工林抚育经营模式。

①木荷防火林带兼顾大径材培育经营模式。这是以防火林带为主导功能兼顾木材生产的发展类型，在立地条件较好的地段可进行的一种以获取木荷大径材产品为目标的相对集约经营模式，同时发挥木荷人工林带防火的功能。初植造林密度控制在 3500 株/hm² 之内，培育周期在 40～50 年，期间需要进行一次抚育间伐。主伐方式采用带状间伐的方式以实现其防火功能的持续发挥，间伐林带人工栽植枫香和木荷。培育目标直径在 50 cm 以上。

②木荷-珍贵阔叶材异龄混交近自然林。在立地条件一般的中山地带模拟自然演替过程的动态培育模式，过程是先用喜光的木荷和枫香造林快速建立群落。在逐步间伐喜光树种中径材并补植珍贵硬阔叶树种，形成高价值珍贵材种的择伐林。

前期采用枫香和木荷同龄行间混交造林，初植密度 3000 株/hm²。造林 8～10 年后，两个喜光树种出现竞争分化，选择干形良好的目标树，并抚育伐除部分枫香和木荷小径材，强度在 30% 左右。15～16 年生时冬季进行第二次间伐，保留林分上层密度 300～450 株/hm²。开春后在林下栽植耐阴的珍贵树种红锥、香樟或金丝楠等阴性树种，密度为 600 株/hm² 左右。目标直径：枫香 40 cm，木荷 50 cm，红锥等耐阴树种大于 60 cm，视市场需求而定。珍贵大径材的收获方式采用单株择伐的方式进行。

（4）樟树人工林抚育经营模式。

在立地条件较好的地段，通过将马尾松人工林逐渐导引为以樟树为优势树种并存在枫香等伴生树种的顶极群落森林。樟树纯林，由于分枝低、主干矮、病虫害多，大部分不能成林。此外，由于樟树为耐阴性的顶极树种，早期需庇荫的生长环境，所以樟树一般不进行迹地造林。樟树一般可在马尾松或杉木等针叶树种林下进行混交补植改造，针叶喜光树种，为樟树的早期生长创造庇荫的条件，枫香除为喜光伴生树种提供庇荫作用外还可以丰富土壤肥力，对树木生长和林分发育的效果更好。

经营作业可采取马尾松、枫香混交造林，密度保持在 2500 株/hm² 左右，15 年后对马尾松和枫香进行二次间伐，对次林层的樟树进行目标树的选择，并在间伐后林带再次补植樟树、栲树等珍贵阔叶树种。25 年伐除全部马尾松和多数的枫香，并再次补植樟树和促进樟树天然更新，进而过渡到樟树异龄混交林培育模式中，樟树达到目标直径后采用群团状择伐作业或目标树单株择伐的方式进行收获。樟树收获后，可以萌芽更新一两代，但以后仍需重新造林。

（5）格木人工林抚育经营模式。

造林：造林季节以早春 2～3 月为宜，用 1 年生苗造林。苗木要带宿土或裸根苗浆根栽植。造林地宜选海拔 600 m 以下低山、丘陵地的中下部和山谷地带，也可做四旁造林。对土壤要求较高，以土层深厚、肥沃、湿润的酸性沙质壤土至轻黏土为好。为了培育通直的干材，造林密度开始宜大，为 3000～3600 株/hm²，待幼树林郁闭后，进行合理抚育间伐。格木可营造纯林，也可与马尾松、杉树、红锥等混交。混交方式可用行间混交，也可用块状混交。格木混交株数比以 1:2 或 1:3 为宜。

抚育管理：采用带垦整地造林，可在垦带上间种农作物，结合抚育农作物进行幼林抚育。采用块状整地造林的，可在当年秋季进行块状铲草，培土一次，翌年夏秋各抚育一次，连续抚育 3 年，至郁闭成林。成林后按照目标树单株培育技术培育大径材。

（6）柚木人工林抚育经营模式。

柚木宜在春夏气温回暖后定植，株行距通常为 3 m×3 m 或 4 m×4 m。先回穴一半，然后将植苗放入穴中，把表土覆平穴面，植苗根部要踩实、扶正，不露根、不弯根。柚木最适于在土壤疏松、肥沃、湿润的灌丛或高草群丛地生长。在风大的地区，应选避风地，以减少风害。抚育管理：柚木定植当年秋除草松土 1 次，以后每年 4～5 月和 9 月各抚育 1～2 次，并结合施氮钾肥，如有萌蘖除选留粗壮通直的一株外，其余全部除去。成林后按照目标树单株培育技术培育大径材。

（7）降香黄檀人工林抚育经营模式。

降香黄檀喜光，宜选择阳坡地，秋、冬季进行炼山整地，挖 60 cm×60 cm×40 cm 的植穴，山坡地也可采用环山水平带垦，然后按上述规格挖植穴。造林密度为 2.5 m×2.5 m，比较干燥瘠薄的立地可稍密些，以利于培育干形通直的林分。其幼林生长较缓慢，主干柔软，易被杂草、藤蔓缠绕，应加强除草、松土及除蔓，每年 2～3 次，并立杆扶正，早期注意修枝，促进早日成林。树高达 15 m 后，按照目标树单株培育技术培育大径材，引导其形成近自然森林。

降香黄檀也可以跟桉树、交趾黄檀等树冠较小的树种营建混交林，也适合四旁种植，用于园林绿化。西南地区也利用降香黄檀进行石漠化治理和岩溶山地的植被恢复建设。

3.3.4　中国多功能人工林主要经营类型与技术模式

进入 21 世纪，随着全球气候变化对林业生态建设的发展需求，我国积极转变林业发展思路。尤其是党的十八大以来，党和国家对生态文明建设提出了新的要求，提出了"绿水青山就是金山银山"的发展理念。我国在引进德国近自然森林经营理念的基础上，以国家森林经营样板基地建设为契机，充分利用现有林分及现有林地资源，采用近自然森林经营理论技术，开展以珍贵树种大径材为主导的多功能近自然森林经营，精心打造了多功能森林经营类型，探索、总结了多个适合我国国情和林情的森林经营模式，建成了一批可供参观学习的示范样板林（图 3-3）。

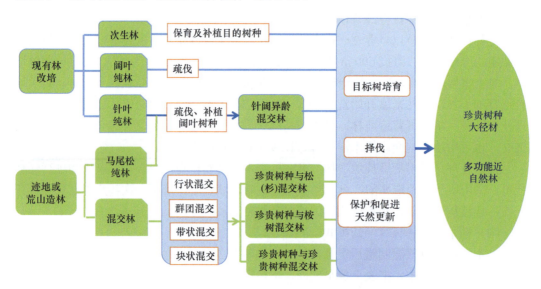

图 3-3　珍贵树种大径材多功能近自然森林经营技术路线图

1. 珍贵树种大径材培育经营类型

该类型的经营目标是选择材质优良、市场价值高、培育前途大的珍贵乡土树种，应用"近自然林"经营理论，对珍贵树种采取目标树单株管理，适时伐除干扰树，短期内收获速生树种中小径材，最终收获珍贵树种大径材，实现长短结合、大小兼顾，不断提高珍贵树种经营效益和经营水平。

1）该类型的经营模式

目前已经成功总结了该森林经营类型三种典型经营模式：①珍贵树种红锥大径材定向培育经营模式；②珍贵树种火力楠大径材定向培育经营模式；③珍贵树种西南桦与红

锥异龄混交经营模式。

2）经营模式的适用条件

以上经营模式适用于主导功能为高价值大径级珍贵用材生产兼顾水源涵养功能的我国南亚热带的珍贵树种人工林经营，可采用目标树单株择伐作业法经营。其立地条件宜选择我国南亚热带低山丘陵地区，海拔为 900 m 以下，土壤为花岗岩、砂页岩、变质岩等母岩发育的酸性红壤、黄壤、砖红壤性土。以河（沟）谷地、山坡下部，土壤厚度为 80 cm 以上，质地疏松，湿润肥沃立地为佳。

3）各经营模式的经营目标及主要技术措施

（1）珍贵树种红锥大径材定向培育经营模式。

该模式的经营目标是追求森林的稳定性、高价值、多样化和美景化的森林特征，主要技术措施是前期营造红锥纯林，造林后连续抚育三年，第七年进行透光伐抚育，清理过多侧枝、被压木及无明显主干等干形差的林木，造林后 10～15 年左右，当优势木高 15 m 左右时开始选择目标树 90～120 株/hm²，对目标树修枝，并伐除干扰树，以后每 5 年一个经营期，对目标树进行单株管理。通过不断采伐干扰树，注重诱导和保护以目的种（红锥）为主，当地经济、生态价值较高的乡土乔木种天然更新为辅，逐步将红锥人工纯林导向以红锥为主的近自然林（图 3-4）。当目标树胸径在 60 cm 以上择伐利用，红锥第一代目标树成熟时，目标树每公顷蓄积量 300 m³ 以上。

图 3-4　珍贵树种红锥大径材定向培育经营模式

（2）珍贵树种火力楠大径材定向培育经营模式。

该模式的经营目标是培育火力楠高价值大径级珍贵用材兼顾水源涵养功能的多功能森林，主要技术措施是前期营造火力楠纯林，造林后连续抚育三年，第七年作业进行透光伐，保留株数为 1650 株/hm²，当优势木高 15 m 左右时开始选择目标树 90～120 株/hm²，对目标树修枝，并伐除干扰树，以后每 5 年一个经营期，对目标树进行单株管理（图 3-5）。通过不断伐除干扰树，调节林分空间结构，促进目标树胸径生长，同时为火力楠林下天然更新生长提供优良的环境，逐步形成以火力楠为主的近自然林，目标胸径达到 60 cm

后采取择伐方式利用。

图 3-5　珍贵树种火力楠大径材定向培育经营模式

（3）珍贵树种西南桦与红锥异龄混交经营模式。

该模式的经营目标根据不同树种生态位差异，选择互补性强的树种，在西南桦林下补植红锥，前期构建结构合理，生产力高，生态系统稳定性强的西南桦、红锥异龄混交林，后期培育成以红锥为主的近自然林，培育目标胸径 60 cm 以上（图 3-6）。为珍贵阔叶大径材提供技术示范，同时增加林分固碳效率，提升森林质量和适应气候变化的能力。主要技术措施是前期营建西南桦纯林，造林后连续抚育三年，第 11 年进行第一次生长伐，选择标记目标树（90～120 株/hm^2）并适当修枝，伐除干扰树。保留密度为 300 株/hm^2，次年春季在西南桦林冠下补植红锥，当红锥优势木树高达到 15 m 左右时，进行目标树（90～120 株/hm^2）经营。以后根据林分生长情况，每隔 5～8 年对目标树进行单株管理，目标胸径达 60 cm 后进行择伐利用。

图 3-6　珍贵树种西南桦与红锥异龄混交经营模式

4）经营模式评价

红锥大径材定向培育模式、火力楠大径材定向培育模式及西南桦与红锥异龄混交经营模式，一是能够培育出高价值的珍贵树种大径材，主要用于家具或工艺品制造，木材价格高，经济效益显著。二是由于培育周期较长，林木长期覆盖林地，人为活动对林地干扰少，具有良好的生态效益。三是通过科学合理的适时间伐措施，林分层次丰富，林相美观。因此，该经营模式是南方重要的森林经营模式（图 3-7），对培育珍贵树种大径材和更好更多地发挥森林多种功能具有十分重要的指导意义。

　　　　　（a）　　　　　　　　　　　　　（b）　　　　　　　　　　　　　（c）

图 3-7　三种珍贵树种经营模式

（a）西南桦与红锥异龄混交；（b）火力楠大径材定向培育；（c）红锥大径材定向培育

2. 针叶人工纯林近自然化改造类型

该类型的经营目标是将人工针叶纯林在不进行皆伐重新造林的前提下，根据近自然森林经营理论与技术原理，调整树种和林分结构将针叶人工纯林改造为针阔混交林，提高林分质量，从而实现多功能可持续经营目标。

1）该类型的经营模式

中国林业科学研究院热带林业实验中心成功总结了该森林经营类型下的三种典型经营模式：①松、杉-红锥等珍贵树种异龄混交经营模式；②马尾松-楠木异龄混交经营模式；③马尾松材脂兼用林近自然化改造经营模式。

2）经营模式的适用条件

适用于中国南亚热带以培育优质大径材（松杉、珍贵树种）为主导，兼顾生物多样性保育、地力修复和森林碳汇等多种功能，全面提升森林质量和生态系统服务功能为目标的针叶人工纯林经营。可选择群团状择伐作业法和目标树单株择伐抚育作业法。其立地条件宜选择低山丘陵地区海拔为 600 m 以下，土壤为花岗岩、砂页岩、变质岩等母岩发育的酸性红壤、黄壤、砖红壤性土。

3）各经营模式的经营目标及主要技术措施

针叶人工纯林近自然化改造模式的近期经营目标是培育马尾松采脂和木材生产兼用林，中长期目标是构建马尾松-珍贵树种异龄混交林，最终形成以珍贵树种为主的近自然林，培育马尾松（50 cm 以上）和珍贵阔叶树种（60 cm 以上）大径级用材。

在技术措施上，主要采取加大间伐强度，培育较大的树冠，提高松脂产量。通过多次间伐合理控制密度，最终保留 450～525 株/hm²；合理控制采脂割面，延长采脂年限，实现多产脂；加强修枝力度，培育良好干形，提高木材质量。通过以上技术措施，培育树干通直饱满、无死节眼，冠幅较大的松脂林。同时，为提高木材的经济价值，在采割松脂前，保留 90～120 株/hm² 生长良好且有发展前途的松树目标树培育大径材，不进行采脂，待其他马尾松采脂结束后采伐采脂木，继续保留目标树 90～120 株/hm² 以培育胸径 50 cm 以上的特大径材，然后在林下补植珍贵树种，当珍贵树种优势木树高达到 15 m时，选择标记目标树 90～120 株/hm²，对目标树进行单株管理，不断伐除干扰树，保护林下天然更新，马尾松达到目标胸径后择伐利用，逐步形成以珍贵树种为主的近自然林，实现森林可持续经营。

（1）松、杉-红锥等珍贵树种异龄混交经营模式。

该模式的经营目标树是依据近自然森林经营理论及目标树作业技术，对松、杉针叶人工纯林进行近自然化改培，通过松、杉上层林的疏伐并在林冠下引入红锥、格木等乡土珍贵用材树种，以改良林分树种结构，增加林分生物多样性，最终将人工针叶纯林导向以红锥、格木等珍贵乡土阔叶树种为主，树种结构合理、森林多功能突出的近自然林（图 3-8）。主要技术措施是松、杉造林后连续除草抚育 3 年，第 11 年第一次生长伐，保留密度 1050 株/hm²，第 16 年进行第二次生长伐，保留密度为 375～450 株/hm²，每公顷选择并标记松、杉目标树 90～120 株。次年在松、杉林冠下补植红锥、格木等珍贵树种，补植密度为 600～750 株/hm²。补植后，对珍贵树种连续抚育三年，当林分珍贵树种优势木树高 15 m 左右时，选择目标树（90～120 株/hm²），并进行单株管理，根据林分生长情况，及时对上层马尾松或杉木的干扰树进行疏伐，为松、杉和阔叶树种目标树生长提供良好环境。当松、杉达到目标胸径后择伐利用，此后通过阔叶树种目标树单株管理，促进目标树生长和林下天然更新，培育珍贵树种大径材，逐步形成珍贵树种近自然林。

(a)　　　　　　　　　　　　　　　(b)

图 3-8　马尾松人工纯林（a）和马尾松-红锥等珍贵树种异龄混交（b）经营模式

（2）马尾松-楠木异龄混交经营模式。

该模式通过在马尾松人工中龄林林冠下补植楠木，培育优质大径材，建成经济价值高、生态稳定性强、森林多功能效果突出的马尾松-楠木异龄混交林，最终形成楠木近自然林（图 3-9）。主要技术措施为前期营建马尾松纯林，造林后连续抚育三年，第七年进行透光伐，第 11 年、第 16 年分别进行两次生长伐，并选择标记马尾松目标树 90～120 株/hm^2，第 17 年在马尾松林冠下均匀补植楠木，补植密度为 450 株/hm^2，补植后连续 3 年进行块状抚育管理，当林分楠木优势木树高 15 m 左右时，选择目标树（90～120 株/hm^2），按照目标树经营管理技术，对目标树进行单株管理，不断伐除上层林和下层林干扰树，促进目标树生长和天然更新，经营过程注意保护原有植被和天然更新幼树，达到目标胸径（楠木 60 cm 以上，马尾松 50 cm 以上）后择伐利用。

图 3-9　马尾松-楠木异龄混交经营模式

（3）马尾松脂材兼用林近自然化改造经营模式。

松脂是大宗的林副产品，具有广阔的市场前景和较好的经济效益。培育脂材兼用林，既可解决松脂原料问题，又可生产木材，一举两得，综合效益显著。同时，脂材兼用林能够很好地解决长短结合、以短养长的问题，且该模式中期构建马尾松珍贵树种异龄混交林，最后形成以珍贵树种为主的近自然林，是极具推广价值和林农容易接受的一种森林经营模式，在生产上容易推广应用（图 3-10）。

图 3-10　马尾松脂材兼用林近自然化改造经营模式

该模式采用近自然经营理论技术，实施脂用和材用林木分类经营，在马尾松林冠下补植珍贵阔叶树种，培育马尾松（50 cm 以上）和珍贵阔叶树种（60 cm 以上）大径级用材，实现针叶纯林转化为结构合理、林分稳定、经济价值高、多功能作用突出的近自然林，为我国南方马尾松林科学经营提供一个提质增效的示范样板。

适用范围：该模式适用于我国亚热带地区以松脂采割和木材生产兼顾的马尾松中龄林的经营活动。林地立地质量等级为中等以上（立地指数 16 以上），林分结构及质量良好，适合培养马尾松大径材，并具有培育珍贵树种大径级用材林潜力。

4）经营模式评价

人工针叶纯林普遍存在树种单一、结构简单、生物多样性少、生态功能差的缺点，与森林发挥多种功能的要求不相适应。在当前要求林业以"生态建设为主"和要求森林以"提供生态服务为主"的新形势下，通过调整树种结构和林分结构，将针叶纯林改造成为针阔混交林，逐步形成近自然林，林分生物多样性增加，林分质量提高，生态功能明显增强。因此，开展人工针叶纯林的近自然化改造类型示范，是生产上的迫切需要，现实意义重大。

3. 速生树种-珍贵树种混交经营类型

该类型的经营目标是构建珍贵树种和速生树种（如桉树）混交林，采取"长期、短期效益相结合"和"经济和生态效益相统一"的经营方式，如桉树-固氮珍贵树种高效混交经营模式。以短期内收获桉树，造林后第 7 年皆伐桉树，对珍贵树种适度修枝整形，第 13 年收获桉树第一代萌芽林木材，第 18 年皆伐收获桉树第二代萌芽林木材。同时培育珍贵树种高价值大径材，实现森林可持续经营。

1）该类型的经营模式

该森林经营类型主要经营模式为速生桉-降香黄檀同龄混交经营模式（图 3-11）和速生桉-降香黄檀异龄混交经营模式（图 3-12）。

图 3-11　速生桉-降香黄檀同龄混交经营模式

图 3-12　速生桉-降香黄檀异龄混交经营模式

2）经营模式的适用条件

该模式适用于主导功能为用材生产兼顾生态效益培育目标的速生桉-降香黄檀混交林经营模式。从桉树和降香黄檀的地理分布范围看，适宜栽培区域主要分布在我国南部的广西、广东、海南、福建等地。从立地条件要求看，适用于 150～350 m 低海拔丘陵山地，由花岗岩、砂页岩等发育成的酸性红壤、黄壤或赤红壤，在土层深厚疏松、排水良好、土壤肥力较高的立地生长较好。

3）经营模式的经营目标和主要技术措施

该模式的经营目标是前期构建降香黄檀和桉树同龄混交林，通过采伐收获三次桉树中小径材，后期通过选择和培育目标树，伐除干扰树，充分利用天然更新，将林分逐步引导至以降香黄檀为主的异龄复层结构的近自然林，降香黄檀达到目标胸径（50 cm 以上）择伐利用，实现林地持续覆盖。

该模式的主要技术措施是营造降香黄檀和桉树的同龄混交林，初植密度为桉树 1425 株/hm²，降香黄檀 720 株/hm²，造林后连续抚育三年，第 7 年皆伐桉树，对降香黄檀适度修枝整形，第 13 年收获桉树第一代萌芽林木材，第 18 年皆伐收获桉树第二代萌芽林，形成降香黄檀纯林，在此过程中，当降香黄檀优势木树高 15 m 左右时，每公顷选择 90～120 株目标树，对目标树进行定向培育，同时促进林下天然更新，最终形成以降香黄檀为主的近自然林，当降香黄檀目标树达到目标胸径后择伐利用。

4）经营模式评价

该技术模式，一是能够培育出高价值的降香黄檀大径材，主要用于家具或工艺品制造，木材价格高，经济效益显著。二是收获速生桉中小径材。因此，该模式是我国南方极其重要的森林经营模式，从国家木材战略储备层面上具有重要的意义，短期内解决了木材紧缺问题，又能培育珍贵树种大径材。

3.3.5 中国森林生态系统及多功能人工林优化管理模式生态经济效益评价

本书重点以珍贵树种大径材培育，松杉人工林近自然化改造模式和桉树-固氮珍贵树种高效混交等几个典型多功能人工林经营技术模式为例，阐明我国优化的多功能经营模式经济效益和生态效益。

1）典型案例1——红锥大径材定向培育模式

传统的人工林抚育作业是一种以林木分级为基础的"全林抚育"，不能充分发挥优良单株个体的生长潜力和生产大径级高价值木材的优势，生产成本高。红锥目标树单株培育技术示范林与其传统"全林抚育"的对照林分生长量的对比研究表明，实施目标树单株培育技术后，目标树的胸径和材积生长量显著提高，利用该技术经营的 30 年生红锥人工林，其大径材（直径≥26 cm）比例由传统经营的 20%提升到 50%。以红锥目标树单株培育技术示范林的经济效益分析为例，当目标树胸径达到 60 cm 时，生产红锥大径材（小头直径≥26 cm）351.2 m³/hm²，特大径材（小头直径≥50 cm）247.9 m³/hm²，中小径材（直径<26 cm）64.6 m³/hm²，共产木材 663.7 m³/hm²，产值 283.8 万元/hm²，利润 265.0 万元/hm²，平均年利润 4.4 万元/hm²。与传统经营模式相比，目标树培育的木材收益分别是红锥纯林和马尾松纯林皆伐连栽经营模式的 3.8 倍和 8.7 倍。营林投资基础收益率按 8%计，红锥大径材培育模式下的财务净现值 3.5 万元/hm²，财务内部收益率为 13.1%，木材产值相比红锥和马尾松纯林皆伐连栽模式分别高出 2.2 倍和 5.8 倍，财务净现值提升 1.2 倍和 5.1 倍。在收获大径材的同时，土壤腐殖质层厚度增加 10%以上；表土层（0～20 cm）碳储量和氮储量分别提高 14.3%和 23.1%；土壤结构、保水性及通透性等土壤物理性能也得到明显改善，林下天然更新幼树幼苗≥3000 株/hm²。

2）典型案例2——红锥西南桦异龄混交的大径材培育与多功能提升技术模式

相比红锥、西南桦纯林，经营期内，红锥西南桦异龄混交林可提高木材产量 16.0%～35.2%，大径材比例提升 37.4%～64.7%，木材产值提高 1.8～2.4 倍。植被碳储量提高 27.2%～42.1%，土壤碳储量（0～60 cm）增加 12.6%～22.1%，土壤碳化学稳定性提高 12.1%～33.7%。林地土壤改善效果显著，0～20 cm 土壤容重下降 18.0%，全氮和全磷分别提升 12.5%和 10.4%。

3）典型案例3——松杉人工林近自然化改造经营模式

该技术在直接增加人工林物种多样性的同时，培育松杉和珍贵树种大径材，而且改善了地力，增加了森林碳汇，成功解决了低质低效针叶人工纯林生产力和生态服务功能不高等技术难题。以珍贵树种红锥、格木、香梓楠等改培马尾松和杉木人工纯林为例，马尾松和杉木纯林经引入珍贵树种改培 8 年后，林分蓄积量分别增加 29.3%和 15.1%；植物物种丰富度指数分别提高 52.4%和 37.1%、Shannon-Wiener 指数分别提高 3.9%和 14.4%，均匀度指数分别提高 24.8%和 32.2%；土壤微生物分别增加 18.3%～21.0%和

16.3%～20.7%；土壤理化性质和林分地力明显改善，容重降低 5.6% 和 7.9%，全氮增加 13.1% 和 30.5%。经营周期内可生产马尾松和红锥、格木等木材累计 620.9 m³/hm²，利润 为 100.3 万元/hm²，年均利润为 1.7 万元/hm²。

4）典型案例 4——固氮珍贵树种与桉树人工混交的高效培育模式

该技术模式在培育高价值珍贵树种大径材的同时，有效提升人工林地力、生物多样 性和增汇减排功能，成功解决了桉树多代连栽引起的生物多样性下降和地力衰退问题。

（1）格木桉树同龄混交林经营技术模式。

技术效果：格木与桉树混交 8 年后，土壤容重显著下降 14.6%，土壤有机质厚度提 高 2.7～5.3 cm，土壤有效氮提高 23.7%～46.4%，自然含水率、总孔隙度、通气度和脲 酶活性分别显著提高 4.1%、6.8%、1.6% 和 9.0%。植被碳储量提高 17.4%～31.8%，土壤 碳储量提高 23.4%～44.5%，土壤减排量提高 12.4%～26.4%，土壤碳化学稳定性组分提 高了 22.7%～63.0%。经营期内，格木-桉树同龄混交林可提高木材产量 46.0%～55.2%，大径材比例提升 27.4%～53.7%，木材产值为桉树纯林经营的 2.8～8.4 倍。营林投资基 础收益率按 8% 计，财务净现值为 871.2 万元/hm²，财务内部收益率为 29.0%。

（2）降香黄檀桉树异龄混交林经营技术模式。

技术效果：与桉树纯林相比，混交 8 年后，土壤有机质提高了 23.4%～44.5%、氮 含量提高了 33.8%～66.7%，总微生物生物量提高了 13.1%～29.1%，细菌群落生物量提 高了 27.0%～27.3%，土壤和植被碳储量均显著提升。降香黄檀-桉树异龄混交培育模式 的木材收益显著提升，经营周期内木材产量提高 11.7%～23.1%，木材产值比桉树纯林 经营提高 68.6 倍。

3.3.6　中国经济林主要经营模式与经济效益评价

经济林是我国五大林种之一，与其他林种相比，具有生长周期短、见效快、经济效 益高的特点，既适宜农户经营，又可大规模种植，是林业"三大效益"兼顾得最好的一 类林种，是绿色富民产业，更是实施乡村振兴战略的有效抓手。

据第九次全国森林资源连续清查结果，我国现有经济林面积 2021.8 万 hm²，占全国 森林面积的 9.6%，占全国人工林面积的 25.4%。经济林构成以果树林和食用原料林为主，分别占 55% 和 26.9%。云南、广西、湖南、辽宁、陕西、广东、江西、浙江 8 个省（自 治区）经济林面积较大，占全国经济林面积的 55%。果树林较多的省（自治区）有广东、陕西、山东、河北、广西、辽宁、云南、浙江，占全国果树林面积的 54.6%。在我国经 济林中，主要树种有油茶（236 万 hm²）、柑桔（196 万 hm²）、茶叶（174 万 hm²）、苹 果（149 万 hm²）、板栗（147 万 hm²）、橡胶（130 万 hm²）、核桃（98 万 hm²）、梨（95 万 hm²）、荔枝（77 万 hm²）、枣（66 万 hm²），以上 10 个树种合计面积 1368 万 hm²，占我国经济林总面积的 66.53%。

1. 中国主要经济林区与林产业

1）东北中温亚寒带经济林区

东起长白山，西至呼伦贝尔草原、科尔沁沙地，南接燕山山脉，北以大小兴安岭为界。区内以东北平原和蒙古高原为主体，山地、沙地、林地资源丰富。行政范围涉及黑龙江、吉林、辽宁、内蒙古4省（自治区）。

该区重点发展仁用杏（山杏、大杏扁）、榛子、果用红松、蓝莓和沙棘等优势特色经济林。

2）西北大陆性温带经济林区

东起浑善达克沙地，西至中国与吉尔吉斯斯坦、哈萨克斯坦的国境线，南到西昆仑山、阿尔金山、祁连山、六盘山及长城沿线，北与俄罗斯、蒙古国接壤。行政范围涉及新疆、青海、甘肃、宁夏、内蒙古5省（自治区）。

该区重点发展核桃、枣、仁用杏（山杏、大杏扁）、杏、石榴、枸杞、沙棘等优势特色经济林。

3）华北黄河中下游暖温带经济林区

东起渤海、黄海的海岸线，西至陇东山地，南达秦岭、伏牛山、淮河及苏北灌溉总渠，北至长城以南地区。行政范围涉及北京、天津、河北、山西、山东、辽宁、河南、安徽、江苏、陕西、甘肃、宁夏12省（自治区、直辖市）。

该区重点发展核桃、枣、板栗、仁用杏（山杏、大杏扁）、柿、银杏、榛子、花椒、杜仲、金银花、杏、石榴、樱桃、猕猴桃、山楂、长柄扁桃、油用牡丹等优势特色经济林。

4）南方丘陵山地亚热带经济林区

东起黄海海岸线，西与云贵高原、青藏高原东南部相邻，南部以南岭南坡山麓、两广中部和福建东南沿海为界，北至秦岭山脊、伏牛山主脉南侧、淮河流域。行政范围涉及甘肃、陕西、河南、安徽、江苏、四川、重庆、湖北、浙江、贵州、湖南、江西、福建、云南、广西、广东16省（自治区、直辖市）。

该区重点发展油茶、核桃、油桐、油橄榄、板栗、柿、银杏、花椒、八角、厚朴、杜仲、金银花、杨梅、猕猴桃、香榧、山桐子等优势特色经济林。

5）西南高原季风性亚热带经济林区

该区包括我国的云贵高原及青藏高原东部。行政范围涉及云南、贵州、四川、西藏、甘肃、青海6省（自治区）。

该区重点发展核桃、油橄榄、板栗、花椒、澳洲坚果等优势特色经济林。

2. 中国主要经济林及其优化高效模式和生态经济效益

1）油茶林

（1）分布。确定湘赣浙闽低山丘陵区为油茶的核心发展区，桂粤闽南低山丘陵区、滇东南桂西高原山地坝区、川东盆地区、贵州高原区、滇北川南高原区、鄂南地区为油茶的积极发展区。在 14 省（自治区、直辖市）发展 200 个重点基地县。

（2）经营模式。农户个体经营模式又称为家庭经营模式，是利用自身或家庭劳动力，自留山为土地资源，而从事油茶生产经营活动。公司模式经营油茶产业，是具有生产资质的公司，公司通过土地流转的形式和农民签订租地协议，租赁农户或者集体的土地来经营种植油茶，以地租的形式给予农户补偿。公司+农户的经营模式在调研地区占有相当一部分的比例，在该种模式下，鼓励农民以地入股，与油茶开发企业共同经营。

（3）生态经济效益。油茶产业能够缓解因我国土地资源紧张而带来的粮油危机局面，减少我国食用油对外国市场的依赖。同时，对优化我国食用油消费结构，促进林农增收具有很强的现实意义。油茶的生产周期长，不仅能满足本代人的需求，还能造福子孙后代，处于产业化起步阶段的油茶，未来具有无限的发展潜力。

2）核桃林

（1）分布。确定太行山、吕梁山、中条山区域，秦巴山区，大别山区，云贵高原，塔里木盆地西缘等区域为核桃的核心产区，鲁东山区、长江中游地区、燕山东部等区域为核桃的积极发展区。在 18 省（自治区、直辖市）和新疆生产建设兵团发展 288 个重点基地县。发展目标：到 2020 年，优势区核桃面积稳定在 520 万 hm^2 以上，占全国的 70%以上；年产量达到 850 万 t，占全国的 85%左右。

（2）经营模式。山核桃经营改变传统经营模式，提出林地生态化经营模式，减少除草剂、化肥和农药的使用，恢复林下植被，在保证山核桃产量不减产的情况下，既能做到保护生物多样性、生物病虫害防治、生态修复等，又能有效恢复和提高山核桃林地的生产能力，是具有可持续性的复合型生产经营方式。

（3）生态经济效益。山核桃林地生态化经营模式，可以保护和改善地内的生物多样性、生态环境等，保证山核桃良好的适生土壤环境，减少病虫害，确保山核桃健康生长，从而达到稳产、高产。

3）油橄榄林

（1）分布。适宜区主要包括以甘肃武都为中心的白龙江低山河谷区、以四川西昌为中心的金沙江干热河谷区（冬季冷凉地带）和长江三峡低山河谷区三部分。规划在四川、甘肃两省发展 7 个重点基地县。

（2）经营模式及生态经济效益。通过加强油橄榄园地种植管理，实行品种化、良种化和规模化的高效栽培，提高油橄榄园的产量和品质，对当地的林业增效、林农增收，都具有积极的促进作用。集约经营的油橄榄基地都采用高标准的密植橄榄园栽培模式，管理精细，机械化程度高。挖掘木本油料植物的生产潜力，进一步提高油茶在油料中的比例，改善群众生活质量，提高健康水平，有利于维护国家油料安全，解除油料市场供需的紧张局面。

4）榛子林

（1）分布。主要包括北部栽培区、中部栽培区、南部栽培区和干旱温带栽培区4个适宜栽培区。规划在辽宁、吉林、黑龙江等省发展12个重点基地县。

（2）经营模式。针对退耕还林工程中的生态、经济林经营模式也进行了大量的研究，通过各区域针对性经营模式，在不同立地条件下采用合理的空间布局和林种配置方式方法，主要有林菌模式、林药模式、林花模式、林草牧模式、林果模式、林茶桑模式等。

5）杜仲林

（1）分布。在我国的23省（自治区、直辖市）均有分布，中心栽培区包括黔东北、鄂西北、湘西北、豫西南、陕南和川东北等地区。规划建设中南和西南两个优势区，在湖北、河南、四川等5省发展7个重点基地县。

（2）经营模式。我国传统杜仲资源培育技术效率低，果实、叶以及雄花等的产量低，采收、运输困难，使得原料生产成本居高不下，不能满足产业化发展的需要。经过多年的系统研究，杜仲科研团队先后建立了果用、雄花用、叶用、材药兼用等系列杜仲高效栽培关键技术，使杜仲资源培育由粗放、单一走向精细和多样，有效提升了综合效益。

（3）生态经济效益。通过果用杜仲高效栽培技术，盛果期果实产量为3000～4000 kg/hm^2，单位面积果实、叶综合产胶量比传统栽培模式提高4倍以上；通过材药兼用杜仲高效栽培技术，果实产量为2600～3000 kg/hm^2、木材材积为7.5 m^3/hm^2、杜仲皮产量为400～500 kg/hm^2，具有收益期短、可持续经营、综合效益高等优点。

6）八角林

（1）分布。在我国广西、云南、广东和福建均有种植，其中广西是主产区。规划建设西南优势区，在广西发展17个重点基地县。

（2）经营模式及生态经济效益。①八角经济林+林下种植金花茶模式：调整林分状况对八角林进行合理疏伐，保留300株/hm^{2}左右，郁闭度保持在0.6～0.7。选择在每年秋果采收后至翌年树液流动前。在行距中间，按株行距2 m×3 m挖好规格为50 cm×40 cm×30 cm的坑，每个种植穴施腐熟厩肥或堆肥5～10 kg，与穴土拌匀作基肥，然后把表土及腐殖质回填坑内。在2～3月或雨季前夕，阴天或小雨天气造林为宜。种植后1个月要及时补植金花茶。该模式周期短、见效快、收益高、经济效益显著，年均产值比八角纯林高2～5倍。此外，本模式林分结构明显优化，生态系统稳定，大幅降低了八角林遭受病虫害的风险，且改善了土壤地力，有较好的生态效益。②八角林下养鸡模式。为了降低生产经营成本，养殖地点选择在林下较为平坦开阔、交通便利、水源充足、坡度在 15°以下、林下植物多样性高的林地。将鸡放养于八角林下，并在林下建鸡舍供放养期间鸡群避雨和夜间作息。在八角林下放养的土鸡，因生态环保、肉质鲜美成为市场抢手货，价格又比普通鸡高出一倍以上，可产生显著的经济和生态的效益。

参 考 文 献

国家林业局. 2016. 全国森林经营规划(2016-2050 年). 国家林业局办公室.

国家林业局. 2009. 中国林业统计年鉴(2008). 北京: 中国林业出版社.

国家林业和草原局. 2019. 中国森林资源报告(2014-2018). 北京: 中国林业出版社.

刘世荣. 2011. 天然林生态恢复的原理与技术. 北京: 中国林业出版社.

刘世荣. 2013. 气候变化对森林影响与适应性管理. 现代生态学讲座(VI)全球气候变化与生态格局和过程(主编邬建国、安树青和冷欣). 北京: 高等教育出版社.

刘世荣, 代力民, 温远光, 等. 2015. 面向生态系统服务的森林生态系统经营: 现状、挑战与展望. 生态学报, 35(1): 1-9.

刘世荣, 史作民, 陈林武, 等. 2002. 发挥森林生态系统服务功能, 改善长江上游生态环境. 中国可持续发展林业发展战略研究调研报告(下集, 江泽慧主编). 北京: 中国林业出版社.

刘世荣, 史作民, 马姜明, 等. 2009. 长江上游退化天然林恢复重建的生态对策. 林业科学, 45(2): 120-124.

刘世荣, 唐守正. 2002. 我国天然林保护与可持续经营. 生态安全与生态建设(李文华、王如松主编). 北京: 中国气象出版社.

刘世荣, 王晖. 2011. 森林生态系统管理与土壤可持续固碳能力. 科学前沿与未来(香山科学会议编). 北京: 科学出版社.

刘世荣, 王晖, 杨予静. 2017. 人工林多目标适应性经营提升土壤碳增汇功能. 《现代生态学讲座(VIII)群落、生态系统和景观生态学研究新进展》. 北京: 高等教育出版社.

刘世荣, 杨予静, 王晖. 2018. 中国人工林经营发展战略与对策: 从追求木材产量的单一目标经营转向提升生态系统服务质量与和效益的多目标经营. 生态学报, 38(1): 1-10.

张华龄. 1988. 中国森林资源的过去、现在与未来发展趋势. 自然资源学报, 3(3): 201-214.

中国可持续发展林业战略研究项目组. 2003. 中国可持续发展林业战略研究(战略卷). 北京: 中国林业出版社.

周生贤. 2005. 深化认识 分类指导 全力打好相持阶段林业发展攻坚战——在国家林业局党组扩大会暨全国林业厅局长电视电话会上的讲话. 绿色中国, (9): 4-12.

Shirong Liu, Shuirong Wu, Hui Wang. 2014. Managing planted forests for multiple uses under a changing environment in China. New Zealand Journal of Forestry Science, 44(Suppl 1):53, 1-10.

Zhou G, Liu S, Li Z, et al. 2006. Old-Growth Forests Can Accumulate Carbon in Soils. Science, 314(5804): 1417.

第二部分
重要林区状况评估

第4章 东北地区森林生态系统质量和管理状态及优化管理模式[①]

东北森林是我国生态安全战略格局"两屏三带"和《重要生态系统保护和修复重大工程》"三区四带"[②]中唯一森林带，构成了东北"三山三原-六江一河"[③]的自然资源分布格局；维系着东北乃至国家生态安全、粮食安全、水安全和国土安全；在国家与区域生态安全战略中具有无可替代的特殊重要地位。

长期以来，由于自然与人为干扰，东北森林面积与蓄积逐渐减少。1998年以来，随着天然林资源保护工程、退耕还林工程和三北防护林工程等重大林业生态工程的深入实施，东北森林生态系统质量逐步提升，森林生态系统功能得到有效恢复。目前，东北林区现有森林5857万 hm^2，占全国森林总面积的26.6%；森林覆盖率为47.2%，远高于全国的森林覆盖率（23.0%）；2000~2015 年，东北森林面积增加了 17.9%，蓄积增加了35.0%，森林覆盖率提高了 7 个百分点；同时，植被覆盖率增加 6.2%，净初级生产力（Net Primary Production，NPP ）增加 25.7%，叶面积指数增加 6.4%。

东北森林主要为原始林经干扰后形成的天然次生林（71.4%），以白桦、落叶松、蒙古栎、山杨、黑桦、五角枫、紫椴等为主，而人工林（22.4%）以红松、落叶松、杨树为主，中幼龄林面积占比 56.8%，蓄积占比 42.1%，伴随森林质量的不断提升，东北森林（典型温带森林）具有较大的碳汇增长潜力；在实现"碳中和"的目标中必将发挥核心作用（全球温带森林约占森林总面积 1/4，而贡献碳汇近 1/2）；而且东北森林是黑土地的孕育地与重要生态屏障，保护着东北黑土地和大粮仓。但是，受政策（实施天然林保护工程和全面停止天然林商业性采伐）、科技水平以及资金等限制，森林抚育不及时、管理不到位，导致森林恢复速度缓慢，影响生态屏障功能的持续稳定发挥。

本章将东北森林划分为长白山、小兴安岭、大兴安岭、平原防护林、高原防护林、丘陵防护林 6 个林区，包括 12 个亚林区。基于东北森林带与北方防沙带的生态功能定

[①] 本章执笔人：朱教君，张秋良，王安志，王传宽，于立忠，于大炮，张全智，闫巧玲，郑兴波，王冰，周正虎，郝帅，张欣，宋立宁，郑晓，王兴昌，杨凯，仝先奎，高添。

[②] 青藏高原生态屏障区、黄河重点生态区（含黄土高原生态屏障）、长江重点生态区（含川滇生态屏障）、东北森林带、北方防沙带、南方丘陵山地带、海岸带。

[③] 三山：大兴安岭、小兴安岭、长白山；三原：三江平原、松嫩平原、辽河平原；六江一河：黑龙江、乌苏里江、松花江、鸭绿江、图们江、嫩江、辽河。

位、国家需求，在详细分析不同林区/亚林区的森林类型特点、主要经营模式及存在问题的基础上，提出依托国家重大生态工程，"分区定向-精准施策"的森林生态系统质量提升优化管理建议。对所有东北林区森林生态系统，以国家重大生态工程建设目标为经营方向，实施森林生态系统保护制度，优化区域生态安全屏障体系。对山地区森林生态系统（长白山、小兴安岭和大兴安岭林区），以提升森林生态系统生态屏障功能和木材战略储备能力为经营方向，实施"森林生态系统生态保育、质量与功能提升技术"、"基于可持续经营的森林生态系统质量精准提升技术"和"立足资源禀赋，着力发展林下经济、碳汇经济等生态产品"，构建"生态-经济"双赢经营模式；对平原、高原、丘陵山地区森林生态系统（以防护林为主体），以提升防护林生态系统生态防护功能为经营方向，实施"'山水林田湖草沙'防护林生态系统构建与质量/功能提升技术"，从而完善森林生态系统的结构，提升生态屏障防护功能与国家木材战略储备能力，更好地服务于国家"生态安全"、"碳中和"和"黑土地保护"等生态文明建设。

东北是我国最大的天然林集中分布区，主要包括分布于大兴安岭、小兴安岭和长白山三大山脉的天然森林，以及分布在东北平原、内蒙古高原（东部）、辽西丘陵区的防护林，属典型温带森林生态系统（统称"东北森林"）。据第九次全国森林清查数据，东北全区（辽、吉、黑、内蒙古东四市/盟，总面积约 124 万 km^2）共有森林 5857 万 hm^2，占全国森林总面积的 27%；木材蓄积量达 46 亿 m^3，占全国木材总蓄积量的 26%（国家林业和草原局，2019）。东北森林不仅对东北平原发挥着重要的生态屏障作用，还是华北乃至东北亚的核心生态屏障，东北森林生态系统的质量决定着木材生产（储备）能力和生态屏障功能的优劣，不同经营措施影响着现有森林生态系统功能潜力发挥和未来森林生态系统的演替进程。

本章基于东北林区四个国家野外站——内蒙古大兴安岭森林生态系统国家野外科学观测研究站（大兴安岭站）、黑龙江帽儿山森林生态系统国家野外科学观测研究站（帽儿山站）、吉林长白山森林生态系统国家野外科学观测研究站（长白山站）、辽宁清原森林生态系统国家野外科学观测研究站（清原站）和部分部门野外站的长期监测、研究与示范，在分析东北林区现有森林资源分布及现状的同时，依据地形、地貌，结合气候、森林植被特征、行政区域及社会经济状况等对东北森林区进行划分；阐明森林生态系统质量状况及其影响因素，针对现有森林生态系统经营管理现状及存在问题，提出森林生态系统优化管理及主要模式，以及提升森林生态系统质量的对策与建议，为东北森林生态系统可持续经营及功能持续、稳定和高效发挥提供范式。

4.1　东北地区的自然环境及森林生态系统分布

4.1.1　东北地区自然环境

东北地区（行政区划）包括辽宁、吉林、黑龙江和内蒙古东部的三市一盟（呼伦贝尔市、通辽市、赤峰市、兴安盟）（115°E～136°E、38°N～54°N），总面积约 124 万 km^2。

东北地区自南向北跨越暖温带、中温带和寒温带；自东南向西北，从湿润区、半湿润区过渡到半干旱区，属季风气候，四季分明，夏季温热多雨，冬季寒冷干燥。境内有大、小兴安岭和长白山系，中部为辽阔的东北平原；境内拥有多条重要河流，包括松花江、嫩江、乌苏里江、图们江、鸭绿江等。东北地区是我国三大林区之一，生物种类繁多，植被类型丰富，保存及发育了完整的东亚东部温带森林生态系统（方精云等，2010），东北地区还是我国重要的商品粮生产基地。

1．地形地貌

东北地区地形总体以山地和平原为主，占东北地区总面积的80%以上；同时包括蒙东和辽西等局部地区的高原和丘陵。

1）山地

东北地区的山地大致呈半环状，东部、北部和西部分别为长白山山脉、小兴安岭山脉和大兴安岭山脉。

（1）长白山山脉包括辽宁、吉林、黑龙江三省东部的山地（121°08′E~134°00′E，38°46′N~47°30′N），即东北东部山地的总称。北起完达山山脉北麓，南延千山山脉老铁山，长约1300 km，东西宽约400 km，山地海拔大部500~1000 m，2000 m以上皆分布在长白山主峰附近。

（2）小兴安岭山脉位于黑龙江东北部（125°20′E~131°20′E，45°50′N~51°10′N），地形地貌以低山丘陵山地为主，海拔一般500~1000 m，整个地势东南高、西北低，地貌表现出明显的成层性，属低山丘陵地形。小兴安岭南北两坡由于新构造运动上升的不对称性，地貌对比差异十分显著，南坡山势浑圆平缓，水系绵长；北坡陡峭，呈阶梯状，水系短促。

（3）大兴安岭山脉位于内蒙古东北部和黑龙江西北部（117°20′E~126°E，43°N~53°30′N），是内蒙古高原与松辽平原的分水岭。大兴安岭北起黑龙江畔，南至西拉木伦河上游谷地，呈东北—西南走向，属浅山丘陵地带，全长1400 km，宽约200 km，海拔1100~1400 m。

2）平原

东北平原是我国三大平原之一，亦是面积最大的平原。东北平原位于大兴安岭、小兴安岭和长白山之间，主要由嫩江、松花江、辽河流域冲积而成，自北向南依次为：三江平原、松嫩平原和辽河平原。

（1）三江平原位于东北地区的东北部（130°13′E~135°05′E，45°01′N~48°28′N），由黑龙江、乌苏里江、松花江冲积形成。三江平原北起黑龙江、南抵兴凯湖、西邻小兴安岭、东至乌苏里江。三江平原因广阔低平的地貌，径流缓慢，形成大面积沼泽水体和沼泽化植被，是中国最大的沼泽分布区。

（2）松嫩平原是东北平原的最大组成部分（122°39′E~127°38′E，43°26′N~48°37″N），

位于大小兴安岭与长白山脉及松辽分水岭之间的松辽盆地中部区域，主要由松花江和嫩江冲积而成。山前台地分布于东、北、西三面，海拔 180～300 m，地面波状起伏，岗凹相间，形态复杂，现代侵蚀严重，多冲沟，水土流失明显。冲积平原海拔 110～180 m，地形平坦开阔，但微地形复杂，沟谷稀少，排水不畅，多盐碱湖泡、沼泽凹地，且风积地貌发育，沙丘、沙岗分布广泛。

（3）辽河平原包括西辽河平原和下辽河平原（广义概念）。西辽河平原位于内蒙古通辽市中部（119°14′E～123°42′E，42°18′N～44°30′N），大兴安岭南段山地与冀北、辽西山地之间，西部狭窄，东部宽阔，地势西高东低，南北向中部倾斜，海拔由西部 950 m 下降到东部最低 120 m。下辽河平原（即狭义辽河平原）位于辽东丘陵与辽西丘陵之间（121°04′E～123°52′E，40°28′N～43°29N），地势自北向南倾斜，北部与吉林省接壤，南至辽东湾，辽河、浑河、太子河、大小凌河等多条河流在此汇集入海，形成地势平坦的三角洲平原。

3）高原

东北地区的高原主要位于内蒙古东部（主要为呼伦贝尔市）和东南部（赤峰市大部分地区和通辽市的部分地区）。

（1）呼伦贝尔高原（内蒙古高原的一部分），位于内蒙古高原东北部，大兴安岭北段西麓。地势东高西低，平坦开阔，东与大兴安岭山地连成一片；西部属低山丘陵地带；中部为波状起伏的海拉尔台地，海拔一般在 600～800 m，最高的巴彦山海拔1038 m。

（2）内蒙古东南部属于内蒙古高原、大兴安岭西南段山脉、燕山北麓山地，西辽河平原的结合部，具有独特的地理位置和地质构造，呈三面环山、西高东低、多山多丘陵的地貌特征，地形地貌情况复杂多样，层峦叠嶂，峡谷相间，沟壑纵横。

4）丘陵

东北地区的丘陵地带主要分布在辽宁西部地区（118°51′E～122°16′E，39°58′N～42°41′N），由努鲁儿虎山、松岭、医巫闾山等几条东北—西南走向的山脉组成，地势自西北向东南的渤海和辽河平原逐级降低。山脉海拔多在 300～1000 m，由于大凌河、小凌河的切割，地形较为破碎。

2. 气候

东北地区位于温带季风气候区。冬季受温带大陆气团控制，寒冷干燥，且南北温差较大；夏季受温带海洋气团或变性热带海洋气团影响，夏季高温多雨；由于东北冷涡的存在，东北天气的非周期性变化显著，且造成低温冷害、持续降雨洪涝、冰雹和雷雨大风等突发性强对流天气发生，对东北地区的天气气候有重大影响。东北地区地跨寒温带、中温带和暖温带 3 个气候带（郑景云等，2010）。

（1）寒温带。东北北部局部地区，主要为大兴安岭北部的漠河地区，亦是我国唯一的寒温带地区，年降水量约 450 mm，年平均气温为–4～0℃，无霜期 86～100 天。

（2）中温带。东北大部分属中温带；根据干燥度指数，可进一步划分为湿润区、半湿润区和半干旱区。中温带湿润区包括小兴安岭和长白山，年降水量 600～800 mm，年均温 0～6℃，无霜期 90～155 天，年降水量的高值区出现在长白山支脉地区，并向四周依次递减。中温带半湿润区包括三江平原及其以南山区、松辽平原和大兴安岭中部地区。年降水量 400～600 mm，年平均气温 2～6℃，无霜期 110～150 天。中温带半干旱区包括内蒙古东部、东南部地区，该区域年降水量小于 500 mm，年平均气温–2～4℃，无霜期 90～130 天。

（3）暖温带。暖温带区包括东北地区南部，辽宁的大部分地区，可进一步分为暖温带湿润区和暖温带半湿润区。暖温带湿润区指辽宁东南部，该区域年降水量为 700～950 mm，年平均气温 6～10℃，无霜期 160～200 天。暖温带半湿润区包括辽宁中、西部的大部分地区，年降水量 500～700 mm，年平均气温 6～10℃，无霜期 140～190 天。

3. 土壤

东北地域广阔，土壤类型多样，按照土壤类型划分，主要有暗棕壤、棕壤、棕色针叶林土、黑土、黑钙土、草甸土、沼泽土等。

山地土壤以暗棕壤为主。大兴安岭土壤有机质含量较高，土壤肥沃且无污染。主要的土类包括：棕色针叶林土、暗棕壤、漂灰土、灰化土、草甸土、沼泽土。其中，草甸土发育于地势低平、受地下水或潜水的直接浸润并生长草甸植物的土壤；沼泽土发育于地表水和地下水浸润的土壤，包括形成土壤表层有机质的泥炭化或腐殖质化和土壤下层的潜育化两个基本过程。地带性顶极植被以兴安落叶松（北部）和蒙古栎阔叶混交林（南部）为主。小兴安岭土壤为暗棕壤，且以山地暗棕壤为主。土壤的垂直地带性分布明显，自山顶部向下的分布序列为亚高山草甸森林土—山地棕色针叶林土—暗棕壤。长白山土壤可分为山地暗棕壤土、棕色针叶林土、棕壤、亚高山疏林草甸土和高山苔原土。在海拔 1100 m 以下，成土母质为残积物、坡积物和湖积物，土壤质地较粗，结构疏松，排水良好，上层大于 50 cm。地带性顶极植被以阔叶红松林为主。除上述有规律的地带性土壤外，非地带性土壤主要有白浆土、沼泽土和草甸土等。

东北平原的土壤以黑土、草甸土和沼泽土等为主。东北的松嫩平原、三江平原分布着拥有黑色或暗黑色腐殖质表土层的土壤，当地农民称之为"黑土"或"黑土地"。在 20 世纪 30～40 年代，有一些国内外学者前往考察、命名土壤，但其命名较为混乱，如退化黑钙土、变质黑钙土、淋溶黑土等，无法统一命名（贺红土等，2012）。宋达泉先生及其同事在对其成土条件、成土过程及土壤理化性质进行深入研究的基础上，决定采用农民长期沿用的"黑土"一词，作为此类土壤的命名（宋达泉，1978），因此，宋达泉先生是"第一个全面论证东北黑土是一个独立土壤类型"的倡导者和制定者。松嫩平原土壤类型主要有黑土、黑钙土、草甸土，其中黑土是半湿润草原草甸下发育的具有深厚腐殖质层，通体无石灰反应，呈中性的黑色土壤；黑钙土是温带半湿润草甸草原植被下，由腐殖质积累作用形成较厚腐殖质层和碳酸钙沉积作用形成碳酸钙沉积层的土壤，多呈中至微碱反应。辽河平原土壤类型主要有草甸土和潮土。三江平原土壤类型主要有黑土、白浆土、草甸土、沼泽土等，以草甸土和沼泽土分布最广。

内蒙古高原东部以栗钙土、黑钙土为主。东部的大部分地区和中部的草原地区是栗钙土。栗钙土腐殖质积累程度比黑钙土弱，土壤颜色为栗色，土层呈弱碱性反应，局部地区有碱化现象。

低山丘陵区的成土母质主要为富钙的石灰岩、钙质砂页岩和黄土母质，土壤以褐土为主，部分地区分布有风沙土、草甸土和棕壤等。

4. 植被

从东南向西北随着水分条件的变化，东北植被总体依次为森林、森林草原和草原植被景观；其中，草原、森林草原主要分布在松辽平原西部、大兴安岭西麓和内蒙古高原（徐文铎等，2008）。自北向南随热量条件变化，东北森林植被总体依次为寒温带针叶林、温带针阔叶混交林和暖温带阔叶林。其中，寒温带针叶林为俄罗斯东西伯利亚明亮针叶林向南延伸部分，分布在大兴安岭东北部（邹春静和徐文铎，2004）；温带针阔叶混交林为东亚针阔叶混交林的分布中心，占据整个小兴安岭、完达山、张广才岭和长白山以及辽宁东部山地，是东北地区面积最大、最复杂的植被类型；暖温带阔叶林为华北阔叶林向北延伸的部分，只分布在辽东半岛和辽西山地（徐文铎等，2008）。随海拔的上升，水热条件发生变化，进而影响东北地区山地植被垂直分异。以具有典型植被垂直带的长白山为例：海拔 500 m 以下为次生阔叶林；海拔 500～1200 m 为阔叶红松混交林；海拔 1200～1800 m 为云杉、冷杉；海拔 1800～2100 m 为岳桦林；海拔 2100 m 以上为冻原带。

经长期人为活动，东北大部分地区的原生植被几乎荡然无存（方精云，2001），平原区开垦为大面积农田，山地森林经长期干扰退化为次生林。根据 1∶100 万中国植被类型图（中国科学院中国植被图编辑委员会，2001），东北地区植被主要为落叶阔叶林（面积占比 24.4%；下同）、针叶林（10.4%）、栽培植被（30.4%）、草原（13.0%）、草甸（10.3%）、灌丛（4.4%）、沼泽（4.2%），上述植被类型面积占比超过 98%。

5. 林业发展历程

中国东北素有"林海"之称，是我国森林资源最丰富的地区之一。但是，清末以来，随着东北区域开发的全面展开，大量木材被采伐。近代沙皇俄国、日本侵略后大肆掠夺东北的森林资源，"九一八事变"日本侵略东北后，东北森林遭到毁灭性破坏。沙皇俄国和日本前后共攫取东北木材达 4.4 亿 m³，致使东北森林资源消失殆尽，长白山、大小兴安岭等重点林区变成过伐林地（东北物资调节委员会研究组，1948；韩麟凤，1982；陶炎，1987；葛全胜等，2005）。

中华人民共和国成立后，为支持国家经济运行和发展，东北林区提供了大量的木材供给（约占全国产量的一半以上）。近年来，东北林区率先实施天然林保护工程和全面停止天然林商业性采伐政策，把提升森林质量、增强森林生态功能作为林业发展的首要任务，加强森林资源保护和合理利用，生态系统整体功能全面恢复和提升，基本建成了比较完备的森林生态体系和比较发达的林业产业体系。

1）中华人民共和国成立前的森林状况

历史上，东北林区森林茂密，森林覆盖率达 90%以上。公元 12 世纪时，森林覆盖率为 80%，到 18 世纪下降到 70%；大约在 120 年前，东北林区还被广袤的原始森林所覆盖（陈嵘，1983；李为等，2005；何凡能等，2007）。对东北森林的采伐和利用大致可以分为四个阶段。

（1）1818~1912 年，清朝末年和沙皇俄国统治东北时期。19 世纪初期，清朝政府开始对东北森林进行有组织的局部开发。咸丰时期，清政府迫于内忧外患的严峻形势，不得不实行移民实边，逐步开放东北森林（衣保中和叶依广，2004）。光绪四年（1878 年），清政府解除了对东北森林的封禁。1896 年，沙皇俄国通过修建"中东铁路"掠夺东北森林资源；1902 年，在通化组建伐木制材商团，成立"远东林业公司"，开始劫掠鸭绿江流域的森林资源。由于沙皇俄国的掠夺性采伐，中东铁路两侧 20~30 km 范围内的森林不久就被砍伐殆尽（东北物资调节委员会研究组，1948；李为等，2005）。

（2）1912~1930 年，民国政府和北洋军阀政府统治时期。北洋军阀政府颁布了"林政纲要""森林法"等法令，实施国有林的监理、保护、处分、造林等近代法规。但是，在军阀割据的局面下，东三省地方林政则划归各省实业厅兼管，难以实现林业的统一管理，私人林业经营日益发展，东北的木材贸易也日趋繁荣（衣保中和叶依广，2004）。该时期，东北林区的原始林遭到了严重破坏，短短 30 年间（1899~1929 年），大量原始林遭到砍伐，输入到丹东口岸的木材合计 2000 万 m³ 以上，消耗森林蓄积约 6000 亿 m³，且主要是红松和水曲柳等珍贵树种木材（张文涛和严耕，2010）。

（3）1931~1945 年，日本侵略东北时期。日俄战争后，东北南部成为日本的势力范围，在安东（今丹东）设立军用木材厂。1931 年"九一八"事变后，东北全境的森林资源被攫入日本人手中。日本侵占东北三省的 14 年间（1931~1945 年），以"拔大毛"的方式采伐林分中大径级、高价值的红松等，掠夺大小兴安岭及长白山林区的优质木材竟达上亿立方米，破坏森林面积竟达 600 万 hm²（文焕然和何业恒，1979）。在此 14 年中，东北林区森林面积减少 18%，蓄积量降低了 14.3%；到中华人民共和国成立时，东北东部林区以红松为主的天然林已变成质量低劣的天然次生林（王长富，1991）。

（4）1945~1949 年，解放初期。该时期以恢复林业为主，森林被收为国有，为木材有序生产奠定了基础。1947 年，随着东北的解放，东北人民政府首先根据《中国土地法大纲》关于"大森林归政府管理"的条款，设置了林业机构，宣布森林（包括林木、林地）均归国有（衣保中和叶依广，2004）。通过整顿、恢复，建立了统一管理的林业体制，在东北人民政府机关内下设林业部（后改为东北森工总局），从1948年开始着手林业恢复工作，生产了大量的枕木、电柱、军用木材等。1948～1949年，东北林区即为国家生产木材约600万 m^3，仅1949年森铁运送木材就达156万 m^3（朱士光，1992）。

2）中华人民共和国成立后的森林状况

中华人民共和国成立后，东北林区开始实行合理采伐，合理造材，降低伐根，利用梢头木。由于伐根从70 cm降低到20 cm以下，仅1949年、1950年两年内就为国家节约30余万立方米木材；梢头木利用率达10%，主要用作农具、烧炭、造纸原料等；造材率从1949年的55%提高到70%（1950年），累计为国家节约木材200万 m^3（辛业江，1987）。在采伐同时开展人工更新造林，在采伐区实行了留母树，保护幼树，清理场地，紧密结合抚育、更新等措施，不仅节约了大量森林资源，也给森林工业开辟了新的发展方向。中华人民共和国成立后，东北林区为全国的经济建设提供了大量的木材供应，而且主要是红松、云杉、冷杉和桦树等东北特有木材品种（袁运昌，1996）。1949年至今，东北林业经历大致分为三个时期。

（1）1950～1978年，中华人民共和国成立到改革开放。国家经济建设需要大量的木材，在东北林区设置了大量的木材生产机构，有计划地进行了大规模木材采伐。这期间采伐作业广泛采用机械化，并先后采用了径级择伐、皆伐、渐伐和采育择伐等主伐方式。实施《森林采伐更新规程》，将采育择伐、经营择伐、二次渐伐和小面积皆伐列为森林主伐的主要内容，提出了优先发展人工更新，人工促进天然更新、天然更新相结合的森林更新原则。东北林区在第一个五年计划期间共生产原木4893万 m^3，占全国1/2以上，生产锯材占全国森工系统的87%以上。1977年，仅黑龙江供应的木材量就占全国的1/2。该时期东北林区为国家生产木材超4.6亿 m^3，木材产量占全国总产量的60%以上，有力地支援了国家建设（刘壮飞等，1985；辛业江，1987；谭俊，1994）。

（2）1979～1998年，改革开放到天然林保护工程实施前，东北林区开始实施"以木材采伐限额计划为中心"的森林经营管理制度。但现实生产中并没有以森林经营方案为中心，森林经营方案中的合理采伐量与下达的木材生产指标有较大差距，导致过量采伐长期存在（袁运昌，1996；肖忠优和宋墩福，2009）。尽管我国天然林采伐一直奉行采伐量不大于生长量的原则，但实际上，在1998年之前，都没有得到严格执行。长白山林区蓄积量由3.04亿 m^3减少到1.19亿 m^3，下降了60.9%，长白山林区逐渐出现了"两危局面"（资源危困和经济危困）。期间，随着人们对红松更新和生态系统研究的深入，形成了以择伐和栽针保阔为核心的天然林更新技术体系（刘壮飞等，1985）。全国森林资源清查结果显示，从第2次清查（1977～1981年）到第3次清查（1984～1988年），东北林区成材林年均采伐1.0亿 m^3。而第4次清查（1989～1993年）与第3次清查相比，东北林区成材林年均采伐1.1亿 m^3。东北林区的成材

林越来越少，达到采伐标准和大径级的树木越来越少，森林质量逐渐下降（辛业江，
1987）。

（3）1998 年至今，天然林保护工程实施以来，东北林区转入以生态建设为主的林
业发展战略，大幅度调减木材采伐量，严格控制采伐限额，结束了长期超额采伐的局
面。天然林保护工程实施以后，长白山林区森林采伐量平均调减了 32%，部分林业局
甚至调减了 70%，促进了天然林的恢复（肖忠优和宋墩福，2009）。2015 年起东北林
区率先实施天然林停止商业性采伐政策，并加强了森林抚育，为提升森林质量、改善
森林生态服务功能奠定了良好的基础。实施天然林保护工程以后，国家对东北林区实
施了限额采伐，木材产量由实施天然林保护工程前的 1853.2 万 m^3 调减到 1101.7 万 m^3，
再到 2015 年重点国有林区全面停止商业性砍伐，标志着东北林区向森林过度索取时
代的终结。全面停伐意味着林区由木材生产转为生态修复和建设，生产职能转变为
资源管护、森林培育和自然保护区建设，林区经济从单纯开发木材资源向综合开发
非林木质资源转型升级（肖忠优和宋墩福，2009）。全面停止天然林商业性采伐后，
号称"中国林都"的伊春市森林覆盖率由五年前的 83.9%提高到 84.4%，林木蓄积量
由 2.64 亿 m^3 增加到 3.02 亿 m^3。内蒙古大兴安岭林区停伐以后，每年活立木蓄积增
长潜力在 1500 万~2000 万 m^3，新增的活立木蓄积可吸收 4000 万 t 二氧化碳，释放
3000 多万 t 氧气。

4.1.2　东北森林生态系统分布与区划

1. 东北森林的基本概况

东北地区（前述范围）是我国三大林区之一。根据省级行政区划，内蒙古森林
面积为 2510.26 万 hm^2，蓄积量为 14.66 亿 m^3，森林覆盖率 55.6%，森林面积和蓄积
分别占全国的 11.4%和 8.4%；黑龙江森林面积为 1990.50 万 hm^2，蓄积量 18.47 亿 m^3，
森林覆盖率 43.8%，森林面积和蓄积量分别占全国的 9.0%和 10.5%；吉林森林面积
784.87 万 hm^2，蓄积量为 10.13 亿 m^3，森林覆盖率 41.5%，森林面积和蓄积分别占全
国的 3.6%和 5.8%；辽宁森林面积为 571.83 万 hm^2，蓄积量为 2.97 亿 m^3，森林覆盖
率为 39.2%，森林面积和蓄积分别占全国的 2.6%和 1.7%（国家林业和草原局，2019）。

2. 东北森林的区域划分

依据东北地区总体的地形、地貌——山地、平原、高原、丘陵，结合气候（表 4-1）、
森林植被特征、地理分布规律、行政区域及社会经济状况，综合考虑林业经营及生态系统
管理实践，将东北地区划分为 4 个类型区（山地、平原、高原、丘陵）、6 个林区、12 个
亚林区（图 4-1）。

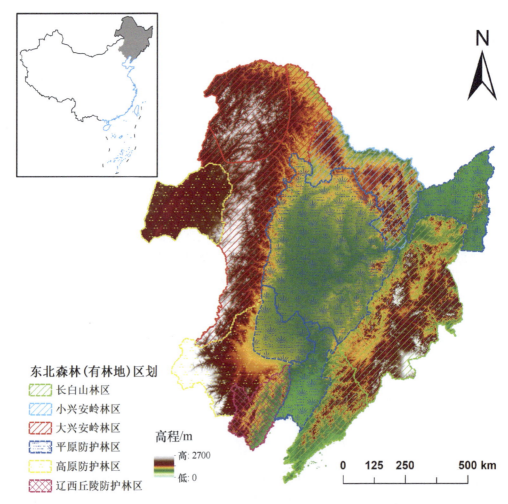

图 4-1　东北森林（有林地）区划空间分布

其中，山地类型区分为长白山林区（含辽东亚林区、长白山中北部亚林区）、小兴安岭林区（仅含小兴安岭亚林区）、大兴安岭林区（含大兴安岭北部亚林区、大兴安岭中南部亚林区）；平原类型区为平原防护林区（含上辽河平原防风固沙亚林区、下辽河平原农田防护亚林区、松嫩平原农田防护亚林区、三江平原农田防护亚林区）；高原类型区为高原防护林区（含呼伦贝尔防风固沙亚林区、科尔沁西部防风固沙亚林区）；丘陵类型区为辽西丘陵防护林区（含辽西丘陵水土保持亚林区）。

山地类型区森林是东北森林的主体，多为天然林，森林覆盖率高，分布在江河源头，提供重要的水源涵养、碳汇、土壤保持、生物多样性维持和木材战略储备等重要生态服务功能。平原类型区多为农田防护林，可改善农田小气候，保障农作物丰产、稳产，特别是保护东北黑土地的根本屏障。辽西和蒙东虽然森林面积相对较少，但该区生态脆弱，森林主要起到防风固沙和保持水土的作用，对区域生态安全至关重要。

表 4-1　东北森林（有林地）区划

地形/地貌类型	森林（有林地）分区（林区）	森林（有林地）亚区（亚林区）	分区编码
山地	长白山林区	长白山中北部亚林区	I-Aa
		辽东亚林区	I-Ab
	小兴安岭林区	小兴安岭亚林区	I-B
	大兴安岭林区	大兴安岭北部亚林区	I-Ca
		大兴安岭中南部亚林区	I-Cb
平原	平原防护林区	上辽河平原防风固沙亚林区	II-Aa
		下辽河平原农田防护亚林区	II-Ab
		松嫩平原农田防护亚林区	II-Ac
		三江平原农田防护亚林区	II-Ad
高原	高原防护林区	呼伦贝尔防风固沙亚林区	III-Aa
		科尔沁西部防风固沙亚林区	III-Ab
丘陵	辽西丘陵防护林区	辽西丘陵水土保持亚林区	IV-A

长白山林区（I-A），以长白山山脉的延伸区域为界，从东到西山脉依次为：完达山、老爷岭、长白山、龙岗山、张广才岭、哈达岭、大黑山等，面积约 25.29 万 km^2，长白山山脉南北跨越 8 个纬度，根据气候、森林特点与干扰程度的相同，以省界为界限，进一步分为长白山中北部亚林区（I-Aa）和辽东亚林区（I-Ab）。长白山中北部亚林区（18.82 万 km^2）森林分布集中且森林覆盖率极高，总体为次生林，部分区域仍保留原始阔叶红松林。辽东亚林区是长白山余脉的延伸部分（6.47 万 km^2），森林以次生林和人工林（落叶松）为主。

小兴安岭林区/亚林区（I-B）纵贯黑龙江中北部（9.87 万 km^2）。西北以嫩江为界与大兴安岭相连，东北至黑龙江岸，接大兴安岭支脉伊勒胡里山，东部接三江平原，东南抵松花江畔，与张广才岭相接，西南与松嫩平原毗连。小兴安岭林区的主要植被类型是以红松为主的温带阔叶红松混交林，但是由于长期人为干扰，大部分原始针阔混交林遭到破坏，形成了多种处于不同演替阶段的次生林。

大兴安岭林区（I-C）是我国最靠北、面积最大的寒温带林区（28.04 万 km^2），其北部、东北部以黑龙江和俄罗斯为界，西部与呼伦贝尔草原相连，东部与松嫩平原毗邻，向南呈舌状延伸到阿尔山一带。全区南北跨度大，以我国唯一寒温带为界限，可进一步分为大兴安岭北部亚林区（I-Ca）和大兴安岭中南部亚林区（I-Cb），面积分别为 10.40 万 km^2 和 17.64 万 km^2。大兴安岭林区的森林属于东西伯利亚北方明亮针叶林的一部分，以兴安落叶松天然林为主。

东北平原防护林区主要为平原区的农田防护林和西部的防风固沙林，局部低山丘陵地带分布少量次生林（总面积 40.40 万 km^2），该区包括四个亚区：上辽河平原防风固沙亚林区（II-Aa）、下辽河平原农田防护亚林区（II-Ab）、松嫩平原农田防护亚林区

（II-Ac）、三江平原农田防护亚林区（II-Ad）。

蒙东高原防护林区主要为呼伦贝尔防风固沙亚林区（III-Aa）和科尔沁西部防风固沙亚林区（III-Ab），面积分别为 7.44 万 km² 和 8.91 万 km²。呼伦贝尔防风固沙亚林区位于内蒙古东北部，地处大兴安岭以西的呼伦贝尔高原，呼伦贝尔沙地植被呈地带性变化趋势，由东到西依次为草甸草原—森林—草甸草原—草原。科尔沁西部防风固沙亚林区（III-Ab）位于科尔沁沙地东部，区域地带性植被是典型草原到森林草原的过渡类型-疏林草原，以人工林为主。

辽西丘陵水土保持林区/亚林区（IV-A）位于辽宁西部（4.18 万 km²），属华北植物区系和内蒙古植物温带草原栎林亚区的过渡地带，兼有两个区系的特征，地带性植被为油松阔叶混交林（曾光和田向华，2013）。本区开发历史较久，天然植被破坏严重，以人工森林植被为主（孔繁轼，2006）。

4.1.3 东北森林类型和特点

1. 长白山林区

长白山林区的地带性植被是以红松为建群种的温带针阔混交林—阔叶红松混交林。由于长期的人为干扰，现有森林多为皆伐后形成的山杨、白桦次生林和蒙古栎次生林，以及将红松、水曲柳、蒙古栎、春榆等伐除后形成的过伐林。长白山核心区（保护区）还保留呈垂直地带性分布的岳桦林、云冷杉林（暗针叶林）、落叶松林和长白松林。长白山林区珍贵树种红松、蒙古栎、水曲柳、春榆、紫椴等在林分中的比例在 80% 以上，一直是我国重要的商品材生产基地和生物多样性保护基地。

长白山中北部亚林区的特点。①重要的生物基因库。长白山森林具有丰富的生物多样性，长白山是欧亚大陆北半部最具有代表性的典型自然综合体，是世界少有的"物种基因库"和"天然博物馆"。②垂直分布明显。植被主要由落叶阔叶林、阔叶红松林、暗针叶林、岳桦林、高山苔原等组成，并呈现明显垂直分布规律，浓缩了从北温带到北极的植物景观，是地球上同纬度地区保存最为完好的森林生态系统。③提供重要生态服务功能和林产品。长白山中北部亚林区是松花江、图们江和鸭绿江等重要河流的源头，发挥着重要的水源涵养功能，为流域水资源安全提供了天然屏障；同时在生态系统产品供给方面，提供了大量的林副产品，如山野菜、中草药、野生食用菌、药用菌类等。

辽东亚林区是长白山余脉的延伸部分，经过近百年的人为与自然干扰，阔叶红松林顶级群落逆向演替形成次生林，部分次生林砍伐后形成以落叶松、红松等为主的人工林，因此该区森林区域特征为次生林和人工林镶嵌分布，主要特点为：①次生林稳定性差。目前大部分森林为次生林，与原始林相比，天然次生林稳定性差、生态服务功能下降。②林分结构复杂，建群种更新缓慢。次生林既有同龄单一树种构成的林型，如蒙古栎林，又有异龄复层林，如阔叶混交林；此外，建群种如红松天然更新困难。

2. 小兴安岭林区

小兴安岭林区仅仅包括一个亚林区，作为重要的用材林基地，具有不可替代的生态作用。由于过去高强度的采伐和不合理的经营管理，林区形成大量的次生林和少量的过熟林。次生林的主要类型包括：蒙古栎红松林、椴树红松林、枫桦红松林、云冷杉红松林、云冷杉林、山杨次生林、枫桦次生林、白桦落叶松林、白桦次生林、蒙古栎次生林、人工林、杂木林等。20 世纪中叶，通过"栽针保阔"等技术，形成了大面积的"人天混"针阔混交林。小兴安岭林区特点为：①森林覆盖率高，顶极群落蓄积量较高，但次生林森林质量较低。小兴安岭森林覆盖率高达 67.7%，活立木蓄积量达 74030.88 万 m^3。由于针阔混交林在不同时期已遭到大面积采伐和破坏，并由破坏程度、持续时间及环境条件等分异形成了大面积不同的演替系列的次生林，且次生林森林质量较低。②物种多样性较高，属于异龄复层混交林，垂直结构相对复杂。地带性植被是以红松为主的针阔混交林。植物种类组成丰富，超过 1500 种。植物组成较为复杂，林分结构也呈现了相应的特点，第一乔木层主要为红松，其他树种构成了第二、第三乔木层。林下植被较为繁杂，下木主要为较耐荫的毛榛子、山梅花、忍冬等，除此之外，还有一些较喜光的灌木，如疣枝卫矛、佛头花等。下木物种 20 余种，灌木层盖度可达 40%以上，草本层物种超过 40 种，草木层盖度 40%～50%。③红松的故乡。我国一半以上的红松都生长在此，有"红松故乡"的美称。该地区生长着许多珍贵林木，如红松、云杉、冷杉等，对我国的生态平衡维持起着重要作用。

3. 大兴安岭林区

大兴安岭的森林属于东西伯利亚北方明亮针叶林的一部分，北部分布着寒温带针叶林。在典型地段，林下发育着以越橘和杜香为代表的灌木层。在大兴安岭的东缘，海拔较低的地方，除了兴安落叶松林外，还混有一些属于东北植物区系成分的阔叶树种，如蒙古栎、黑桦，甚至还有东北阔叶红松林中的常见树种，如紫椴、水曲柳和黄檗等。大兴安岭林区的森林可分为两大类：针叶林和阔叶林。主要包括：兴安落叶松林、偃松矮曲林、红皮云杉林、白桦林、岳桦林、黑桦林、蒙古栎林、山杨林、甜杨林、钻天柳林等，主要分布在大兴安岭的三个垂直带，即亚高山矮曲林带、山地寒温性针叶疏林带和山地寒温性针叶林带（上、中、下部三个带）。其中，以兴安落叶松林分布最广，多为兴安落叶松林过伐林；偃松林主要分布在亚高山矮曲林带，花楸兴安落叶松林、岳桦兴安落叶松林、红皮云杉兴安落叶松林等主要分布在寒温性针叶疏林带，山地寒温性针叶林带上部主要为塔藓兴安落叶松林、毛梳藓和树藓兴安落叶松林；中部以白桦兴安落叶松林、兴安杜鹃兴安落叶松林、狭叶杜香兴安落叶松林等为主；下部仍以兴安落叶松占优势，常混生蒙古栎、黑桦、山杨、紫椴、水曲柳、黄檗等。

大兴安岭北部亚林区：以西伯利亚植物区系为主。大部分为过伐林，有部分原始林，多为杜香-落叶松林型与藓类-落叶松林型，少有胡枝子平榛-落叶松林型。立地质量较低（多Ⅳ、Ⅴ地位级），多中龄林、近熟林，森林蓄积量较高（平均 100 m³/hm²以上），植物多样性较低，落叶松林比例较大（70%以上），杨桦栎林比例较小（30%以下）。伊勒呼里山北坡西北部属中山台地，降水量 400 mm 左右，主要是兴安落叶松林、樟子松林；北坡东北部低山丘陵，棕色针叶林土，有兴安落叶松林、樟子松林、蒙古栎林、白桦林；北部东坡地处伊勒呼里山南坡，中山山地，棕色针叶林土，兴安落叶松林为主，北部西坡地势平缓，中山山地，棕色针叶林土，以落叶松林为主，混生白桦。

大兴安岭中南部亚林区：以达乌里植物区系为主。全部为多世代次生林，少杜香-落叶松林型与藓类-落叶松林型，有胡枝子平榛-落叶松林型。立地质量较高（多Ⅱ、Ⅲ地位级），多幼龄林、中龄林，森林蓄积量较低（平均 100 m³/hm² 以下），植物多样性较高，落叶松林比例较小（30%以下），杨桦栎林比例较大（70%以上）。西坡临近内蒙古高原，灰色森林土，降水量 400 mm 左右，主要有白桦林、山杨林；东坡地势渐缓，接壤嫩江平原，暗棕壤，降水量 500 mm 左右，有落叶松林、白桦林、黑桦林、蒙古栎林；南端洮儿河、柴河一带低山丘陵，灰色森林土，降水量 400 mm 左右，主要为白桦、黑桦、蒙古栎等次生林。

4. 平原防护林区

东北平原防护林作为三北防护林体系的重要组成部分，在调节农田小气候、保证农作物产量等方面发挥重要作用。自 20 世纪 70 年代末开始，林木开始进入东北平原，把多层次的防护林与林粮间作有机地相结合，在农区形成一个"空间上有层次""时间上有序"的农林复合生态经营系统。进入 21 世纪以来，东北农田防护林在已成为农田生态系统生态屏障的同时，进入了衰退期，部分防护功能日趋下降。

东北平原的下辽河平原、松嫩平原、三江平原均为以杨树主的农田防护林，本节统称为农田防护林亚区，其特点主要包括：①树种单一。1978 年国家实施三北防护林工程时，为尽快建立起防护林体系，尽早发挥防护效益，大多选择速生的杨树为造林树种，农田防护林几乎为清一色的"杨家将"，且大多是速生杨纯林，缺少树种的层次配置，群体结构简单。②林带规划显著。针对农田的自然灾害不同，东北平原区农田防护林主要是防治风沙和风害。风沙区主要包括嫩江流域、松辽流域和西辽河流域等，林带结构应采用疏透结构，边行栽植灌木；林带的透风系数保持在 0.5 左右，或疏透度保持在 0.2~0.25；主带宽为 10~20 m，7~13 行；带间距离为树高的 15~22 倍。风害区主要集中于三江平原，林带疏透度为 0.25~0.30，主带宽 8~15 m，5~10 行；副带宽 6~9 m，3~6 行；带间距离为树高的 20~30 倍。

上辽河平原防风固沙亚林区主要位于科尔沁沙地，该区是蒙古植物区系、长白植物区系和华北植物区系的交汇地，分布最广、种类最多的是蒙古植物区系的植物（姜凤岐等，2002）。由于地理、气候和人为活动的影响，科尔沁沙地现有的天然林植被目前只存在一些特殊地段，如位于科尔沁沙地南部科尔沁左翼后旗境内的大青沟地区（姜凤岐等，2002）。人工森林植被类型在科尔沁沙地广泛分布，主要有杨树、樟子松、油松、榆树、山杏等人工林，具有防风固沙、改善环境等生态服务功能，是我国北方防沙带的主要组成部分，对于构筑我国北方生态屏障至关重要。该区以人工营造的固沙林为主。其主要特点如下：①树种单一、结构简单、生物多样性低。目前，该区大部分是单一树种的杨树、樟子松、油松纯林，且栽植密度偏大，林下植被发育差，盖度低，植物稀少，很难形成乔、灌、草多层次的群落结构，林分结构单一，抵御灾害能力弱。②地力衰退严重、质量低下、稳定性差。该区人工纯林树种组成简单、生物生态学特性单一、对物质吸收利用的选择性和对环境效应的特殊性，导致土壤出现退化，严重影响着固沙林稳定性。

5. 高原防护林区

呼伦贝尔防风固沙亚林区森林植被类型主要是寒温带针叶林、温带混交林和夏绿阔叶林（李忠良等，2015）；主要针叶树种有兴安落叶松、樟子松、油松等；主要阔叶树种有白桦、山杨、兴安杨、蒙古栎等。另外，该区是沙地樟子松天然林的主要分布区，集中分布在呼伦贝尔高原东部、海拉尔河中游及支流伊敏河、辉河流域和哈拉哈河上游一带的固定沙丘上，形成长约 200 km、宽 14～20 km 的沙地樟子松林带（赵兴梁和李万英，1963；朱教君等，2005）。呼伦贝尔防风固沙亚林区是由森林、草地、湿地等有机组合形成的复合生态系统，是我国北方重要的生态屏障，为许多珍稀的野生动物种群提供了良好的栖息环境，在我国生物多样性保护中具有重要的价值。其主要特点如下：①植物多样性较高。在沙地樟子松分布核心区的红花尔基，樟子松天然林内共有植物 74 科、302 属、682 种；其中，木本植物 49 种，常见药用植物 100 余种，约占大兴安岭药用植物种数的 40%；食用浆果类、坚果类有 10 余种。该地区有国家级二级珍贵树种樟子松，国家三级保护植物黄芩、猪苓、龙胆、防风，以及内蒙古重点保护野生药材芍药、白鲜等（张万成等，2007）。②异龄复层林。由于樟子松具有较高的天然更新能力，林内有大量更新苗木存在，从而形成不同年龄樟子松共存的异龄复层林（赵兴梁和李万英，1963）。③垂直结构相对复杂。樟子松天然林垂直结构明显（赵兴梁和李万英，1963；朱教君等，2005）。乔木层以樟子松单优势种，间生或混生少量阔叶树种蒙古栎、山杨、黑桦和白桦和针叶树种兴安落叶松，但是这些树种一般生长不良，多构成第 2 冠层。灌木层主要有刺玫蔷薇、稠李、山荆子、楔叶茶藨、海拉尔绣线菊等。在林下或林缘处常见的草本层植物主要有东北拂子茅、冰草、糙隐子草、宿根早熟禾等（朱教君等，2005）。

科尔沁西部防风固沙亚林区的特点包括：①树种单一、结构简单、生物多样性低。目前，该区域的大部分人工林是单一树种的杨树、樟子松、油松、云杉、落叶松纯林，林下植被发育差，植物稀少，很难形成乔灌草多层的群落结构，抵御灾害能力弱（欧阳君祥，2015）。②地力衰退严重、质量低下、稳定性差。该区人工纯林树种组成简单、生物生态学特性单一，导致土壤退化，严重影响着固沙林稳定性（郭宇航等，2011）。

6. 辽西丘陵防护林区

辽西丘陵防护林区（即辽西丘陵水土保持亚林区）属华北植物区系和内蒙古植物温带草原区栎林亚区的过渡地带，兼有两个区系的特征（曾光和田向华，2013），原生森林植被已很少有成片存在，只有少量岛状分布的次生林。主要类型有油松林、刺槐林、蒙古栎林、油松-蒙古栎混交林、阔叶混交林、侧柏疏林等（孔繁轼，2006）。由于地处丘陵地带，雨量偏少，区域总体的植被覆盖较差。辽西丘陵水土保持亚林区特点如下：①林分结构简单、生物多样性低，多以纯林为主，其中针叶林主要以油松为主，且90%以上为纯林。树种组成单一，林分结构简单，生物多样性降低，导致原本就非常脆弱的生态系统更加脆弱，使其生态效益难以得到正常发挥。②林木抗性弱，森林病虫害严重。大面积的油松纯林，同质性强，异质性差，加之林内地被植物稀少，松毛虫病虫害日趋严重。③地力衰退，林分生产力下降。由于辽西地区水土流失严重，土壤向倒退发育方向演变，林地土壤瘠薄，土壤化学性质指标随油松连栽次数的增加而降低。加之土壤板结，结构不良，土壤有机质仅为10%左右，致使林分生长量和生产力下降。

4.2　东北森林生态系统质量状况及其影响因素

森林生态系统质量是森林生态系统服务功能发挥的基础，是保障区域生态安全、可持续发展和提升人类福祉的关键所在；森林生态系统质量影响森林生态系统固碳释氧、涵养水源、调节气候、保持水土等各个功能发挥。国家实施天然林保护工程、退耕还林工程和三北防护林工程等重大林业生态工程后，森林生态系统质量有所改善，森林生态系统功能得到了恢复。随着经济社会的发展，国家对森林生态系统的功能，尤其对森林碳汇功能有了更大的需求。目前，森林质量状况到底采用哪些指标进行评估、如何评估等，既没有准确可靠的数据支撑，又缺乏完善的方法体系；这与国家"碳中和"等生态文明-美丽中国建设战略需求仍有较大差距。东北林区（森林面积和蓄积约占全国森林的1/3，土壤碳储量约为全国森林土壤的2/3）在国家"两屏三带"生态安全战略格局中发挥重要的作用，且对气候变化较敏感，准确评估其质量状况对森林可持续管理具有重要意义。

生态系统质量是指在特定的时间和空间范围内生态系统的总体或部分组分的状态，具体表现为生态系统发挥生产与生态功能的能力、抗干扰的能力、对人类生存与社会发展的承载能力等方面（陈强等，2015；肖洋等，2016；何念鹏等，2020）。然而，表征森林生态系统质量的指标众多，在不同尺度也不尽相同。个体水平的指标包括：单木树高、最大胸径、单木最大材积、生长量等（赵惠勋等，2000）；林分尺度的指标则包括：树种组成比例、平均胸径、平均树高、密度、蓄积量、生长量等（党普兴等，2008）。但森林覆盖率可表征区域尺度森林的基本特征，森林蓄积可直接表征区域森林生态系统的现实生产力和植被碳储量；森林覆盖率、净初级生产力、叶面积指数等可在一定程度表征森林生态系统的绿色生物量及光合活力与碳汇能力，也是表征森林质量的重要指标（肖风劲等，2004）。基于此，本节基于遥感影像数据和遥感模型，并结合森林资源清查数据和已发表的文献数据，对东北森林生态系统质量进行评估，首先总体分析东北森林的面积、覆盖率和蓄积；其次，利用遥感数据分析不同林区的森林覆盖率、净初级生产力、叶面积指数的时空变化；最后，评估主要生态工程对东北森林的蓄积量、森林覆盖率、净初级生产力、叶面积指数的影响。

4.2.1　东北森林生态系统质量状况

1. 森林面积

据第九次全国森林清查数据，东北林区（辽、吉、黑、内蒙古东四市/盟，总面积约 124 万 km^2）共有森林 5857 万 hm^2，占全国森林总面积的 27%；其中，天然林面积 4547 万 hm^2，人工林面积 1310 万 hm^2（国家林业和草原局，2019）。东北林区森林覆盖率为 47.19%，明显高于全国的森林覆盖率（22.96%）。

20 世纪 90 年代，由于退耕还林、速生丰产林工程等重大生态工程建设，东北林区的森林面积增加较快，1995～2000 年东北森林面积增加幅度达到 14.62%，1995～2000 年，2000～2005 年森林面积增加幅度也分别达到 8.52% 和 9.67%，其他各统计年之间的增加率在 2.21%～4.12%（图 4-2）。

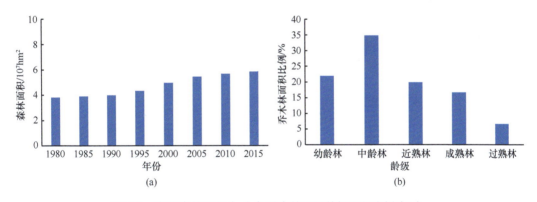

图 4-2　东北森林面积（a）与乔木林不同龄级面积比例（b）

东北林区乔木林面积 4870 万 hm^2，其中中龄林所占比例最大（34.84%），其次是幼龄林（21.93%）、近熟林（19.92%）、成熟林（16.68%），过熟林所占比例最小（6.62%）。

2. 森林蓄积

东北森林蓄积量达 46 亿 m^3（2019 年，第九次全国清查数据），占全国木材总蓄积量的 26%（国家林业和草原局，2019），天然林蓄积为 40.54 亿 m^3（87.69%），人工林的蓄积为 5.69 亿 m^3（12.31%）。并且以中龄林蓄积量所占比例最大（33.69%），其次是近熟林（25.21%）、成熟林（23.46%），幼龄林与过熟林所占比例较小（8.38%、9.27%）（图 4-3）。

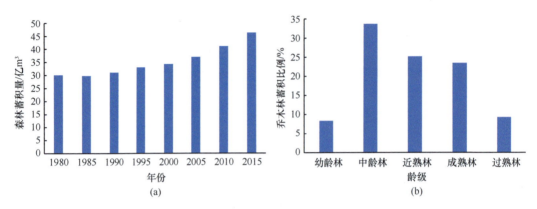

图 4-3　东北森林蓄积量（a）和乔木林不同龄级蓄积比例（b）

东北森林蓄积量表现为随时间逐渐增加的趋势，尤以 2010～2015 年森林蓄积量增加幅度最大（12.51%），其次是 2005～2010 年（增加 11.14%），2000～2005 年（增加 7.99%）。可见期间实施的天然林保护、退耕还林等重大生态工程发挥了重要作用，显著提高了东北森林的总蓄积量。

东北森林蓄积量仍然具有较大的提升空间。若以原始林的最大蓄积量为基准，长白山、小兴安岭的森林蓄积量具有很大的提升空间。例如，长白山地带性顶极群落——阔叶红松林的最大蓄积量为 375 m^3/hm^2（吴志军等，2015）、小兴安岭阔叶红松林的最大蓄积量为 552 m^3/hm^2（李俊清等，2003）、大兴安岭兴安落叶松林为 217 m^3/hm^2（孙玉军等，2007）。综上，东北森林蓄积量仍有较大的提升空间和潜力。

3. 森林覆盖率、净初级生产力和叶面积指数

东北森林质量（森林覆盖率、净初级生产力和叶面积指数）总体呈现自东向西递减的趋势。长白山中北部亚林区和小兴安岭亚林区的森林质量较高，大兴安岭北部亚林区和大兴安岭中南部亚林区次之，质量较低区域主要位于辽西丘陵水土保持亚林区、呼伦贝尔防风固沙亚林区和科尔沁西部防风固沙亚林区及平原防护林区。

（1）森林覆盖率：2000～2015 年东北地区森林覆盖率总体呈上升趋势，从 2000 年 0.85 增加到 2015 年的 0.90，增幅 6.19%。其中，森林覆盖率上升的面积为 5578.89 万 hm^2（基于象元水平统计，下同），占比为 95.25%；森林覆盖率下降的区域为 278.11 万 hm^2，占比为 4.75%。从分区上看（表 4-2），2000～2015 年森林覆盖率均处于增加趋势，增幅较大的分区依次为上辽河平原防风固沙亚林区（23.06%）、科尔沁西部防风固沙亚林区（19.74%）、辽西丘陵水土保持亚林区（18.16%）；增幅较小的区域依次为长白山中北部亚林区（4.54%）、三江平原农田防护亚林区（4.72%）和大兴安岭北部亚林区（4.95%）。

表 4-2　东北森林质量变化

地形/地貌类型	森林（有林地）亚区（亚林区）	覆盖率			净初级生产力			叶面积指数		
		2000 年	2015 年	增幅/%	2000 年 /[g C/ (m²·a)]	2015 年 /[g C/ (m²·a)]	增幅/%	2000 年	2015 年	增幅/%
山地	长白山中北部亚林区	0.90	0.94	4.54	383.23	450.15	17.46	5.62	5.86	4.28
	辽东亚林区	0.85	0.91	7.35	391.19	489.29	25.08	4.41	4.99	12.93
	小兴安岭亚林区	0.88	0.93	5.23	336.00	422.91	25.86	5.88	6.05	2.91
	大兴安岭北部亚林区	0.86	0.91	4.95	304.07	367.91	21.00	5.46	5.64	3.13
	大兴安岭中南部亚林区	0.85	0.90	6.35	251.03	353.84	40.95	5.14	5.40	4.97
平原	上辽河平原防风固沙亚林区	0.53	0.65	23.06	202.75	271.88	34.09	1.24	1.85	48.76
	下辽河平原农田防护亚林区	0.74	0.83	11.99	288.98	356.93	23.51	2.37	3.24	37.08
	松嫩平原农田防护亚林区	0.83	0.89	8.13	270.53	356.51	31.78	4.46	4.98	11.60
	三江平原农田防护亚林区	0.89	0.93	4.72	413.71	490.54	18.57	5.38	5.62	4.54
高原	呼伦贝尔防风固沙亚林区	0.80	0.87	9.12	245.71	348.52	41.84	4.36	4.64	6.43
	科尔沁西部防风固沙亚林区	0.59	0.71	19.74	194.23	259.83	33.77	1.73	2.37	36.70
丘陵	辽西丘陵水土保持亚林区	0.68	0.80	18.16	272.60	361.83	32.73	1.91	2.78	45.52
	东北全区合计	0.85	0.90	6.19	315.49	396.50	25.68	5.08	5.40	6.42

（2）净初级生产力：2000～2015 年东北地区森林净初级生产力总体呈上升趋势，从 2000 年 315.49 g C/（m²·a）增加到 2015 年的 396.50 g C/（m²·a），增幅 25.68%。其中，净初级生产力上升的面积为 5655.01 万 hm²，占比为 96.55%；NPP 下降的区域为 201.99 万 hm²，占比为 3.45%。从分区上看（表 4-2），2000～2015 年东北地区净初级生产力均处于增加趋势，增幅较大的分区依次为呼伦贝尔防风固沙亚林区（41.84%）、大兴安岭中南部亚林区（40.95%）、上辽河平原防风固沙亚林区（34.09%）、科尔沁西部防风固沙亚林区（33.77%）和辽西丘陵水土保持亚林区（32.73%）；增幅较小的区域依次为长白山中北部亚林区（17.46%）、三江平原农田防护亚林区（18.57%）和大兴安岭北部亚林区（21.00%）。

2000～2015 年东北地区不同森林类型的净初级生产力存在差异，其中，针阔混交林的净初级生产力最高达 401.2 g C/（m²·a），落叶阔叶林的净初级生产力为 354.2 g C/（m²·a），而针叶林为最低（333.3 g C/（m²·a））。东北森林生态系统净初级生产力在空间格局上呈现出东南高、西北低的分布特点。东部的长白山地区森林净初级生产力最高在 500 g C/（m²·a）以上，小兴安岭的东北部地区的森林净初级生产力多在 300～500 g C/（m²·a），大兴安岭的北部地区森林净初级生产力在 300～400 g C/（m²·a），大兴安岭南部地区的森林净初级生产力普遍较低，多在 300 g C/（m²·a）以下（陈智，2019）。

（3）叶面积指数：2000～2015 年东北地区森林叶面积指数总体呈上升趋势，从 2000 年 5.08 增加到 2015 年的 5.40，增幅 6.42%。其中，叶面积指数上升的面积为 3534.06 万 hm²，占比为 60.34%；叶面积指数下降的区域为 2322.93 万 hm²，占比为 39.66%。从分区上看（表 4-2），2000～2015 年东北地区叶面积指数均处于增加趋势，增幅较大的分区依次为上辽河平原防风固沙亚林区（48.76%）、辽西丘陵水土保持亚林区（45.52%）、下辽河平原农田防护亚林区（37.08%）、科尔沁西部防风固沙亚林区（36.70%）；增幅较小的区域依次为小兴安岭亚林区（2.91%）、大兴安岭北部亚林区（3.13%）、长白山中北部亚林区（4.28%）、三江平原农田防护亚林区（4.54%）。

综上所述，东北林区的森林单位面积蓄积量（96.84 m^3/hm^2）略高于全国平均水平（94.83 m^3/hm^2）。从年际变化上看，东北林区的森林质量总体呈上升趋势，但不同区域的趋势有所不同。其中，科尔沁西部防风固沙亚林区、辽西丘陵水土保持亚林区、上辽河平原防风固沙亚林区的主要质量评价指标均呈现较大幅度增加，表明东北的西南地区森林质量显著提高；而长白山中北部亚林区、小兴安岭亚林区、大兴安岭北部亚林区、三江平原农田防护亚林区质量指标增幅较小。总体来看，东北林区西南部地区的森林恢复程度优于主要山地林区。

4.2.2　天然林保护工程对东北森林生态系统质量的影响

1. 天然林保护工程区森林面积

东北天然林保护工程区的有林地面积从 2000 年实施天然林资源保护初期的 2673.42 万 hm^2 增加到 2015 年的 2788.72 万 hm^2，总面积增加 115.30 万 hm^2（黄龙生等，2017），其中幼龄林、成熟林、过熟林面积呈下降趋势，依次分别减少了 233.04 万 hm^2、108.65 万 hm^2 和 11.20 万 hm^2，而中龄林和近熟林面积呈增加趋势，依次分别增加 279.54 万 hm^2、188.75 万 hm^2，按照各龄级面积分布来看，东北天然林保护工程区的森林以中幼林为主，其中 1998 年中幼林占 71.4%，2015 年中幼林面积占了 70.1%。

2. 天然林保护工程区森林质量

（1）蓄积量。东北天然林保护工程区的森林蓄积量在 2000～2015 年呈现上升趋势，森林蓄积量从 18.96 亿 m^3 增长到 23.30 亿 m^3。其中，幼龄林、成熟林和过熟林的蓄积量减少了 0.78 亿 m^3、0.97 亿 m^3 和 0.27 亿 m^3，而中龄林和近熟林的蓄积增加了 4.20 亿 m^3 和 1.34 亿 m^3（图 4-4）。森林总蓄积量和总面积均有所增加，但是单位面积的蓄积量尚较低。东北天然林保护工程区单位面积蓄积量呈现出微弱的增加趋势从 2000 年的 74.66 m^3/hm^2 增加到 2015 年的 83.55 m^3/hm^2。（图 4-5）。

（2）植被覆盖率。2000～2015 年天然林保护工程区森林覆盖率总体呈上升趋势，从 2000 年 0.88 增加到 2015 年的 0.92，增幅 5.02%。其中，森林覆盖率上升的面积为 2538.70 万 hm^2（基于象元水平统计，下同），占比为 95.00%；森林覆盖率下降的区域为 134.72 万 hm^2，占比为 5.04%。从分区上看（表 4-3），2000～2015 年区森林覆盖率均处于增加趋势，增幅较大的分区依次为呼伦贝尔防风固沙亚林区（8.80%）、大兴安岭中南部亚林区（5.91%）、松嫩平原农田防护亚林区（5.64%）；长白山中北部亚林区（4.22%）和三江平原农田防护亚林区（4.22%）增幅较小。

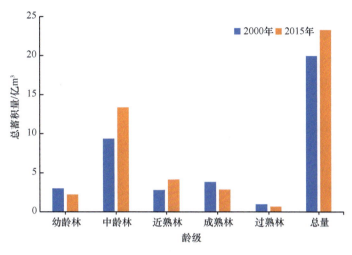

图 4-4　天保工程对森林总蓄积量的影响

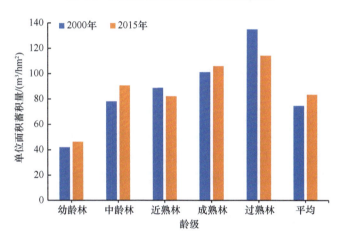

图 4-5　天保工程对单位面积森林蓄积量的影响

表 4-3　东北地区天然林保护工程对东北森林质量的影响

地形/地貌类型	森林（有林地）亚区（亚林区）	覆盖率			净初级生产力			叶面积指数		
		2000 年	2015 年	增幅/%	2000 年/[g C/(m²·a)]	2015 年/[g C/(m²·a)]	增幅/%	2000 年	2015 年	增幅/%
山地	长白山中北部亚林区	0.90	0.94	4.22	383.35	449.17	17.17	5.77	5.98	3.51
	小兴安岭亚林区	0.90	0.94	4.98	345.16	438.68	27.09	5.99	6.16	2.86
	大兴安岭北部亚林区	0.86	0.91	4.95	303.80	367.78	21.06	5.46	5.64	3.32
	大兴安岭中南部亚林区	0.86	0.91	5.91	256.02	357.60	39.68	5.37	5.58	3.97
平原	松嫩平原农田防护亚林区	0.88	0.93	5.64	264.30	366.63	38.72	5.55	5.80	4.46
	三江平原农田防护亚林区	0.89	0.93	4.22	412.42	497.57	20.65	5.40	5.64	4.47
高原	呼伦贝尔防风固沙亚林区	0.79	0.86	8.80	262.45	369.36	40.73	4.14	4.31	4.11
	东北全区合计	0.88	0.92	5.02	314.14	393.91	25.39	5.58	5.77	3.41

（3）净初级生产力。2000～2015 年天然林保护工程区森林净初级生产力总体呈上升趋势，从 2000 年 314.14 g C/（m²·a）增加到 2015 年的 393.91 g C/（m²·a），增幅 25.39%。其中，净初级生产力上升的面积为 2557.31 万 hm²，占比为 95.66%；净初级生产力下降的区域为 116.11 万 hm²，占比为 4.34%。从分区上看（表 4-3），2000～2015 年净初级生产力均处于增加趋势，增幅较大的分区依次为呼伦贝尔防风固沙亚林区（40.73%）、大兴安岭中南部亚林区（39.68%）、松嫩平原农田防护亚林区（38.72%）；长白山中北部亚林区（17.17%）、三江平原农田防护亚林区增幅（20.26%）和大兴安岭北部亚林区（21.06%）较小。

（4）叶面积指数：2000～2015 年天然林保护工程区森林叶面积指数总体呈上升趋势，从 2000 年 5.58 增加到 2015 年 5.77，增幅 3.41%。其中，叶面积指数上升的面积为 1529.31 万 hm²，占比为 57.20%；叶面积指数下降的面积为 1144.11 万 hm²，占比为 42.80%。从分区上看（表 4-3），2000～2015 年叶面积指数均处于增加趋势，增幅较大的分区依次为三江平原农田防护亚林区（4.47%）、松嫩平原农田防护亚林区（4.46%）、呼伦贝尔防风固沙亚林区（4.11%）；小兴安岭亚林区（2.86%）和大兴安岭北部亚林区（3.32%）增幅较小。

（5）碳储量和碳密度：东北森林植被总碳储量为 1547.24 TgC，地区间差异较大，黑龙江最高，其次是内蒙古，吉林最小，森林面积在其中起着重要的作用；森林植被碳密度以吉林最高，达 50.72 mg/hm²，东北森林植被的平均碳密度仅为 35.81 mg/hm²。而东北天然林保护工程区森林植被总碳储量为 1045.05 TgC，占森林植被总碳储量的 67.54%；其中天然林作为工程区森林植被的主要组成部分（1010.75 TgC），占工程区总植被碳储量的 96.72%。东北天然林保护工程区森林植被平均碳密度为 40.99 mg/hm²，较森林植被平均碳密度高 14%；且工程区天然林平均植被碳密度大于人工林，分别为 41.64 mg/hm² 和 28.02 mg/hm²。从林龄结构上看，工程区森林植被碳储量以中龄林、近熟林和成熟林为主，三者共占东北天然林保护工程区森林植被总碳储量的 83%，而幼龄林仅占 8%，这与幼龄林较差的林分质量有关（魏亚伟等，2014）。东北森林中幼龄林面积较大，东北天然林保护工程区森林面积以中龄林和幼龄林为主，分别占工程区森林总面积的 43% 和 20%，因此，通过森林质量提升手段，东北森林仍然有较大的固碳潜力和森林碳汇空间。

4.2.3 东北退耕还林工程区森林面积和质量

1. 退耕还林工程区森林面积

根据东北退耕还林评估报告，2000～2015 年，东北地区共完成退耕还林面积 114.42 万 hm²。其中山地区退耕还林总面积为 72.30 万 hm²，占东北退耕还林总面积的 63.19%；平原区退耕还林总面积为 29.31 万 hm²，占东北退耕还林总面积的 25.62%；高原区退耕还林总面积为 9.33 万 hm²，占东北退耕还林总面积的 8.15%；丘陵区退耕还林总面积为

3.48 万 hm^2，占东北退耕还林总面积的 3.04%（表 4-4）。从亚区上看，退耕还林面积最大的三个亚区分别为长白山中北部亚林区（37.02 万 hm^2）、大兴安岭中南部亚林区（23.09 万 hm^2）、松嫩平原农田防护亚林区（18.14 万 hm^2）；退耕还林面积最小的三个亚区分别为呼伦贝尔防风固沙亚林区（0.73 万 hm^2）、上辽河平原防风固沙亚林区（1.89 万 hm^2）和小兴安岭亚林区（2.04 万 hm^2）。

表 4-4　东北地区退耕还林的面积和各分区占比[*]

地形/地貌类型	森林（有林地）亚区（亚林区）	面积/万 hm^2	区域占比[**]/%
山地	长白山中北部亚林区	37.02	1.97
	辽东亚林区	6.29	0.97
	小兴安岭亚林区	2.04	0.21
	大兴安岭北部亚林区	3.86	0.37
	大兴安岭中南部亚林区	23.09	1.31
平原	上辽河平原防风固沙亚林区	1.89	0.44
	下辽河平原农田防护亚林区	4.99	1.07
	松嫩平原农田防护亚林区	18.14	0.72
	三江平原农田防护亚林区	4.29	0.67
高原	呼伦贝尔防风固沙亚林区	0.73	0.10
	科尔沁西部防风固沙亚林区	8.60	0.97
丘陵	辽西丘陵水土保持亚林区	3.48	0.83
	合计	114.42	100

[*]数据整理自《东北退耕还林评估报告（2020 年）》；[**]实际发生退耕还林区域在其分区的面积占比。

从退耕还林工程的强度（退耕还林面积的分区占比）上看，长白山中北部亚林区的强度最高，占所在分区的 1.97%，其次为大兴安岭中南部亚林区（1.31%）、下辽河平原农田防护亚林区（1.07%）；呼伦贝尔防风固沙亚林区的退耕还林工程强度最低（0.10%），其次为小兴安岭亚林区（0.21%）和大兴安岭北部亚林区（0.37%）。

2. 退耕还林工程区森林质量

（1）增加蓄积量。2000～2015 年退耕还林（退耕地造林）增加蓄积量 3724.5 万 m^3，其中，常绿针叶林增加蓄积量 52.0 万 m^3，落叶针叶林增加蓄积量 96.3 万 m^3，阔叶林增加蓄积量 3409.0 万 m^3，针阔混交林增加蓄积量 167.2 万 m^3。

（2）植被覆盖率。2000～2015 年退耕还林工程实际发生区森林覆盖率总体呈上升趋势，从 2000 年 0.77 增加到 2015 年的 0.85，增幅 9.19%。其中，森林覆盖率上升的面积为 93.56 万 hm^2（基于象元水平统计，下同），占比为 81.77%；森林覆盖率下降的区域为 20.86 万 hm^2，占比为 18.23%。从分区上看（表 4-5），2000～2015 年退耕还林工程区森林覆盖率均处于增加趋势，增幅较大的分区依次为上辽河平原防风固沙亚林区（23.43%）、科尔沁西部防风固沙亚林区（16.53%）、辽西丘陵水土保持亚林区（15.77%）、松嫩平原农田防护亚林区（13.60%）和呼伦贝尔防风固沙亚林区（12.08%）；增幅较小的区域为辽东亚林区（5.70%）、长白山中北部亚林区（6.00%）、三江平原农田防护亚林区（6.26%）。

表 4-5　东北地区退耕还林工程对森林质量的影响

地形/地貌类型	森林（有林地）亚区（亚林区）	覆盖率			净初级生产力			叶面积指数		
		2000年	2015年	增幅/%	2000年/[g C/(m²·a)]	2015年/[g C/(m²·a)]	增幅/%	2000年	2015年	增幅/%
山地	长白山中北部亚林区	0.85	0.90	6.00	381.93	436.92	14.40	4.53	4.95	9.11
	辽东亚林区	0.82	0.86	5.70	389.50	465.20	19.44	3.51	4.23	20.48
	小兴安岭亚林区	0.83	0.89	6.81	318.86	383.02	20.12	5.18	5.40	4.31
	大兴安岭北部亚林区	0.83	0.90	7.98	341.43	379.49	11.15	5.13	5.70	11.15
	大兴安岭中南部亚林区	0.77	0.85	10.66	246.35	324.62	31.77	3.50	4.22	20.51
平原	上辽河平原防风固沙亚林区	0.53	0.66	23.43	206.08	278.05	34.92	1.37	1.96	43.54
	下辽河平原农田防护亚林区	0.72	0.80	10.99	281.78	351.08	24.59	2.20	2.91	32.03
	松嫩平原农田防护亚林区	0.73	0.83	13.60	280.44	335.94	19.79	2.72	3.60	32.14
	三江平原农田防护亚林区	0.84	0.89	6.26	387.93	422.67	8.95	4.33	4.70	8.61
高原	呼伦贝尔防风固沙亚林区	0.74	0.83	12.08	248.59	342.66	37.84	3.59	3.77	5.14
	科尔沁西部防风固沙亚林区	0.54	0.63	16.53	184.42	243.31	31.93	1.40	1.86	33.30
丘陵	辽西丘陵水土保持亚林区	0.63	0.73	15.77	243.19	315.80	29.86	1.61	2.32	43.65
	东北全区合计	0.77	0.85	9.19	308.96	370.60	19.95	3.51	4.11	16.85

（3）净初级生产力。2000～2015 年退耕还林工程实际发生区净初级生产力呈上升趋势，从 2000 年 308.96 g C/（m²·a）增加到 2015 年的 370.60 g C/（m²·a），增幅 19.95%；其中，净初级生产力增加面积为 104.15 万 hm²，占比为 91.03%；净初级生产力下降的区域为 10.27 万 hm²，占比为 8.97%。从分区上看（表 4-5），2000～2015 年退耕还林工程区净初级生产力均处于增加趋势，增幅较大的分区依次为呼伦贝尔防风固沙亚林区（37.84%）、上辽河平原防风固沙亚林区（34.92%）、科尔沁西部防风固沙亚林区（31.93%）、大兴安岭中南部亚林区（31.77%）和辽西丘陵水土保持亚林区（29.86%）；增幅较小的分区依次为三江平原农田防护亚林区（8.95%）、大兴安岭北部亚林区（11.15%）、长白山中北部亚林区（14.40%）。

（4）叶面积指数。2000～2015 年退耕还林工程实际发生区叶面积指数整体上以上升为主，从 2000 年 3.51 增加到 2015 年的 4.11，增幅为 16.85%；其中，叶面积指数增加面积为 82.28 万 hm²，占比为 71.91%；叶面积指数下降的区域为 32.14 万 hm²，占比为 28.09%。从分区上看，2000～2015 年退耕还林工程区叶面积指数均处于增加趋势，增幅较大的分区依次为辽西丘陵水土保持亚林区（43.65%）、上辽河平原防风固沙亚林区

（43.54%）、科尔沁西部防风固沙亚林区（33.30%）、松嫩平原农田防护亚林区（32.14%）、下辽河平原农田防护亚林区（32.03%）；增幅较小的分区依次为小兴安岭亚林区（4.31%）、呼伦贝尔防风固沙亚林区（5.14%）、三江平原农田防护亚林区（8.61%）（东北退耕还林评估报告，2020 年）。

4.2.4　东北三北防护林工程区森林面积和质量

三北防护林工程在东北地区主要集中于东北西部，面积为 58.42 万 km²。具体位于内蒙古陈巴尔虎旗—托兰石市—莫力达瓦达斡尔族自治旗以南，黑龙江讷河市—五常市、吉林榆树市—公主岭市、辽宁昌图县—盘山县以西，河北东缘省界和内蒙古克什克腾旗—宁城县以东的区域，共 4 省（自治区）（具体指：辽宁、吉林、黑龙江、内蒙古部分，不包括河北），113 县区。

1. 三北防护林工程区森林面积

1978 年东北的三北防护林工程区森林面积为 845.67 万 hm²，覆盖率为 14.48%。由于三北防护林工程的持续建设，至 2017 年森林面积达到 1374.55 万 hm²，覆盖率达到 23.52%。1978～2017 年森林面积累计增加 528.89 万 hm²，森林覆盖率提高了 9.04 个百分点（表 4-6）。由于三北防护林工程实施力度以及自然环境差异性，各个区域森林面积提升幅度差异巨大，增加显著增多的区域有：松嫩平原农田防护亚林区增长率为 184.96%、上辽河平原防风固沙亚林区为 165.60%、科尔沁西部防风固沙亚林区为 120.09%、呼伦贝尔防风固沙亚林区为 108.93%、下辽河平原农田防护亚林区为 97.20%；增量相对较少的区域有：大兴安岭中南部亚林区增长率为 30.50%、辽西丘陵水土保持亚

表 4-6　1978 年与 2017 年东北三北工程区防护林面积动态

地形/地貌类型	森林（有林地）亚区（亚林区）	1978 年/万 hm²				2017 年/万 hm²				增幅/%
		乔木	灌木	林带	合计	乔木	灌木	林带	合计	
山地	辽东亚林区	1.07	0.00	0.00	1.07	1.16	0.01	0.00	1.17	9.12
	长白山中北部亚林区	33.65	0.27	0.00	33.92	37.30	0.54	0.02	37.86	11.62
	小兴安岭亚林区	0.54	0.04	0.01	0.59	0.37	0.15	0.02	0.54	−8.28
	大兴安岭中南部亚林区	378.58	44.46	0.04	423.09	386.15	165.89	0.10	552.14	30.50
平原	下辽河平原农田防护亚林区	14.06	0.63	3.44	18.13	27.95	4.37	3.42	35.74	97.20
	松嫩平原农田防护亚林区	65.32	12.64	20.17	98.13	170.43	76.18	33.00	279.61	184.96
	上辽河平原防风固沙亚林区	8.85	2.34	1.37	12.56	24.81	6.99	1.55	33.35	165.60
高原	呼伦贝尔防风固沙亚林区	12.49	1.23	0.11	13.82	21.17	7.46	0.26	28.88	108.93
	科尔沁西部防风固沙亚林区	63.36	38.64	1.66	103.66	115.65	110.20	2.31	228.16	120.09
丘陵	辽西丘陵水土保持亚林区	112.37	28.13	0.20	140.70	107.42	69.38	0.30	177.09	25.86
	合计	690.28	128.38	27.00	845.67	892.42	441.16	40.97	1374.55	62.54

林区为 25.86%、长白山中北部亚林区增长率为 11.62%、辽东亚林区为 9.12%；然而小兴安岭亚林区呈现减少趋势，减少率为 8.28%，主要是工程造成林地面积增加量小于林地转为耕地量（表 4-6）。

2. 三北防护林工程区森林质量

（1）覆盖率。由于三北工程的实施，1980～2018 年东北的三北防护林工程区森林覆盖率总体呈现上升趋势，从 1980 年 0.48 增加到 2017 年的 0.67，增幅 12.89%。其中，森林覆盖率上升的面积为 1193.74 万 hm²（基于象元水平统计，下同），占比为 86.85%；森林覆盖率下降的区域为 180.81 万 hm²，占比为 13.15%。从分区上看，三北防护林工程区森林覆盖率增幅较大的分区依次为：辽西丘陵水土保持林区（39.43%）、上辽河平原防风固沙亚林区（37.54%）、科尔沁西部防风固沙亚林区（21.14%）；增幅微弱的分区有：大兴安岭中南部亚林区（11.49%）、下辽河平原农田防护亚林区（9.75%）、白山中北部亚林区（8.93%）、小兴安岭亚林区（7.45%）、松嫩平原农田防护亚林区（2.40%）。森林覆盖率呈现减少的分区有：辽东亚林区（−1.49%）和呼伦贝尔防风固沙亚林区（−2.10%）（表 4-7）。

表 4-7　1978 年与 2017 年东北三北工程区防护林质量动态

地形/地貌类型	森林（有林地）亚区（亚林区）	植被覆盖率			叶面积指数			净初级生产力		
		1980 年	2017 年	增幅/%	1980 年	2017 年	增幅/%	1980 年 /[g C/(m²·a)]	2017 年 /[g C/(m²·a)]	增幅/%
山地	辽东亚林区	0.79	0.78	−1.49	2.79	4.23	51.43	413.99	414.62	0.15
	长白山中北部亚林区	0.82	0.90	8.93	5.17	5.22	1.12	428.85	473.67	10.45
	小兴安岭亚林区	0.73	0.78	7.45	4.02	5.75	43.24	374.16	408.82	9.26
	大兴安岭中南部亚林区	0.69	0.77	11.49	3.77	3.50	−7.10	354.13	396.21	11.88
平原	下辽河平原农田防护亚林区	0.59	0.64	9.75	1.87	2.97	58.88	298.41	334.38	12.06
	松嫩平原农田防护亚林区	0.66	0.68	2.40	2.77	3.35	20.71	337.25	341.26	1.19
	上辽河平原防风固沙亚林区	0.40	0.55	37.54	0.71	1.87	163.18	190.02	267.40	40.72
高原	呼伦贝尔防风固沙亚林区	0.65	0.64	−2.10	3.81	1.90	−50.08	333.39	309.39	−7.20
	科尔沁西部防风固沙亚林区	0.46	0.56	21.14	1.32	1.54	17.18	224.69	276.43	23.03
丘陵	辽西丘陵水土保持亚林区	0.48	0.67	39.43	1.39	2.43	74.63	235.97	345.02	46.22
	全区平均	0.48	0.67	12.89	1.39	2.43	4.05	235.97	345.02	12.20

（2）叶面积指数。叶面积指数与植被覆盖率表现相似，1980～2018 年东北的三北防护林工程区森林叶面积整体呈现上升趋势，从 1980 年 1.39 增加到 2017 年的 2.43，增幅 4.05%。其中，叶面积指数上升的面积为 968.14 万 hm²（基于象元水平统计，下同），占比为 70.43%；叶面积指数下降的区域为 406.41 万 hm²，占比为 29.57%。从分

区上看（表 4-6），1980～2017 年三北防护林工程区叶面积指数大部分处于增加趋势，增幅较大的分区依次为上辽西丘陵水土保持林区（163.18%）、辽西丘陵水土保持亚林区（74.63%）、下辽河平原农田防护亚林区（58.88%）、辽东亚林区（51.43%）、小兴安岭亚林区（43.24%）；增幅较小的区域有：松嫩平原农田防护亚林区（20.71%）、科尔沁西部防风固沙亚林区（17.18%）、长白山中北部亚林区（1.12%）。有两个亚区的叶面积指数呈现减少：呼伦贝尔防风固沙亚林区（−50.08%）和大兴安岭中南部亚林区（−7.10%）（表 4-7）。

（3）净初级生产力。1978～2017 年三北防护林工程区净初级生产力总体呈现上升趋势，从 1980 年 235.97 g C/（m²·a）增加到 2015 年的 345.02 g C/（m²·a），增幅为 12.20%；其中，净初级生产力增加面积为 1279.00 万 hm²，占比为 87.75%；净初级生产力下降的区域为 168.32 万 hm²，占比为 12.25%。不同区域而言，净初级生产力增幅较大的分区依次为下辽西丘陵水土保持亚林区（46.22%）、上辽河平原防风固沙亚林区（40.72%）、科尔沁西部防风固沙亚林区（23.03%）；增幅微弱的有：下辽河平原农田防护亚林区（12.06%）、大兴安岭中南部亚林区（11.88%）、长白山中北部亚林区（10.45%）、小兴安岭亚林区（9.26%）；基本较小的分区有：松嫩平原农田防护亚林区（1.19%）和辽东亚林区（0.15%）；而呼伦贝尔防风固沙亚林区净初级生产力呈现减少，减少约 7.20%（表 4-7）。

4.3　东北森林管理状况及面临的挑战

根据国家林业和草原局的全国森林经营区划分方案，东北林区拥有全国 8 个经营区中的 2 个经营区，即大兴安岭寒温带针叶林经营区和东北中温带针阔混交林经营区，即为本研究划分的（东北）山地类型区（长白山林区、小兴安岭林区与大兴安岭林区）。另外，对于本研究划分的东北平原、高原、丘陵类型区，主要森林类型为防护林，包括三北防护林工程中的农田防护林、防风固沙林、水土保持林等；森林经营水平状况影响着森林生态系统质量与功能。本节着重论述东北森林生态系统经营的国家战略需求、发展历程，详细分析典型森林生态系统经营现状及存在的主要问题；集成东北森林生态系统经营典型案例，以期为国家决策及森林经营实践提供参考。

4.3.1　东北森林生态系统经营国家需求

森林经营作为提升森林生态系统质量和功能的关键技术，是实现国家"十四五"规划提出"提升生态系统质量和稳定性"的重点内容之一。

（1）国家生态安全的战略地位。东北森林是我国"两屏三带"生态安全战略格局、"三区四带"重要生态系统保护和修复重大工程中东北森林带的重要组成部分，处于我国主体生态功能区规划的 25 个国家重点生态功能区中的"大小兴安岭森林生态功能区"、我国林业发展规划中"一圈三区五带"总体格局的"东北生态保育区"，规划要求加强天然林保护和植被恢复，对天然林停止商业性采伐，植树造林，涵养水源，保护野生动物，重点保护好森林资源和生物多样性，发挥东北森林生态系统在涵养水源、保护黑土地、维持生物多样性、实现"碳中和"中的重要作用。加强森林生态系统经营是充分发挥森林屏障功能的关键，确保森林生态系统在维系国家生态安全的战略地位。

（2）国家木材战略储备需求。东北是我国重要的木材战略储备基地，木材安全是关系生态文明和国家现代化建设的重大战略问题。《国家储备林建设规划（2018—2035 年）》明确了在东北国有林区多年平均降水量为 400～600 mm 的区域建设国家储备林建设工程。在保证生态安全基础上，通过人工林集约栽培、现有林改培、抚育及补植补造等修复措施，营造和培育工业原料林、乡土树种、珍稀树种和大径级用材林等多功能森林。开展森林经营活动是提高林地生产力，增加木材储备，发挥东北木材战略储备基地的重要措施之一。通过科学的森林经营，在有限的林地，生产出高质高产的木材，既满足木材供给，又为实现国家"碳中和"目标（60 亿 m^3）做出贡献。

（3）森林生态系统质量提升的需求。东北地区的原始林已受到严重破坏，逐渐演替为次生林。现有次生林的水源涵养能力有所下降，生态空间出现缩小趋势，生态功能退化，支撑区域可持续发展的能力严重受损。近年来，国家相继实施了天然林保护工程、退耕还林工程、森林质量精准提升工程（规划）等林业生态重点工程，采取了一系列植被恢复措施，以加强该区域生态保护和生态环境建设。总体上森林总量持续增长，森林质量不断提高，森林资源得以休养生息，生境质量有所改善。但是，作为我国最大的重点国有林区，其森林生态系统的功能远没有充分发挥。如何加强森林资源的保护与经营，科学开展森林抚育、退化生态系统修复，促进森林正向演替，尽快提升森林生态系统服务功能，充分发挥森林多种效益，保持和增强森林生态系统健康稳定、优质高效，维持和提高林地生产力。

4.3.2　东北森林生态系统经营的发展历程

东北森林生态系统经营历程与我国林业政策息息相关。中华人民共和国成立初期，由于国家建设的需求，当时的林业政策多是强调木材生产，忽视了对森林的培育，造成森林资源的极大破坏和严重的环境问题。改革开放以后，在环境危机和世界林业发展趋势的双重影响下，林业建设的生态观念不断深化，大规模的林业生态建设工程相继推出。东北森林生态系统的经营方向也逐渐从以木材生产为主转向以生态功能提升为主，以提高森林生态系统质量与功能为主要目标。东北森林生态系统经营历程主要包括以下五个阶段。

（1）森林永续利用。1949 年中华人民共和国成立后，保障木材供应以满足国家经济建设是林业工作的重中之重。作为我国重要的国有林区，这一时期以传统经营理念为指导，森林经营以木材生产为中心、以木材利用为主的林业经营思想占主导地位，虽然提出了"以营林为基础,造管并举、越来越多、越采越好"的经营方针(刘家顺,2006),但由于当时客观条件,国民经济建设需要大量木材,森林蓄积消耗量大于生长量,东北林区出现了资源危机和经济危困的局面。自 1952 年开发建设以来,东北林区共为国家提供商品材和林副产品超 2 亿 m^3,上缴税费超 200 亿元,为国民经济建设做出了巨大的贡献,也为林业产业体系建立奠定了较为完善的基础。

(2)森林多功能经营。随着人类对森林功能认识的不断深入,森林多效益功能论、林业分工论、新林业理论、近自然林业理论、生态林业理论等多功能经营理论(陆元昌等,2010),得到了广泛的应用与实践(以美国为代表的森林生态学和景观生态学原理,以德国为代表的近自然林业理论)。东北林区从 20 世纪开始从以木材生产为重点转向了多功能森林经营,特别是 1978 年改革开放以来,林区林业建设逐渐重视生态建设,实行森林限额采伐制度,加大了造林更新的力度,通过开展全民性植树造林,努力改善生态环境。森林资源步入了快速发展时期。

(3)森林可持续经营。1992 年世界环境与发展大会,森林可持续经营成为世界各国制定林业发展战略的理论基础和基本原则(潘存德,1994)。20 世纪末,东北林区进入可持续发展时期,森林经营理念发生历史性转变,尤其天然林保护工程、退耕还林工程等林业生态工程实施以来,森林资源持续增长,以兼顾三大效益、生态效益第一的指导思想开展森林经营与保护,但是,这一时期又放松了森林的木材安全及其林产品等物质供给功能。1998 年,提出天然林保护工程,调减了东北、内蒙古重点国有林区天然林资源的采伐量,严格控制木材消耗,杜绝超限额采伐。同时,积极开展生态公益林、商品林建设,促进天然林资源的恢复和发展。

(4)近自然森林经营。近自然森林经营是指充分利用森林生态系统内部的自然生长发育规律,从森林自然更新到稳定的顶级群落这样一个完整的森林生命过程的时间跨度来计划和设计各项经营活动,优化森林结构和功能,永续充分利用与森林相关的各种自然力,不断优化森林经营过程,从而使生态与经济的需求能最佳结合的一种真正接近自然的森林经营模式。2000 年起,东北林区的近自然森林经营主要针对生态公益林,充分利用与森林相关的各种自然力,以目标树经营、择伐及天然更新为主要技术手段,不断优化森林经营过程,营造接近自然状态的具有混交、复层、异龄等结构特征的森林,从而使森林的生态功能与经济功能达到最佳状态。

(5)森林生态系统管理。天然林保护工程实施以来,生态文明建设的重要作用得到广泛认可,面对资源约束趋紧、环境污染、生态系统退化的严峻形势,2010 年以来,东北林区应用生态系统管理理论开展自然生态系统保护和修复,体现了"山水林田湖草生命共同体"的理念。树立尊重自然、顺应自然、保护自然的生态文明理念,走森林生态系统可持续发展道路。例如,内蒙古大兴安岭根河林业局提出以生态、发展、民生为底线,积极推进天然林保护工程,实现"生态"和"民生"两条腿走路的森林生态系统管理理念,充分挥发森林的供给、调节、支持和文化功能,东北林区进入了生态文明建设的新阶段。

4.3.3 东北森林生态系统经营现状与问题

依据国家生态安全建设需求和区域社会、经济发展需求,东北森林生态系统经营管理的主要任务是构筑北方生态屏障和建设木材战略储备基地,保障生态安全和木材安全。围绕此任务,重点开展天然林保护、退耕还林、森林质量精准提升的森林经营与管理工作。

1. 长白山林区

长白山林区自 20 世纪 80 年代开始推行择伐以来,由于对高价值木材的采伐以及不合理的恢复措施,在择伐实施最初的 10 年间,水曲柳、黄檗、胡桃楸、紫椴等珍贵阔叶树种减少了 80%以上。天然林保护工程实施以后,珍贵树种资源逐渐恢复,但由于历史欠账较多,加上森工集团对经济利益的追求,商品林中的珍贵用材树种并没有得到保护与恢复,多数林业局可采伐资源枯竭。如果采用科学的培育方法与技术,至少需要持续 40 年才能使长白山林区的可利用资源得到恢复。

1)长白山中北部亚林区

(1)过伐林。林分结构不合理,蓄积量较低,株数偏少,林分郁闭度偏低,往往存在较大的林间空地等,部分林分因天然更新差,林相残破。长白山保护区周边等地区,由于采伐较晚,主要为经过两次或多次择伐后形成的过伐林;如露水河林业局,过伐林占森林面积的 80%左右。而长白山区的两端,多数是中华人民共和国成立初期皆伐后形成的次生林,如在延边地区次生林占 59%以上,主要为柞木林、杨桦林等。

(2)森林生产力低,存在大量低产低效林。杨桦林生长的立地条件较好,但长期缺乏有效抚育,导致林分密度大,成熟木缺失,生产力低下;而柞木林生长的立地条件差,一般生长在高山和远山地区,林分郁闭度偏低,往往存在较大的林间空地等,部分林分因天然更新差,林相残破。

2)辽东亚林区

(1)次生林。林分总体质量不高,结构不合理,目的树种缺乏,稳定性差,生态功能低下。中幼龄林占 70%以上,成过熟林面积仅占 13.5%,其中过熟林仅占 3%。其中,杨桦林生长的立地条件较好,但抚育不及时;柞木林生长的立地条件差,一般生长在高山和远山地区,林分密度大,成熟木缺失,生产力低下。

(2)次生林冠下更新红松、诱导针阔混交林。为了迅速恢复阔叶红松林资源,各地先后在次生林改造时采取冠下造林、栽针保阔、幼抚保留有培育前途的目的树种等措施,培育成大面积的针阔混交林。目前,这些林分林木长势良好,正处于抚育间伐时期。如何对这些林分进行科学经营,及时进行合理间伐,确定适宜的针阔比例,促进林木生长,最大限度地提高人工阔叶红松林的经济效益和生态效益,是当前迫切需要解决的一项重要课题。

（3）人工林培育。因抚育不及时，导致林分结构不合理，中幼龄林所占比例较大。人工林稳定性差，病虫害严重，尤其是松材线虫危害严重，在辽东山区除了红松、樟子松等常绿针叶树种外，目前已经在个别区域的落叶松林中发现松材线虫（于海英等，2019）。

2. 小兴安岭林区

小兴安岭林区是我国针阔混交林的天然分布区。针阔混交林在不同时期已遭到大面积采伐和破坏，取而代之的是大面积次生林和人工林。如何在确保林区森林资源总量持续增长的前提下，实现森林生态系统质量不断提高、生态功能稳步增强，实现森林经营目标由过去的单一木材生产转向多目标经营，需要提升森林经营水平，集成典型林分经营模式，实现森林生态系统高质量发展。

（1）原始针阔混交林的恢复。小兴安岭地区原始针阔混交林破坏后形成天然次生阔叶林，针叶树种基本无法天然恢复。目前，小兴安岭地区利用栽针保阔理论形成的红松林将近 100 万 hm^2（徐蕊，2010）。但是由于林分透光抚育缺失或迟缓，林下红松的生长遭受严重抑制，乃至死亡。因此，在经营栽针保阔红松林过程中，需要及时开展"透光抚育"，以更好地完善和补充此理论体系，加快小兴安岭地区地带性植被阔叶红松林的恢复（屈红军，2008）。此外，针对云杉和冷杉阔叶混交林的恢复模式、途径、典型案例仍很缺乏。

（2）异龄复层混交林培育。异龄复层混交林没有经营周期，一旦形成，这个森林植被就是永久性的，从理论上讲，每隔几年都可以有木材收益，森林发展到上层林木成熟并最终利用，中下层的林木演替成主林层，其全过程呈循环往复的经营模式。从经济角度看，较之于传统经营模式，其经营模式最能实现短期效益，它实际上就是由无数个短伐期构成的。可根据市场的需要和生态位的调节制订相应的经营规划，可以是较短周期和较高经营强度的中径材培育计划，也可以是适度经营的长周期、大径材培育计划，还可以是近自然程度很高的目标树单株木经营计划。目前，小兴安岭地区孟家岗国有林场在落叶松近熟人工林下广泛栽植了云杉、红松。抚育间伐不仅促进了落叶松的生长，提高了落叶松的木材质量，还对林下的云杉、红松起到"透光抚育"作用，当采伐收获所有大径材落叶松后，林下云杉、红松也逐渐成林，逐渐培育成异龄复层针阔混交林。

（3）针叶人工林二代林的改造和经营。小兴安岭地区的皆伐地或退耕地上形成了大面积的落叶松人工林，落叶松人工林逐渐进入成熟阶段。尽管目前关于落叶松人工林的抚育和采伐利用方式具有较为成熟的方案，但是落叶松人工林二代林的改造和经营模式还不完善，一代落叶松人工林皆伐后到底应该如何造林才能充分发挥人工林的木材生产、地力维持、固碳减排等多功能还不清楚，需要更加深入地研究落叶松人工林二代林的经营技术与培育模式，以更好地发挥林地生产力，提高木材供给能力。

（4）人工红松果材兼用林经营。小兴安岭是"红松的故乡"，我国一半以上的红松都生长于此。红松除了提供优良木材外，其松子也是林区重要的经济来源。现有的红松人工林抚育强度较低，树冠发育一般，自然整枝不良，产籽量有限。应加大抚育强度，缩短抚育间隔期，构建红松果材兼用林经营模式，既有利于木材生产，又有利于提高红松结实量。

3. 大兴安岭林区

大兴安岭是我国集中连片面积最大的国有林区，总面积 32.72 万 km^2（其中内蒙古境内约 24.24 万 km^2，黑龙江省境内 8.48 万 km^2）。地带性植被是以兴安落叶松为主的寒温带针叶林，长期以来，由于自然干扰和人类活动的持续影响，原始森林资源遭受严重破坏，形成了过伐林和次生林，致使森林质量下降，森林结构和功能破碎化；生态系统退化、生态功能脆弱、生态产品和木材等林产品短缺问题十分突出。近年来，大兴安岭林区结合天然林保护工程、退耕还林工程、森林质量精准提升等重点工程，围绕提高森林数量和质量，改善森林结构与功能，增强森林健康性与稳定性，以及转型林区经济等开展了卓有成效的工作，在改善生态环境、提高经济效益和社会效益等方面取得了一定的成就，但还面临以下突出问题。

1）大兴安岭中南部亚林区

（1）退化次生林经营。经过高强度多世代采伐、火烧等人为干扰或严重的自然灾害破坏后，兴安落叶松和蒙古栎原生植被退化殆尽，天然更新不良，导致原有的演替进程中断或进入生态系统逆向演替。大兴安岭林区退化次生林主要分布在内蒙古的呼伦贝尔市和兴安盟的岭南 8 个局以及通辽市、赤峰市所属的大、小罕山林区，森林类型以杨桦林和丛生蒙古栎等天然次生阔叶林为主，生产力低下，与区域的水热条件不符，目标树种天然更新不良，树种结构、年龄结构不合理，密度低，质量较差，功能弱、林内卫生条件差，病虫火灾危害严重；该类森林自然恢复过程复杂、漫长，需要采取积极的人工促进经营措施，以扭转逆向演替，促进正向演替，逐步恢复森林功能，提高林分质量和价值，恢复地带性顶极群落的潜力较大。

（2）针阔异龄复层混交林培育。大兴安岭林区中幼龄林占 53.04%，林分密度普遍较大，森林抚育没有因林分生长而采取相应的抚育措施，形成大量的低质、低产、低效林，亟须加大抚育经营力度，释放林木生长空间。通过森林经营调整优化林分结构，调整树种组成、林龄、密度结构，加速培育针阔异龄复层混交林生态系统，缩短森林的演替进程。由于提升森林质量是一个长期过程，短期难以奏效。因此，加强中幼龄林的抚育和次生林修复，提高森林质量和森林生产率，提升森林生态系统的整体服务功能势在必行。

2）大兴安岭北部亚林区

（1）火烧迹地退化森林恢复与重建。林火是森林退化的关键驱动因素，决定着森林生态系统未来发展和演替方向。大兴安岭林区是森林火灾频发区，据统计，内蒙古重点国有林管理局 1962～2017 年总计发生火灾 2962 次，过火总面积 216.6 万 hm^2，受害森林面积 107.8 万 hm^2，其中，仅 2019 年就发生了 92 次火灾，过火面积达到了 8351.73 hm^2，受灾森林面积为 1555.19 hm^2。林火造成大面积森林退化，研究表明，大兴安岭中度或重度火烧迹地自然恢复年限需要 15～30 年。完全依靠天然更新的森林基本上是天然次生林，树种主要以先锋树种白桦和灌木草本为主，也有部分火烧迹地通过人工造林、补植形成人天混更新林，这些林分状况较差，在一些造林更新困难的立地，仍有部分无立木火烧迹地。因此，加快火烧迹地的植被恢复进程，调整次生林的结构，研发火后森林的恢复和重建关键技术，构建恢复模式是大兴安岭森林生态系统经营管理的重要任务。

（2）兴安落叶松林过伐林经营。大兴安岭林区是我国重要的木材生产基地之一。兴安落叶松是大兴安岭森林建群种，是我国最重要的用材林树种之一，也是东北地区重要的更新和造林树种。兴安落叶松原始林经过长期过度采伐利用，成过熟林资源消耗很大，面积日趋减少，取而代之的中幼龄林面积逐渐增加，森林质量下降，森林结构与功能破碎化，形成了大面积的过伐林。就内蒙古大兴安岭国有林管理局而言，除北部的奇乾、激流河、乌玛林业局和汗马、额尔古纳自然保护区的森林没有采伐外，其余森林均经过不同程度的采伐，真正意义上的原始林占比不到10%。长期以来，对兴安落叶松过伐林存在经营目标单一，以用材林经营、追求短期的经济利益，没有考虑森林各种生态效益，高强度的采伐，违背了生态系统经营原则，破坏了原有的林分结构；中幼龄林抚育严重滞后、历史欠账多，更新、抚育经营措施不合理；缺乏过伐林多目标系统管理模式等问题。

目前，由于科技支撑不足，缺乏有针对性的集约经营措施和模式，需要根据大兴安岭主要退化次生林类型的主导功能差异、主要干扰因素、生境和群落变异的时空异质性，有针对性地开展基于中幼林抚育、林冠下更新、森林采伐更新、林分结构调整和优化，提出森林保育技术体系及多尺度多目标优化经营技术模式，促进大兴安岭林区森林生态系统恢复与质量提升。

4. 平原防护林区

东北平原防护林区主要为平原区的农田防护林和西部的防风固沙林，其中下辽河平原、松嫩平原、三江平原均为以杨树为主的农田防护林，本节统称为农田防护亚林区，而上辽河平原以防风固沙林为主，称为防风固沙亚林区。

1）平原农田防护亚林区

（1）树种单一、病虫害严重。该区农田防护林几乎为清一色的"杨家将"，实地调查也发现，98%以上农田防护林都是杨树。树种单一、生态群落不均衡，导致抗性差，病虫害严重，造成树木长势不良，甚至大面积的死亡。另外，在土质差的地方，"小老头树"较多。而且受杨树生长年龄限制，更新采伐期较短，对农田防护林的质量和防护效益影响较大（朱教君和郑晓，2019）。

（2）结构配置不合理，断带现象普遍。该区很多农田防护林营造时并未考虑到地形/地貌、风向/风力等因素影响，导致农田防护林的结构类型、林带间距、林带密度等配置不合理。例如，风沙区农田防护林应以具有抗风灾、沙灾的稀疏型、低度通风型为主，但在一些风沙地区，防护林采用高度通风型及紧密型，造成农田作物得不到有效保护。

有些地方农田林网化建设停滞不前,致使农田防护林缺行断带、林相残败现象十分普遍,严重影响农田防护林整体效益发挥(朱教君和郑晓,2019)。

(3)成过熟林过多、更新严重滞后。该区早期营造的大量农田防护林达到防护成熟龄,面临着自然衰亡。另外,农田防护林更新改造进度与防护效益的矛盾比较突出,已成为影响农田防护林效益充分发挥的重要原因(朱教君等,2016;朱教君和郑晓,2019)。

2)平原防风固沙亚林区

(1)树种选择不当,没有做到适地适树/林,为衰退埋下隐患。该区在防风固沙林营造过程中,由于所选择树种的生物、生态学特性与当地气候条件不相适宜,树木原有的生长发育节律改变,生命周期缩短或不能生存,从而发生衰退。例如,科尔沁沙地樟子松,其原产地是呼伦贝尔沙地,引种到科尔沁沙地南缘,虽然树种选择具有合理性,但两地气候的不同导致该树种在引种区的生长节律和更新条件发生改变,潜伏着发生衰退的风险,以及早熟与早衰并发等问题(朱教君等,2005)。

(2)结构配置不合理,导致林分稳定性差。该区在造林过程中并没有依据不同树种的生物学特性和立地条件,确定合理的造林密度、科学的空间配置和树种配置,造成纯林过多,且营建的中幼龄林往往具有较高的林分密度,导致林分质量不高。大面积栽植纯林破坏了生态系统结构和功能的多样性、自组织性及有序性,形成的人工林生态系统与复杂的、稳定的自然生态系统相比较,稳定性差,极易发生病虫害等生态灾害。

(3)经营管理水平低,退化现象严重。由于造林后不及时抚育或抚育过于粗放,造林或经营密度不合理,树木生长受到影响且易导致病虫害发生,极易形成衰退林分。基于对造林成活率和保存率考虑,初植密度普遍偏高,如科尔沁沙地樟子松防风固沙林初植密度高达 6600 株/hm^2,当达到一定年龄后,抚育不及时,没有达到合理的经营密度,导致水量失衡、树木生长条件得不到保障,从而严重影响了樟子松人工林种群的生存状况(朱教君等,2005)。

(4)自然和人为干扰严重。以"三滥"(滥垦、滥伐/滥樵、滥牧)为主的人为干扰和以气候变化为主的自然干扰(暖干化趋势明显)对防风固沙林产生严重影响。变暖将给对温度敏感的树木带来高温胁迫,而高温胁迫常伴随着水分胁迫,二者相互作用,导致树木代谢和调节过程失调,抑制植物生长,促进衰老、枯萎和落叶等,使正常的固沙林遭到破坏,从而导致衰退。以"三滥"为代表的不合理土地利用活动是引起该区固沙林衰退的主要人为干扰因素,随着人为干扰次数和强度的增加,固沙林生态系统结构遭到破坏,引起功能降低甚至丧失,固沙林防护效益的发挥受到严重制约(姜凤岐等,2002)。

5. 高原防护林区

高原防护林区包括呼伦贝尔防风固沙亚林区和科尔沁西部防风固沙亚林区,主要植被是典型草原到森林草原的过渡类型疏林草原,以樟子松林为主,目前高原防护林经营中存在的主要问题如下。

(1)管护缺失或管理不善,森林质量下降。由于缺乏科学的管护措施,天然林和人工林缺少必要的抚育经营，森林质量下降。另外，由于管理不善，部分地区管护责任落实不到位，林区频繁遭受人为破坏以及牛羊践踏等，导致林下天然更新受到限制，影响防风固沙林质量提升与功能发挥。

（2）自然和人为干扰严重，森林数量减少。由于环境变迁及滥垦乱伐、无节制樵采等不合理因素影响，该区森林生态系统遭到严重破坏，林缘后退、植被退化，严重影响了森林的物种多样性、涵养水源、防风固沙、调节气候等生态功能的发挥，生态环境趋于恶化。另外，气候变暖造成森林火灾发生次数增加和过火面积扩大，导致森林数量减少。例如，1990～2018 年呼伦贝尔市发生森林火灾 677 起，过火面积达 253943 hm²，部分为特、重大火灾（张恒等，2020）。

6. 辽西丘陵防护林区

（1）树种结构简单，病虫危害日益加剧。该区在营造水土保持林时，没有充分考虑生态的复杂性，选择树种单一，营造大范围的油松、刺槐等纯林，导致稳定性差，极易发生病虫害（丁瑞军等，2010）。

（2）林分密度过大，更新困难。该区水土保持林密度过大限制了林下幼苗的天然更新，导致林分质量下降，难以形成结构稳定的复层林，进而减弱水土保持林的生态服务功能，自然灾害的抵御能力也随之下降，影响水土保持等功能的充分发挥。

（3）水土保持林龄组配置不合理。辽西低山丘陵区水土保持林 90%以上是中华人民共和国成立以后营造的，林龄普遍偏小，其中幼龄林占绝对优势。以喀喇沁左翼蒙古族自治县为例，幼龄林占 87%，中龄林仅占 13%，成熟林几乎没有（步兆东，2007）。现有龄组配置不利于水土保持林效益发挥。

（4）经营管理粗放、经营水平低下。该区重栽轻管现象普遍，一方面是多年来辽西地区经济基础薄弱、造林绿化任务重，抚育不及时；另一方面是现有的经营技术规程在一定程度上限制了森林经营工作的开展，致使大量需要抚育的中幼龄林得不到及时抚育，从而形成低质、低效水土保持林，影响了生态效益的充分发挥。

7. 东北森林经营存在的突出问题

近年来，围绕提高森林数量和质量、改善森林结构与功能、增强森林生态系统健康与稳定性、改善林区职工生活水平等目标，东北林区组织实施了天然林保护工程、退耕还林工程、速生丰产林建设工程、三北防护林体系建设工程等重大林业生态工程，在改善生态环境、提高经济效益和社会效益等方面取得一定成就，但重点国有林区体制改革、政策导向、经费投入、人员保障、信息化建设等方面还存在不足，尤其在森林经营中还存在以下问题。

（1）森林生态系统经营理念基本形成共识，但经营的理论框架、方法体系和管理体制机制需要不断地发展和完善。作为我国最大集中连片的东北林区，复杂多样化的森林生态系统的经营管理技术和示范模式需要大量的研究和实践检验，目前，诸多学者针对东北林区开展了大量卓有成效的森林可持续经营研究和技术示范，提出了"东北天然林生态采伐技术体系框架"和多目标经营的技术方法，针对大兴安岭、长白山、小兴安岭等林区的不同森林类型开展研究，提出了"东北过伐林可持续经营技术"并进行了试验示范，为东北林区森林生态系统的可持续经营奠定了坚实基础，但生态系统多功能之间的相互定量关系研究不够深入，整体上尚未形成森林可持续经营技术体系，以及与区域和森林类型相一致的森林可持续经营技术，与林业生产管理实践结合不紧密（张会儒等，2016）。因此，从森林生态系统多功能发挥出发，开展森林可持续经营的技术研发，建立不同立地、不同森林类型的经营技术体系及其试验示范，提出东北林区主要森林类型的可持续经营模式，并在生产实践中推广应用，是东北林区森林生态系统质量提升与功能发挥面临的重要问题。

（2）林业基层管理和技术人员对森林生态系统管理以及森林多功能经营认识不足，影响森林分类经营的具体实施，限制森林资源培育、保护与合理利用的有机结合。同时，森林生态系统经营管理体制、运行机制不够完善，相关配套政策不健全，生态效益补偿机制不完善，基础设施落后，营林生产作业条件差，森林经营和管护效率低等，影响森林生态系统多功能经营与管理实施，限制森林生态系统质量提升与功能充分发挥。

（3）天然林保护与木材资源利用的矛盾尚未解决。天然林保护过分强调自然修复，忽视了人工修复的经营活动，即近自然森林经营（自然力+人为措施）。停止商业性采伐后造成部分木材资源浪费，大兴安岭林区的近、成、过熟林占 46.95%，小兴安岭、长白山林区的近、成、过熟林占 38.1%，由于近、成、过熟林难以得到合理及时利用，出现枯死和负生长，浪费资源，且易发生火灾及病虫害等，合理采伐是培育健康森林生态系统的重要手段。同时，国家木材战略储备基地建设目标不明确，东北林区自然保护地划分过大，生态公益林面积占 70%～80%，影响东北国家用材林储备计划及珍贵用材林发展计划。应协调处理好生态保护修复和自然资源合理利用的关系，在保护天然林的同时，重视木材生产和林副产品利用等。

（4）林区经济发展缓慢，林下资源利用不合理，制约林区产业转型。东北林区自然环境优越，林下资源丰富，蕴藏着大量的野生山野菜、野果、菌类、药材等，各地虽制定了《林下资源保护与利用管理办法》，对野生资源的采摘、采挖、运输建立了严格的开证审批手续，在一定程度上限制了对野生资源的乱采、乱挖等，实施天然林保护工程、停止商业性采伐后，各林业局大力发展林下经济，建立多种林下养殖、种植、森林游憩等多种经营模式，如林药、林菌、林蛙等模式。但在实际工作中还存在以下问题：林下资源开发利用管理粗放，影响环境和林下生物多样性；野生采集，多具掠夺性，破坏林下植物的生长、繁殖及生物多样性等；林下资源经营利用技术薄弱，尚未形成经营规模，产、购、销不畅通，没有形成规模和产业链条，政策扶持不够，效益低下。在停止商业性采伐，实施天然林保护后，如何利用林区特有的森林环境发展森林康养、森林旅游、森林文化等产业，发展以生物资源主的生态利用产业体系，是实现林区经济绿色转型与发展面临的重要问题。

（5）森林生态系统经营技术规程、提升森林生态系统质量的标准缺失。现有森林生态系统经营管理的理论与经营技术体系不完善，技术规程欠缺，针对性、实用性差，如森林生产力恢复与土壤肥力提高、土壤退化与水土流失控制、森林结构调整与多功能提升、森林可持续健康经营、生态恢复、近自然森林经营、景观格局管理、森林资源规划与监测及其评估等技术虽有应用，但系统性和针对性不强。到目前为止，仍然缺少提升森林质量的标准与规范，制约森林生态系统经营的顺利实施。因此建议尽快制定、完善相关技术标准与规范。

（6）森林更新抚育滞后。东北林区现有森林结构不合理，森林质量总体差，功能低下，中幼龄林占东北林区的 60% 以上，林分密度普遍较大，但抚育不及时，形成大量的低产、低效林。其主要原因是抚育不科学，不够及时，部分天然更新林和人工林的中、近熟林密度很大，却只进行修枝和弱度卫生伐，没有及时进行疏伐和生长伐，抚育没有起到促进保留木生长的作用；理论和技术上提倡近自然森林经营，但规程不允许，政策不支持，技术不到位，如造林密度规定（要求造林配置均匀，且密度大于 110 株/hm^2）、补植补造对象规定（规定郁闭度小于 0.5 的林分）、抚育剩余物不能平铺（规程规定堆腐）等；森林经营管理技术力量薄弱，营林技术人员业务素质有待提高，特别是森林调查设计与造林抚育方面，人员年龄偏大，基层技术人员断层、缺乏。营林生产现场员严重不足，导致管理出现盲区，无法进行跟踪作业，影响作业质量；林区普遍存在的经营方式简单粗放等问题，没有因林施策，经营行为不规范，未形成适应区域多功能森林经营技术体系。因此，应加强中幼龄林的抚育和次生林的修复，提高森林质量和森林生产率，提升森林生态系统的整体服务功能。

（7）森林经营的科技支撑能力与水平有限。森林经营是以提高森林质量，建立稳定、健康、优质、高效的森林生态系统为目标，为修复和增强森林的供给、调节、服务、支持等多种功能，而开展的一系列贯穿整个森林生长周期的保护和培育森林的活动。东北林区开展森林分类经营已经多年，但针对公益林的经营技术，多数还在沿用之前的用材林经营技术，尚无针对不同林型的公益林、商品林经营技术规程，以分类指导公益林、商品林的经营，提高经营效果。近年来，虽然开展了大量的生态系统经营理论和技术研究，但基本上是针对具体林型，开展个性化研究，没有形成生态系统层面的规划、决策、经营模式等，难以指导森林生态系统管理的实践。同时，相关研究项目，如天然林生态恢复、退化森林生态系统修复、森林结构优化调整、森林质量与功能提升、森林可持续经营等技术不能及时指导生产实践，难以满足东北林区森林生态系统质量提升、功能改善与多目标经营的需求。

4.3.4　东北森林生态系统经营管理典型案例

1. 长白山林区

1）长白山中北部亚林区——森林生态系统经营管理

依托吉林长白山森林生态系统国家野外科学观测研究站（简称长白山站）和长期技术试验的研究与观测，在吉林汪清林业局、蛟河林业局和露水河林业局开展了森林经营技术试验与示范，形成了东北过伐林可持续经营技术（张会儒等，2016）、阔叶红松林过伐林健康经营技术（张会儒等，2014）、森林生态系统管理技术（代力民等，2004），以及近年来提出的森林全周期经营技术等，为长白山森林恢复和可持续经营提供了范例。其核心技术包括目标树种选择技术、林分树种组成及结构调整技术以及森林生态系统经营决策技术三个方面。

（1）目标树种选择技术。长白山林区森林类型主要包括以红松为优势针叶树种的阔叶红松林、以云冷杉为主或者以云冷杉红松为主的针阔混交林、落叶松人工林以及由这些类型演化而成的次生林和人工-天然混交林。①云冷杉阔叶混交林。将起源于天然云冷杉针叶过伐林，并经过高强度多次择伐和白桦、椴树、色木等更新侵入而形成的云冷杉阔叶混交林，通过目标树单株经营手段，成为以云冷杉、红松为主伴生的针阔混交异龄林。选择云杉、冷杉为用材目标树，选择色木、椴树、红松、红豆杉、水曲柳、黄檗为生态目标树。②阔叶红松林。过伐后林分组成简单、生物多样性低、林分稳定性差，无法充分利用林地生产力。因此，培育的目标是提高生物多样性、系统稳定性和生产力。选择红松、云冷杉、水曲柳、紫椴、胡桃楸、蒙古栎、黄檗等阔叶红松林演替后期的优势种为目标树种。③蒙古栎阔叶混交林。主要为萌生或多代萌生，生长较好，密度大的蒙古栎林，选择蒙古栎和林分中存在的阔叶红松林演替后期的优势种。④落叶松云冷杉林。林型起源为落叶松人工林，天然更新树种入侵后逐渐发展成为以落叶松云冷杉为主的针阔混交林。树种组成除长白落叶松外，还伴生有红松、鱼鳞云杉、臭冷杉和一些阔叶树（如白桦、色树）等。目标树种为落叶松、云杉、冷杉、红松、水曲柳、黄檗、胡桃楸、椴树、白桦、枫桦等。

（2）林分树种组成及结构调整技术。①云冷杉阔叶混交林。以用材目标树为优势、亚优势冠层，目标树尽可能均匀，距离约为平均胸径的 25 倍。伐除树冠与目标树形成侧方或上方相交而影响其生长的干扰树，以及目标树周围生长不良，已经不再可能对目标树形成竞争的其他林木，如林内的濒死木、枯立木和其他断梢木等，目标树树冠以下的邻木不进行采伐。局部密度过大丛生（需要定株）的树木，可依实际情况保留 2~3 株作为潜在目标树的树木。在完成本底调查的基础上，开展人工促进天然更新，天窗及林间空地补植等工作。②阔叶红松林。对目标树种尽量保留包括特别大的单株、稀有种和有特殊经济价值的树种；按照采劣留优、采密留疏的原则，伐除目的树种周围 10 m 范围内的竞争邻体。伐除生物多样性排除种（千金榆、稠李和香杨）等，伐除病腐木、濒死木以及干性不良、弯曲木、被压木等。③蒙古栎阔叶混交林。对天然更新良好的林分，可采用中度择伐，保留密度大于 0.7。对中幼龄林，进行透光抚育和生长抚育，尽量保留林下针叶树种的幼苗和幼树。如果林地条件恶劣，"老头蒙古栎"和"小老头树"多，对生长良好、密度较大的林分进行低强度间伐，间伐后使其郁闭度在 0.7 左右。对陡坡薄层土蒙古栎林，禁止采伐，对疏林地带可进行冠下营造红松及樟子松；对斜坡和平缓坡通过抚育改造的方式，培育成蒙古栎速生丰产林，或者进行改造，引进针叶树种，提高林分质量和产量。④落叶松云冷杉林。伐除与目标树形成竞争的树木、树冠与目标树形成侧方或上方相交而影响其生长的林木。经改造后，形成以云冷杉为主的针阔混交异龄复层林，云冷杉、红松组成在 60%～80%，阔叶树种 20%～40%。

（3）森林生态系统经营决策技术。①森林资源信息的数字化管理。森林资源信息的数字化是实现森林资源管理和监测的重要环节。为了融合一类、二类和三类调查，利用 SPOT 影像、DEM 和矢量化二类调查林相图，通过森林群落数量分类，找出影响森林分布的主要立地因子，划分生态土地类型，并确定适宜该土地类型的森林植被类型；利用 GPS 定位技术，结合野外森林群落调查和二类调查数据，将生态土地类型与现存的森林类型叠加，划分生态土地类型相，构建森林生态土地分类系统；将生态土地分类系统中的生态土地类型相与现行的森林调查体系相结合，以 GIS 为平台，建立同时满足二类和三类调查（采伐作业设计）的具有生态学意义的一致性小班体系。同时，利用 GPS 确定现有小班边界，并通过小班的合并和分割，实现计算机辅助的数据准确、实时更新和信息管理。②森林景观规划与优化。依据各林分优势树种进行适宜生境分析，包括坡度、坡向、海拔、坡位及经济价值等，根据各优势种最适宜生境，确定该生境类型的群落发展类型。以小班为森林景观单元，根据立地条件、环境特征、林分条件等确定森林景观的主导功能因子，将露水河林业局森林培育的目标划分为四类，即护路游憩、木材生产、水土保持和水源涵养，并在考虑景观连通性、减少景观破碎化和提高森林生态效益的前提下，利用森林景观优化模型，对露水河林业局森林经营目标进行空间规划和森林恢复景观设计（图 4-6 和图 4-7）。③森林生态系统经营决策。建立包括森林生长率模型、矩阵模型、基于面积的采伐限额模拟测算模型、森林保护模型、森林恢复模型和火险预报模型等的森林生态系统管理决策系统，为露水河林业局开展森林生态管理提供决策支持，也为东北林区的森林生态系统管理提供范例。

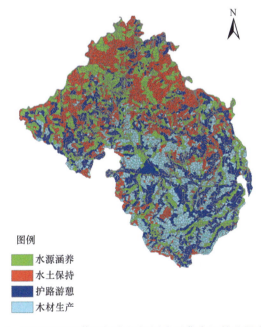

图例
■ 水源涵养
■ 水土保持
■ 护路游憩
■ 木材生产

图 4-6　森林景观经营目标空间规划（以冀水河林业局为例）

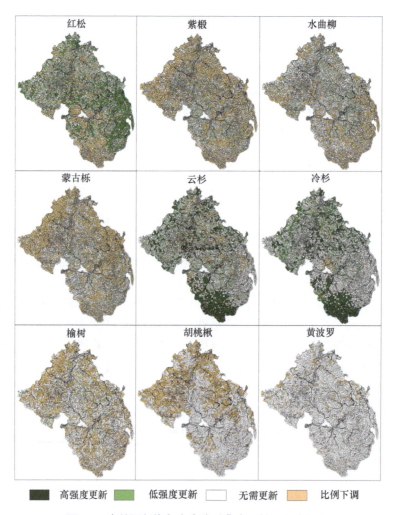

红松	紫椴	水曲柳
蒙古栎	云杉	冷杉
榆树	胡桃楸	黄波罗

■ 高强度更新　　■ 低强度更新　　□ 无需更新　　□ 比例下调

图 4-7　森林更新恢复方案（以冀水河林业局为例）

2）辽东亚林区——次生林恢复和林下资源高效利用技术体系

依托辽宁清原森林生态系统国家野外科学观测研究站（简称清原站），在辽东山区开展次生林生态系统保护、恢复和林下资源高效利用等应用研究的基础上，突破了林分垂直结构/林窗结构精准量化方法，提出了基于结构调控原理的次生林恢复和林下资源高效利用技术体系，为温带森林保护、恢复与资源高效利用提供了基础理论和技术支撑。

（1）林分结构调控技术。结构决定功能。林分结构，尤其是垂直结构是反映生态系统功能的关键（Zhu et al.，2003）。依据光在介质中的分布规律（Lambert-Beer's 定律），通过在林分内不同高度拍摄鱼眼镜头照片，提出了透光分层疏透度（Optical Stratification Porosity，OSP）的概念；根据光在均匀介质中衰减系数恒定的基本原理，定量划分林分垂直层次（Zhu et al.，2003）。透光分层疏透度改变了以往乔、灌、草等定性划分现状，替代了传统林分郁闭度定性测量，解决了林分结构调控定量化技术难题，为结构调控提供了基准技术参数。

（2）林窗结构精准测量技术。林窗是森林生态系统中最普遍、最重要的小尺度干扰形式（朱教君和刘世荣，2007），是驱动森林更新演替的关键，而林窗特征量化及其与生境、更新等关系不明，限制了林窗结构精准调控技术实施。为此，利用清原站长期监测优势，应用双半球面影像法，根据极坐标原理一次性准确确定林窗立体结构——林窗大小、形状与边缘木高度；该方法较传统方法简单、准确、不受地形限制（Hu and Zhu，2009）。林窗光指数（Gap Light Index，GLI）是表征林内光环境、反映更新能力最重要的参数，但 GLI 获取需要极复杂的多点林窗坐标，而基于林窗立体结构极易获得林内任意点的林窗坐标，从而大大简化了 GLI 野外观测与计算过程（Hu and Zhu，2008）；该方法被同行专家评为近 30 年来对国际通用的林窗光指数最成功的改进，使林窗光环境研究取得突破性进展（Schliemann and Bockheim，2011）。

（3）针阔混交林培育技术。阔叶红松林是东北地区的地带性顶极植物群落，次生林冠下更新红松是快速恢复阔叶红松林的重要途径；但是，如何调控上层阔叶林的垂直结构是影响红松生长的关键。基于透光分层疏透度在林内分布规律，依据红松随生长所需要的光环境不断变化的特征，建立了不同生长阶段红松上方阔叶树冠层透光分层疏透度与阔叶树胸径、密度的关系（表 4-8）（朱教君等，2018）。同时，林窗更新诱导形成混交林的关键是精确调控 GLI，确定了林窗内红松、蒙古栎成功更新对应的 GLI，即 GLI（红松）＝10～20、GLI（蒙古栎）＝70～80。根据这些参数，制定了经营技术方案，应用于次生林恢复和针阔混交林培育经营实践。

表 4-8　不同林龄红松生长所需透光分层疏透度与适宜密度关系

红松年龄/年	红松透光分层疏透度	上方阔叶树密度/（株/hm²）	
		胸径（DBH）＝8～10 cm	胸径（DBH）＝18～20 cm
5	0.4	450～600	375～450
10	0.5	375～450	225～300
15	0.6	225～300	135～210
20	0.7	150～225	—

（4）林下资源高效利用技术。林下种植人参已成为当前天然林保护工程和全面停止天然林商业性采伐实施背景下林农致富的重要途径之一。但林下参在生长过程中对上方的光环境要求较高，已有的调控（仅依据 1.6 m 高度的郁闭度或光环境）不能满足林下参生长的要求，林下参苗保存率极低，严重影响林下参的种植效益。为此，模拟野生人参的生长习性和生态环境，将人参籽播种或参苗栽到土壤适宜、排水透气性良好的天然林内（郁闭度：0.6～0.8；坡度小于 25°）。同时，将透光分层疏透度精准量化技术应用于林下参培育过程，改变以往上层阔叶树的调控高度与精度，实现对林下参上方（0.5 m）透光分层疏透度的准确量化，进而进行精准调控，大幅提高了林下参的成活率。另外，在培育落叶松大径材的同时，利用林下充足光环境及林窗效应，于林下栽培龙牙楤木和大叶芹，通过准确优化林下 GLI（大叶芹 GLI＝40～60、龙牙楤木 GLI＝60～80），提高山野菜产量 20%～30%，形成林菜复合经营模式并推广应用，在保证生态功能发挥的同

时，取得较好经济效益。

上述基于林分垂直分层结构和林窗结构调控原理的次生林恢复技术体系在辽宁东部山区、吉林森工集团、龙江森工集团等地开展了推广应用，用于次生林恢复和林下资源高效利用实践，取得显著的社会、生态与经济效益。

2. 小兴安岭林区

依托黑龙江帽儿山森林生态系统国家野外科学观测研究站（简称帽儿山站），集成阔叶红松林顶级群落的有效经营管理途径——栽针保阔技术。

栽针保阔是帽儿山站创始人陈大珂和周晓峰在 1961 年首先提出的。栽针保阔的含义是在东北温带天然林内人工栽植以红松为主的针叶树，保留天然更新的多种阔叶树，把阔叶树的天然更新和针叶树的人工更新密切结合起来，以形成符合地带性特征的针阔混交林。随着天然林发展的进程和林况不同，保阔包括栽针留阔、栽针引阔、栽针选阔三层含义，贯穿森林恢复的全过程。栽针是缩短森林自然演替/恢复过程的重要手段，保阔是迅速形成/恢复地带性顶极森林的可靠保证。

栽针保阔是快速恢复小兴安岭林区阔叶红松林顶级群落的有效经营管理途径。目前我国东北利用栽针保阔理论形成的阔叶红松混交林近 100 万 hm^2。但由于林分透光抚育缺失或迟缓，林下红松的生长遭受严重抑制，乃至死亡。因此，在经营栽针保阔形成的阔叶红松混交林过程中，需要及时对红松上方的阔叶树进行调整，以更好地保障冠下红松的正常生长，加快我国东北地带性植被阔叶红松混交林的恢复。基于帽儿山站长期固定样地的动态监测研究发现，目前山杨、白桦先锋树种形成的天然次生林林龄在达到 50 年时逐渐出现大面积死亡。因此，采伐栽针保阔形成的阔叶红松混交林内大径级的山杨、白桦，一方面可以"解放"红松，促进红松的生长，加快阔叶红松林顶级群落的形成；另一方面，还可以提供大量木材，满足国家木材供给需求。此外，栽针保阔途径还应在小兴安岭林区更大的范围内推广，在天然阔叶林下广泛栽植红松，再按红松生长周期，定期/定量采伐上层阔叶树，首先采伐大径级的山杨、白桦，其次是大径级的水曲柳、胡桃楸等树种。通过长周期、连续的上层木择伐，保证冠下红松的正常生长、快速恢复阔叶红松林资源，同时实现森林资源的可持续利用。

在长白山、张广才岭、小兴安岭的研究表明：栽针保阔形成的阔叶红松混交林下的红松径向胸径生长和纵向树高生长都会随着上层阔叶树种抚育间伐强度的增加而显著增加（图 4-8）（徐蕊，2010）。可见，以栽针保阔途径恢复阔叶红松混交林需要定期实施透光抚育等森林经营管理措施，否则阔叶树下的红松会变成"小老头树"，最终死亡，导致栽针保阔恢复阔叶红松混交林的失败。

3. 大兴安岭林区

依托内蒙古大兴安岭森林生态系统国家野外科学观测研究站（简称大兴安岭站），在对寒温带兴安落叶松生态系统长期观测、研究的基础上，集成兴安落叶松过伐林结构优化技术模式，并建立了典型试验与示范区。

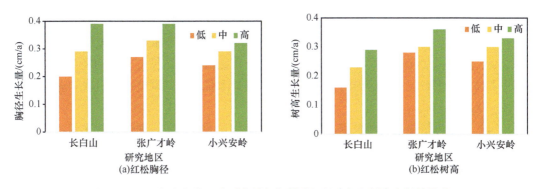

图 4-8　不同抚育间伐强度对栽针保阔样地红松胸径和树高生长的影响

　　兴安落叶松过伐林结构优化调整和多目标经营以发挥生态功能优先，兼顾木材生产和碳储存等主导功能为目标，具体包括：①调控林分结构，提高水平空间和垂直空间利用率，形成林木格局合理、垂直层次呈阶梯式分布的异龄复层林；②调整林分组成，落叶松和白桦组成比例接近 8∶2 至 9∶1 的混交林；③强化林分自然更新水平，提高林下草本多样性；④调整种间关系，使枯立木形成和更新格局更趋合理化。提出针对不同结构过伐林林分结构优化技术。采取人工补植、人工辅助更新、抚育间伐、诱导混交林等技术措施，调整树种组成、林木格局、垂直结构，提高林分空间利用率等。以期形成适应培育健康、稳定森林生态系统目标需求的森林可持续经营模式，为大兴安岭森林生态系统经营提供范例。不同经营目标的林分结构优化技术措施如下（王宝等，2015）。

　　（1）人工促进更新技术。对更新能力较差的过伐林，为提高天然更新能力，采取人工辅助天然更新的技术措施。①在母树周围（距母树 10 m）设置更新样方（1 m×1 m），清除样方内的灌木和草本，清理、抛开死地被物层，露出土壤表层，提高种子接触土壤的机率，促进种子发芽生根，实现林分天然更新。②人工辅助更新时，必须考虑胸径 DBH≥10 cm 林木位置和格局，尽量选择枯枝落叶层较厚，林木种子难以接触土壤的地点，避免与具有潜在天然更新能力的位置重叠。③在母树数量和位置合理的前提下，对林分更新仍然差的过伐林，采取调节营养生长和生殖生长关系等措施，促进林木开花结实。

　　（2）诱导混交林技术。针对白桦纯林进行局部抚育、人工补植等方法，将其诱导成白桦落叶松混交林。①对丛生白桦进行间伐，每丛保留 1 株干形较直、树冠圆满、生长良好的白桦，其余白桦萌生枝条（更新幼树、枯立木）一并伐除。②在林木空隙内，以"见缝插针"方式春季栽植 2 年生落叶松 Ⅰ 级苗，栽植密度为 2500 株/hm²。穴状整地长、宽、深度规格为 50 cm×50 cm×30 cm。栽植时根系舒展，分层填土，苗正踩实。把天然更新、人工辅助更新和人工补植有机结合，调控林分结构，节省成本。

　　（3）抚育间伐技术。针对白桦纯林、白桦落叶松混交林、落叶松白桦混交林 3 种类型林分，将落叶松作为目标树种，白桦作为伴生树种，山杨作为非目标树种进行作业设计。选择间伐对象时应考虑：①对丛生白桦进行间伐，每丛保留 1 株干形较直、树冠圆满、生长良好的白桦，其余白桦与萌生枝条（白桦更新幼树、枯立木）、山杨等非目标树种一并伐除。②间伐被压木（Ⅳ、Ⅴ级木）。伐除落叶松被压木中，无生长转换的占88.2%（玉宝等，2008）。③根据林分演替趋势，按照落叶松白桦混交林的经营目标，从林分主林层和演替层中，适当间伐白桦，抑制白桦木优势木，调整树种组成和调控林木演替，优化林分结构。

（4）目标树精细化管理技术。为优化林分结构，调控演替，促进林分生长，提高林分自然更新能力，增强生态功能，提出林分目标树分类管理等目标树精细化管理技术。将林分中的林木按照经营目的、用途和功能划分为7类：目标树、后备树、伴生树、演替树、母树、更新树、间伐树（玉宝等，2008；2011），明确了结构优化的目的性，对目标树实施精细化管理，有效分解了结构优化途径，方便了抚育经营操作，提高了森林经营的效率与效果。

4. 平原防护林区

农田防护林是人工森林生态系统，有必要进行人为的调节，以实现其功能的最佳。农田防护林结构调控可以理解为林带疏透度的调控。抚育间伐和修枝是调节林带结构、保障防护林永续利用的重要手段之一。林带的抚育间伐不仅仅是为了改善林木本身的生长条件，促进树木生长，更重要的是为了改善林带结构，以促进其更好地发挥防治自然灾害、改善环境条件的功能（姜凤岐等，2002）。在林带抚育间伐时，应把维持林带最优结构作为主要目的，而不是单纯地将防护林等同于人工用材林（姜凤岐等，2002；Zhu and Song，2021）。

（1）应用主导因子模型调控林带结构。应用疏透度主导因子模型，取平均疏透度值为0.25时的结构作为林带最适结构，结合林带林分结构各主导因子，即林带高、枝下高和胸高断面积，编制成不同林带高（H）、枝下高（H_0）及其对应的最适胸高断面积（G_S，$m^2/100\ m$）和最适株数表。对于任一条现实林带，只要通过常规的林带调查，取得100 m段林带的胸高断面积值（G），即可得到该林带的实际疏透度值；通常情况下，若林带的初植密度合理，林带进入防护成熟期后均表现为有叶期林带疏透度小于0.25；这表明林带过于紧密，可以通过间伐或其他措施（如修枝等）进行调整，即通过改变G值或H_0值使林带恢复到最适结构状态。一般间伐调整量可由式（4-1）计算得出。

$$间伐强度=(G-G_S)/G×100\% \qquad (4-1)$$

（2）机理模型调控林带结构。林带疏透度机理模型是以林带树木配置、行数（n）、株距（t）、保存率（P）、胸径（$D_{1.3}$）、冠下平均干径（D）、相对枝下高（h_0）等易测因子对林带疏透度影响规律的机理为依据，分别以矩形、品字形和随机（随机配置指无固定株距或行距的配置方式）3种配置类型，推导建立了干部与冠部的疏透度模型，通过林带冠长和树干长加权确立林带整体疏透度模型。

（3）林带抚育间伐的对象。表征林带防护效能的主要指标是林带结构——疏透度，林带树木所处的位置对林带结构的影响尤为重要，因此，把林带树木对林带结构贡献的程度和林木分化状态作为确定林带抚育间伐对象的依据。

林带树木的分化：与一般森林树木一样，林带树木分化的时间受树种、密度及人为干预等多因子影响。关于林木的分化，离散度是主要标志，一般森林树木离散度近于 1.0 即应进行第一次间伐。对于林带树木，离散度值大于 1.0 时即可认为树木开始分化。由于林带树木的离散度受林带行数、密度、年龄及人为干预制约，因此，林带树木的分化时间也受这些因子的影响。

林带树木的分级：一般林木的分级是以取得木树为目的，因此，其分级依据是树木分化的程度，采用的方法主要是克拉夫特分级法（姜凤岐等，2002）；而林带的主要作用是防治自然灾害、保护农田，林带树木分级的目的是使林带结构经常处于最佳防护状态，以充分发挥其防护效益，因此，除根据树木分化程度外，更主要是依据林带树木对防护效能贡献的大小，即对林带结构的作用大小。

林带树木的分级主要是用于林带进入速生期以后，因为此时林带树木不仅分化严重，而且结构也变得不合理需进行人为调控（抚育、间伐）。林带树木分级可以反映林木分化的进程，同时也反映了林带结构的需要。因此，间伐林木的选择可按林带树木分级标准进行（朱教君等，1996；姜凤岐等，2002），伐除对象主要为Ⅲ级木中的Ⅲ$_c$、Ⅲ$_d$和Ⅳ级木。

5. 高原防护林区

内蒙古高原东部樟子松天然林更新受到严重人为干扰，严重影响樟子松天然林的稳定性与可持续性。因此，采用封育促进该区樟子松天然林更新。首先根据樟子松天然林分布特征、天然更新情况、气象条件以及地质地貌，确定封育范围，根据樟子松更新类型确定不同的封育期限（金维林等，1999）具体如下：

（1）林分郁闭的樟子松天然林。作为用材林区，要达到第一次疏伐，需要封育 30 年时间；作为母树和采种特用林，可设为永久性封育区，封育时间应超过结实旺期，大约需 70～80 年。

（2）区域尺度呈密集分布的樟子松天然林。这种类型的樟子松林地，基本上是以原来沙地残存的孤立母树为中心，经过母树的自然落种多次更新形成，总体呈岛状或群团状密集分布，各个群团状樟子松林地之间还有面积大小不一的林间空地。樟子松林内有一代或几代母树，更新能力强，容易郁闭。此类型中，年龄在 10 年生左右的幼林占有很大比例，要形成更多的一代新母树，需封育 10 年左右。

（3）稀疏类型的樟子松天然林。这种类型主要是以风、鸟等自然因素为媒介远距离传播落种更新形成幼林，林龄一般在 10～15 年，封育时间应为 10 年左右。

（4）幼苗樟子松天然林。这种类型林地一般距母树较近，种源足。由于更新年限短，高度在 3 cm 以下，苗龄一般 3～5 年，形成母树群落，至少需要封育 15 年。

（5）半干旱草原半固定沙丘樟子松林。主要分布在海拉尔河两岸的沙丘上，中幼龄林占绝大部分，封育的主要目的是固定沙地保护草牧场，因此封育年限应定在 15～20 年。

（6）火烧迹地和空地上的林地。该类型具备天然更新的条件，由落种更新到形成母树至少需要 20 年时间。因此，封育时间应为 20 年以上。

6. 辽西丘陵防护林区

（1）刺槐异龄复层林经营。目前，辽西丘陵区的刺槐幼龄林郁闭度都在 0.9 左右，林冠郁闭，林下光照不足，通风不良，林内卫生状况差，林下植被更新差，水土保持功能下降（王海青，2021）。通过对辽西刺槐人工林采取透光伐、择伐等技术手段，控制上层木的数量，使得上层木郁闭度在 0.6 左右；下层木的郁闭度控制在 0.8 左右。通过对上层木的刺槐进行干基除萌和适度修枝，不但能够促进刺槐树高和材积生长，还能调控冠幅，冠层的高度，调控林内光照和通风条件。通过逐年对上层木刺槐的调控和下层木的落头、矮化、间伐平茬，使得林层间距维持在 3 m 左右。间伐平茬要结合上层木和下层木林层结构，逐年调控，使林分维持在较为协调动态的异龄复层结构。对非目的树种进行择伐和渐伐，逐步达到刺槐或刺槐为优势树种的异龄复层林（王海青，2021）。

（2）油松人工纯林改造混交林。丘陵区油松人工林绝大部分为单层纯林，同质性强、异质性差，生态系统功能低，稳定性差，而且长势不良。对丘陵区油松人工纯林实施择伐（中龄林、近熟林阶段，健壮林木的株数不足林分适宜保留株数 40%或林木蓄积量≤45 m^3/hm^2 的残次林分）、带状皆伐（中龄林、近熟林蓄积量≤45 m^3/hm^2，遭受到自然灾害危害较重，受害木超过 20%，无希望恢复成林的林分）、斑块状皆伐（III级国家公益林和地方公益林中的人工林，中龄林、近熟林年蓄积生长量≤2 m^3/hm^2，面积≥10 hm^2 的林分）（王世忠和郑璐，2016），并在皆伐迹地上栽植蒙古栎、元宝枫、刺槐、毛黄栌、山杏、侧柏、柠条锦鸡儿等适生树种（林阳，2017），造林后连续幼林抚育 3~5 年，人工诱导形成针阔混交林，增加生物多样性，提高生态系统功能和稳定性。

4.4 东北森林生态系统优化管理及主要模式

东北森林生态系统管理的主要目标：在天然林保护工程和全面停止天然林商业性采伐背景下，科学开展森林抚育、更新与重建，全面提升森林质量，提高森林生态服务功能，加快促进森林恢复性增长，修复和增强东北森林带生态功能，构筑农田防护屏障，增加木材战略资源储备。使森林生态系统的结构更加稳定、生态屏障防护功能得到恢复和持续、稳定发挥。依据东北森林分布特点，本节重点介绍东北林区典型森林生态系统优化管理模式。

4.4.1 长白山林区

1. 长白山中北部亚林区

1）过伐林结构调整与功能恢复模式

20 世纪 80 年代至天然林保护工程实施前，长白山林区开始实行择伐作业，早期的过伐林是长白山原始地带性森林植被阔叶红松林被"拔大毛"后遗留下来的针阔叶混交林类型（吴艳光，2006），后期则是经过多次择伐以后形成的阔叶混交林类型。在长白山北部或高海拔地区，还存在云冷杉过伐林类型和落叶松过伐林类型等。

（1）关键种更新技术：过伐林恢复的核心是关键树种恢复。其中，水曲柳、蒙古栎、紫椴等天然更新良好，通过抚育措施可达到群落演替和恢复的要求，但是过伐林中红松天然更新存在问题。通过林窗更新（最适林窗面积 150～500 m²）、林冠下人工更新红松等方式，实施栽针保阔的技术，实现过伐林的快速恢复。

（2）结构调控技术。以原始阔叶红松林中红松所占比例（胸面积）为过伐林结构调整的目标。对蓄积量在 90～150 m³/hm² 的林分进行低强度择伐，伐除生长不良的成熟木和病腐木，保留中幼龄林木。红松占比超过 50% 的过伐林，以天然更新为主，对阔叶树辅以人工促进天然更新措施；红松占比低于 50% 的过伐林，在林下人工补植红松，保持伐后林地内红松幼苗数量在 800～1000 株/hm²。

2）次生林生态恢复与结构优化模式

针对长白山区大量存在的杨桦林、柞木林，根据其不同的发育阶段，通过林分树种组成调配和结构调整，加快其演替进程，优化林分结构，提升生态功能。

（1）次生蒙古栎林生态恢复技术。次生蒙古栎林是该区次生林中分布最广、面积最大的森林植被群落类型组，大多数处于中、幼龄阶段。对密度较大的蒙古栎林，采取下层抚育，以用材林为培育目标，采用单株目标树培育法；对幼龄林，可根据实际情况，采用轻度到强度间伐；对中龄林，采用中度间伐和强度间伐（保留林木株数为 1600 株/hm²），逐步将其培育成蒙古栎用材林（全锋等，2020）。对密度较小的蒙古栎林，采取栽针引阔等技术，在林下引进红松，同时保留紫椴、黄檗、胡桃楸和水曲柳等乡土树种，逐步将其培育恢复成阔叶红松混交林。

（2）杨桦林恢复技术。次生杨桦林是指原始林经过皆伐后以白桦和杨树为主（20 年，胸高断面积占 80% 以上）的次生林，林下一般更新较好。依据生态关键种的更新策略，按照"栽针抚阔，分类恢复，分层管理，林隙干扰"的原则，通过自然封育、人工诱导、结构优化，实现天然次生杨桦林向目标阔叶红松林的定向培育。在红松天然更新不理想的地段，依据栽针抚阔方法恢复关键种，实现次生杨桦林的快速恢复。

2. 辽东亚林区

1）典型次生林结构调控与质量提升模式

（1）次生林冠下红松更新技术。林窗虽然促进了色木槭、紫椴等中性、耐阴乔木树种的更新，但顶极群落关键树种——红松未能通过林窗更新进入主林层。因此，在次生林生态系统经营中，应在缓坡、低海拔区域营造大、中林窗以提升林窗干扰的强度，并根据林窗年龄与大小，辅以引种、割灌、二次扩展林窗等诱导措施，以促进目标树种的更新，从而加速次生林生态系统的恢复与正向演替。以透光分层疏透度作为林分光环境指示因子，依据红松随生长需光量不断变化的特征，制定红松不同生长阶段的林分结构调控方案。对低效天然次生阔叶林采取补植红松等针叶树种，并进行割草、割灌、抚育采伐等人工辅助措施，促进红松等建群树种幼树（苗）生长，诱导、促进林分结构优化和正向演替，加速阔叶红松混交林的培育过程。

（2）人工模拟自然干扰形成林窗促进次生林恢复更新技术。次生林生态系统林窗干扰强度偏低、以天然小林窗为主，单独依靠林窗的天然更新实现东北次生林生态系统向原始林的演替是一个漫长过程。在目标树种更新不良且存在该树种的退化天然林，根据坡度调整林窗面积设置林窗大小（坡度<15°，林窗面积 300～500 m²；坡度为 15°～25°，林窗面积应适当缩小；坡度>25°则不宜设置林窗），一般选择近似圆形或近椭圆形，但通常依据地形、地势等自然环境条件而做适当调整（调整林窗形状）。在林窗形成初期根据需要，引进目标树种；在林窗形成后期，可人为保留目标树种，去除非目标树种（朱教君等，2018）。

2）人工林结构调控与功能优化模式

（1）落叶松人工林土壤肥力维持技术。林木采伐将从系统中带走大量养分元素，致使地力衰退更加恶化，从而造成人工林生态系统养分收支失衡，最终降低人工林的生产力。叶片养分再吸收是一种重要的体内养分保存机制，能够降低植物对土壤养分供应的依赖，是对贫瘠土壤环境的适应策略。改变采伐方式和间隔期，将采伐期由 40 年延长至 55～60 年；在采伐时，应只将树干带走，而将树枝、树皮和树叶等组分留在林地中，使其自然分解、养分重新归还利用（刘文飞等，2008），可减少约 41%的养分输出量，这些养分元素保留在土壤中，有助于缓解地力衰退（闫涛等，2014）。

（2）落叶松人工林结构优化与多目标经营技术。在立地条件好的区域，通过间伐和植苗优先将落叶松人工纯林诱导为落叶松-优质硬阔树种（如：水曲柳）的林分结构，培育珍贵优质木材；对于坡度较陡林地（坡度 8°～25°），可通过人工添加种源、植苗，结合适当的间伐等科学经营措施，将落叶松人工纯林诱导成为兼顾供给型与调节生态服务型的针阔混交林；对于坡度大于 25°的陡坡落叶松人工林，通过强度抚育，优化林分结构，提升其调节性生态服务功能，将其按生态公益林培育。在生态敏感区及江河重要源头区，采用强度抚育，全面优化空间、树种、龄组结构（林窗调控、冠下更新等），强化林下有益灌草的保护和生境改善（刘胜利等，2014），将现有落叶松人工林改造成为调水、净水、蓄水能力更强的复层混交林。

3. 林下经济复合经营模式

（1）林菜复合经营技术。基于林下林窗光指数调控技术，在落叶松林下栽培大叶芹和龙牙楤木，形成高效的林菜复合经营模式。落叶松人工林的首次间伐应选择在低于林分平均胸径 0.8 倍以下的立木株数达到 30%、林分郁闭度在 0.9 以上、林分平均胸径连年生长量明显下降时。间隔期 5～8 年，采用下层抚育法（丁磊，2019），做到留优去劣，留大砍小，密间稀留，抚育间伐（采伐）的蓄积强度控制在 25%以下，对保留木进行人工整枝作业，整枝强度为幼龄林整枝后，冠高比≥1∶2，中龄林整枝后，冠高比≥1∶3

（吕媛，2019）。通过间伐调控林下光环境，在林下栽培龙牙楤木和大叶芹，形成林菜复合经营模式，刺龙牙栽植的株行距为 1 m×1 m，大叶芹株距以 0.1 m×0.1 m 为宜。上述模式既可保证木材生产，又可取得良好的经济收益，同时提高人工林纯林的生态服务功能。

（2）林药复合经营技术。以透光分层疏透度作为林分光环境指示因子，调控林下人参上方<0.5 m 光条件，提高人参成活率。模拟自然环境，在自然干扰形成的大林窗下种植五味子，在小林窗内栽植细辛、刺五加等（朱教君等，2018），形成林药复合经营模式。需采取耕作或起床作业，此类方式林地利用面积控制在≤5 hm^2，耕作面或床长≤15 m，上下耕作面或床之间保留≥2 m 的原有植被隔离带，每隔 10 床顺山保留≥5 m 宽的隔离带。沟谷（溪流）、山脊与垦植区之间保留≥20 m 的原有植被区（刘胜利，2018）。

4.4.2　小兴安岭林区/亚林区

1. 原始林经营管理模式

原始林是指由天然原生树种形成，没有明显的人为活动影响，生态环境保存完好，树种组成和整体生态过程基本没有受到干扰，基本处于原始状态的森林类型。小兴安岭林区的原始林主要是阔叶红松林、云冷杉林，属于重点公益林。封禁管护包括阔叶红松林在内的原生森林植被；在严格保护的前提下，对需要造林的宜林地及时更新造林，原则是以封山育林为主，辅以补植、人工促进天然更新，对稀疏林地进行人工造林填补空白生态位，对退化严重的低质低效林按照先造后抚的方式进行改造，逐步优化森林结构，尽快提高生态功能。

（1）母树林经营模式。通过疏伐和卫生伐，合理定株，及时清除病虫害木和树头枝丫，增强母树光照和生长发育空间，提高母树的结实量和种子品质，保护好红松原始林物种基因库。

（2）森林公园经营模式。开展适度经营，修复森林景观，提高景观林品质和游憩功能，促进旅游业发展，实现以游养人、养林、养企的目的，提高社会服务价值。

（3）用材林经营模式。对用材林严格执行森林抚育、采伐和更新造林技术规程，合理采取抚育间伐、补植、人促、采伐、更新造林和退化林分改造等措施，促进林木快速生长，不断提高森林生长量和林分质量，增加蓄积量和碳汇储备，为国家培育、储备更多优质森林资源。

（4）兼用林经营模式。因地因林制宜，以培育珍贵大径材为主要目标，根据树种林学特性合理采取带状渐伐、伞状渐伐、群团状择伐和单株木择伐等作业法进行合理经营，辅以补植、人促、采伐、更新造林和退化林分改造。

（5）坚果用材林经营模式。近年来由于红松松子价格上升，人为地连年采摘红松球果成为影响红松土壤种子库密度的重要因素。针对阔叶红松林因红松种子采摘导致的红松天然更新不良问题，可通过松子回购撒播、停止外包采摘等方式，促进更新。

2. 退化次生林恢复与管理模式

（1）天然过伐林的恢复与管理技术。小兴安岭的过伐林中红松种群数量较为丰富，同时又具备良好的演替趋势，因此在经营策略上可采用封山育林及透光抚育措施。在集约经营条件下可采用"定株培育"的方法，即在团块树群里选出一定数量的红松或在无红松的阔叶树里选出珍贵阔叶树作为培育对象，利用培育木周围的辅佐木，人为创造侧方庇荫和上方透光的适宜林隙条件，使红松幼苗尽快进入演替层，促进演替层红松幼树向主林层进展，加速实现阔叶红松林建群种的复位和生态系统的全面恢复。

（2）林分质量较好的次生林恢复与管理技术。应采取栽针保阔途径，并施以中度透光抚育方式，同步培育上层阔叶林木和下层红松的针阔混交林，既能够加快阔叶红松林的恢复进程，又可以协调木材生产与生物多样性保护的矛盾。

（3）林分质量较差的次生林恢复与管理技术。应采取栽针保阔途径，并施以强度透光抚育方式，以培育下层为主要目的，只保留部分有培育前途的目的树种，伐除霸王树、干形不良（弯曲、分杈、偏冠等）、病腐木及非目的树种，为下层红松与阔叶树的快速生长创造良好的群落环境，最终实现森林的可持续经营。随着后期阔叶树的不断侵入，应及时给予多次透光，促进红松生长，加速阔叶红松林的恢复进程（徐蕊等，2010）。

3. 人工林结构优化与质量提升模式

人工林经营将以面向生态系统服务的质量与效益提升为核心，多层次、多尺度权衡与协调好人工林生态系统的多目标服务，倡导并实施人工林生态系统适应性经营策略，提高人工林生态系统对气候变化的抵抗能力和适应多目标经营变化的韧性（刘世荣等，2018）。

（1）人工落叶松林结构优化与质量提升技术。在缓坡地带人工落叶松林冠下栽植红松、云杉等，并保留天然的阔叶树种，采取多次人工超前更新方法，形成异龄混交林，人工更新每次宜采取 500～600 株/hm²，同时防止自然灾害因素影响造成一次更新失败，减少一次性造林成本的支出过大，以天然更新与人工更新数量之和达到指标为标准。

（2）人工红松林结构优化与质量提升技术。严格控制抚育采伐强度，控制树高、胸高直径与株数的比值不超过标准值范围，并保留天然的阔叶树种和云冷杉树种，诱导成针阔混交林。根据现实林分的特点采取不同的培育措施，对有伴生的云冷杉、紫椴、枫桦、榆树、黄檗、胡桃楸、水曲柳等树种且比例在 30%～40%的林分，应培育大径级红松用材林；对于红松分叉较早的林木可控制干材 4 m、8 m、12 m，采取红松顶端平头，按几何级数形成主干多叉，培育红松果材兼用林；对于分叉较多结实量高的林分，不控制树干高度改建成红松优质坚果林；对于树高 3 m 以下的林分，根据经济发展的需要，可进行人工接穗培育无性系红松坚果林。

（3）人工云杉林结构优化与质量提升技术。需根据现实林分的特点采取不同的培育措施，保留上层林木，严格控制人工幼龄林上层郁闭度，防止生态环境的改变造成林木的死亡。

（4）人工樟子松林结构优化与质量提升技术。在坡地樟子松林冠下栽植红松、云杉、紫椴树种并保留天然的阔叶树种，采取人工超前更新方法，形成针阔混交林，人工更新根据林冠下天然更新密度确定。抚育时严格控制林分树高、胸高直径与株数的比值不超过标准值范围，防止水土流失和沙化形成裸岩地（孙慧杰等，2006）。

4.4.3　大兴安岭林区

1. 大兴安岭北部亚林区

1）火烧迹地退化森林生态系统恢复与重建模式

针对兴安落叶松生态系统火烧及采伐迹地的生境和植被退化，森林生态系统恢复与重建技术包括：火烧及采伐迹地快速更新技术、低效林边缘效应植被快速恢复技术、迹地林分改造和抚育间伐技术、迹地恢复遥感监测及其辅助决策技术，旨在实现火烧及采伐迹地森林生态系统快速恢复和功能提升。

（1）火烧及采伐迹地快速更新技术。依据不同类型的火灾迹地成因与环境因子，将火烧迹地划分为多种类型（旱生化迹地、湿生化迹地、中生化迹地、瘠薄迹地、中等迹地、富养迹地），通过水分、养分、植被与微生物调控等措施，采取壮苗培育、促进更新、整地抚育等手段进行迹地植被调控；集成人工更新、天然更新、人天混更新等技术，构建火烧及采伐迹地快速更新技术体系，以快速恢复火烧及采伐迹地的森林植被。

（2）低效林边缘效应植被快速恢复技术。利用未过火或者过火轻微地区种源丰富和林冠疏开导致的边缘效应，以及森林边缘存在大量天然更新苗的特点，采用人工促进天然更新和人工更新（补植与播种）的技术。其中，人工促进天然更新采用块状整地法，在拟更新处设置规格为 1 m×1 m 的更新样方，除去杂草层，尽量保证不破坏天然更新幼苗，深度以见土为宜，以促进林地周围母树的自然落种有效接触到土壤。人工更新主要采取穴状整地，以见缝插针的方法植入容器苗，保证不破坏天然更新幼苗，以利于森林植被的快速恢复。

（3）迹地林分改造和抚育间伐技术。采取不同的改造方式（择伐后人工促进更新、人工促进天然更新、诱导混交林、抚育间伐）和不同抚育间伐强度（10%、20%、30%、40%）的试验表明，人工促进天然更新、择伐后人工促进更新促进了林木生长，而抚育间伐提高了林下植物多样性，增加了林下生物量。研究表明：30%～40%的抚育强度有利于提高兴安落叶松林林下多样性和生物量（温晶等，2019），据此，构建了迹地林分改造和抚育间伐技术体系。

（4）迹地恢复遥感监测及其辅助决策技术。利用密集 Landsat 时间序列数据，基于地面不同恢复阶段大样地数据，定量研究遥感信号与林分结构关系，并融合多源遥感数据评估森林恢复进程，结合生理模型、生长模型、遥感数据和植被恢复机制研究成果，建立不同迹地类型、恢复措施和气候条件下的森林恢复模拟模型，辅助实现最优决策，实现森林恢复（进程、速率）和质量提升的遥感监测。

2）过伐林生态系统恢复与管理模式

针对过伐林以中幼龄兴安落叶松为主的特点，通过人工促进更新、诱导混交林以及基于目标树精细化管理的抚育间伐等技术，调控林分树种组成、林分密度、空间格局、垂直结构，集成针对不同经营目标的林分结构优化技术体系。

（1）人工促进更新技术。针对林分更新较差的过伐林，采取人工辅助天然更新的技术措施。在母树周围（距母树 10 m）设置 1 m×1 m 的更新样方，清除样方内的灌木和草本，清理、抛开死地被物层，露出土壤表层，提高种子接触土壤的机率，促进种子发芽生根，促进林分天然更新。对林分更新仍然差的过伐林，可采取调节营养生长和生殖生长关系的技术措施，促进林木开花结实（玉宝，2018）。

（2）诱导混交林技术。针对白桦纯林，通过局部抚育、人工补植方法诱导成白桦落叶松混交林。对丛生白桦进行间伐，每丛保留 1 株干形较直、树冠圆满、生长良好的白桦，其余白桦萌生枝条（更新幼树、枯立木）一并伐除。在林木空隙内，以"见缝插针"方式栽植 2 年生落叶松Ⅰ级苗，栽植密度为 2500 株/hm^2。将天然更新、人工辅助更新和人工补植有机结合，培育诱导成混交林（玉宝，2018）。

（3）抚育间伐技术。针对白桦纯林、白桦落叶松混交林、落叶松白桦混交林 3 种类型林分，进行抚育间伐设计。将落叶松作为目标树种，白桦作为伴生树种，山杨作为非目标树种，按照经营目标，针对不同结构的林分，采取相应优化措施，确定合理的间伐强度（蓄积强度和株数强度）。其中，间伐强度主要取决于林分中被压木的株数比例、丛生白桦株数比例、林分演替状况等（玉宝，2017）。

2. 大兴安岭中南部亚林区

1）白桦次生林生态修复模式

针对不同退化类型的白桦次生林，采用抚育改造技术，人工促进天然更新技术，混交林诱导技术和封育局部抚育技术，引针入阔，恢复大兴安岭白桦次生林生态系统。

（1）抚育改造技术。针对白桦纯林、白桦落叶松混交林（白桦 50%以上）两种类型林分，将落叶松作为目标树种，白桦作为伴生树种，采用综合抚育法。伐除一定比例的被压木，保留自然形成的枯立木、枯倒木，促进目标树生长，调控林分演替，兼顾主林层、演替层和更新层等各个层次。间伐强度的大小，主要由林分中被压木的株数比例、丛生白桦株数比例、林分演替状况等来决定。伐后郁闭度保留在 0.6。间伐对象：①每丛保留 1 株干形较直、树冠圆满、生长良好的白桦，其余白桦与萌生枝条（白桦更新幼树、枯立木）一并伐除。②间伐被压木（Ⅳ、Ⅴ级木）。在兴安落叶松被压木中，无生长转换的占 88.2%，伐除这些被压木。③根据林分演替趋势，按照落叶松白桦混交林的经营目标，从林分主林层和演替层中，适当间伐白桦，抑制白桦优势木，调整树种组成和调控林木演替，优化林分结构（王宝，2017）。

（2）人工促进天然更新技术。更新较差的白桦次生林，林分密度通常较小，为提高其天然更新能力，可采取人工促进天然更新技术：在母树周围（距母树 10 m）设置 1 m×1 m 的更新样方，清除小样方内的灌木和草本，清理、抛开死地被物层，露出土壤表层，提高种子接触土壤的机率，促进种子发芽生根，促进林分天然更新。人工辅助更新时，必须考虑胸径（DBH）≥10 cm 林木位置和格局，尽量选择枯枝落叶层较厚，林木种子难以接触土壤的地点，避免与具有潜在天然更新能力的位置重叠（玉宝，2018）。

（3）混交林诱导技术（林下栽针改造）。对于白桦纯林，可采取诱导混交林技术，通过局部抚育、人工补植方法，提高针叶树种比例，诱导成白桦针叶混交林：①对丛生白桦进行间伐，每丛保留 1 株干形较直、树冠圆满、生长良好的白桦，其余与白桦萌生枝条（更新幼树、枯立木）一并伐除（玉宝，2017）；②在空隙内以见缝插针方式栽植红松、云杉、樟子松等，栽植密度为 2500 株/hm²。春季栽植，当年成活率达到 90%，三年保存率要达到 85% 以上。穴状整地长、宽、深度规格为 50 cm×50 cm×30 cm。栽植时根系舒展，分层填土，苗正踩实（丁琛，2012）。

（4）封育局部抚育技术。对于白桦落叶松混交林中白桦占比较高的林分，可采用封育局部抚育技术，即对株数密度大的白桦林分采用局部抚育，采伐干型弯曲、生长差、胸径小、群团状生长的白桦林，而对株数密度小的兴安落叶松林分进行封育管理改造。通过封育管理，可以改善林内环境，提高森林生物多样性，增强生态效益。

2）退化次生林恢复与管理模式

大兴安岭退化次生林以蒙古栎次生林为代表，其树种组成主要为蒙古栎，黑桦为伴生树种，树种比例 9∶1，从经济基础与生态效益等方面考虑，恢复方式主要采用人工播种、人工补植、人工整枝复壮等技术措施。人工补植选择云杉、红松、樟子松等乡土树种，恢复蒙古栎次生林。

（1）人工播种技术。针对陡坡瘠薄退化严重林分（林分稀疏、退化严重、林分生长状况很差的蒙古栎林），为了提高林分密度，避免初期生长缓慢的幼苗由于恶劣环境等因素死亡，增加直播蒙古栎存活率，"见缝插针"直播蒙古栎种子，穴行距 2～3 m，每穴 3 粒种子，覆土 3～4 cm，踏实，浇水。采取防护措施，避免动物取食种子。

（2）人工补植技术。对于平缓斜坡蒙古栎疏林（郁闭度较低的林分，阴坡）、平缓斜坡中厚土层的蒙古栎疏林（郁闭度 0.2～0.4，原有林木生长良好，阳坡）和陡坡瘠薄退化林分（针对林分稀疏，原有林木生长良好，阴坡，土壤水分低，土层薄，林分生长状况很差的陡坡蒙古栎林），采用"见缝插针"的方式补植红松、云杉（2～3 年生），培育成蒙古栎针阔混交林。

（3）人工整枝复壮技术。对于平缓斜坡蒙古栎萌生幼龄密林（萌生株数较多的林分，生长状况一般，杂灌多），在同一丛内对生长不良的萌生植株适当稀疏，保留 2～3 株健壮萌生植株。对林下植被注意保证其物种多样性，保留并解放实生苗。修枝高度 1～2 m，逐步培育成蒙古栎林。

4.4.4　平原防护林区

东北平原防护林主要为农田防护林，下辽河平原、松嫩平原、三江平原农田防护亚林区的树种主要为杨树林带（网），上辽河平原防风固沙林与科尔沁西部防风固沙林类型相近、树种组成相似（与科尔沁西部防风固沙亚林区一并介绍）。东北平原农田防护亚林区存在的问题较一致：树种组成单一，病虫害严重；结构不合理，断带现象普遍；成熟林过多、更新严重滞后。基于农田防护林可持续经营技术，提出如下可持续经营模式。

1. 树种替代型经营模式

针对进入更新期，树木（杨树）老化显现严重、病虫害严重、大面积枯死的林带；或未达到更新期，但由于树种选择不当造成生长不良、达不到防护要求的林带；或连续缺带 20 m 以上或者断带总长度超过林带总长度 20%以上林相残破，且改造无望的杨树林带，宜采用树种替代型经营模式。针叶树种（樟子松、油松、云杉）具有抗逆性强、枝叶构型和不落叶特点，非常适合冬春季节的风沙防护，同时常绿树种配置的林带能够长时间保持良好结构，季相变化小，可持续稳定地发挥功能，以针叶常绿树种取代现有以杨树品种为主的阔叶农田防护林。另外，落叶松、白榆、旱柳也是东北地区替代杨树的优良树种。因此，利用全带皆伐更新技术，将整条林带全部伐掉，在采伐迹地上，栽植两年生的樟子松、油松、云杉、落叶松、白榆和旱柳等树种，株行距为 2 m×2 m 或 2 m×3 m，从而取代现有以杨树为主的农田防护林带。同时，也可以在采伐迹地上直接栽植针阔混交林带和不同阔叶树种混交林带。针阔混交林带如樟子松与杨树、樟子松与旱柳混交林带，采用 2 行同树种对称混交方式，株行距为 2 m×2 m。不同阔叶树种混交林采用株间混交（柳×杨×柳×杨，榆×杨×榆×杨，株行距为 2 m×2 m；边行栽植灌木紫穗槐、胡枝子，株行距为 1 m×1 m）、不对称式混交（榆×杨×榆×杨，柳×杨×柳×杨，株行距为 2 m×2 m，边行栽植灌木紫穗槐、胡枝子，株行距为 1 m×1 m）和对称式行间混交（榆×榆×杨×杨，柳×杨×杨×柳，榆×杨×杨×榆，杨×杨×柳×柳，株行距为 2 m×2 m）（姜凤岐等，2002）。

2. 树种轮换更替型经营模式

对于进入更新期的林带，宜采用树种轮换更替型经营模式。采用半带更新、带外更新和带内更新方式，在采伐迹地上营造两年生的不同品种杨树、樟子松、落叶松、白榆和旱柳等树种，将单一杨树树种林带诱导形成不同品种混交、不同阔叶树种混交、针阔混交林，从而实现多树种、多品种的优化组合。采用半带更新方式，主要适用于气候严酷、立地条件差、风蚀沙化严重地区；更新树种的新植林带与保留林带之间至少相距 3 m，待新林带形成并达到要求高度时，再伐去保留带，同样，经过整地后再用更新树种加以替代。带外更新方式（滚带更新），适用于区域内防护林体系不健全、风沙危害严重、粮食生产低而不稳定的风沙危害区，同时，也适用于土地面积较大、能够调整农田与宜林地权属关系的地区；新植林带与原林带的距离至少要 3 m，待新林带成型后再伐去原林带（姜凤岐等，2002）。带内更新方式，主要适用于一般风沙危害区，在林带内原有树木行间或伐除部分树木的空隙地上进行带状或块状整地，营造更替树种，并依次逐步实现对全部林带的更新（姜凤岐等，2002）。

3. 林带结构优化型经营模式

针对林带密度大（林带疏透度<0.2），竞争激烈，林带郁闭后出现挤压现象的中幼龄林带、近熟龄林带；或者连续缺带小于 20 m 或者断带总长度低于林带总长度20%以上，从而导致林带结构不符合防护要求的林带（林带疏透度 0.15～0.35），宜采用林带结构优化型经营模式。对于林带疏透度<0.2 的林带，在不影响林带结构和防护效应的前提下，按照少量多次、去劣留优、去弱留强、去小留大、适度间伐原则，主要伐除病虫害木、风折木、枯立木、霸王树以及生长过密处的窄冠偏冠木、被压木和少量生长不良树木。间伐后的林带疏透度介于 0.25～0.35。对于连续缺带小于 20 m 或者断带总长度低于林带总长度20%以上的林带，采用补植补造的经营技术，在缺少林带的地方，补植补造相同树种的幼苗，从而完善林带结构。

4.4.5　高原防护林区

1. 呼伦贝尔防风固沙亚林区

该区域防风固沙林应朝着加强经营、提升森林质量方向发展；重点开展异龄复层混交林经营模式、结构调整型经营模式和疏林草地型经营模式。具体如下。

1）异龄复层混交林经营模式

该模式主要适用于林郁闭度较高导致林下植被光照不良的固沙林，或由于纯林易于引发病虫害大面积爆发的中幼龄林。采用透光伐、生态疏伐、卫生伐和修枝等技术，伐除干型较差、长势不良、分布不合理的林木以及被压木和濒死木，伐除后的保留密度不高于水量平衡下的林分密度。在采伐迹地上，针叶林营造阔叶树种（杨树、榆树、沙棘、胡枝子等），阔叶林分营造针叶树种（樟子松、沙地云杉、侧柏等），株行距为 2 m×2 m～2 m×3 m，从而形成异龄复层混交林。

2）结构调整型经营模式

该模式主要针对固沙林中林分郁闭度较高、树种适宜、林下植被光照不良处于防护成熟前期的中幼龄林。主要采用透光伐、疏伐、卫生伐和修枝等技术。在不影响防护效益的前提下，基于水量平衡原理，根据树种、林分密度、郁闭度等选择抚育措施（豪树奇，2008）。

3）疏林草地型经营模式

该模式主要适用于不适宜营造纯林的区域，通过间伐、生态疏伐、补植补造等技术，诱导形成疏林草地生态系统。

2. 科尔沁西部防风固沙亚林区

科尔沁西部防风固沙林主要为樟子松人工林（与上辽河平原防风固沙林相同），樟子松人工林生长迅速，适应性强，在早期较好地发挥了防风固沙的效果，但近年来，由于强烈的人为干扰，樟子松人工林出现了衰退，影响其防风固沙功能的发挥。因此，该区樟子松的经营重点是以水量平衡和水资源承载力为依据的退化林分修复，诱导形成混交林，提升、重建和恢复防风固沙林的防护功能。为了修复衰退的樟子松固沙林，针对未达到更新龄的衰退固沙林，根据不同衰退程度（轻度衰退：单位面积衰退木、死亡木株数占总株数的 20%～30%；中度衰退：单位面积衰退木、死亡木株数占总株数的 31%～50%，重度衰退：单位面积衰退木、死亡木株数占总株数的 50%以上），采取以下经营模式：

1）重度衰退固沙林修复经营模式

对于衰退严重的固沙林，采取小面积块状皆伐、带状皆伐、林（冠）下造林、全面补植更新等方式进行全面改造。根据林分衰退状况、坡度等情况，采用不同方式进行修复。①小面积块状皆伐：相邻作业区应保留不小于采伐面积的保留林地。②带状皆伐：相邻作业区保留带宽度应不小于采伐宽度。采伐后应及时更新，更新树种按防护林类型要求、兼顾与周围景观格局的协调性确定，原则上营造混交林，可采取块状混交、带状混交等方式。根据更新幼树生长情况，合理确定保留林地（带）修复间隔期，原则上更新成林后，再修复保留林地（带），间隔期一般不小于 3 年。③林（冠）下造林：林（冠）下造林更新应选择幼苗耐庇荫的树种。造林前，先伐除枯死木、濒死木、有害生物危害的林木，然后进行林（冠）下造林。待更新树种生长稳定后，再对上层林木进行选择性伐除，注意保留优良木、有益木、珍贵树。④全面补植更新：退化严重、林木稀疏、林中空地较多的衰退固沙林，可采用全面补植方式进行更新。先清除林分内枯死木、濒死木、生长不良木和有害生物危害的林木，然后选择适宜树种进行补植更新。

2）中度衰退固沙林修复经营模式

根据枯死、濒死木分布状况，可采用块状择伐、带状择伐、单株择伐等方式，伐除枯死、濒死木，并补植补造，营造混交林，优化林分结构。同时，注意保护自然更新的幼苗幼树。

3）轻度衰退固沙林修复经营模式

可采取疏伐、透光伐、生长伐、卫生伐、修枝、平茬，以及浇水、施肥等方式，清除死亡和生长不良的林木，调节密度、改善通风和光照状况，促进林木生长，提高林分质量。同时，对林间空地进行补植补造、人工促进天然更新、割灌除草，结合保留的优良植株，形成异龄复层混交林（段健等，2016）。

4.4.6　丘陵防护林区/亚林区

该区域水土保持林应重点加强基于结构优化原理的密度调控、人工诱导更新以及低质低效林改造，促进林分结构调整，恢复低效林的功能，从而提高水土保持林质量和功能。具体如下。

1. 异龄复层混交林经营模式

对于目的树种符合水土保持林要求，郁闭度较高且处于更新期前、林下天然更新困难的林分，应采用复层异龄混交林经营模式。采用天然更新、人工促进天然更新、人工更新方式，通过透光伐、生态疏伐、生长伐、择伐等技术，伐除干型较差、长势不良、分布不合理的林木以及被压木和濒死木。抚育后在采伐迹地上，针叶林下营造阔叶树种（刺槐、旱柳、白榆），阔叶林下营造针叶树种（侧柏、油松），形成异龄复层混交林（杜晓军等，1999）。郁闭度较小的林分，应补植补造耐荫性树种。在林冠下更新幼树后的 3 年内，每年进行 1～2 次割灌除草，清除妨碍幼苗生长的灌木杂草，促进幼苗生长。

2. 抚育调整型经营模式

该模式适合生长发育不符合水土保持功能要求的林分，或遭受病虫害、火灾等，病腐木>10%的林分。通过透光伐、生态疏伐等技术，以及补植补造等技术，形成最佳透光疏透度的林分。

3. 封育型经营模式

该模式主要适合天然次生林或者水土流失严重的人工林。该经营模式是依靠自然更新能力恢复成林的一种方式，在自然力和人力的共同作用下使纯林转变为混交林。例如，针对处于陡坡、土层薄等困难立地条件的油松林等，采用封山育林的经营模式，依靠人力促进人工林向近自然林的演替，充分发挥人工-天然植被的生态效益（姜凤岐等，2007）。借助林木的天然更新能力，防止人为破坏，保护林分自然繁殖生长。可对林分实施封育结合，在实施封育的同时，辅以人工促进手段，定期对林分进行抚育，伐除枯立木，加速优良木生长，以促进林分结构更加稳定，进一步提高林分质量。

4. 低效林改造经营模式

低效水土保持林主要采用补植改造、效应带皆伐改造和综合改造的方法。补植主要适用于林相残破的疏林，可采用均匀补植和局部补植的方式。效应带皆伐改造主要适用于残破的天然次生林和结构单一的人工针叶纯林。综合改造主要用于林相老化和自然灾害引起的低效林。带状或块状伐除非适地适树树种或受害木，引进与气候条件、土壤条件相适应的树种进行造林。一次改造强度控制在蓄积量的 20%以内。

①对疏林地，进行补植改造。因地制宜地选用适生、优良种苗进行植苗造林。②对结构简单的针叶纯林，进行效应带皆伐改造。造林后连续幼林抚育 5 年，人工诱导形成针阔混交林。③对近中龄林生长发育不良且仍未郁闭的林分以及病虫害或其他自然灾害严重的林分，进行综合改造，伐除枯立木、病腐木、濒死木、老龄木、霸王树及生长不良、质量低劣的林木，补植适宜树种。④补植树种选择原则：针叶纯林或以针叶树种为主的林分补植阔叶树种，阔叶纯林补植针叶树种或与其不同的阔叶树种，以形成复层混交林。

4.5　东北林区森林生态系统质量提升的优化管理建议

东北林区森林生态系统质量提升对生态屏障功能充分发挥具有重要意义。东北林区包括《全国重要生态系统保护和修复重大工程规划（2021—2035 年）》中的东北森林带和北方防沙带（部分），其中，东北森林带由大兴安岭林区、小兴安岭林区、长白山林区构成，是我国重要的木材生产基地，也是东北地区重要的生态屏障，在调节东北亚地区水循环与局地气候、维护国家生态安全以及保障国家木材供给等方面起到重要作用；北方防沙带由平原、高原和丘陵防护林区等组成，是防沙治沙、黑土地保护的关键性地带，在保护黑土地、防风固沙、保持水土/涵养水源等方面起到重要作用，同时也是生态保护和修复的重点和难点区域。

东北森林带是我国重点国有林区和北方重要原始林区的主要分布区，由于长期高强度的人为干扰（采伐和开垦），森林、湿地等原生生态系统退化，主要表现为森林结构不合理、质量不高、中幼龄林面积占比增大，从而导致森林屏障、多样性维持等功能下降。为此，国家实施了东北森林带生态保护和修复重大工程，通过天然林资源保护、退耕还林还草、森林质量精准提升等重大生态工程的实施，持续推进天然林保护、恢复森林资源、提升森林生态系统功能、加强森林经营和战略木材储备与发展林区经济等。

北方防沙带（东北区）植被稀疏，土地沙化、次生盐渍化严重，是我国生态环境最脆弱的地区之一。主要表现为林草植被质量不高，远低于全国平均水平；动植物自然栖息地受扰，野生物种减少，生物多样性受损；风沙危害严重等。为此，国家实施了北方防沙带生态保护和修复重大工程，通过三北防护林体系建设、天然林保护、退耕还林还草、防沙治沙等重大生态工程的实施，进一步增加林草植被盖度，增强防风固沙、水土保持、生物多样性等功能，提高自然生态系统质量和稳定性，筑牢我国北方生态安全屏障。

本节基于东北森林带与北方防沙带的生态功能定位、国家需求，以及开展东北森林带生态保护和修复重大工程、北方防沙带生态保护和修复重大工程的科技需求等，在上文对东北森林生态系统质量现状及问题剖析的基础上，提出东北森林生态系统质量提升的优化管理建议。

1. 完善并实施森林生态系统保护修复制度，优化区域生态安全屏障体系

森林是陆地生态系统的主体和维护生态安全的屏障，对人类生存发展具有不可替代的作用。结构合理、持续稳定的森林生态系统是生态屏障功能高效发挥的前提与基础。为了更好地维持与提升东北森林生态系统的生态屏障功能，国家已实施了天然林保护工程、退耕还林还草、防沙治沙等重大生态工程。未来几年，东北林区应以国家重大生态工程建设为抓手，全面贯彻落实《天然林保护修复制度方案》《山水林田湖草生态保护修复工程指南（试行）》，加强原始林生态系统保护，科学编制天然林保护修复规划，合理确定天然林保护重点区域，实施天然林生态修复。稳步推进以国家公园为主体的自然保护地体系建设，完善东北虎豹国家公园建设，完成自然保护地整合优化，提升自然保护区保护能力。积极推进珍稀濒危物种抢救工程，特别是对重点抢救保护的珍稀濒危野生动植物，以及新发现、新记录的其他珍稀濒危野生动植物，优先实施抢救保护。强化野生动植物资源调查与监测。严控松材线虫病，实行疫区"四色"管理，分区分级科学防治，科学控制松材线虫病发生面积和疫点数量。提升森林火灾防控能力，坚持森林防灭火一体化，编制实施森林火灾防治规划和防护标准等。

在大兴安岭林区以兴安落叶松原始林保护为重点，开展原始林保护：对绰纳河林业局、双河自然保护区、呼中自然保护区和大兴安岭西北部等区域的寒温带原始针叶林，实行全面封禁保护，严禁采矿、采摘和采伐等经营活动，建立地面管控、飞机巡护、森林眼、卫星遥感等技术手段相结合的林火监测系统和扑救指挥系统。在小兴安岭与长白山林区重点加强原始阔叶红松林生态系统的监测和保护、珍贵珍稀濒危物种保护，同时保护红松、水曲柳、胡桃楸等特有树种的天然母树林，加强对红松等具有重要经济价值和应用价值树种的天然更新苗木的保护与抚育，增加其在群落中的比例，减少同源苗木的长时间、大范围冠下更新，维护阔叶红松林天然种质资源安全（Wang et al.，2019）；严格管护具有独特性和稀有性的生境和生态系统，东北虎豹自然保护地等；加强对森林生态系统自然保护区的监管与监测力度，严格控制红松籽过量采摘，保持生物链健康，同时把握和科学应对气候变化、旅游等活动对原始林生态系统的影响，维护区域生物多样性和生态系统的可持续性，优化区域生态安全屏障体系。

2. 实施提升森林生态系统生态屏障功能和我国木材战略储备能力经营技术体系

1）森林生态系统生态保育、质量与功能提升技术

通过加强对森林生态系统的保护，全面实施天然林保护、退耕还林还草还湿、森林质量精准提升等重大生态工程，持续推进天然林保护和后备资源培育，逐步实现退化林修复，加强森林经营和战略木材储备，通过科学经营促进森林正向演替，逐步恢复顶级森林群落，提升区域生态系统功能稳定性，保障东北林区的生态安全。

在大兴安岭林区重点开展：①过伐林恢复。通过人工辅助更新、人工补植、诱导混交林以及基于目标树精细化管理的抚育间伐等技术，调控林分树种组成、林分密度、空

间格局、垂直结构，改善过伐林结构，恢复过伐林功能，提升过伐林质量，逐步向地带性植被方向恢复。②火烧迹地恢复与重建。应用迹地快速更新、迹地林分改造和抚育间伐、迹地恢复遥感监测及其辅助决策技术，实现火烧迹地人工快速恢复，重建典型森林生态系统（王冰等，2021）。③退化林恢复。针对白桦和黑桦、山杨等天然次生林面积比例大，林分结构简单、质量较差等现状，应用抚育改造、人工促进天然更新、混交林诱导（林下栽针改造）、封育局部抚育等技术，补针保阔，补植兴安落叶松、樟子松和云杉等地带性树种，逐步调整树种组成，促进次生林正向演替。④林火防控。根据大兴安岭主要乔灌树种的抗火特性，典型林分地表凋落物层、半腐殖质层和腐殖质层死可燃物燃烧性和含水率季节动态等易引发森林火灾的自然因素，做好林火的预测和防控，保护森林生态系统的健康稳定（张恒等，2014；2020；舒洋等，2021）。

在小兴安岭、长白山林区重点开展：①过伐林恢复。利用林窗更新、林冠下人工更新以及人工促进天然更新等技术，实现关键种保护与更新；通过结构调控技术，调整过伐林树种组成和径级结构，使其逐步向地带性顶极群落恢复（Zhang et al.，2018；Lu et al.，2019）。②退化次生林恢复。通过关键种保护、人工诱导等措施，采用抚育复壮、带状补植等技术，逐步调整树种组成；通过抚育间伐等密度控制，优化次生林结构，促进演替后期群落顶极树种的生长，促进和加速群落正向演替（Zhu et al.，2014；Li et al.，2022）。③人工诱导阔叶红松混交林。采用栽针保阔、目标树培育等技术，对栽针保阔形成的阔叶红松混交林开展及时透光抚育，将其逐步诱导成阔叶红松混交林。基于帽儿山站长期定位监测研究，通过对天然次生林进行栽针保阔并透光抚育改造后，森林碳汇同龄的次生林提升26%～58%。同时，针对目前已经形成的硬阔叶林，通过目标树培育，提升森林现有碳汇和未来的碳汇潜力（张全智，2010；Cai et al.，2016；蔡慧颖，2017）。④珍贵树种定向培育。利用近自然森林经营理论和技术，对立地质量好的过伐林和次生林，采用目标树培育技术，培育红松、水曲柳、胡桃楸、黄檗、紫椴、蒙古栎等具有重要经济价值的优势树种，提高生长量，增加其在群落中的比例，为国家木材储备和生物多样性保护与恢复提供支撑（Zhang et al.，2013；Sun et al.，2016），同时，在条件适宜地区，可通过红松人工林抚育、截干、高枝嫁接、幼苗嫁接等技术，大力发展红松果材兼用林（邓淑芹等，2015）。⑤近自然多目标经营。通过密度调控和抚育等措施，优化群落树种组成比例，以培育落叶松大径材为初期目标，在间伐过程中逐步引入红松、水曲柳等优势种，形成落叶松与天然树种混交的异龄复层多功能森林（Zhu et al.，2009；Gang et al.，2015）。

2）基于可持续经营的森林生态系统质量精准提升技术

森林经营是实现森林质量精准提升的过程和手段，森林质量精准提升是森林经营的目标和结果。东北林区要以可持续经营、森林培育等理论指导森林生态系统的经营管理，增加森林资源总量，提高森林资源质量，优化森林资源结构，构建稳定的森林生态系统，实现森林生态系统的可持续经营。

东北的天然林经过多年不合理采伐与更新，森林质量明显下降，当前天然林公顷蓄积量还不到原始林的一半。应全面落实天然林保护政策，加大天然林封育管护力度，对多功能兼用的天然林坚持保育结合，对中幼龄林、低产林开展积极的培育，以提高天然林数量和质量。对稀疏、退化的天然次生林，开展补植补造、人工促进天然更新等抚育经营，优化树种结构，保留乡土树种，林下栽植红松等针叶树，加快森林正向演替，提高林地生产力，培育天然林后备资源。对受害严重、枯死木比例高、林分健康状况差的天然林，要合理编制天然林枯死木、灾害木清理限额指标，及时清理，促进天然林生态系统健康稳定。

在开展人工用材林建设时应坚持遗传控制、立地控制、密度控制、植被控制、地力控制等原则，通过集约人工林栽培、现有林改培和中幼林培育等措施，分林种（树种）、分立地制定森林抚育技术细则（透光抚育、生长抚育、修枝、施肥等），构建不同林型的精准抚育技术体系，建立多目标定向培育方法技术体系，以充分优化森林空间结构布局、提高林分质量、促进林木生长、提高人工林生产力，推动人工林生态系统的生产，以及生态功能的高效、持续、稳定发挥（朱教君和张金鑫，2016）。

依据《重点地区速生丰产用材林基地建设工程》规划要求，营造速生丰产林时应选用具有速生性、丰产性、优质性、抗病虫和抗逆性等优良品质的良种壮苗进行造林；选择适宜立地与适宜树种造林；采用科学合理的造林技术、抚育措施，在条件允许时开展合理施肥。同时，依据不同林种的工艺成熟及市场需求等确定合理的经营周期，提高木材利用率，增加速生丰产用材林的产出效率，促进速生丰产用材林生产力持续发挥，实现短周期、高产出、定向培育的目标。

同时，通过人工林集约栽培、现有林改培、抚育及补植补造等措施，营造和培育工业原料林、乡土树种、珍稀树种和大径级用材林等多功能森林。基于长期定位研究，将树种特性与长短轮伐周期相结合、多功能用材树种相结合，定向培育针阔混交林可以显著提升森林群落生物量和蓄积量。胡桃楸和落叶松混交造林提高单位面积总蓄积量（提高 1.69 倍）（史凤友等，1991）；而落叶松和水曲柳混交林乔木层生物量碳相较于水曲柳纯林和落叶松纯林提高 65% 和 11%（孙晓阳等，2018）。因此，建议在长白山、老爷岭、张广才岭以培育珍稀树种及大径级用材为主要目标，发展杨树、落叶松、白桦等中长周期用材树种，以及樟子松、红松、云杉、水曲柳、黄檗、椴树等大径级或珍稀用材树种。在大兴安岭以培育大径级用材林为主要目标，发展落叶松、白桦等中长周期用材树种，以及樟子松、云杉等大径级或珍稀用材树种，精准提升兴安落叶松、樟子松等寒温带针叶材质量，建设寒温带国家木材战略储备基地。

3）立足资源禀赋，着力发展林下经济与碳汇经济等生态产品

东北林区森林资源丰富、生态环境优良。适宜发展林下种植、养殖、采集、森林景观利用等多种林区特色产业，以推动林区经济发展、帮助林农致富、促进乡村振兴。

在维持森林生态系统健康稳定的前提下，东北林区适宜发展以下特色产业。①林下种植业。因地制宜推广林药（林下栽培人参、刺五加、关苍术、藁本、龙胆、赤芍、细辛、白鲜皮、党参等）、林菌（牛肝菌、灵芝、木耳、大球盖菇等）、林果（蓝莓、蓝靛果、山

葡萄、黑加仑）和林菜（大叶芹、刺龙芽、蕨菜等）等种植模式。例如，依托清原站建立的落叶松与龙牙楤木林菜复合经营模式［上层落叶松（保留密度为 150 株/hm²）与林下栽植龙牙楤木（7500 株/hm²）复合经营］，不仅促进落叶松生长，改善林分土壤状况，而且龙牙楤木经济收益非常显著，3 年定产后，年产量 200～300 kg/hm²。该模式不仅有效提高林地使用率，还充分利用落叶松与龙牙楤木的共存机制，实现林-菜复合经营，促进林农致富，达到了以林为主、长短结合的经营效果（朱教君等，2018）。②林下养殖业。根据生态承载力，在林下适度发展林蛙、蚕、梅花鹿和马鹿养殖等模式。此外，根据蜜源植物资源状况还可适度放养中华蜜蜂等。目前全国现有林蛙蛙农超 3.64 万户，从业人员 50 万人以上，年产值约 200 亿元（冯建伟，2021），通过科学放养可大幅度提高经济收益，如针对蝌蚪变态期存在幼蛙死亡率高、幼蛙上岸后存活率低等问题，清原站研发了林蛙（幼蛙变态期）凋落物管理技术，增加变态期凋落物覆盖数量，修建由凋落物组成的"蛙路"，从而确保幼蛙变态期的生存环境与食物来源，提高幼蛙成活率 30%～50%，取得较好的经济效益（朱教君等，2018）。③森林生态旅游康养业。围绕森林生态旅游开展森林城镇、森林人家、森林村庄建设，打造国家森林步道、特色森林生态旅游线路、新兴森林生态旅游地品牌；规范有序发展康复疗养、健康养生养老、中医药医疗保健等森林康养产业；大力发展森林体验、森林观光、冰雪运动等生态旅游新业态，实现资源优势转变为经济优势。例如，黑龙江伊春市依托良好的森林生态环境，已经建成国家级森林公园 12 处、省级森林公园 10 处，森林生态旅游景区 32 处，省级旅游度假区 4 处，以及西岭温泉旅游度假区、九峰山养心谷、桃山玉温泉、小兴安岭户外运动谷等多个游憩、度假、康养等基础设施，有力地带动了伊春市的森林生态旅游康养产业（孙宇和康国瑞，2019）。④林下产品采集业。采集野生蘑菇、蕨菜、桔梗、蓝莓、四叶菜、老山芹（大叶芹）、越橘和五味子等。

东北林区丰富的森林资源是发展森林碳汇经济的优势。为践行"森林是水库、钱库、粮库、碳库"的理念，应大力推进东北森林碳汇经济发展。通过加强森林碳汇经济基础研究，精准计量森林碳汇，编制东北森林碳汇交易指南；科学评估碳价，降低林业碳汇项目监测计量、审定核证成本，简化林业碳汇项目申报流程；科学组织碳汇项目实施，拓展林业碳汇项目方法，完善碳汇林经营管理办法；健全林业碳汇交易平台，规范森林碳汇交易项目，深度开发碳交易产品；创新森林碳汇经营体制机制，搭建碳汇交易的运行架构，构建完善的森林碳汇经济产业体系。

3. 实施"山水林田湖草沙"防护林生态系统构建与质量/功能提升技术

根据北方防沙带（东北区）各类型区（丘陵、平原、高原）水、土、气、生等基础资料，以水土资源承载力为核心，构建适合新时代的"山水林田湖草沙"综合区划体系，坚持以水定区、以水定林、以水定草，科学规划设计防护林；注重生物多样性和树种多样性，因地制宜、因害设防，封飞造结合，乔灌草搭配，实现自然恢复与人工修复有机统一。推广以水资源承载力和水量平衡为基础的防护林空间配置和退化林分修复技术体系，提升、重建和恢复北方防沙带的生态防护功能（朱教君和郑晓，2019；Zhu and Song，

2021）。

防风固沙林区。在严重沙化区，封育保护以灌木、多年生草本、蒿类为主的天然植被，封禁保护固定半固定沙地植被；在一般沙化区，开展封育、管护、造林相结合的方法，通过封、管、造相结合的综合措施培育防护林（金维林等，1999）。同时，针对密度、结构不合理的一般人工防护林，开展林分结构调控，改善林下光照条件，促进林分生长，增加林下植被多样性，提高生态防护效益；针对树种适宜的、林下植被光照不良的天然防护林，通过异龄复层混交技术，人工诱导形成异龄复层混交林，以提高林分的稳定性；针对衰退严重的防护林，采用更新修复、补造修复、抚育修复（抚育复壮、平茬复壮）等技术，改善退化林分的结构，重建和恢复防护林的防护功能（朱教君和郑晓，2019）。

水土保持林区。针对水土保持林树种结构简单、密度大，导致林下更新困难，且稳定性差，极易发生病虫害等现状，重点加强基于结构优化原理的密度调控和人工诱导更新。通过调整上层木和下层木组成与结构，构建异龄复层混交林；通过对现有人工纯林进行改造，调整树种结构，人工诱导成混交林；通过对低质低效林实施林分改造（抚育改造、补植改造和封育改造），调整树种结构，构建"疏林-灌-草型"结构模式，以提升和恢复水土保持功能（姜凤岐等，2002；曾光和田向华，2013；朱教君，2013）。

农田防护林区。重点开展农田防护林更新改造，通过实施树种替代型经营模式、树种轮换更替型经营模式和林带结构优化型经营模式，对成熟林和过熟林进行更新改造，将单一树种林带诱导形成不同品种混交、不同树种阔叶混交、针阔混交林、从而实现多树种、多品种的优化组合，大力提升农田防护林功能，完善区域防护林体系（朱教君等，2016）。同时，加强土地制度改革，推进农田防护林建设，合理规划，依据因地制宜、因害设防、田林路渠统一原则，规划出专门用于农田防护林建设的集体林地（林带用地和林带胁地范围内的土地）。另外，建立农田防护林生态补偿机制，处理好林带胁地与农民增收之间的矛盾。此外，适当增加农田防护林更新专项资金，提升农田防护林建设积极性（朱教君和郑晓，2019）。

参 考 文 献

步兆东. 2007. 辽西地区水土保持林合理经营技术及可持续发展理论初探. 水土保持研究, 14(6): 5.

蔡慧颖. 2017. 小兴安岭典型森林生态系统的碳储量与生产力. 哈尔滨: 东北林业大学博士学位论文.

陈大珂, 周晓峰. 1961. 对东北红松林更新的初步意见. 黑龙江日报, 1961-12-5.

陈强, 陈云浩, 王萌杰, 等. 2015. 2001-2010 年洞庭湖生态系统质量遥感综合评价与变化分析. 生态学报, 35: 4347-4356.

陈嵘. 1983. 中国森林史料. 北京: 中国林业出版社.

陈智. 2019. 2000~2015 年中国东北森林生产力和碳素利用率的时空变异. 应用生态学报, 30(5): 1625-1632.

代力民, 谷会岩, 邵国凡, 等. 2004. 中国长白山阔叶红松林. 沈阳: 辽宁科学技术出版社.

党普兴, 侯晓巍, 惠刚盈, 等. 2008. 区域森林资源质量综合评价指标体系和评价方法. 林业科学研究, 21(1): 84-90.

邓淑芹, 胡盈, 张莉. 2015. 红松果材兼用林经营技术研究. 防护林科技, 12(147): 21-23.

丁琛. 2012. 如何加强人工幼林地的抚育与管护. 科技创业家, (22): 162.

丁磊. 2019. 落叶松大径材兼顾林下经济植物培育模式研究. 林业科技通讯, (12): 52-54.

丁瑞军, 楚景月, 王雪民, 等. 2010. 辽西地区水土保持林经营现状与可持续发展理论初探. 防护林科技, (3): 106-108.

东北物资调节委员会研究组. 1948. 东北经济小丛书·林产. 沈阳: 中国文化服务社.

杜晓军, 姜凤岐, 曾德慧, 等. 1999. 辽西油松纯林可持续经营途径探讨. 生态学杂志, 18(5): 36-40.

段健, 李艳慧, 张婷. 2016. 呼和浩特市林业发展现状分析. 内蒙古林业调查设计, 39(6): 8-10, 92.

方精云. 2001. 也论我国东部植被带的划分. 植物学报, 43(5): 522-533.

方精云, 唐艳鸿, SON Y. 2010. 碳循环研究: 东亚生态系统为什么重要. 中国科学: 生命科学, (7): 561-565.

冯建伟. 2021. 我国林蛙养殖迈上新台阶. 中国食品报, 2021-9-28, 06 版.

葛全胜, 何凡能, 郑景云, 等. 2005. 20 世纪中国历史地理研究若干进展. 中国历史地理论丛, 20(1): 5-14.

郭宇航, 高静丽, 张国民, 等. 2011. 科尔沁沙地造林密度与林农复合经营问题探讨. 内蒙古林业调查设计, 34(5): 55-57.

国家林业和草原局. 2019. 中国森林资源报告, 北京: 中国林业出版社.

韩麟凤. 1982. 东北的林业. 北京: 中国林业出版社.

豪树奇. 2008. 北京市生态公益林经营类型划分体系研究. 北京: 北京林业大学博士学位论文.

何凡能, 葛全胜, 戴君虎, 等. 2007. 近 300 年来中国森林的变迁. 地理学报, 62(1): 30-40.

何念鹏, 徐丽, 何洪林. 2020. 生态系统质量评估方法——理想参照系和关键指标. 生态学报, 40(6): 1877-1886.

贺红士, 张旭东, 武志杰, 等. 2012. 宋达泉文选. 沈阳: 辽宁科学技术出版社.

黄龙生, 王兵, 牛香, 等. 2017. 东北和内蒙古重点国有林区天然林保护工程生态效益分析. 中国水土保持科学, 15(1): 89-96.

姜凤岐, 曹成有, 曾德慧. 2002. 科尔沁沙地生态系统退化与恢复. 北京: 中国林业出版社.

姜凤岐, 于占源, 曾德慧. 2007. 辽西地区油松造林的生态学思考. 生态学杂志, 26(12): 2069-2074.

金维林, 张宝珠, 邢克温. 1999. 呼伦贝尔沙地樟子松封育推广技术. 内蒙古林业科技, (1): 19-25.

孔繁轼. 2006. 辽西地区主要植被类型及演替趋势的探讨. 辽宁林业科技, (2): 40-42.

李俊清, 李景文. 2003. 中国东北小兴安岭阔叶红松林更新及其恢复研究. 生态学报, 23(7), 1268-1277.

李为, 张平宇, 宋玉祥. 2005. 清代东北地区土地开发及其动因分析. 地理科学, 25(1): 7-16.

李忠良, 左慧婷, 沈渭寿. 2015. 呼伦贝尔植被覆盖指数变化及与气候变化的关系研究. 科学技术与工程, 35(30): 50-57.

林阳. 2017. 辽西地区油松人工纯林混交改造技术研究综述. 河北林果研究, 32(3/4): 221-226.

刘家顺. 2006. 中国林业产业政策研究. 哈尔滨: 东北林业大学博士学位论文.

刘胜利, 刘树仁, 段秀梅. 2014. 辽东山地森林可持续经营模式探讨——以清原县为例. 林业资源管理, (3): 141-149.

刘胜利. 2018. 红松人工林 3 种经营模式探讨. 辽宁林业科技, (4): 66-68.

刘世荣, 杨予静, 王晖. 2018. 中国人工林经营发展战略与对策: 从追求木材产量的单一目标经营转向提升生态系统服务质量和效益的多目标经营. 生态学报, 38(1): 1-10.

刘文飞, 樊后保, 谢友森, 等. 2008. 闽西北马尾松人工林营养元素的积累与分配格局. 生态环境, (2): 708-712.

刘壮飞, 孙秉衡, 张锐, 等. 1985. 长白山森林资源开发与管理. 北京: 中国林业出版社.

陆元昌, 栾慎强, 张守攻, 等. 2010. 从法正林转向近自然林: 德国多功能森林经营在国家、区域和经营单位层面的实践. 世界林业研究, 23(1): 1-11.

吕媛. 2019. 辽东山区落叶松大径材管理技术. 农家致富顾问, (4): 5-7.

欧阳君祥. 2015. 我国森林抚育现状分析及对策研究. 国家林业局管理干部学院学报, 14(4): 17-20.

潘存德. 1994. 可持续发展研究概述. 北京林业大学学报, (S1): 42-78.

屈红军. 2008. 东北林区阔叶红松林恢复途径与优化模式研究. 哈尔滨: 东北林业大学博士学位论文.

全锋, 周超凡, 段光爽, 等. 2020. 基于蓄积生长率的蒙古栎天然次生林抚育间伐研究. 林业科学研究, 33(2): 61-68.

史凤友, 陈喜全, 陈乃全, 等. 1991. 胡桃楸落叶松人工混交林的研究. 东北林业大学学报, (S1): 32-44.

舒洋, 周梅, 赵鹏武, 等. 2021. 大兴安岭根河雷击火干扰后地表死可燃物负荷及影响因子. 生态环境学报, 30(12): 2317-2323.

宋达泉. 1978. 东北地区土壤发生分类原则及分类系统. 土壤, (5): 179-180.

孙晓阳, 刘婷岩, 那萌, 等. 2018. 水曲柳和落叶松人工纯林与混交林的碳储量. 森林工程, 34(4): 15-20, 26.

孙宇, 康国瑞. 2019. 高质量发展视阈下森林生态旅游业发展对策研究——以黑龙江省伊春市森林生态旅游业发展为例. 北方经济, (10): 74-76.

孙玉军, 张俊, 韩爱惠, 等. 2007. 兴安落叶松(*Larix gmelini*)幼中龄林的生物量与碳汇功能. 生态学报, 27(5): 1756-1762.

谭俊. 1994. 浅论大兴安岭林区环境与森林资源危机的关系. 国土与自然资源研究, (4): 52-54.

陶炎. 1987. 东北林业发展史. 长春: 吉林省社会科学院.

王宝, 张秋良, 乌吉斯古楞, 等. 2015. 兴安落叶松过伐林结构优化技术. 北京: 中国林业出版社.

王冰, 张金钰, 孟勐, 等. 2021. 基于 EVI 的大兴安岭火烧迹地植被恢复特征研究. 林业科学研究, 34(2): 32-41.

王海青. 2021. 辽西刺槐复层异龄林经营技术. 中国林副特产, (3): 51-52.

王世忠, 郑璐. 2016. 辽西地区主要林分类型的经营问题与对策. 林业科技, 41(4): 28-31.

王长富. 1991. 东北近代林业经济史. 北京: 中国林业出版社.

魏亚伟, 周旺明, 于大炮, 等. 2014. 我国东北天然林保护工程区森林植被的碳储量. 生态学报, 34(20): 5696-5705.

温晶, 张秋良, 李嘉悦, 等. 2019. 间伐强度对兴安落叶松林林下植被多样性及生物量的影响. 中南林业科技大学学报, 39(5): 95-100, 118.

文焕然, 何业恒. 1979. 中国森林资源分布的历史概况. 自然资源, (2): 72-85.

吴艳光. 2006. 长白山地区访花昆虫多样性及访花行为的研究. 长春: 东北师范大学硕士论文.

吴志军, 苏东凯, 牛丽君, 等. 2015. 阔叶红松林森林资源可持续利用方案. 生态学报, 35(1): 24-30.

肖风劲, 欧阳华, 孙江华, 等. 2004. 森林生态系统健康评价指标与方法. 林业资源管理, (1): 27-30.

肖洋, 欧阳志云, 王莉雁, 等. 2016. 内蒙古生态系统质量空间特征及其驱动力. 生态学报, 36(19): 6019-6030.

肖忠优, 宋墩福. 2009. 中国林业概论. 北京: 科学出版社.

辛业江. 1987. 中国林业概况. 北京: 中国林业出版社.

徐蕊, 牟长城, 李婉姝, 等. 2010. "栽针保阔"红松林不同透光强度效果分析. 东北林业大学学报, 38(10): 30-34.

徐文铎, 何兴元, 陈玮, 等. 2008. 中国东北植被生态区划. 生态学杂志, 27(11): 1853-1860.

闫涛, 朱教君, 杨凯, 等. 2014. 辽东山区落叶松人工林地上生物量和养分元素分配格局. 应用生态学报, 25(10): 2772-2778.

衣保中, 叶依广. 2004. 清末以来东北森林资源开发及其环境代价. 中国农史, 23(3): 115-123.

于海英, 吴昊, 张旭东, 等. 落叶松自然条件下感染松材线虫初报. 中国森林病虫, 2019, 38(4): 7-10.

玉宝, 乌吉斯古楞, 王百田, 等. 2008. 大兴安岭兴安落叶松(*Larix gmelinii*)天然林分级木转换特征. 生态学报, 28(11): 5750-5757.

玉宝, 张秋良, 王立明, 等. 2011. 不同结构落叶松天然林生物量及生产力特征. 浙江农林大学学报, 28(1): 52-58.

玉宝. 2017. 兴安落叶松过伐林林木分类管理技术. 浙江农林大学学报, 34(2): 349-354.

玉宝. 2018. 兴安落叶松过伐林结构优化及其效果分析. 西南林业大学学报(自然科学), 38(3): 194-199.

袁运昌. 1996. 当代中国森林资源概况 1949-1993. 林业部资源和林政管理司.

曾光, 田向华. 2013. 辽西地区植被恢复及现有林经营问题与对策. 防护林科技, (1): 52-54.

张恒, 金森, 邸雪颖. 2014. 大兴安岭森林凋落物含水率的季节动态与预测. 林业科学研究, 27(5): 683-688.

张恒, 岳阳, 宋希明, 等. 2020. 呼伦贝尔市气候变化对森林草原火灾的影响及未来趋势分析. 南京林业大学学报(自然科学版), 44(5): 222-230.

张会儒, 雷相东. 2014. 典型森林类型健康经营技术研究. 北京: 中国林业出版社.

张会儒, 李凤日, 赵秀海, 等. 2016. 东北过伐林可持续经营技术. 北京: 中国林业出版社.

张全智. 2010. 东北六种温带森林碳密度和固碳能力. 哈尔滨: 东北林业大学硕士学位论文.

张万成, 王君 葛玉祥, 等. 2007. 红花尔基樟子松林国家级自然保护区野生经济植物资源初探. 防护林科技, (3): 107-108.

张文涛, 严耕. 2010. 清代东北地区森林史料述论. 黑龙江农业科学, (12): 104-109.

赵惠勋, 周晓峰, 王义弘, 等. 2000. 森林质量评价标准和评价指标. 东北林业大学学报, 28(5): 58-61.

赵兴梁, 李万英. 1963. 樟子松. 北京: 农业出版社, 11-25.

郑景云, 尹云鹤, 李炳元. 2010. 中国气候区划新方案. 地理学报, 65(1): 3-12.

中国科学院中国植被图编辑委员会. 2001. 中国植被图集. 北京: 科学出版社.

朱教君. 2013. 防护林学研究进展与展望. 植物生态学报, 37(9): 872-888.

朱教君, 曾德慧, 康宏樟, 等. 2005. 沙地樟子松人工林衰退机制. 北京: 中国农业出版社.

朱教君, 刘世荣. 2007. 森林干扰生态研究. 北京: 中国林业出版社.

朱教君, 闫巧玲, 于立忠, 等. 2018. 根植森林生态研究与试验示范, 支撑东北森林生态保护恢复与可持续发展. 中国科学院院刊, 33(1): 107-118.

朱教君, 张金鑫. 2016. 关于人工林可持续经营的思考. 科学, 8(4): 37-40.

朱教君, 郑晓. 2019. 关于三北防护林体系建设的思考与展望——基于 40 年建设综合评估结果. 生态学杂志, 38(5): 1600-1610.

朱教君, 郑晓 闫巧玲. 2016. 三北防护林工程生态环境效应遥感监测与评估研究. 北京: 科学出版社.

朱士光. 1992. 历史时期我国东北地区的植被变迁. 中国历史地理论丛, (4): 105-119.

邹春静, 徐文铎. 2004. 中国东北植被生态学研究中的焦点问题. 应用生态学报, 15(10): 1711-1721.

Cai H Y, Chang S C, Shi B K. 2016. Carbon storage, net primary production, and net ecosystem production in four major temperate forest types in northeastern China. Canadian Journal of Forest Research, 46: 143-151.

Gang Q, Yan Q L, Zhu J J. 2015. Effects of thinning on early seed regeneration of two broadleaved tree species in larch plantations: implication for converting pure larch plantations into larch-broadleaved mixed forests. Forestry: An International Journal of Forest Research, 88(5): 573-585.

Hu L L, Zhu J J. 2008. Improving gap light index (GLI) to quickly calculate gap coordinates. Canadian Journal of Forest Research, 38(9): 2337-2347.

Hu L L, Zhu J J. 2009. Determination of the tridimensional shape of canopy gaps using two hemispherical photographs. Agricultural and Forest Meteorology, 149(5): 862-872.

Li R, Yan Q L, Xie J, et al. 2022. Effects of logging on the trade-off between seed and sprout regeneration of dominant woody species in secondary forests of the Natural Forest Protection Project of China. Ecological Processes, 11(1): 16.

Lu D L, Zhang G Q, Zhu J J, et al. 2019. Early natural regeneration patterns of woody species within gaps in a temperate secondary forest. European Journal of Forest Research, 138(6): 991-1003.

Schliemann S A, Bockheim J G. 2011. Methods for studying treefall gaps: A review. Forest Ecology and Management, 261(7): 1143-1151.

Sun Y R, Zhu J J, Sun O J X, et al. 2016. Responses of photosynthetic parameters and growth of *Pinus koraiensis* seedlings to canopy openness: implications to restoration of mixed-broadleaved Korean pine forests. Environmental and Experimental Botany, 129: 118-126.

Wang X C, Pederson N, Chen Z J, et al. 2019. Recent rising temperatures drive younger and southern Korean pine growth decline. Science of the Total Environment, 649: 1105-1116.

Zhang M, Zhu J J, Li M C, et al. 2013. Different light acclimation strategies of two coexisting tree species seedlings in a temperate secondary forest along five natural light levels. Forest Ecology and Management, 306: 234-242.

Zhang T, Yan Q L, Wang J, et al. 2018. Restoring temperate secondary forests by promoting sprout regeneration: Effects of gap size and within-gap position on the photosynthesis and growth of stump sprouts with contrasting shade tolerance. Forest Ecology and Management, 429: 267-277.

Zhu J J, Gonda Y, Matsuzaki T, et al. 2003. Modeling relative wind speed by optical stratification porosity within the canopy of a coastal protective forest at different stem densities. Silva Fennica, 37(2): 189-204.

Zhu J J, Song L N. 2021. A review of ecological mechanisms for management practices of protective forests. Journal of Forestry Research, 32: 435-448.

Zhu J J, Wang K, Sun Y R, et al. 2014. Response of *Pinus koraiensis* seedling growth to different light conditions based on the assessment of photosynthesis in current and one-year-old needles. Journal of Forestry Research, 25(1): 53-62.

Zhu J J, Yang K, Yan Q L, et al. 2009. The feasibility of implementing thinning in pure even-aged *Larix olgensis* plantations to establish uneven aged larch-broadleaved mixed forests. Journal of Forest Research, 15(1): 70-81.

第 5 章　华北地区森林生态系统质量和管理状态及优化管理模式①

　　根据中国气候区划，华北地区大部位于暖温带亚湿润大区，仅北部少部分地区位于中温带亚干旱大区。根据中国植被区划，华北地区大部为暖温带落叶阔叶林区域，仅北部少部分地区为温带草原区域。按照中国森林分区，华北地区最重要的森林区是华北山地森林区，主要分布在燕山、太行山、吕梁山、中条山、伏牛山等山地。华北地区的生态功能多样，按照中国重要生态功能分区，燕山地区最重要的生态功能是水源涵养，太行山地区最重要的是水土保持，河北坝上地区最重要的是防风固沙，京津冀城市群最重要的是城镇建设，其他平原地区则以农业发展为主。生物多样性保护、水源涵养与水土保持等生态功能复合类型，在华北全区生态功能中占据着重要位置。华北地区的森林生态系统是该地区实现各类生态功能的基础，森林生态系统的质量是评估该地区生态功能最为关键的指标。本章介绍了华北地区自然地理和森林生态系统的概况，对太行山区、燕山山区、坝上高原和平原防护林区的主要森林类型及其分布和森林各层片及其物种组成做了较为详细的描述。华北地区森林生态系统的主要特点为稳定性差、低效林多、演替不确定、结构不完整、森林经营管理以生态服务功能为主。华北地区的森林质量受人类活动影响极大，森林面积、单位面积蓄积量以及涵养水源、保育土壤、固碳、林木积累营养物质和净化大气环境等生态功能，与全国其他地区相比均处于较低水平，且年际变化不稳定，规律性差，难预测。影响华北地区森林生态系统的主要因素有气候变化、自然灾害、大气污染和人类活动。按照林业的基本属性和内在规律，构建现代林业的生态、产业和文化体系，需要对华北地区森林实行分类经营管理。对华北仅存的山西历山混沟原始森林，采取动态调整保护和适应性保护；对广泛分布的次生林采取封育或人工改造，促进其正向演替；对具有重要经济价值的商品林采取近自然经营技术，改造成异龄复层针阔混交林；对果林和灌丛，重点提高其保土、保水、保肥的能力，优先促进植被恢复，兼顾果品产出。在分区实施优化管理方面，归纳出 4 种模式：在华北北部地区重点营造防护林；在太行山-燕山山地重点保护残存的高质量森林；在非宜农地区进一步退耕还林还草；在人口密集的平原地区继续增加城市森林资源，助力生态环境改善。

---

① 本章执笔人：王杨，白帆，王顺忠。

5.1　华北地区的自然环境及森林生态系统分布

5.1.1　华北地区整体概况

华北地区在自然地理上一般指秦岭—淮河线以北，长城以南的中国的广大区域，北与东北地区、内蒙古地区相接，大致以≥10℃积温 3200℃（西北段为 3000℃）等值线、1 月平均气温–10℃（西北段为–8℃）等值线为界。行政区划包括北京、天津、河北、山西和内蒙古中部（呼和浩特市、包头市、锡林郭勒盟），政治上包括整个内蒙古。华北地区南北向分为南部、中部、北部，南部包括山西、河北两省南部和河南、山东两省黄河以北地区；中部为恒山和燕山山脉以南至华北南部以北的北京、天津和山西、河北两省中部地区；北部包括恒山和燕山山脉以北的山西和河北两省北部地区。东西向以太行山山脉及延长线分为东部、西部。华北地区包括四个自然地理单元：东部的辽东山东低山丘陵，中部的黄淮海平原和辽河下游平原，西部的黄土高原和北部的冀北山地。华北地区从东向西由湿润、半湿润区逐步过渡到干旱、半干旱区，属于典型的温带季风气候区（孙艳玲和郭鹏，2012a），夏季高温多雨，冬季寒冷干燥，年平均气温在 8～13℃，年降水量在 400～1000 mm，其中内蒙古年降水量少于 400 mm，为半干旱区域。

按照中国森林分区，华北地区森林生态系统所分布的区域属于东部季风森林区域，暖温带森林带，该带包括 5 个森林区：辽东山东半岛森林区、黄淮海平原森林区、华北山地森林区、黄淮高原森林区、汾渭谷地森林区。其中，华北山地森林区包括 6 个亚区：燕山山地森林亚区、太行山北段山地森林亚区、太行山南段山地森林亚区、吕梁山森林亚区、中条山森林亚区、伏牛山北坡森林亚区。植物区系成分属中国—日本植物区系的北部区，以东亚区系成分为主。华北地区的森林生态系统以地带性的暖温带落叶阔叶林为主，同时也有针叶林分布。落叶阔叶林常见乔木树种有落叶栎类、榆、槐、椴、栌、桦、杨等，针叶林常见乔木树种主要是油松、华北落叶松、青杆、红皮云杉等。低山丘陵区以松、栎、杨、桦等人工林或落叶阔叶次生林为主。华北地区最具优势、分布最广泛的森林类型主要是以辽东栎、华北落叶松、油松、白桦、山杨等为建群种或共优种形成的纯林或混交林（陈遐林，2003）。

辽东栎对气候和土壤条件具有较广泛的适应性，根系发达、耐干旱脊薄，是中国次生林区重要水土保持、用材及薪材树种之一。辽东栎林在北京和河北主要分布于太行山北段山地、燕山山地，在山西以关帝山、吕梁山、太岳山分布最为集中。辽东栎林垂直分布的海拔大致为 1200～2000 m，多为萌生起源的次生林，各层片（乔木层、灌木层和草本层）层次结构明显。既有纯林也有混交林，乔木层常为单层结构，与之混交的常见乔木树种主要有山杨、油松、白桦、蒙古栎、华北落叶松、椴、栌、锐齿槲栎等树种。林下灌木层的组成成分因地而异，有箭竹属、榛属、虎榛子属、蔷薇属、绣线菊属、胡枝子属等 50 余种落叶灌木。草本层植物计有 70 余种，以苔草属的种类占优势，常见种有淫羊藿、唐松草、狼尾巴花、山萝花、异叶败酱、莎草、玉竹、柴胡等。

　　华北落叶松是中国特有的乔木树种，是华北地区针叶林的主要建群种之一，耐旱、耐瘠薄、极耐寒，能适应高海拔寒冷的气候条件。华北落叶松林是中国暖温带亚高山地区的代表性森林类型，主要集中分布在山西、河北境内，北京、天津和内蒙古的局部地区有小片分布。河北境内的华北落叶松林主要分布在小五台山、驼梁山、雾灵山、冀北山地等处，垂直分布的海拔为 1500～2600 m。北京的华北落叶松主要分布在百花山、东灵山，海拔 1100～1900 m，呈小片散生。山西是华北落叶松的中心分布区，山西的华北落叶松集中分布在恒山、管涔山、五台山、关帝山四处，小片分布于太岳山，分布的海拔为 1500～2800 m。天然华北落叶松林有纯林也有混交林，纯林多为同龄林，混交林中常见混交树种有云杉（青扦和白扦）、山杨、白桦、蒙古栎、辽东栎、风桦、红桦、五角枫、臭冷杉、油松等。林内较普遍分布的灌木种类有北京花楸、金花忍冬、六道木、灰栒子、榛、茶条槭、美蔷薇、胡枝子等。林内草本层的常见种类有紫菀、老鹳草、东方草莓、歪头菜、蓝花棘豆、花锚、玉竹、黄精、铁线莲、唐松草、升麻、龙芽草、蒿类等。

　　油松耐旱、耐瘠薄、能适应干冷气候，是华北地区优良的用材树种、薪材树种及水土保持、防风固沙树种。河北的七老图山、燕山、小五台山，山西恒山、管涔山、关帝山、中条山、太行山，是油松天然林的集中分布区。油松的垂直分布幅度大多在海拔 400～1000 m，在冀北、燕山山地上限在 1500～1600 m。油松天然林多为单层纯林，较少混交林，常见的混交树种有蒙古栎、辽东栎、槲栎、槭、椴、山杨、白桦等。油松人工林因造林方式不同而有多种林分结构，既有纯林也有混交林，多与刺槐、栎类、五角枫、侧柏和灌木树种等形成混交林。林下植被层比较发达，灌木层常见树种有山杏、绣线菊、杜鹃、胡枝子、照山白、荆条、胡颓子、榛子等，草本层主要有禾本科草、苔草、蒿类、大油芒、野古草等。

　　白桦是有着广泛生态适应性的先锋树种，白桦林在华北地区分布十分广泛，主要分布在河北北部山地、阴山、太行山、恒山、吕梁山、太岳山、中条山等海拔 1000～2000 m 的阴坡山地。白桦林的组成较简单，以纯林为主，有时与山杨、落叶松、云杉、五角枫、油松、紫椴、核桃楸、水曲柳及栎类等形成混交林。林下灌木种类丰富，常见的有毛榛、胡枝子、忍冬、绣线菊、杜鹃、山茱萸、黄蔷薇、沙棘、山楂、黄连木等。草本层发达，常见种有苔草、唐松草、升麻、地榆、大叶柴胡、兴安鹿药、东方草莓、铃兰、鳞毛蕨、掌叶铁线蕨等。

　　山杨对气候的适应幅度很广，山杨林是中国华北地区重要的森林类型，主要分布于冀北山地、雾灵山、关帝山、中条山、吕梁山、太行山、伏牛山。山杨林分结构有纯林和混交林，单层林和复层林。一般在林分形成初期多为单层纯林，到后期常从纯林逐渐变成单层或复层混交林。与山杨混交的常见树种有落叶松、红松、云杉、冷杉、柏类、桦类、柳类、栎类、槭类、椴类、榆类等。林下灌木层常有榛子、虎榛子、胡枝子、忍冬、三裂绣线菊等；草本层有苔草、升麻、地榆、藜芦、毛茛、万年蒿、草莓、鳞毛蕨等。山杨林为不稳定的次生群落，对于山杨与云冷杉或松类组成的混交林，演替后期常被云冷杉或松类树种取代。山杨与栎类、水曲柳、紫椴等阔叶树种组成的混交林，演替后期山杨常被其他阔叶树种所更替。

　　随着人类经济活动的发展，大多数暖温带落叶阔叶林遭受到不同程度的干扰，成为干扰后的恢复林地，残存的天然森林已很少有大面积分布。质量较好的林地大多分布于海拔600 m 以上的山区，呈现不连续的破碎化割裂状态，且多为次生林或人工恢复造林的针叶林。次生林虽与原始林同属天然林，但与原始林在物种结构、演替动态和生态功能等各方面有着明显的差异，由原来以暖温带辽东栎林为代表的顶极群落变成了落叶阔叶混交林，主要特征表现为：①成过熟林较为罕见，大多是以中幼龄林为主的次生森林群落类型（陈灵芝等，1997）；②群落垂直分层结构明显且复杂，乔木层树种多但没有明显的优势种，以灌木层物种丰富度最高（高贤明等，2002；万五星等，2014）；③群落多处于亚顶极的动态演替阶段，具有较高的物种丰富度和均匀度，稳定性次于顶级群落（高贤明等，2001）；④土壤是该地区森林生态系统主要的碳库，耐干旱、瘠薄土壤的物种占优势，形态功能特征趋向于更高的水分利用效率（桑卫国等，2002；严昌荣等，2002）；⑤森林经营以育林恢复为主，林下更新活跃，经济产出较少，更重视生态服务功能的发挥。

　　中国林业统计年鉴数据显示，华北地区现有林地面积 6189.55 万 hm^2，占全国林地面积的 18.99%；森林面积 3524.09 万 hm^2，占全国林地面积的 15.99%；森林蓄积量 18.23 亿 m^3，占全国森林蓄积量的 10.38%；华北地区各省（自治区、直辖市）森林覆盖率在 12.07%～43.77%，最高为北京，最低为天津，河北略高于全国平均水平，山西和内蒙古略低于全国平均水平。其中，天然林面积为 2436.45 万 hm^2，占全国天然林面积的 17.35%；天然林蓄积量为 15.52 亿 m^3，占全国天然林蓄积量的 11%；人工林面积为 1087.64 万 hm^2，占全国人工林面积的 13.59%；人工林蓄积量为 2.70 亿 m^3，占全国人工林蓄积量的 7.83%。华北地区林业有害生物发生面积为 180.78 万 hm^2，占全国发生面积的 14.82%，以轻度有害为主，轻度有害面积为 124.60 万 hm^2，占全国轻度有害面积的 13.35%，中度有害面积为 40.05 万 hm^2，占全国中度有害面积的 19.66%，重度有害面积为 16.12 万 hm^2，占全国重度有害面积的 19.61%。其中，林业病害发生面积为 19.45 万 hm^2，占全国林业病害发生面积的 10.99%，轻度有害面积为 11.18 万 hm^2，占全国轻度病害发生面积的 9.16%，中度有害面积为 6.19 万 hm^2，占全国中度病害发生面积的 27.28%，重度有害面积为 2.08 万 hm^2，占全国重度病害发生面积的 6.47%；林业虫害发生面积为 132.13 万 hm^2，占全国林业虫害发生面积的 15.72%，轻度有害面积为 93.36 万 hm^2，占全国轻度虫害发生面积的 14.26%，中度有害面积为 26.61 万 hm^2，占全国中度虫害发生面积的 18.81%，重度有害面积为 12.16 万 hm^2，占全国重度虫害发生面积的 27.51%；林业鼠（兔）害发生面积为 29.04 万 hm^2，占全国林业鼠（兔）害发生面积的 15.75%，轻度有害面积为 19.90 万 hm^2，占全国轻度鼠（兔）害发生面积的 14.0%，中度有害面积为 7.26 万 hm^2，占全国中度鼠（兔）害发生面积的 19.52%，重度有害面积为 1.89 万 hm^2，占全国重度鼠（兔）害发生面积的 37.16%。华北地区森林火灾频发，灾情严重，以 2017 年为例，全年发生火灾 226 起，占全国森林火灾的 7.01%；其中一般火灾 120 起，占全国一般森林火灾的 5.31%；较大火灾 100 起，占全国较大森林火灾的 10.44%；重大火灾 3 起，占全国重大森林火灾的 75%；特大火灾 3 起，占全国特大森林火灾的 100%。森林火灾灾情主要发生在内蒙古和河北，占华北地区森林火灾的 95%以上，其中内蒙古占 78.32%，河北占 16.81%，重大火灾和特大火灾均发生在内蒙古，其他省市森林火灾灾情相对较轻，以一般火灾和较大火灾为主。

华北地区共有国家级自然保护区 55 个，占全国国家级自然保护区数量的 12.01%；保护对象包含森林植被的国家级自然保护区有 38 个，保护面积达 280.36 万 hm^2。

各级各类森林公园 331 个，占全国森林公园数量的 9.33%；森林公园面积达 251.54 万 hm^2，占全国国家森林公园面积的 13.49%。其中，国家森林公园 105 个，占全国国家森林公园数量的 11.71%，国家森林公园面积 189.34 万 hm^2，占全国国家森林公园面积的 14.77%；省级森林公园 164 个，占全国省级森林公园数量的 11.33%，省级森林公园面积 57.14 万 hm^2，占全国省级森林公园面积的 12.98%；县级森林公园 62 个，占全国县级森林公园数量的 5.15%，县级森林公园面积 5.06 万 hm^2，占全国县级森林公园面积的 3.57%。森林公园年度旅游人数达 7897 万人次，占全国森林公园年度旅游人数的 8.01%；森林公园旅游收入达 35.16 亿元，占全国的 3.44%。

5.1.2　华北地区重要森林分布及区划

1. 太行山区

太行山是中国东部的一条重要地理界线，东西两侧的植被垂直带特征存在明显差异，东侧植被属于暖温带落叶阔叶林地带类型，植物种类丰富，西侧植被则属于森林草原和干草原地带类型。据记载，太行山地区有 3000 年以上的开发历史，历史上的森林被大量砍伐，原始的植被类型大部分已被破坏，当前植被以次生植被为主，落叶阔叶林和落叶灌丛分布广泛，只有较高海拔处有少量残存的原生落叶灌丛和草甸，加之本区域人口密集，人类活动对生态环境的压力巨大（王乐，2021）。太行山区作为华北地区典型的土石山区，降水少且季节分配不均，土层浅薄、持水能力低，生态环境脆弱，但却是华北平原几条河流的主要水源地，是京津冀地区的重要生态屏障和水源保障（马维玲，2017），其生态安全和资源可持续利用对京津冀地区的社会经济发展和生态稳定具有举足轻重的作用。

2015 年发布的《中国生物多样性保护优先区域范围》（环境保护部 2015 年第 94 号公告）中，规定了 32 个陆域生物多样性保护优先区域范围，太行山生物多样性保护优先区为其中之一。该优先区除太行山外还包括燕山、吕梁山等山脉的部分地区，自然、半自然植被共占研究区面积的 85.38%，森林面积占比为 34.71%，灌丛面积占比为 47.55%。重点保护油松林、白皮松林、华山松林、青杆林、白扦林、华北落叶松林等针叶林以及以蒙古栎林为主的暖温带落叶阔叶林生态系统和褐马鸡等重要珍稀濒危保护物种及其栖息地。森林包括落叶针叶林、常绿针叶林、针叶与阔叶混交林、落叶阔叶林 4 种植被型。灌丛主要分为落叶阔叶灌丛与常绿革叶灌丛两类。

落叶针叶林仅有寒温性的华北落叶松林一种，主要分布在海拔 900～2100 m 的阴坡、半阴坡，喇叭沟门的北辛店将军寨、松山的大庄科东侧和北侧山坡、大海陀自然保护区的九骨咀、三间房、大西沟、海陀山、云蒙山的主峰、雾灵山的南横岭、百花山、东灵山、小五台的飞狐峪及驼梁自然保护区为主要分布区。华北落叶松林多生于土层较厚的棕壤，林冠层高度 12～20 m，常混以蒙古栎、桦木、青杆、白杆等，郁闭度 0.6～0.8。林下灌木层稀疏，多由忍冬属、茶藨子属、绣线菊属等植物构成，高度约 1.5 m，盖度 10%～40%。草本层高度 20～40 cm，盖度 40%～60%，主要由类叶升麻、东亚唐松草、糙苏、风毛菊、苔草等组成。

常绿针叶林以温性的油松林、侧柏林为主，分布较广；寒温性的青杆林、白杆林、臭冷杉林在研究区分布面积较小。油松林分布广泛，面积约占针叶林总面积的 50%，多分布在海拔 200～1200 m 的阴坡、半阴坡。侧柏林分布面积约占针叶林的 40%，多分布在海拔 600～1000 m 的阳坡，也有一些分布在阴坡，多靠近居民点。青杆林、白杆林多分布在海拔 1600～2500 m 的阴坡、半阴坡，主要在小五台山、雾灵山零星分布。臭冷杉林仅在小五台山有小片零星分布，在南石窑对面山梁海拔 1600～2200 m 的阴坡存小片纯林。常绿针叶林林冠层高度以侧柏林为最低，以云冷杉林为最高，多在 5～18 m。云冷杉林郁闭度多在 0.7 以上，林下阴湿，灌草层欠发达。灌木层高度 1～1.5 m，盖度多在 25%以下，以忍冬属、丁香属、蔷薇属、绣线菊属等为主。草本层高约 30 cm，盖度不到 50%，由糙苏、东亚唐松草、舞鹤草、鼠掌老鹳草、苔草等构成。温性常绿针叶林郁闭度为 0.5～0.8，灌木层盖度一般不足 20%，在林冠相对稀疏开阔的地方可达 50%，由绣线菊属、胡枝子属、鼠李、山杏、荆条等组成，草本层盖度可达 70%，由苔草、黄背草、红柴胡、棉团铁线莲、风毛菊、苔草、隐子草等组成。

落叶阔叶林乔木层主要由栎属、桦木属、杨属、椴树属、榆属植物和刺槐等树种构成单优或共优群落。蒙古栎林是分布范围最广、面积最大的森林类型，占比超过研究区面积的 10%，其可在海拔 700～1800 m 的阴坡、半阴坡及较高海拔阳坡广泛分布。蒙古栎林的林冠层高平均值为 8 m（5～12 m），胸径平均值为 13 cm（5～23 cm），郁闭度多为 0.6～0.8，乔木密度约 1800 株/hm^2。白桦林主要分布在海拔 1000～1600 m 的阴坡、半阴坡，大面积长势良好的成熟白桦林出现在海坨山及雾灵山，并且常与其他桦木混生。桦木林冠层高度 8～16 m，郁闭度 0.7～0.8，灌木层高度 1～1.5 m，盖度 40%～60%，草本层高度 30～60 cm，盖度 30%～50%。乔木层构成复杂，常与蒙古栎、山杨、椴树等混生，也可与华北落叶松构成针阔混交林。山杨林多分布在海拔 800～1300 m 的阴坡、半阴坡的中下部。核桃楸林多分布于海拔 800～1200 m 的沟谷中。刺槐林多集中在靠近居民点的低山、丘陵区。落叶阔叶林灌木层以忍冬、山楂叶悬钩子、毛叶丁香、土庄绣线菊、溲疏、毛榛等为主，更新层常见元宝槭、蒙椴、花曲柳等幼苗，草本层以玉竹、糙苏、东亚唐松草、短尾铁线莲、银背风毛菊、三脉紫菀、兴安升麻、华北楼斗菜、露珠草、大披针苔草及蕨类等植物为主。

分布最广的灌丛为荆条灌丛、山杏灌丛及三裂绣线菊灌丛。荆条灌丛抗旱、耐瘠薄，多分布在海拔 200～600 m 处，山杏灌丛多分布在海拔 500～1000 m 处，而在海拔 400～700 m 范围常出现山杏+荆条灌丛。荆条灌丛在太行山广泛分布，而燕山地势总体上西北高、东南低，所以出现西部山杏多、东部荆条多、中部多为山杏+荆条灌丛的格局。从坡向的角度来看，荆条灌丛和山杏灌丛常出现在干旱的阳坡及石质化严重的山坡，两者占到研究区总面积的 30%以上。

2. 燕山山区

燕山山脉呈东西走向，地势西北高、东南低，北缓南陡，是华北平原与坝上高原的分割岭。广义上的燕山地区是指坝上高原以南，河北平原以北，白河谷地以东，山海关以西的山地，海拔 500～1500 m，向南降到 500 m 以下的低山丘陵。燕山山地沟谷狭窄，地表破碎，雨裂冲沟众多，为侵蚀剥蚀中山；有云雾山、雾灵山、都山、军都山等，主峰雾灵山海拔 2116 m。山地中多盆地和谷地，如遵化、迁西等盆地，承德、平泉、滦平、兴隆、宽城等谷地，是燕山地区的主要农耕区。

燕山地带性植被为暖温带落叶阔叶林，栎类是其中成林面积最大的树种，蒙古栎林、槲树林和辽东栎林在本区均有较大面积分布，常伴生有栎属、桦木属、椴树属、榆属、白蜡、油松、山杨等。白桦林和山杨林分布也较为广泛，松栎混交林是本区森林植被演替的顶极群落。垂直带谱：700 m 以下为落叶阔叶林，树种有蒙古栎、辽东栎、槲栎、栓皮栎、槲树等；700～1500 m 为针叶阔叶混交林，树种有白杆、臭冷杉、白桦、风桦等；1500～2000 m 为针叶林，树种有华北落叶松、青杆、白杆等。山沟及山前冲积台地上适于果树种植，为中国落叶果树重要分布区之一，盛产板栗、核桃、梨、山楂、葡萄、苹果、沙果、杏等干鲜果，其中板栗、核桃、梨、山楂驰名中外。

蒙古栎林几乎全部为天然林，主要分布在海拔 800～1600 m 的阳坡、半阳坡和山脊上，在海拔较高的地段形成蒙古栎矮林。乔木层的树种除优势种蒙古栎外，与辽东栎呈片状混交、并伴生有少量的棘皮桦、五角枫、山杨、白桦等（李大林，2006）。由于历史上反复受到采伐、樵采及放牧等人为破坏的影响，多代萌生，林相残缺，林分普遍生长不良，部分甚至退化成矮林或灌木林，逆向演替现象严重（王超等，2016）。

白桦林为本地区的天然次生林，常伴生有棘皮桦、山杨、蒙古栎、蒙椴、花楸、五角枫、鸡爪槭、硕桦、紫椴等，主要分布在海拔 800～1700 m 的地段（李大林，2006）。多为萌生幼龄林，为典型的伐后萌生林，群落结构简单，为近似同龄纯林，林木以丛生为主，植株密集，林分质量较差。随着封山育林力度加大，白桦林面积逐年增多（王超等，2014）。

棘皮桦林主要分布在海拔 1300～1900 m 的阴坡、半阴坡，常见伴生种有白桦、山杨、蒙古栎、硕桦、蒙椴、大叶白蜡、五角枫和大果榆等（李大林，2006）。

山杨林大多分布在海拔 850～1450 m 的阴坡、半阴坡和较平坦的沟谷内，以纯林为主，常见伴生种有棘皮桦、元宝槭、蒙椴、核桃楸、白桦、蒙古栎、大叶白蜡等（李大林，2006）。

其他常见落叶阔叶林还有硕桦林、核桃楸林、椴树林、榆树林、柳树林、小青杨林等。

天然油松林大多残存分布在海拔 950～1350 m 的阳坡、半阳坡、半阴坡山地，但在围场满族蒙古族自治县燕格柏林场，油松林的分布上限在 1500～1600 m（陈遐林，2003）。伴生树种稀少，混生有辽东栎、蒙古栎、山杨、白桦、蒙椴、核桃楸等阔叶树种。

华北落叶松林多分布在海拔 1300～1800 m，混生有白桦、棘皮桦、辽东栎、元宝槭、山杨等阔叶树种，是该地蓄积量最大的森林类型，由于人为干扰和病虫害，落叶松生长缓慢，林下灌木稀少，草本种类简单。

云杉林残存分布于海拔 1300 m 以上的山地阴坡、半阴坡，多为针阔混交林，仅少量为纯林。混交林内有臭冷杉、华北落叶松、山杨、白桦等（李大林，2006）。

3. 坝上高原

坝上高原地处河北北部，内蒙古高原的东南缘，为我国北方干旱与半干旱、农区与牧区接壤的过渡地带，是京津等地的主要沙源地和重要生态保护屏障。行政区域包括张北县、康保县、沽源县全部区域和尚义县、丰宁满族自治县、围场满族蒙古族自治县部分区域。坝上高原海拔多在 1000~1700 m，以闪电河为界，分为东西两部，东部为承德坝上，西部为张家口坝上，承德坝上自然环境优于张家口坝上。坝上高原是辽河、滦河、潮白河之源。坝上高原气候独特，属中纬度高海拔寒温带大陆性季风气候，冬季漫长、低温严寒，年无霜期短，昼夜温差大，大风、沙暴、干旱、霜冻等灾难性天气较多，多年平均降水量约 300 mm，年蒸发量多达 1500 mm（庞磊和武爱彬，2018）。

坝上高原的天然植被为温带半干旱草原（常春平等，1999），植被类型以多年生草本植物为主（王彦芳等，2018）。该区域历史上曾是森林、草原交错带，植被茂盛。清代后期以来，由于人们过度采伐森林、过度放牧和过度开垦，西部首先遭到破坏，森林变为草地，草地变为耕地，耕地变为荒漠；东部的破坏主要是开围以后，森林逐渐被沙地取代，形成了荒山和沙地。新中国成立前，天然植被较好，沙丘基本固定，草原植被盖度在 70%以上，为草原和稀树草原景观。乔木树种主要有落叶松、云杉、樟子松、桦树、山杨、柞树、榆、椴树、五角枫等，灌木树种有耐寒的柳、黄柳、锦鸡儿、映山红、沙棘、山杏等。到 20 世纪 50~60 年代，坝上有大量人口迁入，盲目地毁坏草原发展农耕，严重破坏了该地区的植被，导致生态环境脆弱（常春平，1999；庞磊，2018）。随后，林业部门开展了大量的封山育林和天然次生林改造工作，该区的森林植被得到了快速恢复。现在该区森林植被的组成树种已经比较丰富，有华北落叶松、油松、白桦、白杆、山杨、蒙古栎和蒙椴等，林下和林缘过渡地带的灌木主要有山杏、刺玫蔷薇、榛、虎榛子、胡枝子等。

华北落叶松多分布于海拔 1300~1800 m，混生有白桦、棘皮桦、辽东栎、元宝槭、山杨等落叶阔叶树种。油松林零散分布，伴生树种稀少，混生有辽东栎、蒙古栎、山杨、白桦、蒙椴、核桃楸等阔叶树种。云杉林残存分布在海拔 1300 m 以上地区，多为针阔混交林，也有少量云杉纯林。混交林内有臭冷杉、华北落叶松、山杨、白桦等。塞罕坝机械林场从 1963 年开始樟子松的引种工作，1966 年进行大面积造林，樟子松成为坝上地区适应性最强、生长最快的绿化用材树种。阔叶林主要有山杨林、白桦林、棘皮桦林、硕桦林、蒙古栎林、核桃楸林、椴树林等。

4. 平原防护林区

华北平原是黄河、淮河、海河等河流冲积形成的广阔平原，北抵燕山南麓，南达大别山北侧，西倚太行山—伏牛山，东临渤海和黄海。华北平原地势平缓，呈现自西向东微斜，由山麓向滨海顺序出现洪积倾斜平原、洪积-冲积扇形平原、冲积平原、冲积-湖积平原、海积-冲积平原、海积平原等地貌类型。华北平原大部分属暖温带半湿润季风气候，四季变化明显，冬、春季干旱少雨，夏季高温多雨。

华北平原大部分属暖温带落叶阔叶林带，原生植被早已被农作物所取代，仅在太行山、燕山山麓边缘生长旱生、半旱生灌丛或灌草丛，局部沟谷或山麓丘陵阴坡出现小片落叶阔叶林；南部接近亚热带，散生马尾松、朴、柘、化香树等乔木。平原地区，防护林不仅承担着国土生态安全，还承担着粮食安全、林产品供给等多重职能。平原林业是我国林业建设事业的重要组成部分，在改善农业生态环境，调整农村经济结构，保证农业稳产高产，增加森林资源和林副产品，促进农业全面发展，提高群众生活水平方面有着重要的作用（李志沛等，2012）。现已基本形成以农田防护林为主体，辅以农林（果）间作、成片造林，带、网、片、点相结合，多树种、多林种、多层次、多模式和多功能的农林复合系统，不仅发挥林业本身的直接经济效益，而且通过调节局地小气候，为促进农业生产提供了重要生态保障（李志沛等，2011）。

我国防护林的发展，大致分为三个阶段：第一阶段始于 20 世纪 50 年代初，以防治风沙的机械作用为目的。由国家统一规划，在我国东北西部和黄河故道等风沙严重的地区，营造近 4000 km 长的防风固沙林，其结构多以宽林带大网格为主。第二阶段是从 60 年代初开始，以改善农田小气候、防御自然灾害为目的，把防护林的营造作为农田基本建设，"山、水、田、林、路"综合治理的重要内容之一。以窄林带、小网格为主要结构模式，不仅速度快，而且规模大，几乎遍布全国所有农区。第三阶段是自 70 年代末开始，把多层次的防护林与林粮间作有机地相结合，在农区形成一个"空间上有层次""时间上有序"的农林复合系统（雷娜，2017）。农田防护林的形式大致有三种：第一种是林带的形式，即在农田周围营造带状林分，林带在农田中交织成网，称为农田防护林网。第二种是林农间作的形式，即在农田内部间种树木，其株行距均较大，近于散生状态。我国华北有些地区采用泡桐、椿树、枣树、柿树等在农田中间作。第三种是林岛的形式，即树丛或小片林。

华北平原早在 20 世纪 60 年代就开始营造以中低产治理为目的的农田防护林，包括桐粮间作、杨粮间作、枣粮间作、梨粮间作等模式。80 年代后期，开始发展以生态经济型防护林为主体的农林复合系统，经过近几十年建设和发展，已形成高标准的防护林体系。以华北平原中心的石家庄地区为例，平原防护林以农田林网为主，配合有环村林带、农林间作、片林、通道绿化、万树进村等建设模式。各类建设模式具体如下。

农田林网——以速生毛白杨为主。

沟渠林网——以杨树、柳树等为主进行渠堤、河堤绿化；以紫穗槐、火炬树等为主进行护坡绿化。

农林间作——包括农-杨、农-桑、农-核桃、农-桃、农-枣间作等。

四旁植树——采取乔、灌、花、草结合的形式，以杨树、柳树、槐树、臭椿等乡土树种为主，辅以法桐、桧柏等美化树种和核桃、柿子、花椒、梨树等经济树种，搭配木槿、紫叶李、榆叶梅、冬青、月季等灌木。

通道绿化——以速生杨为主，使用法国梧桐、薄皮核桃、柳树、海棠、丝棉木、茶条槭、银白槭、金叶榆、黄栌、栾树、白蜡、垂柳、国槐、千头椿等树种，在道路两侧建设一定宽度的绿化带。一般地，高铁两侧绿化带宽度为 100 m，高速公路、国道两侧为 50 m，省道两侧为 30 m，县级道路两侧为 5～10 m，乡村道路两侧为 3～5 m。

环城、环村林带——在城周和村边的荒地、荒滩、环城路、环村路建设林带。

沿河防护林带——林带树种以毛白杨、法国梧桐、国槐、柳树、椿树等乡土树种为主，绿化景观树种以木槿、郁李、合欢等为主，沿河流两岸行洪制导线以外 100～150 m 建设防护林带，形成绿色长廊。

防护片林——在宜林荒滩、荒地、挖沙取土的坑地、村内房前屋后和面积较大的边角空地营造片林。

5.2　华北地区森林生态系统质量状况及其影响因素

5.2.1　华北地区森林生态系统质量状况

华北地区现存的森林生态系统是地带性植被类型与所处区域的气候和土壤相适应的结果，其现状和中国五千年的文明发展密不可分，在人类活动高强度的长期干扰下，具有独特特征。华北地区水热资源较为丰富，历史上植被茂密，森林覆盖率高。然而，随着人类社会和经济发展，该地区森林遭受了各种严重干扰，大面积的原始森林几乎消失殆尽。

太行山中段至北段部分高海拔区域，以及周边的燕山、管涔山、太岳山高海拔区域是华北地区仅有的原始森林覆盖区（闻丞等，2020）。山西历山混沟保存着华北唯一一块成规模的原始森林，覆盖面积约 780 hm^2，是在未经干扰条件下，多因子共同作用、动植物协同演变而生成的多功能森林生态系统，具有起源原真性、结构完整性、动态稳定性、区位独特性、物种珍稀性。2019 年，对该区域进行科学考察发现：混沟动植物资源丰富，是华北地区珍贵的"物种基因库"，是华北地区原真性森林生态系统的标准地。本区拥有 1101 种维管植物和 301 种陆生脊椎动物，来源上具有南北交错和东西汇集的特点。保护区内对金钱豹、原麝、红腹锦鸡、猕猴、大鲵、黑鹳、连香树等 32 种国家一、二级重点保护动植物，以及青檀、山白树、暖木、铁木、苍鹭、复齿鼯鼠等 30 种山西重点保护动植物和 174 个中国特有种进行保育。混沟原始林内，高度近 30 m、年龄在百年、最大为几千年的古树多达 43 种、5 万余株，生长良好，基因资源宝贵。与 35 年前保护区成立之初的第一次科考结果相比，混沟森林生态系统的生态功能和价值都得到明显提升。系统的生物多样性指数达到了 1.84，提高了 8%左右；山白树、连香树、暖木等珍稀植物的数量和分布范围出现了明显的增加和扩展；水土流失侵蚀模数下降了 15%左右，水源涵养功能提高了 16%左右；林内负氧离子浓度为900～3800 个/cm^3，平均浓度为 1900 个/cm^3，空气达一级质量标准，比保护区外的森林生态系统提高了约 20%。

华北森林大多分布于远离人群的山区，海拔多在 600 m 以上，质量较好的森林生态系统大多呈现不连续的、处于破碎化割裂的状态，以次生林或人工恢复造林的针叶林为主。主要特点包括以下几个方面：

（1）不稳定性。成熟林和过熟林较为罕见，大多是以中龄林和幼龄林为主的次生森林群落类型，很多次生森林的自然恢复期都维持在30～50年，面积局促且极度破碎化，稳定性次于顶级群落。生态系统的稳定性降低，也直接或间接影响到动物、微生物的物种多样性，国家重点保护动物难见身影。在对北京百花山、河北塞罕坝以及山西庞泉沟三个国家级自然保护区森林的对比研究中发现：庞泉沟保护区森林健康程度最高，百花山保护区次之，塞罕坝保护区森林健康程度最低。内在原因是天然林的健康程度比人工林高，处于比较理想的健康状态。天然林灌草层较发达，群落结构完整，稳定性强，而人工林由于人工抚育等原因，灌草层缺失或长势不好，生物多样性较低，生态系统不稳定。外在原因主要是人类活动的干扰，如旅游业的发展、游客数量增加、旅游设施增加、游客活动面积扩大等（张桓，2010）。

（2）不高效性。本区森林覆盖率低下，垂直结构分层明显且复杂，高质量乔木层由于前期过度消耗，极为稀缺，目前的乔木层树种多，但缺乏明显的优势种，灌木层物种丰富度最高，蓄积分散，成材率低。即使在太行山绿化工程中建设的人工林，也存在纯林多、混交林少，单层林多、复层林少，针叶林多、阔叶林少等问题。新造林地生态系统脆弱，生物多样性差，病虫鼠害频发，水土流失严重，火险隐患严峻（贺迎春，2020）。另外，人工林林分退化也是一个严重问题，主要原因有三：一是森林分布不均，树种结构单一，林分质量低下，阴坡成林多，阳坡成林差；二是中幼龄林面积大，前期造林密度大且后期缺乏抚育管理，导致一些林分郁闭度过大，林分质量低下；三是管护投入严重不足，重造林、轻管护的局面尚未明显改善（薛斐斐，2020）。

（3）不确定性。次生森林生态系统的起源复杂，受干扰过程多样，处于亚顶极的动态演替阶段，具有较高的物种丰富度，但均匀度较低，森林生态系统的自然发生规律很难适用于本阶段的次生林恢复治理，不确定的多元化的自然、社会因素叠加，造成这个生态系统的未来动态存在很大的不确定，可预测性差。例如，燕山山地广泛分布的白桦伐后萌生林，群落结构简单，为近似同龄纯林，林木以丛生为主，植株密集（王超等，2014）。燕山地区的栎林由于历史上反复受到采伐、樵采及放牧等人为破坏的影响，多代萌生，林相残缺，林分普遍生长不良，部分甚至退化成矮林或灌木林，逆向演替现象严重（王超等，2016）。太行山、关帝山、吕梁山、太岳山等处广泛分布的辽东栎林，也多为萌生起源的次生森林群落（陈遐林，2003）。

（4）不完整性。土壤是该地区森林生态系统主要的碳库，耐干旱、瘠薄土壤的物种占优势，形态功能特征趋向于更高的水分利用效率，而对生存资源和条件要求较高或较专一的代表性物种呈现退化趋势甚至灭绝。该地区的青檀林、紫椴林、核桃楸林、黄檗林等亟待加强保护（王乐等，2021）。

（5）森林经营以育林恢复为主，林下更新活跃，经济产出较少，更重视生态服务功能的发挥。虽然次生林的生态系统质量较原始林存在着根本性的差距，但是基于华北地区的社会现状和森林本底情况，发展和恢复天然或人工次生林是该区林业建设的重点。

华北地区逐渐恢复的次生林在调节气候、固碳增汇、养分循环、涵养水源、保持土壤、防风固沙、净化环境、维持生物多样性和发挥生态系统服务功能等方面都发挥了重要作用。但是目前对全区的森林质量评价体系尚不完善，只有分散的保护区或林场小范围的森林健康评价体系。需要通过长期定位监测联网研究，建立科学有效的适用于华北地区的森林质量评价体系，服务森林生态系统可持续经营管理。

5.2.2　森林资源清查变化

我国进行了九次森林资源清查，清查年份如下：第一次 1973～1976 年、第二次 1977～1981 年、第三次 1984～1988 年、第四次 1989～1993 年、第五次 1994～1998 年、第六次 1999～2003 年、第七次 2004～2008 年、第八次 2009～2013 年和第九次 2014～2018 年。九次林业清查数据和间隔期之间的林业数据，可反映华北森林生态系统质量的动态变化。

九次森林资源清查之间的间隔期如表 5-1 所示。

表 5-1　森林资源清查间隔期简称

全称	简称	时间
第一次与第二次森林资源清查期的间隔期	第一个清查间隔期	1973～1981 年
第二次与第三次森林资源清查期的间隔期	第二个清查间隔期	1977～1988 年
第三次与第四次森林资源清查期的间隔期	第三个清查间隔期	1984～1993 年
第四次与第五次森林资源清查期的间隔期	第四个清查间隔期	1989～1998 年
第五次与第六次森林资源清查期的间隔期	第五个清查间隔期	1994～2003 年
第六次与第七次森林资源清查期的间隔期	第六个清查间隔期	1999～2008 年
第七次与第八次森林资源清查期的间隔期	第七个清查间隔期	2004～2013 年
第八次与第九次森林资源清查期的间隔期	第八个清查间隔期	2009～2018 年

1）林地面积变化

林地占土地面积的比例，能够表示森林资源发展的潜力。如表 5-2、表 5-3 所示，九次森林资源清查期间，华北各省（自治区、直辖市）林地面积占国土面积的比例虽然有所波动，但总体上呈增长趋势。其中，第一个清查间隔期，除天津外，各省（自治区、直辖市）林地面积均呈现增加趋势，全国林地面积普遍降低的背景下发生的（内蒙古的增加幅度列全国首位是由于省界变化导致）。第二个清查间隔期，山西增长幅度较大，北京增幅紧随其后，内蒙古出现了面积大量减少。经过第三个清查间隔期的"绿化四旁"活动和第四个清查间隔期的全国经济恢复发展，各省（自治区、直辖市）林地面积震荡，从第五个清查间隔期起，除内蒙古先大面积增长后小幅降低外，其余各省（自治区、直辖市）林地面积均呈较稳定的增长态势。

表 5-2　九次森林资源清查期间华北各省（自治区、直辖市）林地面积占该省（自治区、直辖市）土地面积比例变化（单位：%）

省（自治区、直辖市）	第一次	第二次	第三次	第四次	第五次	第六次	第七次	第八次	第九次
北京	34.27	35.28	59.35	51.66	52.28	54.66	57.00	56.94	65.26
天津	5.36	0.05	8.96	12.37	11.67	11.79	12.47	13.70	16.96
河北	31.46	33.44	35.06	30.47	33.97	33.61	37.96	38.65	41.08
山西	26.39	36.84	42.34	41.79	43.20	44.12	48.19	48.89	50.24
内蒙古	18.71	38.06	28.22	27.75	27.47	38.01	37.94	37.97	38.03

表 5-3　八个间隔期内华北各省（自治区、直辖市）林地面积变化量（单位：万 hm²）

省（自治区、直辖市）	第一个	第二个	第三个	第四个	第五个	第六个	第七个	第八个
北京	1.79	42.86	−13.70	1.11	4.23	4.17	−0.11	5.75
天津	−0.69	4.90	3.89	−0.80	0.14	0.78	1.40	4.67
河北	32.32	30.10	−85.38	65.18	−6.67	80.82	12.71	57.56
山西	164.93	86.06	−8.60	22.08	14.47	63.64	10.97	21.70
内蒙古	3561.40	−1140.14	−55.20	−32.11	1221.66	−8.68	3.96	100.28

2）森林资源蓄积量变化

林分蓄积量是森林生态系统质量的重要方面。九次森林资源清查结果显示（表 5-4、表 5-5），华北地区森林资源蓄积总量不足，但稳步增长。华北林分蓄积量占我国森林总蓄积量极少。即使在林分蓄积比例最多的第八次清查中，除内蒙古外，京津冀晋四省市的资源蓄积量总和仍不足全国的 2%，加内蒙古在内，也不足 11%。第八次森林资源清查（2009~2013 年）期间，中国乔木林总碳储量为 6135.68 Tg，碳密度为 37.28 mg/hm²。乔木林碳储量按区域划分大小依次为：西南（2449.06 Tg）>东北（1282.04 Tg）>华北（660.28 Tg）>华南（632.53 Tg）>华中（542.31 Tg）>西北（430.61 Tg）>华东（138.84 Tg）。虽排在行政区域的前三位，但华北地区乔木林碳储量低于我国总体的平均水平。北京、河北和山西的林分蓄积量在第一个清查间隔期受文革影响较大而下降，但从第二个间隔期之后扭转了下降趋势，呈现直线增长。天津在第五个间隔期内受经济发展影响，蓄积量降低。

表 5-4　九次森林资源清查期间华北各省（自治区、直辖市）林分蓄积占全国比例的变化（单位：%）

省（自治区、直辖市）	第一次	第二次	第三次	第四次	第五次	第六次	第七次	第八次	第九次
北京	0.02	0.02	0.04	0.05	0.06	0.07	0.08	0.10	0.14
天津	0.00	0.00	0.01	0.02	0.01	0.01	0.01	0.03	0.03
河北	0.54	0.30	0.49	0.53	0.55	0.54	0.63	0.73	0.78
山西	0.43	0.38	0.43	0.45	0.52	0.51	0.57	0.66	0.74
内蒙古	0.07	9.63	9.71	9.05	9.00	9.11	8.81	9.10	8.70

表 5-5　八个间隔期内华北各省（自治区、直辖市）林分蓄积量变化量（单位：万 m^3）

省（自治区、直辖市）	第一个	第二个	第三个	第四个	第五个	第六个	第七个	第八个
北京	−42.41	231.08	68.59	239.56	154.88	197.88	386.75	1012.03
天津	2.70	96.19	43.77	1.59	−19.90	58.54	175.14	86.24
河北	−1891.49	1679.66	915.06	703.96	561.73	1864.16	2400.87	2963.03
山西	−300.01	457.11	690.78	1162.09	555.96	1443.74	2095.45	3184.25
内蒙古	84186.63	1735.36	3162.94	8487.55	11989.67	7567.36	16809.97	18173.64

　　林分蓄积量与森林面积的比值，即单位面积蓄积量，可反映森林质量的高低。如表 5-6 所示，总体上，华北各省（自治区、直辖市）森林单位面积蓄积量总体随时间延伸不断提高，但质量仍然偏低。京津冀三省市的单位面积蓄积量均低于 50 m^3/hm^2，显示出森林质量状况不佳的严峻事实。各省（自治区、直辖市）单位面积蓄积量的波动也显示了华北地区森林生态系统的不稳定性。

表 5-6　九次森林资源清查期间各省（自治区、直辖市）单位面积蓄积量（单位：m^3/hm^2）

省（自治区、直辖市）	第一次	第二次	第三次	第四次	第五次	第六次	第七次	第八次	第九次
北京	17.18	22.41	28.81	30.67	33.21	35.87	29.20	33.22	39.21
天津	16.00	22.00	31.74	34.72	37.35	30.71	36.43	49.74	44.86
河北	30.68	22.83	35.05	34.39	29.93	31.52	29.06	34.65	37.60
山西	35.98	46.98	42.71	40.86	38.37	38.63	44.33	46.28	52.88
内蒙古	18.47	65.79	66.84	67.94	70.61	68.49	70.02	78.53	86.95

3）森林生态系统功能变化

　　森林生态系统功能是评价生态系统质量的重要指标，如涵养水源、保育土壤、固碳、林木积累营养物质和净化大气环境等。选取调节水量、固土量、保肥量、固碳量、林木积累营养物质量、负离子含量、吸收污染气体量和滞尘量 8 项指标对华北地区森林的质量变化进行评估。

　　在第一个清查间隔期，全国尺度的森林生态系统调节水量功能总体降低，其中河北的降幅排在了全国前三，而内蒙古和北京的增幅位列前三（表 5-7）。之后各期北京的森林调节水量均稳步增长，而其余四省（自治区、直辖市）都处于波动中，总体保持了增长的趋势。第四个调查期间内的增幅最大，超越了东北地区的调节水总量。

表 5-7　七个间隔期内森林生态系统调节水量变化率　（单位：%）

省（自治区、直辖市）	第一个	第二个	第三个	第四个	第五个	第六个	第七个
北京	13.65	54.05	23.34	29.45	10.99	31.35	20.69
天津	2.56	95.86	<−100	19.31	13.07	−6.07	26.98
河北	−53.86	30.13	19.81	32.42	−2.12	22.96	16.04
山西	−44.74	95.64	<−100	29.46	9.11	11.76	24.15
内蒙古	97.10	<−100	61.11	15.14	15.73	12.74	19.30

森林生态系统保育土壤功能以森林固土量（表 5-8）和保肥量（表 5-9）两个指标衡量。保肥量会随着固土量的变化而变化。第一个清查间隔期，森林生态系统固土量和保肥量在内蒙古、北京、天津出现增长，河北和山西与全国趋势相同，都在降低。此后内蒙古、天津和山西分别在第二个间隔期、第三个间隔期大幅减少。从第四个间隔期起，华北地区的森林土壤保育功能都得到恢复并有较快的增长，但总体上低于全国平均水平。

表 5-8　七个间隔期森林生态系统固土量变化率 （单位：%）

省（自治区、直辖市）	第一个	第二个	第三个	第四个	第五个	第六个	第七个
北京	8.95	52.39	23.56	29.42	11.11	29.72	19.89
天津	3.42	95.28	<−100	7.20	12.90	4.81	31.95
河北	−55.67	29.82	19.70	32.04	−2.03	23.94	16.61
山西	−39.51	95.03	<−100	31.95	9.78	10.63	23.87
内蒙古	96.33	<−100	62.26	15.28	17.21	15.30	20.19

表 5-9　七个间隔期内森林生态系统保肥量变化率 （单位：%）

省（自治区、直辖市）	第一个	第二个	第三个	第四个	第五个	第六个	第七个
北京	11.31	55.52	22.88	30.84	11.25	30.20	20.25
天津	3.27	95.56	<−100	6.15	13.71	10.11	35.08
河北	−60.32	29.48	19.79	32.17	−0.05	26.28	17.72
山西	−39.15	95.44	<−100	30.66	9.67	11.24	24.18
内蒙古	98.14	<−100	58.44	14.57	13.82	11.71	15.02

华北地区森林生态系统固碳功能一直处于全国较低水平，且表现出不稳定性（表 5-10）。全国的总量除第一个期间外都呈现增长趋势，固碳功能总量在第八次清查时较第一次产生了倍增。但华北地区的差异较大，有的省（自治区、直辖市）还出现了降低。前三个清查间隔期内，华北各省（自治区、直辖市）森林生态系统固碳功能表现出剧烈震荡。在第二个清查间隔期，天津和山西的涨幅在全国居首后；在第三个清查间隔期，天津和山西的降幅却在全国居前列。在第四和第五个清查间隔期，华北地区逐渐呈现恢复增长的态势，而天津和内蒙古又分别在第六和第七个清查间隔期有10%以上的降幅。

表 5-10　七个间隔期森林生态系统固碳量变化率 （单位：%）

省（自治区、直辖市）	第一个	第二个	第三个	第四个	第五个	第六个	第七个
北京	−2.78	50.68	23.74	31.15	8.43	34.48	5.66
天津	2.91	95.16	−880.61	1.58	6.78	−11.29	35.07
河北	−68.84	33.07	23.92	30.78	1.08	27.02	17.11
山西	−44.66	95.70	−773.98	34.80	1.72	13.43	22.89
内蒙古	98.19	−78.49	44.70	13.41	23.50	13.35	−10.66

森林生态系统积累营养物质功能由林木积累氮、磷与钾元素的总量来衡量。华北生态系统林木积累营养物质量仍然表现出不稳定的增长趋势（表 5-11）。河北在第一个清查间隔期的降幅排在全国前列，山西在第一和第三个清查间隔期都有大幅下降。天津虽在前两个清查间隔期都呈现增长，但在后面的第三个、第四个和第六个清查间隔期都有不同程度的下降，在第六个清查间隔期成为该指标下降的唯一地区。华北总体在第四个清查间隔期开始回稳。

表 5-11　七个间隔期内森林生态系统林木积累营养物质量变化率　（单位：%）

省（自治区、直辖市）	第一个	第二个	第三个	第四个	第五个	第六个	第七个
北京	−12.73	57.13	20.95	35.73	9.68	33.32	24.58
天津	4.01	94.50	<−100	−1.73	6.94	−5.12	33.22
河北	−70.01	32.17	23.29	29.74	−0.18	23.31	18.62
山西	−46.00	95.66	−693.35	33.20	9.27	10.20	22.57
内蒙古	97.52	<−100	60.49	15.29	17.01	12.10	32.14

选择负离子含量（表 5-12）、吸收污染气体量（表 5-13）和滞尘量（表 5-14）三个指标体现华北地区森林生态系统净化大气环境功能的变化。北京除在第一个清查间隔期产生负离子含量有一定幅度的降低外在其他六个清查间隔期呈增长趋势，吸收污染气体量和滞尘量在七个清查间隔期均稳步提高，部分清查间隔期的涨幅还领先全国。河北森林的产生负离子含量、吸收污染气体量和滞尘量在第一个间隔期的降幅位全国前列，之后连续增长，但在第五个间隔期吸收污染气体量和滞尘量有较小幅度的波动。其余三省（自治区、直辖市）的负离子含量、吸收污染气体量和滞尘量在经过了前三个间隔期的波动后，在第四个间隔期开始均稳步增长。

表 5-12　七个间隔期森林生态系统负离子含量变化率　（单位：%）

省（自治区、直辖市）	第一个	第二个	第三个	第四个	第五个	第六个	第七个
北京	−36.89	65.25	20.24	43.00	12.16	31.60	33.50
天津	0.98	96.09	<−100	5.21	8.55	7.23	40.82
河北	−87.34	36.25	27.80	31.58	1.64	26.65	18.63
山西	−49.04	95.38	<−100	38.29	9.40	11.52	21.92
内蒙古	99.33	−100.08	53.85	14.05	11.92	7.08	21.92

表 5-13　七个间隔期内森林生态系统吸收污染气体量变化率　（单位：%）

省（自治区、直辖市）	第一个	第二个	第三个	第四个	第五个	第六个	第七个
北京	4.79	53.67	26.50	33.34	12.21	31.45	24.65
天津	1.10	96.16	<−100	20.68	14.07	3.20	41.62
河北	−57.45	30.75	20.73	32.55	−2.02	23.54	16.64
山西	−42.85	93.52	<−100	35.40	9.73	9.50	23.01
内蒙古	98.23	−89.39	51.86	14.56	15.90	9.33	17.76

表 5-14　七个间隔期森林生态系统滞尘量变化率　　　　　(单位：%)

省（自治区、直辖市）	第一个	第二个	第三个	第四个	第五个	第六个	第七个
北京	3.49	53.71	26.82	33.84	10.84	29.56	23.13
天津	0.85	96.23	<−100	23.32	13.18	1.83	41.39
河北	−61.72	34.89	24.57	35.74	−0.97	20.68	15.70
山西	−45.13	92.34	−356.57	37.16	9.63	8.85	22.56
内蒙古	98.99	<−100	58.22	13.99	8.89	8.58	15.95

　　总体上，华北地区森林的面积、蓄积量以及生态系统功能在全国都处于较低水平，且年际变化缺乏稳定的规律变化，导致难以预测。森林生态系统质量受经济与社会发展的影响极大，因此，森林质量的指示指标，如森林的固碳量、释氧量和滞尘量等，在第一个间隔期均出现了一定幅度的降低，且后续恢复增长所需的时间跨度较长。

5.2.3　华北地区森林生态系统影响因素

1. 气候变化

　　全球气候变化导致的增温和降水格局改变，极大地影响了植物生长。华北地区气温呈显著上升趋势，降水则呈微弱减少趋势，气候变化总体上表现为暖干的变化趋势，其中春季气温上升趋势最为明显，夏季降水减少幅度最大（孙艳玲和郭鹏，2012b）。相对于稳定的成熟原始林，处于幼龄林演替阶段的次生林内，种子萌发与幼苗生长阶段比成年阶段对气候变化更为敏感。适当地增温有利于增加华北森林生态系统中重要建群种辽东栎幼苗的更新潜力，但增温和降水减少导致的干旱化将显著降低幼苗的更新潜力（董丽佳和桑卫国，2012）。因此，增温和降水变化是影响华北地区森林生态系统质量的重要因素。

　　全球大气环流格局和水文过程的改变可能会使未来的年降水量发生变化，导致降水年内和年际的波动增加，因此未来降水格局的变化对森林生态系统的影响还存在很大的不确定性。华北地区的夏季降水占全年降水的比例很大，历史数据表明，过去 20 年华北地区的夏季降水量和降水天数的减少导致了土壤含水量的下降，说明该地区夏季有干旱化的趋势（张书萍等，2014）。严重的干旱事件可能会造成生态系统生产力的降低，由于森林生态系统过程对环境因子变化响应的滞后性，干旱化对生态系统的长期影响仍需要进一步的研究。生态系统模型的评估结果表明，在气候变暖、降水减少和 CO_2 浓度升高的情况下，无论树种采取何种策略，华北森林的总净初级生产力和生物量都有增加的趋势，降水在未来近一个世纪内尚未成为本地区植被生长的限制因子（Su et al.，2015），但森林植被的树种组成与树种的干旱响应策略密切相关。

2. 自然灾害

对华北森林生态系统造成直接影响的自然灾害，主要包括气象灾害、森林火灾和森林生物灾害等。气象灾害，如比较严重的寒潮、风雹、高温等偶然灾害性天气，会对相对脆弱的森林生态系统造成结构性的损伤。气候变化还会间接导致火灾、虫害的增加，从而对华北地区森林生态系统的质量产生影响。天气回暖中的倒春寒天气，严重影响早春花期的灌木花蕾开放率，导致授粉不良、结实率低等后果。夏天的持续高温天气偏多，持续干旱会使树木生长减缓或停止，导致森林生态系统的生产力降低。

据《中国林业年鉴》（2005～2017 年），历年森林火灾的受害面积不稳定（图 5-1），有突发的成分存在，对森林面积和蓄积量的破坏带来的损失是不可逆的（韩焕金和方昉，2016）；而有害生物发生面积相对连续而稳定，对森林的影响比森林火灾更加持续，通过治理可以减少灾害损失（孙红梅和刘海俐，2018）。

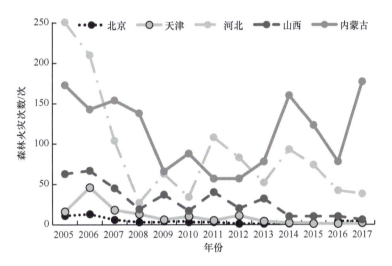

图 5-1　华北地区 2005～2017 年森林火灾发生趋势

华北地区森林火灾年际波动较大，森林受害面积每 3～4 年会出现高峰，但总的趋势是在逐渐减少。其中，北京地区火灾对森林的影响最小，而河北和内蒙古最多。华北的地理位置和天气条件决定了本区的火灾具有季节性，冬春季是森林火灾的多发季节，极端天气是造成火灾增多的重要因素。火源类型中，引发森林火灾的生产性火源主要是烧荒烧炭，非生产性火源主要是野外吸烟和上坟烧纸，其他火源主要是雷击火与外省烧入。

林业有害生物包括病害、虫害、鼠害和有害植物，会抑制林木生长，降低生产力，甚至造成林分大面积枯死。华北地区森林中，虫害占比最高，是影响森林质量的关键因素；其次是病害、鼠害和有害植物。人工种植的大面积纯林，破坏了自然群落的平衡，为病虫害的发生提供了适宜的营养与栖息条件，很大程态度上导致了灾害的爆发。而在防治率方面，虫害的防治率最高，呈现高发生率和高防治率的特点。近年来，病虫害发生的面积具有普遍性，流行诱因增多，经济性树种偶发性病虫害更为严重，较难控制。因此,在林业管理工作中,需要因地制宜地开展病虫害防治工作,综合防治,预防为主。

3. 大气污染

全球气候持续变暖及人类活动带来的氮沉降和大气颗粒物浓度的增加,导致大气环境污染加剧,深刻地影响着森林生态过程,准确认识这些生态过程的变化是科学评估未来气候变化下华北森林生态系统质量的基础。对华北典型森林在大气污染条件下树木生长的监测研究发现:近20年来森林生态系统的碳氮关键过程发生了变化,碳周转速率明显加快,在较高温度且较低水分条件下,氮沉降对土壤呼吸有促进作用,且不同物种的土壤呼吸对氮添加的响应存在差异,高山森林中杨树树干湿心材具有显著的甲烷排放(Wang et al.,2016);在无云天气下,杨树茎干的日生长速率随着大气颗粒物浓度的增加而显著增加,阳生叶叶片光合速率的增加主要是由于高气溶胶天气下伴随的低饱和水汽压差,而对阴生叶来说,主要是散射辐射的增加改善了光环境,从而促进了光合作用(Wang et al.,2018)。这些观测和实验结果揭示了我国华北地区森林碳氮循环关键过程对气候变化和大气污染的响应强度和方向,为气候变化下森林管理和污染减排等政策的制定提供了重要科学基础。

4. 人类活动

人类活动对森林生态系统质量的影响也是长期不间断的,如旅游、采伐、城市化发展等。在太行山和燕山山地的低山区,森林生态系统受到人类活动长期影响,遭受破坏后形成大量的次生灌丛(王乐等,2021)。适度的干扰有利于森林中植物物种丰富度增加,但过度的旅游活动或旅游设施建设则会引起华北地区森林生态系统质量的下降。

合理的森林采伐有利于促进森林生长和发展,而超强度的采伐会导致森林结构的改变,通过采伐手段利用森林资源,要保证森林经营的可持续发展。砍伐干扰对华北森林土壤养分的空间异质性有很大的影响,林分受到砍伐干扰后,空间异质性程度增加,而未砍伐干扰林分在保持土壤肥力和防治养分流失方面的效果要好于受到砍伐干扰的林分。

城市化发展和城市群规模扩张进程中,人类活动对森林资源的影响也变得更加复杂。分析华北地区经济发展和受教育程度等指标与华北地区森林面积和蓄积量的关系发现:人均GDP与森林蓄积量是负相关关系,农村家庭人均纯收入对森林蓄积量有正面影响,而文盲率与森林面积呈负相关关系。经济发展水平的提高,带来了农村人均收入的上升,减少了农民的生存压力,从而减少了毁林开荒的发生。同时,增加了城市的就业机会和劳动力市场的发育程度,减轻了人口对森林的压力,一定程度上减缓了森林退化的进程。但人均收入上升对森林资源的影响是一把双刃剑,它也会导致对林产品需求的增加,从而加大森林资源的消耗。华北地区属于少林地区,经济的增长就意味着对资源的消耗,因此不能单纯在这一地区追求高经济增长率,而应该优先考虑当地的环境和资源承受能力。

5.3　华北地区森林管理状况及面临的挑战

5.3.1　华北地区森林管理状况

华北地区森林是华北平原重要的生态屏障，对保护京津冀地区生态安全、满足生态需求和促进生态文明发挥着重要作用。华北地区的森林管理经历了从以木材利用为中心到以木材利用为主兼顾生态建设再到以生态建设为主的三个发展阶段。

（1）1949 年中华人民共和国成立初期直到 20 世纪 70 年代末，林业一直作为支援国家经济建设的产业部门，以生产木材为中心，森林利用的速度和强度不断加大。第一次森林资源清查结果明显体现出森林面积和森林覆盖率的下降，用材林所占比例远超防护林，森林的生态功能下降。

（2）1978 年 11 月，华北地区开展实施三北防护林体系建设工程，标志着森林生态治理的开端。随后，又相继启动了沿海防护林、防沙治沙、太行山绿化、平原绿化等林业重点生态工程。但计划经济体制的惯性结合经济快速发展的压力，林业管理总体上仍停留在以木材生产为主的发展模式上，因此出现了森林质量整体向好，但部分地区、部分时段仍呈现逆向波动的局面。

（3）1998 年国务院制定了封山育林和退耕还林等改善生态环境的 32 字方针，确立了以生态建设为主的林业发展战略。天然林保护工程、三北防护林体系建设工程、退耕还林还草工程、环北京地区防沙治沙工程、野生动植物保护及自然保护区建设工程、重点地区以速生丰产用材林为主的林业产业建设工程等，相继在华北地区开展启动，生态建设主要以加快造林绿化，增加森林面积为主。

进入 21 世纪，华北森林管理强调要转变林业发展方式，加强森林抚育经营，提升森林质量和林地生产力。预算投资大规模投入森林抚育中，林业从数量扩张向质量效益并重转变，进而向着现代林业的发展方式迈进，森林管理也更加注重科学化水平。

1. 森林分类经营管理

分类经营管理理论是现代林业发展的基础和关键。华北森林根据社会对森林的多种利用需求划分出生态公益林和经济商品林。生态公益林主要追求生态效益和社会效益，提供生态平衡；而经济商品林追求的是商业效益，主要为社会提供木材，强调本身的经济价值，以生产力为中心采取企业化管理。华北地区各级林业部门根据当地的林地特点来确定其经营管理和发展模式，通过适宜的发展方向，建立符合林地特点的、适应国家需求的森林管理模式，最大限度地发挥森林的作用。

1）原始森林生态系统

对华北地区未经人类干扰或干扰较少的高质量森林生态系统，建立各类自然保护区进行保护是最有效的管理形式。实践证明，对山西历山混沟原始森林生态系统采取的动态调整保护模式和适应性保护，取得了显著成效，生态功能和价值都得到明显提升。对山西历山混沟原始森林生态系统的结构特征、演替规律、动植物关系，以及森林在水源涵养和水土保持等生态功能方面加强研究，可为华北地区天然次生林的精准修复和多功能阔叶林的定向培育提供参考，形成可复制推广的新模式。

暖温带落叶阔叶林是华北山区的地带性顶极植物群落，具有较丰富的生物多样性、复杂的组成结构、较高的稳定性和强大的生态系统服务功能。全球变化正显著影响着暖温带落叶阔叶林的生态过程，其中干旱、高温、大气污染等过程可能会加剧暖温带森林的病虫害、树木生长衰退乃至死亡等风险。因此，亟须加强对暖温带森林不同树种响应极端气候、病虫害等胁迫的生长历史和生理生态过程的研究，从而为森林经营管理中生态风险的规避及树种选育等提供科学支持。

2）退化阔叶次生林

次生林是华北森林的重要组成部分，华北地区大部分的次生林遭到了不同程度的破坏，退化严重，必须积极推进实行天然林保护政策。对现有的次生林进行植被状况调查，绘制群落结构图，结合历史资料分析群落结构的变化，最后确定其演替规律和模式，为次生林改造提供科学依据。在现有退化的阔叶次生林和针叶人工林中，逐步引入可作为建群种的乡土阔叶树种，促进森林植被的正向演替，使其向针阔混交林和落叶阔叶混交林发展。对天然次生林的抚育，应依据森林生态学的演替理论、生态位理论和干扰-稳定性理论等，设计更加合理的抚育和管理措施，促进其演替进程。例如，通过透光抚育，改善林地生态条件，促进次生林演替的顺利实现；通过林分改造，引种优势种、关键种（如辽东栎等），加速次生林的正向演替，直到将其培育成异龄复层落叶阔叶混交林。

3）经济商品林

对有重要经济价值的油松、华北落叶松等人工针叶纯林，需研究近自然经营技术，在针叶林冠层下保护或栽种建群的阔叶树种（如辽东栎），调整人工针叶纯林的树种组成，促进其发展为异龄复层针阔混交林。

对果木林以及灌丛，管理的难点在于如何加速其植被恢复。需着重研究如何提高保土、保水、保肥措施的有效性，评估乡土建群种或某些高经济价值树种在植被恢复中的作用，以求在实现植被恢复的同时，创造更高的服务价值。

在山地森林生态系统管理中，充分利用山地垂直带谱相关研究的成果，以水分、土壤、大气、生物四个关键生态要素的各类指标随海拔的变化为依据，将森林生态系统按照垂直分异规律划分关键带，对其进行分类管理。例如，在太行山区可划分出亚高山区（>1600 m）、中山区（600～1600 m）和低山丘陵区（<600 m）3 类生态系统空间格局，亚高山区生态系统服务以调节和支持功能为主；中山区生态系统服务同时兼顾调节、支持与生产功能；低山丘陵区生态系统服务以生产功能为主，兼顾其他功能（高会等，2018）。

另一种典型的分类管理体现在对经济林的经营管理中,以燕山山区广泛分布的板栗林为例。近年来,板栗价格持续走高,燕山山区板栗林面积迅猛增加,受自然条件、传统农林经营方式等因素的影响,在种植、经营中,引发了严重的水土流失等生态问题,板栗林引起的水土流失使燕山山区本来就很薄的土壤流失殆尽,土地生产力严重下降,形成坡上"石化"、坡下"沙化"的现象,对京津地区水资源安全造成很大影响。当前,燕山地区板栗林经营管理中的一个科学模式是以坡度为指标,对板栗林进行分类,按照"分类指导,因类实施"的原则,针对不同坡度的板栗林采取相应的治理措施。具体如下:对坡度小于 10° 的板栗林,因地势较缓,水土流失强度小,主要采取林下经济治理技术和模式,通过增加林下裸露地表的覆盖率和利用率,防治水土流失;对坡度在 10°~25° 的板栗林,因地势较陡,水土流失强度较大,主要采取水土保持工程治理技术和模式,通过改变微地形,阻截径流,拦蓄降雨,防治水土流失;对坡度大于 25° 的板栗林,因地势陡峭,水土流失强度极大,采取政策补偿治理模式,在对农户进行经济补偿的前提下,实施封禁治理,促进植被自然恢复(尚润阳和张亚玲,2015)。

2. 森林生态系统经营

华北地区森林生态系统经营有其独特性,即以生态学理论为指导,以生态系统保护和恢复为核心,不断创新和改进相关营林技术,完善相关林业政策和法律法规,推进自然、社会、经济、技术四个方面相互协调,服务森林生态系统的综合管理。由森林生态系统野外观测和研究站组成的观测和研究网络,通过长期定位观测,积累了森林生态系统"水、土、气、生"四类关键要素的第一手数据,在保持物种多样性、维持生态系统完整性、保证生态系统功能实现等方面开展了系列研究,可为森林生态系统经营提供技术支持。

结合华北地区森林生态系统的恢复情况,总结了森林生态系统经营的四个具体方面。

1)人工促进天然更新

仿效自然干扰机制,采取多种采伐方式,注重培养森林结构的完整性和保持生物多样性。需要对林地的背景信息、环境因子、演替阶段、健康状态、层片结构、物种组成等进行详细调查,根据当地原生植被的情况和气候条件,最大限度地保护原生植被,更好地模仿天然林的特点,引导自然恢复。对生物多样性进行常规监测,特别是对具有关键生态功能的动植物种间互作关系加强监测和研究,利用啮齿类、鸟类、昆虫等对种子或花粉的传播作用,促进天然更新。

2)改造人工针叶纯林

对现有人工针叶纯林进行改造时,不宜大刀阔斧,要维持一定时期的自然过程。在科学规划的基础上,对生长欠佳的针叶林进行小范围的块状疏伐,然后种植阔叶树种。对生长状况仍然良好的纯林进行有计划的间伐补阔改造,按照科学的比例进行间伐,并及时补植阔叶树种,促进形成针阔混交。对有害生物进行适度控制,减轻或消除病虫害对树木的损害。保护和利用具有关键生态功能的动植物种间互作,如在演化初期,对有集中贮藏行为的鼠类进行适当控制,增加具有分散贮藏行为的鼠类的密度,促进先锋树种快速建群。

3)推进农业人口迁出

在城市化进程中,农业人口逐步迁出生态系统恢复区,不仅有利于植被恢复,而且也改变了森林中动物群落的结构。在中国科学院北京森林生态系统定位研究站的东灵山梨园岭基地,发现与人类伴生的动物如褐家鼠、小家鼠等数量减少,促进了野生鼠类的种群恢复,进而利用啮齿类动物对建群种辽东栎和优势灌木树种山杏等种子的协助传播,增加种子扩散强度和种子库积累,有利于森林的天然更新。

4)退耕禁牧,发展生态旅游

严格执行生态红线,调整产业结构,有步骤地停止耕种,减少农作物面积,降低或消除农业活动对森林生态系统的干扰。牛羊种群不仅啃食地面植被,还会干扰动物传粉、种子扩散等过程,畜牧业不利于森林生态系统的恢复,在森林生态系统恢复区应当禁止。依托国有林场、森林公园、自然保护区等发展生态旅游事业,在发挥森林生态系统服务功能的同时,有利于使珍贵的森林风景资源和野生动植物资源得到有效保护,还有利于多方位吸引社会资源,用于加强森林监测、管理和保护相关的基础设施建设。开展高质量、高水平的生态旅游,对提高社会大众的森林保护意识,特别是对青少年保护自然、生态和森林资源等方面的引导和教育有重大意义。

5.3.2 华北地区森林管理面临的挑战

1. 仍然有限的森林面积

华北地区森林分布不均匀且人均资源占有量小是制约本区森林发展的根本因素,森林生态系统的脆弱和不稳定性仍是未来森林管理所面临的巨大挑战。虽然华北地区近年来一直在大力开展林业建设,但森林覆盖率和单位面积蓄积量仍处于较低水平。华北地区人工林数量持续增长,但近几年增长速度日益放缓,且波动变化比较大。主要原因是可造林土地的限制,目前造林土地多为荒山、荒地和土坡,适合造林的土地越来越少。因此,未来森林管理的重点还是在于继续增加森林面积,平衡各类森林的分布,增加珍贵稀有树种的种群数量,增加森林生态系统的物种多样性。利用国家重点工程和社会面上工程,加大营造林生产力度,促进疏林地、其他灌木林地和无立木林地转化为有林地。

2. 森林生态系统质量亟待提高

华北地区每年造林面积不断增加,但是立地条件差异大,森林生态系统质量仍然较低,在全国处于落后水平。很大一部分原因是粗放的经营管理,缺乏连续性的动态管理机制，重造林、轻管护，在森林结构调整和生物多样性维持中的投入不足。很多森林采伐限额制度等的实施，并未完全达到设计制度的初衷，超额限采现象严重，导致一些珍贵树种面积日益减少，如水曲柳、核桃林、黄檗等。华北森林中，中幼龄林比较多，结构和功能比较单一，稳定性较差，抵抗自然灾害的能力不足。对树种单一的林区，树木进入中龄林后，更容易受到大面积的病虫害，如油松和华北落叶松的松材线虫病等，一旦暴发，将是灾难。另外，人工纯林很难形成较高的生物多样性，如落叶松使土壤产生酸性，不利于灌木和其他乔木树种的生长。同时，森林地表覆盖物少，且多为酸性针叶及其分解物，土壤的透性差，储水能力降低，难以达到良好的生态防护效果。

因此，需要开展全面、系统的森林资源调查、记录、维护和保护，进一步协调幼龄林、中龄林、成熟林的比例，加强造林后的抚育管理。对立地条件较好、质量等级较高的林地，实行集约经营、定向培育，提高林地利用率，增加单位面积蓄积量，提升森林生态系统的质量。以优材更替、退化防护林改造等为依托，加大树种结构调整力度，大力发展优良乡土珍贵树种，增加乡土珍贵树种（特别是乡土珍贵阔叶树种）的栽植面积，确保成活率与保存率。

3. 经济发展与森林保护的平衡

华北地区森林生态系统承载着京津冀城市群的发展，森林经营管理的目标应转向生态效益、社会效益和经济效益相结合，并以生态效益为首要目标。森林经营模式应呈现多元化的格局，在大力培育、保护和管理森林资源的前提下，合理开发利用森林资源，防止破坏、浪费和污染。实施大径材培育、木材储备战略计划，构建复层林、异龄林、混交林的森林模式，增强森林生态系统功能。

以森林资源为依托，突出产业特色，在不改变林地用途、不破坏生态环境的前提下，开展农林复合经营和发展林下经济。利用林下闲置的土地适量种植牧草、药用植物等，促进森林资源生态效益的发挥。对适宜种植核桃、山杏、红枣、花椒、板栗等木本粮油、果品资源的林地应充分利用，不但能大大增加森林覆盖率，控制水土流失，改善区域生态环境，还能提供丰富的非木质林产品，缓解国家粮油安全问题。各级政府和当地龙头企业，可带动建设森林人家、森林乡村、森林小镇、现代农业园区等森林生态综合体，开展观光采摘、林下种植养殖、生态旅游、森林康养、文化产业等非木质资源利用经营活动，实现生态产业化、产业生态化，助力乡村振兴和区域经济发展。

4. 森林管理制度的完善和体系化

华北林业管理制度和法律法规需要不断完善，把林业治理体系纳入全区治理体系总布局，不断创新林业治理体系。国有林区用于实施森林资源管理的力量不足，缺乏足够的手段对所管辖的地区施行有效的监控，即使发现问题也没有足够的行政和法律权威去加以纠正，仍要依赖原有的森工管理系统加以规范，使得监督形式缺乏效力。

因此，必须根据实际情况进行实时精准的调整，使林业的体制机制更加成熟、更加定型，更加适应新时期生态林业、民生林业发展要求。另外，还应在充分调研的前提下，加强政策性扶持，推动林业经营管理部门和大专院校、科研院所等科研机构的合作，引导和鼓励广大科技工作者投身森林生态系统管理。

5. 林业管理中的科学技术

教育和科技发展水平对森林生态系统保护的促进作用显著。应建立和健全森林资源档案，实时更新森林资源数据，掌握森林资源变化动态，为林业生产和生态建设提供及时、准确的基础数据，提高森林经营管理的科学水平。加强与科研院校的联系与合作，开展企业行政合作共赢模式等，不断提高科技向林业经营管理各个方面的转化水平，提高地区林业的科技贡献率，使森林资源利用效率和森林经营管理水平逐步提高，从而促进森林生态系统质量的提升。

5.4　华北地区森林生态系统的优化管理及主要模式

华北地区森林是华北平原重要的生态屏障，对保护京津冀地区生态安全、满足生态需求和促进生态文明发挥着重要作用，但是，由于开发历史悠久，森林破坏严重。为了更好保护和利用森林，华北地区森林优化管理及主要模式主要有以下四种。

5.4.1　重点营造防护林

为了维护华北生态安全，主要在北部地区营造防护林，其中河北是重点建设地区，塞罕坝地区防护林发展是三北防护林工程在华北地区的典型代表。

塞罕坝地处森林草原交错带和半干旱半湿润区过渡带，是内蒙古高原南缘和浑善达克沙地的最前沿，历史上曾经为皇家猎场，但20世纪初期不合理的开发利用导致该区域植被受到严重破坏。自1962年以来，国家在此组建了国有林场，三代塞罕坝人听从党的召唤，艰苦奋斗、顽强拼搏，通过55年大规模的生态建设，创造了荒原变林海的人间奇迹，使区域生态状况得到了根本改善，铸就了"牢记使命、艰苦创业、绿色发展"的塞罕坝精神，成为全国生态文明建设的生动范例，于2017年获得联合国最高环境荣誉奖项——"2017地球卫士·行动与激励奖"。

根据森林资源清查结果（常伟强，2018），塞罕坝林场自1962年建场以来森林面积稳步增加，从建立时拥有天然次生林1.3万hm^2，到2017年有林地面积达到了7.4万hm^2，净增森林面积 6.1 万 hm^2。1989～2017 年塞罕坝林木蓄积量由 2484995 m^3 增至10010611 m^3，28年间蓄积净增长7525616 m^3；单位蓄积量由1989年的46.7 m^3/hm^2，增长到2017年的135.9 m^3/hm^2，平均每公顷净增1.9倍，尤其人工营造的落叶松林分，其2017年的单位蓄积量较1989年增加了2.3倍（表5-15）。

表 5-15　塞罕坝 1989～2017 年树种造林面积和蓄积量动态变化

优势树种	1989 年		2002 年		2012 年		2017 年	
	面积/hm²	蓄积量/m³	面积/hm²	蓄积量/m³	面积/hm²	蓄积量/m³	面积/hm²	蓄积量/m³
落叶松	30673.6	1541733	35127.1	4837192	35829.64	5297793	36670.25	6110403
桦树	11942	610844	14858.4	1088310	17461.82	1630820	14099.59	1953910
樟子松	2195.2	28799	6728.2	332083	8362.93	792598	9964.69	960638
柞树	1968.1	63118	3581	122117	3811.02	142369	3619.77	181454
云杉	248	5255	748	50297	1217.55	99977	2077.11	119724
山杨	265.4	5915	1104.2	68702	646.42	66429	521.81	69735
油松	318.4	19936	210.4	28807	386.31	60739	449.45	63077
其他	5597	209395	3654.7	308340	1131.89	8497	6280.7	551670
合计	53207.7	2484995	66012	6835848	68847.58	8099222	73683.37	10010611

通过人为调控措施，塞罕坝林场幼龄林、中龄林和近熟林的林龄结构从 1989 年的 5∶5∶0 到 2002 年的 1∶7∶1，再到 2012 年的 3∶3∶3，塞罕坝林龄结构逐渐趋向合理；落叶松的比例从 1989 年时的 57.6%，下降到 2017 年的 49.8%；樟子松从 4.1%上升到了 13.5%；云杉的比例从 0.5%上升到了 2.8%；桦树、柞树等阔叶树种的比例从 26.6%下降到 24.8%，树种结构得以调整（表 5-16）。

表 5-16　塞罕坝 1989～2017 年乔木林各龄组面积与蓄积量动态变化

龄组	1989 年		2002 年		2012 年		2017 年	
	面积/hm²	蓄积量/m³	面积/hm²	蓄积量/m³	面积/hm²	蓄积量/m³	面积/hm²	蓄积量/m³
幼龄林	24358.7	760902	9025.5	161022	22124.45	1139449	23394.78	1233921
中龄林	28458	1702371	48902.2	5806759	22063.98	2818788	21984.3	3177351
近熟林	354.7	20454	6776.4	752301	21489.08	3654976	18996.3	3571360
成熟林	36.3	1268	1307.9	115766	2967.66	453666	9081.1	1981054
过熟林					202.41	32343	226.89	46925
合计	53207.7	2484995	66012	6835848	68847.58	8099222	73683.37	10010611

塞罕坝林场森林生态系统服务总价值为 135.62 亿元，其中生态调节价值为 132.03 亿元，林产品生产价值为 3.59 亿元，生态调节价值是林产品生产价值的 36.78 倍；单位面积森林生态系统总经济价值为 18.16 万元/（hm²·a），单位面积生态调节服务价值为 17.68 万元/（hm²·a）；在各项生态调节服务价值中，森林改善空气质量服务价值、森林防护价值和涵养水源服务价值占比较高，分别为 43.62%、37.29%和 7.61%，这三项占比总和达 88.52%，塞罕坝林场的森林生态系统发挥着巨大的生态服务作用，对当地及其周边地区的生态环境质量的改善及其生态安全的维持具有重要作用。

5.4.2　保护残存的高质量森林地区

华北地区森林遭受到各种干扰，大面积原始森林极为稀少，多为次生林，恢复良好的次生林主要以零星方式散布在高海拔山区等人类很难达到的地区，在这些地区建立自然保护区、国家森林公园等，对当地森林资源进行严格保护。

以小五台山国家级自然保护区为例进行说明（王美平等，2018）。小五台山国家级自然保护区位于河北西北部，东与北京门头沟区接壤，距北京市区 125 km，北距张家口 150 km。小五台山的植被可以划分为 7 个植被型、18 个群系组和 35 个群系，7 个植被型即针叶林、针阔叶混交林、阔叶林、灌丛、灌草丛、草甸和沼生植被。针阔叶混交林是小五台山植被的主体，主要有油松、蒙古栎混交林、华北落叶松、白桦混交林，以及云杉、冷杉、红桦混交林等。根据山体的海拔及水热条件的垂直变化，又可以将小五台山植被自山顶至山基划分为亚高山草甸带、亚高山灌丛带、针叶林带、针阔混交林带、落叶阔叶林带、人工油松林带、次生灌丛带和农田林果带。以上完整而典型的植被类型构成了小五台山自然生态系统主体，为物种多样性和遗传多样性提供了广阔的生存空间，特别为褐马鸡、金钱豹等珍稀野生动物提供了生存栖息环境，造就了保护区独特的地位和保护价值。

小五台山地区植物种类繁多，是华北地区植物种类最丰富的地区之一。经调查，区内分布野生高等植物 156 科 628 属 1637 种，其中，苔藓植物 38 科 98 属 244 种；蕨类植物 16 科 24 属 60 种；裸子植物 4 科 9 属 13 种；被子植物 98 科 497 属 1320 种。以菊科、禾本科、豆科植物种类最为丰富。在木本植物中，以桦木属、松属、落叶松属、云杉属、栎属、杨属为主，构成小五台森林植被的建群种或优势树种。保护区资源植物较多，观赏植物有 367 种，中草药植物有 390 种，牧草饲料植物有 593 种。根据国家 2005 年第二批次《国家重点保护野生植物名录》，保护区分布有国家重点保护植物 33 种，其中一级保护植物有大花杓兰、杓兰和紫点杓兰；二级保护植物主要有野大豆、黄檗、刺五加等；有臭冷杉、小五台银莲花等珍稀极小种群植物；以小五台命名的模式标本植物 5 种，即小五台蚤缀、小五台山风毛菊、小五台柴胡、五台山延胡索和小五台银莲花。

资源保护是自然保护区的基础工作、首要工作，主要包括森林防火和野生动植物资源保护。在森林防火工作中，保护区始终坚持预防为主、积极消灭的方针，每年 10 月 1 日到翌年 5 月 31 日严禁任何人进山，清明节期间控制上坟烧纸，五一劳动节期间控制烧秸秆、燎地边，不断加强专业扑火队建设，取得了 30 多年来无大的森林火灾的成绩。在资源保护工作中，大力开展保护宣传，保护区内坚决实行禁牧、禁采、禁猎，严格实行进山证制度，禁止游人及无关人员进入保护区，最大限度地减少人类活动对野生动植物的干扰，使保护区内野生动植物资源得到保护和恢复，确保褐马鸡等重点保护野生动物栖息地的完整和安全。

5.4.3　在非适宜农业生产地区进行退耕

退耕还林作为森林恢复和利用的重要手段，在华北地区有广泛应用，特别是山西和北京，山西将退耕与扶贫相结合，而北京主要重视生态效益。

山西退耕还林工程始终坚持生态建设与脱贫攻坚相结合，国土绿化与改善民生相兼顾。通过涵养水源、固碳、释氧、滞尘、防风固沙等生态效益指标的持续监测跟进，退耕还林工程逐步成为山西国土绿化进程中落实习近平生态文明思想和"绿水青山就是金山银山"发展理念的一大名片。工程区生态环境得到明显改善，小流域水土流失状况大为改观，区域内植被覆盖度提高。工程建设为进一步控制工程区水土流失及土地沙化，改善农业生产和生活条件，保护生物多样性，提高区域生态系统稳定性创造了良好的条件。

2014 年，山西启动新一轮退耕还林工程，以恢复林草植被、治理水土流失、增加农民收入为目标，以政策机制创新为动力，工程大力向贫困县倾斜。2014 年、2017 年、2018 年和 2019 年 4 个年度累计完成国家下达退耕还林任务 32.20 万 hm^2，分别为 6666.67 hm^2、10.87 万 hm^2、13 万 hm^2 和 7.67 万 hm^2，其中贫困县承揽任务 29.79 万 hm^2，占到总任务的 92.50%（李媚，2020）。

截至 2016 年底，全省退耕还林工程共发展经济林 5.11 万 hm^2，其中退耕地还经济林 4.63 万 hm^2，荒山荒地造经济林 4766.67 hm^2。在退耕地还经济林中，营造核桃林 2.08 万 hm^2，占比 45%；营造仁用杏林 1.09 万 hm^2，占比 23.54%；营造红枣林 6066.67 hm^2，占比 13.10%；营造花椒林 0.36 万 hm^2，占比 7.78%；栽植梨树 833.33 hm^2，栽植苹果树 786.67 hm^2，栽植接李 693.33 hm^2；其他经济林树种累计种植面积 2586.67 hm^2，包括柿子、杏、桑葚、桃、山杏、连翘、海红等。在荒山荒地造经济林 0.48 万 hm^2 中，营造核桃林 0.32 万 hm^2，占比 66.67%；营造仁用杏林 933.33 hm^2，占比 19.44%；营造红枣林 206.67 hm^2，占比 4.30%；营造山杏林 146.67 hm^2；营造花椒林 113.34 hm^2；其他经济林累计种植面积 193.30 hm^2，包括柿子、连翘、梨等。

在 2017 年 10.87 万 hm^2 退耕还林任务中，还经济林面积 8.02 万 hm^2，占年度退耕还林任务的 73.80%，在全国 2017 年度退耕还林工程发展经济林面积中排名第三。其中，种植核桃 4.69 万 hm^2，占比 58.48%；沙棘 0.79 万 hm^2，占比 9.95%；连翘 0.69 万 hm^2，占比 8.60%；花椒 0.45 万 hm^2、仁用杏 0.29 万 hm^2、梨 0.22 万 hm^2、枣 0.16 万 hm^2、杏 0.15 万 hm^2、苹果 0.1 万 hm^2，其他经济林累计种植面积 0.47 万 hm^2，包括山杏、海红果、油用牡丹、桃、米槐、山楂、桑果、皂角等。

核桃、沙棘、连翘在各省（自治区、直辖市）2017 年退耕还经济林品种栽植面积中排名第一，其中核桃种植面积占 2017 年全国 12 个省（自治区、直辖市）退耕还核桃林总面积的 33.40%，沙棘种植面积占全国 3 个省（自治区、直辖市）退耕还沙棘林总面积的 54.93%，连翘种植面积占全国 3 个省（自治区、直辖市）退耕还连翘林总面积的 76%。其次，枣的种植面积在 2017 年全国退耕还经济林面积中占比达到 22.80%，杏占比 19.75%。

在山西 2017 年退耕还经济林工程县区中，临县退耕地还经济林面积最大，为 1.58 万 hm^2，主要栽植核桃、连翘；其次是兴县，2017 年退耕地还经济林面积 0.79 万 hm^2，柳林县 0.59 万 hm^2，主要栽植核桃。

山西自 2000 年开始在河曲、偏关、保德等地实施退耕还林工程以来成绩显著，截至 2018 年已累计完成退耕还林 182.02 万 hm^2，惠及农户 153 万户 547 万人，退耕户人均纯收入由 2000 年的 1905.61 元提高到 2014 年的 6746.87 元。截至 2019 年底，全省森林覆盖率已由该工程实施之初的 13.29%增加到 20.50%，森林面积由 206.30 万 hm^2 提高到 321.09 万 hm^2（盛晓婷，2020）。

北京市 2000 年开展退耕还林试点工程，2002 年全面实施，2004 年竣工完成，整个工程建设历时四年（分国家级和市级工程），累计完成工程建设任务 55 万亩。工程先后经历了早期探索阶段（1949～1998 年）、试点示范阶段（1999～2001 年）、全面启动阶段（2002～2003 年）、调整适应阶段（2004～2006 年）、成果巩固阶段（2007～2014 年）和新一轮退耕还林工程启动（2014 年至今）。北京退耕还林工程生态效益总价值量为 18.40 亿元，涵养水源价值量最大，为 5.58 亿元/a；其次是净化大气环境价值量，为每年 5.25 亿元/a；固碳释氧价值量排第三，为每年 2.97 亿元/a；森林防护价值、保育土壤价值和生物多样性保护价值排第四至第六位，价值量分别为每年 2.66 亿元/a、1.18 亿元/a 和 0.74 亿元/a；林木积累营养物质价值量最小，仅为 0.02 亿元/a；三种植被恢复类型生态效益价值量为退耕地还林（9.73 亿元/a）>宜林荒山荒地造林（8.67 亿元/a）>封山育林（0 亿元/a）；三种林种类型生态效益的价值量为生态林（16.93 亿元/a）是经济林（1.47 亿元/a）的 11.52 倍，灌木林为 0 亿元/a（无此类，故为 0）（陈波，2020）。

5.4.4　为维护首都城市环境，进行大面积平原造林

北京是我国首都，为政治中心、文化中心、国际交往中心和科技创新中心，进行大面积的平原造林，具有其特殊性。

北京平原区约占北京总面积的 38%，是北京城市发展的核心区。北京平原区承载着全市 70%的人口数量，但受到城市发展、地理条件等社会经济与自然条件的影响，北京平原区以森林、湿地为主的生态土地资源十分有限。为增加北京平原区的森林生态资源数量，发挥城市森林的多种生态服务功能，从而为市民提供更直接可持续的生态服务，北京市政府于 2012 年实施了百万亩平原造林工程，其主要目的是提高人口密集的平原区森林资源总量和生态服务供给能力。北京百万亩平原造林工程无论对北京满足现实的生态需求，还是对保障未来的可持续发展，以及引领全国城市和城市群的健康发展都具有重要意义。

2012～2014 年北京平原造林工程中（李利，2020），通州区共造林面积最大，为 11997.33 hm^2，占总造林面积的 17.79%；大兴区共造林面积 10783.55 hm^2，位居第二，占 16.00%；顺义区造林面积 10694.99 hm^2，占 15.86%；而石景山区造林面积最小，仅 18.73 hm^2，占 0.03%。平原百万亩造林显著增加了大兴区、顺义区、通州区、房山区、昌平区等生态空间薄弱区的森林面积，对 14 个区生态空间的增加都有贡献，有利于生态空间的均衡合理分布。

2009 年林地与 2014 平原造林后的林地相比，林地斑块在平原区有明显的增加，但增加的林地斑块面积较小。在北京百万亩造林工程实施前后，6.67 hm^2 以下林地数量增加居

首位，较 2009 年全市共增加了 14406 处；6.67～66.67 hm² 林地数量增加 1931 处；66.67～666.67 hm² 林地数量增加 67 处；而 666.67 hm² 及其以上林地增加 1 处，位于延庆区。结合 2009 年森林资源二类调查数据，2009 年全市有林地面积 1046096.37 hm²，加上百万亩平原造林面积 67447.59 hm²，2014 年全市有林地面积至少增加至 1113543.96 hm²。在增加的林地面积中，百亩至千亩林地贡献率最大，占增加林地面积的 61.08%；百亩以下林地贡献率次之，占增加林地面积的 21.92%。2014 年与 2009 年相比，北京市域森林生态资源显著增加，林地数量与面积不断增加。

5.5　华北地区森林生态系统质量提升的优化管理建议

5.5.1　将生态优先的发展理念落到实处

生态优先发展理念的核心是处理好生态保护与经济社会发展之间的关系，现阶段森林生态系统经营管理方面，应将森林生态系统的生态效益摆在第一位，社会效益摆在第二位，经济效益摆在第三位。既不能脱离经济发展只抓生态保护，也不能脱离生态保护只追求经济发展，当"保护"与"发展"之间发生冲突时，也决不能破坏生态环境。应充分认识森林在调节气候、保土保肥、涵养水源、固碳释氧、生物多样性等方面的作用（刘徐师，2016），坚持生态优先、绿色发展，政府主导、市场化运作，以生态环境的持续改善促进更高水平的产业发展。例如，2019 年《河北省人民代表大会常务委员会关于加强太行山燕山绿化建设的决定》中提出的目标，确保到 2035 年太行山森林覆盖率由目前的 28.1%提高到 40%，燕山森林覆盖率由 45.7%提高到 55%，自然环境和人居环境的质量将显著提高，可为生态旅游、文化旅游、生物资源等产业的高水平发展提供充分保障。进而推动绿水青山转化成金山银山，实现生态资源向生产力的转化。

5.5.2　持续优化经营管理模式促进森林生态系统质量提升

以"可持续经营"为原则，持续优化经营管理模式；以保护为前提，拓展休闲观光、生态旅游、森林体验等生态产业。可从以下五个方面同时推进：①逐步完善相关法律、法规、标准、制度等，做到在森林生态系统经营管理的各个环节有法可依，有章可循；②持续推进森林资源的数据化管理和资产化管理，便于对森林生态系统各类资源的数量、质量、功能进行精细化调控，在数量增加和质量提升的各阶段以数据为依据，做到精准施策，优化配置；③借鉴市场化机制开展森林管理和保护，形成政府主导、市场运作、群众参与相结合的管理模式；④拓展并深入与高校和科研院所的合作，提高保护管理的工作效率和科学水平；⑤加强人员队伍的专业素质提升（王乾，2021），提高相关工作岗位的准入门槛，积极吸引森林资源、生态环境、设计规划等方面的人才。

5.5.3 解决抗旱造林、困难立地造林、防护林退化等技术难题

经过多年的造林建设，易栽、好活、水源方便的地块都已进行了造林，许多区域存在造林地块山高路远、土层贫瘠、坡度大、水源不足等严重问题。针对此类问题，应坚持建设与保护并重、统筹规划、综合治理、因地制宜、分类指导的原则，集中人力、物力、财力，在山区森林植被稀少、水土流失严重区域，特别是立地条件差、绿化难度大、造林成本高的低山丘陵区，广泛采用先进技术，大力开展绿化攻坚，不断提高区域生态承载力（孙阁，2019）。针对技术难题开展科技攻关，多部门、多学科开展合作，各地各级林业部门应加强与科研院所和高校的交流合作，充分结合科研院所和高校的科技攻关优势和林业部门的建设管理经验，制定优惠政策，引导和鼓励大专院校、科研院所等科研机构和广大科技工作者投身太行山、燕山绿化建设事业（孙阁，2019）。

在太行山区，应强化舆论宣传，加大投入力度，提高补偿标准，实行经营补贴，发展林下经济，加强乡镇林业工作站建设，大力发展混交林（刘徐师，2016）。实行精细化管理和资产化管护，具体环节包括：制订方案、划定区域、摸底调查、综合规划、制订清单、规范手续、建章立制、科技支撑、工资保障（孔凡武等，2016）。

在坝上防护林的经营和改造方面，建议适当降低造林密度，对成过熟林分及时更新改造，或增加采用其他更加耐旱的树种，如樟子松和榆树等（郑春雅等，2018）。对于平原防护林，建议改变以杨树为主的防护林现状，大力采用乡土树种，如法桐、国槐、柳树、椿树、油松、侧柏等（武子鑫等，2016），发展以针代杨或者针杨混合，增加树种的多样性，减小病虫害（田世艳等，2012）。

5.5.4 森林生态建设助力乡村振兴

按照区域间生态共建、资源共享、公平发展的原则，河北应联合北京、天津共同建立京津冀区域间横向生态补偿机制，设立京津冀区域间生态补偿专项基金，在资金补偿、对口协作、产业转移、人才培训、共建园区等方面建立横向补偿关系（庞磊和武爱彬，2018）。

充分调动森林分布区特别是偏远林区的剩余劳动力参与造林、护林任务，采取就近原则，吸收有劳动能力的农村滞留人口参与到森林生态建设中。不断加强人员技术培训，开展森林管理与维护技术培训，完善人员管理制度，在实现森林生态保护的过程中，增加林区农民就业机会和收入。

在不改变林地用途、不破坏生态环境的前提下，鼓励依托现有森林资源，依法有序发展林下经济，建设森林人家、森林乡村、森林小镇、森林公园、科技示范基地、科普教育基地、现代农业园区和生态综合体，开展观光采摘、林下种植养殖、生态旅游、森林康养、文化产业等非木质资源利用经营活动，实现生态产业化、产业生态化（孙阁，2019）。

　　总结现有的农林复合经营模式和林下经济模式，以成熟模式为样板，在相似地区进行评估和推广，加强基层农业技术推广和实地培训，充分调动各地的剩余劳动力参与到农林复合经营项目中。不断探索和创新与各地自然地理条件和经济发展状况等相适应的农林复合经营模式，进一步助力乡村振兴。

<h1 style="text-align:center">参 考 文 献</h1>

常春平, 田明, 魏志河, 等. 1999. 河北省张家口坝上生态环境恶化分析. 高等职业教育: 天津职业大学学报, (1): 16-18.

常伟强. 2018. 塞罕坝机械林场森林资源动态变化分析. 林业资源管理, (6): 13-17.

陈波. 2020. 北京市退耕还林工程生态效益评估. 温带林业研究, 3(3): 37-43.

陈灵芝. 1997. 暖温带森林生态系统结构与功能的研究. 北京: 科学出版社.

陈遐林. 2003. 华北主要森林类型的碳汇功能研究. 北京: 北京林业大学博士学位论文.

董丽佳, 桑卫国. 2012. 模拟增温和降水变化对北京东灵山辽东栎种子出苗和幼苗生长的影响. 植物生态学报, 36(8): 819-830.

高会, 刘金铜, 朱建佳, 等. 2018. 基于可持续发展的太行山区生态系统服务垂直分类管理. 自然杂志, 40(1): 47-54.

高贤明, 马克平, 陈灵芝. 2001. 暖温带若干落叶阔叶林群落物种多样性及其与群落动态的关系植物. 生态学报, 25(3): 283-290.

高贤明, 王巍, 李庆康, 等. 2002. 中国暖温带中部山区主要自然植被类型. 生物多样性保护与区域可持续发展: 第四届全国生物多样性保护与持续利用研讨会论文集, pp. 296-312. 北京: 中国林业出版社.

韩焕金, 方昉. 2016. 华北地区 2005-2014 年森林火灾规律研究. 森林防火, (4): 39-42.

贺迎春. 2020. 基于生态学理论的混交造林模式——以晋中市太行山绿化为例. 林业科技通讯, 574(10): 58-61.

孔凡武, 宋爱青, 郝英龙. 2016. 太行林局森林资源管理试点初探——精细化管理 资产化管护. 山西林业科技, 45(4): 48-49.

雷娜. 2017. 中国平原地区农田防护林研究进展. 农村经济与科技, 28(16): 33-35.

李大林. 2006. 河北坝上高原与冀北山地交错带森林群落研究. 河北林果研究, 21(3): 252-257, 261.

李利. 2020. 平原造林对北京森林景观格局的影响. 中国城市林业, 18(4): 5-10.

李媚. 2020. 山西省退耕还林工程经济林发展调查. 山西林业, (S1): 8-9.

李志沛, 张宇清, 朱清科, 等. 2011. 中国平原林业工程的生态服务功能价值研究. 湖南农业科学, (7): 124-128.

李志沛, 张宇清, 朱清科, 等. 2012. 中国平原林业工程涵养水源生态服务功能价值估算. 水土保持研究, 19(3): 242-244, 273.

刘徐师. 2016. 山西省太行山绿化效益评估分析与建议. 林业经济, (10): 84-88.

马维玲, 石培礼, 宗宁, 等. 2017. 太行山区主要森林生态系统水源涵养能力. 中国生态农业学报, 25(4): 478-489.

庞磊, 武爱彬. 2018. 河北坝上高原农民收入增长影响因素与对策研究. 农村经济与科技, 29(9): 125-126, 172.

桑卫国, 马克平, 陈灵芝. 2002. 暖温带落叶阔叶林碳循环的初步估算. 植物生态学报, 26(5): 543-548.

尚润阳, 张亚玲. 2015. 燕山山区板栗林林下水土流失危害及防治建议. 海河水利, (3): 12-14, 35.

盛晓婷. 2020. 山西省退耕还林经验及相关问题探讨. 山西林业, (5): 4-5.

孙阁. 2019. 河北省立法加强太行山燕山绿化. 国土绿化, (12): 39.

孙红梅, 刘海俐. 2018. 华北地区林业病虫害发生现状及常见病虫害防治. 现代农业科技, (9): 163, 165

孙艳玲, 郭鹏. 2012a. 1982-2006 年华北植被覆盖变化及其与气候变化的关系. 生态环境学报, 21(1): 7-12.

孙艳玲, 郭鹏. 2012b. 1982-2006 年华北植被指数时空变化特征. 干旱区研究, 29(2): 187-193.

田世艳, 张宇清, 吴斌, 等. 2012. 中国平原地区农田防护林碳储量差异分析. 北京林业大学学报, 34(2): 39-44.

万五星, 王效科, 李东义, 等. 2014. 暖温带森林生态系统林下灌木生物量相对生长模型. 生态学报, 34(23): 6985-6922.

王超, 毕君, 刘铁岩, 等. 2016. 燕山地区栎林的经营. 河北林业科技, (2): 49-51.

王超, 王春荣, 于青军. 2014. 燕山山地白桦幼龄林的林分结构与经营利用探讨. 河北林业科技, (1): 6-7.

王乐, 董雷, 赵志平, 等. 2021. 太行山生物多样性保护优先区域京津冀地区植被多样性与植被制图. 中国科学: 生命科学, 51(3): 289-299.

王美平, 刘亚儒, 汤美霞, 等. 2018. 小五台山国家级自然保护区生态环境保护成效简析. 湖北林业科技, 47(3): 69-70.

王乾. 2021. 森林资源保护管理工作的现状及对策. 南方农业, 15(8): 104-105.

王彦芳, 刘敏, 郭英. 2018. 1982-2015 年河北省生态环境支撑区植被覆盖动态及其可持续性. 林业资源管理, (1): 117-125.

闻丞, 顾燚芸, 陈耀华. 2020. 太行山及周边山地生物多样性突出普遍价值潜力区的空间界定. 自然与文化遗产研究, 5(1): 61-67.

武子鑫, 路世云, 刘亚飞. 2016. 石家庄市平原防护林建设发展现状及建设模式. 现代农村科技, (2): 35.

薛斐斐. 2020. 山西省太行山森林质量精准提升工程现状分析. 山西林业, (S01): 12-13.

严昌荣, 韩兴国, 陈灵芝, 等. 2002. 中国暖温带落叶阔叶林中某些树种的 ^{13}C 自然丰度: $\delta^{13}C$ 值及其生态学意义. 生态学报, 22(12): 2163-2166.

张桓. 2010. 华北地区自然保护区森林健康评价研究. 北京: 北京林业大学硕士学位论文.

张书萍, 祝从文, 周秀骥. 2014. 华北水资源年代际变化及其与全球变暖之间的关联. 大气科学, 38(5): 1005-1016.

郑春雅, 许中, 马长明, 等. 2018. 冀西北坝上地区杨树防护林退化的影响因素. 林业资源管理, (1): 9-15, 147.

Su H X, Feng J C, Axmacher J C, et al. 2015. Asymmetric warming significantly affects net primary production, but not ecosystem carbon balances of forest and grassland ecosystems in northern China. Scientific Reports, 5: 9115.

Wang X, Wu J, Chen M, et al. 2018. Field evidences for the positive effects of aerosols on tree growth. Global Change Biology, 24: 4983-4992.

Wang Z P, Gu Q, Deng F D, et al. 2016. Methane emissions from the trunks of living trees on upland soils. New Phytologist, 211: 429-439.

第6章 西北地区森林生态系统质量和管理状态及优化管理模式①

　　西北地区的范围在自然区划和社会经济分区上有所不同，通常代指行政区划上的西北五省区，包括陕西、甘肃、青海、宁夏和新疆。干旱少雨是西北地区典型的气候特征，地带性植被为草原、荒漠草原和荒漠，在降雨较多的局部区域分布山地森林。西北地区是典型的生态脆弱区，森林生态系统易受人为干扰而退化。保护和恢复天然林并营造人工林是西北地区保持水土、涵养水源、防风固沙的重要需求。中华人民共和国成立初期，由于过度的用材采伐和开荒种田，西北地区森林面积大幅度减少，生态系统质量整体下降。随着20世纪70年代后期三北防护林建设工程的实施，以及90年代末天然林保护工程和退耕还林还草工程的相继实施，西北地区森林面积大幅度增加，生态系统质量得到一定的恢复和发展，但仍然存在森林资源分布不均、林龄和组成结构不合理、森林覆盖率较低以及单位面积蓄积量低等问题，单位面积蓄积量平均约为44 m^3/hm^2，仅为全国平均值的1/2。在经营管理措施方面，西部地区针对天然林的主要措施是进行严格的封禁保护，在少数林区对天然次生林采用林下补植、低强度疏伐、调整林分结构等措施。对人工林，以同龄纯林育林模式为主，普遍存在重造林轻管护的问题，形成了大量高纯度、高密度的低质量林分，稳定性较差且更新困难。在后期优化森林管理模式的实践中，需处理好地方经济发展、生态保护和森林可持续经营管理之间的关系，对于成过熟天然林可合理开发利用，补植改造低效林，加大对病虫害的预防和救治力度，切实保持天然林资源健康增长；在人工林管理中，因地制宜，控制密度，优化树种选择和配置，营造结构稳定的林分，调整生态公益林的林分结构以提高多功能性，并合理规划成熟林的更新换代。未来该区域森林经营的发展趋势为以生态系统服务为导向的多目标经营。为实现森林可持续发展，西北地区森林生态系统管理应紧紧围绕生态文明建设总目标，注重近自然经营，在保证木材供给、水源涵养、水土保持、防风固沙等主导功能的同时，提高森林生态系统的多种服务功能，实现生态功能的最大化和生态系统的可持续健康发展。

---

① 本章执笔人：杜盛，申小娟，王淑春，刘美君，翟博超，陈秋文，张艳如，吕金林，孙美美，李国庆。

6.1 西北地区的自然环境及森林生态系统分布

6.1.1 西北地区自然环境概况

1. 地理区域概况

西北地区有不同划分方式。在自然区划中，"西北地区"基本等同于"西北干旱区"或"西北干旱区域"的概念。在中国科学院自然区划工作委员会（1959）划分的全国三大自然区和 7 个自然地区中，西北干旱区作为三大自然区之一，包括内蒙古温带草原地区和西北温带及暖温带荒漠地区。在国家教育委员会中国综合自然区划协作组制定的中国自然地理区划系统中，全国被划分为 8 个自然区和 30 个自然亚区（任美锷和包浩生，1992），西北区包括北疆、天山山地、南疆、阿拉善-河西、祁连山-阿尔金山和柴达木盆地 6 个亚区。西北地区深居内陆，四周有高山环抱，来自海洋的潮湿气流难以深入，以干旱为突出特征，是中亚大陆干旱荒漠区的重要组成部分。该地区的地形以高原、盆地和山地为主；年降水量从东部 400 mm 左右往西减到 200 mm 左右，局部地区甚至为 50 mm 以下；地带性植被由东向西为草原、荒漠草原、荒漠，高大山地因有较多降水成为荒漠中的湿岛，分布有草原或山地森林。该地区是全国的畜牧业基地，包括游牧与定居轮牧；农业主要是灌溉农业，如河西走廊和新疆高山山麓的绿洲。煤、石油、稀土、铁、镍、黄金、盐、宝石等矿产资源丰富。

然而，通常所说的西北地区是依据行政区划的概念所划分的区域，也称为"西北五省区"，包括陕西、甘肃、青海、宁夏和新疆。本书中西北地区的范围，是基于行政区划上的西北地区，因此包括了黄土高原中西部地区。同时，因自然环境和植被类型的巨大差异，陕西秦岭以南地区不予重点论述。

2. 自然环境

西北地区在气候区划上大部分属于中温带和南温带的干旱、半干旱区，少部分位于高原区。植被类型分区由东向西跨越森林草原带、典型草原带、半荒漠-荒漠带和荒漠带。地貌特征以高原为主，高山与盆地相间分布。由于降水较少而风力较强，广泛存在沙漠、沙地、戈壁和洪积平原等干旱区特色的景观。高原包括黄土高原和内蒙古高原，黄土高原由深厚的第四系黄土堆积而成，海拔多在 1000 m 以上，质地疏松，易被流水侵蚀，是世界上水土流失最为严重的地区之一；内蒙古高原及其西部干旱少雨，沙漠、沙地景观普遍。该区域的高山主要包括天山、阿尔泰山、祁连山、六盘山、贺兰山等。盆地有塔里木盆地、准噶尔盆地、柴达木盆地等，上述盆地的中央分别分布着面积广大的塔克拉玛干沙漠、古尔班通古特沙漠和柴达木沙漠；甘肃、宁夏和内蒙古接壤处还有几个大型沙漠分布。以降水量为主要指标，参考气候、地貌、植被差异，可将西北 5 省区划分为 5 个自然环境相近的区域。

1）阿尔泰-准噶尔分区

阿尔泰-准噶尔分区地理上包括阿尔泰山、准噶尔盆地和天山北麓，南界为北天山山脉（婆罗科努山、依连哈比尔尕山等）主峰线，海拔为 4000～5500 m，因而作为一天然屏障与温带干旱-荒漠带相异。此处因西风急流在冬、夏季的活动，自西带来了一些湿气团，使年降水量上升到 200～400 mm，局部可达 700 mm。与南部干旱区相比，总辐射量小于 140 kcal/（cm²·a）。

2）塔克拉玛干-毛乌素沙地分区

塔克拉玛干-毛乌素沙地分区由西向东沿 40°N 纬线展布，为中亚温带干旱荒漠带的东段，西起塔克拉玛干沙漠，向东经罗布泊洼地和吐鲁番-哈密盆地，又经河西走廊及阿拉善高原，延至陕甘宁交界的腾格里沙漠和毛乌素沙地，经度跨越为 75°E～115°E。该带的南界为昆仑山、阿尔金山、祁连山-贺兰山及黄土高原北界，占据了西北近一半的面积。主要自然特征是降水量小，西部年均小于 100 mm；蒸发量大，总辐射量大于 140 kcal/（cm²·a）。

3）青藏高原东北缘分区

青藏高原东北缘分区包括青海和部分甘南地区，与川西北相连的区域。地理上包括唐古拉山、阿尔金山-祁连山，以及其间的柴达木盆地、西宁盆地等。全区自然特征是光照足、气温低、干湿季分明，一般为冬干夏湿，年降水量自西北向东南由 50 mm 上升至 1000 mm，形成显著分带，植物为草甸草原和沼泽湿地，有良好的高原特征。黄河源区和上游河谷的水量较丰富，是河川的重要水源地。

4）黄土高原分区

黄土高原分区分布在温带干旱荒漠区和荒漠草原区的东南部，黄土覆盖广阔，西起贺兰山，北至阴山，东至太行山，南为秦岭，形成了一个连续的黄土堆积区。西部地区海拔 2000 m 左右，中部地区 1000～1500 m，在陕西、山西两省为 1500～2000 m，地理上描述为一个海拔 1000 m 以上的黄土高原沟壑区和丘陵沟壑区。黄土高原位于暖温带，气候分区在东南亚夏季风区的西北部，涵盖半干旱-半湿润自然地理环境。此处温差大、热量充足（年积温 3400～4500℃），春寒旱多风沙，降水仅占全年的 10%～15%；夏热多降水，年均降水量 450～600 mm。区内自然植被为森林草原区和草原区，以旱生落叶阔叶林为主，有部分针叶林。土壤主要为褐土，西北的草原-灌丛带为黑炉土。目前，大部分森林已遭破坏，难以见到原始林，只有少量次生林，多数地区仅见灌草丛或黄土裸露。缺少地表植被覆盖和夏季多暴雨，是黄土高原水土流失剧烈的主要原因。

5）秦巴山地与汉水谷地分区

秦巴山地与汉水谷地分区位于西南亚热带常绿阔叶林区的北部边缘地带，包括四川盆地北缘的秦岭山脉、汉中盆地、大巴山-米仓山及甘肃南部岷山以东的地区。主要自然特征是北亚热带常绿阔叶与落叶混交林-黄棕壤地带的特色景观。年降水量 700～

1000 mm，年均气温 14～16℃（汉中盆地），年积温 4500℃（≥10℃）。此区冬季受西南暖流影响，夏季受东亚季风影响，均有降水。秦岭山脉相对高差 2000～3000 m，是一个呈东西走向的天然屏障，南北坡自然环境差异明显，并形成一定的垂直分带，如太白山海拔 1300 m 以上为针阔叶林、2600 m 以上为针叶-冷杉林、3500 m 以上为高山灌丛草甸等。

6.1.2 西北地区森林生态系统分布

1. 森林资源概况

西北地区森林主要集中分布在少数高山区，如秦岭山脉、陇南（白龙江流域）、甘南山地、天山、阿尔泰山、祁连山、青海东南部、六盘山、贺兰山等，并设有国有林业局。陕甘黄土高原（子午岭）、陕西黄土高原黄龙山、桥山等均有天然次生林分布。由于这些森林的存在，平原区才有独特而稳定的水源补给，使得西北地区的生态环境和经济发展得以保证。然而，由于中华人民共和国成立初期至 70 年代末近 30 年的用材采伐和毁林开荒等过度的开发利用，森林面积不断减少，森林蓄积量锐减，甚至带来了沉重的生态灾难。自 20 世纪 70 年代后期开始实施三北防护林建设工程，改革开放以来各级政府部门都高度重视森林资源的保护和培育，森林面积和蓄积量一直呈现增加的趋势，森林覆盖率逐步提高。20 世纪 90 年代末相继实施了天然林保护工程和退耕还林还草等生态过程，西部地区的林业用地基本全部划定为生态公益林，严格禁止采伐，并开展大规模造林，人工林面积和蓄积量增加快速，森林的生态效益持续提升。

2. 西北地区森林特点

1）西北地区森林资源分布极不均衡，森林覆盖率低

据第九次全国森林资源清查数据统计结果（表 6-1），西北五省区森林面积 2684.15 万 hm²，占全国 12.18%；森林蓄积量 117976.40 万 m³，仅占全国 6.72%。西北地区森林覆盖率低，

表 6-1 西北各省区森林资源状况

地区	土地面积/万 km²	森林面积/万 hm²	排序	森林覆盖率/%	排序	森林蓄积量/万 m³	排序	单位面积蓄积/（m³/hm²）	排序
陕西	20.58	886.84	10	43.06	13	47866.70	10	53.97	11
甘肃	42.58	509.73	18	11.33	29	25188.89	18	49.42	19
青海	72.23	419.75	20	5.82	30	4864.15	27	11.59	31
宁夏	6.64	65.60	29	12.63	26	835.18	29	12.73	30
新疆	166.00	802.23	12	4.87	31	39221.50	13	48.89	20
西北五省区合计/平均	308.01	2684.15		8.71		117976.40		43.95	
全国	960.00	22044.62		22.96		1756022.99		79.66	

资料来源：第九次全国森林资源连续清查统计数据（2014～2018 年）。

大大低于东北、华北、华南和西南等地区（徐济德，2014）。目前，除陕西的森林覆盖率高于全国水平外（22.96%），其他省区均低于全国水平，尤其是新疆，其森林覆盖率仅为 4.83%，为全国最低。

2）植被类型多样

西北地区地域辽阔，地形地貌复杂多样，高原、深谷、高山、盆地、平原交错，东南西北气候差异显著，孕育了多样的植被类型和复杂的生态系统。从北亚热带的常绿落叶阔叶林、暖温带的落叶阔叶林、温带的阔叶混交林、针阔混交林和亚高山针叶林到多种类型的灌丛、草原、荒漠、草甸，几乎包括了中国植被的大多数类型（吴征镒，1985）。根据《中国植被》（吴征镒等，1980），全国共有 29 个植被型（含 3 个非地带性植被型），西北地区就有 19 个植被型，占全国植被型的 65.6%。全国共有 540 个群系类型，西北地区就拥有 252 个群系类型，占全国群系类型的 46.7%。

3）天然林单位面积蓄积量较高，生态功能强，人工林单位面积蓄积量低

西北地区山地针叶林是我国重要的木材资源库，并且发挥重要生态屏障作用，涵养水源和保持水土功能巨大。阔叶和针阔混交等天然次生林在各生态脆弱区发挥着重要的水土保持和生物多样性保护等生态服务功能。西北林区的天然林的单位面积蓄积量为 125.56 m^3/hm^2，人工林为 23.49 m^3/hm^2。从林龄结构来看，西北林区的森林以中龄林所占比例最大（29.90%），其次为近熟林（19.45%）；林分郁闭度也以中等郁闭度（0.5～0.7）的森林面积最大（56.76%），疏林（0.2～0.4）次之（31.50%），密林最少（11.74%）。胸径分组统计结果是以小径组所占比例最大（54.91%），平均胸径为 19.80 cm。西部地区人工林多以水土保持、防风固沙等单一功能为主，注重生态防护效益，对生产力和木材蓄积量关注较少。

3. 陕西森林植被分区概况

陕西以桥山、秦岭为界，北部为陕北黄土高原、中部为关中平原、南部为陕南山地，从南到北纬度跨越 8°，自然条件差异很大，尤其是热量和水分表现出明显的规律性递减趋势，形成了湿润的北亚热带、半湿润的暖温带和半干旱的温带等不同气候区，相应的植被分布有亚热带常绿阔叶林、暖温带落叶阔叶林和温带草原植被类型。陕西森林功能分区可分为十大区域。

（1）陕北毛乌素沙地防风固沙林区。本区属毛乌素沙地南缘，沙地面积大且集中连片，植被特征为干旱草原类型，灌草资源丰富，林木资源贫乏，森林覆盖率为 34.97%。该区以生态公益林建设为重点，北部主要营造防风固沙林，南部以水土保持林为主。

（2）陕北黄土丘陵沟壑水土保持林区。本区位于陕西西北部，森林覆盖率为 11.11%，区域内水土流失严重。

（3）黄龙山桥山水源涵养林区。本区位于陕北梁山山脉的崂山、黄龙山和子午岭的敲山地区，森林覆盖率为 58.60%，植被特征为以落叶阔叶林为主的天然次生林。

（4）渭北黄土高原水土保持林区。本区位于陇西关中平原北部,森林覆盖率27.94%,本区地处黄土高原南部,气候条件适宜,区域及经济林果种类多,植被特征为人工植被为主的落叶阔叶林。

（5）关中平原绿化林区。本区位于陕西中部,地貌特征为渭河阶地。黄土台塬,气候类型为南暖温带气候,植被全部为人工植被,森林覆盖率9.46%。

（6）秦岭北坡关山水源涵养林区。本区位于陕西关中平原南部,秦岭山脉北坡,地貌为秦岭北坡石质山地,海拔800～3000 m,植被特征为以天然次生林为主的落叶阔叶林,森林资源分布垂直带谱明显,森林覆盖率为58.89%。

（7）秦岭南坡水源涵养用材林区。本区位于秦岭南坡中西部中高山地区,地貌特征为秦岭中高山土石山区,气候特征为暖温带湿润气候区,植被特征为落叶阔叶林,有水源涵养林分布,森林资源分布集中,森林覆盖率为72.21%。

（8）秦巴低山丘陵经济用材林区。本区位于秦岭南坡、巴山北坡低山丘陵地区,气候属北亚热带季风气候,植被特征为北亚热带含常绿阔叶树的针阔混交林带,代表树种有马尾松、杉木、棕榈、油桐、柑橘等,森林覆盖率53.34%。

（9）汉中盆地绿化林区。本区位于汉江冲积平原,被秦巴低山丘陵水源涵养林环抱,气候属北亚热带湿润气候,呈北亚热带植被特征,人工植被占绝对优势,森林覆盖率30.17%。

（10）巴山中山水源涵养林区。本区位于陕西最南部,地貌特征为巴山中山、石质山区,气候属北亚热带湿润气候,植被为常绿阔叶林和落叶阔叶林,具有亚热带植物分布特征,森林覆盖率为61.79%。

4. 秦岭中西部森林植被类型

秦岭中西部林区以甘肃小陇山林区为主,位于甘肃东南部,地处秦岭西段,地跨天水、陇南、定西 3 地市的秦州区、麦积区、清水县、武山县、徽县、两当县、礼县、漳县等县区,东接关中,南控巴蜀,西连青藏,北通黄土高原。该区气候为大陆性季风气候,属暖温带湿润区。小陇山森林覆盖率为63.6%,现有 21 个国有林场,林区内呈明显的纬度地带性和经度地带性分布规律,其垂直带谱明显,从低到高呈现六大带谱。

（1）落叶、常绿阔叶混交林带。分布于小陇山林区海拔700～1000 m 的低山、丘陵、沟壑地区。含常绿阔叶层片的落叶阔叶林,组成树种有落叶的栓皮栎、锐齿栎、黄连木、山合欢、栾树等。常绿树有岩栎、尖叶栎、匙叶栎及女贞组成的常绿阔叶层。

（2）栎林带。分布于海拔 700～2200 m,主要乔木有锐齿栎、栓皮栎、辽东栎,以及混入本带的华山松、槭、椴。

（3）山地杨桦林。分布于海拔 1500～2600 m,主要乔木树种有山杨、白桦、红桦、毛红花,混入其他树种有秦岭冷杉、云杉。

（4）针叶、落叶阔叶混交林带。分布于海拔 1300～2600 m,主要乔木树种有华山松、栓皮栎、锐齿栎、辽东栎、红桦、槭和云杉等。

（5）山地温性针叶林带。分布于海拔 1200～2400 m，主要乔木树种有华山松、油松、白皮松和侧柏等。

（6）山地寒温性针叶林。分布于海拔 2400 m 以上，主要乔木树种有云杉、秦岭冷杉。

5. 甘肃中部南部林区

甘肃中部林区位于黄土高原西部，西起古浪峡，东到六盘山，北抵内蒙古高原，南达秦岭山地和渭河谷地，包括兰州市、临夏回族自治州和定西市全部，平凉市西部和天水市中西部地区，以及武威市南部和白银市部分地区。甘肃南部包括甘南藏族自治州和陇南地区。

白龙江、洮河林区森林茂密，是甘肃南部的主要林区，面积广阔，是国家天然林保护工程重点实施区。该林区森林生态系统对维持白龙江、洮河乃至长江与黄河上游区域的生态平衡、遏制生态退化发挥着重要的屏障作用，其森林生态服务功能总价值分别达到 303.70 亿元/a 和 217.28 亿元/a，占甘肃全省的 20%以上（邱书志等，2018）。白龙江林区是全国九大林区之一，是甘肃乃至西北地区的绿色屏障。白龙江林区内由于地形、海拔、纬度等的变化大，气候多样，全林区跨越北亚热带半湿润气候，暖温带半湿润气候（白水江）、温带高寒半湿润气候（洮河）及温带高寒显著湿润区（迭部）。白龙江林区森林覆盖率达 51.44%，林区内乔木树种有 120 多种，主要由北温带的云杉、冷杉和暖温带的杨、桦、栎、椴等以及北亚热带的针叶树组成。林区内植被在阴坡、阳坡、垂直和水平性上分布明显（刘虹涛，2016）。洮河林区森林以暗针叶林为主，森林覆盖率 60.57%，林下天然更新良好，森林结构相对完整，生态功能较强，森林群落主要建群种为云杉、冷杉、油松、栎类、桦木和落叶松，森林质量总体较高，野生动植物资源丰富。

6. 宁夏贺兰山、六盘山林区

受山地的地形影响，宁夏六盘山地区气候湿润，降水相对较多，径流相对丰富，有包括泾河等在内的大小河流 60 余条发源于此，是黄土高原的水源地之一，对周边地区工农业及人民生活用水供给安全起着重要作用，同时是黄土高原重要的生物多样性富集区，对周边气候具有调节功能，并起着控制侵蚀、增加固碳、消减洪水等生态平衡作用。

六盘山自然保护区内植被类型随海拔高度增加，呈现从温带落叶阔叶林、针阔混交林、山地灌丛草原、山地草地草原到亚高山草甸的垂直带谱。保护区及周边林区有高等植物 788 种，其中有较高经济价值的达 155 种。中华人民共和国成立后，六盘山地区开展了持续大规模造林，森林面积从 20 世纪 70 年代中期就开始恢复性增长。在 1982 年成立六盘山自然保护区后，造林速度加快，六盘山林业局的森林覆盖率在 1985 年已升到 46.3%；经过 1986～1998 年两次大规模造林，森林覆盖率升到 59.5%（李怀珠，1999）。大规模造林改善了生态环境，尤其是土壤保持、保护生物多样性、固碳释氧、提供木材和其他林产品、发展旅游等功能得到提高，但也引起了流域产水功能的降低。

贺兰山位于我国温带草原区与荒漠区的分界处，植被类型比较复杂。贺兰山地处内蒙古高原中部的南缘、华北黄土高原的西北侧，它的西南则邻近于青藏高原的东北部，加上山体高耸、地形复杂、生境多样，其特殊的地理位置和复杂多样的生态环境为来自内蒙古、华北和青藏高原以及其他区系的植物提供了适宜生存的环境条件（郑敬刚等，2005）。贺兰山植物群落有 11 个植被型 55 个群系。垂直分异明显，可划分成山前荒漠与荒漠草原带（海拔 1600 m 以下）、山麓与低山草原带（海拔 1600～1900 m）、中山和亚高山针叶林带（海拔 1900～3100 m）、高山与亚高山灌丛草甸带（海拔 3100 m 以上）4 个植被垂直带。阴阳坡差异很大，在低山带，草原群落多占据阳坡，而阴坡则被中生灌丛所取代；在中山带，阴坡以青海云杉林为主，阳坡以灰榆、杜松疏林和其他中生灌丛为主；海拔 3000 m 以上阴阳坡分异不明显。东、西坡及南、北、中段植物群落分异也很突出，各自均有一些特殊的群落类型。中段以森林和中生灌丛为主，南段和北段荒漠化程度较高，森林面积很小。贺兰山东坡比西坡温暖和干燥，森林面积远小于西坡，并分布一些酸枣、虎榛子等喜暖中生灌丛（胡天华，2003）。

7. 新疆天山、阿尔泰山林区

天山北坡和阿尔泰（南坡）两大林区是新疆主要的木材生产基地，森林资源数量在全新疆占绝对优势，森林蓄积量占 90% 以上，是新疆森林资源的主体。

天山山脉作为亚洲中部干旱区的主体部分，其中山带森林生态系统具有涵养水源、调节径流的作用，能够为下游绿洲提供安全的生态保障，对整个干旱区的可持续发展极为重要（张百平等，2003）。天山横亘于新疆中部，向西延伸至哈萨克斯坦和吉尔吉斯斯坦，在我国境内东西长达 1300 km，南北跨距达 500 km。天山山地针叶林主要分布在天山北坡，天山中部和天山南坡则分布较少。雪岭云杉是天山山地最主要的地带性森林植被，林分以纯林为主，面积约 5284 km^2，占新疆天然林有林地面积的 44.90%，是构成天山乃至新疆森林生态系统的物质主体。天山中山带温和而湿润的生境为雪岭云杉的生长发育提供了良好的场所，森林郁闭度 0.6～0.8，生产力较高，林下灌木和草本植被发育受到一定的抑制。天山雪岭云杉主要分布于天山北坡海拔 1400～2800 m 的阴坡和半阴坡，林区多年平均气温 -2.8～2.5℃，年降水量 400～700 mm，针叶林建群种为雪岭云杉，但东部部分林区出现了少量雪岭云杉和西伯利亚落叶松的混交林（许文强等，2016）。

阿尔泰山是新疆森林植被资源和生物多样性最为集中和分布较广的区域，发育着我国干旱地区独具特色的山地森林。山区天然林犹如"绿色水库"，可调节区域性小气候，增加空气湿度和地区性降水，有效截留冰川融水和山区降水，对土壤保持及水源涵蓄有显著效用，控制和保持额尔齐斯河、哈巴河等河流在汛期和枯水期不致暴涨暴落，有效地阻挡灾害性洪水或泥石流的发生（袁国映和阴俊齐，1988）。阿尔泰山脉全长约 2000 km，呈西北—东南走向，西北延伸至俄罗斯境内。中国境内属山体中段南坡，东西长 450 km，南北宽 80～150 km，山体由西北向东南逐渐变窄，呈西北高而宽、东南低而窄的地形特征。气候上属于温带大陆性气候，夏季温暖多雨，冬季寒冷干燥。山地植被垂直分布明显，植被类型主要由山地针叶林和温带落叶阔叶林组成。这里的山地针叶林实际上是北方针叶林地带的西伯利亚山地南泰加林的南延，是锲入草原地带的北方针叶林的代表（中国科学院新疆综合考察队，1978），以西伯利亚落叶松为优势种，分布于山区西北部山地的阴坡、半阴坡，并在气候最湿润的北向坡地与西伯利亚冷杉呈不同比例混生，越往东南，由于干旱度加剧，其他树种不能适应，西伯利亚落叶松成为唯一的成林种，在东南部的北塔山区，仅断续分布于阴坡，且稀疏而低矮，在低海拔河谷地区与少量的西伯利亚云杉混生（郑拴丽等，2016）。落叶阔叶林主要有桦木、欧洲山杨等。林区土壤类型以棕色针叶林土和灰色森林土为主，土壤成土母质多为坡积作用的石质物，且有少量残余碳酸盐淀积于石质母质上（新疆维吾尔自治区林业厅，1995）。

8. 青海高寒林区

青海地处青藏高原，全省近 84%的面积分布在海拔 3000 m 以上，气候寒旱，多数地方失去了森林生存的条件，在东经 96°线以西的大部分地区基本没有乔木林分布。但在省域的东半部，由于高原被河流切割，地势陡降，孟加拉湾暖湿气流和东南季风可溯江河而上，为森林的生长发育创造了良好的环境条件。

全省森林按照山系来区分，属于祁连山、西倾山、巴颜喀拉山和唐古拉山四条山脉。祁连山森林主要分布在祁连山中段、冷龙岭东段、达坂山东段以及拉脊山等地区。森林类型以寒温性针叶林为主，如青海云杉、祁连圆柏等；在达坂山和拉脊山各林区，广泛分布有暖温性的针阔叶林，包括青杆林、油松林、白桦林、红桦林、糙皮桦林、山杨林、冬瓜杨林等。由于本地历史悠久，人口稠密，森林开发利用较早，被破坏严重。目前的森林以次生林为主，原始林仅分布在祁连山中段，这个地区也是全省主要的人工林分布区。

6.1.3　西北地区森林生态系统脆弱性

生态系统脆弱性反映了生态系统对外界干扰的承受能力，是自然属性和人为干扰共同作用的结果，表现在特定的时空范围内，生态系统对外界干扰的敏感性和受干扰后的相对稳定性和自我恢复能力。脆弱性是一个暴露度、对气候变化的敏感性和系统弹性或适应能力的函数（于法展等，2012）。具体来说，无论森林生态系统脆弱性的成因、脆弱程度、内部结构或外在表现形式如何，森林生态系统只要经受一定的外界干扰后向生态恶化或退化发展，都可归为脆弱的森林。森林生态系统脆弱性可导致自身系统功能衰退，甚至使系统稳定性和抗逆性减弱、生物多样性丧失以及各种衍生灾害的发生，是生态环境恶化的根源，严重威胁着人类生存和社会经济的可持续发展（环境保护部，2009）。因此，脆弱森林生态系统的恢复与重建是当前生态学研究的热点问题之一（Nitschke and Innes，2008）。对森林生态系统脆弱性进行定量评价，能准确揭示森林生态系统应对干扰的胁迫状态、响应机制、健康状况、稳定性和多样性变化等重要特征。

脆弱生态系统一般具有以下五个特征：系统抗干扰能力弱、对全球气候变化敏感、时空波动性强、边缘效应显著、环境异质性高。我国生态系统脆弱区主要分布在北方干旱半干旱区、南方丘陵区、西南山地区、青藏高原区及东部沿海水陆交接地区，本章涉及的西北地区属于生态脆弱区。

西北地区有限的森林面积是河川径流的天然调节器，是西北地区生态平衡和经济发展的根基，对稳定长江和黄河中下游地区的水源和生态环境起着关键作用。自开发建设以来，由于对森林的过度采伐，加上森林火灾和病虫害等危害，生态平衡遭到严重破坏，加剧了脆弱性和敏感性，失去了原有的和谐状态。如何加快西北脆弱森林生态系统恢复，实现森林的可持续经营，成为当前和今后经营管理的重要课题和紧迫的任务。除了气候、土壤、地形和地貌等自然条件外，不合理和不完善的经营管理是导致西北地区森林生态系统脆弱性的重要因素。具体如下：

（1）森林资源分布不均匀，部分林地利用率低，而部分地区存在过度利用现象。西北地区的森林资源多分布在交通不便、地势陡峭的山区以及峡谷地带，而在人为活动比较频繁的地区，森林覆盖率偏低，这些生态系统稳定性低，易成为退化生态系统。

（2）森林后备资源不足，更新问题突出。天然林保护工程实施以前保留的典型森林林龄偏大，采伐迹地再造林和自然更新的中幼龄林缺乏管理，质量偏低。防护林和水土保持林等生态公益林也因林龄偏大，缺乏有计划的更新改造，面临退化风险。

（3）人工林良种化程度低，关注造林和森林覆盖率单一指标，缺乏更新利用等长期目标。森林良种化程度低主要是科技投入不足导致的，目前西北地区仍然没有全面建立林木良种基地，存在见种就采、见苗就栽的现象。此外，树种选择和配置等都缺乏深入系统的研判，直接影响到天然林保护工程和退耕还林政策实施以来建立的森林生态系统的整体质量和服务功能。

（4）对野生植物的破坏现象严重，影响植物多样性和生态系统稳定性。西北地区森林资源的利用以采集天然资源为主，目前除对乔木的抚育采伐和利用有严格的审批制度外，对林内其他资源的保护技术和政策法规尚不够健全，森林野生植物资源的破坏现象仍十分严重，加剧了对生态系统的扰动。

尽管西北地区森林面积覆盖率较低，但其在水源涵养、水土保持和防风阻沙功能上发挥着重要作用。森林生态系统的脆弱性主要来自立地条件、土壤环境和气候等因素的限制，特别是深居内陆的干旱半干旱地区普遍存在的水资源短缺问题，是森林生态系统质量和良性演替的重要限制因子，明确以"水土定植被"的生态建设原则，对西北地区森林植被恢复的可持续性具有决定性作用。

6.2 西北地区森林生态系统质量状况及其影响因素

6.2.1 西北地区森林质量概况

根据第九次全国森林资源清查结果（表6-2），西北地区林地面积为2684.15万 hm², 占全国森林面积的12.18%，森林覆盖率仅为全国水平的1/3左右；天然林占比略高于全国平均水平，人工林占比较低。西北五省区占国土总面积的 1/3，但森林蓄积量的占比仅为全国的 6.72%，这有森林覆盖率偏低的原因，更重要的是森林质量整体低下，单位面积林地的蓄积量仅为全国水平的 55.17%。

表 6-2　西北地区森林资源质量现状

	森林覆盖率/%	森林面积/万 hm²	森林蓄积/万 m³	单位蓄积/（m³/hm²）	天然林		人工林	
					面积/万 hm²	占比/%	面积/万 hm²	占比/%
全国	22.96	22044.62	1756022.99	79.66	14041.52	63.70	8003.10	36.30
陕西	43.06	886.84	47866.70	53.97	576.31	64.98	310.53	35.02
甘肃	11.33	509.73	25188.89	49.42	383.17	75.17	126.56	24.83
青海	5.82	419.75	4864.15	11.59	400.65	95.45	19.10	4.55
宁夏	12.63	65.60	835.18	12.73	22.05	33.61	43.55	66.39
新疆	4.87	802.23	39221.50	48.89	680.81	84.86	121.42	15.14
西北地区	8.70	2684.15	117976.42	43.95	2062.99	76.86	621.16	23.14
西北地区/全国/%		12.18	6.72	55.17	14.69		7.76	

资料来源：第九次全国森林资源连续清查统计数据（2014～2018 年），下同。

西北地区森林结构现状见表 6-3，林种结构与全国情况基本相似，主要林种为防护林，且占比高于全国平均水平，这也是西部地区的典型特点；其他林种因各省区当地的生态条件不同、森林培育目标不同而存在地区差异。林龄结构方面，陕西、甘肃、宁夏、青海的中幼龄林占比较高，这与近年来生态工程相继实施、大力发展生态公益林相符合；新疆地区近成熟林占比较高。

表 6-3　西北地区森林结构现状　　　　　　　　　　（单位：%）

	林种结构				林龄结构	
	防护林	经济林	用材林	特用林	中幼龄林	近成熟林
全国	46.00	10.00	33.00	10.00	64.00	36.00
陕西	68.48	13.20	2.56	15.34	60.25	39.75
甘肃	63.19	5.71	0.28	30.82	63.29	36.71
青海	48.03	1.36	0.12	50.49	50.24	49.76
宁夏	72.79	6.59	0.79	19.83	75.05	24.95
新疆	85.05	9.35	0.27	5.33	38.28	61.72

西北地区林业用地面积共计 4936.90 万 hm²（表 6-4），占全国林地面积的 15%，根据第九次全国森林资源连续清查结果，西北地区主要林业用地类型中，宜林地面积 1570.16 万 hm²，占西北地区林业用地面积 31.80%；乔木林面积 1260.42 万 hm²，占西北地区林业用地面积 25.53%；灌木林地面积 1870.06 万 hm²，占西北地区林业用地面积 37.88%，大大高于全国范围内灌木林地的占比；疏林地面积 97.37 万 hm²，占西北地区林业用地面积 1.97%。西北地区各类林木总蓄积量 132574.73 万 m³，占全国各类林木总蓄积量 6.95%，远低于林地面积在全国的占比（15.52%），即单位面积平均蓄积

量较低，其中森林蓄积量 117976.42 万 m^3，疏林地蓄积量 3898.86 万 m^3，散生木蓄积量 5764.20 万 m^3，四旁树蓄积量 4935.26 万 m^3。

表 6-4 西北地区各类林地面积与蓄积量

	各类林地面积/万 hm^2					各类林木蓄积/万 m^3			
	林业用地面积	宜林地	乔木林地	灌木林地	疏林地	森林蓄积	疏林地蓄积	散生木蓄积	四旁树蓄积
陕西	1236.78	189.35	707.07	283.72	28.82	47866.70	438.82	1831.80	887.84
甘肃	1046.66	367.59	263.97	374.60	15.80	25188.89	403.11	746.61	2049.63
青海	1093.33	451.11	56.31	565.14	8.86	4864.15	203.95	123.92	365.10
宁夏	188.93	87.13	18.21	53.56	2.34	835.18	21.56	49.12	205.35
新疆	1371.20	474.98	214.87	593.04	41.55	39221.50	2831.42	3012.75	1427.34
西北地区	4936.90	1570.16	1260.43	1870.06	97.37	117976.42	3898.86	5764.20	4935.26
全国	32368.55	4855.28	18126.39	7444.77	323.69	1756022.99	19087.21	95436.03	38174.41

受各项生态工程建设以及相关林业政策的影响，西北地区森林生态系统质量呈现明显改善的趋势（表 6-5）。1999～2018 年，西北地区森林面积由 1811.65 万 hm^2 增加到 2684.15 万 hm^2，增长 48.16%；森林蓄积量增加了 37671.17 万 m^3，增长 46.91%；单位面积蓄积量略有下降，应该与新增大量中幼龄林有关；天然林面积增加 1272.52 万 hm^2，增长 160.98%，人工林面积增加 324.56 万 hm^2，增长 109.43%。封山育林、植树造林等工程使 1999～2018 年西北地区天然林、人工林面积显著增加，生态林业建设成效显著，但由于缺乏科学合理的抚育管理措施，未能提高森林单位面积蓄积量，森林生态系统整体效益的发挥不够充分。

表 6-5 西北地区森林资源主要指标变化情况

时间	森林面积/万 hm^2	森林蓄积/万 m^3	单位蓄积/（m^3/hm^2）	天然林面积/万 hm^2	人工林面积/万 hm^2
1999～2003 年	1811.65	80305.25	44.33	790.47	296.60
2004～2008 年	2278.65	87692.69	38.48	840.21	340.61
2009～2013 年	2527.13	99692.12	39.45	883.02	455.81
2014～2018 年	2684.15	117976.42	43.95	2062.99	621.16
增长率/%	48.16	46.91	-0.86	160.98	109.43

6.2.2 西北地区典型森林生态系统质量状况

1. 黄土高原黄龙山林区辽东栎天然次生林生态系统质量状况

黄龙山林区森林植被属于暖温带落叶阔叶林带，是全国典型的天然次生林区，主要森林群落有油松林、松栎林、辽东栎林、桦木林、山杨林、沙棘林等，主要土壤类型为森林褐土。林区存在大面积辽东栎次生林，以及与油松形成的松栎混交林。中华人民共和国成立前和成立初期，辽东栎曾经历过采伐利用，后依托国有林场开展的再造林，再加上三北防护林工程、天然林保护工程和退耕还林还草工程等一系列林业生态工程的实施，辽东栎作为主要造林树种在黄土高原大面积种植，但由于自然条件和造林技术等原因，造林成活率和保存率较低。自然演替形成的天然次生林也存在一定的质量问题，如单位面积蓄积量不高、生物产量低、病虫害较严重等问题（董瑞，2008）。调查发现，黄龙山林区辽东栎天然次生林存在优势种群幼苗虽多，但天然更新能力整体较弱的问题（郭其强，2007）。多数地区的辽东栎林经过砍伐后，呈现生理衰退状态。其原因是中龄个体密度大，林下严重遮荫，种内、种间干扰和竞争严重，导致幼苗大量死亡，老龄个体少，林分呈衰退趋势，难以完成持续的天然更新。需要对林分进行间伐调整，缓解种间和种内矛盾。

崔君君（2019）采用模糊综合评价法对黄土高原黄龙山林区的辽东栎次生林进行了森林生态系统健康评价，首先确定了评价所使用的准则层与指标层，然后使用标准差法确定了权重系数（表 6-6）。

表 6-6　黄龙山林区森林生态系统健康评价指标体系

准则层	指标层	权重系数
环境因子（0.370）	坡度	0.291
	海拔	0.709
生态系统稳定性（0.474）	郁闭度	0.007
	幼苗数量	0.985
	病虫害比例	0.008
生态系统多样性（0.022）	乔木多样性指数	0.355
	灌木多样性指数	0.301
	草本多样性指数	0.344
生态系统结构（0.133）	复层数目	0.193
	物种种数	0.349
	平均树高	0.167
	平均胸径	0.291

四个准则层所包括的指标中，影响最大的分别是幼苗数量（0.985）、海拔（0.709）、乔木多样性指数（0.355）和物种种数（0.349）。其中，幼苗数量代表森林生态系统的更新状况，是影响生态系统健康的主要因子。从各个准则层的权重系数来看，对森林生态系统健康影响最大的是生态系统稳定性（0.474），影响最小的是生态系统多样性（0.022），这说明生态系统稳定性是良好森林生态系统的基础，同时，生态系统稳定性中权重最大的是幼苗数量，达到 0.985，这也说明了在黄龙山林区森林生态系统健康评价中，幼苗数量是最重要的因子。

参照国家森林生长条件评价标准，按 4 个健康级别，确定各评价指标标准值，再计算分析相对隶属度，判断得到的各样方森林生态健康等级。将森林健康状况划分为不健康、中健康、亚健康、健康 4 个等级，计算结果表明，研究样地中，不健康的样地占总样地 16%，中健康样地占 36%，亚健康样地占 28%，健康样地占 20%（王乃江，2008）。即黄龙山林区辽东栎次生林主要处于中健康状态。就不同优势种的森林类型来看，油松林质量最好，其次是辽东栎林和白桦林、松桦林，栎桦林和松栎林质量相对较差（图 6-1）。

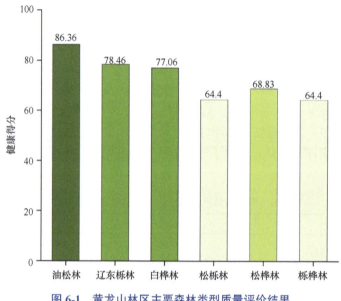

图 6-1　黄龙山林区主要森林类型质量评价结果

2. 新疆天山林区云杉天然林生态系统质量状况

新疆天山林区年平均气温 5℃，年降水量 400～600 mm，属温带大陆性气候，生态环境良好。天山西部林区森林以云杉纯林为主（雪岭云杉），林地面积占新疆天然林有林地总面积 44.9%，伴有少量针阔混交林和阔叶林，林型简单，树种单纯，成过熟林比例大，中幼龄林比例小。

云杉林面积与生物量动态变化方面，1986～1996 年云杉林的面积减少了 2.88%，生物总量减少了 3.77%。1998 年天然林保护工程实施后，到 2007 年云杉林面积增加了 1%，生物总量增加了 1.91%（表 6-7）（李虎等，2008）。

表 6-7　1986～2007 年天山林区云杉林面积与生物量动态变化

龄级	1986 年		1996 年		2007 年	
	面积/hm²	生物量/万 t	面积/hm²	生物量/万 t	面积/hm²	生物量/万 t
幼龄林	17790	121.10	19969	134.94	18030	121.94
中龄林	35763	403.34	38584	429.86	37081	412.16
近熟林	79450	1056.13	77416	1034.43	78268	1054.04
成熟林	214212	3336.99	200331	3115.75	206742	3232.62
过熟林	20472	346.45	20789	351.20	20560	342.28

目前，天山林区云杉林存在天然更新困难等问题。天山云杉在幼苗期需要适度的庇荫才能存活，但随幼苗的不断生长，其对于光照的需求也逐渐增强。因此，郁闭度大的云杉林林冠下更新较差，强度择伐或皆伐迹地的全光下基本无更新。林窗、云杉疏林地和部分林缘地带常形成天然更新较好的幼树林。

过度放牧也导致该地区群落物种多样性较低，云杉林天然更新能力下降，林分的脆弱性加大。因此，需要控制地区放牧数量，减轻天山云杉群落的压力，恢复森林生态系统的平衡。

王千军（2012）对新疆天山林区的云杉林进行了森林生态系统健康评价。研究通过样带法选择样地，构建基于活力指标、结构性指标、抗干扰性指标和生态服务功能指标的指标体系，确定准则层与指标层（表 6-8），采用层次分析法计算权重，对调查样地进行健康评估。

表 6-8　天山林区云杉天然林质量评价指标体系

准则层	要素层	指标层	权重系数
活力（0.29）	生产力（0.25）	树高年平均生长量	0.19
		胸径年平均生长量	0.14
		乔木生物量	0.39
		灌木生物量	0.15
		草本生物量	0.11
	更新力（0.75）	更新数	1.00
结构（0.33）	密度（0.64）	郁闭度	1.00
	盖度（0.13）	草本盖度	1.00
	空间结构（0.23）	径级（林龄）结构优化度	1.00
土壤（0.14）	物理性质（0.33）	土壤容重	0.11
		毛管孔隙度	0.19
		非毛管孔隙度	0.37
		总孔隙度	0.22
		含水率	0.09
	化学性质（0.67）	有机质	0.49
		速效氮	0.22
		速效磷	0.15
		速效钾	0.11
抵抗力（0.24）	干扰（1）	牛羊啃食	0.50
		抗火干扰	0.50

该研究将森林健康状况划分为不健康、亚健康、健康、优秀 4 个等级（王千军，2012），如图 6-2 所示，计算结果表明，研究样地中，不健康样地占总样地的 11%，亚健康样地占 29%，健康样地占 44%，优质样地占 16%，即天山林区云杉林总体健康状况良好。

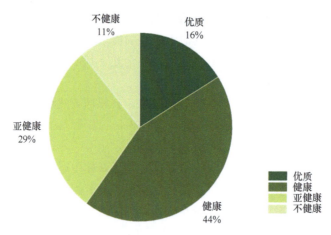

图 6-2　天山林区云杉林质量评价结果

3. 黄土高原油松人工林生态系统质量状况

油松是北方地区主要造林树种之一，黄土高原丘陵沟壑区有大面积的油松人工林，高云昌（2013）对黄土高原黄龙山林区油松林进行调查研究，结果显示该地区油松林存在林分密度过大、自然枯死严重，林分更新困难等问题，有待抚育改造。

刘金良（2014）对黄土高原油松人工林进行健康评价分析。研究样地选择陕西永寿县槐平林场、淳化县仲山生态森林公园、甘肃正宁县中湾林场的 67 块样地。研究建立基于活力指标、结构指标和抗逆指标的评价指标体系（表 6-9）。采用方差法、德尔菲-层次分析法和层次分析法 3 种方法相结合的方式计算权重，取三者权重的加权平均值，作为各指标的权重。

表 6-9　黄土高原油松人工林质量评价指标体系

准则层	指标层	权重系数
活力指标	优势木高	0.06
	枯梢比	0.10
	更新状况	0.05
结构指标	郁闭度	0.04
	密度	0.05
	平均胸径	0.05
	平均树高	0.05
	枝下高	0.24
	干性质量	0.08
	灌草盖度	0.05
抗逆指标	火险等级	0.23

该研究将森林健康状况划分为不健康、亚健康、健康 3 个等级，计算结果表明，研究样地中，不健康样地占总样地 19.4%，亚健康样地占 56.1%，健康样地占 24.5%，油松人工林总体处于亚健康状态。

对不同调查地的油松人工林进行对比分析，永寿县不健康样地占 35%，亚健康样地占 65%，没有健康样地；淳化县不健康样地占 20%，亚健康样地占 60%，健康样地占 20%；正宁县不健康样地占 20%，亚健康样地占 45%，健康样地占 35%。正宁县油松人工林健康状况优于淳化县，淳化县油松人工林健康状况优于永寿县。调查结果显示，正宁县和淳化县油松分布集中，便于经营管理，永寿县油松分布较散，不利于管理，经营管理措施的不同可能是永寿县油松较其他两县差的原因。另外，油松天然林的健康值明显高于人工林，这说明人工林还有很大经营空间。

4. 宁夏六盘山落叶松人工林生态系统质量状况

宁夏六盘山林区位于黄土高原西部，20 世纪 60 年代开始引入华北落叶松作为主要造林树种。自退耕还林和天然林保护措施实施以来，大面积栽植华北落叶松人工纯林使六盘山的植被得到了快速恢复，但是，人工林初植密度过大，结构单一，间伐调整不及时，超出了其土地承载能力，导致现存林木出现密度过高、郁闭度过大、抵抗病虫害和自然灾害的能力差、生产力下降、林下植被和天然更新差、生物多样性不高、病虫害严重，以及林分稳定性低等问题。

在森林生态服务功能方面，六盘山林区林业发展中长期存在森林主导功能不明确的问题，由于长期着重于森林的经济功能，定位主要为用材林，包括干旱立地也在营造用材林，森林面积在回升的同时，存在森林结构不良和质量下降等显著问题，最终使森林（以及土地）的各种重要功能都难以较好实现（孙浩等，2016），尤其是近年来营造的人工纯林因树种和垂直结构单一等因素（表 6-10），导致流域产水功能、涵养水源功能不佳，危及区域的水资源供给安全。

表 6-10　六盘山林区四种类型森林样地基本特征

森林类型	树高/灌高/m	胸径/基径/cm	冠幅/m	密度/（株/hm²）	郁闭度/覆盖度	坡度/（°）	坡向	土壤类型
华北落叶松＋灌木复层林	16.10/3.10	17.52/2.53	5.74	575/850	0.65/0.50	35.6	东南	灰褐土
华北落叶松人工纯林	16.95	20.14	5.57	650	0.71	10.7	东南	灰褐土
稀植乔木的天然灌丛林	3.99/1.84	6.35/2.38		933/1425	0.40/0.62	33	西南	灰褐土
天然灌丛林	2.60	2.70		1478	0.90	32	西南	灰褐土

注："/"左边为乔木的基本情况，右边为灌木的基本情况。
　　郁闭度指单位面积乔木树冠投影覆盖面积与总面积之比，覆盖度指单位面积灌木对地表遮盖面积与总面积之比。此处"郁闭度/覆盖度"的含义为：乔木郁闭度或灌木覆盖度。因此，第二行数据 0.71 指乔木郁闭度，第四行数据 0.90 指灌木覆盖度。

在森林抚育管理方面，六盘山林区现存华北落叶松人工林普遍存在密度较高的问题，需及时采取抚育间伐措施。综合考虑其他功能的需求，为维持森林的稳定性，建议将密度控制在 1000～1200 株/hm² 的密度范围内。对于参照合理密度范围需要大强度间伐的林分，需要分 2～3 次间伐，每次间隔 2～3 年，以防过度间伐使林木倒伏（郝佳，2012）。此外，在未来的人工造林中，可以采用营养钵育苗造林，降低造林初植密度，减少造林及抚育成本，提高森林的经济效益和生态效益。

5. 黄土高原刺槐人工林生态系统质量状况

刺槐是黄土高原主要造林树种之一，20 世纪 50 年代起，陕西境内开始大面积营造刺槐人工林，至 2007 年，总面积已达 7 万 hm^2。

张顺祥（2015）基于渭北白水县、扶风县、永寿县三地的林区进行刺槐人工林质量评价，结果显示渭北黄土高原地区的刺槐人工林总体处于亚健康状态，亚健康林分比例达到 70.24%，不健康林分比例为 29.76%。该地区三个林区的刺槐人工林质量状况如图 6-3 所示。

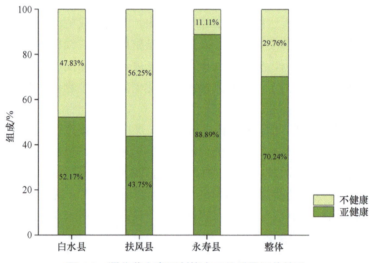

图 6-3 渭北黄土高原刺槐人工林质量评价结果

熊樱（2013）对延安城郊林区刺槐人工林进行森林质量评价。研究建立基于生产力、群落结构、抵抗力和土壤状况的评价指标体系，采用层次分析法确定指标权重，具体指标如表 6-11 所示。

表 6-11 延安城郊林区刺槐人工林质量评价指标体系

准则层	指标层	权重系数
生产力（0.337）	乔木蓄积量	0.467
	灌草生物量	0.160
	冠幅	0.278
	冠长率	0.095
群落结构（0.283）	郁闭度	0.241
	总盖度	0.127
	群落层次结构	0.365
	Shannon-Wiener 多样性指数	0.088
	幼苗更新密度	0.179

续表

准则层	指标层	权重系数
抵抗力（0.142）	病虫害程度	0.311
	火险等级	0.196
	人为干扰程度	0.493
土壤状况（0.238）	土壤含水率	0.211
	土壤容重	0.304
	pH 值	0.071
	有机质	0.168
	全氮	0.060
	速效磷	0.085
	速效钾	0.101

　　该研究将森林健康状况划分为不健康、亚健康、健康、良好健康和优质健康 5 个等级。计算结果表明，研究样地中，处于亚健康状态的样地占总样地的 60.87%，健康样地占 39.13%。总体来看延安样地刺槐人工林处于亚健康状态。目前延安样地存在刺槐人工林密度过大的问题。在栽植树木时不考虑合理密度，只求速成，造成土壤水分养分消耗过快，林分快速增长期缩短，加上树种单一、立地条件差等因素，部分刺槐人工林提前进入增长停滞甚至退化现象。

　　在林分结构方面，营造的刺槐纯林树种单一，且只重视栽植乔木，而忽略灌草结构的配置，林下植被基本靠天然发育，再加上乔木栽植密度过大，更抑制了林下植被的生长，使得林下群落演替缓慢，多为一年或多年生草本，灌木层基本空置，只有在乔木密度小的林分中才形成了灌木层。

　　6. 西北地区杨树人工林生态系统质量状况

　　三北防护林建设工程实施以来，以杨树为主要树种的防风固沙林、农田防护林、护路、护岸林和杨木生产基地建设在西北地区迅速发展，杨树人工林面积逐年扩大。目前西北地区杨树人工林主要存在问题包括三个方面：一是林木趋于老龄化，二是水土流失等环境问题导致林木生长不良；三是经营管理技术的缺乏导致林木生长势衰弱。

　　首先是林木趋于老龄化。20 世纪 60 年代营造的小叶杨林区出现林龄老化、生长停滞、树势衰弱、抗逆性差等问题，现有林分中，近、成、过熟林面积较大，需要加快低产林分改造和合理采伐利用成、过熟林，促进杨树林分更新换代和提高经济效益。

　　在立地条件方面，西北地区造林地块多存在水土流失问题，保水、保肥能力差，气候恶劣且年降水量不足 400 mm，导致林木生长缓慢，林木退化现象严重，形成"小老头树"。

　　在经营管理方面，由于缺乏林业经营管理技术，疏于管理，栽后未按时进行除草松土，林内杂草丛生，林木生长不良；对部分杨树未能进行必要的整枝修剪，造成树木主干低矮、弯曲，生长势衰弱；还有部分杨树盲目密植，当树冠郁闭时未能及时间伐，造成林内透光通风不良，导致树木长势极为衰弱。而造林遇到春旱时，苗木大量死亡，又没有及时补植，导致形成大面积的疏林地。此外还存在对病虫害防治不力的问题（邢闻涛，2017）。对病虫害防治不及时，导致杨树腐烂病、杨树溃疡病等病害及杨扇舟蛾、天牛等虫害的发生。

6.2.3　西北地区森林生态系统质量的影响因素

1. 自然条件对西北地区森林质量的影响

1）气候因素

西北地区深居大陆内部，气候干旱，属于典型的温带大陆性气候，自然景观从东到西为森林草原—典型草原—荒漠草原—荒漠，降水自东向西递减，生态环境较脆弱，是我国气候变化的敏感地带。

气候暖干化导致西北地区土壤水分减少，土壤干层分布变广，使干层缺水更为严重。丁一汇和王守荣（2001）和商沙沙等（2018）研究表明，近50年中国西北地区气温变化的总趋势是明显变暖，其中，冬季平均温度的上升最为明显。降水量变化趋势与气温变化趋势整体一致，近几年降水量呈现增加趋势，西北地区整体气候条件有由暖干向暖湿变化的趋势。但气候的干湿变化取决于降水和蒸发两个方面，结合气温上升导致的部分地区蒸发潜力增加，最终造成地区干燥指数总体偏大，土地荒漠化现象和干旱问题依旧存在。

在森林灾害方面，气温的上升会导致旱灾、森林火灾等自然灾害发生的频率增加。在森林病虫害方面，平均气温的升高会加重西北地区森林病虫害的发生与蔓延。温度的升高使害虫的适生期延长，越冬存活率增加，危害范围扩大。

干旱作为西北地区主要的区域地理特征，始终影响着西北地区森林植被生长情况。植被的生长发育除了受到自身的遗传因素外，还受到温度、降水等气候因子的影响，王晶（2009）研究证明，影响西北地区华北落叶松胸径、树高和材积生长量的主导气象因子为降水量。

从大的时间尺度上来看，气候变化会影响西北地区森林类型的分布格局。气温的升高将会导致树种分布向高海拔高纬度地区迁移，即导致西北地区森林主要造林树种向北扩张迁移，对于高原地区，可能出现灌草线向高海拔偏移等现象。

2）地形因素

地形对西北地区森林的影响不是直接的，它影响着西北地区的区域型小气候、土壤、水分等条件。研究表明，在同一气候条件下，地形是影响植被空间分布格局的重要因子。在其他成土条件相同的情况下，地形的不同会影响地区内土壤养分的积累与分布，并对降水进行再分配，从而导致地区内土壤养分和水分存在差异。而土壤养分和水分作为西北地区森林植被恢复与建设的主要限制因子，影响着西北地区森林植被的生长发育及分布情况。

在坡位影响因素方面，由于地形的起伏变化、风蚀水蚀等外界环境因子的影响，同一地区不同坡位的土壤养分条件存在异质性，不同坡位土壤养分变化特征为：土壤有机质含量从峁顶到坡脚逐渐增加，即从坡上到坡下，土壤养分整体呈现增加趋势（表 6-12）（雷斯越，2019）。高雪松等（2005）研究表明，下坡位作为坡面养分的汇集处，其土壤养分含量高于中坡位和上坡位，但坡位间的养分含量差异不明显。

表 6-12　黄土高原枣庄沟不同坡位土壤养分含量

坡位	样本数量/个	有机质含量/（g/kg）	全氮含量/（g/kg）	全磷含量/（g/kg）
峁顶	18	11.14	1.64	0.61
坡上	34	11.49	1.63	0.62
坡中	31	13.46	1.85	0.52
坡下	28	15.02	2.00	0.87
沟坡	14	9.38	1.59	0.71
ANOVA 显著性	125	0.029[*]	0.057[*]	0.258

*表示具有显著性（$P<0.05$）。

不同的坡向影响着森林植被的分布情况，在同一地区，不同坡向上植被覆盖度阴坡>半阳坡>半阴坡>阳坡>平坡（庞国伟等，2021）。阴坡的水分条件好，更适合植被生长，因此植被覆盖率相对较高，阳坡的日照时间长，水分蒸发量大，导致水分条件相对较差，易缺水干旱，不利于植被长期生长发育，而低海拔平地受人类活动影响较大，多用于人类建设用地，植被覆盖率相对最低。

地形因素也影响着西北地区水土流失情况。高低起伏的地形，陡坡不利于土层的积累，如黄土高原丘陵沟壑区的地表陡峭破碎，加上黄土土壤颗粒砂型强黏性较弱，质地松散，抗侵蚀能力差，土壤极易遭受冲刷侵蚀，导致本地区水土流失现象严重。

2. 人类活动对西北地区森林质量的影响

人类活动对西北地区森林的影响主要体现在影响森林面积、植被覆盖率、景观破碎化程度等方面。

历史时期人类活动对森林资源的干扰主要是单方面的开发利用。原始社会以前，西北地区森林覆盖率在 20%左右，秦岭、巴山山脉及其河谷、盆地几乎遍地都是森林，黄土高原北部的长城沿线、关中平原林区森林覆盖率在 40%~45%（王建文，2006）。夏商周时期，人类对森林进行砍伐，用于建筑房屋，部分平原、河谷地带被开垦为农田。秦汉时期，周原一带平原森林已经基本被人类开垦砍伐消失，秦岭、峧山一带的森林多被砍伐用于建造宫殿陵墓，黄土高原地区发生大量人口的移居迁入，导致该地区大片森林被砍伐开垦。明清时期，陕北地区乱垦滥伐现象严重，黄土高原地区除关山、黄龙山、桥山等地存留着一些小范围森林外，延安以北的森林几乎被破坏殆尽，出现大面积地表裸露。

20 世纪 50~70 年代，由于人口压力增大，经济建设发展的需要，在利益驱动下，西北地区先后掀起多次毁林垦荒的热潮，过量采伐导致森林破坏面积达到 20 万 hm^2，造成大面积土地荒漠化。50 年代后期天山塔里木河流域大面积胡杨林被开垦为国营农场，造成该地区生态结构失衡，水资源短缺严重。1978 年后，陕西开始施行政策对森林资源进行保护管理，实施重点防护林工程项目，封育改造相结合，到 1999 年，陕西森林覆盖率提高到了 28.7%。甘肃于中华人民共和国成立后，开始因地制宜植树造林，到 1995 年森林覆盖率提高到 9.04%，青海、新疆、宁夏也陆续重视起本地区的天然林保护和人工林建设，森林覆盖率日渐增长。但随着人工林造林面积增加，造林树种单一、成活率不高、缺乏后期管理导致的林分质量较差等问题出现。

人类活动也会导致森林景观破碎化，使森林景观异质性增加，破碎度指数增加。人类活动是西北地区森林生态系统空间异质性和景观异质性的重要干扰因子，据张希彪和周天林（2007）对黄土高原子午岭林区的研究，将研究区划分为核心区、缓冲区和干扰区，分析黄土高原子午岭的森林景观格局，结果表明研究区森林破碎化程度干扰区>缓冲区>核心区，干扰区由于人类活动频繁，存在耕地、建筑用地等，对森林的干扰强度大，导致景观破碎度较高，森林覆盖率相对较低；而高海拔的核心区，人类活动较弱，干扰强度低，森林景观破碎化程度低，森林覆盖率也相对较高。在景观异质性方面，干扰区的多样性指数明显高于核心区，受人类活动频繁的影响，研究地区的景观破碎化程度和多样性指数增加。

3. 林业重点工程对西北地区森林质量的影响

21 世纪以来，国家重视生态建设，实施天然林保护工程、退耕还林工程、三北和长江中下游地区等重点防护林建设工程、京津风沙源治理工程、野生动植物保护和自然保护区建设工程、重点地区速生丰产用材基地建设工程六大林业重点工程。其中，西北地区实施的主要林业工程包括：天然林保护工程、退耕还林工程、三北防护林建设工程。这三项工程的实施，对改善西北地区生态环境、维护西北地区生态安全区、实现森林资源可持续发展发挥重要作用。自工程实施以来，西北地区森林面积达到 2684.15 万 hm^2，森林覆盖率提升到 8.70%，森林蓄积量达到 117976.40 万 m^3（表 6-1），森林质量明显改善，荒漠化和水土流失等生态环境问题得到有效保护和治理（表 6-13）。

表 6-13　2018 年西北地区林业重点工程造林面积　　　（单位：万 hm^2）

地区	合计	天然林保护工程	退耕还林工程	三北防护林工程	其他造林面积
陕西	335820	59975	53598	36000	186247
甘肃	392765	8410	106712	49371	228272
青海	205904	23470	8621	39281	134532
宁夏	100055	7334	2000	42274	48447
新疆	243788	5279	63029	118772	56708
全国	6874351	400601	723500	893855	4856395

资料来源：中国林业和草原统计年鉴（2018）。

1）三北防护林工程

三北防护林工程自 1978 年开始进行建设，主要针对北部、华北、西北地区面临的土地荒漠化加剧问题。工程前期侧重于人工营造乔木林、灌木林，后期建设目标逐渐转化为退化林分改造和森林质量的提高。自工程实施以来，西北地区森林面积和蓄积量明显增长，乔木面积由 1977 年的 379.49 万 hm² 增加到 2007 年的 642.50 万 hm²，森林覆盖率由 1977 年的 2.62%增加到 2018 年的 8.71%。同时获得了显著的生态效益，使治理区的风沙侵害、水土流失问题得到有效控制（图 6-4）。但由于大规模大密度的植树造林，部分地区出现土壤干化、径流减少，以及多年后林分退化等问题。

图 6-4　西北地区沙区防护林与农田防护林建设

资料来源：甘肃省林业和草原局

三北防护林工程建设期间，宁夏到 2018 年累计营造防护林 100 万 hm²，全区森林覆盖率由三北防护林工程实施前的 2.3%增加到 14%，在六盘山地区营造了大面积油松水源涵养林。陕西三北防护林工程区森林覆盖率由 1977 年的 12.9%提高到 2018 年的 34.98%。新疆三北防护林工程建设区内的阿克苏地区，森林资源自 1978 年开始持续增长，森林覆盖率由 3.35%提高到 2019 年的 8.8%，农田林网化程度达到 94.9%。青海三北防护林建设区域森林覆盖率由 1978 年的 2.47%提高到 2007 年的 5.65%，甘肃三北防护林工程建设区森林覆盖率由工程建设初期（1978 年）的 4%提高到 2018 年的 11.3%。

2）退耕还林工程

为改善生态环境，推进生态文明建设。1998 年特大洪灾后，党中央、国务院提出了"封山植树、退耕还林"。1999 年，按照"退耕还林、封山绿化、以粮代赈、个体承包"的政策措施，四川、陕西、甘肃 3 省率先开展退耕还林试点建设。2002 年，在全国范围内全面启动退耕还林工程。退耕还林过程是对水土流失严重的耕地，有计划有步骤地停止耕种，再进行宜林荒山荒地造林。退耕还林工程改善了西北地区已破坏林区的土壤条件，促进了土壤结构和土壤质量的正向发育。在森林植被方面，退耕后植被的演变情况受植被恢复类型、恢复时间的影响，对于撂荒地，随着退耕年限的增加，地区草本植被覆盖率增加；对于重建的人工林，地区森林覆盖率增加，群落多样性指数增加。

1999～2019 年，陕西共完成退耕还林还草面积 269.3 万 hm²，森林覆盖率从退耕前的 30.92%恢复到 43.06%，陕北黄土高原成为全国增绿幅度最大的区域，随着退耕还林工程实施时间的增长，森林绿地面积增加的同时，森林植被多样性指数不断增加，推动了地区生物多样性的提高和水土流失现象的有效控制。甘肃地区到 2013 年底，完成退耕还林工程面积 189.6 万 hm²，宜林荒山荒地绿化面积达 107 万 hm²，全省森林覆盖率增加 4.82%，水土流失面积减少。自实施退耕还林工程以来，宁夏地区森林覆盖率由 2000 年的 8.4%提高到 2020 年的 14%，青海地区到 2015 年退耕还林还草面积达 19.3 万 hm²，全省森林覆盖率提升到 6.1%，新疆地区到 2018 年退耕地种植林果面积达 117.4 万 hm²。

3）天然林保护工程

天然林保护工程自 1998 年开始试点，2000 年 10 月陕西、甘肃、青海、宁夏、新疆地区被列入天然林保护工程建设区，主要建设任务包括全面停止天然林采伐，以及加快工程区内的宜林荒山荒地造林种草。1998 年全国第五次森林资源清查显示，西北地区天然林面积和蓄积量分别为 786.77 hm² 和 7.02 亿 m³，分别占全国天然林的 7.35%和 7.76%，天然林资源分布不均且被过度消耗利用。自天然林保护工程实施以来，西北地区对天然林的过度开发利用现象得到遏制，通过禁伐、限伐、人工促进天然更新、封山育林等措施对天然林进行培育保护，地区森林生态环境和效益得到明显改善和提高。

甘肃岷江林区 1999～2006 年天然林实际资源消耗量几乎为零，森林覆盖率由 64.5%增加至 68%。新疆天然林保护工程建设主要集中在天山林区和阿尔泰林区，工程区内森林面积由 1999 年的 209 万 hm² 增加到 2010 年的 423 万 hm²，森林覆盖率由 25.66%增加到 28.94%。陕西黄龙山林区自天然林保护工程实施以来，通过人工造林、公益林建设、封山育林等措施，到 2015 年林区内森林面积增加了 1.33 万 hm²，森林覆盖率达到 91%，秦岭地区天然林面积在 2019 年达到 355 万 hm²，占地区森林总面积的 61%，森林覆盖率达 69.65%，地区生态环境得到明显改善，生态功能得到明显提高，物种丰富度得到增强。

6.3 西北地区森林管理状况及面临的挑战

6.3.1 陕西森林管理状况及面临的挑战

1. 改革开放前森林管理状况

陕西地跨黄河、长江两大流域和温带、暖温带、北亚热带三个气候带，地域狭长，地势南北高、中间低，有高原、山地、平原和盆地等多种地形。从地貌形态上划分，可以将全省划分为陕北高原区、关中盆地（平原）区以及秦巴山地区三大地貌区（陕西省林业发展区划办公室，2008）。陕西作为中华民族历史和文明的发祥地，历史时期曾广布茂密的森林。

陕南地区森林茂密，山间盆地较多，伴随着农业的发展，农民在大巴山以及秦岭低山丘陵区砍伐森林，种植粮食，大量森林植被遭到破坏，而大巴山和秦岭的中高山区的森林保存较为完好（朱显谟，1981）。

陕西中部的关中平原是陕西秦岭北麓渭河冲积平原（渭河流域一带）。《诗·大雅·公刘》曾提到"彻田为粮"，作为我国原始文化和农业最发达的地区之一，关中地区的森林资源屡遭破坏，耕地面积日益扩大，森林面积日益缩减。

据史书记载和考古研究，长城沿线以南的黄土丘陵区，曾经拥有茂密的森林，长城沿线以北的毛乌素沙区，曾是水草丰美的广袤草原（朱显谟，1981）。由于大规模的移民垦殖、毁林开荒，农牧业快速发展，黄土高原农田面积迅速扩大，大量草原转变为耕地，森林资源更是遭受毁灭性的破坏。陕北地区森林的不合理利用和管理，不仅破坏了生态平衡，更是加剧了水土流失和洪涝灾害，致使高原支离破碎，千沟万壑。

从陕西森林的变迁历史中可以看出，人类活动对森林的影响非常之大，森林植被的严重破坏，导致局部气候异常、水土流失严重、地形切割、风沙侵袭、河湖水系的变化甚至枯竭以及动植物种属的变迁等后果（陕西森林编辑委员会，1989）。森林砍伐和人口迁移导致森林草原区的森林分布边界大幅度南移，森林分布区萎缩，生态环境整体恶化。恢复和改善陕西地区的生态环境，亟需科学地培育和管理森林植被。

中华人民共和国成立之后，对黄河灾害的防控和治理高度重视，其中的重要内容就是在黄河流域特别是黄土高原地区开展人工造林工作。1950 年 3 月，召开全国林业业务会议，提出了"普遍护林、重点造林"的方针，全国各地开始实行封山育林的政策，森林覆盖率得到一定程度提升。但在 1958 年以后的"大跃进"以及"文化大革命"中，生态保护工作几近停滞，砍伐森林以及开垦荒山和草地等行为使得生态环境再次遭受了严重破坏（亢文选，2006）。

2. 改革开放后森林管理状况

改革开放以来，国家高度重视生态保护工作。1978 年 11 月 25 日，三北防护林工程正式启动实施。1983 年 12 月，国务院召开第二次全国环境保护会议，将保护环境确定为一项基本国策，制定了中国环境保护事业的发展战略。陕西紧跟国家林业政策调整，随着三北防护林建设、天然林保护工程、退耕还林还草等一系列林业建设工程的实施，各地政府对林业工作空前重视，为森林资源的增长提供了难得的机遇和动力，森林植被面积持续增加（王孝康，2019）。

1997 年 6 月，国务院副总理姜春云到陕北榆林地区和延安市调研，向中央提交了《关于陕北地区治理水土流失建设生态农业的调查报告》，详细介绍了陕北地区开展防风治沙、退耕还林的情况。同年 8 月，中共中央总书记江泽民在该调查报告上做出长篇重要批示，强调要大抓植树造林，荒山绿化，再造一个山川秀美的西北地区。

陕西省政府把实施山川秀美工程当作实施西部大开发的首场战役，在调查研究和反复论证的基础上，全面落实国务院关于"退耕还林，封山绿化，个体承包，以粮代赈"的政策措施。1999 年出台《陕西省山川秀美工程规划纲要》，在长城沿线风沙区、陕北黄土丘陵沟壑区、渭北黄土高原沟壑区、关中平原区和秦巴土石山区全面启动治理工程，并确定了靖边、志丹、长武、蓝田、丹凤 5 个综合治理示范县。2000 年，全省 34 个县（市、区）列入退耕还林试点范围。2001 年，试点范围进一步扩大到 43 个县（市、区），延安市 13 个县（区）全部纳入试点计划，成为全国唯一一个整体纳入退耕还林还草试点工程的地区。2002 年，退耕还林工程全面启动，当年全省有 97 个县（市、区）被列入退耕还林工程。随着退耕还林建设规模逐年扩大，全省有 104 个县（市、区、林业局）被纳入退耕还林工程。

截至 2002 年，全省完成退耕还林 41.5 万 hm^2，荒山造林 21.9 万 hm^2，数量居全国第一。通过实施天然林保护、三北风沙综合治理、平原绿化及绿色通道等大型林业生态工程，全省森林覆盖率由新中国成立之初的 17.0%提高到 2001 年的 30.9%。

随着退耕还林工作的开展，陕西陆续出台了一系列相关的政策法规。为了确保退耕还林成果，2003 年 3 月，陕西省人民政府颁布《关于实行封山禁牧的命令》，决定在全省实行封山禁牧。2007 年 11 月 24 日，陕西省第十届人民代表大会常务委员会第三十四次会议通过了《陕西省封山禁牧条例》。通过完善制度，明确封禁措施，建立封禁管护队伍，强化检查监督，使全省封山禁牧工作进入了法制化轨道。从 2007 年开始，国家退耕还林政策调整，退耕还林工程重点由扩大规模转到成果巩固上来，陕西省政府先后制定了一系列政策，为退耕还林取得巨大成就提供了强有力的制度保障。

1999～2018 年，陕西累计完成国家下达的退耕还林计划任务 268.9 万 hm^2，其中退耕地还林 124.1 万 hm^2，为全国第一，荒山造林 128.8 万 hm^2，封山育林 15.9 万 hm^2，惠及 230 万退耕户 915 万农民。2008～2015 年，累计完成国家下达的巩固退耕还林成果补植补造任务 52.8 万 hm^2；完成巩固退耕还林成果后续产业林业项目 437 个（退耕办，2019）。

3. 当前存在的问题与解决思路

陕西的生态环境较为脆弱，水土流失严重，是国家生态保护建设的重点省份之一。森林的经营和管理是一项长期且复杂的工程，这要求地方政府必须要有长期规划和科学管理的意识。然而，目前对森林可持续管理的系统性仍然不够健全。

据 2009 年陕西第八次森林资源连续清查结果显示，全省天然林面积 549.4 万 hm^2，占全省森林面积的 64.39%。天然林面积较天然林保护工程实施前的 1999 年增加了 81.8 万 hm^2；天然林蓄积量 3.68 亿 m^3，增加了 0.74 亿 m^3。尽管对天然林实施了严格的保护，森林面积增加，但普遍存在森林资源结构不合理的问题，林分蓄积量低，林分质量整体不高。随着封山禁牧禁伐和限伐措施的实施，天然次生林林分生长过密、优势种生长不良、林分整体生长缓慢、中幼龄林生长受阻、林下更新困难、幼树枯损严重、防护效能低下等现象大量出现。因此，针对大量低质低效林分，应实施适度合理的管理措施，尤其要重视对中幼龄林的抚育问题。

在森林管理的过程中，受采伐政策的影响，一些人工林林木分化较为严重，自然整枝不良，林木生长受到严重阻碍，导致林分质量下降。大量的人工林由于初植密度过高且树种单一，林分郁闭后，空间竞争激烈，生长被抑制，因没有及时抚育，造成大片林木衰退甚至死亡。特别是 20 世纪 60~70 年代飞播的人工针叶林纯林，多数密度大，树势衰弱，火险等级升高，潜藏着发生森林病虫害及火灾的危机。采种基地和母树林建设也滞后，因没有抚育，导致林分密度过大，林内光照不足，侧枝自然死亡严重，影响树木结实。受林分质量不高的影响，林地生产力的潜力也没有达到最佳（张琛，2012）。

在后续森林管理过程中，地方政府需处理好地方经济发展与生态保护和森林管理之间的关系（郭淑萍等，2016），克服短视行为，确保森林的可持续发展。针对天然林和人工林开展差别化的管理策略以取得更好的效果。针对天然林，要合理开发天然林资源，借鉴开源节流的思想，加大对低效林的补植、套种和改造，提高天然林的生态功能等级。通过政策和奖励措施鼓励林农、集体以及个体参与造林；加强对森林病虫害的预防和救治力度，适时清理病虫害危害严重的个体，切实保护森林资源健康成长，巩固现有成果；进一步完善森林资源监测和管理网络，实现森林资源管理信息化。在人工林的管理过程中，要立足于合理和规范化的森林经营和管理方案，因地制宜，合理控制密度，并通过及时的抚育措施调整密度。在树种选择和搭配过程中，加大种植混交林比例，整体上提高森林林分结构。对低效公益林，可通过补植耐荫阔叶树种等方式实施改造，合理调整树种结构，力求形成乔、灌、草结合的立体混交结构，提高森林的生物多样性，实现生态功能的最大化（王孝康，2019）。在森林病虫害防治方面，要合理实施造林设计规划，通过选择本地乡土树种以及合理配置混交方式，增强森林自身的抗病虫性，强化病虫害预测预报工作，合理使用化学药物（洪美峰等，2016）。

6.3.2　甘肃森林管理状况及面临的挑战

1. 中华人民共和国成立前森林管理状况

中华人民共和国成立之前该地区基本没有针对森林的管理政策和措施，官府进行无节制的采伐，再加上群众的乱砍滥伐、自然灾害以及战争破坏，森林资源呈不断减少趋势（蔡雪莲，2017）。据史书记载，清初年羹尧军队因山大林深及不熟悉祁连山地形，而放火烧山，几万亩森林毁于一旦。民国时期的河西地区基本被马氏军阀统治，连续几年对祁连山的森林进行剃头式的砍伐，百姓也肆意伐木，使几千亩林地成为焦土（蔡雪莲，2017；林泉，2007）。由于政府对森林的管理失控，森林资源极度流失，森林覆盖率大幅下降，森林质量也从优至劣（汪有奎等，2014）。祁连山天然林由海拔 1300 m 以上退缩至海拔 2300（东段）以上 [2400 m（中段）以上]，中低山区所有乔木林、灌丛和草地均被作为草场进行放牧，浅山区大部分灌丛因过度放牧和樵采而退化，至中华人民共和国成立初期，祁连山幸存下来的天然林面积不足 13 万 hm² （甘肃省林业厅，1989）。

2. 改革开放前森林管理状况

中华人民共和国成立初期，国家实行较为松弛的森林资源管理方法，以获取森林资源为主，不能做到对资源的优化配置，对森林资源进行利用的同时也造成了极大的破坏（高玉宝，2019）。根据 1979 年甘肃森林资源调查数据，全省 30 年来共计毁林面积 30 万 hm²，仅子午岭林区毁林面积就达 15 万 hm²（《甘肃森林》编辑委员会，1998）。在"大跃进"年代和"文革"时期，祁连山林区经历了盲目的毁林毁草，开荒种粮和过度砍伐，导致对天然林和草原的严重破坏，林地面积从 1958 年的 12.4 万 hm² 减少到 1980 年的 11.8 万 hm²（甘肃省林业厅，1989；汪有奎等，2014）。

3. 改革开放后森林管理状况

改革开放后，甘肃相继实施了三北防护林工程、天然林保护工程、退耕还林工程、野生动植物保护及自然保护区建设等建设项目，不断加强对森林资源的保护和培育，促进森林资源的恢复。1980 年国务院批准将祁连山林区确立为国家重点水源涵养林区，1988 年祁连山林区获批为国家级自然保护区，甘肃省政府和相关部门确定了"以管护为主，积极造林，封山育林，因地制宜进行抚育，不断扩大森林资源，提高水源涵养能力"的经营方针，决定对该林区实施封山育林，重点林区在 10 年内要坚决封护（甘肃省林业调查规划院，1989）。20 世纪 90 年代和进入 21 世纪以来，国家和甘肃多次组织到河西走廊进行调研，对生态环境综合治理做出重要部署，给予资金支持，进一步加大了对祁连山水源涵养林的保护，包括基础设施建设、森林防火无线电通信建设、生物多样性保护、森林病虫害防治等。调查结果表明，截至 2013 年底，祁连山北坡有林地和灌木林地面积比 1958 年分别增加 7.6 万 hm² 和 59.0 万 hm²，比 2000 年分别增加了 9733.4 hm² 和 36.4 万 hm²，祁连山森林资源逐渐恢复和增加（林森，2007；汪有奎等，2014；张肃斌，2007）。各项林业生态恢复工程开展以来，从陇东黄土高原到千里河西走廊，从白龙江畔到陇中大地，植树造林的活动从未停止过。2017 年甘肃森林覆盖率已经由 2012 年的 9.9%提高至 13.42%，全省城市建成区绿色覆盖率由 11.04%增加至 14.31%，人均公共绿地面积由 5.13 m² 上升至 6.95 m²（甘肃林业评论员，2017）。全省林场在不破坏森林资源的前提下，结合自身实际，开展生态旅游、苗圃建设、林副产品生产等项目，增加林场收入，安置部分下岗职工，如康南林业总场积极开发建设茶叶产业和"森沁"宾馆，部分林场开展了商业、养殖、服务等小型项目，成效显著（赵世荣和赵元清，2007）。

4. 当前存在的问题与解决思路

甘肃气候干旱，水资源短缺，土地沙漠化严重，据统计，河西地区沙尘暴发生次数呈逐年增加的趋势，森林植被与水土资源之间的矛盾比较突出（李芳等，2008）。自祁连山区森林划为水源涵养林以来,采取了单纯的静态封护措施,缺乏科学有效的管理措施。作为该水源林区乔木林主体的青海云杉天然林,其树种结构单一,且直径结构并非天然异龄林的典型结构,林分密度过大,林下灌草层稀疏,生物多样性低,天然更新水平差,导致抵御自然灾害能力和森林整体功能的下降(李金良等,2004)。在小陇山林区天然林中,现有林种包括水源涵养林、水土保持林、风景林、自然保护林和商品林5 类,划分类型较少且这 5 类林种结构所占比例不够合理,主要表现在水源涵养林比例过大,占到 74.12%,自然保护林、风景林与商品林的比例小,尤其是商品林所占比例仅为 0.99%,影响生产生活所需林木产品的输出,降低森林资源的经济价值(张丛珊等,2015)。甘肃天然林保护区大都处于交通不便的偏远山区,防火通信设施严重滞后,如平凉市崇信县新窑林场管护站仍然没有通水通电,平凉市关山林业管理局三分之一护林站未通电,天水市各县区林场管护站点房舍简陋居住条件差(赵万奎和邢会文,2016)。天然林虽然是可再生资源,但仍需保护和发展相结合,根据天然林的分布规律,因地制宜,因林施育,尤其要加强乡土树种的培育与种植;同时,建议在长期森林资源管理中,合理调整林种结构,分类开展对应的管理措施,以充分发挥森林资源的各种效益;此外,增加资金扶持,逐步解决林区基础设施陈旧老化问题(丁得庆,2018;赵万奎和邢会文,2016;张丛珊等,2015;缑占邦,2009)。

甘肃人工林的造林树种主要为杨树、刺槐、沙枣、油松等。人工林的防护工作仍面临着许多问题,如危险性病虫害的传入、大规模退耕还林地区鼠害和兔害问题、天牛新疫点不断增加的问题等,都对生态恢复工程的顺利实施提出了挑战(李小燕和滕玉凤,2007)。在杨树和沙枣纯林内,树种组成过于单一,生态系统稳定性较差,对病虫害的抵御能力弱,易造成损失(高家有,2020;李小燕和滕玉凤,2007)。林牧矛盾问题也日益突出,90%以上的祁连山水源林分布在以畜牧业为主的天祝县和肃南县境内,该区实际载畜量严重超载 40%,局部地段达到了 80%,致使灌木林、新造林地等因过度放牧而呈现荒漠化和草原化的趋势(李金良等,2004)。因此,以因地制宜、适地适树为原则,增加人工林内树木种类,提高混交度,加强纯林和低效林的改造,创造有利于林木生长但不利于病虫害发生的环境条件,营造结构稳定的林分。例如,对于天牛的防治,可以引进栽植非寄主树种、抗性树种和诱饵树种,如臭椿、刺槐、樟子松、新疆杨、河北杨、箭杆杨、复叶槭等,以低比例的诱饵树诱集天牛成虫,以多树种合理配置技术为根本措施来达到杨树天牛可持续控制的目的;针对超载放牧的情况,建议实行围栏放牧,充分利用秸秆作为饲草,加大宣传教育力度,统筹协调林业和牧业的关系,实现人与自然和谐共存(李小燕和滕玉凤,2007)。

6.3.3　宁夏森林管理状况及面临的挑战

1. 改革开放前森林管理状况

20 世纪 40 年代,宁夏北部木材遭受大量砍伐却仍供不应求,木材需求得不到满足,而远采贺兰山后山林区，以致出现过伐迹地的形态，缺少封育成中龄林的资源基础。以此推算，中华民国时期，除了后山森林资源被大量消耗之外，贺兰山前山林区中也有近0.93 万 hm^2 的中幼龄林地成为过伐迹地，因清代"实取材矣"政策的破坏，所伐林木多为椽檩等小径级材。此外，1940 年的森林调查和 1945 年的复勘，均在"木材挂帅"的传统林学观点指导下进行，不仅大量灌丛被忽略，而且次生山杨、桦木等阔叶乔木林也不在统计之列，因此对森林资源的调查数据远不完备，仅是一基本轮廓而已。在六盘山的苏台林区，频繁地伐烧木炭，使得林区内在 1949 年以前多为疏林、采伐迹地和灌丛，基本没有什么蓄积量，但是为以后的封山育林成效奠定了自然基础。对人工林而言，改革开放前期的造林以扦插为主，从以插柳干造林，到"强制"征工营造人工林，最终被以兵工分区扩大造林而代替，兵工造林是早期宁夏人工林的主要来源。早期的这些林业管理活动，都是基于上层部署，带有明显的"例行公事"的应付性质，虽然不是有效的管理方式，但终归是建树小于破坏（宁夏森林编辑委员会，1990）。

2. 改革开放后森林管理状况

三北防护林工程的实施大大增加了宁夏地区的森林面积。自 20 世纪末以来，宁夏全区被列为国家天然林资源保护工程实施区，通过建设自然保护区、森林公园等方式在封育禁牧的同时，加大封山（沙）育林的力度，提高飞播造林质量，使得植被覆盖度大大提高，森林覆盖率由 7.79%提高到 13.6%（黄泽云，2016；景佩玉和黄泽云，2009）。在全国森林经营规划的指导下，宁夏提出要大力实施生态立区战略，着力推进国土绿化，打造沿黄生态经济带，构筑以"三山"为重点的生态安全屏障。根据宁夏森林资源状况，合理确定三类林的比例包括严格保育的公益林、多功能经营的生态经济兼用林及集约经营的商品林，并制定相应的政策和措施（冯佐乾和窦建德，2017）。

第一轮退耕还林工作在宁夏地区主要分为三个阶段，第一阶段为 2000～2001 年的试点阶段，完成 7 万 hm^2 的退耕还林任务，包括对宁夏中南部八县区水土流失及沙化严重地区的治理；第二阶段为 2002～2006 年的大发展阶段，完成退耕还林和荒山造林69 万 hm^2；第三阶段为 2007～2015 年的维护和巩固退耕还林成果阶段，继续荒山造林和封山育林，停止退耕还林（汪亚光，2020）。

对宜林的荒山荒地，采取造林或封山育林的方式尽快恢复，选择乡土适生树种，营造混交林。对退化林地，采取封育管护、补植补造等措施，促进森林的正向演替。对天然次生林，采取近自然经营措施，疏伐上层先锋树种，加强森林抚育措施，调整林分空间结构和树种结构，培育目标树种，促进林分正向演替。在自然保护区内，在核心地带以保护为主，尽量维持生态原貌，在非核心区根据林分起源及发展阶段不同，采取近自然经营措施（冯佐乾和窦建德，2017）。

随着集体林权制度改革工作的深入推进，权属分散与管护乏力的矛盾日渐凸显。林权改革后，林业管理的主体对象从以乡镇场、村组集体和计划管理为主，转变为以广大农户为主，资源管理机构和管理职能发生相应的变化，但是林农的思想观念还未及时转变，因此森林资源保护管理工作任务重、压力大（黄泽云，2016）。

3. 当前存在的问题与解决思路

许多人工针阔混交林没有按照造林规划实施营造，随苗木来源和造林成活难易变化大，阔叶树比例偏低，林分结构不合理，为病虫害发生埋下了隐患。存在着以多求保存的心态，造成林分过早郁闭，林下土壤状况逐渐退化。鼢鼠危害严重，往往形成"边栽边吃，常补常缺"的严重局面，再加之干旱现象频繁出现，造林成活率和保存率低，补植量大，导致大部分林地树木大小不一，林相不整齐（李怀珠，1999）。

受传统思维和科研滞后的影响，六盘山人工林区的长期发展过程中存在主导功能不明的问题，很长时期内都重点关注木材生产等经济功能，造林和经营技术普遍存在照搬速生丰产用材林的技术，导致了森林面积回升，但森林结构、质量不良以及其他重要功能都难以较好实现的问题。近年来，大规模造林导致流域水源涵养服务功能显著降低，林分受水分胁迫影响，造成树木健康状况不良、频繁遭受病虫害，可能危及区域的水资源供给安全和森林生态系统的稳定性。

为了使宁夏地区森林资源逐步达到能维持生态平衡的稳定状态，需要调整森林资源内部结构，实施分类经营，一方面持续通过封山育林，增加自然状态森林，增加对区级自然保护区的重视，另一方面，需要增加对商品林的资金与技术上的投入，满足人们对木材与林产品的需求，建立新的林业经营体制，明确森林经营的目的，对全区进行林中规划与调整（汪泽鹏和李勇，1998）。在多规合一背景下，宁夏的可造林面积基本锁定，因此森林管理的任务在一定程度上比造林的任务重，需要在全面提升森林生态系统的稳定性和生态服务功能上下狠功夫，构建贺兰山、六盘山、罗山生态安全屏障，划定生态保护红线，刚性约束强化资源的精细化管理（马银宝等，2017）。

在维持生态系统稳定的前提下，正确处理森林资源保护和利用的关系，切实兼顾森林多种效益，促进森林资源与地方经济协调发展。充分总结和借鉴先进经验，合理规划，循序渐进发展，在适宜地区封山育林或人工促进天然更新（程国哲，2012）。不能以追求森林覆盖率为单一目标，而应注重生态系统整体质量和功能，充分考虑当地的土壤、水热等气候条件，以"适地适树"的原则来指导宁夏林业的发展，合理布局乔灌草，使生物与环境相适应；营造人工林时，应遵循乡土树种、多树种合理配置原则，利用植物之间的他感作用达到抗病虫害的效果，也可适当引进外来树种，以提高生物多样性，维持森林群落的稳定性（王东清和李国旗，2010）。对于退化的林地，一般采取封育管护、补植补造等措施，调整林分空间和树种结构，尽快形成森林植被，促进森林的正向演替（冯佐乾和窦建德，2017）。

6.3.4　青海森林管理状况及面临的挑战

1. 中华人民共和国成立前森林管理状况

青海位于我国西北腹地，总面积 72.15 万 km^2，境内有我国最大的内陆咸水湖——

青海湖。我国的主要河流如黄河、长江、澜沧江等均发源于青海。全省兼具青藏高原、干旱盆地和黄土高原三种地形地貌，地势高耸，西高东低，境内高山峰峦叠嶂，曲折蜿蜒，起伏强烈，地形十分复杂。同我国其他西部省份一样，受西风带和蒙古国高气压的控制和影响，省域上基本处于我国经向气候带的第三带干旱草原和荒漠气候带上，仅在东部跨省有半湿润森林草原气候带的一小部分。全省年平均气温在 0℃ 以下的地区占全省总面积的 60%，约有一半面积的年降水量在 300 mm 以下，水热条件较差（青海森林编辑委员会，1993）。

青海地史时期的森林变迁，主要受到自然地理的影响。古新世之前，青海基本属于热环境，较现在温暖湿润得多，与同时期的华北东北在植被上均有联系，裸子植物占优势。渐新世之后，随着喜马拉雅运动，青藏高原持续抬升，青海气候环境由亚热带向暖温带或温带转换，降水减少，气温降低，南北出现分异。暖温带针阔叶林成分开始占优。到了第四纪，青海地史进入剧烈动荡时期，印度板块向欧亚板块俯冲相碰，发生强烈的褶皱隆起，形成了现在的青藏高原。同时冰期来临，冰期间冰期交替出现，多地冷暖干湿也因此反复多次交替出现，使得森林、草原、和荒漠发生了进退、更替和消失等变化，最后森林大面积消失，高原面上和荒漠地带基本上无乔木林（青海森林编辑委员会，1993）。全新世以来，青海森林在地史上进入了相对的稳定时期，但是由于人类的出现，人类活动极大地影响了森林的发展和消亡，因而当地的森林仍然在不断地发生着变迁。

众多考古结果表明，史前青海人类就已经开始利用森林进行栖息、采摘野果、狩猎及使用木材进行建房、做棺木、做围栏等活动，自秦汉至明清，青海虽然长期处在中原核心文明的边缘地带，但是森林资源依然因战争、垦荒等原因受到了持续性的过度开发。这一情况到了马步芳家族统治青海时期更加恶化，官僚资本为了牟利对全省剩余的森林进行了掠夺性的采伐。至 1949 年中华人民共和国成立前夕，黄河和大通河两岸已基本没有可伐林木。

2. 中华人民共和国成立后森林管理状况

中华人民共和国成立后，党和国家十分重视林业，将林业生产置于社会主义建设的重要位置。建立林业管理机构，增加林业工作人员，建立林业学校，培养林业专业技术人员，逐步制定林业法规和制度，加强林业管理和森林保护。其中，在"大跃进""人民公社"时期，大炼钢铁和人民公社化对林业破坏巨大；"文化大革命"时期，林业的管理和建设受到了严重破坏。十一届三中全会后，以经济建设为中心，林业生产得到加强。随着改革开放，经济建设的发展，对林业也产生了负面影响，大量高能耗工业、矿产的发展和人民日常生活对林业的消耗和破坏加剧，环境恶化（青海省地方志编纂委员会，1993）。1999 年以后，在国家支持下，全面推进生态综合治理，在继续实施三北防护林工程的基础上，相继启动天然林保护、退耕还林、野生动植物保护及自然保护区建设、三江源国家级自然保护区生态保护和建设工程、青海湖环境流域生态保护与综合治理工程等重点生态工程，林业分类经营等一批关键性制度开始实施。2012～2017 年，实施科研项目 53 项，取得系列研究成果 151 项；实施中央财政林业科技推广项目 85 项，建立推广示范区 26 个；制修订林业地方标准 128 项，行业标准 2 项，认定省级林业标准化示范区 13 个；建立玛可河森林、青海湖湿地、贵南荒漠生态系统定位研究站 3 个；投入资金 1.6 亿余元，建立了以林业科学技术研究与开发、科技推广与服务、技术监督与质量管理、基础平台建设与应用等为主的较完备的林业科技工作体系（青海省林业和草原局，2022）。截至 2020 年，青海全省森林覆盖率达 7.5%，全省林地面积 1093.3 万 hm^2，占全省土地面积的 15.2%。其中天然林 592 万 hm^2，主要分布在黄河及其支流，长江、澜沧江外流河的河谷两岸和柴达木地区。

3. 面临的挑战与问题

由于青海特殊的地理环境、自然条件和经济技术水平，其在森林的经营和管理中还存在很多需要改善、解决的问题。从自然环境上来说，青海水热条件差，生态环境脆弱，树木生长缓慢，成林周期长。可供选择的优良造林树种少，品种单一，除生长较快的青杨之外，包括青海云杉、祁连圆柏等树种的成熟龄都在 100 年以上。加上生态文明建设以来，土地条件较好的宜林地已经完成了造林，现在要向海拔更高、坡度更大、土壤更干旱、更远离村庄的地区造林。

从经济技术上来讲，青海森林经济效益低下，生态工程建设水平低，从中央到地方都存在重造林轻管护的问题，在林业生产投资中，保护性支出占生产投资总额的 4.8%。2004 年 10.18 万 hm^2 未成林造林地，到 2008 年再复查时，仅有 1.68 万 hm^2 成林。全省造林保存率不足 30%。而对现有天然乡土树种的驯化、选育和推广应用工作严重滞后，无法满足青海省内各个区域差异极大的地带性气候对不同特性树种、林型的需求。形成的大量人工纯林树种组成层次结构都较为单一，稳定性较差，在遭受病虫害等扰动时更容易被破坏。而又由于青海生态系统脆弱，对天然林分，除了施行严格的封育，如何通过合理的间伐、整枝等管理措施改善林分中光热水肥等条件，依然缺乏必要的理论指导和实践反馈。

6.3.5　新疆森林管理状况及面临的挑战

1. 中华人民共和国成立前森林管理状况

中华民国时期出现一批林业团体，致力生态环境建设，兴起一股兴林热潮。新疆有林业相关政策的出台，但未得到太大发展。到盛世才统治时期，全疆范围的植树造林运动兴起，征收林木代价等，新疆林业有了比较大规模的发展。其中有新疆省政府设立农矿厅，兼管全省林务，逐渐设立五个林业局、六个苗圃、三十六个林业卡房，组织林警，训练林业技术人员，在林业管理方面，完成了初步的组织机构，并编制了《植树浅说》《对于植树应有的认识》等宣传册。1939 年新疆省建设厅林业科派员调查固有林木，制定调查各县已有林木及普查适宜种植土壤良种表，由群众承领荒地植树。

1945 年修正公布了《森林法》，其中规定了植树造林的奖励。1947 年建设厅成立下属新疆农牧实验总场，并附设林业管理站管理全疆林政事务，同期颁布实施《新疆省农牧实验总场附设林业管理站组织条例》。

2. 中华人民共和国成立后至改革开放前森林管理状况

1958 年林业科学研究所有关部门协作完成治沙试验、荒山造林、培养速生丰产林、人工更新、育苗经济林与树种调查等 16 个调查试验研究项目。其中经鉴定推广的有沙区梭梭直播、荒山造林、育苗、人工更新等 5 个项目。1975 年喀什召开防沙护田林网科技协作座谈会暨自治区绿化造林现场会。1976 年自治区农林局召开北疆地区林木良种和林木病虫害防治工作汇报会议。1977 年自治区防治林木蚧虫、杨树腐烂病协作会议在石河子市召开。

3. 改革开放后森林管理状况

1）不同分布区的营林方针

阿尔泰山西北部山区营林方针应扩大这些树种的分布面，以落叶松作为先锋树种，在满足防护任务下，可主伐一部分落叶松，以防护-用材林原则经营。阿尔泰山东南部林区可以偏重经营以落叶松和云杉为主，并混交有杨、桦的水源涵养-防护林，进行一些以落叶松为对象的抚育性的采伐利用。萨乌尔山的稀疏落叶松林不能主伐，应进行卫生伐或淘汰一些衰退木，尽量扩大其分布面。天山东端哈密、巴里坤林区应以经营水源涵养-防护林为主。在条件较好的中下部地区，划出一部分作为速生丰产的试验区。沿国界线一带可划出一部分天然林作国防林。

2）主要森林类型的管理状况

①天山云杉林。天山云杉林是新疆分布面积最广、原木供应量最大、营林上存在问题比较多的森林。天山西部林区必须在满足水源涵养基础上进行采伐，增修林区公路，使采伐面广泛铺开，避免集中于一隅；坚持采伐量等于或稍少于生长量的原则，采育并重，维持合理的林木组成和结构，加强营林部署，统一采伐单位确保生态体系的平衡。

②新疆落叶松林。新疆落叶松林自然分布区，为阿尔泰山及天山东端哈密山区。尽管几年来也在阿尔泰山区采伐，但其基本上还属于待开发区（指西北部分）及封育区（指东南部分）。哈密山区则处于与天山云杉分布交汇带，该区 30 余年来采伐严重，营林问题比较多而复杂。

③野果林。新疆各类野果林必须妥善保护。一方面是设立自然保护区，专责保护。另一方面是把已被破坏了的野果林复壮、更新并适当地开发利用。

④胡杨林。由于胡杨具有中温、潜水、耐盐渍等特性，其大致上是近河者林况密而年轻，远离岸则疏而老。营林的原则应在河流变化和生态需水规律相结合下，根据不同情况分别贯彻"保护、改造、利用、发展"的措施。其中以保护现有林、改造残次林、

发展河漫滩林为主，在不影响生态系统的原则下，不降低森林屏障作用，适当利用部分成过熟林。由于胡杨林分布区幅员辽阔，在营林方式上建议按照各地区的不同特点分别加以对待。

⑤梭梭林。对较大的梭梭林进行调查研究，可将其划分封育区、人工更新区、放牧区及打柴区。前两区不能开放，后两区在规定办法下可以开放。因地制宜合理利用。不同生境中有不同的梭梭林。对砾质漠地梭梭林，以划为放牧区为宜；对土质漠区梭梭林，以生产薪材为主，以放牧为辅；对沙地梭梭林，应以环境保护为主，放牧打柴为辅。此外，还须分别就容易更新的、较难更新的和极难更新的三种不同情况，定出樵采量、载畜量或划为禁区。荒漠梭梭林分布范围广，某些林区还处于原始状态，林内枯立木、风倒木、濒死木及衰退木甚多，应做好清林工作，进行卫生伐。

4. 当前森林资源管理工作中存在的问题与建议

1）经济建设、矿业开发、旅游发展对森林资源的影响

因社会公众保护森林资源的意识淡薄，不但破坏了草原植被，更重要的是给森林资源及环境保护带来极大影响，加大了对森林资源保护的难度。采矿企业数量的增加及经营规模不断扩大导致森林植被及矿区周边森林资源数量、质量降低，土壤退化，水土流失增加，生物多样性减少。建议在现有的森林资源基础上大力倡导绿色环保的生产生活方式，提高公众的生态保护意识，使生态保护深入人心，用实际行动投入到建设生态文明建设的实践中。

2）基础设施建设对森林资源的影响

加大对基层管护所站房屋及基础设施的建设，改善管护一线职工的工作、生活环境；护林防火基础设施不断加强，森林防火应急机制进一步完善，扑火队伍综合扑火能力显著提高，同时防火视频监控系统的建设提高了火灾监测水平，实现了连续多年没有发生重特大森林火灾的好成绩；按照"预防为主，依法治理，促进健康"的方针，配备林业有害生物检测和治理设备，强化了对林业有害生物防治力度，有效保障了分局林区森林资源健康发展。建议结合实际，围绕林业建设继续加强政策扶持，加大资金支持，不断完善基层所站建设，引进高科技森林资源保护设施设备，从而有效森林资源保护力度。

3）林权管理方面

各主管部门对林地的认定和管理、对土地性质认定的管理、自然保护区的管理等存在差异，林区内存在林草交错、林牧重叠发展等现象。导致在推进生态文明建设的过程中，造林、封育、新建管护站等生态项目难以落实到具体地块。

针对普遍存在的"一地两证"问题，建议对林业用地和草原用地进行重新区划，理清隶属关系，避免管理与使用产生的矛盾。同时，与地方林业和草原、生态环境等主管部门建立联合工作机制，依靠社会力量，实行从监督部门单打独斗到全社会合力推动的转变。

4）建设项目占用林地情况

开矿及各项建设工程在未取得行政许可的情况下，大多会有"特事特办""边施工、边办理""引资项目、必须支持"等问题，使国有林场经营自主权受到严重干预。建议坚决贯彻执行森林资源保护的有关法律法规，规范林业行政许可事项，推进政务公开，接受社会监督。要以事实为依据、以法律为准绳，对破坏森林资源案件进行督查督办。

6.4　西北地区森林生态系统的优化管理及主要模式

6.4.1　天然林优化管理模式

1. 黄龙山林区辽东栎天然林经营管理模式

从长期的生态效益与经济效益考虑，完全封育禁伐会导致辽东栎天然林枯死现象严重，且林区立地条件差，林木更新缓慢，会浪费森林资源，并降低经济效益。相对于封禁，对辽东栎天然林采用近自然经营理论进行综合抚育、带状采伐补植油松、林中局部造林等抚育方式，有利于提高生物多样性和增加乔木蓄积量。在林下幼苗更新方面，近成熟状态的辽东栎林郁闭度高，林冠光照不足，仅靠自然恢复过于缓慢，可以通过合理间伐改善群落密度，适时进行抚育间伐，开辟林窗促进种子结实和实生苗生长，利用伐桩萌苗提高林地覆盖率，改善林下光照，并人工补植幼苗幼树，促进林地自然更新。

具体的近自然经营管理模式如下：

保护目标母树，抚育间伐劣质木、丛生木，修枝、抚育近成熟林木，改善林地光照条件，促进林地更新；促进幼苗幼树生长，促进中幼林木生长；提高林木质量，促进灌草层发育和物种多样性增加；提高生态防护功能；增强林地水土保持和水源涵养能力，提高林地持续发育潜力。

在梁峁或者坡度大于 35° 的坡面，林木严禁伐除，可进行适当修枝；在坡度介于 25°～35° 的坡面，林木尽可能保留，保留郁闭度最低为 0.7；对郁闭度低于 0.7 的只需进行抚育，无需进行间伐；对影响生态树种幼苗幼树的灌木、藤本进行清除。

在保护林地实生幼苗方面，对影响目标幼苗幼树生长的灌木、大型草本进行抚育。对高度在 1.5 m 以下的栎类幼树修集水圈进行保护。对枯落物较厚的林区进行人为扰动，增加种子落入土壤，促进萌发概率。

对近成熟林木进行修枝；注意保护结实母树，抚育树冠下层残枝断干，保持树势旺盛生长；对霸王树应进行修枝，为幼苗幼树生长提供空间。对个别达到成熟年龄的个体，在周边具有足够第二代目标树，或者结实母树个体的情况下，可以伐除。修枝时创面应尽量保证与树干平行平滑，修枝后应该在创口涂油漆以保护修枝树木。

2. 黄土高原油松天然林优化管理模式

天然林中，油松往往形成单优种，群落内保持较高的物种多样性，以及良好的结构和稳定性。但目前黄土高原油松天然林的保存数量和面积较少，其中多数伴生有其他乡土树种形成混交林，如混交辽东栎、麻栎、槲栎或白桦等，形成以油松为主的松栎混交林和松桦混交林。子午岭林区是目前保存较好的一块天然林区，油松林是其中的典型植被类型。在天然条件下，油松种群可以通过种子萌生苗实现有性繁殖并持续发育。通过严格的封禁管理措施，油松天然林得以免受外界干扰，林地生产力、物种多样性得到了不同程度的恢复。但同时出现新的问题，如油松天然林结构不合理，林分密度过大，自然枯死严重；林木个体分布不均，林木个体生长缓慢，劣质木、病虫木普遍，除了维持低水平的水土保持功能外，几乎没有经济收益。

在油松天然林的管理经营过程中，以森林近自然健康经营理念为指导，能够在保证生态功能提升的同时，最大限度提高林地生产力，生产更多的木材和林产品。以直径≥50 cm 为油松天然林的经营目标直径，通过对油松天然林进行抚育间伐，培育目标树，抚育间伐干扰木，培育速生、干形通直的优质林木，伐除劣质木、病虫木；调整油松人工林林分结构，优化树种组成。分析间伐强度对林木生长、林地生产力、林下灌草发育的影响，确定合理的间伐强度；在林地持续发展条件下，在林下种植药材或优良的观赏花木，增加林地非木质生产，实现经济效益最大化，在保证生态防护效益持续增强条件下提高木材及林产品等经济效益。

具体的经营管理模式如下：

对油松中幼龄林阶段天然林进行抚育间伐，培育速生、干形通直的优质林木（目标树）；伐除劣质木、病虫木（干扰树）；修集水圈，抚育大灌木和草本，培育幼苗幼树。对幼龄林，在目标树选定后伐除林地周边的高大灌木、草本，为目标树种的个体发育创造条件；高度在 2 m 以下不选择目标树，过分密集团块生长的个体，选择优良的个体重点培育，砍除弱小个体；高度在 2 m 以上的个体开始选择目标树，密度应控制在 300～525 株/hm^2。

对中龄林和成过熟林，为了提高林木质量，培育通直圆满的干材，因此在目标树选择方面，更注重干形和生长势，也要注意幼苗幼树的培育。目标树的密度应控制在 90～120 株/hm^2；要利用演替层目的林木作为辅佐木，每个目标树周围有 2～4 株辅佐木，距离是目标树冠幅的 2 倍左右，以促进目标树自然整枝，形成主干通直的高品质木材。注意通过抚育间伐使目标树分布均匀，立木干径比大幅增加，主林冠层从郁闭到疏开状态，为下层木生长提供足够的光照条件。在择伐成熟林木之前要确保采伐木周边有下一代林木。近成过熟林阶段的抚育间伐要以促进林分更新为主要目标，通过调整空间，促进油松种群自然落种成苗及幼苗幼树生长，不需人工补植幼苗。在采伐抚育过程中要注意幼苗幼树的培育，如修建集水圈；抚育干扰灌木和大草本，注重保护林下幼苗、幼树；采伐后不清林，不砍灌；枝梢材与采伐后的掉落物不归楞、不积堆，要均匀地平铺在林地中，以培肥土壤。

6.4.2 人工林优化管理模式

1. 黄土高原油松人工林近自然经营模式

黄土高原油松人工林主要特点：均为同龄林，密度大，乔木层树种单一，林下灌木稀少，为典型的单层结构；个体竞争严重，很多林木仅树冠顶端枝条存活，森林生产力低下；由于密度大，种子落地萌发后的幼苗很快死亡，林地几乎不能更新。对本地区油松人工林，建议进行幼龄林定株抚育，中龄林、成过熟林抚育间伐，衰老次生林地、低效林地抚育改造。实现对同龄林进行异龄化改造，单层林向复层林、纯林向混交林改造。注重天然幼苗更新，促进个体结实，保护抚育天然幼苗，对影响目标树、幼苗、幼树生长的草本、灌木进行修枝，在林窗空地上补植油松幼苗幼树或者灌木。

具体的近自然经营管理模式如下：

中幼龄林抚育间伐与成过熟林择伐。对幼龄林的抚育，重点是在造林 3～5 年后，按照造林密度进行定株抚育，伐除高大的灌木、草本，为幼树发育创造条件；注意保护林地出现的乡土乔木树种幼苗，为混交奠定基础。在林分完成郁闭后，要开始选择目标树，密度控制在 300～525 株/hm^2。

对油松人工林中龄林的抚育间伐与成过熟林的择伐，抚育重点与油松天然林基本一致。在中龄林抚育中，目标树应选择相对生长健壮、干形良好的个体；干扰树应该是目标树周边生长较弱的林木以及病虫木或劣质木。

在近成过熟林阶段，有一些林木已经达到目标直径（DBH≥50 cm），应作为择伐对象。在采伐前，要求被采伐木周围留有 1～2 株下一代目标树。

在林分结构调整方面，注意对混交林中的阔叶树如辽东栎、麻栎、白桦等进行保护，即使阔叶树生长不够旺盛，也要作为生态目标树有意保护，以促进林分的混交。油松人工林林下灌木、草本稀少，应注意保护；间伐或择伐过后不清林、不砍灌。对枝梢材与采伐后的掉落物不归楞、不积堆，要均匀地撒在林地中，以培肥土壤。

在促进林木更新方面，促进培育林内幼苗幼树的生长，对目标树种的幼苗幼树，乡土树种辽东栎、麻栎、茶条槭、漆树的幼苗幼树也要注意保护，需要时要进行抚育，如修集水圈、去除干扰灌木等。

2. 黄土高原刺槐人工林优化管理模式

黄土高原地区刺槐人工林的结构特点：组成单一、林龄一致、林相整齐，但由于立地条件不同，林分结构也有差异。山地（沟坡）刺槐林常混生有杜梨、山杏、核桃、臭椿、油松、侧柏等乔木树种。河滩地刺槐林常混有杨树、榆树等乔木树种，林下灌木有悬钩子、胡颓子、紫穗槐等。刺槐具有速生、郁闭早的特点。过密的林分，造林后 4～5 年林木个体间出现分化，生长势衰退，被压木增多，林分健康状况不良。对刺槐人工林进行抚育间伐经营管理，逐步促进林分向异龄、复层、混交结构过渡，最终实现可以持续利用的恒续林。在间伐过程中引入和保育乡土植物种类，逐步形成混交林，提高林地物种多样性；通过抚育间伐，改善林地土壤养分、水分、光照等环境条件，为林地幼苗持续发育创造条件，促进林地更新，逐步实现异龄化。

具体的经营管理模式如下：

在抚育间伐方面，对幼龄林的抚育重点是在造林 3～5 年后，按照造林密度进行定株抚育，伐除高大的灌木、草本，为幼树发育创造条件；对林地乡土乔木树种幼苗，应注意保护，为混交奠定基础。在林分完成郁闭后，要开始选择目标树，密度控制在 300～525 株/hm²。对刺槐人工林中龄林的抚育间伐重点是在中龄林抚育中，目标树应选择相对生长健壮、干形良好的个体；干扰树应该是目标树周边生长较弱的林木以及病虫木或劣质木，间伐强度的保留郁闭度应控制在 0.6～0.75。对成过熟林的择伐重点是在近成过熟林阶段，有一些林木已经达到目标直径（DBH≥25 cm），应作为择伐对象。在采伐前，被采伐木周围要留有 1～2 株下一代目标树。

在林分结构调整方面，要注意对混入林中的乡土阔叶树如辽东栎、麻栎、白桦等进行保护，即使阔叶树生长不够旺盛，也要作为生态目标树有意保护，以促进林分的混交。刺槐人工林林下灌木、草本稀少，应注意保护；间伐或择伐过后不清林、不砍灌。对枝梢材与采伐后的掉落物不归楞、不积堆，要均匀地撒在林地中，以培肥土壤。

在促进林木更新方面，促进培育林内幼苗幼树的生长，对目标树种的萌生幼苗幼树，要及时定株，每个直径 10～20 cm 的伐桩保留直径 2～3 cm 幼苗 2 个，在萌生苗直径 5 cm 以上时保留 1 个萌生苗。乡土树种幼苗幼树也要注意保护，在需要时进行抚育，如修集水圈、去除干扰灌木等。

3. 六盘山华北落叶松人工林多功能经营模式

华北落叶松为喜光树种，干形通直、材质坚硬、出材率高、生长较快、造林成活率高、耐寒性较强，自 1964 年从山西引入，成为宁夏地区重要的人工林。六盘山林区华北落叶松的造林面积已超过 1500 hm²。华北落叶松的生长过程分为 3 个阶段：生长初期、快速生长期、平缓生长期。华北落叶松一般在造林后 5 年左右，开始郁闭，在林分郁闭后开始进行抚育管理，多采用下层抚育方法结合卫生伐，以"去劣留优"为原则，砍去被压木、枯梢木、断头木、被害木以及其他形质不良、生长衰退的中下层林木，使保留木均匀分布，适当照顾林分密度（宁夏森林编辑委员会，1990）。

六盘山地区地形陡峭、降雨集中，很多地方由于植被覆盖被破坏而导致土壤被冲刷殆尽，所以维持良好的地表覆盖，是该地区森林最基础的功能。森林植被通过林冠截留、植被蒸腾、土壤入渗和地表径流等多个水文过程，在减缓水土流失的同时形成了独特的水文调节功能。随着气候变化影响的加剧，森林固碳功能成为促进造林面积增加和推动森林合理经营的一个重要动力。增加森林有利于提高森林的碳汇功能，但需要合理协调森林固碳功能与林地水源涵养功能间的矛盾，开展林水管理和协调管理，这是干旱地区发展多功能林业和进行森林多功能经营的核心。

华北落叶松人工林中林分密度与林龄共同影响树木的生长，树高随林分密度变化不大，林分的树高与胸径比（高径比）随林分密度增加而升高，林分木材蓄积量随密度的增加而增大，在密度大于 1500 株/hm² 时，蓄积量的增加速率变缓。如果以培育更多优质大径级材、提高森林木材生产价值为目标，应将林分密度控制在 1000～1500 株/hm²。林下植物种类的数量在密度为 1300 株/hm² 时最大，且此时灌草的物种多样性指数、优势度指数、均匀度指数也最大。因此，若以提升林下物种多样性及促进林下自然更新为目标，华北落叶松人工林的密度以 1300 株/hm² 为参照密度。乔木层生物量在 500～1500 株/hm² 时增加较快，低于 500 株/hm² 和高于 1500 株/hm² 时，均增加较为缓慢，过高的林分密度并不能成比例地提高林木生物量，更不利于优质大径材的生长以及维持林分抵抗冰雪等灾害能力的稳定性。林下灌木层生物量在 650～1500 株/hm² 时随密度增加而急剧降低，在超过 1500 株/hm² 时维持在很低水平并逐渐趋于零；草本层的生物量在低于 1125 株/hm² 时缓慢降低，在大于 1125 株/hm² 后快速降低并在 2500 株/hm² 时趋近于零，说明如要在林下维持一定草本，需把密度控制在 1125 株/hm² 附近。综合乔灌草各层的生物量和固碳量对林木密度的响应，如果从维持较高植被生物量和固碳功能的角度，需把华北落叶松人工林林分密度控制在 1500 株/hm² 之内。降雪造成的树木折断、弯曲、倒伏等危害，可以在短时间毁坏多年造林的成果，其灾害程度与林分结构密切相关。华北落叶松人工林中高密度林分受害率显著大于低密度林分，因为密度增加导致树木高径比增大，当高径比大于 0.9 后，林分受雪害概率随着高径比增大快速升高，大于 1.0 后，受害率急剧升高，因此应及时通过间伐降低林分密度，把林分高径比降到 0.7 左右能有效提高林分抗雪害能力，根据林分密度与高径比的关系，1200 株/hm² 是较为合适的林分密度（郝佳，2012）。生长季内的树冠截留和林木蒸腾耗水随林分密度增大而增加；林下蒸散则随着林分密度增大而减小，但总蒸散随林分密度增大而增加；林地产水量随林分密度减小而非线性增加，在林分密度为 1500 株/hm² 以上时，林地产水量较低且变化较小；在林分密度为 1300～1500 株/hm² 时，林地产水量随密度减小而缓慢增加；在林分密度低于 1300 株/hm² 时，林地产水量随密度降低而快速增大。因此，如果以增加林地产水量为主要目标，对研究林龄而言，需将林分密度控制在 1300 株/hm² 以内。总体而言，如要维持六盘山华北落叶松水源涵养林的产水主导功能，对所研究的林分年龄范围而言，需把林分密度控制在 1300 株/hm² 以下；在综合考虑其他功能需求时，建议控制在 1000～1200 株/hm²。

此外，从 1986～1992 年期间开展的针叶林基地建设中也得到了诸多的经验和教训，这些针叶纯林的病虫害和土壤板结酸化问题十分严重，加之该区域面临将用材林向水源涵养林转变的社会需求，李健等（2000）提出在六盘山华北落叶松人工林中采用针阔混交的多功能经营模式，混交的方式采用团状、块状、带状等规则或不规则混交，树种首选乡土树种，宜乔则乔，宜灌则灌，并且严格控制造林密度，人工造林密度以 2500 株/hm² 为参考，造林方式采用人工造林与封山育林相结合的方法，能造则造，宜封则封。

4. 青海高寒丘陵区水源地人工林近自然经营技术

想要改善解决青海森林现有的问题，需要从现有的林地情况出发，结合环境条件和营林目的进行有的放矢的系统性管理。

青海天然林管理面临的主要问题主要是经济上的，包括林场建设困难、管护水平低下等（党晓勇，2011）。而针对青海人工林密度过高、林分层次结构单一、稳定性较差的问题，近年来已经形成了一套行之有效的成熟模式——近自然森林经营。

近自然森林经营以形成异龄复层的混交林或恒续林为经营目标，根据不同的对象制定不同的作业措施，在林分的树种结构、水平结构和垂直结构 3 个层次上进行调整，其具体做法包括抚育、采伐和补植等（陆元昌等，2011）。

以青海东部的大通回族土族自治县为例，大通回族土族自治县植被主要分布于北川河及其支流的河谷两岸，可分为 5 个植被带，分别为：①河川谷底落叶阔叶针叶林植被带；②山地针阔叶林植被带；③山地常绿针叶林植被带；④亚高山灌木林植被带；⑤高山灌丛植被带（张伟华等，2005）。

针对林分稳定性较差的问题，青海云杉纯林面临的主要问题是整体空间结构指数较低，密度较大，林下更新不足，蓄积量较少，林下生物多样性差，土壤养分较差。对应的管理措施是对青海云杉林进行结构调整，进行择伐与阔叶树种的补植，使其在密度降低的同时空间结构也得到调整，提升林下生物多样性，进一步加强养分驯化，并加强对青海云杉幼龄林的监测，多进行病虫害防治措施。而由于青海云杉生长周期长，蓄积量的问题会随着林分结构的改善和时间自然解决。

青海云杉-华北落叶松混交林面临的主要问题是在高位浅山地区落叶松易受病虫害困扰，由于密度较大导致土壤水分较低。另外，林下草本层发育较差导致整体生物多样性较低。对应的改造措施为，将生长不良的立木进行伐除，降低林分整体密度，同时扩大林窗，让林分内的草本喜光树种有机会发育（麻鑫垚，2020）。

如果是为了提高水源涵养功能，那么当地的青海云杉-白桦混交林、青海云杉-青杨混交林、祁连圆柏-柠条混交林的水源涵养功能较高，可作为近自然理想林分类型为其他林分结构优化提供支撑。使其角尺度在 0.5 左右，混交度越高越好，包括将白桦林改为青海云杉/白桦混交林、将青杨林改为青海云杉/青杨混交林、将青海云杉/华北落叶松混交林改为青海云杉/华北落叶松/白桦混交林、将华北落叶松改为华北落叶松/白桦混交林、将柠条林改为祁连圆柏/柠条混交林 5 种优化方式。

（1）将白桦林改为青海云杉/白桦混交林的具体方式为，选择 5~8 年的青海云杉幼苗在白桦林下较空旷处补植，补植密度以 193~227 株/hm² 为宜，在胸径为 8~10 cm 时于青海云杉中选择目标树标记并采取相应的抚育措施，目标树密度为 120~135 株/hm²，使得针阔比达到 1：9。

（2）将青杨林改为青海云杉/青杨混交林的具体方法为，选择 5~8 年的青海云杉幼苗在白桦林下较空旷处补植，补植密度以 135 株/hm² 为宜，在胸径为 8~10 cm 时于青海云杉中选择目标树标记并采取相应的抚育措施，目标树密度为 120~135 株/hm²，使得针阔比达到 5：5。缓坡整地按照穴状整地，陡坡采用鱼鳞坑整地。

（3）将青海云杉/华北落叶松混交林改为青海云杉/华北落叶松/白桦混交林的具体方式为，标记的青海云杉密度为 120~135 株/hm²；择伐强度按照第一次中度择伐（35%）

和第二次中度择伐（35%）进行干扰树择伐，两次择伐时间相差 3 年；补植以 5～8 年生的白桦为主，同样按照 7：3 的针阔混交比进行补植，选择在林木聚集度最低的地方进行补植，补植后需对白桦进行抚育管理，待白桦胸径为 9～11 cm 时选取生态目标树加以抚育管理。抚育管理时需要注重林龄调控密度，20 年生的林分密度在 2755 株/hm² 以内，30 年生的林分密度在 2222 株/hm² 以内，40 年生的林分密度在 1777 株/hm² 以内。

（4）将华北落叶松改为华北落叶松/白桦混交林的具体方式为，择伐林分的择伐强度在 20%～30%为宜，优先选择受压严重的林木作为择伐对象；为了改善土壤理化性质，补植树种选择耗水较少的 5～8 年生白桦，在林木稀疏处补植即可，有条件时以丛状和小面积形式补植 5～8 年生的青海云杉，待青海云胸径为 8～10 cm，白桦胸径为 9～11 cm 时，分别选取目标树和生态目标树进行抚育管理，目标树密度为 120～135 株/hm²。

（5）将柠条林改为祁连圆柏/柠条混交林的具体方法为，对柠条进行平茬并补植祁连圆柏，通过调查分析得出祁连圆柏/柠条混交林的水源涵养功能远远高于柠林。柠条平茬有着增强水源涵养、减少蒸发、改善土壤的理化性质的作用，平茬措施采用隔行平茬萌蘖（曹晓宇，2015；李振峰等，2018）。平茬后补植祁连圆柏，整地方式使用鱼鳞坑或穴状整地，整地深度控制在 40～60 cm；补植祁连圆柏时栽植方式是成活关键，每个树坑的集水面积要保证在 2～6 m²；早春解冻到 30～40 cm 为最佳造林时间，此时造林成活率最高；阳坡宜稀植，株行距设置为 3 m×3 m；补植后需进行 5 年的封山育林，防止人类和牲畜的践踏，待胸径为 8～10 cm 时在祁连圆柏中选取目标树进行抚育管理。柠条林的密度较大，抚育管理时应注重林龄调控密度，10 年生的林分密度在 2666 株/hm² 以内，20 年生的林分密度在 2233 株/hm² 以内，30 年生的林分密度在 2000 株/hm² 以内（王帅军，2020）。

5. 甘肃亚高山人工云杉林功能提升模式

人工云杉林是甘肃亚高山地区常见的森林类型之一，也是该区重要的生态屏障，对区域内水源涵养、维持小气候的稳定性和水土保持等至关重要。20 世纪 70～80 年代，亚高山地区采用高密度的造林方式营造用材林，其中云杉林的林分密度设计为 5000 株/hm²。由于缺乏科学的理论指导和实用的可持续经营技术，林分完全依靠自然稀疏自我调整林分结构，林分平均郁闭度在 0.9 以上，林分透光性差，生长缓慢，严重影响了人工林的机械稳定性、林地生产力和生态效益的发挥。之后天然林保护工程、国家公益林保护工程等重大项目的实施，禁止了抚育经营活动，使得林分空间及非空间结构更加不合理，物种丰富度和林分生长能力低下，病虫害严重，影响了林分稳定性和生态服务功能，林分质量越来越差（冯宜明，2018）。因此，迫切需要对该地区的人工云杉林采取适宜、高效、可持续的经营方式，使其保持合理的林分密度，为保留木创建适宜的生长空间，以提升本区云杉人工林质量，充分发挥林分的各项生态功能，促进该地区生态恢复进程，维护森林生态系统的稳定性。

世界森林经营理论发展已有 200 余年，根据森林经营理念和利用目的，可将其划分为三个阶段：以木材生产为核心的森林永续利用阶段；兼顾木材和生态效益的森林多效益经营阶段；为社会可持续发展服务的森林可持续经营阶段（吴涛，2012）。国内学者在此基础上根据我国状况也提出相关理论，如关百钧（1991）提出：森林经济、社会和生态三大效益一体化经营模式，森林主导利用经营模式，以及森林多效益综合经营模式三大森林经营模式。万盼（2018）认为森林经营模式主要包括检查法、近自然森林经营、森林分类经营、森林生态系统经营、加拿大模式林、生态采伐与更新技术和结构化森林经营等。对于甘肃亚高山地区人工云杉林的功能恢复，应根据林地实际情况"对症下药"。在云杉人工林的结构调整中，林分密度控制是关键，适合采取结构化森林经营措施，通过对林分结构特征（空间结构和非空间结构）、林分生长特征和生态服务功能的调整，得到适用于亚高山地区不同生长状况的人工云杉林的结构调整方案和功能恢复模式。

常采用的结构调整方式有机械疏伐、生态疏伐、卫生伐、封禁等。机械疏伐指根据林分密度大小利用机械确定砍伐木的行为，这种方法不考虑树木的分级、品质等，直接按照事先确定的砍伐株行距进行全部伐除。生态疏伐是根据林分自然稀疏规律有目的地伐除生长不良以及过密林分中的部分林木。卫生伐指伐除林分中的火烧木、枯立木、倒木、濒死木等不健康树木，以改善森林卫生状况，促进林分健康生长。封禁是用铁丝网将林区封闭，禁止人为及牲畜的干扰和破坏。林分结构调整对林分生长和林分蓄积量有一定的促进作用（徐金良等，2014），但不同结构调整方式对林分生长和林分结构的影响存在差异（He et al.，2010；Lei et al.，2007）。秦建华等（1995）认为各种疏伐方式对人工杉木生长和产量影响均显著，机械疏伐对幼龄林效果最好。林分混交程度越大，种间隔离度越高，林木个体的大小分化程度越低，林分空间结构越稳定（赖阿红等，2016）。赵中华等（2008）研究经营方式对林分空间结构的影响发现，抚育间伐对林分的混交程度有所提高，影响了林分结构的稳定性。

冯宜明（2018）选择甘肃沙滩国家森林公园的人工云杉林作为研究对象，该区域的人工云杉林是亚高山地区保存最为完整的地区，是甘肃南部现存植被群落的典型代表，分布在海拔 2300～2700 m。通过 6 年连续调查，分析采用不同结构调整方式（机械疏伐、生态疏伐、卫生伐、封禁）后林分空间结构、非空间结构、林分生态服务功能和整体功能恢复效果，发现结构调整能够引起林分平均胸径、单株材积、林分蓄积量、灌草群落的丰富度、土壤理化性质、叶面积指数和负氧离子浓度等的变化状况，结果表明不同方式的结构调整和功能恢复效果都明显大于对照林分（未采取任何结构调整措施），由高到低排序依次为生态疏伐>机械疏伐（隔二伐一）>机械疏伐（隔一伐一）>封禁>卫生伐，幼龄林的生态恢复效果总体优于中龄林。综合分析得出，甘肃亚高山地区人工云杉林结构调整的关键在于控制林分密度，林分密度过大则需要进行适当的抚育间伐，较为稀疏的林分则需要选择合适的树种进行补充种植。该地区为温带高寒湿润区，土壤类型主要为山地棕壤土和暗棕壤土，冯宜明（2018）认为本区高效的结构调整方式为：海拔在 2585～2671 m，林分密度为 3675～4800 株/hm² 的云杉人工幼龄林采用生态伐或机械疏伐（隔二伐一），控制林分密度介于 3030～3240 株/hm²；海拔在 2380～2428 m，林分密度为 1630～2151 株/hm² 的云杉人工中龄林只能采用生态伐以促进林分胸径和蓄积量的增长，适宜的林分密度为 1500 株/hm² 左右。森林结构调整方式对森林生态系统的影响程度比较复杂，较短的观测研究时间只能够看出短期内人工云杉林生长状况变化，还须对固定样地进行长期的连续监测以获取更加科学合理的经营方式。此外，还应该注意病虫害的防治，人工林树种单一，抗性相对较弱，病虫害树木要及时处理，避免病害蔓延，造成更严重的伤害。相关政府部门也应提出相应管理政策，进一步提高本区高山人工云杉林的质量，维护森林生态系统的稳定。

6. 新疆森林生态系统的优化管理经营模式

根据新疆绿洲的特点，经过多年的研究和实践，新疆已探索出一套适宜的防护林体系建设模式，即在绿洲外围建立灌草带或营造防风固沙林，在绿洲边缘营造大型基干防风防沙林带，在绿洲内部营造"窄林带，小网格"的防护田林网，林网内实行农林混作，开展四旁植树，在绿洲内外的小片夹荒地、盐碱下潮地和河滩地等，建立小片经济林、用材林和大片的薪炭养畜林。从绿洲外围到绿洲内部，根据不同的生境和需要，设置不同的林种，使整个绿洲林木分布均匀，布局合理，层层设防，构成一个网、片、带和乔、灌、草相结合的防护林体系。

在干旱荒漠地区，如何合理利用有限的水资源，是成功建设防护林体系的关键。对于农田防护林等，除坚持按农林面积比例配水，调整作物结构，配给一部分春水用于造林外，主要是在规划设计上采用渠、路、林、田相结合的"窄林带，小网格"形式。这样做占耕地少，用水少，造林投资少，防护和用材兼顾，生态经济效益显著，农民乐于接受实施。对于大面积的薪炭养畜林、防风固沙林和灌草带，在不与农业争水的前提下，根据各地不同的水资源特点加以发展。北疆冬季有稳定的积雪，生长季节又有一定的降水，通过封沙育草和径流造林等措施来恢复和发展以梭梭为主的灌草带；南疆则利用丰富的夏洪水辅以开发利用地下水，发展红柳、沙拐枣等灌木林和营造薪炭养畜林等。

绿洲防护林体系的生态经济效益上，由于绿洲防护林体系由多林种构成的，各林种既有各自不同的功能，又具有内在的密切联系，因此具有多方面的生态经济效益。

1）绿洲外围的灌草带

灌草带可控制沙源，阻截流沙，防治风蚀，避免流沙危害绿洲。根据在吐鲁番等地的研究，在高度为 50~60 cm 的灌草带内，其粗糙度可较风蚀光板地提高 $8 \times 10^4 \sim 3 \times 10^5$ 倍，从而降低了近地层的风速，且越近地面，风速降低得较多，当 50 cm 高度上风速降低 40% 时，10 cm 高度上可降低 90% 左右。研究还表明，灌草带的防蚀阻沙作用与植被组成、盖度和宽度等因素密切相关。在风蚀区，植被盖度达到 65% 以上时，表土方可免于风蚀；植被盖度达到 40% 以上时，可免于流沙再起。据对 0~20 cm 高程内风沙流输沙量的观测，100 m 宽的灌草带可截获输沙总量 90% 左右，244 m 宽时可达 97%，设置其宽度，还要考虑到沙源、大风出现季节和延续时间等，在一般情况，其宽度不应少于 200 m，在条件允许的情况下，越宽越好。同时，新疆采用最广泛的几种抗逆性极强的旱生灌草植物种，其饲用营养价值相当于苜蓿的 42%～63%，是荒漠地区发展畜牧业、扩大饲料来源的一个重要途径。

2）绿洲边缘大型基干防风防沙林带

绿洲边缘具有灌溉之便，多采用胡杨、新疆杨、白榆和沙枣等抗风沙的高大乔木树种，林带宽度也多在 20～30 m 以上，以期在一定范围内大幅度降低风速。

在一些外围尚未建立灌草带的绿洲建立基本林带，对防治流沙入侵绿洲具有重大意义。研究表明，不同结构的林带具有不同的防沙特性，并与树种组成、带宽、风向交角、沙源丰富度等因素有关。①紧密结构的林带，在迎风林缘开始积沙，并逐渐向带内推移，形成对称、高大而陡峭的沙垄，每米宽的林带可积沙 12.48 m^3；②通风结构林带，流沙沉积的部位与带宽有关，宽 10 m 左右的林带，在背风面 3～4 H（H 为林带平均高度）处开始沉积，而宽 30 m 的林带，则在带内迎风面 1/3 处开始沉积，形成长而平缓的沙垄，每米宽的林带可积沙 9.1 m^3；③稀疏结构林带，无论是积沙部位或沙垄的高度，均处于上述两种结构林带之间，每米宽的林带积沙 11.25 m^3。

在沙源丰富的情况下，还有一种窄带、多带式的形式。在绿洲外围采用红柳、梭梭、沙拐枣营造带宽约 6 m、带间距离约 40 m，由 3～4 条林带构成的基干林带，80%～90% 的流沙沉积于第 1 条带内，第 2 条带内约为 10%～15%，第 3、第 4 条带内的沉沙就很少了。

3）绿洲内部的防护田林网

新疆广泛采用 4～6 行的窄林带构成的防护田林网，其是防护林体系的主体。研究表明，在林网系统中，不同结构的林带仍然保持着其本身的防风作用特点，其防护作用的大小取决于主带间距。

因此，新疆广泛采用缩小主带间距的措施，来提高林网的抗灾保产作用。在风沙危害严重的地区和绿洲边缘，主带间一般在 15～20 H（H 为林带平均高度，下同）；在风沙危害较轻的地区和绿洲内部，主带间距在 25～30 H，以形成小网格的防护田林网系统。

林带的生物排水作用已成为新疆土壤综合改良中的一项重要措施，日益受到人们的重视，在北疆安集海垦区，以杨、柳为主的 9～12 行林带，生物排水的有效影响范围一般可达 100～125 m，75～100 m 的范围内最显著。在有效范围内，农田地下水位可降低 20～70 cm，最小为 2～12 cm，最大为 70～200 cm，并可减缓耕层土壤的积盐速度，5 H 处总盐含量减少 47.2%，10 H 处减少 37.2%。

位于南疆喀什噶尔河畔的疏勒县洋大曼乡第四居民村，把 446.7 hm^2 的耕地规划成 96 块小条田，四周栽上 1～2 行的沙枣林带。据测定，3～5 年的两行林带，在一般 30 m 的范围内，可降低地下水位 5～14 cm，6～7 年后，田间地下水由 1 m 降低到 2 m 左右，农田盐斑面积也由原来的 50% 减少到 20% 左右。

防护田林网的良好生态效益促进农作物产量的提高。在风沙灾害严重的地区和年份，小麦可增产 45%～117.6%，在灾害较轻的地区和年份，小麦可增产 16%～29%，在盐渍化地区，小麦增产 22.3%～47.9%。

此外，护田林带还可提供大量木材和其他林业产品。以营林水平较高的莎车县为例，全县人工林保存面积 2.18 万 hm^2，活立木蓄积 148 万 m^3，其中以新疆杨为主的护田林带占蓄积量的 90% 以上，年更新间伐木材近 3 万 m^3，使莎车县摆脱了木材短缺的困境。新疆杨 15 年更新时，每投资 1 元，年均纯收入 6.9 元，最高可达 10.96 元。1964～1984 年，全县林业总投 3918 万元，总产值 16300 万元，农村人均收入 304.85 元，营造林建设带来的经济效益对莎车县农村建设和发展具有重要的推动作用。

4）林网内实行农林复合经营

为了充分发挥荒漠绿洲得天独厚的水土、光热等农业自然资源的优势，减轻古老绿洲随着人口增长而承受的越来越大的压力，发展高效农林复合经营是一条重要途径。现以 1986 年实现农田林网化的和田地区为例，截至 1993 年全区已发展毛渠栽桑 14.6 万 hm^2，纯收入 1451.8 元/hm^2，较单一种粮提高 35%，较单一植棉提高 17%。在机耕道一侧栽植葡萄长廊 1340.7 km，多占天（路面上空），少占地，每千米可节约土地 0.5 hm^2，进入盛果期后，纯收入 9965.5 元/km，为一次性投资的 134.5%。枣农复合经营 938.05 hm^2，较平作增值 1879.65 元/hm^2。石（榴）农复合经营 1649 元/hm^2，进入盛果期后增值 10110 元/hm^2，投入产出比为 1：6.4。其他还有巴旦杏、榅桲、苹果等农林复合经营以及杏、核桃等经济树种副林带。

5）绿洲外围或边缘的薪炭养畜林

薪炭养畜林是在单一的薪炭林基础上演化发展而来的。近年来，生产上采用最广泛的树种是耐盐碱、萌生力强、改土效果好、饲用价值高的沙枣和沙棘。

疏勒县羊大曼乡于 1972 年完成农田林网化后，至 1984 年在沼泽土和盐化草甸土上共营造以沙枣为主的薪炭养畜林 3020.3 hm^2。据研究，1 株 4～9 年生的沙枣树一个生长季的蒸腾量为 20.7～26.8 cm。因此，在林木长成后，地下水由原来的 0.4～0.8 m 降低至 1.5 m 以下，并出现了明显的脱盐过程，3～4 年生的林内，0～100 cm 土层总盐量较林外减少了 27.8%，6～7 年生时减少 79.3%。13 年生的沙枣林地平均每平方米有 67.4 个根瘤。加上枯落物的分解，林内土壤有机质提高了 8.6%，全氮提高了 2.6%。

在基本郁闭的林内，夏季，风速可降低 80% 左右，日均温降低 1.7～1.8℃，最高气温降低 2.4～2.5℃，地温降低 3.8℃，水面蒸发减少 22.2%，为放牧牲畜创造了良好的生境条件，栽植 3～4 年后的沙枣林，通过修枝、间伐等，年平均产柴 4.82 t，加上每户 0.79 hm^2 的自留林地，烧柴自给有余。沙枣的叶、果营养丰富，牲畜采食后易于上膘。3～8 年生的沙枣林，平均年产鲜叶 5119.5 kg/hm^2，鲜果 947.3 kg/hm^2；同时，林内经灌溉后，促进了草类植物的繁茂生长，平均年产鲜草约 3000 kg/hm^2。每公顷林地可供一群羊（约 200 只）11.3 日的采食量。

羊大曼乡农田林网化和大面积薪炭养畜林建成后，风沙、盐碱等灾害减少，耕地的土壤现况有了明显的好转，并为近田养畜创造了条件。牲畜存栏头数超 4.2 万只（较 72 年增加了 4.2 倍），单只平均体重由 15 kg 提高到 20 kg 以上，农田施肥量由 60 t/hm^2 的土杂肥提高到 1462 t/hm^2 的优质肥，粮食单产提高到 7.23 t/hm^2（提高了 6.4 倍），人均收入增加到 311 元（提高了 7.2 倍），使处于恶性循环状态的农业生产向生态农业的方向转化。

6.5　西北地区森林生态系统质量提升的优化管理建议

6.5.1　基于生态功能区划的区域植被类型配置

西北地区大部分区域属于生态脆弱区，涵盖大面积的沙漠化和水土流失土地。在《全国生态功能区划》确定的 63 个重要生态功能区中，西北地区主要涉及水源涵养、生物多样性保护、防风固沙和土壤保持等重要生态功能；在分布面积上，大部分区域属于防风固沙重要生态功能区，土壤保持、水源涵养及生物多样性保护重要生态功能区面积占比相对较小。

（1）水源涵养重要生态功能区：包括甘南山地、三江源、祁连山、天山、阿尔泰山和喀喇昆仑山，以水源涵养为主要生态功能，其次是生物多样性保护和防风固沙。

（2）以生物多样性保护和防风固沙为主要功能的重要生态功能区：包括阿尔金山南麓、西鄂尔多斯—贺兰山、准噶尔盆地东部和西部等区域。

（3）土壤保持重要生态功能区：黄土高原地区为土壤保持重要区，兼有水源涵养、生物多样性保护和防风固沙生态功能。

（4）防风固沙重要生态功能区：塔里木河流域、黑河流域为以防风固沙为主要生态功能的重要区域。

对以上重要生态功能区的自然植被实施严格保护，无论是湿地、草甸、草地，还是疏林地、灌丛和森林，都采用近似于国家公园的管理模式，草地退化较严重区域实施退牧还草，在森林区全面实施天然林资源保护工程，加大保护力度，停止一切导致生态功能继续退化的人为活动。

西北地区的人工植被建设也基本遵循服务于本区域重要生态功能的目标。在黄土高原南部的半湿润区，应适时调整人工林生态系统的密度结构，丰富物种组成和多样性，提高生产力和稳定性。

在黄土高原中西部的半干旱区，应逐步减少速生外来树种的比例，通过合理配置乡土乔灌草种和纯林混交化对原有水土保持林结构实施调整，提高水土保持林稳定性并控制水资源过度利用。

在西北地区大面积防风固沙林区，对三北防护林工程实施以来营造的各类防风固沙林进行结构优化管理，以树种水分生理生态特性和当地水资源供给条件为依据合理选择造林树种，形成乔灌草结合、带片网一体的防风固沙林体系，在发挥防风固沙生态功能的同时控制水资源过度利用。

在贺兰山、六盘山、祁连山等山地林区，人工林建设应优先满足水源涵养、多样性保护等重要生态功能需求，根据林龄变化采用适当的抚育管理措施，按照近自然经营理念实现人工林生态系统的可持续性。

6.5.2 基于山水林田湖草统筹的流域景观配置

2020 年，由自然资源部、财政部、生态环境部联合印发的《山水林田湖草生态保护修复工程指南（试行）》在借鉴国内外生态保护修复先进理念和有关标准的基础上，为科学开展山水林田湖草一体化保护和修复提供了指引。该指南遵循山水林田湖草是生命共同体的理念，依据国土空间总体规划以及国土空间生态保护修复等相关专项规划，在一定区域范围内，为提升生态系统自我恢复能力，增强生态系统稳定性，促进自然生态系统质量的整体改善和生态产品供应能力的全面增强，遵循自然生态系统演替规律和内在机理，对受损、退化、服务功能下降的生态系统进行整体保护、系统修复和综合治理提供指导。该指南强调综合考虑自然生态系统的系统性、完整性，以江河湖流域、山体山脉等相对完整的自然地理单元为基础，结合行政区域划分，科学合理确定生态修复工程实施范围和规模，在大的空间尺度上统筹各类要素治理。同时，注重提升保护修复措施选择的科学性，明确了以自然恢复为主、人工修复为辅的总体要求，根据现状调查、生态问题识别与诊断结果、生态保护修复目标及标准等，对各类型生态保护修复单元分别采取保护保育、自然恢复、辅助再生或生态重建为主的保护修复技术模式。

根据西北地区自然条件，特别是针对广大干旱半干旱地区对有限水资源合理分配的需求，森林生态系统管理需要在四个决策层合理布局。在区域和中等流域尺度上，依据当地降水量和流域正常产流量确定合理的森林覆盖率，特别是对乔木林的造林面积进行合理调控；在小流域和坡面尺度上，确定合理的土地利用配置和植被类型空间格局；在生态系统尺度，科学合理选择乔灌木树种，以适地适树原则确定合理的生态系统类型及优势种；在群落尺度，根据立地条件和生态系统的变化特征适时调整群落结构和树种组成，改善水土资源的合理利用，保持群落稳定性和生态系统服务功能最大化。

6.5.3 基于水资源限定的森林类型选配与结构、质量优化

水资源是决定西北地区生态系统健康和演替的主要环境因子，西北地区低质量森林生态系统及退化生态系统基本都与水资源供给矛盾存在直接或间接关系。首先，在树种选择上未充分考虑其生理生态特性，会导致偏离适地适树原则。在西北地区采用高耗水速生树种营造的水土保持林和防风固沙林十分普遍，这些人工林生态系统虽然在造林初期迅速发挥了水土保持或防风固沙等主导功能，但普遍出现生长早衰和生态系统退化现象，在城镇和农田防护区以及沙漠绿洲区出现地下水位持续下降，在黄土高原干旱半干旱区广泛形成土壤干层，从而进一步加速了生态系统退化过程。其次，林分结构不合理

造成林分质量和稳定性差，从而使生态系统的功能发挥不可持续。西北地区各类人工林普遍存在高密度和高纯度现象，虽然在造林初期快速发挥了水土保持或防风固沙功能，但因缺乏抚育管理措施，中龄林和成熟林普遍处于"低产、低质、低效"的不健康和亚健康状态，"小老头树"和枯梢现象严重，病虫害频发，有些景观斑块的群落甚至出现大面积干枯。

基于水资源现状合理选择和配置造林树种、优化人工林组成和空间结构是改善西北地区人工林质量的重要途径，"以水定植被"适用于水分因子成为生态限定因子的西北地区。造林树种选择应以长期适应当地气候条件的乡土树种为主，充分考虑树种的耐旱性和蒸腾耗水特征；通过营造针阔混交林或乔灌合理配置改善林分组成和物种多样性，优化不同物种对资源利用的互补性；通过抚育管理适时调整林分空间结构，改善个体间对水土资源的合理利用，提高生态系统的综合功能和稳定性，为林分的自然更新创造条件或实施人工辅助更新措施。

6.5.4　管理和人工抚育措施提高森林稳定性和多种生态功能

1. 半干旱黄土丘陵区刺槐、油松水土保持林优化管理

刺槐、油松水土保持林是该区域主要人工林类型，造林历史久远，特别是伴随三北防护林工程和退耕还林还草工程的实施，经历了两次大规模的人工造林活动，刺槐、油松因造林成活率高并有较强的耐旱性，一直是该区域主要造林树种，分布面积广。这些人工林普遍处于高密度、无抚育管理状态，林分郁闭后个体间竞争激烈，中龄以上林分普遍出现生长减弱和衰退现象，枯梢、枯死植株及病虫害频发。研究表明，通过合理调整密度、开辟林窗和纯林混交化等管理措施，可改善改善林分环境，缓解单株平均对水土光热资源的获取量，提高森林质量。

（1）密度调整。研究表明，通过间伐调整密度可显著改善群落结构和林分环境，提高刺槐、油松人工林群落多样性，促进群落近自然发育。中度和强度间伐大幅度改善了刺槐林土壤理化性质并提高了有机质含量。通过间伐将刺槐和油松林密度分别调整为 $800\sim1500$ 株/hm^2 和 $1200\sim1800$ 株/hm^2，显著改善了群落结构，提高了生产力。

（2）开辟林窗。对油松等林分的野外开辟林窗试验表明，物种数、物种多样性指数、均匀度指数、个体密度与重要值都表现为中等林窗（$25\sim150\ m^2$）最大，大林窗（$150\sim450\ m^2$）和小林窗（$4\sim25\ m^2$）次之，林内最小。在本区油松林开辟 $25\sim450\ m^2$ 林窗有利于物种多样性的增加，以及乔木物种的更新和天然化培育。

（3）纯林混交化。刺槐人工林内引种侧柏、臭柏试验表明，混交化效果与种植密度有关，落叶林内引种针叶树种如果不调整密度则起不到改善群落结构的作用，中低密度引种（$1200\sim1500$ 株/hm^2）有利于刺槐林土壤质量提高，生物多样性增加并向近自然林发育。混交化引种针叶树需控制密度，与间伐措施相结合，这样才可获得结构改善效果。

2. 半湿润黄土高原沟壑区刺槐人工林优化管理

刺槐在半湿润区生长快，迅速郁闭成林，水土保持功能显著。刺槐在黄土高原南部生长良好，林分耗水量与当地降水量之间的关系基本稳定，水资源供给与需求的矛盾不明显。刺槐林是半湿润黄土高原沟壑区主要人工林类型，面积居各树种人工林之首，但普遍处于高密度、无抚育管理状态。

（1）疏伐抚育。伐除枯倒木、濒死木和被压木，保留优势木、亚优势木。对过密的林分，还应考虑适量伐除部分中等木。对多干木和丛生木，应伐除生长衰弱、竞争能力差、无培养前途的植株，在每个树穴内保留 1 株生长最健壮的个体。疏伐强度的确定除考虑树种、林龄、胸径等因素外，还要考虑立地条件的差异。对位于梁顶、干旱阳坡等立地条件较差及风口处的林分，为解决土壤水肥的不足，保留木株数应少些；对位于阴坡等立地条件较好的林分，因土壤水分充足，保留木株数可适当增多，且陡坡的疏伐强度应小于缓坡。一次性采伐强度不应过大，应坚持少量多次的原则，分 2～3 次采伐，采伐间隔期以 2～4 年为宜，以免造成林内环境突变而致不良后果。伐后林分郁闭度控制在 0.6～0.7，要求林内个体分布均匀，不得形成林窗和疏林地。

（2）定株抚育。对 1 穴多株的林分，应伐去生长受到影响、发育不良的植株，每穴保留 1 株树干通直、树冠发育良好的植株，以保证保留木的生长有一定的营养空间和集水面积。定株抚育一般以伐除总株数的 15%～50% 为宜。对采伐量较大的林分，一次性采伐强度不应过大，应坚持少量多次的原则，分 2～3 次采伐。

（3）林分改造。对生长衰败、无继续培养前途且具有较强萌蘖能力的林分，可采用全面、带状或者块状平茬方式，达到复壮的目的；也可采用皆伐更新，清除全部乔、灌木，然后选择适宜树种重新造林；或采用综合改造，伐除生长衰退、受害严重、无培育前途的林木，保留目标树种生长健壮的中、小径林木，在林冠下或林中空地上栽植目标树种。

3. 黄土土石山区华北落叶松人工林优化管理

以六盘山区为代表的黄土高原土石山区，气候湿润，降水量和径流相对丰富，有包括泾河等在内的大小河流 60 余条发源于此，是黄土高原的水源地之一，对周边地区工农业及人民生活用水供给安全起着重要作用，同时也是黄土高原重要的生物多样性富集区，对周边气候具有调节功能，并起着控制侵蚀、增加固碳、消减洪水等生态平衡作用。六盘山自然保护区内植被类型随海拔增加，呈现从温带落叶阔叶林、针阔混交林、山地灌丛草原、山地草地草原到亚高山草甸的垂直带谱。六盘山林区是黄土高原的重要水源地，森林经营的首要目标是在保障不产生土壤侵蚀的前提下为周边干旱缺水地区提供数量、质量都相对稳定的水源保障，因此六盘山地区森林的主导功能是水土保持和水源保护；同时，保护生物多样性、提供木材和其他林产品也是其重要功能。发展多功能林业在带动区域社会经济发展上具有重要作用。

华北落叶松林是六盘山等北方山地林区的一个重要人工林类型，也是重要的山地水源涵养林类型。过去经营中主要以治理土壤侵蚀为经营目标，多为高密度造林，一直存在过分追求覆盖率和蓄积量增长的问题,加之近 20 年来(自 2000 年开始,随着国家天保工程启动实施,六盘山开始禁伐、封育。)严格禁伐,并且未考虑水分限制、产水需求和其他多种服务功能对林分结构的要求,导致出现很多过密人工林,加大了风折雪压及病虫灾害等风险,降低了森林稳定性,还导致树干纤细和木材质量、经济收益、产水能力下降,以及林下植被和树木天然更新缺乏。

在不浪费地力和不明显降低森林植被的水土保持等主要功能的前提下,干旱缺水地区应定量计算不同小流域、坡面和立地的植被承载力;计算承载力时不仅考虑植被水分稳定性的需求,也要考虑维持流域产水功能的需求,以及气候变化和植被生长的动态影响;在此基础上确定合适的森林覆盖率及其在流域内的空间分布,确定不同坡面不同立地上适宜的植被类型,依据林分密度和叶面积指数的关系确定不同林龄时的经营密度,从而及时采取经营调控措施。这是实现林水关系综合调控的途径。研究表明(郝佳,2012),华北落叶松人工林的多种功能受林分密度的影响十分显著,基于对六盘山半湿润区香水河小流域华北落叶松人工纯林(17~35 年生,平均 26 年生)的研究,得到了特定年龄阶段林分密度与多种功能(木材生产、生长固碳、植物多样性、产水等)的关系。林分密度与林龄共同影响林木生长,同时,林分密度影响林下植物生长、植被生物量及固碳量、林分产水功能以及森林雪害,因此如要维持六盘山华北落叶松水源涵养林的产水主导功能,需把林分密度控制在 1300 株/hm^2 以下;在综合考虑其他功能需求时,建议控制在 1000~1200 株/hm^2。

根据《西北地区土石山区华北落叶松人工林多功能经营技术规程》(T/CSF 004-2020),华北落叶松多功能人工林的通用理想结构的基本指标为林冠郁闭度应维持在 0.7 左右,包括林下灌草层和枯落物层的林地覆盖度应维持在 0.7 以上、林木树高(m)与胸径(cm)之比应维持在 0.7 以下。

华北落叶松多功能人工林构建的技术要点:树种选择要符合多功能、抗旱、节水、抗雪灾、改良土壤等要求;考虑不同立地的水分植被承载力,造林密度适当,一般为2500~3333 株/hm^2;提倡多树种混交,针阔混交比通常为 1:1,鼓励模拟天然林的多树种组成;要充分保护天然幼苗和利用自然更新,必要时形成和保留一定面积的林窗来促进天然更新,加快适宜乡土树种的进入;造林整地时要尽力减少对地表覆盖的干扰,尽量保留原有植被;对一些具有生长乔木潜力的灌丛,可将能忍耐灌木庇荫的适生树种(青海云杉、华北落叶松)以低密度(株行距 3 m×4 m 以上)稀疏栽植到灌丛内,一方面充分利用现有灌木的各种功能,另一方面少整地、省苗木、免抚育、少耗水。

为此,多功能水源涵养林的经营和管理包括以下技术要点:

(1)在建群阶段,应加强管护,松土除草,保障林木生长,促进幼林郁闭。

(2)在郁闭阶段,应加强管护,保障生长,促进尽快郁闭和分化;避免不必要的择伐、修枝、间伐;充分利用自然整枝,形成良好树干。

(3)在分化阶段,应保护幼苗幼树,促进形成混交异龄复层结构;选择并标记和培育目标树;若林冠郁闭度>0.8,及时适当间伐,强度控制在间伐后的林冠郁闭度为 0.7左右;有条件时可对目标树抚育(如修枝)。

（4）在恒续阶段，保持良好林分结构，防止过度采伐；选择并标记目标树，采取近自然经营，单株采伐径级成熟的目标树；及时间伐郁闭度过大林分，强度控制在伐后郁闭度为 0.6 左右，促进天然更新和乡土树种混生，维持和形成良好的森林结构。

4. 高寒丘陵区杨树、云杉人工生态公益林优化管理

三北防护林工程建设以来，青海高寒丘陵区营造了大面积的青杨、青海云杉等生态公益林，其在涵养水源、保持水土、防风固沙等方面发挥了重要作用。但是这些人工林普遍密度过大，且都为纯林，导致生长不良，过早衰退。改善树种配置和调整密度是对该区域人工林实施提质增效的主要措施。

（1）应针对立地条件合理选择树种，对原有低质量林分实行逐步改造。阴坡和半阴坡宜栽植青海云杉、青杨、白桦，而阳坡、半阳坡应以油松、祁连圆柏和柠条等灌木为主。

（2）结合密度调整、清理病死木和枯倒木，通过补植对原有纯林实施混交化。针阔树种混交比例在 7∶3 为最适宜比例，对林下植物多样性与生物量进行调查发现，相较于 9∶1 与 6∶4 的林分，7∶3 结构下林分地下植被多样性及生物量保持稳定。对分布较为广泛的青杨成熟林，通过适当利用实施结构调整和更新改造，在调整密度（调整到 1100 株/hm^2）的同时，改造为混交比例为 5∶5 的青杨-青海云杉混交林。

（3）密度调整是改善林分结构的核心措施。该地区中龄林适宜的密度范围：青海云杉、油松为 1500～2500 株/hm^2；祁连圆柏为 2000～3000 株/hm^2；青杨、白桦为 800～1300 株/hm^2。对现有的典型高密度青海云杉林（平均 4000 株/hm^2）可分步实施密度调控（适度采伐和带土坨移栽），首次间伐调整到 2900 株/hm^2，基本处于适宜土壤水分承载经营目标的密度范围内；间伐后经林窗补植白桦大苗，调整为针阔混交林；进一步间伐使针阔混交比例接近 7∶3。调整后郁闭度降低，林分空间结构得到优化，生物多样性、林分稳定性提高，森林健康评价指数也随之提高。

5. 西北干旱半干旱区杨树防护林优化管理

三北防护林工程建设以来，西北干旱半干旱区绿洲、城镇周边，沙漠、沙地边缘缓冲地带，以及道路、农田防护区营造了大面积的杨树等速生树种防护林。这些防护林在造林初期大多依托人工灌溉方式补充水分需求，提高造林成活率，随着根系逐渐发达，杨树自身对水分养分的吸收能力增强，生长旺盛，迅速起到防护功能。据报道（吕文等，2000），三北防护林工程约有 2/5 的资金和劳力投入到发展杨树资源中，杨树是造林最多的树种，截至 20 世纪末营造各种杨树人工林面积已达 500 万 hm^2（包括东北和华北地区）。由于杨树属于高耗水速生树种，西北广大干旱半干旱区存在大面积的杨树"小老头树"，约占全部杨树人工林的近 1/3，呈现远看是林海，近看不成材的景象，十几年生的杨树林蓄积量只有 7～15 m^3/hm^2，生产力低下。西北地区杨树人工林抗逆能力普遍低下，自然衰退和病虫害十分严重，其中杨树天牛和木蠹蛾导致一些地区的区域性灾害和大面积杨树死亡。黄土高原西部地区、河西走廊地区杨树人工林死亡现象非常普遍，

除了病虫害和干旱等直接导致死亡的原因之外，蒸散量与当地降水量失衡、地下水位连年下降等因素也是造成杨树人工林质量低下、抵抗能力下降的长期性原因。此外，西北地区杨树人工林普遍缺乏经营管理，缺乏有计划地更新措施和合理利用。

基于杨树的生物学特性和西北地区自然环境条件，西北干旱半干旱区杨树防护林应从以下几个方面优化管理。

（1）针对生长不良、病虫害严重并且已经衰退甚至死亡的低质林分，尽快实施人工辅助更新，加快更新换代。更新换代应避免重走第一代造林的老路，提前制定完整的造林、抚育、再利用和再更新的全套管理措施。选择耐旱、耐寒、抗病虫害的优良树种、品种或无性系，并合理搭配适应性强的针阔叶树种，优化结构配置，尽快形成防护功能强、生长良好、生态和经济价值高的新一代防护林。

（2）针对成熟、过熟林分，提早制定科学有效的更新计划，既合理利用又逐步更新换代。更新采伐既可以缓解该区域长期以来缺材少木的矛盾，又能调动群众自觉造林的积极性，以利用促发展，以发展保永续利用，完善当地的产业链条，实现更新换代最快、防护效益损失最小的目标。

（3）针对中幼龄林分，加强系统性管理，制定长远的经营目标和措施，运用人工抚育技术实现提质增效。加强对病虫害的监控和防治；合理制定随林龄变化的林分结构优化技术标准，在发挥防风固沙主导功能的同时及时调整林分结构，清除"小老头树"等劣质个体和潜在感染病虫害的个体，或合理补植抗逆性强的针阔叶树种，改善林分生长的水土资源环境，提高抵御各种灾害的能力，提升林分综合功能和稳定性。

6. 黄土高原辽东栎天然次生林优化管理

以辽东栎为主要优势种的天然次生林是我国温带森林的主要类型，在广大温带林区形成稳定的顶级森林群落。黄土高原中部有大面积的天然次生林区，辽东栎是主要的优势树种，其他主要建群种有油松、麻栎、白桦等，形成辽东林、辽东栎-油松林、辽东栎-白桦林等多种类型。20 世纪 30 年代以来，该区域天然林资源经受了各种形式的采伐利用，虽然因地理位置以及时间变化在采伐强度上存在很大差异，但采伐工作一直延续到 90 年代末期。随着天然林保护工程的实施，停止了一切形式的森林采伐，进入了森林长期封育阶段。

经过 20 多年的封禁管理，林区内动植物种群大幅度恢复，植物多样性显著提高，林木生长繁茂。但是由于处于自然恢复的初期阶段，缺乏经营管理，不良木、枯死木较多，特别是在地处半干旱区的森林分布区边缘地带，森林总体质量低，在立地条件较差的地段，病虫害发生严重，林木更新缓慢。相对于无管理的封禁，采取适当的人为管理措施有助于促进更新，形成健康稳定的次森林生态系统。

（1）在大中林窗地段进行局部造林，人工补植油松等抗性强易于成活的幼树，促进更新郁闭并迅速提高生物多样性。

（2）采取健康抚育措施，重点间伐枯死木、病虫害木，有条件的地段可以实行带状采伐，同时进行补植造林。

（3）针对近成熟林，因其自然更新缓慢并造成一定的资源浪费，在有条件的林区可采取间伐利用辅助更新措施，实现提高森林质量、适度利用资源和促进更新的多重目标。

7. 西北高原、山地云冷杉天然次生林、人工林优化管理

云冷杉天然次生林广泛分布于西北地区高海拔山地，形成亚高山针叶林，如甘南高原云冷杉针叶林、贺兰山云杉林和天山雪岭云杉林。云冷杉林大多天然更新不良，种群处于明显的衰退状态中，林下植物多样性低。郁闭度过大是影响云冷杉自然更新的主要原因。20 世纪 90 年代以前，交通较为方便的云冷杉天然林区采伐利用普遍，在采伐迹地实施人工造林。天然林实施封禁保护以后，人工造林力度也普遍加大，交通较为方便的林区中幼龄林迅速增加，缺乏抚育管理；偏远地带成过熟林比例逐渐增加。

在有条件的林区可以适度采伐利用，根据林地郁闭度、蓄积量、树种组成和立地条件等多种因子确定合理的采伐强度，促进林地天然更新。对近成熟林，以经营择伐为主，可结合人工造林更新，促进云冷杉林的可持续发展。对中龄林还可采取抚育间伐措施，清除不良木，改善林分结构。对一些低质量的幼中龄林，应采用下层抚育法，清除林内枯死木，去除无培育前途的幼树及伴生树，根据林分生长状况合理调整密度。

参 考 文 献

蔡雪莲. 2017. 清至民国河西走廊林木业研究. 兰州: 西北师范大学硕士学位论文.

曹晓宇. 2015. 机械化柠条平茬的重要性和必要性分析. 当代农机, (3): 74-76.

程国哲. 2012. 宁夏森林资源综合评价与保护发展建议. 宁夏农林科技, 53(8): 54-55.

崔君君. 2019. 黄龙山松栎混交林生态系统结构与健康评价. 杨凌: 西北农林科技大学博士学位论文.

党晓勇. 2011. 青海天然林资源保护的实践与思考. 绿色中国, (10): 50-52.

丁得庆. 2018. 甘肃省天保二期工程实施中存在的问题及对策建议. 绿色科技, (15): 185-186.

丁一汇, 王守荣. 2001. 中国西北地区气候与生态环境概论. 新疆气象, (2): 15.

董瑞. 2008. 黄土高原辽东栎种群动态与生殖生态. 杨凌: 西北农林科技大学硕士学位论文.

冯宜明. 2018. 甘肃省亚高山人工云杉林结构调整及功能恢复模式研究. 兰州: 甘肃农业大学博士学位论文.

冯佐乾, 窦建德. 2017. 浅析宁夏森林经营的形势与任务. 宁夏农林科技, 58(10): 22-23.

甘肃林业评论员. 2017. 加快植树造林 建设生态文明. 甘肃林业, (3): 1.

甘肃森林编辑委员会. 1998. 甘肃森林. 兰州: 甘肃省林业厅.

甘肃省林业调查规划院. 1989. 甘肃祁连山国家级自然保护区总体设计.

甘肃省林业厅. 1989. 甘肃祁连山国家级自然保护区建设发展研讨会专集. 兰州: 甘肃省林业厅.

高家有. 2020. 小陇山天保工程实施过程中存在问题及对策. 现代农村科技, (12): 49.

高雪松, 邓良基, 张世熔. 2005. 不同利用方式与坡位土壤物理性质及养分特征分析. 水土保持学报, 1(2): 53-56.

高玉宝. 2019. 关于森林资源管理的现状及改进措施. 现代农业研究, (3): 65-66.

高云昌. 2013. 黄龙山林区油松人工林近自然间伐抚育及其评价. 杨凌: 西北农林科技大学硕士学位论文.

缑占邦. 2009. 甘肃省天然林保护工程现状分析与发展对策. 甘肃农业, (3): 65-66.

关百钧. 1991. 世界林业经营模式探讨. 世界林业研究, 4(3): 29-35.

郭其强. 2007. 黄龙山松栎林及其近自然采育更新评价. 杨凌: 西北农林科技大学硕士学位论文.

郭淑萍, 杨君, 李卫忠. 2016. 陕西森林资源管理存在问题及对策. 陕西林业科技, (4): 83-87.

郝佳. 2012. 宁夏六盘山华北落叶松人工林密度对多功能的影响. 北京: 中国林业科学研究院博士学位论文.

洪美峰, 汤英梅, 赵艳丽. 2016. 森林病虫害防治管理工作存在的问题及有效措施. 现代农业科技, (23): 148-149.

胡天华. 2003. 宁夏贺兰山自然保护区植被区划及植物区系组成. 宁夏农林科技, (6): 10-11.

环境保护部. 2009. 全国生态脆弱区保护规划纲. 林业工作参考, (2): 95-105.

黄泽云. 2016. 生态文明背景下宁夏森林资源管护的发展现状及对策分析. 宁夏农林科技, 57(11): 26-27, 29.

景佩玉, 黄泽云. 2009. 宁夏: 抒写秀美篇章——天然林保护工程建设综述. 中国林业, (15): 22-23.

亢文选. 2006. 陕西生态环境保护. 西安: 陕西人民出版社.

赖阿红, 巫志龙, 周新年, 等. 2016. 择伐强度对杉阔混交人工林空间结构的影响. 北华大学学报(自然科学版), 17(1): 109-115.

雷斯越, 赵文慧, 杨亚辉, 等. 2019. 不同坡位植被生长状况与土壤养分空间分布特征. 水土保持研究, 26(1): 86-91, 105.

李芳, 陈湘芝, 郑彩霞. 2008. 加强祁连山水源林保护 维护河西走廊生态平衡. 中国林业, (21): 40.

李虎, 慈龙骏, 方建国, 陈冬花, 刘玉锋. 2008. 新疆西天山云杉林生物量的动态监测. 林业科学, 44(10): 14-19.

李怀珠. 1999. 论宁夏六盘山地区针阔混交水源涵养林工程建设现状及发展规划. 宁夏农林科技, (3): 23-25.

李健, 张浩, 沈效东. 2000. 宁夏森林可持续经营的实践与探讨. 宁夏农林科技, (1): 22-27.

李金良, 郑小贤, 池建, 等. 2004. 祁连山水源涵养林经营现状分析与经营对策. 北京林业大学学报, (5): 89-92.

李小燕, 滕玉风. 2007. 河西走廊中部生态问题与可持续发展——以张掖市为例. 甘肃科技, (1): 7-9.

李振峰, 康永前, 何榛, 等. 2018. 平茬措施对柠条生长和土壤水分的影响研究. 甘肃林业科技, 43(2): 4-7.

林泉. 2007. 生态危局祁连山. 生态经济, (2): 14-19.

林森. 2007. 呻吟的祁连山. 西部大开发, (6): 29-31.

刘虹涛. 2016. 白龙江林区森林资源现状及发展对策. 甘肃林业, (6): 27-30.

刘金良. 2014. 黄土高原南部地区人工林健康评价. 杨凌: 西北农林科技大学硕士学位论文.

陆元昌, Werner S, 刘宪钊, 等. 2011. 多功能目标下的近自然森林经营作业法研究. 西南林学院学报, 31(4): 1-6, 11.

吕文, 张卫东, 包军. 2000. 论发展杨树与三北防护林体系建设. 防护林科技, (2): 67-69.

麻鑫垚. 2020. 基于稳定性的近自然林分结构调控技术研究. 北京: 北京林业大学硕士学位论文.

马银宝, 窦建德, 王冲. 2017. 宁夏森林资源变化分析及保护对策. 宁夏农林科技, 58(9): 37-38, 62.

宁夏森林编辑委员会. 1990. 宁夏森林. 北京: 中国林业出版社.

庞国伟, 山琳昕, 杨勤科, 等. 2021. 陕西省不同地貌类型区植被覆盖度时空变化特征及其影响因素. 长江科学院院报, 38(3): 51-58, 76.

秦建华, 姜志林, 叶镜中. 1995. 不同疏伐方法对杉木林生长和产量的影响. 南京林业大学学报, (2): 29-33.

青海森林编辑委员会. 1993. 青海森林. 北京: 中国林业出版社.

青海省地方志编纂委员会. 1993. 青海省志: 林业志. 西宁: 青海人民出版社.

青海省林业和草原局. 2022. 青海林情. https://lcj.qinghai.gov.cn/gkjs/qhlq [访问日期 2022-6-24].

邱书志, 王伟, 丁骞, 等. 2018. 洮河林区森林生态系统服务功能及价值评估. 中南林业科技大学学报,

38(2): 97-102.

任美锷, 包浩生. 1992. 中国自然区域及开发整治. 北京: 科学出版社.

陕西森林编辑委员会. 1989. 陕西森林. 西安: 陕西科学技术出版社.

陕西省林业发展区划办公室. 2008. 陕西省林业发展区划. 西安: 陕西科学技术出版社.

商沙沙, 廉丽姝, 马婷, 等. 2018. 近 54a 中国西北地区气温和降水的时空变化特征. 干旱区研究, 35(1): 68-76.

孙浩, 刘晓勇, 熊伟, 等. 2016. 六盘山四种典型森林生态水文功能的综合评价. 干旱区资源与环境, 30(7): 85-89.

万盼. 2018. 经营方式对甘肃小陇山锐齿栎天然林林分质量的影响. 北京: 中国林业科学研究院博士学位论文.

汪亚光. 2020. 宁夏森林生态补偿政策创新与实践探索. 北方民族大学学报, (1): 171-176.

汪有奎, 杨全生, 郭生祥, 等. 2014. 祁连山北坡森林资源变迁. 干旱区地理, 37(5): 966-979.

汪泽鹏, 李勇. 1998. 宁夏森林资源可持续发展对策探讨. 林业资源管理, (6): 5-8.

王东清, 李国旗. 2010. 近 30 年宁夏森林资源的发展变化分析. 林业调查规划, 35(5): 98-102.

王建文. 2006. 中国北方地区森林, 草原变迁和生态灾害的历史研究. 北京: 北京林业大学博士学位论文.

王晶. 2009. 六盘山南部华北落叶松人工林生长特征及其影响因子. 哈尔滨: 东北林业大学硕士学位论文.

王乃江. 2008. 陕西黄土高原黄龙林区森林经营及恢复机理研究. 杨凌: 西北农林科技大学博士学位论文.

王千军. 2012. 天山云杉林生态系统健康评估及预警研究. 乌鲁木齐: 新疆农业大学硕士学位论文.

王帅军. 2020. 基于水源涵养功能的近自然林分结构优化技术. 北京: 北京林业大学硕士学位论文.

王孝康. 2019. 基于连续清查的陕西森林资源动态变化分析及管理建议. 陕西林业科技, 47(1): 45-51.

吴涛. 2012. 国外典型森林经营模式与政策研究及启示. 北京: 北京林业大学硕士学位论文.

吴征镒. 1985. 西藏植物志, 第二卷. 北京: 科学出版社.

吴征镒, 侯学煜, 朱彦丞, 等. 1980. 中国植被. 北京: 科学出版社.

新疆维吾尔自治区林业厅. 1995. 新疆山地森林土壤. 乌鲁木齐: 新疆科技卫生出版社.

邢闻涛. 2017. 杨树人工林退化林分修复. 46(1): 55-56.

熊樱. 2013. 延安城郊刺槐人工林健康评价及其林分结构配置研究. 杨凌: 西北农林科技大学硕士学位论文.

徐济德. 2014. 我国第八次森林资源清查结果及分析. 林业经济, 36(3): 10-12.

徐金良, 毛玉明, 郑成忠, 等. 2014. 抚育间伐对杉木人工林生长及出材量的影响. 林业科学研究, 27(1): 99-107.

许文强, 杨辽, 陈曦, 等. 2016. 天山森林生态系统碳储量格局及其影响因素. 植物生态学报, 40(4): 364-373.

于法展, 陈龙乾, 沈正平, 等. 2012. 苏北低山丘陵区典型森林生态脆弱性评价. 水土保持研究, 1(6): 188-192.

袁国映, 阴俊齐. 1988. 阿尔泰山森林生态作用及其保护. 干旱区研究, (1): 19-26.

张百平, 谭娅, 莫申国. 2004. 天山数字垂直带谱体系与研究. 山地学报, (2): 184-192.

张丛珊, 王得祥, 刘文桢, 等. 2015. 小陇山林区天然林林种结构优化决策研究. 西北林学院学报, 30(1): 26-32.

张顺祥. 2015. 渭北黄土高原刺槐人工林健康评价经营计算机辅助系统的构建. 杨凌: 西北农林科技大学硕士学位论文.

张肃斌. 2007. 河西走廊生态系统退化特征与恢复策略研究. 杨凌: 西北农林科技大学硕士学位论文.

张伟华, 李文忠, 张昊, 等. 2005. 青海大通退耕还林不同混交配置模式对土壤肥力影响的研究. 水土保持研究, (5): 263-266.

张希彪, 周天林. 2007. 人类活动对黄土高原子午岭森林景观格局的影响. 西北农林科技大学学报(自然科学版), (10): 115-121.

赵世荣, 赵元清. 2007. 对甘肃陇南森林资源管护现状及问题的探讨. 甘肃科技, (12): 223-226.

赵万奎, 邢会文. 2016. 甘肃省天保二期工程实施中存在的问题及对策建议. 甘肃林业, (1): 30-32.

赵中华, 袁士云, 惠刚盈, 等. 2008. 经营措施对林分空间结构特征的影响. 西北农林科技大学学报(自然科学版), (5): 135-142.

郑敬刚, 张景光. 2005. 试论贺兰山植物多样性的若干特点. 干旱区地理, (4): 110-114.

郑拴丽, 许文强, 杨辽, 等. 2016. 新疆阿尔泰山森林生态系统碳密度与碳储量估算. 自然资源学报, 31(9): 1553-1563.

中国科学院新疆综合考察队. 1978. 新疆地貌. 北京: 科学出版社.

朱显谟. 1981. 陕西土地资源及其合理利用. 水土保持通报, (3): 9.

He Z, Zhao W, Liu H, et al. 2010. Successional process of Picea crassifolia forest after logging disturbance in semiarid mountains: A case study in the Qilian Mountains, northwestern China. Forest Ecology and Management, 260(3): 396-402.

Lei X, Lu Y, Peng C, et al. 2007. Growth and structure development of semi-natural larch-spruce-fir (Larix olgensis-Picea jezoensis-Abies nephrolepis) forests in northeast China: 12-year results after thinning. Forest Ecology and Management, 240(1-3): 165-177.

Nitschke C R, Innes J L. 2008. Integrating climate change into forest management in South-Central British Columbia: an assessment of landscape vulnerability and development of a climate-smart framework. Forest Ecology and Management, 256(3): 313-327.

第7章　华中和东南地区森林生态系统质量和管理状态及优化管理模式①

华中和东南地区位于我国经济发达、受人类活动影响最为剧烈的森林带。作为区域重要的生态屏障和木材生产区，华中、东南地区森林生态环境一直是国家与地方决策关注的焦点之一，担负着优化自然环境、促进社会经济发展的双重使命，在区域生态安全战略中具有不可替代的重要地位。

随着区域经济快速发展以及人民生活水平的日益提高，华中、东南地区原始森林逐渐遭到破坏，森林资源不断缩减。森林生物量密度从 1973～1976 年的 86 t/hm² 减小到 2009～2013 年的 52 t/hm²。区域内平原丘陵和低山原始森林逐渐消失，仅深山和交通不便的片区尚存少量原始森林。目前，华中、东南地区森林植被以常绿阔叶林为主，受益于区域优良的气候条件，近 40 年来，华中、东南地区常绿阔叶林年均净生产量达到 6.39 亿 t/a；总森林覆盖率为 38.4%，约占全国森林面积的 20%；森林蓄积量 24.8 亿 m³，占全国森林蓄积量的 14.1%。区域内人工林资源比例较大，占该区域森林面积和蓄积量的 47.4% 和 40.1%。

由于区域社会经济发展的影响，华中、东南地区森林资源空间分布不均，人均面积差异较大。森林龄组结构以中幼龄为主（70%），林龄结构失衡。人工纯林比例过大（>40%），且以用材林种为主，防护林少。群落结构简单，生物多样性低，潜在病虫害风险较高。此外，该区域受到工业化、城市化进程的影响，造林面积不断受到"挤压"，影响该区域森林生态屏障功能的可持续发展。

为了厘清华中、东南地区森林生态系统质量和管理状态，本章将该区域森林划分为武夷山林区、天目山林区、大别山-桐柏山林区、神农架林区、鲁中南林区、赣浙中部丘陵经济林区、浙闽沿海防护林区、长江中下游滨湖农田防护林区 8 个林区。基于立地质量、森林生态状态、健康状态和综合质量状况所进行的区域森林质量评估显示：武夷山林区综合质量相对较高（70.7 分），其次为浙闽沿海防护林区（66.7 分）；天目山林区，神农架林区和赣浙中部丘陵经济林区三大林区得分较近（63.6～63.8 分）；而大别山-桐柏山林区由于砍伐等原因，其质量相对较低（62.7 分）。结合各林区的森林类型特点、主要经营模式及存在的问题，提出以优化天然林和次生林的管理模式为基础，以加强人

① 本章执笔人：周旭辉，谢宗强，王辉民，肖文发，刘春江，陈光水，宋新章，何芳良，王巍伟，夏尚光，王希华，徐凯。

工林的营造和管理、协调城市化人地矛盾建设城市森林为重点，建设森林资源储备基地并加强森林生态风险防控，从而系统性地优化区域森林结构，提升森林质量与稳定性，在优化管理、增强服务功能的基础上，为区域自然环境、社会经济发展提供保障。

本章基于华中和东南地区的森林生态系统野外观测研究站——湖北神农架生态系统站、湖北秭归三峡库区生态站、河南宝天曼生态站、河南鸡公山生态站、浙江天童生态站、浙江天目山生态站、浙江古田山生态站、浙江百山祖生态站、江西大岗山生态站、江西千烟洲生态站、安徽黄山森林生态站、福建三明生态站、上海城市森林站和部分部门野外站的长期监测、研究与示范，在分析该区域现有森林资源分布及现状的同时，依据地形、地貌、气候、森林植被特征、行政区域及社会经济状况等，对本区森林进行划分，阐明各林区森林生态系统质量状况及其影响因素，针对各个林区现有森林生态系统经营管理现状及存在问题，提出系统提升该区域森林生态系统质量及优化管理的对策与建议，保障各林区森林生态系统服务于区域自然环境与社会经济发展的可持续性。

7.1 华中和东南地区自然环境及森林生态系统分布

7.1.1 华中和东南地区自然环境

华中和东南地区涵盖江苏、上海、浙江、湖北、河南、安徽、福建、江西、山东 9 省市（108°21′E～123°10′E，24°29′N～38°23′N），跨越暖温带和亚热带气候区，区内降水量相对丰富、四季分配均匀。区域地貌类型包括平原、丘陵、盆地和山地。境内河流湖泊众多，包括长江、淮河、太湖、巢湖、鄱阳湖等，蕴藏丰富自然资源。区内植被以常绿阔叶林为主，森林面积 4402 万 hm^2，覆盖率为 38.4%。在区域经济快速发展的背景下，华中、东南地区森林生态环境一直是国家与地方决策关注的焦点之一。

1. 地形地貌

华中和东南地区地貌类型复杂多样，具体可划分为鲁中山系、秦岭与淮阳山地、长江中下游平原、江南丘陵和东南沿海丘陵。

其中，鲁中山系（114°19′E～122°43′E，34°22′N～38°23′N）以山地丘陵为骨架，平原盆地交错列其间。东部是半岛西部，北部属黄泛平原，中南部为山地丘陵。地貌类型包括中山、低山、丘陵、台地、盆地、平原、湖泊等多种类型；其中山地和丘陵约占山东总面积的 33%，其余三分之二主要是平原。境内中部山地突出，西南、西北低洼平坦，东部缓丘起伏，形成以山地丘陵为骨架，平原盆地交错列其间的地貌大势（鲁材，2007）。

秦岭、淮阳山地是天然分隔华北和华中的山脉。秦岭、淮阳山地包括秦岭，河南伏牛山、桐柏山，以及河南、湘北、安徽边界的大别山，直至东部的张八岭，都是东西走向山脉中最典型的山体。秦岭山脊分水岭是暖温带落叶阔叶林与亚热带常绿阔叶林的分界线。大巴山山势高峻，海拔 2000～3000 m。大巴山向东进入湖北西北部的神农架，是华中地区的高山。大巴山的东段分支为武当山，海拔高 1000 m 左右（甘枝茂，

1989）。武当山与大洪山遥对，到襄樊市转入江汉平原。在四川、湖北边境的巫山，海拔 1000～1500 m，长江川流其中，成为著名的三峡。秦岭山地至宜昌市、襄樊市以东进入江汉平原。

长江中下游平原是中国长江三峡以东的中下游沿岸带状平原，属于凹陷沉积区。北界淮阳丘陵和黄淮平原，南界江南丘陵及浙闽丘陵由长江及其支流冲积而成。地势低平，海拔大多为 50 m 左右。中游平原包括湖北江汉平原、湖南洞庭湖平原、江西鄱阳湖平原（合称两湖平原）（丁先学，1988）；下游平原包括安徽长江沿岸平原和巢湖平原（皖中平原）以及江苏、浙江、上海间的长江平原。长江北岸大部分是广阔的平原，南岸则丘陵较多，形成地貌上明显的不对称状态。全区水网密布，湖泊众多，我国五大淡水湖鄱阳湖、洞庭湖、洪泽湖、太湖和巢湖均集中在此。湖的四周是广阔的平原，平原外侧是一圈波状起伏的丘陵岗地，形成湖盆的特有地貌。

江南丘陵位于长江以南、雪峰山以东、南岭以北区域。地貌形成分为三种类型：沿湘江、赣江等大河有小型的冲积平原与第四系红土砾石台地，再向外是海拔数十米至三四百米的破碎散漫丘陵地。此外是海拔 1000 m 以上的中山地；其中有绵亘成山脉的黄山、天目山、幕阜山、九岭山、武功山和雪峰山等。

东南沿海丘陵，浙江与福建部分属东南沿海丘陵部分，以丘陵为主，夹有若干中山与冲积平原，在地质构造上为古生代的华夏古陆（姜坤等，2019）。浙江、海南两省海岸曲折，岩岛散布，海拔 500 m 以上的高丘陵占地较多，地面崎岖，平原狭隘。

2. 气候

华中和东南地区除山东属暖温带季风气候，其他省市均属亚热带季风气候，高于 10℃年积温为 4500～7500℃；最冷月平均气温在 0～15℃；无霜期 250～350 天；年降水量一般高于 1000 mm，最高在 3000 mm 以上；干燥度小于 1.0。本区春夏高温、多雨，而冬季降温显著，但稍干燥。

相对于我国其他区域，华中和东南地区降水量较多，总体表现为由东南向西北逐渐减少。除北部不足 1000 mm 之外，其他各地均超过 1000 mm，南部在 2000 mm 以上。因亚热带海洋性气团与赤道海洋气团在本区域上空交接，形成梅雨期降雨，加上太平洋台风季节带来的大量台风暴雨，区域降雨多集中在晚春至夏季（5～10 月），占全年总雨量 70%以上。区域雨热同期的气候条件对自然植被和农作物的生长最为有利（蒋忠诚，1998）。而冬半年（11 月至次年 3 月）降水量占年降水量的比例较小，仅两湖盆地及鄱阳湖盆地较多，超过 40%。

3. 土壤

受气候的影响，华中和东南地区由北至南依次出现各种森林土壤。例如，东部的北亚热带主要为黄褐土和黄棕壤，中亚热带主要为红壤和黄壤，南亚热带则以红壤和砖红壤性红壤为主。此外，随地形的垂直变化，从低海拔到高海拔同样分布不同类型的土壤。本区域内土壤主要有下列六种类型。

（1）黄褐土和黄棕壤，主要分布范围北起自秦岭、淮河，南至长江，是北亚热带常绿、落叶阔叶混交林下的地带性土壤（唐永銮，1962）。

（2）黄壤和红壤，为中亚热带常绿阔叶林地带土壤的主要类型，分布范围北自长江南岸至南岭，东起沿海至云贵高原。由于地势起伏，黄壤和红壤的发育和分布在空间上交错复杂（林杭生，1988）。

（3）砖红壤性红壤，为南亚热带季风常绿阔叶林主要土壤类型（王果等，1987），主要集中于南岭和武夷山东南，并常见有散布的由紫色砂岩发育的中性紫色土。

（4）山地草甸土，主要分布于亚热带高山、亚高山、中山的山顶或山脊地带（章明奎等，2019）。该土壤类型具有有机质分解缓慢，以及常呈沼泽化、灰化的现象。其上的代表植被为亚热带山地灌丛和草甸，以及山地常绿阔叶苔藓林等。

4. 植被

华中和东南地区森林隶属中国湿润、半湿润森林带，以暖温带落叶阔叶林和亚热带东部湿润常绿阔叶林为主。植物组成以中国、日本植物亚区的中国南部亚热带湿润森林植物区系为主（林有润和蒋林，1996）。常绿阔叶林为该区域地带性植被，其中栲、石栎、青冈和樟科、茶科、木兰科、金缕梅科等树种为优势类群，在长江以北地区，落叶阔叶如麻栎、白栎、栓皮栎等比例增多。而针叶林则以马尾松、杉木、云南松、柏木等为主（倪健和宋永昌，1997）。此外，境内还分布有我国特有的孑遗树种水杉、银杉、珙桐、青钱柳、黄杉、香果树、长苞铁杉、红豆杉等。区内森林类型具体可划分为：落叶阔叶林，温性针叶林，常绿、落叶阔叶林混交林，常绿阔叶林，以及季风常绿阔叶林（王伟铭等，2019；应俊生，2001）。

落叶阔叶林和温性针叶林主要分布于暖温带落叶阔叶林区域，主要为栎林、刺槐林与赤松，而平原区则为杨柳林和刺槐林等，山地广泛分布油松和侧柏等（谢晋阳和陈灵芝，1994）。

常绿、落叶阔叶林混交林主要分布于北亚热带，为亚热带至暖温带的过渡植物类型。乔木层组成以青冈属、润楠属的常绿种类和栎属、水青冈属的落叶种类为优势种或共优势种（景春华等，2007）。

常绿阔叶林主要分布于中亚热带，乔木层以栲属、青冈属、石栎属、润楠属、木荷属为优势种或建群种，其次为樟科、山茶科、金缕梅科、木兰科、杜英科、冬青科、山矾科等（谭珊珊，2012）。

季风常绿阔叶林主要分布于南亚热带，为亚热带向热带的过渡植被类型。乔木层组成以栲属、青冈属、厚壳桂属、琼楠属、润楠属、樟属和石栎属的种类为优势种或共优势种，其次为桃金娘科、桑科、山茶科、木兰科、大戟科、金缕梅科、梧桐科等。层外植物较为发达，附生植物也较丰富，多为热带、亚热带性的一些种类。该地带现状植被以亚热带灌木草丛和亚热带针叶林较为普遍，其中针叶林以马尾松和杉木林为主（易慧琳，2016）。

另外，本区在中、南亚热带还存在红树林群落，主要分布在浙江、海南两省。浙江基本为人工栽培，主要为木榄、桐花树、白骨壤、秋茄等。

7.1.2 森林植被及资源概况

1. 森林植被的历史演变

在人类历史初期，华中、东南地区具有大面积森林覆盖，各区森林覆盖率均在 65% 以上。随着人类社会经济的发展，区域森林植被受到人类活动的频繁干扰，原始森林逐渐遭到破坏，森林资源不断缩减。到 1949 年，区域内平原丘陵和低山原始森林逐渐消失，山区也遭到严重破坏，仅深山和交通不便的片区尚存少量原始森林。例如，武夷山林区森林覆盖率下降过半（尚存 44.5%），而天目山、大别山-桐柏山林区、神农架、赣浙中部丘陵经济林区、浙闽沿海防护林区、鲁中南地区仅存原始森林覆盖率的 34.5%、51.4%、34.4%、50.6%、32.4%、10%。而长江中下游滨湖农田防护林区森林覆盖仅为 6.4%，且绝大部分是幼龄林。20 世纪 80 年代，随着植树造林、国家天然林保护工程等的实施，植被逐渐恢复（陈文汇等，2004）。到 2015 年，武夷山林区、天目山、大别山-桐柏山、神农架、赣浙中部丘陵经济林、浙闽沿海防护林区、鲁中南地区、长江中下游滨湖农田防护林区，森林覆盖率分别恢复到 68.3%、65.9%、47.5%、90.4%、60.1%、62.4%、17.4%、13.7%。

2. 森林资源现状

华中、东南地区森林植被以常绿阔叶林为主，总森林覆盖率约 38.4%，森林面积约 4402 万 hm^2，占全国森林面积的 20% 以上（表 7-1）。森林蓄积量 247782 万 m^3，占全国森林蓄积量的 14.1%。区内森林覆盖以武夷山林区、天目山林区、大别山-桐柏山林区、神农架、赣浙中部丘陵经济林区、浙闽沿海防护林区、长江中下游滨湖农田防护林区以及鲁中南地区为主体。区内人工林资源比例较大（面积 2086 万 hm^2，蓄积量 99221 万 m^3），占该区域森林面积和蓄积量的 47.4% 和 40.1%（国家林业和草原局，2019）。

表 7-1 华中和东南地区森林资源概况

	林业用地面积/万 hm^2	森林面积/万 hm^2	人工林面积/万 hm^2	森林覆盖率/%	活立木总蓄积量/万 m^3	森林蓄积量/万 m^3
全国	32369	22045	8003	23.0	1900713	1756023
湖北	876	736	197	39.6	39579	36507
河南	521	403	245	24.1	26564	20719
安徽	449	395	232	28.6	26145	22186
福建	924	811	385	66.8	79711	72937
江西	1079	1021	368	61.2	57564	50665
浙江	659	604	244	59.4	31384	28114
上海	10	9	9	14.1	664	449
江苏	174	156	150	15.2	9609	7044
山东	349	267	256	17.5	13040	9161

3. 森林的区域划分和特点

华中、东南地区常绿阔叶林以栲、石栎、青冈等樟科、茶科、木兰科、金缕梅科为优势类群；针叶林以马尾松、杉木、云南松、柏木等为主。在长江以北地区，落叶阔叶树种，如麻栎、白栎、栓皮栎等比例增多。而区域中西部是我国特有的孑遗树种水杉、银杉的原产区域。结合林分起源以及林木用途，划分为天然林区、经济林，以及防护林区。

1）天然林区

华中、东南地区主要包括：武夷山林区、天目山林区、大别山-桐柏山林区与神农架地区四个天然林区。按照所在区域气候特征，划分为北亚热带和中亚热带天然林区。其中，北亚热带是典型的常绿阔叶林分布地区，植物区系成分复杂，组成种类北部以甜槠、木荷为代表。常见的阔叶树有苦槠、青冈、石栎、栲树、南酸枣、枫香、红楠等，渐向西南，种类组成渐次增多，群落中更多地出现喜温热的常绿栲、楠树种，并有以栲树、钩栗、云山青冈为主的常绿阔叶林。伴生树种有米槠、乌楣栲、少叶黄杞、猴欢喜、山杜英、华杜英、深山含笑、华南樟、细柄蕈树以及水青冈、南酸枣等（陈世品等，2004；崔波和高增义，1990；蔺恩杰等，2022；赵常明和陈伟烈，2000）。

境内中亚热带林区植被类型复杂，种类繁多，且有大量珍稀和古代孑遗树种分布，如香果树、马褂木（鹅掌楸）、华东黄杉、天目木姜子、连香树、红椿、领春木等。由于气候、地形和人为活动的影响，中亚热带南北植物区系差异较大。北部以常绿、落叶阔叶混交林为主，优势树种包括青冈、苦槠、石栎、枫香、化香等；南部常绿阔叶林渐占优势，主要为苦槠、甜槠、紫楠、樟树、大叶锥栗、罗浮栲等。该区域主要珍稀树种有百山祖冷杉、华东黄杉、福建柏、白豆杉、长叶榧、连香树、鹅掌楸、钟萼木、香果树、长柄双花木、福建青冈栎、格氏栲、观光木、石梓、湘妃竹及南方铁杉、江南油杉、华西枫杨、长序榆、领春木、凹叶厚朴、天女木兰、黄木莲、沉水樟、浙江楠、半枫荷、花榈木（鄂西红豆）、红花香椿、银鹊树、天目紫茎、银钟树等。

2）经济林与防护林区

华中、东南地区经济林和防护林总体上位于北亚热带落叶阔叶与常绿阔叶混交林地带，包括赣浙中部丘陵经济林区、浙闽沿海防护林区以及长江中下游滨湖农田防护林区。林区以落叶阔叶树为优势类群，常绿阔叶树分布较少，由北向南有所增加。常见的落叶阔叶树种为枹树（枹栎）、栓皮栎、麻栎、茅栗、野鸦椿、三角枫、榔榆、黄檀、黄连木和山合欢等；而针叶林则以马尾松、铁芒萁、映山红和杉木等为主，但多为幼林。林区乔木层优势树种主要为岩青冈、青冈栎、石栎、卡氏槠和苦槠，其次为冬青、豺皮樟、大叶楠、紫楠、海桐和枸骨等树种；灌木层以三尖杉、金钱松、檫树等乔木和山胡椒、乌药、红叶甘姜和山拐枣等为主（廖宝文等，1992）。

此外,本区低山丘陵常见的栽培树种主要为杉木和马尾松(孙长忠和沈国舫,2000)。其中,杉木纯林主要分布于中亚热带,马尾松纯林则主要分布在北亚热带,少量与落叶栎类混交,形成松栎混交林。在平原、江、河、湖、海堤及村庄周围,多是人工营造的农田林网、护堤林、护岸林和四旁树木。树种主要为桑、槐、刺槐、榆、柳、香椿、泡桐、枫杨、苦楝、水杉、池杉、杨、乌桕和板栗等。区内江湖河汊,分布有大量芦苇、水烛、菖蒲、莲藕、芦竹等耐湿和水生经济植物(王仁卿,2001)。

4. 社会经济概况

整个华中和东南地区总人口为58069万人,占全国的41.1%,其中人口最多的为山东省(10170万人),其次为河南省(9883万人)(丁金宏等,2005;中华人民共和国国家统计局,2022)。华中和东南地区以不到全国一成的土地,汇聚了全国四成的人口,创造了全国五成的经济总量(546480亿元,中华人民共和国国家统计局,2022),占全国的48.2%,其中GDP最高的为江苏(116364亿元),其次为山东省(83095亿元)。巨大的经济总量背后是该区域森林生态系统受到较为严重的人类活动干扰(余建辉和张建国,1992)。

该区林区人口约为25627万人,其中,四大天然林区(武夷山林区、天目山林区、大别山-桐柏山林区、鲁中南林区)总人口约为6553万人,约占林区总人口数的25.57%(图7-1)。大别山-桐柏山林区的人口总数在四大天然林区中最多(4034万人,15.74%),其次为武夷山林区(1020万人,3.98%),人口最少的为神农架林区(7.85万人,0.02%)。四大天然林区GDP约为41880亿元,约占该区林区总GDP的9.12%。其中,武夷山林区的GDP最高(28104亿元,6.12%);其次为大别山-桐柏山(10562亿元,2.30%);GDP最低的天然林区为神农架林区(18.6亿元,0.004%,图7-2)。

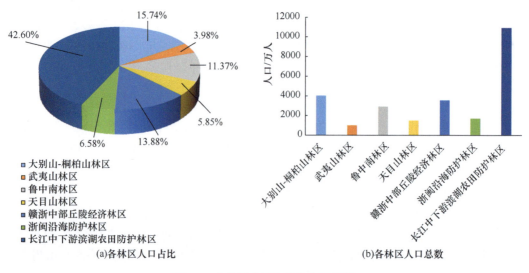

图7-1　各林区人口占比与人口总数

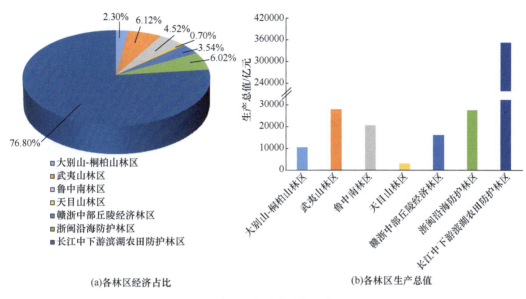

图 7-2　各林区经济占比与生产总值

(a)各林区经济占比　　　　　　　　(b)各林区生产总值

在人口分布上，天然林区远低于经济林和防护林区（余建辉和张建国，1992）。赣浙中部丘陵经济林区、浙闽沿海防护林区、长江中下游滨湖农田防护林区所在区域总人口约为 16183 万人，占该区林区总人口数的 63.14%（图 7-1）。其中，长江中下游滨湖农田防护林区的人口总数最多（10917 万人，42.60%），其次为赣浙中部丘陵经济林区（3557 万人，13.88%），人口最少的为浙闽沿海防护林区（1686 万人，6.58%，图 7-1）。三大经济林区 GDP 约为 396573 亿元，约占该区林区总 GDP 的 86.36%。其中，长江中下游滨湖农田防护林区的 GDP 最高（352673 亿元，76.80%）；其次为浙闽沿海防护林区（27644 亿元，6.02%）；GDP 最低的经济林区为赣浙中部丘陵经济林区（16256 亿元，3.54%，图 7-2）。

7.2　华中和东南地区森林生态系统质量状况及其影响因素

生态系统质量反映了区域生态系统的总体状况，通过掌握森林、草地、湿地等典型生态系统的优劣程度，在特定的时间和空间范围内，对生态系统的基本特征与健康状况进行反映。良好的生态环境对维护陆地生态系统稳定、保护生物和非生物资源以及发挥生态系统服务功能等具有十分重要的作用（欧阳志云和王如松，1999）。

华中、东南地区涵盖了我国社会经济发展水平较高的省市和区域，该区域森林具有涵养水源、调节气候、防风固沙、固碳释氧、保护生物多样性等多种生态功能。该区域森林的兴衰在影响区域生态环境的同时（李坦和张颖，2013），还将对我国甚至是全球经济与社会的发展产生重要影响（义白璐等，2015）。评价并提高华中、东南地区森林生态系统质量是可持续发挥该区域森林生态系统服务功能的基础；亦是保障区域生态安全、提升人民生活水平的关键所在；也是当前生态学界与生态经济学领域研究的热点课题（余新晓等，2005；王兵等，2011）。

7.2.1 森林生态系统质量状况

森林生态系统质量是指森林能够实现自身可持续发展又能够满足人类对森林的自然和社会经济需求的能力大小（陈强等，2015；肖洋等，2016；何念鹏等，2020）。正确客观的森林质量状况评价能为该区域森林经营管理提供重要依据。目前国内外应用的主要评估方法有：层次分析法、综合指数评估法、层次分析法+模糊综合评估法等方法（庄乾达，2016）。

本章采用层次分析法+模糊综合评估法，以各台站森林资源清查的原始数据为基础，通过对定性指标（优、良、中、差）的客观评价以及对定量指标（按照各林区数据总体分布规律，确定得分值）的综合量化，建立了一套完整的区域森林生态系统评估体系，以求对华中和东南地区森林生态系统质量进行评估，最终推测各林区的森林生态系统质量状况。具体而言，评价体系主要涉及了立地质量、森林生长状态、功能特征、健康状态四大模块，并对不同指标赋予权重，最终得到各个评价对象的质量得分。具体结果如下（表 7-2）。

表 7-2 各省市森林资源状况表

省份	森林覆盖率/%	森林面积/万 hm²	森林蓄积/万 m³	起源结构	林龄结构	优势种	空间分布
江苏	15.2	156	7044	天然林 3.31% 人工林 96.7%	幼中林 71.3% 成熟林 28.7%	杨树、樟木、榆树	西南部山区
上海	14.1	8.9	449	天然林 0% 人工林 100%	幼中林 86.3% 成熟林 13.7%	樟木、水杉、杨树	城市区域
浙江	59.4	604	28114	天然林 59.6% 人工林 40.4%	幼中林 71.1% 成熟林 28.9%	杉木、马尾松、栎树	均匀分布
湖北	39.6	736	36507	天然林 73.2% 人工林 26.8%	幼中林 84.9% 成熟林 15.0%	栎树、马尾松、杨树	西部山区
河南	24.1	403	20719	天然林 39.1% 人工林 60.9%	幼中林 77.6% 成熟林 22.4%	栎树、杨树、柏木林	西南部区域
安徽	28.6	395	22186	天然林 58.8% 人工林 41.2%	幼中林 66.7% 成熟林 33.4%	杉木、杨树、马尾松	南部山区
福建	66.8	811	72937	天然林 47.5% 人工林 52.5%	幼中林 58.7% 成熟林 41.3%	杉木、马尾松、桉树	均匀分布
江西	61.2	1021	50665	天然林 36.1% 人工林 63.9%	幼中林 83.7% 成熟林 16.3%	杉木、马尾松、湿地松	均匀分布
山东	17.5	267	9161	天然林 96.1% 人工林 3.9%	幼中林 78.6% 成熟林 21.4%	杨树、柏木、刺槐林	中、东部
全国	23.0	22000	1756000	天然林 64% 人工林 36%	幼中林 64% 成熟林 36%	栎类、桦木、杉木	东北、南部

华中、东南地区森林总蓄积量为 247782 万 m^3，约占全国森林蓄积的 14.1%（刘硕，2012；国家林业和草原局，2019）。在森林面积方面，浙江、湖北、福建和江西较高，分别达到 604、736、811、1021 万 hm^2。区域森林蓄积量较高，其中，浙江、湖北、河南、安徽、福建、江西森林蓄积达到 2 亿 m^3 以上，总体森林资源状况较好。在起源结构方面，区域森林资源主要来源于人工林，这与全国森林生态系统以天然林为主的总体起源模式略有不同。该区域人工林起源的高比例得益于退耕还林、植树造林等一系列国家政策的实施和推广，然而也造成中幼龄林比例高，成熟林比例小的现状（吕永来，2011）。

各省市的优势树种和树种的主要空间分布区域也有所差异（表 7-2）。例如，江苏主要优势树种为杨树、樟木和榆树，分布于西南部山区；而上海主要为城市绿地，主要树种为樟木、水杉、杨树，且集中于城市中、东部（杨加猛等，2014）。浙江林业资源丰富，主要优势树种为杉木、马尾松、栎树，在空间分布中呈现均匀分布的特点（蔡壬侯，1988）。湖北主要优势树种为栎树、马尾松、杨树，分布区域以西部神农架地区为主（乔秀娟等，2021）。河南位于我国中部，具有较好的水热条件，且不容易受台风等自然灾害的影响，该省优势树种为栎树、杨树、柏木林，主要分布于西南部区域（邝生舜，1991）。安徽主要树种为杉木、杨树、马尾松，且主要分布于南部山区。福建和江西区位相对较近，主要树种也较为一致，主要包含杉木和马尾松，森林空间分布在两省均呈现均匀分布的特点。山东主要为杨树、柏木和刺槐林，主要分布于中部和东部区域。

7.2.2　华中、东南地区森林质量状况评价

结合 7.1 节华中和东南地区森林生态系统自然环境、植被状况、空间分布等信息，我们定义了该区域森林生态系统质量的评价标准和指标体系（表 7-3），并从中筛选了适用于华中、东南地区主要森林生态系统类型的立地质量、森林生态状态、健康状态和综合质量几个指标体系来进行评价。对每一个指标赋予对应的权重，并根据各个林区各项指标在总区域中的得分，进一步估算其质量得分（EQ），如下：

$$EQ = \sum_{j=1}^{n} W_j \times C_j \times 100 \tag{7-1}$$

式中，W_j 为第 j 个指标的权重值（表 7-3 中括号内数字）；C_j 为对应指标的无量纲标准化值（根据所有林区各指标总体分布范围进行标准化后的数值）；n 为评价指标个数。

根据各林区森林生态研究定位站的分布情况，选择天目山、白山祖、千烟洲、古田山、神农架、秭归、天童山、三明、大别山、武夷山 10 个站点的数据来推算浙闽沿海防护林区、武夷山林区、天目山林区、大别山-桐柏山林区、神农架地区、赣浙中部丘陵经济林区六大林区森林生态系统质量概况。

表 7-3　华中、东南天然林质量评价体系及各指标权重

约束层（权重）	指标层（权重）	因子层（权重）	单位/等级
立地质量（0.12）	气候（0.03）	年均温（0.015）	℃
		年降雨（0.015）	mm
	土壤（0.09）	质地（0.02）	黏粒比例（%）
		土壤有机碳（0.05）	%
		pH（0.02）	/
森林生长状态（0.42）	森林结构（0.29）	平均林龄（0.06）	年
		平均胸径（0.02）	cm
		平均树高（0.02）	m
		植被覆盖度（0.08）	%
		叶面积指数（0.05）	/
		郁闭度（0.06）	%
	多样性指标（0.13）	物种丰富度（0.13）	
功能特征（0.33）	森林生产力（0.33）	森林蓄积量（0.18）	m^3
		净生态系统生产力（0.15）	$g/（m^2·a）$
健康状态（分等级）（0.13）	抗干扰能力（0.13）	抗病虫害能力（0.05）	优、良、中、差
		抗火灾能力（0.04）	优、良、中、差
		抗其他自然灾害能力（0.04）	优、良、中、差

综合来看，六大林区森林生态系统质量状况均处于较好水平（表 7-4）。其中，武夷山林区综合质量相对较高，达到 70.7 分，是唯一综合得分超过 70 分的林区，其次为浙闽沿海防护林区，得分 66.7 分，主要因为该区域森林具有非常良好的水热条件。天目山林区、神农架林区和赣浙中部丘陵经济林区三大林区得分较近，介于 63.6～63.8，这三大林区植被茂密，人为扰动较小，森林经营管理得当，因此具有较高的得分。而大别山-桐柏山林区质量相对较低，为 62.7 分，最主要原因该区域森林的功能特征一项得分较低，即前期森林砍伐现象严重，后期人为抚育的人工林又多处于生长中前期，因此现有森林蓄积量较小。

表 7-4　各林区森林质量评价得分

	浙闽沿海防护林区	武夷山林区	天目山林区	大别山-桐柏山林区	神农架林区	赣浙中部丘陵经济林区
立地质量（12 分）	7.3	8.4	7.4	7.9	7.6	7.9
生长状态（42 分）	28.1	27.3	27.9	26.9	24.3	26.3
功能特征（33 分）	21.3	23.9	19.4	18.1	21.3	21.3
健康状态（13 分）	10.0	11.1	9.0	9.8	10.4	8.3
综合质量（100 分）	66.7	70.7	63.7	62.7	63.6	63.8

在森林立地质量方面，武夷山林区得分最高，为 8.4 分，而浙闽沿海防护林区由于受台风危害影响（仝川和杨玉盛，2007），在此项得分较低，仅 7.3 分。在森林生长状态

方面,六大林区中神农架林区得分较低,为 24.3 分,而浙闽沿海防护林区得分相对较高,为 28.1 分,说明浙闽沿海防护林区的森林能够得到充足的水分和光照资源,生长状况良好。在森林功能特征的评价中,武夷山林区得分最高,为 23.9 分,该区域森林人为干扰小,森林多为老龄林,因此森林生产力较大,森林蓄积量较高。而在森林健康状态的评价中,武夷山林区森林抗干扰能力较强,得分最高,为 11.1 分,而赣浙中部丘陵经济林区较弱,为 8.3 分。

7.2.3　华中、东南地区森林生态系统质量的影响因素

1. 城市化进程对华中、东南森林生态系统质量的影响

1）城市化对区域存留森林的影响

华中、东南地区涵盖了长三角这一我国最大的经济核心区,区域快速的城市化给森林生态系统带来了一系列影响,如城市小气候形成、大气环境改变、森林景观格局变化、植被群落结构复杂性降低、土壤重金属污染、土壤碳库变化等（罗上华等,2012;张金屯和 Pickett,1999;Groffman et al.,1995）。伴随城市化的进程,城市内部或城市边缘地带形成大量存留森林斑块,基于地方林业及城市绿化养护管理、保护等方面的投入,本区域城市内部及边缘森林斑块质量较高。但相比于远离城市中心的郊区和农村森林,普遍认为城市内部存留森林在过去数十年城市化发展过程中遭受了更为严重的气候环境变化的影响（Carreiro et al.,1999）。城市化进程带来的化石燃料燃烧等人类活动导致大气污染加重、CO_2 浓度上升、氮沉降加剧,以及"城市热岛""城市雨岛"效应,加速了气候变化过程。这些影响程度除了反映在该区域森林植被的空间尺度上,也反映在各个城市存留森林斑块土壤的垂直结构上,具体表现是深层土壤（表土面 20 cm 或者 30 cm 以下）受到城市化带来的环境变化的影响相对表层土壤更为持久（Carreiro and Tripler,2005;Fan et al.,2014）。

2）城市化对区域森林土壤理化性质的影响

气候变化与区域大气成分改变对华中、东南地区存留森林土壤理化性质的影响,是城市化引发环境变化进而影响森林土壤碳固存的途径之一。"城市热岛"效应导致城市内部以及城市郊区森林土壤变暖现象,在空间上,从郊区到城区,随着 CO_2 浓度的升高,城区森林年平均气温比郊区样地高出约 2.1℃,城郊之间土壤温度相差约 0.7℃（George et al.,2007）,同时城郊自然林地表以下 2 cm 深度的土壤温度差异可达 3℃（Garten,2011;Pouyat et al.,2003）。而南亚热带存留森林中,城区森林土壤含水量显著减少,土壤旱化情况较郊区严重（黄柳菁,2012）。除温度与水分方面的影响外,城市化也会加重华中、东南地区森林土壤重金属污染。城区森林大气污染物浓度显著增加,使得距城市中心 45 km 范围内氮氧化合物和大部分金属阳离子浓度升高（Lovett et al.,2000）,重金属离子将随凋落物分解进入城市森林土壤矿物层并逐年富集（Pouyat and Mcdonnell,1991）。

尤其是在高度城市化的长三角地区，工业区和非工业区存留森林中土壤铅、铜以及锌的浓度均高于郊区森林斑块土壤（滕吉艳，2021），对区域森林质量造成不利影响。

2. 人为干扰对华中、东南森林生态系统质量的影响

地处中国社会经济高速发展的区域，人类干扰是影响华中、东南地区森林的生物多样性和群落结构的主要因素之一。区域森林在受到干扰后的恢复过程是评价其质量的重要方面。面对相同程度的人为干扰，处于不同演替阶段的天然林、次生林都将在物种组成、群落结构等诸多方面表现出响应以及恢复的差异（罗奕爽，2017）。例如，古田山亚热带常绿阔叶林在受到人类活动干扰后，次生林整体的物种组成和功能组成恢复较快，但就不同垂直层次而言，其灌木层和乔木层的物种组成特征仍与老龄林有差异；并且次生林植株密度和地上部分生物量等群落结构特征与老龄林也有显著差异（张田田等，2019）。人类活动带来的旅游业发展也是影响华中和东南森林林区质量的另一重要因素（张香菊和钟林生，2019）。例如，自 1990 年开展生态旅游以来，神农架生态旅游业取得了长足的发展，从 2008 年开始进入快速发展阶段，游客数量每年均有 2 万人次以上的增长，尤其是 2012 年较 2011 年增加了近 14 万人次，到 2013 年，游客量已达到52.2 万人次。旅游活动在一定程度上干扰了林区野生动物活动及栖息地的保护（彭乾乾等，2017）。与此同时，高强度的旅游活动导致植物多样性受损、植物群落结构退化、生态功能下降。而旅游废弃物对大气、水资源以及土壤等自然环境因子的破坏又进一步影响植物生长，影响森林生态系统质量。

人类活动对森林质量和功能的影响也存在积极的方面。经济发达的省份及区域在加大林业部门对森林保护与管理的投入后，区域森林质量和功能（如涵养水源、保持水土等）得到了显著地提高。湖北自 2000 年正式实施天然林保护工程以来，森林面积、森林蓄积和森林覆盖率同步增长，森林生物多样性显著增加。由于森林覆盖面积的增加，林区内水土流失的趋势得到显著控制。同样，天然林保护工程实施 10 年后，长江宜昌段的泥沙含量显著降低 30%，并持续以每年 1%的速度递减。长期的研究显示，区域森林覆盖率每减少 1 个百分点，年径流深增加 3.55 mm；而活立木总蓄积量每减少 1 万 m^3，年输沙模数增加 71.3 t/km^2（湖北省神农架林区林业管理局，2012；张洪江等，2007）。

3. 病虫害与气候变化等对华中、东南地区森林生态系统质量的影响

1）病虫害对华中、东南地区典型森林生态系统质量的影响

森林病虫害是影响森林健康的主要因素之一，是制约我国森林可持续发展的重要因素，已严重威胁我国森林资源和生态安全。在全球气候变化的大背景下，我国的气候变暖，引发森林植被和森林病虫害分布区系向北扩大，森林病虫害发生期提前，世代数增加，发生周期缩短，发生范围和危害程度加大（赵铁良等，2003）。相关研究显示，自20 世纪 50 年代以来，我国森林病虫害发生面积增长了 10 倍之多，最多年份发生面积达1.6 亿亩，目前每年发生面积一直维持在 1.2 亿亩上下，直接经济损失超过 50 亿元。目

前，我国森林病虫害发生状况依然严峻：松毛虫、杨树天牛等一批常发性病虫害尚未得到有效控制；一些次要病虫害在部分地区逐渐形成新的威胁；侵入性、毁灭性、检疫性病虫害又不断发生，灾情十分严峻。随着全球气候变暖，我国相当面积的森林生态环境恶化，加之西部大开发战略的实施、人工林面积的迅速增加，森林病虫害进一步加剧的趋势不可避免。

对华中、东南地区森林病虫害的相关研究与全国范围的趋势总体一致。1982 年在南京中山陵首次发现松材线虫引起黑松大量枯萎死亡。现该病在 6 省 1 市以及香港和台湾地区发生面积达 7 万公顷，死亡松树 1600 万株，严重威胁到安徽黄山、浙江西湖等风景名胜区的安全，并对整个中部及南部的大面积松林产生了不利影响（盛若成，2019；叶建仁，2000）。而 1979 年美国白蛾传入我国，其繁殖力强、食性杂（可危害 200 多种寄主）、适生范围广、传播速度快，导致其在包含山东和上海的六个省（市）广泛传播，成为华中、东南地区引发严重林业损失的危险性食叶害虫。在河南和江苏大面积暴发成灾的杨树食叶害虫，如杨扇舟蛾和杨小舟蛾，仅 1999 年就造成河南全省 4 亿株杨树被害 2 亿株，其中中重度受害的有 1.2 亿株，叶全吃光近 3000 万株，造成直接经济损失 3 亿多元（胡映泉，2006）。

对华中、东南地区森林生态系统而言，森林病虫害发生特点呈现：①总体上升趋势，常发性森林病虫害发生面积居高不下、偶发性森林病虫害大面积暴发，一旦发生，损失严重；②危险性病虫害扩散蔓延迅速、对区域森林资源、生态环境和自然景观构成巨大威胁；③多种次要害虫在某些区域上升为主要害虫，致使造成重大危害的病虫种类不断增多；④经济林病虫危害日趋严重，严重制约着区域经济可持续发展，限制林农脱贫致富进程（武宪刚和王敏思，2017）。

2）气候变化对华中、东南典型森林生态系统的质量的影响

（1）气候变化对森林群落结构的影响。

在全球变化的大背景下，华中、东南森林生态系统同样面临着气候变化所带来的一系列影响。其中，气候变暖，一方面能够显著促进区域森林的生长和扩张，尤其是对区域内落叶树种的影响较常绿树种更大。例如，气候变暖通过增加空气温度推动浙闽沿海防护林区森林群落的正向演替，改变森林群落物种多样性（尤其是乔木），同时在一定程度上促进森林生态系统的群落更新。

除气候变暖外，大气 CO_2 浓度升高、极端干旱等环境变化，同样是影响华中、东南区域森林生态系统结构的重要因素。例如，大气 CO_2 的升高，在对森林植物生长，冠层结构、生物量增量分配、凋落物质量和根质量，以及土壤生态过程、微生物共生体及土壤有机质周转率、营养循环产生影响基础上，将对该区域森林生态系统生物要素、群落内植物间对资源的竞争关系产生影响，进而调控森林植被的结构组成（赵平等，2001）。极端干旱事件的发生，对区域森林乔木层的影响较大，如 2013 年长江中下游所发生的极端干旱事件，导致树木死亡，造成区域 1.10 Pg 的植被碳汇损失（Yuan et al.，2016）。

（2）气候变化对区域森林生态系统功能及稳定性的影响。

气候是驱动森林生态系统生产力（净初级生产力）、生物量、碳储量及木材蓄积量的重要因素，对生态系统功能以及稳定性具有重要影响。以神农架林区为例，其常绿、落叶阔叶混交林生态系统的综合质量评价值与净初级生产力间具有显著的正相关关系。李敏等（2019）利用 CEVSA2 模型对 1981～2015 年神农架林区森林生态系统净初级生产力进行的研究表明，影响净初级生产力变化的主要环境因子为总辐射、年均温和年降水量。年均温升高是区域净初级生产力显著升高的关键因素，可解释研究区森林生态系统净初级生产力年际变异的 43%，年均温每升高 0.1℃，NPP 增加 3.16 g/m²；总辐射和年降水量的年际变异可解释净初级生产力年际变异的 16%，但前者与净初级生产力的变化呈正相关，后者则与净初级生产力呈负相关。1981～2015 年神农架林区气候整体表现为暖干化趋势，环境因子的变化均有利于植被生长，因此森林生态系统 NPP 呈现显著上升趋势。

气候变暖还将对区域森林碳储量产生重要影响。例如，福建林业碳汇的相关研究显示，由年均温引起的林木碳储量变化的权重占到了 10.29%，甚至于超出了区域森林抚育面积的权重（0.56%；陈星霖，2018）。在碳循环以外，增温还将影响森林凋落物的分解、土壤有机质的矿化等过程，调控森林生态系统的养分周转（窦荣鹏，2010），间接影响生态系统的稳定性。

此外，气候变化引发的干旱对森林净初级生产力也有显著的影响。赵林等（2014）针对湖北森林的研究表明，随着干旱程度加重，森林植被的平均生产力水平均呈现降低趋势。在正常情况下，森林生态系统净初级生产力的平均值为 1147.4 g C/（m²·a），而发生轻度、中度和重度干旱时，净初级生产力分别会降低 26.1%、32.7%和38.3%，可见随着干旱程度的加重，植被净初级生产力降低，森林的综合质量也表现为下降状态。

3）自然干扰对华中、东南地区森林生态系统质量的影响

森林火灾严重影响森林生态系统的结构、服务和功能。近年来，全球变化导致华中和东南地区气候变暖和极端干旱事件发生的强度、频度和持续时间显著增加，该区域森林火灾事件有进一步扩大的趋势，未来将对森林生态系统质量产生严重影响。例如，位于赣浙中部丘陵经济林区的江西仅在 2007 年就发生的森林火灾多达 326 起，过火面积超过 4542 hm²，森林受灾面积达到 2053 hm²。森林火灾直接导致林木死亡，降低森林生态系统的生物多样性和稳定性，改变生物地球化学循环过程，破坏森林结构。通常，低强度火烧会通过降低森林郁闭度以及增加土壤中养分含量来促进植物物种多样性，而高强度火烧则会抑制植物物种多样性（董灵波和刘兆刚，2020）。此外，森林火灾可以通过间接改变森林地表覆盖物状况，削弱森林生态系统的水土保持功能，引发泥石流、山洪、滑坡等其他自然灾害，进一步改变森林生态系统的质量状况。

台风和冰冻雨雪作为浙闽沿海防护林区的又一重大自然干扰因子（仝川和杨玉盛，2007；张巧琴，1988），对森林生态系统的结构和功能、生物多样性等方面产生重大而深远的影响。福建、浙江、江苏、山东和上海作为区内台风灾害的敏感区，台风显著

影响该地区森林生态系统质量。台风带来的大风和强降雨折断树木枝干，造成土壤松动、引发次生灾害，破坏森林生态系统的整体结构和稳定性（洪奕丰，2012）。例如，2016 年第 14 号超强台风"莫兰蒂"造成我国浙闽沿海防护林区常绿针叶林、混交林大量破坏，而这种损失与森林所处的高程、坡度、坡向等密切相关。雨雪冰冻的机械性压迫会导致林木枝条断梢或倒伏，低温会致使林木冻死和冻伤，直接或间接地影响森林生态系统质量。2008 年雪灾对浙闽沿海防护林区的古田山亚热带常绿阔叶林造成了巨大破坏。针对古田山 24 hm² 常绿阔叶林群落的前期相关研究发现，此次灾害对物种的破坏具有选择性（曼兴兴等，2011）；另外，灾后所有径级树木阶段死亡率均大于补员率（金毅等，2015）。尤其是大径级，死亡率是补员率的几倍到几十倍。与此同时，经过极端雪灾干扰后，幼苗样方内幼苗密度和物种多样（Simpson 多样性）显著增加，但幼苗死亡率和物种丰富度并没有显著变化。这说明极端干扰没有对幼苗群落造成灾难性的破坏，反而有利于幼苗群落内幼苗的更新，并且增加了幼苗群落的均匀度（王云泉等，2015）。此外，冰雪灾害对森林群落谱系结构的影响是非随机的，在不同空间粒度、径级水平和地形生境中，群落谱系结构多朝着聚集格局发展，植物群落趋于谱系保守。

此外，其他自然灾害干扰活动，如地质灾害（如崩塌、滑坡、泥石流等）和林业有害生物等，也会深刻影响该区域森林生态系统质量状况（南岩，1993）。以神农架林区为例，林区内平均河床落差大，降水强度也大，易发生山洪灾害。暴雨的破坏力极大，且地质以板岩、页岩为主，容易崩塌，造成山体滑坡等。此外，神农架林区受冷暖气流交汇的影响，暴雪和冰冻灾害经常出现，影响着森林生态系统的稳定性，也造成保护动物（如金丝猴）季节性食物短缺、生病死亡等。而随着全球气候变暖，神农架林区森林火灾隐患加剧，林业有害生物也时有发生。而这些情况在其他林区，如武夷山林区、大别山-桐柏山林区、天目山林区等亦普遍存在。

7.3　华中和东南地区森林管理状况及面临的挑战

华中和东南涵盖了我国经济、工业、金融快速发展的省（市）地区。境内森林生态系统是该区域社会经济可持续发展的基础，其防洪保土、防风固沙、调节气候等功能是区域人类健康和精神需求的保障。自中华人民共和国成立，特别是进入 21 世纪以来，党中央及地方对林业建设逐渐重视，在颁布《中华人民共和国森林法》及其实施条例的基础上，先后确立了"普遍护林，重点造林，合理采伐，合理利用""以营林为基础，采育结合，造管并举，综合利用，多种经营""严格保护，积极发展，科学经营，持续利用"等方针政策，推动了华中、东南地区林业建设进入快速发展时期，森林资源得到恢复和发展，取得了巨大成就。

森林经营管理，就是各级林业主管部门根据《中华人民共和国森林法》的规定，对森林资源所采取的保护、合理利用、及时更新、科学培育，以提高森林的产量和质量，充分发挥森林多种效益的各种行政措施的总称，包括对各项森林经营活动进行决策、规划、组织、指挥、协调和监督等。然而，华中、东南地区的林业管理与我国林业建设总体的情况相似，同样存在"重造轻管、重采轻育、重量轻质"现象，以及森林资源总量不足、质量效益不高、生态系统退化、生态功能脆弱、生态产品和木材等林产品短缺等问题，严重制约着经济社会可持续发展[①]，但从区域内部的差异来看，林业管理带来的森林资源的增长在空间上表现出沿海发达地区发展相对较快的规律（王招英和姜伟，2004），这在一定程度上体现了区域经济对林业资源管理的影响。

7.3.1 森林生态系统管理的国家政策和重大需求

按照尊重自然、顺应自然，坚持生态优先、保护优先、保育结合、可持续发展的原则，1984 年第六届全国人民代表大会常务委员会第七次会议首次通过了《中华人民共和国森林法》，并在之后的第九届全国人民代表大会常务委员会第二次会议、第十一届全国人民代表大会常务委员会第十次会议以及第十三届全国人民代表大会常务委员会第十五次会议进行修订完善。修订后的《中华人民共和国森林法》着重强调"森林保护"。在具体内容上，包含了公益林补偿、重点林区转型发展、天然林保护、护林组织和护林员、森林防火、林业有害生物防治、林地用途管制、古树名木和珍贵树木保护、林业基础设施建设等方面，明确了政府、林业主管部门以及林业经营者各自承担的森林资源保护职责。其中，完善天然林保护制度是重中之重。新修订的《中华人民共和国森林法》规定，国家实行天然林全面保护制度，严格限制天然林采伐，加强天然林管护能力建设，保护和修复天然林资源，逐步提高天然林生态功能。

近年来，为推动森林资源可持续经营管理工作，我国先后制定了《全国森林资源经营管理分区施策导则》《森林经营方案编制与实施纲要》《县级森林可持续经营规划编制指南》《森林经营方案编制与实施规范》《简明森林经营方案编制技术规程》等一系列指导性文件，为各地开展森林资源可持续经营管理工作起到了积极的推动和指导作用。华中和东南地区森林是国家重要的自然资源和战略资源（王兵等，2011），区内不断深化森林采伐管理制度改革，遵照森林生态系统经营管理的特点和采育结合、保育结合的要求，在符合条件的区域推行疏伐体制，实行梯度经营，打破主伐与培育采伐的界线，建立以经营采伐为核心的生态系统经营管理体系，不断调整和优化生态系统结构，维持森林生态系统的健康与稳定。

然而，由于华中、东南地区森林类型多样，森林资源可持续经营管理面临很大的挑战性。为了探索不同地区、不同森林类型的森林资源可持续经营管理模式，区域林业管理以典型引路，大力开展森林资源可持续经营管理试点。

7.3.2 华中和东南地区森林生态系统管理经营的发展历程

森林系统自然演替规律和人类需求随社会进步都在不断变化。在发展过程中，华中、东南地区森林资源管理经历了 4 个发展阶段（李少宁等，2002；林群等，2007）。

---

① 国家林业局. 2016. 全国森林经营规划（2016—2050 年）。

1）单纯采伐利用

此阶段森林资源总量丰富且多为原始林，生产生活来源主要依靠木材采伐，致使大面积森林开垦为农地，甚至荒芜。华中、东南部分省（市）地区属于我国木材生产基地，如全国近 22%的杉木材分布在这一地区（郭群，1988）。区域社会经济的快速发展，引发木材的建设需要剧增，而当时林业政策又以木材生产为重点，致使区域内大面积常绿阔叶林遭到砍伐，尤其是 20 世纪 50 年代末的"全民大炼钢铁"。此阶段，境内成立大量伐木场以木材砍伐来保障经济发展需求（童冉等，2019）。

2）永续利用

伴随全国范围内开始强调木材资源的永续利用，区域先后制定了"以木材生产为中心""以营林为基础""以林为主、多种经营、综合利用、全面发展"的指导思想（李秀辉和戴瑞杰，2009）。通过调整林龄结构，在一定经营范围内均衡地生产木材，强调年采伐量等于年生长量，注重森林资源能不断提供林木产品，把森林生态系统服务置于从属位置。以林业实现基地化、丰产化、机械化为目标，组建大批国营林场，加强森林经营管理工作力度。如河南在解放初期全省森林覆盖率仅 7%左右，水旱风沙灾害不断，随着大力开展封山育林、植树造林，豫西山区森林有所恢复，豫东、豫北平原营造了农田防护林林带、林网和防风固沙林。先后建立国营林场 88 个，林场 26000 余个，使广大山区、平原、沙地的成片森林加强了经营管理，使得森林覆盖率达到 12.5%（刘元本等，1983）。

3）森林可持续经营

森林永续利用这一理论主要是为以木材生产为核心的传统林业服务的，但已不能适应新形势对现代林业发展的需要（林群等，2007）。2003 年 6 月 25 日颁布的《中共中央国务院关于加快林业发展的决定》确定加快林业发展的指导思想，即"以邓小平理论"和"三个代表"重要思想为指导，深入贯彻十六大精神，确立以生态建设为主的林业可持续发展道路，建立以森林植被为主体、林草结合的国土生态安全体系，建设山川秀美的生态文明社会，大力保护、培育和合理利用森林资源，实现林业跨越式发展，使林业更好地为国民经济和社会发展服务。至此，我国正式确立了"林业可持续发展"的指导思想。通过实行集体林权制度改革，把集体林地经营权和林木所有权落实到农户，确立农民的经营主体地位，进一步解放和发展农村生产力。通过林权改革，1988~2008 年，福建森林覆盖率由 41.18%上升至 63.12%，人工林蓄积量达 1.96 亿 m^3；江西森林覆盖率由 35.94%上升至 62.67%，人工林面积为 275.25 万 hm^2（周峻，2010）。安徽通过实施森林限额采伐制度、退耕还林补助政策使得全省森林面积和活立木蓄积量分别提高 8.5%和 28.3%（张天阳，2014）。

4）森林生态系统管理

森林生态系统管理是基于森林资源在社会发展中的作用，以及对森林资源不合理利用造成环境污染等问题的认识而形成。森林资源可持续发展理论因森林资源合理有效利用的普遍共识应运而生，而作为森林可持续发展的有效手段，森林生态系统管理已进入实施阶段（石小亮等，2017）。森林生态系统管理是对传统森林经理的继承与发展，从"人类-自然资源-社会"大系统出发，合理解决各因素间的矛盾，能同时满足区域发展对森林资源的生态需求、经济需求以及社会需求，实现经济、生态和社会价值的统一发展（徐国祯，1997）。总目标是维持生态系统的完整性，具体包括维持生物多样性、保护生态过程、激发物种和生态系统进化潜力等，是在景观水平上维持森林全部价值和功能的管理战略。

7.3.3　典型林区森林经营管理现状分析

根据《全国森林经营规划（2016-2050 年）》，到 2020 年，森林经营取得重大进展，中国特色的森林经营理论、技术、政策和管理体系基本建立，森林可持续经营全面推进，森林总量和质量持续提高，森林经营支撑体系基本建成。技术标准体系初步建立，科技支撑能力逐步增强，修订《造林技术规程》《森林抚育规程》《低效林改造技术规程》等森林经营核心技术标准，增强了规程的操作性和可控性，有效推动了森林经营规范开展。人才培训不断加强，森林经营专业队伍初步形成，提高了林业人员的业务水平，夯实了森林经营人才基础。国际交流合作务实推进，初步探索出一条与国际接轨且符合中国实际的森林经营道路。但是森林经营仍是林业建设的短板，林地生产潜力尚未完全发挥。

1. 武夷山林区

福建武夷山有我国东南地区现存面积最大而且保留最为完整的国家级自然保护区（黄培兴，2016）。武夷山生态公益林面积共计 10.3 万 hm^2，占武夷山市总林地面积的 43.3%。武夷山林区进行国有林业企业改革、木材流通与经营体制改革、林业管理体制改革、集体林产权明晰化改革。但是在改革总体方案中忽视了对林业市场体系的培育工作，特别是没有采取有效的措施促进林地使用权转让市场，活立木交易市场的发育不完善。林委机关内部林业行政管理职能与林业咨询服务性事业工作仍未分开。武夷山林区的森林经营管理现状如下。

（1）武夷山林区严格执行限额采伐制度，规范采伐审批管理，对铁路、公路、河流两侧一重山和天然林实行禁伐，并加大阔叶树种苗培育，改善林分结构。武夷山林区限制随意开垦茶山，2012～2016 年，武夷山市整治违规茶山面积 0.23 万 hm^2，已全部完成退茶还林。

（2）落实森林防火责任制，加强森林火灾预警监测和扑救指挥系统建设，建成市级扑火队伍 3 支共 190 人、乡镇级扑火队伍 28 支共 700 人，全市 115 个行政村都建立了 20～30 人组成的扑火队伍。

（3）目前公益林建设存在不足，如补偿标准太低且补偿方式过于单一；相关政策制度不完善；生态公益林森林资源遭到破坏；树种结构不合理，未完全发挥其生态功能。

（4）缺乏主导产品或主营项目的国有林业企业改制，国有林业企业采取股份合作制形式改制时，要注意适当集中股权。例如，武夷山市上饶木材转运站采取股份合作制改制后仍然没有生机，主要原因是近年已无木材流送任务，企业失去了主营项目。

2. 天目山林区

天目山林区植物区系起源古老，植被类型比较丰富，主要由马尾松林、黄山松林、化香林、白檀林、黄檀林等北亚热带地区的森林群落和栓皮栎林、麻栎林、槲栎林、油松林等典型的温带地区的森林群落组成。国有天目山林场主要负责国有森林资源的保护和经营管理，经营总面积 0.39 万 hm^2，区划经营 15 个林班，116 个小班，全部被区划界定为省级公益林，以保护为主（游诗雪等，2016）。天目山林区的森林经营管理现状如下。

（1）天目山林区整体林木水平分布格局为团状分布。天目山针阔混交林物种丰富，结构相对合理，林分处于较为稳定的状态。天目山林区采取退竹还林、山核桃林混交改造等措施，逐步改善林相的单一性，如天目山镇一都村针对该村退化竹林经济效益低、景观效果差的现状，积极开展退耕还林行动，种植浙江樟、浙江楠、红豆杉等珍贵树木2 万余株，面积 13.3 余公顷。

（2）天目山林区推动集体林权制度改革不断向纵深发展，进一步探索林地所有权、承包权、经营权三权分置，创新林权抵押贷款模式，让森林资源成为推动农村集体经济发展的"活资产"，逐步兑现森林资源效益。

（3）大力推进山核桃和竹笋两大经济林生态化改造，传统特色产业提档升级。大力发展森林旅游和休闲产业，森林休闲经济成为林农增收致富"新引擎"。

3. 大别山-桐柏山林区

大别山-桐柏山林区是我国重要的生态功能区和长江中下游地区重要的生态安全屏障（刘刚，2010），加强对森林资源保护管理责任落实情况的监督，对因工作不作为和乱作为，造成植物资源破坏严重、珍稀树木大量流失的，坚决进行问责。大别山-桐柏山林区的森林经营管理现状如下：

（1）大别山-桐柏山林区森林资源丰富，但长期以来受传统重农轻林思想的影响，经济发展落后，对森林利用较片面，过于依赖速生林，病虫害防治依赖化学农药，严重影响林木正常生长发育，影响林业建设质量和成效。

（2）大别山-桐柏山林区大面积可造林地少，增加森林面积的空间有限。龄组结构不合理，中、幼龄林比例大，近、成、过熟林比例小，质量不高，灌木林、次生林面积大，森林经营方式落后，管理水平低，经营效益亟待提高。

（3）转变林业产业结构，大别山-桐柏山林区紧紧抓住国家加大生态建设投资力度的契机，通过积极的林业产业结构调整，林业生产转向以森林培育为主，森林生态旅游、保护生物多样性、木材生产、种苗繁育等多种形式并存的全面发展新局面，促进了山区生态、社会、经济共同发展。

（4）近年来，随着林业生态建设步伐的加快和集体林权制度改革的深入开展，大别山-桐柏山区森林面积和森林蓄积量持续实现双增长，森林覆盖率逐年提高，对森林采伐、征占用林地审批、森林防火、野生动物保护、有害生物防控等方面的资源管护工作领导加强。

4. 神农架林区

神农架林区是我国华中地区唯一的原始森林生长区，也是长江流域最大的中生性混交林区之一（王献溥，1995）。全区土地面积 3253 km²。全区林地总面积 31.3 万 hm²，其中国有林面积 19.8 万 hm²（经营区国有林林地面积 12.7 万 hm²，保护区林地面积 7.1 万 hm²），集体林林地面积 11.5 万 hm²，经营利用区活立木总蓄积量 1609 万 m³，森林覆盖率 91.1%。现神农架林区全面停止天然林砍伐、全面实施天然林保护工程和退耕还林工程。主要的森林经营管理现状如下。

（1）神农架国家公园体制试点实施以来，全面完成立法、总体规划、智库制度和管理能力建设，全力推进稀缺资源保护、生态移民搬迁、开发活动控制、特许经营与旅游活动规范管理等试点任务，开始构建生态保护新模式。

（2）依据《湖北省天然林保护条例》，规范森林抚育管理，提高森林经营水平。神农架林区对国有林中的幼龄林和中龄林，以及集体和个人所有的公益林中的幼龄林和中龄林进行森林抚育，国家级公益林不纳入森林抚育范围。

（3）神农架林区标本兼治，群防群控，严防死守，实现了全区连续 36 年无大的森林火灾、森林病虫害的发生。实行森林防火保证金制度，现有 17 个护林防火责任单位，推动和促进行政领导森林防火制度的落实。

5. 赣浙中部丘陵经济林区

赣浙中部丘陵经济林区利用当地特殊气候环境条件和乡土优良经济林品种发展经济林，马尾松、杉木林面积占比较多，通过低效林改造和应用新技术等措施提高经济林产量。江西新增经济林种植面积 4 万余公顷，经济林已逐渐发展成为当地林农增收的"绿色银行"（康海平和张德志，2011）。赣浙中部丘陵经济林区的森林经营管理现状如下。

（1）丘陵经济林区护林员队伍建设、森林采伐管理制度有待加强，生态效益补偿制度需要完善并细化，有关管理机制落实力度尚小。

（2）林分结构不合理，造林成效不理想，多以纯林栽培，不利于生物多样性和生态平衡。过度施肥、喷洒农药带来环境、产品污染，经济林立地条件差。

（3）经营管理粗放，经济效益低下，人为干扰严重。在人口较稠密的低丘陵区，马尾松过度打枝，树冠呈毛笔状，影响林木正常生长。

6. 沿海防护林区

沿海防护林在防御海啸和风暴潮等自然灾害，以及保持水土和涵养水源等方面发挥重要作用（王祝雄，2008）。防护林的建设使生态功能增强，经济效益、社会效益显著提高。虽然目前沿海防护林体系进展良好，但是仍存在一些问题。现状如下：

（1）因地制宜，采用优势造林树种构成沿海防护林区，林分更新以天然更新和人工促进天然更新为主、人工更新为辅。沿海防护林区建立以防台风、海潮、海风，保持水土，以及涵养水源等为主要功能的防护林体系。近海地带应重点发展海岸基干林带；内陆低山丘陵区建设水源涵养林、水土保持林；平原区以农田林网、村镇绿化建设为主。

（2）推进沿海防护林立法，明确关于完善森林资源保护发展目标责任制和考核评价制度，建立完善森林生态效益补偿机制，对沿海农田的占用、处置进行补偿。严格规范征用防护林的审批手续，加强防护林更新采伐及旅游经营活动管理，追究无故毁坏防护林的相关法律责任及森林植被恢复费。

（3）沿海防护林区森林经营管理目前仍存在建设目标定位不高、建设理论观念滞后、缺乏宏观等级结构性、防护林自我维持能力较弱、可持续性不强等问题。

7. 长江中下游滨湖农田防护林区

以农田防护林带、护路林带、护岸（渠）林带等为主的防护林是构建农田防护林网的基本骨架，防护林建设历来是平原绿化各林种布局的重中之重（王忠林，1989）。长江中下游滨湖农田防护林体系通过发挥改善小气候、防风固沙、保持水土、改良土壤等防护效能，可有效防止或减轻自然灾害，特别是气象灾害对农作物的危害，庇护作物健康生长，促进粮食稳定增产。经过多年不懈的努力，长江中下游地区森林资源显著增加，森林多种效益巨大。但在森林经营管理过程中，也存在一些突出问题。主要表现在以下方面。

（1）农田防护林体系与农业生产，特别是与新增千亿斤[①]粮食生产能力的需求相比，还有很大差距，现有农田防护林网难以满足农业特别是粮食稳定增产的要求。具体体现在平原农区森林资源总量不足，农田防护林网结构不合理，一些已建防护林网由于建设标准低、建设时间长、管理不到位等原因，存在树种单一、结构简单，甚至缺带断网等严重退化现象。

（2）土地利用难统筹，绿化用地难落实。长江中下游地区的林业与农业密不可分，农田防护林网依赖土地而存在。但由于平原区人多地少，特别是土地承包到户后，难以对土地统筹使用，要让农民拿出耕地建农田林网难度很大，在相当程度上制约了平原绿化的进一步发展。此外，村庄绿化在平原绿化工程中尚属薄弱的环节，随着近年新农村建设的推进，村屯周围四旁植树用地权属问题越来越明显，如村旁、水旁、路旁及村中隙地，土地使用权已落实到户，难以集中调配使用，在群众植树造林积极性不高的情况下，四旁植树难以实施，"有村无树""有房无绿"现象还比较普遍。

（3）农田林网的造林树种中，杨树比例很大，树种过于单一。结构布局多是路渠两侧一边一行树，或一边两行树，或一边三行树，乔灌草花相结合的复合林带比较少。整

---

① 1 斤=500 g。

体水平不高还表现在网、带、片、点结合不好，林网的标准化、规范化程度不高，缺乏有机结合，部分地区绿化布局不合理，没有体现出绿化区域优势，整体效益欠佳。

8. 鲁中南林区

鲁中南林区是山东山地面积最广的地区，森林覆盖率低，分布不均匀，人均占有量少，植被类型丰富，全区植被种类高达 1500 种。由于历史原因和社会变动，鲁中南地区的森林资源受到严重的破坏。鲁中南林区的主要森林经营管理现状表现在以下几个方面（李华润和刘炳英，2000）。

（1）林分林龄结构不合理，森林总体质量不高。鲁中南地区以幼龄林为主，多为人为造林，天然林面积小。天然林遭受人为破坏严重，城乡建设占用大量林地面积。

（2）鲁中南地区制定相关森林经营管理政策。遵循积极培育、严格保护、分类经营、永续利用的原则。对自然条件较差的新造幼林地，科学划定封育区，实施封山育林。实行森林生态红线保护、退耕还林制度，坡度 25°以上的梯田、坡耕地，应当逐步实行退耕还林。退耕还林可享受国家和省规定的资金补贴和粮食补助等政策。

（3）国家和集体所有的森林、林木及林地，个人所有的林木和使用的林地应当依法登记造册，核发证书，确认所有权或者使用权。根据本地区森林资源状况，制定林业发展总体规划。

7.3.4　华中和东南地区森林经营管理面临的挑战

森林可持续经营成为 21 世纪林业发展的方向，它是政府的要求，是追求长远的经济和商业利益、满足当代和后代需求以及降低环境和社会风险的必然所在。森林可持续经营包括对森林经营的全面考虑，即森林本身的状态，森林提供的全部产品和服务，以及为保障可持续目标的实现而从政策法律、经济和制度方面提供相应的保障条件和机制。目前华中和东南地区的森林经营管理工作面临着一系列的挑战。

1. 天然林

天然林保护工程是国家为应对资源和生态危机而采取的一项森林的应急措施（庄作峰，2008）。华中和东南地区天然次生林人工林化严重，低质低效林面积大，急需抚育的中幼龄林多，森林抵御雨雪冰冻等灾害的能力弱。资源减少和生态恶化对林区居民的生活和经济产生了巨大压力，已成为制约区域及地方经济发展的关键（刘亚培等，2022）。

天然林保护工程的最终目标不是通过禁伐或限伐使天然林在近期实现休养生息，而是要实现森林生态系统良性循环和林产业的健康发展。从近期看，天然林保护工程的阶段性目标和所采取的行动是清晰的，但远期的目标以什么样的途径实现，是对林业工作者的一个挑战。一方面，"保存还是保护？"是许多林业发达国家在其林业发展历史上均提出的一个命题。另一方面，如何实现以可持续的方式管理天然林资源是林业工作者的另一个挑战。保育、保护森林远非一个简单的禁伐或限伐问题，森林与所有的环境与发展问题和机会有关。森林为社区综合发展服务，这也是当地人的基本权利的一部分，保护、培育与合理利用的有机结合是天然林可持续发展的内在要求。但如何实现这种有机结合，即如何以一种可持续的方式管理天然林，是一种挑战（陆元昌和张守攻，2003）。

2. 人工林

人工林是森林资源的重要组成部分，是缓解采伐天然林资源提供木材供给的有效补充，同时还在生态修复、景观重建和环境改善方面发挥着重要作用（陈幸良等，2014；黄世国和林思祖，2001）。为了实现经济效益和生态效益的统一，华中和东南地区政府大力推进人工商品林集约经营，提高森林经营强度，积极改造低效退化林分，提高森林质量和林地产出。尽管人工林大面积增加，但人工林树种仍比较单一且结构简单、生物多样性低。近年来，人工林病虫害防治能力低、水土保持能力弱、生态和经济效益较差的问题逐渐凸显。

此外，人工林大径林木和珍贵用材树种较少，优质木材供需的结构性矛盾十分突出等问题成为华中和东南地区乃至全国人工林发展面临的系列挑战。因此，在进行人工林基地的规划设计中，首先要做好造林树种的规划设计，应将树种布局放在重要位置，编制造林基地的备选树种名录，并根据造林目的、立地条件和人工林的发展要求提出树种的选择与布局，包括针叶树、阔叶树、速生树种、珍贵树种等，并提出这些树种发展的适当比例、规模与配置要求，落实到山头地块（王云霖，2019）。

3. 城市森林

从城市化进程来看，城市森林被看作削减环境污染、提供游憩空间和漂亮景观、改善社区居民关系的重要途径。自 20 世纪末以来，华中和东南地区城市化水平快速提高，带动了城市森林建设的快速发展，极大改善了城市森林生态，提升了城市宜居水平（吴泽民，2005）。《林业发展"十三五"规划》也明确指出，"让森林走进城市，让城市拥抱森林，以自然为美，把好山好水好风光融入城市，充分发挥森林在改善城市宜居环境和城市现代风貌方面的独特作用，增加城市绿色元素，使城市森林、绿地、水系、河湖、耕地形成完整的生态网络"。

在城市化进程中，城市森林发展的一个重要特点是，城市森林与城市化同步发展。随着森林面积增加，华中和东南地区景观水平、生物多样性、冷岛效应、削减大气污染和固碳释氧能力、居民和游客休闲游憩质量等都得到了实实在在地提升（桂来庭，1995）。但是，由于自然地理和社会发展历史原因，华中和东南地区森林覆盖率还是比较低。因此，如何在有限土地上，采取经营技术，优化森林群落结构，提升森林质量，成为城市森林经营的关键问题。

4. 滨海森林

华中和东南地区拥有着多元化的自然生态体系，然而该地区自然生态体系在气候变化引发的灾害面前也暴露出了更多的脆弱性。由于森林具有庞大的树冠和深入土层的强大根系，森林生态系统可以有效降低受灾体的暴露程度，减缓灾害冲击。现阶段，华中地区以水源涵养林、水土保持林、护岸林为重点，加快中幼龄林抚育和混交林培育；而东南沿海地区，则以提升防灾减灾能力为重点，加快红树林等海岸基干林带建设。

以滨海森林为例，一方面其可以有效消浪缓流、防治岸线侵蚀，从而抵抗风暴和台风等海岸带灾害的负面影响，增强海岸带的生态和社会经济韧性（廖宝文，1992）。另一方面在保持水土和涵养水源方面作用巨大。水土流失是破坏森林导致的最直接的严重后果。沿海防护林的林冠层、枯枝落叶层、土壤根系层，能够有效地截流降水、增加入渗、减少地表径流、降低流速、保持水土。此外，滨海森林在防风固沙和保护农田方面作用巨大。森林植被可以增加地表空气阻力、降低风速、改变局部的风向，林木根系具有明显的固土和改土作用。二者综合作用可减轻气流对表土的吹蚀，起到明显的防风固沙作用。此外，红树林还可以随着海平面上升而促淤造陆、抬升滩涂地表高程，长期看可以降低防护设施的维护费用。但是，随着全球气候变暖，中国海平面上升趋势加剧。由此引发海水入侵、土壤盐渍化、海岸侵蚀，损害了滨海湿地、红树林和珊瑚礁等典型生态系统，降低了海岸带生态系统的服务功能和海岸带生物多样性。因此，亟须加强生态监测评价体系建设，深化遥感、定位、通信技术全面应用，构建天空地一体化监测预警评估体系，实时掌握全国生态资源状况及动态变化，及时发现和评估重大生态灾害、重大生态环境损害情况。

7.4 华中和东南地区森林生态系统的优化管理及主要模式

7.4.1 华中和东南重点区域的优化管理和模式

1. 赣浙中部丘陵区

1）山地丘陵区

本区土壤类型中红壤占一半以上，广泛分布在海拔 500 m 以下的丘陵岗地，以江西红壤盆地最为典型。植被以我国特有的亚热带山地常绿阔叶林为主，是重要的动植物种质基因库。由于森林过度砍伐，毁林毁草开垦，植被遭到破坏，水土流失加剧，泥沙下泄淤积江河湖库，影响农业生产和经济发展（赵玉皓等，2018）。

本区以天然林草资源保护、林草资源经营和退化森林修复为重点，加强典型生态系统、热带雨林、自然景观、濒危物种和重要经济物种保护，加强水土保持，防治石漠化。开展沿江、沿路、绕湖、绕城防护林体系建设，加强中幼龄林抚育和低质低效林改造；大力开展山地草场生态改良、石漠化和崩岗综合治理、坡耕地水土流失综合整治；加强自然保护区建设及珍稀濒危物种拯救保护，实施重要水生生物增殖放流（欧阳帅等，2021）。

2）红壤丘陵山地生态脆弱区

该区主要分布于我国长江以南红土层盆地及红壤丘陵山地，生态环境脆弱性表现为：土层较薄，肥力瘠薄，人为活动强烈，土地严重过垦，土壤质量下降明显，生产力逐年降低；丘陵坡地林木资源砍伐严重，植被覆盖度低，暴雨频繁、强度大，地表水蚀严重。重要生态系统类型包括：亚热带红壤丘陵山地森林、热性灌丛及草山草坡植被生态系统，以及亚热带红壤丘陵山地河流湿地水体生态系统。重点保护区域：南方红壤丘陵山地流水侵蚀生态脆弱重点区域、南方红壤山间盆地流水侵蚀生态脆弱重点区域（陈樟昊等，2017）。

本区生物措施和工程措施并举，加大封山育林和退耕还林力度，大力改造坡耕地，恢复林草植被，提高植被覆盖率。山丘顶部通过封育治理或人工种植，合理调整产业结构，因地制宜种植茶、果等经济树种，减少地表径流，防治土壤侵蚀。

2. 水源涵养与生物多样性保护重要区

1）大别山-桐柏山水源涵养与生物多样性保护功能区

该区位于河南、湖北、安徽 3 省交界处，属亚热带季风湿润气候区，植被类型主要为北亚热带落叶阔叶与常绿阔叶混交林，具有重要的水源涵养功能，是长江水系和淮河水系诸多中小型河流的发源地以及水源水库的涵养区，也是淮河中游、长江下游的重要水源补给区；同时该区属北亚热带和暖温带的过渡带，兼有古北界和东洋界的物种群，生物资源比较丰富，具有重要的生物多样性保护价值。长期以来，由于滥砍、滥伐、滥牧、滥樵等原因，天然林多被破坏、森林覆盖率下降，土壤侵蚀日趋严重，地表径流加大，河床淤积，水旱灾害频繁，致使其森林生态系统结构受到较严重的破坏，涵养水源和土壤保持功能下降，中下游洪涝灾害风险增大，同时栖息地破碎化严重，生物多样性受到威胁（刘刚，2010）。

治理技术思路：遵循因地制宜、适地适树、先易后难的原则，重点在淮河干支流的源头、两岸及大中型水库集水区，采取封山育林、人工造林等方式，恢复和建设乔、灌、草复层混交的水源涵养林，提高水源涵养能力。

技术要点及配套措施如下。

（1）树种。选择生长快、根系发达、深根性及根蘖性强、树冠浓密、耐干旱瘠薄且有一定经济价值的乔木、灌木及草类。主要乔木树种有马尾松、黄山松、杉木、湿地松、火炬松、麻栎、栓皮栎、化香、刺槐等；灌木为紫穗槐、山胡椒、胡枝子、黄荆等。

（2）整地。一般穴状或水平阶整地，在土层浅薄、植被稀少、水土流失严重的地方宜采用鱼鳞坑整地。秋冬季进行。整地时要保护原有的植被带，株行距为 1.5 m×2.0 m 或 2.0 m×2.0 m。穴状整地规格 30～40 cm×30～40 cm；水平阶长度不定，宽 50～100 cm；鱼鳞坑整地规格 30～50 cm×30 cm～40 cm×20～30 cm，坑呈半圆形，破土面水平，土、石埂呈弯月形，埂高和宽度均为 20～30 cm。

（3）造林。以阔叶混交、针阔混交为主，实行乔、灌、草结合。主要混交方式有松栎混交、松杉混交、栎类刺槐混交等。植苗造林或直播造林，造林时间宜选择在春节后的阴雨天。就近育苗，随起随栽。苗木要求良种壮苗并达到 II 级苗规格以上，在土壤特别瘠薄的地段，可采取直播造林的方式，所用种子必须选用良种。

（4）幼林抚育。为保护地表植被，主要进行穴内松土、除草，同时培土；修整被冲坏的水平阶、鱼鳞坑等，增强其保土蓄水的能力；连续抚育 3 年，每年 1～2 次。

（5）配套措施。对具有天然下种母树或单位面积幼树株数达到封育条件的疏林地、无立木林，可采取封山育林措施恢复林草植被。封育方式为全封，封育年限为 8～10 年，封育期间禁止采伐、樵采、放牧、割草等人为活动。

2）天目山-怀玉山区水源涵养与生物多样性保护重要区

该区位于浙江、安徽和江西 3 省交界处，面积为 59747 km²。是我国东部地区重要河流钱塘江的发源地，具有重要水源涵养功能。同时也是目前华东地区森林面积保存较大和生物多样性较丰富的区域，是我国生物多样性重点保护区域。该区区内山地面积大，降雨丰富，多台风、暴雨，水土流失敏感性程度极高。森林人工化问题突出，地带性常绿阔叶林植被分布面积减少，森林生态系统破碎化程度高，物种多样性保护和水源涵养功能较弱（乔媛媛等，2020）。

治理技术思路：以培育水源涵养林为重点，采取封山禁伐等措施，加强天然林资源保护和改造，逐步恢复扩大林草植被，进一步提高天然林质量，使天然林得以恢复和发展，以进一步增强森林蓄水保土生态功能，改善生态环境。

技术要点及配套措施：根据治理思路和目标，以生物治理措施为主，针对林地不同的立地条件和生态建设要求，分别采取封山育林、低效林改造等治理措施。

（1）封山育林。对山顶（脊）部、陡坡及东江、章江、桃江、大中型水库源头与迎水坡面、水土流失中度以上、森林植被易破坏难恢复的具有天然恢复林草植被能力的林地实行封山育林（草），禁止一切人为活动，根据当地生态建设要求可连续封育 10 年、20 年或永久性封山，配置专职护林员，建立相应的封山育林公约，加强林地管护。通过封山育林，提高森林质量，增加生物资源总量，使林木郁闭度达到 0.6 以上，灌草盖度达到 50%以上且分布均匀。

（2）低效林改造。在不影响森林生态效益正常发挥的前提下，对低效林进行砍杂、抚育、间伐，清除林地中部分藤灌和杂草，就地覆盖于地表，并砍除林内的霸王树、病腐木、弯曲木，为保留木创造有利的生长条件和生存空间。

在实施过程中，保留生长旺盛、干形通直的马尾松、杉木及硬阔、软阔等目的树种和珍贵树种，并保留珍贵、稀有的灌、草物种等目的种，并相对形成上下 2～3 层的复层林，使上层林（主林层）保留木平均为 1500 株/hm²，郁闭度控制在 0.4～0.6。

根据林分生长状况，以后每隔 8～12 年进行 1 次择伐，择伐强度为活立木蓄积的 20%～30%，形成不间断的循环作业，以达到森林资源总量不断增加、质量不断提高的目的，充分发挥森林的生态效益，同时兼顾其经济效益。

（3）配套措施。加强管理，确立"村办林场、租赁经营、责任到人"的集体生态林经营模式，实现一村一场全面有效管理；以抚育间伐、改造为目的所生产的部分木材免交乡、村提留，只征收 8.8%的农林特产税，并适当减免林业费，鼓励经营者增加投入，提高经营水平，改善林分质量；落实森林资源限额采伐政策，从源头抓起，加强林政资源管理，严厉打击乱砍、滥伐、偷盗木材的不法行为，严格规范山区木材流通秩序。

3）武夷山-戴云山生物多样性保护重要区

该区地跨福建、江西两省，面积为 81542 km^2。该区主要分布中亚热带常绿阔叶林，植被垂直带谱明显，具有地球同纬度地区保护最好、物种最丰富的生态系统，是我国生物多样性重点保护区域，同时也是重要的水源涵养区。区内山地陡坡面积大，加之降雨丰富，多台风、暴雨，水土流失敏感性程度极高。人工林比例较高，不合理矿产开发加剧栖息地的丧失与破碎化，水土流失较严重（徐建国，2009）。

治理技术思路：以控制水土流失、改善生态环境、减少自然灾害为目的，根据坡耕地开垦的不同年限及不同坡度采取退耕还林（草）、坡改梯及改变不合理的耕作方式等有效措施，培育多树种、多林种乔灌草、针阔混交的生态型防护林，恢复和培育林草植被，逐步治理坡耕地的水土流失。

技术要点及配套措施：根据坡耕地立地条件及国家政策要求，对必须退耕还林（草）的坡耕地，采取以培育水土保持林为主，加大人工造林种草的力度，尽快培育扩大森林植被，对暂时不退耕的坡耕地则采取坡改梯等工程治理措施，将顺坡耕作的坡耕地改成水平梯田。

（1）工程措施。根据立地条件和国家退耕还林政策，对 1994 年以前开垦的坡度不大于 25°的坡耕地通过平整土地，全部修筑成水平梯田，以有效拦截泥沙，减缓水流速度，以有效防治水土流失。

（2）生物措施。优先治理坡度大于等于 25°的坡耕地，坡度陡，水土流失严重，是退耕还林的重点和难点，应全部营造生态型防护林。根据立地条件和农民经营习惯，选择适应性强、耐干旱瘠薄、生长迅速、蓄水固土、生态防护效益好的针叶和阔叶树种，营造多种树种针阔混交林，阔叶树所占比例不低于 30%，争取达 50%。对土壤严重侵蚀、立地条件极差、土壤贫瘠的坡耕地可先种草（或灌木）以增加地表植被，形成良好的保护层，以减少雨水对地表的直接冲刷。根据立地条件，用于坡耕地造林的树种可选择马尾松、湿地松、杉木、木荷、枫香、刺槐、拟赤杨、栎类、栲类等，适宜种植的草本与灌木有紫穗槐、胡枝子、茶树、狗牙根、百喜草、香根草等。

对坡度小于 25°的坡耕地，可根据不同的立地条件，选择培育防护林、用材林、薪炭林或长竹林。水土流失严重、生态环境恶劣的坡耕地必须营造防护林。立地条件较好、坡度为缓坡的坡耕地在保护生态环境的前提下，可培育用材林、薪炭林或竹林，或培育多用林，可选择的树种有杉木、马尾松、湿地松、木荷、香椿、枫香、黑荆树、桉树、毛竹等。立地条件较好、坡度平缓的坡耕地可适当培育名、特、优、新经济林，如油茶、板栗、银杏、棕榈及笋用竹等，将退耕还林与山区经济综合开发紧密结合。

（3）配套措施。落实土地承包政策，按照"谁造林、谁受益"的原则，实行责权利挂钩，积极引导和支持退耕后的农民大力治理荒山荒地，有条件的地方实行"退一还二还三"甚至更多，把植树种草和管护任务长期承包到户到人，并由政府及时核发林草权属证明，纳入规范化管理，防止林地出现逆耕。

4）闽南山地水源涵养重要区

该区位于福建南部，是福建主要河流的发源地，面积为 19239 km^2。过度的砍伐森林、掠夺性的矿产开发、不合理的土地利用等粗放型的人类活动，造成森林生态系统退化，生态功能明显降低（陈文玉等，2017）。

治理技术思路：依托残存的次生林或草灌植物等，通过封山育林，逐步恢复植被，形成目的树种占优势的林分结构，以发挥较好的调节坡面径流、防治土壤侵蚀、涵养水源和生产木材的作用。

技术要点及配套措施如下。

（1）树种选择。水源涵养林特殊的功能决定了树种选择的特殊性，要求生长快、郁闭早、根系发达、再生能力强、涵养水源功能持久。合理宜造树种有柏木、马尾松、湿地松、木荷等。

（2）林分结构。水源涵养林应以混交林为主，人工营造乔木树种与封育林内天然乔灌木树种相结合，形成多树种、多层次的混交林。第 1 层为喜光树种，阔叶树郁闭度 0.6～0.7；第 2 层为耐荫树种，针阔混交郁闭度 0.5～0.6；第 3 层为灌木，阔叶灌木郁闭度 0.4；第 4 层为草本，阴湿性草类覆盖度 0.6 以上；第 5 层为死地被物（枯枝落叶层）。依植被区系和类型规律决定水源涵养林的树种结构，形成稳定的水源保护林典型组成种类。

（3）整地。首先进行林地清理，然后选择合适的整地时间、整地方式和方法，对造林地进行人工处理，消灭杂草，增加光照，提高土温，加速土壤熟化，改良土壤的理化性质，以改善立地环境，为树木生长提供条件。整地方法包括水平阶、反坡梯田、水平沟、鱼鳞坑等。

5）鲁中南山区土壤保持重要区

该区位于山东中南部，面积 38071 km^2。地貌类型属中低山丘陵，地带性植被以落叶阔叶林为主。该区属于温带大陆性半湿润季风气候区（周光裕，1983），主要生态问题为不合理的大面积毁林种果树造成水土流失，地下水资源开采过度，过度农垦造成土地植被退化，以及土壤趋于沙化。

治理技术思路：根据干瘠山地的立地条件特点，提高整地标准，选择抗干旱耐瘠薄的生态经济树种，确定适宜的造林时机，坚持封、造、管并举，加快荒山造林绿化步伐。采用容器苗、盖石板、覆草覆地膜、ABT 生根粉、高分子吸水剂等造林技术和抗旱保墒措施，提高造林成活率和保存率（刘福臣等，2008）。

技术要点及配套措施如下：

（1）树种及配置。主要适宜造林树种有侧柏、刺槐、臭椿、苦楝、楸树、柿子、杏、花椒、枣、香椿、黄栌、紫穗槐、胡枝子、黄荆等。山的中上部主要安排侧柏、刺槐、花椒、紫穗槐、火炬树、胡枝子、黄荆等，形成不规则的块状混交林。山的中下部安排刺槐、柿子、花椒、山楂、樱桃、杏、枣、楸树、紫穗槐等树种，形成干杂果园或用材林。在适地适树的原则下，尽可能安排经济树种，使其既有防护效益，又有经济效益。

（2）整地。雨季前或春秋冬闲期进行。整地方式、方法和规格主要依据造林地地形、地势、植被、土壤、造林树种及劳力情况等确定。35°以上坡度采取小穴状，规格为穴径 30 cm 左右，深 20～30 cm，随整地随造林。25～35°山坡，采取穴状及鱼鳞坑相结合的整地方式，穴状规格为穴径 40 cm 左右，深 20～40 cm。鱼鳞坑的规格为短径 30～40 cm，长径 30～50 cm。种整地方式的土堰高均为 10～20 cm。针叶树种因造林密度较大，一般采用穴状整地；15～24°山坡，土层厚度大于 30 cm，采取水平阶整地，规格为宽 100～150 cm。土层厚度小于 30 cm，采取鱼鳞坑整地，坑长径 100～150 cm。坡度 15°以下的中厚层土山坡、沟底及较平缓的崮顶，应采用窄幅梯田整地，规格为田面宽 130～150 cm，深 50～80 cm，长以便于整平田面为限。整地时，穴状及鱼鳞坑要沿山坡等高线成行，上下呈"品"字形排列。水平阶及窄幅梯田要因地制宜，沿等高线呈水平面。并注意尽量减少破土面，保护原有植被。

（3）造林。一般树种植苗造林，侧柏、枣容器苗造林，侧柏、枣、花椒、火炬树、苦楝、臭椿可以播种造林。春季、雨季、秋末、冬初植苗均可。刺槐和经济树种可春季造林，宜在腋芽萌动前栽植；侧柏、火炬树宜在雨季透雨过后 3 天内栽植，要随雨而动，集中造林；秋末冬初造林，一般在树木落叶后到土地封冻前进行。植苗要做到随起苗随运输、随栽植，有水浇条件的最好随时浇水。直播以春季和秋季为宜。植苗、直播造林要采用盖石板、覆草覆地膜、ABT 生根粉、高分子吸水剂等抗旱保墒措施，以提高造林成活率。

（4）抚育管理。造林后第 2 年，对造林成活率小于 85% 的小班进行补植或补播；造林后翌年解冻后进行 1 次踏穴培土；从造林当年开始，连续 3 年进行除草，每年 2 次；造林后进行封山，严禁人畜破坏。

（5）配套措施。对立地条件差、造林难度大、有天然萌生条件的宜林地和疏残林，制订封山公约，建立护林组织，严禁上山放牧等人为破坏，封山育林。

7.4.2　防护林的优化管理和模式

1. 沿海防护林工程

本区沿海防护林工程主要位于山东半岛沙质基岩海岸丘陵区、长江三角洲淤泥质海岸平原区、舟山基岩海岸岛屿区、浙东南闽东基岩海岸山地丘陵区及闽中南沙质淤泥质海岸丘陵台地区，海岸线长 16763 km，其中大陆海岸线长 12175 km。本区共涉及山东、江苏、上海、浙江、福建 5 省（直辖市）。

1）红树林恢复造林项目

红树林是指热带海岸潮间带的木本植物群落，高潮位附近的红树林品种具有水陆两栖现象，其生态特征具有旱生结构和抗盐适应性及风浪适应性。红树林为胎生植物，果实成熟后仍然留在树上，种子在树上的果实内发芽，幼苗成熟后才落下，垂直插入淤泥中，生根并固定于土壤中。受温暖海洋气流的影响，红树林分布范围可延伸到部分亚热带沿海地区。但受多种因素影响，原有红树林资源遭受破坏严重，大面积宜红树林滩涂地尚未恢复造林，红树林建设速度缓慢。为提高以红树林为主的消浪林带防灾减灾功能、加快红树林建设，规划将红树林恢复造林项目作为重点建设项目（彭逸生等，2008）。

红树林是沿海防护林体系中的第一道防线，也是沿海湿地生态系统中的关键环节，对稳定岸线、恢复沿海地区生物多样性、丰富海产资源具有重要作用。红树林生态系统的恢复，首先要采取封禁措施保护好现有红树林，其次要因地制宜地人工营造红树林，扩大红树林的面积和规模。

技术要点及配套措施如下。

（1）封禁。对现有的红树林应进行严格保护，严禁砍伐和一切人为破坏活动。

（2）树种及其配置。低潮泥滩带，在中潮线、中低潮线之间种植以白骨壤、桐花树、海桑等为主的先锋树种；中潮海滩地带，在中潮线以上、中高潮线以下的中潮滩地种植老鼠簕、木榄、角果木、秋茄、红海榄等生长繁茂的树种；高潮带或特大高潮带，以水陆两栖的半红树类植物为主，如卤蕨、海檬果、海漆、黄槿、榄李。

（3）造林。采集硕大的胎苗，选择条件较好、一般不受海潮影响的滩涂地进行育苗，确保苗木经由耐盐锻炼后出圃造林。因红树类植物种类多，果实和幼苗的成熟期不一致，人工移植栽种的时间也不同，一般无需整地，春秋两季造林，可在退潮时插穴栽植，栽后压紧，以防潮水淹没时漂起。既可营造纯林，也可营造混交林，混交林可采用随机混交方式。营造纯林时，一般树种的造林密度为小苗（株距×行距）0.5 m×0.5 m～1.0 m×1.0 m，中苗为 1.0 m×1.0 m～1.5 m×1.5 m，大苗为 1.5 m×1.5 m～2.0 m×2.0 m，约每公顷 5000～20000 株。海桑、无瓣海桑宜选择中苗、大苗，种植密度（株距×行距）：中苗为 1.5 m×1.5 m～1.5 m×2.0 m，大苗为 1.5 m×2.0 m～2.0 m×2.0 m，约每公顷 1666～4500 株。

（4）管护。造林后，连续 3 年全封育林，不准在新造林区内捕捉鱼、虾、蟹和圈养鱼虾及放鸭。设置专职护林员，建立护林队伍巡护，同时做好宣传教育工作，提高人们对保护红树林的认识。

2）老化、低效基干林带更新改造项目

以木麻黄、刺槐、黑松和杨树等树种为主的基干林带已达到防护成熟龄，老化、退

化、枯死情况严重，防护功能下降。为提升沿海基干林带生态防护功能，规划将老化基干林带更新改造作为重点建设项目（林武星等，2000）。

治理技术思路：目前的林带为几十年前人工所营造，多为木麻黄纯林，因品种杂乱、良莠不齐、长期粗放经营以及未能及时进行更新改造，生长很不一致，且常受台风袭击，林带老化、退化问题突出，防护、经济、景观效益均不理想。按照因地制宜的原则，针对各种低效林的形成特点，分别采取加强抚育管理、更换适生优良树种、合理混交等措施进行改造，提高防护林的质量、效益及稳定性（张水松等，2000）。

技术要点及配套措施如下：

（1）加强抚育管理，合理间伐。木麻黄低效林的产生与林分经营管理是否得当有密切关系，必须加强抚育管护，及时处理受害植株，补植或混栽适生树种。对侧枝较多的低效林可修除一些枝条。调节林内光照条件、改善林地环境，也可采取平茬复壮的方法，恢复林木长势。现有木黄麻密度普遍偏大，应及时间伐，以调节营养空间和林分结构，改善林分组成和环境条件，提高林分的稳定性和防护林效益（穆荣俊，2012）。

（2）用适生树种和优良品系进行改造。宜选用湿地松、加勒比松、刚果桉等树种，改造方式有小面积皆伐重造、带状皆伐套种和林下补植等，对于特殊林地，需要继续发挥木麻黄的防风固沙效能，可采用套种和补植湿地松的方式；对进入衰老状态的木麻黄过熟林，宜及时主伐更新（邢海涛，2017）。

（3）选定合理的改造方式及配套措施。根据低效林的分布状况、生长发育特点和低效程度，主要有块状改造、间隔带状、隔行套种、林下补植等低效林改造方式，基干林带以间隔带状更新方式较好，后沿片林以块状更新方式为宜。除此之外，还必须从树种选择、密度控制、土壤管理等综合措施入手，重视各项技术措施的配套应用，这样才能提高林分集约经营水平，促进沿海防护林体系的持续发展。

3）困难立地基干林带造林项目

由于特殊地理位置和环境条件的影响，沿海基干林带范围内尚存在不少的盐碱地、岩石裸露地、风口沙滩地等困难造林地。为加强沿海基干林带建设、提高防灾减灾能力，规划将困难立地基干林带造林项目作为重点建设项目（付向辉，2014；林武星等，2000）。

治理技术思路：在保护好现有防风固沙林带的前提下，对植被盖度较低的沙丘和沙地，以固沙造林为主恢复植被，重点发展防护林和经济林。选择抗风沙能力强、适应性强的树种，用人工营造的方法迅速恢复和完善沿海防风固沙林（林带和片林），固定沙荒地，防止已经固定的沙地逆转，并逐步改良沙化土地。

技术要点及配套措施如下：

（1）树种选择。选择根深、不易风倒、风折、固沙性能好、耐盐碱、耐瘠薄的树种，主要有刺槐、紫穗槐、柽柳、毛白杨、山海关杨、白蜡等。

（2）整地与造林。春、秋季随整地随造林，整地方式为穴状整地，规格为长、宽、深各 40 cm。以刺槐和紫穗槐为例，株行距 1.0 m×2.0 m，用基径 1～1.5 cm、根幅不小于 40 cm 的 1 年生苗造林。栽植分两步进行，第一步先在迎风坡下部 2/3 部位造林；第二步在迎风坡上部 1/3 和整个落沙坡造林。采用截干造林，留干长 15 cm，每穴 1 株，栽植时苗端与地面取平，踩实。

（3）抚育与管理。造林后如发现风蚀沙埋，应及时扒沙、培土和扶苗。为避免风吹沙揭，刺槐应适当深栽，并保护现有植被，抓好封丘育草。

（4）配套措施。建立护林组织，专人负责巡护，严禁一切人畜破坏活动；建立沙化土地监测网点，通过监测研究风沙土地变化的原因和规律，为防风治沙提供科学依据，为林带的更新和替代树种的选择提供依据；配套建设薪炭林基地和沼气池，满足农村能源供应。

2. 长江中下游沿江丘陵平原防护用材林区

本区包括江西、河南、湖北、安徽、江苏、上海、浙江的全部或部分地区。山地、平原、盆地交错分布，西部高山峡谷、河流纵横，东部低山平原、河湖水网密布。主要处于中亚热带和北亚热带两个植被区，植被为亚热带常绿阔叶林（秦元伟等，2015）。

治理技术思路：保护天然林资源，实施天然林保护工程，支持重点林区调整结构，加快天然林区森工企业转产，停止天然林砍伐。遵循因地制宜、适地适树的原则，以生物措施为主，生物措施、工程措施和农耕措施相结合实行山水田林路综合治理，尽快改善当地的生态环境，促进农、林、牧、副、渔全面发展，实现农村经济的根本好转。

技术要点及配套措施如下：

（1）林种及布局。山上部营造防护林，主要树种为马尾松、栎类、刺槐、杉木等；坡上台地营造干果经济林，主要树种为板栗、油桐、油茶；坡脚台地营造水果经济林，主要树种为桃、猕猴桃、梨、李等。台地间隔部分种植部分用材或薪炭林，选用杉木、马尾松、木荷等树种。

（2）造林整地。坡度 25° 以上的陡坡挖鱼鳞坑，规格为 0.3 m×0.3 m×0.3 m；坡度 15～25° 的山坡采用反坡梯田整地，梯田田面宽 1.5～20 m，外高内低。

（3）种植方式。

经济林密植园方式：种植密度一般为 4500 株/hm^2。

经济林用材林结合方式：本方式以经济林为主，水平梯田上栽植经济树种，梯田边栽植用材或薪炭林树种。

果农间作方式：果树株行距为 4.0 m×5.0 m、3.0 m×3.0 m，果树行间间作花生、豆科植物等。

地边果农混作方式：以农为主，农果兼顾，经济树种栽植在地边或者是梯坎边坡上，构成经济林带。

（4）工程措施。在山腰、沟底及沟口修建截留沟、沉沙池、拦沙坝等；林间修小路，路边挖沟引水下山；山洼修水库。

（5）农耕措施。坡度 15° 以下山坡改造成梯田种植农作物，同时积极推行免耕措施。

7.4.3　协调城市化人地矛盾维持森林生态系统质量

加强森林生态支撑力的建设和降低环境污染能耗总量等措施应双管齐下，有效提升森林生态承载率，控制人口增长，保护自然资源。具体包括：①通过造林、护林等举措提高森林资源质量、调整森林结构、增加森林植被覆盖；②加大宣传力度，增强全社会的森防意识，强化森防监测预警工作，进一步降低森林火灾和病虫害的发生率；③加强天然林的保护和管理，加强水土保持和水土流失治理工作，严守生态红线，提升保护森林生态安全能力；④推进自然保护区建设和管理从数量型向质量型、从粗放式向精细化转变，增强自然生态系统的保护与修复；⑤大力发展循环经济和低碳经济，加强能源建设，控制污染物排放，实现 CO_2、烟尘粉尘、固体废物、工业废水等污染物的减量化、无害化和资源化处理；⑥加强农村生态环境建设，发展生态农业，进一步推广和加强生态示范区建设（曹雪琴，2001；张金屯和 Pickett，1999）。

优先安排依法设立国土生态保障用地，合理安排核心区人口外迁安置用地，减少区内人类互动的干扰和破坏。大力推进平原地区的绿化建设，力求城市化进程与以森林为主体的自然生态系统之间能够保持平衡和谐发展。以森林小镇生态发展为导向，以森林资源为依托，在生命维度上强化古树名木保护、注重小镇生物多样性、注重不同生命体征的互补与展现；在生态维度上创新森林资源管理体制和强化森林资源监管；在生产维度上优化林业传统产业、大力发展林下经济、加快发展森林休闲业。以建设生态文明、助力乡村振兴为统领，以构建森林康养产业体系、培育森林康养新生业态、提升森林康养发展能力为重点，坚持生态优先、市场主导、科学开发、多业融合、品牌引领的发展原则，全面提升森林康养的发展质量和综合效益，以大森林提升大生态，以大生态促进大健康，不断满足人民群众日益增长的美好生活需要（孙春涛等，2017）。在城市中心城区营造了大面积森林绿地，沿外环路营造了环城林带，按照"林网化与水网化"的城市森林建设理念，提出了"三网、一区、多核"的特色森林发展布局。这些新营造森林与原有的郊区森林、城区公园森林、绿地森林群落以及行道树系统，形成了分布较合理、功能较完备的城市森林生态系统，为生态环境建设创造了良好的基础。

7.4.4　华中和东南地区森林资源战略储备基地的建设

国家储备林是为满足经济社会发展和人民美好生活对优质木材的需要，在自然条件适宜地区，通过人工林集约栽培、现有林改培、抚育及补植补造等措施，营造和培育的工业原料林、乡土树种、珍稀树种和大径级用材林等多功能森林。其根本任务是提升林业综合生产能力，提高木材产品供给数量和质量，从而解决生态安全与木材需求之间的矛盾，实现维护生态安全与保障木材需求间的协调平衡（詹昭宁，2014；周根土等，2015）。

国家储备林划定经营类型包括现有林改培和森林抚育。目的树种改培和中近熟林抚育，应严格执行《造林技术规程》《森林抚育规程》《全国木材战略储备生产基地现有林改培技术规程（试行）》等技术规程，按照作业设计，营造混交复层林分，改善林地条件，遵循近自然森林经营理念，提高科学化、生态化经营水平。调整树种结构，建立大径材战略储备基地，大力发展优良乡土树种和速生丰产林；因地制宜，突出木材基地鲜明的布局特色。

木材基地示范县及国家储备林试点县优先考虑地方政府高度重视、速丰林建设经验丰富、自然条件优越、国有林场实力雄厚、交通地理位置便利、项目实施机构健全的地区。集约化经营，加大财政造林资金投入和引入社会造林资金，提高营林效率；以点扩面，带动区域林业建设全面发展。对生物质能源、林木种子基地等国家战略资源的培育通过政策扶持吸引社会参与建设。以科技应用为立足点，彰显木材基地建设的丰富内涵。结合地方实际，木材基地建设突出以次生林改培、中幼林抚育、低质低效林改造为主，兼顾毛竹低改等地方特色，推广"良种壮苗上山，适地适树造林，适时适度抚育，封山管护成林"的人工林速生丰产经营成套技术，"开通一条路，砍掉霸王树，调整疏密度，留下目的树，封山加管护"的天然阔叶次生林改培成套技术，"斩山抚育，深挖施肥，合理疏笋，对号砍竹"的毛竹丰产林培育成套技术，以及"砍小留大，砍密留疏，砍劣留优，割灌除藤，松土施肥，空地补植"的森林抚育间伐技术（王玉芳和孙悦，2010）。不同地区的森林资源战略储备基地建设应因地制宜，合理规划。例如，浙江建设彩色健康森林和木材战略储备林 1.98 万 hm^2；江西建设以桉树和松类为主的短轮伐期工业原料林基地、杉木大径材、大径竹资源基地、特色经济林基地，服务于国家木材储备战略；江苏提出构建并完善"一区、二带、三网、四片、五域、多点"的林业发展空间布局（周榆和曾宪玮，2015）。

7.4.5 加强自然灾害下森林系统的生态风险防控

在全球变化背景下，极端气候事件的频度和强度均呈增加趋势，与气候变化相关的突发性极端气候事件对生态系统的影响可能会更加严重。森林生态系统在维护国家和区域的生态安全方面具有重要作用，在干旱、冰冻、夏季热浪、台风等受灾风险增加的趋势下，亟须积极应对。①加快优良遗传基因的保护利用，大力培育适应气候变化的良种壮苗；②适应气候条件变化，适地适树科学造林绿化；③运用近自然经营理念，积极推进多功能近自然森林经营；④加强林业灾害监测预警，不断提升适应性灾害管理水平；⑤加强自然保护区建设和管理，严格保护生态脆弱区和相关物种；⑥加大湿地恢复力度，努力提升湿地生态系统适应气候变化能力（张德成等，2016）。

为积极探索适合部分地区的松材线虫病治理措施，借鉴国内外防治经验，形成了"清理为主、综合治理、分类施策、多措并举"的防治策略：①科学开展疫木清理；②规范进行疫木处理；③大力推进古树名木保护；④有序开展马尾松林改造；⑤严格落实疫木源头管理；⑥积极开展联防联治工作。为加强病虫害防治工作，需加强检疫，建立健全森林病虫害预测预报系统。同时尽可能加强生物防治工作，通过保护生态平衡来限制病虫的滋生蔓延（武玲霞，2015）。

7.5　华中、东南地区森林生态系统质量提升的优化管理建议

7.5.1　华中、东南地区森林生态系统现状分析

1）森林结构不合理

华中、东南地区森林多为人工林，原始天然林面积小。仅存的天然林多为次生林，森林质量低下，林种结构比例严重失调（张旭，2017）。该地区防护林和用材林两项的比例在 80%以上，显著高于东部森林平均水平（76%）。不同林区林种结构较为一致，特用林、薪炭林和经济林占森林面积比均在 17%～19%。同时，在树龄结构上，70%的森林属于中幼龄林，近成过熟林资源严重不足，可采伐的森林资源有限。这些都严重限制了该地区森林生态功能的发挥。此外，不同林区森林质量差异显著，如大别山-桐柏林区每公顷蓄积量仅为 51.6 m^3，显著低于其他林区。因此，不同林区在生产经营上应因地制宜，结合当地现状调整经营管理模式，提高森林质量。

2）人为干扰严重，景观片段化

华中、东南地区是我国经济最发达的地区之一。由于区域内人口密集，以及人类对常绿阔叶林重要性的认识不足，长期以来误将常绿阔叶林当成不成材的"杂木林"砍伐，在人为干扰和自然胁迫下，森林分布面积日益缩小，除部分开垦为农田和人工林外，大部分退化为次生灌丛、灌丛草，以至裸地。近年来，随国家森林保护工程和民众环境保护意识的提升，森林面积显著提高，大面积森林得到恢复。然而，部分城市周边地区随经济发展，森林相关产业、旅游业、农牧业等产业对森林生态环境造成一定压力，不可避免地消耗了部分森林资源。城市面积扩张和道路建设急剧降低了森林景观连通性，城市化导致森林景观连通性降低，进而影响到森林生态系统中某些关键的生态过程。

3）森林经营管理方式粗犷，森林质量低下

过去以林场为主的森林管理模式把木材生产作为主要目的，采伐消耗了大量的优质森林资源，形成了大面积的低质低效林，林分质量低劣，树种复杂，林下灌丛多，林相残败。此外，林权问题导致林业生产作业受到严重制约，甚至无法开展正常的经营活动，经营措施较为单一（张文颖，2011）。近几年通过确定森林抚育试点，对区域森林经营工作起到了一些推动作用，然而在数量及规模效益上，均没有达到现代林业的要求，立体经营和多层次的开发经营利用没有得到开展，更是缺少精品工程、样板工程。

4）处于中国经济发展的核心地带，城市森林比例逐渐增加但仍缺乏技术支撑

华中、东南地区处于中国城市化进程的核心地带，城市森林占比大，且随城市化进

程的加快其占比逐渐增大，而区域森林质量以及森林生态功能则逐渐退化，直接影响到城市生态系统的健康。以江西为例，城市化过程中，农村人口与森林资源减少存在极大的负相关性，城镇人口与森林资源减少成正比，城市化伴随森林资源的减少。此外，由于我国城市化起步晚，相关建设规划理念尚未完善，对城市森林的建设缺乏技术支撑，严重制约了城市森林的发展。在城市化进程中，如何协调人地矛盾，提高城市森林质量和服务功能，是该地区一大核心问题（张金屯和 Pickett，1999）。

5）森林病虫害事件频发，缺乏有效防治手段

华中、东南地区森林林分单一，结构稳定性差，抵御自然灾害和病虫害的能力弱。随全球变化的发生，入侵式病虫害在该区域频发，严重威胁森林生态系统稳定性和安全。例如，南方森林受松材线虫的影响尤为严重，几乎在南方各省市均发现松材线虫病害（张德成等，2016）。受侵害的松树林发生大面积的死亡，甚至可能威胁柳杉等其他乡土树种的生长。针对森林病虫害发生机制的研究较少，目前尚缺乏有效的防治手段。

6）处于极端灾害性事件频发区域，森林生态系统质量受到威胁

随全球气候变化的加剧，华中、东南地区极端灾害性事件（台风、极端干旱、洪涝等）频发，加上人类活动导致的氮-酸沉降，造成土壤酸化和养分失衡，严重威胁森林质量，降低生态系统稳定性。然而，由于全球变化下森林生态系统响应适应机制的理解尚不完备，无法建立健全的生态预测预警体系，对自然灾害只能被动响应与补救，造成自然资源的巨大损失。

7.5.2 华中、东南地区森林生态系统质量提升对策与建议

1）加强天然林与生物多样性保护

天然林是森林资源的主体和精华，是维护国土安全最重要的生态屏障。党的十九大明确地把"完善天然林保护制度"作为加快生态文明体制改革、建设美丽中国的重点任务（魏蕾蕾，2021；刘世荣等，2015）。华中、东南地区自然条件优越，光、热、水、气候条件适中，适宜森林的生长，同时又以山地、丘陵为主要地貌，十分有利于林业发展。据统计，本区天然林面积为 2313.40 万 hm^2，占全国天然林面积的 16.68%，天然林蓄积为 148567.98 万 m^3，占全国天然林蓄积的 15.95%。根据第九次全国森林资源清查成果，天然乔木林平均每公顷蓄积增加了 22.46 m^3，单位面积蓄积增加到每公顷 131.76 m^3，森林整体质量将会明显提高，同时天然林中生物多样性也能得到了较为系统的保护（黄传春，2021）。生物多样性是地球生命的基础，在维持气候、保护水源、土壤和维护正常的生态学过程中做出巨大贡献。针对天然林及生物多样性保护的主要对策与建议如下。

加快天然林从以木材利用为主向以生态利用为主转移的步伐，实现天然林资源有效保护与合理利用的良性循环；继续对陡坡耕地和水土流失、风沙危害严重区域的耕地实

施退耕还林，采取积极的扶持政策，加强管护，支持发展后续产业，巩固退耕还林成果，使长江等大江大河流域、重要湖库集水区及其他生态地位重要地区的坡耕地和风蚀严重的沙化耕地得到治理，森林植被得以恢复，生态环境得到根本改善；加强湿地立法，完善湿地保护的政策和法律法规体系；在条件适宜地区，大力发展珍贵用材林、工业原料林、木本粮油和薪炭林，缓解木材供需矛盾，提供木材供给能力，满足生产生活和经济社会发展的需求；开展生物多样性资源调查与监测，评估生物多样性保护状况、受威胁原因；禁止对野生动植物进行滥捕、乱采、乱猎；保护自然生态系统与重要物种栖息地，限制或禁止各种损害栖息地的经济社会活动和生产方式；加强对外来物种入侵的控制，禁止在生物多样性保护功能区引进外来物种。

2）加强气候变化下森林系统的生态风险防控

气候变化下，只有对森林灾害加以防控，才能保证华中、东南地区森林的健康发展。对自然灾害事件的防治，一是必须积极贯彻"预防为主、防治结合"的森林防治方针，从意识上高度重视；二是努力完善预测预警机制，建立森林自然灾害动态监测系统、扑救指挥系统，防控通信系统；三是全面提高预防和应对自然灾害的综合能力，积极摆脱过去对自然灾害防治的被动局面，及时消除隐患，最大限度地防止和减少可能造成的损失及影响。同时，加强森林生态系统功能和稳定性的监测与风险防控，推进森林生态系统关键过程对全球变化的响应与适应的机理性研究，为准确预测未来气候变化情景下潜在的生态风险提供科学的理论支撑。

3）创新森林病虫害防治模式

对森林病虫害的防治，一要坚持"预防为主、科学防治"的工作方针，从思想观念上统一重视；二要建设完善的森林病虫害防治检疫及野生动物疫源疫病监测防控体系，构建森林病虫害防治和有害生物入侵的应急机制，积极防止外来有害生物对本地生态系统的入侵与破坏；三要加强实时预测预报区域内的病虫害，及时有效地抵御跨区域森林病虫害；四要大力推广生物防治技术和综合防治措施，完善防治设备，努力提高检疫手段和综合防治能力（武玲霞，2015）。

对新发生、小面积、孤立的疫情点采取皆伐措施，老疫区采用清理枯死树和感病木的办法；积极推广除治工程化管理招投标绩效承包，走防治市场化的道路。在防治技术上，鼓励森防技术创新和示范，加大新型杀线剂、生物天敌、仿生农药、新型高效诱捕器等技术的推广，逐步达到"控制，压缩，扑灭"的目标。

4）发展区域多目标/多功能的森林经营

（1）深化林业体制改革，增强森林资源管理活力。建立和完善公益林管理制度，确保公益林真正发挥防护效益。未经批准不允许公益林与商品林互换。要在生态屏障区域优先进行公益林建设，形成较为完整的生态屏障区；深化林业产权制度改革，明晰森林资源产权，依法严格保护林权所有者的财产权，维护其合法权益，对权属明确并已核发林权证的，切实维护林权证的法律效力；加快推进森林、林木和林地使用权的合理流转，鼓励各种社会主体通过承包、租赁、转让、拍卖、协商、划拨等形式参与流转，积极培育活立木市场，促进森林资源经营主体多元化和非公有制林业的发展（徐学锋，2001）。

（2）推进林业分类经营，协调两大体系建设。改进和完善森林采伐管理制度，对公益林严格限制采伐方式和强度，对商品林中的天然林严格按照有关规程进行采伐利用，对商品林中人工林的采伐管理依法放活；加大对商品林基地建设的扶持力度，加快速生用材林、珍贵用材林、工业原料林、木本粮油林和薪炭林等商品林基地建设，努力满足人民生活和社会经济发展对木材和其他林产品的需求；大力支持和鼓励发展森林旅游业、非林非木加工业，培育林区新的经济增长点，改变林区、山区独木支撑局面，增强林区、山区经济发展活力，增加林农收入，发挥林业效益（蒋良勇，2010）。

5）加快城市森林建设，提升居民生态福祉

华中、东南地区城市化水平较高，土地总面积 114.56 万 km^2（占国土面积的 11.9%），却支持了全国 41.1%的人口分布，地区 GDP 占全国的 42.5%（中华人民共和国国家统计局，2022）。该区域城市化的快速发展，使得城市森林在维护生态平衡、保护生物多样性、美化城市景观、改善人居环境等方面具有其他基础设施不可替代的作用。在本区域内，加快城市森林建设，对树立城市形象、提升城市品位、促进城市的可持续发展有着十分重要的意义（吴泽民等，2002）。具体措施如下。

（1）科学规划，合理布局。城市森林作为城市的生态基础设施，规划坚持"以人为本、着眼长远、彰显特色"的原则，突出生态建设、生态安全、生态文明的城市建设理念，以建设布局合理、功能完备、效益显著的城市森林生态系统为重点，科学规划，政府实施，部门推动，全民参与，促进城市经济社会可持续发展。

（2）活化机制，拓宽融资渠道。将城市森林建设纳入城市发展规划和城市财政预算，切实发挥政府的主导作用，调动社会积极性，坚持实行全社会办林业、全民搞绿化，把义务植树和城市森林建设有机结合起来，同时允许民营资本、社会资本参与工程建设，形成多元化投资格局。

（3）实施产业带动，突出城市森林的效益建设。打造环境优美的城市，会带动旅游等相关产业发展，形成以生态保产业，以产业促生态的良好格局，使森林城市建设在保护自然、改善生态中实现生态效益、经济效益与社会效益的有机统一。

6）协调城市化人地矛盾，维持森林生态系统质量

针对华中、东南地区城市林地，健全生态功能评估预测机制，保障城市森林面积，提高森林"吸尘纳污"的生态功能。对城市重点地区，可以相应增加城市绿化面积，补植乡土树种。将城市森林建设纳入城市建设的总体规划，使城市森林建设与城市社会经济建设同步发展（李少宁，2002）。

（1）环城林带建设。

治理技术思路：生态景观型环城林带具有改善城市生态环境、提高城市生命力、保

正城乡合理过渡的功能。林带建设选择适生植物种，形成稳定的植物群落，满足充分发挥生态功能、完善城市中的自然系统、维护城市生物多样性、为野生动植物迁移提供廊道等要求；其次，环城林带具有规模大、森林覆盖率高等特点，是城市森林的重要组成部分，其规划建设必须同时考虑开展森林旅游和游憩休闲的功能需求特点；最后，政策上允许在环城林带中建设低密度别墅等居住用房，可通过地价补差的方式，实现林带建设和经营的良性运转（程彦栋，2007）。

技术要点及配套措施：主要靠政府投入，采取人工造林的方法先期完成；并预留经济复合林带建设，其内允许安排比例小于 20%的建筑用地，主要用来开发别墅等低层建筑，通过农业结构调整和综合经营，实现投入和产出的平衡；根据原有地形，充分利用原有水域进行林带水体设计，水体尽可能贯通，以满足林带的抗旱排涝需要。水体边缘采用自然落坡，并用植物材料护坡。林带内土方应该就地平衡，原则上不进客土，可适当挖湖造地形，保证林带内排水通畅；通过大面积片植多层次复合结构的乔灌草植物，构成自然的森林景观。同时，通过不同视角的分析，形成起伏、连续的林冠线和林缘线。在重要景观地段，植物布置应强调景观的视觉要求，在植物布置及品种选择上要精致一些。考虑"近期和远期"相结合，在林带的边缘及游道两侧多植常绿或速生乔木，植物材料的规格应相对大一些，林带中间的视线不及之处，多植一些适生、长寿、远期效果好的苗木；原有道路应尽量保留利用。建议采用工业废渣、成品地面材料的边角料等自然材料组合铺装林带内道路。

（2）城乡一体化现代林业生态建设。

治理技术思路：考虑到华中、东南地区经济较为发达、城市化程度高等特点，林业生态治理应该走园林化道路，即林业生态建设与区域经济、社会发展相衔接，在生态优先、兼顾经济效益的前提下，统一规划，合理布局，城乡兼顾，发挥特色，在全国率先建成城乡一体、结构优化、功能健全、设施先进、完备高效的生态林业体系（马东跃，2002；王习保和戴怀宝，199）。

技术要点及配套措施：结合区域的自然地理、社会经济条件，现代林业生态建设必须围绕现有林保护、高效防护林营建、绿色通道建设、风景林建设、名优特色基地和城镇村落绿化美化建设等方面总体推进，实现区域性功能一体化，并同时提供苗木等保障措施；将农田林网建设纳入农业高产、丰产建设范围，统一规划。在林网配置上，坚持乔灌合理配置，优先构筑干道两侧的高标准农田林网，突出农田防护整体效益；在骨干道路两旁建设高标准绿化带，以乔木树种为主，增加绿化量，建设林荫道。多树种、多林种相配合，落叶阔叶树、常绿阔叶树、针叶树相结合，重点地段乔灌花草相结合。在有条件的地方建设复合林带。树种主要选用主干挺直、树大荫浓、抗烟尘污染的树种。

参 考 文 献

蔡壬侯. 1988. 浙江省森林植被的水平分布与垂直分布. 杭州大学学报(自然科学版), (3): 344-350.

曹雪琴. 2001. 加快城市化与生态环境系统建设. 经济经纬, (6): 67-69.

陈强, 陈云浩, 王萌杰, 等. 2015. 2001-2010 年洞庭湖生态系统质量遥感综合评价与变化分析. 生态学报, 35(13): 4347-4356.

陈世品, 马祥庆, 林开敏. 2004. 武夷山风景区主要植被类型群落结构特征的研究. 江西农业大学学报, 26(1): 37-41.

陈文汇, 刘俊昌, 郑振华. 2004. 实施天保工程对国有林区林业企业的影响分析. 北京林业大学学报(社会科学版), 3(4): 57-61.

陈文玉, 陈清海, 叶秀素, 等. 2017. 闽南沿海森林公园楠木引种栽培试验. 防护林科技, (12): 28-29, 46.

陈星霖. 2018. 林业碳汇经济价值评估及影响因素研究——以福建省为例. 福州: 福建农林大学硕士学位论文.

陈幸良, 巨茜, 林昆仑. 2014. 中国人工林发展现状、问题与对策. 世界林业研究, 27(06): 54-59.

陈樟昊, 姚雄, 余坤勇, 等. 2017. 南方典型红壤区生态脆弱性与土壤侵蚀的演化关系. 西南林业大学学报(自然科学版), 37(4): 82-90.

程彦栋. 2007. 浅谈环城林带建设中造林模式的运用. 科技创新与生产力, 160(5): 19-20, 22.

崔波, 高增义. 1990. 大别-桐柏山区植被分类初探. 河南科学, 8(1): 62-68.

丁金宏, 刘振宇, 程丹明, 等. 2005. 中国人口迁移的区域差异与流场特征. 地理学报, 60(1): 106-114.

丁先学. 1988. 关于两湖平原经济发展战略问题的探讨. 武汉大学学报(社会科学版).

董灵波, 刘兆刚. 2020. 不同强度的林火干扰对天然落叶松林分物种多样性及碳储量的影响. 东北林业大学学报, 48(9): 45-50.

窦荣鹏. 2010. 亚热带 9 种主要森林植物凋落物的分解及碳循环对全球变暖的响应. 杭州: 浙江农林大学硕士学位论文.

付向辉. 2014. 泥质海岸沿海基干林带建设技术. 国土绿化, (2): 42-43.

甘枝茂. 1989. 中国秦岭大巴山地区地貌图说明(1/100 万). 陕西师范大学地理系.

桂来庭. 1995. 从我国的城市化看城市森林的发展. 中南林业调查规划, (4): 24-27, 31.

郭群. 1988. 江苏沿海刺槐采伐年龄的确定. 江苏林业科技, (2): 25-28.

国家林业和草原局. 2019. 中国森林资源报告. 北京: 中国林业出版社.

国家林业局. 2016. 全国森林经营规划(2016-2050 年).

何念鹏, 徐丽, 何洪林. 2020. 生态系统质量评估方法——理想参照系和关键指标. 生态学报, 40(6): 1877-1886.

洪奕丰, 王小明, 周本智, 等. 2012. 闽东沿海防护林台风灾害的影响因子. 生态学杂志, 31(4): 781-786.

胡映泉. 2006. 森林病虫害防治现状与对策. 山西科技, (2): 115-116, 45.

湖北省神农架林区林业管理局. 2012. 实施天保工程神农架旧貌换新颜. 全国天然林资源保护工程工作会议.

黄传春. 2021. 加强天然林保护, 助推乡村振兴. 福建林业, (6): 9-10.

黄柳菁. 2012. 城市化影响下存留南亚热带常绿阔叶林群落特征及其与环境因子关联研究. 北京: 中国科学院大学博士学位论文.

黄培兴. 2016. 武夷山国家森林公园管理保护探析. 商业文化, (12): 23-28.

黄世国, 林思祖. 2001. 人工林质量管理系统的设计与实现. 江西农业大学学报, 23(4): 548-550.

姜坤, 戴文远, 胡秋凤, 等. 2019. 浙闽山地丘陵区地形因子对土地利用格局的影响分析: 以福建省永泰县为例. 生态与农村环境学报, 35(6): 707-715.

蒋良勇. 2010. 中国公益林生态补偿研究. 长沙: 湖南农业大学硕士学位论文.

蒋忠诚. 1998. 中国南方表层岩溶带的特征及形成机理. 热带地理, 18(4): 322-326.

金毅, 陈建华, 米湘成, 等. 2015. 古田山 24 ha 森林动态监测样地常绿阔叶林群落结构和组成动态: 探讨 2008 年冰雪灾害的影响. 生物多样性, 23(5): 610-618.

景春华, 李静, 叶洪生. 2007. 对伏牛山植物保护的建议. 中国林业, (9A): 41.

康海平, 张德志. 2011. 关于加强退耕还林区经济林管理的探讨. 农业技术与装备, (16): 28-29.

邝生舜. 1991. 河南植被水平地带性的分布规律. 武汉植物学研究, 9(2): 153-160.

李华润, 刘炳英. 2000. 山东省森林资源管理现状存在问题和对策. 山东林业科技, (2): 45-48.

李敏, 姚顽强, 任小, 等. 2019. 1981-2015 年神农架林区森林生态系统净初级生产力估算. 环境科学研究, 32(5): 749-757.

李少宁, 白秀兰, 崔向慧, 等. 2002. 森林生态系统管理的发展回顾与展望. 世界林业研究, 15(4): 1-6.

李坦, 张颖. 2013. 江西省森林生态系统服务价值评估与调整. 统计与决策, (3): 92-95.

李秀辉, 戴瑞杰. 2009. 从森林永续利用到林业可持续发展的历史性转变. 内蒙古林业, (6): 9.

廖宝文, 郑德璋, 郑松发. 1992. 我国东南沿海防护林的特殊类型——红树林. 广东林业科技, (1): 30-33, 9.

林杭生. 1988. 我国热带亚热带黄壤与红壤发生和分类的对比研究——东南山地花岗岩发育的黄壤与红壤. 南京: 中国科学院南京土壤所硕士学位论文.

林群, 张守攻, 江泽平, 等. 2007. 森林生态系统管理研究概述. 世界林业研究, 20(2): 1-9.

林武星, 张水松, 徐俊森, 等. 2000. 沿海木麻黄基干防护林带多树种配置改造试验. 防护林科技, (1): 7-8, 11.

林有润, 蒋林. 1996. 中国植物区系地理及植物生态地理中值得讨论的若干名称问题. 植物研究, 16(1): 77-79.

蔺恩杰, 江洪, 赵明水, 等. 2022. 天目山自然保护区典型森林植被乔木层生物量研究. 33(1): 21-24.

刘福臣, 方静, 黄怀峰. 2008. 鲁中南低山丘陵区水土流失原因及治理措施. 水土保持通报, 28(04): 170-171, 197.

刘刚. 2010. 淮河流域桐柏大别山区植被退化机制与生态修复模式. 泰安: 山东农业大学博士学位论文.

刘世荣, 马姜明, 缪宁. 2015. 中国天然林保护、生态恢复与可持续经营的理论与技术. 生态学报, 35(1): 212-218.

刘硕. 2012. 基于森林资源清查结果估算我国森林蓄积量变化. 西北农林科技大学学报(自然科学版), 40(11): 147-151.

刘亚培, 陈绍志, 赵荣, 等. 2022. 我国天然林保护修复研究概述. 世界林业研究, 35(1): 82-87.

刘元本, 张远立, 李增录, 等. 1983. 实现河南森林永续利用的初步探讨. 中南林业调查规划, (2): 13-23.

鲁材. 2007. "十一五"山东省建材工业走向何方. 建材发展导向, (6): 57-64.

陆元昌, 张守攻. 2003. 中国天然林保护工程区目前急需解决的技术问题和对策. 林业科学研究, 16(6): 731-738.

罗上华, 毛齐正, 马克明, 等. 2012. 城市土壤碳循环与碳固持研究综述. 生态学报, 1(22): 7177-7189.

罗奕爽, 何杰, 郑绍伟, 等. 2017. 人为干扰对物种多样性和生态因子的影响分析. 四川林业科技, 38(5): 23-27.

吕永来. 2011. 全国各省(区、市)森林覆盖率增加情况排行. 中国林业产业, (1): 108-109.

马东跃. 2002. 再论无锡市城乡一体现代林业建设. 江苏林业科技, 29(3): 48-50.

曼兴兴, 米湘成, 马克平. 2011. 雪灾对古田山常绿阔叶林群落结构的影响. 生物多样性, 1(2): 197-205.

穆荣俊. 2012. 林业抚育间伐相关问题探讨. 城市建设理论研究(电子版), (14): 1-3.

南岩. 1993. 保护生态环境整治地质灾害——我国崩塌、滑坡、泥石流灾害危害严重. 中国生态农业学报, (4): 31.

倪健, 宋永昌. 1997. 中国亚热带常绿阔叶林优势种及常见种的水热分布类群. 植物生态学报, (4): 54-62, 64.

欧阳帅, 项文化, 陈亮, 等. 2021. 南方山地丘陵区森林植被恢复对水土流失调控机制. 水土保持学报, 35(5): 1-9.

欧阳志云, 王如松. 1999. 生态系统服务功能及其生态经济价值评价. 应用生态学报, 10(5): 635-640.

彭乾乾, 李亭亭, 汪正祥, 等. 2017. 神农架国家公园生态旅游环境容量研究. 湖北大学学报(自然科学版), 39(5): 451-454.

彭逸生, 周炎武, 陈桂珠. 2008. 红树林湿地恢复研究进展. 生态学报, 28(2): 786-797.

乔秀娟, 姜庆虎, 徐耀粘, 等. 2021. 湖北自然植被概况: 植被研究历史、分布格局及其群落类型. 中国科学: 生命科学, 51(3): 254-263.

乔媛媛, 于晴, 金鹏, 等. 2020. 天目山-怀玉山区水源涵养与生物多样性保护重要区生态承载力评价. 安徽农业大学学报, 47(6): 979-985.

秦元伟, 董金玮, 肖向明. 2015. 中国森林覆盖度产品的差异性及不确定性分析. 生物多样性, 23(6): 5.

盛若成, 李敏, 陈军. 2019. 两株我国南北松材线虫虫株形态指标与致病力比较. 南京林业大学学报(自然科学版), 43(6): 18-24.

石小亮, 陈珂, 曹先磊, 等. 2017. 森林生态系统管理研究综述. 生态经济, 33(7): 195-201.

孙长忠, 沈国舫. 2000. 我国主要树种人工林生产力现状及潜力的调查研究: Ⅰ. 杉木、马尾松人工林生产. 林业科学研究, 13(6): 613-621.

孙春涛, 杨俊, 肖军山, 等. 2017. 基于发展森林康养新业态的思考——以湖南新邵鹏翔森林康养基地为例. 现代农业科技, (6): 173-175.

谭珊珊. 2012. 百山祖自然保护区植物群落结构与物种多样性分析. 杭州: 浙江大学硕士学位论文.

唐永銮. 1962. 有关"南亚热带季雨林砖红壤化红壤地带"划分问题. 地理学报, (1): 86-91.

滕吉艳. 2021. 上海城市中心区不同类型绿地土壤重金属污染特征. 土壤通报, 52(4): 927-933.

仝川, 杨玉盛. 2007. 飓风和台风对沿海地区森林生态系统的影响. 生态学报, 27(12): 5337-5344.

童冉, 周本智, 姜丽娜, 等. 2019. 我国杉木人工林可持续经营面临的问题及发展策略——基于全国分布区的调查. 世界林业研究, 32(2): 90-96.

王兵, 任晓旭, 胡文. 2011. 中国森林生态系统服务功能及其价值评估. 47(2): 145-153.

王果, 林景亮, 庄卫民. 1987. 福建红壤和砖红壤性红壤的发生和分类的探讨. 土壤学报, (4): 352-360.

王仁卿. 2001. 山东森林植被恢复的理论方法和实践. 山东林业科技, 03(3): 11.

王伟铭, 李春海, 舒军武, 等. 2019. 中国南方植被的变化. 中国科学: 地球科学, 49(8): 1308-1320.

王习保, 戴怀宝. 1999. 对苏锡地区建设城市一体现代林业的思考. 江苏林业科技, 26(2): 55-58.

王献溥. 1995. 湖北神农架保护区的基本特点和管理问题. 中国生物圈保护区, (1): 24-29.

王玉芳, 孙悦. 2010. 试论森林资源战略储备的途径. 林业经济, (5): 98-101.

王云霖. 2019. 我国人工林发展研究. 林业资源管理, (1): 6-11.

王云泉. 2015. 雪灾对密度制约维持森林群落生物多样性的影响. 金华: 浙江师范大学硕士学位论文.

王招英, 姜伟. 2004. 对浙江森林资源保护管理的调查与思考. 浙江林业, (10): 6-7.

王忠林. 1989. 关中农田防护林资源管理问题研究. 林业资源管理, (2): 23-26.

王祝雄, 兰思仁, 莫沫, 等. 2008. 我国沿海防护林保护管理情况调研与对策思考. 林业资源管理, (3): 1-8.

魏蕾蕾. 2021. 新形势下加强天然林保护的策略. 现代园艺, 44(16): 161-162.

吴泽民, 黄成林, 白林波, 等. 2002. 合肥城市森林结构分析研究. 林业科学, 38(4): 7-13.

吴泽民. 2005. 城市森林经营管理中的几个主要方面. 中国城市林业, 3(5): 17-19.

武玲霞. 2015. 试论林业管理中松材线虫病的发生特点及预防治理措施. 黑龙江科技信息, (29): 262.

武宪刚, 王敏思. 2017. 森林病虫害的发生及防治措施. 农民致富之友, (9): 1-3.

肖洋, 欧阳志云, 王莉雁, 等. 2016. 内蒙古生态系统质量空间特征及其驱动力. 生态学报, 36: 6019-6030.

谢晋阳, 陈灵芝. 1994. 暖温带落叶阔叶林的物种多样性特征. 生态学报, 14(4): 337-344.

邢海涛. 2017. 马尾松针阔混交人工林种间关系和作业法研究. 北京: 中国林业科学研究院博士学位

论文.

徐国祯. 1997. 森林生态系统经营——21 世纪森林经营的新趋势. 世界林业研究, (2): 15-20.

徐建国. 2009. 戴云山国家级自然保护区生物多样性特点及保护对策. 林业建设, (6): 10-13.

徐学锋. 2001. 在深化林业改革中加强森林资源管理工作的思考. 林业勘查设计, (1): 12-14.

杨加猛, 杜丽永, 蔡志坚, 等. 2014. 江苏省森林碳储量的区域分布研究. 中南林业科技大学学报, 34(7): 84-89.

叶建仁. 2000. 中国森林病虫害防治现状与展望. 南京林业大学学报, (6): 1-5.

义白璐, 韩骥, 周翔, 等. 2015. 区域碳源碳汇的时空格局——以长三角地区为例. 应用生态学报, 26(4): 973-980.

易慧琳. 2016. 南亚热带季风常绿阔叶林群落结构及其对构建"近自然群落"的启示. 广州: 仲恺农业工程学院硕士学位论文.

应俊生. 2001. 中国种子植物物种多样性及其分布格局. 生物多样性, 9(4): 393-398.

游诗雪, 张超, 库伟鹏, 等. 2016. 1996-2012 天目山常绿落叶阔叶混交林乔木层群落动态. 林业科学, 52(10): 1-9.

余建辉, 张建国. 1992. 人口·经济·森林·环境——南方集体林区林业发展的背景剖析. 林业经济, (3): 34-38.

余新晓, 鲁绍伟, 靳芳, 等. 2005. 中国森林生态系统服务功能及其价值评估. 生态学报, 25(8): 2096-2102.

詹昭宁. 2014. 浅议建立国家储备林制度——关于落实国家储备林若干问题. 中南林业调查规划, 33(4): 1-3.

张德成, 陈绍志, 白冬艳, 等. 2016. 森林自然灾害防治规划系统运行机理及政策分析——面向森林自然灾害防治的规划管理. 林业经济, 38(2): 33-38.

张洪江, 程金花, 陈宗伟. 2007. 长江三峡地区森林变化对径流泥沙的影响. 水土保持研究, 14(1): 1-3.

张金屯, Pickett S T A. 1999. 城市化对森林植被、土壤和景观的影响. 生态学报, 1(5): 654-658.

张巧琴. 1988. 森林冰冻害的分析及其防治对策. 灾害学, (1): 31-36.

张水松, 叶功富, 徐俊森, 等. 2000. 海岸带木麻黄防护林更新方式、树种选择和造林配套技术研究. 防护林科技, (S1): 51-63.

张天阳. 2014. 促进安徽省林业可持续发展的公共政策研究. 合肥: 安徽大学硕士学位论文.

张田田, 王璇, 任海保, 等. 2019. 浙江古田山次生与老龄常绿阔叶林群落特征的比较. 生物多样性, 27(10): 1069-1080.

张文馨. 2016. 山东植物群落及其物种多样性分布格局与形成机制. 济南: 山东大学博士学位论文.

张文颖. 2011. 中国林权问题与制度创新——来自孝感市调查. 农业经济, (7): 42-44.

张香菊, 钟林生. 2019. 旅游生态学研究进展. 生态学报, 39(24): 9396-9407.

张旭. 2017. 基于森林资源清查的全国森林资源变化分析. 保定: 河北农业大学硕士学位论文.

章明奎, 邱志腾, 姚玉才, 等. 2019. 亚热带山地草甸土性态的变异及其在中国土壤系统分类中的地位. 土壤, 51(6): 1216-1225.

赵常明, 陈伟烈. 2002. 神农架植被及其生物多样性基本特征. 生物多样性保护与区域可持续发展: 第四届全国生物多样性保护与持续利用研讨会论文集, pp. 270-280. 北京: 中国林业出版社.

赵林, 徐春雪, 刘雪莹, 等. 2014. 干旱对湖北省森林植被净初级生产力的影响. 长江流域资源与环境, 23(11): 1595-1602.

赵平, 彭少麟, 曾小平. 2001. 全球变化背景下大气 CO_2 浓度升高与森林群落结构和功能的变化. 广西植物, 21(4): 287-294.

赵铁良, 耿海东, 张旭东, 等. 2003. 气温变化对我国森林病虫害的影响. 中国森林病虫, 22(3): 29-32.

赵玉皓, 张艳杰, 严月, 等. 2018. 亚热带退化红壤区森林恢复类型土壤有机碳矿化对温度的响应. 生态学报, (14): 5056-5066.

中华人民共和国国家统计局. 2022. 中国统计年鉴. 北京: 中国统计出版社.

周根土, 张均, 查朝生, 等. 2015. 安徽省国家储备林林分结构特征分析. 安徽林业科技, 41(6): 15-20.

周光裕. 1983. 山东省沂蒙山区蒙阴县植被与水土保持的关系. 植物生态学报, (1): 69-75.

周峻. 2010. 南方集体林区森林可持续经营管理机制研究. 北京: 北京林业大学博士学位论文.

周榆, 曾宪玮. 2015. 国家储备林划定与经营管理探讨——安福县国家储备林项目建设经验探讨. 南方林业科学, 43(1): 43-46.

庄乾达. 2016. 浙江省森林城市综合评价指标体系构建及其实证研究. 杭州: 浙江农林大学硕士学位论文.

庄作峰. 2008. 我国天然林管理中存在的规划问题分析及建议. 世界林业研究, 21(5): 72-76.

Carreiro M M, Howe K, Parkhurst D F, et al. 1999. Variation in quality and decomposability of red oak leaf litter along an urban-rural gradient. Biology and Fertility of Soils, 30(3): 258-268.

Carreiro M M, Tripler C E. 2005. Forest Remnants Along Urban-Rural Gradients: Examining Their Potential for Global Change Research. Ecosystems, 8(5): 568-582.

Fan J, Wang J Y, Hu X F, et al. 2014. Seasonal dynamics of soil nitrogen availability and phosphorus fractions under urban forest remnants of different vegetation communities in Southern China. Urban Forestry & Urban Greening, 13(3): 576-585.

Garten C T. 2011. Comparison of forest soil carbon dynamics at five sites along a latitudinal gradient. Geoderma, 167-168: 30-40.

George K, Ziska L H, Bunce J A, et al. 2007. Elevated atmospheric CO_2 concentration and temperature across an urban–rural transect. Atmospheric Environment, 41(35): 7654-7665.

Groffman P M, Pouyat R V, Mcdonnell M J, et al. 1995. Carbon pools and trace gas fluxes in urban forest soils. Soil management and greenhouse effect, 147-157.

Lovett G M, Traynor M M, Pouyat R V, et al. 2000. Atmospheric deposition to oak forests along an urban-rural gradient. Environmental Science Technology, 34(20): 4294-4300.

Pouyat R V, Mcdonnell M J. 1991. Heavy metal accumulations in forest soils along an urban-rural gradient in Southeastern New York. Water Air & Soil Pollution, 57-58(1): 797-807.

Pouyat R V, Russellanelli J, Yesilonis I D, et al. 2003. Soil carbon in urban forest ecosystems. The Potential of U.S. Forest Soils to Sequester Carbon and Mitigate the Greenhouse Effect.

Yuan W, Cai W, Chen Y, et al. 2016. Severe summer heatwave and drought strongly reduced carbon uptake in Southern China. Scientific Reports, 6: 18813.

第8章 西南林区生态系统质量和管理状态及优化管理模式①

西南林区是我国第二大林区，在国家"两屏三带"生态安全战略格局中，藏东南高原边缘森林生态功能区、川滇森林及生物多样性国家重点生态功能区的位于核心区；国家重要生态系统保护和修复重大工程"三区四带"中青藏高原生态屏障区、长江重点生态区，承担着保障长江中下游国家生态安全、粮食安全、水安全和国土安全、生物安全等方面重要任务，在我国长江经济带发展战略、生物多样性保护、生态安全屏障建设、战略资源储备基地建设等国家与区域生态安全战略中具有特殊的战略地位。

长期以来，随着国家社会进步、经济发展，对木材需求日益增加，对西南林区森林的利用加大，森林面积与蓄积逐渐减少。随着长江防护林建设工程、天然林保护工程、退耕还林工程等重大林业生态工程的实施，西南林区森林资源不断增加，生态系统质量有所提升，森林生态系统功能得到有效恢复。目前，西南林区林地面积 8201.82 万 hm²，森林面积 6562.92 万 hm²，活立木蓄积量 709842.65 万 m³，森林蓄积量 671480.34 万 m³，每公顷蓄积 136.75 m³，森林覆盖率（27.89%）高于全国的森林覆盖率（23.0%）。

西南林区森林生态系统具有保护长江中下游国土安全、水资源安全和人民生命财产安全等方面的重要生态屏障作用。由于西南地区森林开发利用时间长，森林多为原始林经采伐后形成的大面积天然次生林，面积 5133.80 万 hm²（含天然林），蓄积量 602271.74 万 m³，多处于次生演替的初、中阶段。而人工纯林以柏木、杉木、柳杉、云杉、川西云杉、马尾松、云南松、桤木、光皮桦、桉树（巨桉、蓝桉、直干桉等）、柚木、竹类（梁山慈竹、硬头黄竹、撑绿竹、毛竹）等为主，人工林面积 1429.12 万 hm²，蓄积量 69208.60 万 m³，伴随森林质量的不断提升，西南林区森林具有提升水源涵养、保持水土、保护生物多样性和固碳增汇等功能的潜力，但是，早期以恢复植被、提高森林覆盖率为目标，存在造林密度过大，树种配位不科学、抚育措施不及时和资金等限制，以及管理不到位等问题，导致森林恢复速度缓慢，影响生态屏障功能的持续稳定发挥。因此，科学保护、恢复、经营和管理西南林区森林对我国实现"碳中和"的目标具有重要意义。

---

① 本章执笔人：刘兴良，包维楷，刘世荣，李贵祥，喻理飞，周彬，朱万泽，蔡小虎，李旭华，蔡蕾，冯秋红，潘红丽，刘鑫，孟广涛。

西南林区地形地貌复杂，气候类型多样，在"三向地带性"的综合作用下，孕育了繁多特殊的森林生态系统类型。依据本区地形地貌、气候特征，森林地理分布和森林经营方向等差异，将西南林区划分为四川盆地丘陵亚热带常绿阔叶林及马尾松林亚区、西南喀斯特亚热带常绿阔叶林及马尾松林亚区、云贵高原常绿阔叶林及云南松林亚区、西南高山峡谷针叶林亚区、滇西南低山热带季雨林雨林亚区，以及在特殊地形地貌和气候作用下形成的特殊植被类型——西南干热干旱河谷荒漠植被亚区。在分析西南林区不同林亚区森林类型特点、主要经营模式及存在的问题的基础上，提出以森林生态系统可持续经营为目标，全面落实天然林保护修复制度，重点在天然林保育、森林抚育、人工林培育、林下资源高效利用等方面的科学需求；采取科学的森林抚育、更新、恢复与重建等措施，提升森林质量、提高森林生态服务功能，加快促进森林资源恢复性增长，修复和增强东北森林带生态功能，构筑农田防护屏障，增加木材战略资源储备，使森林生态系统的结构更加稳定、生态屏障防护功能得到恢复和增强，更好地服务国家生态文明建设、服务于"生物多样性保护"和"碳中和"目标的实现。

西南林区是我国第二大的天然林集中分布区，主要包括分布于四川盆地及盆周山地、云贵高原、高山峡谷、滇西南低山区、川渝黔喀斯特山地的森林。据第九次全国森林清查数据，西南林区林地面积 8201.82 万 hm^2，森林面积 6562.92 万 hm^2，森林覆盖率 27.89%，活立木蓄积量 709842.65 万 m^3，森林蓄积量 671480.34 万 m^3，每公顷蓄积 136.75 m^3。西南林区森林是我国生态安全战略格局"两屏三带"、重要生态系统保护和修复重大工程总体布局"三区四带"涉及"川滇森林及生物多样性生态功能区"全部，以及"若尔盖草原湿地生态功能区""桂黔滇喀斯特石漠化防治生态功能区""秦巴生物多样性生态功能区""藏东南高原边缘森林生态功能区"的部分区域森林。西南林区森林不仅对长江中下游社会经济发展、工农业用水和国土安全等发挥着重要的生态屏障作用，而且在政府间气候谈判、区域生态安全等方面具有举足轻重的地位。同时，科学的经营措施影响着西南林区现有森林、低效人工林木材生产（储备）能力、林业碳汇潜力和生态系统多功能效益的发挥，以及未来森林生态系统的经营方向，直接影响西南林区森林生态系统的整体质量，决定着区域粮食安全、木材储备、生物多样性保护、水生态安全和国土安全等国家战略宏观布局。

本章基于中国科学院、国家林业和草原局和教育部在西南林区建立的森林生态系统国家野外观测站，中国科学院系统野外站——四川茂县森林生态系统野外科学观测研究站、四川贡嘎山森林生态系统国家野外科学观测研究站、云南西双版纳森林生态系统国家野外科学观测研究站和元谋干热河谷沟蚀崩塌观测研究站，国家林草系统国家野外站——四川森林生态系统国家定位观测研究站、四川龙门山森林生态系统国家定位观测研究站、云南滇中高原森林生态系统定位研究站和云南高黎贡山森林生态系统国家定位观测研究站，以及教育系统野外站——贵州喀斯特教育部野外科学观测研究站等国家野外台站的长期监测、研究与示范，在分析西南林区现有森林资源分布及现状的基础上，依据地形地貌、气候特征和差异性，结合森林植被特征、行政区域及社会经济状况等，对西南地区森林植被进行森林区划分和森林经营区划，阐明影响西南林区森林生态系统质量状况及其影响因素，针对现有森林生态系统经营管理现状及存在问题，以地带性典型森林类型为对象，剖析主要森林生态系统类型管理案例，提出森林生态系统优化管理及主要模式；同时，针对西南林区森林生态系统存在问题，进一步提出了提升森林生态系统质量的对策与建议，为西南林区生态安全、生态屏障构建、林业科学发展、森林生态系统可持续经营等宏观决策制定提供了科学依据。

8.1　西南林区自然环境特征

8.1.1　西南地区自然环境及其空间差异性

1. 地形地貌

西南地区被称作西南五省（自治区、直辖市），含重庆、四川、云南、贵州和西藏，区域地理位置为 78°25′E～110°11′E，21°08′N～36°53′N（刘策，2021），总面积达 236.71 km^2，占中国陆地国土面积的 24.5%（张志斌等，2014）。地理上包括青藏高原东南部，四川盆地、云贵高原大部。毗邻不丹、巴基斯坦、尼泊尔、印度、老挝、缅甸等国。

西南地区地处青藏高原的东南部（图 8-1）。行政区划下的西南地区地形比较复杂，但较为显著地分为三个地形单元。①四川盆地及其周边山地。主要范围包括重庆大部、

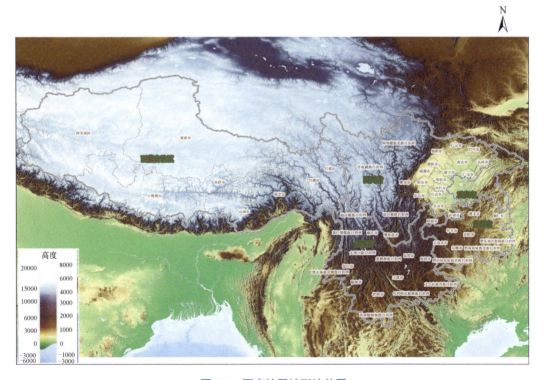

图 8-1　西南地区地形地貌图

四川中东部、贵州中北部、云南东北部。②云贵高原中高山山地丘陵区。主要范围包括贵州全境与云南的中南部和中东部。③青藏高原高山山地区。主要范围包括西藏全境，四川的北部、西部、西南部和云南西北部。区域内四川盆地海拔在 500 m 左右，云南高原和贵州高原的海拔分别为 2000 m 和 1000 m，而青藏高原东缘的海拔基本在 3500 m 以上，区域内各种地貌形态分布广泛均衡，其中低地盆地、平原，小起伏低山和小起伏中山的面积较大，分别占总面积的 14.34%、12.22% 和 15.89%，三类地貌面积和超过总面积的 42%，主要分布在四川盆地、贵州高原以及云南西南部等地势相对较低的区域；峡谷区主要分布在横断山区，由几大河流如澜沧江、金沙江以及怒江等长期以来剧烈的切割作用造成，表现出极大的地表切割和起伏（曹伟超等，2011）。

西南地区地处环球纬向特提斯造山系的东部，是一个由泛华夏陆块西南缘和南部冈瓦纳大陆北缘不断弧后扩张、裂离，又经小洋盆萎缩消减，弧-弧、弧-陆碰撞形成的复杂构造域（刘增铁等，2010）。

2. 气候特征

西南地区的气候主要分为三类。①四川盆地湿润中亚热带季风气候。由于青藏高原的隆起，该区从西北到东南的温度和降水均有很大差异，东部年均气温达 24℃，西部年均气温最低在 0℃ 以下；降水量从东南到西北相差上千毫米，时空分布极不均匀。②云贵高原低纬高原中南亚热带季风气候。低纬高原是生产四季如春气候的绝佳温床，四季如春气候的代表城市有昆明、大理等，山地适合发展林牧业，坝区适宜发展农业、花卉、烟草等产业。③高山寒带气候与立体气候分布区。本区是主要的牧业区。此外，本区南端还分布有少部分热带季雨林气候区，干湿季分明。本区气候类型由温暖湿润的海洋气候到四季如春的高原季风气候，再到亚热带高原季风湿润气候以及青藏高原独特的高原气候，形成了独特的植被分布格局（张远东等，2011）。

西南地区小雨日数最多，占总降水日数的 75%，其次为中雨日数。但大到暴雨降水量占全年总降水量的 50% 以上。青藏高原以东的西南地区（渝、川、黔、滇）境内分布着众多河流，该地区受季风环流和复杂地理环境的影响，常发生局部强降水，是中国降水局部区域差异最大、变化最复杂的地方之一（张琪和李跃清，2014）。年降水量整体呈"东多西少"的分布形态，重庆大部、四川盆地、贵州大部及云南南部地区都是多雨区，中心位于青藏高原东部川西高原边坡的四川盆地西部雅安附近和高黎贡山、无量山及哀牢山以南的滇南地区，年降水量在 1600 mm 以上，次中心位于黔西南地区和武陵山西段南侧的黔东北地区，年降水量在 1300 mm 以上。川西高原地区是整个西南地区的少雨区，年降水量不足 800 mm（张琪和李跃清，2014）。春季，降水量整体偏少，但重庆大部及贵州中东部降水量相对较大，在 300 mm 以上，四川雅安地区春季降水量也在 250 mm 以上，云南大部和川西高原地区的春季降水量都相对较少，不足 150 mm。夏季是一年中降水相对较多的季节，其降水中心在四川盆地雅安地区，降水量在 900 mm 以上，除川西高原地区夏季降水量在 400 mm 以内外，其他大部地区降水量都在 500 mm 以上。秋季，降水量大值区同样是在四川雅安地区和滇南地区，降水量在 350 mm 以上，川西高原仍为降水的低值区，不足 150 mm。相对其他三季而言，冬季降水量最少。西南地区东部降水量基本保持 60 mm 左右，特别是在西南地区西部，降水量一般不足 20 mm（张琪和李跃清，2014）。

3. 水系与水文

西南地区是全国水能资源最丰富的地区，西藏、四川、云南、贵州、重庆五省（自治区、直辖市）的水资源总量约占全国水资源总量的 38.66%，以年发电总量计可能开发的水能资源约占全国的 67.8%（陈家琦和王浩，1996；中国科学院《中国自然地理》编辑委员会，1981）。本区中部和北部以长江流域的河流为主。南部和西部则分属珠江流域、金沙江流域、元江流域、雅鲁藏布江流域、澜沧江流域、怒江流域、独龙江流域、恒河流域和森格藏布江流域。另外，藏北内流区还有众多的内流河汇入大小高原湖泊。

1）重庆水资源

重庆地区水系发达，河流纵横，境内流域面积大于 100 km² 的河流有 274 条，其中流域面积大于 1000 km² 的河流有 42 条，包括长江、嘉陵江、渠江、涪江、乌江、芙蓉江、阿蓬江、綦江、酉水等。这些河流除任河注入汉江，酉水注入北河汇入沅江（洞庭湖）、濑溪河和清流河注入沱江外，其余均在境内注入长江汇进三峡水库。长江自西南向东北横贯全境，乌江、嘉陵江为南北两大支流，形成不对称的、向心的网状水系。长江河流长度 6296 km，流域面积 1786723 km²，由 7000 余条大小支流组成，发源于青藏高原唐古拉山主峰各拉丹冬西南侧，在江津区进入重庆，流经江津、永川等 18 区县，在巫山县碚石出境，重庆市境内河长 691 km，境内流域面积 82370 km²，重庆市入境水量 2769 亿 m³，出境水量 4290 亿 m³。嘉陵江河流长度 1132 km，流域面积 158958 km²，是长江水系中流域面积最大的支流，发源于陕西凤县秦岭山脉代王山南侧，在合川区进入重庆，于渝中区朝天门汇入长江，流经合川、北碚、沙坪坝、渝中等 6 区县，重庆境内河长 152 km，流域面积 9590 km²。流域多年平均降水量为 935 mm，出口控制站北碚站多年平均年径流量为 659 亿 m³。乌江河流长度 993 km，流域面积 87656 km²，流域平面形态呈狭长弧形，由西南向东北转为北向，源头位于贵州西部乌蒙山，在酉阳龚滩进入重庆，于涪陵区市区东汇入长江，流经酉阳、彭水、武隆、涪陵 4 区县。重庆境内河长 223 km，流域面积 15753 km²。流域多年平均降水量为 1150 mm，多年平均年径流量 509 亿 m³。

2）四川水资源

四川是千河之省，是我国长江、黄河干流同时流经的唯一省份。四川长江干流 1788 km，占总长度的 28.40%，为长江干流最长；境内长江流域面积 46.74 万 km²。四川全省大小河流 1300 多条，流域面积在 500 km² 以上的达 267 条，技术可开发量约为 1.2 亿 kW，占全国的 27% 左右，居首位。2013 年 5 月，四川省水利厅发布的《四川省第一次全国水利普查公报》显示,四川境内共有 4607 座水电站,装机容量 7581.12 万 kW。四川、云南为中国水资源大省, "十二五" 末水电装机分别达到 6939 万 kW、5774 万 kW,外送能力达到 2850 万 kW、1850 万 kW,2016 年两省水电发电量占到全国发电量的 8.9%。

3) 贵州水资源

贵州河流处于长江和珠江两大水系上游交错地带,河流数量众多,有 69 个县属长江防护林保护区范围,是长江、珠江上游地区重要生态屏障。全省水系顺地势由西部、中部向北、东、南三面分流。苗岭是长江和珠江两流域的分水岭,以北属长江流域,流域面积 115747 km^2,占全省土地面积的 65.7%,主要河流有:乌江、赤水河、清水江、洪州河、舞阳河、锦江松桃河、松坎河、牛栏江、横江等;苗岭以南属珠江流域,流域面积 60420 km^2,占全省土地面积的 34.3%,主要河流有:南盘江、北盘江、红水河都柳江、打狗河等。贵州河流数量较多,处处川流不息,长度在 10 km 以上的河流有 984 条。贵州河流的山区性特征明显,大多河流上游河谷开阔,水流平缓,水量小;中游河谷束放相间,水流湍急;下游河谷深切狭窄,水量大,水力资源丰富。由于特定的地理位置和复杂的地形地貌,贵州的气候和生态条件复杂多样,立体农业特征明显,农业生产的地域性、区域性较强,适宜于进行农业的整体综合开发,适宜于发展特色农业。

4) 云南水资源

云南境内河流众多,省境内径流面积在 100 km^2 以上的河流有 908 条,分属长江、珠江、元江、澜沧江、怒江和独龙江六大水系,其中珠江、元江发源于云南境内,其余均发源于青藏高原,为过境河流。元江、澜沧江、怒江、独龙江为国际河流,分别流往越南、老挝和缅甸等国家,也统称西南国际河流。全省多年平均降水量 1278.8 mm,水资源总量 2210 亿 m^3,排全国第三位,人均水资源量近 5000 m^3。滇池、洱海、抚仙湖、星云湖、程海、泸沽湖、异龙湖、杞麓湖、阳宗海是云南著名的 "九大高原湖泊"。

5) 西藏水资源

西藏水资源丰富,是中国水域面积最大的省级行政区,地表水包括河流、湖泊、沼泽、冰川等多种存在形式,其中河流、湖泊是最重要的部分。西藏境内流域面积大于 1 万 km^2 的河流有 28 条,大于 2000 km^2 的河流有 100 余条,是中国河流最多的省区之一。亚洲著名的长江、怒江(萨尔温江)、澜沧江(湄公河)、森格藏布河(印度河)、恒河、雅鲁藏布江(布拉马普特拉河)都发源或流经西藏。西藏湖泊众多,共有大小湖泊 1500 多个,总面积达 2.4 万 km^2,居全国首位,其中面积超过 1 km^2 的有 816 个,超过 1000 km^2 的有 3 个,即纳木错、色林错和扎日南木错。西藏有冰川 11468 条,冰川面积达 28645 km^2,占全国的 49%,冰储量约 25330 亿 m^3,占全国的 45.32%,年融水量 310 亿 m^3,占全国的 53.4%,均居全国之首。

6）西南地区湿地资源

根据第二次全国湿地资源调查成果，西南地区湿地面积 925.72 万 hm²，其中河流湿地面积 235.40 万 hm²、湖泊湿地面积 316.38 万 hm²、沼泽湿地面积 327.35 万 hm²（表 8-1）。

表 8-1　西南地区主要湿地类型与面积　　　（单位：万 hm²）

行政区划	保护湿地面积			
	合计	河流湿地	湖泊湿地	沼泽湿地
重庆	20.72	8.73	0.76	0.01
四川	174.78	45.23	3.74	117.59
贵州	20.97	13.81	0.25	1.10
云南	56.35	24.18	11.85	3.22
西藏	652.90	143.45	303.52	205.43
合计	925.72	235.40	316.38	327.35

资料来源：第二次全国湿地资源调查结果（2014 年）。

（1）重庆湿地资源。重庆地处三峡库区腹心地带，是长江流域重要生态屏障和全国水资源战略储备库。目前，重庆共有湿地面积 20.72 万 hm²，其中，河流湿地 8.73 万 hm²，湖泊湿地 0.76 万 hm²，沼泽湿地 0.01 万 hm²，占全市湿地总面积的 45.85%。湿地类型多样，生物多样性丰富，有湿地脊椎动物 563 种，湿地高等植物 707 种。重庆已建湿地自然保护区 12 个、国家湿地公园（含试点）22 个、市级湿地公园 4 个，保护面积达 10.39 万 hm²。

（2）四川湿地资源。四川湿地总面积为 174.78 万 hm²（不计稻田/冬水田），占全省土地面积的 3.60%。其中，河流湿地 45.23 万 hm²，湖泊湿地 3.74 万 hm²，沼泽湿地 117.59 万 hm²，占全省湿地总面积的 95.30%。湿地脊椎动物 5 纲 25 目 59 科 495 种。属国家重点保护野生动物有 36 种，其中国家 I 级重点保护野生动物 9 种，国家 II 级重点保护野生动物 27 种。湿地高等植物 113 科 376 属 1008 种。属国家重点保护野生植物有 5 种，其中国家 I 级重点保护野生植物 3 种，国家 II 级重点保护野生植物 2 种。全省共建湿地公园 64 个，其中国家湿地公园 8 个，国家湿地公园试点 21 个，省级湿地公园 35 个。

（3）贵州湿地资源。贵州地处长江、珠江上游，河流众多，喀斯特地貌发育典型，湿地类型丰富。据第二次全省湿地资源调查结果，全省湿地总面积为 20.97 万 hm²（不包括稻田湿地），占全省土地面积的 1.19%（湿地率）。其中，自然湿地面积 15.16 万 hm²，占湿地总面积 72.29%；人工湿地 5.81 万 hm²，占湿地总面积 27.71%。根据《湿地公约》定义，贵州湿地包括 4 个湿地类 15 个湿地型。4 个湿地类为河流湿地、湖泊湿地、沼泽湿地和人工湿地，其中，河流湿地 13.81 万 hm²，湖泊湿地 0.25 万 hm²，沼泽湿地 1.10 万 hm²，人工湿地 5.81 万 hm²。全省湿地植物共有 1457 种，隶属于 199 科 725 属，其中国家 I 级保护植物 5 种；国家Ⅱ级保护植物 16 种；省级重点保护植物 8 种。全省湿地生态系统中脊椎动物有 618 种，隶属于 5 纲 37 目 100 科。兽类有国家Ⅰ级保护动物 1 种；国家Ⅱ级保护动物 9 种。鸟类有国家Ⅰ级重点保护 6 种；国家Ⅱ级重点保护 26 种。两栖动物有国家Ⅱ级重点保护物种 4 种。鱼类有国家Ⅱ级重点保护 2 种。

（4）云南湿地资源。云南位于印度板块和太平洋板块交界处，属于低纬度高原季风气候，地形复杂，山高谷深，河流众多，云南又是断陷湖集中的省份，云南湿地资源丰富。云南总面积约 39.36 万 km^2，湿地总面积约 56.43 万 hm^2，湿地占云南土地面积的 1.4%（宋永全，2013）。云南湿地资源以河流湿地为主，其中，河流湿地 24.18 万 hm^2，湖泊湿地 11.85 万 hm^2，沼泽湿地 3.22 万 hm^2，人工湿地 17.1 万 hm^2（徐小英，2015）。

（5）西藏湿地资源。西藏湿地面积 652.92 万 hm^2（不含水稻田），占全区土地面积的 5.35%。西藏天然湿地面积 652.42 万 hm^2，其中，河流湿地面积 143.71 万 hm^2、湖泊湿地面积 303.04 万 hm^2、沼泽湿地面积 205.67 万 hm^2。

4. 森林土壤

重庆主要森林土壤类型为紫色土、山地黄壤和山地黄棕壤等。由于山体大小不同和热量上的一定差异，从南到北，森林土壤分布和垂直带状结构不尽相同。娄山和巫山，山体较低，岭脊高度一般均在海拔 1000～1500 m 以下，母岩主要有石灰岩和白垩系紫红色砂页岩。大巴山和米仓山，褶歇紧密，岭谷相间，岭脊线一般均在海拔 2000 m 以上，高出盆地 1000～1500 m。出露地层有石灰岩、硅质灰岩、板岩、页岩及砂岩等。气温较四川盆地西缘山地偏高，但雨量适与之相反，年平均温度 14～16℃，年降水量 1000～1500 mm。娄山北麓土壤垂直带谱为山地黄壤（600～1700 m）→山地黄棕壤（1700～2000 m）（李德融和朱鹏飞，1965）。

四川盆地海拔 800 m 以下的低山和丘陵，分布丘陵紫色土为主，主要森林土壤有盆周山地为黄壤区域，川西南山地河谷为红壤区域，川西北高山属于森林土区域，川西北高原为草甸土区域。川西山地森林土壤垂直带谱为大巴山南坡土壤垂直带谱为山地黄壤（700～1500 m）→山地黄棕壤（1500～2100 m）→山地棕壤和山地草甸土（2100～2570 m）（李德融和朱鹏飞，1965）。

贵州土壤属中亚热带常绿阔叶林红壤-黄壤地带。中部及东部广大地区为湿润性常绿阔叶林带，以黄壤为主；西南部为偏干性常绿阔叶林带，以红壤为主；西北部为北亚热成分的常绿阔叶林带，多为黄棕壤（廖德平和龙启德，1997）。

云南森林土壤类型丰富，是与区域的生物、气候分不开的。例如，玉龙山气候在水平分布上，属温带夏雨温凉气候，但其地理位置是处在亚热带的范围，还受亚热带气候的影响，所以它在土壤垂直分布上，必然反映出亚热带生物气候垂直分布的规律。玉龙山山麓至山顶，森林土壤垂直分布的规律，根据山体东南坡的谱带，为棕色森林土。暗棕色森林土隐灰化棕色森林土。高山草甸土、高山荒漠石质土，最后达雪线。主要有山地棕壤、山地暗棕壤、亚高山草甸土、暗棕色针叶林土、酸性紫色土、暗黄棕壤、红壤、赤红壤、黄壤等（张学询和李永福，1987）。

西藏因特殊的高原地貌和气候特征，其成土过程较慢。其种类和分布为：东北部以黄土为主，东南林区为褐土、棕壤，林区之上为亚高山草甸土，藏南谷地以亚高山草原土、亚高山草甸土为主，中部为高山草原土、高山草甸土及沼泽土。西藏主要森林土壤类型有：山地黄壤，分布在藏东南山地温带半湿润-湿润地区，海拔2500~3500 m，上接山地暗棕壤，下接山地黄棕；山地暗棕壤，分布在藏东南高山峡谷地形，桑曲谷地分布海拔3500~4000 m，波密3600 m，上接漂灰土，下接山地棕壤；漂灰土分布在藏东南海拔高度3200~4100 m，因地而异，上接亚高山灌丛草甸土下接山地暗棕壤或山地棕壤；亚高山灌丛草甸土分布在亚高山地段森林线上缘海拔4300~4500 m，上接亚高山草甸土，下接漂灰土或山地暗棕壤（周利勋和刘永春，2003）。

8.1.2　西南林区森林植被与森林区划

1. 西南林区森林生态系统分布格局

西南地区是我国木本植物最丰富的地区。由于复杂的地形地貌和垂直梯度的影响，以及由南向北梯级式上升的高原地势和由此而形成的各种气候类型，西南地区发育了包括热带雨林、亚热带常绿阔叶林至寒温性针叶林、高山草甸在内的众多森林类型，构成了最为复杂多样的森林生态系统。

重庆位于我国中亚热带北部栲类、桢楠林亚地带，是以壳斗科、樟科、山茶科等常绿乔木树种组成的常绿阔叶林为基带的山地植被区域。重庆自然植被类型包括阔叶林、针叶林、灌草丛等植被型组77类，其中马尾松和柏木林两类森林群落面积最大，但多呈疏林和幼林，为次生的人工林或半人工林。重庆典型森林植被是常绿阔叶林，包括亚热带常绿阔叶林、亚热带山地常绿与落叶阔叶混交林、亚热带落叶阔叶林。亚热带常绿阔叶林分布较为广泛，基本在全市范围内均有分布；亚热带山地常绿与落叶阔叶混交林是山地植被垂直带谱中的植被类型，分布于重庆东北、东南边缘中山地带，其中以大巴山区最为典型，从南到北，其分布高度逐渐降低；落叶阔叶混交林主要分布在山地常绿阔叶林的上部，呈斑块状或条带状分布。

四川植被类型也较为丰富，其中针叶林类型为全国之冠，其面积占全国针叶林面积的9.1%。四川森林多达100个群系，四川从东南向西北可划为四川盆地常绿阔叶地带、川西高山峡谷亚高山针叶林地带和川西北高原高山灌丛、草甸地带。四川主要植被类型是亚热带常绿阔叶林，地形地貌的复杂性决定了森林类型的多样性。地处盆地东部、东南部和南部为常绿阔叶林；盆地西南分布着暖性针叶林和针阔混交林；盆地的东北主要分布着常绿阔叶林和针叶林；四川西北部，与西藏、青海和甘肃相连，以草甸或稀树灌草为主，阴坡有云、冷杉分布；西部甘孜、阿坝高山峡谷区，主要森林类型是以云杉、冷杉为主的亚高山暗针叶林。

贵州由于地处低纬度亚热带范围，山地面积广大，因此，植被亚热带性质明显，并且随着海拔和维度的升高，植被类型呈现过渡性变化，具有垂直分布和地带性分布规律。多种类型的土壤生长了多种类型的植被，且相对广泛的石灰岩使得岩溶植被发育，分布错综复杂。贵州的自然植被类型主要分为阔叶林、针叶林、灌丛和灌草丛、竹林等。贵州植被在空间分布上有明显的过渡性，各种植被在地理分布上相互重叠、错综复杂多样。贵州随海拔的升高依次分布着常绿阔叶林、常绿落叶阔叶混交林和落叶阔叶林。贵州中亚热带常绿阔叶林分布广泛，有壳斗科、樟科、山茶科、木兰科、冬青科、山矾科、杜鹃花科、金缕梅科等。随着海拔的升高、温度降低或被破坏后，喜温常绿阔叶林过渡为耐寒常绿阔叶林和落叶林，形成常绿阔叶混交林或次生落叶阔叶林。贵州分布的针叶林主要是松科、杉科和柏科植物。暖性针叶林中的马尾松林广泛分布在贵州中部、东部、北部，向西可延伸至赫章、纳雍、水城、六枝、关岭的东部及北盘江一带；云南松林在威宁、水城、盘县、兴义、普安等地分布最为集中；杉木林广泛分布在东部地区。贵州的灌丛有杜鹃、油茶、蔷薇、箭竹、南天竹、仙人掌等多种类型，多为森林植被反复破坏后退化形成，在海拔较高的山顶有所分布。贵州以中亚热带竹林为主，有楠竹（毛竹）、慈竹、斑竹、水竹、方竹、箭竹等，其中以楠竹林最为重要，在赤水河及其支流河谷大面积连片分布，形成"竹海"景观，在天柱、黎平、榕江、从江也有分布。

云南地处泛北极植物区与古热带植物区交汇地带，寒、温、热三带植物并存，植物类型复杂、植物资源丰富，共有 12 个植被型、169 个群系和 209 个群丛。云南西北部横断山区中段，优势植被类型为寒温性针叶林及高寒草甸，属青藏高原东南缘类型，西北角独龙江河谷是东喜马拉雅南部热带雨林、季雨林向东延伸部分。目前云南原生植被除滇南、滇西、滇西北边缘有保留外，滇中、滇东的多被破坏，大部分地区以云南松林为主。云南植被发育的生境复杂多样，各植被类型分布交错，中南部分布着季风常绿阔叶林和针叶林；南部分布着热带雨林和季雨林；滇中高原分布着半湿润常绿阔叶林、山地湿性常绿阔叶林和暖性针叶林；河谷地带分布着稀树灌木草丛；滇西北和滇北分布着硬叶常绿阔叶林和寒温性针叶林。

西藏各地的植被从东南向西北依次呈现森林、草甸、草原和荒漠，并可划分为 7 个主要类型，即阔叶林、针叶林、灌丛、草甸、草原、荒漠和高山植被。据统计，全区有高等植物 6600 多种，隶属于 270 多科、1510 余属，其中有多种我国独有或西藏独有的植物，受国家重点保护的珍稀植物有 38 种，列入自治区重点保护植物有 40 种。西藏的森林植被，以亚高山针叶林云杉、冷杉林分布最广，约占森林总面积的 40%；在雅鲁藏布江大拐弯以南的高山深谷地带，森林植被垂直带谱丰富而完整，从下到上分布热带山地雨林—准热带山地雨林—亚热带常绿阔叶林—山地温带铁杉针阔混交林（阴坡）和山地温带硬叶常绿栎林和松林（阳坡）—山地寒温带暗针叶林—高山灌丛—高山草甸—高山流石滩稀疏植被—永久冰雪带。在察隅、波密以及错那、亚东、聂拉木、拉康、古隆等地区，从下到上依次为亚热带常绿与落叶阔叶混交林带—山地温带松林和山地温带硬叶常绿栎林—铁杉针阔混交林—亚高山暗针叶林—高山灌丛—高山草甸和流石滩植被。西藏东部三江流域和中部地区，包括昌都、八宿、左贡、芒康以及索县、丁青、那曲、隆子等地。2500～3000 m 分布有白刺花、西藏忍冬、毛球莸、马鞍叶羊蹄甲以及旱生禾本科草类等组成的稀疏干旱河谷植被。3000～4000 m 阴坡出现由川西云杉组成的亚高山暗针叶林；阳坡由圆柏属植物组成。树线以上为高山灌丛、高山草甸和高山流石滩植被；喜马拉雅山北坡，念青唐古拉山脉以南，工布江达和朗县以东，伯舒拉岭以西地区，海拔 2800 m 的阳坡以山地温带松林和硬叶常绿栎林为主，3000 m 以上，阴坡由云杉和冷杉组成的暗针叶林。4300 m 以上为高山灌丛、高山草甸和高山流石滩植被。

2. 西南林区森林植被区划与分区

西南林区是集高原丘陵、高山峡谷、山地（盆周山地）、盆地丘陵、盆地、平原、河谷等复杂地质地貌系统为一体的区域，在地质历史和构造运动影响下，西南林区形成了独特的自然生态环境系统，森林经营管理分区主要依据与原则如下。

（1）地质地貌、气候系统对森林生态系统的控制作用，导致了区域内不同地区水热条件的差异，不同垂直气候带水热条件组合的差异，从而形成了复杂多样的气候类型和类型组合。在高山峡谷，脆弱的生态系统与滞后的经济系统共同组成了一个复合系统。在这一系统内，生态系统的稳定发展与社会经济的稳定发展有着不可分割的联系。因此，在追求生态系统稳定发展的同时，也必须尽可能考虑经济发展的需求。对森林生态系统来说，也就是既要重视森林的生态保护功能，又要重视其资源的经济功能。

（2）按照西南林区景观结构和功能需求，在分析系统结构与功能基础上，提出了在确保区域性森林生态系统稳定条件下林业建设功能分区以及为实现这一要求所采取的技术对策和措施。这项研究为林业区划提供了可借鉴的方法和依据。

（3）本分区遵循系统结构的一致性、功能需求的一致性以下原则。包括在同一级系统范围内，构成系统的各子系统结构及各子系统之间的相互关系的相似性。例如，构成系统的主导因子、植被类型及类型组合等。

（4）按照系统结构决定系统功能的原理，同一级分区范围内，对森林生态系统的功能要求，如水源涵养、水土保持、调节气候、生物多样性保护等生态保护功能、经济发展等具有相似性。

（5）经营主体目标的一致性与系统空间的连续性。由于功能需求的一致性，而反映在系统经营中，为维持系统的稳定发展，必须采取相似的经营方向、策略和措施。主要指第一级和第二级区划，而第三级以垂直气候带和森林气候类型及相对应的森林类型为依据的森林生态小区，在区域内则可以重复出现。尽量考虑行政区域的完整性，以便经营管理和实施。

3. 西南林区森林分区系统

按照上述原则与依据，结合重庆、四川、贵州、云南和西藏五省（自治区、直辖市）植被、森林和林业等有关区划，拟定西南林区三级分类系统，即森林地区-森林林区-森林小区；将西南林区的森林划分为 4 个森林地区、10 个森林林区和 23 个森林小区。西南林区具体分类系统和分区类型见表 8-2。

表 8-2　西南林区森林分区系统

森林地区	森林林区	森林小区
Ⅰ. 四川盆地及周围山地亚热带常绿阔叶林及马尾松杉木竹林地区	ⅠA. 四川盆地常绿阔叶林及马尾松慈竹林林区	ⅠA1. 四川盆地内部马尾松林、柏林疏林小区
		ⅠA2. 盆地北缘山地含有常绿栎类的落叶阔叶林小区
		ⅠA3. 盆地西缘山地温性常绿栎林小区
		ⅠA5. 川西南滇东北缘山地干性常绿松栎林小区
	ⅠB. 川渝黔山地常绿阔叶林及马尾松慈竹林林区	ⅠB1. 川东渝西低中山亚热带常绿阔叶林区
		ⅠB2. 渝西低中山亚热带常绿阔叶林区
		ⅠB3. 黔西北低中山亚热带常绿阔叶林区
Ⅱ. 云贵高原常绿阔叶林及云南松林地区	ⅡA. 滇西北山地常绿阔叶林及云南松林区	ⅡA1. 滇西北山地常绿阔叶林及云南松林区
		ⅡA2. 滇西高原峡谷常绿阔叶林及云南松林林区
	ⅡB. 滇西北山地常绿阔叶林及云南松华山松林区	ⅡB1. 滇中高原亚热带常绿阔叶及云南松华山松林区
		ⅡB2. 滇西高原高山峡谷常绿阔叶林及云南松华山松林小区
	ⅡC. 黔滇石灰岩山地亚热带常绿阔叶林区	ⅡC1. 滇东黔西石灰岩山地亚热带常绿阔叶及云南松林小区
Ⅲ. 横断山区高山峡谷针叶林地区	ⅢA. 川西高山峡谷冷杉、云杉林区	ⅢA1. 川西西部山地冷杉、云杉林小区
		ⅢA2. 川西北山原块状云杉、圆柏林小区
	ⅢB. 滇西半湿润常绿阔叶林及冷杉林林区	ⅢB1. 滇中西北部高中山高原云南松、云杉、冷杉林小区
		ⅢB2. 滇中西北部高山云南松、冷杉林小区
		ⅢB3. 滇西云岭、澜沧江高、中山峡谷云南松、冷杉林小区
		ⅢB4. 滇西北中甸、德钦高原丘陵云杉、冷杉块状森林小区
	ⅢC. 藏东南云杉冷杉林区	
Ⅳ. 滇南低山热带季雨林雨林区	ⅣA. 滇南、滇西南山间盆地季雨林、半常绿雨林林区	ⅣA1. 西双版纳南部山中盆地大药树、龙果、白榄林、高山榕、麻栎林小区
		ⅣA2. 西双版纳北部山中盆地干果榄仁、番龙眼林、缅漆、楠木林小区
		ⅣA3. 滇西南中山宽谷高山榕、麻栎林小区
	ⅣB. 滇南、滇西南山间盆地季雨林、半常绿雨林林区	ⅣB1. 红河、文山州南缘峡谷中山云南龙脑香、毛坡垒林、樟、茶、木兰林小区
		ⅣB2. 文山州东南部低山河谷麻扎木林、高山榕、木兰林小区

注：文山壮族苗族自治州，简称文山州。

4. 西南林区森林经营区划

西南林区包含了热带、亚热带和温带，气候带决定了天然林的顶级类型。首先区划出滇南低山热带季雨林雨林区（热带林区）。热带林区采用《云南植被》中的"Ⅰ热带季雨林雨林区域"的分区界线，但不包括划入石灰岩山地的文山州部分热带林（因为岩溶地貌对其生态恢复措施影响更大），范围是屏边、绿春、江城、澜沧、西盟、镇康、龙陵、盈江一线以南至国境线，面积约 3.6 万 km^2。

其次区划出因垂直地带性而具有温带性质的川滇高山峡谷暗针叶林区（暗针叶林

区）。把云南植被区划（云南植被编写组，1987）中的ⅡAⅱ-1c 和ⅡAⅱ-2a 以及四川森林分区中的ⅠE 大部分区域划入了本区，因为这三个区域常绿阔叶林分布非常少，而以暗针叶林分布为主，不包括《中国植被区划》中的"ⅧAi-1 川西、藏东、青南高寒灌丛、草甸区"在四川的分布区。西南林区暗针叶林分布在海拔 2000～4000 m，所以依据此海拔范围，界线是泸水、云龙、洱源、永胜、盐源、德昌、普格、宁南、巧家一线，暗针叶林区面积约 28.2 万 km^2。

亚热带常绿阔叶林退化原因，滇中高原紫茎泽兰入侵严重，滇东及贵州地区石漠化明显，四川盆地丘陵人为活动频繁，在实施长防林工程前森林覆盖率低到 3%左右（甘书龙等，1986）。亚热带天然林退化后发展的人工林也有差别，滇中高原以云南松为主，四川盆地周边以杉木、水杉、柳杉为主，盆地内部丘陵以柏木为主，贵州石漠化地区则以马尾松为主。因此，把亚热带天然林分为黔滇石灰岩山地亚热带常绿阔叶林区（石灰岩山区）、滇中高原亚热带常绿阔叶林区（滇中高原区）和川东盆周低中山亚热带常绿阔叶林区（盆周山地区）。

石灰岩区界线由川渝边界、四川盆地东缘和东南缘海拔 800 m 等高线、五莲峰和乌蒙山之间的沟谷、昆明到河口铁路线组成，范围是云阳、忠县、丰都、綦江、兴文、筠连、盐津、大关、鲁甸、会泽、寻甸、宜良、开远、蒙自、屏边、河口一线以东地区，面积约 31.1 万 km^2。

滇中高原区面积约 20.4 万 km^2，由热带林区、石灰岩区和暗针叶林区边界围成。盆周山地区是四川盆地北缘、西缘和西南缘海拔 800～3000 m 的"C 形"区域，面积约 6.9 万 km^2。

根据西南林区森林植被区划，中国森林分区、中国林业区划以及《全国森林经营规划（2016-2050 年）》分区特征，结合森林资源分布、森林经营历史、林业生产实际情况，将西南林区划分为 6 个森林经营区。

（1）四川盆地及盆周山地森林经营区。本亚区包括ⅠA1. 四川盆地内部马尾松林、柏林疏林小区、ⅠA2. 盆地北缘山地含有常绿栎类的落叶阔叶林小区和ⅠA3. 盆地西缘山地温性常绿栎林小区。

（2）川渝黔喀斯特山地森林经营区。本亚区包括ⅠB1. 川东渝西低中山亚热带常绿阔叶林区、ⅠB2. 渝西低中山亚热带常绿阔叶林区和ⅠB3. 黔西北低中山亚热带常绿阔叶林区。

（3）云贵高原森林经营区。本亚区包括ⅠA5. 川西南滇东北缘山地干性常绿松栎林小区、ⅡA1. 滇西北山地常绿阔叶林及云南松林小区、ⅡA2. 滇西高原峡谷常绿阔叶林及云南松林林区、ⅡB1. 滇中高原亚热带常绿阔叶及云南松华山松林区、ⅡB2. 滇西高原高山峡谷常绿阔叶林及云南松华山松林小区、ⅡC1. 滇东黔西石灰岩山地亚热带常绿阔叶及云南松林小区。

（4）横断山高山峡谷暗针叶林经营区。本亚区包括ⅢA1. 川西西部山冷杉、云杉林小区、ⅢA2. 川西北山原块状云杉、圆柏林小区、ⅢB1. 滇中西北部高中山高原云南松、云杉、冷杉林小区、ⅢB2. 滇中西北部高山云南松、冷杉林小区、ⅢB3. 滇西云岭、澜沧江高、中山峡谷云南松、冷杉林小区和ⅢB4.滇西北中甸、德钦高原丘陵云杉、冷杉块状森林小区。

（5）滇南、滇西低山热带季雨林雨林经营区。本亚区包括ⅣA1.西双版纳南部山中盆地大药树、龙果、白榄林、高山榕、麻栎林小区、ⅣA2.西双版纳北部山中盆地干果榄仁、番龙眼林、缅漆、楠木林小区、ⅣA3.滇西南中山宽谷高山榕、麻栎林小区、ⅣB1.红河、文山州南缘峡谷中山云南龙脑香、毛坡垒林、樟、茶、木兰林小区、ⅣB2.文山州东南部低山河谷麻扎木林、高山榕、木兰林小区。

（6）西南干热干旱河谷荒漠植被经营区。本亚区是受西南地区地形地貌和气候的综合影响而形成的一个特殊区域（张荣祖，1992；刘兴良等，2001），主要分布在横断山区范围内的江河流域，包括南盘江、元江、怒江、澜沧江、金沙江、雅砻江、大渡河、岷江以及白龙江等流域的局部河谷段（张荣祖，1992；包维楷和王春明，2000；明庆忠，2006；邱祖青等，2007），有独特的气候、地貌和植被组合特征。区域地势整体北高南低、各条大江河谷底部的海拔也自北向南降低，具有干旱气候的河谷段随河道走向不规则分布，一般只是在河谷底至两侧山地的一定海拔范围内，总面积较小（金振洲和欧晓昆，2000；金振洲，2002）。总体上，西南干旱河谷的温度高、年降水量低、蒸发量大，与垂直带的高海拔地区及同一纬度东部地区的气候特征不同（张荣祖，1992），且不同流域河谷气候也有较大差异（张荣祖，1992；金振洲，1998，1999）。

5. 西南地区森林经营分区概述

1）四川盆地及盆周山地森林经营区

四川盆地是典型的菱形盆地，四川的广元市、雅安市、叙永县和重庆市的云阳县为菱形的4个顶点。盆地内海拔在200~750 m，盆地四周为海拔2000~3000 m的山脉和高原所环绕。本区是四川盆地周边的海拔800~3000 m的"C形"区域，面积约6.9万 km^2。

本区植被常绿阔叶林向落叶阔叶林过渡特征明显，海拔2000 m以下是常绿阔叶林，2000~2500 m开始出现落叶阔叶林，2500~3000 m则是针阔混交林。盆地北缘以中山地貌为主，海拔2000 m以下的阔叶林，主要常绿树种有青冈、曼青冈、包果柯等，主要落叶树种有水青冈、米心水青冈、台湾水青冈等，槭树属的青榨槭、小叶青皮槭等，鹅耳枥属的华鹅耳枥等，以及漆树、红桦、檫木等。海拔2000 m以上是混有铁杉、青杆、麦吊云杉的巴山冷杉林，盆地北缘植被退化后多形成箭竹灌丛（李承彪，1990）。

山地常绿阔叶林是盆地西缘和西南缘分布海拔范围广、保存较完整的森林类型。海拔1500 m以下是桢楠林等低山常绿阔叶林，海拔1500~2000 m是以扁刺锥、华木荷为优势的中山常绿阔叶林，海拔2000~2400 m珙桐、水青树等落叶阔叶树种增多，2400~3000 m是铁杉、冷杉和岷江冷杉构成的暗针叶林。盆地西缘和西南缘植被退化后形成山茶、箭竹、山矾、杜鹃等灌丛。

本区当前最大的天然林退化是2008年汶川大地震造成的，龙门山断裂带森林覆盖率减少 3%,森林蓄积损失约 1000 万 m³(张文等,2008)。本区既是大熊猫的重要栖息地,也包含珙桐等多种国家重点保护植物,采取林业生态工程方法对汶川地震破坏地进行生态恢复意义重大。同时,海拔 1500 m 以下地区,长期以来原生阔叶林采伐后人工重建种植的大量柳杉、水杉、杉木等相继成熟,应对其择伐后混交阔叶树种导向地带性植被。海拔 1500 m 以上的森林植被退化后,形成的箭竹、杜鹃等灌丛以采取封山育林恢复模式为主。

2)川渝黔喀斯特山地森林经营区

石灰岩为基岩的地表形成岩溶地貌,表现为喀斯特石漠化。西南林区石漠化以贵州为中心,包括重庆和云南部分地区。贵州黔东南苗族侗族自治州的从江县、榕江县、黎平县、锦屏县、剑河县、天柱县、三穗县、雷山县、台江县是板岩等轻变质基岩,发育的黄红壤和黄壤土层深厚,没有石漠化特征。其地带性森林植被是以锥属和青冈属为代表的常绿阔叶林,但原生林破坏后形成马尾松和杨桦等天然次生林(杨世逸等,1993)。

贵州中部的务川县、德江县、绥阳县等 25 县(市),重庆的城口县、巫溪县、巫山县、彭水县、酉阳县,云南的宣威市、沾益县、富源县、泸西县、马关县、开远市、砚山县是本区石漠化程度最严重地区,碳酸岩石裸露面积占总土地面积 70%以上。石漠化比较集中的贵州中部石灰岩山地,地带性植被是由青冈属、樟科、榆科、化香属、鹅耳枥属等树种组成的常绿落叶阔叶混交林,退化后形成鹅耳枥、化香、朴树等落叶阔叶林和柏木疏林,退化严重的则形成藤刺灌丛(杨世逸等,1993)。

贵州西部和云南东部地区,比上述两个地区稍微干旱,地带性植被是以滇青冈、高山锥、元江锥为代表的常绿阔叶林,伴有少量耐旱硬叶栎类,同时云南松代替了马尾松广泛分布其中。四川盆地东缘和东南缘的石灰岩山地 1500 m 以下以短刺米槠、大头茶、华木荷为主,1500 m 以上以扁刺锥和大苞茶为优势种,伴生柯、青冈等,原生植被退化后形成方竹、枬木、茶树等灌丛。云南境内北回归线以南文山县、西畴县的石灰岩山地是以短序桢楠、滇润楠为主的常绿阔叶林,土壤条件稍好的地方是云南松和栓皮栎、高山锥、毛叶青冈等混生为针阔混交林,退化后成喜阳性的清香木、盐肤木等灌木,少部分含麻楝、龙眼、华无扰花的热带雨林退化后成水锦树、余甘子灌丛。

本区碳酸岩难形成土壤,同时地下漏斗留不住湿润和半湿润气候带来的降雨,所以本区植被生态恢复和重建的关键是保土和保水。植被恢复目标选择上,黔东南苗族侗族自治州以雷公山和梵净山自然保护区,贵州中部以茂兰、宽水河和习水自然保护区,贵州西部和云南东部以朝天马和沾益海峰自然保护区,云南南部文山地区以文山和老山自然保护区,四川盆地东缘和东南缘以金佛山自然保护区内地带植被为目标。

3)云贵高原森林经营区

由热带林区、石灰岩山区和暗针叶林区边界线所围成,主体是云贵高原,其中暗针叶林区界线是泸水、云龙、洱源、永胜、盐源、德昌、普格、宁南、巧家一线。云贵高原南缘腾冲、凤庆、新平一线把本区分成南北两部分，点苍山、巍山、哀牢山一线把本区分成东西两部分。北部点苍山、巍山以西是横断山脉峡谷区地貌，以东是高原和中山峡谷，南部哀牢山以西是中山山原河谷，以东是岩溶山原峡谷。水平地带上北部主要是以青冈属、锥属为乔木建群的半湿润常绿阔叶林（1500～2500 m），南部主要是以锥属、柯属、木荷属为乔木建群的季风常绿阔叶林（1100～1500 m），垂直地带性的中山湿性常绿阔叶林和山地苔藓常绿林出现在不同的海拔高度，同时云南松、云南油杉和思茅松等暖性针叶林交错其中。北部点苍山、巍山以西以高山锥、元江锥、印度木荷为标志种，海拔 2400 m 以上常出现曼青冈、杜英、桢楠，以东以滇青冈、黄毛青冈、高山锥、元江锥为代表种，海拔 2500 m 以上出现包果柯。南部哀牢山以西以吊皮锥、思茅锥、红木荷为标志种，以东海拔 1000 m 以下是干热河谷的稀树灌木草本，1000 m 以上云南松分布广泛。中山湿性常绿阔叶林主要分布哀牢山、无量山、大雪山等海拔 2000～2800 m 的中山上部，以柯属（Lithocarpus）为主，林下有明显的箭竹、刺竹、苦竹等竹子层片（云南植被编写组，1987）。山地苔藓常绿林以苔藓植物附生树干而得名，是本区分布海拔较高也是保存最好的常绿林，主要在红河州迎东南季风坡海拔 2000～2600 m 山地。

云南松林以滇中高原为中心，北至四川的西昌和木里，东北至贵州的毕节和水城，东至广西西部。云南松在海拔 1500～2500 m 分布最为集中，但在南盘江下游其下限可达 600～800 m。云南松林分布面积约 20 万 km^2。人为活动少的地方多形成以云南松为主的针阔混交林，如松栎混交林、松桤混交林等。放牧、砍柴和火烧后的云南松林，多形成纯林。除了采伐等人为因素外，本区天然林退化最重要的原因是紫茎泽兰入侵。紫茎泽兰是一种外来的入侵性极强的恶性杂草，以云贵高原为主体，重点分布在云南、四川、贵州和广西的海拔 3000 m 以下地区，面积约 60 万 km^2。云南松和紫茎泽兰分布都以滇中高原为中心。滇中高原云南松林下紫茎泽兰泛滥成灾，导致林下苗木更新困难，灌木和草本层物种多样性减少，野生真菌品质和产量都下降。目前防治紫茎泽兰最有效的办法还是人工去除。本区应以无量山自然保护区内植被为恢复目标。

4）横断山高山峡谷暗针叶林经营区

横断山高山峡谷区地处青藏高原的东南边缘高山峡谷区，森林以冷杉属、云杉属、松属、落叶松属、圆柏属为主建群，伴生桦木属和杨树属树种组成的亚高山暗针叶林为主。大雪山以东暗针叶林以岷江冷杉和紫果云杉为主，大雪山以西以川西云杉和鳞皮冷杉为主，南部以丽江云杉、长苞冷杉、油麦吊云杉、川滇冷杉为主；高山松广泛分布于本区海拔 1500～4000 m 地区；全区包括四川西部、云南西北部、西藏东部和南部地区。

西南亚高山暗针叶林遭到砍伐和火烧后，常形成灌丛草甸，灌丛以紫丁杜鹃、金露梅等为主，草甸以野青茅、垂穗披碱草等为主。北部比邻青藏高原高寒灌丛和草甸的块状暗针叶林，退化后形成悬钩子等灌丛，严重破坏后形成草甸，但大部分地区的云杉、冷杉林退化后，其亚建群层的箭竹属、杜鹃属、高山栎属显现出来，主要灌丛种有川滇高山栎、大白杜鹃、大箭竹、冷箭竹等。本区植被恢复应以四川贡嘎山自然保护区、卧龙自然保护区、王朗自然保护区和云南白马雪山自然保护区内植被为目标。

5）滇南、滇西南低山热带季雨林雨林经营区

本区西部的中山宽谷以热带季雨林为主，包括德宏州的盈江县、梁河县、潞西市部分，陇川县和瑞丽市全部，保山市的龙陵县部分，临沧市的镇康县、耿马傣族佤族自治县、沧源佤族自治县部分地区。中部的普洱市和西双版纳傣族自治州多属山中盆地，热带季雨林和热带雨林均有分布，东部红河哈尼族彝族自治州的岩溶峡谷中山以热带雨林为主。热带林乔木层以龙脑香科、肉豆蔻科、楝科、桑科、无患子科等植物为标志。

本区西部相对干旱，以含高山榕、麻楝、楹树、红椿、奶桑等的半常绿季雨林分布最典型，但南丁河下游以南的沟谷也少量分布有以番龙眼、千果榄仁、滇龙眼为标志的季节雨林，并且在沟谷内部的八宝树、白头树、水团花等大树可形成落叶季雨林（云南植被编写组，1987）。中部的西双版纳傣族自治州和普洱市是本区热带林最集中分布区，海拔 1000 m 以下低山和盆地是含见血封喉、龙果、望天树的季节雨林和含高山榕、麻楝、龙血树的半常绿季雨林交错分布，海拔 1000 m 以上分布含缅漆、楠木、小叶海棠等山地雨林。东部红河哈尼族彝族自治州相对潮湿，既有含东京龙脑香、狭叶坡垒、隐翼木的湿润雨林，含见血封喉、千果榄仁、番龙眼的季节雨林，也有以紫荆木和云南蕈树为特征的山地雨林，但 1200 m 以下的干旱坡地是以木棉、刺桐等为主的半常绿季雨林。

长期人为干扰后出现不同退化程度的植物群落。西部的热带半常绿季雨林退化后形成余甘子、水锦树、木紫珠等旱性次生稀树草丛和耐火烧的猫尾木、椰皮树、四角菜豆树等树种（云南植被编写组，1987）。中部的季节雨林退化后形成牡竹林、中平树等灌丛，进一步退化后演变成类芦、棕叶芦、斑茅等草丛。东部的湿润雨林破坏后形成刺竹、龙竹等竹林，烧垦后多见木姜子、越南白背桐等灌丛，反复烧垦后形成以白茅、拟金茅为主的草丛。本区森林退化和亚马孙热带森林退化（Foley et al.，2007）一样，热带林退化主要原因是森林采伐和毁林开荒，特别是刀耕火种。大面积的热带天然林被皆伐和火烧后，种植了橡胶、柚木、铁力木、桉树等人工林，以及香蕉、茶叶、咖啡、荔枝和甘蔗等经济作物。当前恢复重点是严格控制桉树林和橡胶林面积扩大，对刀耕火种后弃耕地积极开展人工促进更新。在恢复目标植被选择上，西双版纳傣族自治州内退化林以西双版纳国家级自然保护区内植被类型为目标，红河哈尼族彝族自治州内以大围山和黄连山保护区、普洱市内以菜阳河和糯扎渡保护区、德宏傣族景颇族自治州和临沧市内以铜壁关保护区为目标开展生态恢复和重建。

6）西南干热干旱河谷荒漠植被经营区

西南干旱河谷跨越较大的空间范围，其自然地理条件复杂多变，环境异质性高。本区域分布的植物在相对封闭的环境下经历了长时间的适应性进化，形成了包括多种孑遗植物在内的独特且丰富的物种资源（朱鑫鑫，2014）。对云南、四川等省的 9 条主要河流干旱河谷的植被调查发现，干旱河谷区维管植物种类共计 186 科 1016 属 2794

种，其中菊科、禾本科、蝶形花科、蔷薇科种类最多，共占总属数的 25.69%、总种数的 26.38%（刘晔等，2016b），区域植物资源具有热点区系亲缘性强，种、属特有度差异大，新特有种特征明显，区域多样性差异显著，以及乡土生物多样性资源丰富等特点（沈泽昊等，2016）。干热河谷植被普遍具有扭曲、变矮、叶变小、革质、多毛或刺的形态特征，以适应干旱气候。"稀树灌木草丛"以旱生禾草草丛为主构成大片草地植被，并散生稀疏的乔木和灌木，并有少数的肉质多刺灌丛（金振洲和欧晓昆，2000；刘晔等，2016a）。干暖河谷植被多为小叶、硬叶、多刺、疏生、矮生的灌丛，常呈半荒漠状外貌，有散生的耐旱乔木和硬叶栎类灌丛分布（金振洲和欧晓昆，2000；刘晔等，2016a）。干温河谷的主要植被类型为干旱小叶灌丛，以成丛散生的阔叶灌丛为主，草本植物稀少（刘伦辉，1989；张荣祖，1992；刘晔等，2016a）。总体而言，干热干旱河谷植被干旱河谷植物区系较强的热带亲缘（刘晔等，2016b）。在干旱环境的支配下，干旱河谷的植被具有突出的旱生特点。例如，群落具有明显的季相，外貌随干湿季交替明显：湿季翠绿，干季枯黄；群落结构单一，多为灌丛或灌草丛，树木矮化散生；组成群落的物种具有适应干旱生境的特点，如叶片细小、具白色绒毛等特征。按照群落外貌、结构和物种组成特征，本区域常见植被类型有：稀树灌丛或灌草丛（余甘子、虾子花、黄茅草稀树草丛，厚皮树、豆腐果、华三芒稀树草丛，疏序杜荆、滇榄仁稀树灌草丛，余甘子、滇榄仁、孔颖草稀树灌草丛，以及铁橡栎、攀枝花苏铁、黄茅草稀树灌草丛）、肉质刺灌丛（仙人掌灌丛，霸王鞭群落）、小叶刺灌丛（绣线菊灌丛，黄花亚菊灌丛，驼绒藜灌丛，白刺花、小鞍叶羊蹄甲灌丛，瑞香灌丛，莸灌丛，金花小檗、忍冬灌丛，以及黄栌、川甘亚菊灌丛）、云南松疏林、岷江柏木疏林、锥连栎林、铁橡栎、尖叶木犀榄林。

8.1.3 西南林区森林生态系统的地位与生态功能

西南林区处于我国长江上游地区，是我国第二大林区，包括我国生态安全战略格局"两屏三带"、重要生态系统保护和修复重大工程总体布局"三区四带"涉及"川滇森林及生物多样性生态功能区"全部，以及"若尔盖草原湿地生态功能区""桂黔滇喀斯特石漠化防治生态功能区""秦巴生物多样性生态功能区""藏东南高原边缘森林生态功能区"的部分区域森林。西南林区森林不仅对长江中下游社会经济发展、工农业用水和国土安全等发挥着重要的生态屏障作用，而且在政府间气候谈判、区域生态安全等方面具有举足轻重的地位，成为我国重要的生态安全屏障（杨玉坡等 1982；杨冬生，2002；林子雁等，2018）。特别是分布于西南林区川西、滇西北、藏东南等地的暗针叶林生态系统，以云杉、冷杉等为主构成的大面积寒温性针叶林，阔叶林、灌丛、草甸等原生或演替型植物群落共存的地带性植被类型，面积超过 100 万 km^2[如云南天然林中保存完好的原生林面积占云南森林面积的 9%，略高于全国（6%）但远远低于世界水平（35.7%）]（FAO，2010），为我国亚高山高山呈连片、集中分布的森林典型，支撑我国可持续发展的重要水资源与水能资源的战略基地，也是我国重要的生物资源战略基地，所处的横断山区为全球生物多样性的关键地区之一（史雪威等，2018），在气候调节、涵养水源、固碳增汇和生物多样性保育等方面具有不可替代的生态地位和作用（杨冬生，2002；潘开文等，2004；刘兴良等，2005）。

8.2　西南林区森林生态系统质量状况及其主要问题

8.2.1　西南林区森林资源状况

西南地区位于川滇森林及生物多样性国家重点生态功能区，是《全国主体功能区规划》确定的"两屏三带"生态安全战略格局，属于长江上游重要水源发源地和水源涵养区（图8-2）。该区域地形和气候等条件复杂，孕育了丰富多样的珍稀野生动植物资源，是我国野生动植物主要的栖息地和基因库，是我国生态地位极其重要的区域，在全国林业和生态建设中占有极其重要的地位。同时，在长期干扰影响下，该区域生态环境极其脆弱，对我国西南地区及长江等流域社会、经济的可持续发展具有非常重要的生态屏障作用。

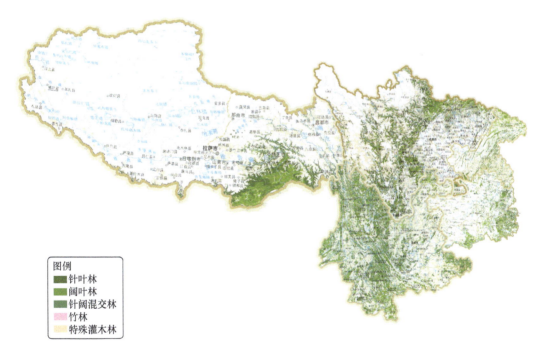

图例
■ 针叶林
■ 阔叶林
■ 针阔混交林
■ 竹林
■ 特殊灌木林

图 8-2　西南地区森林分布图

自国家实施西部大开发战略以来，西南山区的开发进程迅速发展，由于天然林大面积采伐和过伐，残存的天然林退缩分布到江河源头，加之大面积石漠化、干热干旱河谷植被的存在，由此引发了西南地区国土保安能力减弱，生物多样性丧失严重、涵养水源功能下降等一系列生态问题，如何合理有效地保护并快速恢复这些区域的森林植被，对区域各类森林生态系统进行可持续经营已成为迫切需要研究的课题。因此，针对西南山区的不同生态系统，进行退化生态系统诊断，评估生态系统功能、质量和管理状况；针对不同区域的生态特点，探讨区域生物多样性演变，全球变化背景下的西南地区森林的脆弱性、稳定性问题及可持续管理对策等，提出人类活动和气候变化影响下的西南地区森林保护与功能提升对策，以提高西南地区退化生态系统营管理水平，改善区域生态环境，提高森林多功能效益，保障区域社会经济可持续发展，为推进长江经济带发展战略和构建长江上游生态安全屏障发挥重要作用。

1. 西南林区森林资源总体状况

西南地区森林资源总体状况（表 8-3），林地面积 8201.82 万 hm²，森林面积 6562.92 万 hm²，森林覆盖率 27.89%，活立木蓄积量 709842.65 万 m³，森林蓄积量 671480.34 万 m³，每公顷蓄积 136.75 m³。

表 8-3　西南地区森林资源主要指标

行政区划	土地面积/万 km²	林地面积/万 hm²	森林面积/万 hm²	森林覆盖率/%	活立木蓄积量/万 m³	森林蓄积量/万 m³	每公顷蓄积量/(m³/hm²)
重庆	8.24	421.71	354.97	43.11	24412.17	20678.18	84.11
四川	48.60	2454.52	1839.77	38.03	197201.77	186099.00	139.67
贵州	17.62	927.96	771.03	43.77	44464.57	39182.90	66.93
云南	39.41	2599.44	2106.16	55.04	213244.99	197265.84	105.89
西藏	122.84	1798.19	1490.99	12.14	230519.15	228254.42	258.3
合计	236.71	8201.82	6562.92	27.89	709842.65	671480.34	136.75

资料来源：第九次全国森林资源连续清查统计数据（2014—2018），下同。

2. 西南林区林地面积和林木蓄积量

西南地区林地总面积 8201.82 万 hm²（表 8-4）。其中，乔木林地 4910.24 万 hm²，灌木林地 2487.45 万 hm²，竹林地 102.20 万 hm²，疏林地 98.28 万 hm²，未成林造林地 137.51 万 hm²，苗圃地 2.16 万 hm²，迹地 38.71 万 hm²，宜林地 425.27 万 hm²。

表 8-4　西南地区各类林地面积　　　　（单位：万 hm²）

行政区划	合计	乔木林地	灌木林地	竹林地	疏林地	未成林造林地	苗圃地	迹地	宜林地
重庆	421.71	245.85	122.60	15.39	7.06	6.59	0.64	0.80	22.78
四川	2454.52	1332.41	879.33	59.28	39.79	24.73	0.48	10.71	107.79
贵州	927.96	585.44	192.66	16.01	5.76	28.18		10.88	89.03
云南	2599.44	1862.87	437.60	11.52	24.48	76.80	0.96	13.92	171.29
西藏	1798.19	883.67	855.26		21.19	1.21	0.08	2.40	34.38
合计	8201.82	4910.24	2487.45	102.20	98.28	137.51	2.16	38.71	425.27

西南地区活立木蓄积量 709842.65 万 m³（表 8-5）。其中，森林蓄积量 671480.34 万 m³，疏林蓄积量 3423.14 万 m³，散生木蓄积量 20458.55 万 m³，四旁树蓄积量 14480.62 万 m³。

表 8-5　西南地区各类林木蓄积量　　　　　　　（单位：万 m³）

行政区划	活立木蓄积量	乔木林蓄积量	疏林地蓄积量	散生木蓄积量	四旁树蓄积量
重庆	24412.17	20678.18	157.06	1379.22	2197.71
四川	197201.77	186099.00	1667.35	3671.03	5764.39
贵州	44464.57	39182.90	129.30	2326.31	2826.06
云南	213244.99	197265.84	662.90	11731.93	3584.32
西藏	230519.15	228254.42	806.53	1350.06	108.14
合计	709842.65	671480.34	3423.14	20458.55	14480.62

3. 西南林区森林的林地类别和林种

西南地区森林按主导功能（林地类别）统计，公益林面积 4385.30 万 hm²，蓄积量 501963.48 万 m³；商品林面积 2177.62 万 hm²，蓄积量 169516.86 万 m³。

西南地区森林面积和蓄积量按林种分，防护林面积 3601.76 万 hm²，蓄积量 359460.72 万 m³；特用林面积 783.54 万 hm²，蓄积量 142502.76 万 m³；用材林面积 1689.74 万 hm²，蓄积量 159926.62 万 m³；薪炭林面积 55.74 万 hm²，蓄积量 3467.98 万 m³；经济林面积 432.14 万 hm²，蓄积量 6122.26 万 m³。

4. 西南林区乔木林各龄组面积和蓄积量

西南地区乔木林面积 4910.24 万 hm²，蓄积量 671480.34 万 m³。其中，幼龄林面积 1338.66 万 hm²，蓄积量 60092.56 万 m³；中龄林面积 1285.25 万 hm²，蓄积量 121450.38 万 m³；近熟林面积 869.46 万 hm²，蓄积量 126938.98 万 m³；成熟林面积 880.87 万 hm²，蓄积量 191668.44 万 m³；过熟林面积 536.00 万 hm²，蓄积量 171329.98 万 m³。

5. 西南林区森林起源和林木权属

西南地区森林按林分起源分，天然林面积 5133.80 万 hm²，蓄积量 602271.74 万 m³；人工林面积 1429.12 万 hm²，蓄积量 69208.60 万 m³。

西南地区森林面积和蓄积按林木权属分，国有林面积 2917.17 万 hm²，蓄积量 434496.81 万 m³；集体林面积 1121.51 万 hm²，蓄积量 88930.11 万 m³；个人林面积 2524.24 万 hm²，蓄积量 148053.42 万 m³。

6. 西南林区森林资源质量

西南地区乔木林面积 4910.24 万 hm²，每公顷蓄积量 136.75 m³，每公顷株数 949 株，每公顷生物量 103.06 t，每公顷碳储量 50.39 t；竹林面积 102.2 万 hm²，每公顷株数 59503 株，每公顷生物量 56.5 t，每公顷碳储量 18.5 t；特灌林面积 1550.48 万 hm²，每公顷生物量 15.8 t，每公顷碳储量 7.9 t。

8.2.2 西南林区森林资源消长动态

我国天然林分布不均,东北和西南是两大天然林集中分布地区。西南林区天然林是雅鲁藏布江、怒江、澜沧江以及长江上游支流的生态屏障,发挥着水源涵养和水土保持等生态服务功能。横断山区也是世界冷杉、云杉、落叶松属及高山植物的分布中心。四川西部的亚热带原始暗针叶林,云南南部以西双版纳为中心的热带原始森林,庇护着我国 50%以上高等植物和陆生野生动物种类。

西南林区既是我国重要天然林分布区也是天然林退化严重地区。1998 年长江特大洪灾是西南林区天然林长期破坏与退化结果的集中爆发。1998~1999 年国家在西南林区率先启动了天然林保护和退耕还林两个重大生态环境建设工程,天然林资源动态时空分析与评价是我国天然林保护工程区急需解决的问题之一。对 1977 年以来的森林资源清查数据进行分析,需要说明的是 1975 年的数据仅有四川、云南和贵州,2002 年以前四川森林资源清查数据包含重庆的森林资源清查数据,西藏 1984~1988 年无森林资源清查数据,因此,取上下两端的平均值作为该阶段的森林资源数据值,对西南林区森林面积、森林蓄积量和森林覆盖率进行比较分析,目的是掌握西南林区森林资源的变化过程和趋势,为该区域森林资源管理提供依据。

1. 西南林区森林面积变化情况

从西南林区森林面积变化情况来看,除贵州 1984~1988 年的森林资源连清面积与上一次森林资源连清面积相比略有降低外,西南林区森林面积总体上呈不断增加的趋势。建立森林资源连续清查以来,森林面积从 1977~1981 年的 2464 万 hm^2 增加到 2014~2018 年的 6563 万 hm^2(表 8-6),森林面积增加了 1.66 倍。

表 8-6　西南林区不同森林资源连清年度森林面积变化　(单位:万 hm^2)

行政区划	1977~1981 年	1984~1988 年	1989~1993 年	1994~1998 年	1999~2003 年	2004~2008 年	2009~2013 年	2014~2018 年
西藏	632	674.5	717	729	1390	1463	1472	1491
四川	681	1087	1153	1330	1464	1660	1704	1840
云南	920	933	940	1287	1560	1818	1914	2106
贵州	231	222	260	367	420	557	653	771
重庆	—	—	—	—	183	287	316	355
合计	2464	2916.5	3070	3713	5017	5785	6059	6563

2. 西南林区森林蓄积量变化状况

从西南林区森林蓄积量变化来看,除云南 1984~1988 年森林资源连清蓄积量与上一次森林资源连清蓄积量相比略有降低和贵州 1984~1988 年、1989~1993 年的森林资源连清蓄积量分别与上一次森林资源连清蓄积量相比有所降低外，西南林区森林蓄积量不断增加。建立森林资源连续清查以来，森林蓄积量从 1977~1981 年的 367276 万 m³ 增加到 2014~2018 年的 671480 万 m³（表 8-7），森林蓄积量净增长 304204 万 m³，增加了 0.83 倍。

表 8-7　西南林区不同森林资源连清年度森林蓄积变化　（单位：万 m³）

行政区划	1977~ 1981 年	1984~ 1988 年	1989~ 1993 年	1994~ 1998 年	1999~ 2003 年	2004~ 2008 年	2009~ 2013 年	2014~ 2018 年
西藏	140052	172716	205380	207611	226606	224551	225207	228254
四川	104880	127301	130531	144622	149543	159572	168000	186099
云南	109703	109657	110528	128365	139929	155380	169309	197266
贵州	12641	10801	9391	14050	17796	24008	30076	39183
重庆	—	—	—	—	8441	11332	14652	20678
合计	367276	420475	455830	494648	542315	574843	607244	671480

3. 西南林区森林覆盖率变化状况

从西南林区森林覆盖率变化情况来看，除贵州 1984~1988 年的森林资源连清覆盖率较上一次森林资源连清覆盖率略有降低外，西南地区森林覆盖率总体呈增加趋势，其中实施天然林保护工程、退耕还林工程后增加最快，森林覆盖率平均增加约 7 个百分点，2014 年西南地区的森林覆盖率增加到了 27.89%（表 8-8）。

表 8-8　西南林区森林覆盖率变化　（单位：%）

行政区划	1977~ 1981 年	1984~ 1988 年	1989~ 1993 年	1994~ 1998 年	1999~ 2003 年	2004~ 2008 年	2009~ 2013 年	2014~ 2018 年
西藏	5.47	5.66	5.84	5.93	11.31	11.91	11.98	12.14
四川	12	19.21	20.37	23.5	30.27	34.31	35.22	38.03
云南	24	24.38	24.58	33.64	40.77	47.5	50.03	55.04
贵州	13.1	12.58	14.75	20.81	23.83	31.61	37.09	43.77
重庆	—	—	—	—	22.25	34.85	38.43	43.11

8.2.3　基于植被生产力的西南地区生态系统脆弱性

1. 西南地区整体生态系统的脆弱性格局

何敏（2019）研究表明（图 8-3），西南地区生态系统脆弱性总体上表现出明显的空间分化格局，中西部脆弱等级高，东部地区脆弱性大多较低。脆弱度的平均值为–0.23，最小数值为–0.99，最大数值为 0.99。根据自然断点法将生态脆弱性评价结果分为 5 级，即不脆弱（–0.99~–0.38）、轻度脆弱（–0.38~–0.25）、中度脆弱（–0.25~–0.13）、重度脆弱（−0.13～0.05）和极度脆弱（0.05～0.99）。具体来看，研究区内多数地区为轻度、中度脆弱区，二者共占区域总面积的 69%。不脆弱的区域，基本上敏感性很低，适应性很高，分布较为集中，主要分布在云南中南部、云南和广西交界处等地，约占区域面积的 11%。轻度脆弱的区域，大部分敏感性低，适应性较高，分布较多且较为集中，主要分布在云贵高原、西藏西部、四川盆地东部等地，约占区域面积的 35%。中度脆弱的区域，大部分敏感性较低，适应性较高，分布较多，主要在四川盆地东部、贵州西部、藏北高原，约占区域面积的 33%。重度脆弱的区域，大部分敏感性高，适应性较低，分布较为集中，主要在四川西北部高寒针叶林、云南干热河谷、青海三江源地区、藏东南地区等，约占区域面积的 16%。极度脆弱的区域，大部分敏感性很高，适应性很低，分布较少、较为集中，主要在念唐古拉山东段与雅鲁藏布江中游之间的区域，包括南迦巴瓦峰，约占区域面积的 4%。

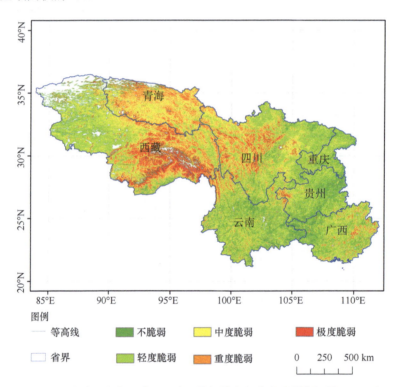

图例

— 等高线　　■ 不脆弱　　■ 中度脆弱　　■ 极度脆弱

□ 省界　　　■ 轻度脆弱　　■ 重度脆弱　　0　250　500 km

图 8-3　西南地区生态系统不同脆弱等级的空间分布（引自何敏，2019）

2. 西南地区典型保护区生态系统的脆弱性格局

将国家级自然保护区和世界自然遗产（简称典型保护区）单独进行讨论，是因为它拥有濒危物种或丰富的生物多样性，就地保护是生物多样性保护中最为有效的措施（马建章等，2012）。需要找到保护区内脆弱等级更高、需要优先进行保护的区域，用最小的保护面积保护最多的可保护属性。而且保护区一般因为认为人为干扰少，是自然演替的，所以能够更大程度上解释气候变化背景下的脆弱性。

从西南地区选取了六个面积较大的典型保护区，它们分别是青海可可西里世界自然遗产、西藏色林错湿地、云南三江并流自然保护区、西双版纳自然保护区、四川大熊猫栖息地——卧龙、四姑娘山和夹金山（陶蕴之，2016；UNEP-WCMC，2019）。按照西南地区脆弱性等级的划分标准，何敏（2019）研究得到的西南地区典型保护区生态系统脆弱性分布格局如下。

（1）可可西里生态系统平均脆弱度较高，脆弱等级呈现由中部向东部逐渐减弱的趋势（西部的大片空白区域，土地利用类型为裸地、水体，它们的总初级生产力常年是 0，无法计算脆弱性，所以剔除）。具体来看，研究区内多数地区为中度、重度脆弱区，二者共占区域总面积的 76%。不脆弱地区占 19%，主要分布在空白区域的周围，可能是因为这些区域形成了局部小气候，环湖地区的水分条件相对较好，提高了适应性，脆弱等级低；轻度脆弱地区占 1%，中度脆弱地区占 28%，主要分布在东部；重度脆弱地区占 48%，主要分布在中部；极度脆弱地区占 4%。

（2）西藏色林错湿地生态系统平均脆弱度较低（区域内部的空白区域，土地利用类型为水体，它的总初级生产力常年是 0，无法计算脆弱性，所以剔除）。具体来看，研究区内多数地区为轻度、中度脆弱区，二者共占区域总面积的 85%。不脆弱地区占 12%，主要分布在水体的周围，可能是因为这些区域形成了局部小气候，朝北的容易保水分，相对来说敏感性很低，适应性很高，脆弱等级低；轻度脆弱地区占 65%，分布广；中度脆弱地区占 28%，分布较分散；重度脆弱地区占 2%；极度脆弱地区占 1%（何敏，2019）。

（3）云南三江并流自然保护区生态系统平均脆弱度较高，脆弱等级呈现由西部向东南部逐渐减弱的趋势。具体来看，研究区内多数地区为中度、重度脆弱区，二者共占区域总面积的 71%。不脆弱地区占 2%，轻度脆弱地区占 19%，中度脆弱地区占 37%，重度脆弱地区占 34%，极度脆弱地区占 9%。

（4）西双版纳自然保护区生态系统平均脆弱度较低。具体来看，研究区内多数地区为不脆弱、轻度脆弱区，二者共占区域总面积的 77%。不脆弱地区占 37%，主要分布在勐腊县；轻度脆弱地区占 41%，中度脆弱地区占 20%，主要分布在景洪市；重度脆弱地区占 3%；极度脆弱地区占 1%（何敏，2019）。

（5）四川大熊猫栖息地生态系统平均脆弱度较高。具体来看，研究区内多数地区为中度、重度脆弱区，二者共占区域总面积的 82%。不脆弱地区占 1%，轻度脆弱地区占 9%，中度脆弱地区占 34%，重度脆弱地区占 47%，极度脆弱地区占 8%（何敏，2019）。

（6）滇池生态系统平均脆弱度较低（区域内部的空白区域，土地利用类型为水体，它的总初级生产力常年是 0，无法计算脆弱性，所以剔除）。具体来看，研究区内多数地区为不脆弱、轻度脆弱区，二者共占区域总面积的 76%。不脆弱地区占 30%，主要分布在水体的周围，可能是因为环湖地区的水分条件相对较好，提高了适应性，脆弱等级低；轻度脆弱地区占 41%；中度脆弱地区占 16%，主要分布在景洪市；重度脆弱地区占 4%；极度脆弱地区占 2%，重度和极度脆弱等级主要分布在呈贡区（何敏，2019）。

总体而言，在统一评判标准的前提下，对这六个典型保护区的脆弱性进行横向对比（何敏，2019），发现可可西里、云南三江并流自然保护区、四川大熊猫栖息地的脆弱性高，原因可能是可可西里多是高寒草甸，生态系统结构简单，易产生退化，且恢复困难（图 8-4）；云南三江并流自然保护区沟壑纵横，形成了干热河谷，有地形波-局地环流-降水-焚风效应，易发生滑坡、泥石流等地质灾害（明庆忠和史正涛，2007）；大熊猫栖息地受两次大地震（2008 年 5 月汶川发生 8.0 级地震；2013 年 4 月芦山发生 7.0 级地震）的影响，其栖息地森林面积、群落结构等受到重创（罗辑等，2018）。

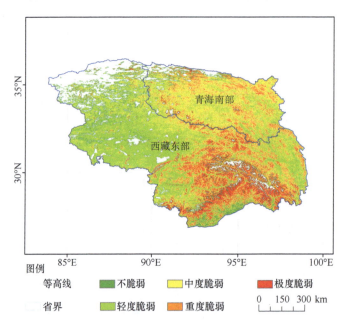

图 8-4　西南地区研究子区生态系统不同脆弱等级的空间分布（引自何敏，2019）

3. 西南地区干热干旱河谷生态系统质量状况与评估

1）干热干旱河谷生态系统生产力

刘国华等（2003a）对岷江干旱河谷生物量的研究发现，岷江上游干旱河谷占用的 9 个灌丛的地上生物量存在较大差异，对节刺灌丛的地上生物量最大，达 11554.2 kg/hm^2，其次是榿子栎灌丛和绣线菊灌丛，分别为 7144.7 kg/hm^2 和 7213.1 kg/hm^2，而滇紫草灌丛的平均地上生物量最小，仅为 1407.2 kg/hm^2。导致这一结果的原因很多，如群落的优势种、物种组成、海拔、坡向、土壤水分等。灌丛地上生物量都随海拔升高而增加，并呈现出良好的相关性。干旱河谷中土壤水分也随着海拔升高而增加。在干旱河谷过渡区，灌丛地上生物量与土壤水分间呈现很好的相关性。土壤水分是干旱河谷灌丛植被生长的主要限制因素。此外，低海拔地区灌丛植被受人类干扰活动的频度较大，也是导致其地上生物量低的主要原因之一。

陈泓（2007）对岷江干旱河谷阴、阳坡灌丛生物量分析发现，阴坡灌丛各层生物量大小依次为：灌木层>草本层>地被层>枯落层；阳坡灌丛各层生物量大小依次为：灌木层>草本层>枯落层>地被层。阴、阳坡灌木各器官生物量大小依次为：根>茎枝>叶>花果。灌丛地下部分生物量累积比较丰富。灌丛生物量在海拔梯度上的变化格局，阴坡依次为：2165 m>1957 m>1558 m>1750 m，阳坡依次为 2200 m>1985 m>1578 m>1781 m，随海拔升高表现出先减少后增加的海拔梯度格局；灌丛总生物量阴坡海拔 1750～1957 m 之间差异明显，与阳坡海拔 1985～2200 m 之间差异明显。阴、阳坡相对应的海拔梯度上，阴坡灌丛各层生物量及各器官生物量均大于阳坡。灌木层、草本层地下部分与地上部分的比值随海拔的升高均呈先增加后减少的趋势。生物量随海拔高度的变化格局与土壤水分沿海拔梯度变化规律相符。

金艳强等（2017）对元江干热河谷稀树灌草丛生产力的研究发现，其总的净初级生产力为 3.88 t C/（hm²·a），其中林分的净初级生产力为 1.90 t C/（hm²·a），林分中林下植被的净初级生产力对林分净初级生产力的贡献达到了 47%，接近乔木层净初级生产力所占比例（53%）。相比于周边区域的植被类型，如喀斯特森林，元江干热河谷稀树灌草丛总的净初级生产力要低于喀斯特森林的净初级生产力[4.37 t C/（hm²·a）]；金艳强等（2017）认为是元江干热河谷降水偏少、土层浅薄等因素影响植物的发育，间接影响到植被的固碳潜力。

果园与经济作物生产力较低是本区域农村相对贫困和制约社会经济持续稳定发展的因素之一。张瀚曰等（2021）对攀枝花市芒果果园产量调查发现，芒果园平均产量为 15416.4±7876.3 kg/hm²，挂果盛期产量高于初期，不同农户间经营管理模式差异导致产量差距较大。攀枝花市挂果期大部分果园栽种密度过高，产量较低，不同果园之间产量水平、施肥水平差距较大。养分投入不足、有机肥施用量低、钙养分投入量偏高、盲目随意施用石灰是当地果园施肥管理中存在的主要问题，也是限制芒果产量的重要因素。

2）干热干旱河谷土壤肥力

周义贵（2014）分析了岷江上游干旱河谷主要植被类型土壤与周边次生林地土壤的差异，发现相对于周边次生林地土壤，无论是果园等人工植被还是灌丛等植被类型土壤，均表现出不同程度的容重较高、毛管孔隙和总孔隙度较低的特点，蓄排水能力较差，土壤抗冲刷性能较差。土壤生物活性方面，农耕地、果园、灌草丛等植被类型土壤微生物活性均显著低于周边次生林地。在肥力方面，灌草丛和果园的土壤有机碳、全氮和全磷等含量显著低于次生林地，而由于施用化肥等因素，果园在有效磷含量等指标上高于次生林地。因此，岷江干旱河谷区各主要植被类型土壤生态效益均低于干旱河谷周边地段天然林甚至次生林土壤。陈泓（2007）对岷江上游干旱河谷的研究发现，缺水、高碱性、钙化和有效肥力水平低是该区土壤的主要特征，而土壤水分条件是影响其他土壤养分特征的主要因素。在海拔梯度上，土壤肥力水平高低排列，阴坡依次为：2165 m>1957 m>1558 m>1750 m，阳坡依次为 2200 m>1985 m>1578 m>1781 m。对灌丛群落物种多样性及生产力与环境因子的相关分析表明，土壤含水量、速效氮、速效钾、有机质、全氮、全钾与灌丛群落多样性和生产力均呈正相关关系，表明该地区植被的分布、多样性和生产力受土壤水分、土壤养分的综合作用限制。

彭辉等（2011）对金沙江干热河谷土壤肥力分析发现，由于干热河谷地区强烈的水土流失，大量表层土壤被水冲刷流失，导致金沙江干热河谷土壤养分含量相对较低。阳坡林地土壤肥力最高，阴坡林地最低。阳坡林地高于果园林地肥力，说明半自然封育和退耕还林还草等措施有利于土壤养分的保持和肥力的提高，这对防治土地退化和生态环境恶化具有重要意义，而人为干扰较多的果园林地的土壤肥力、地力处于相对退化的状态。

西南干旱河谷区的果园与经济作物种植业占农地面积的70%～80%，但缺水与土壤贫瘠也在严重影响种植业产量与果品质量。例如，张瀚曰等（2020）对攀枝花市芒果果园土壤 pH 和养分供给能力的分析发现，芒果园土壤同时存在酸化与碱化问题，现有施肥体系导致土壤酸碱化趋势分化明显，酸化与长期施用复合肥有关，碱化则与施用石灰与调理剂有关；土壤发生酸化的果园比例高于碱化果园；酸化果园占比大小为挂果初期>前期>盛期；碱化果园中，挂果盛期土壤碱化程度显著高于其他发育阶段；仅施用复合肥而未施用石灰及土壤调理剂的果园土壤酸化程度高于施用石灰或调理剂的果园，施用石灰或调理剂可以在短期内缓解表层土壤的酸化趋势，但对深层土壤的酸化无明显效果。养分供给方面，不同果园之间施肥水平差距较大，但普遍存在有机肥施用量不足、农家肥腐熟程度不一、养分投入不足，钙养分投入量偏高，盲目随意施用石灰是当地果园施肥管理中存在的主要问题。

因此，土壤干旱、贫瘠、土壤侵蚀较严重是西南干旱河谷区域面临的制约该区可持续发展的一个突出的共性问题，依据具体情况采用半自然封育和退耕还林还草等措施有利于土壤养分的保持和肥力的提高，这对防治土地退化和生态环境恶化具有重要意义。

8.3　西南林区森林管理状况及面临的挑战

根据《全国森林经营规划》森林经营区划分方案，西南林区包含了"南方亚热带常绿阔叶林和针阔混交林经营区"的重庆、四川、贵州和云南的低山丘陵区，"南方热带季雨林和雨林经营区"的云南和西藏低山热带林区域，"云贵高原亚热带针叶林经营区"的云南高原，滇西北、川西南、黔东高山峡谷，滇南、滇西南中山宽谷和滇中高原湖盆等区域，以及"青藏高原暗针叶林经营区"的四川、云南、西藏境内高山峡谷区（国家林业局，2018）。本节着重论述西南林区森林生态系统经营的国家战略需求、发展历程，详细分析典型森林生态系统经营现状及存在的主要问题；剖析西南林区森林生态系统经营和管理的典型案例，以期为国家决策及森林经营实践提供参考。

8.3.1　西南林区森林生态系统经营国家需求

西南林区是我国第二大天然林区，主要包括四川、云南和西藏三省区交界处的横断山区、雅鲁藏布江大拐弯地区，以及西藏东南部的喜马拉雅山南坡等地区。由于复杂的地形地貌条件和气候垂直梯度的影响，以及由南向北梯级式上升的高原地势和由此而形成的各种气候类型，西南地区发育了包括热带雨林、亚热带常绿阔叶林、寒温性针叶林、高山草甸在内的众多森林类型，构成了西南林区最为复杂多样的森林生态系统，孕育了繁多动植物种类，是我国主要的木材储备基地、生物多样性最丰富的地区和全球 34 个生物多样性热点地区之一。西南林区森林是陆地生态系统的主体和重要的自然资源，是维系我国国土安全、生态安全，维护民族稳定，实现长江经济带发展战略和中华民族永续发展的重要保障，而森林经营是国家"十四五"规划提出"提升生态系统质量和稳定性"的重要内容，森林的科学经营和管理是实现提升森林生态系统质量和功能的技术保障。

1. 西南林区森林的国家生态安全战略地位

西南林区森林是我国生态安全战略格局"两屏三带""三区四带"重要生态系统保护和修复重大工程的重要组成部分，生态保护与修复工程包括国家重点生态功能区的"川滇森林及生物多样性生态功能区"全部，以及"若尔盖草原湿地生态功能区""桂黔滇喀斯特石漠化防治生态功能区""秦巴生物多样性生态功能区""藏东南高原边缘森林生态功能区"的部分区域。我国《"十四五"林业草原保护发展规划纲要》中"长江重点生态区（含川滇生态屏障）"规划要求，推进天然林保护、退耕还林还草工程建设和储备林建设，开展森林质量精准提升、湿地修复和石漠化综合治理等，加强珍稀濒危野生动物保护恢复等是西南林区面临的重要任务，加强西南林区大面积低效人工林、次生林森林生态系统经营以及西南喀斯特、干热干旱河谷地区植被恢复与重建，构建完备的长江上游生态屏障，对充分发挥森林生态系统在涵养水源、保持水土、维持生物多样性、实现碳中和等方面具有重要作用，西南林区森林在维系国家生态安全方面具有举足轻重战略地位。

2. 西南林区的国家生物多样性保护战略需求

我国生态类型多样，森林、湿地、草原、荒漠等生态系统均有分布，但生态脆弱区域面积广大，脆弱因素复杂，中度以上生态脆弱区域占全国陆地国土空间的 55%（中华人民共和国国务院，2010）。西南林区是我国生物多样性最丰富的地区，属于全球 35 个生物多样性热点地区之一，是全球生物多样性关键区域（Bird International，2017；史雪威等，2018），也是很多古老孑遗物种的栖息地（胡锦矗，2001），是中国重要的生态安全屏障区（孙鸿烈等，2012）。国家"十四五"规划强调要"实施生物多样性保护重大工程。加强国家重点保护和珍稀濒危野生动植物及其栖息地的保护修复"，中国生物多样性保护战略中"西南高山峡谷区"、"中南西部山地丘陵区"和"中南西部山地丘陵区"保护的大熊猫、金丝猴、红豆杉、珙桐等珍稀动植物及栖息地，以及"全国热带雨林保护规划"的"滇南盆地谷地、滇西南河谷山地和东喜马拉雅南麓河谷"分布的热带雨林均处于西南林区，成为我国生物多样性保护的重要区域，因此，科学经营和管理西南林区森林符合国家生物多样性保护战略需要，对保护我国遗传多样性、物种多样性和生态系统多样性等具有重要而深远的意义。

3. 西南林区的国家木材战略储备需求

我国木材消费持续增长，国内供给总量不足，安全形势十分严峻，关系着持续增进民生福祉、生态文明建设和国家现代化建设的重大战略问题。西南林区是我国重要的木材生产基地和战略储备基地，《国家储备林建设规划（2018-2035 年）》明确了"西南适宜地区"平均降水量 800 mm 以上区域建立桢楠、红椿、降香黄檀、铁刀木等珍稀树种和大径级用材林培育基地，西南林区涉及"渝川黔大娄山"、"滇西横断山脉"、"粤桂湘黔武陵山雪峰山"、"鄂渝川陕甘秦岭大巴山"和"滇黔桂云贵高原"国家储备林建设工程，规划面积 266.79 万 hm^2。在保证生态安全基础上，通过人工林集约栽培、培育乡土树种、珍稀树种的工业原料林、大径级用材林等多功能森林；通过科学的森林经营技术和修复措施，对现有林改造培育、中幼林抚育，提高林地生产力，增加木材储备和碳汇储量。因此，科学培育、经营西南林区森林，可以使有限的林地资源生产出高质高产的木材，缓解我国木材需求的压力，又可以持续增加林业碳汇储量和保护生物多样性能力，发挥西南木材战略储备基地森林的功能效益。

4. 西南林区森林生态系统质量提升的需求

随着西南地区社会发展、经济繁荣和人口增加，对木材需求日益加大，原始林经过长期采伐利用，形成了大面积次生林和人工林。西南林区原始林已受到严重破坏，现有次生林、人工林生态功能具有整体功能退化、下降的趋势（刘世荣等，2015a），引发了水土流失、干旱河谷造林绿化困难、自然灾害频发等一系列生态问题（杨玉坡，1980）。1998 年国家启动天然林保护工程以来，先后在西南林区实施了退耕还林工程、野生动植物保护及自然保护区建设等林业生态重点工程，通过封山育林、森林抚育和人工造林等一系列植被恢复措施，西南林区退化植被恢复进程加快，森林资源得到有效保护，森林总量持续增长，森林质量得到有效改善，生态环境质量有所提高，促进了社会经济的发展。但是，西南林区作为我国第二大林区，由于对森林资源利用持续时间长、强度大，次生林、人工林面积大，森林生态系统的整体功能有待提升。《全国森林经营规划(2016-2050 年)》中"南方亚热带常绿阔叶林和针阔混交林经营区""云贵高原亚热带针叶林经营区"的重庆、四川、贵州、云南部分地区，"青藏高原暗针叶林经营区"的四川、云南和西藏部分地区属于森林经营范畴，科学开展西南林区人工林、次生林森林抚育、退化生态系统修复，促进森林正向演替，尽快提升森林生态系统服务功能，充分发挥森林多种效益，保持和增强森林生态系统健康稳定、优质高效，维持和提高林地生产力。

8.3.2 西南地区森林生态系统经营的发展历程

西南林区森林经营、生态系统管理发展历史与我国经济发展、林业政策息息相关。中华人民共和国成立初期，由于国家建设的需求，当时的林业政策多是强调木材生产，忽视了对森林的培育，造成森林资源的极大破坏和严重的环境问题。改革开放以后，在环境危机和世界林业发展趋势的双重影响下，林业建设的生态观念不断加强，大规模的林业生态建设工程相继推出。西南森林生态系统的经营方向也逐渐从以木材生产为主转向以水源涵养、生物多样性保护等主要生态功能提升为主，以提高森林生态系统质量与功能为主要目标。西南林区各个时期的森林特点和经营状况各不相同，其森林生态系统经营历程主要包括以下 5 个阶段。

（1）第 1 阶段——传统木材利用为中心的发展阶段：中华人民共和国成立初期到 20 世纪 70 年代末期，国家处于经济建设期，西南林区森林为保障"成昆铁路""宝成铁路""成渝铁路""三线工业基地开发建设"等大型工程建设对木材的需求，大规模开发利用森林资源，保障木材供应是西南林区的首要任务。西南地区各省区，特别是四川和云南成立森工局和一批国有林场，以国有经营形式，主营木材采伐运输，支援国家建设，仅四川在 1950～1988 年就为国家提供木材产量累计达 9000 万 m^3，为国家建设作出了卓越贡献（杨玉坡等，1992），也为我国西南林区森林经营、高山森林更新、森林生态系统结构与功能等方面研究奠定了良好基础，建立了我国最早的森林生态定位研究站——川西米亚罗亚高山森林生态系统定位观测研究站。我国这一时期森林经营以传统经营理念为指导，森林经营以木材生产为中心，以木材利用为主的林业经营思想占主导地位，虽然提出了"以营林为基础，造管并举、越来越多、越采越好"的经营方针（刘家顺，2006），但由于当时经济落后、技术不成熟等客观原因，国民经济建设需要大量木材，林地资源破坏严重，森林蓄积出现了消耗量大于生长量，森林资源出现急剧下降，生态系统功能降低，引发了自然灾害、泥沙淤积、滑坡泥石流次生灾害频繁发生等一系列生态后果（四川省林业科学研究所调查组，1982；杨玉坡，1987；胡海波等，1999）。

（2）第 2 阶段——木材生产和生态建设并举的恢复发展阶段：20 世纪 70 年代到 90 年代末期，以木材生产和生态建设并举的恢复发展阶段。随着人类对森林功能认识的不断深入，森林多效益功能论、林业分工论、新林业理论、近自然林业理论、生态林业理论等多功能经营理论（陆元昌等，2010），得到了广泛的应用与实践。西南林区森林经营以人工造林为主，以飞播造林、封山育林为辅，森林植被恢复较快。这一时期，国家和省都加大了林业投入，相继实施了部省联营速生丰产林基地建设、天然林保护、退耕还林、长防林、血防林等国家林业重点工程和世界银行贷款项目等外资造林项目，通过全民性植树造林，大力促进了西南林区绿化进程，提高了森林覆盖率，改善生态环境（余波等，2017）。

（3）第 3 阶段——森林可持续经营起步阶段：20 世纪末到 21 世纪初，由以木材生产为主向以生态建设为主转变阶段。随着世界经济的不断发展，森林生态环境和人民生存环境的不断恶化、资源的供应严重不足、人口数量不断增加等问题，严重地阻碍了社会和经济的发展，森林可持续经营强调了森林生态系统在自我维持的持续性和长期人类利益的可持续性一致的前提下进行合理经营，成为世界各国制定林业发展战略的理论基础和基本原则（潘存德，1994）。我国天然林保护工程、退耕还林工程等林业生态工程实施以来，森林资源持续增长，以兼顾三大效益、生态效益第一的指导思想开展森林经营与保护，但严格控制木材消耗，杜绝超限额采伐，忽视了森林的木材安全及其林产品等物质供给功能，给西南林区社会经济带来一定影响（陈林武等，2002），但这一时期森林经营的资源内容和范围更丰富广泛，具体表现在国有林场、集体（含集体林场）等多种经营形式并存，积极开展生态公益林、商品林建设，探索科学的混交林营造、中幼林抚育、低产林改造、近自然森林经营等森林经营的方式方法，这一时期是森林经营迈向新高度的重要时期。2012～2015 年，四川在宜宾市、泸州市和雅安市开展森林资源可持续经营管理试点工作，围绕探索森林可持续经营管理模式和技术体系，开展编制和推行森林经营方案实施，强调扩大森林面积，提高森林质量，促进天然林资源的恢复和发展（余波等，2017）。

（4）第 4 阶段——森林分类经营和近自然森林经营并举阶段：随着我国天然林保护工程、退耕还林工程等生态工程的实施，人工林面积急剧增加，次生林快速恢复，但低效次生林、人工林仍然存在。我国森林经营领域引进、吸收和再创新德国适应自然林业协会（1949）以"适树、混交、异龄、择伐"等为特征的近自然森林经营理论的精髓，逐渐发展了我国森林近自然经营技术体系，其是以目标树经营、择伐及天然更新为主要技术手段，优化森林的结构和功能，永续利用与森林相关的各种自然力，不断优化森林经营过程，培育接近自然状态的具有混交、复层、异龄等结构特征的森林，从而使森林的生态功能与经济功能达到最佳状态的一种森林经营模式，以乡土树种为主，利用天然更新，以全周期培育和经营森林为目标（陆元昌等，2011）。西南林区四川崇州林场柳杉人工纯林近自然改造，补植入楠木和连香树等乡土阔叶树种，提高了林分的混交程度与物种隔离程度，加速其向混交林方向演替（郝云庆，2008）。

（5）第 5 阶段——森林分类经营转向森林生态系统管理阶段：进入 21 世纪，随着人口的不断增长和经济社会的迅猛发展，对森林资源和森林生态系统服务的需求不断高涨，而且人类对森林资源价值的认识也发生了很大程度的改变，传统的森林管理技术已不能适应现代森林经营管理的需要，只有在观念和战略规划上实行转变，实施生态系统管理，才能从根本上解决病虫危害加剧、人工林地力衰退、生物多样性严重减少等生态问题。达到国家林业建设"建立比较完备的林业生态体系和比较发达的林业产业体系"的战略目标，必须根据森林的不同功能，实施分类经营、分区突破、总体推进的发展战略，但森林分类经营存在管理体制尚不完善、社会经济发展对林产品需求矛盾、商品林结构和发展不均衡、公益林建设与林农生活水平提高的矛盾等问题（周连兴和宋进春，2002）。20 世纪 90 年代后期，森林生态系统管理的概念被引入我国（徐国祯，1997），受到越来越广泛的重视，促使传统的森林资源管理转向森林的可持续经营，以保障林业的可持续发展。推进森林资源可持续经营，增加森林总量、提高森林质量、增强生态功能，已成为中国林业可持续发展乃至推进中国生态文明建设和建设美丽中国的战略任务（刘世荣等，2015b）。森林生态系统管理的新模式主要体现在国家层面上新的战略规划和逐步健全的法律法规体系，而西南林区天然林资源实施分类经营，将纳入生态公益林的天然林资源，其抚育性质和更新性质的采伐应制定及时的、相关的规范性文件极早地落到实处使之制度化、法律化（李裕等，2009），同时，借鉴粮援造林工程、世界银行贷款三期工程等先进理念和管理经验，发展大径级珍贵用材林和储备林。随着我国生态文明建设的深入推进，经济社会的高质量发展，党的十九大报告明确要求"完善天然林保护制度"，完成了《四川省天然林保护条例》《云南省森林条例》《贵州省森林条例》等条例的修订，为科学有效管理西南林区森林生态系统提供了法律保障，因此，西南林区森林生态系统管理对国家木材需求安全、应对气候变化林业行动计划、生物多样性保护计划、长江黄河上游重要生态屏障等宏观决策制定等提供了技术基础和科学依据。

8.3.3　西南林区森林生态系统经营现状与问题

依据国家生态安全建设、长江经济带建设和大西部开发等宏观战略需求，西南林区森林生态系统经营管理的主要任务是构筑长江上游生态屏障、生物多样性保护和建设木材战略储备基地，保障西南地区生态安全、生物多样性保护和木材安全。围绕此任务，重点开展天然林保护、退耕还林、森林质量精准提升和生态保护与修复等森林经营与管理工作。针对西南林区各森林经营分区论述主要森林生态系统经营现状与存在的问题。

1. 四川盆地及盆周山地森林经营区

四川盆地丘陵亚区典型地带性植被是亚热带常绿阔叶林，典型的丘陵区，其水土流失是四川乃至长江上游最为严重的区域，全区植被稀疏，其生态质量低下给工农业生产和人民生命财产造成巨大损失。自 1960 年以来，四川开始建设长江防护林一期工程，很大程度上提高了川中丘陵区的生态系统质量。但由于长时间缺乏科学合理的经营管理，建造的长防林生态、经济功能低下。所以需对盆地森林资源进行科学合理的质量评价，为该林区的科学经营和管理提供理论依据（李承彪和陈起忠，1982；李承彪，1990）。

盆地内部种植业高度集中，是四川主要农业区域。但森林面积少，平均森林覆盖率不到 8%。自然灾害频繁，水土流失严重，生态环境日趋恶化，严重影响着农业生产的发展。因此，积极绿化现有的荒山隙地，开展四旁植树造林，提高森林覆盖率，为农业生产创造良好的自然环境。同时，因地制宜地巩固和建立用材林和各种经济林基地，以林养林，以林促农，使农、林、牧、副、渔得到全面发展。

盆地北缘林地资源利用潜力较大，应在合理利用和积极保护森林资源的基础上，逐步建立用材林和经济林基地。用材林以培育中、小径级材为主；经济林重点发展漆树、核桃、黑木耳、白木耳、栓皮栎等多种林特产品，建立商品基地，对常绿阔叶与落叶阔叶混交林，应划为自然保护区。考虑本林区水土流失严重、滑坡和泥石流经常发生，要注意合理采伐，并加强绿化造林和封山育林工作。其主要森林类型为山地常绿阔叶与落叶阔叶混交林。但由于雨量偏少，冬半年显得干燥温凉，因此，反映在树种组成的特征上，一方面喜湿性的常绿阔叶树种很少，另一方面出现多种水青冈，从而增加了落叶阔叶林的比例。此外，尚有多种槭树和多种落叶栎类，故落叶树种仍居优势。在一些地段上，如南江焦家河一带集中了几种水青冈组成了落叶阔叶林，这与本小区气候特点极为吻合。巴山冷杉林在本小区分布较少，往西逐渐为岷江冷杉林所替代。接近盆地丘陵、低山的阳坡广泛分布着马尾松林，其林下种类成分与盆地小区基本相似，但多呈片状纯林。以麻栎、栓皮栎为主的落叶栎类林分布也较普遍。丘陵地区紫色土上生长着柏木林。漆树和核桃等也广有栽培。赵光裕（2018）对地处四川盆地北部边缘山区的剑阁县的森林资源动态及其经营对策进行研究分析，认为该地区森林资源问题是森林营造的大面积，人工林树种单一、结构简单。由于初植密度大，没有及时间伐，生物多样性低，系统抵抗灾害能力弱，"小老头树"多，表现出不同程度的退化。同时周边县区已发生的松材线虫病也是其最大的安全隐患。盆地南缘山地湿性常绿栎林林区森林植被破坏严重，森林覆被率较低，但宜林荒山面积大，水热条件较好，发展林业的潜力很大。

盆地西缘山地由于优越、复杂的气候条件和复杂的地形地貌，不仅植被发育完善，种类繁多，而且形成明显的垂直带谱，盆地西南缘山地湿性常绿樟、栎林林区森林资源最为丰富，有部分山地暗针叶林和亚高山针叶林，在四川仅次于川西原始林区的主要的森林，其中面积较大的山地常绿阔叶林更是我省珍贵的硬质木材的主要生产基地。低山丘陵地区，又是省内发展速生用材林的良好基地之一。植被分布一般在海拔1500（1600）m以下为亚热带山地常绿阔叶林，由于人为活动影响，原生植被多已不复存在，现有植被为次生的麻栎、光皮桦，桤木等，以及人工栽培的杉木、柳杉、水杉、档木、楠竹等取代，破坏严重的地段则沦为次生灌丛。海拔1500（1600）～2000（2200）m为山地暖温带常绿、落叶阔叶混交林，常绿的优势树种有峨眉栲、刺果米槠、曼青冈、包石栎、樟科的山楠、川钓樟、黑壳楠等，落叶的优势树种有亮叶桦、红桦、华西枫杨、多种槭树、琪桐、连香树等，海拔2000（2200）～2500m为针阔混交林，其中海拔2300m以下主要为落叶的红桦、多种槭树、椴树、桦西枫杨、野核桃等，海拔2300m以上有少量铁杉、冷杉等出现，但仍以落叶阔叶树为主，海拔2500～3500m为亚高山针叶林，主要建群种为峨眉冷杉、岷江冷杉以及桦木、槭树、花楸等，林下多以冷箭竹、峨眉玉竹和多种杜鹃海拔以上为高山灌丛和物理风化强烈的裸岩、流石滩及小块状的高山草甸，灌木建群种为多种杜鹃和香柏等。

盆地西南缘山地（西昌台地）干性常绿松林、栎林林区，林业生产上存在火灾频繁问题，水土流失严重，经常有泥石流、滑坡及崩塌等出现；水文状况恶化，河川流量极不稳定；早期飞播的云南松林，林分密度过大，生长不良、病虫害严重，需加强抚育和经营管理。

2. 川渝黔喀斯特山地森林经营区

喀斯特石漠化是我国西南地区最严重的生态环境问题，造成地表水土流失，岩石裸露，生态系统调蓄水源的能力不断减弱、旱涝灾害频发。喀斯特石漠化地区人口-

资源-环境三者之间的尖锐矛盾，已成为贵州、四川和重庆石漠化山区生态保护、建设与可持续发展的主要障碍。据曹建华等（2008）研究，西南石漠化地区森林覆盖率表现为东、西部高，而中部的滇东、黔、渝、四川盆地低。中部森林覆盖率低与其为岩溶集中分布区、四川盆地高密度人口分布区存在一定的联系，与岩溶区缺水少土、乔木立地条件差有关，而四川盆地人口密度大，生存压力迫使人类活动强烈。东部人口密度虽然较高，但水热条件较好，岩溶分布分散，农业生产活动也相对较弱。西部森林覆盖率高则与人口稀少、人类活动弱有关。灌丛群落高密度分布区则主要与岩溶分布区，尤其是岩溶石漠化严重的滇东、贵州存在较好的对应关系。条件较好，岩溶分布分散，农业生产活动也相对较弱。西部则与人口稀少、人类活动弱有关（曹建华等，2008）。草本群落的高密度分布区主要出现在四川、贵州和云南和渝，出现这一现象与任继周等（1999）研究的在不同温度和太阳辐射量条件下，营养体植物（以生产植物茎叶等植物营养体为主产品满足社会需求）和籽实植物（以收获作物的籽粒为目的）适应程度的结果相吻合；在温度年较差 16℃以下的地区，总辐射量 418 KJ/cm^2 以下的地带以植物营养体生产为宜；在 544 KJ/cm^2 以上的地带，以生产籽粒为宜；在 418~544 KJ/cm^2 的地带，则二者都可以生产，但仍以生产营养体较为丰产、稳产（曹建华等，2008）。根据《西部地区重点生态区综合治理规划纲要（2012-2020 年）》，西南石漠化地区是我国土地石漠化最严重区域，生态功能定位水土保持、石漠化防治等。以扩大林草植被、遏制石漠化、减少坡耕地水土流失、南方草地保护为重点，继续实施石漠化综合治理、封山育林、人工造林种草、退耕还林还草、天然林资源保护、防护林体系建设、自然保护区建设等工程。大力发展沼气池、节柴灶、小水电代燃料、太阳能等农村能源，适当发展能源林，减少森林砍伐，改善农村地区生产生活条件。通过对各种自然因子进行调查和访问调查，初步得出退化喀斯特天然林形成原因是人为干扰，消除干扰是关键。人为砍柴、毁林开荒、采矿、过度放牧是喀斯特森林植被遭到破坏的主要原因，其中以毁林开荒和采矿对植被的破坏较彻底，林木繁殖体量少。消除干扰是关键，封山是重要途径。

3. 云贵高原森林经营区

云贵高原为新构造运动强烈隆升的高原，由于剥蚀、侵蚀、溶蚀等外营力作用，加上人类生产活动对自然资源的不合理开发利用，特别是对森林植被的破坏，造成了严重的水土流失。凉山州和黔西的毕节市、六盘水市两地区水土流失面积占总面积30%以上。凉山彝族自治州每年流入金沙江、大渡河的土壤达 4864 万 t，损失氮、磷、钾约 96 万 t；雅砻江近十年每平方千米的流沙量比前十年增加 17 万 t。云南楚雄彝族自治州长期以来毁林开荒，破坏森林现象十分严重，森林覆盖率已由 20 世纪 50 年代初期的 55%下降到 24%，平均每十年减少 400 万亩森林。该州有库容 100 万 m^3 以上的水库 106 个，20 年间淤沙量达 2000 万 m^3，相当于报废 20 个库容为 100 万 m^3 的水库。东川市蒋家沟山地森林破坏后，在 47 km^2 集水面积范围内，泥石流常年发生，每年排出总量 300 万～500 万 t。1968 年一次泥石流冲垮堤坝，堵塞小江，拦断交通达三个月，一万多亩农田颗粒无收。同时，主要河流流量极不稳定。例如，安宁河流域，下游湾滩站年平均流量为枯水流量的 11.6 倍，中游太和站洪枯流量相差 364 倍。该河 1957～1961 年枯水期平均流量为 26.52 m³，1962～1967 年为 14 m³，减少了 40%。水分状况的恶化，提高了旱涝灾害的频度，从而影响了农业生产和生态环境。

云贵高原旱期较长，森林面积广，加上刀耕火种的落后生产方式，火灾的频率和灾害的严重程度增加。凉山彝族自治州 1949 年以来累计发生林火 5000 多次，仅 1978 年就发生火 87 次，受害森林面积 2266.67 hm²。滇中、滇东一带，据近五年统计，发生森林火灾 800 多次，毁林 43.33 万 hm²，相当于同期造林面积的 60%。在黔西，1975～1978 年，森林火灾毁林 0.97 万 hm²，平均每年烧毁 0.24 万 hm²，为平均年造林面积（0.40 万 hm²）的 48.6%。

本区是西南云南松主要飞播的地区，早期飞播的云南松林，由于未及时抚育，林分普遍过密，林木生长纤细，林地卫生状况恶化，病虫害猖獗，受害率达 2/3，仅越西、喜德、盐源三县发生病虫害面积即达 50 万亩，防治面积尚不足一半。按国家"采伐更新规程"规定、云南松Ⅳ龄级即进入主伐阶段，飞播林区的云南松林到 1990 年不过十年时间，即将逐步进入主伐阶段，但目前成材的不多。如不迅速采取措施，前景是不容乐观的。

4. 横断山高山峡谷暗针叶林经营区

横断山高山峡谷区生态脆弱性受气候和群落结构的共同作用，具有显著的地理和海拔梯度格局，又与水分、热量等气候因子显著相关。基于生态系统总初级生产力的生态系统脆弱性空间分析表明，横断山高山峡谷生态系统脆弱性呈现由东南向西北逐渐增强的趋势，随着海拔、坡度的增加，亚高山森林生态系统脆弱性呈增加趋势。高度和极度脆弱区主要分布在海拔较高的高山高原区域，以及坡度 35°以上的险坡、急坡地带。在气候上，主要分布在年均温–14.6～–5.6℃的寒冷区，降水量是影响横断山高山峡谷生态系统生态脆弱性的主要因素，在水分充足、温度适宜的条件下生态脆弱性相对更小。从演替阶段来看，西南高山/亚高山森林演替过程中，灌丛和演替早期植被的生态脆弱性相对较高，而演替中、晚期的植被生态脆弱性相对较低，生态脆弱性随着树高和胸径的增大而减小。

从横断山高山峡谷典型生态系统脆弱性来看，一是高山灌丛群落结构简单，分层较少，灌木与草本常处于同一层内，群落稳定性差，敏感性高，由于生境的气候条件差，遭遇干扰后的恢复力也差，适应性较低，因而整体的脆弱性较高；脆弱性较低的是亚高山常绿灌丛、干旱河谷区灌丛等，在气候变化趋势下，脆弱性可能会增加，如受水分限制的干旱河区灌丛。二是亚高山常绿落叶阔叶林生态系统，西南亚高山落叶阔叶林多呈斑块状或条状分布，是一种非地带性的、不稳定的生态系统类型。广泛分布于亚高山区域的白桦林、山杨林、糙皮桦林等次生林，随着乔木层逐渐被云杉、冷杉占据，林下光线较差，生长不良，林下更新幼苗多为针叶树种，群落不稳定，敏感性也较高，整体的脆弱性较高。而西南亚高山高山栎林属于敏感性比较高的常绿阔叶林，拥有比较好的适应性，其脆弱性并不是很高（刘兴良等，2008）。三是针叶林生态系统，亚高山针叶林脆弱性较高的区域集中在高海拔区域，这些群落比较稳定，敏感性较低，但其中处于成过熟阶段的针叶林，多属过熟林，结实率和发芽率较低，群落更新慢，且群落内阴冷潮湿，植物生长缓慢，适应性极差，脆弱性比较高。

历史上，岷江上游地区茂密的原始森林、广袤的高山草原构成了岷江流域的生态屏障。元朝时，岷江上游的森林面积约有 120 万 hm^2，森林覆盖率高达 50%，活立木蓄积量为 3 亿 m^3，清代以后由于该地区人口的急剧增加，加之技术的进步，森林减少加快。1912～1942 年，先后有 20 余家木材商分别在岷江上游 27 条大小支流共采伐木材达 74 万 m^3（叶延琼等，2002）。到 1950 年，岷江上游的森林面积降至74 万 hm^2，森林覆盖率为 32%，森林蓄积量为 2 亿 m^3（叶延琼等，2002；满正闿等，2007）。从 1950 年开始，为满足国家需要，岷江上游成为四川最早开发的林区，该区共有 18 个国营森工局，对该地森林进行大规模、大强度的采伐（马雪华，1980）。1950～1953 年主要是择伐，1954～1956 年改用皆伐，1958 年后虽规定为择伐，但实际上仍沿用皆伐方式，1965 年以后，采用留有各种防护林带的顺序小面积皆伐，采伐强度普遍在 80%以上，以后逐年延伸，加上各种山脊保留的防护林带和林墙常常留得偏窄，后经风折和风倒以及复采等，最后扩展成大面积皆伐迹地（杨玉坡等，1980；包维楷和王春明，2000）。按森林生长量计算，岷江上游森林年采伐量应限制在 $1.5×10^5$～$2.0×10^5$ m^3，但 1950～1980 年实际平均年产量在 $6.0×10^5$ m^3 以上，在"大跃进"时期，甚至在 $1.0×10^6$ m^3 以上（樊宏等，2002）。按轮伐期计算，可采资源应延续生产 80 年以上，但实际采到 30 年（杨玉坡等，1980）。1950～1980 年，经过30 年的采伐，累计为国家生产商品木材约 1600 万 m^3，消耗资源约 5000 万 m^3，其他计划外采伐、社会性消费和自然灾害损失约 4500 万 m^3，至 1980 年统计，岷江上游森林面积减少到 46.7 万 hm^2，森林覆盖率下降为 18.8%，森林蓄积量约 1.05 亿 m^3，期间平均每年减少森林面积 0.9 万 hm^2、森林覆盖率下降 0.4%、森林蓄积量减少 320 万 m^3，递减速度超过之前的任何时期（满正闿等，2007），资源消耗量是其合理利用量的 3 倍以上（杨玉波等，1980）。20 世纪 80 年代以后，随着对木材需求量的不断增加，对森林采取了掠夺式的砍伐，森林覆盖率下降至约 17%。到了 20 世纪 90 年代中后期，川西北的森林基本被砍光，森林面积减少至 27.8 万 hm^2。森林覆盖率下降到约 12%，森林蓄积量仅为 0.80 亿 m^3（阿刘时布，2002）。1998 年洪水暴发以后，岷江上游的生态安全问题得到了重视，天然林保护工程和退耕还林还草工程相继实施，岷江上游的植被覆盖有了很大程度的改观。2004 年底，岷江上游累计退耕还林 2.49 万 hm^2，大量的次生草地转为林、灌，变化非常明显，森林覆盖率达到 18.36%（满正闿等，2007）。在岷江上游，过度采伐后的森林生态系统，其多层次的结构演变为单层次或稀疏的乔、灌木结构（张荣祖，1992），出现了大量的箭竹和以悬钩子、蔷薇为主的"红白刺"灌丛（杨玉坡等，1980）。森林生产力显著下降，生物多样性明显降低甚至丧失，生态系统功能和效益降低直至殆尽，采伐迹地土壤出现不同程度退化，造林更新十分困难（席一和尤振，2006）。

全球气候变化现在成为了不争的事实，虽然科学界对今后气温变化的幅度意见不一，但普遍认为 20 世纪全球平均气温在增加，今后全球还会继续变暖（Huntington，2006）。全球变化的增温效应在上游高海拔地区增强，研究发现岷江上游的典型流域——杂谷脑流域在 1981~2002 年，气温平均每年增加 0.025℃，1970~2004 年降水呈增加趋势。据预测，到 2050 年，西南地区平均升温 1.8℃，降水量增加 12%（张一平等，2005）。2006 颁布的《气候变化国家评估报告》中也指出，温室效应可能会导致在中国地区强降水事件的出现频次继续增加，大雨日数将有显著增加，特别西南地区。但在降水量增加的同时，岷江上游的风速与蒸发量也在增加，年均风速近年已增到 4~4.4 m/s，蒸发量大于降水量 3 倍多（丁海容等，2007）。

林勇（2005）利用岷江上游的杂古脑流域 1971~2002 年的降水、气温、潜在蒸发资料建立了杂古脑流域降水-径流模型，模拟了在气温增加 0.5℃、1.0℃、1.5℃和 2.0℃以及降水变化 5%、10%和 15%各种情景下杂古脑径流变化，结果发现杂古脑径流将随着气温增加而增加，在气温增加 1.0℃、1.5℃和 2.0℃情景下径流分别增加 0.97%、3.09%和 4.13%，但生长季和非生长季响应不同，在非生长阶级期响应更为明显一些。在气温增加 1.5℃的情景下，生长季径流增加 2.43%，非生长季径流增加 5.62%。杂古脑径流对降水的响应也有类似规律，在降水增加 5%、10%和 15%的情景下，径流分别增加 2.41%、4.21%和 6.44%，但生长季和非生长季对降水变化的响应不同。非生长季径流对降水增加的响应更大，如在降水增加 10%的情景下，非生长季径流增加了 5.39%而生长季为 3.91%。与生长季相比，在非生长季径流对降水增加的响应更为明显可能与非生长季降水以降雪形式发生，降雪更多地转化为土壤水被植物利用有关。而降水降低 5%、10%和 15%将导致类似幅度的径流变化，这表明全球变暖对岷江上游水文动态规律具有重要影响。

20 世纪 80 年代初，生态环境发生剧烈变化，气候变暖，岷江上游的雪线上升，高山积雪厚度由 1 m 以上降至 40 cm 以下，干旱河谷由海拔 1200 m 上升至 1800~2000 m，并向上、下游延伸，草甸灌丛下浸，森林带渐渐变窄（溥发鼎，2000）。岷江上游植被分布及生长与温度相关性较高（李崇巍等，2005），未来的气候变暖必然对该区域的植被分布与生长产生明显的影响。2006 颁布的《气候变化国家评估报告》指出，在全球气候变化的影响下，西南山地灾害的波动周期缩短，成灾频次和损失增多。

5. 滇南、滇西南热带季雨林雨林经营区

云南分布有热带雨林总面积 420337 hm^2，占全国热带雨林总面积的 59.40%。主要分布在勐腊县、景洪市、孟连傣族拉祜族佤族自治县、耿马傣族佤族自治县、瑞丽市、盈江县等 27 个县（市、区），其中勐腊县分布最多，达到 120920 hm^2（国家林业和草原局，2016）。云南西部、南部低山热带雨林主要是在热带季风气候和有利的地形条件下形成的，雨林的分布多沿河谷水系，如澜沧江支流的罗梭江一带，南汀河下游，以及红河水系的南溪河、元江、藤条江、李仙江下游，具体分布地在河口瑶族自治县、金平苗族瑶族傣族自治县、屏边苗族自治县、西双版纳傣族自治州、思茅南部和临沧市的耿马傣族佤族自治县、沧沅等地。雨林分布地的地形大多比较破碎，海拔高度多在 800 m 以下，由于地形的变化，水热条件的差异，以及基质的不同，雨林植被出现干性和温性的分异，又因森林遭受破坏程度不同的影响而出现各种不同的次生类型。

目前保存的原始林已很少，小片的原始林仅在陡坡山谷出现。季节雨林，分布较广，但缓坡台地多已开垦为热带特种作物种植区，少数地区为当地农民以风水林原因留下来的"龙山林"，其尚残留其原始状态，应严加保护，禁止采伐破坏，作为科学研究试验林。现在大部分的季节雨林分布在地势狭窄、坡度陡、土壤含石块较多的沟谷两侧，不宜开垦种植热带经济作物，但这些森林在经济利用上仍是很有价值的，可作为珍贵用材树的天然种子园和水土保持林经营。目前，及时进行卫生采伐，以促进有用植物的天然更新。其中，望天树林主要分布在西双版纳傣族自治州勐腊县境，为龙脑香科一种大乔木。森林的乔木层以望天树为优势，该树种材质优良，生长迅速，单株林木出材量很大，林冠下天然更新良好。因望天树为热带雨林的一重要成分，故它对研究热带雨林的群落特征、环境条件、森林生产力均有着重要的理论意义与实践意义。现存的望天树林面积并不太大，应留为采种基地，并划出一定面积为自然保护区，定点进行科学研究，特别是营林方面的试验研究工作，在适宜生长地区积极发展人工营造望天树林。

季雨林植物覆盖较差、水土流失极为严重、枯枝落叶分解不良，导致土壤板结，肥力也不高。在这种气候土壤条件下发育的热带季雨林，是以阳性耐旱的热带树种为主组成的，并以具有明显的季节变化为特征。云南热带季雨林分布的区域广阔，各地气候的特征虽有一致之处，但形成原因和具体条件并不完全一样，加之还有基质条件（主要是石灰岩大面积出露）所形成的特殊生境，使得季雨林分布范围内生境更加多样和复杂。云南的季雨林也存在着一个以水分因子为转移的落叶季雨林到常绿季雨林的类型系列。由于云南季雨林的分布已到达热带的北界，因而在这个系列中，不仅有季雨林向热带雨林过渡的类型，也还有季雨林向亚热带常绿阔叶林过渡的类型，表现在群落的各方面特征中，情况是极其多样的。

山地雨林分布面积较大但破坏程度也很严重，今后可作为热带山地用材树种采伐和营林重要基地。在比较湿润的地区如金平苗族瑶族傣族自治县、绿春县，元阳县的阿丁枫林，上层树种主要是云南蕈树，树干通直高大，为一优良的用材树种，此群落与滇木花生林生境相似，林木的出材量很高，木材细致花纹美丽，易加工，不变形，其林木的种子含油率高达 30%，林冠下天然更新良好。以上主要几个树种作为山地雨林分布区用材林的重要造林树种是很有价值的。

热带雨林是地球上抵抗力稳定性最高的生态系统，常年气候炎热，雨量充沛，季节差异极不明显，生物群落演替速度极快，是世界上一半以上的动植物物种的栖息地。

云南季雨林、雨林植被是在热带季风气候和地形地貌相互作用下形成的，多分布于沿江河谷水系，分布的地形大多比较破碎，由于地形的变化，水热条件的差异，以及土壤条件的差别，加之受到不同程度的人为干扰，目前保存的原始林已不多，小片的原始林仅在陡坡山谷出现。季节雨林分布较广，但缓坡台地早已开垦为农作物种植区，少数地区因作为当地村民的"风水林"而保留了原始状态，另外20世纪80年代以来，划定了一定的自然保护区，对特定的森林植被进行了保护，保留和保护了一定规模的原始林分。

云南南部、西南部季雨林、雨林中很多物种木材价值和经济利用价值较高，除已保留下来的原始林分外，大多受到不同程度的干扰，原有的森林植被已退化形成次生林或次生灌丛及禾草高草丛，生物多样性有所降低，维护生态平衡的作用已降低，水土流失日趋严重，土壤日益瘠薄，土地退化严重。

森林资源的保护越来越受到重视，加之天然林的禁伐，云南南部、西南部季雨林、雨林森林植被得到快速恢复，森林质量不断提高，生态服务功能得到进一步提升，但要恢复到结构良好的原始林或接近原始林的状况，尚需要采取人为促进措施，如在一些次生灌丛或禾草高草丛分布的区域，需要人工补植生态关键种，以促进严重退化地的植被向地带性顶级群落演替。

6. 西南干热干旱河谷荒漠植被经营区

西南干热干旱河谷区植被稀疏，盖度低，森林覆盖率减少：由于干旱少雨、土壤贫瘠，干旱河谷地区植被极为稀疏，大多为低矮、多刺的旱生性灌丛。一些地区在原始植被遭到破坏之后，已经明显出现寸草不生的荒漠化演变趋势，生态恶化发展到危机状态（郭晓鸣，2001；沈茂英，2003）。阿坝州森林覆盖率由20世纪50年代的34.3%下降到80年代的30%。岷江上游森林覆盖率已由20世纪50年代的30%下降为80年代的18.8%（李明森，1991）。植被盖度低加上人为活动及放牧的影响，有些地方植被盖度仅有1%~5%（四川植被协作组，1980）。森林覆盖率的减少和低的植被盖度导致了水文状况的日益恶化，紫坪铺水文站多年连续的观测资料可以说明这一现象（石承苍和雍国玮，2001）。

西南干热干旱河谷区土壤贫瘠，水土流失严重，保水保肥能力很差，崩塌、滑坡、泥石流等自然灾害频发。由于坡陡谷深和不合理的过度开垦，这一地区水土流失十分严重，导致本身就很贫瘠的土地受到严重侵蚀，土地质量进一步向恶性循环方向发展（郭晓鸣，2001）。由于植被稀疏和土地的不合理利用，水土流失严重，加之陡坡地区和岩石破碎带，干旱河谷地区崩塌、滑坡、泥石流等自然灾害发生较为频繁（郭晓鸣，2001；谢以萍，2004），造成的经济损失巨大。据统计，云南元谋县1950~1990年的严重旱灾发生频率增长了20%。

西南干热干旱河谷区干旱河谷范围扩大，干旱化加剧。近年来，干旱河谷的范围和面积与20世纪70年代相比明显扩大了。干旱河谷的边界向更高的海拔和上下游发展，支流干旱河谷的林线上移迅速或者森林植被消失，干旱河谷的干旱化加剧。以金沙江的干热河谷为例，从20世纪50年代到80年代，上下延长10 km左右，且有变热的趋势，有些地方地表极高温度可达 75℃，稀疏灌木草地的上限不断抬升（张荣祖，1992；刘兴良等，2001；谢以萍和杨再强，2004）。

干旱河谷是横断山区最突出的自然景观之一，在岷江上游分布于汶川县银杏乡沿干流上至松潘县安宏乡、沿支流杂谷脑河至理县朴头乡、沿黑水河到黑水县西尔乡的所辖范围。河谷中耕地集中，人口稠密，历来是该区人口和城镇分布的核心地带，也是当地农业发展的中心区域。干旱河谷显著特征是年降水少、蒸发量大、土壤贫瘠、植被稀少，在同区域山地垂直带中属于相对脆弱的地带（沈有信等，2002）。

岷江干旱河谷景观，灌丛景观面积百分比最大，占总面积的 73.82%，是岷江干旱河谷景观基质类型；有林地、耕地、水体、草地和居民地的比例依次为 11.86%、7.65%、2.51%、2.26% 和 1.9%；平均斑块面积最大的是灌木林地，面积为 741.2 hm^2，其次为草地，面积为 117.2 hm^2，而其他类型景观平均斑块面积都较小；斑块密度最大的是水体，其次是居民地和耕地，而有林地、草地的斑块密度很小，不足 0.3 个/km^2；灌木林地的最大斑块指数最大，草地、有林地、耕地、水体和居民地依次减小。云南元谋县金沙江干旱河谷坝区植被覆盖异质性格局分析显示，该区域植被覆盖度自河谷坝区向中高山呈现中低—低—中—中高的变化格局，表明干热河谷植被覆盖度空间地带差异明显，植被覆盖度偏低，植被覆盖度较低区域集中于河谷坝区；植被覆盖度年际变化幅度不大，植被覆盖度呈增长的区域面积略大于植被覆盖度呈减少的区域面积，但呈显著性减少的区域面积大于呈显著性增长的区域面积；东部和南部的中高山地带植被覆盖度的结构恶化（欧朝蓉等，2017）。

杨兆平等（2007a，200b）采用遥感和 GIS 技术，界定了岷江上游干旱河谷的范围，在此基础上分析了岷江上游干旱河谷的动态。结果表明，岷江上游的干旱河谷海拔介于 1200～3200 m，90% 左右的干旱河谷集中分布于 1500～2900 m，干旱河谷在坡度 26°～35° 分布最广，为干旱河谷总面积的 32% 左右，坡度大于 25° 的陡坡上干旱河谷的分布面积约占 59%。岷江上游干旱河谷由 1974 年的 93140 hm^2 扩大到 2000 年的 123078 hm^2；岷江上游干旱河谷的边界沿山体迅速向上攀升，1974 其最高上限为海拔 3128 m，1995 年为 3167 m，2000 年为 3181 m，1974～2000 年岷江上游干旱河谷边界最高上限沿垂直方向向上抬升了 53 m，平均每年约抬升 2 m；岷江上游干旱河谷边界长度在 1974～1995 年由 1846.7 扩展到 2260.2 km^2。已有 30% 的干旱河谷向荒漠化演变，其规模达到 1400 km^2（刘国华，2003a；丁海容等，2007）。这不但降低岷江上游对该区域的生态屏障作用，而且影响当地和岷江下游的生产生活和生态环境的改善，威胁长江上游地区和成都平原区的可持续发展能力，为了遏制干旱河谷进一步扩大与荒漠化趋势，必须加大植被恢复和生态建设力度（杨兆平等，2007b）。

因此，土壤干旱、贫瘠、土壤侵蚀较严重是西南干热干旱河谷区域面临的制约该区的可持续发展的一个突出的共性问题，依据具体情况采用半自然封育和退耕还林还草等措施有利于土壤养分的保持和肥力的提高，这对防治土地退化和生态环境恶化具有重要意义。

欧朝蓉等（2017）对元谋县金沙江干旱河谷坝区植被覆盖异质性格局分析显示，该区域植被覆盖度自河谷坝区向中高山呈现中低—低—中—中高的变化格局，表明干热河谷植被覆盖度空间地带差异明显，植被覆盖度偏低，植被覆盖度较低区域集中于河谷坝区；植被覆盖度年际变化幅度不大，植被覆盖度呈增长的区域面积略大于呈减少的区域面积，但呈显著性减少的区域面积大于呈显著性增长的区域面积；东部和南部的中高山地带植被覆盖度的结构恶化。

刘世梁等（2014）对元江干旱河谷的景观生态风险分析发现，景观格局指数为重度和极重度格局风险区域、土壤侵蚀区域及综合景观生态风险区域主要沿元江主干道分布，重度和极重度风险的区域分布在元江上游东岸的禄丰县、易门县和楚雄市部分区域，以及下游的元阳县和河口瑶族自治县部分区域；综合景观生态风险指数在空间上呈现正的自相关性，高风险聚集区主要沿河流分布，高风险聚集区主要有上游楚雄市和双柏县，以及下游的建水县和元阳县。不同景观类型中，建设用地、未利用地和水域的景观格局风险大于耕地、草地和林地，未利用地的土壤侵蚀风险最高，综合景观生态风险度依次为建设用地>水域>未利用土地>耕地>林地>草地；坡度在一定程度上影响景观格局、土壤侵蚀以及综合景观生态风险。

除上述方面外，由于受频繁的人类活动影响，外来物种已是我国西南干旱河谷植物物种组成的重要部分。例如，对大渡河干暖河谷植物多样性的分析发现，外来物种占该区域物种数的8.33%。入侵种均为灌草植物，当地植物也以灌草为主，外来物种与本土灌草植物存在竞争的关系。许玥（2016）对怒江河谷入侵植物物种进行研究，记录外来入侵植物26种，隶属于13科21属。分析发现，入侵植物物种丰富度随纬度与海拔的增加而减少；乡土物种丰富度则随纬度增加而增加，并在海拔梯度上呈单峰格局。公路两侧的生境干扰对入侵种和乡土种的丰富度格局均具有首要影响。在自然环境因子中，降水量是入侵植物丰富度的主要限制因子，而乡土物种丰富度则主要受到地形因子尤其是坡向的影响；并强调了人类活动对生物多样性的负面影响；乡土植物或已较好地适应了干旱河谷气候，但并没有显示出对外来物种入侵的抵抗作用。

8.3.4　西南森林生态系统经营管理典型案例

1. 四川盆地及盆周山地森林经营区

四川盆周山地柳杉人工林近自然经营模式如下：

四川盆周山地亚热带常绿阔叶林、常绿阔叶与落叶阔叶混交林经过长期采伐利用，在20世纪60年代末，四川盆地丘陵区仅为3%左右（甘书龙等，1986），形成了退化天然次生林，以及以杉木、柳杉为主的人工林，选择有代表性的森林类型，选择长势健旺的上层立木作为用材目标树，标记为"Z"；邻近"Z"周围影响"Z"生长的上层立木作为干扰树，标记为"B"，进行抚育调整后补植乡土常绿阔叶树种。补植树种选用刺楸、润楠、木姜子、灯台树等树种，今秋采种，明春育苗，冬季或第二年春季补植。苗木规格：Ⅰ级苗；整地：穴状，40 cm×40 cm×30 cm；株行距：2 m×2 m。目标树的树冠垂直投影不能遮蔽补植苗木，补植苗木距目标树应在 3 m 左右为宜，大约补植 300 株/hm^2。经过近自然经营，杉木纯林混交程度低，物种多样性差，蓄积量低，稳定性差；杉木-柳杉混交林混交程度相对较高、林分密度小，土壤养分含量较高，生态系统稳定性一般；人工-天然混交林样地林分密度最大，物种多样性差，物种间竞争激烈，生态系统稳定性极差；天然次生林群落人为干扰少、混交程度最高、林分密度最小，树木生长良好，各项指标均较优秀，生态系统稳定性逐渐变为良好（张磊等，2020），通过对次生林人工结构进行调整，补植乡土树种、目的树种，林分的混交程度与物种隔离程度大大提高；同时，林木胸径的大小分布呈现出明显的两极分化状态；而树木的分布格局则在改造过程中保持着均匀分布的格局（郝云庆等，2008），促进盆周山地退化次生林、柳杉人工林的近自然恢复，特别是其生态功能恢复（朱万泽等，2006）。

川中丘陵区柏木人工林生态系统管理模式如下：

四川盆地属于典型的丘陵区，其水土流失是四川乃至长江上游最为严重的区域，全区植被稀疏，其生态质量低下，给工农业生产和人民生命财产造成巨大损失。自 1960 年以来，四川开始建设长江防护林一期工程，很大程度上提高了川中丘陵区的生态系统质量。但由于投资低，长时间缺乏科学合理的经营管理，川中丘陵区建造的长防林生态、经济功能低下。因此，需对盆地森林资源进行科学合理的质量评价，为该林区的科学经营和管理提供理论依据（李承彪和陈起忠，1982；李承彪，1990）。川中丘陵区防护林良好等级和一般等级的群落占绝大多数，属于优质和较差的防护林群落较少，川中丘陵区需进行防护林质量提升，因而群落结构是否丰富是影响防护林质量的重要因素（赵润等，2019）。通过重度间伐（35%～40%）和中度间伐（20%～25%）对川中丘陵区柏木人工林的林木生长、生物多样性、土壤性质及凋落物性质的改善均有一定促进作用，即间伐后林分保留密度 2257～1515 株/hm^2 可显著提高林分的生态效益和功能（别鹏飞，2019）。

2. 川渝黔喀斯特山地森林经营区

喀斯特次生林生态系统管理模式如下：

黔中喀斯特山地现存植被为各种次生灌乔林、灌木林、藤刺灌丛、草坡以及石漠化荒地，植被盖度 31.6%。采取封山改良、封山造林、封山抚育等不同经营措施，除均匀度指数（E）呈现封山造林（0.761）>封山改良（0.734）>封山抚育（0.654），物种丰富度指数（R）、Shannon 指数（D）、Simpson 指数（生态度优势指数，H）均呈现封山改良>封山造林>封山抚育；而群落稳定性则呈现封山改良（12.036）>封山抚育（14.891）>封山造林（17.223）；封山抚育类型的林分组成为光皮桦、猴樟、木姜子，林木以相对中径级木为主（50.8%），大径级木最少（4.8%）；封山改良类型的林木组成为柳杉、木姜子、喜树、厚朴、侧柏，且目标树种柳杉、喜树和厚朴占比较大（87.83%），而木姜子和侧柏仅占 12.17%；封山造林类型的林木组成为猴樟、木姜子、光皮桦，且目标树种所占比例最大（80.70%）；封山改良类型更有利于保持治理恢复区的物种组成、丰富物种多样性及维持群落稳定性（袁丛军等，2017）。①封山造林技术：采用造林地保留不同株数和盖度（30%～80%）的灌木草本，整地时汇集表土鱼鳞坑整地造林穴表面覆盖技术，汇集表土可造成局部较厚土层的小生境加之造林穴表面覆盖有利于土壤保墒提高土壤含水量（11.49%）和造林保存率（11.7%）。②栽针留灌抚阔技术：通常保留 1000～2000 株/hm²，盖度 30%～40%，灌木盖度 40%左右。补植育苗期间切根，促进侧根发育，增加根系生物量和吸收面积，可以提高根冠比可提高造林成活率 6% 左右。③人工促进植被自然恢复的技术：通过补播、补植增加既有利于演替发展又有利于提高经济效益的树种数量；局部整地、割灌、除草以改善种子萌发条件，间苗、定株、除去过多萌条促进幼树生长，调整种类组成与密度调控，改善林分结构（喻理飞等，2002），可以为西南喀斯特特殊区域近自然人工林营造、低产林近自然改造、天然次生林的多功能经营提供基础和依据。

3. 云贵高原云南松林经营区

云贵高原云南松次生林生态系统近自然管理模式如下：

云南松林以滇中高原为中心，北至四川的西昌和木里，东北至贵州的毕节和水城，东至广西西部。云南松在海拔 1500～2500 m 分布最为集中，但在南盘江下游其下限在 600～800 m，面积约 20 万 km²。云南云南松林分布面积占云南森林面积的 52%（蔡年辉，2007）。云南松长期以来的"拔大毛"采伐方式，使优良母树不断减少，人为活动少的地方多形成以云南松为主的针阔混交林，如松栎混交林、松桤混交林等（蔡年辉等，2006）。放牧、砍柴和火烧后的云南松林，多形成纯林，加之，紫茎泽兰入侵，本区天然林林下紫茎泽兰泛滥成灾，导致林下苗木更新困难，野生真菌品质和产量都下降，随紫茎泽兰入侵程度的增加，本地种物种多样性丧失程度加剧，不利于群落的稳定性（宋紫玲等，2019）。滇中高原在山脊，目标林相为云南松纯林；山坡上部为云南松或滇油杉与阔叶树混交林，混交比例为 7∶3～8∶2，可选择麻栎、栓皮栎作为混交树种；山坡中部为云南松或滇油杉与阔叶树混交林，混交比例为 5∶5～6∶4，可选择旱冬瓜、蒙自桤木作为混交树种；山坡下部为常绿阔叶林或云南松与常绿阔叶树混交林，混交比例为 2∶8，阔叶树可选择黄毛青冈、高山栲等。云南松在 30°以下的缓坡可采用小面积（2～3 hm²）的块状皆伐（徐学良，1965），采伐间隔期在 20 年以前，以 3～5 年为宜，20 年后每隔 5 年进行一次（云南锡业公司等，1974），第一次的采伐强度不得超过 50%（曾龄英和尹嘉庆，1966），林分的郁闭度保持在 0.4～0.6 比较合适（蔡年辉等，2006），采伐对象是影响目标树生长的干扰树，或达到目标直径的目标树（林天喜等，2003）。在林分形成的初期，不适宜确定目标树；在林分形成期，目标树的密度保留 250～300 株/hm²；在林分稳定期，目标树的密度保留株 150～200 株/hm²。对云南松林实施近自然化改造，不仅符合云南松群落演替方向，而且能提高群落的稳定性、物种多样性和林分质量（蔡年辉，2007）。

4. 西南高山峡谷暗针叶林亚区

西南高山峡谷区次生林生态系统管理模式如下：

西南林区是我国第二大林区，也是全球 34 个物种多样性分布的热点区之一（张殷波，2007），现已成为未来气候变化最为敏感的地区之一（沈泽昊等，2016b），该区尚存的原始森林生态系统保存最完整、生物多样性最丰富。然而，长期以来对森林资源的过度开发利用，以及采矿、水电开发和道路建设等重大工程导致栖息地破碎化，物种栖息地面积减小，生物多样性受威胁和物种丧失速度加剧（梁丹等，2015；张闯娟，2020）；随着医药行业对药用植物的开发利用，对重楼药材需求量日益加大，年需求量约为 3000 t/a，加速了西南地区物种多样性的丧失，许多重要野生经济植物已陷入濒危，造成了严重的野生植物资源破坏，导致野生种群锐减（Law and Salick，2005）；气候变化改变了西南高山森林生态系统中的物种组成和群落结构（刘洋等，2009），对物种丰富度分布格局变化有显著影响（徐翔等，2018），大量的低地物种或外来物种涌入、低纬度低海拔物种向高纬度高海拔地区迁移等，导致冰缘带植物的生存空间急剧萎缩（陈建国等，2011）。20 世纪 70~90 年代，由于气候变暖，阿尔卑斯的植物种群发生迁徙，只是温度变化的速度比物种种群迁徙的速度要快，而人类活动导致自然生态系统严重退化，对生物多样性的存在构成严重威胁（魏亚洲，2019）。

5. 滇西南热带季雨林雨林区

滇南热带季雨林雨林区次生林生态系统管理模式如下：

云南热带森林破碎后的森林像海洋中的一个个"岛屿"，被周围的农用地或经济种植园所隔离，使其内物种基因得不到有效交流，进而大大降低了保护的有效性（杨清等，2006），而且热带森林的破碎化对生物多样性产生影响（Bierregaard et al.，1992；许再富等，1994；Didham et al.，1998；朱华等，2000；朱华等，2001）。主要针对滇南热带天然原始林和具有良好更新能力的退化天然次生林。①确定类型，划定范围。②设置标志。在封禁区周界的主要山口、河口、河流交叉点、主要交通路口等明显处设置标志牌。③设置围栏。有人、畜活动频繁地区，根据封禁对象遭受干扰而易发生逆向演替或退化的情况，可采用铁丝、竹料、木料等设置围栏，实施围封。④人工巡护。根据封保区范围大小和人、畜危害程度，设专职或兼护林员进行巡护。每个护林员管护面积为 200~300 hm^2。⑤封育方式和年限。封禁在封育期内采用全封方式，封育年限为 10 年，根据需要延长封育期限，继续保护天然群落。

6. 西南地区干热干旱河谷荒漠植被区

西南地区干热干旱河谷植被生态林生态系统管理模式如下：

西南地区干旱河谷发育于高山峡谷山地系统中，因此，横断山区基本上每一个近南北轴向的河谷都存在一个相对完整的干旱河谷系统。由于干旱河谷空间分布范围广，不同干旱河谷也呈现出自然（气候、土壤、植被）的复杂多样性，以及人文（社会结构、经济基础与文化传统）的复杂性。干旱河谷从南到北可划分为干热、干暖、干温、干凉气候类型及其多样的亚型，具有比较明显的区域差异特点。同时，干旱河谷区又是典型的以农业为经济支柱的少数民族山区，生态敏感，环境脆弱，农林业生产效率较低。西南干旱河谷区当前所面临的最突出问题是局部植被破坏及水土流失严重、干旱缺水与土壤贫瘠显著制约农业生产、果园生产力低及产品品质不良、生物资源开发利用严重不足，生态恢复保护与富民增收矛盾突出等。因此，西南干旱河谷区生态系统的可持续管理应当植根于区域特点，针对上述关键问题，制定管理模式与对策，形成与自然社会经济相适应的策略，才能促进民族山区科技进步，建成长江上游脆弱山区生态安全屏障，实现地方自然社会经济持续发展与绿色文明（包维楷等，2012）。对西南干旱河谷的管理模式一是面向生态功能恢复，坚持自然恢复为主。应明确生态恢复要将恢复生态系统的涵养水源、水土保持、防风固沙、生物多样性维持等生态功能放在首要地位。强调以自然恢复为主、人工促进辅助的生态恢复模式。对于受人类活动干扰而退化的生态系统，封育、禁牧等自然恢复措施是恢复生态系统涵养水源、水土保持、防风固沙、生物多样性等生态功能的最有效和最经济的途径。主要管理措施如下。

干旱河谷生态恢复适宜植物选择。过去几十年干旱河谷应用 50 余种乔木树种于生态恢复实践中。北段的干旱河谷（大渡河、岷江、白龙江）的调查发现，这些树均没有达到理想的生长效果（包维楷等，2007），表明中到高的高位芽（>3 m）植物尤其是大乔木树种难以广泛地适应干旱河谷环境。采用乡土乔木树种岷江柏在其自然分布的大渡河、岷江干旱河谷造林，短期取得一定效果，但长期来看也并不成功（朱林海等，2009）。在金沙江干热河谷区，短期的造林树种筛选试验发现，大多数速生喜光热资源的外来树种能较很好地适应干热河谷环境，迅速覆盖地表，但是其长期生态效果一直缺乏系统研究。然而，一些研究已经发现，外来种的造林应用不仅恶化了林地土壤水分（王克勤等，2004），也显著降低了乡土生物多样性（李巧等，2007）。相反，一些干热河谷的乡土灌木或小乔木如坡柳、白刺花、黄荆、杭子梢、山合欢、余甘子、和牛肋巴的应用取得了较好的效果（杨振寅等，2007）。个体越大、蒸腾量越大的物种，单位时间内耗水越多，更不适应干旱河谷环境。因此，选择乡土旱生灌木、草本植物恢复植被比树种更具有优势，能可靠、持续地恢复干旱河谷退化生境。生活型、生长型、叶性质等是植物综合适应环境所体现出来的性状特征，一定程度上反映了植物对环境的功能适应策略。而干旱河谷乡土维管植物表现出明显的单叶、小叶、草质、落叶的功能性状特点，自然植被以具有旱生性的小叶或微叶的落叶矮（小）高位芽植物下或地面芽植物（半灌木或多年生草本）为主（金振洲等，2006；刘方炎等，2007；包维楷等，2012），具有种子小、无性繁殖能力强的特点，能更好适应干旱河谷环境。因此，干旱河谷生态恢复的物种应主要以灌木或半灌木、草本植物为选择对象（包维楷等，2012）。

乡土植物的种子直播与育苗移栽措施。种子直播是植被恢复的重要手段。干旱河谷乡土灌草植物种子在岷江干旱河谷不同地段和各微生境类型直播试验表明，在相同的生境条件下，鞍叶羊蹄甲、岷谷木蓝与落芒草种子出苗与幼苗存活率高于其他物种，更适宜采用播种的方式应用于干旱河谷地植被恢复实践（李芳兰等，2009）。而白刺花与川芒在自然气候条件下出苗十分困难，实施容器措施能够在短期内明显地提高种子出苗数。而蔷薇种子直播和幼苗移栽实验显示，幼苗移栽具有更好的植被恢复效果（包维楷等，2012）。依据物种特性，采取种子直播或育苗移栽的措施将有助于提高出苗率和成活率，提高植被盖度。

适当的土壤改良措施（如适量氮肥）可促进移栽苗木生长。通过施肥补充土壤养分是保证贫瘠地区植物养分需求和促进植物生长的常见方法，增加土壤有效养分也会改变植物各方面的适应对策，而生长与形态学的适应特性常常是植物适应各自环境最为基本的机制。两年定位实验显示，施氮不能完全改变干旱对白刺花幼苗的抑制作用，但适度施氮肥（92 mg N/kg 土）能在一定程度上缓解干旱胁迫对植物生长的限制，可调节植物利用与分配资源的效率，能促进植物生长，达到促进种群更新的目的。

固氮植物篱建设防治坡地水土流失。干旱河谷气候干湿季节分明，降水主要集中在夏季（4～9 月）。没有适当植被覆盖的坡地，水土流失相当严重。在坡地上通过土地种植结构和微尺度布局，横坡沿等高线人工构建豆科植物篱，不仅能显著消减水土流失，遏制土壤肥力恶化，还能通过固氮改土提高土壤肥力，为作物生长创造良好的水肥条件，并具有成本低廉、简便易行的优点（孙辉，1998）。

8.4　西南林区森林生态系统优化管理及主要模式

8.4.1　四川盆地及盆周山地森林经营区

1. 盆周山地亚热带常绿阔叶林封禁恢复经营模式

在四川盆周山地彭州市和什邡市林场 1800 m 以上的山地退化天然次生林进行封禁恢复表明（陈东立，2013），封禁对乔木层的影响是最大的，主要反映在乔木层的种类的变化，其丰富度提高 25%，其株数增加 15.38%～18.18%。铁杉杜鹃次生林在封禁后物种多样性变化较大，Simpson 指数变化达 13.57%，其原天然林退化程度较大，反映出明显的封禁效果。乔木层的变化对灌木层和草本层的影响是显著的。铁杉杜鹃次生林乔木层的株数增加，使得其灌木层的丰富度和多样性受到抑制，都呈现下降；而与此同时，草本层的丰富度和多样性则上升，说明其草本层多以耐阴性植物为主，灌木层喜光性植物逐渐退去，留出了部分生长空间，为草本层植物生长提供了空间环境。盆地丘陵与盆周山地各区县具有在水土保持功能梯度上变化较大、景观丰度变化较大的特点（杨渺等，2021）。因此，封禁恢复措施可以维持和提高自然生态系统的自我修复能力、加快退化天然林的恢复为目标。

2. 盆周山地亚热带常绿阔叶林封山改造恢复经营模式

在四川盆周山地亚热带常绿阔叶次生林进行改造作业，用柳杉、水杉取代秃杉，造林密度 800 株/hm²，在砍去秃杉后的林隙内和林冠下进行栽植，以后通过间伐逐渐淘汰秃杉。全部保留林分内四川木姜子、漆树、灯台树、猫儿屎和楤木等，以及保留偶见的珙桐、领春木等珍稀树种，保护已开始在林内出现的川钓樟（常绿）、桦木，使林分尽快恢复为针阔混交林。造林树种与保留树种形成与原格局基本一致的自然条（团）块状混交和复层结构。秃杉和灯台树为随机分布，其中灯台树是自然侵入，秃杉由造林时的规则分布变成了随机分布；楤木、四川木姜子、漆树和猫儿屎均系自然侵入，呈聚集分布；山桐子、水杉、川钓樟和桦木为分散分布。林分主要树种之间表现为显著的正关联；不同生活型之间也表现为显著的正关联；四川木姜子和楤木是在次生演替中的先锋树种，在其种内不同龄级和种间不同龄级的 6 个种对分析中，有 5 个种对均表现为显著的正关联，仅楤木不同龄级的种对在尺度大于 8 m 后正关联不显著，说明这两个树种对环境资源的需求十分相似，在林分恢复过程中可能产生强烈的竞争作用，因此，在改造经营中应通过逐渐减少楤木等树种株数的方式，调整它们之间的种间关系（陈东立，2013）。林分在改造实施后第 4 年时，柳杉平均树高可达 2.8 m，平均胸径为 2.5 cm；保留的树种生长正常。林分在恢复 5～10 年内各个树种的分布格局，除了自然更新新增的个体以外不会有显著的变化，但林木的空间层次结构将产生显著的分化，林分的空间层次将趋向更加丰富和复杂，自然恢复 42 年的次生林已经初步恢复常绿阔叶林的群落外貌，具有原生常绿阔叶林群落结构特征，到达常绿阔叶林初级阶段（包维楷和刘照光，2002），要恢复到常绿阔叶林顶级群落阶段至少需要 300 年以上的时间（朱万泽等，2006）。因此，在四川盆地西缘山地的中、低山地带严重退化的天然林，实行严格的封山育林，经过 40～60 年左右的时间就有可能重新恢复到或接近其地带性森林群落水平，表现出相应的结构特征与生态功能，但要达到演替相对稳定的顶级群落阶段则需要一个漫长的生态恢复过程。

3. 盆周山地柳杉人工林近自然经营模式

四川盆周山地西缘用材林选择树种及大面积栽培的树种主要是柳杉、杉木、水杉。彭州市各林场占全场人工用材林面积和蓄积量的比例分别是：柳杉林面积占 60.0%，蓄积量占 81.0%；杉木林面积占 22.1%，蓄积量占 18.5%；水杉林面积占 12.2%，蓄积量占 0.1%。经过密度调整，达到近自然经营的目标，柳杉人工林的合理密度，8～10 年，密度控制在 3300～3900 株/hm²；12～16 年，密度控制在 2100～2800 株/hm²；18～24 年，密度控制在 1500～1800 株/hm²；26～30 年，密度控制在 1500 株/hm²。柳杉、杉木用材林经营性采伐的伐期龄为 29 年，成熟林的伐期龄为 24 年。

从四川盆地西缘主要常绿阔叶树种的生态位宽度来看，卵叶钓樟在最初的 20 年，对资源的占有和利用是趋于增加的，20～40 年相对稳定，40 年以后逐渐减少。在这个过程中，润楠一直增加到 50 年，这与演替规律是相吻合。从多样性来看（表 8-9），四川盆地西缘的常绿阔叶林有充分的发育，属于亚热带湿润地区的地带性植被，在中国乃至世界常绿阔叶林都占有一席之地。

表 8-9　四川盆地西缘山地不同封育年限物种多样性指数变化

封育年限		4 年	10 年	20 年	30 年	40 年	50 年
	乔木层		15	35	16	34	39
物种数 S	灌木层	20	34	21	25	31	27
	草本层	23	11	24	25	13	20
	乔木层		3.6164	5.092	3.5074	5.9553	7.5346
Marglef 指数	灌木层	3.0181	5.7334	3.9758	3.8848	5.7118	5.5207
	草本层	3.9194	2.0066	3.589	4.1934	2.3209	3.4216
	乔木层		0.8582	0.7586	0.8592	0.9049	0.9275
Simpson 指数	灌木层	0.491	0.7362	0.8433	0.5277	0.8385	0.8526
	草本层	0.8051	0.3565	0.7961	0.7901	0.3164	0.8395
	乔木层		0.7016	0.5264	0.6905	0.7318	0.7828
McIntosh 指数	灌木层	1.041	1.0563	0.9955	1.0325	1.0554	1.0451
	草本层	0.5909	0.214	0.5702	0.5754	0.1862	0.6349
	乔木层		7.4334	6.6297	7.2949	9.5517	10.086
Shannon-Wiener 指数	灌木层	1.6754	3.0144	3.3447	2.1127	3.6814	3.6465
	草本层	2.8753	1.1317	2.9394	2.889	1.1103	2.9757
	乔木层		0.8263	0.5613	0.792	0.8154	0.8288
Pielou 均匀度指数	灌木层	0.3876	0.5925	0.1615	0.445	0.7431	0.7669
	草本层	0.2762	0.1423	0.2785	0.2739	0.1306	0.2992

四川盆地西缘山地进行封山育林时，群落生物量是随着林龄的增加而增加的（表 8-10），在封育开始 20 年内增加较慢，从 13.04 t/hm^2 增加到 15.34 t/hm^2，20 年后快速增长，从 15.34 t/hm^2 增加 300 年时的 360.12 t/hm^2。生物生产力在开始 20 年的反而有所减少，这是由于初期的草本和灌木因被乔木树种挤压而淘汰，而卵叶钓樟、润楠等树种在初期生长缓慢和，导致群落的生物生产力有所下降。20 年后，乔木树种进入速生期，生物量及生物生产力快速增长。其中，乔木层从 29.1 t/hm^2 增加到 62.12 t/hm^2。盆地地缘降水量大、土壤较南亚热带肥沃，南亚热带高温高湿，营养消耗大。灌木层和凋落物层在头 30 年是逐渐增加，而后又有所下降，草本层是随着时间推移呈上下波动，这是与群落结构变化密切相关的。在前 30 年由于林分郁闭度不太大，林下灌木和草本种类大量出现，而且乔木层的凋落物较多。但随后由于乔木层的竞争挤压，一些林下灌木和草本被淘汰，从而灌木层和草本层的生物量以及凋落物都有不同程度的减少。

表 8-10　四川盆地西缘山地不同封育年限群落生物量和生产力

指标	5 年	20 年	30 年	40 年	50 年
乔木层/（t/hm²）	5.75	9.01	29.10	62.12	119.75
灌木层/（t/hm²）	0.36	0.37	4.55	0.92	2.67
草本层/（t/hm²）	4.41	0.48	5.42	0.19	0.77
凋落物层/（t/hm²）	1.25	3.50	5.83	5.54	2.95
地下部分生物量/（t/hm²）	1.27	1.98	6.40	13.67	26.35
群落生物量/（t/hm²）	13.04	15.34	51.30	82.44	152.49
生物生产力/[t/（hm²·a）]	6.88	4.45	12.37	7.31	6.17

生物生产力变化。采用当地优良乡土阔叶树种作为针叶林改造树种，建立成为针阔混交林模式，本研究采用峨眉含笑苗木调整人工水杉林。调整后群落生物量有一定的下降，但生物生产力却提高了许多，从原来的 2.88 t/（hm²·a）上升到 5.02 t/（hm²·a），提高了 74.31%。生物量的降低是由于乔木层的下降，但灌木层、草本层生物量却增加很大，分别增加了 38.08% 和 337.50%，尤其是灌木种类增加，一些落叶阔叶树的生长大增加了凋落物层的生物量（表 8-11）。因此，为了维持较高的生物生产力，可以在不损害生态效益的前提下对一些林分进行疏伐或透光伐。

表 8-11　四川盆地西缘山地封调前后的生物量及生物生产力比较

指标	调整前	调整后	变化/%
乔木层/（t/hm²）	36.01	33.24	−7.69
灌木层/（t/hm²）	1.48	2.04	38.08
草本层/（t/hm²）	0.056	0.25	337.50
凋落物层/（t/hm²）	2.70	4.68	73.19
地下部分生物量/（t/hm²）	7.92	7.31	−7.70
群落生物量/（t/hm²）	48.17	47.52	−1.35
生物生产力/[t/（hm²·a）]	2.88	5.02	74.31

生物多样性的变化。四川盆地西缘山地调整后，林分生物多样性有所增加，Pielou 均匀度指数也有所增加，其中又以乔木层的变化最为明显（表 8-12），实现了提高群落生物生产力的目标，同时又增加了群落的物种多样性，这对盆地西缘的土壤改良、水土保持和水源涵养具有重要意义。

表 8-12　四川盆地西缘山地封调前后的生物多样性比较

指标	Shannon-Wiener 指数			Pielou 均匀度指数		
	乔木层	灌木层	草本层	乔木层	灌木层	草本层
调整前	5.9135	4.8337	1.4026	0.5942	0.8150	0.1466
调整后	10.331	4.6917	2.2379	0.8679	0.9222	0.2933
变化/%	74.70	−2.94	59.55	46.06	13.15	100.07

当森林皆伐后，灌丛杂草极易生长繁殖，不管是人工更新或是天然更新幼苗，如果只封不抚，不铲除灌丛杂草，未给苗木生长以充足的营养空间，更新幼苗往往生长不良甚至死亡，更新造林的成活率和保存率很低。因此，采用封山调整措施，有利于苗木生长和成林。

幼苗更新情况：通过对以前的四川盆地西缘山地迹地更新群落进行对比分析，当一部分上层乔木被自然淘汰以后，试验郁闭度为 0.65，幼苗及幼树的更新较快，远远高于成熟林分的幼苗、幼树数量。也就是说，对于近成熟林或成熟林，可通过去除一部分上层乔木，以减小林下的竞争压力，有了幼苗幼树的生长发育和更新的机会。

封造林与次生林的生物生产力：四川盆周西缘山地封造林的生长到达或超过自然演替形成的次生林，青杨林、桦木林、刺楸林群落生物量分别为 11.72 t/hm^2、18.18 t/hm^2、13.49 t/hm^2；生物生产力分别为 2.93 t/（hm^2·a）、4.55 t/（hm^2·a）、3.37 t/（hm^2·a）、2.94 t/（hm^2·a）。同年的次生林生物量和生物生产力分别为 11.77 t/hm^2 和 2.94 t/（hm^2·a）。说明封造林加快了植被向近自然林方向演替。

8.4.2 川渝黔喀斯特山地森林经营区

1. 黔中喀斯特山地次生林降低密度调控经营模式

该经营类型属于早期演替阶段的次生林群落，群落组成结构中先锋种和过渡种比例大，也有近 20% 的次顶极种和顶极种，与更高一级阶段组成相似性高的是灌木林和乔林，现有组成可能恢复到更高一级阶段，组成结构可基本稳定。群落高度平均 0.7 m，密度大而个体小，平均密度为 36688 株/hm^2，次生林显著度、生物量分别仅有 3.6128 m^2/hm^2、2.0801 t/hm^2。经过采取抚育措施，保留 6000 株/hm^2、7500 株/hm^2 和 4500 株/hm^2 三种密度下，林分生长量差异不太大，林分到达 6~8 m 以后，可控制密度在 2000~3000 株/hm^2。保留后的林木多为主要树种为木姜子、白栎、麻栎、响叶杨等的乔木树种，也有火棘、茅栗、盐肤木、川榛、杜鹃、皂柳、胡颓子等灌木树种。三种调控密度抚育后 10 年，平均树高为 6.5~7.9 m、胸径为 7.32~8.11 cm，均高于未抚育的林分（平均高度 5.78 m，胸径 5.05 cm），群落高度增加 12.5%~36.7%，粗度增加 41.8%~60.6%，均匀度指数（E）、群落稳定性指数分别为 0.654、14.891，反映了降低密度调控促进了林木生长，林分组成为光皮桦、猴樟、木姜子，林木以相对中径级木为主（50.8%），大径级木最少（4.8%）。因此，可通过密度调整以提高经营种的生存空间，加快生长，加快群落演替进程（袁丛军等，2017）。

2. 黔中喀斯特地区次生林增加密度调整经营模式

该经营类型属中后期演替阶段的次生林群落，群落组成结构中先锋种和过渡种比例大，顶极种达 27.31%，先锋种也主要是响叶杨、桦木等大高位芽树种。因此，可保留原有顶极种组，可实现顶极乔林。但是，群落平均密度太小，仅为 796 株/hm^2，高度平均 9.34 m，显著度、生物量与顶极相较，差异较大，分别仅有 15.4476 m^2/hm^2、

46.1120 t/hm^2。在西南石漠化地区退化次生林引入华山松、滇柏、柳杉，三年后具针阔混交林雏形。上层有麻栎、白栎、光皮桦、响叶杨等，密度 $375\sim3650$ 株/hm²，高 $1.2\sim3.2$ m，胸径 $1.8\sim3.6$ m，$3\sim7$ 年生，盖度 15%～77%。下层乔木树种有华山松、滇柏、柳杉等，密度 2375～3400 株/hm²，高 $0.4\sim0.7$ m，地径 $0.7\sim1.7$ m。增加密度调整结构措施后，林木组成为柳杉、木姜子、喜树、厚朴、侧柏，且目标树种柳杉、喜树和厚朴占据大量的比例（87.83%），而木姜子和侧柏仅占有 12.17%，封禁和抚育加速了林木生长，使人工恢复与天然更新相结合，有性更新与无性更新相结合，充分利用了自然力，因此，可通过适度引入树种、增加密度方式，调整次生林树种组成的合理结构，提高次生林群落的稳定性和加快群落演替（袁丛军等，2017）。

3. 喀斯特地区次生林物种组成调整经营模式

该经营类型属于退化严重的灌丛草坡、灌木林、乔木林等次生林，群落组成结构以过渡种比例最大，近 80%，先锋种 15.19%，顶极种和次顶极种极少，与更高演替阶段群落组成相似性除灌草坡演替到灌木林较高（0.5941）外，其他相似性均低，仅 0.393、0.1872，在整地方式上，最好采用鱼鳞坑整地方式（土壤含水量比穴状高 3%～10%），其次穴状，见土整地，整地规格求一致，以局部整地为主，集中局部土壤以增加定植点土层厚度，以克服土壤浅薄对苗木生长影响。穴面覆盖宜采用枯枝落叶、地膜、石块覆盖，可提高穴内土壤含水率 5%～10%。经过次生林物种结构调整后，群落林木组成为猴樟、木姜子、光皮桦，且目标树种所占比例最大（80.70%）。采用容器苗、切根苗造林，容器苗造林比裸根苗造林可提高成活率 30%，切根苗可提高成活率 8%～10%，裸根苗植苗前，用 5×10^{-5} 和 1×10^{-4} 生根粉溶液，根宝 2 号溶液浸根后造林，也可提高成活率 8%～13%，促进群落稳定性（17.223），中经营目标树种由猴樟、光皮桦占据了大量的比例（达 80.70%），该种群所在群落中呈增长型种群（袁丛军等，2017）。因此，按现在群落组成结构，要实现更高演替阶段群落较为困难，需要改变群落物种组成结构，降低过渡种、先锋种比例，提高次顶极种和顶极种比例。

8.4.3　云贵高原森林经营区

云南松林在滇中高原面积广阔，由于立地环境不同，林分起源不同，林分年龄结构不同，林分树种组成和空间结构不同，形成了不同的群落结构类型，在近自然改造过程中其改造方法措施也因此而异。本项研究对云南松林不同演替阶段的近自然改造技术进行了系统总结和研究，初步总结出了针对不同立地环境、不同林分起源、不同林分年龄结构和不同树种组成的云南松林近自然改造的技术方法及技术措施。

1. 云南松人工幼龄林的近自然改造经营模式

云南松人工幼林通常是在立地条件较好地段原有云南松林被砍伐后人工造林形成的，通常表现为立地条件较好，坡度平缓，土壤较为深厚，人工造林密度较大，一般株行距为 1 m×1 m 或 1 m×1.5 m，挖穴整地造林，因造林时为确保成活率，每穴常栽植幼苗 2～3 株，云南松人工幼林密度大，在幼林经过 7～8 年逐渐郁闭后，幼林个体之间竞争加剧，林分郁闭度较高，林下灌草种类稀少，枯落针叶较厚。这种结构导致林分个体冠幅较小，茎生长受抑制，并开始产生严重分化。采取：①高强度一次性抚育采伐，林分郁闭度由 0.7～0.8 下降为 0.3～0.4；②中等强度一次性抚育采伐，林分郁闭度由 0.7～0.8 下降为 0.5～0.6；③低强度多次抚育采伐，即通过间隔 3 年连续实施 3 次低强度抚育采伐，每次采伐后林分郁闭度维持在 0.6 以上。抚育采伐方式后 4 年，强度抚育林下植被灌木车桑子，<8 株/hm²，草本以紫茎泽兰为主，盖度达 80%～90%，偶见其他种类，多度 1～3 种/m²；中等强度抚育，林下植物主要有云南松，大树杨梅、棠棣等，<50 株/hm²，草本以紫茎泽兰为主，盖度达 40%～70%，偶见其他种类，多度 2～4 种/m²；低强度多次抚育，林下植被有大树杨梅、南竹、厚皮香、滇青冈、棠棣等，150 株/hm²，草本以禾本科、莎草科为主，草本总盖度≤30%，多度 3～6 种/m²。因此，确定了低强度多次抚育采伐方式是云南松单优群落的较为理想的改造途径。措施为选择干形差、生长不良的云南松个体进行抚育采伐，促进长势好、形质优良的云南松个体的生长发育，同时，通过采伐和打枝方式对林内其他乡土树种创造生长条件，增加乡土树种的混交比例，提高林分结构及生物多样性。通过间隔 3 年连续实施 3 次低强度打枝抚育及采伐，每次抚育采伐后林分郁闭度维持在 0.6 以上。

2. 云南松人工近熟林的近自然改造模式

云南松人工近熟林通常表现为林分密度较高、郁闭度较高、乔木树种组成单一、林下灌木层缺乏、云南松更新不良等特点。云南松人工近熟林林分密度约为 7000 株/hm²，林分平均树高 8.5 m，郁闭度为 0.7，林内物种组成简单，乔木层全部为云南松，灌木层仅有低矮的云南山茶、棠刺梨、胡枝子及一些豆科小灌木，草本层以紫茎泽兰为优势种，盖度在 20%～30%。

按照"目标树林分作业体系"的原则执行，将对象林分的所有林木分为目标树、生态目标树、干扰树和一般林木四类分别进行单株抚育经营，目标树是生活力和生长趋势强、干型完好、冠长大于树高的 1/4 且没有损伤的林木个体，是需要长期保留的林木，标记为"Z"；干扰树是显著影响目标树生长的林木，标记为"B"，是采伐的对象；林内天然更新的滇石栎、棠刺梨、大树杨梅等林木对改善林分生态状况特别有意义，定义为特别目标树标记为"S"，也是保留的对象；不属于这 3 类的其他个体为一般林木，不做标记，可视作业条件和经营需要处理。采伐强度根据林木分类标记结果进行计算，设计为抚育后林分密度不低于 1200 株/hm²，郁闭度为 0.6。近自然改造 4 年后，平均树高（平均胸径 9.8～12.7 cm，平均树高 8.6～11.3 m）比未改造群落平均树高（平均胸径 8.5 cm，平均树高 7.5 m）要高，改造样地内各乔木树种之间的竞争减弱，保留个体普遍高生长加速，同时，改造后随云南松下层干扰木的伐除，云南松个体数量比例略有下降，导致改造后的云南松林物种多样性略有上升，均匀度也有所增加，改善了林分乔灌草层物种组成比例，提高了林分物种多样性。

3. 云南松成过熟林的近自然改造模式

云南松成过熟林受人为干扰程度不同，群落结构及更新状况不同，强度干扰型乔木层主要组成树种为云南松，其他树种仅有 2 株麻栎，林分密度为在间伐前为 2650 株/hm²，间伐后为 2125 株/hm²，保留株数在 80.2%，采伐后小径阶个体数量减少的较为明显，主要为胸径处于 2~14 cm 的云南松个体，林分中大径阶个体数量少，采伐强度也比较低。

无干扰林分类型中树种组成种类多，乔木层有 7 个种类，包括云南松、滇油杉、牛筋树、红栎、白栎等种类，但胸径及树高差异很大，形成了乔木层明显的分层现象，主林层由云南松和滇油杉组成，平均树高在采伐前位于 18~21 m，采伐后平均高度有所下降，在 18 m 左右，而其他阔叶种类高度都在 8 m 以下，以 5 m 以下个体居多，在乔木层树种组成上，云南松和滇油杉尽管各占 10.7%，但个体胸径、树高大，形成明显的主林层，而副林层树种最多的为红栎，占 61.9%，其他种类个体比例较低。采伐后保留株数为采伐前的 70.2%，主要采伐种类为红栎，保留株数为 61.5%，云南松采伐前个体数量较少，采伐个体也较少，但主要采伐种类为云南松高大个体，对整个林分平均高度及云南松个体数量比例影响较大。

从采伐后林分密度来看，强度采伐型乔木层密度有所下降，仍然为 2125 株/hm²，密度较高，而无干扰型的乔木层保留密度为 1475 株/hm²，但两类林分将更新种类包括在内，则密度均在 2800 株/hm² 以上，密度很高，尤其是未干扰林分类型密度均在 3100 株/hm² 以上。从采伐前后林分的胸径大小变化来看，未干扰林分采伐的主要树种主要局限于云南松、红栎、麻栎和白栎，被采伐的对象平均胸径均大于保留木的平均胸径，云南松作为主林层和最高层树种，伐除个体少，对其径阶结构无太大影响，但保留木平均胸径明显下降，而麻栎和白栎则伐除其个体种群中的最大个体，影响较大，对红栎而言，伐除木的平均直径为 8.6 cm，保留木的平均直径为 6.4 cm，也是较大个体被伐除。强度干扰型更新幼苗幼树密度为 900 株/hm²，以云南松为主，占更新数量的 83.3%，其他种类分别为红栎和云南含笑，云南含笑属于灌木种类，因此强度干扰型的更新仍然以云南松为主，物种多样性较低。对无干扰型云南松林，更新种类有 9 种，以红栎为主要更新种类，占总更新幼苗幼树数量的 34.8%，其他种类依次有云南含笑、野胡椒、槲树、麻栎等，而云南松更新幼树仅占 1.5%，数量极少，滇油杉则无更新幼苗幼树。从更新趋势来看，未来该林分类型将转为以红栎、槲树为主的阔叶林分类型。

金沙江流域物种多样性指数总体上表现为常绿阔叶林>针阔混交林>针叶林>灌丛，实施封禁措施的林分物种丰富度和多样性指数都明显高于未封禁的林分，且封禁时间越长，多样性指数越高。从林分的各层次看，常绿阔叶林、云南松林封禁 30 年后乔、灌、草三层次的物种多样性都在增加，而针阔混交林封禁后乔木层的物种多样性指数在增加，而灌木层和草本层的物种多样性指数在降低。

8.4.4　西南高山峡谷暗针叶林经营区

1. 西南高山峡谷森林生态系统管理模式

1）岷江上游退化天然林封禁恢复技术模式

针对高山峡谷区山脊保留带森林，采用严格的封山保护技术措施，避免人为破坏和牛羊践踏，发挥群落演替潜力，保证群落进展演替，保持自身的稳定和持续健康发展。主要针对天然原始林和具有良好更新能力的退化天然林。①确定类型，划定范围。②设置标志。在封禁区周界的主要山口、河口、河流交叉点、主要交通路口等明显处设置标志牌。③设置围栏。有人、畜活动频繁地区，根据封禁对象遭受干扰而易发生逆向演替或退化的情况，可采用铁丝、竹子、木料等设置围栏，实施围封。④人工巡护。根据封保区范围大小和人、畜危害程度，设专职或兼护林员进行巡护。每个护林员管护面积为 $200\sim300~\text{hm}^2$。⑤封育方式和年限。封禁在封育期内采用全封方式，封育年限为 10 年，根据需要延长封育期限，继续保护天然群落。

2）岷江上游退化天然林封育调整恢复技术模式

根据具体情况在封禁的基础上采取抚育、补植、结构调整（调整密度、树种组成、年龄结构、盖度、乔灌草比例等）等技术措施，人工促进天然更新，加速群落进展演替的进程。主要针对早期演替阶段的自然更新能力较差，树种组成、密度不合理，空间结构不良，以及健康状况较差的天然次生林。依据侧重点的不同，又分为封山抚育恢复技术、封山补植恢复技术和结构调整恢复三种技术模式。

（1）封山抚育恢复技术：指采用封山和幼抚技术措施，免遭人、畜干扰和杂灌杂草竞争，保证幼苗幼树有充足的营养空间，促进其正常生长和尽快成林。主要适用对象为未成林地和具天然下种条件的无林地等。①确定类型，划定封抚范围。②设置标志、围栏，进行人工巡护。根据封抚范围大小和人、畜活动频繁程度，可设置封抚标志牌、围栏，确定护林员进行人工巡护。每个护林员管护面积为 $100\sim300~\text{hm}^2$。③除灌铲草松土。对天然更新和人工更新的未成林地，因灌草盖度大、过度荫蔽，对幼苗幼树强烈竞争影响，可采用除灌铲草措施，带状清林为 $1\sim1.5~\text{m}$ 宽，块状清林为 $1\sim2~\text{m}^2$。对有充足下种能力，但是因灌草植被覆盖度较大或地表枯枝落叶覆盖较厚而影响种子触土的无林地，可采用 1 m 宽带状或 $2~\text{m}^2$ 块状清林、整地，促进天然更新；也可根据情况只进行穴抚。④封育方式和年限。幼苗、幼树易受到影响，封育方式应为全封。封育年限应根据灌木高度和幼树年高生长量，以不受灌木荫蔽影响为准。若培育阔叶林，每年幼抚一次，年限为 $5\sim7$ 年；若培育针叶林，每年幼抚一次，年限 $7\sim9$ 年。

（2）封山补植恢复技术：是指采用封山和补植（补播）技术措施，对自然繁育能力不足或幼苗、幼树分布不均的地块，进行补植或补播，保证单位面积的造林更新保存密度，促进尽快成林，形成森林环境。主要适用对象为疏林、造林更新保存率低的未成林地、稀疏灌丛地和退化荒草地。①确定封补类型，划定范围。②设置标志、围栏，进行人工巡护。根据封补范围大小、人畜活动频繁程度、生态环境脆弱程度，可设置封补标志牌、围栏，可确定护林员进行人工巡护，每个护林员管护面积为 100~300 hm²。③整地、补植补播。在需补植地，进行穴状整地 0.5 m×0.5 m×0.4 m 或 0.4 m×0.4 m×0.3 m，并清除穴周围 1 m² 内的杂灌杂草，采用 3~5 年生针叶树如冷杉、云杉壮苗或 2~3 年桦木、山杨等阔叶树壮苗，进行补植。在需补播地，进行小穴整地，0.3 m×0.3 m×0.3 m 或 0.3 m×0.3 m×0.2 m，并清除穴周围 1 m² 内的杂灌杂草，每穴补播 3~5 颗种子。补植补播时间以春季为主，补植株数或补播种子量根据每个地块具体情况和需达标情况来计算确定。④封育方式和年限。封育方式采用全封。封育年限，7~9 年。补植后需每年幼抚一次。

（3）结构调整恢复技术：指采用封山、疏伐和补植培育目的物种等技术措施，调整群落的组成和空间结构，保证单位面积的林木特别是目的树种的营养空间，减弱林木间强烈的竞争和分化，促使林下植被尽快恢复，形成具有较高生物多样性、多层次结构的森林群落。由于冷杉、云杉原始林林分郁闭度高，林下苔藓层和枯枝落叶层厚，可达 10 cm 左右，林下天然更新能力很差，每公顷更新幼苗低至几十株，仅靠天然更新成林很难。主要适用对象为高密度、目的树种更新不良的群落，如天然更新的桦木林，桦木密度很大，而云杉、冷杉更新不足。①确定类型，划定封调区。②设置标志，进行人工巡护。根据封调范围大小、人畜活动危害程度，可设置封调标志牌，确定护林员进行人工巡护，每个护林员管护面积为 200~300 hm²。③调整林分密度。根据封育目标，按照林分郁闭度与林分年龄、胸径、密度的关系，以林分郁闭度为调整参数，确定密度调整强度。以林分郁闭度 0.5~0.7 为基准，计算调整的林木株数，调整对象为被压木、劣势木等，调整对将调整木编号，并砍伐运出林外。补植或抚育保护的目的树种（如云杉、冷杉、地带性常绿阔叶树种），可根据情况保持在 200 株/hm² 以上。④封育方式和年限。封育方式为全封。封育年限：视林木生长和受干扰程度而定。幼林期为 4~6 年。在以带状或穴状造林更新后，一方面要实施封山，保护幼苗免遭牛、羊践踏等，另一方面要定期进行抚育铲除杂灌，使幼苗免遭杂灌过度荫蔽和竞争，保证幼苗正常生长。实施封山调整措施 3 年，保存株数幼苗 1800 株/hm²，是只采取封山措施 3 年的 3 倍，幼苗的生长和保存都大为提高。

3）岷江上游退化天然林封造恢复技术模式

针对更新困难的采伐迹地、灌丛、草地等，采用封山和人工造林技术措施，重建目的群落。①确定类型，划定范围。②设置标志、围栏，进行人工巡护。根据封改范围大小、人畜活动危害程度，可设置封改标志牌，确定护林员进行人工巡护，每个护林员管护面积为 100~300 hm²。③造林重建措施。树种选择：根据封改地的立地条件，选择适宜的树种。清林整地：根据改造对象特征和需要改造强度，确定清林方式，可采用带状清林，带宽 1.5~2 m，带间距 3~4 m，带内清除植被或块状清林，2~3 m² 块内清除植被。整地方式：穴状整地，0.5 m×0.5 m×0.4 m 或 0.4 m×0.4 m×0.3 m。植苗造林：针叶幼苗为 3~5 年壮苗，阔叶幼苗为 2~3 年壮苗，春季植苗造林；并且可根据需要采取一些工程措施，以及使用保水剂、遮阴等改变微生境条件。④封育方式：全封；封育年限为 7~9 年。传统人工更新时，考虑到造林保存率不高的因素和快速成林情况，造林密度往往很大，有的达到 7000 株/hm²，而从现存的人工林来看，林分密度明显偏大，林分郁闭度达 1.0，自然整枝（枯死枝）高度达 2.5 m，林下植被极为稀少，盖度仅 8%，高度 0.15 m，生态功能极差。通过封山调整措施，林下植被明显提高，通过抚育间伐强度 20%的调整，林分郁闭度减至 0.85，林下植被盖度提高到 45%，通过间伐强度 30%的调整，林分郁闭度减至 0.75，林下植被生长茂盛，盖度提高到 85%，物种多样性明显增多。

2. 岷江上游大面积人工林近自然改造恢复技术模式

本区大面积的人工纯林由于密度很大，树种结构不合理，生物多样性很低，水源涵养和水土保持等生态效益很低，需要采取疏伐以降低林分密度，增加林内的光照条件，促进林下灌草植物的生长，视具体情况还可播植灌木和草本植物，同时补植和抚育目的树种，改善林木的组成和密度结构，形成具有较高生物多样性、多层次结构的森林群落。①确定类型，划定范围。以小班为统计基本单位，划定封调区。②设置标志，进行人工巡护。根据封调范围大小、人畜活动危害程度，可设置封调标志牌，确定护林员进行人工巡护，每个护林员管护面积为 200~300 hm²。③调整林分密度为 0.7 左右，调整对象为被压木、劣势木等，调整对将调整木编号，并砍伐运出林外。补植乔、灌、草物种以乡土物种为主，乔木为演替后期的目的树种，补植密度为 200 株/hm² 以上。④封育方式为全封，封育年限为 7~9 年。

3. 岷江上游退化天然林恢复技术模式

1）岷江冷杉林人工促进天然更新技术模式

自 20 世纪 50 年代以来，该区森林遭受了大规模采伐，伐区主要位于海拔 2800~3600 m，是箭竹岷江冷杉林和藓类岷江冷杉林的典型分布区，森林采伐后形成了箭竹和藓类次生林不同恢复阶段的群落类型。退化暗针叶林的天然更新和生态功能的恢复成为被关注的重要问题。红桦作为一种先锋树，为暗针叶林恢复的早、中期—阔叶林和针阔混交林阶段的优势树种。红桦由于其速生性、落叶量大，易形成软死地被物，这对采伐迹地的植被覆盖、生态功能的恢复等方面起到积极的作用，而且为岷江冷杉的更新提供了很好的林下环境。3 种除灌强度对幼苗高度及地径的生长具有一定影响。15%清除杂灌后（M1），冷杉幼苗的生长高度明显高于其他两个处理和未处理，且差异明显；而 20%清除杂灌后（M2），冷杉幼苗的生长高度最低，且低于未处理；30%清除杂灌后（M3），冷杉幼苗的生长高度较高于未处理，但差异不显著。三种除灌强度对幼苗地径的生长影响表现为 M1（15%清除杂灌）>未处理>M3（30%清除杂灌）>M2（20%清除杂灌），15%清除杂灌后幼苗地径生长最快，未处理次之，20%清除杂灌后地径增长最慢，4 组处理对幼苗地径生长量的影响差异不显著。调整 1 年后，冷杉幼苗新发 7 株，其中 M1 处理的 3 块样地内新发幼苗 3 株，M2 处理的样地内新发幼苗 1 株，M3 处理的样地内未发现新发幼苗 1 株，未处理样地内新发幼苗 2 株，各处理幼苗更新数量无显著差异。

2）岷江上游箭竹+桦木次生林结构调整技术模式

米亚罗林区植被垂直成带明显，其类型和生境随海拔及坡向而分异。原生森林分布于海拔 2400～4200 m，以亚高山暗针叶林为主，主要优势树种为岷江冷杉。1950～1978 年进行过大规模采伐，伐区主要位于 2800～3600 m，迹地初期多形成悬钩子或箭竹灌丛，经过长期演替，以桦木为主的次生阔叶树种的天然更新也普遍而大量的发生，形成大面积的次生阔叶林。这类林分具有同龄单层的特征，以红桦、糙皮桦为优势树种，并混生有槭树、椴树，以及许多较高大的灌木，如野樱桃、花楸等；原生针叶树种的更新均处于更新层、演替层，或是刚开始发生。次生桦木林主要分布在阴坡、半阴坡，采伐前是亚高山原始冷杉林的集中分布区，采取抚育、清林+补植经营活动完成四年后，次生林优势树种的胸径以及高度的增长速度均有不同程度的增加，分别提高胸径 0.28～0.89 cm，树高 0.14～56 m。桦木林林地苔藓的最大持水量介于 9.30～19.20 t/hm²。不同经营方式下的桦木林林地苔藓最大持水量有所差异，即清林、补植组显著小于对照组，而与抚育经营间无显著差异，而抚育经营与对照间亦无显著差异，两种经营模式的林下土壤容重均显著降低，就程度而言，抚育经营方式林下土壤容重降低更多，而土壤最大持水量也呈现相应的增加趋势。因此，通过对箭竹+桦木次生林的结构调整，促进森林的正向演替，提高森林的综合功能（冯秋红等，2016）。

3）岷江上游箭竹+岷江冷杉+粗枝云杉林生态调控与功能提升技术模式

由于受长期以来对森林的采伐影响，未被采伐而保留下来的天然老龄林斑块一般呈小块状分布在较高海拔的山脊、沟尾、林线以及地势险要处，以及原始针叶林被大面积采伐后，没有采取育林措施或人工更新不成功而形成的天然次生林、箭竹灌木林或悬钩子灌丛的镶嵌类型。林地内虽有一定的顶级群落树种保留，还有数量较多的杨、桦等阔叶先锋种，箭竹或悬钩子灌丛较为茂密，盖度可达 40%，但通风不好，乔木的天然更新能力差，群落长期处于采伐后次生演替的阶段，难以加快恢复成林，抚育区和对照区粗枝云杉的平均胸径分别为 3.83±0.10 cm 和 3.50±0.12 cm，平均地径分别为 5.52±0.13 cm 和 5.12±0.15 cm，平均树高分别为 2.39±0.05 m 和 2.27±0.05 m，平均冠幅分别为 2.26±0.11 m² 和 1.72±0.09 m²。对比分析抚育区和对照区的粗枝云杉个体的胸径、地径、树高、冠幅等指标，抚育区的各项指标均显著高于对照区的各项指标（$P<0.025$）。这两个区的林木起源相同，生境相同，不同的是抚育区经过了 3 年的持续抚育措施，而对照区则没有采取抚育措施，块状改造、带状改造和栽针保阔 3 种改造方式下苗木成活率非常高，分别为 91.15%、90.00%、90.00%；封山补植的幼苗苗高显著高于带状改造的幼苗（$P<0.05$），块状改造的苗高与二者都不显著；块状改造方式下

苗木冠幅显著大于带状改造和栽针保阔；其他均无显著差异；带状改造的幼苗生长量显著大于其他两种改造方式（$P<0.05$），封育保护了森林土壤都有 A。层和藓类地被物，它们所起的作用，可阻挡大气降水量，让它慢慢再渗入土壤内，拦蓄量占 28%～40%，不同抚育方式林地不同有差异，而其余 60%～70%都渗入到土壤里去。总的说来，平衡时的渗透系数为 5 mm/min，这说明了棕色暗针叶林土的透水性还是比较强的。因而林地土壤地表径流微小，主要是降雨强度小，土壤透气性能良好，致使地表水转化为土内径流。因此，抚育区的各种生长指标显著大于对照区的指标的原因来自抚育措施，说明抚育措施显著促进了林木的生长。因此，采取人工调整残次林结构，可以加快恢复森林生产力和植被演替进程，提升天然次生林水源涵养能力。

4）岷江上游严重退化灌丛地生态重建与功能提升技术

由于原始针叶林被大面积采伐、樵采等人为干扰没有及时采取育林措施，形成的天然次生灌丛、箭竹或悬钩子灌丛的镶嵌类型。林内杨、桦等阔叶先锋种较为稀疏，箭竹或悬钩子灌丛较为茂密，通风不好，乔木的天然更新能力差，群落长期处于采伐后次生演替的初期阶段，采取人工措施，加快植被演替进程，恢复林地植被，提高生态系统功能。各树种保存率较高，在该区域均表现出较好的适应性。从生长状况看，油松、岷江柏等树种初期生长较慢，但除日本落叶松外的造林树种属于地带性树种，对于恢复起来的植被，早期表现较为稳定。由于树种生物学特性的差异，成活率、保存率差异较大，成活率在84.20%～88.90%，保存率在80.00%～87.00%，可以达到成为岷江上游干旱河谷上缘过渡地带严重退化生境生态恢复植被的先锋植物材料。

8.4.5 滇南、滇西南低山热带雨林、季雨林经营区

1. 滇南、滇西南退化热带雨林生态恢复技术模式

云南热带雨林具有与东南亚低地热带雨林类似的群落结构、生态外貌特征和物种多样性，是亚洲热带雨林的一个类型。它的植物区系组成中有90%的属和多于80%的种为热带分布成分，其中约40%的属和70%的种为热带亚洲分布型，其含属种较多的优势科和在群落中重要值较大的科也与亚洲热带雨林相似，是亚洲热带雨林和植物区系的热带北缘类型。云南西南部、南部与东南部的热带雨林在群落结构和生态外貌上类似，但南部与东南部之间有明显的植物区系分异，它们经历了不同的起源背景和演化历程。云南的热带雨林在很大程度上由西南季风维持（朱华，2018），是中国生物多样性最丰富的地区，国际上确认为重要的生物多样性保护中心（杨清等，2006）。原始雨林森林受破坏后形成林地及森林两方面的退化，刀耕火种式的毁林开荒种旱稻或玉米，森林面积比例变化有先减少后增加的趋势，表现为由 1992 年的 65.5%减少至 2000 年的53.42%，减少到 2009 年的 52.49%，再增至 2016 年的 54.73%，但热带雨林呈现持续减少的趋势（杨建波，2019）。当地习俗是只种一年即弃耕撂荒恢复起来的植被为飞机草地，以后则演替为含有原始林萌生树丛的野桐林，土地肥力及林分生物量、生产力

都已很低（王达明，2010），选择云南热带乡土树种，北热带地区：柚木、铁力木、团花、石梓、马尖相思、肉桂、苹婆。南亚热带地区：西南桦、高阿丁枫、山桂花、红木荷、红锥、肋果茶。但在沟谷雨林林下种植砂仁对沟谷雨林的植物物种多样性有极为严重的破坏留存下来的种类很少，沟谷雨林林下种植砂仁后群落地段虽基本保持原有的群落外貌但群落的种类组成和结构与原始沟谷雨林已相距甚远，这种群落已不是热带雨林只是一种热带次生林。种植砂仁可破坏热带雨林的垂直结构和种群的年龄结构，清除建群种群的更新后备，降低群落的稳定性，使森林群落处于不稳定状态，在热带雨林下种植砂仁发展经济不符合生物多样性保护和持续发展理念，在自然保护区内应严禁种植（苏文华等，1997）。

2. 云南热带人工林健康经营技术模式

通过对西双版纳普文试验林场营造山桂花人工纯林、西南桦人工纯林、高阿丁枫人工纯林、马尖相思人工纯林、西南桦+马尖相思人工混交林、西南桦+山桂花人工混交林等人工林，10 年生时其林分的植物种类的多样性，甚至超过了当地的山地雨林、季风常绿阔叶林、热带次生林 3 种天然林，且出现了未栽培的国家级、省级珍稀濒危保护植物 32 种，占普文试验林场野生植物名录中的国家级、省级保护植物种数（57 种）的 56%；7 年生时林分的生物量为 65.73～112.67 t/hm^2，已超过当地热带次生林，10 年生时林分的生物量（51.59 t/hm^2），为其 127%～218%，与当地成熟期的山地雨林（380.4 t/hm^2）及季风常绿阔叶林（264.34 t/hm^2）相比，6 种人工林林分的生物量达这些林分的 17.3%～29.6%。人工林在提高林地生产力方面较次生林有显著优势，表现出乡土树种人工林对当地生态环境所具有的适应性，虽然其林分结构虽其组成主林层的树种为单一树种或两种树种，但利用云南热区优越的自然条件，可以培育成具有由复杂多种类植物物种组成的下木、灌木、草本层的复层人工林，且林地土壤的总孔隙度为 51.41%～56.83%，与同一地区的山地雨林、季风常绿阔叶林、热带次生林 3 种天然林林地土壤的总孔隙度 49.60%～54.42%相比有显著的增加（陈宏伟，2006；王达明和陈宏伟，2009）。

8.4.6 西南地区干热干旱河谷荒漠植被经营区

1. 西南干热干旱河谷特色植物种植与农林复合经营模式

横断山区干旱河谷是人口密集区，农业以种植业为主，其收入普遍占农户收入的40%～60%以上。耕地少，人地矛盾突出，导致严重的不合理利用，引起比较突出的环境问题。结合河谷独特的自然条件，开展经济作物资源发展与利用是推动干旱河谷区域社会经济发展与群众致富增收的根本途径，是干旱河谷生态恢复与保护和可持续管理的前提和支撑，也是推动干旱河谷生态恢复与有效保护的社会经济解决途径。事实上，发展果农间作/农林复合、果园、特色植物资源基地建设及其产业化发展等一直是横断山区干旱河谷社会经济发展的主要途径和手段，在减少干旱河谷水土流失、提高光温资源利用效率、解决区域贫困等方面发挥着重要作用（包维楷等，1999a；1999b），支撑着区域生态建设。

发展农村经济是干旱河谷地区生态工程建设和农业产业结构调整所面临的主要问题（包维楷等，1999b）。几十年来，干旱河谷逐步调整种植业结构，从 20 世纪 80 年代初的粮食生产，逐步通过增加经济作物与经济林木资源，改变单一的以粮食生产为主的种植结构，发展立体多层次的农林复合经营模式，取得了比较显著的生态经济效应。据调查总结，干旱河谷的农业模式类型大体上可归纳为果蔬、林果药、果草畜、果粮等 6 个主要农业模式经营类型（向双等，2007），农林复合经营充分利用了干旱河谷区的特殊气候资源，显著提高了光能利用效率，提高了土地生产力（包维楷等，1999c，1999d）。

果园与基地模式不断创新和发展。横断山区果树的分布具有明显的垂直变化，如荔枝、龙眼、柠檬、番木瓜、柑橘等热带果树都生长在干热河谷；而核桃、板栗、苹果、梨、杏、柿、桃等温带果树，最高可以分布到 2500 m 左右的干温河谷。干旱河谷成为甜樱桃、葡萄、枇杷、李、桃、枣、杏等多种果树种类的适宜产区，形成了区域分明的不同水果种植生产商品基地，如攀西至凉山一带的枇杷、芒果基地，元谋县的青枣生产基地，雷波县的柑橘基地，茂汶羌族自治县的甜樱桃生产基地，以及小金县的酿酒葡萄生产基地等。

干旱河谷区的地形因素决定了立体种植，即在果树行间及树下发展蔬菜生产是一种具有较高的经济效益、生态效益的土地合理高效开发利用模式，这种立体种植模式在干旱河谷具有广泛的适应性。蔬菜新品种的引进和栽培也做到种类增加、面积扩大，发展目标和措施更趋理性。经调查统计，干旱河谷的青脆李、甜樱桃和金冠苹果园均能取得显著的经济效益。

开发特色资源植物，取得显著生态经济效应。干旱河谷区的特色资源植物十分丰富，如花椒、甘蔗、悬钩子、玫瑰、余甘子、酸角、牛角瓜和桑蚕等。例如，花椒是大渡河干旱河谷（汉源、西昌、冕宁等）和岷江干旱河谷区（茂汶、九寨等）的特色经济植物资源。花椒产业已经成为具有地方区域特色的农林支柱产业，实现了生态效益和经济效益的双赢双收。攀西地区是野生玫瑰分布区之一，具有优越的气候条件和丰富的劳动力、土地资源。经过多年多点试验，成功研发了玫瑰高效繁苗、栽培及玫瑰油产业化开发技术。以加工业来带动种植业，从而带动农民增收和企业增效。对当地经济具有重要的带动作用，也起到了很好的绿化、防治水土流失等生态效果。

2. 西南干热河谷区生态经济型林果经营模式

特色植物种植与农林复合经营是适应干旱河谷特殊环境条件的经济发展方式，在干旱河谷资源开发与区域发展中充当关键的作用，不仅适应区域发展条件，也能满足日益增强的区域社会经济发展愿望。通过推动区域经济发展和脱贫致富，解决了剩余劳动力问题，提供了部分薪材，消减了对荒山荒坡的利用压力，支撑了区域生态建设，成为了解决区域环境问题十分有效的社会经济手段，为我国人口高度聚居区的退化环境治理与区域生态建设提供了有益的探索。相对于周边区域，干旱河谷具有热量条件好、日照时间长等特有的环境条件，适宜发展优质特色水果。本区域果树资源丰富，果树种类多、分布广。在金沙江流域的华坪、攀枝花、元谋、宁南、巧家等县市，河谷气候炎热干燥，可栽培芒果、番木瓜、番石榴、荔枝、龙眼、芭蕉等亚热带果树。大渡河的泸定至汉源河段、雅砻江冕宁至攀枝花河段、安宁河西昌至德昌河段和米易至攀枝花河段等河段的干暖河谷，适宜栽培柑橘、雪梨、脐橙、石榴等果树。岷江的汶川、茂县至松潘河段，大渡河的金川附近河段，以及雅江附近雅砻江河段等干温河谷是樱桃、梨、苹果、李子等水果的集中产区。下面选择各区域较典型、分布面积较大的果园类型详细论述。

1）西南干热河谷区生态经济型芒果经营模式

晚熟芒果已成为金沙江干热河谷的特色优势农产品。其中，攀枝花市已有 35 年的芒果种植历史，于 1986 年开始引种芒果，1997 年进入有组织快速有序发展阶段，开始芒果规模化种植。攀枝花市芒果种植区分布在仁和区、西区、盐边县、米易县的 38 个乡镇，目前现存种规模化种植历史最长的芒果园位于仁和区大龙潭混撒拉村，已种植 28 年。当地种植品种以晚熟的凯特、吉禄芒果为主，其中凯特芒果种植面积占总面积的 70% 以上。

攀枝花市芒果种植面积已达 32862.7 hm^2（截至 2017 年），主要分布于攀枝花市的西北部、西南部和中部，海拔 937～1800 m 干热河谷区及部分山地，是全国纬度最北、海拔最高、成熟最晚的芒果种植区。

芒果果园种植密度依据果树树龄和所处发育阶段不同而异。挂果初期（2～5 年）果园平均种植密度约 1005 株/hm^2，盛期（10～26 年）果园平均种植密度约为 870 株/hm^2。攀枝花地区投产期（包括挂果初期与盛期）果园果树单株产量平均为 17.0±9.3 kg/株，单位面积平均产量为 15416.4±7876.3 kg/hm^2，挂果盛期产量高于初期，不同农户间经营管理模式差异导致产量差距较大。

该地区大部分芒果园土壤碳、氮、磷养分缺乏，其中仁和区果园土壤养分最为贫瘠。随发育阶段递增，土壤碳、氮、磷含量呈先上升后下降趋势，挂果盛期果园土壤养分处于较低水平。芒果园既存在土壤养分损失现象，也存在累积现象。挂果盛期果园比前期、初期果园更易发生碳、氮、磷累积。果园树盘区 0～20 cm 层比 20～40 cm 层更易发生土壤碳、氮损失，磷累积。多数挂果前期果园仅施用化肥。大部分挂果期果园化肥、有机肥、中微量元素肥配合施用，年施肥 2 次，集中施用采后肥和壮果肥。挂果期芒果园氮、P_2O_5、K_2O 养分投入量均低于我国芒果生产技术规程推荐量规程中推荐量。而肥料投入量对土壤碳、氮、磷养分变化趋势无显著影响，树盘区地表撒石灰能够促进 0～20 cm 层土壤磷的累积。

芒果种植区土壤 pH 在 4.0～8.4，约 63.5%果园土壤 pH 处于芒果生长适宜范围内（5.5～7.5）；中山区土壤 pH 显著低于河谷和低山区；种植区内土壤发生酸化的果园比例高于发生碱化的果园；发生酸化的果园占比大小为挂果初期>前期>盛期；发生碱化的果园中，挂果盛期土壤碱化程度显著高于其他发育阶段；仅施用复合肥施用而未施用石灰及土壤调理剂的果园土壤酸化程度高于施用石灰或调理剂的果园，施用石灰或调理剂可以在短期内缓解表层土壤的酸化趋势，但对深层土壤的酸化无明显效果。

本区域大部分芒果挂果期果园栽种密度过高，有增加果园病虫害传播和加剧土壤干燥化的风险，不利于产业可持续发展。大量芒果园产量处于较低水平，不同果园之间产量水平、施肥水平差距较大。当地芒果园普遍存在有机肥施用量不足、农家肥腐熟程度不一、养分投入不足，钙养分投入量偏高，盲目随意施用石灰是当地果园施肥管理中存在的主要问题。建议提高挂果期果园有机肥施用量，规范农家肥堆制腐熟标准，根据土壤性质制定化肥、石灰及其他土壤调理剂施用标准，从而提高肥料利用效率，实现增产增收。

2）西南干旱河谷区甜樱桃、青脆李生态经济型经营模式

甜樱桃果园主要分布于岷江上游干旱河谷的汶川县、茂县、理县等地。汶川县和茂县两地的甜樱桃栽植已形成规模化种植；截至 2019 年，理县甜樱桃种植面积约 700 hm^2，挂果面积达 450 hm^2、单产为 2750 kg/hm^2。

在土壤水分与物理特性方面，樱桃果园表层土壤容重 1.12 g/cm^3，显著高于栎类次生林地（0.78 g/cm^3）和岷江柏恢复造林地表层土壤（0.91 g/cm^3）。樱桃果园表层土壤的毛管孔隙度约为 43.76%，总孔隙度约为 54.23%，具低于栎类次生林地（毛管孔隙度和总孔隙度分别为 49.56%和 66.50%）和岷江柏恢复造林地表层土壤（毛管孔隙度和总孔隙度分别为 48.06%和 61.71%）。土壤的入渗特性是其水源涵养功能的重要特征，樱桃果园表层土壤的初渗速率为 4.82 mm/min，低于栎类次生林地土壤的 27.61 mm/min 和岷江柏恢复造林地土壤的 7.66 mm/min；樱桃果园表层土壤的稳渗速率为 2.49 mm/min，低于栎类次生林地土壤的 12.95 mm/min 和岷江柏恢复造林地土壤的 4.55 mm/min，表明其土壤的渗透性能低于恢复造林地和次生林地，在果园中种植草本植物可显著提高其土壤的入渗特性（初渗速率提升至 8.02 mm/min，稳渗速率提升至 5.04 mm/min）。果园土壤由于经常遭受人为干扰和破坏，土壤容重偏大、孔隙度较小，导致其通气透水性偏低，田间持水量和毛管持水量远低于次生林地和人工恢复造林地；另外，樱桃果园土壤的容重较大、土壤孔隙度较小、表土通常裸露，导致土壤抗冲刷性较弱。樱桃果园土壤有机碳含量约 14.6 g/kg，低于栎类次生林表层土壤的 10.01 g/kg。樱桃果园表层土壤全氮含量约 1.45 g/kg，显著低于青冈次生林地表层土壤全氮含量（7.75 g/kg），岷江柏造林地表层土壤全氮含量（3.03 g/kg），以及草地表层土壤全氮含量（3.23 g/kg）。樱桃果园表层土壤全磷含量约 0.43 g/kg，显著低于栎类次生林（1.19 g/kg）、岷江柏人工林（0.77 g/kg）；但樱桃果园表层土壤有效全磷含量（15.98 mg/kg）显著高于栎类次生林（7.47 g/kg）和岷江柏人工林（9.22 g/kg）。因此，樱桃果园土壤由于人为农业经营管理活动严重，植物残体大量被移除，施加无机化肥，降低了土壤质量，导致了土壤有机碳的含量下降；樱桃果园虽然有化肥输入，但由于施用肥料中多数为无机态速效氮肥，因此其土壤全氮含

量仍然很低。土壤全磷含量的分析也证明樱桃果园土壤全磷含量低于次生林和人工林，但是由于化肥输入，其速效全磷含量高于次生林和人工林。果园地表覆盖物较少，土壤环境相对干燥，土壤淋溶作用较弱，生物化学过程缓慢，另外土壤受人为干扰和长期施用化肥的影响，其土壤 pH 高于次生林地和人工造林地土壤（周义贵，2014）。

3. 西南干热河谷区植被生态恢复经营模式

1）岷江上游阴坡湿润肥沃-灌丛植被恢复重建技术模式

受气候变化、人为干扰、汶川地震以及放牧对植被破坏的影响，植被恢复重建困难。该地带大多数植被属于阴坡湿润肥沃-高灌型，主要分布在干旱河谷（包括支流）两端及谷坡上部（原始森林下方），阴坡海拔 1410 m～2400 m 地段。优势植被为沙棘、胡秃子、荀子等，土壤多为中砾质中壤灰褐土，平均相对含水量 35.3%，表土平均有机质含量 4.13%，水肥状况相对较好。油松、刺槐、毛白杨的耐寒耐旱性较好、保存率很高。清林方式对油松保存率有影响，3 m×2 m 的清林方式不理想，原因在于油松是强阳性树种，该地带高达 2.5 m 的灌草丛使其无法得到充足的阳光，致使油松的保存率分别为 89%，并且长势也不如大块状清林的效果好；3 m×3 m 和 3 m×4 m 的清林方式对刺槐、毛白杨的效果最好，两者的保存率均为 86%，长势也比其他清林方式的效果好，原因在于 3 m×2 m 的清林方式对灌草丛影响刺槐、毛白杨的光照所起的作用不大，而大面积清林造成刺槐、毛白杨幼苗遭受夏季阳光的曝晒而降低成活。因此，在植被恢复时，清林 3 m×1 m；3 m×2 m；3 m×3 m。保留林带内目标乡土树种乔木、幼苗幼树，清除栽植穴内杂草和杂灌。造林初植密度不应过大，应分不同树种而设计。乔木树种：油松 1650～1800 株/hm²，刺槐、榆树、栾树、漆树 630～1500 株/hm² 较为适宜。灌木树种：沙棘、枸杞、黑水皂荚 1650～2250 株/hm²，锦鸡儿 800～1500 株/hm²。采用该模式人工措施得当，造林易成活，提高林地保水能力。

2）岷江上游阳坡潮润亚肥沃-灌丛植被恢复重建技术模式

岷江上游干旱河谷上缘地带是干旱河谷与山地森林的交错地带和过渡地带，受人为干扰、汶川地震对植被破坏的影响，形成阳坡潮润亚肥沃-高灌型，主要分布在干旱河谷（包括支流）两端及谷坡上部（原始森林下方）海拔 2100～2640 m 阳坡地段。优势植被为黄栌、虎榛子、扁桃及栎类。土壤多为中壤灰褐土。平均相对含水量 28.9%，表土平均有机质含量 3.35%，水肥状况较好。岷江柏、刺槐的耐寒耐旱性较好、保存率很高，清林方式对岷江柏保存率有影响，原因在于岷江柏都是强阳性树种，该地带高达 2.5 m 的灌草丛使其无法得到充足的阳光，致使岷江柏的保存率分别为 82%和 78%，并且长势也不如大块状清林的效果好；3 m×3 m 和 3 m×4 m 的清林方式对刺槐的效果最好，两者的保存率均为 86%，长势也比其他清林方式的效果好，原因在于 3 m×2 m 的清林方式对灌草丛影响刺槐的光照所起的作用不大，而大面积清林造成刺槐幼苗遭受夏季阳光的暴晒而降低成活。由于干旱河谷区特殊的生态环境，因此，在进行植被恢复时，沿着等高线间隔 2 清林，清林带 3 m，在清林带中按 3 m×3 m 或 3 m×4 m 清林；保留林带内目标乡土树种乔木、幼苗幼树，清除栽植穴内杂草和杂灌。造林初植密度不应过大，应分不同树种而设计，乔木树种：岷江柏、侧柏 2000～2250 株/hm²，油松 1650～1800 株/hm²，刺槐、榆树、栾树、漆树 630～1500 株/hm² 较为适宜。灌木树种：沙棘、枸杞、黑水皂荚 1650～2250 株/hm²，锦鸡儿 800～1500 株/hm²。采取穴状整地，窝穴规格不得小于 30 cm×30 cm×20 cm。穴底要平整，土壤要细碎疏松，穴内草根、石块、石砾要拣除干净，表层肥土务必填回穴内。穴内土壤厚度不得低于 40 cm。可以提高造林成活率、保存率，促进林木生长，加快植被恢复进程。

3）岷江上游阴坡潮润亚贫瘠-矮灌丛恢复重建技术模式

岷江上游阴坡潮润亚贫瘠-矮灌型，主要分布在干旱河谷（包括支流）两端山麓及中段半山，阴坡海拔 1400～2075 m 地段。优势植被为羊蹄甲、迎夏，土壤多为多砾质轻壤灰褐土。平均相对含水量 27.0%，表土平均有机质含量 2.62%，水肥状况中等，不利于植被恢复重建，因此，加强该类植被恢复进程，可以提高林地生产力和生态功能。岷江柏、刺槐的耐寒耐旱性较好、保存率很高，达 81%～85%。清林方式对岷江柏保存率有影响，在于岷江柏都是强阳性树种，该地带高达 2.5 m 的灌草丛使其无法得到充足的阳光，致使岷江柏的保存率分别为 85% 和 81%，并且长势也不如大块状清林的效果好；3 m×3 m 和 3 m×4 m 的清林方式对刺槐的效果最好，两者的保存率均为 86%，长势也比其他清林方式的效果好，原因在于 3 m×2 m 的清林方式对灌草丛影响刺槐的光照所起的作用不大，而大面积清林造成刺槐幼苗遭受夏季阳光的暴晒而降低成活。因此，在进行岷江上游植被恢复时，清林 3 m×1 m；3 m×2 m；3 m×3 m；保留林带内目标乡土树种乔木、幼苗幼树，清除栽植穴内杂草和杂灌。树种选择：乔木选岷江柏、刺槐等，灌木选白刺花、蔷薇、马乘、黄荆、火棘、沙棘、黄栌等；造林密度，乔木 1950 株/hm²，灌木 3000 株/hm²。整地方法：鱼鳞坑，沿等高线自上而下整地，挖成月牙形，上下错综排列成"品"字形，坑间距 1.5 m，行距 1.5 m。挖坑时，先将表土刮下分放两侧，然后将心土刨向下方，围成弧形土埂，埂高 0.3～0.4 m，埂宽 0.3 m，埂要踏实。之后再将表土回填于坑内，坑底呈倒坡形。水平沟，在 25°以下荒坡沿等高线挖沟筑埂，沟深 0.5～1.0 m，沟口宽 0.8～1.0 m，沟底宽 0.4～0.8 m，土埂底宽 1.2～1.5 m，顶宽 0.3～0.5 m，高 0.4～0.7 m。在沟头破碎区或汇水区的上方，修建圆形石质或砖石结构蓄水池，以拦蓄径流、防止冲刷。

8.5　西南林区森林生态系统质量提升的优化管理对策与建议

西南地区地域辽阔、地貌复杂、气候多样、水汽丰沛，为动植物的演化和发展创造了有利条件，孕育了繁多的动植物种类，是我国生物物种最多的区域。因而，西南地区拥有垂直地带性较为完整，类型多样、种类齐全、物种丰富的生态系统类型，包括热带雨林、亚热带常绿阔叶林至寒温性针叶林、高山草甸在内的众多森林类型。中国西南地区为我国第二大森林资源分布区、重要生物资源宝库（李德铢等，2010）和全球 34 个多样性热点地区之一（张殷波，2007），是全球生物多样性关键区域（Bird International，2017）。因此，西南林区森林生态系统在水源涵养、生物多样性保护、水土保持、固碳增汇等方面具有不可替代的重要作用，同时，西南林区森林对我国生态文明建设、绿色发展、国土安全，以及促进长江经济带建设、长江流域生态环境保护等国家战略具有重要意义。

由于西南林区不同地貌类型森林分布、群落植物组成、森林经营方向的差异，加之，森林的长期采伐利用，现有森林分布、森林起源、树种组成及森林生态系统质量各不相同，西南森林生态系统管理应该在分区分类的基础上，针对各区域森林植被特点、森林生态系统功能定位和森林经营方向，应用生态系统管理的新理论、现代森林经营理念、先进技术和方法（黄清麟等，2009；李茹梦，2018；杨培松，2021），对森林生态系统分类施策，为了持续不断得到期望的资源价值、使用、产品和服务，并维持生态系统多样性和生产力等进行生态系统经营（Jensen & Everett，1994），达到充分发挥森林水源涵养、固碳增汇、生物多样性保护木材储备和森林游憩等多功能效益的目的（刘兴良等，2022），因此，西南林区森林生态系统经营将从依赖传统经验的主观决策转变为信息化、数字化和智能化的决策。采用景观生态学方法、空间分析技术与森林资源调查方法相结合的方法，构建森林生态系统经营决策支持系统和森林景观恢复与空间经营规划系统，划分森林经营分类体系并进行数据实时更新和信息管理，实现森林资源全过程的精细化和数字化管理。另外，利用森林演替模型和森林景观动态模型，模拟和预测林分采伐强度和更新方案的经营效果，评价并确定景观尺度上伐区的空间配置、生物多样性保护和可持续经营方案（刘世荣等，2015）。

8.5.1　四川盆地及盆周山地森林经营区

四川盆地及盆周山地分布以柏木、柳杉、桢楠、麻栎、杉木、巨桉、竹类（梁山慈竹、硬头黄竹、撑绿竹、毛竹）为主的人工林，以及以樟科、山茶科植物等为主的次生林和少量原生亚热带常绿阔叶林（四川植被协作组编著，1980）。根据四川盆地及周山自然条件、社会生态服务需求及经济发展要求和经营习惯，提高用材林和经济林质量，加强自然保护区和水土保持林的经营管理，针对四川盆地密度过大、树种郁闭度较大、灌木或者草本较为稀少、群落结构单一的防护林，如柏木纯林，可进行开窗补阔的经营措施；对针阔混交林，可进行带状采伐的经营措施，根据不同区域防护林的郁闭度采用适合的生态疏伐（不同间伐强度）的经营措施（赵润，2019）。同时，盆地内农业区域面积大，为给农业生产创造良好的生态环境，本区林业建设应立足于迅速恢复和扩大森林植被，提高森林覆盖率，以建设水土保持为重点的各种防护林，巩固和发展具有优势的经济林，开展多种经营，严格保护名胜古迹风景林，美化环境，发展旅游事业是未来森林经营的主要任务（黄荣武，1987）。

1. 加强用材林和经济林的基地建设，充分利用林地资源，提高森林覆盖率

由于区内气候、土壤与森林资源的不同，基地建设的重点应有所区别。从全局来看，南部应重点发展以速生丰产为中心的用材林基地，树种以杉木和毛竹为主。马尾松、檫木、樟、楠、木荷等速生、珍贵树种可适当发展。同时，因地制宜地营造针叶纯林或针阔叶混交林。根据各地具体情况，因地制宜地发展油茶、油桐、生漆等经济林，在西部条件较好的邛崃山、青衣江流域，各县要建立用材林基地，造林树种除柳杉、杉木、水杉、马尾松、柏木外，也应选用阔叶树种营造混交林；同时要加强现有自然保护区的经营管理工作；陡坡地段，必须划为水源涵养林，严禁主伐。北部山地应以发展用材林和林、副林特产为主。在海拔较高的地段，可营造华山松、巴山松、油松，选用水青冈、槲、香桦等阔叶树，形成针阔混交林；并注意水土保持林的营造和管理；在海拔较低的地段以发展马尾松、柏木、麻栎、栓皮栎、枹栎、檫木等为宜；此外，应扩大银耳、木耳、生漆、核桃等林、副、特产生产基地。发展经济林要以现有产区为基础，加强老林、老树的改造和更新、经营管理；基地造林应实行良种化，选择优良品种，提高集约化经营水平（黄荣武，1987）。

2. 加强现有森林的经营管理，加速植被演替进程，提升林地质量

本区人工林以中幼龄林居多，中幼龄林处于生长旺盛时期，年生长率高，要加强抚育管理，适时进行各阶段的抚育采伐，以保证林分结构合理，以利于林木的生长。此外，还应加强林木选种、育种和引种工作，建立采种母树林和种子园（邱进贤等，1992；隆孝雄，2001）。本区中幼龄人工林林，因缺乏投资，不能及时抚育采伐，造成林木过密影响生长（龚固堂，2011），为了改善这部分森林的林分结构，促进林木生长，必须抓紧时机，搞好抚育采伐工作。一般松、杉、柏郁闭后，通过2~3次抚育采伐即可进入主伐期，既可培育良材，提高单产，又能开展中间利用。集体林场在绿化荒山的同时，也要抓紧中幼龄林的抚育采伐工作（吴晓龙，2015）。造林树种可因地制宜地选择马尾松、柏木、杉木、国外松、香樟楠木、桤木、喜树、枫杨、香椿、苦楝、柳树、杨树、麻栎、栓皮栎、刺槐马桑、黄荆、油桐、油茶、乌柏、白蜡、棕榈、桑、柑橘及多种竹种。

3. 积极保护野生动植物资源，加强地带性原始植被保护

四川常绿阔叶林区属于我国湿润森林区，亚热带常绿阔叶林带盆地东北部边缘山地亚热带常绿阔叶林属北亚热带常绿阔叶与落叶阔叶混交林带，川西南部横断山地亚热带常绿阔叶林属中亚热带常绿阔叶林西部类型，其余均属中亚热带常绿阔叶林东部类型（钟章成，1982）。主要由壳斗科、樟科、山茶科、木兰科等的种类组成，四个科也可以作为常绿阔叶林的一个重要标志。常绿阔叶林种类丰富，我国亚热带常绿阔叶林中有维管束植物1000多种，也是许多野生珍稀动植物的栖息地。四川盆周山区动植物种类丰富，拥有几十种属于国家Ⅰ、Ⅱ类保护的动植物，对尚未开发而有生态意义

和科学研究价值的常绿阔叶林，应开展综合性调查和监测，划出一定区域建立亚热带常绿阔叶林自然保护区。同时，加强乡土地带性植物种质资源选择和培育，对大面积退化次生林、人工林纯林进行结构调整，补充常绿阔叶树种，逐渐恢复地带性植被，应该快速对自然风景区、名胜古迹地进行环境绿化（赵海凤，2014），可选择地带性人工繁育的楠木、润楠、台湾水青冈、峨嵋含笑等珍稀树种，可以达到迁地保护的目的。

4. 大力发展经济林，兼顾用材林和薪炭林

四川盆地丘陵盆地中部为紫色丘陵区，具有发展经济林的区位优势，应有一个较大的发展空间。重点可放在发展油桐、油茶、白蜡、乌桕、棕片、桑、柑橘等。本区油桐适应范围较广，在海拔 800 m 以下的丘陵地区可大量种植，继续实行桐粮间作和四旁栽培，要加强复壮、垦复和施肥，及时防治病虫害，提高单株产量；在盆地内部丘陵阳坡酸性或微酸性土壤上适当发展油茶，油茶结实早，出油率高；乌桕是重要工业木本油料树种和优良的蜜源植物，对土壤要求不高，在田边地角或在熟地中生长的乌桕，结实多，桕脂厚，饱和脂肪酸含量高，宜于林粮间作或田边地角栽植，加强乌桕资源管护，逐步实现基地化，使其产量恢复和超过历史水平（黎先进，2001）。区域内桑树、柑桔集中，要巩固老产区，进一步提高单产和质量（周成强等，2018）。在发展经济林的同时，在农区也应建立一批用材林基地（王峰等，2012），培育中小径级用材，尽量先满足农村需要，适当提供枕木、造纸、火柴杆等原料。此外，盆东和长江沿岸可建立一些竹林基地，各地都应根据自然条件、生产基础、合理布局，规划若干用材林、薪炭林重点村、镇，保障乡村居民生活生产的需求，提高农村生活质量和经济发展速度。

8.5.2　川渝黔滇喀斯特山地森林经营区

川渝黔滇喀斯特地区分布以马尾松、杉木、华山松、香椿、猴樟、柏木为主的人工林，以壳斗科、樟科、木兰科、山茶科植物等为主的次生林和零星的原生亚热带常绿阔叶林。西南石漠化土地的形是由于森林植被遭受破坏，水土流失加剧所致。因此，石漠化土地治理应以恢复森林植被为核心，"管、封、造、改"措施综合是恢复森林植被、修复森林生态系统的最佳选择。

1. 加大封山管护与封山育林力度，扩大人工造林与低效林改造，加快植被恢复进程

按照石漠化治理因害设防、突出重点的原则，优先将岩溶石山现有的森林植被保护列入森林生态效益补偿范围，并按面积对林权所有单位或个人实行森林生态效益补偿。一方面通过补偿增加了当地群众的收入，提高了当地群众的生态环境意识；另一方面对列入范围的森林和灌木林，通过划定管护责任区，落实管护责任人，禁止采伐、禁止乱采滥挖、禁牧、严格实行封山管护等措施，使其得到了严格的保护和管理，收

到了良好的社会和生态效果。目前，由于补偿面积的限制，还有相当大的一部分石山森林或灌木林，未能列入补偿范围，因此，建议国家继续加大森林生态效益补偿力度，提高效益补偿标准，通过扩大补偿面积将岩溶地区更多的森林、灌木林列入生态效益补偿范围，使更多的岩溶石山宝贵的森林植被得以休养生息，持续发挥生态效能。

对岩石裸露面积在 70%以上的石漠地区，以及土壤很少，土层极薄，地表水缺乏，基本不具备人工造林的条件的区域，封山管护可以改善环境条件，从而加速植被恢复进程（喻理飞等，2002；宋同清等，2014）。应采取全面封禁措施，减少人类活动和牲畜放养，利用周围地区天然下种能力，培育草类，进而培育灌木，最终发展乔木、灌丛、草本相结合的植被群落。封山育林是利用自然修复力改善岩溶区生态系统功能的重要手段，投资少、见效快。主要针对岩溶区人工造林难以成功的无林地、有培育前途的疏林地和郁闭度在 0.3～0.5 的低质低效林分。根据不同的生态区位条件，结合地貌、自然、经济和技术条件，对岩溶区内的宜林荒山、坡度大于 25°的坡耕地，因地制宜，科学营造人工林，特别是对坡度大于 25°的坡耕地，要坚决退耕。以营造生态公益林为主，经济林营造应结合当地农村产业结构调整，薪炭林营造应与农村生活能源需求相结合。对坡度较为平缓，因各种原因造成的林分质量较差、系统功能衰退或丧失的潜在石漠化和轻度石漠化土地上的低效林，在严格地指导下逐步实施林分改造，以恢复其系统功能（刘映良，2005）。由于毁林开荒，坡地耕作导致石漠化的现象相当普遍，为了尽快恢复森林植被，遏制水土流失，通过退耕还林，调整了当地农村的产业结构，建设了一批用材林、经济林基地，为解决退耕农户的后顾之忧发挥了重要作用。实践证明，退耕还林工程是解决石山地区造林绿化困难问题的好办法。因此，建议国家继续推行岩溶地区退耕还林政策，并为岩溶地区人工恢复森林植被给予更加宽松的政策环境。

2. 加快基本农田、小型水利水保、饮水设施建设

石漠化多发生在石灰岩地区，土层厚度薄（多数不足 10 cm），地表呈现类似荒漠景观的岩石逐渐裸露的演变过程。对坡度小于 25°的中度、重度石漠化坡耕地，采取建生物埂、培地埂、筑沟头埂等坡改梯措施，将坡地改造成梯地，进行等高耕作。对坡度较为平缓的轻度石漠化坡耕地和潜在石漠化坡耕地，通过客土改良、熟土还田等沃土建设方式，增厚土壤耕作层，改良土壤质地、结构，变"三跑土"为"三保土"。结合基本农田建设，通过渠系配套，渠、沟、池、窖、凼相互连通，使坡面洪水归道，排放畅通，洪水高位高蓄，层层拦截，分层蓄水，以提高防洪、防蚀、抗旱能力。因其特殊的地质构造，岩溶区人民群众生活用水大多缺乏，在房屋周围选择合适的地段修建人畜饮水设施，保障人民群众的生活用水。

3. 完善石漠化治理技术体系，构建石漠化治理政策长效机制

防治石漠化涉及发展和改革委员会、国家林业和草原局、水利部、财政部、生态环境部、农业农村部、自然资源部、扶贫办等多个主要政府部门，单靠某个部门难以

协调各方力量。温家宝总理在 2007 年 3 月 5 日《政府工作报告》中提到，设立石漠化防治委员会，继续实施天然林保护、防沙治沙、石漠化问题进行监测和防范。因此，建议国务院成立全国石漠化防治委员会及其办公室（办公室设在国家林业和草原局），以便统一组织协调涉及的多个部门的工作，集中力量、集中资金，形成合力推动石漠化治理科学有序开展。

石漠化、沙漠化、黄土高原水土流失并称为中国的三大生态危害，但与其他两项危害相比，专门针对防治石漠化方面的法律法规还是空白，不利于调动各方面的力量投入治理。建议国家抓紧研究制定实施"全国石漠化防治条例"，使石漠化治理纳入法制轨道。同时，要研究制定岩溶区特殊的生态补偿政策、研究制定岩溶区产业结构调整优惠政策、整合退耕还林、天然林保护等相关工程进行综合集中治理。

4. 加大石漠化治理投入，建立石漠化综合治理基金

石漠化治理难度大、投入高，而石漠化地区多属边远山区、少数民族地区、贫困地区，财政困难、群众生活贫困。建议国家加大对石漠化综合治理资金投入力度，提高单位面积工程建设补助标准。国家应该在安排重点县的年度投资中不宜统一投资规模，各地可根据石漠化严重程度、项目实施效果等综合确定各重点县的投资规模。单位面积补助标准由每平方千米 20 万元提高到 30 万～45 万元，并提高林业建设项目的单位面积投资。石漠化的危害已经不单是石山地区的经济和社会问题，其逐渐演化成为生态危害问题，需要动员全社会的力量共同参与，建议设立"全国石漠化防治基金"，负责组织募集社会资金，争取国际合作资金，形成多元投资主体参与石漠化治理的新局面，为石漠化的治理提供充足的资金保障。目前，由于补偿面积的限制，还有相当大的一部分石山森林或灌木林，未能列入补偿范围，因此，建议国家继续加大森林生态效益补偿力度，提高效益补偿标准，通过扩大补偿面积将岩溶地区更多的森林、灌木林列入生态效益补偿范围，使更多的岩溶石山宝贵的森林植被得以休养生息，持续发挥生态效能。

5. 加强石漠化监测体系建设，强化植被恢复技术研发，破解石漠化治理技术瓶颈

监测是掌握我国石漠化土地动态变化和治理效果，为各级政府提供科学治理依据的有效手段。①建立石漠化宏观监测体系，以石漠化土地本底调查为基础，建立起基于"3S"技术的石漠化土地信息管理系统，并确定 5 年为周期的宏观监测，分析治理效果。②加强治理效益定位监测站（点）网建设，在典型区建立若干个效益监测站，随着治理的进展连续进行效益定位监测与评价。石漠化监测是石漠化防治工作的重要基础，是宏观决策的重要依据，是评价治理工作成效的重要手段，也是林业部门的职责。但这项工作投入很大，建议国家增加石漠化监测经费，包括试点项目年度效益监测经费和每五年一次的石漠化监测经费，增加综合治理科研与监测体系建设投入。针对岩溶地区地形复杂，地块破碎，单纯依靠遥感技术对植被覆盖下的地类判别的局限性，监测应采用地面调查与遥感技术相结合，以地面调查为主的技术方法。加强石漠化监测体系建设，实行

5 年为一个周期的监测制度，定期监测、掌握石漠化状况和动态变化趋势，及时对防治工作进展及其成效做出客观评价，为防治决策提供依据。

根据西南地区石漠化土地的生境状况及造林树种选择原则，选择适宜于石漠化土地生长的乔木树种、灌木树种、草本植物等，同时，根据西南山地石漠化土地分布特点、行政区划、地带性气候、地貌特征、主要江河分布及岩溶中地貌特点，对石漠化区域区划，针对区划单位的石漠化状况与区域自然条件，配置适宜的造林植物种，研究各类石漠化生境的植物配置模式，为科学地进行生态恢复与重建打下了坚实基础（胡培兴等，2016）。

8.5.3　云贵高原森林经营区

云贵高原常绿阔叶林及云南松林亚区由于历史上资源的粗放利用和不合理开发，云南大部分的原生林因人为侵扰逐渐转化为次生林，目前，次生林占到了云南森林面积的71.18%（绿色和平，2013）。云南高原森林类型包括从西南桦、蓝桉、直干桉、藏柏、墨西哥柏等为主的人工林，由元江栲、高山栲、滇石栎、包斗栎、黄毛青冈、滇青冈、黄背栎、灰背栎、川西栎、锥连栎等耐旱常绿栎类组成的半湿性常绿阔叶林，以栓皮栎、麻栎、槲栎、波罗栎等落叶栎类，以及旱冬瓜、水冬瓜等为主组成的落叶阔叶林，以及云南松林、滇油杉林和华山松林等天然林或次生林（郭立群等，1999）。

1. 划定生态红线，保护珍贵的原生森林生态系统

西南林区属于重要生态功能区、陆地和海洋生态环境敏感区、脆弱区等区域划定生态红线，对各类主体功能区分别制定相应的环境标准和环境政策。划定生态红线实行永久保护，是党中央、国务院站在对历史和人民负责的高度，对生态环境保护工作提出的新的更高要求，是落实"在发展中保护、在保护中发展"战略方针的重要举措，对维护国家和地区国土生态安全，促进经济社会可持续发展，推进生态文明建设具有十分重要的意义。中国生态资源丰富，在保障国家生态安全和社会经济可持续发展上起到了关键作用。但自 20 世纪 50 年代以来，由于资源与能源的过度利用和无序开发，中国生态环境面临着严峻挑战，主要存在生物多样性保护压力大，重要生态系统退化趋势未得到逆转，土地退化问题也十分严重。而天然林，尤其是未受侵扰的原生林，是缓解和消除上述问题的基础。因此，划定云贵高原天然林的红线，不仅是加强现有保护措施以停止由于经济发展的原因对重要森林生态区的蚕食，更是对云南各个主体功能区进行更加科学开发，提高当地居民收益的重要保障。

2. 完善低效林改造政策，停止将天然林转换为人工林

天然林被大面积皆伐和转换成人工林，这是目前云南天然林保护存在的主要问题。而这些问题的背后，云南现行的低效林改造政策扮演了关键的角色。这足以证明目前云南的低产林政策在执行上存在着漏洞，譬如对低产林的判定标准不科学，管理粗放和监

督不严等。因此，云南相关部门需要针对上述问题，尽快出台低产林改造政策执行细则，以杜绝漏洞和完善政策。其中，目前最紧迫的是需要采取措施，防治天然林皆伐和利用低产林名义将天然林转换为人工林（绿色和平，2013）。

3. 严格控制征占用天然林林地

目前中国仍然存在着人多林少、人与林地关系紧张的矛盾，林地保护利用依然面临着一些突出问题，其中对林地威胁最大的就是违法使用林地屡禁不止。随着中国工业化、城市化步伐的加快，各项建设对土地的需求增加，加之国家对耕地保护力度的加大，大量的用地项目大规模向林地转移，毁林开垦、蚕食林地和非法占用林地的现象日趋严重。2006～2008 年，全国共发生违法征、占用林地林业行政案件 3.9 万起，损失林地 4.9 万 hm^2，损失林木 2.2 万 m^3，违法使用林地的形势依然严峻。当西双版纳地区雨林中的树木被砍伐，成为灌木丛之后，原有成分中大约 2/3 的物种被改变了，雨林被彻底破坏垦为橡胶林和农田之后，蜜蜂种群只有原来的 20%，大部分热带特有的蜜蜂种群都遭受了灭顶之灾（杨龙龙和吴燕如，1998）。某些植物只能依靠特定的蜜蜂种类传授花粉，一旦该种群消失，这类植物也会因为没有蜜蜂传粉而慢慢衰退，甚至消亡。这也是天然林转换成人工林之后的又一弊病。原本稳定的生态系统结构遭到了破坏，由此引发的一系列负面连锁反应间接造成了更大的生物多样性损失。

4. 加强退化退化植被恢复技术、火灾生态影响研究，提高退化生态系统生态重建质量

云贵高原人多地少，且多为坡耕地，土地垦殖指数高、人为活动频繁。原始天然林过度砍伐形成的次生天然林退化严重，林分质量差，森林覆盖率较低，森林保土蓄水能力低。受过度采伐、林火频发、植物入侵及病虫为害等影响，森林生态系统出现了不同程度退化。因此，要加强退化植被恢复关键技术研发、林火生态过程及其对生态系统的影响、次生林和人工林结构调整与功能提升等研究；研究高密度云南松林抚育间伐技术、中低密度云南松林封山育林技术、恢复过程中出现入侵林分的紫茎泽兰人工防除技术等，为天然林保护、封山育林育草、巩固退耕还林还草提供科技支撑（钟华等，2011）。同时，开展退化林修复，加强石漠化和水土流失综合防治，增加林草植被覆盖，提高退化生态系统生态重建质量。

8.5.4　横断山高山峡谷区森林经营区

西南高山峡谷区按照自然条件、地理位置、水系、山脉特征，确定生态恢复的目标以林治山、以林蓄水、以林增收，实施陡坡地退耕还林、宜林荒山植树造林、封山育林，发展山区特色经济林产品生产和森林旅游业。依照天然林分布的自然地理规律以及不同森林生态系统在空间上的异质性，对天然林实施分类经营，分区管理，因地制宜，因林施育。林业发展战略与贯彻落实林业发展战略问题至关重要，是林业发展的方向和生命

线。西南高山峡谷区分布以云杉、峨眉冷杉、四川红杉、落叶松为主的人工林以及云、冷杉、落叶松等组成的大面积次生林和部分原始暗针叶林（李文和周沛村，1979；蒋有绪等，2018）。

1. 确立并实施林业发展战略，完善林业可持续发展体制

中华人民共和国成立初期，我国就确定了"普遍护林、重点造林、合理采伐和合理利用"的林业建设方针。天然林保护工程实施后，我国将森林资源的"严格保护、积极发展、科学经营、持续利用"作为林业可持续发展的战略方针，把建设国土生态安全屏障和实现森林可持续经营作为天然林资源保护工程的战略核心。其总体目标是通过严格保护，积极培育，保育结合，休养生息，加快天然林从以木材利用为主向以生态利用为主转移的步伐，实现天然林资源有效保护与合理利用的良性循环。根据这一战略方针制定了我国天然林恢复与可持续经营发展分为三步走的林业发展战略。第一阶段为保护阶段，应采取果断措施保护天然林，全面停止保护区内天然林的商业性采伐，并大力建设生态公益林，尽快扭转天然林生态系统逆向演替的局势。第二阶段为保护并发挥生态功能阶段，这一阶段主要是发挥天然林的生态服务功能，对天然林资源加强管护，通过封山育林、人工造林等措施，大力恢复天然林生态系统。同时，优化林区经济结构和产业结构，培育林区后续产业，加强生态旅游区和野生动植物驯养繁殖基地建设，带动林区第三产业发展，培植大径级珍贵木材后备资源，大力发展森林药材、食品等非木质林产品，适度开发利用林内资源。第三阶段为保护和合理利用阶段以后，实现天然林资源的可持续经营。这一阶段主要是健全完善保育体系，实现林区生物多样性日益丰富、森林生态系统的良性循环和生态产业的健康发展，也实现生产资源的可持续经营，使天然林生态系统在稳定、持续地发挥生态环境功能的同时，满足人类的多样化需求。

建立森林生态效益补偿制度。通过向受益者征收生态效益补偿资金的办法来支付天然林保育事业的建设。建立森林生态效益补偿制度是我国林业可持续发展的必要保障。国家应当建立森林生态效益补偿制度来增加天然林保护工程的资金来源渠道，支持天然林保护工程事业。建立起自我补偿、社会补偿和国家补偿的多层次补偿体系和运行机制。通过森林生态效益补偿制度的建立，充分调动全社会力量保护天然林。

西南地区资金短缺也是阻碍林区发展的一个重要因素，因而加快林业投融资体制改革十分必要。在建立社会主义市场经济体制的前提下，通过改革林业投资融资体制，严格按照事、权责任，明晰中央和地方政府的投资职责，加大政府资金扶持的力度，逐步建立起公益林业以政府投入为主、商品林业以社会投入为主，并逐步建立起来源充分、规模适当和结构合理等特征的投资体制。加大国家财政投入力度，要继续提高国家和地方财政对林业建设的扶持力度，特别是林业生态体系建设和国有森林资源的保护和支持力度，要继续稳定财政对林业的投资比例，保证林业有一个稳定的资金来源。而且要从国内外广泛筹集林业建设资金。

2. 加强森林资源的全民管理，保护好现有天然林

政府是管理的主体，管理绩效是政府综合能力素质的集中反映，天然林毁坏的主要原因是政府管理经费投入不足，因而政府加强森林资源管理非常必要。政府管理的目标就是建立起与社会主义市场经济体制相适应的办事高效、运转协调、执法严明、监督有力的森林资源管理新体制。一是建立政府、企业和林区居民的有效参与机制，推行政府机构、森工企业与林农共管的森林资源管理新模式。二是天然林保护要与社区发展规划相协调。要从林区社会的要求去统筹规划天然林保护工程。要从森林生态系统、林业经济系统和林区社会系统规划天然林保护工程。三是建立社区共管机制。管护天然林，是政府的一项重要职责，但对管护天然林的具体工作来讲，居民才是真正的管护者。组织群众参与管护，才是一种非常有效的自然资源管理方式。因此，在发挥政府管理的主导作用的同时，还要把充分调动天然林资源所在地的社区居民参与天然林资源管护的积极性。

3. 研发和创新森林生态管理理念，提高林业科技水平

林业科技水平落后是林区贫困的一个阻碍因素，也是造成天然林退化的间接原因。通过深化科技体制改革，推动科技创新，实现科研成果与林业建设的有效结合，促进林区生产力的提高，从而加快林区的经济发展。

西南高山峡谷地区天然林保护工程区大多地处青藏高原向四川盆地的过渡地带，自然条件恶劣，特别是干热干旱河谷地区气温高、降水少，植被恢复的难度很大，必须加大科技支撑力度。一是充分调动科技人员的积极性，大力培育优质乡土树种，开展引种试验，推广先进科技成果。积极开展科技攻关，解决人工快速育苗，高山耐寒、耐旱树种选育，天然林区生物多样性保护和异地迁移培育技术等技术难题。二是有目的地培育珍贵天然用材林资源。要大力挖掘天然林中的珍贵特有树种，进行高效栽培和可持续利用，有目的地培育珍贵天然用材林和其他用途的森林资源。要强化天然珍贵树种培育技术，包括优良林分类型选择、密度调控、抚育等。建立人工速生丰产优质用材林基地。大型林业企业和林农都可大力发展人工林，特别是大力发展人工速生丰产用材林，这是缓解西南地区木材供应不足的重要措施。三是提高木材综合利用率，因地制宜地发展多种形式制材，这也是减少木材需求、有效保护森林资源的一项有效措施。建立与健全法律和政策保障体系，因权定法、因利易法是天然林退化的客观原因，建立与健全法律和政策保障体系，对天然林的保护和恢复起着保证作用。

在营林理念上，近年来，我国以生态经济学的理论为指导，提出了实行林业分类经营的营林机制，把森林按其主要所承担的任务和要发挥的主要功能分为公益林和商品林两大部分，分类经营。生态公益林的主要恢复措施就是保护和培育相结合。对重点生态公益林区要实行禁伐，禁止采伐所有天然林及人工林。通过封山育林、人工造林、人工促进天然更新等多种方式，加快宜林地的造林绿化进程。一般公益林可根据可采资源状况，适度地进行经营择伐及抚育伐，以促进林木生长及提高林分质量。对于一般生态公

益林的管护要按照生物资源管护实验区的管理方式，坚持因地制宜、用地养地、丰富物种、综合治理、稳产高效的建设方针，加强森林资源的保护管理，同时积极开展科学研究与大力发展生物资源，并合理进行森林多资源的开发利用，努力实现林业经济社会和生态环境的可持续发展。

运用遥感等现代技术手段，提高监测管理水平。在现有监测基础上，定期组织开展调查和动态监测，定期评估人为活动状况和动态变化。对自然保护区内的违法案件，及时开展专业调查，掌握人为干扰的变化情况，及时更新监测数据，全面掌握自然保护区资源和人为活动状况。自然保护区的人为活动监测，首先是基于高分辨多时相的影像进行对比分析，需要拓宽获取高分辨率影像渠道；其次是要进一步完善核实保护区界线及内部功能分区界线，以准确界定受人类活动影响范围，保证监测结果的准确性和可靠性；最后是加强监测工作技术力量储备。鉴于当前用地供需矛盾大，应当制定、实施相关生态环境保护政策和措施，为避免保护区不必要的人为活动干扰，保持保护区内生态系统的完整性和野生动植物栖息地，推进监测结果应用，按相关法律法规处理好相关利益方矛盾，促进自然保护区建设、管理健康持续发展。

4. 探索林业发展的新模式，制定国家层面的森林分类经营管理运行机制

森林的生态效益和经济效益是对立统一的。在市场经济逐步发展，发家致富意识不断增强的农村，人们往往过多地考虑到眼前的经济效益，而不太顾及长远的生态效益和社会效益，为了缓和不断加剧的矛盾，对农村林业的经营者，特别是防护林的经营者，国家适当给予资金、技术等支持。

我国林业可以大体上分为大型森工企业和农村林业两类，在林业管理模式上要多样化。对国有大型森工企业，要以发挥生态效益为主，不以营利为目的。在经费管理方面，主要采取国家投入和林业收入用于造林两种方式，亏损由国家财政补贴；可考虑实行股份制，国有林按照"林权国有、职工管护、利益共享"的原则，建立股份制管护区，职工通过入股对经营利益享有分配权，使管护者从天然林保护工程中真正受益。可采取"政企分离"的模式，即政府林业行政机构只起监督作用，国有林由相应的企业性机构经营。可引进个体经营机制，允许业主和其他个体投资者享受天然林保护工程优惠政策承包荒山造林、森林管护。

探索集体林业改革。通过转让、转包、"青山买卖"、发展家庭林场、实现股份合作等逐步扩大林业的经营规模，使得部分农民真正重视林业缩短收益周期，提高多数农民有造林、护林的积极性增强内外活力。同时，要巩固、发展集体林场，林业部门要建立完备的社会化服务体系和强化经济调控、法制约束、行政管理等。要进行林地的无偿或有偿的转让、转包，从而使大部分林地特别是集中连片的有林地，集中到少数有能力经营林业的农户，全心全意地投入林业、发展林业。在管护上，逐渐改单纯管护为管护与开发林下资源相结合，在有条件的地方，允许管护者在承包范围内，在不破坏生态的前提下开发林下资源。

对明显受益于森林生态效益的工矿企业等，应征收"生态效益费"，用来补偿林业

经营者和所有者。总之，应采取行之有效的方法、措施，使得农村林业经营者的经济效益不亚于农村其他产业经营者的经济效益，防护林经营者的经济效益不次于用材林经营者的经济效益。

通过以上对策措施，可以解决西南地区因政策失误、管理失位给天然林造成的巨大破坏，使天然林切实得到保护，森林植被得到有效恢复。随着森林的保护和管理工作的进一步推进，林下资源与林区经济将得到迅速恢复和发展，工程区人口、经济、资源和环境之间的矛盾会基本得到缓解，这为建立起比较完备的林业生态体系和比较发达的林业产业体系打下坚实的基础，也为促进经济和社会的可持续发展发挥应有的作用。

5. 推进和完善大熊猫国家公园制度体系建设，减少人为干扰破坏

通过立法对大熊猫进行保护，我国在这方面已做了大量工作，先后制定了保护大熊猫等野生动物的多种法律法规。《中华人民共和国野生动物保护法》《中华人民共和国森林法》《中华人民共和国环境保护法》明确规定了对大熊猫等珍稀野生动物及其栖息地环境进行保护，这些法律法规的制定为保护大熊猫等珍稀动物提供了法律依据，对大熊猫及其栖息地环境的保护发挥了重要的作用。因此，要继续加大自然保护区及整个大熊猫栖息地的行政执法力度，依法委托自然保护区管理机构行使行政执法权，加大打击破坏森林资源违法犯罪活动的力度，严禁对大熊猫主食竹非法损毁采挖。同时，要加快自然保护区的立法工作，完善自然保护区管理条例或管理办法，做到"一区一法"。

自然保护是自然生态系统中保护较为完整的系统，是人与动植物的最后的净土。《中华人民共和国自然保护区条例》明确规定了"禁止在自然保护区内进行砍伐、放牧、狩猎、捕捞、采药、开垦、烧荒、开矿、采石、挖沙等活动""禁止在自然保护区的缓冲区开展旅游和生产经营活动""在自然保护区的核心区和缓冲区内，不得建设任何生产设施。在自然保护区的实验区内，不得建设污染环境、破坏资源或者景观的生产设施"。通过对全省地方级自然保护区的监测结果分析，保护区内存在类似情况，需要进一步加大对自然保护区人类活动的监测力度，依法加强自然保护区管理并落实配套政策措施。

6. 正确处理自然保护与发展的关系，积极繁荣社区经济，提高保护意识

随着人口的增加和经济发展的需要，大熊猫分布区的群众对资源的需求量越来越大。要依靠科学技术进步帮助社区群众脱贫致富，改变山区群众靠山吃山的习惯，减轻人口对资源和环境的压力，这是保护大熊猫栖息地的有效途径之一。以此为契机筹集发展资金和项目，按照可行性、难易程度分步实施，推进生物能源、太阳能、风能等清洁能源的示范，为社区提供替代能源，减少对薪柴的利用；要大力开展经济林增收、养殖业发展等实用技术培训工作，提高社区群众的文化素质和生产技能；要加大道路桥梁修建、通信通电线路架设等基础设施的资助力度，改变社区的生产、生活条

件，在有条件的社区，指导群众开展生态旅游，使社区群众在保护森林资源中受益，自觉增强保护意识，最终实现对大熊猫及其栖息地的有效保护，做好该项工作的关键是要处理好几个关系。

（1）保护与发展的关系。大熊猫栖息地是我国生态环境较好、经济发展较差的区域，正确处理保护与发展的关系问题显得尤为重要。应当充分认识保护与发展的对立统一关系，保护是前提、是基础，发展是关键、是保障。一方面良好的生态环境能促进经济的发展，离开保护的发展得不偿失；另一方面经济的发展能为生态环境保护提供更好的资金和技术支持，离开发展的保护步履维艰。

（2）整体与区域的关系。应对大熊猫栖息地岛屿化、破碎化的关键，就是要正确处理好整体与区域的关系问题，要从整体入手做好全局性的规划，从区域入手抓好具体保护措施的落实，整体保护是基础，区域保护是关键。

（3）自然修复与人为干预的关系。在大熊猫种群恢复和自然环境的修复上，要以自然恢复为主体、人为干预为补充。过多的人为干预将降低大熊猫栖息地的恢复质量，改变栖息地自然环境，使大熊猫对栖息地的适应性降低，最终影响大熊猫的生存质量。

7. 完善大熊猫自然保护区体系建设，建立大熊猫生态走廊带

首先要完善大熊猫保护地确权，划界，对在保护地内不合理的工业开发项目进行清理，评估其对生态环境的影响，以及对环境的破坏还有一定的辐射效应，因此，在大熊猫栖息地范围内严格禁止工业开发项目是防止大熊猫栖息地继续破碎化、岛屿化最基本、最重要的措施，是其他保护措施的前提和基础。自然保护区是我国自然遗产最珍贵、自然景观最优美、自然资源最丰富、生态地位最重要的区域，是保护生物多样性和维护生态平衡的重要载体，历史已经证明，建立大熊猫自然保护区是保护大熊猫栖息地最有效的措施。目前最重要的是在各个大熊猫生态走廊带上建立自然保护区，使大熊猫栖息地连为一体，促进大熊猫种群间基因交流。

8.5.5　滇南、滇西南山间盆季雨林雨林经营区

云南南部虽位于东南亚热带北缘，受热带季风气候控制，但该地区的特殊地形地貌，其北、西面的中高山，在一定程度上阻挡了西北方来的冷气流，其低山沟谷及低丘上，冬干季有浓雾，这又在一定程度上对地面有保暖作用，减小了低温对森林植被的影响，干季的浓雾及局部地形下的湿润土壤也在一定程度上弥补了降水的不足，在局部仍能形成较地区性气候更为湿热的小气候，具有热带雨林植被发育，但这种热带雨林与东南亚赤道地区的热带雨林有一定差异，表现为一种在水分、热量和海拔分布上均到了极限条件的热带雨林类型，该地区较开阔的盆地和受季风影响强烈的河谷发育有在干季基本上是落叶的森林植被。因此，云南南部的热带季节雨林和季雨林是该地区的水平地带性植被。这类热带季节雨林是东南亚热带雨林的北缘类型，它既具有向亚热带常绿阔叶林过渡的特点，又具有向热带山地的常绿阔叶林过渡的特点，属于

纬向地带性植被。但该地区的季雨林与季节雨林水平交错分布，与热带山地常绿阔叶林过渡，发育主要受水分因子控制，与热带雨林有同样的热量要求，但水湿因子不同，介于热带雨林与萨王纳之间的季雨林植被类型（朱华，2005），根据西双版纳的热带森林植被群落的生态外貌与结构、种类组成和生境特征等，分为热带雨林、热带季节性湿润林、热带季雨林和热带山地常绿阔叶林四个主要的植被型，约二十个群系（朱华，2007）。

1. 开展生态系统调查，完善生态系统保护体系

滇南、滇西南山间盆雨林、季雨林作为我国森林的重要组成部分，其原有调查通常基于土地利用、林业等开展，研究机构多是基于某一研究目的的"点"状工作，且由于调查资金、工作环境、科研能力等限制因素，资源翔实资料仍十分欠缺。规划开展详尽、专业的热带雨林调查，摸清群落组成、分布面积及蓄积量，详细记录物种数量和种质资源等方面的现状情况，分析生态系统结构、功能、质量变化及其驱动因素，将为制定生态系统保护与修复措施打下坚实基础。同时，加强以雨林、季雨林生态系统原真性和完整性保护为基础，以自然保护区为主体的保护区空间结构布局规划，强化重点区域内的保护区建设与管理，加强国家公园、风景名胜区、"圣境文化"保护小区的建设管理及廊道建设，集中连片整合现有自然保护地，创新保护管理体制，实现统一规范高效管理，实施整体保护，能够进步促进热带雨林生态系统的原真性、完整性和多样性得到科学有效保护。

2. 完善热带雨林地方性保护条例，加大执法力度

建立热带雨林保护区，核心区采取封禁和自然恢复等方式实行最严格的科学保护，禁止项目建设，但国家重大战略项目和国家有关规定允许开展的项目建设除外。一般控制区内原则上禁止开发性、生产性项目建设，但核心保护区允许开展的建设项目，与参观、旅游活动相关的必要公共设施建设，确需建设且无法避让、符合国家公园规划和县级以上国土空间规划的线性基础设施以及防火、防洪、供水设施建设与运行维护，国家有关规定允许开展的建设项目等除外。相关单位制定季雨林、雨林保护的法规，涉及该区域的相关政府机构完善保护条例和制度，明令禁止破坏季雨林、雨林；同时，全力落实《全国人民代表大会常务委员会关于全面禁止非法野生动物交易、革除滥食野生动物陋习、切实保障人民群众生命健康安全的决定》和相关法律法规，坚持严格野生动物执法保护，严查野外非法猎捕，严打市场非法交易，严控行业非法经营，加大执法力度。

3. 加大外来入侵物种防治力度，构筑生物安全防范体系

伴随着经济社会的快速发展和对外开放力度的不断加大，频繁的人类活动将会加快外来物种入侵的速度，为避免其入侵频率、传播范围及危害程度的进步扩大，需要加强外来入侵物种在热带雨林区域内入侵情况的调查，并针对外来入侵物种种类、数

量、分布区域及面积大小等重点指标定期开展区域性监测，确定重点防治区域，制定科学的防控方案，从而提高防控工作的精准性及有效性；加强外来入侵物种入侵机理、预警及风险管理、跨境合作保护等体制机制研究，加强监测和安全防范体系能力建设；加大宣传力度，增加入侵物种教育培训，提高公众对外来入侵物种的认识，合力筑牢生态安全屏障。

4. 弘扬民族传统生态文化，提升公众保护意识

云南雨林、季雨林地区具有得天独厚的气候条件、复杂多样的地形地貌，在长期的历史进程中，形成了生物资源保护与利用相协调的民族传统生态文化。积极运用土著民族与生物多样性相关的传统知识及做法，将不断提升雨林、季雨林保护与管理的有效性。因此，在符合国家及地方法律法规的前提下，需要积极保护并不断弘扬与雨林、季雨林保护相关的民族传统知识、文化体系及方法习俗。

5. 实施"山水林田湖草沙"生态保护修复工程

按照统筹推进、系统治理、整体保护的要求，坚持尊重自然、顺应自然、保护自然的原则，充分挖掘傣族生态文化，将山水林田湖草保护修复与生态产业发展有机结合，既将系统保护修复的要求作为生态产业发展的前提，又将生态旅游、生态农业等生态产业发展的需求融入生态保护修复工程，同步规划、同步设计、同步实施，实现经济效益、社会效益与生态效益的共赢，加快脱贫致富，打造实践"绿水青山就是金山银山"样板。

8.5.6 西南地区干热干旱河谷植被经营管理区

西南林区干热干旱河谷是少数民族聚居山区，是区域生态、经济、社会发展的重心；自然条件具有气候干旱、地表堆积物松散、坡陡、灾害频繁、环境脆弱等特点，以及生态环境空间异质性极强等特点；区域地方经济以农牧业为支柱产业，但地形复杂，耕地面积小，畜牧业侵占荒山林地灌草丛资源，人地矛盾突出。区域生态恢复重建必须同时考虑生态学和经济学原则，同时满足区域经济发展的需要和生态系统质量提升的需求。主要对策与建议包括：优化农村产业结构、协调人地矛盾，制定合理目标进行生态恢复，优先针对关键地段进行生态恢复。

1. 加强干热干旱河谷生态空间格局分类，开展生态恢复与持续管理

横断山区干旱河谷主要包括白龙江、岷江、大渡河、雅砻江及其支流、金沙江及其支流、澜沧江及其支流、元江等热量条件不一的河谷地段，空间范围分布很广，自然条件在各流域间差异很大，生态退化问题形成原因、程度不一，因自然条件和社会经济条件的差异，科学的恢复策略差异也很大，因此分类治理是关键（包维楷等，2012）。以流域为单元，以干旱河谷类型划分为基础，开展生态恢复与持续管理是基本出发点。

科学识别各流域干旱河谷自然与社会要素的空间格局规律是制定生态恢复与持续管理策略的科学基础。

2. 加强干热干旱河谷土地类型和生境分类，分类治理，明确土地具体恢复目标

西南干热干旱河谷人口聚集，土地资源有限。社会经济发展需求是生态退化的主要原因，然而土地利用类型差异明显、程度不一。干旱河谷土地利用主要是两个类型：农业耕地和荒山荒坡林地，占各流域干旱河谷面积的90%以上，其中林地面积比例一般占90%以上。其他土地利用类型建设用地、交通用地、农地，植被恢复等。农业耕地包括粮食种植地、农林复合经营地、果园、蔬菜地等经营形式，而林地主要包括灌丛草坡及退耕林地（块状森林）等，而畜牧牧业发展主要依靠的是林地，土地权属而言并没有真正的牧业用地类型。因此，生态恢复与持续管理必须充分认识干旱河谷土地类型，并进行必要的分类管理，制定流域为单元的总体规划，支撑分类治理，明确各类土地具体的恢复目标、途径方法和具体技术策略。

3. 明确土地利用类型管理目标，提升植被覆盖率

干旱河谷荒山荒坡退化后的生态恢复目标应该明确为以恢复灌丛、草丛或稀树灌丛为主（柴宗新和范建容，2001；金振洲与欧晓昆，2000；包维楷等，2012），只在局部地段以块状森林恢复为目标才能实现（包维楷等，2012）。因此，具体应以提高植被覆盖率、控制水土流失为目标。在手段和途径上，大面积应以生态保育为主要手段，局部关键地段选择乡土灌、草及小乔木为材料进行必要人工恢复。对农业用地，应以集约化经营管理为途径，有效控制水土流失与土壤质量退化为基础目标，提高耕地生产力与生产效应、经济收入，促进干旱河谷区社会经济持续发展。并且应大力发展特色资源动植物种养和规模化基地建设与集约化经营管理为手段，开展产品深度价值链延展，提高效率。

要在干热干旱河谷区实现生态系统质量提升促进经济发展，首先需要合理的区域经济持续发展规划。产业结构优化是可持续发展规划的重要方面。现有农牧业对土地资源依赖高，对自然环境压力大。调整干旱河谷区农村产业结构，开展多种经营，依据区域自然资源特色，开发旅游业、服务业和物流行业等产业；推动形成产业链，牵引以直接农牧产品生产为主的第一产业转变为特色农牧产品规模化生产、加工与销售一条龙的产业结构，延长产业链，提升资源利用程度和产品附加价值，将减少经济发展对生态环境的压力，协调人地关系，削减人为干扰，在一定程度上促进生态恢复与提升和生态系统质量。

在保证干热干旱河谷区域社会经济发展的前提下，制定合理的目标，对干旱河谷荒山荒坡进行生态恢复是提升生态系统质量、构建生态安全体系的关键。干旱河谷区具有气候干旱、地形复杂、地表堆积物松散等特点，因此不适宜大面积植树造林。现阶段较切合实际的植被恢复目标应该是控制水土流失，恢复灌丛和灌草丛植被，在水分条件良好的局部地段造林。

干热干旱河谷自然资源异质性强，不同地段受到人为干扰的程度不同，自然条件差异显著。应充分依据生态学规律和环境条件评估植被退化程度。在生态系统质量优化管理途径上，应因地制宜，突出重点，对未退化生态系统遵循保护优先的原则，适当进行有限度的人工管理措施；对退化生态系统，实施合理的恢复。对退化地段的生态恢复也应突出重点，优先针对敏感地段，贯彻先易后难的原则，如优先开展河谷上下游与较高海拔干旱河谷过渡地带退化生态系统恢复；优先针对敏感地段和制约人民群众生产生活与社会经济发展的地段，如交通道路沿线、重要水源保护地、居民点附近等核心关键地带。

干热干旱河谷是西南横断山区发展的中心，也是过去 30 年来国家生态工程建设的关键区域；还是少数民族聚居区，以农业为经济支柱；同时具有生态敏感、环境脆弱、局部植被破坏和水土流失严重等生态环境问题。西南干旱河谷区的森林生态系统由于长期的樵采、放牧、公路水电等工程建设等人类活动干扰，受强烈破坏。因此，在正确理解干旱河谷变化趋势及原因的基础上，采取有效的人为措施，扭转干旱河谷生态系统退化趋势使其向逐步改善的方向发展，对提升西南干热干旱河谷区生态系统质量有重要意义。

参 考 文 献

阿刘时布. 2002. 西部生态环境保护与建设研究. 理论与改革, (5): 85-89.

包维楷. 1999. 果粮间作模式优化调控研究IV: 系统养分管理及其优化对策探讨. 生态学杂志, 18(4): 31-35.

包维楷, 陈庆恒, 陈克明. 1999a. 岷江上游干旱河谷植被恢复环境优化调控技术研究. 应用生态学报, 10(5): 542-544.

包维楷, 陈庆恒, 刘照光. 1999b. 几种果粮间作人工植物群落生物生产力的动态变化及其优化调控. 应用与环境生物学报, 5(2): 25-30.

包维楷, 刘照光. 2002. 四川瓦屋山原生和次生常绿阔叶林的群落学特征. 应用与环境生物学报, 8(2): 11-17.

包维楷, 刘照光, 钱能斌. 1999c. 果农间作模式优化调控研究 III. 玉米间作栽培试验. 应用生态学报, 10(3): 38-41.

包维楷, 庞学勇, 李芳兰, 等. 2012. 干旱河谷生态恢复与持续管理的科学基础. 北京: 科学出版社.

包维楷, 庞学勇, 王春明, 等. 2007. 干旱河谷及其生态恢复. 吴宁主编. 山地退化生态系统恢复与重建—理论与岷江上游的实践. 成都: 四川科学技术出版社. 180-210.

包维楷, 王春明. 2000. 岷江上游山地生态系统的退化机制. 山地学报, 18(1): 57-62.

别鹏飞. 2019. 川中丘陵区柏木人工林间伐改造研究. 绵阳: 绵阳师范学院硕士学位论文.

蔡年辉. 2007. 云南松群落动态特征及其在近自然改造中的应用. 昆明: 西南林业大学硕士学位论文.

蔡年辉, 李根前, 陆元昌. 2006. 云南松纯林近自然化改造的探讨. 西北林学院学报, (4): 85-88, 120.

曹建华, 袁道先, 童立强. 2008. 中国西南岩溶生态系统特征与石漠化综合治理对策. 草业科学, 25(9): 40-50.

曹伟超, 陶和平, 孔博, 等. 2011. 基于 DEM 数据分割的西南地区地貌形态自动识别研究. 中国水土保持, (3): 38-41

柴宗新, 范建容. 2001. 金沙江干热河谷植被恢复的思考. 山地学报, 19(4): 381-384.

陈东立. 2013. 四川盆周山地退化天然林生态恢复模式与评价. 成都: 四川科学技术出版社.

陈宏伟. 2006. 云南热区阔叶人工林可持续经营与发展. 昆明: 云南大学出版社.

陈泓. 2007. 岷江上游干旱河谷灌丛群落物种多样性与生产力的海拔梯度格局研究. 雅安: 四川农业大学硕士学位论文.

陈家琦, 王浩. 1996. 水资源学概论. 北京: 中国水利水电出版社.

陈建国, 杨扬. 2011. 孙航. 高山植物对全球气候变暖的响应研究进展. 应用与环境生物学报, 17(3): 435-446.

陈林武, 向成华, 刘兴良, 等. 2002. 天然林保护工程对四川西部社区影响分析. 四川林业科技, (2): 49-54.

丁海容, 易成波, 黄晓红, 等. 2007. 岷江上游地区水资源现状与可持续利用对策. 国土资源科技管理, (3): 66-69.

樊宏, 张建平. 2002. 岷江上游半干旱河谷土地利用/土地覆盖研究. 中国沙漠, 22(3): 273-278.

冯秋红, 刘兴良, 卢昌泰, 等. 2016. 不同经营模式对川西亚高山天然次生林林地水文效应的影响. 生态学报, 36(17): 5432-5439.

甘书龙主编. 1986. 四川省农业资源与区划(上篇). 成都: 四川省社会科学院出版社.

龚固堂. 2011. 不同尺度防护林空间配置与结构优化调控技术研究. 雅安: 四川农业大学博士学位论文.

郭立群, 王庆华, 周洪昌, 等. 1999. 滇中高原区主要森林类型及其演变趋势. 云南林业科技, 29(1): 2-11.

郭晓鸣. 2001. 四川干旱河谷地区生态建设的主要问题与对策建议. 社会科学研究, (5): 33-36.

国家林业局. 2016. 全国热带雨林保护规划(2016-2020 年). http://www.forestry.gov.cn/main/4461/content-912399.html [2016-8-31].

国家林业局. 2018. 全国森林经营规划(2016-2050 年). 北京: 中国林业出版社出版.

郝云庆, 王金锡, 王启和, 等. 2008. 柳杉人工林近自然改造过程中林分空间的结构变化. 四川农业大学学报, 26(1): 48-52.

何敏. 2019. 基于植被生产力的西南地区生态系统脆弱性研究. 北京: 北京林业大学硕士学位论文.

胡海波, 张金池, 阮宏华. 1999. "98" 长江洪灾的成因及对策分析. 福建林学院学报, 19(4): 303-306.

胡锦矗. 2001. 大熊猫研究. 上海: 上海科技教育出版社.

胡培兴, 白建华, 但新球, 等. 2016. 石漠化治理树种选择与模式. 北京: 中国林业出版社.

黄清麟, 张晓红, 张超. 2009. ITTO 热带森林可持续经营标准与指标的新进展. 世界林业研究, 22(4): 17-21.

黄荣武. 1987. 四川盆地林业发展的战略思考. 林业经济, (5): 10-12, 5.

蒋有绪, 郭泉水, 马娟. 2018. 中国森林群落分类及其群落学特征(第二版). 北京: 科学出版社.

金艳强, 李敬, 张一平, 等. 2017. 元江干热河谷稀树灌草丛植被碳储量及净初级生产力. 生态学报, 37(17): 5584-5590.

金振洲. 1998. 滇川干暖河谷种子植物区系成分研究. 广西植物, 18(4): 313-321.

金振洲. 1999. 滇川干热河谷种子植物区系成分研究. 广西植物, 19(1): 1-14.

金振洲. 2002. 滇川干热河谷与干暖河谷植物区系特征. 昆明: 云南科技出版社.

金振洲, 欧晓昆. 2000. 元江、怒江、金沙江、澜沧江干热河谷植被. 昆明: 云南大学出版社.

黎先进. 2001. 四川经济林资源特点及综合区划. 经济林研究, 19(1): 33-36.

李承彪. 1990. 四川森林生态研究. 成都: 四川科学技术出版社.

李承彪, 陈起忠. 1982. 论四川森林的合理经营利用问题(摘要). 四川林业科技, (3): 27-28.

李崇巍, 刘丽娟, 孙鹏森, 等. 2005. 岷江上游植被格局与环境关系的研究. 北京师范大学学报(自然科学版), 41(4): 404-409.

李德融, 朱鹏飞. 1965. 关于四川省森林土壤地理分区的初步研究. 土壤学报, 13(3): 262-273.

李德铢, 杨湘云, 王雨华, 等. 2010. 中国西南野生生物种质资源库. 中国科学院院刊, 25(5): 565-569,

550.

李芳兰, 包维楷, 庞学勇, 等. 2009. 岷江干旱河谷 5 种乡土植物的出苗、存活和生长. 生态学报, 29(5): 2219-2230.

李明森. 1991. 横断山区干旱河谷土地合理开发. 自然资源学报, 6(1): 326-334.

李巧, 陈又清, 刘方炎, 等. 2007. 元谋干热河谷不同人工林中鞘翅目甲虫多样性比较. 生态学杂志, 26(01): 46-50.

李茹梦. 2018. 晋北森林生态系统适应性管理研究. 太原: 山西大学硕士学位论文.

李文华, 周沛村. 1979. 暗针叶林在欧亚大陆分布的基本规律及其数学模型的研究. 资源科学, 1(1): 21-34.

李裕, 苏祖云, 罗强, 等. 2009. 四川西部 3 州 "天保" 10 年存在问题及应对策略. 四川林业科技, 30(4): 74-77, 60.

梁丹, 高歌, 王斌, 等. 2015. 云南高黎贡山中段鸟类多样性和垂直分布特征. 四川动物, 34(6): 930-940.

廖德平, 龙启德. 1997. 贵州林业土壤. 贵州林业科技, 25(4): 1-66.

林天喜, 徐炳芳, 戚继忠, 等. 2003. 欧洲近自然的森林经营理论与模式. 吉林林业科技, 32(1): 76-78.

林勇, 刘世荣, 李崇巍, 等. 2005. 小波变换在岷江上游杂古脑流域径流时间序列分析中的应用. 应用生态学报, 16(9): 1645-1649.

林子雁, 肖燚, 史雪威, 等. 2018. 西南地区生态重要性格局研究. 生态学报, 38(24): 8667-8675.

刘策. 2021. 中国西南地区哺乳动物多样性评估与气候变化对国家重点保护物种多样性的影响. 哈尔滨: 东北林业大学硕士学位论文.

刘方炎, 李昆, 张春华, 等. 2007. 金沙江干热河谷植被恢复初期的群落特征. 南京林业大学学报(自然科学版), 31(06): 129-132.

刘国华, 马克明, 傅伯杰, 等. 2003. 岷江干旱河谷主要灌丛类型地上生物量研究. 生态学报, 23(9): 1757-1764.

刘国华, 张洁瑜, 张育新, 等. 2003a. 岷江干旱河谷三种主要灌丛地上生物量的分布规律. 山地学报, 21(1): 24-32.

刘家顺. 2006. 中国林业产业政策研究. 哈尔滨: 东北林业大学博士学位论文.

刘伦辉. 1989. 横断山区干旱河谷植被类型. 山地研究, 7(3): 175-182.

刘世梁, 刘琦, 张兆苓, 等. 2014. 云南省红河流域景观生态风险及驱动力分析. 生态学报, 34(13): 3728-3734.

刘世荣, 代力民, 温远光, 等. 2015b. 面向生态系统服务的森林生态系统经营: 现状、挑战与展望. 生态学报, 35(1): 1-9.

刘世荣, 马姜明, 缪宁. 2015a. 中国天然林保护、生态恢复与可持续经营的理论与技术. 生态学报, 35(1): 212-218.

刘兴良, 刘杉, 蔡蕾, 等. 2022. 中国天然次生林研究动态及其进展. 四川林业科技, 43(1): 1-11.

刘兴良, 刘世荣, 何飞, 等. 2008. 中国硬叶常绿高山栎类植物的分类与现代地理分布. 四川林业科技, 29(3): 1-7.

刘兴良, 慕长龙, 向成华, 等. 2001. 四川西部干旱河谷自然特征及植被恢复与重建途径. 四川林业科技, 22(2): 10-17.

刘兴良, 杨冬生, 刘世荣, 等. 2005. 长江上游绿色生态屏障建设的基本途径及其生态对策. 四川林业科技, 25(1): 1-8.

刘洋, 张健, 杨万勤. 2019. 高山生物多样性对气候变化响应的研究进展. 生物多样性, 17(1): 88-96.

刘晔, 李鹏, 许玥, 等. 2016a. 中国西南干旱河谷植物群落的数量分类和排序分析. 生物多样性, 24(4): 378-388.

刘晔, 朱鑫鑫, 沈泽昊, 等. 2016b. 中国西南干旱河谷植被的区系地理成分与空间分异. 生物多样性,

24(4): 367-377.

刘映良. 2005. 喀斯特典型山地退化生态系统植被恢复研究. 南京: 南京林业大学博士学位论文.

刘增铁, 丁俊, 秦建华, 等. 2010. 中国西南地区铜矿资源现状及对地质勘查工作的几点建议. 地质通报, 29(9): 1371-1382.

隆孝雄. 2001. 四川立地分区及适生树种. 四川林业科技, 22(4): 54-58.

陆元昌, 雷相东, 洪玲霞, 等. 2010. 近自然森林经理计划技术体系研究. 西南林学院学报, 30(1): 1-5.

陆元昌, Werner Schindele, 刘宪钊, 等. 2011. 多功能目标下的近自然森林经营作业法研究. 西南林业大学学报, 31(4): 1-6, 11.

罗辑, 李伟, 陈飞虎, 等. 2018. 四川大熊猫栖息地世界自然遗产的保护与管理. 四川林业科技, 39(1): 44-49.

绿色和平. 2013. 危机中的云南天然林—云南天然林研究调查报告. 绿叶, (3): 90-100.

马建章, 戎可, 程鲲. 2012. 中国生物多样性就地保护的研究与实践. 生物多样性, 20(05): 551-558.

马雪华. 1980. 岷江上游森林的采伐对河流流量和泥沙悬移质的影响. 资源科学, 2(3): 78-87.

满正闾, 苏春江, 徐云, 等. 2007. 岷江上游森林涵养水源的能力变化分析. 水土保持研究, (3): 223-225+230.

明庆忠. 2006. 纵向岭谷北部三江并流区河谷地貌发育及其环境效应研究. 兰州: 兰州大学博士学位论文.

明庆忠, 史正涛. 2007. 三江并流区干热河谷成因新探析. 中国沙漠, 27(1): 99-104.

欧朝蓉, 朱清科, 孙永玉. 2017. 元谋干热河谷旱季植被覆盖度的时空异质性. 林业科学, 53(11): 20-28.

潘存德. 1994. 可持续发展的必要性与实现的可能性. 北京林业大学学报, 16(S1): 10-14.

潘开文, 吴宁, 潘开忠, 等. 2004. 关于建设长江上游生态屏障的若干问题的讨论. 生态学报, 24(3): 617-629.

彭辉, 杨艳鲜, 潘志贤, 等. 2011. 云南金沙江干热河谷土壤肥力综合评价. 热带作物学报, 32(10): 1820-1823.

邱进贤, 覃志刚, 于学海, 等. 1992. 四川盆地薪材树种选择及栽培技术研究. 四川林业科技, 13(1): 1-13.

邱祖青, 杨永宏, 曹秀文, 等. 2007. 白龙江干旱河谷木本植物多样性及其区系地理特征. 甘肃农业大学学报, 42(5): 119-125.

任继周, 侯扶江. 1999. 我国山区发展营养体农业是持续发展和脱贫致富的重要途径. 大自然探索, 18(1): 48-52.

沈茂英. 2003. 川西干旱河谷区生态环境建设的社会保障机制研究. 四川林业科技, 24(1): 19-25.

沈有信, 张彦东, 刘文耀. 2002. 泥石流多发干旱河谷区植被恢复研究. 山地学报, 20(2): 188-193.

沈泽昊, 张志明, 胡金明, 等. 2016. 西南干旱河谷植物多样性资源的保护与利用. 生物多样性, 24(4): 475-488.

沈泽昊. 2016b. 中国西南干旱河谷的植物多样性: 区系和群落结构的空间分异与成因. 生物多样性, 24(4): 363-366.

石承苍, 雍国玮. 2001. 长江上游干热干旱河谷生态环境现状及生态环境重建的对策. 西南农业学报, 14(4): 114-118.

史雪威, 张路, 张晶晶, 等. 2018. 西南地区生物多样性保护优先格局评估. 生态学杂志, 37(12): 3721-3728.

四川省林业科学研究所调查组. 1982. 森林植被与四川"81.7"洪灾. 四川林业科技, (1): 1-16.

四川植被协作组编著. 1980. 四川植被. 成都: 四川人民出版社.

宋同清, 彭晚霞, 杜虎, 等. 2014. 中国西南喀斯特石漠化时空演变特征、发生机制与调控对策. 生态学报, 34(18): 5328-5341.

宋永全. 2013. 云南省第一、二次全省湿地资源调查结果比较研究. 云南地理环境研究, 25(6): 22-26

宋紫玲, 彭明俊, 王崇云, 等. 2019. 紫茎泽兰入侵滇中不同森林群落的特征. 生态学杂志, 38(9): 2630-2637.

苏文华, 王宝荣, 闫海忠. 1997. 砂仁种植对热带沟谷雨林群落影响的研究. 应用生态学报, (S1): 71-74.

孙鸿烈, 郑度, 姚檀栋, 等. 2012. 青藏高原国家生态安全屏障保护与建设. 地理学报, 67(1): 3-12.

孙辉. 1998. 固氮植物篱对坡耕地水土保持和土壤改良的效果. 四川: 中国科学院成都生物研究所硕士学位论文.

陶蕴之. 2016. 西南国家级自然保护区生态成效评估. 金华: 浙江师范大学硕士学位论文.

王达明. 2010. 西双版纳普文林场热带雨林恢复的实践. 西部林业科学, 39(4): 34-38.

王达明, 陈宏伟. 2009. 云南热区人工林可持续经营的特点及其研究成效分析. 西部林业科学, 38(3): 33-38.

王峰, 周立江, 李仁洪, 等. 2012. 四川用材林建设历史与发展对策探讨. 林业资源管理, (1): 17-21.

王克勤, 沈有信, 陈奇伯, 等. 2004. 金沙江干热河谷人工植被土壤水环境. 应用生态学报, 15(5): 809-813.

魏亚洲. 2019. 马克思主义自然观视域下还自然以宁静和谐美丽思想探析. 哈尔滨: 哈尔滨工业大学硕士学位论文.

吴晓龙. 2015. 四川盆周山地西缘柳杉人工林综合效益评价研究. 雅安: 四川农业大学硕士学位论文.

席一, 尤振. 2006. 岷江上游退化森林生态系统的恢复与重建. 安徽农业科学, (23): 6281-6282+6285.

谢以萍, 杨再强. 2004. 攀西干旱干热河谷退化生态系统的恢复与重建对策. 四川林勘设计, (1): 11-14.

徐国祯. 1997. 森林生态系统经营—21 世纪森林经营的新趋势. 世界林业研究, 10(2): 15-20.

徐翔, 张化永, 谢婷, 等. 2018. 西双版纳种子植物物种多样性的垂直格局及机制. 生物多样性, 26(7): 678-689.

徐小英. 2015. 中国湿地资源. 北京: 中国林业出版社.

徐学良. 1965. 贵州云南松天然林更新的初步研究. 林业科学, 10(2): 123-131.

许玥, 李鹏, 刘晔, 等. 2016. 怒江河谷入侵植物与乡土植物丰富度的分布格局与影响因子. 生物多样性, 24(4): 389-398.

许再富, 朱华, 刘宏茂, 等. 1994. 滇南片断热带雨林植物物种多样性变化趋势. 植物资源与环境, 3(2): 9-15.

杨冬生. 2002. 论建设长江上游生态屏障. 四川林业科技, 23(1): 1-6.

杨建波, 马友鑫, 白杨, 等. 2019. 西双版纳地区主要森林植被乔木多样性的时间变化. 广西植物, 39(9): 1243-1251.

杨龙龙, 吴燕如. 1998. 西双版纳热带森林地区不同生境蜜蜂的物种多样性研究. 生物多样性, 6(3): 197-204.

杨渺, 肖燚, 欧阳志云, 等. 2021. 四川省生物多样性与生态系统多功能性分析. 生态学报, 41(24): 9738-9748.

杨培松. 2021. 基于森林自然度的多功能经营模式研究. 长沙: 中南林业科技大学硕士学位论文.

杨清, 韩蕾, 陈进, 等. 2006. 西双版纳热带雨林的价值、保护现状及其对策. 广西农业生物科学, 25(4): 341-348.

杨世逸, 周政贤. 1993. 山区立地分类的地质地貌方法. 贵州农学院丛刊, (1): 1-13.

杨玉坡. 1980. 岷江上游森林生态问题综合考察报告(摘要). 四川林业科技, (S1): 1-5.

杨玉坡. 1982. 加强长江流域绿化造林和水土保持是一项刻不容缓的任务. 四川林业科技, 3(1): 3-6.

杨玉坡. 1987. 关于四川西部高山森林经营的若干问题. 四川林业科技, 8(2): 9-14.

杨玉坡, 李承彪, 管中天, 等. 1992. 四川森林. 北京: 中国林业出版社.

杨玉坡, 李承彪, 林鸿荣, 等. 1980. 岷江上游森林生态问题综合考察报告. 四川林业科技, (S1): 1-31.

杨兆平, 常禹, 胡远满, 等. 2007a. 岷江上游干旱河谷景观变化及驱动力分析. 生态学杂志, 26(6): 869-874.

杨兆平, 常禹, 杨孟, 等. 2007b. 岷江上游干旱河谷景观边界动态及其影响域. 应用生态学报, 18(9): 1972-1976.

杨振寅. 2007. 元谋干热河谷植被景观动态与植被恢复研究. 北京: 中国林业科学研究院博士学位论文.

叶延琼, 陈国阶, 杨定国. 2002. 岷江上游土地退化及其防治对策. 水土保持通报, (6): 56-58+70.

余波, 蒋钵, 周义贵, 等. 2017. 四川省森林可持续经营的现状及对策建议. 四川林业科技, 38(3): 123-126, 129.

喻理飞, 朱守谦, 祝小科, 等. 2002. 退化喀斯特森林恢复评价和修复技术. 贵州科学, 20(1): 7-13.

袁丛军, 喻理飞, 严令斌, 等. 2017. 喀斯特石漠化区不同经营类型次生林群落特征及林分结构. 西部林业科学, 46(1): 70-78.

云南锡业公司, 云南省林科所. 1974. 云南松人工林间伐抚育实验研究(阶段)报告. 云南林业科技通讯, (2): 1-7.

云南植被编写组. 1987. 云南植被. 北京: 科学出版社.

曾龄英, 尹嘉庆. 1966. 云南江边林区云南松更新调查研究. 林业科学, 11(1): 23-28.

张闯娟. 2020. 西南高山峡谷区生物多样性时空分布格局及环境变化影响评价. 杨凌: 西北农林科技大学硕士学位论文.

张瀚曰, 胡斌, 包维楷, 等. 2020. 攀枝花地区芒果园土壤 pH 现状及变化趋势. 应用与环境生物学报, 26(1): 63-73.

张瀚曰, 胡斌, 包维楷, 等. 2021. 攀枝花市芒果园产量及施肥管理问题诊断. 中国土壤与肥料, (5): 260-267.

张磊, 李绍才, 缪宁, 等. 2020. 基于信息熵的四川盆周山地杉木生态系统稳定性评价. 中南林业科技大学学报, 40(7): 79-88.

张琪, 李跃清. 2014. 近 48 年西南地区降水量和雨日的气候变化特征. 高原气象, 33(2): 372-383.

张荣祖. 1992. 横断山区干旱河谷. 北京: 科学出版社.

张文, 周立江, 潘发明, 等. 2008. 利用 CBERS 进行汶川地震区森林资源损失快速评估. 山地学报, (6): 748-754.

张学询, 李永福. 1987. 丽江玉龙山森林土壤垂直分布. 生态学杂志, (1): 27-29, 43.

张一平, 段泽新, 窦军霞. 2005. 岷江上游干暖河谷与元江干热河谷的气候特征比较研究. 长江流域资源与环境, 14(1): 76-82.

张殷波. 2007. 国家重点保护野生植物的保护生物地理学研究. 北京: 中国科学院大学博士学位论文.

张远东, 张笑鹤, 刘世荣. 2011. 西南地区不同植被类型归一化植被指数与气候因子的相关分析. 应用生态学报, 22(2): 323-330.

张志斌, 杨莹, 张小平, 等. 2014. 我国西南地区风速变化及其影响因素. 生态学报, 34(2): 471-481

赵光裕. 2018. 四川盆地北缘山区森林资源动态及其经营对策研究—以剑阁县为例. 四川林业科技, 39(1): 113-117.

赵海凤. 2014. 四川省森林生态系统服务价值计量与分析. 北京: 北京林业大学博士学位论文.

赵润. 2019. 川中丘陵区防护林质量评价及分析. 绵阳: 绵阳师范学院硕士学位论文.

中华人民共和国国务院. 2011. 全国主体功能区规划 http://www.gov.cn/zhengce/content/2011-06/08/content_1441.htm [2011-6-8].

钟华, 周彬, 韩明跃, 等. 2011. 滇中高原退化云南松林恢复模式. 林业实用技术, (3): 14-16.

钟章成. 1982. 四川常绿阔叶林分区和区划原则有关问题的几点意见. 西南师范学院学报(自然科学版), (2): 13-27.

周成强, 贾廷彬, 姜勇, 等. 2018. 四川经济林生产现状及发展对策. 林业建设, (6): 44-47.

周利勋, 刘永春. 2003. 西藏高寒地区森林土壤资源及其开发利用. 东北林业大学学报, 31(6): 73-74.

周连兴, 宋进春. 2002. 森林分类经营有关政策、管理体制问题的思考. 中南林业调查规划, 21(2): 15-17.

周义贵. 2014. 岷江上游干旱河谷区不同土地利用/植被恢复类型土壤生态效益评价. 雅安: 四川农业大学博士学位论文.

朱华. 2005. 滇南热带季雨林的一些问题讨论. 植物生态学报, 29(1): 170-174.

朱华. 2007. 论滇南西双版纳的森林植被分类. 云南植物研究, 29(4): 377-387.

朱华. 2018. 云南热带森林植被分类纲要. 广西植物, 38(8): 984-1004.

朱华, 许再富, 王洪, 等. 2000. 西双版纳片断热带雨林植物区系成分及变化趋势. 生物多样性, 8(2): 139-145.

朱华, 许再富, 王洪, 等. 2001. 西双版纳片断热带雨林 30 多年来植物种类组成及种群结构的变化. 云南植物研究, 23(4): 415-427.

朱林海. 2009. 岷江干旱河谷整地造林植被恢复的长期效果评价. 重庆: 西南大学硕士学位论文.

朱万泽, 蔡小虎, 何飞, 等. 2006. 四川盆地西缘湿性常绿阔叶林不同恢复阶段物种多样性响应. 生物多样性, 14(1): 1-12.

朱鑫鑫. 2014. 华西南三江河谷种子植物区系研究. 昆明: 中国科学院昆明植物研究所博士学位论文.

Bird International. 2017. World Database of Key Biodiversity Areas. [2017-10-23].

Didham R K, Hammond P M, Lawton J H, et al. 1998. Beetle species responses to tropical forest fragmentation. Ecological Monographs, 68(3): 295-323.

Foley J A, Asner G P, Costa M H, et al. 2007. Amazonia revealed: forest degradation and loss of ecosystem goods and services in the Amazon Basin. Frontiers in Ecology and the Environment, 5(1): 25-32.

Food and Agriculture Organization. 2010. Global Forest Resources Assessments 2010. Rome: FAO.

Jensen M E, Everett R. 1994. An overview of ecosystem management principles. Ecosystem Management: Principles and Applications, 2: 6-15.

Law W, Salick J. 2005. Human-induced dwarfing of Himalayan snow lotus, Saussurea laniceps (Asteraceae). Proceedings of the National Academy of ences of the United States of America, 102 (29): 10218-10220.

Richard O, Bierregaard Jr, Thomas E, et al. 1992. The biological dynamics of tropical rainforest fragments. Bioscience, 42(11): 859-866.

Thomas G H. 2006. Evidence for intensification of the global water cycle: Review and synthesis. J Hydrology, 319: 83-95.

UNEP-WCMC. 2019. Protected area profile for China from the world database of protected areas. [2019-03-26]. https//www.protectedplanet.net/.

第9章 华南地区森林生态系统质量和管理状况及优化管理模式①

华南四省区（湖南、广东、广西、海南）森林覆盖率高（平均 60.9%），人工林面积大（占全国 25.2%），海岛、海岸带植被类型丰富，在我国木材生产、生态文明建设中具有重要的区位优势。地带性植被主要有中亚热带的典型常绿阔叶林、南亚热带的季风常绿阔叶林、北热带的季雨林和热带雨林。人工林主要有马尾松、杉木等树种组成的针叶林，以及桉树、相思树和乡土树种等组成的阔叶林。华南四省区森林呈现出"四多四少"的特点，也即次生林多，原始天然林少；针叶林多，优质乡土阔叶林少；人工纯林多，混交林少；中幼龄林多、成过熟林少。根据生态系统结构、功能和土壤 3 个方面的 13 个质量评价指标（如平均胸径、平均树高、林分生物量、土壤总有碳含量等），计算湖南 14 个地区常绿阔叶林和 105 个样点杉木人工林的生态系统质量，结果显示，常绿阔叶林生态系统质量指数介于 12.9～62.6，平均值为 37.8，总体质量等级为中等；杉木人工林质量综合指数变化范围为 8.0～57.3，平均值为 29.9，杉木人工林综合质量较低。南海诸岛植被生态系统极为脆弱，近年来调查发现有退化现象，急需开展植被保护与恢复工作。

目前华南四省区天然林和公益林保育、经营管理方面面临的主要挑战来自补贴政策和林改制度两个方面；人工林经营管理方面面临的主要问题是轮伐期短、林地土壤养分消耗严重、易发生病虫害，以及林地权属不清晰、利益分配不均、林地使用权频繁变更、土地使用期限不明确等。

针对这些问题，本章提出了以提高区域森林生态系统质量为目标的 4 点优化管理建议：①大力推进自然保护区和国家森林公园建设，加强天然林资源保护和抚育；②完善生态公益林补偿制度，应用珍贵乡土用材树种实施"三低林"改造；③应用珍贵乡土用材树种优化人工林结构，实施分类与多目标经营；④加强红树林和海岛保护地管理，构建红树林和海岛生态修复模式和标准体系。

9.1 华南地区的自然环境及森林植被概况

9.1.1 自然环境

我国华南地区从行政和地理分区上主要包括广东、广西、海南、香港和澳门。香港

---

① 本章执笔人：申卫军，项文化，汪思龙，陈龙池，刘菊秀，谭向平，孙聃，陈德祥，辛琨，王文卿，简曙光。

和澳门森林主要为城市森林，本章暂不论述。在《中国森林资源清查报告（2014-2018）》中，湖南、广西、广东、海南这四省区归为中南地区。本章中把这四省区简称为华南四省区。这四省区经纬度范围为 104°28′E～117°50′E，3°58′N～30°08′N；陆地部分面积 66.45 万 km²，海域面积 200 多万 km²（表 9-1）。广东是我国人口和经济第一大省；广西和广东人工林面积为全国最多。我国红树林主要分布在广东、广西和海南。海南岛是我国仅次于台湾岛的第二大岛，南海诸岛及海域具有丰富的自然资源和重要的战略地位。

表 9-1　华南 4 省区自然环境与社会经济概况（2019 年）

	土地面积/万 km²	地貌类型	气候	年均气温/℃	年均降水量/mm	土壤
湖南 [a]	21.18	山地、丘陵、	亚热带季风湿润气候	16～18	1200～1800	红壤、山地黄壤、草甸土
广西 [b]	23.76	丘陵平地、喀斯特	中、南亚热带季风气候	17.6～23.8	724～2984	红、黄壤，石灰土
广东 [c]	17.97	山地、丘陵、台地、平原	中、南亚热带季风气候	18.9～23.8	1314～2254	红、赤红、砖红壤
海南 [d]	3.54（陆）～200（海）	山地、丘陵、台地、海礁	热带季风、热带海洋气候	22.5～25.6	1000～2500	砖红壤、潮沙土、石灰土

a 湖南省地方志，湖南省人民政府门户网站，2020-03-19；

b 广西壮族自治区统计局，国家统计局广西调查总队，2019 年广西壮族自治区国民经济和社会发展统计公报，2020-3-12；

c 广东年鉴 2019，广东省人民政府地方志办公室，2019-10；

d 海南省统计局，国家统计局海南调查总队，2019 年海南省国民经济和社会发展统计公报。

　　这一区域内的地貌类型主要有山地、丘陵、台地、平原和河湖水面。湖南、广西和广东 3 省区山地丘陵占 59%～70%，台地和平原占 27%～36%，河湖水面占 3%～7%，形成南方典型的"七山二田一分水"的地形地貌；海南岛山地丘陵面积约占 39%。整体上这一区域为丘陵性低山地形，山脉海拔多在 1000 m 以下；位于广西境内的华南最高峰猫儿山和湖南最高峰酃峰的海拔约 2100 m，广东最高峰石坑崆和海南最高峰五指山海拔也在 1900 m 左右。广西境内广泛分布有典型的喀斯特地貌和喀斯特森林。南海诸岛是由海底火山喷发、珊瑚贝类繁殖和海底泥沙堆积等综合作用而形成的海洋岛，除石岛的海拔为 12.5 m 外，其余均在 10 m 以下，多在 4%～5 m。这一区域内的另一个特点是河网密布，水系发达，各省区都有上千江河湖泊；主要水系有洞庭湖、漓江、珠江、湘江、西江、柳江、邕江、资水、沅江、澧水、南渡江、昌化江、万泉河等。区域内珠江流域是我国十大流域之一，森林覆盖率为各流域中最高，为 55.9%（国家林业和草原局，2019）。区域内主要山脉南岭、罗霄山脉、雪峰山脉、五指山脉森林覆盖率也是全国各大山脉中比较高的，平均覆盖率>63%（国家林业和草原局，2019），尤其是乔木林和人工林面积占比较高。

　　四省区均位于东亚季风区。湖南属于中亚热带季风湿润气候，广东、广西从北至南含中亚热带、南亚热带和热带北缘季风气候，海南岛及南海海域属热带季风海洋性气候。这一区域年均气温 16～26℃，年均降水量 1200～2500 mm，年平均日照时数 1300～2800 h；光、热、水生源要素变化基本同步，但降雨的季节和年际变异比较大。

降雨主要集中在 4～9 月，一般占全年降水量的 80%左右；6～11 月热带风暴和台风盛行，台风带来的降水可占全年降水量的 40%左右；台风雨量大风急，常造成林木风折、风倒，其也是海岛植被退化的主要自然灾害之一。这一区域的森林土壤主要是富铝土，纬度从北向南、海拔从高到低依次分布有黄棕壤、黄壤、红壤、砖红壤性红壤、砖红壤等。黄壤、黄棕壤分布区主要是山地常绿阔叶林和常绿-落叶阔叶混交林；红壤、砖红壤分布区主要是季风常绿阔叶林和季雨林，代表性树种主要来自壳斗科、樟科、苏木科、无患子科、大戟科等。广西喀斯特地区和湖南、广西的石灰岩山地主要分布的是石灰土；南海诸岛主要为由珊瑚沙、鸟粪和植物残落物所形成的磷质石灰土，这类土壤质地粗砂，缺乏铁、铝，富含钙、磷。

9.1.2 森林植被及资源概况

1. 森林植被的历史演变

从地质年代来看，森林植被的形成主要以地理地貌的形成为基础，受气候变化的驱动。三叠纪末期，华南地区就已经形成了现代地貌的雏形，陆生植物开始孕育和发展（万绍滨等，1980，邓美成和周学军，1983）。海南岛大约形成于更新世（距今 250 万～1.5 万年前）中期。第四纪以前（250 万年前），海南岛还和雷州半岛连在一起，在地质构造上属华夏地块的延伸部分，因而海南岛植被具有明显的中国南大陆的共源性，海南岛某些温带成分、亚热带成分也可能是从大陆迁移而来（王伯荪和张炜银，2002）。南海诸岛上的珊瑚砾屑灰岩多数是在距今约 6000～2500 年的中全新世至晚全新世的适宜期形成；植被形成时间更晚，因而也远远晚于大陆。

基于化石和孢粉记录，这一区域古森林植被的发展有两个重要的时期：一是中生代三叠纪末期至白垩纪早中期（距今 2.25 亿～0.7 亿年）裸子植物繁盛时期，主要是苏铁纲、银杏纲、松柏纲林木；二是白垩纪晚期至新生代新近纪（距今 7000～6000 万年）被子植物迅速发展时期，主要有榆科、芸香科、桃金娘科、樟科、壳斗科、蔷薇科、豆科等林木（梁士楚，1991）。现代植被及植物区系的雏形是在第四纪经历了气候环境的干湿交替变化及冷暖（冰期-间冰期）变化而形成的（薛跃规等，1996）。以广东为例，第四纪时珠江三角洲的森林植被在距今约 3 万年的玉木亚间冰期前段，是以栗属、栎属、榆属、银杏属等暖温带阔叶树为特征的北亚热带常绿落叶阔叶混交林；在距今 2.8 万～2.1 万年的玉木亚间冰期后段的暖期，演变为以松属、栲属、栗属为主的中亚热带南部常绿阔叶林；在玉木亚间冰期晚期（距今 2 万～1 万年）至北方期的冷期，植被类型形成以枫香属、栗属等为主中亚热带常绿、落叶阔叶混交林。直至近期 2350 万年以来的亚大西洋暖期，气温接近现代的平均值，成为冬冷而干燥、夏热而湿润的季风气候，森林植被类型演变为南亚热带常绿阔叶林（张镜清等，1985）。

历史时期这一区域森林植被的演变与社会经济发展、生产生活方式和社会变革、战乱等密切相关。根据遗址、遗物证据和志书、诗文记载，史前时期湖南、两广地区已有人类活动，但当时工具简陋，生产生活水平很低，人口稀少，活动范围很小，被砍伐烧垦的森林面积很小、恢复也快。殷末周初至秦汉时期，湖广地区人口有所增加，农业和手工业进一步发展，人口密度不大，经济发展水平低，对森林破坏都不大。海南岛在公元前 111 年划入西汉王朝版图，全岛森林覆盖率达 90%（司徒尚纪，1987a）。上古时代中国人最早发现南沙群岛，秦统一岭南后在广东地区设置南海郡，历史时期的陶片文字、陶瓷文物、志书地理记载等都显示中国人在南海的活动和主权，包括对航线记录、岛礁的测绘及航海、商贸和渔猎活动（中国科学院南沙综合科学考察队，1996；科学网，2017）。

隋唐五代时期人口不断增加，手工业、建筑业和运输业逐步发展，大量农田被开垦，但农业生产仍处于"刀耕火种""火耕水耨"阶段，对这一地区森林的砍伐利用强度加大，但破坏有限；唐代时朝朝廷把海南岛列入开发范围，对珍贵木材资源需求加剧，导致海南岛热带森林的消减（司徒尚纪，1987b）。宋元时期广东进入正式开发期，社会经济发展迅速，人口增长也快，造船业也相当发达；宋朝时海南岛大陆南来移民增多，对土地、珍贵木材、南药、藤条等资源需求加大，对海南岛热带森林和沿海红树林有一定干扰破坏，但南岳、南岭诸峰仍是"长林蓊蔚""古木参天"，反映原始森林的面貌。明清时期是湖广、海南开发的盛期，由于人口迅速增加和经济的较大发展，对粮食、住房、燃料、家具的需求量也急剧增加，手工业如陶瓷、矿冶、造船等也有较大的发展，山地森林遭大量开荒、樵采、战祸、开矿等毁坏，天然林面积不断减少；清嘉庆《九嶷山志》载有明周子恭的《古杉记》，记载了湘南采用插条造林的方法培育大片的杉木人工用材林。清晚期时广东除粤北、粤东山区、粤中粤西的偏远地区、海南岛中部山地和雷州半岛南部等地还有比较茂密的森林外，其余大部分地方的天然林屡遭破坏，荒山秃岭随处可见（司徒尚纪，1987c；李意德，2002）。

辛亥革命至中华人民共和国成立的三十多年中，因军阀混战和日寇侵华战争等，对这一区域森林的摧残尤为剧烈。到新中国成立前夕，广东的原生林已经所剩无几（张镜清等，1985；汪求来等，2014）。湖南森林面积据《湖南森林面积及杉、松、竹产量统计表》记载，1940 年时为 459 万 hm^2，相当于当前湖南森林面积的一半（表 9-2）。海南森林在近代的破坏强度比历史上几次开发浪潮都甚，几乎是毁灭性的。20 世纪 30 年代日军侵华时期，有四家日本伐木公司在海南伐而不育，使海南森林覆盖率从 1933 年 50% 下降到 1950 年时的 35%（司徒尚纪，1987c；林媚珍和张镱锂，2001）。新中国成立后各省区天然林面积有一定波动，20 世纪 90 年代后实行的天然林保护、退耕还林、生态公益林补偿等措施使天然林面积有一定恢复。人工用材林、经济林如湖南的杉木林、广东和广西的桉树林、海南的橡胶林等有大面积发展。解放初期我国有近 5 万 hm^2 的红树林，几十年间由于围海造田、围塘养殖、城市化、港口码头建设及工业区的开发等，红树林面积急剧减少，至 2000 年时约为 2.2 万 hm^2。2001 年以来，中国政府高度重视红树林的保护和大规模的人工造林，至 2019 年，中国红树林面积约 3.0 万 hm^2，中国成为世界上少数红树林面积净增加的国家之一。

表9-2　全国及华南四省区的森林资源概况（2019年）

地区	森林面积/万 hm²	天然林面积/万 hm²	人工林面积/万 hm²	森林覆盖率/%	活立木蓄积量/亿 m³	森林蓄积量/亿 m³	林业总产值/万亿元	生态价值/万亿元
全国[a]	22000	13867.8	7954.82	22.96	191.3	170.6	7.1	15.00
湖南[b]	1052.58	551.1	444.81	59.90	5.72	4.07	0.50	1.01
广西[c]	1483.92	696.1	853.33	62.45	8.1	6.77	0.70	1.46
广东[d]	1052.41	330.5	557.89	59.0	5.8	4.68	0.84	1.43
海南[e]	213.60	54.1	147.67	62.1	1.75	1.53	0.064	0.25

a 中国人工林面积居世界首位，中国绿色时报，2019-08-16；2019年中国国土绿化状况公报，国家林业和草原局政府网，2020-03-12。

b 湖南省林业局，第19届中国湖南张家界国际森林保护节在张家界隆重举行，2019-10-28；湖南省林业局，湖南省2019年林业统计年报分析报告，2020-06-05；湖南省人民政府门户网站 www.hunan.gov.cn。

c 广西公布2019年度市县森林覆盖率，广西壮族自治区林业局，2020-04-03；伊博. 2019年广西林业产业总产值达7042亿元. 中国人造板. 2020, 27（10）：44-45；广西森林覆盖率稳居全国第三、木材产量稳居全国第一. 南国早报. 2020-12-23；2019年广西壮族自治区国民经济和社会发展统计公报. 广西壮族自治区统计局和国家统计局广西调查总队. 2020-03-18。

d 广东省林业局，广东建设全国绿色生态第一省 近10年森林资源稳步增长，http://lyj.gd.gov.cn/news/forestry/content/post_3008856.html，2020-06-5；广东统计年鉴2020，2020-10-09，广东统计信息网。

e 南海网，海南建省以来森林面积增加1266万亩，2020-04-10. https://baijiahao.baidu.com/s?id=1663608212786192017&wfr=spider&for=pc；胡利娟，海南：让森林生态功能"有市有价"，科普时报，2018-05-01。

2. 森林资源现状

华南四省区的森林面积占全国森林面积约17.3%，其中人工林面积约是全国人工林面积的1/4（表9-2）；广西的人工林面积居全国之首，林业产值占广西GDP的26.4%，是支柱产业之一。因此，这一区域是我国人工林分布的重要区域，除湖南外，其余3省区的人工林面积均大于天然林面积（表9-2），人工林在区域林业产业和经济社会发展中都发挥重要作用。四省区的森林覆盖率均接近或高于60%，也处于全国前列。生物量碳储量36.9亿t。同时，已有森林面积占林用地面积除湖南为80%外，另外3省区均已超过93%，启示这几个省区的森林发展提质比扩容方面的潜力更大。

3. 森林类型及分布

这一区域内的人工林多属于针叶林植被型组，天然林多属于阔叶林植被型组。阔叶林植被型组包括了《中国植被》中划分出的除硬叶常绿阔叶林以外的其余7种阔叶林植被型：落叶阔叶林、常绿落叶阔叶混交林、常绿阔叶林、季雨林、雨林、红树林和珊瑚岛常绿林（中国植被编辑委员会，1995）。从纬度水平空间分布上，气候类型由北向南包括中亚热带、南亚热带、北热带和热带；北亚热带和南亚热带主要以南岭为界，南亚热带与北热带大体在雷州半岛北部、北部湾沿岸一线交界，热带主要在海南岛及南海诸岛。相应的地带性森林类型主要有典型常绿阔叶林、季风常绿阔叶林、季雨林和雨林。从经度水平空间分布上，这一区域的常绿阔叶林都属于东部典型或季风常绿阔叶林（宋永昌，2013），但季风常绿阔叶林区以广西草黄岭、岑王老山一线为界，由东到西雨量递减，其经向水平分布表现出偏湿性和偏干性的特点，森林的建群种或优势种有较明显的经度性差异（温远光等，2014）。

除这些地带性的森林植被型或亚型外，区域内山地、丘陵沿海拔垂直梯度上还分布有山地常绿阔叶林、落叶常绿阔叶混交林、落叶阔叶林、山地阔叶矮林等过渡性森林植被亚型。以四省区的一些山体为例，这一区域森林植被垂直分布大体上有两类：①比较高的山峰如湖南莽山和罗翁八面山、广西猫儿山和大瑶山、广东石坑崆，海拔均在1900 m以上；②区域内大部分山峰海拔在1500 m以下，如湖南衡山、广西十万大山、广东鸡笼山和海南霸王岭（图9-1）。大体上在海拔1200 m以下都分布着典型常绿阔叶林、季风常绿阔叶林和一些针叶人工林（广东、广西），以及低地雨林和山地雨林（海南岛）；在海拔约1200~1800 m范围内则分布着山地常绿阔叶林、落叶常绿阔叶混交林、落叶阔叶林和竹林等；海拔1800 m以上则主要是山地阔叶矮林或灌丛、草甸（图9-1）。相对于广东、广西来说，湖南相似森林类型的垂直分布海拔要低约200 m。

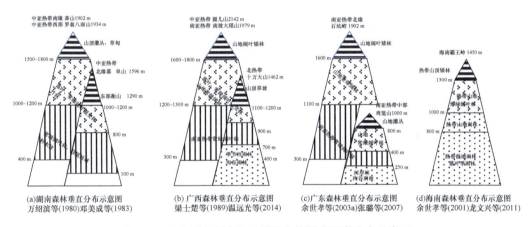

(a)湖南森林垂直分布示意图
万绍滨等(1980)邓美成等(1983)
(b)广西森林垂直分布示意图
梁士楚等(1989)温远光等(2014)
(c)广东森林垂直分布示意图
余世孝等(2003a)张璐等(2007)
(d)海南森林垂直分布示意图
余世孝等(2001)龙文兴等(2011)

图9-1 华南四省区森林植被沿海拔梯度垂直分布示意图

华南四省区的人工林面积大、类型多，是这一区域森林植被的一大特点。区域内的人工林从用途上主要划分为用材林和经济林两类，其中用材林多分布于低、中山和丘陵地带。在湘南、粤北和桂北地区，针叶树用材林主要是松、杉、柏类纯林或针阔混交林；其中杉木林和马尾松林是湖南森林资源的主体，总面积比例超过50%（李家湘等，2020）；这两类森林在广东中部、南部和广西全境也都是广泛分布的人工林类型，主要来自撂荒地、采伐迹地、火烧迹地上的人工或飞播造林（余世孝和练琚蕍，2003a，2003b；温远光等，2014）。分布于两广热带北缘和海南岛的针叶人工林主要是南亚松林。四省区的阔叶人工林主要是桉树、相思树和乡土树种组成的纯林或混交林；混交林以针阔叶树种混交林居多，多是马尾松、杉木与相思类或乡土树种组成的混交林，也有少部分针叶树混交林或阔叶树混交林。这一区域的阔叶人工纯林或针阔混交林中，外来阔叶树种如桉树、相思树、橡胶树、木麻黄等应用广泛（温远光等，2014）。

红树林是生长在热带、亚热带海岸潮间带的木本植物群落。我国现有红树林面积约为 29670 hm^2，主要分布在广东雷州半岛、阳江、深圳和珠海，广西英罗湾、丹兜海、铁山港和钦州湾，海南东寨港、清澜港和三亚湾，福建漳江口、九龙江口和泉州湾等地。其中，广东分布面积最大（14256 hm^2），约占全国总面积的 50%；其次是广西（8922 hm^2）和海南（4900 hm^2）；而海南红树林的红树、半红树种类最多。由低潮线向高潮线方向递进，受土壤质地、盐度等的影响，天然红树林在潮间带生境上呈现出明显的带状分布，往往会形成纯林或兼有一些伴生种的混交林。在低潮线附近林带前缘，常见秋茄、红海榄、海桑、正红树等乔木先锋群落，伴生有桐花树、白骨壤等灌木。在高潮线附近林带内缘，常见木榄、木果楝、角果木、海莲等组成的纯林或混交林。一些半红树种类如水黄皮、黄槿、杨叶肖槿、银叶树等则既可以生长在潮间带，也可以生长在陆地非盐渍土。我国的红树林人工林群落主要由近年外来引入的无瓣海桑和拉关木构成，适生性强，常形成高大的乔木群落，被广泛应用于裸滩的红树林恢复。

南海诸岛（礁）的珊瑚岛常绿林主要有天然林和人工林群落。其中，天然乔木林主要是以抗风桐、海岸桐、橙花破布木、红厚壳等种类为单一优势种的纯林，或它们组成的混交林。这些乔木林群落并不是在所有岛屿上都有分布，通常一个海岛上仅有少数 1～2 个类型。南海诸岛灌木林主要有草海桐、银毛树、苦朗树、海人树、水芫花、海滨木巴戟、伞序臭黄荆等组成的单优或混交群落；其中草海桐、银毛树群落在南海诸岛最为常见，在大部分珊瑚岛上都有分布，多数为零星散布。这些天然的乔、灌木或藤草植物群落在岛屿上的分布主要呈斑块状。在一些面积较大、植被保育较好的岛屿上，不同植物群落的分布也呈现出一定的环带状格局，如东岛邻近海岸线的外围沙滩或岩石上常分布着厚藤+细穗草、铺地刺蒴麻+细穗草、海马齿等藤草群落，以及海人树、水芫花等低矮灌木群落（<1.5 m）；再向岛内的海岸沙堤附近，则主要分布着草海桐、银毛树等中等高度的灌木林群落（1.5～2.0 m）；岸堤以上至岛内部才有连片分布的伞序臭黄荆、银毛树和南蛇簕等较高的灌木林群落（1.8～3.0 m），以及抗风桐、海岸桐等比较高大的乔木林群落（6～10 m）（任海等，2017）。南海诸岛上的人工乔、灌木群落主要有木麻黄林、椰树林、银合欢林、榄仁林等，是一些面积较大的岛屿上人工栽植的防护林和绿化景观林。以上这些乔、灌木植被是西沙群岛防风固沙、涵养淡水体、调节小气候和营造良好生态环境的主体，在改善当地生态环境质量、促进可持续发展方面发挥重要作用，也是西沙群岛现有植被的重点保护对象。

9.2 华南与热带地区森林生态系统质量状况及其影响因素

华南四省区的地带性森林主要为亚热带常绿阔叶林和热带雨林，人工林面积占全国人工林面积的 1/4，是我国人工商品林的主要产区，在我国人工林生产经营方面占有重要地位。本节将以区域内的天然林和人工林为对象，对它们的结构、功能、服务等方面的质量状况进行阐述。

9.2.1　华南森林结构组成方面的质量状况及影响因素

华南四省区天然林以及地带性森林的群落结构组成方面的状况。由于区域内人工林在全国人工林生产经营中的重要性，这里我们对华南四省区人工林的主要类型和组成方面特征进行一些说明。区域内的人工林从用途上主要划分为用材林和经济林两类，其中用材林多分布于低、中山和丘陵地带。在湘南、粤北和桂北地区，针叶树用材林主要是松、杉、柏类纯林或针阔混交林；松树主要有马尾松、华南五针松和广东松等；杉类主要有杉木、冷杉和油杉等；柏类主要有柏木、福建柏和竹柏等。其中，杉木林和马尾松林是湖南森林资源的主体，总面积比例超过 50%（李家湘等，2020）；这两类森林在广东中部、南部和广西全境也都是广泛分布的人工林类型，主要来自撂荒地、采伐迹地、火烧迹地上的人工或飞播造林（余世孝和练琚蔚，2003a，2003b；温远光等，2014）。分布于广东、广西热带北缘和海南岛的针叶人工林主要是南亚松林。

华南四省区的阔叶人工林树种主要有桉类、相思类和乡土类。桉树主要有柠檬桉、尾叶桉和窿缘桉；相思树种主要有大叶相思、台湾相思、马占相思林；乡土树种主要有西桦、大叶栎林、红锥、樟树、黄果厚壳桂、降香黄檀、华杜英、格木、蚬木、云南石梓、马褂木、刨花润楠、灰木莲林、苦楝、铁力木、香梓楠、火力楠、米老排等。混交林以针阔叶混交林居多，多是马尾松、杉木与相思类和乡土树种组成的混交林（如杉木+火力楠、马尾松+大叶相思、马尾松+火力楠），也有少部分针叶树混交林（杉木+油杉、杉木+马尾松）或阔叶树混交林（桉树+甜锥、木荷+火力楠、桉树+马占相思）。在混叶树种中，外来树种如桉树、相思树、橡胶树、木麻黄等应用广泛（温远光等，2014）。

根据第九次全国森林资源清查报告，华南四省区的森林按龄组结构来看，幼龄林、中龄林、近熟林、成熟林、过熟林的面积分别为 1399.6 万 hm^2、867.69 万 hm^2、263.32 万 hm^2、152.21 万 hm^2、50.72 万 hm^2，蓄积量分别为 46548.32 万 m^3、64881.69 万 m^3、25753.03 万 m^3、18120.71 万 m^3、5395.38 万 m^3；其中中幼龄林的面积和蓄积量分别占总面积和总蓄积量的 83%和 69.3%。华南四省区的森林表现出明显的中幼龄林多、成过熟林少的特点。结合前面的阐述，华南四省区的森林还显示出人工纯林多、混交林少，原始天然林少、次生林多，针叶林多、优质乡土阔叶林少等特点（邓东华，2015）。因此，这一区域的森林质量从林种组成、龄组组成、树种组成、空间分布、服务功能等方面都还有很大的提升空间。

9.2.2　常绿阔叶林的质量状况及影响因素

利用 2015 年湖南森林资源年报数据，并结合湖南碳专项森林生态系统野外调查数据中的 55 个常绿阔叶林样点，对湖南常德市、郴州市、衡阳市、怀化市、娄底市、邵阳市、湘潭市、湘西自治州、益阳市、永州市、岳阳市、长沙市、株洲市和张家界市 14 个地区的常绿阔叶林生态系统进行质量现状评估。

1. 生态系统质量评价方法

1) 生态系统质量评价指标的选取

森林生态系统质量评价选取的指标必须能够反映生态系统的结构、功能植被特征和土壤特征等，体现生态系统的综合质量状况。从生态系统结构、生态系统功能和土壤养分三大类指标中选取了 13 个质量评价指标，包括结构质量指标（平均胸径、平均树高和郁闭度）、功能质量指标（林分生物量、林分蓄积量、生物多样性和地表凋落物量）和土壤质量指标（全碳含量、全氮含量、全钾含量、土壤容重、土壤深度和坡度）。这些指标基本能够反映森林生态系统结构质量、功能质量和土壤质量。

2) 指标数据标准化与各指标权重确定

现有 14 个地区三大类评价指标的原始数据，构成一个矩阵，即决策矩阵。在决策矩阵中，$X = \left(x_{ij}\right)_{m \times n}$，其中 m 为 14（地区）；n 为 3（结构质量指标）、4（功能质量指标）和 6（土壤质量指标）；x_{ij} 为第 i 地区第 j 个评价指标的原始值。

由于各指标的实际值之间的量纲不统一，无法直接进行综合和比较，因此需要对各指标值进行标准化处理，使其在综合计算和评价时，真实反映评价因子间的合理性与公平性。本报告采用极差变换法对各指标进行标准化。

评价指标与生态系统质量有正逆两种关系，正指标和逆指标的处理方式是不同的，随森林生态系统质量变化的方向也不一致，分为正向指标和逆向指标（表 9-3）。对正向指标，采用最低值（$\min x_{ij}$）为准进行标准化，也即 x_{ij} 原始值减去最小值（$\min x_{ij}$）除以最大值（$\max x_{ij}$）减最小值（$\min x_{ij}$）；对逆向指标，采用最大值减去原始值再除以最大值减去最小值。对正向指标，如生物量，生态系统指标值增大，综合生态系统

表 9-3　评价指标与生态系统质量的关系

指标		单位	指标变化与质量变化的关系		权重值
			指标变化	质量变化	
结构质量指标	平均胸径	cm	升高	升高	0.31
	平均树高	m	升高	升高	0.32
	郁闭度	%	升高	升高	0.37
功能质量指标	林分生物量	Mg	升高	升高	0.25
	林分蓄积量	m³	升高	升高	0.24
	生物多样性	无	升高	升高	0.26
	地表凋落物量	Mg	升高	升高	0.25
土壤质量指标	全碳含量	g/kg	升高	升高	0.15
	全氮含量	g/kg	升高	升高	0.14
	全磷含量	g/kg	升高	升高	0.15
	土壤容重	g/cm³	升高	降低	0.13
	土壤深度	cm	升高	升高	0.22
	坡度	(°)	升高	降低	0.21

质量指数随之增大；对逆向指标，如土壤容重，生态系统指标值增大，综合生态系统质量指数相应减小。

采用熵权法计算各指标权重。熵权法就是根据各指标传输给决策者的信息量的大小来确定指标权数的方法。熵权法的基本思路是根据标准化后的指标变异性的大小来确定客观权重。一般来说，某个指标的变异程度越大，其提供的信息量也越多，在综合评价中所起到的作用也越大，权重也相应地越大。经计算，13 个指标的权重见表 9-3。

3）生态系统质量等级划分

根据所选取的数据以及各指标的权重值，分别计算湖南各地区常绿阔叶林结构质量、功能质量和土壤质量评价值，并从这三方面对湖南常绿阔叶林生态系统质量（EQ）进行评价。生态系统的结构质量、功能质量、土壤质量的综合评价值就等于某样点第 j 个指标的无量纲标准化值（C_j）与某样点第 j 个指标的权重值（W_j，见表 9-3 所列权重值）的乘积（$W_j \times C_j$）的和。

根据计算的常绿阔叶林质量评价值，将生态系统质量分为 4 个等级，分别为优等、良好、中等和差等，分级标准见表 9-4。

表 9-4　生态系统质量分级标准

级别	优等	良好	中等	差等
指数	EQ≥75	50≤EQ<75	25≤EQ<50	EQ<25

2. 常绿阔叶林生态系统结构质量评价

结构是森林生态系统重要的特征，它与生态系统功能和生态系统服务密切相关，能够直接反映森林生态系统质量状况。湖南 14 个地区常绿阔叶林生态系统结构质量指数范围较大，介于 12.78～89.39。全省常绿阔叶林生态系统结构质量指数平均值为 41.23，低于 50。因此，湖南常绿阔叶林生态系统结构质量普遍较低，平均而言质量等级为中等。湖南不同地区常绿阔叶林生态系统结构质量参差不齐，差距较大。其中，张家界市和岳阳市常绿阔叶林生态系统结构质量指数较高，分别为 89.39 和 85.00，质量等级为优等。永州市生态系统结构质量指数大于 50，常绿阔叶林生态系统结构质量指数等级为良好。常绿阔叶林结构质量指数等级为中等的地区较多，有 8 个地区；而差等级的地区有 4 个，分别是郴州市、娄底市、湘潭市和益阳市。

湖南各地区常绿阔叶林生态系统结构质量指数之间差异较大，这主要归因于各地区林分的平均胸径和平均树高等结构质量指标的差异，如张家界市和岳阳市常绿阔叶林有较高的结构质量指数。这也表明生态系统结构质量指标之间也存在差异，结构质量指标的选择对森林生态系统质量的综合评价具有重要影响。

3. 常绿阔叶林生态系统功能质量评价

生态系统功能是生态系统各过程的有序连接，生态系统所完成的特定任务或达到的预期目标，如物质循环和能量流动，也是生态系统重要的特征。生态系统功能质量指数能够直接反映生态系统质量的高低。湖南常绿阔叶林生态系统功能质量指数范围较大，介于 0.50～97.58，平均值为 33.84，质量等级为中等，这表明湖南常绿阔叶林生态系统功能质量较低。

湖南各地区常绿阔叶林生态系统功能质量指数差异较大。其中，以怀化市常绿阔叶林生态系统功能质量指数最高，为 97.58，质量等级为优等；常绿阔叶林生态系统功能质量等级为良好的地区有湘西自治州、永州市和张家界市，其功能质量指数分别为53.45、52.64 和 52.30；常绿阔叶林生态系统功能质量等级为中等的地区有 4 个，分别为常德市（40.24）、郴州市（46.05）、邵阳市（40.00）和株洲市（32.08）；生态系统功能质量等级为差等的地区较多，有 6 个地区，分别是衡阳市（8.13）、娄底市（0.50）、湘潭市（7.97）、益阳市（11.57）、岳阳市（8.35）和长沙市（22.86）。

湖南各地区常绿阔叶林生态系统功能质量指数差异较大的原因，可能是生物多样性的差异。生物多样性指数越高，森林生产力越高，其物质库和能量流也越多，森林生态系统功能质量指数越高。

4. 常绿阔叶林生态系统土壤质量评价

森林土壤是森林生产力的重要体现，不仅能够为植被的生长提供必需的养分和水分，而且对植被的碳固持和根系的发育具有重要的影响，是森林生态系统质量评价的必不可少的重要指标。湖南常绿阔叶林生态系统土壤质量指数均值为 38.22，质量等级为中等，这表明湖南常绿阔叶林土壤质量相对较低。

尽管湖南 14 个地区常绿阔叶林土壤质量指数范围较大，为 13.75～70.49，但大部分地区常绿阔叶林土壤质量指数与湖南平均值差异不大，土壤质量等级以中等居多。其中，常绿阔叶林土壤质量等级为良好的地区有 2 个，为湘西自治州（70.49）和株洲市（56.43）；土壤质量等级为中等的地区较多，有 9 个地区，为常德市（31.94）、郴州市（46.36）、衡阳市（38.92）、怀化市（29.36）、益阳市（40.92）、永州市（43.21）、岳阳市（30.65）、张家界市（45.97）和长沙市（40.56）；其余 3 个地区的常绿阔叶林土壤质量等级为差等，尤其以邵阳市（13.75）最低。各地区常绿阔叶林土壤质量指数差异较大的原因主要是土壤养分（全碳、全氮和全磷）和土壤容重差异较大，这也表明湖南各地区常绿阔叶林土壤肥力存在较大差异。

5. 常绿阔叶林生态系统质量综合评价

将常绿阔叶林生态系统结构质量指数、功能质量指数和土壤质量指数进行汇总，用它们的算术平均值来估算整个生态系统质量指数。湖南各地区常绿阔叶林生态系统质量指数介于 12.90～62.55，平均值为 37.76，总体质量等级为中等。湖南各地区常绿阔叶林生态系统质量较差，无优等级；3 个为良好等级（图 9-2），分别为张家界市（62.55）、湘西自治州（57.68）和怀化市（53.82）；大部分为中等级（9 个地区），分别为永州市（49.79）、株洲市（42.63）、岳阳市（41.33）、郴州市（38.76）、常德市（34.24）、邵阳市

（33.11）、长沙市（32.75）、衡阳市（29.55）和益阳市（25.29）；2 个差等级，分别为湘潭市（14.22）和娄底市（12.90）。

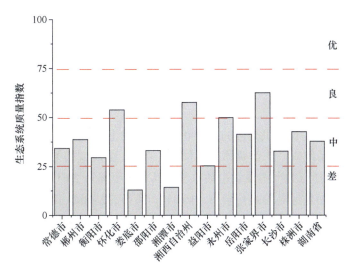

图 9-2　湖南常绿阔叶林生态系统质量指数

　　湖南常绿阔叶林生态系统质量普遍较低的原因主要有以下三点：①除张家界市、湘西自治州和怀化市外，其余地区常绿阔叶林生态系统生物多样性较低，影响了生态系统生产力；②各地区土壤肥力差异较大，除株洲市、怀化市、张家界市和湘西自治州外，其余各地区土壤肥力普遍较低；③各地区地表凋落物量差异较大，除怀化市、郴州市、永州市和张家界市外，其余地区地表凋落物量普遍较少，这影响了土壤养分的归还，进而影响了土壤肥力。

9.2.3　杉木人工林的质量状况及影响因素

1. 杉木人工林生态系统结构质量评价

　　人工林生态系统结构是反映生态系统质量状况的重要因素。与杉木人工林结构因素相关的指标可以占到整个综合质量评价的近 1/3。通过计算湖南 105 个样点的结构质量指数，发现其变化范围为 0.79～23.93。结构质量指数小于 10 的样点共有 42 个，主要是 5～6 年生的幼龄林，郁闭度以及平均胸径、平均树高等均较低。按照地区平均来划分，结构质量指数最高的是岳阳市（16.90），最小的是常德市（3.11），岳阳市较高的结构质量指数归因于其较高的林龄、郁闭度等。湖南平均植被质量指数为 11.58，高于全省平均值的地区包括郴州市、衡阳市、怀化市、娄底市、邵阳市、湘西自治州、益州市、岳阳市和株洲市。

2. 杉木人工林生态系统功能质量评价

　　生态系统的功能，包括生产力、木材生产、水源涵养等，均是生态系统质量的体现，因此功能指标是决定生态系统质量的重要因素。本研究中与功能相关的指标仅选取了生物量、立木材积、地表凋落物量以及细根生物量等，其权重为0.50。通过计算湖南105个样点的地形指数，发现其变化范围为0.64~27.82。按照地区平均来划分，功能质量指数最高的是株洲市（17.54），最小的是永州市（3.45），株洲较高的功能质量指数归因于该地区所选样地较高的立木材积和细根生物量。湖南平均功能质量指数为10.90，高于全省平均值的地区包括郴州市、怀化市、娄底市、湘西自治州、益阳市、岳阳市和株洲市。

3. 杉木人工林土壤质量评价

土壤可以为植被生长提供必需的养分和水分，因此土壤肥力是人工林长期生产力的保障，是人工林生态系统质量的重要体现。本研究中与土壤质量相关的指标权重为0.21。通过计算湖南105个样点的土壤质量指数，发现其变化范围为3.81~14.39。按照地区平均来划分，土壤质量指数最高的是岳阳市（10.94），最小的是湘潭市（5.66），岳阳市较高的土壤质量指数归因于其较高的土壤肥力，即较高的土壤碳含量和氮磷养分含量。湖南平均土壤质量指数为7.42，高于全省平均值的地区包括衡阳市、湘西自治州、岳阳市和株洲市。

4. 杉木人工林生态系统质量综合评价

针对杉木人工林植被、土壤和地形等因素，计算生态系统质量指数。发现湖南105个样点质量指数变化范围为7.97~57.25。其中，等级为优的样点0个，等级为良的样点6个，等级为中的样点61个，等级为差的样点为38个。总体而言，湖南杉木人工林生态系统质量较低，较差样点占比36%，良好样点占比仅6%，甚至没有等级为优的样点。按照地区平均来划分，生态系统质量指数最高的是岳阳市（44.39），最低的是永州市（17.19）。湖南平均质量指数为29.91，高于全省平均值的地区包括郴州市、怀化市、娄底市、湘西自治州、益阳市、岳阳市和株洲市（图9-3）。总之，湖南杉木人工林质量较低，主要

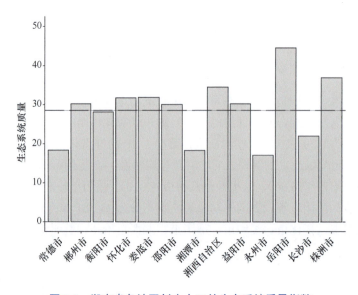

图9-3 湖南省各地区杉木人工林生态系统质量指数

原因是：①多为幼龄林和中龄林，生物量积累较低；②地力退化严重，影响长期生产力的维持；③地处山地丘陵区，坡度较大，影响质量的提升。

9.2.4　海南岛热带森林的质量状况及影响因素

海南岛的热带天然森林植被可分为低地雨林、山地雨林、山地常绿阔叶林、热带针叶林、山地矮林和滨海植被的红树林与滨海砂生植被等主要类型，植被组成种类中 80%以上属于拉恩基耶尔生活型的高位芽植物，而且以裸芽为主；木本植物，特别是乔木种类比例很大，因此天然植被发展到较高级的相对稳定阶段时，一般均可形成乔木群落。

天然森林群落的物候期较明显，形成雨季和旱季两种明显的不同季相。旱季落叶的程度由群落组成成分、土壤条件和该年份的降水量以及人为干扰程度等因素所决定。花期比较复杂，总的来说一般是上半年为花期，下半年为果期，但各个季开花的、每年两次以上花期的和终年开花的植物种类也不少（广东植物研究所，1976）。

海南热带天然森林群落的结构复杂，一般表现为层次多、单位面积植株的多度很大（吴裕鹏等，2013；许涵等，2015）。乔木群落有乔木层 3～4 层，连同灌木层、草本层和地被层则常可达 6～7 层（黄全等，1986）。木本群落以多优势种混交型为主。乔木群落大多数优势种不突出，甚至有时优势属和优势科亦难辨明。单位面积内组成种类的数量很大，如山地上 100 m^2 林地样方内，上下层共包括植物百多种的情况颇为常见（方精云等，2004；许涵等，2015）。天然林中常绿性乔木群落，如板根、老茎生花、滴水叶尖、寄生附生、木质藤本植物等的雨林特征均很明显。

由于人为开发活动的持续，在海南岛现状植被中，人工植被有大幅度的增长，主要有：桉树林、相思林、木麻黄林、椰树林、橡胶林及以经济果木为主的经济林。桉树林是现存面积最大的人工林，以短周期工业用材为主要培育目标；相思林兼具短周期工业用材与大径材培育和裸地植被恢复功能；木麻黄主要是作为沿海岸线种植的一种以防护功能为主的海岸防护林；海南岛本地的野生优良乡土材用树种如青梅、红花天料木（母生）、海南石梓虽有一定面积的栽培，但与桉树、橡胶树、相思、木麻黄等外来树种相比，栽培面积仍较小；而珍贵乡土树种如降香黄檀、白木香的栽培面积近年来则逐年增加；从国外引入的桃花心木、印度紫檀等则在造林和园林绿化方面得到一定的推广应用。经济树木橡胶树大面积栽培，主要是以生产天然橡胶为目的；而以香蕉、菠萝蜜（木菠萝）、芒果、凤梨（菠萝）、槟榔、荔枝、红毛丹、番荔枝、人心果、番石榴、蒲桃、杨桃和黄皮等为主的果树林，形成产量大、品质优且具有鲜明特色的热带水果系列。

2019 年，海南生态公益林八大类共 15 小类的生态服务功能价值中，海南的生态系统服务价值总量为 1392.25 亿元。海南热带雨林国家公园主要森林类型生态服务功能总价值是 709.79 亿元，其中涵养水源功能价值为 326.96 亿元，保育土壤功能价值为 9.02 亿元，固碳释氧功能价值为 94.96 亿元，林木营养物质积累功能价值 3.09 亿元，净化环境功能价值 54.95 亿元，森林防护功能价值 55.58 亿元，生物多样性保育功能价值 127.31 亿元，森林游憩功能价值 37.92 亿元。

海南岛生态系统质量为优和良的面积总和占比 75%，中等为 20%，差和劣只占 5%，说明海南岛生态系统质量优良。海南热带雨林国家公园生态系统质量为优和良的面积总和占比 95%，中、差和劣只占 5%，说明国家公园内生态系统质量优良。

西沙群岛为热带珊瑚岛，具有高温、高湿、高盐、强碱、强光照和季节性干旱等恶劣环境条件，再加上面积小、海拔低、地形简单、常风大、土壤结构差（黏粒少，基本为大颗粒的珊瑚砂），石灰反应强烈，不容易被普通的植物定居，也不能支撑一般的植物快速生长，更不能支撑其尽快形成顶极植被生态系统。因此，西沙群岛的生物多样性较低，生态系统极为脆弱，一旦受到破坏或退化，极难恢复。近年来的调查研究发现，西沙群岛的乔灌木植被出现退化现象，主要表现在：①森林覆盖率呈下降趋势，特别是天然乔木林下降明显，群落趋向灌丛化和藤草化；②原生植物比例下降，外来入侵种增多，危害面积及危害程度呈逐年增大趋势；③病虫害发生频率增大，危害加剧。因此，急需开展西沙群岛原生乔灌木植被的保护及恢复研究工作。

9.3　华南与热带地区森林管理状况及面临的挑战

森林经营管理是指围绕森林资源及林产品而开展的经营活动及实施的管理措施。营林活动通常包括更新造林、森林抚育、林分改造、护林防火、林木病虫害防治、采伐等保护和培育森林的活动，相应的管理工作则涉及林业体制机制建设、政策法规制定、森林资源调查与规划设计、森林生态效益监测与评价、林地利用、木材采伐利用、林区动植微生物利用、林产品加工销售、林业资金运用、林区建设与劳动安排、林业企业经营管理等。森林经营管理的具体对象是林木、林地及森林生物和环境因子组成的完整生态系统。森林经营管理的主体涉及国家、集体、个人多个层次，以及行政、经济、法律与社会多个层面。森林经营管理的目的是修复和增强森林的林产品供给、保护调节、生态系统支持和生态文化服务等多种功能，最终建立健康稳定、优质高效的完整森林生态系统（齐明星，2020）。按生产关系划分，我国森林经营主要有国家经营、合作经营和个体经营三种基本类型。东北、内蒙古和西南的大林区主要是国家经营；本章涉及的长江以南的 4 省区的森林经营以合作经营为主，其中有的是集体统一经营或家庭承包经营。我国的森林经营管理整体上以政府主管部门和集体组织为主导，区域及省级以下的林业经营活动主要受国家林业政策、法规等的调控。经过几十年的林业经营管理实践，已形成了针对生态公益林和人工商品林两大类型的管理策略。本节围绕我国近些年来主要林业政策及华南四省区相应的执行和管理措施，针对这几个省区的天然林（或公益林）和人工林（或商品林）管理现状与面临的主要挑战加以阐述。

9.3.1　主要经营管理政策、法规

从中华人民共和国成立初期到改革开放初期，我国的林业政策变化主要经历了 4 个阶段（李小娴，2011）：土地改革时期的分林到户阶段，农业合作化时期的山林入社阶

段，人民公社时期的山林集体所有、统一经营阶段，以及改革开放初期的均山到户阶段（图 9-4）。改革开放初期至 20 世纪 80 年代中后期，各省区相继开展了大规模的国土绿化行动。如广东省委、省政府 1985 年做出了"五年消灭宜林荒山，十年绿化广东大地"的决定，大力造林绿化、封山育林，森林逐渐开始恢复；广西壮族自治区党委、自治区政府 1987 年发出关于《保护森林、发展林业、力争 15 年基本绿化广西的决定》，至20 世纪 90 年代初期完成了造林灭荒和绿化达标（覃万富，2007）；1993 年，湖南成为继广东、福建之后第三个"消灭宜林荒山"的省份（邓东华，2015）。在这 10 左右的时间里，封山育林、义务植树、飞播造林、工程造林等措施得当，森林覆盖面积和蓄积量都得到稳步提高；造林面积远远超过了砍伐面积，森林经营管理由政府主管部门主导。20 世纪末，各省区进一步深化了造林绿化工作，先后开展了分类经营和生态公益林补偿（图 9-4）（陆新照，2013；赵志强，2014），以及林业重点工程建设（天然林保护工程、防护林体系建设工程、退耕还林还草工程、环北京地区防沙治沙工程、自然保护区建设工程和重点地区速丰林产业基地建设工程）（叶铎等，2014）。21 世纪初的 10 年左右时间里，

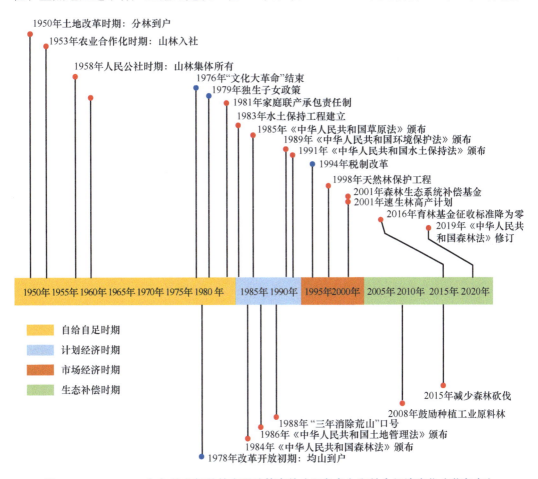

图 9-4　1970～2020 年与林业相关的主要政策事件（红色点）和社会经济变化（蓝色点）

华南四省区执行国家相关林业政策,先后开展了生态省建设、集体林权改革、森林抚育补贴等工作(李震,2013;曾春阳等,2014),进一步巩固了前期的造林绿化成果,为区域森林资源保育和生态环境保护奠定了基础。

党的十八大以来,以习近平同志为核心的党中央把生态文明建设纳入中国特色社会主义"五位一体"总体布局和"四个全面"的战略布局,把"中国共产党领导人民建设社会主义生态文明"写入党章;"绿水青山就是金山银山"和"山水林田湖草"生命共同体的绿色循环低碳发展理念是生态文明建设的理论之基(新华社,2017;人民日报,2017)。林草是我国陆地生态系统的主体,生态文明建设的战略决策和绿色发展理念为我国林业发展指明了方向和道路。2019 年 12 月 28 日新修订的《中华人民共和国森林法》为我国森林资源保育与林业发展提供了具体的制度、措施和法律等方面的保障(图 9-4)。新《中华人民共和国森林法》在森林权属、森林分类经营、森林资源保护、造林绿化、采伐、监督保障、执法制度等方面作出了明确的法律规定,在进一步深化、细化林权制度改革、生态公益林保育、商品林自主经营、林地保护、责任主体划分,以及开展大规模国土绿化、城市森林和国家公园建设方面都作出了比较具体的法律规定;党的十八大以来,全国平均每年完成造林约 1 亿亩,国土绿化成效明显。新《中华人民共和国森林法》也为实施山水林田湖草及海岛、海岸带植被生态保护和修复工程提供了法律依据与行动指南。

9.3.2 天然林管理状况及面临的挑战

根据第九次(2014~2018 年)全国森林资源清查报告,华南四省区天然林总面积 1631.75 万 hm^2,占全国天然林总面积的 11.77%;天然林蓄积量 88716.02 万 m^3,占全国天然林总蓄积量的 6.49%。按功能来划分,华南四省区公益林总面积约 1349.62 万 hm^2,占全国公益林总面积的 10.92%;公益林总蓄积量 71853.57 万 m^3,占全国公益林总蓄积的 6.28%(国家林业和草原局,2019)。整体上来看,华南四省区土地面积(约 66.45 万 km^2)虽然只占我国国土总面积的约 6.9%,但天然林(或生态公益林)的面积占到全国天然林(或生态公益林)约 11%。因此,华南四省区天然林也是国家天然林保护、生态公益林补偿等工作的重要组成部分。

根据国家政策的要求,华南四省区先后完成了包括天然林在内的森林分类区划界定,实施了天然林保护工程,开展了生态公益林区划和补偿,完成了集体林权制度改革等(曾春阳等,2014;李小娴等,2011)。2019 年 7 月,中共中央办公厅、国务院办公厅印发的《天然林保护修复制度方案》,积极推进自然保护地建设,加大公益林管护和天然林保护力度,华南四省区进一步把该项工作作为一项重要的生态工程和民生工程来抓,推进天然林全面禁伐、封育,划为生态公益林的实施抚育补贴政策,主要目的是提高森林质量和林地生产力,促进国有林场和森工企业的林业职工就业,促进林农增收(李震,2013)。一些省区也逐渐摸索出了一些比较具体有效的天然保护与修复措施,如湖南林业局成立专门的天然林保护办公室,专职负责开展天然林全面调研、天然林政策培训、天然林试点评估、天然林保护重点区域标准制定、退化天然林生态功能修复关键技术研究、天然林生态效益监测评价、天然林专项调查。湖南省在天然林保育方面确定几项管理原则（喻锦秀和张玉荣，2011；李利拉，2020）：①明确区划、界定天然商品林的补助，构建保育长效机制；②补助面积落实到山头地块、林权所有者，补助结果在基层组织公示，签订管护补助协议；③天然林保育任务、目标、责任落实到人；④根据天然林植被的不同情况采取多样的经营措施，实施分类经营；⑤构建天然林保育长效机制，调整林业产业结构，培育新的经济增长点，实施分流林业富余人员再就业。华南四省区除在一些深山老林地区存在少量近自然顶级群落外，其余多为经历多次人为活动干扰或破坏形成的次生林，林分质量相对较差，生态功能脆弱，需要实施人工促进的修复、提质改造的天然林面积很大、任务很重，湖南的上述做法和具体管理措施对其他三个省区也具有一定的借鉴价值。

目前在市场经济条件下，天然林和公益林保育、经营管理方面面临的主要挑战来自补贴政策和林改制度两个方面。除天然林保护工程所覆盖的禁伐区外，集体公益林经营所面临的最主要制约因素集中体现在补偿金标准偏低等问题上。由于管护等需要成本投入，又不能从采伐林木中得到补偿，因此存在一定的管理资金需求与补偿投入之间的缺口问题（苏杰南和秦秀华，2011；胡淑仪，2019）。目前迫切需要完善森林生态补偿机制，拓宽补偿基金来源渠道，科学核算与确定补偿标准，形成多元化的补偿方式与途径，实施差异化补偿与动态补偿，实行公益林市场交易模式，针对生态公益林补偿制定专门的法律法规（胡云华，2015；张晓军，2014）。集体林权制度改革是影响华南四省区天然林和公益林经营管理的一项重要决策，是一次涉及面广、影响深刻的重大变革，涉及华南四省区过亿农民的切身利益（李小娴，2011）。林改充分调动了广大林农的积极性，激发了农村经济活力，解放了林业生产力，盘活了森林资源；目前存在的主要问题是农村集体林权改革不彻底，规模经营困难；林权流转制度不健全，森林资源安全风险加大（曾春阳等，2014；黄政康，2016）。因此，要进一步明晰权属，维护森林和林地产权的稳定，深化林权配套改革（谢丽，2013）。

海南岛的热带森林和海南三沙市所属的南海诸岛乔、灌木林随着工业化、城市化和人口增长等方面的压力，原始热带天然林资源被人为过度开发利用，大部分林地退化为次生林，甚至退化为灌丛或裸地，森林资源质量和生态功能变差，导致区域生态环境问题日益突出，热带珍贵用材资源枯竭，现存森林保育和退化植被修复是目前面临的主要挑战。海南岛从 1984 年便开始逐步实行采育结合、封山育林、人工促进天然更新和人工更新等干扰措施，森工采伐企业逐步实行森工转向；于 1994 年起全面停止热带天然林的商业性采伐，使海南热带天然林得到了前所未有的保护（吴华盛 2000；曾庆波等 1997）。海南岛热带森林干扰有两大类型：即自然干扰和人为干扰。自然干扰包括台风、林火、病虫害、极度干旱等严重自然干扰；人为干扰包括过度的采伐木材、刀耕火种、毁林种果、烧炭、放牧等不合理的人为干扰。但随着生态意识增强和可持续经营需要，热带地区也实行了积极的人为干扰，如采育结合、封山育林、天然林保育等。2012 年 7 月省政府常务会议审议通过了《海南省公益林保护建设规划

（2010-2020）》，对生态公益林的规模和布局进行了优化调整，促进了海南生态公益林进入有效保护和良性发展的轨道。但是在实际的经营管理过程中仍然有一些问题亟待解决：①海南的生态公益林到底能为社会产生多少生态服务功能价值。②现行的补偿政策和补偿标准是否合理可行，是否存在动态调整的可能性？③生态公益林的经营和管理是否存在较好的恢复模式和经营管理模式？这些问题一直是各级政府和行业管理部门需要解决的问题。

红树林被誉为"海上卫士"，在防风消浪、促淤保滩、固岸护堤、净化陆地近海海洋污染等方面发挥着重要作用，是全球生物多样性重点保护对象之一。20 世纪 90 年代国家林业局发布的《中国森林可持续经营国家报告》把红树林可持续经营列入重要议事日程，建立了 25 处红树林自然保护区（国家林业和草原局，2019）。2000 年以来，随着人们对红树林价值的逐步认识、环境保护意识的提高和法治的健全，对红树林直接的、大规模的破坏已经很少发生，大部分红树林被纳入了保护区范围。另外，随着沿海居民生产生活燃料问题的逐步解决，砍伐红树林作薪材的情况大大减少，围垦、毁林养殖也得到了制止，城市化和港口、码头的建设对红树林的破坏也采取了相应的补偿措施等。红树林目前面临的主要挑战来自 3 个方面：①人工海堤。海堤的修建不仅侵占了大面积的红树林，更严重的是海堤堵截了红树林滩涂的自然海岸地貌，限制了陆地生态系统和海洋生态系统的物质、能量和信息的交流，破坏了生物多样性，改变了水文条件（范航清和黎广钊，1997）。海堤建设是我国红树植物种类多样性丧失和群落结构逆向演替的最重要原因。②围塘养殖。围塘养殖被认为是对红树林最大的威胁，一方面围塘养殖直接破坏了大面积的红树林；另一方面养殖污染［养殖尾水排放、清塘淤泥排放、农药（抗生素、重金属）等］排放至红树林内，影响红树植物生存和生长。③有害生物入侵。生物入侵已经成为影响生物多样性的最主要因素之一。来自美国的互花米草已经对我国福建、广东和广西的红树林造成了严重威胁。除外来种入侵外，一些原生的乡土植物因环境变化也表现出入侵植物的特点，最为突出的例子就是三叶鱼藤，三叶鱼藤近 5 年的快速扩散已在全国多个红树林分布区造成红树林大面积死亡。

9.3.3 人工林经营管理状况及面临的挑战

华南四省区的人工林在全国人工商品林中占有重要比例。据第九次全国森林资源清查报告，广西、广东、湖南是全国人工林面积排名前 6 的省区；华南四省区人工林面积 1990.95 万 hm^2，占全国人工林总面积的 25.03%；人工林蓄积量 81847.4 万 m^3，占全国人工林总蓄积量的 24.16%；其中个人所有林面积占了 60%以上，集体林占 30.6%，而国有林占比很小。从树种结构来看，主要人工林类型有杉木林、松林（马尾松和湿地松）、桉树林和海南岛的橡胶林；它们的面积在华南四省区总计分别有 439.77 万 hm^2、238.86 万 hm^2、465.75 万 hm^2 和 67.74 万 hm^2。下面以杉木林和桉树林两类主要人工商品林为对象来阐述它们的经营管理状况和存在的主要问题。

1. 杉木林

杉木是我国按重要值（23.23）排名第一的乔木树种，主要分布在福建、湖南、江西和广西；全国约有 211.72 亿株，占全国乔木林株数的 11.19%；蓄积量 107924.27 万 m^3，占全国乔木林蓄积的 6.33%（国家林业和草原局，2019）。杉木具有广泛的用途，在湖南、广东和广西被大面积种植。杉木的木材可作为房屋建筑材料、桥梁材料、船只材料、家具建材、装饰性器具用料、薪炭等。此外，杉木的副产品种类也很多，叶子可被制作成中药的药材，具有祛风、化痰、活血和解毒的功效；树皮可用作屋顶材料，经过加工还可被制成生物质颗粒燃料；树桩可以被制成篮子和盘子，还能被制成桌椅和木雕摆件；根经过加工提炼，可以被制成杉木精油。农民种植杉木的直接目的是满足自己的生活所需和经济收益，如用杉木盖房子、做家具等，以及种植杉木形成特色景观从而带动当地的旅游业发展，间接上也起到了生态环境保护（如水土保持）和推动经济发展的作用。

杉木林的经营管理在不同的时期因社会、经济发展需求而异。20 世纪 50～70 年代，山林归集体所有，由人民公社组织，以乡或村为单位进行集体种植。与此同时，中国正在经历一段经济快速发展和全面基础设施建设的时期，对木材的需求迅速增长。为了满足国家的需求，此时期杉木林的经营管理由政府指定的国有森林产业部门负责，拥有砍伐森林和购买木材产品的权利。森林产业部门在决定收获一片森林之前，他们会与合作社签订合同，并以政府指定的价格予以支付。改革开放初期（1980 年）开始实行分林到户政策，旨在通过引入森林生产责任制度，改革林权制度，维护森林和林地产权的稳定。此时期林地和森林被分配给各个家庭，建立林业生产责任制，造林方式变为了承包或租赁造林。这一改革促进了杉木种植面积的扩大。20 世纪 80 年代后期，华南四省区相继制订了 5 年内消灭荒山，并在 10 年内绿化全省的宏伟目标，促使杉木的造林面积进一步扩大。

20 世纪 90 年代初进入社会主义市场经济时期，林业行业开始追逐利益，为了短期内获取更多的木材，还未成熟的小径材树木也被砍伐，非法砍伐木材也较为严重，砍伐的速度远远超过了重新造林和自然更新的速度。由于轮伐期短，林地土壤养分也消耗严重，这是目前杉木林经营方面面临的主要问题之一。为了控制非法采伐和地方乱收费及收取税费，一些当地政府部门成立了国有木材公司，但这些木材公司因财政管理不善而很快破产。在这之后，当地林业局负责控制非法采伐，依靠给农民发放采伐许可证来控制，农民拥有了采伐许可证，才能采伐和向商人出售木材。

21 世纪初我国开启了速生高产木材项目并建立了森林生态系统补偿基金，促使杉木林种植面积快速增长，杉木市场也渐渐从供不应求变为了供大于求。从 2008 年起，当地政府鼓励农户造马尾松等工业原料林，杉木的种植量有所减少，杉木市场供大于求的状况有所缓解。近年来，随着国家生态文明建设的推进，地方政府逐年减少杉木采伐量，至一定限额时开始禁伐，除非持有政府发放的采伐证。这一政策有效制止了乱砍滥伐的问题，但同时也限制了林木的自由交易，农户从杉木林中获利甚微，因而对杉木的种植管理热情降低，一些杉木林在伐后被改造成了经济林。

近年来，杉木林经营管理方面还存在林地权属不清晰、利益分配不均、林地使用权频繁变更、土地使用期限不明确等问题。许多研究表明，森林资源的维持取决于一套明确的产权制度，以及该制度与社会和经济环境的一致性。目前，林地使用权制度将个人或家庭的使用权与集体的所有权相结合。杉木林的管理责任在林权下放后有制定，但谁将从林地中受益却没有明确的规定，因而可能导致利益分配上的不平等。另外，在林权下放的过程中，林地按家庭人口、质量等被分成了许多地块，不同家庭的林地地块互有交界，有时也会产生因边界不清而造成的林地权属纠纷。不清晰的林地集体所有权也经常会被一些地方领导滥用，集体所有制成为了侵犯农民权利的借口，农民没有足够的权力来保护自己免受侵犯。种植杉木的经济回报至少需要 20 年的时间，土地使用期限过短和使用权频繁变更等也会增加农民种植杉木的风险。2019 年 12 月 28 日，中华人民共和国第十三届全国人民代表大会常务委员会第十五次会议修订通过了《中华人民共和国森林法》，该法案自 2020 年 7 月 1 日起施行。修订后的森林法明确了森林权属及其保护，将林地差异化管理政策上升到了法律层面，有望改善当地农户对经营林地的看法，增加他们对杉木林生产经营的信心。

2. 桉树林

桉树又名尤加利树，是桃金娘科、桉属植物的总称，有近 1039 个种和变种（陈勇平等，2019）。桉树的原产地为澳大利亚，是澳洲最具经济价值的树木，少数树种分布在印尼地区及菲律宾（邹碧山等，2019）。由于其生长速度快、适应性强及应用广等特点，世界热带、亚热带地区的国家都在大力发展桉树人工林，使全球桉树人工林的面积呈现不断增加的趋势。目前全世界有 95 个国家引种种植桉树，据对种植面积在 5000 hm² 以上的国家统计，全球桉树人工林的面积已超过 2257 万 hm²，1990～2015 年，世界桉树人工林面积增加 1657 万 hm²，年均增长量 110 万 hm²，占世界人工林面积的比例从 3.41%提高到 7.80%，而种植桉树的国家所占比例更高，从 5.95%提高到 12.51%（温远光等，2018）。我国于 1890 年开始引进桉树，这一过程经历了零散引种、系统引种试验栽培和早期推广、良种推广和规模化种植三个阶段，相关数据显示，1960～2015 年我国桉树种植面积增加了 430 万 hm²（陈勇平等，2019），桉树已成为我国第三大人工林树种（赵树丛，2019；陈升侃等，2020；李志育，2020）。

目前，中国是世界种植桉树人工林面积第三的国家，桉树种植现已遍及广东、广西、福建、云南等 17 个省（自治区、直辖市）。根据国家林业和草原科学数据中心的报道，目前华南四省区广西、广东、海南、湖南桉树人工林面积分别是 256.05 万 hm²、186.65 万 hm²、12.92 万 hm²、1.92 万 hm²，四省区桉树林面积约占全国总面积的 84%。桉树木材年产量超过 5000 万 m³，是全国商品材的最大来源，占全球桉树生产的 16.7%，支撑着我国制浆造纸和胶合板产业。桉树相关产业每年提供的就业岗位超过 1000 万个，产值超 5500 亿元，是林业领域典型的大产业（温远光等，2018；赵树丛，2020）。另外，在立地条件较差的地区，种植其他树种都以非正常状态生长，但是桉树生命力强，根系向地里生长快，能够有效解决荒漠化、水土流失等难题。王亭然等（2020）在研究中指出立地条件中等以上桉树林经济、碳汇效益可盈利，同时连作三代内经济、碳汇效益可盈利。桉树为我国乡村振兴、改善民生、保护生态做出巨大贡献。

在经济效益及初期生态效益的驱动下，有些地区大面积种植桉树纯林，也造成了一系列的生态问题。长期来看，纯林群落物种多样性较低、生态结构简单，易导致纯林系统稳定性下降，难以担负可持续发展所应有的森林生态服务功能（苏其褏，2017）；由于桉树林易发生虫害，种植户在管理不当的情况下滥用杀虫剂、除草剂等，进一步加剧了对生物多样性的威胁同时导致这些剧毒物质通过不同方式进入当地水源中，造成了水源污染；在经营过程中，经营强度过大和干扰频率偏高导致森林的涵养水源、保持水土等功能下降，水土流失现象严重。

总结目前桉树林面临的主要问题，具体如下：①桉树林种植经营不够合理。一是布局不合理。一些地方对种植桉树没有进行统一规划和管理，致使一些生态区位非常重要的区域种植桉树过多，连片面积过大，林相过于单一，影响了生态景观，降低了森林景观效果。二是品种选择不尽合理。桉树的品种多，每个品种都有其适宜种植的范围，有些地方没有按照"因地制宜，适地适树"的原则来选择桉树品种，而是只要是桉树就种，种植后没有良好的管护，造成生态、经济效益较差，不仅没有达到预期的经济效益，生态效益也大受影响。三是经营方式不科学。有的因使用机械采用全垦的方式来备耕整地造成了水土流失；有的因采伐周期太短使林地失去了蓄水保土的功能；有的因重造轻管，抚育、追肥不及时，病虫害防治工作不落实，巡山护林工作不到位，林木生长受到了很大影响；有的因过度施肥导致土壤富营养化，周边的水源和土壤都受到了影响。四是个别地方存在皆伐完成后没有及时新种，或毁林种植桉树等现象。②桉树林代伐退出后改造难度较大。一是补偿标准偏低，林农林相改造意愿普遍不强。由于部分林企与林农签订的合同尚未到期，过早实施采伐退出的补偿款无法足额弥补过早采伐造成的经济损失，且对林地权属人的补偿无法足额弥补林地权属人将林地租赁给桉树种植户（企业）带来的经济收入。二是补贴标准参差不齐。各地方对桉树林退改的补贴方式和标准受地方财政限制，参差不齐，导致同一区域内的桉树林退改补贴标准不同，林农对桉树林退改补偿的认可度不高，影响退改工作推进。三是存在观望心态。由于部分地方承诺给予林农提前实施采伐退出的补偿款或优惠政策未到位，且绝大部分林农存在"能拖就拖"让桉树继续生长再进行采伐，从而提高木材出材量减少损失的情况，部分林农对本次桉树林退出仍存在观望心态，故桉树林种植者退出和林木权属人流转的意愿都不太强烈。

经过国内外许多专家的科学论证，桉树"有毒"的说法是缺乏科学依据的，也并不是所谓的"抽水机""抽肥机""绿色沙漠"。虽然如此，大面积种植桉树，会引发土地退化、水土保持情况恶化、土地贫瘠等情况。基于桉树的利和弊分析，在桉树经营与改造中，有如下建议：①桉树纯林改造应与"三生"相结合。我们应当充分认识桉树纯林过去发挥的作用及其生态和经济效益，同时也要认真分析目前桉树纯林带来的环境问题和不可持续经营的原因和机理，实施桉树纯林改造结合当地经济的实际情况，需要考虑林农的经济收入和人居环境，既要考虑区域森林生态系统功能的稳定发挥，又要显改善稳步实施美丽宜居乡村建设，实现降低环境资源利用强度，如土地资源利用等。②桉树纯林改造师法自然、人工干预相结合。坚持生态保护优先,适地适树为主。桉树纯林改造用速生乡土树种和珍贵树种,构筑大径级国家储备林或高质量用材林,遵循森林生态系统演替规律,坚持自然恢复为主、人工修复为辅,协调生态保护与经济社会可持续发展关系。③桉树纯林改造分类统筹、多元化投入。深化桉树纯林改造改革,释放纯林改造政策红利,拓宽投融资渠道,创新多元化投入和建管模式,完善生态保护补偿机制,建立健全政府主导、多元主体参与的纯林改造长效机制,加强社会协同和公众参与。

兼顾经济发展和生态保护依然是制约桉树人工林发展的主要矛盾,加之社会及国家战略需求同落后的经营管理之间的矛盾,共同对当前桉树林的发展和经营管理提出更高的要求。我国木材供需矛盾尖锐,木材消耗量超过 5 亿 m^3,其中 60%依赖国际进口,木材及其产品的发展仍有较大空间(谢耀坚,2018)。未来国内外局势可能促使我国实现内循环为主的发展新格局,因此解决发展中木材消耗量的问题和压力,以及服务国家储备林建设的战略,发展桉树仍然具有广阔的前景(赵树丛,2020)。当前,国家层面要求通过合理布局、科学培育,将种植桉树对生态环境的影响降至最低,实现经济效益、生态效益和社会效益的多赢(国家林业和草原局,2020)。要实现这一目标,南方四省区在桉树的经营管理方面还存在一些不小的挑战(谢耀坚,2016;陈少雄等,2018;Tomé et al.,2021)。①必须研发并推行可持续经营的技术措施,如改进造林技术、科学的植被管理、生态补偿机制、控制病虫害等。如何将大面积的桉树纯林逐步改造成为"镶嵌式"林分配置格局,以协调经济效益、生态效益和生物多样性之间的平衡,以及实现国家、企业和当地农民三方利益之间的平衡发展,将是我国桉树培育技术创新的重点课题。②破除小农经营模式的藩篱。南方 90%的林业用地属于集体,但 80%以上桉树经营者都是小户种植者,他们缺乏相应的资金和技术支持,其严重制约了我国桉树现代培育技术的规模化发展。因此,如何改进林地的权属关系,提高林业企业规模化经营面积的比例,稳定和增强林业企业的经营信心,是发展我国现代桉树培育技术的基础。③降低工人劳动强度,提高工作效率,提升桉树栽培的技术水平。亟待研究出适合广大林农的全年造林技术模式,加强小型整地、施肥、种植和除草的机械设施的研制,建立苗圃、肥料厂、木材加工厂、林业机械设备厂等全产业链的配合体系。④当前的经营管理措施能否应对未来全球变化对桉树人工林的影响。根据 IPCC(2014)的评估,预计到 21 世纪末随着全球平均地表温度的上升(1.5~4.5℃),大部分地区的极端天气将更加频繁。据预测,未来热带亚热带地区的气候可能呈现出更为明显的干季更干、湿季更湿的特征(Zhou et al.,2011)。在未来的气候情景下,树木将经历新的生物和非生物环境和压力,如干旱、极端温度、洪水、台风、野火和新病虫害压力。因此,开展品种抗逆性试验,以及新品种培育,仍然是解决我国桉树产业发展和生态建设中的综合性、关键性和基础性重大科技问题之一。

9.4 华南与热带地区森林优化管理及主要模式

森林生态系统管理模式对区域林业发展具有重要的战略意义,目前存在的和被人们认可的管理模式很多，主要有：森林永续利用模式、森林多效益主导利用模式、森林多效益模式、农-林-药等复合经营模式等。不同的模式有其自身的特点，对于特定的某一地区，则必须综合各个方面才能确定符合本地的管理模式。本节从天然林（次生林）和人工林两个方面对它们的优化管理模式进行阐述。

9.4.1　天然林优化管理模式

华南四省区天然次生林大部分由原始林采伐后更新、封山育林恢复而来。从亚热带和热带原始林、天然次生林及人工林的群落结构、物种多样性、群落演替特征及土壤环境差异研究结果来看，由于采伐方式、采伐强度、更新方式以及恢复期限的不同，其群落结构和物种多样性、恢复演替进程和土壤物理化学性质等均不一样（刘世荣等，2015）。目前华南四省区天然林经营方向主要是天然林保护及生态恢复，在可持续经营及生态恢复理念指导下，亚热带和热带天然次生林结构调整要根据经营目标和林分状况选用相应的技术模式。

1. 封山育林的生态恢复模式

本区域的天然常绿阔叶林和热带雨林是典型地带性植被类型，具有最高的生产力和碳储量。然而，随着开荒造林、造田等人为干扰程度的增加，天然常绿阔叶林和雨林遭到破坏，尤其是低海拔丘陵和山地常绿阔叶林和热带雨林被破坏殆尽，从而造成水土流失、生物多样性丧失等诸多生态学问题，严重影响了森林生态系统质量和服务功能。封山育林已被证明是恢复和重建退化天然林的最有效方法之一，作为恢复生态学的常用手段，能够消除人为干扰对生态系统的影响，促进以地带性常绿阔叶树种为主的林下植被自然更新和生长发育，恢复为当地典型常绿阔叶林和热带雨林，提高森林生物多样性，进而提高生态系统生产力，同时水土保持、森林固碳等生态功能不断增强，从而提高森林生态系统质量和服务功能。

对于原生天然林经皆伐后天然更新恢复 10 年以上的次生林以及择伐迹地天然更新林，郁闭度 0.2 以上的有林地，往往林分内植物种类丰富，乔木层有较多的先锋树种、采伐保留母树，下木层种类和密度较大，土壤种子库丰富，立地条件波动较小，有利于种子萌发、植物生长及养分系统循环。这类次生林应采取全面封禁，禁止一切采伐活动，保障群落进展演替环境，使群落向多物种、多层次的异龄林方向发展。在海南尖峰岭林区，20 世纪 60 年代后皆伐迹地及择伐迹地的大部分天然更新林均采用封育恢复的方式经营，林分结构较稳定，物种丰富。

2. 人工促进更新的生态优化模式

对于部分低效次生林，不能单凭自然恢复和被动保护的封山育林，还需要进行抚育和恢复技术相结合。对于林分密度过大、通风不畅、竞争激烈的低效林，要适当间伐抚育，开林窗，促进地带性常绿阔叶树种更新，优化种群数量和分布格局，加速常绿阔叶次生林的演替进程，使结构和功能简单的次生林快速地向高效、复杂和稳定的顶级地带性森林群落发展，从而提高森林生态系统生物多样性和生产力，实现森林生态系统质量的提升。生物多样性是重要的森林生态系统服务功能之一，也是森林生态系统质量的重要指标之一，与森林生态系统生产力具有很好的线性正相关关系，因此，提高森林生态系统生物多样性对森林生态系统质量具有重要意义。亚热带森林生态系统质量普遍较低，生物多样性和生态系统生产力低下，是典型的低效林。通过补植阔叶树种，对当地低效森林生态系统进行改造，提高低效林生物多样性，进而提高低效林生态系统生产力，从而提高森林生态系统质量，实现亚热带低效林人工提质增效。

原生天然林经人为过度干扰、反复干扰形成的次生林有两类。一类次生林恢复演替前期往往物种丰富度低，先锋树种、乡土建群树种匮乏，群落缺乏启动进展演替的植物种和稳定的更新演替环境，这些现象在郁闭度小于 0.2 的疏林地、沟谷下部因开垦破坏的坡度大于 25° 的宜林地尤为常见。另一类次生林是恢复演替中期阶段的林分，林内缺乏演替中后期树种，种类结构、空间结构欠合理，也要采用人工促进更新方式加以调整。对这两类林分可采用补植、套种相结合的方法进行人工促进更新，主要措施是：①保留母树促进天然更新。过度干扰形成的天然次生林分中保留的母树，往往具有坚强的生命力、环境适应性和群落种群恢复的泉源，必须全力保护。②人工补植套种演替中后期阔叶乡土树种构建驱动群落。③套种技术及管理措施。次生林内套种树种主要采用林隙挖穴 40 cm×40 cm×40 cm，种植 2～3 年生营养袋土杯苗。补植套种的幼苗要进行 1～2 年的施肥、抚育管理。整块林分还要加强封山育林管理措施，以免人为干扰破坏生境。

3. 全面改造的森林结构优化模式

对退化严重的森林生态系统，需要对林地内的灌木和杂草进行清除，并进行全面造林或补植，保障单位面积内目标树种的种群密度，通过生态位的拓展，链接天然更新机制，加快近自然林群落的形成。目标树种以速生或珍贵常绿阔叶乡土树种为主。通过低效林的全面改造，发挥了林缘优势，为林木创造了良好的生长环境，提高了森林生物多样性，促进了林分的快速生长和发育，优化了森林生态系统结构，从而提高了森林生态系统质量。

热带亚热带原生林因过度、反复干扰而极度退化形成的热带草坡地、灌木林等，土壤已经极度贫瘠和生物多样性低，单靠封育措施已不能恢复植被，或者与群落演替方向和经营目标相差甚远的次生植被，要采取营造人工林的方式进行前期恢复，然后进行人工林近自然化经营。主要技术要点包括：①根据立地条件、气候特征和经营目标，选择速生乡土树种；②根据树种特性、种间关系及群落演替发展趋势，构建混交群落模式；③注意过程管理，防治水、土、肥的流失；④新造林地要加强抚育管理，缩短蹲苗期，促使尽早郁闭成林；⑤保护非种植乡土树种，以增加林内物种多样性和人工林近自然化，形成稳定和谐的生境。

4. 森林公园管理模式

国家森林公园是指森林景观特别优美，人文景物比较集中，观赏、科学、文化价值高，地理位置特殊，具有一定的区域代表性，旅游服务设施齐全，有较高的知名度，可供人们游览、休息或进行科学、文化、教育活动的场所。我国最早于 1982 年建立了湖南张家界国家森林公园，后各省级及以下建立了许多森林公园，与自然保护区、风景名胜区、生态示范区、国家地质公园等一样，森林公园成为天然林及其生物多样性保护的主要形式。但森林公园的一个显著特点是其发展方向一般定位为森林旅游。森林旅游是森林资源开发的主要部分之一，已经成为我国公众特别是城镇居民常态化的生活方式和消费行为。森林公园和森林旅游是我国天然林保护和森林资源可持续发展的一个重要方向，是把绿水青山变为金山银山的切实可行途径。

大多数森林公园都摆脱了传统的种树砍树的经营模式，对植被以保护为主，不断提高森林质量，培养大径材，种植乡土树种，提高森林观赏性，发展森林旅游；同时还加强基础设施的建设，修筑防火设施、厕所、栈道等。每年主要收入有门票、发电等。森林公园未来发展方向有：作为自然资源交易基地，推行自然资源交易模式，让政府以市场监管者的角色参与试产准入标准和技术标准的科学制定；发展休闲康养旅游，园区实现精细化旅游管理。在盈利模式上，摈弃了传统的建设酒店、打造美食街等传统模式，而是主打游览观光，打造特色景观，形成山水花一体的美景。

5. 红树林保护恢复模式

2020 年 8 月 28 日，自然资源部、国家林草局发布《红树林保护修复专项行动计划（2020-2025 年）》，要求对中国大陆现有红树林实施严格的全面保护，科学开展红树林的生态修复，不但要扩大红树林面积，也要提高生物多样性，整体提升红树林生态系统质量和功能，全面增强红树林生态产品供给能力。到 2025 年，营造和修复红树林面积 18800 hm^2，其中，营造红树林 9050 hm^2，修复现有红树林 9750 hm^2。

1980 年建立东寨港省级红树林自然保护区以来，中国对红树林的保护工作日趋完善。至今，中国已经建立了 38 个以红树林为主要保护对象的自然保护区，其中国家级自然保护区 6 个（海南 1 个、广西 2 个、广东 2 个、福建 1 个）。保护区总面积约 6.5 万 hm^2，其中红树林面积约 2.0 万 hm^2，占中国现有红树林总面积的 74.8%。除建立红树林自然保护区外，近年来以兼顾红树林保护和湿地资源开发利用的不同类型的保护地也得到了重视。例如，由国家海洋局（现自然资源部）划定的海洋特别保护区和海洋公园，由原国家林业局（现林业和草原局）划定的湿地公园等。其中，已获得批准并与红树林相关的有：广西北海滨海国家湿地公园、广东海陵岛红树林国家湿地公园、广东雷州九龙山红树林国家湿地公园、浙江乐清西门岛海洋特别保护区、广东湛江特呈岛国家海洋公园等。此外，海南海口东寨港三江、文昌八门湾、三亚榆林港、三亚宁远河、儋州新盈湾等都在筹划建设红树林湿地公园。

9.4.2　人工林优化管理模式

人工林是森林资源的重要组成部分，在木材生产、环境改善、景观建设和减缓气候变化等方面扮演着越来越重要的角色。由于人工林管理粗放、单位蓄积量和生产力较低，经济效益不高等，人工林面临着严峻的问题。此外，人工林的林分单一、生物多样性低、多代连作等导致地力衰退，影响着人工林生态系统的持续稳定发展。如何提高人工林的生态系统服务质量和效益，创建健康稳定、高生产力和高碳汇的人工林生态系统，既可以提供高产优质木材，又能够发挥固碳减排、生物多样性保护等多种生态功能，以满足经济社会发展对森林的多种新需求和林业应对气候变化的新任务，亟需探索适合当地的人工林生态系统可持续经营的理论和多目标经营范式。

1. 近自然、多功能人工林经营管理模式

自从我国实施天然林保护工程以来，商业性天然林采伐目前已全面禁止，使得我国木材供应量持续减少，导致了木材资源匮乏和结构性短缺的问题（盛炜彤，2017）。同时，随着我国经济近些年的快速发展，人们对木材资源的需求持续增加，造成当前木材资源获取严重依赖国外市场的进口，加上近些年来其他国家对森林非法采伐的打击以及对珍贵树种木材的出口限制，我国木材市场采购成本持续增加，因此木材资源短缺日益成为重要的社会经济问题并且可能会出现木材资源断供的风险（程朝阳等，2017）。在保护天然林宝贵资源的同时，为了保证我国木材资源的供应，解决突出的木材结构性短缺问题，在我国水热条件较好的南方地区大力发展和培育人工林成为解决木材供应不足的主要途径，并且现已成为我国今后林业发展的重要战略方向（盛炜彤，2016）。例如，我国已于2013年出台了国家木材储备林的建设规划和试点建设方案，目的是在保护现有天然林有限资源的同时，通过集约化经营人工林、营造乡土珍贵树种和培育大径级材等措施，解决和减缓木材供需和生态保护以及社会发展之间的突出矛盾。大规模和大面积营建人工林在我国用材林基地建设中虽已取得一定的成效，并且在营造技术方面取得了一些经验，但是由于长期缺乏科学的造林和营林理论与技术指导，过度追求经营成本和木材产量，使得大量人工林存在低质、低效、地力衰退、稳定性差等问题（盛炜彤，2017；温臻，2020）。

鉴于华南地区林业对保障国家用材安全及保护区域生态环境的重要性，如何科学地经营人工林，持续地发挥人工林的多种效益，以及对"三低林"实施科学的改造是华南林业可持续发展过程中不可回避的问题。近自然林业的理念起源于德国等中欧国家，近几十年来在北美、日本等国家得到重视，于20世纪90年代传入我国（陈哲夫等，2016），现已成为普遍被接受的林业经营思想和重要的原则指导当代林业的建设。近自然林业的理论是基于自然的生态过程营造、恢复和经营森林，认为接近自然状态的林分结构首先保证了森林的稳定和健康，最终才能使森林综合效益得到持续最大化的发挥。近自然森林经营的基本目标就是在充分理解森林自然生态过程的基础上，通过合理的规划和森林经营，使结构不合理的森林逐步成为由乡土树种组成、异龄林结构、多树种混交、多林层复合的、接近自然状态的森林，最终发挥森林生态系统多功能效益，实现兼顾生态与经济效益的可持续经营（陆元昌等，2010；Bauhus et al.，2013）。由此可见，构建以乡土树种为主的多树种、异龄、复层混交林的近自然林业经营模式是提高人工林林分质量和稳定性的科学途径，也是未来我国人工储备林建设的发展方向。

2. 优质高效混交林经营管理模式

混交林是两个或两个以上的树种组成的林分，更多情况下是指人工林或有人工经营的次生林（杨文和张玲，2009；Bravo et al.，2014）。越来越多的证据显示，混交林在林木生长和生产力方面要优于相应树种的纯林。例如，欧洲和北美的一些学者分析森林调查数据后发现，混交林与纯林相比具有更高的木材产量，树种丰富度与木材产量或树木生产力之间有显著的正相关关系（Vilà et al.，2007；Paquette and Messier，2011；Ruiz et al.，2014；Gamfeldt et al.，2013；Toigo et al.，2015）。来自观测研究或控制实验的数据也证实，混交林比纯林具有更高的生产力或地上生物量（张秀华，2000；李方兴等，2016；洪永辉等，2017；Pretzsch and Schütze，2009；Bielak et al.，2014；Pretzsch et al.，2015；Primicia et al.，2016），偶有报道混交林生产力低于相应纯林的情况（Chen and Klinka，2003）。这种混交林生产力高出其相应组成树种纯林期望生产力的现象称为超产效应，是混交效应的类型之一（Pretzsch et al.，2017）。也就是说混交林中不同树种或林木个体可以占有并充分利用地上和地下空间，使各个株体分别在不同时期、不同层面和层次范围内充分有效地利用光照、空气、热量、湿度、水分和养分，有利于增加林产品种类，促进林木生长，增加木材产量，提高林分生产力。混交效应的优势不仅体现在生产力方面，在改善林地的理化性质，具有较好的防护效益，具有较强的抵御自然灾害的能力方面也有优越性（刘照华，2012；Bravo，2018）。

从实践方面来说，如何营造、经营与管理混交林也面临着很大的挑战。尽管中外学者都认同近自然、可持续经营是混交林经营的未来方向，但在具体经营、管理措施（如营造、疏伐、更新）的制订和实施方面还远未成熟，并且很大程度上依赖于经营目的、立地条件和社会经济背景。我们现在关于混交林的经营、管理方面的知识大多来自纯林（Mason et al.，2018）；混交林涉及两个或多个树种，树种间存在不同的属性及相互作用关系，因此对它们进行管理理论上来说应更为复杂多样（Pach et al.，2018）。培育异龄混交林有一定难度，相对于纯林其造林成本高且经营难度大，目前有关混交林培育的理论研究与技术储备非常缺乏（盛炜彤，2016），混交林在树种搭配、混交比例、混交方式等方面的技术目前还在探索阶段（甘剑伟，2015）。过去我们构建混交林时树种的选择与搭配主要基于经验和种苗的可获得性，目前应大力加强关于混交林构建过程中树种选择与搭配方面基础研究和试验，从而为国家储备林的后续建设提供理论和技术支撑。

9.5 华南地区森林生态系统质量提升的优化管理建议

森林资源是林业持续发展的基础。森林资源的经营管理是林业工作的重中之重，要以严格保护、积极发展、科学经营、持续利用为方针，以增加森林资源总量、提高森林质量、优化结构为重点，以建设和培育稳定的森林生态系统、实现森林可持续经营为宗旨，坚持依法治林、科技兴林，不断深化改革、创新机制，全面提升森林资源经营管理水平。森林资源经营是对森林生态系统的修复、重建、培育和维护，以及与经营者直接相关的所有权、经营权、处置权、收益权的配置和落实等。森林资源管理是指对森林资源培育、保护、利用等一系列活动的组织、计划、协调、检查、服务，维护经营者权益，制定相关法规政策并监督实施等内容。森林资源经营与管理是紧密联系、不可分割和融为一体的，是一个事物的两个方面。必须加强森林可持续经营的监督、指导和服务，健全完善森林资源经营管理的法规和标准，抓好森林经营方案的编制和实施，抓好森林可持续经营的试点示范工作，加强森林可持续经营的国际合作。

森林资源经营管理工作总体目标是：建设和培育稳定高效的森林生态系统，推进森林的可持续经营，为建设完备的生态体系和发达的产业体系提供物质支撑，促进人与自然和谐。要实现"四个增加"。一是增加森林资源总量。二是增加森林生态功能，逐步形成树种多样、异龄复层、结构稳定、功能完备、生物多样性丰富的森林生态系统，大力提高生态产品的供给能力，使森林的调节气候、涵养水源、保持水土、防风固沙、降低污染等多种作用得到充分发挥。三是增加森林物质产品，形成涵盖范围广、产业链条长、产品种类多、科技含量高、比较发达的林业产业体系，使林产品可持续供给能力显著增强。四是增加森林文化产品，形成以人为本、贴近自然、品位高尚、内涵丰富、感染力强的森林文化体系，不断提供森林观光、森林休闲、森林文学、森林艺术等文化产品。

华南四省区所在区域水热条件较好，除一些海拔 2000 m 左右的高大山峰及山脉外，存在大面积的低山丘陵，适宜于森林植被的生长发育，历史上这一区域地带性植被为常绿阔叶林和热带雨林。大面积的低山丘陵也极适宜于人工林的发展，目前这一区域的人工林面积占到我国人工林总面积的 1/4，杉木、松树、桉树、橡胶等为主要的人工林类型，是我国木材生产和供应的重要基地。在新时代生态文明建设和可持续发展背景下，认真践行"绿水青山就是金山银山"理论，坚持以人为本的创新、协调、绿色、开放、共享新发展理念，做好华南四省区的天然林保育和国家森林公园建设、生态公益林补偿、"三低"（低产、低质、低效）林改造，以及优质高效人工林构建与多目标经营等工作，为区域生态文明建设、森林资源供给、生态系统服务和社会经济发展提供保障，具体有如下几个方面的建议。

1. 大力推进自然保护区和国家森林公园建设，加强森林资源的保护和抚育

要牢牢坚持严格保护、积极培育、科学经营、持续利用的基本方针，真正做到在保护中合理利用，在利用中积极保护，实现越保护越多、越利用越好。一是严格执法不动摇。认真执行《中华人民共和国森林法》《中华人民共和国森林法实施条例》等法律法规，落实森林采伐限额管理、林地征占用审核审批等制度，把森林资源保护管理措施落到实处。二是继续加大林业生态工程建设力度。进一步调整和完善天然林保护、自然保护区建设等工程的目标、范围、内容、机制和手段，巩固和提高成果。三是认真落实保护和发展的责任制。认真落实在林业建设上的责任人制度，研究制定目标责任考核办法。

四是坚持持续利用的原则，在不破坏生态系统、不影响生态功能的前提下，实现对森林资源的全方位、高效率和可持续利用。五是制定林业产业市场准入标准。要抬高加工企业准入门槛，坚决淘汰规模小、资源消耗大、浪费木质原料严重的企业。六是进一步提高天然林科学经营的水平。

2. 完善生态公益林补偿制度，应用珍贵乡土用材树种实施"三低林"改造

目前华南四省区执行的生态公益林补偿标准与生态公益林所产生的服务功能价值存在巨大差异，生态公益林所产生的单位面积功能价值量也存在区域性差异，不同类型的生态公益林及管理难度方面都存在差异性，但目前生态公益林的补偿标准却是统一的，忽略了这些差异性。因此，在补偿额度和方式上宜作相应的调整。可以考虑在一定年限范围内（如 5～10 年内）按生态公益林所产生服务功能价值的一定比例（如 1%～1.5%）来补偿。对不同生态公益林类型和区位，按单位面积生态服务功能价值量的比例，分区域、分等级、分类型进行补偿。由于补偿标准参照生态系统服务价值，所以也应加强针对各生态公益林类型所缺少的实测参数，有针对性地建设辅助监测站点，开展相应的专项研究和控制性试验，包括各生态公益林类型的水源涵养、土壤侵蚀、生长量、净化环境等参数随时间的变化响应；利用卫星遥感技术，对各森林类型的变化情况进行宏观监测，及时掌握森林类型和土地利用变化数据，并对各类型的生态公益林变化面积进行调整，以期获得更为精准评估结果。

在华南四省区的生态公益林中，尚有大面积的经济林、用材林等人工林生态系统处于生态敏感区（如水源附近、河流两岸等），也有大面积的其他生态公益林属于"三低林"（低产、低质、低效林），宜通过调整林分结构来提高生态公益林的林分质量；对天然林不足的地区，应加强对人工类型的生态公益林的改造，使人工林逐步转化为以乡土混交树种为主的近自然森林。我国南方存在众多珍贵乡土用材树种，材质上佳，适宜当地环境条件，加之我国珍贵木材资源匮乏，它们是林分改造的首选树种。引入近自然林业经营理念，充分利用森林生态系统内部的自然生长发育规律，不断优化森林经营过程，从而使生态与经济的需求能最佳结合，其目的是培育最符合自然规律的多树种、异龄、复层混交林。根据适地适树原则，依据不同林分状况，采用不同的采伐方式，有针对性地对一些次生林进行部分择伐，优化林分树种结构和年龄结构，以促进森林自我更新与可持续发展。

3. 应用珍贵乡土用材树种优化人工林结构，实施分类与多目标经营

大多数人工林林分结构简单，生物多样性和生态稳定性差，挖掘乡土树种资源，开发珍贵树种应用价值，提高林分生物多样性，调整树种林种配置，改善冠层结构，提高光合效率，同时提高林分抗性；依据生态位理论，根据不同类型人工林，进行适当择伐并补植珍贵阔叶树种，改造优化人工林结构，形成异龄、复层结构，提高生物多样性，维持人工林的生态稳定性，实现人工林的可持续经营。

为了减少经营过程对林地的干扰，针对当前杉木、桉树人工林密度过大、轮伐期过

短，导致土壤肥力衰竭的现状，通过间伐和修枝等管理，改善林内的透光性，并根据林地土壤状况管理林下植被和林地残落物，实现土壤养分和地力的自我维持；同时适当延长杉木轮伐期到 30～50 年，提高林地养分利用效率，最大限度地维持土壤肥力，以长期维持人工林立地质量，最终实现人工林的可持续经营。以往人工林经营片面追求木材供给服务，而忽视了其他生态服务功能，必然导致生态系统退化。面对华南四省区大量的人工林，在最大限度提供木材产品的同时，通过固定 CO_2 缓解气候变暖是人工林生态系统发展的必然。应加强人工林生态系统服务功能之间的权衡/协同关系研究，集成开发既注重人工林木材生产功能，又不以降低其生态功能为代价的人工林经营技术，以实现木材永续利用和人工林生态服务协调的有机统一。

改变过去对人工商品用材林皆伐等简单粗放的经营方式，以区域生态需求、制约性自然条件、森林资源现状为依据，综合考虑当地森林主导功能及社会经济发展对森林经营的要求，在省域内划分不同的森林经营亚区，分析各个亚区的基本情况和突出问题，制定各个亚区的经营方向、经营策略及经营目标，并根据区域特点、立地环境、森林植被（树种）类型、主导功能、目的树种或树种组合特征等，科学制定各类型森林作业法，细化各种作业关键技术，形成适用本地主要森林类型、地理区域和功能定位的森林作业法体系，推动轮伐、皆伐等简单的森林采伐利用方式向渐伐、径级择伐、单株木择伐等精细化采伐利用方式转变。因林施策，精准提升森林质量，更好地发挥森林多种功能，满足人们对森林产品的多样化需求。

4. 加强红树林和海岛保护地管理，构建红树林和海岛生态修复模式和标准体系

大力加强红树林保护地能力建设，通过引进先进理念和加强培训等方式，大幅度提高保护地管理人员科学素养；规范保护地建设，落实总体规划、科学考察和边界勘定；将监测能力建设作为红树林保护地建设的重点内容之一，建设国家级和省级红树林生态系统科研和监测野外台站；将生态系统管理的理念纳入红树林保护地管理，将林地、滩涂、潮沟、浅海水域及陆地一侧鱼塘作为一个整体进行保护管理；在红树林保护、修复和管理中，探索建立基于社区的红树林保护、生态修复、管理模式和机制，大力推广社区共管。通过协议保护、生态补偿等模式，鼓励社区积极参与红树林生态系统的保护和修复，并从中受益。南海诸岛植被脆弱，易受到外来有害生物危害，以及人类土地利用改变威胁，也应设立自然保护区，加强监测研究，实施抚育恢复，有条件的海滩构建一些红树林群落，从而加强海岛及海岸保护。

对现有的以滩涂造林为主要模式的红树林恢复造林标准体系、生态恢复效果评估体系、经费投放机制等逐步进行完善和改革，构建以自然恢复为主、人工修复为辅的红树林生态修复标准体系和恢复成效评估体系。中国红树林生态修复应遵循的一般性技术原则包括：将主要由植被恢复，扩展到红树林湿地生态系统整体结构和功能恢复的范围，把鸟类、底栖生物生境恢复纳入恢复目标，采取以自然恢复为主、人工修复为辅的策略，在红树林生态修复的同时，创造条件恢复经济动物种群，为周边居民提供替代生计。

推动生态旅游和生态养殖成为中国红树林湿地可持续利用的主要方式；区别对待天

然红树林和非保护地人工修复的红树林湿地资源。严格保护天然红树林和保护地内的红树林湿地资源，放宽对保护地外的人工红树林湿地资源的诸多限制，引导社区对保护地外的人工红树林湿地资源的有序和可持续利用。

参 考 文 献

陈少雄, 郑嘉琪, 刘学锋. 2018. 中国桉树培育技术百年发展史与展望. 世界林业研究, 31(2): 7-12.

陈升侃, 李昌荣, 许翠娟, 等. 2020. 桉树无性系生长遗传分析与选择. 中南林业科技大学学报, 40(11): 25-30, 38.

陈勇平, 吕建雄, 陈志林. 2019. 我国桉树人工林发展概况及其利用现状. 中国人造板, 26 (12): 6-9.

陈哲夫, 肖化顺, 陈端吕. 2016. 近自然森林经营的复杂适应性探讨. 福建林业科技, 43(1): 234-238.

程朝阳, 范广阔, 汪炎明. 2017. 国家储备林建设剖析与实施对策——以福建省为例. 林业勘察设计, 1: 7-11.

邓东华. 2015. 提高湖南地区森林培育质量的若干途径研究. 福建农业, 7: 214.

邓美成, 周学军. 1983. 湖南地质地貌条件与森林植物分布的关系. 湖南师院学报(自然科学版), 2: 73-78.

范航清, 黎广钊. 1997. 海堤对广西沿海红树林的数量、群落特征和恢复的影响. 应用生态学报, 8(3): 240-244.

方精云, 李意德, 朱彪, 等. 2004. 海南岛尖峰岭山地雨林的群落结构、物种多样性以及在世界雨林中的地位. 生物多样性, 12(1): 29-43.

甘剑伟. 2015. 储备大树——广西国家储备林基地建设纪实. 广西林业, 2: 8-11.

国家林业和草原局. 2020. "关于禁止种植速生桉树及相关林木业规范的建议"复文, 自然资源频道. [2020-12-18].

洪永辉, 林能庆, 张森行, 等. 2017. 马尾松不同营造混交类型选择及林分生长量研究. 林业勘察设计, 4: 32-38.

胡淑仪. 2019. 对粤北生态屏障保护的思考. 中南林业调查规划, 38(2): 23-40.

胡云华. 2015. 广西生态公益林空间格局及其补偿机制研究. 桂林: 广西师范学院硕士学位论文.

黄全, 李意德, 郑德璋, 等. 1986. 海南岛尖峰岭地区热带植被生态系列的研究. 植物生态学与地植物学学报, 10(2): 90-105.

黄政康. 2016. 基于生态文明的广西农村林业经济发展研究. 长沙: 中南林业科技大学大硕士学位论文.

科学网. 2017. 中国南海诸岛主权归属的历史与现状. [2017-8-30]

李方兴, 张意苗, 易伟东, 等. 2016. 马尾松、木荷纯林及混交林的生长差异分析. 南方林业科学, 44(5): 17-20.

李家湘, 游健荣, 徐永福, 等. 2020. 湖南植被研究: 植被类型、组成和分布格局. 中国科学: 生命科学, 50(3): 275-288.

李利拉. 2020. "天"赋使命—湖南天然林保护修复纪略. 林业与生态. (7): 6-9.

李小娴. 2010. 集体林权制度改革背景下广东森林警察和谐公共关系建设研究. 兰州: 兰州大学硕士学位论文.

李意德. 2002. 热带森林资源及其生态环境保护功能. 热带林业, 30(1): 13-20.

李震. 2013. 广西森林抚育补贴政策实施成效监测技术体系探讨. 广西林业科学, 42(2): 200-202.

李志育. 2020. 桉树主要病虫害发生现状及防治对策. 乡村科技, 11(35): 81-82.

梁士楚. 1989. 广西森林植被的地理分布规律. 贵州科学, 7(2): 24-33.

梁士楚. 1991. 广西森林植被历史演变初探. 西南师范大学学报, 16(2): 230-236.

廖利平, 高洪, 于小军, 等. 2000. 人工混交林中杉木、桤木和刺楸细根养分迁移的初步研究. 应用生态学报, 11(2): 161-164.

林媚珍. 张镱锂. 2001. 海南岛热带天然林动态变化. 地理研究, 20(6): 703-712.

刘世荣, 马姜明, 缪宁. 2015. 中国天然林保护、生态恢复与可持续经营的理论与技术. 生态学报, 35(1): 212-218.

刘照华, 2012. 营造混交林的生态学意义及应注意的问题. 安徽农学通报, 18(19): 153-159.

龙文兴, 藏润国, 丁易. 2011. 海南岛霸王岭热带山地常绿林和热带山顶矮林群落特征. 生物多样性, 19(5): 558-566.

陆新照, 韦靖开. 2013. 浅谈广西林场森林资源分类经营. 吉林农业, 299: 152-153.

陆元昌, 雷相东, 洪玲霞, 等. 2010. 近自然森林经理计划技术体系研究. 西南林学院学报, 30(1): 1-4.

齐明星. 2020. 新时代森林经营规划编制问题探讨. 现代农村科技, (9): 111.

覃万富. 2007. 广西林业现状与发展趋势: 自治区林业局营林处覃万富处长访谈. 广西林业, 探索之路, 4: 18-19.

人民日报. 2017. 建设美丽中国, 努力走向生态文明新时代——学习《习近平关于社会主义生态文明建设论述摘编》. [2017-9-30]

任海, 简曙光, 张倩媚, 等. 2017. 中国南海诸岛的植物和植被现状. 生态环境学报, 26(10): 1639-1648.

盛炜彤. 2016. 关于我国人工混交林问题. 林业科技通讯, 5: 12-14.

盛炜彤. 2017. 关于着力提高人工林的森林质量问题. 国土绿化, 7: 15-17.

司徒尚纪. 1987a. 历史时期广东农业区的形成、分布和变迁. 中国历史地理论丛, 1: 77-96.

司徒尚纪. 1987b. 刀耕火种在海南岛历史演变刍议. 热带地理, 7(3): 281-288.

司徒尚纪. 1987c. 人口与土地环境的关系在海南岛开发史上的演变雏议. 南方人口, 3: 55-58.

宋永昌. 2013. 中国常绿阔叶林: 分类、生态、保育. 北京: 科学出版社.

苏杰南, 秦秀华. 2011. 广西森林资源管理中的主要问题和解决措施. 湖北农业科学, 50(3): 626-636.

苏其袖. 2017. 桉树林改造的必要性及技术分析. 农技服务, 34 (22): 58.

万绍滨, 彭寅斌, 刘林翰. 1980. 湖南植物区系与植被概况. 湖南师范大学自然科学学报, 1: 76-86.

汪求来. 2014. 广东省天然林资源近 35 年动态变化分析. 广东林业科技, 30(3): 1-7.

王伯荪, 张炜银. 2002. 海南岛热带森林植被的类群及其特征. 广西植物, 22(2): 107-115.

王亭然, 秦晓锐, 鲁法典. 2007. 桉树林生态经济风险评价. 林业经济问题, 40(4): 406-411.

温远光, 李治基, 李信贤, 等. 2014. 广西植被类型及其分类系统. 广西科学, 21(5): 484-513.

温远光, 周晓果, 喻素芳, 等. 2018. 全球桉树人工林发展面临的困境与对策. 广西科学, 25(2): 107-116, 229.

温臻. 2020. 国家储备林建设浅析. 陕西林业科技, 48(6): 94-97.

吴华盛. 2000. 海南热带林的保护与发展. 热带林业, 28(2): 40-44.

吴裕鹏, 许涵, 李意德, 等. 2013. 海南尖峰岭热带林乔灌木层物种多样性沿海拔梯度分布格局. 林业科学, 49(4): 16-23.

谢丽. 2013. 论湖南林业管理体制改革. 长沙: 湖南师范大学硕士学位论文.

谢耀坚. 2016. 论中国桉树发展的贡献和可持续经营策略. 桉树科技, 33(4): 26-31.

谢耀坚. 2018. 我国木材安全形势分析及桉树的贡献. 桉树科技, 35(4): 3-6.

新华社. 2017. 开创生态文明新局面——党的十八大以来以习近平同志为核心的党中央引领生态文明建设纪实. [2017-8-2]

许涵, 李意德, 林明献, 等. 2015. 海南尖峰岭热带山地雨林 60 ha 动态监测样地群落结构特征. 生物多样性, 23(2): 192-201.

薛跃规, 陆祖军, 张宏达. 1996. 广西地质、地理和植物区系起源与发展. 广西师范大学学报(自然科学版), 14(3): 56-63.

杨文, 张玲. 2009. 混交林对生态环境质量的影响探讨. 湖北林业科技, 160: 43-45.

叶铎, 吴溪圯, 罗应华, 等. 2014. 广西植被资源保护现状与策略. 广西科学, 21(50): 514-524.

余世孝, 藏润国, 蒋有绪. 2001. 海南岛霸王岭垂直带热带植被物种多样性的空间分析. 生态学报, 21(9): 1438-1443.

余世孝, 练琚蒨. 2003a. 广东省自然植被分类纲要: I. 针叶林与阔叶林. 中山大学学报(自然科学版), 42(1): 70-74.

余世孝, 练琚蒨. 2003b. 广东省自然植被分类纲要: II. 竹林、灌丛与草丛. 中山大学学报(自然科学版), 42(2): 82-85.

喻锦秀, 张玉荣. 2011. 湖南省亚热带天然林现状及可持续发展对策. 现代农业科技, (7): 239-241.

臧润国, 路兴慧, 丁易, 等. 2019. 海南岛热带天然林主要类型的生物多样性与群落组配.北京: 高等教育出版社.

曾春阳, 谭一波, 韦昌游. 2014. 广西集体林权制度改革后森林资源保护管理探讨. 中南林业调查规划, 33(4): 13-16.

曾庆波. 1994. 中国森林生态学的主要任务. 生态科学, 1: 157-158.

张镜清, 岑奋, 苏茂森. 1985. 历史时期广东森林变迁的初步研究.广东林业科技, 6(2): 5-11, 32.

张璐等, 苏志尧, 陈北光, 等. 2007. 广东石坑崆森林群落优势种群生态位宽度沿海拔梯度的变化. 林业科学研究, 20(5): 598-603.

张晓军. 2014. 湖南林业可持续发展对策研究. 北京: 中国林业科学研究院硕士学位论文.

张秀华. 2000. 马尾松、固氮树种混交造林探讨. 林业勘察设计(福建), 1: 87-90.

赵树丛. 2019. 用新理念解决桉树科学发展中的问题. 农村工作通讯, 6(1): 45.

赵树丛. 2020. 在 2020 年全国桉树产业发展暨学术研讨会上的讲话. 桉树科技, 37(4): 1-2.

赵志强. 2014. 湖南森林生态补偿机制研究. 企业家天地, 7(3): 83.

郑德璋, 李立, 蒋有绪. 1988. 海南岛尖峰岭热带林型的主分量排序. 林业产学研究, 1(4): 418-423.

中国科学院南沙综合科学考察队. 1996. 南沙群岛自然地理(赵焕庭主编). 北京: 科学出版社出版.

中国植被编辑委员会. 1995. 中国植被. 北京: 科学出版社.

邹碧山, 黄立新, 张宋英, 等. 2019. 广东省桉树人工林可持续发展对策. 绿色科技, (21): 187-188.

Bauhus J, Puettmann K J, Kühne C. 2013. Close-to-nature forest management in Europe: does it support complexity and adaptability of forest ecosystems? In: Messier C, Puettmann KJ, Coates KD (eds) Managing forests as complex adaptive systems: building resilience to the challenge of global change. Routledge, The Earthscan Forest Library, pp 187-213.

Bielak K, Dudzinska M, Pretzsch H. 2014. Mixed stands of Scots pine (*Pinus sylvestris* L.) and Norway spruce [*Picea abies* (L.) Karst] can be more productive than monocultures. Evidence from over 100 years of observation of long-term experiments. Forest Systems, 23: 573-589.

Bravo O A. 2018. The role of mixed forests in a changing social-ecological world. In: Bravo-Oviedo, Pretzsch H, and del Rio M (eds.) Dynamics, Silviculture and Management of Mixed Forests, Managing Forest Ecosystms 31, Springer International Publishing AG, part of Springer Nature 2018.

Bravo O A, Pretzsch H, Ammer C, et al. 2014. European mixed forests: definition and research perspectives. Forest Systems, 23: 518-533.

Chen H Y H, Klinka K. 2003. Aboveground productivity of western hemlock and western redcedar mixed-species stands in southern coastal British Columbia. Forest Ecology and Management, 184: 55-64.

Gamfeldt L, Snall T, Bagchi R, et al. 2013. Higher levels of multiple ecosystem services are found in forests with more tree species. Nature Communications, 4: 1340.

Mason W L, Lof M, Pach M, et al. 2018. Chapter 7 The development of silvicultural guidelines for creating mixed forests. In: Bravo O, Pretzsch H, and del Rio M (eds.) Dynamics, Silviculture and Management of

Mixed Forests, Managing Forest Ecosystms 31, Springer International Publishing AG, part of Springer Nature.

Pach M, Sansone D, Ponette Q, et al. 2018. Chapter 6 Silviculture of mixed forests: A European overview of current practices and challenges. In: Bravo-Oviedo, Pretzsch H, and del Rio M (eds.) Dynamics, Silviculture and Management of Mixed Forests, Managing Forest Ecosystms 31, Springer International Publishing AG, part of Springer Nature.

Paquette A, Messier C. 2011. The effect of biodiversity on tree productivity: from temperate to boreal forests. Global Ecology and Biogeography, 20: 170-180.

Pretzsch H, del Río M, Ammer C, et al. 2015. Growth and yield of mixed versus pure stands of Scots pine (*Pinus sylvestris* L.) and European beech (*Fagus sylvatica* L.) analysed along a productivity gradient through Europe. European Journal of Forest Research, 134: 927-947.

Pretzsch H, Forrester DI. Bauhus J (eds). 2017. Mixed Species Forests. Berlin: Springer-Verlag GmbH Germany.

Pretzsch H, Schütze G. 2009. Transgressive overyielding in mixed compared with pure stands of Norway spruce and European beech in Central Europe: evidence on stand level and explanation on individual tree level. European Journal of Forest Research, 128: 183-204.

Primicia I, Artázcoz R, Imbert J B, et al. 2016. Influence of thinning intensity and canopy type on Scots pine stand and growth dynamics in a mixed managed forest. Forest Systems, 25: e057.

Ruiz B P, Gómez-Aparicio L, Paquette A, et al. 2014. Diversity increases carbon storage and tree productivity in Spanish forests. Global Ecology and Biogeography, 23: 311-322.

Toïgo M, Vallet P, Perot T, et al. 2015. Overyielding in mixed forests decreases with site productivity. Journal of Ecology, 103: 502-512.

Tomé M, Almeida M H, Barreiro S, et al. 2021. Opportunities and challenges of Eucalyptus plantations in Europe: the Iberian Peninsula experience. European Journal of Forest Research, 140: 489-510.

Vilà M, Vayreda J, Comas L, et al. 2007. Species richness and wood production: a positive association in Mediterranean forests. Ecol Lett 10: 241-250.

Zhou G, Wei X, Wu Y, et al. 2011. Quantifying the hydrological responses to climate change in an intact forested small watershed in Southern China. Global Change Biology, 17(12): 3736-3746.

附　　录

植物拉丁学名中文名对照

安息香科 Styracaceae

桉 *Eucalyptus robusta*

桉属 *Eucalyptus spp.*

鞍叶羊蹄甲 *Bauhinia brachycarpa*

凹叶厚朴 *Magnolia officinalis subsp. biloba*

澳洲坚果 *Macadamia ternifolia*

八宝树 *Duabanga grandiflora*

八角 *Illicium verum*

巴山冷杉 *Abies fargesii*

巴山松 *Pinus henryi*

芭蕉 *Musa basjoo*

霸王鞭 *Euphorbia royleana*

白刺 *Nitraria tangutorum*

白刺花 *Sophora davidii*

白豆杉 *Pseudotaxus chienii*

白桦 *Betula platyphylla*

白柯（别名：滇石栎） *Lithocarpus dealbatus*

白蜡 *Fraxinus chinensis*

白栎 *Quercus fabri*

白茅 *Imperata cylindrica*

白皮松 *Pinus bungeana*

白杆（别名：白扦、沙地云杉） *Picea meyeri*

白檀 *Symplocos paniculata*

白头树 *Garuga forrestii*

白鲜（别名：白鲜皮） *Dictamnus dasycarpus*

白榆 *Ulmus pumila L.*

百山祖冷杉 *Abies beshanzuensis*

百喜草 *Paspalum notatum*

柏木 *Cupressus funebris*

柏木属 *Cupressus spp.*

斑茅 *Saccharum arundinaceum*

斑竹（别名：湘妃竹） *Phyllostachys bambusoides*

板栗 *Castanea mollissima*

半枫荷 *Semiliquidambar cathayensis*

包斗栎 *Lithocarpus craibianus*

包果柯 *Lithocarpus cleistocarpus*

枹栎 *Quercus serrata*

暴马丁香 *Syringa reticulata var. amurensis*

北京花楸 *Sorbus discolor*

闭花木 *Cleistanthus sumatranus*

扁刺锥 *Castanopsis platyacantha*

扁桃（别名：巴旦杏） *Amygdalus communis*

杓兰 *Cypripedium calceolus*

槟榔 *Areca catechu Linn.*

冰草 *Agropyron cristatum*

波罗蜜（别名：菠萝蜜、木菠萝） *Artocarpus heterophyllus*

伯乐树 *Bretschneidera sinensis*

糙皮桦 *Betula utilis*

糙苏 *Phlomis umbrosa*

糙隐子草 *Cleistogenes squarrosa*

草海桐 *Scaevola sericea*

草莓 *Fragaria ananassa*

侧柏 *Platycladus orientalis*

梣叶槭（别名：复叶槭） *Acer negundo*

茶藨子属 *Ribes spp.*

茶条槭 *Acer ginnala*

檫木 *Sassafras tzumu*

柴胡 *Bupleurum chinensis*

豺皮樟 *Litsea rotundifolia var. oblongifolia*

菖蒲 *Acorus calamus*

车桑子 *Dodonaea viscosa*

沉水樟　*Cinnamomum micranthum*

柽柳　*Tamarix chinensis Lour.*

撑绿竹（撑篙竹×大绿竹）　*Bambusa pervariabilis var. Dendrocalamopsis*

橙花破布木　*Cordia subcordata*

池杉　*Taxodium ascendens*

赤芍　*Paeonia veitchii*

赤松　*Pinus densiflora*

赤杨叶（表明：拟赤杨）　*Alniphyllum fortunei*

稠李　*Padus racemosa*

臭椿（别名：椿树）　*Ailanthus altissima*

臭冷杉（别名：臭松）　*Abies nephrolepis*

川滇高山栎　*Quercus aquifolioides*

川滇冷杉　*Abies forrestii*

川滇桤木（别名：水冬瓜）　*Alnus ferdinandi coburgii*

川钓樟　*Lindera pulcherrima var. hemsleyana*

川甘亚菊　*Ajania potaninii*

川西栎　*Quercus gilliana*

川西云杉　*Picea likiangensis var. rubescens*

川榛　*Corylus heterophylla var. sutchuenensis*

垂柳（别名：柳、柳树）　*Salix babylonica*

垂穗披碱草　*Elymus nutans*

春榆　*Ulmus davidiana var. japonica*

慈竹　*Bambusa emeiensis*

刺槐　*Robinia pseudoacacia*

刺楸　*Kalopanax septemlobus*

刺桐　*Erythrina variegata*

刺五加　*Acanthopanax senticosus*

刺竹　*Bambusa stenostachya*

楤木　*Aralia chinensis*

大白杜鹃　*Rhododendron decorum*

大苞茶　*Camellia grandibracteata*

大果榆　*Ulmus macrocarpa*

大花杓兰　*Cypripedium macranthum*

大戟科　*Euphorbiaceae*

大箭竹　*Sinarundinaria chungii*

大披针苔草　*Carex lanceolata Boott*

大青杨　*Populus ussuriensis*

大头茶　*Polyspora axillaris*

大叶白蜡　*Fraxinus chinensis Var. Rhynchophylla*

大叶柴胡　*Bupleurum longiradiatum*

大叶栎　*Castanopsis fissa*

大叶楠　*Machilus kusanoi*

大叶相思　*Acacia auriculiformis*

大油芒　*Spodiopogon sibiricus*

淡竹　*Phyllostachys glauca*

党参　*Codonopsis pilosula*

地榆　*Sanguisorba officinalis*

灯台树　*Cornus controversa*

滇榄仁　*Terminalia franchetii*

滇龙眼　*Dimocarpus yunnanensis*

滇青冈　*Cyclobalanopsis glaucoides*

滇润楠　*Machilus yunnanensis*

滇油杉　*Keteleeria evelyniana*

吊皮锥　*Castanopsis kawakamii*

丁香　*Syzygium aromaticum*

东北拂子茅　*Calamagrostis kengii*

东北红豆杉　*Taxus cuspidata*

东方草莓　*Fragaria orientalis*

东京龙脑香（别名：云南龙脑香）　*Dipterocarpus retusus*

东亚唐松草　*Thalictrum minus var. hypoleucum*

冬瓜杨　*Populus purdomii*

冬青　*Ilex chinensis*

冬青科　*Aquifoliaceae*

豆腐果　*Buchanania latifolia*

豆科　*Leguminosae*

毒药树（别名：肋果茶）　*Sladenia celastrifolia*

杜鹃　*Rhododendron simsii*

杜鹃属　*Rhododendron spp.*

杜梨　*Pyrus betulifolia*

杜香　*Ledum palustre*

杜英　*Elaeocarpus decipiens*

杜英科　*Elaeocarpaceae*

杜仲　*Eucommia ulmoides*

短刺米槠　*Castanopsis carlesii var. spinulosa*

短果茴芹（别名：大叶芹）　*Pimpinella brachycarpa*

短尾铁线莲　*Clematis brevicaudata*

短序桢楠　*Machilus kurzii*

椴树　*Tilia chinensis*

椴树属　*Tilia spp.*

钝叶黄檀（别名：牛肋巴）　*Dalbergia obtusifolia*

多枝柽柳（别名：红柳）　*Tamarix ramosissima*

峨眉含笑　*Michelia wilsonii*

峨眉冷杉　*Abies fabri*

鹅耳枥　*Carpinus turczaninowii*

鹅耳枥属　*Carpinus spp.*
鹅掌楸（别名：马褂木）　*Liriodendron chinense*
番荔枝　*Annona squamosa*
番龙眼　*Pometia pinnata*
番木瓜　*Carica papaya*
番石榴　*Psidium guajava*
方竹　*Chimonobambusa quadrangularis*
防风　*Saposhnikovia divaricata*
飞机草地　*Eupatorium odoratum*
风毛菊　*Saussurea japonica*
枫香　*Liquidambar formosana*
枫杨　*Pterocarya stenoptera*
凤梨（别名：菠萝）　*Ananas comosus*
福建柏　*Fokienia hodginsii*
甘蔗　*Saccharum officinarum*
柑橘　*Citrus reticulata*
橄榄（别名：白榄）　*Canarium album*
干香柏（别名：滇柏）　*Cupressus duclouxiana*
刚竹　*Phyllostachys sulphurea*
高山栎　*Quercus semicarpifolia*
高山栎属　*Quercus spp.*
高山榕　*Ficus altissima*
高山松　*Pinus densata*
高山锥（别名：高山栲）　*Castanopsis delavayi*
藁本　*Ligusticum sinense*
格木　*Erythrophleum fordii*
珙桐　*Davidia involucrata*
钩栗（别名：大叶锥栗）　*Castanopsis tibetana*
狗牙根　*Cynodon dactylon*
枸骨　*Ilex cornuta*
枸杞　*Lycium chinense*
关苍术　*Atractylodes japonica*
观光木　*Tsoongiodendron odorum*
光皮桦　*Betula luminifera*
广东松　*Pinus kwangtungensis*
桂竹　*Phyllostachys bambusoides*
海岸桐　*Guettarda speciosa*
海滨木巴戟　*Morinda citrifolia*
海拉尔绣线菊　*Spiraea hailarensis*
海榄雌（别名：白骨壤）　*Avicennia marina*
海莲　*Bruguiera sexangula*
海马齿　*Sesuvium portulacastrum*
海杧果（别名：海檬果）　*Cerbera manghas*

海南石梓　*Gmelina hainanensis*
海南蕈树（别名：卵叶阿丁枫）　*Altingia obovata*
海漆　*Excoecaria agallocha*
海人树　*Suriana maritima*
海桑　*Sonneratia caseolaris*
海桐　*Pittosporum tobira*
含缅漆　*Semecarpus albescens*
旱冬瓜　*Alnus nepalensis*
旱柳　*Salix matsudana*
杭子梢　*Campylotropis macrocarpa*
蒿属　*Artemisia spp.*
禾本科　Gramineae
合欢　*Albizia julibrissin*
合欢属　*Albizia spp.*
河北杨　*Populus hopeiensis*
黑茶藨子（别名：黑加仑）　*Ribes nigrum*
黑柴胡（别名：小五台柴胡）　*Bupleurum smithii*
黑桦（别名：棘皮桦）　*Betula dahurica*
黑荆　*Acacia mearnsii*
黑木相思　*Acacia melanoxylon*
黑松　*Pinus thunbergii*
红柴胡　*Bupleurum scorzonerifolium*
红椿　*Toona ciliata*
红豆杉　*Taxus chinensis*
红海榄　*Rhizophora stylosa*
红厚壳　*Calophyllum inophyllum*
红花　*Carthamus tinctorius*
红花天料木　*Homalium hainanense*
红花香椿　*Toona rubriflora*
红桦　*Betula albo-sinensis*
红栎　*Quercus rubra*
红毛丹　*Nephelium lappaceum*
红木荷　*Schimawallichii*
红楠　*Machilus thunbergii*
红皮云杉　*Picea koraiensis*
红树属　*Rhizophora spp.*
红松　*Pinus koraiensis*
红心蜜柚（别名：红心柚、红心香柚）
　　　Citrus maxima
红锥　*Castanopsis hystrix*
猴欢喜　*Sloanea sinensis*
猴樟　*Cinnamomum bodinieri*
厚壳桂属　*Cryptocarya spp.*

厚皮树 *Lannea coromandelica*

厚皮香 *Ternstroemia gymnanthera*

厚朴 *Magnolia officinalis*

厚藤 *Ipomoea pescaprae*

胡桃（别名：核桃）*Juglans regia*

胡桃楸（别名：核桃楸）*Juglans mandshurica*

胡颓子 *Elaeagnus pungens*

胡杨 *Populus euphratica*

胡枝子 *Lespedeza bicolor*

胡枝子属 *Lespedeza spp.*

槲栎 *Quercus aliena*

槲树（别名：波罗栎）*Quercus dentata*

蝴蝶树 *Heritiera parvifolia*

虎榛子 *Ostryopsis davidiana*

虎榛子属 *Ostryopsis spp.*

互花米草 *Spartina alterniflora*

花红（别名：沙果）*Malus asiatica*

花椒 *Zanthoxylum bungeanum*

花榈木（别名：鄂西红豆）*Ormosia henryi*

花锚 *Halenia corniculata*

花楸属 *Sorbus spp.*

花曲柳 *Fraxinus rhynchophylla*

华北耧斗菜 *Aquilegia yabeana*

华北落叶松 *Larix principis-rupprechtii*

华东黄杉 *Pseudotsuga gaussenii*

华杜英 *Elaeocarpus chinensis*

华鹅耳枥 *Carpinus cordata var. chinensis*

华木荷 *Schima sinensis*

华南桂（别名：华南樟）*Cinnamomum austrosinense*

华南五针松 *Pinus kwangtungensis*

华三芒 *Aristida chinensis*

华山松 *Pinus armandi*

华无扰花 *Saraca chinensis*

华西枫杨 *Pterocarya insignis*

化香 *Platycarya strobilacea*

化香属 *Platycarya spp.*

桦木属 *Betula spp.*

槐 *Sophora japonica*

槐（别名：国槐、米槐）*Sophora japonica*

黄背栎 *Quercus pannosa*

黄檗 *Phellodendron amurense*

黄豆树（别名：白格）*Albizia procera*

黄果厚壳桂 *Cryptocarya concinna*

黄胡水 *Cotinus coggygria*

黄花落叶松（别名：长白落叶松）*Larix olgensis*

黄花亚菊 *Ajania nubigena*

黄槿 *Hibiscus tiliaceus*

黄荆 *Vitex negundo*

黄精 *Polygonatum sibiricum*

黄连木（别名：黄木莲）*Pistacia chinensis*

黄柳 *Salix gordejevii*

黄栌 *Cotinus coggygria*

黄毛青冈 *Cyclobanopsis delavayi*

黄茅 *Heteropogon contortus*

黄皮 *Clausena lansium*

黄蔷薇 *Rosa hugonis*

黄芩 *Scutellaria baicalensis*

黄山松（别名：台湾松）*Pinus taiwanensis*

黄杉 *Pseudotsuga sinensis*

黄檀 *Dalbergia hupeana*

灰背栎 *Quercus senescens*

灰木莲 *Manglietia glauca*

灰栒子 *Cotoneaster acutifolius*

火棘 *Pyracantha fortuneana*

火炬树 *Rhus Typhina*

火炬松（别名：国外松）*Pinus taeda*

火力楠 *Michelia macclurei*

鸡毛松 *Podocarpus imbricatus*

鸡树条（别名：佛头花）*Viburnum opulus var. calvescens*

鸡爪槭 *Acer palmatum*

加勒比松 *Pinus caribaea*

尖叶栎 *Quercus oxyphylla*

尖叶木樨榄 *Olea europaea L. spp.cuspidata*

见血封喉（别名：大药树）*Antiaris toxicaria*

箭杆杨 *Populus nigra var. thevestina*

箭竹 *Sinarundinaria nitida*

箭竹属 *Fargesia spp.*

江南油杉 *Keteleeria cyclolepis*

降香黄檀 *Dalbergia odorifera*

交趾黄檀 *Dalbergia cochinchinensis*

角果木 *Ceriops tagal*

槲栎 *Quercus aliena*

金花茶 *Camellia nitidissima*

金花忍冬 *Lonicera chrysantha*

金花小檗 *Berberis wilsonae*

金露梅 *Potentilla fruticosa*

金缕梅科 Hamamelidaceae

金钱松 *Pseudolarix amabilis*

金叶榆 *Ulmus pumila cv.jinye*

金竹 *Phyllostachys sulphurea*

锦鸡儿 *Caragana sinica*

荆条 *Vitex negundo var. heterophylla*

桔梗 *Platycodon grandiflorus*

巨桉 *Eucalyptus grandis*

蕨菜 *Pteridium excelsum*

抗风桐 *Pisonia grandis*

栲 *Castanopsis fargesii*

栲属 *Castanopsis spp.*

柯 *Lithocarpus glaber*

柯属 *Lithocarpus spp.*

壳斗科 Fagaceae

孔颖草 *Bothriochloa pertusa*

苦朗树 *Clerodendron inerme*

苦楝 *Melia azedaeach*

苦槠 *Castanopsis sclerophylla*

苦竹 *Pleioblastus amarus*

拉关木 *Laguncularia racemosa*

蓝桉 *Eucalyptus globulus*

蓝靛果 *Lonicera caerulea var. edulis*

蓝花棘豆 *Oxytropis coerulea*

蓝莓 *Vaccinium spp.*

榄李 *Lumnitzera racemosa*

榄仁 *Terminalia catappa*

狼尾花（别名：狼尾巴花） *Lysimachia barystachys*

椰皮树 *Sterculia villosa*

榔榆 *Ulmus parvifolia*

老鹳草 *Geranium wilfordii*

老鼠簕 *Acanthus ilicifolius*

雷竹 *Phyllostachys praecox*

类芦 *Neyraudia reynaudiana*

类叶升麻 *Actaea asiatica*

冷箭竹 *Bashania fangiana*

冷杉 *Abies fabri*

冷杉属 *Abies spp.*

梨属 *Pyrus spp.*

藜芦 *Veratrum nigrum*

李 *Prunus salicina*

丽江云杉 *Picea likiangensis*

荔枝 *Litchi chinensis*

栎属 *Quercus spp.*

栗属 *Castanea spp.*

连翘 *Forsythia suspensa*

连香树 *Cercidiphyllum japonicum*

莲（别名：莲藕） *Nelumbo nucifera*

楝科 Meliaceae

梁山慈竹 *Dendrocalamus farinosus*

辽东楤木（别名：刺龙芽、龙牙楤木） *Aralia elata*

辽东栎 *Quercus wutaishanica*

鳞毛蕨科 Dryopteridaceae

鳞皮冷杉 *Abies squamata*

灵芝 *Ganoderma lucidum*

柃木 *Eurya japonica*

铃兰 *Convallaria majalis*

领春木 *Euptelea pleiospermum*

柳杉 *Cryptomeria fortunei*

六道木 *Abelia biflora*

龙胆 *Gentiana scabra*

龙果 *Pouteria grandifolia*

龙脑香 *Dipterocarpus turbinatus*

龙脑香科 Dipterocarpaceae

龙血树 *Dracaena angustifolia*

龙芽草 *Agrimonia pilosa*

龙眼 *Dimocarpus longan*

龙竹 *Dendrocalamus giganteus*

窿缘桉 *Eucalyptus exserta*

芦苇 *Phragmites australis*

芦竹 *Arundo donax*

卤蕨 *Acrostichum aureum*

陆均松 *Dacrydium pierrei*

露珠草 *Circaea cordata*

栾树 *Koelreuteria paniculata*

卵叶钓樟 *Lindera limprichtii*

罗浮锥（别名：罗浮栲） *Castanopsis faberi*

裸芸香（别名：山麻黄） *Psilopeganum sinense*

落芒草 *Oryzopsis munroi*

落叶松 *Larix gmelinii*

落叶松属 *Larix spp.*

麻栎 *Quercus acutissima*

麻楝 *Chukrasia tabularis*

麻竹 *Dendrocalamus latiflorus*

马鞍叶羊蹄甲 *Bauhinia brachycarpa*

马褂木 *Liriodendron chinensis*

马尖相思 *Acaciamangium*

马桑 *Coriaria nepalensis*

马尾松 *Pinus massoniana*

马占相思 *Acacia mangium*

麦吊云杉 *Picea brachytyla*

曼青冈 *Cyclobalanopsis oxyodon*

芒果 *Mangifera indica*

猫儿屎 *Decaisnea insignis*

猫尾木 *Dolichandrone caudafelina*

毛白杨 *Populus tomentosa*

毛丁香（别名：毛叶丁香） *Syringa tomentella*

毛茛 *Ranunculus japonicus*

毛红花 *Carthamus lanatus*

毛黄栌 *Cotinus coggygria*

毛坡垒 *Hopea mollissima*

毛球莸 *Caryopteris trichosphaera*

毛梳藓 *Ptilium Crista-castrensis*

毛杨梅（别名：大树杨梅） *Myrica esculenta*

毛叶青冈 *Cyclobalanopsis kerrii*

毛榛 *Corylus mandshurica*

毛竹（别名：南竹） *Phyllostachys pubescens*

茅栗 *Castanea seguinii*

玫瑰 *Rosa rugosa*

美丽老牛筋（别名：小五台蚤缀） *Arenaria formosa*

美蔷薇 *Rosa bella*

蒙达利松（别名：辐射松） *Pinus radiata*

蒙椴 *Tilia mongolica*

蒙古栎（别名：柞树） *Quercus mongolica*

猕猴桃 *Actinidia arguta*

米老排 *Mytilaria laosensis*

米心水青冈 *Fagus engleriana*

米槠（别名：卡氏槠） *Castanopsis carlesii*

棉团铁线莲 *Clematis hexapetala*

岷谷木蓝 *Indigofera lenticellata*

岷江柏 *Cupressus chengiana*

岷江冷杉 *Abies faxoniana*

闽楠 *Phoebe bournei*

墨西哥柏 *Cupressus lusitanica*

牡竹林 *Derdrocalamus strictus*

木耳（别名：黑木耳） *Auricularia auricula*

木果楝 *Xylocarpus granatum*

木荷 *Schima superba*

木荷属 *Schima spp.*

木姜子 *Litsea pungens*

木姜子属 *Litsea spp.*

木槿 *Hibiscus syriacus*

木兰科 Magnoliaceae

木榄 *Bruguiera gymnorhiza*

木莲 *Manglietia fordiana*

木麻黄 *Casuarina equisetifolia*

木麻黄属 *Casuarina spp.*

木棉 *Bombax malabarica*

木奶果 *Baccaurea ramilfora*

木犀榄（别名：油橄榄） *Olea europaea*

木紫珠 *Callicarpa arborea*

奶桑 *Morus macroura*

南方铁杉 *Tsuga chinensis var. tchekiangensis*

南蛇簕 *Caesalpinia minax*

南酸枣 *Choerospondias axillaria*

南亚松 *Pinus latteri*

楠木（别名：楠树） *Phoebe zhennan*

拟金茅 *Eulaliopsis binata*

柠檬 *Citrus limon*

柠檬桉 *Eucalyptus citriodora*

柠条锦鸡儿（别名：柠条） *Caragana korshinskii*

牛叠肚（别名：山楂叶悬钩子） *Rubus crataegifolius*

牛肝菌 *Boletus edulis*

牛角瓜 *Calotropis gigantea*

暖木 *Meliosma veitchiorum*

女贞 *Ligustrum lucidum*

欧洲山杨 *Populus tremula*

刨花润楠 *Machilus pauhoi*

泡桐 *Paulowinia fortunei*

枇杷 *Eriobotrya japonica*

苹（别名：四叶菜） *Marsilea quadrifolia*

苹果 *Malus pumila*

苹婆 *Sterculia nobilis*

坡垒 *Hopea hainanensis*

坡柳 *Salix myrtillacea*

葡萄 *Vitis vinifera*

蒲桃 *Syzygium jambos*

朴树 *Celtis sinensis*

铺地柏（别名：爬地柏） *Sabina procumbens*

铺地刺蒴麻 *Triumfetta procumbens*

桤木 *Alnus cremastogyne*

漆（别名：生漆）　*Rhus verniciflua*

漆树　*Toxicodendron vernicifluum*

祁连圆柏　*Sabina przewalskii*

脐橙　*Citrus sinensis var. brasliliensis*

杞柳　*Salix integra*

槭树属　*Acer spp*

千果榄仁　*Terminalia myriocarpa*

千金榆　*Carpinus cordata*

千头椿　*Ailanthus altissima 'Qiantou'*

蔷薇　*Rosa multifolora*

蔷薇科　Rosaceae

蔷薇属　*Rosa spp.*

秦岭冷杉　*Abies chensiensis*

青杆　*Oicea wilsonii*

青冈　*Cyclobalanopsis glauca*

青冈属　*Cyclobalanopsis spp.*

青海云杉　*Picea crassifolia*

青梅　*Vatica mangachapoi*

青皮竹　*Bambusa textilis*

青杆　*Picea Wilsonii*

青钱柳　*Cyclocarya paliurus*

青檀　*Pteroceltis tatarinowii*

青杨　*Populus cathayana*

青榨槭　*Acer davidii*

清香木　*Pistacia weinmannifolia*

琼楠属　*Beilschmiedia spp.*

秋茄　*Kandelia obovata*

楸（别名：楸树）　*Catalpa bungei*

楸子（别名：海红、海红果、海棠）*Malus prunifolia*

人参　*Panax ginseng*

人面子　*Dracontomelon duperreanum*

人心果　*Manilkara zapota*

忍冬（别名：金银花）　*Lonicera japonica*

忍冬属　*Lonicera spp.*

肉豆蔻科　Myristicaceae

肉桂　*Cinnamomum cassia*

软枣猕猴桃　*Actinidia arguta*

锐齿槲栎（别名：锐齿栎）　*Quercus aliena var. acutiserrata*

瑞香　*Daphne odora*

润楠　*Machilus pingii*

润楠属　*Machilus spp.*

三尖杉（别名：白头杉）　*Cephalotaxus fortunei*

三角槭（别名：三角枫）　*Acer buergerianum*

三裂绣线菊　*Spiraea trilobata*

三脉紫菀　*Aster ageratoides*

三球悬铃木（别名：法国梧桐）*Platanus orientalis*

三桠乌药（别名：红叶甘姜）　*Lindera obtusiloba*

三叶鱼藤　*Derris trifoliata*

伞序臭黄荆　*Premna corymbosa*

桑（别名：桑葚）　*Morus alba*

桑科　Moraceae

色木槭（别名：色木、色树）　*Acer mono*

沙拐枣　*Calligonum mongolicum*

沙蒿　*Artemisia desertorum*

沙棘　*Hippophae rhamnoides*

沙枣　*Elaeagnus angustifolia*

莎草　*Cyperus rotundus*

山白兰　*Michelia alba*

山白树　*Sinowilsonia henryi*

山茶科（别名：茶科）　Theaceae

山刺玫（别名：刺玫蔷薇）　*Rosa davurica*

山杜英（别名：胆八树）　*Elaeocarpus sylvestris*

山矾科　Symplocaceae

山拐枣　*Poliothyrsis sinensis*

山桂花　*Bennettiodendron leprosipes*

山合欢　*Albizia kalkora*

山核桃　*Carya cathayensis Sarg.*

山胡椒（别名：牛筋树、野胡椒）　*Lindera glauca*

山槐　*Albizia kalkora*

山鸡椒（别名：山苍子）　*Litsea cubeba*

山荆子　*Malus baccata*

山里红（别名：棠棣）　*Crataegus pinnatifida var. major*

山楝　*Aphanamixis polystachya*

山罗花（别名：山萝花）　*Melampyrum roseum*

山梅花　*Philadelphus incanus*

山葡萄　*Vitis amurensis*

山芹（别名：老山芹、大叶芹）　*Ostericum sieboldii*

山桐子　*Idesia polycarpa*

山杏　*Armeniaca sibirica*

山杨　*Populus davidiana*

山楂　*Crataegus pinnatifida*

山茱萸　*Cornus officinalis*

杉木　*Cunninghamia lanceolata*

杉松（别名：沙松）　*Abies holophylla*

芍药　*Paeonia lactiflora*

少叶黄杞　*Engelhardia fenzelii*

深山含笑　*Michelia maudiae*

升麻　*Cimicifuga foetida*

湿地松（别名：国外松）　*Pinus elliottii*

石栎　*Lithocarpus glaber*

石榴　*Punica granatum*

石竹　*Dianthus chinensis*

石梓　*Gmelinaarborea*

柿　*Diospyros kaki*

匙叶栎　*Quercus dolicholepis*

疏序黄荆（别名：疏序牡荆）　*Vitex negundo var. negundo*

鼠李　*Rhamnus davurica*

鼠掌老鹳草　*Geranium sibiricum*

树藓　*Girgensohnia ruthenica*

栓皮栎　*Quercus variabilis*

双刺茶藨子（别名：楔叶茶藨）　*Ribes diacanthum*

水黄皮　*Pongamia pinnata*

水锦树　*Wendlandia paniculata*

水青冈（别名：山毛榉）　*Fagus longipetiolata*

水青树　*Tetracentron sinense*

水曲柳　*Fraxinus mandschurica*

水杉　*Metasequoia glyptostroboides*

水松　*Glyptostrobus pensilis*

水团花　*Adina pilulifera*

水芫花　*Pemphis acidula*

水榆花楸　*Sorbus alnifolia*

水竹　*Phyllostachys heteroclada*

水烛　*Typha angustifolia*

硕桦（别名：风桦、枫桦）　*Betula costata*

丝棉木　*Evonymus bungeanus*

思茅松　*Pinus kesiya*

思茅锥　*Castanopsis ferox*

四川红杉　*Larix mastersiana*

四川木姜子　*Litsea moupinensis var. szechuanica*

四角菜豆树　*Radermachera sinica*

松属　*Pinus spp.*

溲疏　*Deutzia scabra*

苏木科　Caesalpiniaceae

酸豆（别名：酸角）　*Tamarindus indica*

酸枣　*Ziziphus jujuba var. spinosa*

梭梭　*Haloxylon ammodendron*

塔藓　*Hylocomium splendens*

台湾杉　*Taiwania cryptomerioides*

台湾水青冈　*Fagus hayatae*

台湾相思　*Acacia confusa*

苔草　*Carex spp.*

唐松草　*Thalictrum aquilegifolium var. sibiricum*

棠刺梨　*Pyrus pashia*

桃　*Amygdalus persica*

桃花心木　*Khaya seneglensis*

桃金娘科　Myrtaceae

天目木姜子　*Litsea auriculata*

天目紫茎　*Stewartia gemmata*

天女木兰　*Magnolia sieboldii*

天山云杉　*Picea schrenkiana var. tianschanica*

甜杨　*Populus suaveolens*

甜樱桃　*Cerasus avium*

甜槠（别名：甜锥）　*Castanopsis eyrei*

铁力木　*Mesua ferrea*

铁芒萁　*Dicranopteris linearis*

铁木　*Ostrya japonica*

铁杉　*Tsuga Chinensis*

铁线莲　*Clematis florida*

铁橡栎　*Quercus cocciferoides*

桐花树　*Aegiceras corniculatum*

秃杉　*Taiwania flousiana*

土沉香（别名：白木香）　*Aquilaria sinensis*

土庄绣线菊　*Spiraea pubescens*

团花　*Neolamarckia cadamba*

驼绒藜　*Ceratoides latens*

歪头菜　*Vicia unijuga*

万年蒿　*Artemisia gmelinii*

网脉肉托果（别名：缅漆）　*Semecarpus reticulata*

望天树　*Parashorea chinensis*

尾叶桉　*Eucalyptus urophylla*

榲桲　*Cydonia oblonga*

乌桕　*Sapium sebiferum*

乌柳（别名：沙柳）　*Salix cheilophila*

乌药　*Lindera aggregata*

无瓣海桑　*Sonneratia apetala*

无患子科　Sapindacrar

梧桐科　Sterculiaceae

五角枫　*Acer pictum*

五台山延胡索　*Corydalis hsiaowutaishanensis*

五味子 *Schisandra chinensis*

舞鹤草 *Maianthemum bifolium*

西藏柏木（别名：藏柏）　*Cupressus torulosa*

西藏忍冬 *Lonicera thibetica*

西桦（别名：西南桦）　*Betula alnoides*

西南双药芒（别名：川芒）　*Diandranthus yunnanensis*

喜树 *Camptotheca acuminata*

细柄蕈树 *Altingia gracilipes*

细齿樱桃（别名：野樱桃）　*Cerasus serrula*

细青皮（别名：高阿丁枫）　*Altingia excelsa*

细穗草 *Lepturus repens*

细辛 *Asarum sieboldii*

虾子花 *Woodfordia fruticosa*

狭叶杜香 *Ledum palustre var. Angustrum*

狭叶坡垒 *Hopea mollissima*

仙人掌 *Opuntia stricta var. dillenii*

蚬木 *Excentrodendron hsienmu*

相思 *Acacia spp.*

香椿 *Toona sinensis*

香榧 *Torreya grandis*

香根草 *Vetiveria zizanioides*

香果树 *Emmenopterys henryi*

香桦 *Betula insignis*

香蕉 *Musa nana*

香杨 *Populus koreana*

香梓楠 *Michelia hedyosperma*

响叶杨 *Populus adenopoda*

橡胶 *Hevea brasiliensis*

小鞍叶羊蹄甲 *Bauhinia brachycarpa var. microphylla*

小果柿（别名：小叶紫檀）　*Diospyros vaccinioides*

小青杨 *Populus pseudo-simonii*

小五台山风毛菊 *Saussurea sylvatica var. hsiaowutaishanensis*

小五台银莲花 *Anemone xiaowutaishanica*

小叶海棠 *Calopyllum thorellii*

小叶栎 *Quercus chenii*

小叶青冈（别名：岩青冈）　*Cyclobalanopsis myrsinifolia*

小叶青皮槭 *Acer cappadocicum var. sinicum*

新疆落叶松（别名：西伯利亚落叶松）　*Larix sibirica*

新疆杨 *Populus alba var. pyramdalis*

兴安杜鹃 *Rhododendron dauricum*

兴安鹿药 *Smilacina dahurica*

兴安升麻 *Cimicifuga dahurica*

兴安杨 *Populus hsinganica*

兴凯湖松 *Pinus takahasii*

杏 *Armeniaca vulgaris*

秀丽锥（别名：乌楣栲）　*Castanopsis jucunda*

绣线菊 *Spiraea salicifolia*

绣线菊属 *Spiraea spp.*

悬钩子 *Rubus corchorifolius*

悬钩子属 *Rubus spp.*

雪梨 *Echeveria 'Sulli'*

雪岭云杉 *Picea schrenkiana*

蕈树 *Altingia chinensis*

蕈树（别名：阿丁枫）　*Altingia chinensis*

岩栎 *Quercus acrodonta*

盐肤木 *Rhus chinensis*

偃松 *Pinus pumila*

羊蹄甲 *Bauhinia purpurea*

杨梅 *Myrica rubra*

杨属 *Populus spp.*

杨桃 *Averrhoa carambola*

杨叶肖槿 *Thespesia populnea*

腰果 *Anacardium occidentale*

椰树 *Cocos nucifera*

野大豆 *Glycine soja*

野古草 *Arundinella anomala*

野青茅 *Deyeuxia arundinacea*

野桐林 *Form.Mallotusssp.*

野鸦椿 *Euscaphis japonica*

仪花（别名：麻扎木）　*Lysidice rhodostegia*

异叶败酱 *Parinia heterophylla*

银背风毛菊 *Saussurea nivea*

银耳（别名：白木耳）　*Tremella fuciformis*

银合欢 *Leucaena leucocephala*

银毛树 *Messerschmidia argentea*

银杉 *Cathaya argyrophylla*

银糖槭（别名：银白槭）　*Acer saccharinum*

银杏 *Ginkgo biloba*

银杏属 *Ginkgo spp.*

银叶树 *Heritiera littoralis*

银钟花（别名：银钟树）　*Halesia macgregorii*

淫羊藿 *Epimedium brevicornu*

隐翼木 *Crypteronia paniculata*

隐子草属 *Cleistogenes spp.*

印度木荷 *Schima khasiana*

印度紫檀 *Pterocarpus indicus*

樱桃 *Cerasus pseudocerasus*

楹树 *Albizia chinensis*

瘿椒树（别名：银鹊树） *Tapiscia sinensis*

映山红 *Rhododendron simsii Planch.*

硬头黄竹 *Bambusa rigida*

硬质早熟禾（别名：宿根早熟禾） *Poa sphondylodes*

油茶 *Camellia oleifer*

油麦吊云杉 *Picea brachytyla var. complanat*

油杉 *Keteleeria fortunei*

油松 *Pinus tabulaeformi*

油桐 *Vernicia fordii*

油樟（别名：樟木） *Cinnamomum longepaniculatum*

疣点卫矛（别名：疣枝卫矛） *Euonymus verrucosoides*

莸 *Caryopteris divaricata Maxim.*

柚木 *Tectona grandis*

余甘子 *Phyllanthus emblica*

鱼鳞云杉（别名：鱼鳞松） *Picea jezoensis var. microsperma*

榆 *Ulmus pumila*

榆科 Ulmaceae

榆属 *Ulmus spp.*

榆叶梅 *Amygdalus triloba*

玉竹 *Polygonatum odoratum*

郁李 *Cerasus japonica*

元宝槭（别名：元宝枫） *Acer truncatum*

元江锥（别名：元江栲） *Castanopsis orthacantha*

圆柏（别名：桧柏） *Sabina chinensis*

圆柏属 *Sabina spp.*

月季 *Rosa chinensis*

岳桦 *Betula ermanii*

越桔 *Vaccinium vitis-idaea*

越橘属 *Vaccinium spp.*

越南白背桐 *Mallotus cochinchinensis*

云南含笑 *Michelia yunnanensis*

云南山茶 *Camellia pitardii*

云南石梓 *Gmelina arborea*

云南松 *Pinus yunnanensis*

云南苏铁（别名：攀枝花苏铁） *Cycas siamensis*

云南娑罗双（别名：娑罗双树） *Shorea assamica*

云南蕈树 *Altingia yunnanensis*

云南油杉 *Keteleeria evelyniana*

云南樟 *Cinnamomum glanduliferum*

云山青冈 *Cyclobalanopsis sessilifolia*

云杉 *Picea asperata*

云杉属 *Picea spp.*

芸香科 Rutaceae

早竹 *Phyllostachys praecox*

枣 *Ziziphus jujuba*

皂荚（别名：皂角） *Gleditsia sinensis*

皂柳 *Salix wallichiana*

柞木 *Xylosma racemosum*

樟 *Cinnamomum camphora*

樟科 Lauraceae

樟属 *Cinnamomum spp.*

樟子松 *Pinus sylvestris var. mongolic*

长白松（别名：长白赤松） *Pinus sylvestris var. sylvestriformis*

长苞冷杉 *Abies georgei*

长苞铁杉 *Tsuga longibracteata*

长柄扁桃 *Amygdalus pedunculata Pall.*

长柄双花木 *Disanthus cercidifolius var. longipes*

长序榆 *Ulmus elongata*

长叶榧 *Torreya jackii*

掌叶铁线蕨 *Adiantum pedatum*

照山白 *Rhododendron micranthum*

浙江楠 *Phoebe chekiangensis*

桢楠 *Phoebe zhennan*

榛（别名：平榛） *Corylus heterophylla*

榛属 *Corylus spp.*

正红树 *Rhizophora apiculata*

直干桉 *Eucalyptus maideni*

中平树 *Macaranga denticulata*

钟萼木 *Bretschneidera sinensis*

重阳木 *Bischofia polycarpa*

皱环球盖菇（别名：大球盖菇） *Stropharia rugosoannulata*

猪苓 *Polyporus umbellaru*

竹柏 *Podocarpus nagi*

锥连栎 *Quercus franchetii*

锥属 *Castanopsis spp.*

紫点杓兰 *Cypripedium guttatum*

紫丁杜鹃 *Rhododendron violaceum*

紫椴 *Tilia amurensis*

紫果云杉 *Picea purpurea*

紫茎泽兰 *Eupatorium adenophorum*

紫荆木（别名：滇木花生） *Madhuca pasquieri*

紫麻 *Oreocnide frutescens*

紫楠 *Phoebe sheareri*

紫穗槐 *Amorpha fruticosa*

紫菀 *Aster tataricus*

紫叶李 *Prunus cerasifera*

紫玉兰（别名：木兰） *Magnolia liliflora*

棕榈 *Trachycarpus fortunei*

棕叶芦 *Thysanolaena maxima*

钻天柳（亦称朝鲜柳） *Chosenia arbutifolia*